FACHWISSEN HOLZTECHNIK

TECHNOLOGIE MIT CNC-TECHNIK – TECHNISCHE MATHEMATIK – KONSTRUKTION UND ARBEITSPLANUNG

Ein Lehrbuch für Holz verarbeitende Berufe in Handwerk und Industrie

2., überarbeitete Auflage

Mit vielen Beispielen, Tabellen, Übungsaufgaben und mehr als 1500 mehrfarbigen Fotos und Abbildungen

Autoren:

Günther Au, Oberstudienrat

Reinhold Baumgarten, Tischlermeister, Techniker, Fachlehrer

Rolf Heeg, Oberstudienrat

Erich Heidsieck, Tischlermeister, Oberstudienrat

Günter Küppers, Studiendirektor

Reinhold Reddig, Studiendirektor

Otto Römpp, Oberstudienrat

Kurt Rolfes, Studiendirektor

Dieter Roth, Dipl.-Ing., Studienrat

Walter Schmale, Dipl.-Ing.

Michael Schröder, Oberstudienrat

Joachim Urbanek, Oberstudienrat

Ernst-Dietrich Wolff, Studiendirektor

Sigrun Wolff, Dipl.-Ing.

Lektoratsberatung:

Reinhold Reddig

HANDWERK UND TECHNIK – HAMBURG

VORWORT ZUR 2. AUFLAGE

Das vorliegende Fachbuch vermittelt das **Fachwissen des zweiten und dritten Ausbildungsjahres** in den Fächern **Technologie, Technische Mathematik, Konstruktion und Arbeitsplanung** mit **integrierter Computertechnik (z.B. CNC und CAD)** für Tischler und Holzmechaniker.

Die Inhalte dieser Fächer berücksichtigen die Lernziele der **Rahmenpläne des Bundes und der Länder,** die das technische Zeichnen ganzheitlich als Konstruktion und Arbeitsplanung verbinden.

In diesem Werk wurde versucht, nur das nach Lehrplänen unbedingt Erforderliche aufzunehmen. Durch diese inhaltliche Beschränkung konnten die Teile Technologie, Technische Mathematik, Konstruktion und Arbeitsplanung mit integrierter Computertechnik zusammengebunden werden. Dies führt für den Benutzer neben einem erheblichen Preisvorteil auch zur **Möglichkeit des fächerübergreifenden und handlungsorientierten Unterrichtens.**

In der vorliegenden Auflage wurden die technischen und methodischen Möglichkeiten zur besseren Visualisierung voll genutzt. Die zusätzliche Strukturierung der Inhalte durch entsprechende Farbgebung, die unter didaktischen und methodischen Gesichtspunkten neu entwickelten Abbildungen und die zahlreichen aktualisierten farbigen Fotos steigern die Motivation und tragen zu einem verbesserten Lernerfolg wesentlich bei.

Neben der allgemeinen Überarbeitung sind die neuesten technischen Entwicklungen und die jüngsten Normenvorschriften auch in dieser Auflage richtungsweisend geblieben.

Verfasser und Verlag danken allen Schülern und Lehrgangsteilnehmern, Ausbildern, Lehrern und Dozenten für die lebhafte Zustimmung, die dieses Fachbuch inzwischen gefunden hat. Wertvolle Hinweise und Anregungen konnten bei der Bearbeitung auch dieser Auflage wiederum verwertet werden.

Sommer 1999 — Die Verfasser

Die Normblattangaben werden wiedergegeben mit Erlaubnis des DIN Deutsches Institut für Normung e.V. Maßgebend für das Anwenden der Norm ist deren Fassung mit dem neuesten Ausgabedatum, die bei der Beuth Verlag GmbH, Burggrafenstraße 4 bis 10, 10787 Berlin 30, erhältlich ist.

ISBN 3.582.03403.8

Verlag Handwerk und Technik G.m.b.H., Lademannbogen 135, 22339 Hamburg – 1999
Gesamtherstellung: Universitätsdruckerei H. Stürtz AG, Würzburg

1   Maschinelle Fertigung 1

1.1   Entwicklung 1

1.2   Arbeitssicherheit 2
1.2.1   Unfallgefahren. 2
1.2.2   Verbände für Arbeitsschutz 2
1.2.3   Unfallverhütung 3
1.2.4   Unfallverhütungsvorschriften 3
1.2.5   Beschäftigungsbeschränkung 3

1.3   Arten der Maschinen 4

2   Technologische Grundlagen 5

**2.1   Schneidteile an Maschinen-
          werkzeugen** 5
2.1.1   Schneidengeometrie 6
2.1.2   Spanungsgeometrie 8

2.2   Maschinenwerkzeuge 10
2.2.1   Werkzeugteile 10
2.2.2   Schneidstoffe 11

2.3   Führen und Sichern 13
2.3.1   Führungsebenen 13

**2.4   Aufbau von Holzbearbeitungs-
          maschinen** 14
2.4.1   Antriebsmotoren. 14
2.4.2   Riementriebe 14
2.4.3   Formschlüssige Antriebe 17
2.4.4   Arbeitswellen. 18

2.5   Elektrische Antriebe 19
2.5.1   Gleichstrommotor 19
2.5.2   Gleichrichter 19
2.5.3   Drehstrommotor 19
2.5.4   Einphasen-Induktionsmotor 20
2.5.5   Bremsen von Elektromotoren 20
2.5.6   Schalteinrichtungen 21
2.5.7   Elektro-Bildzeichen 22

3   Holzbearbeitungsmaschinen 23

3.1   Sägen 23
3.1.1   Bandsägemaschinen 23
3.1.2   Bandsägeblätter 24
3.1.3   Unfallsicheres Arbeiten 24
3.1.4   Kreissägemaschinen 26
3.1.5   Tischkreissägemaschinen 26
3.1.6   Format- und Besäumkreissäge-
          maschinen 27
3.1.7   Sägewerkzeuge für Kreissäge-
          maschinen 29
3.1.8   Unfallsicheres Arbeiten 32
3.1.9   Pendel- und Kappkreissäge-
          maschinen 34
3.1.10 Plattenkreissägemaschinen 35
3.1.11 Furnier- und Fügekreissäge-
          maschinen 36
3.1.12 Handkreissägemaschinen 36
3.1.13 Stichsägemaschinen 36
3.1.14 Dekupiersägemaschinen 37

3.2   Hobeln 37
3.2.1   Abrichthobelmaschinen 37
3.2.2   Unfallsicheres Arbeiten 41
3.2.3   Dickenhobelmaschinen 42
3.2.4   Handhobelmaschinen 44

3.3   Fräsen 44
3.3.1   Fräswerkzeuge 45
3.3.2   Fräsmaschinen 50
3.3.3   Unfallsicheres Arbeiten 51
3.3.4   Fräsmaschinen für besondere
          Zwecke 56

3.4   Bohren und Bohrfräsen 59
3.4.1   Bohrwerkzeuge. 59
3.4.2   Bohrmaschinen 60

3.5   Schleifen 62
3.5.1   Schleifmittel 62
3.5.2   Schleifmaschinen für die Holz-
          bearbeitung. 63
3.5.3   Maschinen zum Schärfen von Werk-
          zeugen. 65

3.6   Pneumatik und Hydraulik 66
3.6.1   Pneumatik 66
3.6.2   Hydraulik 70
3.6.3   Vergleich von Hydraulik und
          Pneumatik. 71

**4   Grundlagen der
      Automatisierungstechnik** 72

4.1   Pneumatische Steuerungen 72

4.2   Hydraulische Steuerungen 76

4.3   Elektrische Steuerungen 78
4.3.1   Verbindungsprogrammierbare
          Steuerungen 78
4.3.2   Speicherprogrammierbare
          Steuerungen 78

4.4   Prozesssteuerung 78

4.5   CNC-Maschinen 81
4.5.1   Werkzeugmaschinen 81
4.5.2   Steuerung. 82
4.5.3   Maschine und Steuerung. 84
4.5.4   Maßangaben für die
          CNC-Bearbeitung 85
4.5.5   CNC-Programme. 86
4.5.6   Programmarten und Programmschritte . 89
4.5.7   Programmiersysteme 91

5   Plattenwerkstoffe 94

5.1   Lagenholz 94
5.1.1   Schichtholz (Sch) 94
5.1.2   Furniersperrholz (FU) 95
5.1.3   Tischlerplatten 98
5.1.4   Streifensperrholz (SR). 98
5.1.5   Stabsperrholz (ST) 99

5.1.6	Stäbchensperrholz (STAE)	99
5.1.7	Bau-, Stab- und Stäbchensperrholz (BST und BSTAE)	100
5.1.8	Parkett-Verbundplatten	100

5.2	**Holzspanplatten**	100
5.2.1	Flachpressplatten.	101
5.2.2	Flachpressplatten für allgemeine Zwecke.	101
5.2.3	Kunststoffbeschichtete dekorative Flachpressplatten (KF)	103
5.2.4	Strangpressplatten.	104
5.2.5	Tischler-Spanplatten	104
5.2.6	OSB-Platten	105

5.3	**Holzfaserplatten**	105

5.4	**Be- und Verarbeiten von Holzwerkstoffplatten**	107
5.4.1	Verbindungen von Plattenwerkstoffen .	107

5.5	**Schichtpressstoffplatten (HPL)**	107
5.5.1	Eigenschaften.	108
5.5.2	Abmessungen	109
5.5.3	Umgang mit HPL-Platten	109
5.5.4	Verarbeiten von HPL-Platten	109
5.5.5	Folien für die Flächenbeschichtung . . .	111

5.6	**Plattenwerkstoffe für Türen**	111

5.7	**Sonstige Plattenwerkstoffe.**	111
5.7.1	Hartschaumplatten aus Polystyrol (PS) .	111
5.7.2	Gipskartonplatten (GK)	112
5.7.3	Zementgebundene Holzspanplatten. . .	113
5.7.4	Mineral-Kunststoffplatten	113

6	**Furniertechnik**	114

6.1	**Absperren**	114

6.2	**Herstellung und Verwendung der Furniere**	114
6.2.1	Schälfurniere	115
6.2.2	Messerfurniere	115
6.2.3	Sägefurniere	116
6.2.4	Trocknen der Furniere	117
6.2.5	Handelsformen	117

6.3	**Verarbeiten der Furniere**	118
6.3.1	Umgang mit Furnierblättern	118
6.3.2	Auswahl der Furniere	118
6.3.3	Schneiden und Fügen	119
6.3.4	Vorbereiten des Furnierträgers.	120
6.3.5	Leimen und Aufpressen	122
6.3.6	Nachbehandeln furnierter Flächen. . . .	123
6.3.7	Vermeiden und Beseitigen von Furnierfehlern	124

6.4	**Besondere Furniertechniken**	125
6.4.1	Furnieren von Kanten	125
6.4.2	Furnieren gewölbter Flächen	125
6.4.3	Furnieren von Profilen.	125
6.4.4	Einlegen von Adern	126
6.4.5	Herstellen von Intarsien	126
6.4.6	Vorbereiten der Trägerplatten bei Intarsien	126

7	**Möbelbau**.	127

7.1	**Allgemeine Anforderungen**.	127

7.2	**Möbelbezeichnung**.	127

7.3	**Definitionen des Möbels nach DIN 68880**	127

7.4	**Konstruktionsarten im Möbelbau** . . .	127

7.5	**Gestellmöbel**	128
7.5.1	Stollen, Zargen, Stege	128
7.5.2	Die Nutzfläche	129

7.6	**Korpusmöbel**	129

7.7	**Raumumschließende Flächen**	129
7.7.1	Brettbau	130
7.7.2	Plattenbau	131
7.7.3	Rahmenbau	134

7.8	**Tragende Teile**	137
7.8.1	Sockel	137
7.8.2	Möbelfüße.	138
7.8.3	Fußgestell	138
7.8.4	Traggestell.	138
7.8.5	Stollen	138
7.8.6	Wangen	139

7.9	**Aussteifende Teile**	139
7.9.1	Rückwände	140
7.9.2	Querleisten	140

7.10	**Zwischenböden.**	140
7.10.1	Auflager für Einlegeböden	141
7.10.2	Durchbiegung bei Zwischenböden . . .	141

7.11	**Bewegliche Teile – Türen**	142

7.12	**Drehflügeltüren.**	142
7.12.1	Proportionen bei Drehflügeltüren	143
7.12.2	Anschlagarten bei Drehflügeltüren . . .	143

7.13	**Das Anschlagen von Drehflügeltüren** . .	144
7.13.1	Zylinderbänder mit Lappen	145
7.13.2	Zylinderbänder mit Einbohrzapfen . . .	145
7.13.3	Fitschen/Einstemmbänder	146
7.13.4	Zapfenbänder.	146
7.13.5	Scharniere.	147
7.13.6	Topfscharniere.	147
7.13.7	Spezialscharniere.	148

7.14	**Möbelklappen.**	148
7.14.1	Hängende Klappen.	148
7.14.2	Stehende Klappen	148
7.14.3	Liegende Klappen	149

7.15	**Schiebetüren**	149
7.15.1	Stehende Schiebetüren	150
7.15.2	Hängende Schiebetüren.	150

7.16	**Rollläden.**	151

7.17	**Schließbeschläge an Türen**	151
7.17.1	Möbelschlösser	151
7.17.2	Verschlüsse für Möbeltüren	153
7.17.3	Griffausführungen	153

7.18	**Bewegliche Teile – Schubkästen und Auszüge**	154
7.18.1	Äußere Form des Schubkastens	154
7.18.2	Einzelteile des Schubkastens	154
7.18.3	Das Schubkastenvorderstück	154

7.18.4	Die Schubkastenseiten	155
7.18.5	Das Schubkastenhinterstück	155
7.18.6	Der Schubkastenboden	156
7.18.7	Schubkastenführungen	156
7.18.8	Laufeigenschaften von Schubkästen	158
7.18.9	Schließbeschläge an Schubkästen	159

7.19	**Entwerfen von Möbeln**	159
7.19.1	Funktion	159
7.19.2	Konstruktion	160
7.19.3	Gestaltung	161
7.19.4	Ausführung	162
7.19.5	Schritte des Entwerfens	162

8	**Entwicklung des Möbelbaus**	**165**
8.1	**Romanik etwa 1000–1250 n.Chr.**	165
8.2	**Gotik etwa 1250–1500**	166
8.3	**Renaissance etwa 1500–1600**	168
8.4	**Barock etwa 1600–1700**	169
8.5	**Rokoko etwa 1700–1750**	171
8.6	**Klassizismus etwa 1750–1850**	172
8.6.1	Louis-seize	172
8.6.2	Zopfstil	173
8.6.3	Directoire	173
8.6.4	Empire	173
8.6.5	Biedermeier	174
8.7	**Historismus des 19. Jahrhunderts**	174
8.8	**Jugendstil etwa 1900–1910**	175
8.9	**Neue Sachlichkeit 1919 bis heute**	175

9	**Wärmeschutz im Hochbau**	**176**
9.1	**Vorschriften, Verordnungen, Gesetze**	176
9.2	**Bauphysikalische Grundbegriffe**	176
9.2.1	Entstehung von Wärme	176
9.2.2	Temperatur	176
9.2.3	Wärmemenge	177
9.2.4	Wärmedehnung	177
9.2.5	Ausbreitung der Wärme	177
9.2.6	Wärmespeicherung	178
9.2.7	Wärmeverlust	179
9.2.8	Wärmedurchgang durch ein Bauteil	179
9.2.9	Wärmedurchgangskoeffizient	180
9.2.10	Wärmeschutz am Fenster	181
9.2.11	Wärmegewinne am Fenster	182

9.3	**Einführung in den baulichen Wärmeschutz**	182
9.3.1	Erläuterungen zur Wärmeschutz-verordnung (WSchV)	182
9.3.2	Wärmebilanzverfahren	183
9.3.3	Bauteilverfahren	184

9.4	**Baulicher Feuchteschutz**	184
9.4.1	Wirkung von Feuchtigkeit	184
9.4.2	Raumluftfeuchte	184
9.4.3	Schwitzwasser	185
9.4.4	Tauwasser	185
9.4.5	Kondenswasser	185

10	**Baulicher Schallschutz**	**186**
10.1	**Entstehung von Schall**	186
10.1.1	Lautstärke/Schallpegel dB(A)	186
10.1.2	Tonhöhe/Frequenz Hz	186
10.2	**Ausbreitung von Schall**	187
10.2.1	Schallarten	187
10.2.2	Luftschall	187
10.2.3	Körperschall	188
10.2.4	Trittschall	188
10.2.5	Schallschluckung	188
10.3	**Bauliche Maßnahmen**	188
10.3.1	Maßnahmen zur Schalldämmung	188
10.3.2	Maßnahmen zur Schallschluckung	188
10.3.3	Schallschutz am Fenster	189

11	**Baulicher Brandschutz**	**190**
11.1	**Normung und gesetzliche Bestimmungen**	190
11.2	**Brandverhalten von Holz**	190
11.3	**Konstruktiver Holzschutz**	191
11.4	**Chemischer Holzschutz**	191
11.4.1	Feuerschutzsalze	191
11.4.2	Schaum bildende Feuerschutzmittel	191

12	**Innenausbau**	**192**
12.1	**Verkleidung von Wänden und Decken**	192
12.2	**Wandverkleidungen**	193
12.2.1	Gestaltung	193
12.2.2	Verkleidungsschalen – allgemein	194
12.2.3	Unterkonstruktion – allgemein	194
12.2.4	Verkleidungsschalen aus Brettern	195
12.2.5	Verkleidungsschalen aus Stäben	196
12.2.6	Verkleidungsschalen aus Rahmen mit Füllung	196
12.2.7	Verkleidungsschalen aus Platten	198
12.2.8	Anschlüsse von Wandverkleidungen	198
12.2.9	Wärmedämmende Wand-verkleidungen	199
12.2.10	Schalldämmende Wand-verkleidungen	200
12.3	**Deckenverkleidungen**	201
12.3.1	Gestaltung	201
12.3.2	Konstruktion	201
12.3.3	Decken aus Balken	203
12.3.4	Decken aus liegenden Brettern	204
12.3.5	Decken aus stehenden Brettern	204
12.3.6	Decken aus Rahmen mit Füllungen	205
12.3.7	Decken aus Platten	205
12.3.8	Wandanschlüsse	205
12.3.9	Einbau von Wärmedämmung in Decken	206
12.3.10	Einbau von Schalldämmung in Decken	206
12.3.11	Einbau von Akustikdecken	206

12.4 **Leichte Trennwände** 207
12.4.1 Funktion 207
12.4.2 Konstruktion 208
12.4.3 Gerippewände 208
12.4.4 Elementwände 208
12.4.5 Schalldämmende Trennwände 210

12.5 **Fest stehende Einbauten** 211
12.5.1 Wandschränke 211
12.5.2 Schrankwände 212
12.5.3 Konstruktionsarten 212
12.5.4 Anschlüsse 214

12.6 **Einbau von Heizkörper-**
verkleidungen 215
12.6.1 Verkleiden von Konvektoren 215
12.6.2 Verkleiden von Radiatoren 216
12.6.3 Verkleiden von Plattenheizkörpern . . . 216

12.7 **Holzfußböden** 217
12.7.1 Dielen-Holzfußböden 217
12.7.2 Parkett-Holzfußböden 218
12.7.3 Fußleisten 218

13 **Treppenbau** 219

13.1 **Grundbegriffe nach DIN 18064** 219

13.2 **Treppenarten** 220
13.2.1 Treppen mit geraden Läufen 220
13.2.2 Treppen mit gewendelten Läufen . . . 221
13.2.3 Rechts- und Linkstreppen 221

13.3 **Stufenarten** 221
13.3.1 Stufenarten nach der Lage 221
13.3.2 Stufenarten nach dem Querschnitt . . . 221

13.4 **Planungsvorschriften** 222
13.4.1 Steigungsverhältnis 222
13.4.2 Stufenausbildung 222
13.4.3 Treppenlaufbreite 222
13.4.4 Podestlänge 223
13.4.5 Durchgangshöhe 223
13.4.6 Brandschutz 223

13.5 **Treppenbauarten** 223
13.5.1 Blocktreppen 223
13.5.2 Aufgesattelte Treppen 223
13.5.3 Eingeschobene Treppen 224
13.5.4 Gestemmte Treppen 224

13.6 **Treppengeländer** 225

13.7 **Anreißen von Treppen** 225
13.7.1 Ermittlung der Stufenzahl und des
Steigungsverhältnisses 225
13.7.2 Ermittlung der Lauflänge 226
13.7.3 Anreißen gerader Treppen 226
13.7.4 Anreißen gewendelter Treppen 226
13.7.5 Verziehen einer viertelgewendelten
Treppe nach dem Verhältnisteilverfahren 227
13.7.6 Verziehen einer halbgewendelten
Treppe 227

14 **Innentüren** 228

14.1 **Aufgaben und Anforderungen** 228

14.2 **Gestaltung und Form** 228

14.3 **Bezeichnungen** 228
14.3.1 Türarten 228

14.4 **Drehflügeltüren** 229
14.4.1 Rechts- und Linkstüren 229

14.5 **Türrahmungen, Konstruktion**
und Fertigung 229
14.5.1 Futterrahmen mit Bekleidungen 229
14.5.2 Blendrahmen 231
14.5.3 Blockrahmen 231
14.5.4 Zargenrahmen 231

14.6 **Türblätter, Konstruktion und Fertigung** 232
14.6.1 Latten- und Brettertüren 232
14.6.2 Rahmentüren 233
14.6.3 Sperrtüren 234
14.6.4 Ganzglastüren 235

14.7 **Beschläge und Anschlagen der**
Türen (Drehflügeltüren) 236
14.7.1 Bänder 236
14.7.2 Schlösser 238
14.7.3 Schlosszubehör 239
14.7.4 Türdichtungen 239
14.7.5 Anschlagen der Türen 240
14.7.6 Einsetzen der Türen 240

14.8 **Schiebetüren** 241

14.9 **Pendeltüren** 242

14.10 **Falt- und Harmonikatüren** 243

14.11 **Spezialtüren** 243
14.11.1 Schalldämmende Türen 244
14.11.2 Feuerhemmende Türen 244
14.11.3 Strahlenschutztüren 244

15 **Außentüren** 245

15.1 **Anforderungen** 245

15.2 **Werkstoffe** 245

15.3 **Gestaltung der Haustür** 246

15.4 **Türumrahmungen, Konstruktion**
und Fertigung 246

15.5 **Türblätter, Konstruktion und Fertigung** 247
15.5.1 Rahmentüren 247
15.5.2 Füllungen in Rahmentüren 248
15.5.3 Aufgedoppelte Türblätter 249
15.5.4 Glatte Türen 250

15.6 **Haustürbeschläge** 251
15.6.1 Bänder 251
15.6.2 Schlösser 251

15.7 **Einbau der Haustüren** 252

TECHNOLOGIE

16 Fensterbau 253

16.1 Aufgaben und Anforderungen 253
16.1.1 Lichteinfall. 253
16.1.2 Be- und Entlüftung 253
16.1.3 Wärmeschutz 254
16.1.4 Schallschutz. 254
16.1.5 Belastung des Fensters durch Windkräfte 256
16.1.6 Fugendurchlasskoeffizient (*a*-Wert) . . . 256
16.1.7 Schlagregensicherheit. 256
16.1.8 Beanspruchungsgruppen 257
16.1.9 Fensterprüfstand 257
16.1.10 Flügelabmessungen und Holz-fensterprofile 257
16.1.11 Bezeichnungen am Fenster 258

16.2 Fensterkonstruktionen 259
16.2.1 Querschnitte und Falzmaße. 259
16.2.2 Konstruktionsmaße 259
16.2.3 Wasserabreißnut und Windsperre 260
16.2.4 Wasserableitung und Kanten-rundung 260
16.2.5 Unteres Querholz bei Fenstertüren . . . 260
16.2.6 Dichtungen 261

16.3 Fensterarten 261
16.3.1 Einfachfenster mit Einfach-verglasung 261
16.3.2 Einfachfenster mit Isolierverglasung . . 261
16.3.3 Einfachfenster als Schallschutz-fenster 262
16.3.4 Verbundfenster mit Doppel-verglasung 262
16.3.5 Kastenfenster mit Doppelverglasung . . 263
16.3.6 Einteilige, mehrflügelige Einfach-fenster 263
16.3.7 Einteilige, mehrflügelige Verbund-fenster 263
16.3.8 Mehrteilige Einfachfenster 263
16.3.9 Einteilige, durch Sprossen unterteilte Fenster 264
16.3.10 Normbezeichnung 264

16.4 Flügelabmessungen und Fensterprofile. 265
16.4.1 Größendiagramme und Profile. . . . 265
16.4.2 Größendiagramm für das Fenster-profil IV 56/78 265

16.5 Anschlagarten 268
16.5.1 Sinnbilder 268
16.5.2 Drehflügelfenster. 268
16.5.3 Kippflügelfenster 270
16.5.4 Klappflügelfenster 270
16.5.5 Drehkippflügelfenster 270
16.5.6 Schwingflügelfenster 271
16.5.7 Wendeflügelfenster 272
16.5.8 Schiebeflügelfenster 274
16.5.9 Hebedrehflügeltüren 274
16.5.10 Hebedrehkippflügeltür 275
16.5.11 Hebeschiebeflügeltür 275
16.5.12 Schiebekippflügeltür 276

16.6 Fertigung des Holzfensters 277
16.6.1 Baumaße 277
16.6.2 Maßnehmen auf der Baustelle 278
16.6.3 Fensteraufriss 279

16.6.4 Materialliste. 279
16.6.5 Auswahl des Holzes 279
16.6.6 Zuschneiden und Aushobeln 280
16.6.7 Anreißen. 280
16.6.8 Eckverbindungen und Profile. 281
16.6.9 Zusammenbau der Rahmen 281
16.6.10 Anschlagen der Fensterflügel 282

16.7 Kunststofffenster 282
16.7.1 Werkstoff 282
16.7.2 Profilsysteme 283
16.7.3 Lagerung der Profile 284
16.7.4 Zuschnitt der Profile 284
16.7.5 Schweißen der Eckverbindungen 284
16.7.6 Bearbeitung der Rahmenecken . . . 284
16.7.7 Beschlagmontage 285
16.7.8 PUR-Hartschaumfenster. 285
16.7.9 Kunststoff-Holzfenster. 285

16.8 Aluminiumfenster 286
16.8.1 Werkstoff 286
16.8.2 Profilsysteme 286
16.8.3 Zuschnitt 286
16.8.4 Eckverbindungen 286
16.8.5 Einbauschutz 287
16.8.6 Aluminium-Holzfenster 287
16.8.7 Aluminium-Kunststofffenster. 287

16.9 Werkstoffschutz 288
16.9.1 Konstruktiver Holzschutz 288
16.9.2 Chemischer Holzschutz 288
16.9.3 Anstriche 289
16.9.4 Anstrichschäden 290

16.10 Verglasung 290
16.10.1 Zweck der Verglasung 290
16.10.2 Glasarten 290
16.10.3 Anforderung an die Rahmen-konstruktion. 293
16.10.4 Glasabdichtung. 293
16.10.5 Falzraum. 297
16.10.6 Glasauswahl 298
16.10.7 Verklotzen der Glasscheiben 298
16.10.8 Beanspruchungsgruppen 299
16.10.9 Wahl des Verglasungssystems 300

16.11 Einbau des Fensters 300
16.11.1 Beanspruchung der Anschlussfuge . . . 300
16.11.2 Befestigung 301
16.11.3 Wandanschlüsse und Abdichtungen . . 302

16.12 Sicherheits- und Zusatz-einrichtungen 303
16.12.1 Fensterläden 303
16.12.2 Jalousien 304
16.12.3 Rollläden 304
16.12.4 Sonnenschutz 304
16.12.5 Be- und Entlüftungseinrichtungen . . . 305
16.12.6 Einbruchsicherungen 305

17 Oberflächenveredelung 306

17.1 Vorbehandeln der Holzoberflächen . . . 306
17.1.1 Putzen und Schleifen 306
17.1.2 Entstauben 307
17.1.3 Wässern 307
17.1.4 Entharzen 308

17.1.5 Ausbessern von Fehlern 308
17.1.6 Entfernen von Leimrückständen
         und Flecken 309
17.1.7 Abbeizen. 310

17.2   Strukturieren 310
17.2.1 Bürsten. 311
17.2.2 Brennen 311
17.2.3 Sandstrahlen 311
17.2.4 Laugen 311
17.2.5 Nachbehandeln strukturierter
         Oberflächen 311
17.2.6 Füllen der Poren mit Kalkweißpasten . . 312

17.3   Bleichtechniken 312
17.3.1 Bleichen mit Reduktionsmitteln 312
17.3.2 Bleichen mit Oxidationsmitteln 313

17.4   Beiztechniken. 314
17.4.1 Farbstoffbeizen 314
17.4.2 Chemisches Beizen. 315
17.4.3 Kombinationsbeizen 317
17.4.4 Probebeizen 317
17.4.5 Auftragen der Beize 318
17.4.6 Trocknen der Beize 319

**17.5   Anwenden und Verarbeiten
         von Überzugsmitteln** 319
17.5.1 Lösemittellacke 321

17.5.2 Reaktionsharzlacke. 326
17.5.3 Löse- und Verdünnungsmittel 329

17.6   Lackauftragtechniken 330
17.6.1 Streichen 331
17.6.2 Spritzen 331
17.6.3 Gießen 335
17.6.4 Walzen 335

**17.7   Arbeitssicherheit und Umwelt-
         schutz** 335
17.7.1 Gesundheitsschutz. 335
17.7.2 Brand- und Explosionsschutz. 336
17.7.3 Umweltschutz. 337

18   Betriebstechnik. 338

18.1   Betriebsanlage 338

18.2   Arbeitsplatz 339

18.3   Späne- und Staubabsaugung 340
18.3.1 Absaugsysteme. 341

18.4   Umweltschutz in der Holzbearbeitung . 343

18.5   Fertigungsablauf 344

1   Mechanik 345

1.1   Hebelgesetze und Drehmomente 345
         Aufgaben zum Kapitel 1 347

2   Druck 348

2.1   Druckeinheiten und Formelzeichen . . . 348

2.2   Mechanischer Druck 348
         Aufgaben zu den Kapiteln 2.1 und 2.2. . 351

2.3   Hydraulischer Druck 351

2.4   Pneumatischer Druck 352
         Aufgaben zum Kapitel 2 353

3   Maschinelle Holzbearbeitung. . . . 355

**3.1   Bewegungsarten und
         Geschwindigkeit** 355

3.2   Vorschubgeschwindigkeit 355
         Aufgaben zu den Kapiteln 3.1 und 3.2. . 355

3.3   Kreisgeschwindigkeit 356

**3.4   Umdrehungsfrequenzen
         (Drehfrequenzen) und
         Übersetzungsverhältnisse** 356
         Aufgaben zu den Kapiteln 3.3 und 3.4. . 357

3.5   Schnittgeschwindigkeit 357
         Aufgaben zum Kapitel 3.5 359

3.6   Güte der Holzschnittfläche 359
         Aufgaben zum Kapitel 3 361

4   Arbeit, Leistung, Wirkungsgrad . 363

4.1   Arbeit und Wirkungsgrad 363

4.2   Leistung und Wirkungsgrad 363
         Aufgaben zum Kapitel 4 364

**5   Elektrotechnische
         Berechnungen** 366

5.1   Größen und Einheiten im Stromkreis . 366

**5.2   Elektrischer Widerstand und
         ohmsches Gesetz** 366
         Aufgaben zum Kapitel 5.2. 367

5.3   Sicherungen und Leitungsquerschnitte 368
         Aufgaben zum Kapitel 5.3. 368

5.4   Elektrische Leistung 368
         Aufgaben zum Kapitel 5.4. 370

**5.5   Elektrische Arbeit und
         Energie-(Strom-)Kosten** 370
         Aufgaben zum Kapitel 5.5. 371

TECHNISCHE MATHEMATIK

6 **Längen an Treppen** 372

6.1 **Steigungsverhältnisse und Berechnungsregeln** 372

6.2 **Lauflinie, Auftrittbreite, Podesttiefe, Durchgangshöhe** 373

6.3 **Wangen-, Geländer- und Handlauflängen** 375
Aufgaben zum Kapitel 6 375

7 **Wärmeschutz im Hochbau** 378

7.1 **Wärmeschutztechnische Grundlagen** . . 378

7.2 **Wärmedurchlasswiderstand 1/Λ und Wärmedurchgangskoeffizient k** 378

7.3 **Dicke von Wärmedämmschichten** 380
Aufgaben zum Kapitel 7 381

8 **Kostenrechnen (Kalkulation)** . . . 383

8.1 **Aufbau der Kostenermittlung** 383

8.2 **Werkstoffkostenermittlung** 383

8.3 **Lohnarten und Lohnkosten** 385

8.4 **Gemeinkosten** 386

8.5 **Wagnis und Gewinn** 387

8.6 **Mehrwertsteuer** 387

8.7 **Zuschlagkalkulation** 388
Aufgaben zum Kapitel 8 389

9 **CNC-Programmierung** 393

9.1 **Grundlagen** 393

9.2 **Punktsteuerung** 394
Aufgabe zum Kapitel 9.2 394

9.3 **Streckensteuerung** 395
Aufgaben zum Kapitel 9.3 395

9.4 **Bahnsteuerung** 395
9.4.1 Fräsungen innerhalb des Werkstücks . . 396
Aufgaben zum Kapitel 9.4.1 397
9.4.2 Fräsungen an Werkstückrändern 397
Aufgabe zum Kapitel 9.4.2 398
Aufgaben zum Kapitel 9 398

10 **Tabellen** 400

Tab. 1: Mittlere Zuschlag-Verschnittsätze in Prozent 400
Tab. 2: Auftragmengen für Klebeflächen bei einseitiger Angabe 400
Tab. 3: Pressdrücke p für Leim- und Klebefugen 400
Tab. 4: Richtwerte für Pressdrücke p für Keilzinkenverbindungen 400
Tab. 5: Richtwerte für Pressdrücke p rechtwinklig zur Faserrichtung, ohne bleibende Druckstellen 401
Tab. 6: Wirkkräfte F von Klemm- und Spannwerkzeugen 401
Tab. 7: Günstige (wirtschaftliche) Schnittgeschwindigkeiten v_c 401
Tab. 8: Schnittgeschwindigkeitsdiagramm . . . 402
Tab. 9: Richtwertediagramm für Schneidwerkzeugeinsatz 403
Tab. 10: Rohdichten ϱ und Wärmeleitfähigkeit λ von Bau- und Dämmstoffen . . . 403
Tab. 11: Wärmedurchgangskoeffizienten für Verglasungen k_V und für Fenster und Fenstertüren k_F 404
Tab. 12: Auftragmengen für Oberflächenmittel . 404
Tab. 13: Richtpreise für Leime, Kleber, Oberflächenmittel 404
Tab. 14: Holz- und Holzwerkstoffpreise . . . 405
Tab. 15: Richtpreise für Verbindungsmittel, Beschläge, Hilfswerkstoffe 405
Tab. 16: Brutto-Stundenlöhne 405

11 **Aufgabensammlung zur Vorbereitung auf Prüfungen** . . . 406

KONSTRUKTION UND ARBEITSPLANUNG

1 **Schnitte und Werkstoffe** 409

1.1 **Kurzzeichen von Werkstoffen nach DIN (Auswahl)** 409

1.2 **Darstellung der Werkstoffe nach DIN 919** 410

1.3 **Darstellung der Werkstoffe nach DIN 201 (Auswahl)** 413

2 **Möbel/Beschläge/Teilschnitte** . . 414

2.1 **Drehflügeltüren** 414
2.1.1 Aufschlagende Drehtüren 414
2.1.2 Einschlagende Drehtüren 419
2.1.3 Gefälzte Drehtüren 423

2.2 **Möbelklappen** 425

2.3 **Schiebetüren** 428
2.3.1 Stehende Schiebetüren 428
2.3.2 Hängende Schiebetüren 429

2.4	**Möbelrollläden**	431
2.5	**Schubkästen**	434
2.5.1	Schubkastenführungen	434
2.5.2	Innenschubkästen	437
2.6	**Wahre Längen und Winkel bei Trichterverbindungen**	439
3	**Möbelkonstruktionen**	**440**
3.1	**Möbelzeichnungen**	440
3.1.1	Hauptzeichnung	440
3.1.2	Fertigungszeichnung	440
3.1.3	Teilschnittzeichnung	440
3.2	**Plattenbaumöbel**	442
3.3	**Rahmenbaumöbel**	446
3.4	**Stollenbaumöbel**	448
3.5	**Brettbaumöbel**	450
3.6	**Tische**	452
3.6.1	Stollentische	452
3.6.2	Wangentische	453
3.6.3	Ausziehtische	453
4	**Räumliche Darstellungen – Schrägbilder**	**458**
4.1	**Fluchtpunktprojektion**	458
4.1.1	Projektion mit einem Fluchtpunkt – Zentralperspektive	458
4.2	**Projektion mit zwei Fluchtpunkten – Eckperspektive**	462
4.2.1	Konstruktion der Zwei-Fluchtpunkt-Projektion	462
4.2.2	Räumliche Darstellung eines Schrankes nach der Zwei-Punkte-Methode	463
5	**Grundlagen der Gestaltung**	**467**
5.1	**Formschönheit**	467
5.2	**Zweckmäßigkeit**	467
5.3	**Konstruktion**	468
5.4	**Profile**	468
5.5	**Moderne Möbel**	469
6	**Arbeitsplanung / Projekte**	**471**
6.1	**Planung eines Möbelstückes**	471
6.1.1	Entwürfe zur Auswahl	471
6.1.2	Entwurfsskizzen zur Konstruktion	472
6.2	**Fertigungszeichnungen**	473
6.2.1	Hauptzeichnung	473
6.2.2	Teilschnittzeichnung	473
6.3	**Werkstoffliste**	475
6.4	**Arbeitsablauf mit Arbeitszeitermittlung**	476
6.5	**Kalkulationsbogen**	478
6.6	**Angebot**	479
6.7	**Projektaufgaben**	480
7	**Innenausbau**	**482**
7.1	**Darstellung von Baustoffen und Bauteilen**	482
7.2	**Maßordnung im Hochbau**	482
7.2.1	Bau-Richtmaße (BR)	482
7.2.2	Nennmaße (NM)	482
7.3	**Bauzeichnungen**	482
7.3.1	Tür- und Fensteröffnungen	482
7.3.2	Bemaßung von Bauzeichnungen	483
7.4	**Einbaumöbel**	484
7.5	**Wand- und Deckenverkleidungen**	486
7.5.1	Unterkonstruktion	486
7.5.2	Verkleidungsschalen	486
7.5.3	Eckanschlüsse von Wandverkleidungen	487
7.6	**Heizkörperverkleidungen**	488
7.7	**Projektaufgaben**	490
8	**Treppenbau**	**491**
8.1	**Gerade Treppen**	491
8.2	**Gewendelte Treppen**	493
9	**Türkonstruktionen**	**495**
9.1	**Innentüren**	495
9.1.1	Normgrößen der Türen	495
9.1.2	Türblätter	495
9.1.3	Latten- und Brettertüren	495
9.1.4	Sperrtüren (Plattentüren)	497
9.1.5	Rahmentüren	498
9.1.6	Türeinbausysteme	501
9.2	**Haustüren**	503
9.2.1	Türeinbausysteme	503
9.2.2	Türblätter	503
9.2.3	Rahmentür mit Füllungen	503
9.2.4	Aufgedoppelte Türblätter	505
9.3	**Projektaufgaben**	507
10	**Fensterkonstruktionen**	**508**
10.1	**Anschlagarten der Fensterflügel und Fenstertürflügel**	508
10.2	**Holzfenster- und Fenstertürprofile**	508
10.3	**Baumaße und Fenstermaße**	512
10.4	**Fertigungszeichnung bzw. Brettaufriss**	513
10.5	**Projektaufgaben**	517
11	**Zeichnen mit CAD**	**518**
11.1	**Einsatzmöglichkeiten**	518
11.2	**Der CAD-Arbeitsplatz**	518
11.2.1	Hardware	518
11.2.2	Software	521
11.3	**Die CAD-Arbeitstechnik**	521
11.4	**Erweiterte CAD-Anwendung**	523
11.5	**Beispiele der CAD-Technik**	523
12	**Gesellenstücke**	**526**
13	**Abschlussprüfung für Holzmechaniker**	**527**
13.1	**Das Prüfungsstück**	527
13.2	**Arbeitsproben**	527
	Sachwortverzeichnis	529
	Bildquellenverzeichnis am Ende des Buches	

TECHNOLOGIE

1 Maschinelle Fertigung

1.1 Entwicklung

Die **maschinelle Fertigung** ist die **qualitative** Fortentwicklung der handwerklichen Fertigung.

Wie in anderen Berufen hat der Einsatz von Werkzeugmaschinen auch das Berufsbild des holz- und kunststoffverarbeitenden Gewerbes entscheidend geprägt. Heute gehört die maschinelle Fertigung zum **Standard** einer **leistungsfähigen Produktion** (Abb. 1) und ist Ausdruck von:

– **Wirtschaftlichkeit**,
– **Qualität**,
– **Präzision**.

Holzbearbeitungsmaschinen wie Tischkreissäge- und Hobelmaschinen wurden bereits im 19. Jahrhundert in England patentiert (Abb. 2). Sie waren noch sehr einfach konstruiert und nur mangelhaft mit Sicherheitsvorrichtungen ausgestattet. Angetrieben wurden sie zunächst mit Wasserkraft und Dampfmaschinen. Von entscheidender Bedeutung war jedoch die Entwicklung der Elektromotoren.

Maschinenwerkzeuge wie Kreissäge- und Hobel- und Fräswerkzeuge (Abb. 3) bestanden bis Mitte des 20. Jahrhunderts noch weitestgehend aus niedrig legiertem Werkzeugstahl und glichen mehr „maschinengetriebenen Handwerkzeugen", die durch ihre Konstruktion zu schweren Unfällen führten, zumal die Werkstücke häufig **freihändig** am Riss zugeführt wurden.

Der endgültige Durchbruch der **Maschinentechnologie** in den noch weitgehend handwerklich orientierten Klein- und Mittelbetrieben gelang nach dem 1. Weltkrieg. Heute hat sie durch die ständige Entwicklung und Verwendung **hochwertiger** Mechaniken und Werkstoffe eine hohe Qualität erreicht.

Der zunehmende Einsatz der **EDV** in der Maschinentechnik wird die Anforderungen an die Mitarbeiter und Mitarbeiterinnen des holz- und kunststoffverarbeitenden Gewerbes erneut entscheidend verändern. Sie erfordert ein hohes Maß an Kenntnissen sowie die Bereitschaft zu ständiger **Fortbildung**.

Die **computergestützte Fertigung** stellt die **qualitative** Fortentwicklung der maschinellen Fertigung dar (Abb. 4).

1 **Standardausstattung eines modernen Maschinenraumes**

2 **Tischkreissägemaschine um 1850**

3 **Altes handgefertigtes Fräswerkzeug**
Vierkantbauweise

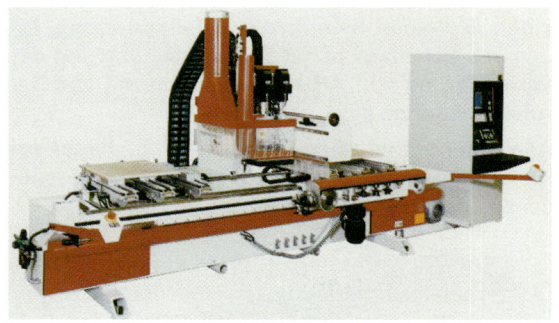

4 **EDV-gestützte Fertigungsanlage**

1.2 Arbeitssicherheit

1.2.1 Unfallgefahren

Unfälle bei der maschinellen Fertigung sind häufig die Folge von **Unwissenheit** und **Unachtsamkeit**.

Die maschinelle Fertigung erfordert ein ausgeprägtes **Bewusstsein für Gefahren**, die durch die Anwendung dieser Technologie entstehen können. Durch die **schnellen**, z. T. **schwer kontrollierbaren Fertigungsabläufe** sind die Kräfte und das Reaktionsvermögen der Menschen häufig überfordert. Auf Grund dieser Erfahrungen gilt:

Unfallverhütung setzt die vollständige Kenntnis und Berücksichtigung von **Unfallursachen** voraus!

Häufige **Gefahren** sind:
– **Rückschlag** des Werkstücks,
– **Hineinziehen** des Werkstücks in das Werkzeug,
– **Werkzeugbruch** rotierender Werkzeuge.

Weitere **Gefahren** sind:
– **Lärmbelästigung**,
– **Staubbelastung**.

Die oben genannten Gefahren können verschiedene Ursachen haben (Tab. 1) und können besonders bei **Handvorschub** zu schweren Unfällen führen, wenn die notwendigen **Sicherheitsvorkehrungen** nicht beachtet werden.

Die Gefahren durch **Lärm** und **Staub** wurden lange unterschätzt. Wird kein geeigneter **Gehörschutz** benutzt, können durch Maschinenlärm dauerhafte Gehörschäden entstehen. Die Dauerbelastung durch Holzfeinstäube kann zu gesundheitlichen Schäden führen, wenn die **Staubentsorgung** unzureichend ist.

1.2.2 Verbände für Arbeitsschutz

Gegen Ende des 19. Jahrhunderts entstanden in Deutschland die **Berufsgenossenschaften**. Sie leisten als Träger der **gesetzlichen Unfallversicherung** einen wichtigen Beitrag zur **Unfallverhütung**, indem sie sich intensiv mit der Erforschung und der Verhinderung von **Arbeitsunfällen** sowie von **Berufskrankheiten** befassen.

Alle Unternehmen sind kraft Gesetz Mitglieder der für ihren Berufszweig zuständigen Berufsgenossenschaft.

Die **HBG** (**H**olz-**B**erufs**g**enossenschaft) ist für die Unternehmen zuständig, die Holz und ähnliche Werkstoffe be- und verarbeiten (Abb. 2 und 4).

Für Beschäftigte im „öffentlichen Dienst" erfüllt die gesetzliche **U**nfall**v**ersicherung GUV die Aufgaben des Unfallschutzes (Abb. 3).

Gefahren	mögliche Ursachen
Hineinziehen des Werkstücks in das Werkzeug	Gleichlauf von Werkzeugwirkrichtung und Werkstückvorschub
Rückschlag des Werkstücks	Schneiden ohne Spaltkeil an Kreissägen, zu hohe Vorschubgeschwindigkeit des Werkstücks, zu geringe Umdrehungsfrequenz des Werkzeugs
Werkzeugbruch	zu hohe Umdrehungsfrequenz des Werkzeugs

1 Gefahren und Ursachen im Unfallgeschehen

2 Logo der HBG   3 Logo der GUV

Durch ihre **technischen Aufsichtsdienste** nimmt die HBG die folgenden Aufgaben wahr (Tab. 4):

Aufgaben des technischen Aufsichtsdienstes der HBG	
Beratung	– der Mitgliedsunternehmen in Fragen der Arbeitssicherheit.
Überwachung	– der Durchführung und Umsetzung der Unfallverhütung.
Untersuchung	– von Arbeitsunfällen sowie Maßnahmen zur Beseitigung von Gefahren.
Beurteilung	– von Arbeitsplätzen bezüglich der Arbeitssicherheit.
Ausbildung	– von Sicherheitsbeauftragten sowie von Meistern und Auszubildenden.
Werbung	– für die Ziele der Arbeitssicherheit und des Gesundheitsschutzes.

4 Aufgaben der HBG

Der **Versicherungsschutz** und die **Leistungen** der HBG erstrecken sich auf (Tab. 5):

Versicherungsschutz bei	Leistungen für
Arbeitsunfällen	Heilbehandlung
Wegeunfällen	Verletztengeld und -rente
Berufskrankheiten	Berufshilfe

5 Versicherung und Leistungen durch die HBG

Versichert sind alle Beschäftigten eines Mitglied-unternehmens der HBG aufgrund eines:

- Arbeitsverhältnisses,
- Dienstverhältnisses oder
- Lehrverhältnisses,

gleichgültig welchen Alters, Geschlechts, Nationalität oder Rasse sowie Höhe des Einkommens oder Dauer einer Tätigkeit.

1.2.3 Unfallverhütung

Grundvoraussetzung jeder wirksamen Unfallverhütung ist eine **aufmerksame** und **umsichtige** Arbeitsweise.

Dazu müssen folgende allgemeine Grundregeln beachtet werden:

- **Ordnung** am Maschinenarbeitsplatz,
- **keine Ablenkung** der an der Maschine arbeitenden Personen,
- **alle Unfallverhütungsvorschriften** beachten,
- **Gefahrenbereiche** von Maschinen **meiden**,
- **Sicherheitsvorrichtungen** auch bei kurzzeitigen Fertigungen **verwenden**,
- **eng anliegende** und **arbeitsgerechte Arbeitskleidung** tragen,
- **Sicherheitsschuhe** tragen,
- **keine Schmuckstücke**, z.B. Armbanduhren oder Ringe **tragen**,
- **lange Haare** durch Bänder oder Haarnetze **sichern**,
- persönliche **Schallschutzmittel** schon bei **Lärmentwicklung ab 85 dB (A)** tragen,
- bei **Feinstaubentwicklung** persönliche **Atemschutzmittel** tragen,
- **Alkohol** oder **Drogen** am Arbeitsplatz sind unzulässig!

1.2.4 Unfallverhütungsvorschriften

Richtlinien über Arbeitssicherheit und Gesundheitsschutz werden von der **Europäischen Union** erlassen, die von ihren Mitgliedstaaten in nationales Recht umgesetzt werden. Grundlage der Unfallverhütung in der Bundesrepublik Deutschland bilden die **UVV** (**U**nfall**v**erhütungs**v**orschriften).

Die UVV sind **Mindestanforderungen** für die Sicherheit am Arbeitsplatz. Sie sind für Mitglieder und Versicherte **verbindliche Rechtsnormen**.

Von der HBG werden die UVV regelmäßig als **VBG** (**V**erband gewerblicher **B**erufs**g**enossenschaften) in einer Sammelmappe an jedes ihrer Mitgliedsunternehmen herausgegeben. Die Vorschriften werden laufend den Erfordernissen der technischen Entwicklung angepasst. Tabelle 1 enthält eine Übersicht über die wichtigsten VBG-Sammlungen für die maschinelle Fertigung.

Vorschriften der HBG	Inhalte
VBG 1	Allgemeine Vorschriften
VBG 4	Elektrische Anlagen und Betriebsmittel
VBG 5	Kraftbetriebene Arbeitsmittel
VBG 7j	Maschinen und Anlagen zur Be- und Verarbeitung von Holz und ähnlichen Werkstoffen
VBG 113	Schutzmaßnahmen beim Umgang mit Krebs erzeugenden Arbeitsstoffen
VBG 121	Lärm

1 Auszug aus der Vorschriftensammlung der HBG

Gütebewertung von Maschinen und Geräten

Mit der Bildung eines einheitlichen europäischen Arbeitsschutzes müssen Holzbearbeitungsmaschinen den **EG-Maschinen-Richtlinien** entsprechen.

Mit dem **CE**-Kennzeichen (**C**entral **E**uropean Norming) müssen alle Maschinen ab Baujahr 1995 versehen sein (Abb. 2).

Mit dem **GSG** (**G**eräte**s**icherheits**g**esetz) wurden die EG-Richtlinien in innerdeutsches Recht umgesetzt. Sie schließen auch die Beschaffenheitsanforderungen an Werkzeuge ein.

Geräte mit **GS**-Prüfzeichen (**g**eprüfte **S**icherheit) sollten beim Neukauf bevorzugt werden (Abb. 3).

2 CE-Kennzeichen　　　　　3 GS-Sicherheitsprüfzeichen

1.2.5 Beschäftigungsbeschränkung

Das **Jugendarbeitsschutzgesetz verbietet Jugendlichen unter 18 Jahren** grundsätzlich das Rüsten, Warten und Betreiben **gefährlicher Maschinen!**

Im Rahmen der beruflichen Ausbildung gilt jedoch eine Sonderregelung. Nach den **Jugendarbeitsschutzrichtlinien** der **EG** dürfen Jugendliche an im § 14 VBG 7j aufgeführten **Holzbearbeitungsmaschinen** dann beschäftigt werden, wenn:

– sie mindestens **15 Jahre** alt sind,
– die Tätigkeit dem **Ausbildungsziel** dient,
– die **Unterweisung** und **Aufsicht** durch eine **fachkundige** Person gewährleistet ist.

Zu den im § 14 VBG 7j aufgeführten Holzbearbeitungsmaschinen zählen vor allem die für die holz- und kunststoffverarbeitenden Berufe wichtigen Maschinen wie:

– Sägemaschinen,
– Hobelmaschinen und
– Fräsmaschinen jeder Art.

1.3 Arten der Maschinen

Die in der Holzbearbeitung verwendeten Maschinen gehören zur Gruppe der **Arbeitsmaschinen**, die hauptsächlich mit entsprechenden **Maschinenwerkzeugen** zur **spanenden Bearbeitung** von **Vollholz**, **Holzwerkstoffen** sowie von **Kunststoffen** und **Metallen** eingesetzt werden. Angetrieben durch **Kraftmaschinen**, heute fast ausnahmslos Elektromotoren, werden sie allgemein als **Holzbearbeitungsmaschinen** (nach DIN **8800**) bezeichnet.

Unterscheidungsmerkmale

Je nach Verwendung und Funktion können die Holzbearbeitungsmaschinen unterschiedlich geordnet werden nach Art der:

– Fertigungsverfahren,
– maschinellen Ausstattung,
– Bearbeitungsform.

Bei den **Fertigungsverfahren** werden (nach DIN **8580**, **8589** und **8593**) die **OGP** (**O**rdnungs**g**esichts**p**unkte) der Hauptgruppen **Trennen** (**Spanen** und **Teilen**) sowie **Fügen** zugrunde gelegt (Tab. 1).

Die Unterscheidung nach der **maschinellen Ausstattung** erfolgt danach, ob es sich um **Standardmaschinen** als Grundausstattung oder um **Spezialmaschinen** in Abhängigkeit des jeweiligen Produktangebotes (z.B. Innenausbau oder Fensterbau) eines Unternehmens handelt (Tab. 2).

Die Zuordnung der Holzbearbeitungsmaschinen nach den **Bearbeitungsformen** ist abhängig davon, ob es sich um **Standardbearbeitungen** mit konventionellen Betriebsmitteln, um **spezielle Bearbeitungsformen** häufig teil- und vollautomatisch oder um **EDV-gestützte Komplettbearbeitungen** handelt (Tab. 3).

Aufgaben

1. Nennen Sie die wesentlichen Merkmale der maschinellen Fertigung gegenüber der handwerklichen.
2. Nennen Sie einige Gründe, weshalb es bei der maschinellen Fertigung zu Unfällen kommen kann.
3. Benennen Sie die wichtigsten Aufgaben der HBG sowie den Stellenwert der UVV.

Holzbearbeitungsmaschinen	Fertigungsverfahren
Sägemaschinen Hobelmaschinen Fräsmaschinen Bohrmaschinen Stemmmaschinen Schleifmaschinen	Spanen
Furnierkappmaschinen Stanzmaschinen	Teilen
Pressen Spannvorrichtungen Nageler Schrauber	Fügen

1 Zuordnung von Holzbearbeitungsmaschinen und Fertigungsverfahren

Holzbearbeitungsmaschinen	Ausstattungsform
Tischkreissägemaschinen Bandsägemaschinen Abrichthobelmaschinen Dickenhobelmaschinen Tischfräsmaschinen Langlochbohrmaschinen Langbandschleifmaschinen	Standardmaschinen (universell einsetzbar)
Plattenaufteilmaschinen Kantenleimmaschinen Lochreihenbohrmaschinen Breitbandschleifmaschine Vierkantenhobelmaschinen	Spezialmaschinen

2 Zuordnung von Holzbearbeitungsmaschinen und Ausstattung eines Unternehmens

Holzbearbeitungsmaschinen	Bearbeitungsformen
Tischkreissägemaschinen Bandsägemaschinen Abrichthobelmaschinen Dickenhobelmaschinen Tischfräsmaschinen Langlochbohrmaschinen Langbandschleifmaschinen	Standardbearbeitungen
Plattenaufteilmaschinen Kantenleimmaschinen Lochreihenbohrmaschinen Breitbandschleifmaschine Vierkantenhobelmaschinen	Spezialbearbeitungen (häufig automatisch z.T. EDV-gestützt)
CNC-Bearbeitungszentren z.B. für: Schrankfertigung Fensterfertigung	Komplettbearbeitungen (EDV-gestützt)

3 Zuordnung von Holzbearbeitungsmaschinen nach den Bearbeitungsformen

4. Erläutern Sie einige Grundregeln der Unfallverhütung.
5. Unter welchen Bedingungen dürfen Jugendliche unter 18 Jahre Holzbearbeitungsmaschinen betreiben?
6. Nennen Sie einige Standard- und Spezialmaschinen.
7. Erläutern Sie einige Unterscheidungsmerkmale von Holzbearbeitungsmaschinen.

2 Technologische Grundlagen

2.1 Schneidteile an Maschinenwerkzeugen

Teile des Schneidkeiles

Bei der spanenden Bearbeitung mit Maschinenwerkzeugen ist wie bei den Handwerkzeugen der **Schneidkeil** die Grundform (Abb. 1).

Der Schneidkeil besteht aus folgenden Teilen:

– Schneide,
– Freifläche,
– Spanfläche.

Die **Schneide** ist der Teil des Schneidkeiles, an dem Freifläche und Spanfläche zusammentreffen. Mit der Schneide erfüllt der Schneidkeil seine Aufgabe, in den Werkstoff einzudringen und den Span abzutrennen.

Die **Freifläche** ist dabei so angeordnet, dass die Schneide in den Werkstoff eindringen kann. Bei der Spanabnahme entsteht hinter der Freifläche ein freier Raum (Abb. 1), der für eine nachfolgende Schneide als Spanraum dient.

Durch die **Spanfläche** wird der abgetrennte Span angehoben, wobei er sich an ihr abrollen kann (Abb. 1). Die Stellung der Spanfläche zum Werkstoff bestimmt die Art der Spanabnahme.

Schneidenarten

Je nach Art der spanenden Bearbeitung werden eine oder mehrere Schneiden bei einem Arbeitsvorgang benötigt. So erfordert z. B. das Hobeln von Flächen nur eine Schneidenart, während z. B. beim Fräsen von Fälzen zwei Schneiden unterschiedlicher Art benötigt werden. Deshalb gibt es je nach Anordnung:

– Hauptschneiden,
– Nebenschneiden,
– Schneidenecken.

Die **Hauptschneide** spant in Vorschubrichtung des Werkzeuges bzw. des Werkstückes (Abb. 2) und leistet dabei den Hauptanteil an dem Zerspanungsvolumen am Werkstück. Man spricht auch vom **Grund**schnitt.

> Mit der Hauptschneide werden Grundschnitte durchgeführt (Abb. 3).

Die **Nebenschneide** (Abb. 3) hat die Aufgabe, an den **Flanken** zu spanen, wenn diese (z. B. beim Fälzen oder Nuten) durch einen Grundschnitt entstanden sind. Je nach Stellung kann die Nebenschneide dabei auch **Vorschneide**funktionen übernehmen. Die Nebenschneide benötigt eine **Nebenfreifläche**, damit sie freischneidet (Abb. 1).

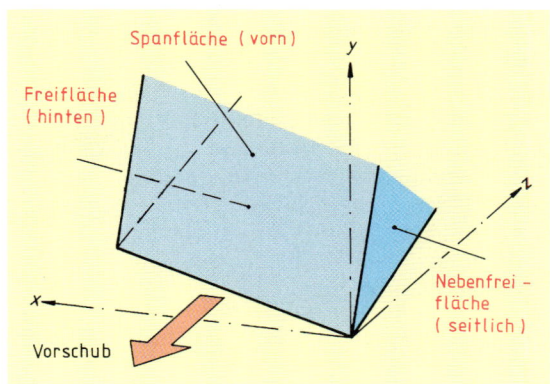

1 Schneidkeil

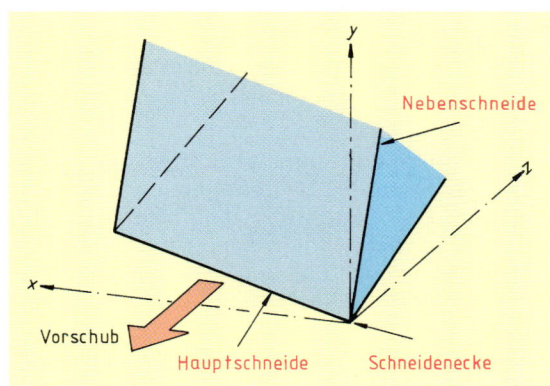

2 Schneiden am Schneidkeil

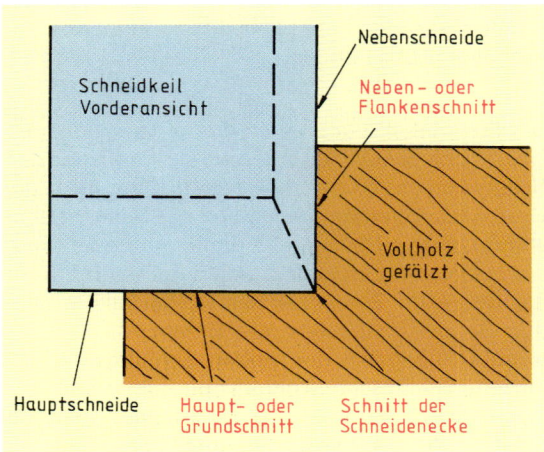

3 Schnittarten beim mehrschneidigen Schneidkeil

5

Mit der Nebenschneide werden Flanken- und Vorschnitte durchgeführt (Abb. 3, S. 5).

An der **Schneidenecke** treffen Haupt- und Nebenschneide zusammen (Abb. 2, S. 5). Sie kann sowohl Vorschneideaufgaben übernehmen als auch das Profil zwischen Grund- und Flankenschnitt bestimmen (Abb. 3, S. 5). Dies ist abhängig von der Anordnung der unterschiedlichen Schneidenarten an dem Gesamtwerkzeug.

Schneidenecken übernehmen häufig auch die Aufgaben von Vorschneidern.

Die Bezeichnung der Schneidenarten darf jedoch nicht als Wertung begriffen werden, da alle Schneiden bei einem Zerspanungsvorgang ihre Aufgabe gleichermaßen erfüllen.

2.1.1 Schneidengeometrie

Grundsätzlich werden Schneiden in geometrisch unbestimmte und geometrisch bestimmte unterschieden.

– Geometrisch **unbestimmte** Schneiden sind solche, bei denen die Begrenzungen und Stellungen der Frei- und Spanflächen **nicht eindeutig** festzulegen sind. Dazu verlaufen ihre Schneiden nicht geradlinig. Zu den geometrisch unbestimmten Schneiden gehören z.B. die Schleifkörner der Schleifmittel.

– Geometrisch **bestimmte** Schneiden sind dagegen solche, bei denen alle Teile des Schneidkeiles **eindeutig** mit Längen- und Winkelmaßen festgelegt werden können. Beispiele hierfür sind alle Schneidteile an Säge-, Hobel-, Fräs- und Bohrwerkzeugen.

Entsprechend den Aufgaben der Schneiden und Flächen eines Schneidteiles werden die jeweiligen Größen der Schneidengeometrie wie bei den Handwerkzeugen nach DIN 6581 benannt und angeordnet (Abb. 1 und 2).

Der **Freiwinkel** α (alpha) wird von der gespanten Oberfläche des Werkstückes bis zur Freifläche des Schneidkeiles gemessen. Durch ihn wird die Größe des freien Raumes hinter der Schneide bestimmt. Dies ist besonders dann von Bedeutung, wenn dieser Raum gleichzeitig den Spanraum für nachfolgende Schneiden bildet. Bei einem kleinen Spanraum besteht die Gefahr, dass abgetrennte Späne bei den hohen Schnittgeschwindigkeiten nicht schnell genug abtransportiert werden können, so dass eine Mehrfachzerspanung entsteht, die die Oberflächengüte beeinträchtigen kann.

Je größer der Spanraum vor einer Schneide ist, desto sauberer wird die gespante Oberfläche!

Der **Nebenwinkel** α_n hat die gleiche Bedeutung für die Nebenschneide wie der Freiwinkel für die Hauptschneide. Er wird von der Flankenschnittfläche am Werkstück bis zur Nebenfreifläche des Schneidteiles gemessen. Durch den Nebenfreiwinkel ist zu erkennen, ob ein Werkzeug überhaupt eine Nebenschneide besitzt und damit für Flankenschnitte geeignet ist.

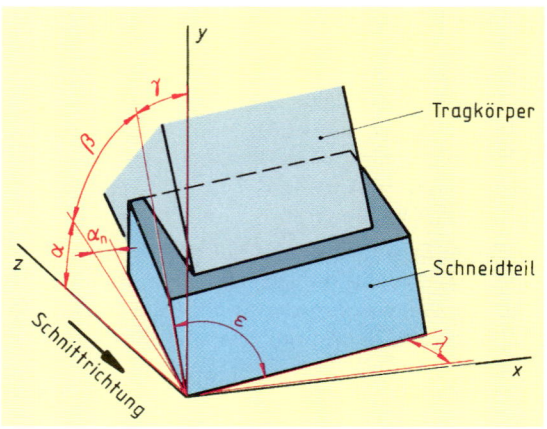

1 Winkelgrößen am Schneidkeil
dimetrische Darstellung

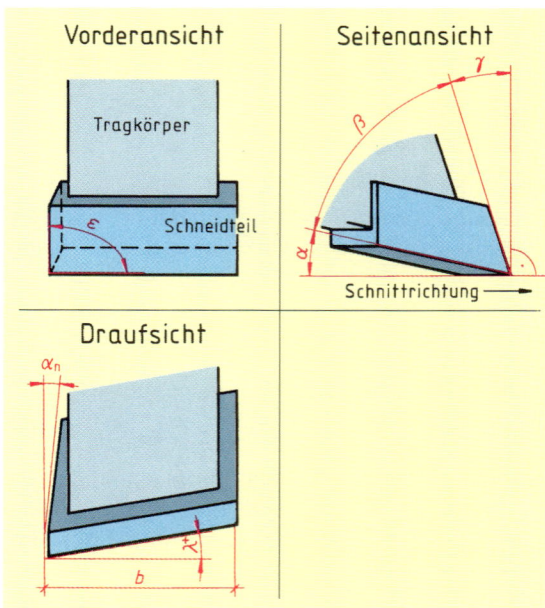

2 Längen- und Winkelgrößen am Schneidkeil
Dreitafel-Darstellung

Der **Keilwinkel** β (beta) gibt die Größe des Schneidkeiles an und wird zwischen Freifläche und Spanfläche gemessen. Durch den Keilwinkel wird die Standzeit des Schneidteiles am Maschinenwerkzeug festgelegt. Er entscheidet maßgeblich über die Güte der gespanten Oberfläche.

Je spitzer der Keilwinkel des Schneidkeiles, desto geschmeidiger dringt er in den Werkstoff ein, was die Oberflächengüte erhöht. Andererseits nutzt sich die Schneide eines spitzwinkligen Schneidkeiles schneller ab, wodurch die Standzeit des Werkzeuges herabgesetzt wird.

Für den Einsatz des Werkzeuges muss hier ein Kompromiss je nach Werkstoffart gefunden werden. Hinzu kommt, dass der Keilwinkel in Abhängigkeit zum jeweiligen Schneidenwerkstoff gesehen werden muss. So besitzen Schneidteile aus Hartmetall aufgrund des spröderen Werkstoffes in der Regel einen größeren Keilwinkel als Schneidteile aus Stahllegierungen.

Der **Spanwinkel** γ (gamma) wird von einer Senkrechten, bezogen auf die Schneidenspitze (Abb. 2, S. 6), bis zur Spanfläche gemessen. Bei kreisenden Werkzeugen verläuft diese Senkrechte durch den Mittelpunkt der Werkzeugbohrung. Dabei wird, ausgehend von der Vorschubrichtung des Schneidteiles, zwischen positiven, neutralen und negativen Spanwinkeln unterschieden (Abb. 1 und 2).

Durch den Spanwinkel wird bestimmt, auf welche Art ein Span von dem Werkstück abgehoben wird. Der Spanwinkel kann entweder

– positiv,

– neutral oder

– negativ verlaufen.

Positiver Spanwinkel (Abb. 1)

Der Spanwinkel ist positiv, wenn sich die Senkrechte über der Schneidenspitze außerhalb des Schneidkeiles befindet.

Auswirkung: Schneiden mit positivem Spanwinkel dringen sehr leicht in den Werkstoff ein:

– Der Span wird schneidend abgehoben,

– der Spangrund in der Schnittfuge wird sauber, während die Flanken stärker ausreißen können.

Neutraler Spanwinkel (Abb. 1)

Der Spanwinkel ist neutral, wenn die Senkrechte über der Schneidenspitze mit der Spanfläche der Schneide zusammenfällt.

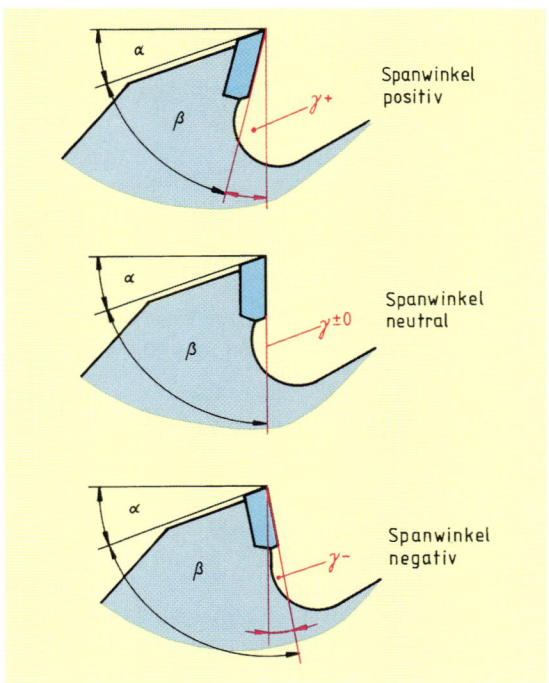

1 Positive, neutrale und negative Spanwinkel

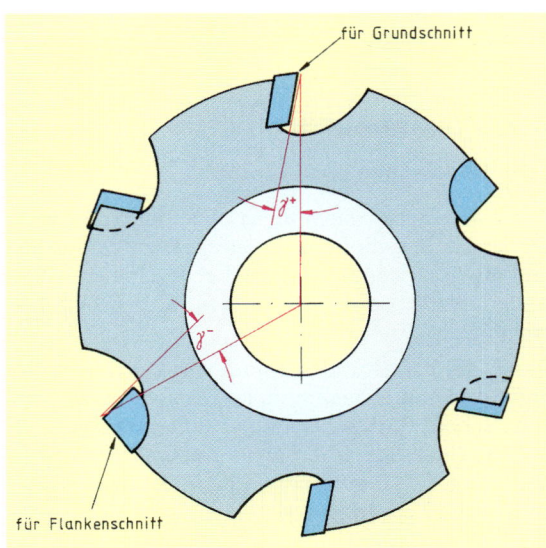

2 Unterschiedliche Spanwinkel für Grund- und Flankenschnitt

Auswirkung: Schneiden mit neutralem Spanwinkel wirken sowohl schneidend als auch schabend. Demzufolge werden Schnittgrund und Flanken gleichermaßen beansprucht.

Negativer Spanwinkel (Abb. 1, S. 7)

> Der Spanwinkel ist negativ, wenn sich die Senkrechte über der Schneidenspitze innerhalb des Schneidenkeiles befindet.

Auswirkung: Schneiden mit einem negativen Spanwinkel dringen nur sehr schwer in den Werkstoff ein:

– Die Schneidenspitze gleitet schabend über den Werkstoff,
– der Spangrund ist unsauberer als bei der Zerspanung mit einem positiven Spanwinkel,
– die Schnittflanken reißen weniger aus, da die Holzfasern nicht vom Werkstoff abgerissen werden.

Der **Eckenwinkel** ε (epsilon) gibt an, unter welchem Winkel Haupt- und Nebenschneiden zueinander stehen.

Der **Neigungswinkel** λ (lambda) gibt an, ob eine Schneide einen geraden Schnitt wie bei Streifenhobelmessern oder einen schrägen (ziehenden) Schnitt wie bei Spiralhobelmessern durchführt (Abb. 1). Wie der Spanwinkel kann auch der Neigungswinkel, bezogen auf die jeweilige Schneidenecke, positiv bzw. negativ sein. Bei geraden Schnitten ist er neutral.

Die **Schneidenbreite** b ist eine der wichtigsten linearen Größen der Schneidengeometrie. Durch sie wird die Breite einer Spanung bei einem Arbeitsgang festgelegt.

2.1.2 Spanungsgeometrie

Schnittbewegung und Vorschub

Durch die Schnittbewegung wird der Span vom Werkstück abgehoben. Sie verläuft entweder **geradlinig** (Bandsäge) oder, wie bei den meisten Maschinenwerkzeugen für die Holzbearbeitung, **kreisförmig** (Kreissäge).

Durch die Vorschubbewegung werden Spandicke und Spanmenge bestimmt. Das Zusammenwirken von Schnitt und Vorschub ergibt verschiedene Schnittbilder, die Oberflächenqualität. Sie zeichnet sich z.B. bei gehobelten oder gefrästen Holzoberflächen als **Messerschläge** ab, die als **Zahnvorschübe** (nach DIN) bezeichnet werden (Abb. 2).

Hohe Zahnvorschübe führen zu starken Ausrissen, zu geringe Zahnvorschübe zu Brandstellen.

Die Länge (Größe) des Zahnvorschubes f_z hängt von folgenden Faktoren ab:

n = Drehzahl in 1/min

v_f = Vorschubgeschwindigkeit in m/min

z = Zahn- oder Schneidenzahl des Werkzeugs

Daraus ergibt sich folgender Zusammenhang (siehe auch Technische Mathematik, Kap. 3.6):

$$f_z = \frac{v_f \,(\text{m/min}) \cdot 1000 \,(\text{mm/m})}{n \,(\text{1/min}) \cdot z} \text{ in mm}$$

Da der Zahnvorschub das Spanungsvolumen bestimmt, ist er auch entscheidend für die Arbeitssicherheit. Es ist festzuhalten:

> Ein zu hoher Zahnvorschub führt durch das erhöhte Spanungsvolumen zu einer erhöhten Rückschlaggefahr.

Der rechnerische und der tatsächlich gemessene Wert des Zahnvorschubes (Abb. 2) sind bei mehrschneidigen Werkzeugen meist unterschiedlich. Die Ursachen hierfür können folgende sein:

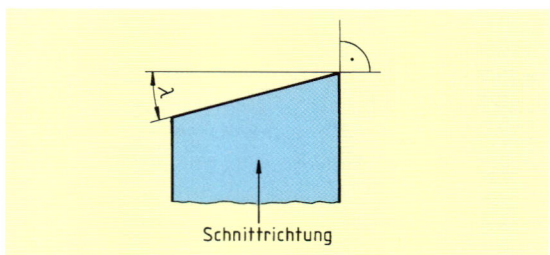

1 Neigungswinkel

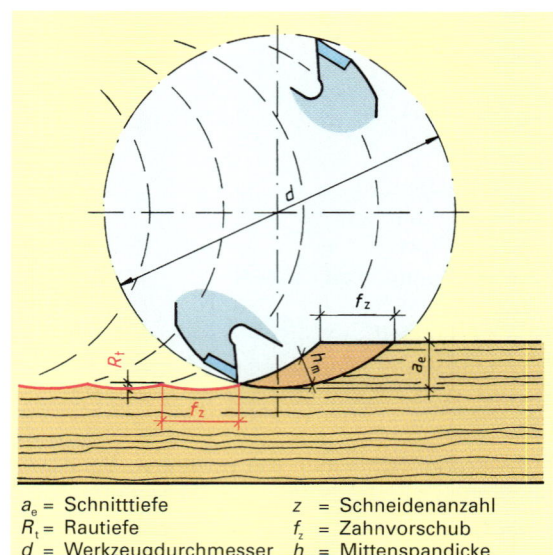

a_e = Schnitttiefe		z = Schneidenanzahl
R_t = Rautiefe		f_z = Zahnvorschub
d = Werkzeugdurchmesser		h_m = Mittenspandicke

2 Messerschläge durch Zahnvorschübe

– Unwucht im Werkzeug oder in der Welle,

– ungenaue Einspannung des Werkzeuges,

– ungleichmäßiger Vorschub,

– unterschiedliche Überstände der Schneiden (auf dem Messerflugkreis).

Für die Oberflächengüte werden folgende Richtwerte für Zahnvorschübe empfohlen (Tab. 1):

Gleich- und Gegenlaufspanen

Sind Schnittbewegung und Vorschubbewegung gleich gerichtet, vollzieht sich das Spanen in **Gleichlauf,** sind die Bewegungen entgegengesetzt, spricht man von **Gegenlauf** (Abb. 2 und 3).

Oberflächengüte und Arbeitssicherheit

– Beim **Gegenlauf** wird das Werkstück gegen die Schneide geführt, wodurch die Vorspaltung verstärkt und damit die Oberflächengüte vermindert wird. Für die Werkzeugschneide ist dies Verfahren jedoch schonender, was eine Erhöhung ihrer Standzeit zufolge hat.

– Beim **Gleichlauf** wird das Werkstück dagegen mit der Schneide geführt, wobei keine Vorspaltung entsteht und so die Oberflächengüte erheblich verbessert wird. Für die Werkzeugschneide bedeutet dies Verfahren eine höhere Beanspruchung, die ihre Standzeit herabsetzt.

Das Gleichlaufspanen ist bei Handvorschub mit erhöhter Unfallgefahr verbunden. Sie ergibt sich daraus, dass das Werkstück in Schnittrichtung geführt in das Werkzeug hineingezogen werden kann (Zahnradeffekt). Für die Praxis ergibt sich daraus:

Gleichlaufspanen darf nur mit mechanischem Vorschub ausgeführt werden.

Schnittgeschwindigkeit

Für die Arbeitssicherheit und eine wirtschaftliche Spanung ist die **Schnittgeschwindigkeit** von großer Bedeutung. Einerseits kann eine überhöhte Drehzahl zum Werkzeugbruch führen, andererseits verstärkt eine zu niedrige Drehzahl die Rückschlaggefahr. Die Schnittgeschwindigkeit (v_c) für kreisförmige Werkzeuge errechnet sich aus der Drehzahl (n) und dem Durchmesser (d) des Werkzeugs (siehe auch Technische Mathematik, Kap. 3.5):

$$v_c = \frac{d\,(\text{mm}) \cdot \pi \cdot n\,(1/\text{min})}{1000\,(\text{mm/m}) \cdot 60\,(\text{s/min})} \text{ in m/s}$$

Faustformel:

$$v_c \approx \frac{r \text{ in cm} \cdot n}{1000} \text{ in m/s}$$

günstige f_z-Werte	Anwendungsbeispiele
0,3 bis 1,5 mm	für Fräsarbeiten
0,2 bis 0,9 mm 0,1 bis 0,2 mm 0,05 bis 0,15 mm 0,1 bis 0,25 mm 0,05 bis 0,1 mm 0,02 bis 0,05 mm 0,05 bis 0,12 mm	für Kreissägearbeiten bei: – Weichholz längs – Weichholz quer – Hartholz – Spanplatten – Platten furniert – Platten kunststoffbeschichtet – Hartfaserplatten

1 Richtwerte für Zahnvorschübe (nach HKH-Empfehlung)

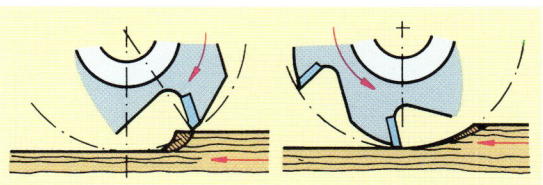

2 Spanen im Gleichlauf   **3 Spanen im Gegenlauf**

Aus dem Diagramm (Abb. 4) sind die Schnittgeschwindigkeiten für gegebene Drehzahlen und Werkzeugdurchmesser direkt ablesbar.

Ablesebeispiel: Ein Fräswerkzeug hat einen Durchmesser d von 160 mm, die eingestellte Drehzahl n beträgt 9000 1/min, das Fräswerkzeug hat eine Schnittgeschwindigkeit v_c von etwa **75 m/s.**

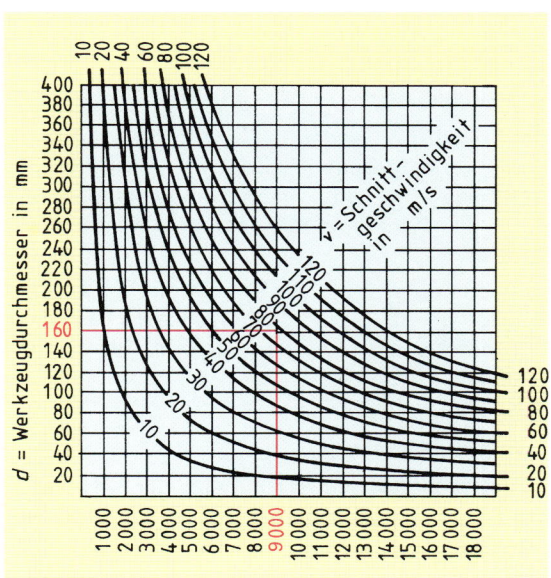

4 Schnittgeschwindigkeitsdiagramm (1/min = min⁻¹)

An den Maschinenwerkzeugen ist die **höchstzulässige Schnittgeschwindigkeit** durch die Angabe einer **maximalen Drehzahl** festgelegt. Bei Fräswerkzeugen „für Handvorschub" wird ein **Drehzahlbereich** angegeben.

Wirtschaftliche Schnittgeschwindigkeiten für verschiedene Werkstoffe sind in Tab. 1 zusammengefasst. Zusätzlich sind die Empfehlungen der Hersteller zu beachten.

Vorschubgeschwindigkeit

Die Vorschubgeschwindigkeit (v_f) ergibt sich aus dem Verhältnis von Vorschubweg (s) zur Vorschubzeit (t); als Formel geschrieben (siehe auch Technische Mathematik, Kap. 3.2):

$$v_t = \frac{s\,(\mathrm{m})}{t\,(\mathrm{min})} \text{ in m/min}$$

Bewertung der Vorschubgeschwindigkeit

Die Vorschubgeschwindigkeit ist wie der Zahnvorschub für die Schnittgüte und die Arbeitssicherheit bedeutsam. Bei einer zu hohen Vorschubgeschwindigkeit besteht die Gefahr von starkem Ausriss; außerdem erhöht sich aufgrund des großen Spanungsvolumens die Rückschlaggefahr des Werkstücks. Ist die Vorschubgeschwindigkeit zu gering, reibt das Werkzeug auf der Schnittfläche, was sich durch Brandstellen bemerkbar macht.

2.2 Maschinenwerkzeuge

2.2.1 Werkzeugteile

Ein Maschinenwerkzeug ist grundsätzlich unterteilt in:

– Tragkörper und

– Schneidteil.

Der **Tragkörper** ist der Teil, der in die Werkzeugmaschine eingespannt wird. Das Schneidteil besteht aus einer oder mehreren Schneiden, die durch den Tragkörper ihre spanende Wirkrichtung erhalten.

Je nach Bauart der Maschinenwerkzeuge können Tragkörper und Schneidteile in unterschiedlicher Weise miteinander verbunden sein. Man unterscheidet:

– einteilige Werkzeuge,

– Verbundwerkzeuge,

– zusammengesetzte Werkzeuge.

Bei **einteiligen Werkzeugen** sind Schneidteil und Tragkörper aus **einem Stück** gefertigt, z.B. Vollstahlsägeblätter oder Oberfräs- und Bohrwerkzeuge (Abb. 2).

Schneidstoffe für Werkzeug mit Kurzbezeichnung*	Wirtschaftliche Schnittgeschwindigkeit	Anwendung
SP Spezialstahl (Legierter Werkzeugstahl)	60 m/s 50 m/s	weiche Vollhölzer harte Vollhölzer
HL Hochlegierter Werkzeugstahl	60 m/s 50 m/s	weiche Vollhölzer harte Vollhölzer
HS Hochlegierter **S**chnellarbeitsstahl	50 … 80 m/s 40 … 60 m/s	weiche Vollhölzer harte Vollhölzer
ST Stellite	40 … 80 m/s	Faserige Vollhölzer mit mineralischen Inhalten
HW Hartmetall (**H**artmetall-**W**olfram) – **HWV** (für **V**ollhölzer) – **HWH** (für **H**olzwerkstoffe) – **HWM** (für **M**etall)	60 … 100 m/s 50 … 90 m/s 40 … 100 m/s 40 … 120 m/s 60 … 80 m/s	– weiche Vollhölzer – harte Vollhölzer – Vollhölzer mit stark mineralischen Inhalten – duromere Kunststoffe – Span- und MDF-Platten
DP Diamant – **PKD** (**P**olykristallin) – **MKD** (**M**onokristallin)	40 … 100 m/s 40 … 120 m/s 60 … 80 m/s	– Vollhölzer mit stark mineralischen Inhalten – duromere Kunststoffe – Span- und MDF-Platten

1 Schnittgeschwindigkeiten für Schneidstoffe
(* Kurzbezeichnung nach ISO-Norm)

2 Oberfräser   **3 Sägeblatt mit aufgelöteten Schneiden**

Die **Verbundwerkzeuge** sind Werkzeuge, bei denen Schneidteil und Tragkörper **stoffschlüssig**, z.B. durch Hartlöten, miteinander verbunden sind. Dabei besitzt das Schneidteil eine wesentlich größere Härte als der Werkstoff des Tragkörpers, der starke Kräfte möglichst elastisch aufnehmen muss. Verbundwerkzeuge sind z.B. alle hartmetallbestückten Säge- und Fräswerkzeuge (Abb. 3).

Zusammengesetzte Werkzeuge

Sind die Schneidteile mehrteiliger Werkzeuge am Trägerkörper kraftschlüssig oder formschlüssig befestigt, werden sie als „zusammengesetzte Werkzeuge" bezeichnet.

Bei **kraftschlüssigen** (reibschlüssig) Befestigungen werden die Schneidteile ausschließlich von Reibungskräften gehalten, die durch Druckkräfte von Spannbacken aufgebracht werden, wie z.B. Messerbefestigungen in der Messerwelle von Hobelmaschinen.

Bei **formschlüssigen** Befestigungen werden die Schneidteile zusätzlich zu den Reibkräften noch durch eine ineinander greifende Form, z.B. durch Stifte, gesichert (Abb. 1). Dies ist z.B. für Fräswerkzeuge vorgeschrieben, bei denen das Werkstück von Hand zugeführt wird.

Neben der Bezeichnung „zusammengesetzte Werkzeuge" hat sich in der Praxis der Begriff **Werkzeugsatz** durchgesetzt. Hierbei handelt es sich um die Kombination von unterschiedlichen, eigenständigen Werkzeugen, die für einen bestimmten Spanungsvorgang zusammengestellt werden (z.B. Fensterprofile). Die Einzelwerkzeuge können dabei sowohl als einteilige, Verbund- oder zusammengesetzte Werkzeuge auftreten.

2.2.2 Schneidstoffe

Schneidteile von Maschinenwerkzeugen unterliegen unterschiedlichsten Anforderungen, die nur durch den Einsatz verschiedener Schneidstoffe erfüllbar sind.

Unlegierter Werkzeugstahl – WS –

Dieser Stahl für einfache Bohrwerkzeuge enthält mindestens 0,45% Kohlenstoff. Bei Bandsägeblättern beträgt der Kohlenstoffgehalt etwa 0,7%. Als obere Grenze des Kohlenstoffgehalts kann 1,7% angenommen werden. Bestandteile wie **Mangan**, **Silicium** oder **Phosphor** gelten hierbei als **Verunreinigung**.

> Ein unlegierter Werkzeugstahl hat C-Gehalte von 0,45% bis max. 1,7% **ohne** nennenswerte **Legierungsbestandteile**.

Abhängig vom jeweiligen Kohlenstoffgehalt, sind seine Eigenschaften recht unterschiedlich. Mit Kohlenstoffanteilen von 0,5% ... 1,5% ist er härtbar, wie z.B. **Bohrwerkzeuge** und **Bandsägeblätter**. Einige wenige Kreissägeblätter sind ebenfalls aus unlegiertem Werkzeugstahl hergestellt (Abb. 2).

Legierter Werkzeugstahl (Spezialstahl) – SP –

> Legierter Werkzeugstahl ist ein Stahl mit einem Kohlenstoffgehalt von mindestens 0,6% und weniger als 5% Legierungsbestandteilen.

Die **Legierungsbestandteile** wie Chrom, Nickel, Wolfram, Vanadium und Molybdän **verbessern die Eigenschaften** in Bezug auf Korrosionsbeständigkeit, Härte, Zähigkeit, Elastizität und Schneidhaltigkeit. Im Vergleich zum unlegierten Werkzeugstahl ist der Spezialstahl zäher und verbessert die Schneidhaltigkeit erheblich.

Aus diesen Gründen wird er für **Fräsketten**, **Bohrer**, **Zapfenschneider** und **Versenker** verwendet (Abb. 3).

1 Fräswerkzeug mit formschlüssig befestigten Schneiden

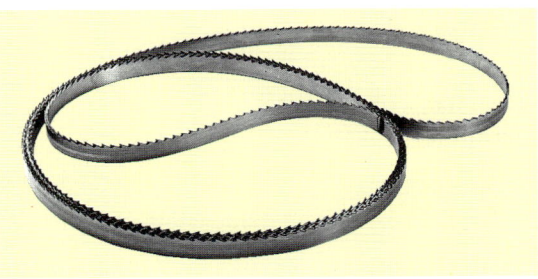

2 Bandsägeblatt aus unlegiertem Werkzeugstahl
für schmale Blätter unter 1 mm Dicke mit etwa 0,75% C-Gehalt

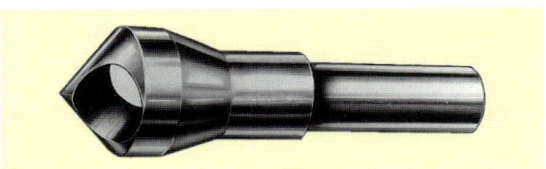

3 Versenker
Legierter Werkzeugstahl

Hoch legierter Werkzeugstahl – HL – (Hochleistungsstahl)

> Hoch legierter Stahl enthält 0,7% ... 0,9% Kohlenstoff und insgesamt mehr als 5% Legierungsbestandteile.

HL-Stähle werden entweder als **Tragkörper** für bestückte Werkzeuge in **ungehärteten** oder **vergütetem** Zustand angeboten oder es werden daraus **durchgehärtete** Ganzstahlwerkzeuge gefertigt.

Werden HL-Stähle als Bestückung auf einem zähen Tragkörper verwendet, lassen sich sehr viel höhere Schnittgeschwindigkeiten erzielen als bei SP-Stählen.

Hoch legierter Schnellarbeitsstahl – HS (HSS) –

> HS-Stahl enthält 12% bis 30% Legierungszusätze.

Seine wesentlichen Legierungsbestandteile sind Wolfram, Molybdän, Vanadium und Kobalt.

Kleinere Fräser, **Bohrer** sowie **Messer** werden aus durchgehärtetem HS-Stahl gefertigt.

Große Fräser, bei denen erhebliche Fliehkräfte auftreten, werden in der Regel aus einem **zähen Tragkörper** gefertigt, auf dem dann die **gehärteten HS-Schneidteile** aufgelötet oder eingespannt werden (Abb. 3, S. 10). Die gehärteten Schneidteile sorgen für die erforderlichen Schneideigenschaften wie z.B. eine relativ hohe Standzeit[1].

HS-Schneiden werden hauptsächlich für die **Zerspanung von Weichholz** verwendet (Abb. 1). Es lassen sich jedoch auch verschiedene Harthölzer (z.B. Buche, Eiche) damit zerspanen.

Hartmetall – HW (HM) – (Hartmetall-Wolfram)

> Hartmetalle sind Legierungen aus **nichteisenhaltigen Metallen** und **Kohlenstoff**.

Infolgedessen dürfen sie nicht als Stahl bezeichnet werden.

Hartmetalle bestehen im Wesentlichen aus **Wolframkarbid-Körnern**. Daneben sind Kobalt, Molybdän, Tantal und Titan weitere Bestandteile, die mit Kohlenstoff legiert werden. Die so entstandenen Hartmetalle sind besonders **verschleißfest** und sehr **hart**. Ein Nachteil liegt in der großen Sprödigkeit der Schneiden, die deshalb einen großen Keilwinkel benötigen (Abb. 2).

---

[1] Standzeit = Zeit, die ein Schneidkeil bis zum Abstumpfen im Eingriff sein kann.

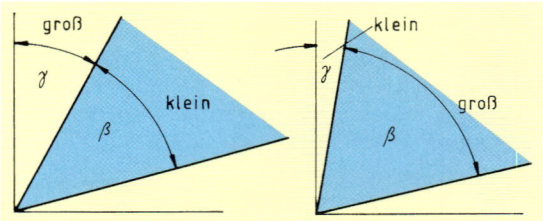

1 HS-Schneide   2 HW-Schneide

Würde man einen Schneidkörper aus reinem Hartmetall ohne weitere Zusätze herstellen, könnte damit nicht wirtschaftlich gearbeitet werden, da schon nach kurzer Zeit die Schneide aufgrund der Sprödigkeit ausgebrochen und damit unbrauchbar geworden wäre.

In Kenntnis dieser Eigenschaften hat man sich für die Herstellung von Hartmetallschneidkörpern eines technischen Tricks bedient.

Nachdem das **Hartmetall** zu feinem **Pulver zermahlen** worden ist, setzt man ihm ein **Bindemittel** zu, meist Kobalt- oder Nickelpulver.

Bei Temperaturen um 1500 °C „backt" man das Gemisch unter hohem Druck zusammen. Bei diesen Temperaturen wird das Bindemittel flüssig und umschließt die dann noch festen Hartmetallteilchen. Diesen Vorgang des Zusammenbackens nennt man **Sintern**.

Damit hat man erreicht, dass die sehr harten und spröden Hartmetallteilchen in einer zähen Grundmasse des Bindemittels eingebettet sind.

> Mit Hartmetallschneidplättchen bestückte Werkzeuge erreichen im Vergleich zu Stahlschneiden eine bis zu 60fach höhere Standzeit.

Ihr Hauptnachteil liegt in der großen Sprödigkeit. Deshalb gilt hier, wie übrigens bei allen anderen Werkzeugen auch, dass beim Transport, bei der Montage oder auch beim Ablegen des Werkzeuges die Schneiden vor Schlag und Stoß geschützt werden müssen. Daraus folgt:

> Werkzeuge nie auf den Maschinentisch legen, sondern immer für eine Holzunterlage sorgen.

Die **Verwendung** von HW-Werkzeugen ist vielseitig, insbesondere werden sie zur Zerspanung von **beschichteten Plattenwerkstoffen** eingesetzt. Aufgrund eines relativ großen Keilwinkels und eines daraus resultierenden schwach positiven Spanwinkels sind HW-Schneiden den HS-bestückten Werkzeugen in der Schnittgüte bei der Weichholzbearbeitung unterlegen. Neuere Hartmetalllegierungen zeigen hierbei allerdings immer bessere Schnittergebnisse und werden zunehmend in der Weichholzbearbeitung eingesetzt.

Stellite – ST –

> Stellite bestehen aus etwa 50% Kobalt, bis zu 3% Kohlenstoff und weiteren Legierungsbestandteilen wie Wolfram, Tantal, Molybdän und Chrom.

Sie sind **sehr hart** und **verschleißfest** und werden zu **Schneidplättchen** gegossen. Geringere Keilwinkel als bei Hartmetallschneiden erlauben auch den Einsatz in der Weichholzbearbeitung bei guten Schnittergebnissen.

Sie werden hauptsächlich für die **Bearbeitung** von **Harthölzern** und **inhaltsstoffreichen exotischen Hölzern** verwendet.

Sie haben sich in der Praxis jedoch nicht so stark durchgesetzt, da ihnen die Hartmetalle in der Standzeit überlegen sind und die HS-Werkzeuge in Weichholz sauberer arbeiten, bei allerdings schlechteren Standzeiten. Bei den HS-Werkzeugen nimmt man diesen Nachteil in Kauf, da die Anschaffungskosten und die Schärfkosten geringer sind.

Diamantwerkzeuge – DP – (DIA)

> Diamantstaub wird unter hohem Druck und im Hochvakuum auf den Schneidkörper aufgebracht.

Diese Haftung durch Adhäsionskräfte ist so groß, dass ein **hochverschleißfestes** Werkzeug mit **größter Härte** entsteht.

Ähnlich wie bei HW-Werkzeugen ist auch das Diamantwerkzeug gegen Stoß oder Druck sehr empfindlich (Abb. 1).

Diamantwerkzeuge werden bei besten Oberflächenqualitäten immer dort eingesetzt, wo lange Standzeiten erforderlich sind, um die Rüstkosten zu senken, also vorwiegend in der Großserienfertigung und in der CNC-Fertigung besonders bei der Bearbeitung von Plattenwerkstoffen.

> Diamantwerkzeuge können gegenüber HW-Werkzeugen eine bis zu 50fache Standzeit aufweisen.

Aufgaben

1. Welche Werkzeuge werden überwiegend aus unlegiertem Werkzeugstahl hergestellt?
2. Wie unterscheidet sich ein HL-Stahl von einem HS-Stahl in seiner Zusammensetzung?
3. Nennen Sie die wesentlichen Vor- und Nachteile von Hartmetallen und ihre Verwendungsbereiche.
4. Beschreiben Sie den Vorgang des Sinterns mit Worten. Warum ist dieses Verfahren zur Herstellung von HW-Schneidteilen notwendig?
5. Erklären Sie, warum beim Werkzeugwechsel die Werkzeuge nicht auf den metallenen Maschinentisch gelegt werden dürfen.

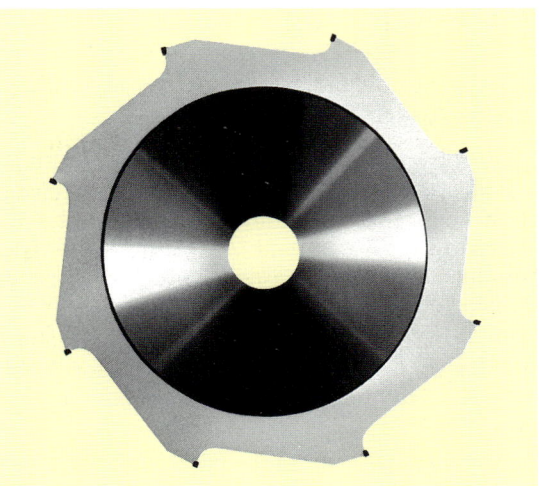

1 **Ritzsägeblatt** für schmale Schnittbreiten **mit** aufgelöteten **Diamantschneidelementen**

2.3 Führen und Sichern

2.3.1 Führungsebenen

Für den Spanungsablauf sind die Führungsebenen, über die das Werkstück an das laufende Werkzeug herangeführt wird, von besonderer Bedeutung. Sie sind die **Bezugsebenen** für die Bearbeitung. Zu den Standardführungsebenen gehören:

– Maschinentisch,

– Winkelanschlag, Anschlaglineal,

– Zuführschlitten.

Die Führungsebenen haben folgende Aufgaben:

– Sie müssen die während des Spanens auftretenden Kräfte des Werkzeuges auf das Werkstück aufnehmen.

– Sie müssen einen sicheren Fertigungsablauf gewährleisten.

– Durch sie wird der Spanungsablauf in Größe und Richtung kontrollierbar.

Neben den Führungsebenen, die durch die Konstruktion der Werkzeugmaschine standardmäßig vorgegeben sind, erfordern viele Spanungsvorgänge zusätzliche Vorrichtungen, wie z.B.:

– Zuführladen,

– Einsetz- und Formfräsvorrichtungen,

– Stoppklötze

sowie weitere Spezialvorrichtungen (siehe Kap. 3.3.3).

Vorrichtungen sollen vor allem:

– unfallsicheres Arbeiten gewährleisten und

– Fertigungstoleranzen (Genauigkeit) garantieren.

2.4 Aufbau von Holzbearbeitungsmaschinen

2.4.1 Antriebsmotoren

Heutige Werkzeugmaschinen werden in der Regel von Elektromotoren angetrieben, die als Wechselstrom- oder Drehstrommotoren konstruiert sind. Gleichstrommotoren sind fast nur noch bei Förderfahrzeugen wie E-Karren, Gabelstaplern oder Hubstaplern anzutreffen.

Antriebsmotoren sind an der Werkzeugmaschine angeflanscht, **sog. Flanschmotoren**, oder als **Einbau-** bzw. **Fußmotoren** an der Maschine montiert (Abb. 1 u. 2).

Flanschmotoren übertragen die Kräfte direkt, das bedeutet, dass die Ankerwelle des E-Motors mit der Arbeitswelle fest verbunden ist, deshalb wird diese Antriebsart auch als **Direktantrieb** bezeichnet. Häufig werden **Dübelautomaten**, **Langlochbohrmaschinen**, **Pendelsägen** und **Bandsägemaschinen** mit Flanschmotoren angetrieben.

Vorteile dieser Antriebsart sind:

– hohe Durchzugskraft,

– geringe Gleitverluste,

– Platz sparender Einbau.

Nachteil: Die direkte Übertragung von Schwingungen des Motors auf die Arbeitswelle kann die Oberflächenqualität beeinträchtigen.

Bei zu großer Belastung der Arbeitswelle wird dies ebenfalls direkt auf den Motor übertragen und kann ihn schädigen. Bei den meisten Holzbearbeitungsmaschinen kann der Direktantrieb wegen zu geringer Drehzahl des Elektromotors allerdings nicht verwendet werden.

> Übersetzungen zu höheren oder Untersetzungen zu kleineren Drehzahlen sind beim Direktantrieb durch Flanschmotoren nicht möglich.

Allerdings kann bei polumschaltbaren Motoren zwischen mehreren Drehzahlstufen gewählt werden.

Bei Werkzeugmaschinen, die mit einem **Fußmotor** oder **Anbaumotor** konstruiert sind, erfolgt die Kraftübertragung üblicherweise mit **Riemen**, **Ketten** oder **Zahnrädern**, so dass es möglich wird, die Drehzahlen der Arbeitswelle zu verändern.

> Fußmotoren oder Anbaumotoren ermöglichen die Über- oder Untersetzung zu höheren oder niedrigeren Drehzahlen.

Werden mehrere Arbeitsmaschinen von einer Kraftmaschine angetrieben, spricht man von **Gruppenantrieb**. Diese Antriebsart ist aus den

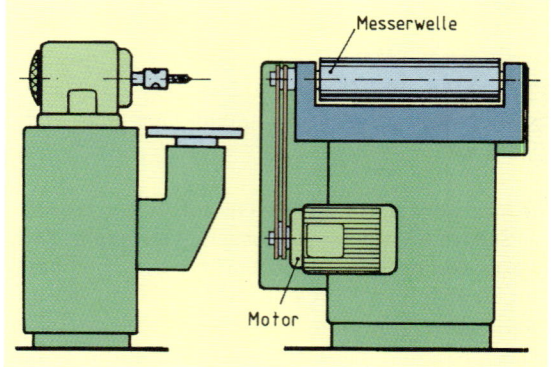

1　Direktantrieb　　　**2　Einbaumotor** mit Kraftübertragung durch Riemen

Maschinenräumen fast völlig verschwunden, da sie sehr unfallgefährlich, laut und schlecht zu warten ist. Nur in einigen Sägewerken ist Gruppenantrieb gelegentlich noch anzutreffen. Bei **Einzelantrieb** ist jede Arbeitsmaschine mit einem eigenen Anbaumotor ausgestattet, die deshalb kompakt gebaut und relativ leicht auf- und umzustellen ist.

2.4.2 Riementriebe

Riemenformen

Die Querschnittsform des Riemens gibt ihm seinen Namen. Man unterscheidet: Flachriemen, Keilriemen und Rundriemen (Abb. 3).

Die Riemen übertragen die Kräfte durch Reibung von der **treibenden Scheibe** (Motorseite) auf die **getriebene Scheibe** (Arbeitswelle).

Die Reibungsfläche ist beim **Flachriemen** die gesamte Unterseite des Riemens. Diese Seite muss stets gut aufliegen und darf nicht durch Riemen-

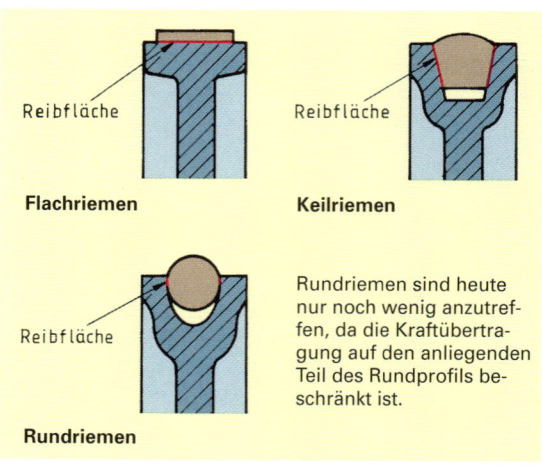

Flachriemen　　　　　　　　**Keilriemen**

Rundriemen

Rundriemen sind heute nur noch wenig anzutreffen, da die Kraftübertragung auf den anliegenden Teil des Rundprofils beschränkt ist.

3　Riemenformen

verbinder von der Reibfläche abgehoben werden. Deshalb werden Flachriemen häufig als sog. **Endlosriemen** angeboten, wobei die Stoßstelle schräg angeschnitten und verklebt ist.

Beim Auflegen eines neuen Flachriemens ist auf die „Laufrichtung" zu achten.

> Bei Verwendung von Endlosriemen darf sich die Stoßstelle an der Riemenscheibe nicht aufreiben (Abb. 1 und 2).

Keilriemen übertragen die Zugkraft an ihren Flanken. Deshalb ist beim Kauf und Einbau eines Keilriemens darauf zu achten, dass (Abb. 3)

– der Flankenwinkel des Riemens mit dem Flankenwinkel der Riemenscheibe übereinstimmt,

– der Riemen die richtige Breite hat.

Werkstoffe

Die hauptsächlich verwendeten Riemenwerkstoffe sind Leder, Gummi, Textilfasern oder geeignete Kombinationen daraus (Abb. 4).

> Riementriebe sind kraftschlüssige Antriebe, da die Drehbewegung ausschließlich durch Reibungskräfte übertragen wird.

Unabhängig von der Querschnittsform des Riemens haben kraftschlüssige Antriebe gleich gute Eigenschaften:

– Riemen sind elastisch, schonen daher Wellen, Lager und den Antriebsmotor,

– plötzlich auftretende Überbelastungen oder Stöße werden elastisch abgefangen und ausgeglichen,

– ein weitgehend ruhiger, schwingungsarmer Lauf wirkt sich positiv auf die Oberflächenqualität aus,

– Bauart und verwendete Werkstoffe gewährleisten eine geräuscharme Kraftübertragung.

Diese positiven Eigenschaften sind der Grund dafür, dass Riementriebe in vielen Werkzeugmaschinen eingebaut sind.

Riementriebe sind allerdings dort zur Kraftübertragung ungeeignet, wo die Umfangsgeschwindigkeit konstant bleiben muss. Dies trifft z.B. bei der Ein- und Auszugswalze der Dickenhobelmaschine zu, die mit gleicher Drehzahl arbeiten müssen.

Die Größe der zu übertragenden Kräfte bei Riementrieben hängt ab von:

– der Anzahl der Riemen (Reibfläche, Abb. 5 und 6),

– dem Umschlingungswinkel,

– der Riemenspannung.

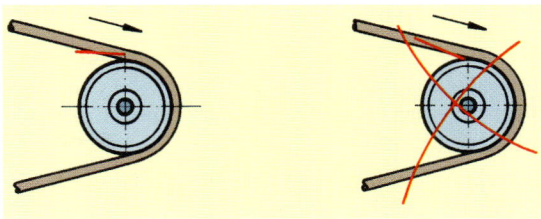

1 Riemen richtig aufgelegt   **2 Riemen falsch aufgelegt**

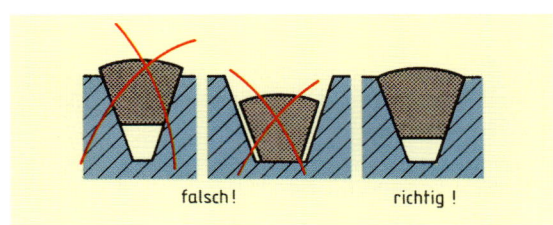

3 Sitz des Keilriemens an der Riemenscheibe

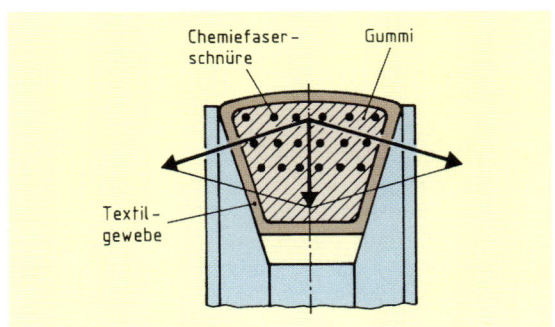

4 Aufbau und Wirkungsweise eines Keilriemens

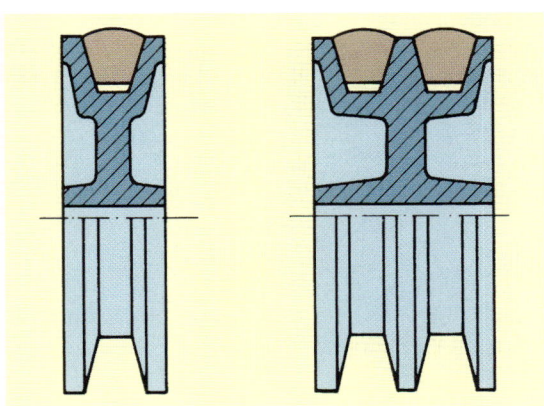

5 Einfachkeilriemenscheibe   **6 Mehrfachkeilriemenscheibe**

Umschlingungswinkel

Der Umschlingungswinkel hängt vom **Verhältnis der Scheibendurchmesser** (Übersetzungsverhältnis), vom Achsabstand und von der **Art des Riementriebes** (offen – gekreuzt) ab.

Bei waagerecht angeordneten Riementrieben muss das Leertrum, das immer lockerer ist und daher etwas durchhängt, oben liegen, damit es den Umschlingungswinkel vergrößert (Abb. 1).

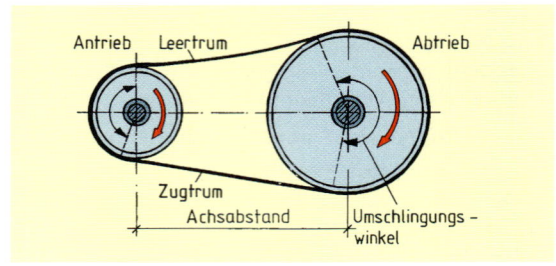

1 Offener Riementrieb
Treibende und getriebene Riemenscheibe haben gleiche Drehrichtung

Riemenspannung

Um die Riemenspannung zu erhöhen und damit den **Schlupf, d. h. das Gleiten** des Riemens auf der Riemenscheibe, zu verringern, sind bei den üblichen Werkzeugmaschinen mehrere Möglichkeiten verwirklicht:

– Der Motor ist auf einer **Spannschiene** mit Langlochschlitzen befestigt (Abb. 2).

– In den Riementrieb sind Spannrollen eingebaut, um die Riemenspannung zu erhöhen (Abb. 3).

– Der Motor ist auf einer Motorwippe (Platte) befestigt, welche einseitig um einen Stahlbolzen drehbar angebracht ist (Abb. 4).

> Riemen dürfen nur im völligen Stillstand der Maschine eingelegt oder erneuert werden.

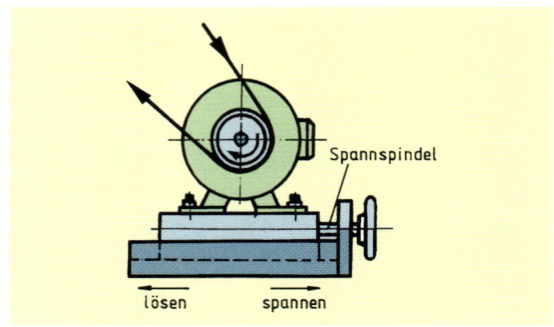

2 Motor auf Spannschiene verstellbar

Abhängig von der Bauart ist zunächst die Riemenspannung zu lockern, der Riemen umzulegen und dann die geeignete Riemenspannung wieder einzustellen. Ferner ist darauf zu achten, dass die Abdeckung, die laut Berufsgenossenschaft die beweglichen Teile der Antriebsmechanik und der Kraftübertragung auf die Maschinenwelle völlig zu umschließen hat, wieder sicher befestigt wird.

Übersetzungen

Bei einem Riementrieb müssen die Umfangsgeschwindigkeiten v_{u1} und v_{u2} der beiden Scheiben gleich der Riemengeschwindigkeit sein, sofern der Riemenschlupf unbeachtet bleibt (Abb. 5 und Technische Mathematik, Kap. 3.4):

$$v_{u1} = v_{u2}$$
$$d_1 \cdot \pi \cdot n_1 = d_2 \cdot \pi \cdot n_2$$

$$\boxed{d_1 \cdot n_1 = d_2 \cdot n_2}$$

Durch Umstellen der Produktengleichung entsteht folgende Verhältnisgleichung:

$$\boxed{\frac{n_1}{n_2} = \frac{d_2}{d_1}}$$

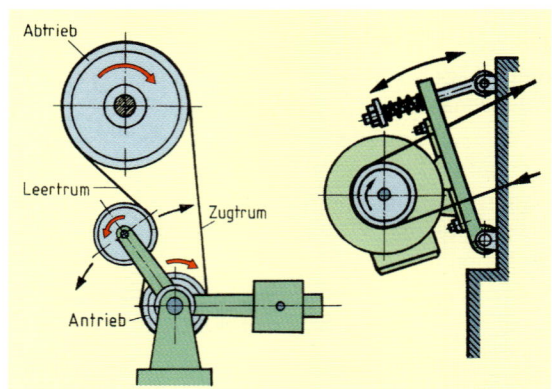

3 Erhöhung der Riemenspannung durch Spannrollen   **4 Riemenspannung durch Motorwippe**

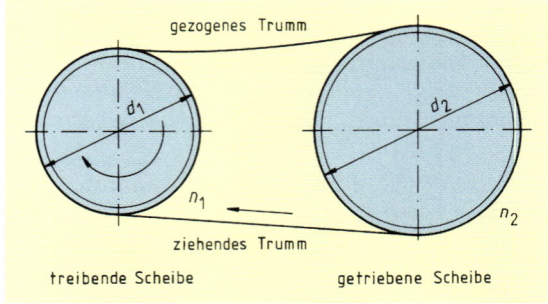

5 Einfache Übersetzung

Die Drehzahlen einer Übersetzung verhalten sich umgekehrt zueinander wie die Scheibendurchmesser.

Nach der Norm wird das Verhältnis der Drehzahl der treibenden Scheibe zur Drehzahl der getriebenen Scheibe als **Übersetzungsverhältnis *i*** bezeichnet.

$$i = \frac{n_1}{n_2}$$

Sind die Drehzahlen unbekannt, so ist das Übersetzungsverhältnis auch aus den Scheibendurchmessern zu ermitteln:

$$i = \frac{d_2}{d_1}$$

Stufenscheibengetriebe

Sind die Riemenscheiben in mehreren Durchmessern (Stufen) auf der Motorwelle und auf der Arbeitswelle angeordnet, ergeben sich so viele Drehzahlen, wie Stufen motorseitig vorhanden sind (Abb. 1).

Stufenloses Regelgetriebe

Arbeitswellen und Transportmechanik von Werkzeugmaschinen werden immer häufiger mit stufenlos regelbaren Getrieben ausgestattet.

Bei stufenlos regelbaren Getrieben werden Drehzahl bzw. Vorschubgeschwindigkeit während des Laufs der Maschine verstellt.

Zum Verstellen der Geschwindigkeiten darf die Maschine mit stufenlosen Regelgetrieben nicht angehalten werden.

Würde man die Maschine im Stillstand schalten, können sowohl der Riemen als auch die Übertragungsmechanik beschädigt werden.

Die Veränderung der Geschwindigkeit wird durch die Koppelung zweier Riemenscheibenpaare erreicht (Abb. 2). Rücken die Kegelscheibenpaare auf der Antriebswelle dichter zusammen, so vergrößert sich der Abstand auf der Abtriebswelle und zwingen dann den Keilriemen, weiter innen zu laufen.

2.4.3 Formschlüssige Antriebe

Sollen große Kräfte schlupffrei (ohne die Möglichkeit des Gleitens wie bei Riementrieben) übertragen werden, so sind formschlüssige Antriebe erforderlich. Zu ihnen gehören Ketten und Zahnräder (Abb. 3 und 4) sowie geräuscharme Zahnriemen.

Vorteile formschlüssiger Antriebe:

– Große Kräfte können übertragen werden,
– die schlupffreie Übertragung hält die Umfangsgeschwindigkeit konstant.

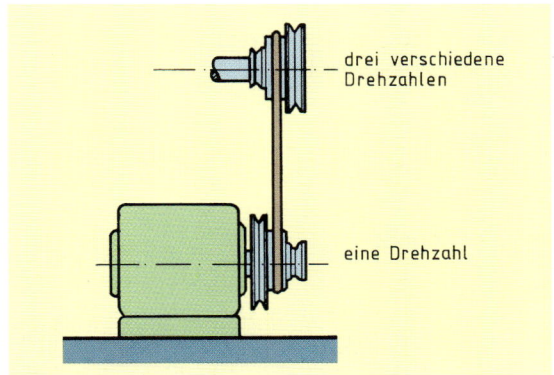

1 Stufenscheibenantrieb

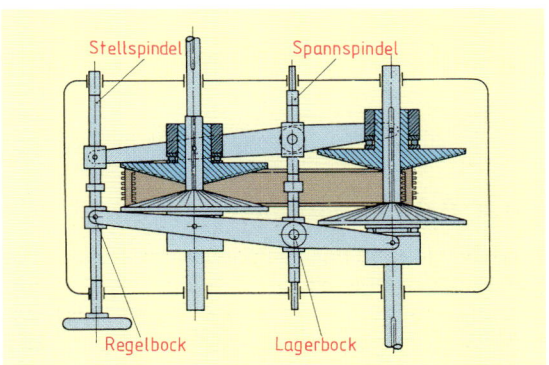

2 Stufenloses Regelgetriebe

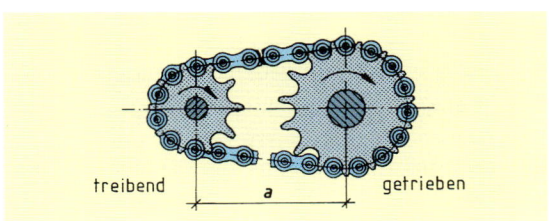

3 Kettentrieb

4 Zahnradgetriebe

Nachteile:

- Mögliche Überbelastungen werden nicht ausgeglichen,
- Schläge und Stöße werden ungedämpft auf die Motorseite übertragen,
- es treten große Laufgeräusche auf,
- Ketten und Zahnräder sind in der Herstellung und Reparatur teurer als Riemen,
- die Übertragung hoher Drehzahlen ist erschwert.

Zahnradgetriebe

Soll die gleich bleibende Drehzahl des Antriebsmotors in unterschiedliche Drehzahlen auf die Arbeitswelle übersetzt werden, verwendet man u.a. Zahnradgetriebe. Dabei werden Zahnräder mit unterschiedlichen Durchmessern zum Eingriff gebracht (Abb. 1).

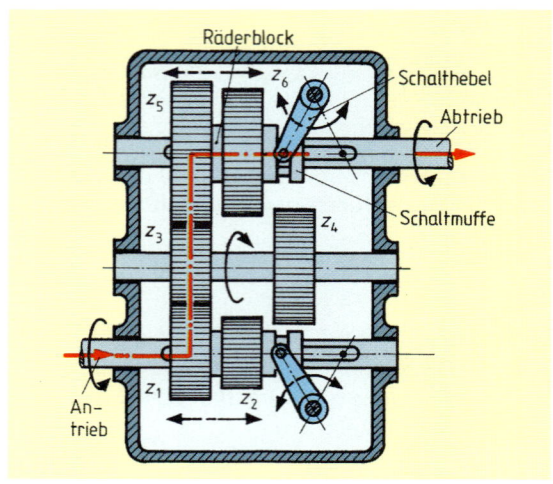

1 **Stufenrädergetriebe**

2.4.4 Arbeitswellen

Die Arbeitswellen der gängigen Werkzeugmaschinen sind **einseitig** oder **zweiseitig** gelagert. Einseitig gelagerte Wellen, wie beispielsweise bei Fräs-, Bohr- und Sägemaschinen, sind daran zu erkennen, dass das Werkzeug auf einem **Wellenende** montiert ist (Abb. 2).

Die einseitige Lagerung hat den Vorteil, dass sich die Werkzeuge relativ schnell montieren oder wechseln lassen. Der entscheidende Nachteil ist die höhere Anfälligkeit gegen Schwingungen.

Schwingungen beeinträchtigen grundsätzlich die Oberflächenqualität des Werkstückes und führen im Extremfall zu Werkzeug- und Wellenbruch und damit zu schweren Unfällen.

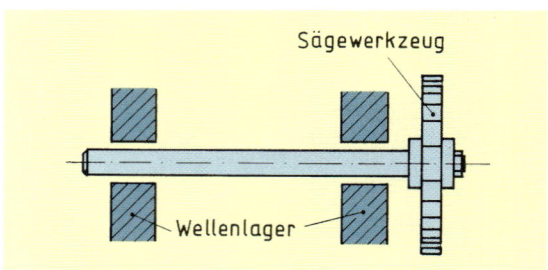

2 **Einseitige Lagerung**

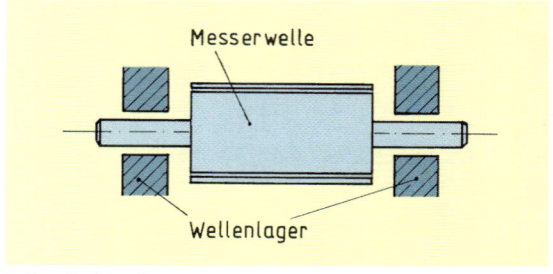

3 **Zweiseitige Lagerung**

Bei einseitig gelagerten Wellen wird das Werkzeug auf einem Wellenende montiert. Zweiseitig gelagerte Wellen tragen das Werkzeug zwischen den Lagern.

Zweiseitig gelagerte Wellen, wie beispielsweise bei der Abrichthobelmaschine oder bei der Dickenhobelmaschine, sind **schwingungsärmer** und **stärker belastbar**. Ein Werkzeugwechsel ist allerdings bei zweiseitig gelagerten Wellen in der Regel zeitraubender und schwieriger (Abb. 3).

Aufgaben

1. Ein Keilriemen ist zu erneuern. Worauf ist bei der Neubeschaffung zu achten?
2. Wovon ist der Umschlingungswinkel abhängig?
3. Begründen Sie, warum bei stufenlos regelbaren Getrieben eine Drehzahlverstellung nur während des Laufs vorgenommen werden soll.
4. Nennen Sie Beispiele für formschlüssige Antriebe.
5. Welche Vorteile haben formschlüssige Antriebe gegenüber kraftschlüssigen Antrieben? Nennen Sie ein Beispiel für die Notwendigkeit eines formschlüssigen Antriebes.

2.5 Elektrische Antriebe

Die meisten Arbeitsmaschinen werden mit einem Elektromotor angetrieben. Sein Einsatz ist ohne große Probleme möglich, da heute überall elektrische Leitungsnetze für den Anschluss der Motoren vorhanden sind. Selbstverständlich dürfen sie nur von einem Fachmann angeschlossen werden, der eine ganze Reihe von Vorschriften kennen muss, die eine gefahrlose Nutzung der elektrischen Energie sicherstellen.

Je nach Anwendungsfall kommen unterschiedlich konstruierte Elektromotoren zum Einsatz (siehe auch Technische Mathematik, Kap. 5.4).

2.5.1 Gleichstrommotor

Dieser Motor wird mit Gleichspannung betrieben. Das ist eine Spannung, deren Polarität sich nicht verändert. Sie wird z.B. von Akkumulatoren geliefert.

Für den Antrieb von Elektrokarren, Gabel- und Hubstapler wird der Gleichstrommotor eingesetzt. Da er in der Ausführung als Gleichstrom-Reihenschlussmotor ein großes Anlaufdrehmoment hat, eignet er sich auch besonders gut für Elektrofahrzeuge.

Für den Antrieb von Straßenbahnen und U-Bahnen wird ebenfalls der Gleichstrom-Reihenschlussmotor verwendet. Die hierfür benötigten großen Energiemengen können nicht mehr von Akkumulatoren geliefert werden. Deshalb wird die vom elektrischen Leitungsnetz zur Verfügung gestellte Wechselspannung mit Gleichrichtern in eine Gleichspannung umgeformt.

2.5.2 Gleichrichter

Diese elektrischen Bauelemente haben die Eigenschaft, den elektrischen Strom nur in eine Richtung durchzulassen. Sie haben Ventilwirkung. Daher kann man mit ihnen aus einer Wechselspannung eine Gleichspannung gewinnen. In Abb. 1 ist das Schaltsymbol eines Gleichrichters dargestellt.

2.5.3 Drehstrommotor

Braucht man für den Antrieb von Maschinen nicht die besonderen Betriebseigenschaften des Gleichstrommotors, werden der Drehstrommotor oder, wenn nur kleine Motorleistungen benötigt werden, der Wechselstrommotor eingesetzt.

Der am meisten gebaute Motor ist der **Drehstrom-Käfigläufer**. Seine Bezeichnung wurde von der Konstruktion des Läufers, der einem Käfig ähnelt, übernommen (Abb. 2 und 3).

1 Gleichrichterprinzip

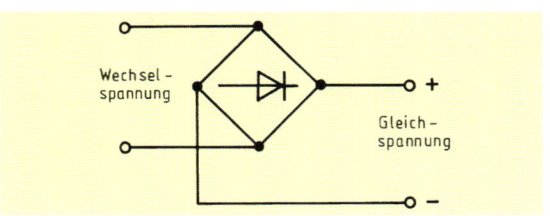

2 Käfigläufermotor

3 Einbaufertiger Käfigläufer

(Der N-Leiter wird beim Anschluss des Drehstrommotors nicht benötigt.)

4 Prinzipdarstellung des Ständers

Im Ständer (Gehäuse) des Motors sind mindestens 3 Wicklungen vorhanden, die um 120° versetzt sind (Abb. 4).

Legt man die Spulen an das Drehstromnetz, so entsteht ein magnetisches Drehfeld. Dies kann man mit einem kleinen Dauermagneten nachweisen, der von dem Drehfeld mitgezogen wird. Ver-

tauscht man zwei Anschlussleitungen, so dreht sich die Magnetnadel in die andere Richtung.

Bringt man nun den Käfigläufer in die Gehäusemitte, so wird durch elektromagnetische Induktion[1] der Läufer selbst zu einem Magneten und vom Drehfeld mitgezogen.

Die höchste Drehzahl, die das Drehfeld im 50-Hz-Drehstromnetz[2] erreichen kann, beträgt 3000 Umdrehungen pro Minute. Durch die Bauart bedingt, läuft der Läufer jedoch etwas langsamer als das Drehfeld. Solche Motoren werden als Asynchronmotoren (asynchron = nicht gleich laufend) bezeichnet.

Die Differenz zwischen Drehfelddrehzahl und Läuferdrehzahl bezeichnet man als Schlupfdrehzahl. Sie beträgt etwa 4 … 8% der Drehfelddrehzahl. Kleinere Drehzahlen erreicht man mit **polumschaltbaren Motoren**. Sie werden z.B. für den Antrieb von Fräsmaschinen eingesetzt. Oft benötigt man jedoch höhere Drehzahlen. Diese erreicht man durch Riemen, Ketten- und Zahnradantriebe oder durch Frequenzerhöhung des elektrischen Stromes. Dazu sind jedoch Frequenzumformer erforderlich.

Verwendung

Der Käfigläufermotor wird am häufigsten eingesetzt. Dies liegt vor allem an seiner einfachen Konstruktion, seiner Robustheit und dem günstigen Preis. Fast alle ortsfesten Tischlereimaschinen sind mit dem Käfigläufermotor ausgerüstet. Er bedarf kaum der Wartung und kann über viele Jahre störungsfrei laufen. Die Voraussetzung hierfür ist allerdings, dass der Motor nicht ständig überlastet wird.

Außerdem muss man darauf achten, dass das Gehäuse frei von Schmutz und dicken Staubablagerungen ist oder sich gar unter einem Berg von Sägespänen verbirgt.

2.5.4 Einphasen-Induktionsmotor

Die zunehmende Elektrifizierung in Haushalt und Gewerbe macht den **Einphasen-Wechselstrommotor** unentbehrlich. Überall dort, wo ein Drehstromnetz nicht vorhanden ist und nur **kleine Motorleistungen** benötigt werden, wird er eingesetzt (Abb. 1).

---

[1] Das Drehfeld erzeugt im Läufer eine Spannung, die einen Läuferstrom zur Folge hat, der ein Magnetfeld aufbaut.

[2] 50 Hz (Hertz) ist die übliche **Frequenz** des elektrischen Energieversorgungsnetzes. Die Frequenz sagt aus, wie oft in einer Sekunde der Pluspol bzw. der Minuspol an den Klemmen der Spannungsquelle auftaucht.

Einphasen-Induktionsmotoren sind z.B. in Waschmaschinen, Kühlschränken, kleinen Betonmischmaschinen, kleinen Kreissägen usw. eingebaut.

Der Aufbau und die Wirkungsweise dieses Motors entsprechen grundsätzlich dem Drehstromkäfigläufermotor. Für den selbständigen Anlauf ist jedoch ein Kondensator erforderlich.

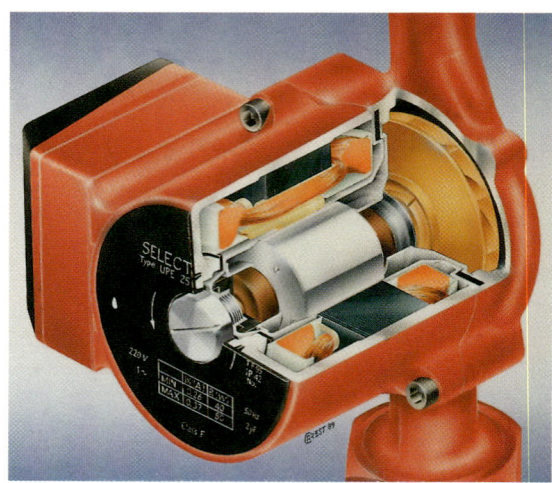

1 Umwälzpumpe einer Warmwasserheizung
Motor, Pumpe und Kondensator in einem Gehäuse

2.5.5 Bremsen von Elektromotoren

Um den Läufer eines Motors schnell zum Stillstand zu bringen, muss er abgebremst werden. Dies kann z.B. dadurch geschehen, dass der Motor von Rechts- oder Linkslauf direkt auf Gegenlauf geschaltet wird. Damit er nicht in die andere Drehrichtung anläuft, wird er bei der Drehzahl null durch einen Drehzahlwächter abgeschaltet.

Bei dieser Art der Bremsung wird der Motor thermisch stark beansprucht, weil der aufgenommene Strom groß ist. Die Schalthäufigkeit ist daher begrenzt.

Die starke thermische Belastung entfällt bei den Bremsmotoren, in die eine mechanische Bremse eingebaut ist (Abb. 1, S. 21). Im ausgeschalteten Zustand drückt eine Feder den Läufer und damit die Bremsscheibe gegen einen Bremskegel.

Durch die kegelförmige Konstruktion des Läufers treten beim Einschalten des Motors magnetische Kräfte auf, die den Läufer gegen die Druckfeder in die Ständerbohrung ziehen. Die Bremse wird dadurch gelöst.

2.5.6 Schalteinrichtungen

Schalter

Zum Ein- und Ausschalten von Motoren sind Schalter bzw. Anlasser erforderlich. Je nach Größe und Bauart der Motoren gibt es unterschiedliche Schalteinrichtungen. Die wichtigsten sind mit ihren Schaltzeichen in Abb. 2 dargestellt.

Zum Anlassen von größeren Drehstrommotoren (ab ca. 5 kW) wird in der Regel der Stern-Dreieck-Schalter benutzt. In der Sternschaltung (Anlaufphase) erhalten die Motorwicklungen 230 V und in Dreieckschaltung 400 V. Dadurch nimmt der Motor einen kleineren Strom auf und die Netzleitungen werden nicht überlastet. Das Umschalten von Stern auf Dreieck erfolgt nach dem Hochlaufen des Motors. Es darf nicht vergessen werden, da sonst eine Überlastung des Motors eintritt und die Wicklungen „durchbrennen" können. Das Umschalten von Stern auf Dreieck erfolgt heute in vielen Fällen auch automatisch.

Mit polumschaltbaren Motoren lassen sich unterschiedliche Drehzahlen realisieren. Durch entsprechendes Zusammenschalten der Motorwicklungen werden Drehfelder mit 2, 4, 6, 8 etc. Magnetpolen hergestellt. Den Zusammenhang zwischen der Drehzahl und der Polzahl gibt folgende Tabelle wieder.

Polzahl	Drehzahl	Polzahl	Drehzahl
2	3000	6	1000
4	1500	8	750

Einfluss der Polzahl auf die Drehfeldzahl

Sicherungen und Motorschutzschalter

Elektrische Leitungen und Motoren müssen gegen Überlastung und vor den Folgen eines Kurzschlusses geschützt werden.

Für den Leitungsschutz werden Schmelzsicherungen und Sicherungsautomaten eingesetzt (Abb. 3). Ein sicherer Schutz ist nur dann gewährleistet, wenn die Sicherung dem Leitungsquerschnitt angepasst ist. Eine Leitung mit einem Querschnitt von z. B. 1,5 mm^2 darf nicht mit einer Sicherung von 35 A abgesichert werden.

Die Zuordnung der Sicherungen zu den Leitungsquerschnitten darf daher nur von einem Fachmann vorgenommen werden (siehe auch Technische Mathematik, Kap. 5.3).

> Defekte Sicherungen nicht durch größere ersetzen. Defekte Sicherungen niemals flicken.

Anmerkung: Die Spannung des Einphasen-Wechselstromnetzes beträgt jetzt 230 V, die des Dreiphasen-Wechselstromnetzes (Drehstrom) 400 V.

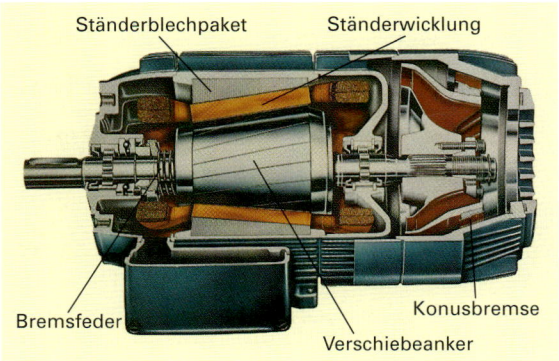

1 Bremsmotor

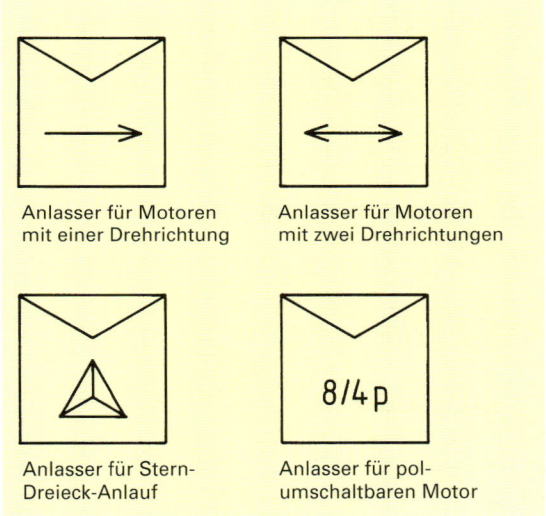

2 Schaltzeichen für Anlasser

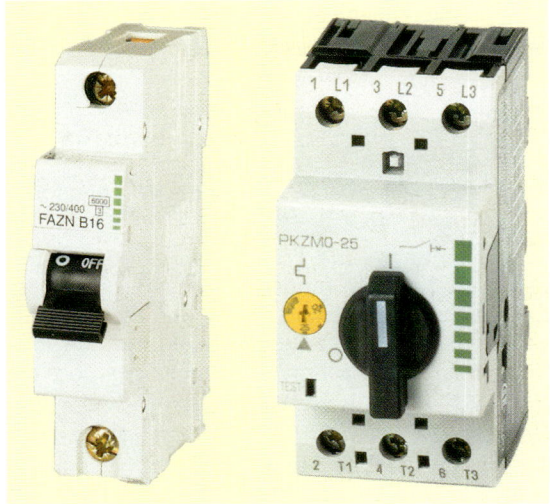

3 Sicherungsautomat   **4 Motorschutzschalter**

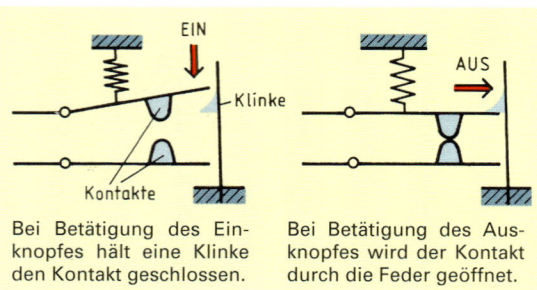

Bei Betätigung des Ein-knopfes hält eine Klinke den Kontakt geschlossen.

Bei Betätigung des Aus-knopfes wird der Kontakt durch die Feder geöffnet.

1 Handbetätigter Ein- und Ausschaltvorgang

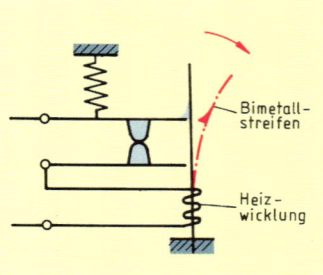

Bei geschlosse-nem Kontakt wird die Heizwicklung vom Motorstrom durchflossen. Überschreitet die-ser den höchstzu-lässigen Wert, krümmt sich der Bimetallstreifen und löst die Ver-klinkung.

2 Thermische Auslösung

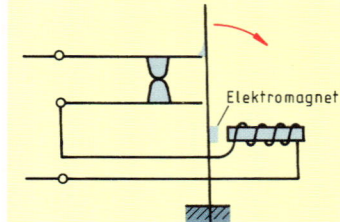

Bei einem Kurz-schluss tritt plötz-lich ein großer Strom auf, so dass der Elektromagnet anspricht und die Verklinkung sich löst.

3 Elektromagnetische Auslösung

Für den Schutz von Motoren werden **Motor-schutz**schalter eingesetzt (Abb. 4, S. 21). Mit den Bedienungsknöpfen 1 und 0 kann der Motor von Hand ein- und ausgeschaltet werden (Abb. 1).

Bei Überlastung des Motors öffnen sich die Kon-takte des Schutzschalters durch den thermischen Auslöser und bei Kurzschluss durch den magneti-schen Auslöser automatisch (Abb. 2 und 3).

2.5.7 Elektro-Bildzeichen

Elektrische Geräte sind mit einem **Leistungsschild** versehen, dem man alle wichtigen Betriebswerte entnehmen kann, wie z.B.: Spannung, Frequenz, Stromaufnahme, Nennleistung, Wirkungsgrad etc.

Der **Wirkungsgrad** (η = Eta) ist ein Maß für die Leis-tungsverluste eines Gerätes. Die einem Motor zu-geführte elektrische Energie wird nicht zu 100% an der Motorwelle wirksam. Ein Wirkungsgrad von 0,8 bedeutet, dass 80% der zugeführten Energie an der Motorwelle genutzt werden und 20% Ver-luste durch Erwärmung des Motors auftreten. Man berechnet den Wirkungsgrad, indem man die abgegebene Leistung durch die zugeführte Leis-tung dividiert (siehe auch Technische Mathematik, Kap. 5.4).

$$\eta = \frac{P_{ab}}{P_{zu}}$$

Da P_{ab} stets kleiner als P_{zu} ist, ist der Wirkungsgrad immer kleiner als 1.

Die Spannungs- und Frequenzangabe muss mit den Werten des Leitungsnetzes übereinstimmen. Der Leitungsquerschnitt muss der Strom- bzw. Leistungsaufnahme angepasst sein. Im Zweifels-falle muss der Fachmann entscheiden, ob ein Gerät z.B. an eine vorhandene Steckdose ange-schlossen werden darf.

Elektrische Geräte und Bedienungselemente sind mit genormten Bildzeichen gekennzeichnet (Tab. 4).

Bild-zeichen	Erklärung	Bild-zeichen	Erklärung
⚡	Gefährliche Spannung	|	Ein
⏚	Schutzleiter-anschluss	○	Aus
VDE	VDE-geprüf-tes Gerät	⊖	Taster
∿	Wechsel-strom	▽	Stopp
⎓	Gleichstrom	▼	Schnellstopp
⊣⊢	Akkumulator	→	Bewegung in Pfeil-richtung
⊖	Trans-formator	↔	Bewegung in zwei Richtungen
⊡	Elektrische Maschine	⇥	In Pfeilrichtung begrenzte Bewegung
⊟	Sicherung	⤸	Drehbewegung in Pfeilrichtung

4 Bildzeichen für elektrische Betriebsmittel

Aufgaben

1. Warum wird der Käfigläufermotor am häufigsten ein-gesetzt?
2. Warum werden große Motoren mit einem Sterndrei-eckschalter angelassen?
3. Erklären Sie thermische und elektromagnetische Aus-lösungen bei Motorschutzschaltern.

3 Holzbearbeitungsmaschinen

3.1 Sägen

Sägen ist Spanen mit kreisförmiger oder gerader Schnittbewegung mit einem vielzahnigen Werkzeug von geringer Schnittbreite, wobei der **Flankenschnitt** das Schnittbild bestimmt.

Trennen, **Ablängen** und **Schlitzen** sind typische Sägearbeiten. Je nach Bauart der Maschine sind auch **Nut-**, **Fälz-** und **Kehlarbeiten** durchführbar. Nach dem Aufbau und dem Funktionsprinzip der einzelnen Sägemaschinen werden nach DIN-Norm zwei Typengruppen unterschieden:

– Bandsägemaschinen nach DIN 8804,
– Kreissägemaschinen nach DIN 8842.

3.1.1 Bandsägemaschinen

Bandsägemaschinen ab Baujahr 1995 (Abb. 1) müssen den EG-Richtlinien entsprechend (nach DIN EN 1807, **E**uropäische **N**ormen) ausgestattet sein. Prinzipiell sind sie folgendermaßen aufgebaut:

Vom **E-Motor** ausgehend, werden die Antriebskräfte entweder durch Keilriemen oder Direktantrieb auf die untere **Antriebsrolle** übertragen. Ein **Endlosbandsägeblatt** läuft über die Antriebsrolle und die obere **Umlenkrolle**, die federnd gelagert ist. Diese federnde Lagerung ist deshalb erforderlich, um die notwendige Spannung des Sägeblattes zu gewährleisten und eventuell auftretende Stöße beim Spanungsvorgang federnd auszugleichen. Die Sägeblattspannung ist häufig auf einer Anzeige abzulesen und mit Hilfe eines Spannrades einzustellen.

Um einen schwingungsarmen Spanungsverlauf zu ermöglichen, besteht der Ständer aus einem stählernen Ständerwerk, das die Rollen und den Maschinentisch trägt. Die gusseisernen **Rollen** sind mit **Kork-**, **Gummi-** oder **Kunststoffbandagen** belegt. Um die geschränkten Zähne des Sägeblattes beim Lauf zu schonen, haben die Bandagen einen „balligen" Querschnitt. Damit das Sägeblatt stets auf der Bandagenmittellinie läuft, ist die obere Rolle geringfügig verschwenkbar (Abb. 2).

Bei Bandsägen tritt **kein Rückschlag** auf. Der **Maschinentisch** aus Grauguss nimmt die bei der Spanung auftretenden Kräfte auf und bildet neben dem **Parallelanschlag** die **Führungsebenen**. Bei Maschinen ab Baujahr 1995 darf eine Schrägstellung des Tisches bis zu 20° möglich sein.

Eine **Tischeinlage** aus **Holz**, **Kunststoff** oder **Aluminium** verhindert die Schädigung des Sägeblattes beim Durchgang durch den Maschinentisch und führt das Blatt zusätzlich (Abb. 3). Um

1 Bandsägemaschine

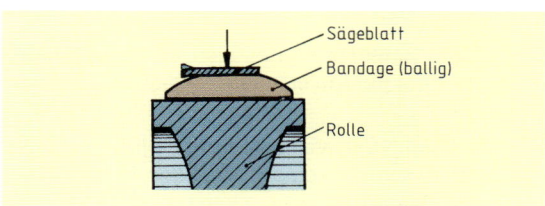

2 Führung des Sägeblattes auf der bandagierten Rolle

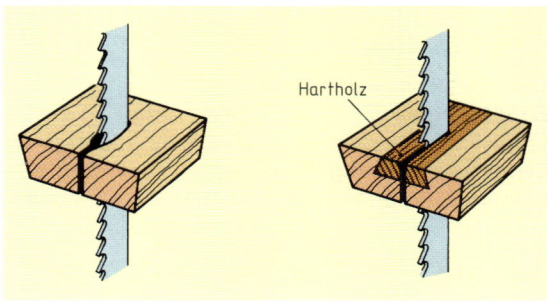

3 Tischeinlagen

die Späneabsaugwirkung nachhaltig zu verbessern, empfiehlt die HBG, die Tischeinlage mit Bohrungen zu versehen.

Die **Bandsägeblattführungen** ober- und unterhalb des Maschinentisches, gewährleisten eine sichere Führung des Sägeblattes und damit einen präzisen Schnittverlauf (Abb. 1, S. 24). Die obere Sägeblattführung ist dazu über eine **mechanische Höhenverstellung** so einzustellen, dass ein Durchschieben des Werkstückes möglich ist.

Bei der Höheneinstellung ist jedoch Folgendes zu beachten:

> Von dem Bandsägeblatt darf stets nur so viel freigelegt werden, wie für den Spanungsvorgang unbedingt notwendig ist.

Im Leerlauf darf das Sägeblatt die Rückenrollen in der Tiefe nicht berühren, um keine Schleifspuren zu hinterlassen.

Andernfalls wird der Schnitt durch das Flattern des Sägeblattes unsauber und es besteht erhöhte Unfallgefahr. Der restliche Teil des Sägewerkzeugs muss vollkommen abgedeckt sein.

3.1.2 Bandsägeblätter

Für die Bearbeitung von **Weichhölzern** müssen Sägeblätter mit **großen Spanräumen** gewählt werden (Abb. 2), um die anfallenden Späne aufnehmen zu können. Die **Spanwinkel** der Sägezähne sind **positiv**.

Für **Harthölzer** eignen sich dagegen auch **kleinere Spanräume**, die Zähne besitzen jedoch **größere Keilwinkel** (Tab. 3).

Für **gerade Schnitte** eignen sich **breite Sägeblätter** besonders gut, da sie wenig Neigung zum Verlaufen zeigen.

Werden jedoch **Schweifarbeiten** ausgeführt, muss das **Blatt** so **schmal** sein, dass es den Rundungen, ohne einzuklemmen, folgen kann.

Bandsägerollen und Bandsägeblätter sind aufeinander abgestimmt und nach DIN 8805 und DIN 8806 in folgenden Abmessungen genormt (Tab. 4).

Einsatzmöglichkeiten

Grundsätzlich lassen sich alle Sägearbeiten an der Bandsägemaschine durchführen. Aufgrund der im Vergleich zu Kreissägemaschinen **niedrigeren Schnittgeschwindigkeiten** werden aber nur **grobe Schnittgüten** erreicht. Nachteilig wirkt sich dabei auch das leichte Flattern des Sägeblattes aus.

Aus diesem Grunde werden hauptsächlich folgende Arbeiten ausgeführt:

– Ablängen von Brettern und Leisten,
– Trennschnitte, bei denen nur ein geringer Schnittverlust erfolgen soll,
– Schweifarbeiten.

3.1.3 Unfallsicheres Arbeiten

– Bei Trennschnitten treten dann besondere Gefahren auf, wenn die Werkstücke im Hochformat aufgetrennt werden, da sie zum Verkanten und Umkippen neigen. Um dies zu vermeiden, müssen **Anlagewinkel**, **Klötze** oder ein **Parallelanschlag** verwendet werden (Abb. 1, S. 25).

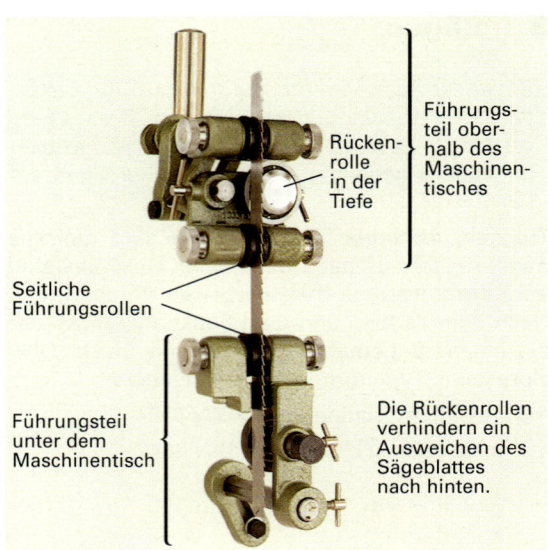

1 Sägeblattführung

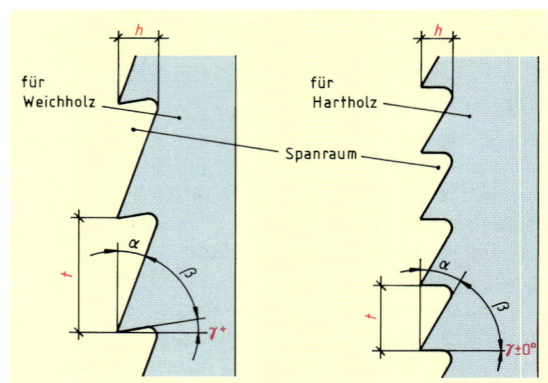

2 Zahnformen und Winkel am Zahn

Benennung	Kurz-zeichen	Winkelgröße	
		Weichholz	Hartholz
Keilwinkel	β	40 … 50°	50 … 60°
Spanwinkel	γ	15 … 20°	8 … 10°

3 Winkelgrößen an Bandsägeblättern

Rollen ⌀	400			630				800				
Achsabstand	890			1260				1560				
Blattlänge	3000			4500				5600				
Blattbreite	6	10	15	10	15	20	25	10	15	20	25	40
Blattdicke	0,4	0,4	0,4	0,6	0,6	0,7	0,7	0,6	0,6	0,7	0,7	0,8
Zahnteilung	3	4	4	6	6	8	8	6	6	8	8	10

4 Genormte Rollen- und Blattabmessungen in mm

– Zum Schneiden kleiner Werkstücke sind **Zuführeinrichtungen** wie der **Schiebestock** zu benützen.

– Bei Schweifarbeiten ist ein Zurückziehen des Werkstücks zu vermeiden, denn die Gefahr besteht, dass das Bandsägeblatt von der Rolle abläuft (Abb. 2).

– Runde Hölzer sind wie in Abb. 3 mit einer Keilstütze gegen Drehen zu sichern.

– Besonders lange Werkstücke müssen gegen das Abkippen vom Maschinentisch durch Rollböcke oder Tischverlängerungen gesichert werden (Abb. 4).

Pflege der Bandsägeblätter

> Scharfes Werkzeug ist die Voraussetzung für sauberes und unfallfreies Arbeiten.

– Wie bei Handsägen sorgt auch bei den Bandsägeblättern die **Schränkung** für den **Freischnitt** des Blattes. Eine andere Möglichkeit ist das Stauchen der Zähne. Damit beim Schränken das Blatt im Zahngrund nicht einreißt, darf höchstens bis zur halben Zahnhöhe geschränkt werden. Dies erfolgt weitgehend mit Schränkmaschinen, vor dem Schärfen.

– Beim **Schärfen** ist gegen die Schnittrichtung zu arbeiten. Die Schärfung wird im **Trocken-** oder **Nassschliff** mit Schärfmaschinen durchgeführt (Abb. 5). In seltenen Fällen erfolgt dies auch mit der Handfeile. Wichtig ist dabei, dass der Zahngrund eine runde Form erhält, damit auch in diesem Fall die Gefahr des Einreißens verhindert wird.

– Werden Bandsägeblätter gewechselt, ist beim Zusammenlegen darauf zu achten, dass keine scharfkantigen Knicke entstehen.

– Müssen Bandsägeblätter besonders nach der Spanung harzhaltiger Hölzer gereinigt werden, sind entsprechende Entharzungsmittel zu verwenden.

– Um Rostbildung zu vermeiden, sind Sägeblätter trocken zu lagern.

– Um die Standzeit von Bandsägeblättern zu erhöhen, werden sie zusätzlich „stellitiert".

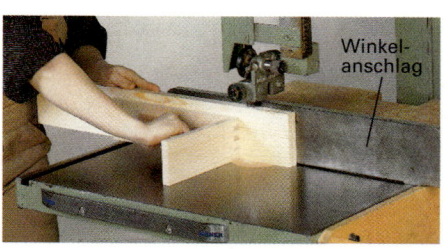
1 Trennschneiden mit Anlagewinkel

2 Schweifarbeiten

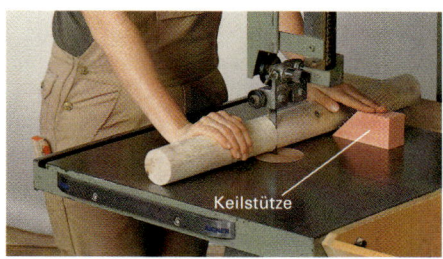
3 Schneiden runder Hölzer

4 Trennen langer Werkstücke

Aufgaben

1. Warum sind Umlenkrollen bei Bandsägemaschinen federnd gelagert?
2. Die Rollen bei Bandsägemaschinen sind bandagiert. Nennen Sie Gründe für die Notwendigkeit von Bandagen.
3. Begründen Sie, warum für Schweifarbeiten schmale Sägeblätter verwendet werden.
4. Beschreiben Sie typische Einsatzgebiete der Keilstütze und des Rollblocks an der Bandsäge.
5. Welche Vorrichtungen verhindern das Kippen des Werkstückes bei hochformatigen Trennschnitten an der Bandsäge?

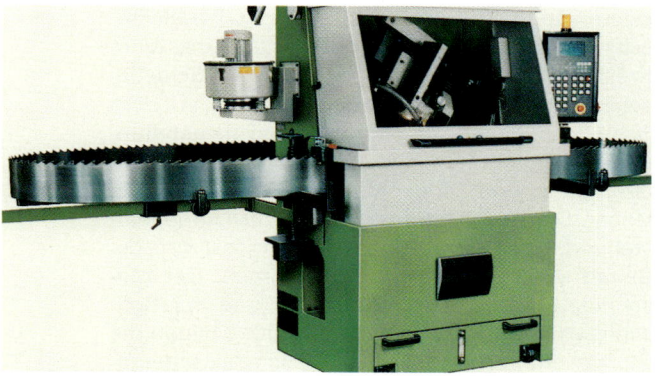
5 Schärfmaschine für Blockbandsägeblätter

3.1.4 Kreissägemaschinen

Der weitaus größte Anteil der Sägearbeiten wird in den Holz verarbeitenden Betrieben mit Kreissägemaschinen durchgeführt.

Für die unterschiedlichsten Sägearbeiten unterscheidet man folgende Bauarten:

– Tischkreissägemaschinen,
– Format- und Besäumkreissägemaschinen,
– Plattenkreissägemaschinen,
– Pendel- und Kappkreissägemaschinen,
– Furnierkreissägemaschinen,
– Doppelabkürz- und Mehrblattkreissägemaschinen,
– Handkreissägemaschinen.

3.1.5 Tischkreissägemaschinen

Einsatz: Auftrennen, Besäumen, Längs- und Querschneiden, Formatschnitte an Plattenwerkstoffen, Schlitzen, Nuten, Absetzen, Kehlen und Fälzen.

Tischkreissägen müssen ab Baujahr 1995 den EG-Richtlinien (nach DIN EN 1807-1) entsprechend ausgestattet sein. Der Aufbau von Standard-Tischkreissägen ist auf der Abbildung 1 ersichtlich.

Vom Antriebsmotor werden die Kräfte über Keilriemen auf die Arbeitswelle übertragen (Abb. 2), an deren Ende das **Kreissägeblatt** auf einen **Flansch** gespannt ist. Ein kastenförmiger Korpus aus einem Ständerwerk aus Stahl oder Stahl-Betonverbund umschließt die gesamte Antriebs- und Arbeitsmechanik.

Auf dem Korpus ruht der Maschinentisch aus Grauguss, auf dem der **Parallelanschlag** neben dem Kreissägeblatt in zwei Richtungen verschiebbar angebracht ist (Abb. 1). Die Breiteneinstellung des Parallelanschlages ist an einer Skala oder Digitalanzeige ables- und feststellbar (Abb. 3).

Um auch Werkstücke mit größeren Abmessungen schneiden zu können, lässt sich der Parallelanschlag abschwenken bzw. abnehmen. Links vom Kreissägeblatt befindet sich meist ein **Schiebeschlitten** mit einem **Querschnittanschlag**, auf dem Schnitte mit unterschiedlichen **Winkeleinstellungen** vorgenommen werden können (Abb. 4). Gradzahlen und Längenmaße sind an Skalen ablesbar. Die **Anschlagreiter** dienen zur Längeneinstellung. Auch der Schiebeschlitten lässt sich bei Bedarf verschwenken bzw. abnehmen. Der Maschinentisch, der Parallelanschlag und der Rollschlitten mit dem Querschnittanschlag bilden die Standardführungsebenen der Tischkreissägemaschine.

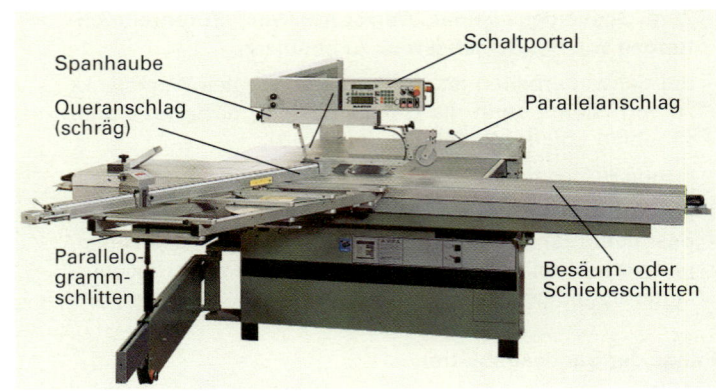

1 Standard-Tischkreissägemaschine

2 Antrieb einer Tischkreissägemaschine mit schwenkbarem Sägeblatt

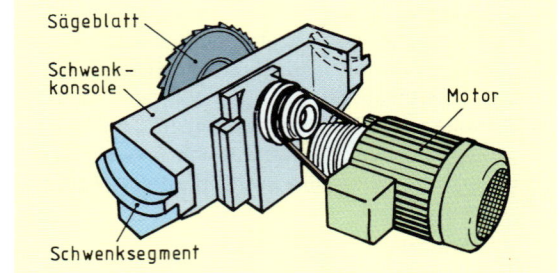

3 Skala und Anzeige für die Breiteneinstellung des Parallelanschlages

4 Winkeleinstellung am Queranschlag

3.1.6 Format- und Besäum-kreissägemaschinen

Diese Maschinen unterscheiden sich von den Standardtischkreissäge-maschinen hauptsächlich in der Bauweise des erheblich längeren Schiebeschlittens mit einer Aluminiumauflage. Er bildet mit dem Maschinentisch eine Ebene (Abb. 1).

Er reicht bis an das Sägeblatt heran und ist damit besonders gut für **Besäumschnitte** mit einem Klemmschuh geeignet.

Zu diesem Zweck kann an den Rollschlitten ein weit ausladender **Parallelogrammschiebeschlitten** montiert werden, durch den das maßgenaue Schneiden großer Plattenwerkstoffe auf Format möglich wird (Abb. 2).

Bei den meisten Tisch- und Formatkreissägemaschinen können die Sägeblätter mit der Antriebsmechanik um 45° für **Gehrungsschnitte** verschwenkt werden (Abb. 3). Auch die weiteren beschriebenen Details gelten gleichermaßen für die Tisch- und Formatkreissägemaschinen.

Laut UVV der HBG müssen (nach den EG-Richtlinien) alle stationären Holzbearbeitungsmaschinen mit **Schnellbremseinrichtungen** ausgerüstet sein. Durch diese Einrichtungen darf eine Bremsdauer von **10 s** nicht überschritten werden. Dazu muss an der Maschine gut sichtbar und schnell erreichbar ein **Notschalter** angebracht sein. Die Höhenverstellung des Kreissägeblattes erfolgt über ein Handrad, Fußhebel oder über einen Stellmotor.

Zum **Wechseln des Sägewerkzeuges** sind zunächst die Tischeinlagen aus Hartholz oder Aluminium zu entfernen. Weiter muss die Welle durch eine Arretierung blockiert werden. Damit sich das Sägeblatt beim Lauf nicht lösen kann, befindet sich an dem Wellenende eine Mutter mit **Linksgewinde**.

Wird ein Sägeblatt aufgespannt, ist Folgendes zu beachten:

– Kreissägeblatt, loser und fester Flansch müssen schmutz- und fettfrei sein, um eine einwandfreie Haftfähigkeit zwischen den Flanschen und dem Sägeblatt zu erreichen.

– Der lose Flansch, die Mutter und das Sägeblatt müssen während des Wechsels auf Holzunterlagen abgelegt werden, da sie sonst auf dem metallenen Maschinentisch beschädigt werden können.

Hinter dem Kreissägeblatt muss ein zwangsgeführter **Spaltkeil** montiert sein (Abb. 4).

1 Format- und Besäumkreissägemaschine

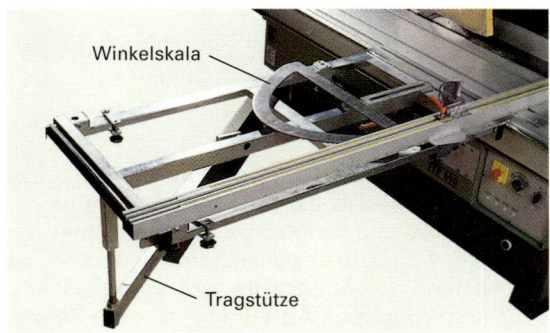

2 Parallelogrammschiebeschlitten

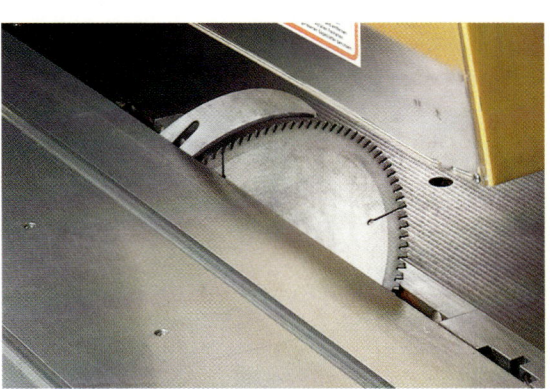

3 Verschwenktes Kreissägeblatt für Gehrungsschnitte

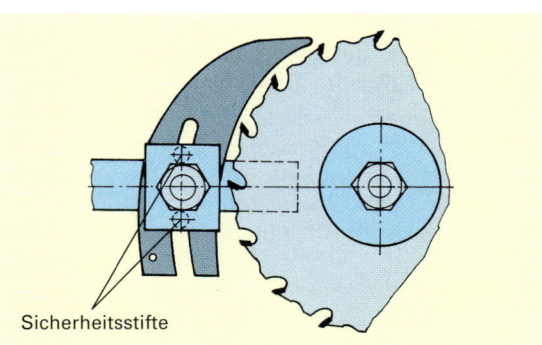

4 Zwangsgeführter Spaltkeil hinter dem Kreissägeblatt

Der Spaltkeil

Beim Trennen von Vollholz können Spannungen durch die Holzstruktur entstehen, die dazu führen, dass die Schnittfuge hinter dem Kreissägeblatt zusammengedrückt wird und das Sägewerkzeug einklemmt. Die aufsteigenden Sägezähne erfassen dabei das Werkstück und schleudern es der Bedienungsperson entgegen. Dieser Vorgang wird als **Rückschlag** bezeichnet und kann zu schweren Unfällen führen, wenn er nicht durch einen Spaltkeil verhindert wird. Der Spaltkeil hat neben dem Berührungsschutz die Aufgabe, das Schließen der Schnittfuge zu verhindern. Dies ist allerdings nur dann möglich, wenn er die richtige Dicke besitzt.

Die Vorschrift der HBG lautet:

> Der Spaltkeil muss dicker als das Stammblatt des Kreissägeblattes und dünner als die Schnittfugenbreite sein (Abb. 1).

Beim Wechseln des Kreissägeblattes ist darauf zu achten, dass jeweils der Spaltkeil auf die entsprechende **Dicke** und den **Radius** des Sägeblattes abgestimmt wird. Von entscheidender Bedeutung ist der Abstand des Spaltkeiles zum Kreissägeblatt. Bei einem zu großen Abstand besteht die Gefahr, dass auch in diesem Fall das Werkstück von den aufsteigenden Sägezähnen erfasst wird. Dagegen kann bei einem zu geringen Abstand der Spaltkeil selbst vom Sägeblatt erfasst werden. Die UVV der HBG schreibt Folgendes vor:

> Der Abstand des Spaltkeiles vom Schneidenflugkreis des Sägeblattes darf bei Tischkreissägemaschinen **8 mm** nicht überschreiten (Abb. 4, S. 27).

Bei Handkreissägemaschinen sind **5 mm** Abstand vorgeschrieben.

Verdecktschnitte, z.B. beim Nutzen oder Fälzen, machen es notwendig, dass die Spitze des Spaltkeiles etwa 2 mm unterhalb der waagerechten Achse des Schneidenflugkreises liegt (Abb. 2).

Das Kreissägeblatt ist durch eine **Spanhaube** abgedeckt, um jedes Berühren mit den Händen auszuschließen. Außerdem werden hochgeschleuderte Späne und Holzsplitter, die für den Maschinenarbeiter gefährlich werden könnten, zurückgehalten.

> Die Spanhaube muss vom Spaltkeil getrennt montiert sein (Abb. 3).

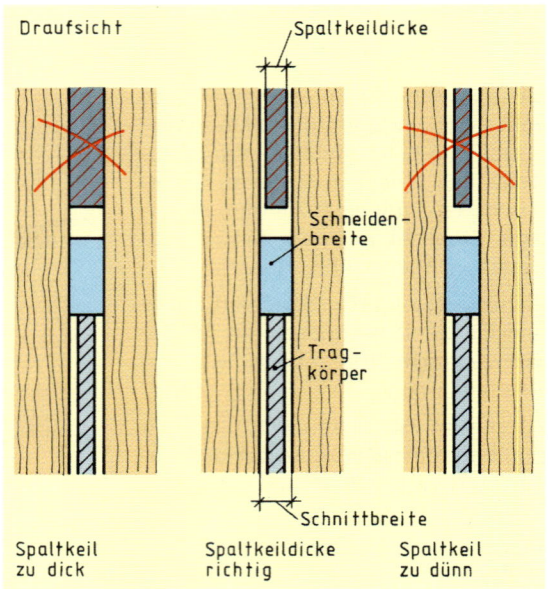

1 Richtige Wahl der Dicke des Spaltkeiles

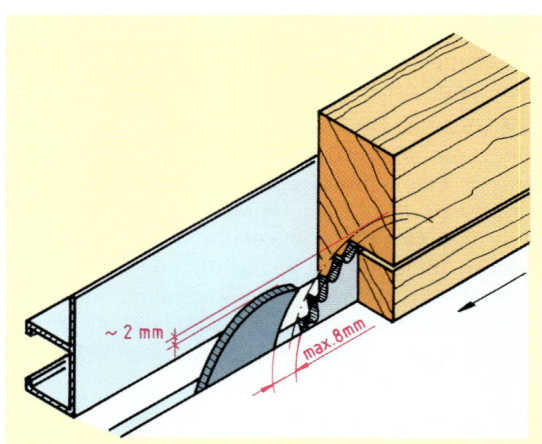

2 Lage des Spaltkeils bei Verdecktschnitten

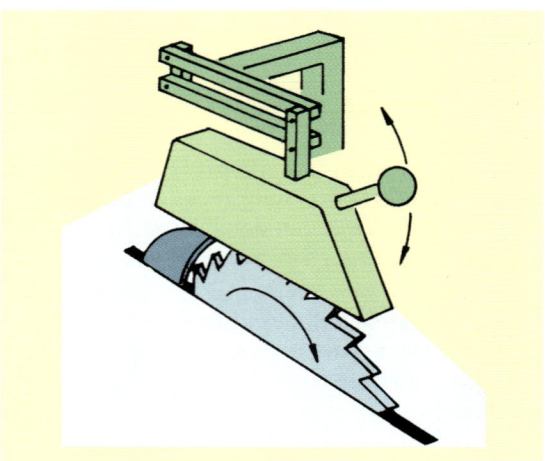

3 Spanhaube über dem Sägeblatt

Arbeiten mit Kreissägemaschinen

Mit Tisch- und Formatkreissägemaschinen sind folgende Arbeiten möglich:

- Ablängschnitte,
- Trennschnitte,
- Besäumschnitte,
- Formatschnitte,
- Verdecktschnitte, z.B. Nuten und Fälzen,
- Schrägschnitte,
- Einsetzschnitte.

Im Vergleich zu Bandsägearbeiten ist die Schnittgüte bei Kreissägearbeiten aufgrund besserer Zerspanungsbedingungen beträchtlich erhöht.

3.1.7 Sägewerkzeuge für Kreissägemaschinen

Die Sägewerkzeuge bestehen aus gestanzten Stahlscheiben als

- Vollstahlsägeblätter: einteilige Werkzeuge oder als
- bestückte Sägeblätter: Verbundwerkzeuge.

Vollstahlsägeblätter

Bei ihnen wird die Zahnung aus dem Stammblatt lediglich in unterschiedlichen Zahnformen herausgefräst. Man unterscheidet drei Zahnformen (Abb. 1):

- Spitzzahn,
- Dreieckszahn,
- Wolfszahn.

Diese Sägeblätter werden heute nur noch ausschließlich für Vollhölzer und für Grobschnitte verwendet. Da die Sägezähne und das Stammblatt bei diesem Sägeblatt in der Regel gleich dick sind, müssen die Zähne geschränkt bzw. gestaucht werden (Abb. 2). Durch falsches Schränken könnten im Zahngrund Risse entstehen, deshalb darf der Sägezahn nur auf $1/3$ seiner Höhe geschränkt werden.

Um die Rissbildung in den Sägeblättern zu verhindern, ist der Zahngrund gerundet, ebenso müssen die Dehnungsschlitze in Bohrungen enden (Abb. 3, S. 30).

> Sägeblätter mit Verformungen und Rissen dürfen nicht verwendet werden.

Bei **Längsschnitten** werden die Holzfasern in Längsrichtung abgeschert, wodurch der Ausriss an der Schnittkante bedeutend geringer ist als beim Querschneiden. Infolgedessen wächst die

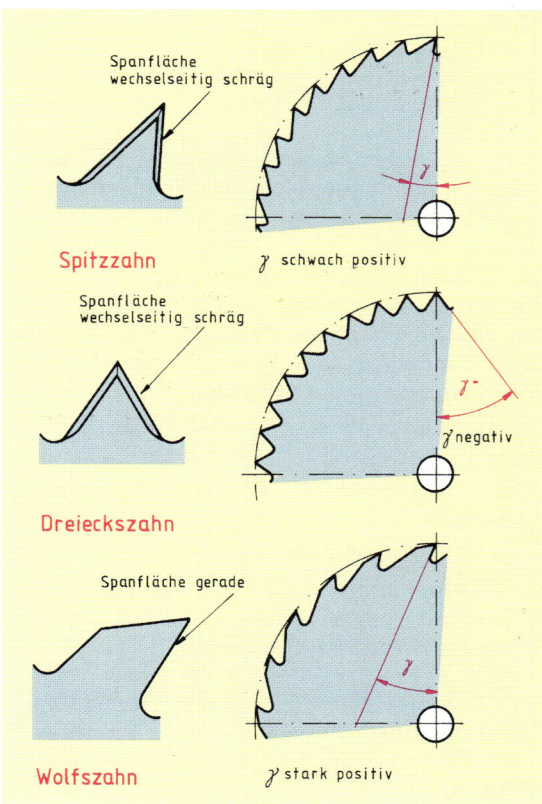

1 Zahnformen an Vollstahlsägeblättern

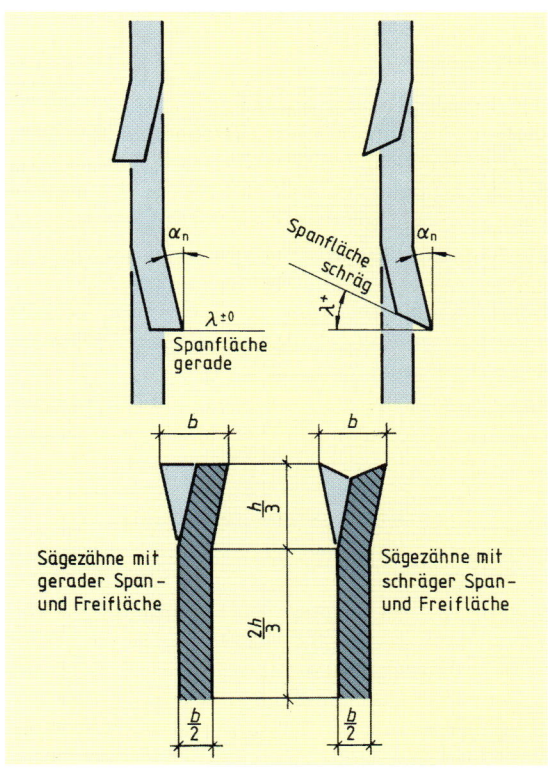

2 Geschränkte Sägezähne an Vollstahlsägeblättern

Arbeitsgeschwindigkeit und mit ihr das Spanungsvolumen in der Zeiteinheit. Um der größeren Belastung gewachsen zu sein, muss der Keilwinkel der
Nebenschneide des Zahnes möglichst groß sein.

> Für Längsschnitte eignen sich Spitz- und Wolfs-
> zahnformen mit **gerade** angeschliffenen Span-
> flächen (Abb. 1, S. 29).

Die anfallenden Späne müssen schnell abtransportiert werden, um das Sägeblatt nicht zu erhitzen. Der Spanraum zwischen den Zähnen muss
deshalb möglichst groß sein. Der Spanwinkel der
Hauptschneide ist stark positiv (Tab. 1).

Die Wahl der geeigneten Sägezahnform ist abhängig von:

– der Spanungsrichtung, Quer- oder Längsschnitten, und

– der Werkstoffart, Hart- oder Weichhölzern.

Bei **Querschnitten** werden die Holzfasern quer
durchtrennt und es kommt darauf an, dass die
Schnittkanten nicht ausreißen.

> Für Querschnitte eignen sich Spitz- und Drei-
> eckszahnformen mit wechselseitig **schräg** an-
> geschliffenen Spanflächen und Freiflächen
> (Abb. 1 u. 2, S. 29).

Der Spanwinkel der Hauptschneide muss negativ
oder neutral, gegebenenfalls schwach positiv sein.

Vorspannung

Den Kreissägeblättern gemeinsam ist der vorgespannte Tragkörper. Unter **Vorspannung** versteht
man die Herstellung einer gestreckten Zone, welche
die durch Spanungsarbeit verursachte Wärmedehnung sowie die entstehenden Fliehkräfte aufnimmt.

Die Sägeblätter werden vorgespannt, indem eine
Randzone durch einen Walzvorgang gestreckt und
kaltverfestigt wird (Abb. 2). Diese Zone verleiht
dem Blatt große Stabilität gegen Seitendruck sowie hohe Planlaufgenauigkeit.

Bei Vollstahlsägeblättern besteht die Gefahr, dass
sie nach mehrfachem Nachschärfen ihre Vorspannung verlieren. Die Blätter würden flattern.

> Kreissägeblätter, die ihre Vorspannung verlo-
> ren haben, dürfen nicht mehr benutzt werden.

Sollten Kreissägeblätter mit Dehnungsschlitzen
ausgestattet sein (Abb. 3), dürfen die Schlitze nicht
in den vorgespannten Bereich des Sägeblattes
hereinreichen, da sonst die Wirkung der Vorspannung aufgehoben ist. Sie kann jedoch auch durch
Risse im Zahngrund, Erschütterungen oder durch
Überhitzung der Sägeblätter verloren gehen.

Zahn-form	Schnittge-schwindig-keit in m/s	Span-winkel γ	Span-fläche	An-wendung
Spitz-zahn	60	25 … 30°	gerade	Längsholz weich
	60	8 … 12°	wech-selnd schräg	Querholz
Drei-ecks-zahn	50 … 60	negativ	wech-selnd schräg	Querholz bei Pendel-kreissägen
Wolfs-zahn	50	22 … 30°	gerade	Längsholz hart

1 Richtwerte für Vollstahlkreissägewerkzeuge

**2 Vorgespannte Randzone eines Sägeblattes mit Deh-
nungsschlitzen**

> Kreissägeblätter, die ihre Vorspannung verlo-
> ren haben, sind an Rissen oder Brandstellen zu
> erkennen.

Verbundkreissägeblätter

Bei ihnen ist die Zahnung in Form kleiner **Schneidplatten** durch Hartlötung stoffschlüssig befestigt
(Abb. 2, S. 31).

Durch zunehmende Be- und Verarbeitung von
Vollhölzern mit mineralischen Inhaltsstoffen sowie durch die Verbreitung kunstharzverleimter
Holzwerkstoffe haben sich die **Verbundkreissägewerkzeuge** (bestückte Kreissägeblätter) durchgesetzt. Diese Werkzeuge haben die Vollstahlsägeblätter fast vollständig verdrängt. Ihr Vorteil besteht darin, dass sie sowohl eine wesentlich **höhere Standzeit** als auch eine sehr **hohe Schnittqua-**

lität aufweisen. Nachteilig ist, dass die Verbund-kreissägeblätter teurer sind und in den meisten Fällen von Spezialwerkstätten geschärft werden müssen. Wie bei den Vollstahlsägeblättern besteht der Tragkörper auch bei diesen Werkzeugen aus vorgespanntem Werkzeugstahl. Die Schneidteile sind Stammzähne in Wolfzahnform, auf die Schneidplatten aus **HW** oder **DP** aufgelötet sind (Abb. 1).

Bezogen auf die Anwendungsgebiete und den Werkstoff der Schneidplatten, haben sich die folgenden Schneidteilformen mit unterschiedlicher Schneidengeometrie entwickelt (Abb. 3):

– Flachzahn,
– Wechselzahn,
– Trapezzahn (auch als Dachform),
– Konkavzahn (Hohlzahn).

Um die einzelnen Werkzeuge möglichst vielseitig einsetzen zu können, haben sich auch Mischformen mit unterschiedlichen Schneidplatten, der sog. Gruppenbezahnung an einem Tragkörper durchgesetzt. So gibt es z. B. Trapez-Konkavsägeblätter oder Flach-Trapezsägeblätter. Tabelle 1, S. 32 gibt eine Übersicht der gebräuchlichsten Schneidplattenformen in Bezug auf ihren Anwendungsbereich.

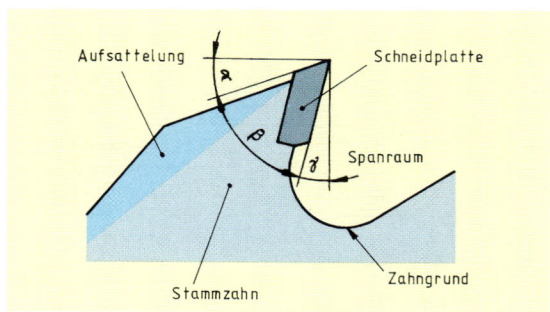

2 Aufbau des Schneidteils am Verbundsägewerkzeug

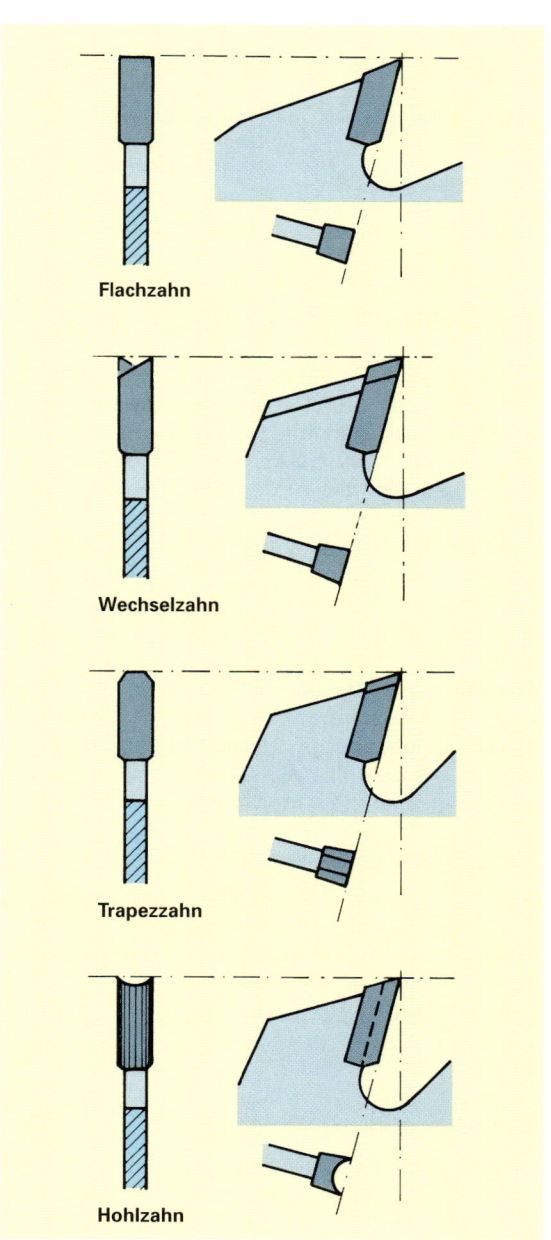

3 Formen der Schneidplatten an Verbundkreissägewerk-zeugen

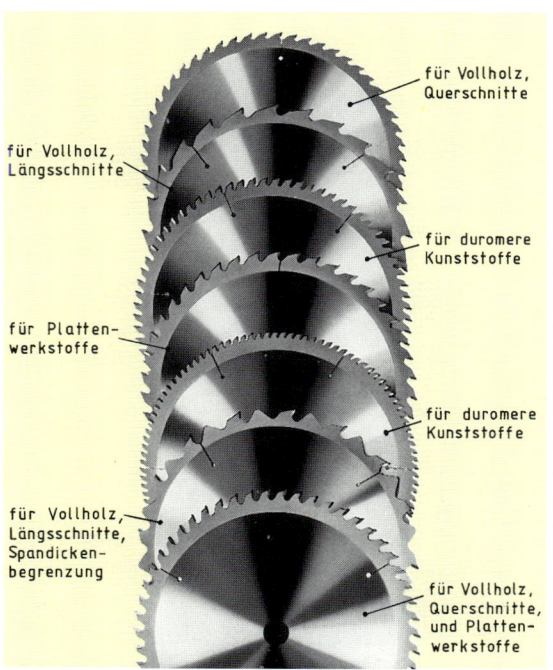

1 Verbundsägeblätter mit unterschiedlichen Spanwinkeln

Schneid-platten in HW	v_c in m/s	Span-winkel γ	Nei-gungs-winkel λ	Anwendung
Flach-zahn	50 … 70 60 … 80 40 … 50	16 … 22° 15 … 20° 15 … 20°	neutral	Längsholz weich Längsholz hart Spanplatte grob
Wechsel-zahn	60 … 80 60 … 80 50 … 70 50 … 60	8 … 12° 8 … 12° 10 … 15° 5 … 10°	neutral	Querholz weich Querholz hart Tischlerplatten Furnierplatten Längsholz Format Span- und MDF-Platten
Trapez-/Dach-zahn	40 … 50 40 … 50	5 … 10° 5 … 10°	neutral	HPL-Platten Spanplatten MF-beschichtet
Konkav-zahn	70 … 90	5 … 10°	beid-seitig positiv	Querholz weich Tischler- und Furnierplatten furniert

1 Richtwerte für Verbundkreissägewerkzeuge

3.1.8 Unfallsicheres Arbeiten

Besäumen und Trennschneiden

Beim Besäumen von Bohlen und Brettern besteht die Gefahr des Verkantens und damit des Rückschlages der Werkstücke, die nur unzulänglich oder keinen Kontakt zu den Anschlagebenen der Maschine haben. Aus diesem Grund müssen die Werkstücke im **eingespannten** Zustand **zwangsgeführt** werden. Dies kann an der Formatkreissägemaschine mithilfe des Schiebeschlittens geschehen, der mit einem **Klemmschuh** versehen wurde. Beim Besäumen kurzer Werkstücke empfiehlt sich eine **Besäumhilfe** (Abb. 2). An Tischkreissägemaschinen muss ein in einer Führungsnut zwangsgeführtes Besäumbrett verwendet werden, bei dem das Werkstück an einer **Klemmleiste** eingespannt werden kann.

Längsschnitte an breiten Werkstücken

Bei Längsschnitten ist darauf zu achten, dass das Werkstück gegen **Abkippen** hinter dem Sägewerkzeug gesichert wird. Dies geschieht durch eine **Maschinentischverlängerung**. Beim Schneidvorgang müssen die Hände eine sichere Auflage haben und für die Bedienungsperson stets sichtbar sein (Abb. 3).

Schneiden schmaler Werkstücke

Diese sind am Parallelanschlag zu führen und bei geringeren Breiten als **120 mm** mit dem **Schiebestock** am Sägeblatt vorzuschieben (Abb. 4 und 5). Beim Schneiden von Vollholz muss der Parallelanschlag zurückgesetzt werden (Abb. 1, S. 33).

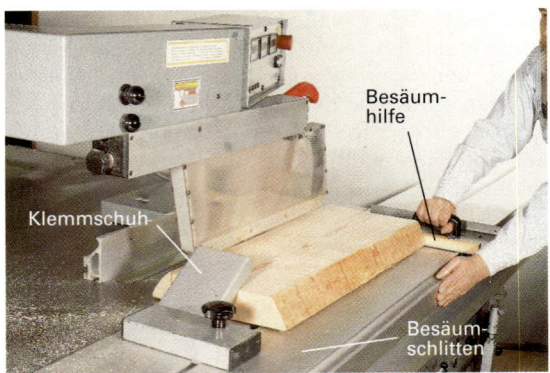

2 Besäumen an der Formatkreissäge

3 Längsschneiden breiter Werkstücke

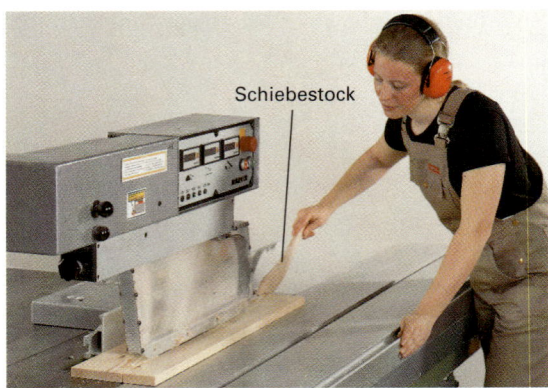

4 Gebrauch des Schiebestocks beim Längsschneiden schmaler Werkstücke

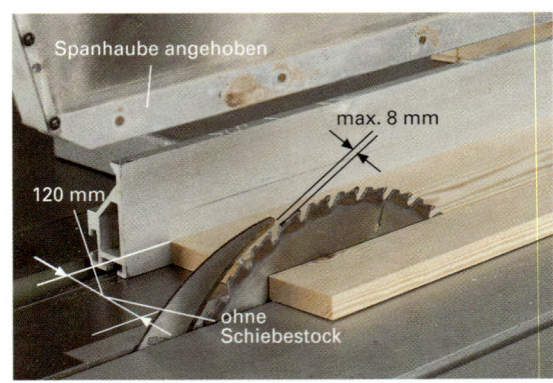

3 Längs-/Breitenschneiden von Vollholz am Parallelanschlag (Spanhaube wurde aus Sichtgründen angehoben)

Schneiden von Anleimern und Leisten

Bei Längsschnitten von schmalen Anleimern und Leisten muss an den Parallelanschlag ein niedriger Hilfsanschlag angebracht werden, damit das Werkstück zugänglich bleibt und die Spanhaube ganz abgesenkt werden kann (Abb. 2). Bei modernen Format- und Tischkreissägemaschinen kann hierfür der Parallelanschlag gewendet werden. Da für diese Arbeiten der Schiebestock häufig zu dick ist, muss beim Schneiden von Leisten unter **20 mm** Breite ein Schiebholz (Abb. 2) verwendet werden. Auch in diesem Fall muss das Werkstück gegen Abkippen gesichert werden.

Ablängen kurzer Werkstücke

Die Holzstücke können zwischen Sägeblatt und Breitenanschlag leicht verkanten und durch das Sägeblatt zurückgeschleudert werden.

Um das Verkanten zu verhindern, ist der Parallelanschlag so weit **zurückzuschieben**, dass das Werkstück nur bis zum Beginn des Sägeschnittes am Anschlag anliegt (Abb. 3).

Ablängen schmaler Werkstücke

Die abgelängten Werkstücke können am aufsteigenden Teil des Kreissägeblattes von den Zähnen erfasst und hochgeschleudert werden. Dies ist mit einem **Abweisleiste** zu verhindern (Abb. 4).

Mit dem Keil werden die abgetrennten Werkstücke seitlich aus dem Gefahrenbereich herausgeführt.

Querschnitte an breiten Werkstücken

Bei Werkstücken, die breiter als lang sind, besteht beim Schneidvorgang die Gefahr des Verkantens. Diese Werkstücke dürfen grundsätzlich nur mit einem **zwangsgeführten Schiebeschlitten** bearbeitet werden, an dem ein Queranschlag vorhanden ist (Abb. 5). Während der Bearbeitung muss das Werkstück fest an diesen Anschlag gedrückt werden.

Schneiden von Fälzen

Sollen Fälze, d.h. Verdeckschnitte, gesägt werden, tritt erneut die Gefahr auf, dass beim zweiten Schnitt, also dann, wenn die ausgefälzte Leiste abfallen sollte, sie sich zwischen Sägeblatt und Anschlag einklemmt. Um dies zu vermeiden, ist der zweite Schnitt so anzulegen, dass die ausgefälzte Leiste gefahrlos links vom Sägeblatt abfällt.

Schneiden von Nuten und Verdecktschnitte

Das Werkstück ist mit Beginn der Zerspanung fest auf den Maschinentisch zu drücken. Ohne diesen Druck würde die Zerspanung schlagartig und unkontrolliert mit großer Rückschlaggefahr beginnen. Erhöhte Arbeitssicherheit wird durch die Ver-

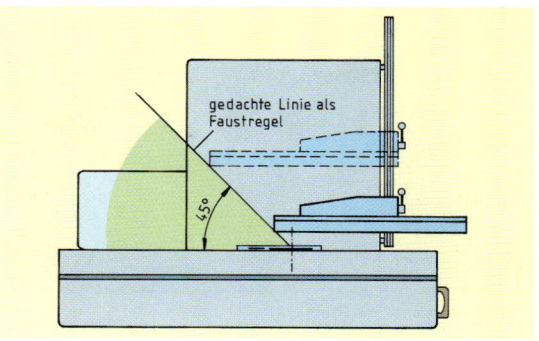

1 Zurückgesetzter Parallelanschlag beim Vollholzschneiden

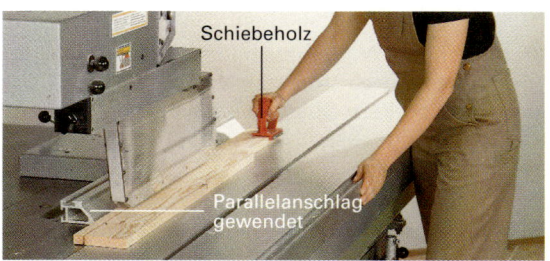

2 Schneiden schmaler Leisten am gewendeten Parallelanschlag

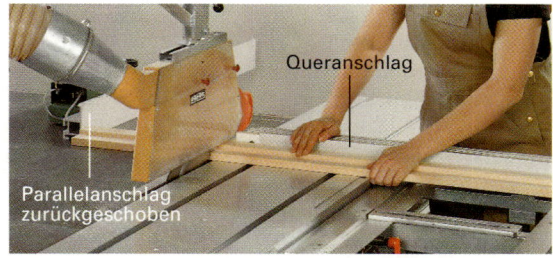

3 Zurückgeschobener Parallelanschlag zum Ablängen kurzer schmaler Werkstücke

4 Abweisleiste beim Ablängen schmaler Werkstücke

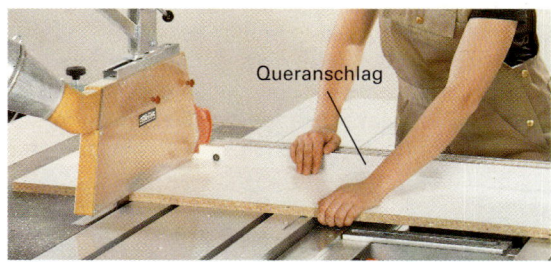

5 Querschneiden breiter Werkstücke

1 Schneiden von Nuten

2 Verstellnuter

3 Kehlscheibe

wendung eines Vorschubapparates erreicht. Auch dann muss der Spaltkeil benutzt werden (Abb. 1).

Werden beim Nuten besondere Nutwerkzeuge, z.B. **Verstellnuter** (Abb. 2), verwendet, sind sowohl eine breitere Spanhaube als auch eine dem Werkzeug angepasste Maschinentischeinlage zu benutzen.

Fräsen von Hohlkehlen

Ein besonderer Einsatz der Tischkreissägemaschinen ist das Fräsen von **Hohlkehlen**, die besonders bei der Fertigung von „Krümmlingen" im Treppenbau benötigt werden (Kap. 13). Hierzu wird eine spezielle **Kehlfrässcheibe** (Abb. 3) in die Kreissägemaschine eingespannt. Mithilfe eines Anschlages wird das Werkstück **schräg** über das Werkzeug geführt (Abb. 4). Je nach Zuführwinkel wird die Breite der Hohlkehle bestimmt. Wie beim Verstellnuter muss auch in diesem Fall eine angepasste Maschinentischeinlage verwendet werden.

Absetzen

Beim Absetzen ist ein kurzer Hilfsanschlag so zu montieren, dass sich die Abfallstücke zwischen Anschlag und Sägeblatt nicht verkanten können. Man könnte auch mit einem Winkelhilfsanschlag arbeiten, der so hoch über dem Maschinentisch angebracht wird, dass das Abfallstück unter ihm hindurchgleiten kann (Abb. 5).

3.1.9 Pendel- und Kappkreissägemaschinen

Mit diesen Maschinen werden ausschließlich Querholzschnitte durchgeführt. Dementsprechend sind die Schneiden der Sägeblätter mit neutralen oder negativen Spanwinkeln ausgestattet. Positive Spanwinkel würden durch einen Zahnradeffekt die **Pendelsäge** unkontrolliert vorschieben.

Eine Pendelkreissäge muss gemäß UVV selbsttätig in die Ruhestellung zurückkehren und dort arretiert werden (Abb. 1, S. 35).

4 Fertigung von Hohlkehlen

5 Absetzschneiden mit Winkelhilfsanschlag

Bei der **Kappsäge** darf das Kreissägeblatt nicht über den Zuschneidetisch hinauspendeln. Eine Abdeckung muss das Sägeblatt vollständig umschließen (Abb. 2). Sie darf den Schnittbereich nur während des Schneidvorganges freigeben.

Die Kappsäge ist besonders für Gehrungsschnitte geeignet.

Doppelabkürz- und Mehrblattkreissägemaschinen

Zwei oder mehr parallel nebeneinander angeordnete Kreissägeaggregate mit gemeinsamem Antrieb lassen mehrere Schnitte in einem Arbeitsgang zu.

Geschnitten werden sowohl Vollholz als auch Holzwerkstoffe. In industriellen Betrieben sind auch **Mehrblattkreissägeautomaten** im Einsatz, die bei einem mechanischen Vorschub gleiche Zuschnitte in großer Stückzahl (Serienfertigung) zulassen.

1 Pendelkreissägemaschine mit Längenanschlag

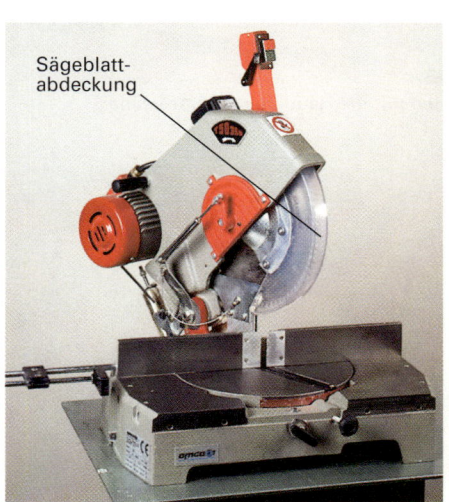

2 Kappkreissägemaschine

3.1.10 Plattenkreissägemaschinen

Plattenkreissägen sind in vertikaler und in horizontaler Bauart in Gebrauch.

Horizontale Plattenkreissägemaschinen

Trotz erheblichen Platzbedarfs gewinnen horizontale Plattenkreissägen immer mehr an Bedeutung, da mehrere übereinander gestapelte Platten mit einem Schnitt aufgeteilt werden können. Während des Zerspanens verhindert ein **Druckbalken** das Verschieben der Platten. Die aufgeteilten Platten sind auf einem **Rollengleittisch** ohne großen Kraftaufwand zu bewegen. Der mechanische Vorschub des Sägeaggregates kann bei elektronischer Ausrüstung programmiert gesteuert werden (Abb. 3).

Vertikale Plattenkreissägemaschinen

Dieser Typ ist Platz sparend, besteht aus einem leicht geneigten Gestellständer und einer Führungssäule mit montierter Kreissägemaschine. Sie lässt sich um 90° schwenken, so dass Horizontal- und Vertikalschnitte möglich sind. Einige Maschinen lassen auch **Schrägschnitte** zu. Die Schnitttiefe ist der Plattendicke entsprechend einstellbar (Abb. 4).

Aufgrund ihrer Bauweise ist die Plattenkreissäge auch für **Einsetzschnitte** geeignet.

3 Horizontale Plattenaufteilsägemaschine

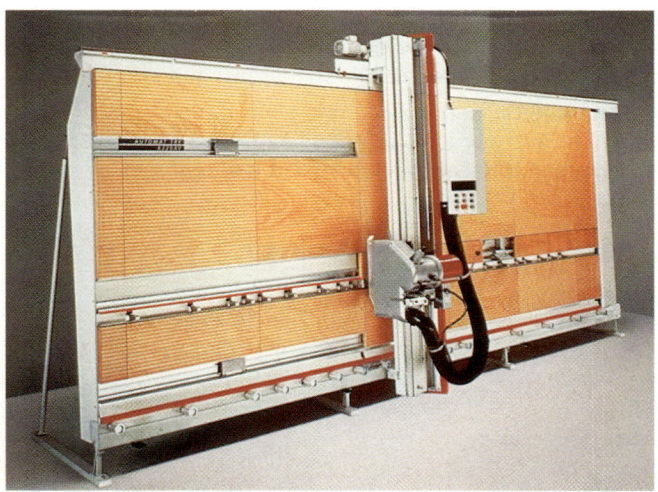

4 Vertikale Plattenaufteilsägemaschine

3.1.11 Furnier- und Fügekreissägemaschinen

Die zu fügenden Werkstoffe werden mit einem Druckbalken auf den Fügetisch gepresst und dadurch sicher gehalten. Das Kreissägeaggregat befindet sich auf einem Rollschlitten und schneidet mit hartmetallbestückten Sägeblättern direkt hinter dem Druckbalken den Werkstoff (Furniere, Plattenwerkstoffe und Kunststoffe) splitterfrei und frei von Anrissen (Abb. 1).

3.1.12 Handkreissägemaschinen

Da diese Maschinen leicht gebaut sind, werden sie bei Zuschnitt- und Montagearbeiten bevorzugt verwendet (Abb. 2). Je nach Abdeckung des Kreissägeblattes unterscheidet man drei Typen:

– Sägen mit Schwingschutz,

– Sägen mit Klappenschutz,

– Tauchsägen.

Laut UVV der HBG müssen alle Abdeckungen unmittelbar nach dem Spanungsvorgang das Kreissägeblatt selbsttätig und vollständig umschließen. Da aber Späne oder Verharzungen die Abdeckmechanik stören könnten, gilt folgende Vorschrift:

> Handkreissägemaschinen dürfen erst dann aus der Hand gelegt werden, wenn sich das Kreissägeblatt in **Ruhe** befindet!

Auch Handkreissägemaschinen müssen mit einem Spaltkeil versehen sein, dessen Abstand vom Schneidenflugkreis des Sägeblattes nicht mehr als **5 mm** betragen darf.

Arbeitsregeln

Handkreissägemaschinen dürfen nur beidhändig geführt werden (Abb. 2)!

Beim Zuschneiden ist auf sichere Werkstoffunterlage zu achten. Die Maschine ist selbstverständlich auf dem Werkstückteil zu führen, der fest aufliegt.

Einsetzschnitte sollten nur mit einer Tauchsäge durchgeführt werden. In jedem Fall müssen sie durch einen Hilfsanschlag gesichert werden.

3.1.13 Stichsägemaschinen

Sie eignen sich besonders für Schweif- und Ausschnittarbeiten. Sägeblätter gibt es für Fein- und Grobschnitte und für das Spanen von Vollholz, Holzwerkstoffen, Kunststoffen und Aluminium (Abb. 3).

Arbeitshinweise

Das kurze Stichsägeblatt wird von dem Motor in eine Auf- und Abwärtsbewegung versetzt und ar-

beitet auf Zug. Deshalb muss der Anschlag der Maschine stets fest auf dem Werkstück aufliegen, um Erschütterungen zu vermeiden. Geschwindigkeiten und Hubhöhen sind häufig einstellbar.

Die Maschine ist leicht zu handhaben und kann dadurch zu leichtfertiger Arbeitsweise verführen. Für ein unfallfreies Arbeiten gelten folgende Regeln:

– Die Stichsäge sollte beidhändig geführt werden.

– Die Werkstücke müssen sicher und fest aufliegen.

– Während des Sägens darf nicht unter das Werkstück gefasst werden.

– Bei Schweifarbeiten langsam vorschieben, da die Sägeblätter leicht brechen können.

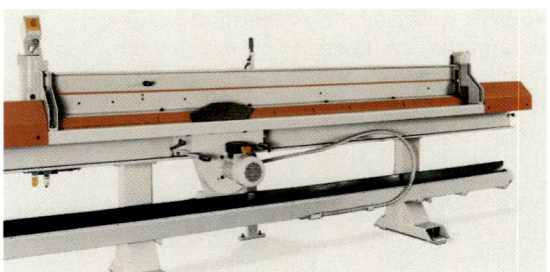

1 Furnierschneiden mit einer Kreissägemaschine

Werkstückunterlage

2 Zuschneiden mit der Handkreissägemaschine

3 Stichsägemaschine

3.1.14 Dekupiersägemaschinen

Aufbau

Bei dieser Maschinenart wird ein pendelnd aufgehängtes Sägeblatt durch das Werkstück gezogen. Das Sägeblatt ist durch Federn gespannt. Ein weit ausgestellter Ständer gestattet das Bearbeiten großer Werkstückabmessungen (Abb. 1).

Arbeitseinsatz

Mit Dekupiersägen werden Sägeintarsien und andere feine Schweifarbeiten ausgeführt. Entsprechend fein sind die Sägeblätter. Das Werkstück darf nur mit schwachem Druck vorgeschoben werden, da sonst das Blatt verbiegen oder zerbrechen würde. Besonders bei engen Kurvenführungen mit starken Richtungsänderungen muss das Sägeblatt genug Zeit zum Freischnitt haben.

1 Dekupiersägemaschine

Aufgaben

1. Beschreiben Sie die Aufgaben des Spaltkeiles und geben Sie den maximalen Abstand zum Schneidenflugkreis bei Tischkreissägemaschinen und Handkreissägen an.
2. Nennen Sie mindestens vier unterschiedliche Sägemaschinen.
3. Wie unterscheidet sich ein Vollstahlkreissägeblatt von einem bestückten Kreissägeblatt? Nennen Sie Unterschiede, Vor- und Nachteile.
4. Weshalb muss ein Kreissägeblatt vorgespannt sein und woran kann man erkennen, dass es seine Vorspannung verloren hat?
5. Es soll auf einer Kreissäge gefälzt werden. Beschreiben Sie, wie die beiden notwendigen Schnitte fachgerecht und damit unfallsicher ausgeführt werden müssen.
6. Nennen Sie unterschiedliche Zahnformen bei Kreissägeblättern.
7. Erläutern Sie den Unterschied zwischen der Flachzahn- und Wechselzahnform und geben Sie Anwendungsbeispiele an.
8. Bei welchen Sägearbeiten muss ein Schiebestock und wann eine Schiebeholz verwendet werden?
9. Für welche Sägevorgänge ist die Verwendung eines Hilfsanschlages und eines Abweiskeiles notwendig?
10. Begründen Sie, warum Kreissägeblätter an Pendel- und Auslegerkreissägemaschinen einen neutralen oder negativen Spanwinkel haben müssen.
11. Beschreiben Sie, welche unterschiedlichen Möglichkeiten der Kreissägeblattabdeckung es bei Handkreissägemaschinen gibt.
12. Erläutern Sie, welche Arbeiten hauptsächlich an Dekupiersägemaschinen ausgeführt werden können.

3.2 Hobeln

Hobeln mit der Messerwelle ist Spanen mit kreisförmiger Schnittbewegung zur Erzeugung einer ebenen Fläche, wobei die Vorschubbewegung durch das Werkstück ausgeführt wird und der **Grundschnitt** das Schnittbild bestimmt.

Abrichten

Mit Streifen- oder Wendehobelmessern besetzte Messerwellen spanen und glätten in **kreisförmigen Schnittbewegungen** die Oberflächen von Holz und Holzwerkstoffen im Gegenlauf.

Hobelmaschinen werden unterteilt in:

– Abrichthobelmaschinen,
– Dickenhobelmaschinen,
– Handhobelmaschinen.

3.2.1 Abrichthobelmaschinen

Abrichthobelmaschinen dienen zum **Bearbeiten von Vollholz**, zum **Anstoßen von Winkelkanten**, **Fälzen**, **Schmiegen** und **Kehlungen**.

Die runde Messerwelle (nach EN 847-1) ist in einem kastenförmigen Korpus (Abb. 1, S. 38) aus einem Ständerwerk aus Stahl oder Stahl-Betonverbund zweiseitig gelagert. Der Korpus umschließt die Antriebsmechanik und den sie antreibenden E-Motor vollständig. Der Einbaumotor überträgt die Kräfte über kurze Keilriemen auf die Messerwelle.

Auf dem Maschinenkorpus ruhen die beiden Abrichttische aus Grauguss, die auch als **Aufgabe-** und **Abnahmetisch** bezeichnet werden. Beide Tische sind in der Höhe verstellbar. Die Tische und der darauf liegende Füge-anschlag bilden die Führungsebenen der Abrichthobelmaschine. **Fügeleiste** und **Wellenabdeckungen** vor und hinter dem Anschlaglineal unterschiedlicher Bauart gehören zu den wichtigsten Sicherheitsausrüstungen der Abrichthobelmaschinen.

Die Baumaße wie Höhe, Tischlängen, Hobelbreite und Wellendurchmesser sind aufeinander abgestimmt und nach DIN 8821 genormt (Tab. 2).

Streifenhobelmesserwellen

Die häufigste Form der Messerwelle ist die Streifenhobelmesserwelle. In die runde Messerwelle sind meist 2, 3 oder 4 Streifenhobelmesser eingesetzt. Hochleistungsmaschinen werden jedoch auch mit 6 oder mehr Messern hergestellt. Die Messerbefestigung erfolgt meist über Druckleisten, die durch Druckschrauben das Streifenhobelmesser zwischen Wellengrundkörper und Druckbalken **kraftschlüssig** befestigen (Abb. 3).

Messer können auch mittels mechanischer Schnelleinstellung oder hydraulisch befestigt werden. Bei der mechanischen Schnelleinstellung wird nur eine Schraube pro Messer festgezogen, die ihren Druck gleichmäßig auf die gesamte Druckbalkenlänge verteilt.

Hydraulische Messerspanner pressen die Druckleisten mit Öldruck gegen die Streifenhobelmesser.

Wendehobelmesserwellen

Eine Neuentwicklung stellen die **Wendehobelmesserwellen** dar, in die spezielle **Wendemesser formschlüssig** eingeschoben werden (Abb. 4). Die Wendemesser werden als **HW-Messer** in Längen bis zu 540 mm, als **HS-Messer** bis zu 640 mm angeboten. Die Art der Messerbefestigung hat den Vorteil einer hohen Arbeitssicherheit und Rundlaufgenauigkeit sowie im schnellen Einsetzen der Hobelmesser. Je nach Hersteller spannen die Keilleisten durch Fliehkraft oder Schraubendruck.

Spiralhobelmesserwellen

Für die **Spiralhobelmesserwelle** sind die Messer spiralförmig ausgebildet und in entsprechenden Ausfräsungen durch Druckklappen befestigt (Abb. 1, S. 39).

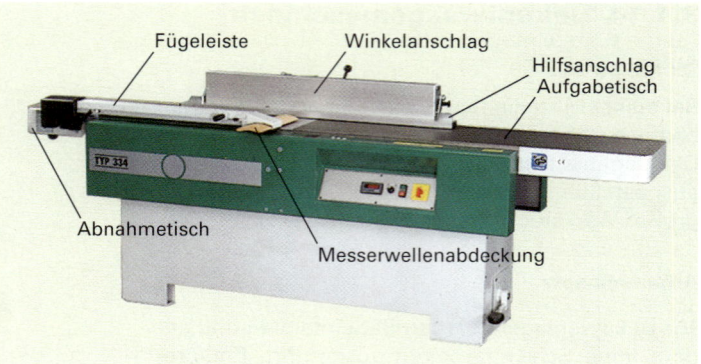

1 Abrichthobelmaschine

Hobelbreite in mm	Tischlänge in mm	Tischhöhe in mm	Messerwelle* ⌀ in mm
400 … 410	2500 … 2850	800 … 850	125
500 … 510	2500 … 2850	800 … 850	125
610 … 630	2500 … 2850	800 … 850	125

* Durchmesser des Messerflugkreises

2 Tabelle wichtiger Baumaße der Abrichthobelmaschine nach DIN 8821

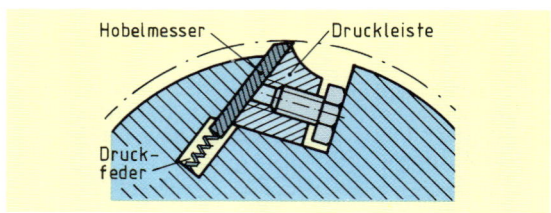

3 Messerbefestigung durch Druckleisten

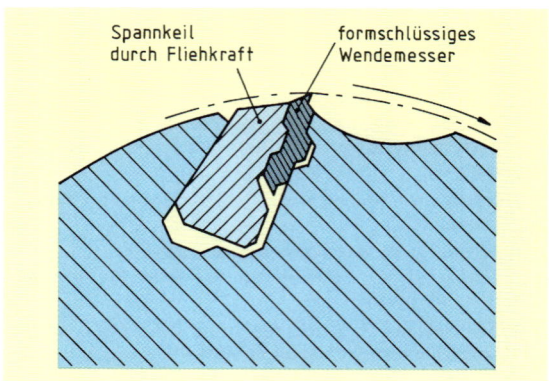

4 Wendehobelmesserwelle

Bei dieser Technik greifen die Messer nicht rechtwinklig, d.h. nicht schlagartig, sondern gleich einem **ziehenden Schnitt** unter einem Achswinkel nach und nach in das Werkstück ein, wodurch die Späne gewissermaßen **abgeschält** werden. Hierdurch verläuft der Hobelvorgang wesentlich

schwingungsfreier, was eine sehr **geräuscharme Bearbeitung** einerseits und eine **hervorragende Schnittqualität** zur Folge hat.

Nachteilig sind die relativ hohen Anschaffungs- und Schärfkosten.

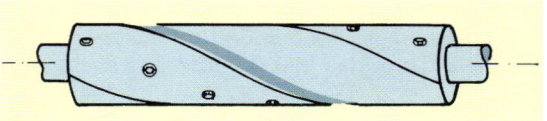

1 Spiralmesserwelle

Einsetzen der Hobelmesser

Da Streifenhobelmesser kraftschlüssig befestigt sind, d.h. ausschließlich Reibungskräfte den Halt der Messer gewährleisten, ist beim Einsetzen der Messer auf **saubere** und **fettfreie Anlageflächen** zu achten. Außerdem müssen die Messer die **gleiche Masse** haben, damit die laufende Messerwelle nicht durch Unwucht in starke Schwingungen gerät. Dadurch würde die Schnittgüte beeinträchtigt und Welle und Lager im Extremfall bis zur Zerstörung belastet werden.

Streifenhobelmesser werden mit einer Einstellvorrichtung auf gleichen Schneidenflugkreis eingestellt. Die UVV der HBG schreibt vor:

> Der Einstellapparat für Hobelmesser darf als größtmöglichen Schneidenüberstand nur **1,1 mm** zulassen (Abb. 2).

2 Messereinstellung mit der Einstelllehre

Im Wellenkörper eingebaute Federn bewirken, dass die Messer beim Einstellungsvorgang gegen die Einstelllehre gedrückt werden!

Damit die Druckfedern das Streifenhobelmesser in jedem Fall erreichen und die Anlagefläche des Messers groß genug ist, ist die Mindestbreite für Streifenhobelmesser vorgeschrieben, die nach jeder Schärfung vor dem Einbau überprüft werden muss (Abb. 3).

> Streifenhobelmesser müssen mindestens **15 mm** breit sein.

Die Befestigungsschrauben des Druckbalkens dürfen nur mit vorgeschriebenen Schlüsseln bzw. mit den angegebenen Drehmomenten angezogen werden. Die erforderlichen Drehmomente lassen sich an Drehmomentschlüsseln einstellen (Abb. 4).

Würde man mit stärkeren Drehmomenten das Anziehen der Schrauben vornehmen, also durch falsche Einstellung des Drehmomentschlüssels oder durch aufgesteckte Schlüsselverlängerungen, wären Verspannungen und damit Unwucht oder Zerstörung der Welle unvermeidlich. Deshalb gilt:

> Nur die vom Hersteller mitgelieferten Schlüssel zum Anziehen der Druckschrauben verwenden bzw. die angegebenen Drehmomente beachten.

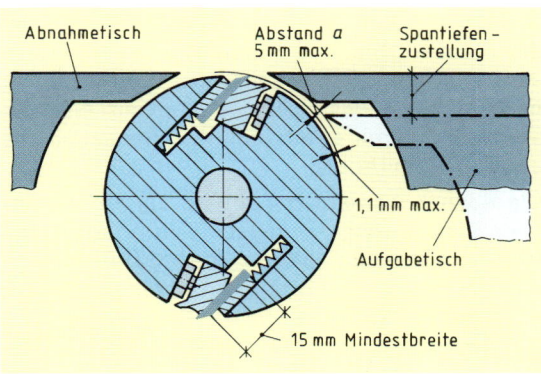

3 Wichtige Maße an der Hobelwelle
Der Abstand *a* zwischen Tischlippe und Messerflugkreis bleibt in jeder Höhe des Aufgabetisches gleich.

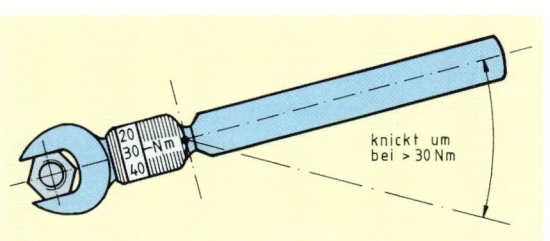

4 Drehmomentschlüssel

Beim Festziehen der Druckschrauben ist von der Druckbalkenmitte nach außen wechselseitig vorzugehen, damit das Messer nicht gestaucht wird (Abb. 1).

Ist ein Messer geheftet, also zunächst leicht angezogen, ist das gegenüberliegende Messer auf der Messerwelle einzusetzen, damit die Welle sich nicht verspannt. Sind die Messer, wie beschrieben, paarweise geheftet, erfolgt im gleichen Arbeitsablauf die Endbefestigung mit dem vorgeschriebenen Drehmoment. Also wieder von der Mitte nach außen wechselseitig und auf dem Wellenkörper paarweise gegenüberliegend festziehen.

Hydraulische Messerspannungen erfordern Spezialvorrichtungen zur Einstellung und Festspannung der Messer. Für alle Wellentypen bzw. Befestigungssysteme gilt aufgrund der großen Schärfe der Messer für den Einbau:

Wellen- bzw. Messerteile sind beim Festziehen mit einer starken Gummi- oder Ledermatte abzudecken, damit bei einem möglichen Abrutschen des Schlüssels von der Schraube keine Verletzungen auftreten. Zusätzlich müssen sie gegen Verdrehen gesichert werden.

Einrichten der Abrichttische

Auf **schrägen Tischführungen** sind der Aufgabe- und der Abnahmetisch verstellbar auf dem Ständer montiert. Sie sind dadurch in der Höhe einstellbar. Der Aufgabetisch muss tiefer als der höchste Punkt des Schneidenflugkreises eingestellt sein, damit überhaupt eine Spanabnahme erfolgen kann (Abb. 2).

Die **Spanabnahme** (Abb. 3) wird auf einer Skala oder Digitalanzeige angegeben und darf wegen Rückschlaggefahr nach den EG-Richtlinien (EN 859) **8 mm max.** nicht überschreiten. Sie darf nicht mit der Spandicke verwechselt werden, die von der Vorschubgeschwindigkeit, der Schneidenzahl, der Drehzahl und dem **Schneidenüberstand** abhängt (Abb. 4).

Der Abstand der Tischlippen vom Schneidenflugkreis ist dem **Spalt** des Hobelmauls beim Handhobel vergleichbar; d. h. je geringer dieser Abstand ist, desto kleiner ist der Ausriss und desto besser ist damit die Oberflächengüte. Bei Abrichthobelmaschinen ist ein Abstand von **3 ± 2 mm** ab Baujahr 1995 vorgeschrieben.

Um einen geräuscharmen Lauf zu begünstigen, sind die Tischlippen häufig durchbrochen ausgeführt (Abb. 5).

Der Abnahmetisch wird in seiner Höhe auf den höchsten Punkt des Schneidenflugkreises eingestellt (Abb. 1, S. 41).

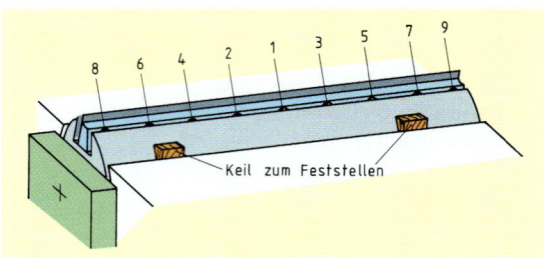

1 Wechselseitiges Festziehen der Druckschrauben von der Mitte nach außen

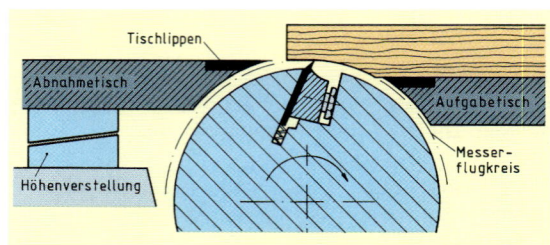

2 Höheneinstellung von Aufgabe- und Abnahmetisch bei Abrichthobelmaschinen

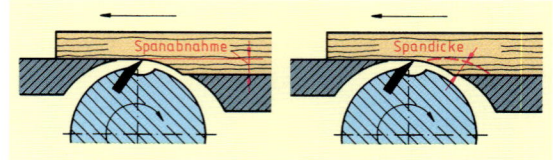

3 Spanabnahme   **4 Spandicke**

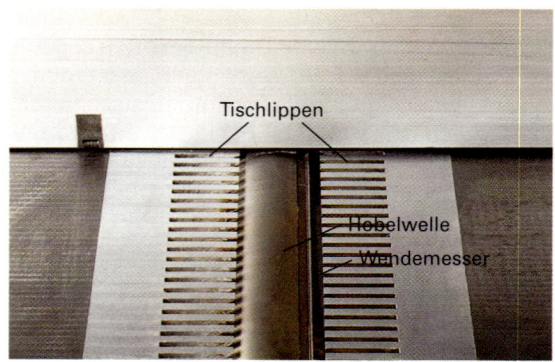

5 Durchbrochene Tischlippen zur Geräuschminderung

Bei höherer Einstellung stößt das Werkstück nach der Zerspanung gegen den Tisch. Bei niedrigerer Einstellung kippt das Werkstück auf den Abnahmetisch und es entstehen Ausfräsungen am Ende des Werkstückes (Abb. 2).

3.2.2 Unfallsicheres Arbeiten

Beim Abrichten von Brettern, Bohlen oder Kanthölzern ist für eine **sichere Auflage der Werkstücke** zu sorgen. Im Allgemeinen liegt die linke Seite auf dem Maschinentisch, da sie hohl ist und dadurch besser aufliegt. Zum Abrichten wird der Anschlag nur so weit seitlich zurückgeschoben, wie dies für die Bearbeitung des Werkstückes notwendig ist. Der nicht benötigte Teil der Messerwelle muss dann sowohl vor als auch hinter dem Seitenanschlag abgedeckt sein. Die Abdeckung der Welle hinter dem Seitenanschlag erfolgt üblicherweise durch die Anschlagführung (Abb. 3).

Für die Abdeckung der Messerwelle vor dem Fügeanschlag stehen **Messerwellenabdeckungen** unterschiedlicher Systeme zur Verfügung. Hierzu gehören:

– **Schutzbrücke** (Abb. 3 und 4),
– **Gliederschwingschutz** (Abb. 2, S. 42),
– **Klappenschutz** mit **Fügeleiste** (Abb. 1, S. 42).

Abrichthobelmaschinen müssen nach den EG-Richtlinien ab Baujahr 1995 mit der Schutzbrücke ausgestattet sein, da sie die Messerwelle auch während des Abrichtens vollständig verdeckt (Abb. 3).

Beim **Abrichten kurzer Werkstücke** (Abb. 4), besteht die Gefahr, dass man beide Hände nicht sicher zur Führung auf dem Werkstück auflegen kann. Deshalb gilt:

> Kurze Werkstücke müssen mit einer **Zuführlage** oder einem **Schiebeholz** abgerichtet werden.

Beim **Fügen breiter Werkstücke** ist die abgerichtete Seite am Anschlag zu führen. Es besteht allerdings die Gefahr, dass man beim Vorschieben des Werkstückes abrutscht und in die laufende Messerwelle gerät. Deshalb ist außer der Gliederabdeckung die **Fügeleiste** so einzustellen, dass sie das Werkstück leicht gegen den Anschlag drückt. Gliederschutz und Fügeleiste decken damit den gesamten Gefahrenbereich ab (Abb. 1, S. 42).

Zum **Fügen schmaler Werkstücke** ist der relativ hohe Fügeanschlag für eine sichere Führung ungeeignet. Für diese Fälle müssen Abrichthobelmaschinen mit einem **flachen Hilfsanschlag** ausgestattet sein, der sich bei Bedarf in Arbeitsstellung schwenken lässt (Abb. 2, S. 42).

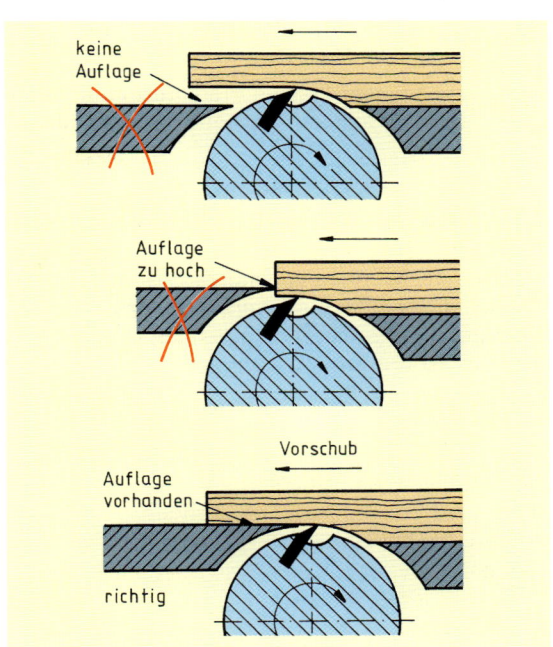

1 Einstellungen des Abnahmetisches

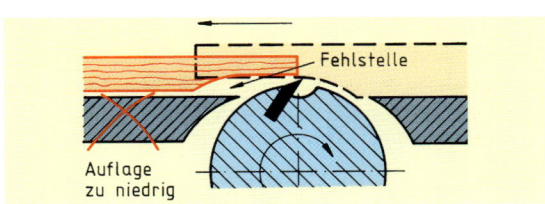

2 Ausfräsung am Ende eines Brettes
aufgrund eines zu niedrig eingestellten Abnahmetisches

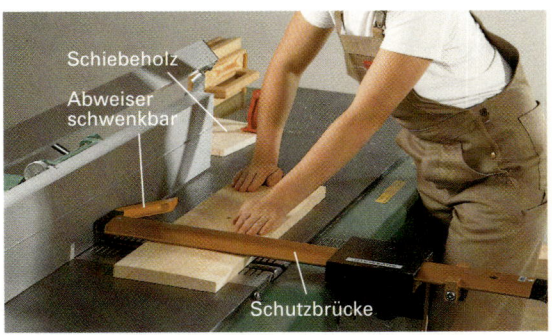

3 Abrichten breiter Werkstücke

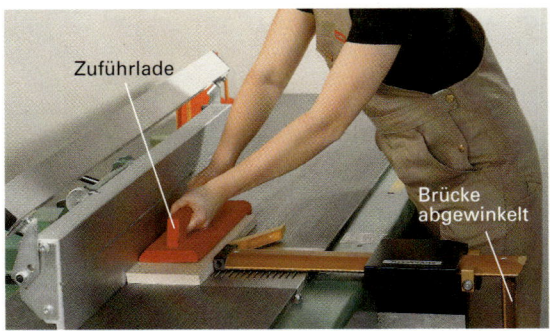

4 Abrichten kurzer Werkstücke

Die Verwendung der Fügeleiste sowie der Gliederabdeckung ist dabei wiederum selbstverständlich.

Besonders **bei sehr kleinen Werkstückabmessungen** besteht zudem eine erhöhte **Rückschlaggefahr**, denn

– kleine Werkstücke sind schwierig zu führen, da man **nicht** die gesamte Handfläche zur Auflage bringen kann,

– bei Verwachsungen und starken Ästen im Werkstück wird ein kleines Werkstück aufgrund seiner geringen zu beschleunigenden Masse leichter erfasst und zurückgeschleudert.

Deshalb gilt:

> Sind Leisten von so geringen Abmessungen, dass sie nicht mehr sicher geführt werden können, sind besondere Vorrichtungen oder eine andere Art der Fertigung, z. B. an der Dickenhobelmaschine, zu wählen.

Aufgaben

1. Begründen Sie, warum beim Einbau von Streifenhobelmessern in die Messerwelle nur mit den vom Hersteller mitgelieferten Schlüsseln bzw. angegebenen Drehmomenten gearbeitet werden darf.

2. Nennen Sie Vor- und Nachteile der Spiralmesserwelle.

3. Begründen Sie, warum die UVV der HBG eine Mindestbreite bei Streifenhobelmessern von 15 mm vorschreibt.

4. Ein durch Trocknung rund gewordenes Brett soll abgerichtet werden. Welche Seite ist auf den Maschinentisch zu legen? Begründen Sie die Entscheidung.

5. Mit welchem Hilfsmittel können besonders kurze Werkstücke gefahrlos abgerichtet werden?

6. Was ist beim Fügen schmaler Werkstücke zu beachten?

3.2.3 Dickenhobelmaschinen

Die Dickenhobelmaschine hat die Aufgabe, Vollhölzer auf die genauen Dickenmaße zu bringen (Abb. 3). Im Gegensatz zur Abrichthobelmaschine werden hier die Werkstücke mit mechanischem Vorschub zugeführt. Sie sind meistens mit zwei, häufig aber auch mit stufenlosen Vorschubgeschwindigkeiten ausgestattet.

Die Dickenhobelmaschine ist ein Beispiel für eine Maschine, bei der sämtliche Teile, wie Antrieb, Arbeitsmechanik, Hobelwerkzeug und Sicherheitsvorrichtungen, vollständig von einem Gehäuse umgeben sind. Um die Lärmentwicklung beim Hobelvorgang herabzusetzen, bestehen die Maschinen aus einem schweren Korpus mit einem Ständerwerk aus Stahl oder Stahl-Betonverbund. Zusätzlich sind sie mit lärmdämmenden Matten ausgekleidet.

Der Vorschub wird von einer Einzugs- und einer Auszugswalze übernommen, die in ihrer Bauart unterschiedlich ausfallen können.

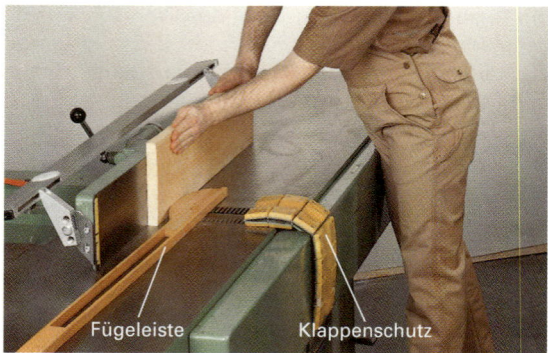

1 Fügen breiter Werkstücke

Labels: Fügeleiste   Klappenschutz

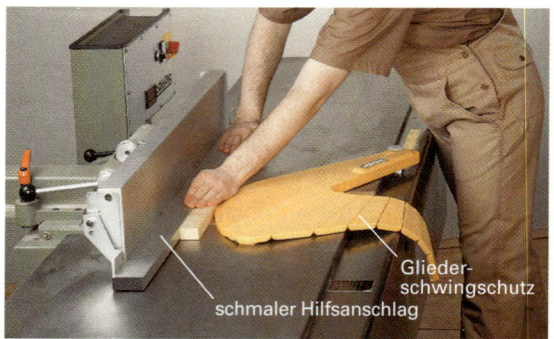

2 Fügen schmaler Werkstücke

Labels: Gliederschwingschutz   schmaler Hilfsanschlag

3 Dickenhobelmaschine

Einzugs- und Auszugswalzen

Einzugswalzen müssen bei allen Hobelmaschinen (nach DIN EN 860) ab Baujahr 1995 **gegliedert** sein. Sie haben den Vorteil, dass sie sich unterschiedlichen Holzdicken anpassen (Abb. 2, S. 43). Damit wird beim Hobeln unterschiedlich dicker Werkstücke ein **Rückschlag** der dünneren Hölzer **verhindert**. Zudem würden die ungleich vorgeschobenen Werkstücke unsauber.

Die Einzugswalzen sind meist aus Stahl „geriffelt". Wenn Dickenhobelmaschinen hauptsächlich für Innenausbauarbeiten verwendet werden, eignen sich Einzugswalzen mit einem **Gummibelag** (Abb. 3), da sie die Holzoberflächen schonender behandeln. Allerdings können sie bei zu groben Arbeiten zerstört werden.

Die **Auszugswalze** ist meist eine **glatte** oder mit **Gummi belegte Stahlrolle**. Sie ist über einen **Kettentrieb** mit der Einzugswalze gekoppelt, damit beide die gleiche **Umfangsgeschwindigkeit** besitzen.

Druckbalken

Die beiden **Druckbalken** vor und hinter der Messerwelle (Abb. 4) drücken die Werkstücke fest auf den Maschinentisch, damit die Werkstücke gleichmäßig dick gehobelt werden. Der **vordere Druckbalken** ist **federnd** gelagert und ab Baujahr 1995 **gegliedert**, um Werkstücke unterschiedlicher Dicken andrücken zu können. Der **hintere Druckbalken** ist auf den **tiefsten Punkt** des Messerflugkreises eingestellt.

Greiferrückschlagsicherung

Diese besteht aus nebeneinander gereihten Greifern von 8…15 mm Breite, die im Falle eines Rückschlages mit ihren Greiferschneiden in das Werkstück eindringen. Die **Greiferrückschlagsicherung** ist so konstruiert, dass ihre Glieder nicht durchpendeln können und in Ruhestellung mit ihren Greiferschneiden mindestens 3 mm unterhalb des Messerflugkreises liegen (Abb. 1, S. 44).

Die UVV der HBG schreibt vor, dass die Greiferrückschlagsicherung in keinem Fall außer Kraft gesetzt werden darf.

Die Greifer der Rückschlagsicherung müssen stets **selbsttätig** in die Ausgangsstellung **pendeln** und an den Spitzen **scharfkantig** sein.

Messerwelle

Die Messerwelle hat denselben Aufbau wie die der Abrichthobelmaschine und der Messerwechsel wird in gleicher Weise vorgenommen. Im Gegensatz zur Abrichthobelmaschine liegt die Welle, bis auf einige industrielle Hobelmaschinen zur beidseitigen Bearbeitung, oberhalb der Werkstücke (Abb. 4). Die Hobelbreiten an Standardhobelmaschinen fallen wie folgt aus (Tab. 1).

Hobelbreite in mm	Messerwelle ⌀ in mm*
500	125
630	125
800 … 810	125

* Durchmesser der Messerflugkreises

1 Hobelbreiten an Dickenhobelmaschinen

2 Gliedereinzugswalze aus Stahl „geriffelt"

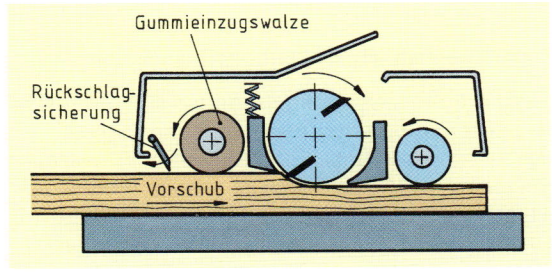

3 Einzugswalze mit Gummibelag

Maschinentisch

Der **Maschinentisch** ruht in der Regel auf zwei oder vier **Tragsäulen** (Abb. 3, S. 42) und kann über **Gewindeverstellungen** mit Hand oder Einstellmotor in der Höhe verändert werden. Neuere Maschinen sind mit einer elektronischen Dickenvorwahl ausgestattet. Hierbei wird mit einer Skala die jeweilige Hobeldicke festgelegt. Soll der Maschinentisch von einer kleineren auf eine größere Hobeldicke eingestellt werden, so besteht die Möglichkeit, dass durch Spiel in Längsachse der Gewindespindel die eingestellte Hobeldicke nur scheinbar er-

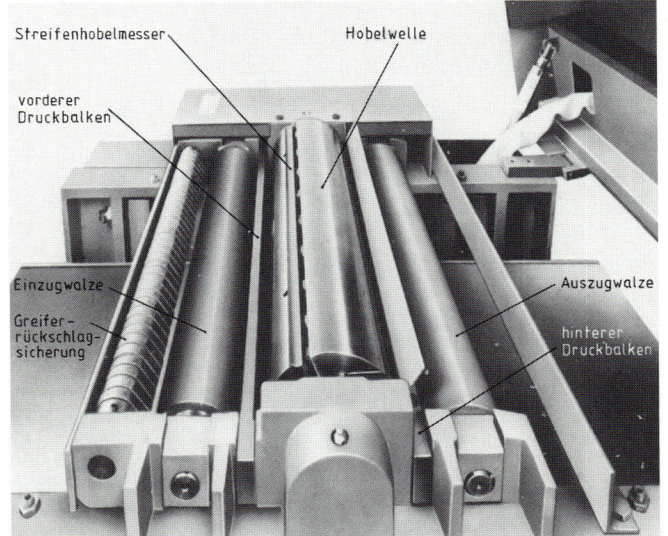

4 Messerwelle, Einzugswalze, Rückschlagsicherung

reicht wird. Durch Vibration der laufenden Maschine kann der Maschinentisch absinken (sich setzen) und damit die Hobeldicke verändern. Abhilfe:

> Der Maschinentisch sollte zunächst auf einige Millimeter unterhalb der gewünschten Höhe gefahren werden, erst dann wird die geforderte Hobeldicke eingestellt.

Damit das Werkstück beim Hobelvorgang leichter gleiten kann, ist bei Hobelmaschinen mit **Stahleinzugswalzen** der Maschinentisch mit zwei **Gleitwalzen** versehen (Abb. 1).

Einsatzbereich der Dickenhobelmaschinen

Mit Dickenhobelmaschinen können sowohl einzelne Leisten und Bretter als auch mehrere gleichzeitig auf eine gewünschte Dicke gehobelt werden. Bei mehreren Werkstücken ist einwandfreie Arbeit allerdings nur möglich, wenn die Maschine mit Gliederwalzen ausgestattet ist. Um die Lager der Messerwelle gleichmäßig zu belasten, sollten einzelne Werkstücke mittig geführt werden. Dagegen sollten z. B. zwei gleichzeitig zu hobelnde Hölzer seitlich außen zugeführt werden (Abb. 2 u. 3).

3.2.4 Handhobelmaschinen

Durch die leichte Bauart sind Handhobelmaschinen für Montagearbeiten und Arbeiten auf Baustellen besonders geeignet. Mit ihnen werden meist Kanten und Fälze bearbeitet (Abb. 4).

Ein schwenk- und verstellbarer Füge- und Breitenanschlag ermöglicht dabei genaues Arbeiten. Die Dickeneinstellung erfolgt am Führungsknopf und kann an einer Skala abgelesen werden. Ein- und Ausschaltung wird am Handgriff vorgenommen. Die abgetrennten Späne werden seitlich ausgeworfen. Die übliche Hobelbreite liegt bei 75 mm. Bei Handhobelmaschinen gilt wie auch bei Handkreissägen:

> Die Handhobelmaschine muss beidhändig geführt und erst dann aus der Hand gelegt werden, wenn sich die Messerwelle in Ruhe befindet.

Aufgaben

1. Welchen entscheidenden Vorteil besitzt die Gliederwalze gegenüber einer massiven Einzugswalze?
2. Auf welche Weise lassen sich Ungenauigkeiten beim Einstellen der Hobeldicke vermeiden, die durch Spindelspiel entstehen können?
3. Was muss bei der Greiferrückschlagsicherung der Dickenhobelmaschine beachtet werden?
4. Was ist bei der Handhabung von Handhobelmaschinen zu beachten?

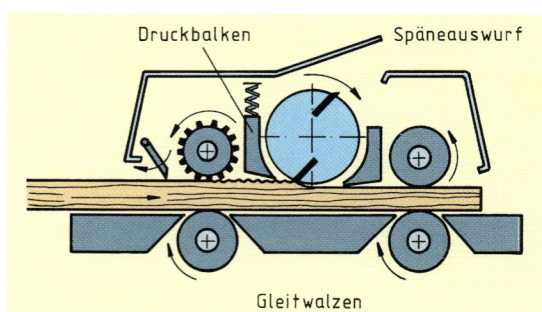

1 Dickenhobelmaschine mit zwei Gleitwalzen

 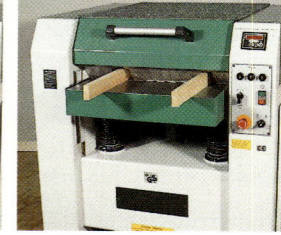

2 Dickenhobeln bei einem Werkstück | **3 Dickenhobeln bei zwei Werkstücken**

4 Handhobelmaschine

3.3 Fräsen

> Fräsen ist Spanen mit kreisförmiger Schnittbewegung eines meist **mehrschneidigen** Werkzeugs und mit senkrecht oder auch schräg zur Drehachse des Werkzeugs verlaufender Vorschubbewegung zur Erzeugung meist **profilierter** Werkstücke.

Der Vorschub der Werkstücke erfolgt entweder von Hand oder mechanisch.

Vereinzelt führt auch der Fräser die Vorschubbewegung aus.

Der Fräser ist ein mehrschneidiges Werkzeug, dessen Schneiden nacheinander die Späne vom Werkstück abtrennen. Seine Vielfalt ergibt sich aus der unterschiedlichen Art der Bauweise.

Man unterscheidet:
- einteilige Fräswerkzeuge,
- zusammengesetzte Fräswerkzeuge,
- Verbundfräswerkzeuge,
- Werkzeugsätze.

3.3.1 Fräswerkzeuge

Einteilige Fräswerkzeuge sind nur noch vereinzelt im Gebrauch (Abb. 1). Wären sie lediglich aus Werkzeugstahl hergestellt, so wäre ihre Standzeit relativ gering. Ein ausschließlich aus HL- oder HS-Stahl hergestellter Fräser könnte bei den hohen Drehzahlen und plötzlicher Stoßbelastung zerspringen.

Die **Verbundfräswerkzeuge** sind weitgehend an die Stelle der einteiligen getreten. Ihre Schneidteile bestehen in der Regel aus **HW** (Abb. 2). Die Standzeit dieser Werkzeuge liegt bedeutend höher.

Zusammengesetzte Fräswerkzeuge sind heute meist Wendeplattenwerkzeuge (Abb. 3). **Die Wendeplatten aus HW** haben den Vorteil, dass der Schärfvorgang wegfällt. Die stumpfen Schneidteile können ein- oder mehrmal gewendet werden. Zusammengesetzte Fräswerkzeuge sind bei Handvorschub mit formschlüssiger Befestigung der Schneidteile ausgestattet. Die formschlüssig befestigten Schneidteile sind durch Stifte oder Anschlagplättchen gegen Verrutschen gesichert.

Eine Neuentwicklung sind Schneidteile aus Kunstdiamanten, sog. **DP-Werkzeuge (DIA)**. Diese Werkzeuge besitzen eine sehr hohe Standzeit gegenüber Metallschneiden, sie sind allerdings wesentlich teurer.

Werkzeugsätze werden für mehrere Zerspanungsvorgänge in einem Arbeitsablauf verwendet. Hierdurch ist es möglich, überflüssige Rüstzeiten und Arbeitsgänge zu vermeiden. Werkzeugsätze können aus einer Werkzeugbauart (Abb. 4) oder aus einer Mischform unterschiedlicher Werkzeugarten bestehen.

Eine Weiterentwicklung der Werkzeugsätze stellen die **Systemfräswerkzeuge** dar, die in ihren Abmessungen und Nullebenen aufeinander abgestimmt sind. Werkzeuge dieser Art werden besonders bei der Fenster- und Türenfertigung verwendet, da die Profile heute weitgehend genormt sind (Abb. 1, S. 46).

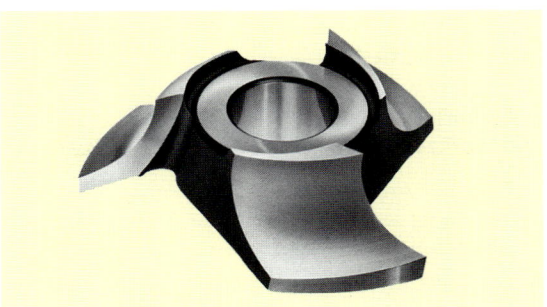

1　Einteiliges Profilfräswerkzeug

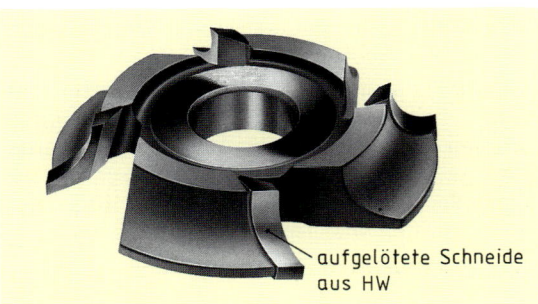

aufgelötete Schneide aus HW

2　Verbundprofilfräswerkzeug

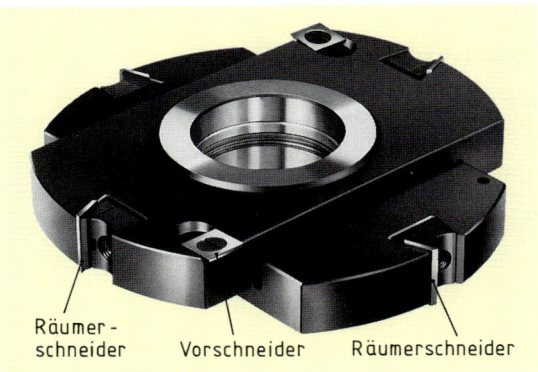

Räumerschneider　Vorschneider　Räumerschneider

3　**Zusammengesetztes Falzfräswerkzeug mit Wendeplatten**
mit Zwischenringen verstellbar

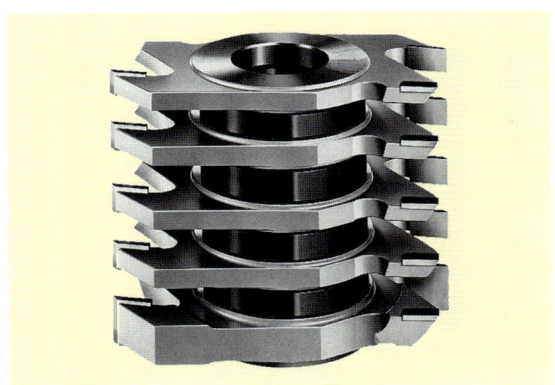

4　**Werkzeugsatz aus Verbundnutfräsern**

Unterscheidung nach der Art des Vorschubs

Unfallverhütung durch Vorschubart und Werkzeugkonstruktion

Unfälle bei Arbeiten an Tischfräsmaschinen sind in der Regel auf **unsachgemäße Anwendung** der Fräswerkzeuge zurückzuführen.

Unfälle entstehen zu einem erheblichen Teil beim:

- **Werkstückrückschlag**, ausgelöst durch zu großes Spanungsvolumen während des Spanungsvorgangs,
- **Werkzeugbruch**, ausgelöst durch zu hohe Drehzahlen der Werkzeuge.

Um Unfälle vermeiden zu können, müssen entweder beim Handvorschub das Spanungsvolumen und die Drehzahlen der Werkzeuge begrenzt werden oder der Vorschub selbst darf nur mechanisch erfolgen. Deshalb hat die HBG strenge Vorschriften erlassen, die Folgendes regeln:

- die Vorschubarten für Fräsarbeiten,
- die Konstruktionsmerkmale für Fräswerkzeuge,
- die Drehzahlbereiche für Werkzeuge.

Vorschubarbeiten

Die Vorschubarten werden unterschieden in:
- Handvorschub,
- mechanischen Vorschub.

Handvorschub ist im Sinne der UVV das Halten und **Führen** von Werkstücken oder Werkzeugen **von Hand.**

Diese Regelung gilt auch dann, wenn wegschwenk- oder wegschiebbare, mit dem Werkzeugantrieb nicht verriegelte Vorschubvorrichtungen (z.B. Vorschubapparat) oder handbetriebene, zwangsgeführte Schiebeschlitten verwendet werden.

Mechanischer Vorschub ist im Sinne der UVV das **kraftgetriebene Führen** von Werkstücken und Werkzeugen. Dabei müssen die Werkstücke **eingespannt** sein.

Fräswerkzeuge für Handvorschub

Werkzeuge für Handvorschub müssen mit der unveränderbaren Aufschrift **HANDVORSCHUB** oder mit dem **BG-TEST**-Prüfzeichen gekennzeichnet sein (Abb. 2).

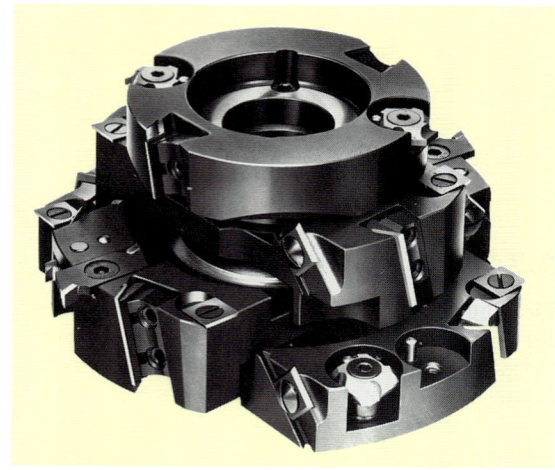

1 Systemwerkzeug für Fensterprofile

BG – TEST
123 – 123

2 Prüfzeichen der HBG

Ältere Werkzeuge, die weder mit der Aufschrift HANDVORSCHUB noch mit dem BG-TEST-Prüfzeichen versehen sind, können mit einer Schablone überprüft werden, ob der Schneidenüberstand und die Spanlückenweite den Bedingungen für Handvorschub genügt (Abb. 3 und 1, Seite 47).

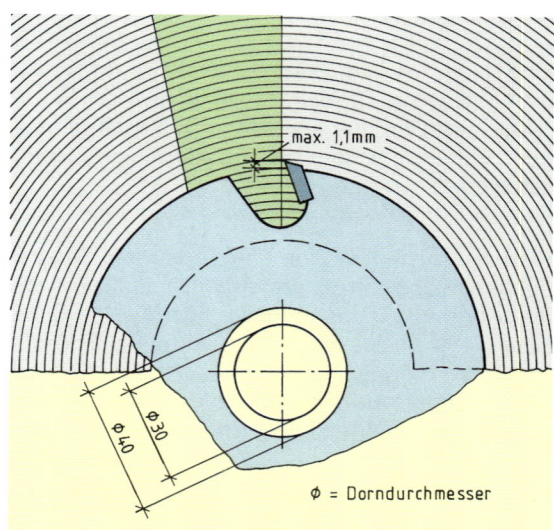

max. 1,1mm

Φ40 Φ30

Φ = Dorndurchmesser

3 Prüfschablone der Fräswerkzeuge für Handvorschub, Ausschnitt
Wenn die Spanlücke sich innerhalb der grünen Fläche befindet und der Schneidenüberstand gegenüber dem Abweiser 1,1 mm nicht überschreitet, ist das Werkzeug für Handvorschub zugelassen.

Hinweis

Für Werkzeuge mit axialem Verstellbereich, z.B. Werkzeugsätze für die Fensterherstellung, gelten bezüglich der Spanlückenweite Sonderbestimmungen.

Konstruktionsmerkmale

- Der Schneidenüberstand darf gegenüber dem Spanabweiser max. 1,1 mm betragen.
- Die Spanlückenweite s_{max} ist laut BG-TEST-Prüfschablone eng begrenzt (Abb. 1 und Abb. 3, S. 46).
- Die Form des Werkzeugs muss weitgehend kreisrund sein.
- Die Schneiden müssen form- oder stoffschlüssig befestigt sein.

Kennzeichnung der Fräswerkzeuge für Tischfräsmaschinen (Abb. 2)

Vorgeschriebene Kennzeichnung:

- BG-TEST-Prüfzeichen oder Aufschrift „HANDVORSCHUB",
- Herstellerfirma,
- Angabe des Drehzahlbereichs,
- Herstellungsjahr.

Übliche zusätzliche Angaben:

- Durchmesser des Werkzeuges,
- Schneidenbreite,
- Durchmesser der Bohrung,
- Werkstoff der Schneiden,
- Werkzeugnummer.

Drehzahlbereiche für Werkzeuge an Tischfräsmaschinen

Eine wichtige Voraussetzung zur Unfallvermeidung ist die Wahl der richtigen Drehzahl oder Umdrehungsfrequenz für Werkzeuge. Sie darf weder zu niedrig sein noch darf sie den höchstzugelassenen Wert überschreiten (Abb. 3).

Denn:

> Zu **geringe Drehzahlen erhöhen** die **Rückschlaggefahr** durch zu großes Spanvolumen.
> Zu **hohe Drehzahlen führen** zu Lärmbelästigung und können zum **Werkzeugbruch** führen.

Um mit Werkzeugen für Handvorschub möglichst rückschlagarm zu arbeiten, darf das Verhältnis von Rückschlaggeschwindigkeit v_R zur Schnittgeschwindigkeit v_c den Wert von 0,25 nicht überschreiten, d.h. $v_R/v_c \leq 0{,}25$.

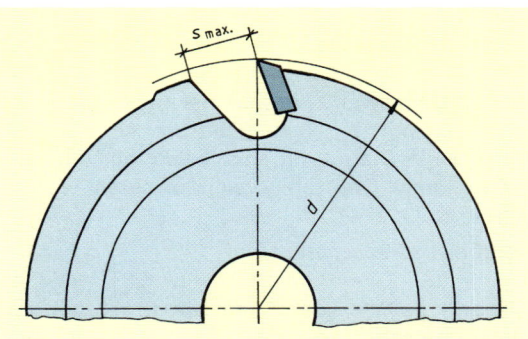

1 Spanlückenweite der Fräswerkzeuge für Handvorschub

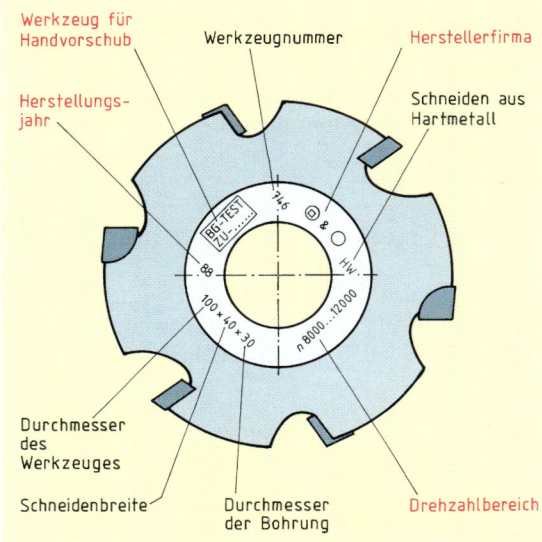

2 Bezeichnungen am Fräswerkzeug für Handvorschub, vorgeschriebene Angaben sind in der Zeichnung rot eingetragen.

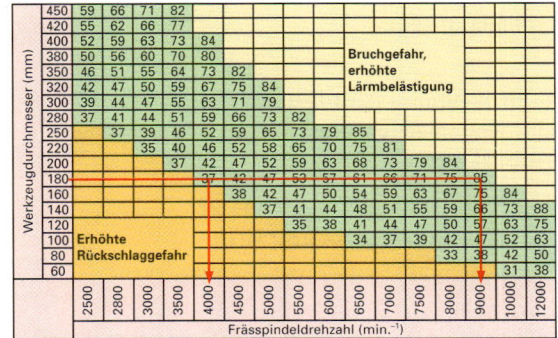

3 Drehzahldiagramm für optimale Drehzahlbereiche der Werkzeuge an Tischfräsmaschinen

Ablesebeispiel: Ein Fräswerkzeug mit einem Durchmesser von 180 mm hat einen Drehzahlbereich von 4000 min^{-1}...9000 min^{-1}.

47

Ab Baujahr 1988 muss an den Fräswerkzeugen für Handvorschub ein **Drehzahlbereich** durch Angabe von n_{min} und n_{max} dauerhaft gekennzeichnet sein. Für ältere Fräswerkzeuge an Tischfräsmaschinen, bei denen nur n_{max} angegeben wurde, stellt die Holz-BG ein Diagramm zur Verfügung, mit dem der optimale Drehzahlbereich ermittelt werden kann (Abb. 3, S. 47).

Hierbei ist zu beachten:

> Die angegebene **höchstzulässige Drehzahl** darf **nicht überschritten** werden!

Fräswerkzeuge für mechanischen Vorschub

Mechanischer Vorschub ist das kraftgetriebene Führen von eingespannten Werkstücken, z.B. durch Transportbänder oder Transportwalzen.

> Alle Werkzeuge, die den Bedingungen für Handvorschub nicht entsprechen, dürfen nur noch mit mechanischem Vorschub betrieben werden.

Sie müssen mit der unveränderbaren Aufschrift **MECH. VORSCHUB** gekennzeichnet sein.

Konstruktionsmerkmale der Fräswerkzeuge für mechanischen Vorschub

– Der Schneidenüberstand kann größer als 1,1 mm sein.
– Die Spanlücke ist nicht begrenzt.
– Die Form des Werkzeuges ist vorwiegend offen (Abb. 1).
– Die Schneiden dürfen auch nur kraftschlüssig befestigt sein.

Kennzeichnung der Fräswerkzeuge für mechanischen Vorschub ab Baujahr 1988 (Abb. 1)

Vorgeschriebene Kennzeichnung:
– Aufschrift MECH. VORSCHUB,
– Angabe der höchstzulässigen Drehzahl,
– Herstellungsjahr,
– Herstellerfirma,
– Rückschlagverhältnis $v_R/v_c < 0,5$.
  Diese Kennzeichnung ist nur für Minizinken-Fräswerkzeuge vorgeschrieben, die mit der Aufschrift MECH. VORSCHUB auf Tischfräsmaschinen verwendet werden dürfen.

Zusätzliche Angaben sind wie bei Werkzeugen für Handvorschub üblich.

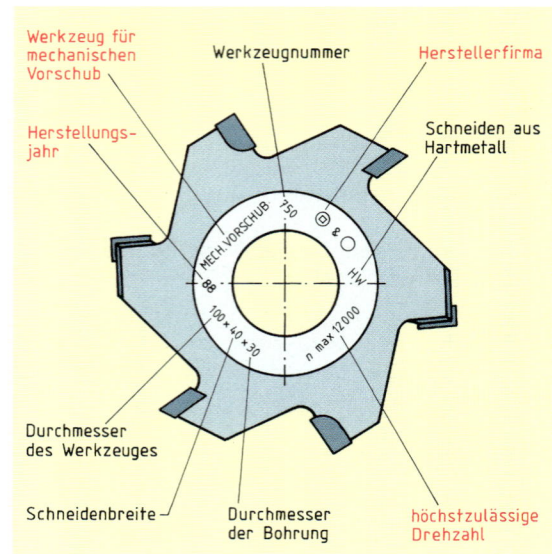

1 Bezeichnungen am Fräswerkzeug für mechanischen Vorschub, vorgeschriebene Angaben sind in der Abb. rot eingetragen.

Fräswerkzeuge für besondere Zwecke

Fügefräswerkzeuge dienen der Kantenbearbeitung von Werkstücken. Aus diesem Grunde besitzen sie im Gegensatz zu Nutfräswerkzeugen nur Haupt- bzw. Grundschneiden (Abb. 2). Wird der Fräsdorn verschwenkt, können sie auch als Fasenfräswerkzeuge verwendet werden.

Falzfräswerkzeuge besitzen dagegen Grund- und Flankenschneiden. Die Flankenschneiden sind häufig als Vorschneiden ausgebildet (Abb. 3).

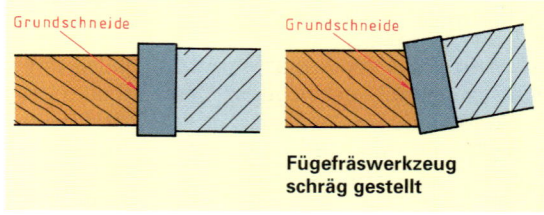

2 Fügefräswerkzeug

3 Falzfräswerkzeug mit Vorschneiden (Wendeplatten-Falzkopf)

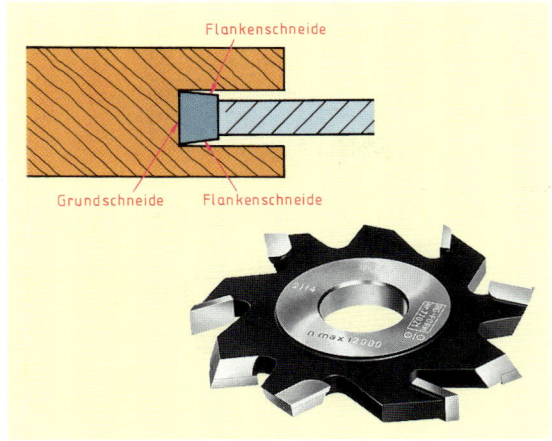

1 Nutfräswerkzeug mit festgelegter Nutbreite

2 Nutfräswerkzeug mit verstellbarer Nutbreite

Nutfräswerkzeuge können in gängigen Nutbreiten (2, 4, 5, 6, 8, 10 oder 12 mm) ausgebildet sein (Abb. 1), sie werden aber auch als in der Nutbreite verstellbare Fräswerkzeuge hergestellt (Abb. 2). Wie die Falzfräswerkzeuge, so sind auch die Nutfräswerkzeuge mit Grund- und Flankenschneiden ausgestattet.

Fasenfräswerkzeuge gibt es mit festgelegtem oder mit verstellbarem Einstellwinkel. Bei den verstellbaren Fasenfräswerkzeugen sind je nach Bauart stufenlose oder Verstellungen der Einstellwinkel in 15°-Stufen möglich. Fasenfräswerkzeuge haben nur Grundschneiden (Abb. 3).

Profilwerkzeuge sind meist auf festgelegte Profilformen abgestimmt. Dazu gehören Hohlkehlenfräser (Abb. 4 und 5) oder Viertelstabfräser (Abb. 6 und 7). Sie können aber auch in einigen Fällen, abhängig von der eingestellten Fräshöhe, für unterschiedliche Profilformen verwendet werden.

In den **Universalfräswerkzeugen** sind mehrere der oben angeführten Fräswerkzeugarten vereinigt. Universalfräswerkzeuge bestehen aus einem Grundfräskopf, in den paarweise Schneidteile mit den verschiedensten Fräsprofilen eingespannt werden können.

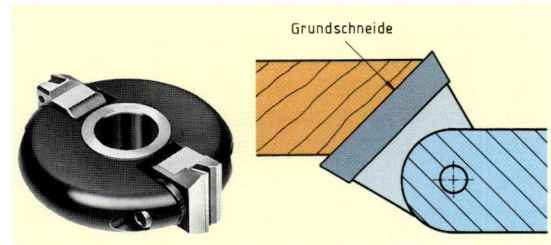

3 Fasenfräswerkzeug in 15°-Stufen verstellbar

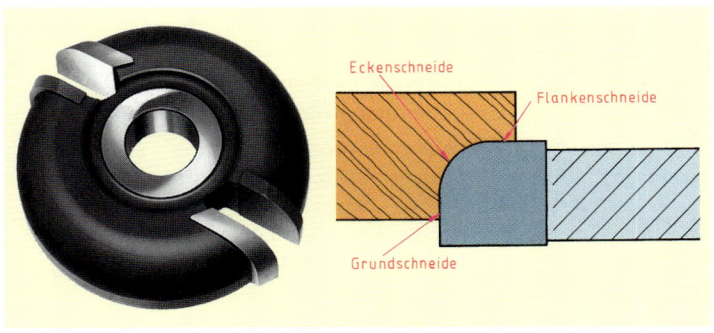

4 Hohlkehlenfräswerkzeug　　**5 Profil der angefrästen Hohlkehle**

Aufgaben

1. Welche Werkzeugform muss ein Fräswerkzeug für Handvorschub besitzen?
2. Wie groß darf der Schneidenüberstand in mm bei BG-Test-Werkzeugen sein?
3. Was versteht man unter stoffschlüssiger Befestigung der Schneidplatten?

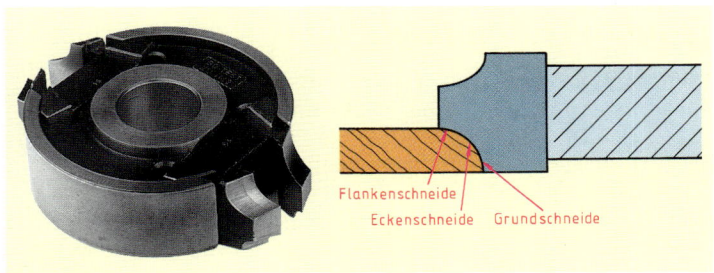

6 Universalfräswerkzeug mit Viertelstabschneiden　　**7 Profil des angefrästen Viertelstabes**

3.3.2 Fräsmaschinen

Fräsmaschinen werden zu den vielfältigsten Fräsarbeiten genutzt, wofür verschiedenartige Typen entwickelt wurden:

– Tischfräsmaschinen,
– Oberfräsmaschinen,
– Kettenfräsmaschinen,
– Kantenfräsmaschinen,
– Zapfenschneidemaschinen,
– Doppelendprofiliermaschinen,
– Handnutfräsmaschinen.

Tischfräsmaschinen

1 **Tischschwenkfräsmaschine**

Tischfräsmaschinen (Abb. 1) sind die vielseitigsten Standardmaschinen in der Holzbearbeitung. Sie müssen ab Baujahr 1995 nach den EG-Richtlinien (DIN EN 1848-1) ausgelegt sein. Mit ihnen lassen sich fast alle gängigen Holzverbindungen fertigen, wie Schlitzen, Zapfen, Zinken, Nuten, Federn. Zudem können Flächen und Kanten mit den verschiedensten Werkzeugen profiliert werden.

Der Maschinentisch aus Grauguss und das Fräsanschlaglineal ruhen auf einem schweren kastenförmigen Korpus aus einem Ständerwerk aus Stahl oder Stahl-Betonverbund, der auch die gesamte Antriebs- und Arbeitsmechanik umschließt.

Ein Elektromotor überträgt die Kraft über einen Stufenscheibenantrieb mittels Keilriemen auf die Frässpindel. Die Drehzahl kann durch Umlegen des Riemens und mit Polumschaltung verändert werden. Modernen Maschinen können auch mit einem stufenlosen Getriebe ausgerüstet sein.

Der **Fräsdorn** ist im Maschinenkorpus senkrecht in einem „Spindelkopf" gelagert (Abb. 2). Fräsdorn und Spindelkopf sind über eine Kegelverbindung, die durch eine Überwurfmutter vor dem Lösen geschützt ist, miteinander verbunden. Auf den Fräsdorn wird das **Fräswerkzeug** geschoben und durch unterschiedlich dicke Dornringe in die gewünschte Position gebracht. Werkzeuge und Dornringe werden durch eine **Fräsdornmutter mit Sicherungsring** gesichert und gespannt.

Der Durchmesser des Fräsdornes muss auf den Durchmesser des jeweiligen Werkzeugs abgestimmt sein (siehe Tab. 3). Standardfräsdorne haben einen Durchmesser von **30** mm.

Bei den meisten Fräsmaschinen kann der Dorn in der Höhe bis zu 150 mm verstellt und von –5° bis zu +45° verschwenkt werden. Einige Maschinen haben eine Fräsdornverschwenkung von –45° bis zu +45°.

Aus Sicherheitsgründen und um Rüstzeiten zu verkürzen, sind Tischfräsmaschinen mit Motor-

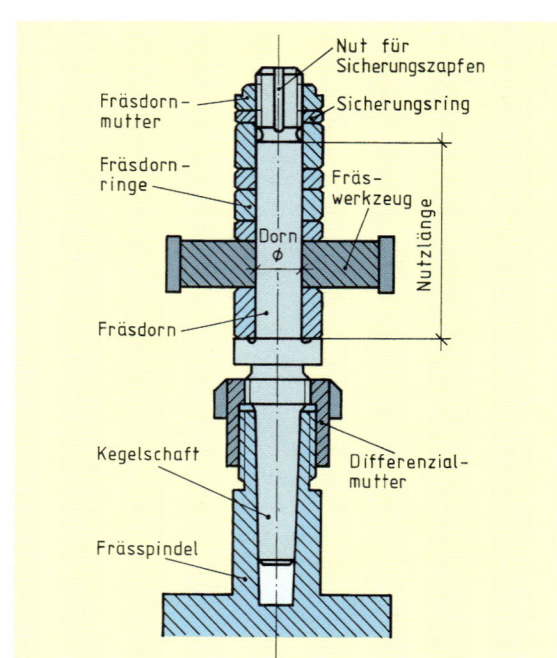

2 **Frässpindel und Fräsdorn**
Die Differenzialmutter hält infolge zweier voneinander unabhängiger Gewinde Fräsdorn und Frässpindel zusammen.

Fräsdorn-durchmesser in mm	max. Nutzlänge l in mm		Werkzeugdurch-messer d in mm	
	einteilige Fräsdorne	auswechsel-bare Fräsdorne	Fräs-werkzeug	Zapfen-schneid-werkzeug
20	80	80	150	160
30	140	140	250	300
40	180	160	250	350
50	220	160	275	400

3 **Zulässige Fräsdornabmessungen nach DIN EN 848-1**

bremsen ausgerüstet. Zum Wechsel des Werkzeugs muss der Fräsdorn arretiert werden.

Das Fräsanschlaglineal

Das Lineal aus Hartholz, Kunststoff oder Metall ist geteilt und hat folgenden Sinn:

- Es gibt dem Werkstück eine feste Führung.
- Mit ihm kann der Abstand zwischen Fräser und Werkstück verstellt werden.
- Es ist in der Längsrichtung verschiebbar und kann auf diese Weise dem Durchmesser des Fräswerkzeugs angepasst werden.
- Das Lineal ist mit der Werkzeugabdeckung um den Fräsdorn schwenkbar, so dass nur das zum Fräsvorgang erforderliche Werkzeugteil frei liegt.

Bei vielen Fräsarbeiten muss das geteilte Lineal durch einen durchgehenden Anschlag ersetzt werden (Abb. 1).

1 Anschlaglineal mit durchgehendem Anschlag

3.3.3 Unfallsicheres Arbeiten

Fräser werden mit Messuhren, Messwinkel oder Messbrücken, maßhaltig eingestellt oder durch Probefräsungen kontrolliert. Mit Messuhren werden Genauigkeiten von $1/10$ mm und mehr erreicht (Abb. 2).

Die Arbeitssicherheit kann erhöht werden durch die Verwendung von **Druckfedern** oder **Druckkämmen**, die das Werkstück an das Werkzeug drücken (Abb. 3). Oft können sie dabei als Werkzeugabdeckung dienen. Hinzu kommt, dass die Bearbeitung präziser wird.

Ist das Werkstück in Höhe und Tiefe eingestellt, werden Tischeinlageringe, die dem Werkzeugdurchmesser angepasst sind, in die Tischöffnung eingefügt, um die Öffnung so weit wie möglich zu schließen.

Das laufende Werkzeug ist vor dem Anschlag mit einem **Handschutz** abzuschirmen. Auch die **Abdeckhaube** dient dem Unfallschutz, da sie das Werkzeug abdeckt und die Frässpäne auffängt (Abb. 1, S. 52).

Das Werkzeug ist auf der einseitig gelagerten Welle so tief wie möglich aufzuspannen, damit die Lager geschont werden und möglichst geringe Vibrationen auftreten.

Beim Fräsen ist das Werkstück mit beiden Händen fest am Anschlag vorzuschieben.

> Beim Vorschieben sollte eine Handhaltung gewählt werden, bei der ein Umgreifen möglichst vermieden wird.

2 Einstellen des Fräsers mit der Messuhr

Druckfeder

3 Druckfedern

Sicherer ist es, bei Fräsarbeiten, wie z.B. beim Schlitzen und Zapfen, einen Rollschlitten zu verwenden (siehe Abb. 2, S. 58).

Arbeiten mit dem Vorschubapparat

Vorschubapparate werden in aller Regel erst bei einer höheren Stückzahl eingesetzt. Der Apparat ist so zu montieren, dass er als vordere Werkzeugabdeckung dient und zum Winkelanschlag leicht geneigt eingestellt ist, damit das Werkstück stets gegen den Anschlag gedrückt wird. Diese Schrägstellung sollte nicht größer als 5° sein, da sonst die Reibung zwischen Werkstück und Anschlag zu stark sein würde (Abb. 2).

Die Förderrollen des Vorschubapparates müssen genügend großen Druck auf das Werkstück ausüben, um eine gleichförmige Vorschubgeschwindigkeit des Werkstückes zu gewährleisten.

> Beim Gebrauch von Vorschubapparaten sind Werkzeuge für Handvorschub zu wählen.

Fräsen schmaler Werkstücke

Diese Stücke können nicht mehr sicher mit der Hand geführt werden. Um das Kippen und damit das Zurückschlagen des Werkstücks zu verhindern, stehen als Hilfsmittel Druckfedern oder Zuführladen (Abb. 3) zur Verfügung. Die Aussparung für die Werkstückaufnahme in die **Zuführlade** ist dem Werkstück genau anzupassen.

Fräsen schmaler Querseiten

Das Werkstück kann leicht verkanten und die schmale Querseite zwischen Werkzeug und Anschlag geraten. Deshalb sind hier besondere Sicherheitsvorkehrungen zu treffen:

> Beim Fräsen schmaler Querseiten ist ein **durchgehender Anschlag** zu verwenden.

Dieser Anschlag kann durch ein Vorsatzbrett erreicht werden, das nur eine kleine Öffnung für das Werkzeug freilässt, dem Werkstück aber eine durchgehende Führungskante bietet.

Einige Fräsmaschinen sind mit **Anschlagbrücken** in Form von Aluminiumleisten ausgerüstet, die in unterschiedlichen Höhen eingestellt werden können und damit eine durchgehende Führung des Werkstückes ermöglichen. Bei richtigem Einsatz ersetzen sie das Vorsatzbrett (Abb. 4).

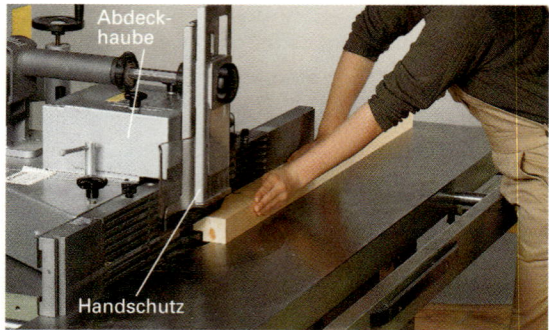

1 Wirksamer Unfallschutz

2 Vorschubapparat

3 Fräsen schmaler Werkstücke

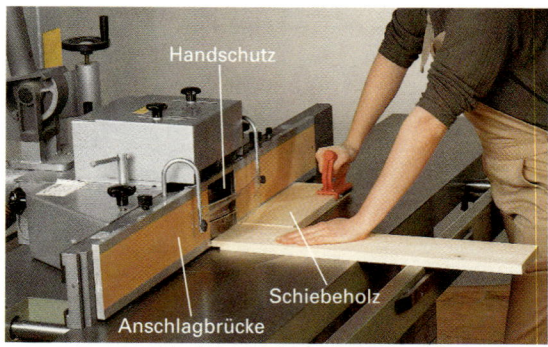

4 Fräsen mit Anschlagbrücke und Schiebeholz
Das Schiebeholz verhindert das Ausreißen des Holzes am Ende des Werkstückes und gewährt eine sichere Führung.

Einsetzfräsen

Bei **Einsetzfräsvorgängen** an der Tischfräsmaschine besteht erhöhte Rückschlaggefahr. Aus diesem Grunde gilt:

Einsetzfräsarbeiten dürfen nur mit entsprechenden **Einsetz-** und **Abstoppvorrichtungen** durchgeführt werden.

Zu den Einsetzvorrichtungen gehören:

– **Einsetzspannladen** (Abb. 1),
– **Abstoppvorrichtungen** (Abb. 2),
– **Queranschläge** mit **Tischverlängerungen** (Abb. 3 und 4).

Die Einsetzfräsvorgänge müssen aus Sicherheitsgründen gut vorbereitet erfolgen:

Das Einsetzfräsen sollte grundsätzlich nur im **Zweipunkt-Einsatz-Verfahren** ausgeführt werden!

Das Zweipunkt-Einsetzen (Abb. 3) hat den Vorteil, dass das Werkstück allmählich und nicht schlagartig an das Werkzeug geführt wird. Hinzu kommt, dass beim Zweipunkt-Einsetzen die abgeführten Späne nicht eingeklemmt werden.

Fräsen bogenförmiger Werkstücke

Zum Fräsen bogenförmiger Konturen an Tischfräsmaschinen sind meist spezielle Anschläge notwendig wie:

– Anlaufring,
– Bogenfräsgerät.

Der **Anlaufring** besteht aus einem inneren kugelgelagerten **Stammring,** der auf den Werkzeugdorn gespannt wird, und einem äußeren austauschbaren Abtastring (Abb. 4). Beim Fräsen bogenförmiger Werkstücke bildet der Anlaufring den Anschlag, mit dem die Kontur von einer „Urform" abgetastet und beim Spanungsvorgang auf das Werkstück übertragen wird (Abb. 1, S. 54).

Die **Frästiefe** ist an **jedem Punkt** der Kreislinie gleich, da Ring und Werkzeug das gleiche Zentrum haben. Sie kann durch Austausch der Abtastringe, meist **in 2,5-mm-Stufen**, verändert werden.

Das **Bogenfräsgerät** wird auf dem Maschinentisch befestigt. Die Kontur wird von der „Urform" mit einem halbkreisförmigen Anschlag abgetastet (Abb. 2, S. 54).

1 Einsetzspannlade für kurze Werkstücke

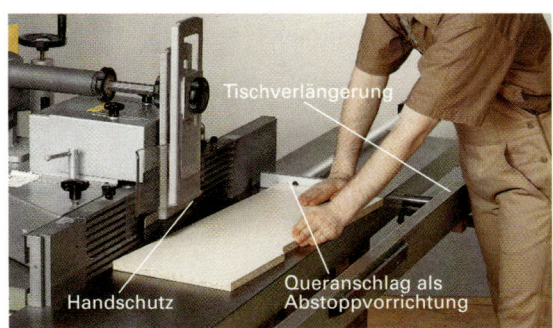

2 Abstoppvorrichtung

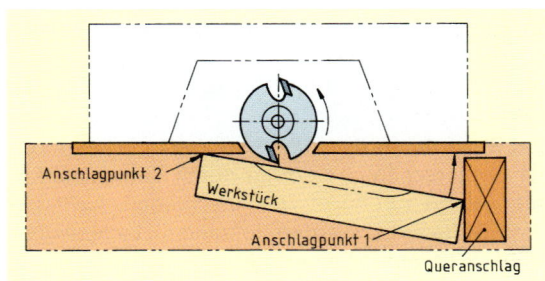

3 Zweipunkt-Einsetzen

4 Anlaufringe als Werkzeugsatz

53

Die größte **Frästiefe** ist hier nur an **einem** Punkt des Anschlages zu erreichen, da er kein gemeinsames Zentrum mit dem Werkzeug hat. Sie lässt sich aber **stufenlos** verändern.

Objektgebundene Vorrichtungen

Objektgebundene Vorrichtungen werden für die Einzel- oder Serienfertigung **werkstückbezogen** geplant und hergestellt.

Hierbei haben vor allem Kopiervorrichtungen eine große Bedeutung (Abb. 3), mit deren Hilfe selbst komplizierte Fräsvorgänge möglich sind, und zwar mit hoher:

– Arbeitssicherheit,

– Präzision,

– Wiederholgenauigkeit,

– Wirtschaftlichkeit.

Kopiervorrichtungen

Um die oben genannten Aufgaben erfüllen zu können, müssen diese Vorrichtungen Grundfunktionen aufweisen, um das Werkstück während des Fräsvorganges (Abb. 3) zu:

– bestimmen,

– spannen,

– führen.

Das **Bestimmen** der Lage von Werkstücken in einer Kopierschablone erfolgt durch **Bezugspunkte** oder **-ebenen** in Form von Anschlägen, Auflagen oder Stiften. Es werden folgende „Lagebestimmungen" unterschieden (Abb. 4):

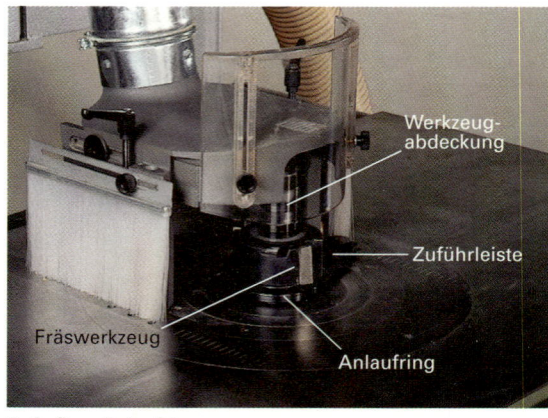

1 Aufbau Anlaufring

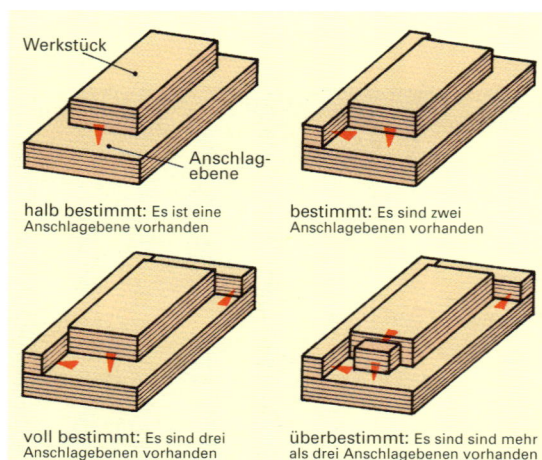

2 Aufbau Bogenfräsgerät

4 Lagebestimmung von Werkstücken

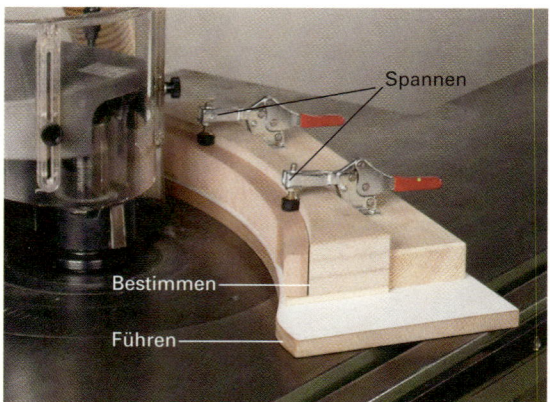

3 Kopiervorrichtung mit Grundfunktionen

Das **Spannen** der Werkstücke kann mithilfe unterschiedlicher Spannelemente erfolgen. Sie müssen jedoch so angeordnet sein, dass der Spanndruck während des Fräsvorganges nicht aufgehoben wird. Gebräuchlich sind (Abb. 1):

Zum **Führen** der Werkstücke am Werkzeug müssen an den Kopiervorrichtungen **Führungs-** und **Anlaufebenen** aus einem festen Werkstoff (z. B. Schichtpressstoff) vorhanden sein. Sie müssen exakt bearbeitet sein, da sich alle Maßungenauigkeiten und Unsauberkeiten auf das Werkstück übertragen. Häufig bildet eine **Urform** die Führungsebene, an der die Fräskontur abgetastet wird (Abb. 2 u. 3).

Bei den **Kopiervorrichtungen** werden zwei Grundtypen unterschieden:
– Stiftschablonen,
– Spannschablonen.

Bei der **Stiftschablone** wird die Lage des Werkstücks mithilfe von Metallstiften oder Dübeln bestimmt. Der Spanndruck erfolgt in der Regel mit der Hand (Abb. 2).

Bei der **Spannschablone** wird dagegen die Lage des Werkstücks meistens mit Anschlägen bestimmt. Der Spanndruck erfolgt mithilfe von Spannelementen (Abb. 3).

Die **Führungsebenen** der beiden Schablonen entsprechen einander. In der Praxis werden jedoch häufig Mischformen der Kopiervorrichtungen verwendet (Abb. 2 u. 3).

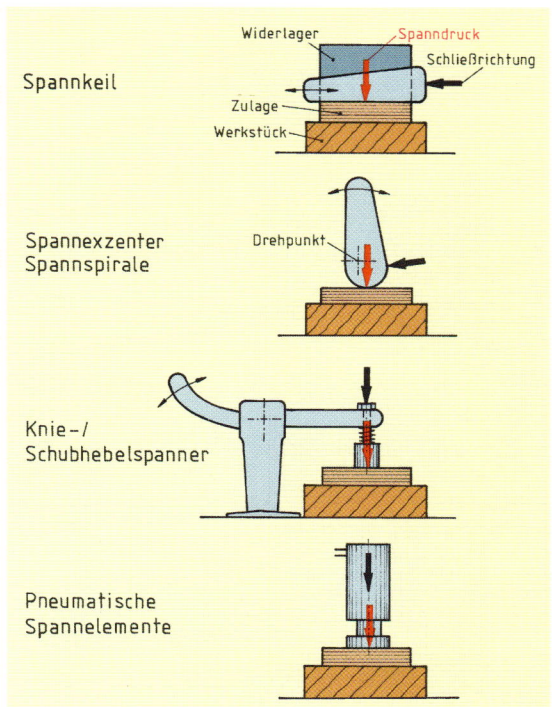

1 Spannelemente für Kopiervorrichtungen

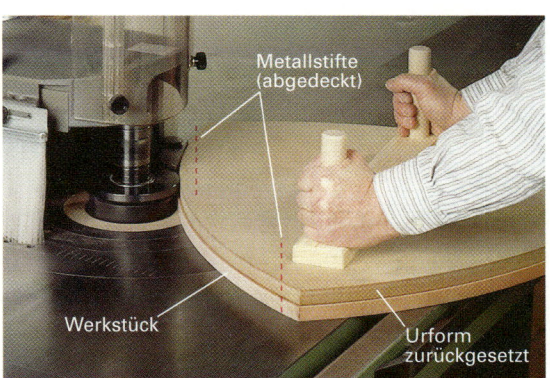

2 Stiftschablone

Planung einer Kopiervorrichtung

Für die Herstellung einer Kopiervorrichtung ist die Anfertigung eines **Planes** sinnvoll, mit dem die **Stellung des Werkstückes zum Werkzeug** während des Fräsvorganges dargestellt werden kann (Abb. 1, S. 56).

Auf diese Weise kann die **Grundform** der Vorrichtung sowie die Anordnung der Bezugs- und Anschlagebenen zeichnerisch ermittelt werden. Zusätzlich lassen sich mithilfe des Planes die **Wirkrichtungen** der Spanungskräfte darstellen und die erforderlichen Gegenkräfte sowie die Anordnung von Spannelementen bestimmen.

3 Spannschablone

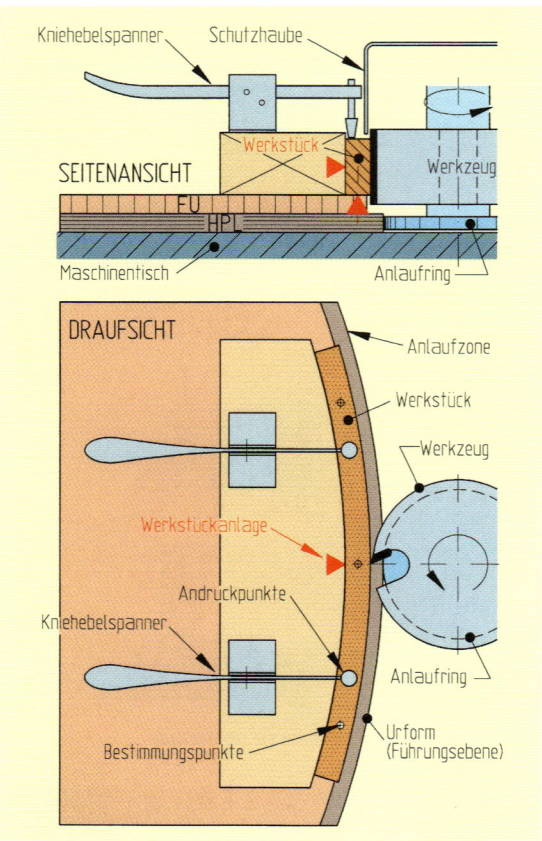

1 Plan einer Kopiervorrichtung

3.3.4 Fräsmaschinen für besondere Zwecke

Oberfräsmaschinen

Diese Maschinen sind konstruiert als:

– stationäre Oberfräsmaschinen und

– Handoberfräsmaschinen.

Oberfräsmaschinen sind vor allem für die Profilierung von Flächen geeignet, außerdem für das Einfräsen von Mulden, für Ausschnitte und das Einlassen von Beschlägen. Zu allen Arbeiten sind Vorrichtungen und Modelle erforderlich. Über Zusatzeinrichtungen kann der mechanische Vorschub auch elektronisch gesteuert werden.

Stationäre Oberfräsmaschine

Die Maschine hat einen schweren Auslegerarm, an dem ein Oberfräsaggregat über einen Fußhebel auf und ab bewegt werden kann (Abb. 2).

Das **Fräswerkzeug** wird in ein Spannfutter eingespannt, an dem der Antriebsmotor unmittelbar angeflanscht ist, sodass der Motor mit 12 000 Umdrehungen/min bis 18 000 Umdrehungen/min laufen muss (Abb. 3).

2 Stationäre Oberfräsmaschine

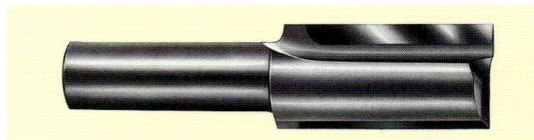

3 Oberfräswerkzeug

4 Handoberfräsmaschine mit Schablone

Handoberfräsmaschine

Der Antriebsmotor und das Fräsbohrfutter ruhen auf einer Säulenführung, die beim Arbeitsprozess um die Spantiefe zurückgeschoben werden kann.

Wegen einer sicheren und exakten Arbeit muss bei der Handoberfräsmaschine mit Vorrichtungen gearbeitet werden. Sie wird auf dem Werkstück beidhändig vorgeschoben (Abb. 4).

Kettenfräsmaschine

Mit diesen Maschinen werden rechteckige Stemmlöcher gefertigt, z. B. für Zapfen oder für Schlosstaschen (Abb. 1).

Die **Fräskette** wird für den Stemmvorgang gegen einen Federzug heruntergezogen, der die Kette nach beendeter Arbeit wieder in die Ausgangslage zurückzieht. Sie besteht aus einer Endloskette, bei der auf die einzelnen Glieder die Schneiden aufgelötet sind.

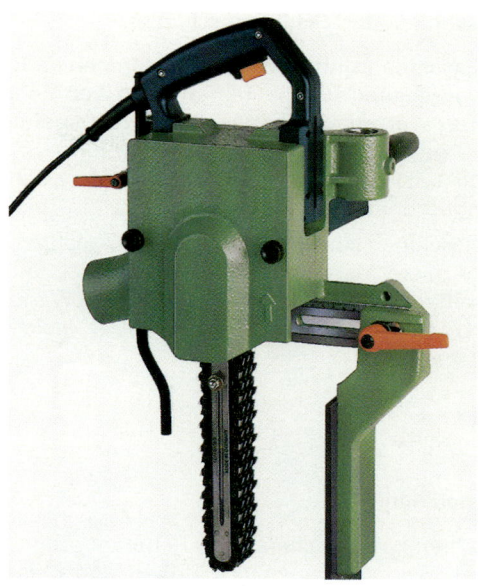

1 Kettenfräsmaschine

Kantenfräsmaschinen

Mit diesen Maschinen werden angeleimte Kanten einseitig oder beidseitig bündig gefräst. Die Dicke der Trägerplatte wird über einen Anlaufring abgetastet, wodurch ein maßgenaues Fräsen erreicht wird. Dies setzt saubere und ebene Plattenoberflächen voraus.

Die Platten werden teilmechanisch oder mechanisch zugeführt. Die Werkzeuge sind HW-bestückt, da die Klebstoffe mit ihrer stumpfenden Wirkung die Schneiden stark beanspruchen. Kantenfräsmaschinen sind auch in Kombination mit **Kantenleimmaschinen** konstruiert (Abb. 2).

2 Kantenleimmaschine mit Kapp- und Bündigfräseinrichtung

Die **Handkantenfräsmaschine** (Abb. 3) ist vielseitig einsetzbar, und zwar

– für das Bündigfräsen von Anleimern,
– für die Bearbeitung von Schichtpressstoffplatten,
– für das Nutfräsen.

Für den Anschlag ist die Maschine entweder mit einem kleinen verstellbaren Winkelanschlag ausgerüstet oder das Fräswerkzeug ist mit einem kugelgelagerten Anlaufrädchen versehen. Die Maschine ist leicht zu handhaben, wodurch sie sich besonders bei Montagearbeiten bewährt.

3 Handkantenfräsmaschine

Handnutfräsmaschine

Handnutfräsmaschinen sind zur Herstellung von Verbindungen mit Nut und Feder geeignet. Die Verbindung kann lösbar und unlösbar gefertigt werden. Als Verbindungsmittel dienen kleine Lamellen aus gepresstem Hartholz, die sowohl stumpfe als auch Gehrungsverbindungen zulassen (Abb. 4 und 5).

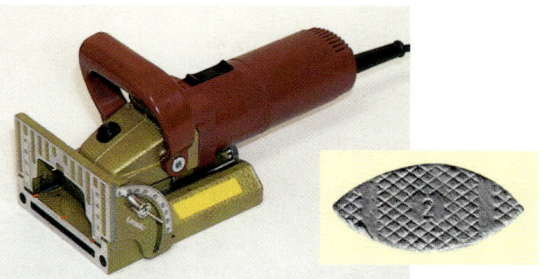

4 Handnutfräsmaschine   5 Nutplättchen

Zapfenschneid- und Schlitzmaschinen

Diese Maschinen sind Spezialfräsmaschinen für Bautischlereien, vorwiegend für die Teilfertigung von Fenstern und Türen. Das Werkstück wird auf einen zwangsgeführten Rollschlitten gespannt und mit diesem geführt. Die Schlitzscheiben und Fügefräser sind in horizontaler oder vertikaler Lage angeordnet (Abb. 2).

Diese Maschinen sind vielfach mit einer Ablängsäge ausgestattet. Andere Maschinen, sog. Doppelendprofiler haben beiderseits des Rollschlittens angeordnete Werkzeugsätze, so dass beide Enden der Rahmenhölzer gleichzeitig bearbeitet werden.

1 Hydromesserkopf wird hydraulisch spielfrei aufgespannt

Kehlmaschinen

Beim Kehlen, d.h. Profilieren von Rahmenhölzern, sind mehrere unterschiedliche Hobel- und Fräswerkzeuge hintereinander geschaltet. Die Werkstücke werden mechanisch geführt. Die Werkzeuge arbeiten teilweise im Gleich-, teilweise im Gegenlauf (Abb. 3).

An dieser Maschine finden häufig Hydrowerkzeuge Verwendung (Abb. 1), die eine hohe Rundlaufgenauigkeit auszeichnet. Die Werkzeugsätze bestehen aus Füge-, Nut- und Profilfräsern. Bei einigen Maschinen ist der Bearbeitung eine Schleifeinrichtung nachgeschaltet. Maschinen dieser Art sind besonders für die Serienfertigung geeignet (Abb. 3).

Aufgaben

1. Erläutern Sie, welche Aufgaben die Schutzvorrichtungen bei Fräsarbeiten haben und welche gibt es.
2. Erläutern Sie, warum bei Fräsarbeiten möglichst eine Handhaltung zu wählen ist, die ein Umgreifen während des Fräsvorganges überflüssig macht.
3. Begründen Sie, warum Einsetzfräsarbeiten unbedingt mit geeigneten Vorrichtungen erfolgen müssen und welche Formen gibt es.
4. Erläutern Sie die Unterschiede sowie die Funktion von Anlaufring und Bogenfräsgerät.
5. Welche Aufgaben haben objektgebundene Vorrichtungen bei Arbeiten an Tischfräsmaschinen zu erfüllen?
6. Erläutern Sie den grundsätzlichen Aufbau einer Kopierschablone.
7. Beschreiben Sie den Aufbau einer stationären Oberfräsmaschine und zählen Sie die Haupteinsatzgebiete dieser Maschine auf.
8. Mit welchen Fräsmaschinen würden Sie Stemmlöcher für Zapfen fertigen?

2 Zapfenschneider und Schlitzmaschine

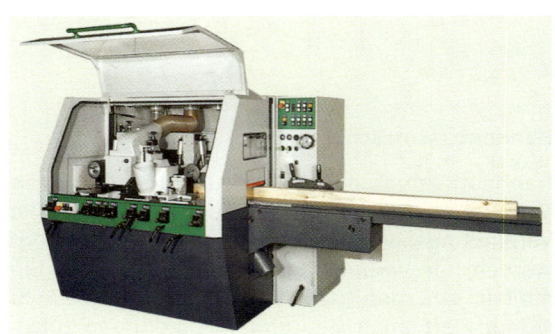

3 Kehlmaschine

3.4 Bohren und Bohrfräsen

Bohren ist Spanen mit kreisförmiger Schnittbewegung, bei dem Dreh- und Vorschubrichtung des Werkzeuges senkrecht zueinander stehen (Abb. 1).

Bei Bohrvorgängen sind die Hauptschneiden als **Stirnschneiden** angeordnet (Abb. 1).

Das Fertigen von Langlöchern sollte dagegen besser als „Bohrfräsen" bezeichnet werden. In diesem Fall stehen Drehrichtung des Werkzeugs und Vorschubrichtung im Gleich- oder Gegenlauf zueinander.

Die Vorschubbewegung wird entweder vom Werkzeug oder vereinzelt auch vom gespannten Werkstück ausgeführt.

3.4.1 Bohrwerkzeuge

Für den fachgerechten Einsatz von Bohrwerkzeugen in Vollholz und Holzwerkstoffen müssen folgende Grundbedingungen beachtet werden:

– Bohrwerkzeuge haben niedrige Schnittgeschwindigkeiten wegen ihrer, im Vergleich zu anderen Werkzeugen, geringen Durchmesser.

– Die Schnittgeschwindigkeit nimmt an jedem Punkt der Hauptschneide zum Bohrerzentrum stetig ab; an der Zentrierspitze selbst ist sie null (Abb. 1).

– Beim Bohren in Vollholz besteht zusätzlich die Schwierigkeit, dass in einem Arbeitsgang gleichzeitig „mit", „quer" und „gegen die Faser" gespant wird.
Infolgedessen sind Bohrwerkzeuge mit Vorschneidern notwendig (Abb. 1).

– Das Gleiche gilt auch bei beschichteten Werkstoffen. In diesen Fällen sollten jedoch nur HW-Bohrwerkzeuge verwendet werden.

– Die Drehzahl und die Vorschubgeschwindigkeit müssen aufeinander abgestimmt sein.
Bei zu hoher Drehzahl kann sich das Bohrwerkzeug zu stark erhitzen.
Bei zu hoher Vorschubgeschwindigkeit entstehen im Bohrloch starke Ausrisse (Abb. 2).

Bohrerarten

Beim **Spiralbohrer** dringt zunächst die Querschneide in das Werkstück ein (Abb. 3). Die Hauptschneide übernimmt dann den Hauptanteil der Spanung, während die Nebenschneide vornehmlich das Bohrwerkzeug führt und die Bohrwandungen glättet.

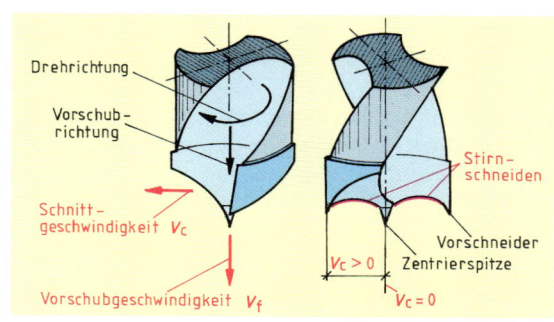

1 Teile und Spanungsgrößen am Bohrwerkzeug

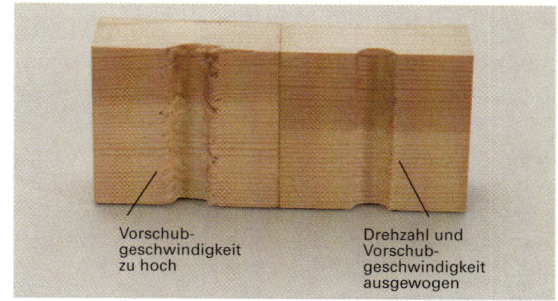

2 Spanungsergebnisse im Bohrloch

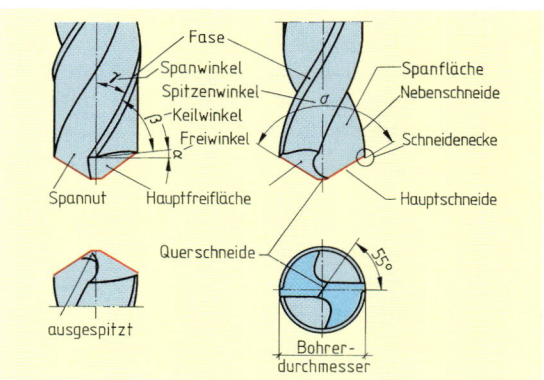

3 Schneiden und Winkel am Spiralbohrer

4 Dübelbohrer

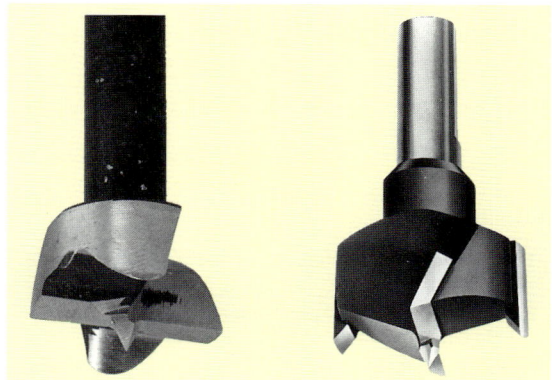

5 Zylinderkopfbohrer   **6 Beschlagbohrer**

59

Dübelbohrer dürfen nicht vom Anriss abweichen, haben deshalb eine Zentrierspitze und zwei Vorschneider (Abb. 4, S. 59).

Zylinder- und Beschlagbohrer dringen mit der Zentrierspitze in das Werkstück ein, schneiden mit den Vorschneidern die Flanken des Bohrloches vor, während die beiden Hauptschneiden den Span im Bohrgrund abheben (Abb. 5 u. 6, S. 59).

Langlochbohren

Langlöcher werden auf unterschiedliche Weise hergestellt.

Ein Langloch in **Hartholz** entsteht z.B. dadurch, dass man zunächst Tiefenbohrungen nebeneinander setzt und dann in einem Arbeitsgang die Stege zwischen den Bohrungen herausfräst (Abb. 1).

Besonders bei Bohrungen in Harthölzern ist es angebracht, das Bohrwerkzeug in kurzen Abständen aus dem Bohrloch herauszufahren, damit die abgetrennten Späne heraustransportiert werden und den Bohrer nicht übermäßig erwärmen.

In **Weichholz** kann es genügen, nur an beiden Enden des Langloches ein Loch zu bohren und das Holz zwischen den Löchern mit dem Langlochbohrer herauszufräsen. Tiefere Löcher werden vielfach nicht in einem Arbeitsgang in ganzer Tiefe ausgefräst, sondern mit zwei oder drei Tiefenzustellungen hergestellt.

Bei der Fertigung von Langlöchern großer Abmessungen ist darauf zu achten, dass der **Spanndruck** die Langlochbohrung nicht beeinträchtigt, z.B. unrund drückt, und dadurch ungenaue Bohrungen entstehen.

Einige Langlochbohrer besitzen zusätzliche **Spannuten**, mit denen die Späne zerspant werden, um ein Verstopfen des Bohrloches mit zu langen Spänen zu verhindern (Abb. 2).

Zapfenschneider (Scheibenschneider)

Mit diesem Bohrwerkzeug werden Zapfen aus Querholz gefertigt, die zum Ausflicken ausgebohrter Asteinschlüsse oder anderer Fehlstellen gebraucht werden (Abb. 3).

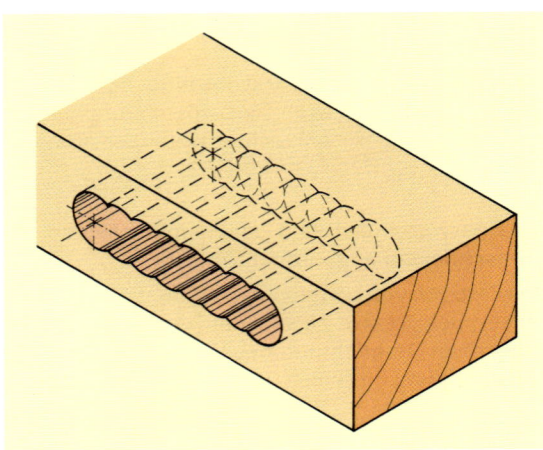

1 Bohren eines Langloches

2 Langlochbohrer
mit zwei Schneiden und Spanbrechernuten zum Fräsen von Schlitzen

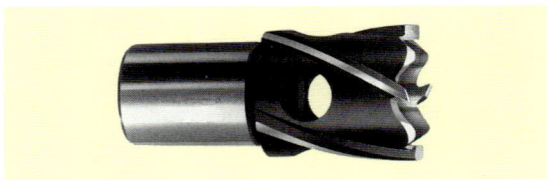

3 Scheibenschneider,
gebräuchliche Durchmesser 20 … 30 mm

3.4.2 Bohrmaschinen

Die gängigen Bohrarbeiten werden mit folgenden Bohrmaschinen durchgeführt:

- Ständerbohrmaschinen,
- Langlochbohrmaschinen,
- Dübelbohrmaschinen,
- Handbohrmaschinen.

Ständerbohrmaschine. Sie hat eine oder mehrere Bohrspindeln, die über Keilriemen von einem Elektromotor angetrieben werden. Je nach Bauart sind Bohrspindel und Tisch in der Höhe verstellbar (Abb. 1, Seite 61).

1 Ständerbohrmaschine

2 Langlochbohrmaschine

An **Langlochbohrmaschinen** können sowohl zylindrische Bohrungen als auch Stemmlöcher (Langlöcher) gefertigt werden. Die Vorschubbewegung kann über Handhebel je nach Bauart entweder vom Bohraggregat oder vom Maschinentisch durchgeführt werden. Tiefen und Breiten des Bohrloches werden mittels Anschlagstäben, an einigen Maschinen auch über Zahnleisten, eingestellt. Die Höhenverstellung geschieht entweder über den Maschinentisch oder über das Bohraggregat. Das Werkstück wird meistens mit Kniehebelspannern (Exzenterspannern) oder pneumatisch auf dem Maschinentisch befestigt (Abb. 2).

3 Lochreihenbohrmaschine

Lochreihenbohrmaschinen sind mit mehreren Bohrspindeln ausgestattet, welche die Herstellung von Dübelbohrungen einzeln oder in Reihen zulassen (Abb. 3). Vielfach wird das Werkstück pneumatisch eingespannt, ebenso kann der Werkzeugvorschub pneumatisch gesteuert werden. Die Bohrspindeln sind in einem Achsenabstand von **32 mm** voneinander angeordnet. Je nach Bauweise drehen sich die Bohrwerkzeuge abwechselnd im Rechts- oder Linkslauf. Als Bohrwerkzeug dienen HW-bestückte Spiralbohrer mit Zentrierspitze. Der Bohrvorgang wird bei den meisten Maschinen über einen Fußschalter ausgelöst. Dadurch fährt zunächst der Druckbalken der pneumatischen Spannvorrichtung heraus, um das Werkstück festzuspannen. Danach werden die Bohrspindeln pneumatisch vorgeschoben. Nach dem Bohrvorgang fahren Bohrspindeln und Druckbalken in ihre Ausgangslage zurück (Abb. 3 und 4).

4 In einem Arbeitsgang hergestellte Mehrfachbohrungen

61

Handbohrmaschinen haben sich aufgrund der leichten Handhabung, der geringen Abmessungen und ihrer leichten Bauweise bei Montagearbeiten durchgesetzt. Außer Bohrarbeiten können in den meisten Fällen auch Schraubarbeiten durchgeführt werden. Für die Schraubarbeiten haben sich Bohrmaschinen mit stufenloser Drehzahlregelung sowie Rechts- und Linkslauf bewährt. Für Montagearbeiten, Bohrungen im Mauerwerk oder Beton sind Bohrmaschinen mit Schlagwerk unentbehrlich (Abb. 1).

Handliche **netzunabhängige (Akku) Bohrmaschinen** für Bohr- und Schraubarbeiten werden vielfach in Montagebetrieben eingesetzt. Die Antriebsbatterien dieser Maschine können mit Hilfe eines Ladegerätes wieder aufgeladen werden (Abb. 2).

> Bohrfutter nie mit der Hand abbremsen!

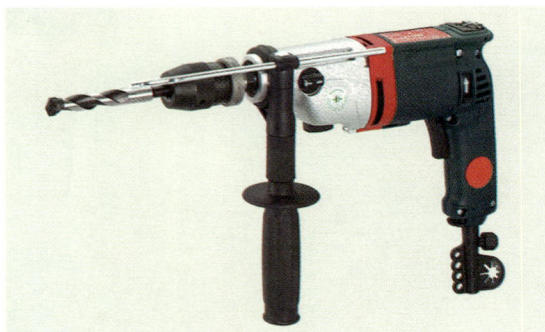

1 Handbohrmaschine für Netzanschluss

2 Akku-Bohrmaschine mit Schnellladegerät

3.5 Schleifen

> Schleifen ist ein Fertigungsverfahren mit geometrisch unbestimmten Schneiden (Schleifkörnern).

Das Schleifen von Werkstoffen (Holz, Holzwerkstoffe, Kunststoff, Metall) ist für den Tischler auf folgenden Gebieten von Bedeutung:

– Verändern oder Verbessern (Glätten) von Holzoberflächen,

– Zuschneiden von Metallprofilen,

– Werkzeuge auf Form und maßhaltig schneiden,

– Werkzeuge schärfen.

3.5.1 Schleifmittel

Der Zerspanung dienen **natürliche** und **künstliche** (synthetische) **Schleifkörper**, wobei stets der härtere den weicheren Werkstoff zerspant (Tabelle 3).

Einige dieser Mittel kommen in der Natur vor, sind aber auch mit gleichen Eigenschaften künstlich herstellbar. Ob ein natürliches oder künstlich hergestelltes Schleifmittel verwendet wird, hängt von seinem Reinheitsgrad, der Härte und den Förder- oder Gestehungskosten ab.

Schleifmittel	natürlich	künstlich	Härteskala nach Mohs
Diamant, C	×	×	10,0
Borcarbid, B_4C		×	9,75
Siliciumcarbid, SiC (Carborundum)		×	9,5
Aluminiumoxid, Al_2O_3 (Korund)	×	×	9,0…9,3
Schmirgel (70% Korund +30% Fe_2O_3)	×	×	8,0
Quarz, SiO_2	×		7,5
Eisenoxid, Fe_2O_3	×	×	6,0

3 Tabelle der natürlichen und synthetischen Schleifmittel

> Künstliche Schleifmittel zeichnen sich gegenüber natürlichen dadurch aus, dass sie eine gleich bleibende Härte haben.

Körnung

Schleifmittel werden gemahlen und in Schüttelsieben sortiert, die nach Größen übereinander angeordnet sind.

Die Körnungsnummer entspricht der Anzahl der Maschen des Schüttelsiebes auf einer Länge von 1 Zoll = 25,4 mm.

Gebräuchliche Körnungen, die sich nach der Schüttelsiebmethode trennen lassen, gehen von Nr. 6 bis etwa Nr. 240. Feinere Körnungen, bis zur Körnungsnummer 800, lassen sich nicht mehr durch Siebe trennen. Hier macht man sich die Erkenntnis zunutze, dass verschieden schwere Massen in einer Flüssigkeit unterschiedlich schnell zu Boden sinken. Dadurch erhält man eine Trennung unterschiedlich großer (schwerer) Schleifkörner (Abb. 1).

Ganz feine und ganz grobe Körnungen werden nur für Spezialzwecke verwendet. Körnungen von 30…400 sind in den Holz und Kunststoff verarbeitenden Betrieben gebräuchlich.

Streuung

Schleifkörner werden durch **Verklebung** auf eine Unterlage, den sog. **Kornträger**, aufgebracht. Liegt Korn an Korn, erhält man **geschlossene** Schleifpapiere. Sind nur 50 % des Schleifpapiers mit Schleifkörnern bedeckt, liegt ein **offenes** Schleifpapier vor.

> Harte Hölzer werden mit geschlossenen Schleifpapieren und weiche Hölzer mit offenen Schleifpapieren geschliffen.

Kornträger

Papiere und **Leinengewebe** und **geeignete Kombinationen** daraus sind die wesentlichen Kornträger.

Die Kornträger sollten

– zugfest und zäh sein,
– elastisch genug sein, um der starken Beanspruchung standzuhalten.

Mehrschichtpapiere und **starke Leinengewebe** werden in erster Linie für den **Maschinenschliff** verwendet.

Als **Bindemittel** verwendet man verschiedene **Leime**, **Harze** und **Lacke**, mit denen die Schleifkörper auf den Kornträger aufgebracht werden.

> Das Bindemittel hat die Aufgabe, einen möglichst guten Halt des Schleifkorns auf dem Kornträger zu gewährleisten.

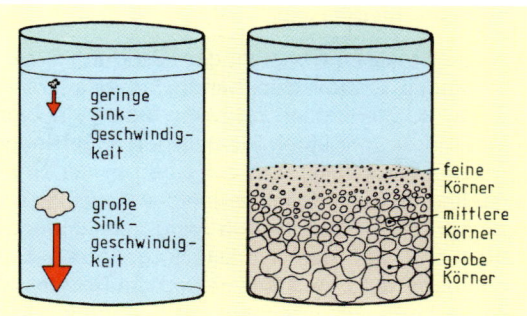

1 Trennung der Körner durch unterschiedliche Sinkgeschwindigkeit

Aufgaben

1. Welchen Vorteil haben synthetisch hergestellte Schleifmittel gegenüber entsprechenden natürlichen Schleifmitteln?
2. Beschreiben Sie, wie unterschiedliche Körnungen voneinander getrennt werden können.
3. Erklären Sie den Unterschied zwischen offener und geschlossener Schleifpapiere.

3.5.2 Schleifmaschinen für die Holzbearbeitung

Sie dienen dazu, die Werkstoffoberflächen zu glätten. Bei den Schleifmaschinen werden im Wesentlichen folgende Typen unterschieden:

– **Langbandschleifmaschinen,**
– **Kantenschleifmaschinen,**
– **Breitbandschleifmaschinen,**
– **Handschleifmaschinen.**

Außer bei **Lack-** und **Kunststoffoberflächen**, die im **Nassschliff** bearbeitet werden, wird trocken geschliffen. Beim **Trockenschliff** wird der **Schleifstaub** durch **Absauganlagen** beseitigt. Meist sind Absauganlage und Antriebsmotor bei der Einschaltung der Maschine gekoppelt. Es gibt aber auch Schleifmaschinen, bei denen die Absauganlage getrennt eingeschaltet werden muss. Auch bei kleineren Schleifarbeiten ist die **Absauganlage unbedingt einzuschalten**, da sonst

– Gesundheitsgefährdung durch aufgewirbelten Staub entsteht, der, eingeatmet, zu schweren Erkrankungen der Atmungsorgane führen kann,
– die zu schleifende Oberfläche immer wieder vollstaubt und die Oberflächenqualität darunter leidet,
– sich das Schleifband sehr schnell zusetzt und damit schneller unbrauchbar wird,
– Lager, Motor und andere Maschinenteile durch vermehrt eindringenden Staub schneller geschädigt werden.

Langbandschleifmaschine (Abb. 1)

Bei dieser Maschine besteht das Werkzeug aus einem langen **Endlosschleifband,** das waagerecht über zwei Umlenkrollen läuft, von denen eine von einem Motor über einen Riementrieb angetrieben wird. Das Werkstück wird auf einen in der Höhe verstellbaren **Schleiftisch** gegen den Anschlag gelegt. Mit dem **Schleifschuh** wird das laufende Schleifband auf das Werkstück gedrückt. Das Schleifband kann meistens sowohl im Rechts- als auch im Linkslauf geschaltet werden. Einige Maschinen lassen eine stufenlose Regelung der Schleifgeschwindigkeit zu.

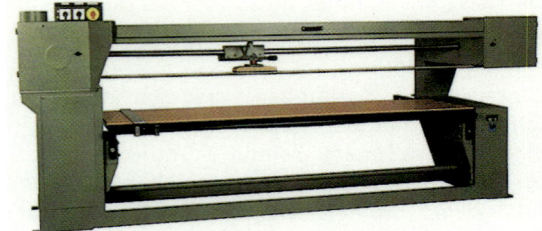

1 Langbandschleifmaschine

Werkstückaufspannung

Eine Befestigung der Werkstücke durch **Vakuumsaugnäpfe** ist besonders für dünne und verworfene Plattenwerkstoffe geeignet, da sie empfindliche Oberflächen schonen.

Beim Auflegen bzw. Nachspannen des Schleifbandes ist darauf zu achten, dass der Schleifschuh auf dem Schleifband mittig läuft, damit sich Schleifband und Schleifschuh nicht einseitig abnutzen und durch die scharfen Schleifbandkanten keine Rillen in das Werkstück einschleifen.

Besondere Gefahren gehen von den scharfen Kanten des Schleifbandes aus.

Achtung:

> Mit Bandschleifmaschinen nicht ohne Bandabdeckung schleifen! Nicht zwischen das laufende Band greifen!

2 Kantenschleifmaschine mit Oszillation

Kantenschleifmaschinen

Das Band dieser Maschine läuft im Gegensatz zur Bandschleifmaschine nicht horizontal, sondern vertikal (Abb. 2).

Ein in der Höhe verstellbarer **Auflagetisch** ist verschwenkbar, so dass sowohl rechtwinklige als auch schräge Kanten geschliffen werden können. Je nach Bauart sind Kantenschleifmaschinen mit verstellbaren Winkel- und Queranschlägen ausgerüstet. Um zu verbesserten Schleifoberflächen zu gelangen, sind einige Maschinen mit schwingenden (oszillierenden) Bändern ausgestattet, wodurch eine gleichmäßige Abnutzung des Schleifbandes erfolgt.

Zum Schleifen von Profilen werden heute vielfach Profilschleifköpfe sog. „Schleifigel" verwendet, die z. B. auf Tischfräsmaschinen eingesetzt werden können (Abb. 3).

3 Schleifigel auf einer Tischfräsmaschine

Breitbandschleifmaschinen

Ihre Kennzeichen sind ein oder mehrere **breite Endlosschleifbänder**. Die Werkstücke werden mechanisch über **Transportbänder** oder **Einzugswalzen** zugeführt (Abb. 1). Häufig werden Flächen mit den Breitbandschleifmaschinen kalibriert, d.h. mit einem Vorschliff auf gleiches Maß gebracht. Der Andruckschub wird meist pneumatisch gesteuert; er drückt das Schleifband auf das Werkstück. Anfallender Schleifstaub wird mit **Bürstenwalzen** entfernt.

Breitbandschleifmaschinen sind heute mit elektronischen Tast- und Schleifbalken ausgerüstet, die geringfügige Unebenheiten auf den Schleifflächen berücksichtigen können.

Handschleifmaschinen

Mit der kleinen **Handbandschleifmaschine** können Vollhölzer, Holzwerkstoffe, Kunststoffe und Metalle geschliffen werden. Das Verkanten der Maschine beim Schleifen großer Flächen ist durch die Verwendung eines Bürstenrahmens zu verhüten. Der Schleifstaub wird mit dem Staubsauger direkt abgesaugt (Abb. 2).

Mit entsprechenden Winkelanschlägen ist diese Maschine als Kanten- und als Falzschleifmaschine zu verwenden.

Schwingschleifer sind mit einem schwingenden Schleifschuh versehen, auf den ein Schleifpapier gespannt wird. Der Motor versetzt den **Schleifschuh** in gradliniges oder kreisförmiges Schwingen. Besondere Einsatzgebiete sind das Schleifen von Rahmen sowie Fein- und Lackschliffe (Abb. 3).

1 Breitbandschleifmaschine
Breitband-Kalibrier- und Feinschliffautomat

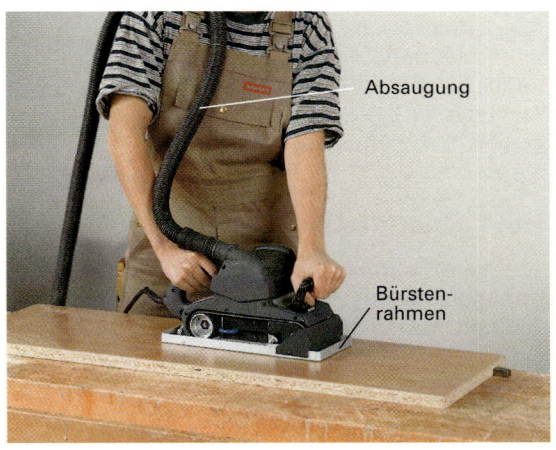

Absaugung

Bürstenrahmen

2 Handbandschleifmaschine mit Bürstenrahmen

3.5.3 Maschinen zum Schärfen von Werkzeugen

Allgemein wird das Schärfen von Maschinenwerkzeugen von spezialisierten Betrieben übernommen, die über eine Reihe hoch entwickelter Schärf- und Schleifmaschinen verfügen.

Abgesehen von einfachen Handwerkzeugen, werden in Tischlerwerkstätten heute vereinzelt noch z.B. Vollstahlkreissägeblätter oder Bandsägeblätter geschränkt und geschärft.

Werkzeugschleifmaschinen für das Schärfen unterschiedlicher Werkzeuge sind in den (Abb. 1 u. 2, S. 66) dargestellt.

Absaugung

3 Schwingschleifmaschine

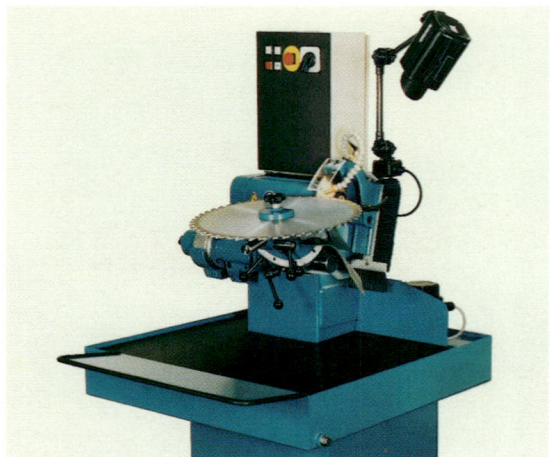

1 Schärfmaschine für HM-Kreissägeblätter

2 Hobelmesser-Schleifmaschine

3.6 Pneumatik und Hydraulik

Pneumatik- und Hydraulikanlagen eignen sich zur Kraftübertragung und zur Steuerung im gesamten Werkzeugmaschinenbereich. Die Kraftübertragung erfolgt bei der Pneumatik durch Gase (Luft), bei der Hydraulik durch Flüssigkeiten (Öl). Aus den unterschiedlichen Mitteln ergeben sich Vor- und Nachteile für beide Systeme und damit auch unterschiedliche Anwendungsbereiche.

3.6.1 Pneumatik

Über Verdichteranlagen (Kompressoren) wird das Kraftübertragungsmittel Luft verdichtet. Zur Verdichtung stehen folgende Maschinen zur Verfügung:

– Hubkolbenverdichter,

– Rotationsverdichter (Zellenverdichter),

– Drehkolbenverdichter,

– Schraubenverdichter.

Verdichter

Hubkolbenverdichter gehören zu den gebräuchlichsten Verdichterarten. Durch eine Hin- und Herbewegung des Kolbens wird Luft stoßartig angesaugt und verdichtet. Der Antrieb erfolgt meist über E-Motoren. Die Druckluft wird in einen Druckluftbehälter geschleudert, der die einzelnen Pumpenstöße ausgleicht und damit eine kontinuierliche Kraftübertragung sichert. Das Ein- und Ausschalten des Verdichters regelt sich über einzustellende Höchst- bzw. Niedrigstdrücke im Druckluftbehälter.

Da bei der Verdichtung von Luft Wärme frei wird, sind Kühlrippen am Verdichtungsgehäuse angebracht (Abb. 3).

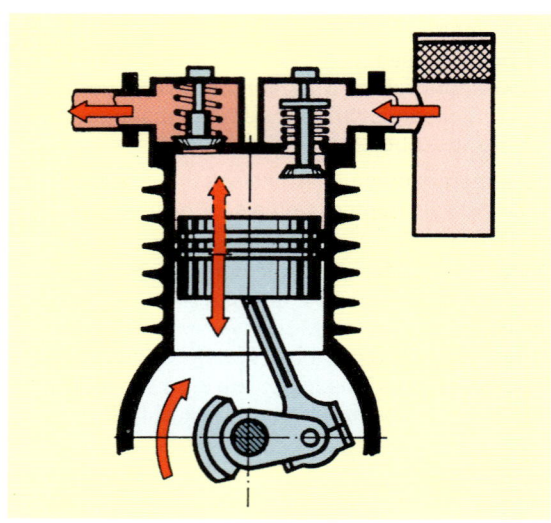

3 Hubkolbenverdichter

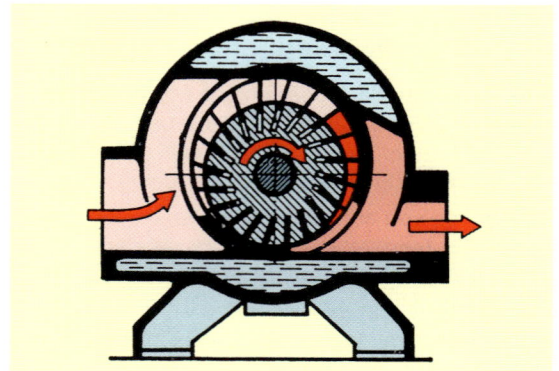

4 Rotationsverdichter

In **Rotationsverdichtern** wird die Luft kontinuierlich gefördert, da in einem zylindrischen Gehäuse ein Rotor mit gleich bleibender Drehzahl die Druckluft erzeugt. Dies erfolgt dadurch, dass der Rotor exzentrisch im Gehäuse montiert ist und die einzelnen Lamellen infolge ihrer Drehbewegung das Luftvolumen verdichten. Die Lamellen werden dabei durch Federn und die Fliehkräfte an die Gehäusewandung gepresst (Abb. 4, S. 66).

Drehkolbenverdichter

Auch der Drehkolbenverdichter, bei dem zwei ineinander greifende Drehkolben ständig ein Luftvolumen in Druckrichtung fördern, erzeugt gleich bleibenden Druckluftstrom (Abb. 1).

Schraubenverdichter

Zwei ineinander greifende Schraubenwellen verringern das Volumen ihrer Kammern ständig zur Druckseite hin, wodurch die Luft verdichtet wird (Abb. 2).

Für alle Verdichter gilt, dass nur kühle und staubfreie Luft verwendet werden darf. Staubteilchen würden Kolben und Zylinderwand vorzeitig verschleißen, während eine übermäßige Erwärmung das zugesetzte Schmieröl verbrennt und den Schmierfilm zerstört. Die Folge wäre ein Sichfestfressen der drehenden Teile.

Das **Grundprinzip der Kompression** beruht auf dem **Volumen-Druck-Gesetz** für Gase.

Danach ist das Produkt aus Volumen V und Druck p einer eingeschlossenen Gasmenge stets gleich (gleiche Temperatur vorausgesetzt). Dies bedeutet, dass bei geringer werdendem Volumen der Druck ständig steigt (Abb. 3). Aus dieser Gesetzmäßigkeit lässt sich folgende Formel ableiten (siehe auch Technische Mathematik, Kap. 2.4).

$$\frac{V_1}{V_2} = \frac{p_2}{p_1}$$

In Worten:

> Die veränderten Volumen verhalten sich gegenüber den Drücken **umgekehrt** proportional.

Für geringere Drücke reichen einstufige Verdichtungen. Höhere Drücke erzeugt man, indem einer Vorverdichtung eine weitere Verdichtungsstufe folgt. Die üblichen Arbeitsdrücke sind aus Tabelle 4 abzulesen.

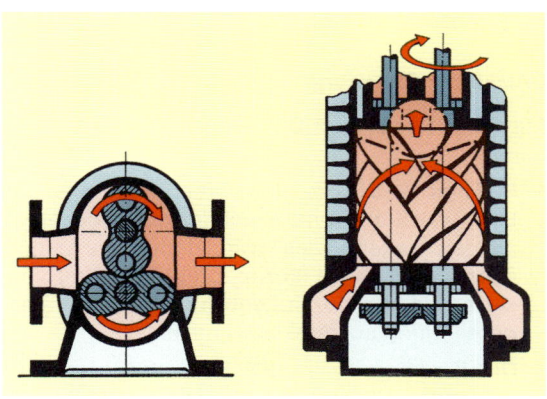

1 Drehkolbenverdichter **2 Schraubenverdichter**

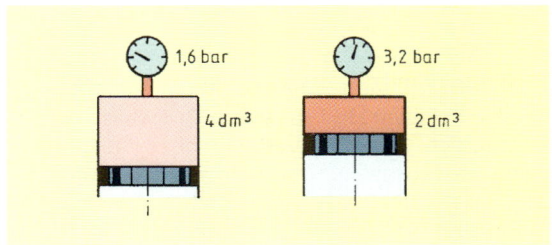

3 Volumen-Druck-Gesetz

Art der Verdichter	einstufige Verdichtung	zweistufige Verdichtung
Kolbenverdichter	≈ 10 bar	≈ 15 bar
Rotationsverdichter	≈ 5 bar	≈ 10 bar
Drehkolbenverdichter	≈ 5 bar	≈ 10 bar
Schraubenverdichter	≈ 15 bar	≈ 25 bar

4 Arbeitsdrücke unterschiedlicher Druckerzeuger
Arbeitsdrücke in bar (1 bar entspricht 10 N/cm²)

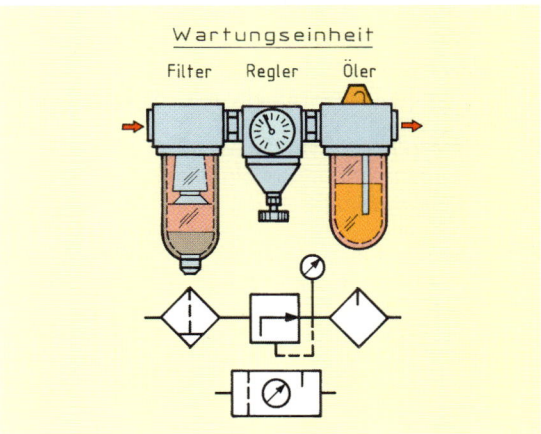

5 Wartungseinheit mit Bildzeichen

Wartungseinheit (Abb. 5, S. 67)

Druckluftaufbereitung

Mit Filter, Regler und Öler wird die Druckluft aufbereitet.

1. Im **Filter** (Abb. 1) werden Verunreinigungen der Luft, wie Staub und Feuchtigkeit, weitgehend ausgeschieden. Dies wird dadurch erreicht, dass die Luft im Filter in Drehbewegung versetzt wird und durch Zentrifugalkräfte die Verunreinigung an der Glaswand absetzt.

2. Der **Regler** (Abb. 2) gleicht Druckschwankungen aus und gewährleistet einen konstanten Arbeitsdruck. Die Druckeinstellung am Regler kann am Manometer abgelesen werden.

3. Der **Öler** (Abb. 3) setzt der Druckluft bei der Verwendung in Steuerungsanlagen eine geregelte Menge Öl zu, das die sich bewegenden Teile schmiert und die Anlage vor Korrosion geschützt.

In einigen Fällen sind zusätzlich **Drucklufttrockner** erforderlich, die die verbleibende Feuchtigkeit weiter herabsetzen. Dadurch werden Kondenswasserschäden in der Druckluftanlage vermieden. Außerdem muss die Druckluft in Lackspritzanlagen besonders trocken sein, um Spritzschäden zu vermeiden.

Zylinder und Ventile

Pneumatikzylinder haben die Aufgabe, die Druckenergie der Luft in mechanische Energie umzuwandeln. Das Aggregat besteht aus dem Zylinder und dem Kolben und wird in folgende Typen unterschieden:

– einfach wirkender Zylinder,

– doppelt wirkender Zylinder.

Einfach wirkende Zylinder werden durch Druckluft ausgefahren, während der Rücklauf durch Federdruck erfolgt (Abb. 4). Muss bei der Rückstellung eines Kolbens allerdings eine Kraft aufgewendet werden, so ist der einfach wirkende Zylinder überfordert, da die Federkraft allein nicht ausreicht.

Doppelt wirkende Zylinder werden mit Druckluft ein- und ausgefahren und eignen sich deshalb für beidseitige Kraftübertragung (Abb. 5).

Pneumatikventile werden für Steuerungen des Luftstromes gebraucht und unterscheiden sich in folgende Bauarten:

– Wegeventile,

– Rückschlagventile,

– Drosselventile,

– Verarbeitungsventile.

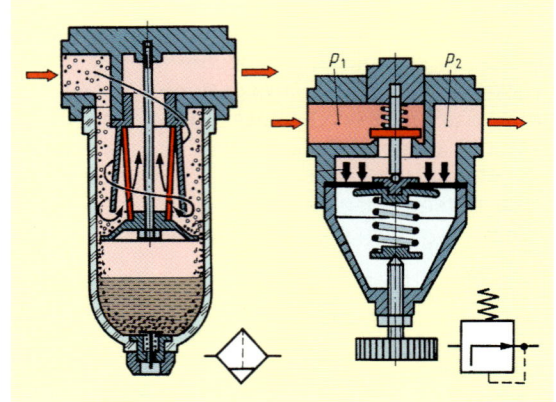

1 Filter mit Bildzeichen   2 Druckregler mit Bildzeichen

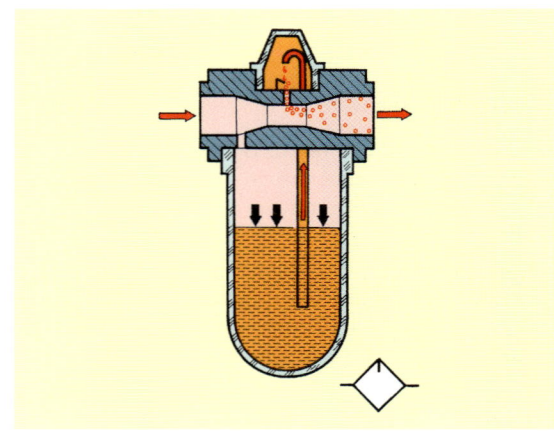

3 Öler mit Bildzeichen

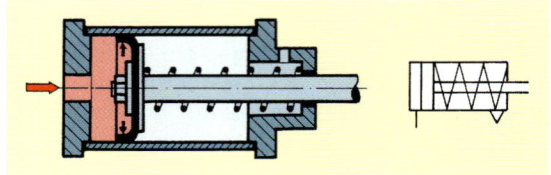

4 Einfach wirkende Zylinder   Bildzeichen

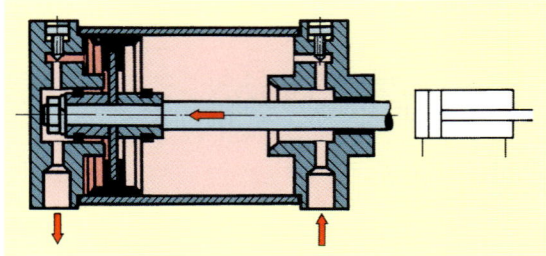

5 Doppelt wirkender Zylinder   Bildzeichen

Rückschlagventile lassen die Druckluft nur in einer Richtung passieren. In Form von **Schnellentlüftungsventilen** bewirken sie einen sofortigen Druckabfall. Dagegen regeln **Drosselventile** die Strömungsgeschwindigkeit der Druckluft (Abb. 1 u. 2).

Wegeventile geben der Druckluft die Richtung oder den Zeitpunkt eines Druckschlusses an. Je nach Anzahl ihrer **Anschlüsse** und **Schaltstellungen** werden z.B. **3/2- oder 4/2-Wegeventile** unterschieden (Abb. 3 u. 4). Mit diesen Ventilen lassen sich pneumatische Steuerungsanlagen betreiben (Kap. 4.1).

Verarbeitungsventile dienen der Signalverarbeitung bei pneumatischen Steuerungsabläufen. Hierbei werden **Wechsel- oder Zweidruckventile** eingesetzt (Abb. 5).

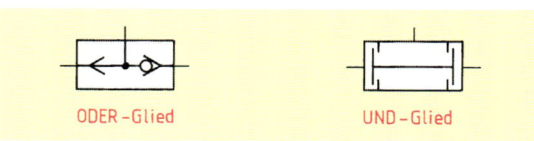

5 Bildzeichen für Wechselventil und Zweidruckventil

Anwendungen

Pneumatisch betriebene Anlagen und Geräte finden neben pneumatischen Steuerungen in holz- und kunststoffverarbeitenden Betrieben eine Vielzahl weiterer Anwendungen. So in Form von:

- Spann- und Pressvorrichtungen (Abb. 6),
- Naglern/Heftern (Abb. 7),
- Schraubern.

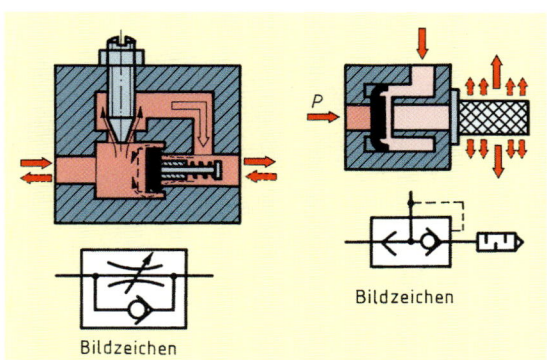

1 Drosselrückschlag-
ventil

2 Schnellentlüftungs-
ventil mit Schall-
dämpfer

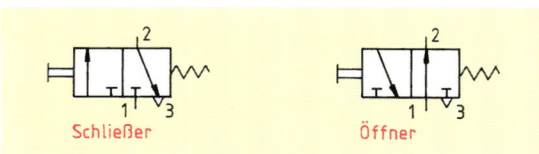

3 Bildzeichen für 3/2-Wege-Signalventile mit Federrückstellung

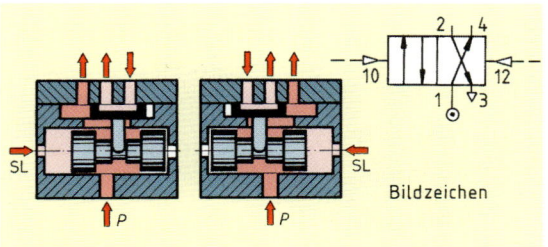

4 4/2-Wege-Stellventil in zwei Stellungen mit pneumatischer Umsteuerung

6 Pneumatische Rahmenpresse

7 Pneumatischer Nagler/Hefter

3.6.2 Hydraulik

Die Anwendung der Hydraulik in Holz verarbeitenden Betrieben beschränkt sich im Allgemeinen auf:

– Furnierpressen,

– Kantenpressen (Verleimrahmen),

– Hubschlitten an Werkzeugmaschinen,

– Hubstapler (Gabelstapler).

Grundprinzip der Hydraulik

Hydraulische Anlagen sind für die Übertragung besonders großer Kräfte geeignet. Das physikalische Grundprinzip der Hydraulik wird in Abb. 1 veranschaulicht. Dies besagt: Wird eine Flüssigkeit in einem geschlossenen System an einer Stelle unter Druck gesetzt, so steht die gesamte Flüssigkeit unter gleichem Druck (Abb. 2). Folgerung: Wird eine geringe Kraft F_1 auf eine kleine Pumpenkolbenfläche A_1 ausgeübt, so überträgt die Flüssigkeit über eine große Kolbenfläche A_2 eine große Kraft F_2 (siehe auch Technische Mathematik Kap. 2.3).

Grundsätzlich gilt:

$$\text{Druck} = \frac{\text{Kraft}}{\text{Fläche}} \qquad p = \frac{F}{A}$$

Für den kleinen Pumpenkolben mit der Fläche A_1 und der Kraft F_1 wirkt infolgedessen ein Flüssigkeitsdruck von

$$p = \frac{F_1}{A_1}$$

Da der Druck im Hydrauliksystem überall gleich ist, gilt auch für den größeren Arbeitskolben:

$$p = \frac{F_2}{A_2}$$

Daraus folgt:

$$\frac{F_1}{A_1} = \frac{F_2}{A_2}$$

In Worten:

In einem Hydrauliksystem verhalten sich Kräfte und Flächen direkt proportional (Abb. 3).

Anwendungen

Hydraulisch betriebene Anlagen und Geräte finden in holz- und kunststoffverarbeitenden Betrieben Anwendungen in Form von:

– Furnierpressen (Abb. 4),

– Rahmen- und Kantenpressen (Abb. 2, S. 71),

– Hubwagen (Abb, Kap. 18).

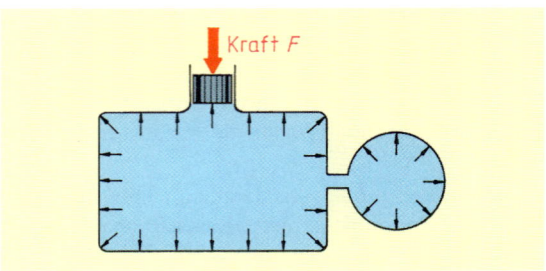

1 Druckfortpflanzung

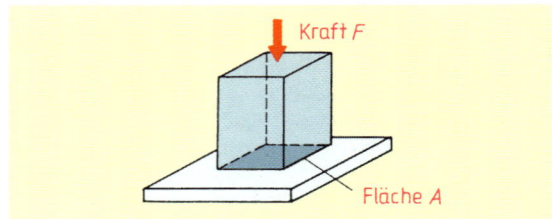

2 Druckerzeugung durch eine Kraft

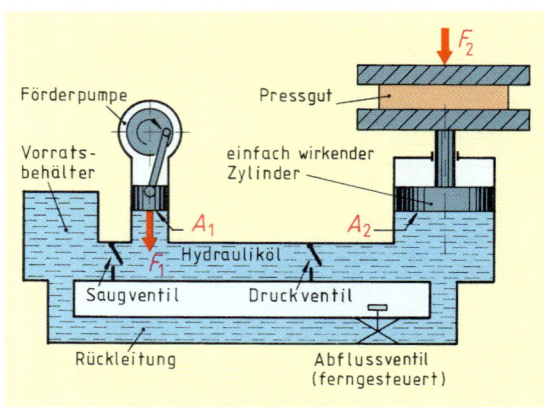

3 Prinzip einer Hydraulikanlage mit einfach wirkendem Zylinder

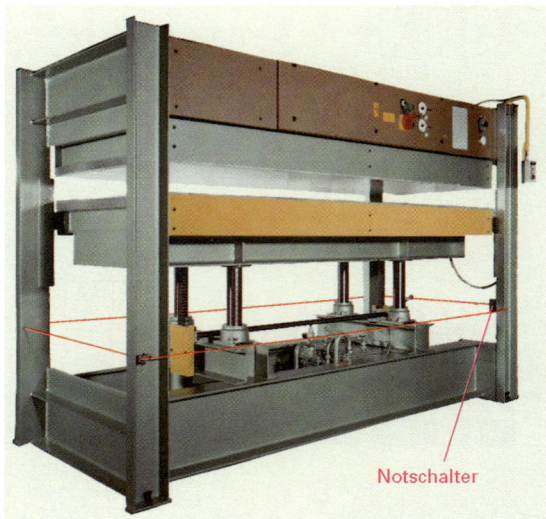

4 Hydraulische Furnierpresse

Furnierpressen

In Hydraulikanlagen stehen sehr schnell große Kräfte zur Verfügung, da sich Flüssigkeiten im Gegensatz zu Gasen (Luft) kaum zusammendrücken lassen; auch ist die Strömungsgeschwindigkeit gut zu regulieren. Diese Eigenschaften sind dafür entscheidend, Furnierpressen in der Regel hydraulisch zu betreiben (Abb. 4, S. 70).

Die Pressflächen sind vielfach elektrisch beheizt. Sie müssen sorgfältig gepflegt und frei von Leimresten gehalten werden.

> Furnierpressen müssen mit Notschaltern ausgestattet sein, die von jedem Bedienungsplatz aus erreichbar sind.

3.6.3 Vergleich von Hydraulik und Pneumatik

Die Kraftübertragung von Hydraulik und Pneumatikanlagen unterscheidet sich im Wesentlichen durch die unterschiedlichen Medien. Hydraulikanlagen übertragen die Kräfte mit dem flüssigen Hydrauliköl, Pneumatikanlagen mit der gasförmigen Luft. Aus den unterschiedlichen Eigenschaften dieser Medien ergeben sich Vor- und Nachteile und damit Hauptanwendungsgebiete für beide Systeme (Tab. 1).

Pneumatik	Hydraulik
Vorteile: Luft ist beliebig verfügbar. Rückleitungen sind nicht erforderlich. Leichte Montage und schnelle Auswechselung von Teilen möglich. **Nachteile:** Beim Bersten der Anlage kann es zu explosionsartiger Zerstörung kommen, da die Luft zusammendrückbar ist. Unfallgefahr durch weggeschleuderte Teile. Die Luft muss aufbereitet werden (Staub, Feuchtigkeit und Öl). Es sind nur verhältnismäßig geringe Kräfte übertragbar. Gefahr der Korrosion durch Kondenswasserbildung. **Anwendungsgebiete:** – Schraub- und Nagelapparate, – Formspanneinrichtungen, – Schnellspannvorrichtungen, z.B. bei Dübelautomaten, – Rahmen-, Korpus- und Kantenpressen.	**Vorteile:** Da sich das Öl wie alle Flüssigkeiten kaum zusammendrücken lässt, sind hohe Drücke zu erzielen und damit auch große Kräfte zu übertragen. Bei Brüchen im Leitungssystem entsteht kein explosionsartiger Druck. **Nachteile:** Hydrauliköl ist teuer. Rückleitungen sind erforderlich. Leckverluste an der Anlage bringen starke Verschmutzungen und Unfallgefahren durch Glätte mit sich. **Hauptanwendungsgebiete:** – Furnierpressen, – Kantenpressen, – Hubtische, – Hubfahrzeuge.

1 Pneumatik und Hydraulik im Vergleich

Aufgaben

1. Erläutern Sie die Begriffe Pneumatik und Hydraulik.
2. Beschreiben Sie das Prinzip der Kompression, seine mathematischen Größen und Einheiten.
3. Erläutern Sie, weshalb und in welcher Weise Druckluft aufbereitet werden muss?
4. Erläutern Sie den Begriff Druck, seine mathematischen Größen und Einheiten.
5. Beschreiben Sie das Prinzip der Hydraulik.
6. Nennen Sie Einsatzmöglichkeiten von Pneumatik und Hydraulik in der Holz- und Kunststoffbearbeitung.
7. Nennen Sie die Vor- und Nachteile der Pneumatik und der Hydraulik.

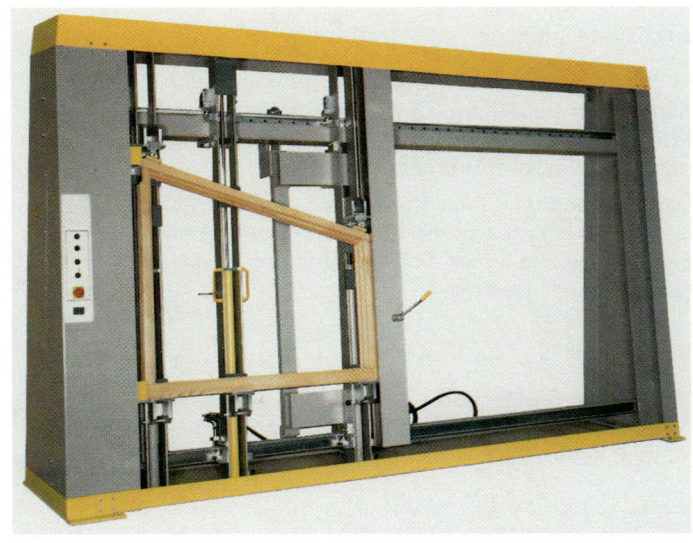

2 Hydraulische Rahmenpresse

4 Grundlagen der Automatisierungstechnik

Soll in einem Fertigungsprozess ein Produktionsgut (z.B. das Seitenteil einer Schrankwand) unter wirtschaftlichen Gesichtspunkten hergestellt werden, so lässt sich dieses in der Regel nur dann kostengünstig realisieren, wenn der Produktionsablauf **teil-** bzw. **vollautomatisch** abläuft.

Diesen selbständigen Produktionsablauf bezeichnet man als Automation bzw. unter technischen Gesichtspunkten als **Automatisierungstechnik.**

Die dazu erforderlichen Hilfsmittel sind:
– Messtechnik,
– Regelungstechnik,
– Steuerungstechnik,
– Antriebstechnik,
– Stelltechnik.

Messtechnik

Physikalische Größen, z.B. Geschwindigkeiten, Strecken oder Positionen, Massen oder Stückzahlen werden durch Sensoren (Messfühler) erfasst und für die Weiterverarbeitung aufgearbeitet.

Regelungstechnik

Diese physikalischen Größen werden während des Prozessablaufes permanent mit vorgegebenen Größen, den Sollwerten, verglichen und bei einer Abweichung nachgeregelt.

Steuerungstechnik

Bei einer Steuerung wird der Produktionsablauf durch eine oder mehrere Eingangsgrößen (z.B. Taster, Schalter, Lichtschranken usw.) oder durch ein Programm beeinflusst.

Antriebstechnik

In der Antriebstechnik werden die für den Produktionsablauf benötigten Bewegungsabläufe durch Kraftmaschinen (Elektromotoren, Verbrennungsmotoren, Druckluftturbinen …) realisiert.
Die Umwandlung einer Rotations-[1] in eine Translationsbewegung[2] sowie die unterschiedlichen Energieumwandlungen sind Aufgabe der Antriebstechnik.

Stelltechnik

Mithilfe der Stelltechnik werden die Ausgangssignale durch Stellvorrichtungen (Schütze, Relais, Ventile) beeinflusst.

---

[1] Rotationsbewegung = Kreisbewegung
[2] Translationsbewegung = geradlinige Bewegung

Je mehr Verknüpfungen zwischen Messtechnik, Regelungstechnik, Steuerungstechnik, Antriebstechnik und Stelltechnik vorhanden sind, desto höher ist der Grad der Automatisierungstechnik.

Steuerungstechnik, ein Hilfsmittel der Automatisierungstechnik

Unter Steuern versteht man ein System, bei dem eine oder mehrere Eingangsgrößen andere Größen, die Ausgangsgrößen, aufgrund einer bestimmten Gesetzmäßigkeit steuern (Abb. 1).

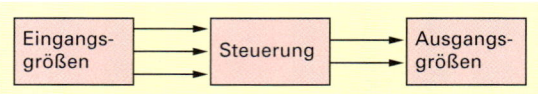

1 Steuerungstechnik

Im Gegensatz zur Regelung ist eine Steuerung ein offenes System, bei dem ein bestimmter Endzustand erreicht wird, ohne dass dieser einen Einfluss auf das Gesamtsystem hat.

Steuerungsarten

Die Steuerungen unterscheiden sich durch die Art der Signalverarbeitung:
– Pneumatische Steuerungen arbeiten mit Druckluft.
– Hydraulische Steuerungen benutzen Flüssigkeiten als Arbeitsmedium.
– Elektrische Steuerungen verarbeiten elektrische Spannungen und Ströme mithilfe von Schützen, Relais, Transistoren oder anderen Halbleiterbauelementen.
– Computergesteuerte Maschinen bedienen sich eines programmierbaren Rechners (Mikrocomputers).

4.1 Pneumatische Steuerungen

Der Vorgang für eine pneumatische Steuerung wird am Beispiel einer Dübelbohrmaschine erläutert.

Der Wirkungsablauf einer Steuereinrichtung wird durch Blockschaltbilder dargestellt. Für die Ausführung des Vorschubes von Bohrspindeln liegt folgender Ablauf vor (Abb. 1, S. 73).

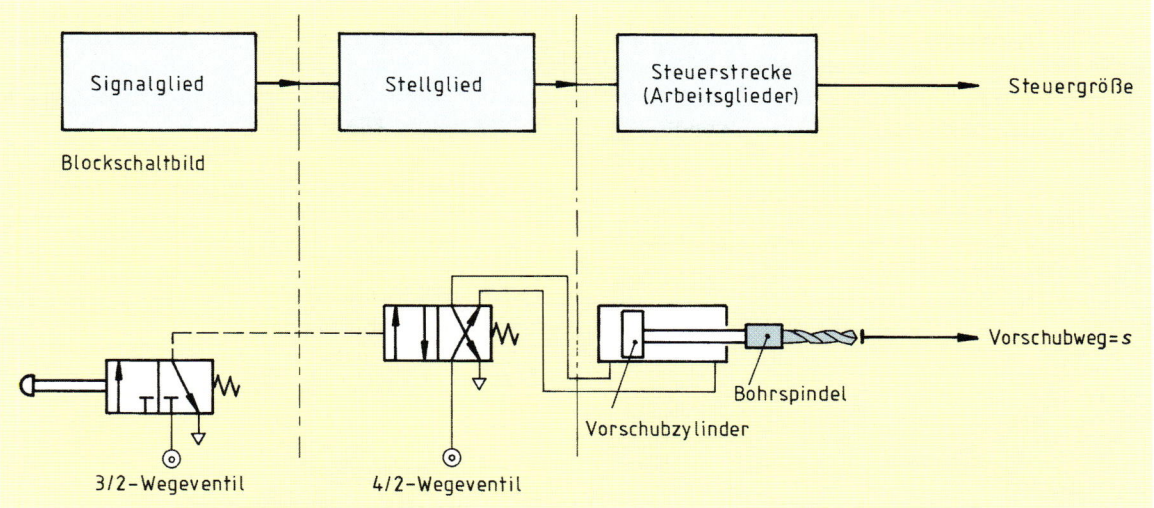

1 Wirkungsablauf einer Steuerung für eine Bohrspindel

Die Druckluft, die den Vorschub beeinflusst, ist das **Stellsignal**, der Vorschubzylinder bildet zusammen mit der Bohrspindel die Steuerstrecke, das indirekt angesteuerte 4/2-Wegeventil ist das **Stellglied** (Abb. 2), welches durch ein handbetätigtes 3/2-Wegeventil, das **Signalglied**, angesteuert wird (Abb. 3).

Die Benennung der Wegeventile bezieht sich auf die Anzahl der vorhandenen Anschlüsse und der möglichen Schaltstellungen. Ein 3/2-Wegeventil hat drei Anschlüsse und zwei Schaltstellungen. Die Pfeile in dem Sinnbild geben die Strömungsrichtung der Druckluft durch das Ventil an.

Das oben dargestellte Blockschaltbild zeigt einen offenen Wirkungsablauf, weil die Steuergröße – der von der Bohrspindel zurückgelegte Weg s – nicht erfasst wird; dieser offene Wirkungsablauf wird durch eine Steuerkette realisiert. Zu einer Steuerkette gehören das Antriebsglied und alle zur Ausführung erforderlichen Elemente wie Ventile, Drosseln usw.

Nach der Art der Signalverarbeitung unterscheidet man zwischen Ablaufsteuerung und Verknüpfungssteuerung.

Ablaufsteuerung

Bei Ablaufsteuerungen werden die einzelnen Vorgänge schrittweise ausgeführt. Die Einleitung eines Vorganges ist dabei von erreichten Positionen eines Bauelementes oder zeitlichen Vorgaben abhängig. Die Vorschubbewegung der Bohrspindel darf nur dann einsetzen, wenn der Spannzylinder ausgefahren und damit das Werkstück fest eingespannt ist. Nachdem der Spannzylinder die Position **eingespannt** erreicht hat, fährt der Vorschubzylinder aus.

Verknüpfungssteuerung

Eine Verknüpfungssteuerung liegt vor, wenn die Durchführung eines Vorganges nur bei der Kombination von mehreren Signalen möglich ist. Soll beispielsweise ein Druckluftdurchgang nur dann erfolgen, wenn zwei Signale gleichzeitig anliegen, so kann eine solche Verknüpfung z.B. durch ein so genanntes **UND-Glied** – auch Zweidruckventil genannt – gestaltet werden (Abb. 4).

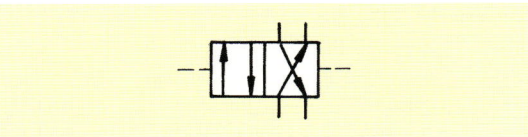

2 Indirekt angesteuertes 4/2-Wegeventil

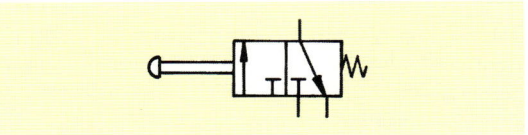

3 Handbetätigtes 3/2-Wegeventil

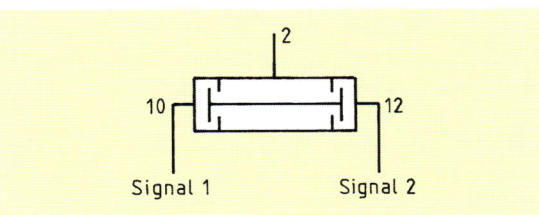

4 Zweidruckventil,
die Zahl 2 bezeichnet den Ausgangsanschluss; die Zahlen 10 und 12 sind die Steueranschlüsse (Tab. 1, S. 74).

Ein Durchfluss von Druckluft durch das UND-Glied zur Ausgangsleitung erfolgt nur dann, wenn an den beiden Steueranschlüssen gleichzeitig Druckluft, also ein Signal, anliegt.

Damit Geräte, Ventile usw. sowohl im Schaltplan richtig eingeordnet als auch beim Einbau richtig angeschlossen werden, werden alle Anschlüsse gekennzeichnet. Zur Kennzeichnung werden Zahlen oder große Buchstaben verwendet. Neuerdings setzt sich bevorzugt die Kennzeichnung mit Zahlen durch (Tab. 1).

Anschlussarten	Kennzeichnung durch	
	Buchstaben	Zahlen
Druckanschluss	P	1
Arbeitsanschluss	A, B, C	2, 4, 6
Entlüftung, Abfluss	R, S, T	3, 5, 7
Steueranschluss	X, Y, Z	10, 12, 14

1 Kennzeichnung der Anschlussarten

Der Aufbau einer Steuerung wird durch Schaltpläne, die Funktionsweise der Steuerung durch Wegdiagramme oder Zustandsdiagramme dargestellt (Abb. 1, S. 76). Bei dem folgenden Schaltplan einer Dübelbohrmaschine (Abb. 2, S. 75) handelt es sich um eine vereinfachte Version, mit deren Hilfe das Wesentliche für den Ablauf einer pneumatischen Steuerung gezeigt wird.

In dem folgenden Beispiel ist auf den Einbau von Drosselventilen zur Einstellung unterschiedlicher Vorschubgeschwindigkeiten und auf Schalter, mit deren Hilfe der Bohrspindelmotor erst kurz vor Erreichen der Arbeitsstellung eingeschaltet wird, verzichtet worden.

Bei der Plangestaltung wurden aus Gründen der Übersichtlichkeit keine Schaltelemente eingebaut, durch die ein schnellerer Rücklauf der Bohrspindel ausgelöst werden könnte.

In **Schaltplänen** wird der Aufbau der Steuerungen dargestellt. Die Antriebsglieder, Ventile und sonstigen Bauelemente werden durch schematische Bilder symbolisiert. Alle Bauelemente werden in Ausgangsstellung in den Schaltplan eingezeichnet. Unter Ausgangsstellung versteht man die Positionen von Antriebsgliedern und Ventilen, die vorliegen, nachdem der Netzdruck eingeschaltet wurde und das vorgesehene Schaltprogramm noch nicht angelaufen ist. Alle Leitungsanschlüsse werden mit den Kennzeichnungen für Druck-, Arbeits-, Entlüftungs- und Steueranschluss versehen.

Schalldämpfer werden durch das Bild am Entlüftungsanschluss dargestellt. Bei Ventilen, die in der Ausgangsstellung durch Stangen oder Nocken betätigt werden, wird dieses durch eine Kantenkontur dargestellt (Abb. 2, 3 u. 4).

Sind Ventile nur aus einer Richtung schaltbar, so handelt es sich um Wegeventile mit Leerrücklauf, sie werden durch das folgende Sinnbild dargestellt (Abb. 5). Die Positionsmarke, an der diese Ventile geschaltet werden, erhält im Schaltplan einen Pfeil, der die Richtung angibt, aus der die Schaltung erfolgt (Abb. 6).

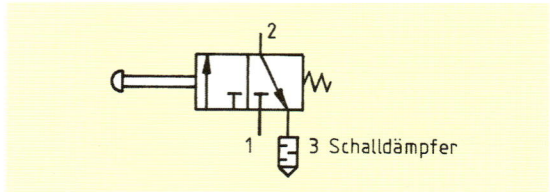

2 Handbetätigtes 3/2-Wegeventil mit Federrückstellung und Schalldämpfer in Ausgangsstellung

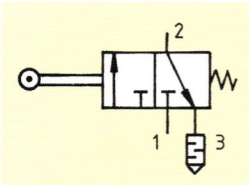

3 Rollenbetätigtes 3/2-Wegeventil mit Federrückstellung Ausgangsstellung

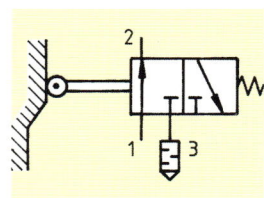

4 Rollenbetätigtes 3/2-Wegeventil mit Federrückstellung durch Stange oder Nocken betätigt

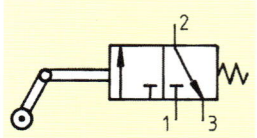

5 3/2-Wegeventil mit Leerrücklauf

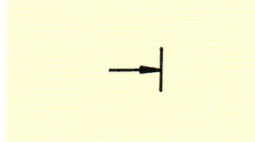

6 Positionsmarke

Gerätenummern einer Steuerkette

Jedes Bauelement, das in einer Steuerkette eingebaut ist, erhält eine Gerätenummer. Bei dieser Gerätenummer handelt es sich um eine mindestens zweiziffrige Zahl. Die erste Ziffer (vor dem Punkt) gibt die Nummer der Steuerkette wieder, die zweite Ziffernfolge (nach dem Punkt) ist die Unternummer für das Gerät. Die Unternummer für Antriebsglieder (z. B. Zylinder) ist 0; Ventile und Stellglieder für den Vorlauf erhalten eine gerade Zahl, die für den Rücklauf eine ungerade Zahl als Unternummer (Beispiele: Tab. 1, S. 75).

Beispiele:
1.0　Zylinder zum Spannen aus Steuerkette 1
1.2　Ventil aus Steuerkette 1, es dient dem Vorlauf des Antriebsgliedes.
2.3　Ventil aus Steuerkette 2, es dient dem Rücklauf des Antriebsgliedes.

1 Gerätenummern einer Steuerkette

Die bildliche Darstellung von Ventilen wird durch Quadrate aufgebaut, wobei für jede mögliche Schaltstellung des Ventiles ein Quadrat gezeichnet wird, die Strömungswege durch das Ventil werden durch Pfeile dargestellt, wobei die Pfeilrichtung die Durchströmungsrichtung angibt.

Ein 3/2-Wegeventil ist ein Ventil mit drei Anschlüssen und zwei Schaltstellungen.

Die Leitungen im Schaltplan werden als kreuzungsfreie waagerechte oder senkrechte dünne Volllinien gezeichnet. Dient eine Leitung als Steuerleitung, so wird diese durch eine gestrichelte Linie dargestellt (Abb. 2).

In Schaltplänen werden alle Bauelemente einer Steuerkette durch Symbole dargestellt, wobei die gezeichnete Anordnung sich nicht mit der Einbaustellung an der Maschine deckt.

Steuerung einer Dübelbohrmaschine

Sind bei einer Steuerung mehrere unterschiedliche Bewegungsabläufe zu beachten, so wird die Steuerung in verschiedene Steuerketten unterteilt, so dass für jeden Bewegungsablauf eine Steuerkette vorliegt.

Bei der Dübelbohrmaschine sind zwei Steuerketten notwendig, und zwar eine für den Bewegungsablauf „Spannen" als Steuerkette 1 (Abb. 2) und eine für den Bewegungsablauf „Bohrspindelvorschub" als Steuerkette 2 (Abb. 2).

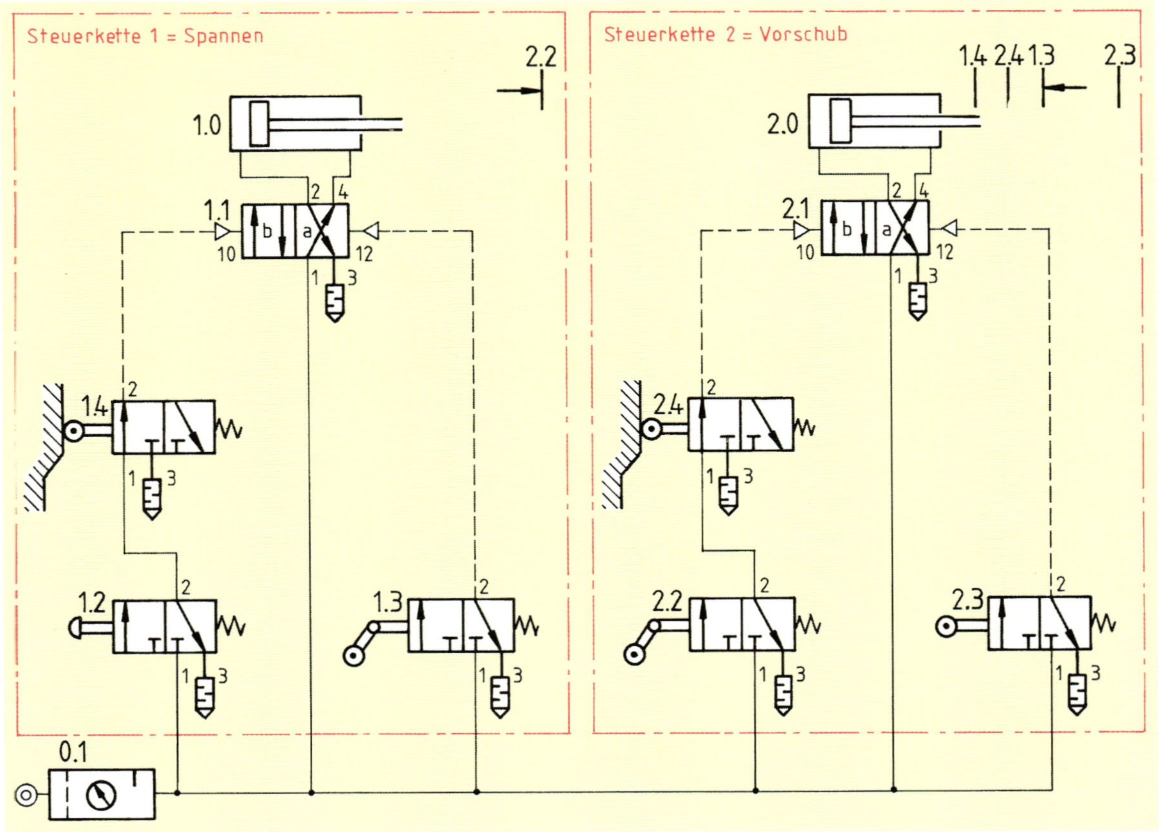

2 Steuerung einer Dübelbohrmaschine

Ablaufbeschreibung (Abb. 1):

1. Schritt
Ventil 1.2 wird betätigt; Druckluft strömt über Ventil 1.4 und gibt Schaltimpuls auf Ventil 1.1 (Stellglied); dieses geht von Stellung a auf b; Spannkolben 1.0 fährt aus.

2. Schritt
Spannkolben 1.0 schaltet in Endstellung Ventil 2.2; Druckluft strömt über Ventil 2.4 auf Stellglied 2.1; dieses geht auf Stellung b; Vorschubkolben 2.0 fährt aus, hierbei wird Ventil 2.4 geschaltet und unterbricht Druckluft von 2.2.

3. Schritt
Vorschubkolben 2.0 schaltet in Endstellung Ventil 2.3; Druckluft schaltet Stellglied 2.1 nach Stellung a; Vorschubkolben fährt zurück und betätigt auf Rückweg Ventil 1.3, dieses gibt Schaltimpuls auf Stellglied 1.1; Stellglied 1.1 geht auf Stellung a und Spannkolben fährt zurück; nach Ventil 1.3 wird von Kolbenstange des Vorschubzylinders 2.0 Ventil 2.4 in Ausgangsstellung geschaltet; in Endposition von 2.0 wird Ventil 1.4 in Ausgangsstellung geschaltet.

4. Schritt
Neuer Arbeitstakt kann wieder eingeleitet werden.

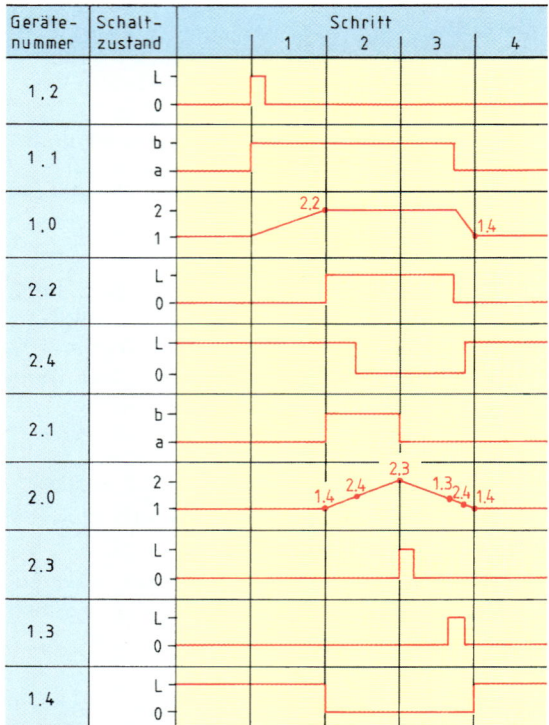

1 Zustandsdiagramm der Steuerung

Schalterstellungen der Steuerelemente im Zustandsdiagramm

Signalglieder (Ventile)
L = eingeschaltet
0 = ausgeschaltet

Stellglieder
a = Ausgangslage
b = Schaltstellung

Zylinderhubweg
2 = ausgefahren
1 = eingefahren

Aufgaben

1. Stellen Sie den Wirkungsablauf in einer Steuerkette durch ein Blockschaltbild dar.
2. Das Bauelement einer pneumatischen Steuerung hat die Gerätenummer 2.3. Was besagen die Ziffern 2 und 3?
3. In welcher Stellung werden alle Bauelemente einer Steuerkette in einem Schaltplan dargestellt?

4.2 Hydraulische Steuerungen

Die hydraulischen Anlagen haben gegenüber den pneumatischen Anlagen den Vorteil, dass sie mit wesentlich höheren Drücken arbeiten und daher bei gleicher Baugröße der Antriebsglieder größere Kräfte bereitstellen. Nachteilig bei den hydraulischen Anlagen ist, dass immer eine Rücklaufleitung für den Rücklauf der Hydraulikflüssigkeit vorhanden sein muss. Nachteile entstehen ferner durch die fast immer vorhandenen Leckölverluste und durch die Beeinflussung der Viskosität der Hydraulikflüssigkeit durch unterschiedliche Temperaturen.

Zur Verwirklichung eines hydraulischen Systemes werden folgende Bauelemente benötigt (z. B. bei einer hydraulischen Furnierpresse Abb. 1, S. 77):

– Sammelbehälter für die Hydraulikflüssigkeit,
– Pumpe zur Erzeugung des Arbeitsdruckes,

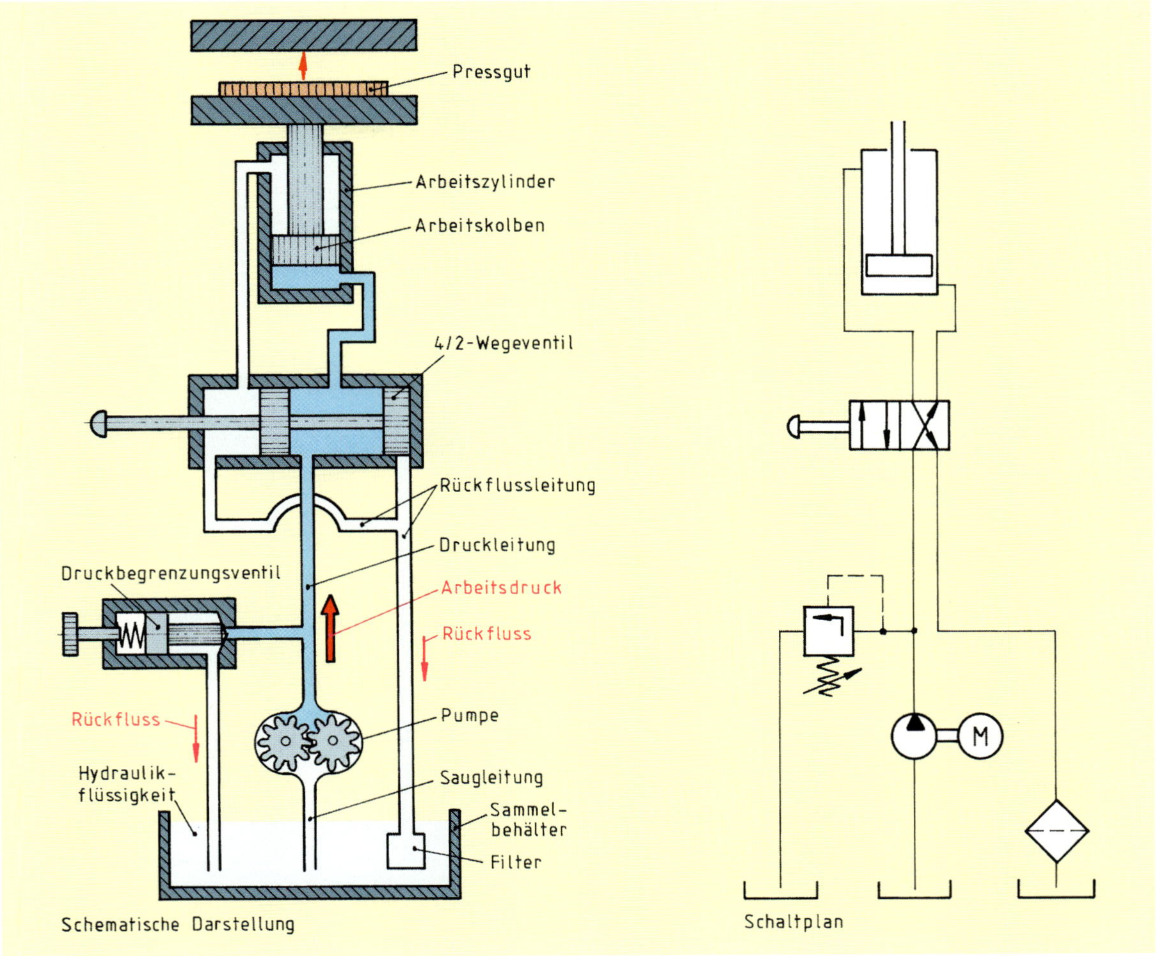

Pressgut

Arbeitszylinder

Arbeitskolben

4/2-Wegeventil

Rückflussleitung

Druckleitung

Arbeitdruck

Rückfluss

Druckbegrenzungsventil

Rückfluss

Hydraulik-
flüssigkeit

Pumpe

Saugleitung

Sammel-
behälter

Filter

Schematische Darstellung

Schaltplan

1 Hydraulische Presse

– Leitungen für die Hinleitung und die Rückleitung der Hydraulikflüssigkeiten; die Pumpe saugt über die Saugleitung die Hydraulikflüssigkeit an, erhöht den Druck und leitet durch die Druckleitung über Wegeventile, Stromventile (Drosseln) die Hydraulikflüssigkeit zum Antriebsglied (z.B. dem Arbeitskolben); die nicht benötigte Hydraulikflüssigkeit wird durch die Rücklaufleitung über einen Filter zurück in den Sammelbehälter geleitet.

Da die Hydraulikpumpe auch dann noch Hydraulikflüssigkeit fördert, wenn der Kolben des Zylinders seine Endstellung erreicht hat, wird der Druck weiter ansteigen. Durch einen unkontrollierten stetigen Druckanstieg kann die Anlage zerstört werden, daher wird in die Druckleitung ein Druckbegrenzungsventil eingebaut. Mit diesem Druckbegrenzungsventil wird der gewünschte Höchstdruck in der Anlage eingestellt. Übersteigt nun der Druck der Hydraulikflüssigkeit den eingestellten

Höchstdruck, öffnet sich das Druckbegrenzungsventil und ein Teil der Hydraulikflüssigkeit fließt über das Druckbegrenzungsventil in den Sammelbehälter zurück. Der Druck in der Anlage wird somit auf dem eingestellten Höchstdruck gehalten.

Aufgaben

1. Nennen Sie Anwendungsfälle, in denen einer hydraulischen Steuerung – gegenüber einer pneumatischen Steuerung – der Vorzug gegeben wird.

2. In einer hydraulischen Steuerung werden einige Aufbauelemente mehr benötigt als in einer pneumatischen Steuerung. Nennen Sie zwei dieser Bauelemente.

3. Beschreiben Sie die Aufgabe und Funktion, die das Druckbegrenzungsventil in einer hydraulischen Steuerung hat.

4.3 Elektrische Steuerungen

Bei den elektrischen Steuerungen unterscheidet man folgende Steuerungsarten (Tab. 1):

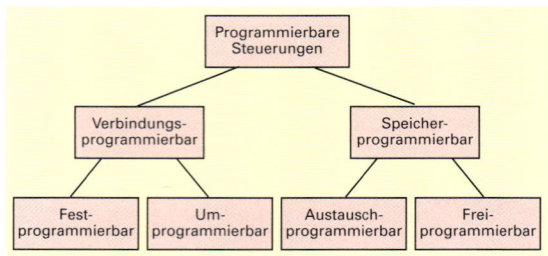

1 Elektrische Steuerungsarten

4.3.1 Verbindungsprogrammierbare Steuerungen

Bei den **v**erbindungs**p**rogrammierbaren **S**teuerungen (**VPS**) werden nach Festlegung der Aufgabenstellung die Schütze und Relais in einen Schaltschrank eingebaut und fest verdrahtet (konventionelle Steuerung). Eine Umprogrammierung ist nur in begrenztem Umfang durch Wahlschalter oder Kreuzverteiler möglich.

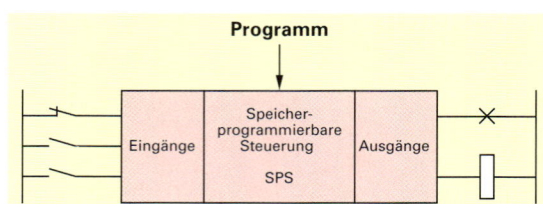

2 Prinzip einer speicherprogrammierbaren Steuerung

4.3.2 Speicherprogrammierbare Steuerungen

Bei den **s**peicher**p**rogrammierbaren **S**teuerungen (**SPS**) übernimmt ein Programm diese Schaltlogik.

Die Funktion der Schaltung (der Ablauf in der SPS) wird durch ein Programm festgelegt. Dieses Programm wird durch eine spezielle Programmiersprache, die **A**n**w**eisungs**l**iste (**AWL**), der SPS mitgeteilt. Soll nun die Funktion der Steuerung verändert werden, so ist in der Regel keine kostenaufwendige Umverdrahtung nötig, sondern der Steuerung wird nur ein neues (abgeändertes) Programm eingegeben. Diese Programmerstellung erfolgt entweder über ein Handprogrammiergerät oder über einen **P**ersonal-**C**omputer (**PC**) (Abb. 2).

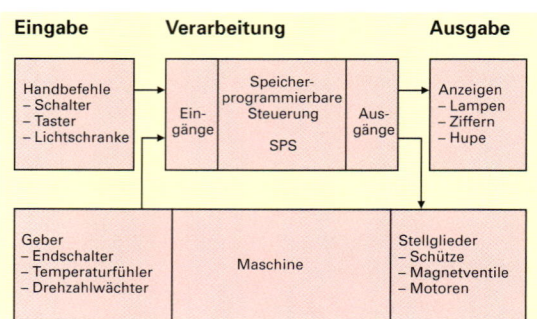

3 Prozesssteuerung

4.4 Prozesssteuerung

Das, was gesteuert werden soll, nennt man einen Prozess. Dieses kann eine Maschine, eine Anlage oder ein Fertigungsprozess sein. Schematisch lässt sich ein solcher Prozess folgendermaßen darstellen (Abb. 3).

Jede Steuerung wird in drei Gruppen (**EVA**-Prinzip) unterteilt:

– den **E**ingabeteil,

– den **V**erarbeitungs- oder Steuerungsteil,

– den **A**usgabeteil.

Die Eingabeelemente sind bei konventionellen Schützsteuerungen und speicherprogrammierbaren Steuerungen gleich. Es handelt sich in beiden Fällen um Taster oder Geber.

In der Verarbeitung unterscheiden sich die Steuerungsarten jedoch erheblich. Bei einer Schützsteuerung wird der gesamte Steuerstromkreis, d.h. alle Relais, Hilfsschütze, Kontakte, Zeitrelais usw., sowie die Verdrahtung als **Verarbeitung** bezeichnet.

In der speicherprogrammierbaren Steuerung übernimmt diese Aufgabe eine Schaltelektronik.

Kernstück dieser Schaltelektronik ist ein Mikroprozessor (µP). Die Verknüpfungslogik wird in einem Speicher abgelegt. Diese Steuerungsanweisungen werden als Anweisungsliste (AWL) bezeichnet.

Jede Anweisung belegt einen Speicherplatz im Programmspeicher der SPS. Die einzelnen Speicherplätze sind durchnummeriert und werden als Adressen bezeichnet.

Die Anweisung besteht aus mehreren Teilen:

– Im ersten Teil der Anweisung (**Operation**) wird festgelegt, was die Steuerung machen soll. Es wird der Steuerung mitgeteilt, ob sie einen Eingang abfragen (Laden → **L**), ob eine Verknüpfung (UND → **U**; ODER → **O**) erfolgen oder ein Ausgang (**A**) zugewiesen werden soll.

Im **Operanden** wird nun der SPS mitgeteilt, mit wem was geschehen soll. Dieser Operand besteht immer aus dem Kennzeichen und dem Parameter:

– Das Kennzeichen bezeichnet die Art des Operanden. Es gibt an, ob es sich um einen Eingang (**E**), einen Ausgang (**A**), einen Merker (Speicherplatz) oder evtl. um ein Zeitglied handelt. Der Parameter wählt aus einer Vielzahl von Operanden einen bestimmten (**0.01**) aus.

– Aus Gründen der Übersichtlichkeit erhält jede Programmzeile auch noch einen Kommentar.

In dem folgenden Beispiel 1 wird also abgefragt, ob der Taster S1 (Schließer), der am Eingang 0.01 der SPS angeschlossen ist, betätigt wurde.

Der Eingang wird also auf logisch „1" abgefragt.

Adresse	Anweisung			Kommentar
	Opera-tion	Operand		
		Kenn-zeichen	Para-meter	
0000	L	E	0.01	**Schließer**

1 Beispiel

Die Programmiersprachen

Zur Programmerstellung bedarf es immer einer ganz bestimmten (standardisierten) Form einer Programmiersprache. In dieser Syntax (Anweisung) kann man der SPS mitteilen, welche Steuerungsaufgabe sie ausführen soll. Je nach Größe und Ausführung der Steuerung verfügen diese über einen unterschiedlich umfangreichen Befehlsvorrat.

Fast alle Steuerungsaufgaben lassen sich jedoch mithilfe weniger logischer Grundverknüpfungen realisieren. Wichtige Verknüpfungselemente sind z. B.

UND	ODER

Außer diesen Grundverknüpfungselementen verfügen die Steuerungen noch über weitere Elemente bzw. Bausteine, mit denen sich problemlos Zeitglieder, Vergleicher, Zähler, Schieberegister usw. realisieren lassen.

Beispiel für eine UND-Verknüpfung

Eine Langlochfräse soll nur dann über einen EIN-Taster eingeschaltet werden können, wenn sich ein Werkstück in der Spannvorrichtung (Drucktaster betätigt) und die Maschine in der Ausgangsposition (Endtaster betätigt) befindet (Abb. 2).

Bei der logischen **UND**-Verknüpfung lässt sich der Vorschubmotor des Maschinentisches nur dann einschalten, wenn der EIN-Taster **und** der Drucktaster **und** der END-Taster betätigt werden (Abb. 3).

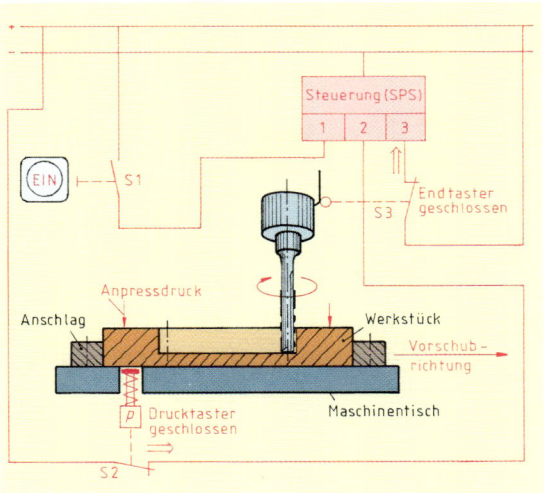

2 UND-Verknüpfung einer Langlochfräse

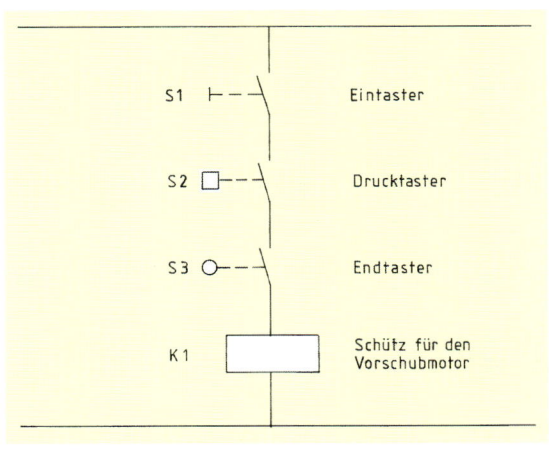

3 Stromlaufplan einer Langlochfräse

Bei der speicherprogrammierbaren Steuerung werden alle drei Taster an die SPS angeschlossen (Abb. 1).

Der SPS muss noch mitgeteilt werden, wie sie die Eingänge verknüpfen soll. Die Steuerung fragt grundsätzlich alle Eingänge auf ihren logischen Zustand ab. Werden, wie in dem Beispiel, nur Schließer verwendet, so liegt nur im betätigten Zustand ein „1"-Signal an.

Die Eingangssignale werden nun durch ein Programm (AWL) UND-verknüpft und das Verknüpfungsergebnis wird dem Ausgang zugewiesen (folgende AWL).

Adresse	Operation	Operand	Kommentar
0000	L	E0.01	EIN-Taster S1
0001	U	E0.02	Druckschalter S2
0002	U	E0.03	END-Taster S3
0003	=	A0.01	Schütz K1
0004	PE		

Anweisungsliste

Diese Aufgabe lässt sich auch einfach in einem **F**unktions**p**lan (**FUP**) darstellen (Abb. 2).

Beispiel für eine ODER-Verknüpfung

Die zentrale Absauganlage einer Schreinerei soll unabhängig voneinander von mehreren Maschinen eingeschaltet werden können.

Die Anlage soll also immer dann in Betrieb gehen, wenn entweder der EIN-Taster an der Tischkreissäge **oder** der Tischfräse **oder** der Hobelmaschine betätigt wird (Abb. 3).

Die Eingangssignale werden durch das Programm ODER-verknüpft und das Verknüpfungsergebnis wird dem Ausgang zugewiesen (folgende AWL).

Adresse	Operation	Operand	Kommentar
0000	L	E0.01	EIN-Taster S1
0001	O	E0.02	EIN-Taster S2
0002	O	E0.03	EIN-Taster S3
0003	=	A0.01	Schütz K1
0004	PE		

Anweisungsliste

Diese Aufgabe lässt sich auch einfach in einem **F**unktions**p**lan (**FUP**) darstellen (Abb. 4).

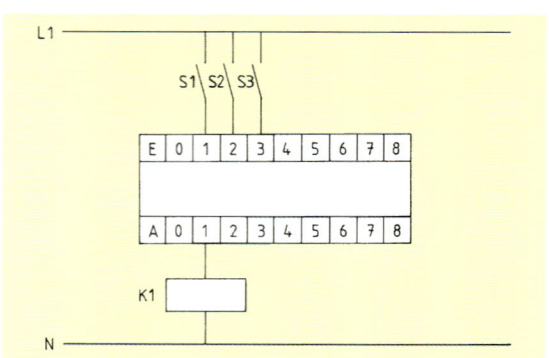

1 Beschaltung der SPS

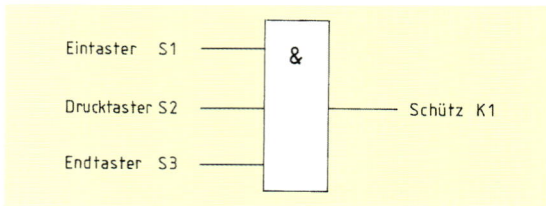

2 Funktionsplan der UND-Verknüpfung

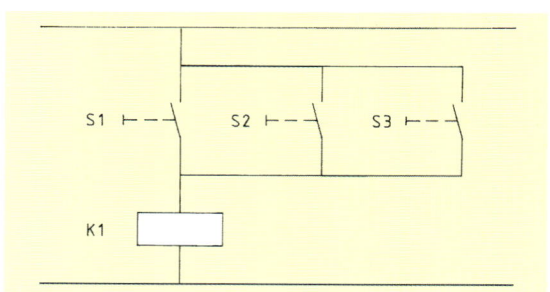

3 Stromlaufplan einer zentralen Absauganlage

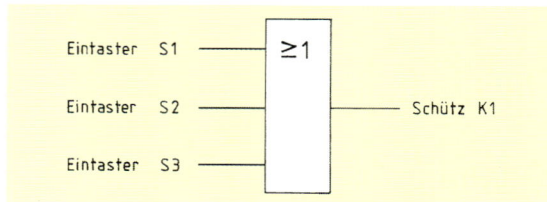

4 Funktionsplan der ODER-Verknüpfung

Aufgaben

1. Welche Vorteile bietet eine speichergrogrammierbare Steuerung gegenüber einer verbindungsprogrammierbaren Steuerung?

2. Welche Funktion erfüllt die Anweisungsliste bei einer speicherprogrammierbaren Steuerung?

3. Erklären Sie den Unterschied zwischen einer UND- und einer ODER-Verknüpfung.

4.5 CNC-Maschinen

Der Wunsch, die maschinelle Holzbearbeitung den Erfordernissen moderner Fertigung anzugleichen, führt im steigenden Maße zum Einsatz programmgesteuerter Werkzeugmaschinen.

> **Computergesteuerte** Werkzeugmaschinen werden als **CNC**-Maschinen bezeichnet.

CNC bedeutet:

– **c**omputer (Rechner),
– **n**umerical (zahlenmäßig),
– **c**ontrol (Steuerung).

CNC-Maschinen sind nicht nur für die industrielle Fertigung bedeutsam, sie können auch in handwerklich ausgerichteten Produktionsbetrieben eingesetzt werden.

Es gibt folgende CNC-Holzbearbeitungsmaschinen:

– Bohrautomaten,
– Plattenaufteilsägemaschinen,
– Anleim- und Kantenbearbeitungsautomaten,
– Kehl- und Zapfenschneidautomaten,
– Oberfräsmaschinen,
– Bearbeitungszentren mit multifunktionalen Fähigkeiten.

Die **CNC-Technik** erfordert in der Anschaffung hohe Investitionen, verglichen mit konventionellen Fertigungstechniken ist sie jedoch wesentlich leistungsfähiger.

Entscheidende Merkmale sind:

– hohe Arbeitssicherheit,
– planbare Fertigungsabläufe,
– hohe Fertigungsgeschwindigkeiten,
– Wiederholbarkeit von Fertigungsabläufen,
– hohe und gleich bleibende Maßgenauigkeit,
– flexible Einsatzmöglichkeiten.

CNC-Maschinen bestehen aus zwei Grundeinheiten, die aufeinander abgestimmt sind (Abb. 1), und zwar aus

– **Werkzeugmaschine** und
– **Steuerung**.

4.5.1 Werkzeugmaschinen

Aufbau

Vom Aufbau her bestehen **CNC-Werkzeugmaschinen** im Wesentlichen aus dem **Maschinentisch** und den **Bearbeitungsaggregaten** mit den Werkzeugen (Abb. 1).

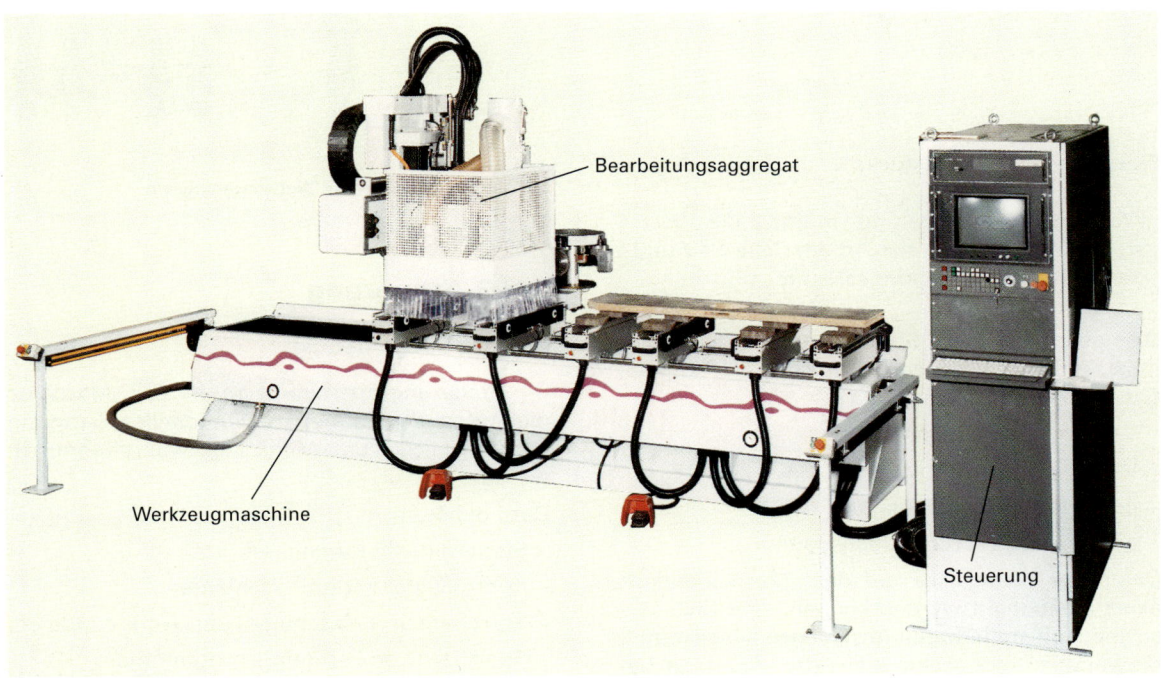

1 CNC-Bearbeitungszentrum

81

Für die Bearbeitung sind an CNC-Fräsmaschinen meist die Bearbeitungsaggregate verfahrbar. An einigen Maschinen können sowohl der Maschinentisch als auch die Bearbeitungsaggregate verfahren werden.

> Der **Vorschub** während der Bearbeitung ist an CNC-Maschinen ausschließlich **mechanisch**.

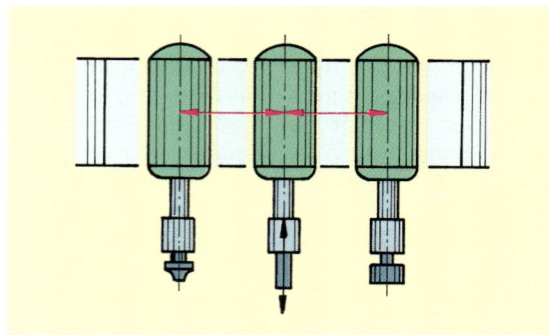

1 Mehrspindelbetrieb

Werkzeuge und Werkzeugwechsel

Wegen der hohen Fertigungsgeschwindigkeiten müssen in der CNC-Technik **Maschinenwerkzeuge** mit **hoher Standzeit** eingesetzt werden.

Hierzu zählen die:

- **HM**-Werkzeuge (hartmetallbestückt),
- **DIA**-Werkzeuge (diamantbestückt).

Die **Werkzeuge** können auf unterschiedliche Weise mechanisch **gewechselt** werden, beispielsweise durch:

- Mehrspindelbetrieb (Abb. 1),
- Werkzeugrevolver (Abb. 2),
- Werkzeugmagazin (Abb. 3).

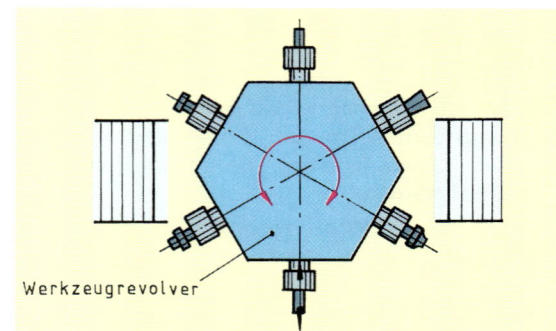

Werkzeugrevolver

2 Werkzeugwechsel mit Werkzeugrevolver

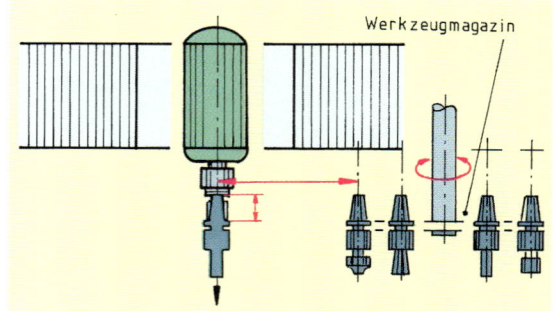

Werkzeugmagazin

3 Werkzeugwechsel mit Werkzeugmagazin

Einspannen der Werkstücke

> Während der Bearbeitung müssen die Werkstücke aus Gründen der **Arbeitssicherheit** und der **Maßgenauigkeit eingespannt** sein.

Dies geschieht durch **Spannelemente**, die sich in ihrer Funktionsweise sehr unterscheiden können. Gebräuchliche Systeme sind:

- Vakuumsaugelemente,
- Vakuumsaugrasterplatten,
- pneumatische Spannbacken,
- pneumatische Druckkolbenspanner.

Damit die Werkstücke auf dem Maschinentisch exakt positioniert werden können, sind CNC-Maschinen mit **steuerbaren Anschlägen** ausgestattet, die beim Fertigungsablauf aus dem Spanungsbereich herausfahren können.

4.5.2 Steuerung

Aufgabe der Steuerung

Die **Steuerung** übernimmt an der CNC-Maschine die Aufgaben, die bei konventioneller Fertigung hauptsächlich vom Menschen wahrgenommen werden.

Dazu gehören:

- Steuern der Fertigungsschritte,
- Kontrolle der Fertigungsabläufe,
- Speichern von Maschinen- und Werkzeugdaten,
- Speichern von Fertigungsprogrammen,
- grafische Simulation von Fertigungsabläufen.

Steuerbare Elemente an CNC-Maschinen

Um die vielfältigen Fertigungsschritte steuern zu können, müssen mehrere Funktionen der Maschine **steuerbar** sein.

Diese Funktionen können je nach Maschinenart sehr verschieden sein. Bei leistungsfähigen **CNC-Bearbeitungszentren** (Abb. 1) sind es beispielsweise das Steuern von:

– Verfahrwegen der Bearbeitungsaggregate oder des Maschinentisches,
– Vorschubgeschwindigkeiten der Werkzeuge,
– Drehzahlen und -richtungen der Spindeln,
– Werkzeugwechseln,
– Messsystemen,
– Anschlagebenen oder -punkten,
– Spannelementen für die Werkstücke.

Steuerungsarten

In der CNC-Technik werden die Fähigkeiten der Werkzeugmaschine wesentlich von der Leistungsfähigkeit ihrer Steuerung bestimmt.

Dabei werden drei Steuerungsarten unterschieden:

– Punktsteuerung,
– Streckensteuerung,
– Bahnsteuerung.

> Bei der **Punktsteuerung** greift das Werkzeug mit programmierbarer Vorschubgeschwindigkeit nur **punktuell** in das Werkstück ein (Abb. 2).

Dabei wird das Bearbeitungsaggregat zunächst im Eilgang auf einer Verfahrachse in Position gesteuert. Punktsteuerungen werden z.B. bei Bohr- und Stanzautomaten eingesetzt.

> Maschinen mit **Streckensteuerung** bearbeiten ein Werkstück in **geradlinigen** Strecken mit programmierbarer Vorschubgeschwindigkeit (Abb. 3).

Die Bearbeitungsaggregate sind dabei meist nur parallel zu ihren Verfahrachsen steuerbar. Dies ist z.B. bei Plattenaufteil- und Kantenbearbeitungsautomaten der Fall.

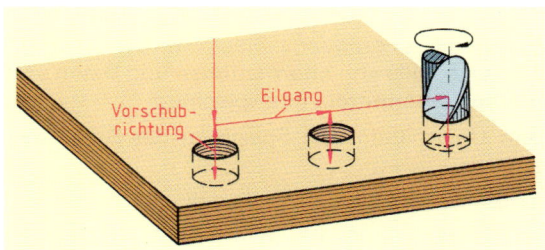

2 **Punktgesteuertes Bohren**

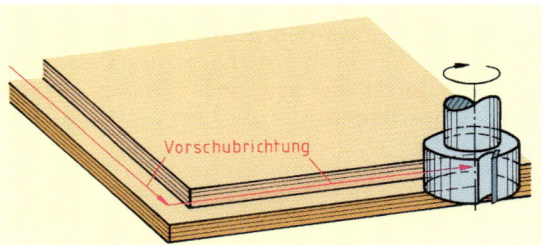

3 **Streckengesteuertes Fräsen**

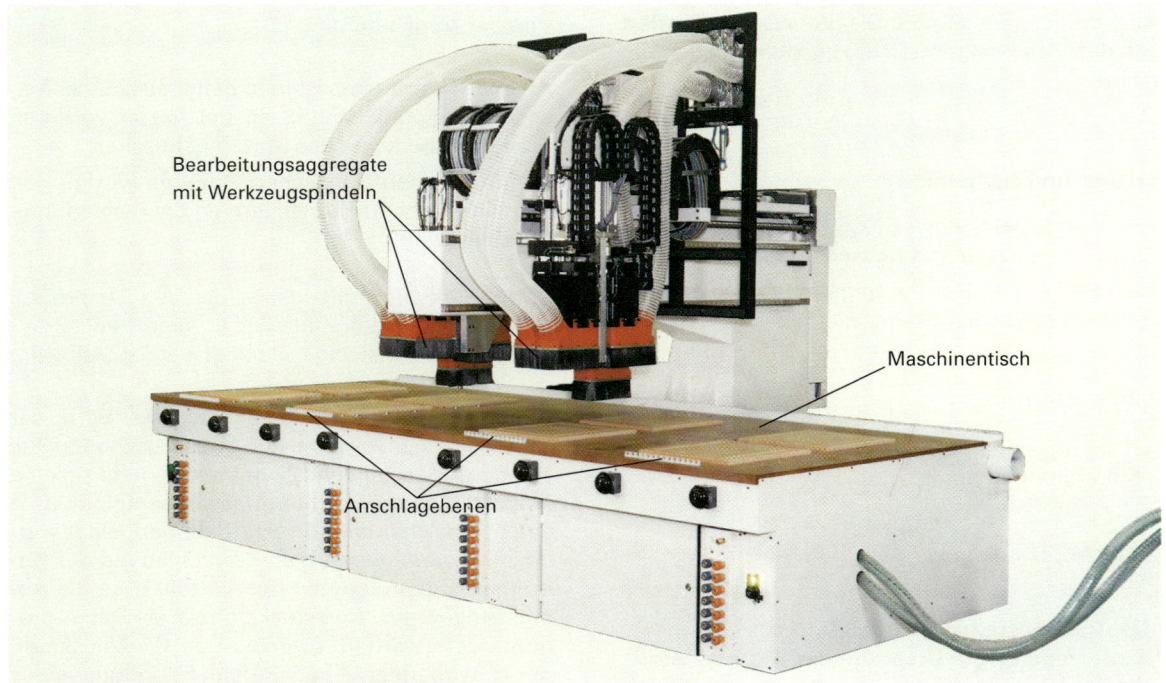

1 **Steuerbare Teile an einem CNC-Bearbeitungszentrum**

Maschinen mit **Bahnsteuerung** können ein Werkstück in **geradlinigen** und in **kreisförmigen Bahnen** mit programmierbarer Vorschubgeschwindigkeit bearbeiten, und dies sowohl in der Ebene als auch räumlich (Abb. 1).

Die Bahnsteuerung ist die vielseitigste Steuerungsart. Sie wird besonders an Oberfräsmaschinen und an Bearbeitungszentren eingesetzt.

Informationsverarbeitung

Während des Fertigungsablaufes muss die Steuerung eine Fülle von **Informationen** und **Daten verarbeiten**, **übermitteln** und **speichern**.

Zum Übermitteln und Speichern der Daten dienen:

– Diskette und Diskettenlaufwerk,

– CD und CD-Laufwerk.

Die Daten können außerdem auf einer Festplatte der Steuerung oder eines angeschlossenen Rechners gespeichert werden. Bei modernen CNC-Maschinen werden die Informationen und Daten mithilfe von Direktleitungen, sog. „Online"-Verbindungen, übertragen.

4.5.3 Maschine und Steuerung

Die Werkzeugmaschine und die Steuerung sind aufeinander abgestimmt. Die Steuerung **orientiert** sich dabei an bestimmten **Bezugspunkten** der Maschine.

Bezugs- und Nullpunkte

Die Bezugspunkte einer CNC-Maschine werden in Form von **Punkten** und **Achsen** festgelegt.

Nach DIN 55003 werden folgende **Bezugspunkte** unterschieden und gekennzeichnet:

– Referenzpunkt   R

– Maschinennullpunkt   MNP

– Werkstücknullpunkt   WNP

Der **Referenzpunkt** ist der vom Maschinenhersteller **festgelegte Ursprung** des **Messsystems** der Maschine (Abb. 2).

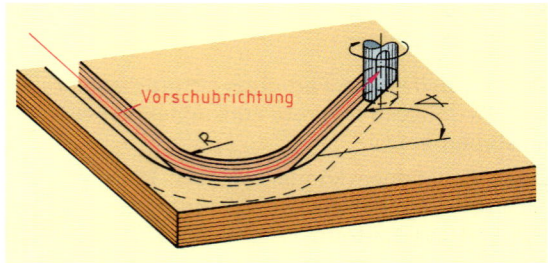

1 Bahngesteuertes Fräsen

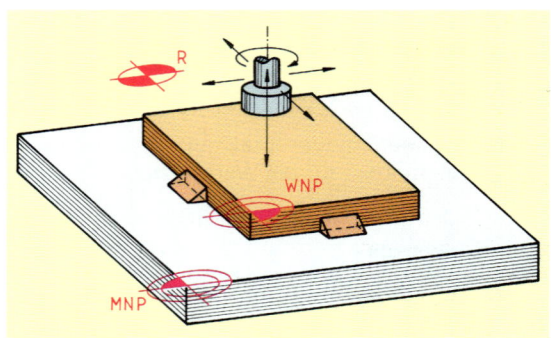

2 Bezugspunkte an einer CNC-Oberfräsmaschine

An diesem Punkt orientiert sich das Messsystem der Steuerung bei der Datenübermittlung. Der Referenzpunkt wird meist beim Anfahren der Steuerung und der Maschine angesteuert.

Der **Maschinennullpunkt** ist der **unverrückbare Ursprung der Koordinaten** der Verfahrachsen an der **Maschine** (Abb. 2).

An CNC-Oberfräsmaschinen befindet sich der Maschinennullpunkt häufig an der linken vorderen Ecke der Oberkante des Maschinentisches.

Aus maschinentechnischen Gründen wird er von einigen Maschinenherstellern an die rechte hintere Ecke verlegt.

Der **Werkstücknullpunkt** bildet den **Ursprung der Werkstückkoordinaten**, er kann beim Programmieren **beliebig** festgelegt werden (Abb. 2).

Nach dem Einrichten der Maschine wird der Steuerung die Position des Werkstücknullpunkts auf dem Maschinentisch mitgeteilt, indem seine Maßabweichungen zum Maschinennullpunkt in einem Speicher als Korrekturdaten abgelegt werden. Die damit verbundene Verschiebung des Koordinatenursprungs hat den Vorteil, dass die Abmessungen des Werkstücks direkt als Daten programmiert werden können. Der Werkstücknullpunkt wird über einen Befehl zu Beginn eines CNC-Programms aufgerufen.

Verfahrachsen (Koordinaten)

Damit eine CNC-Maschine ein Werkstück allseitig bearbeiten kann, muss das Bearbeitungsaggregat und/oder der Tisch in mehreren **Achsen** verfahrbar sein (Abb. 1).

> Nach DIN 66217 werden die **Verfahrachsen** mathematisch durch das **dreidimensionale Koordinatensystem** bestimmt.

An einem CNC-Bearbeitungszentrum sind es meist **drei Hauptachsen**, deren **Koordinaten** sich im Maschinennullpunkt schneiden (Abb. 1). Es werden unterschieden:

- **X-Achse** (parallel zur Vorderkante des Tisches),
- **Y-Achse** (in Richtung der Maschinentischtiefe),
- **Z-Achse** (parallel zur Werkzeugachse).

In der Praxis können die Koordinaten mithilfe der **Rechte-Hand-Regel** zugeordnet werden (Abb. 2). Die Finger geben jeweils die **positiven** Richtungen an, wobei der **Mittelfinger** immer die **Werkzeugspindel** darstellt.

Zusatzachsen

Für komplizierte Fertigungsabläufe, z.B. bei der Bearbeitung von Sitzformteilen, sind einige CNC-Fräsmaschinen mit **Zusatzachsen** ausgestattet, mit denen die Bearbeitungsaggregate oder Maschinentische **Schwenkbewegungen** ausführen können (Abb. 3).

4.5.4 Maßangaben für die CNC-Bearbeitung

Für die CNC-Programmierung nach DIN müssen die Werkstücke **fertigungsgerecht vermaßt** werden.

Die Maße werden beispielsweise in Einzelteilzeichnungen angegeben. In einem CNC-Programm können zwei unterschiedliche **Bemaßungsarten** verwendet werden:

- Absolutbemaßung (Abb. 4),
- Inkrementalbemaßung (Abb. 1, Seite 86).

> Bei der **Absolutbemaßung** werden alle Maße eines Werkstückes auf den **Werkstücknullpunkt bezogen** (Abb. 4).

Absolute Maße oder Bezugsmaße werden vornehmlich in **Hauptprogrammen** verwendet (siehe Programmbeispiel Tab. 2, Seite 90).

> Bei der **Inkrementalbemaßung** werden die einzelnen Abschnittsmaße in Form von **Maßketten** angegeben (Abb. 1, S. 86).

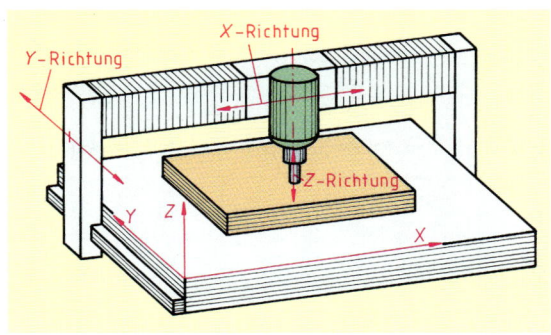

1 Verfahrachsen an der Oberfräsmaschine

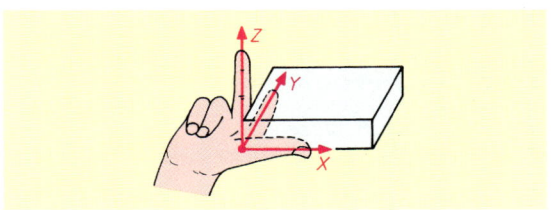

2 Bestimmung der Koordinaten mit Hilfe der Rechte-Hand-Regel

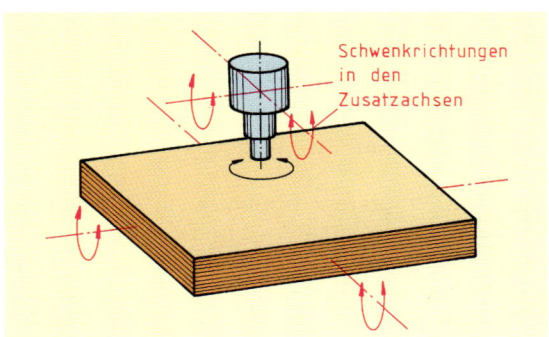

3 Zusatzachsen an einer CNC-Oberfräsmaschine

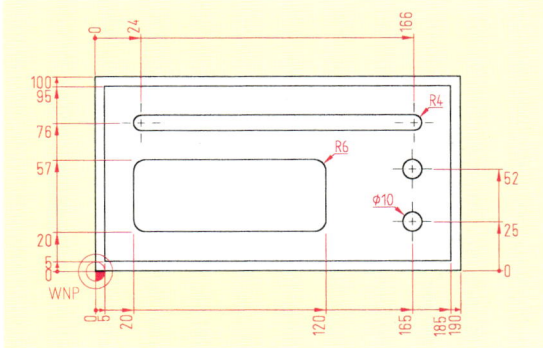

4 **Absolutbemaßung (Bezugsbemaßung in „steigender Bemaßung")** in der Draufsicht einer Einzelteilzeichnung

Inkrementale Maße oder Kettenmaße werden besonders in **Unterprogrammen** verarbeitet (siehe Programmbeispiel Abb. 2, Seite 91).

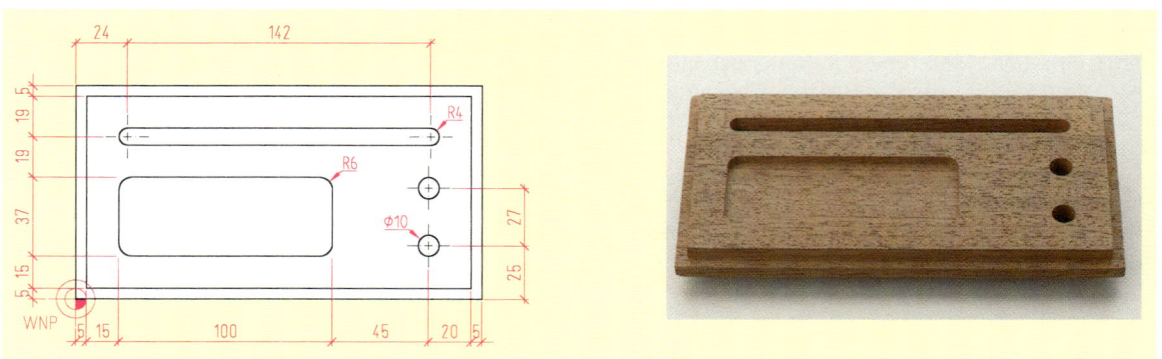

1 Inkrementalbemaßung (Kettenbemaßung) in der Draufsicht einer Einzelteilzeichnung, **rechts das gefräste Werkstück**

4.5.5 CNC-Programme

Fertigungsabläufe lassen sich als Programm darstellen, in dem sämtliche Daten der Fertigungsschritte enthalten sind.

> Das **Programm** ist der **Plan**, nach dem die Fertigungsschritte gesteuert werden.

CNC-Programme sind so aufgebaut, dass die Anweisungen der Steuerung von der Maschine umgesetzt werden können.

Programmaufbau

> Ein **CNC-Programm** besteht nach DIN 66025 aus dem Programmaufbau und den Befehlen.

Der **Programmaufbau** ist das Gerüst, auf dem die Schritte eines Fertigungsablaufes festgelegt werden. Hierzu ist das Programm gegliedert in:
- **Sätze**,
- **Wörter**,
- **Adressen** mit **Zahlen** (Abb. 2).

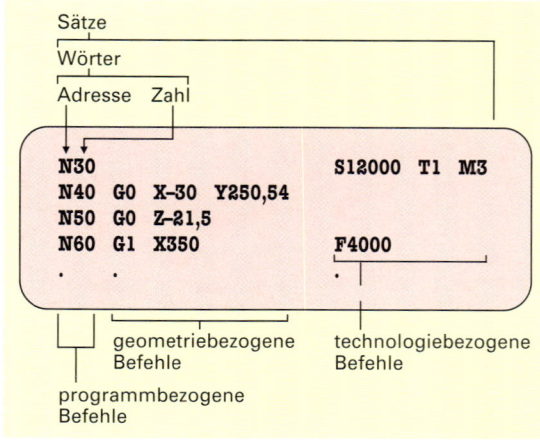

2 Aufbau eines CNC-Programms

> **Befehle** sind **eindeutige Anweisungen** der Steuerung an die Werkzeugmaschine.

Die Befehle sind in der Regel (nach DIN 66025) **genormt** oder **steuerungsbezogen** untergliedert (Abb. 2) in:
- programmbezogene Befehle,
- geometriebezogene Befehle,
- technologiebezogene Befehle,
- Zusatzbefehle.

Programmbezogene Befehle

> **Programmbezogene Befehle** dienen der Verarbeitung des Programms in der Steuerung.

Zu den programmbezogenen Befehlen gehören die Nummern der **Programmsätze**, die aus der **Adresse N** und einer **Zahl** bestehen. Damit Ergänzungssätze später eingefügt werden können, werden die Zahlen häufig in Zehnerschritten angegeben (Tab. 3).

N 10 …
N 20 …
N 21 …   (Ziffer für Ergänzungssatz)
N 30 …
N 40 …

3 Programmsätze mit Ergänzungssatz

Geometriebezogene Befehle

> **Geometriebezogene Befehle** geben der Maschine Auskunft über die Wegebedingungen und die Verfahrachsen (Koordinaten) der Fertigung.

Das **Wort** für eine **Wegebedingung** besteht aus der **Adresse G** (engl. go = gehen) und einer genormten **Zahl** (Tab. 1, S. 87). In der folgenden Übersicht sind die wichtigsten **G-Befehle** aufgelistet:

Wege-bedingung	Bedeutungen
G 0	geradlinige Bewegung im Eilgang
G 1 G 2 G 3	Bewegungen mit vorgewähltem Vorschub: – geradlinig – kreisförmig im Uhrzeigersinn – kreisförmig gegen den Uhrzeigersinn
G 17 G 18 G 19	XY-Bearbeitungsebene XZ-Bearbeitungsebene YZ-Bearbeitungebene　　　　　(Abb. 3)
G 40 G 41 G 42	Aufheben der Werkzeugbahnkorrektur Bahnkorrektur links Bahnkorrektur rechts　　　(Abb. 1, Seite 88)
G 54 bis G 59	Festlegen und Verschieben von Werkstücknullpunkten
G 60 G 62 G 64	Anpassung der Vorschubgeschwindigkeit: genau Halt Anpassung bei Eckenbearbeitung Anpassung bei Konturen 　　　　　　　　　　(Abb. 2, Seite 88)
G 90 G 91	Bezugsbemaßung (absolut) Kettenbemaßung (inkremental)

1　Geometriebezogene Befehle für die Fertigung

Das **Wort** für die **Verfahrachsen** besteht aus der **Adressenangabe** der jeweiligen Achse (z.B. X, Y oder Z) und einer **Maßzahl** in **mm** (Tab. 2 und Abb. 4):

Adresse	Maßzahl	Erläuterung
X	60	Werkzeug verfährt in positiver Richtung der X-Achse um 60 mm
Y	–42	Werkzeug verfährt in negativer Richtung der Y-Achse um 42 mm
Z	15	Werkzeug verfährt in positiver Richtung der Z-Achse um 15 mm

2　Programmierbeispiele für Verfahrachsen

Konturenfräsen

Beim Bearbeiten von Konturen werden Bewegungen mit vorgewählten Vorschubgeschwindigkeiten benötigt, mit denen die Werkstücke folgendermaßen abgearbeitet werden:

– geradlinig unter verschiedenen Winkelvorgaben,

– kreisförmig mit vorgegebenen Radien (Abb. 5).

Für kreisförmige Bewegungen werden zusätzliche **Hilfskoordinaten** benötigt, deren Ursprung mit dem Kreismittelpunkt **M** einer Kontur zusammenfällt. Sie werden folgendermaßen gekennzeichnet und zugeordnet (Abb. 6):

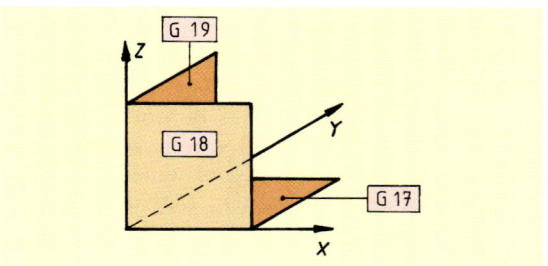

3　Bearbeitungsebenen

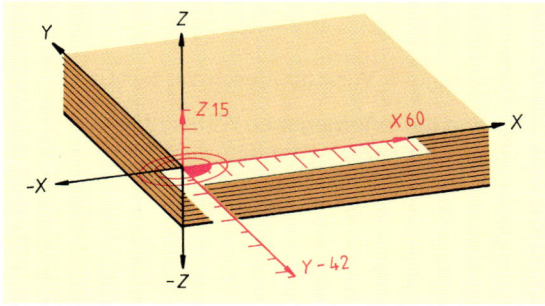

4　Beispiele für Verfahrachsen

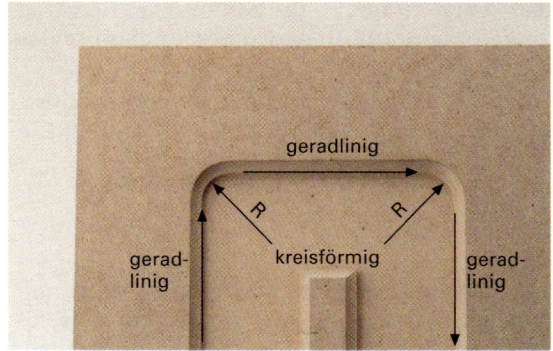

5　Fräskonturen

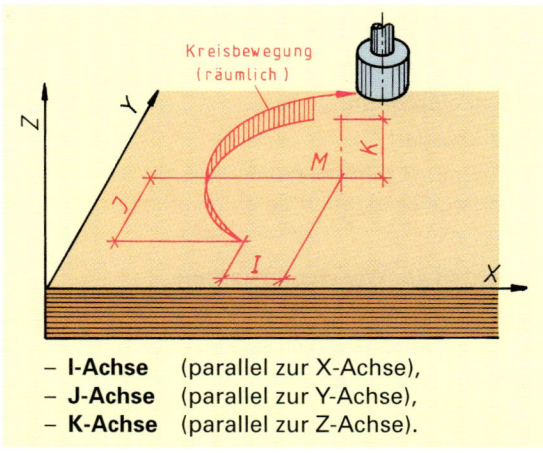

– **I-Achse**　(parallel zur X-Achse),
– **J-Achse**　(parallel zur Y-Achse),
– **K-Achse**　(parallel zur Z-Achse).

6　Hilfskoordinaten für Kreisbewegung

Werkzeugbahnkorrekturen

Beim Programmieren der Wegebedingungen werden die Maßangaben in der Regel auf die Mittelpunktbahn eines Werkzeuges bezogen. Das Programm müsste jedoch bei einem Wechsel des Werkzeuges gegen eines mit einem anderen Durchmesser geändert werden. Mithilfe der **Werkzeugbahnkorrektur** können die Maßangaben unabhängig vom Durchmesser direkt auf den Schneidenflugkreis eines Werkzeuges bezogen werden. Dabei muss entschieden werden, ob die Korrektur, ausgehend vom Werkstück, **links** oder **rechts** erfolgen soll (Abb. 1).

Anpassung der Vorschubgeschwindigkeit

Aufgrund der inhomogenen Werkstoffstruktur von Vollholz und Holzwerkstoffen besteht besonders bei der maschinellen Bearbeitung die Gefahr von Ausriss- und Brandfleckenbildung. Wesentliche Ursachen hierfür sind ungünstige Vorschubgeschwindigkeiten. Deshalb wurden für Steuerungen von CNC-Holzbearbeitungsmaschinen spezielle G-Befehle entwickelt, mit denen die Vorschubgeschwindigkeiten für die Übergänge zu den jeweiligen Bearbeitungsrichtungen angepasst werden können (Abb. 2). Bei den meisten Steuerungen für die Holzbearbeitung erfolgt diese Anpassung automatisch.

Einige G-Befehle werden steuerungsspezifisch formuliert, wie z.B. die Befehle für Bohr- und Taschenfräszyklen (Abb. 1 und 2, S. 91).

Technologiebezogene Befehle

> **Technologiebezogene Befehle** geben Auskunft, unter welchen **spanungs-** und **fertigungstechnischen Bedingungen** die Maschine fertigen soll.

Zu den spanungs- und fertigungstechnischen Bedingungen gehören die Entscheidungen über:

– Vorschubgeschwindigkeit,

– Spindeldrehzahl,

– Werkzeugart.

Die Tabelle 3 gibt Auskunft, wie die Wörter der technologiebezogenen Befehle aufgebaut sind.

Einrichten der Werkzeugmaschine

Im Zusammenhang mit den technologiebezogenen Befehlen spielen die **technischen Daten** beim Einrichten einer Maschine eine wesentliche Rolle. So müssen z.B. die technischen Angaben über die Werkzeuge (Maße oder Drehzahlbereiche) als **Daten** im Speicher der Steuerung hinterlegt werden.

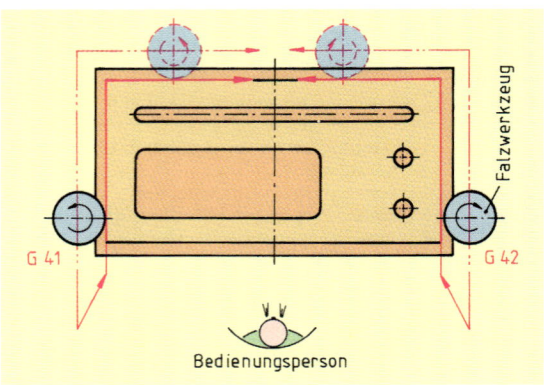

1 Werkzeugbahnkorrekturen

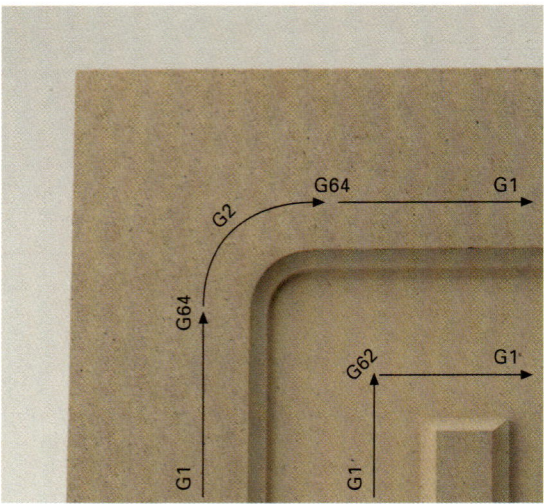

2 Befehle für Vorschubgeschwindigkeitsanpassung

Adresse	Zahlenangabe	Beschreibung
F in **mm $*$ min^{-1}**		Vorschubgeschwindigkeit (engl. feed = Vorschub)
S in **min^{-1}**		Drehzahl der Werkzeugspindel (engl. spin = drehen)
T	Speichernummer	Werkzeugspeicher (engl. tool = Werkzeug)

3 Technologiebezogene Befehle

Zusätzlich müssen die Werkzeuge und die Anschlagebenen exakt vermessen und die Werte als **Korrekturdaten** abgespeichert werden.

Zusatzbefehle

> Die **Zusatzbefehle** sprechen die verschiedenen Funktionen der Werkzeugmaschinen an.

Das **Wort** der Zusatzbefehle besteht aus der **Adresse M** und einer **Zahl** (Tab. 1, S. 89). Die folgende Tabelle zeigt einige genormte **M-Befehle**:

Zusatz-befehl	Bedeutung (nach DIN 66025)
M 0	Programminhalt
M 2	Programmende ohne Rücksetzen
M 3	Werkzeugspindel dreht sich rechtsherum
M 4	Werkzeugspindel dreht sich linksherum
M 5	Spindelhalt
M 6	Werkzeugwechsel
M 30	Programmende mit Rücksprung auf den Programmanfang

1 Zusatzbefehle

Da die Funktionen an einer Maschine sehr unterschiedlich sein können, werden von den Maschinenherstellern einige Befehle steuerungsbezogen verwendet. Zusatzbefehle solcher Art werden z.B. zum Zu- und Abschalten folgender Betriebsfunktionen benötigt:

– Späneabsaugung,

– Anschlagnoppen,

– Spannelemente,

– Beleimaggregate,

– Spiegeln und Drehen von Bohr- und Fräsbildern.

4.5.6 Programmarten und Programmschritte

Bei der Programmerstellung werden folgende Programmarten unterschieden:

– Hauptprogramme,

– Unterprogramme,

– Zyklen.

> Mit einem **Hauptprogramm** wird der **gesamte Fertigungsablauf** für ein Werkstück in der Maschine festgelegt.

Hauptprogramme werden auch als Teileprogramme bezeichnet. Gekennzeichnet und eingeleitet werden sie mit der Adresse **%** und einer **Programmnummer** (Tab. 3, Seite 90).

> Ein **Unterprogramm** ist ein Kurzprogramm für häufig **wiederkehrende Fertigungsschritte**.

Unterprogramme werden in Hauptprogrammen als Programmabschnitte, z.B. mithilfe von **L-Befehlen**, aufgerufen. Ihre Kennzeichnung ist steuerungsbezogen und besteht häufig aus der Adresse **%SP** (von engl. subprogram) und einer **Kennzahl** (Tab. 1 und 2, Seite 91).

> **Zyklen** sind in der Steuerung **fest programmierte Programmabschnitte**, bei denen nur die geometrischen Daten eingesetzt werden müssen.

Zyklen (Abb. 2) werden in Programmen mit G-Befehlen aufgerufen. Gebräuchliche Zyklen sind:

– Taschenfräszyklen,

– Lochreihenbohrzyklen.

Programmbeispiel

An dem Beispiel einer „Rollschrankseite" (Abb. 3) sollen die unterschiedlichen **Programmarten** und **Programmabschnitte**, im Zusammenhang mit den entsprechenden **Fertigungsabläufen** und **Bearbeitungen** wie:

– **Fräsen**,

– **Sägen**,

– **Bohren:**   ● Lochreihenzyklus

            ● vertikal

            ● horizontal

an einem **CNC-Bearbeitungszentrum** dargestellt werden (Tab. 3, Seite 90 sowie Tab. 1 und 2, Seite 91).

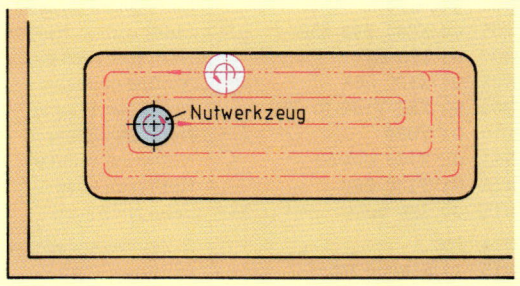

2 Taschenfräszyklus

3 Rollschrankseite

Werkzeugspeicherung

Für den Programmablauf werden die Werkzeuge in einem **Werkzeugspeicher** (Abb. 1) abgelegt und für die unterschiedlichen Bearbeitungen abgerufen.

Platz-N⁰	abgelegte Werkzeuge	Daten in mm
T1	Nutschaftfräser	$\varnothing$ 10
T2	Falzfräser	$\varnothing$ 40
T3	Nutsäge	B 4
T4	Bohrer vertikal	$\varnothing$ 10
T5	Bohrer vertikal	$\varnothing$ 8
T6	Bohrer horizontal	$\varnothing$ 8
T80	Bohrerblock vertikal	$\varnothing$ 5

1 Werkzeugspeicher

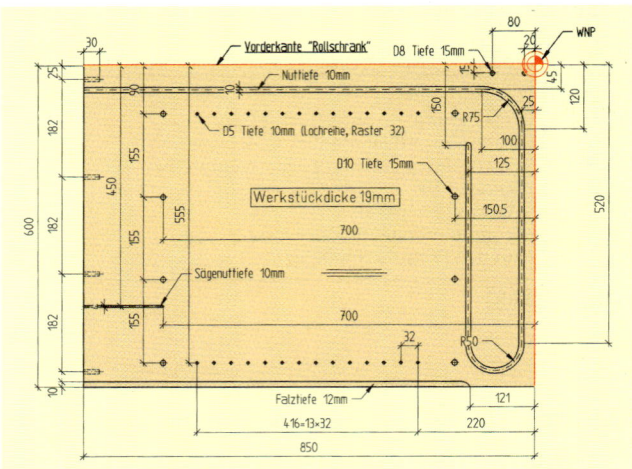

2 Draufsicht der Einzelteilzeichnung der „Rollschrankseite mit Fertigungsmaßen" (WNP maschinenbezogen)

Hauptprogrammbeispiel

ROLLSCHRANKSEITE　　(NC-Daten Generierung)
% 0000001　　(Hauptprogramm-N⁰)

Sätze: Befehle/Bearbeitungs-Daten: Kommentar:

Bearbeitungsebene
　ohne Werkzeugbahnkorrektur
　　Werkstücknullpunkt
　　　ohne Vorschubanpassung
　　　　Absolutmaße

Satz	Befehl	Kommentar
N01	G17 G40 G54 G60 G90	Programmstart
N02	G0 X1600 Y0 Z130	Start-Warteposition
N03	M6	1. Werkzeugwechsel
N04	T2 S12000 M3	Nutschaftfräser $\varnothing$ 10
N05	G40 G60	ohne Bahnkorrektur
N06	G0 X860 Y45 Z39	Startposition Nuten
N07	G1 Z10 F5	Nutfräser setzt ein
N08	G1 X100 G64	Nutfräsen linear
N09	G2 X25 Y120 I0 J75	Nutfräsen zirkular
N10	G1 Y520	Nutfräsen linear
N11	G2 X125 I50 J0	Nutfräsen zirkular
N12	G1 Y150 G60	Nutfräsen linear
N13	G0 Z39 M5	Ende Nutfräsen
N14	M6	2. Werkzeugwechsel
N15	T1 S10000 M3	Falzfräser $\varnothing$ 40
N16	G42	Bahnkorrektur rechts
N17	X870 Y590 Z39	Startposition Fälzen
N18	G01 Z7 F4	Falzfräser setzt ein
N19	X121	Falzfräsen linear
N20	Y610	Falzfräsen linear
N21	G40	Ende Bahnkorrektur
N22	G0 Z39 M5	Ende Fälzen
N23	M6	3. Werkzeugwechsel
N24	T3 S4000 M3	Nutsäge 4 mm
N25	G0 X900 Y450	Startposition Sägen
N26	G1 Z11 F3	Nutsäge setzt ein
N27	G1 X700 Y450	Nutsägen
N28	G0 Z39 M5	Ende Nutsägen
N29	M6	4. Werkzeugwechsel
N30	T5 S1000 M3	Bohrer $\varnothing$ 8 vertikal
N31	G0 X20 Y15 Z39	Startposition Bohren
N32	G1 Z4 F4	Bohrer taucht ein
N33	G0 Z39	Bohrer taucht auf
N34	G0 X80	Bohrer versetzt
N35	G1 Z4	Bohrer taucht ein
N36	G0 Z39 M5	Ende Bohren $\varnothing$ 8 v.
N37	M6	5. Werkzeugwechsel
N38	T4 S1000 M3	Bohrer $\varnothing$ 10 vertikal
N39	G0 X150.5 Y90 Z39	1. Startposition
N40	L 0000001	Unterprogramm
N41	G0 X700 Y90 Z39	2. Startposition
N42	L 0000001	Unterprogramm
N43	G0 Z39 M5	Ende Bohren $\varnothing$ 10 v.
N44	M6	6. Werkzeugwechsel
N45	T80 S1000 M3	Bohrblock $\varnothing$ 5 vertikal
N46	G0 X220 Y555 Z39	1. Startposition
N47	LORZ 0000001	Lochreihenzyklus
N48	G0 X220 Y90 Z39	2. Startposition
N49	LORZ 0000001	Lochreihenzyklus
N50	G0 Z39 M5	Ende Bohren $\varnothing$ 5 v.
N51	M6	7. Werkzeugwechsel
N52	T6 S1000 M3	Bohrer $\varnothing$ 8 horizontal
N53	G0 X870 Y571 Y39	Startposition
N54	G0 Z9.5	Bohrer wird gesetzt
N55	G91	Inkrementalmaße
N56	G1 X-50 F3	Bohrer taucht ein
N57	G0 X50	Bohrer taucht aus
N58	G0 Y-182	Bohrer wird versetzt
N59	G1 X-50	Bohrer taucht ein
N60	G0 X50	Bohrer taucht aus
N61	G0 Y-182	Bohrer wird versetzt
N62	G1 X-50	Bohrer taucht ein
N63	G0 X50	Bohrer taucht aus
N64	G0 Y-182	Bohrer wird versetzt
N65	G1 X-50	Bohrer taucht ein
N66	G0 X50	Bohrer taucht aus
N67	G90	Absolutmaße
N68	G0 Z39	Ende Bohren $\varnothing$ 8 h.
N69	G0 X1600 Y0 Z130	Ende-Warteposition
N70	M30	Programmende

3 Hauptprogrammlisting „Rollschrankseite"

Unterprogrammbeispiel

BOHRREIHE vertikal ⌀ 10	(NC-Daten Generierung)
% SP-L0000001	(Unterprogramm-N⁰)

Sätze:	Befehle/Bearbeitungs-Daten:	Kommentar:
N001	G91	Inkrementalmaße
N002	G1 Z-32 F5	Bohrer taucht ein
N003	G0 Z32	Bohrer taucht aus
N004	G0 Y155	Bohrer wird versetzt
N005	G1 Z-32	Bohrer taucht ein
N006	G0 Z32	Bohrer taucht aus
N007	G0 Y155	Bohrer wird versetzt
N008	G1 Z-32	Bohrer taucht ein
N009	G0 Z32	Bohrer taucht aus
N010	G0 Y155	Bohrer wird versetzt
N011	G1 Z-32	Bohrer taucht ein
N012	G0 Z32	Bohrer taucht aus
N013	G90	Absolutmaße
N014	M99	Unterprogrammende

1 Unterprogrammlisting „BOHRREIHE vertikal ⌀ 10"

An einem **CNC-Bearbeitungszentrum** werden die Bohrungen von einem **Bohrkopf** durchgeführt, in dem bis zu 30 unterschiedliche Bohrwerkzeuge vertikal und horizontal eingespannt sein können (Abb. 3). Die einzelnen Bohrwerkzeuge können über das CNC-Programm **einzeln** oder als **Blöcke** abgerufen werden. Bei dem oben dargestellten Programmbeispiel werden die Bohrungen der Lochreihenzyklen von Bohrblöcken mit bis zu 4 Werkzeugen gleichzeitig ausgeführt. Entsprechend dieser Form ist das Unterprogramm gestaltet (Tab. 2). Um einen Kräfteausgleich während des Bohrvorganges zu erzielen, sind die Bohrer paarweise gegenläufig angeordnet.

4.5.7 Programmiersysteme

Die EDV-gestützte Fertigungstechnik ist geprägt von der stetigen Entwicklung der Computertechnik und der ständigen Veränderung der Steuerungssysteme. Der Wunsch, die Programmiertechnik von CNC-Maschinen immer **bedienerfreundlicher** zu gestalten, hat zur Entwicklung verschiedener **Programmiersysteme** geführt. Die Systeme stehen aufeinander aufbauend entwicklungstechnisch in einem direkten Zusammenhang (Tab. 4). In der Holz- und Kunststoffbearbeitung werden zzt. folgende Systeme angewendet:

– **DIN-Programmierung**,

– **WOP-System**,

– **CAD/CAM-Programmierung**,

– **CIM-System**.

Während sich die Technik der Werkzeugmaschinen auf einem hohen Standard eingependelt hat und augenblicklich keine entscheidenden Neuentwicklungen sichtbar sind, unterliegen die Systeme der Steuerung und der Programmierung einer ständigen Fortentwicklung.

Lochreihenzyklusbeispiel

LOCHREIHE ⌀ 5	(NC-Daten Generierung)
% SP-LORZ 0000001	(Unterprogramm-N⁰)

Sätze:	Befehle/Bearbeitungs-Daten:	Kommentar:
N0001	G91	Inkrementalmaße
	Zyklendefinition	
	in X-Richtung (positiv)	Befehle nicht
	Rastermaß in mm	genormt
	Werkzeugblock	
N0002	G80 X+ D32 T80	Lochreihe in X
N0003	M41 M42 M43 M44	Abruf 4 Bohrer
N0004	G1 Z-30 F5	Bohrer tauchen ein
N0005	G0 Z30	Bohrer tauchen aus
N0006	G0 X128	Block wird versetzt
N0007	M41 M42 M43 M44	Abruf 4 Bohrer
N0008	G1 Z-30 F5	Bohrer tauchen ein
N0009	G0 Z30	Bohrer tauchen aus
N0010	G0 X128	Block wird versetzt
N0011	M41 M42 M43 M44	Abruf 4 Bohrer
N0012	G1 Z-30 F5	Bohrer tauchen ein
N0013	G0 Z30	Bohrer tauchen aus
N0014	G0 X128	Block wird versetzt
N0003	M41 M42 M43 M44	Abruf 4 Bohrer
N0004	G1 Z-30 F5	Bohrer tauchen ein
N0005	G0 Z30	Bohrer tauchen aus
N0006	G0 X32	Block wird versetzt
N0007	M41	Abruf 1 Bohrer
N0008	G1 Z-30 F5	Bohrer tauchen ein
N0009	G0 Z30	Bohrer tauchen aus
N0010	G90	Absolutmaße
N0011	M99	Unterprogrammende

2 Unterprogrammlisting „LOCHREIHE vertikal ⌀ 5"

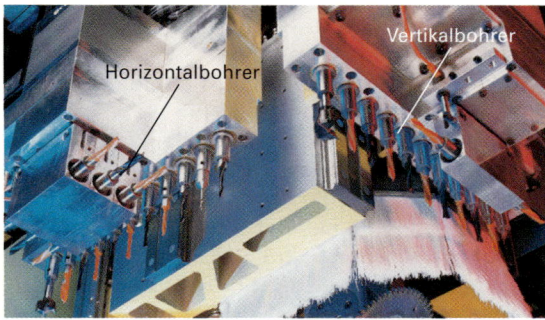

3 Bohrkopf am CNC-Bearbeitungszentrum

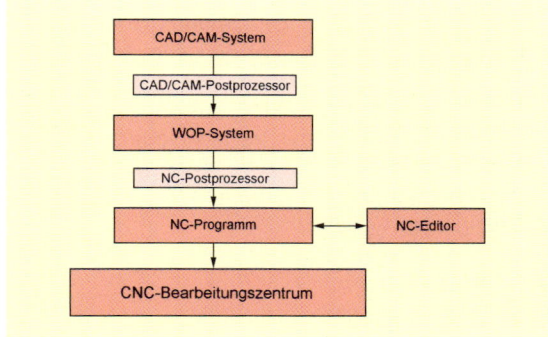

4 Programmiersysteme

1 Tastatur für die Programmeingabe
Die beiden oberen Tastenreihen sowie die unteren Felder bezeichnen steuerbezogene Funktionen, während die vier mittleren Reihen in Anordnung und Bezeichnung der genormten PC-Tastatur entsprechen

```
x1  (*** NC-Daten Generierung V2.43)
    (*** ROLL3 30.01.1997 16:38:27)
    (*** --------)

N0001 G00  T00 Z130.00  G60 G138
N0002 P1=12 P5=98.0
N0003 L .UPWZW
N0004 G00  T12 X850.00 Y45.00  Z39.00  G40 G60 M15 S98.0   M03
N0005      S100.0
           (>>> GEFraesT <<<)
N0006 G01  Z10.0000 F3.0    G60
N0007 G01  X100.0000 Y45.0000 F3.0
           (>>> KBFraesT <<<)
N0008 G02  X25.0000 Y120.0000 I-0.0001 J74.9999 F3.0
N0009 G01  X25.0000 Y520.0000 F3.0
           (>>> KBFraesT <<<)
N0010 G02  X125.0000 Y520.0000 I50.0000 J0.0000  F3.0
           (>>> GEFraesT <<<)
N0011 G01  X125.0000 Y150.0000 F3.0    G60



Gerade mit programmiertem Vorschub verfahren
                              Einfügen            DATEI: ROLL3
   Hilfe : <F1>             Ende : <ESC>
```

2 Bildschirmmaske eines Programmeditors

DIN-Programmierung

Die Programmierung nach **DIN 66025** ist das älteste Programmiersystem. Sie steht im direkten Zusammenhang mit dem Aufbau eines CNC-Programms (siehe S. 90). Bei dieser Form werden die einzelnen Programmsätze manuell über die **Tastatur** (Abb. 1) mithilfe eines entsprechenden **NC-Editors** (Abb. 2) in den Computer geschrieben und von der Steuerung übernommen. Zur Entwicklung des Programms ist es sinnvoll, die Sätze auf einem **Programmformblatt** (Abb. 3) vorzustrukturieren.

Die Erstellung von DIN-Programmen ist sehr zeitaufwendig. Deshalb ist sie als Programmiersystem stark in den Hintergrund getreten. Eine Bedeutung hat sie jedoch weiterhin als Instrument der **Programmoptimierung**. Hierbei können nach Bedarf die entsprechenden Daten an die jeweiligen Fertigungsabläufe angepasst werden. Außerdem können mithilfe der DIN-Programmierung **Standardprogramme** durch Manipulation einzelner Programmsätze in **neue Programme** verändert werden.

Programmsimulation

Um auf einer teuren CNC-Anlage Unfälle, sog. **Crashs**, zu vermeiden, werden die Programme durch eine **Grafiksimulation** überprüft (Abb. 4). Mithilfe der Simulation sind auf dem Bildschirm durch Aufzeichnung der Verfahrwege der Werkzeuge Programmfehler und Konturenverletzungen bereits vor Fertigungsbeginn zu erkennen und zu korrigieren.

WOP-System

Wesentlich bedienerfreundlicher als die DIN-Programmierung ist das Programmieren von CNC-

Programm: %0000001. Rollschrankseite   Blatt: 1

Sätze	G	X/Y/Z (I/J/K)	S/F	M/T	Bemerkungen
N01			S12000	72 M3	Nutfräser ⌀10
N02	G0	X860 Y45 Z39			
N03	G1	Z10	F5		
N04	G1	X100			
N05	G2	X25 Y120 I0 J75	F3		
N06	G1	Y520	F5		
N07	G2	X125 I50 J0	F3		
N08	G1	Y150	F5		
N09	G0	Z39		M5	
N10				M6	Werkzeugwechsel

3 Ausschnitt aus einem Programmformblatt

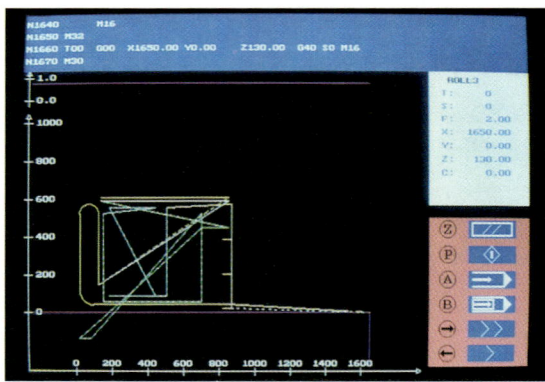

4 Grafiksimulation auf dem Bildschirm

Maschinen mit **WOP** (**w**erkstatt**o**rientierte **P**rogrammierung). Das WOP-System ist das häufigste Programmiersystem an CNC-Bearbeitungszentren. Bei diesem System werden eine Reihe von **Bearbeitungsvarianten** (z. B. Sägen, Bohren, Fräsen) vorgegeben. Diese sog. **Makros** erscheinen auf dem Bildschirm als **Knöpfe** (Abb. 1, Seite 93) und können über eine PC-Tastatur oder PC-Maus aufgerufen werden. Der Vorteil dieser Technik liegt in der schnellen Zusammenstellung unter-

schiedlicher standardisierter Anwendungen. Die Generierung der NC-Programme erfolgt per **Knopfdruck**. In gleicher Form kann z.B. das NC-Programm für eine rechte Schrankseite mithilfe einer **Spiegelfunktion** in das einer linken Seite konvertiert werden.

CAD/CAM für Einzelfertigung

Ein weiteres Programmiersystem, das zunehmend eingesetzt wird, ist das **CAD/CAM-System** (**c**omputer **a**ided **d**esign und **c**omputer **a**ided **m**anufacturing). Der Vorteil gegenüber den anderen Systemen ist die Verbindung von Fertigungszeichnung und CNC-Fertigung. Das CAD/CAM-System ist daher besonders für die Bearbeitung geometrisch komplizierter Fräskonturen geeignet. Bei diesem Verfahren wird das Werkstück als Einzelteil mit einem **CAD-System** auf dem Bildschirm konstruiert (Abb. 2), anschließend mit einem **CAM-System** mit den gewünschten Bearbeitungen (wie Sägen, Bohren, Fräsen) ergänzt und über einen **Postprozessor** zu einem lauffähigen NC-Programm generiert.

„Objektorientiertes" CAD/CAM

Als weiterführende Systeme, der CAD/CAM-Technik sind komplexe Programmiersysteme z.B. für die Fertigung von Einbaumöbeln, Fenstern, Türen und Treppen entstanden, deren Entwicklung fortläuft. Der Vorteil dieser Systeme besteht in der engen Verknüpfung von:

- **Gestaltung/Konstruktion** (auch in 3D) und
- **Fertigung** sowie die Anbindung an
- **Branchenprogramme** und/oder
- **Personalplanungssysteme** (PPS).

Diese Systeme weisen eine direkte Fortentwicklung der CAD/CAM-Systeme hin zu **CIM**-ähnlichen (**c**omputer **i**ntegrated **m**anufacturing) **EDV-Systemen**, die sowohl fertigungstechnische als auch betriebswirtschaftliche Systeme miteinander verbinden. Die Datenübertragung kann **online** (über eine Direktleitung) vom **PC-Arbeitsplatz** aus erfolgen (Abb. 3).

Aufgaben

1. Erläutern Sie die Unterschiede von computergestützter und maschineller Standardfertigung.
2. Nennen sie Beispiele der Anwendung der CNC-Technik in der Holz- und Kunststoffbearbeitung.
3. Beschreiben Sie die unterschiedlichen Funktionen von Steuerung und Werkzeugmaschine einer CNC-Anlage.
4. Erläutern Sie den Unterschied zwischen Absolut- und Inkrementalbemaßung.
5. Erläutern Sie die unterschiedlichen Bezugspunkte an einem CNC-Bearbeitungszentrum.

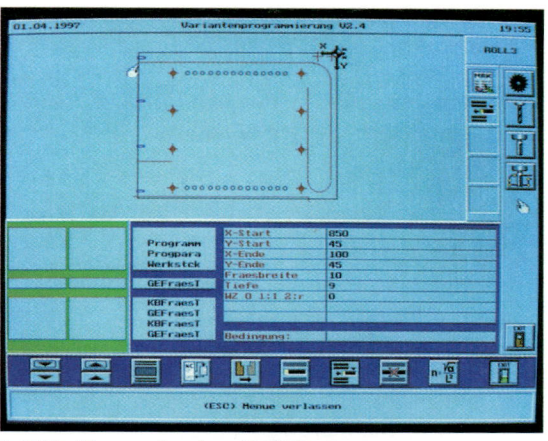

1 Bildschirmmaske eines WOP-Systems

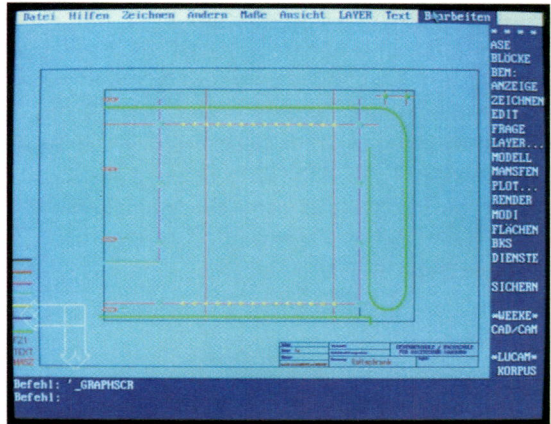

2 Bildschirmmaske eines CAD/CAM-Systems

3 PC-Arbeitsplatz

6. Beschreiben Sie die wichtigsten Verfahrachsen einer CNC-Oberfräse.
7. Beschreiben Sie den Aufbau eines CNC-Fertigungsprogramms.
8. Beschreiben Sie die Aufgabe von Befehlen in einem CNC-Programm und nennen Sie einige Befehlsarten.

5 Plattenwerkstoffe

Aufbau, Eigenschaften, Bearbeitung, Verwendung

> Aus Furnieren, Holzspänen und Holzfasern hergestellte Platten werden als Holzwerkstoffe bezeichnet.

Sie werden industriell gefertigt und im Handel als **Halbzeuge** angeboten.

Die guten Eigenschaften des Vollholzes wie

– Härte,

– Biegefestigkeit,

– geringe Quell- und Schwindneigung und

– geringe Formänderung

sind vorwiegend auf die Faserrichtung – Längsrichtung – beschränkt (Abb. 1 und 2).

Bei Holzwerkstoffplatten werden diese Vorzüge gleichmäßig für die gesamte Plattenebene – also in Längs- und Querrichtung – erreicht (Abb. 3).

Plattenwerkstoffe sind deshalb grundsätzlich nicht als „Holzersatz" zu betrachten.

Da für die Herstellung vieler Holzwerkstoffe, wie Span- und Holzfaserplatten,

– dünne Rundhölzer,

– Äste,

– Abfallhölzer,

verwendet werden können, wird der Bestand an gutem, teurem und knappem Vollholz geschont.

Die aus dünnen Holzlagen, Holzspänen oder Holzfasern hergestellten Plattenwerkstoffe und Formteile lassen sich in drei Hauptgruppen einteilen (Tab. 4).

Aufgabe

1. Nennen Sie Vorteile der Plattenwerkstoffe im Vergleich mit Vollholz.

5.1 Lagenholz

Das Lagenholz wird unterteilt in

– **Schichtholz**, nicht gesperrt, und

– **Sperrholz:**
  Tischlerplatte (Stabsperrholz),
  Furnierplatte (Furniersperrholz).

5.1.1 Schichtholz (Sch)

Beim Schichtholz ist im Gegensatz zum Sperrholz der Faserverlauf der einzelnen Holzlagen gleich gerichtet. Die guten Eigenschaften des Vollholzes in Faserrichtung, wie Biege- und Druckfestigkeit, bleiben erhalten und werden durch die Verleimung mit Kunstharzleimen noch verbessert. Schichtholz wird in den Dicken von 4…100 mm hergestellt (Abb. 5).

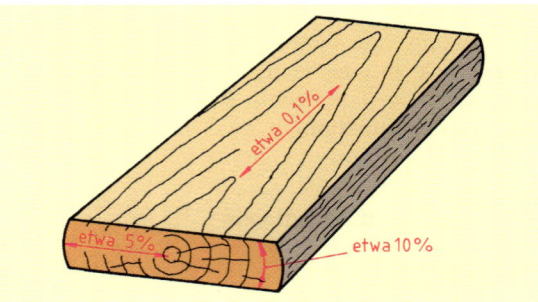

1 Quell- und Schwindneigung bei Vollholz

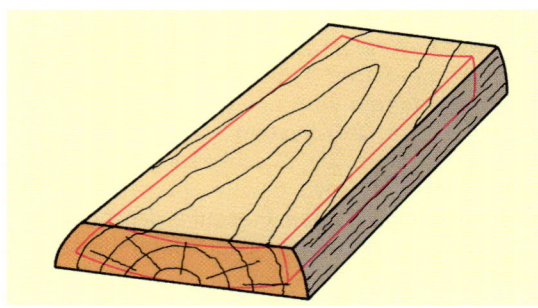

2 Formänderung bei Vollholz in Längsrichtung gering

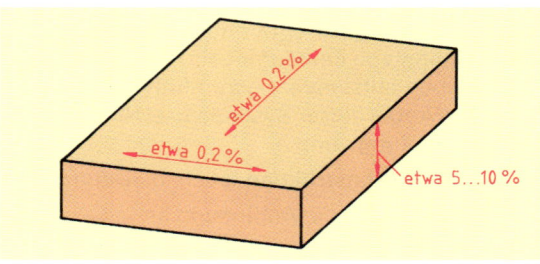

3 Quell- und Schwindneigung bei Plattenwerkstoffen

Holzwerkstoffe		
Lagenholz	Holzspan-platten	Holzfaser-platten
hergestellt aus Lagen von Holzschichten bzw. Furnieren	hergestellt aus Holzspänen	hergestellt aus Holzfasern

4 Einteilung der Plattenwerkstoffe

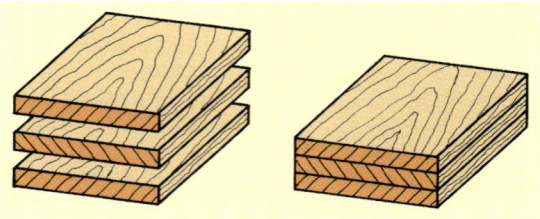

5 **Schichtung der Furnierlagen**
Schichtholz (Sch)

Durch die Verleimung in Formpressen können gebogene und gekrümmte Werkstücke hergestellt werden, die nach der Verfestigung des duroplastischen Leimes ihre Form behalten und eine höhere Festigkeit aufweisen als Vollholz.

Hieraus ergeben sich für Schichtholzwerkstücke ganz bestimmte Anwendungsgebiete:

- Stuhl- und Polstermöbelgestelle (Abb. 1),
- Zargen für runde und ovale Tische,
- Formteile für Sportgeräte (Skier, Barrenholme, Tennisschläger),
- Holzträger für große Spannweiten (Hallendächer) (Abb. 2).

1　Stuhlgestell aus Furnier-Schichtholz

5.1.2 Furniersperrholz (FU)

Furniersperrholz, auch Furnierplatte oder allgemein Sperrholz genannt, wird aus mindestens drei kreuzweise aufeinander geleimten Furnieren hergestellt.

Dadurch können die einzelnen Furnierschichten nicht mehr ungehindert arbeiten, das heißt, sie sind gegeneinander abgesperrt (Abb. 3).

Furniersperrholz muss im Querschnitt symmetrisch nach Furnierdicke, Faserrichtung und Holzart aufgebaut sein.

Es besteht deshalb immer aus einer ungeraden Zahl von Furnierlagen: drei-, fünf-, siebenlagige usw. FU-Platten (Abb. 4).

Die Mittellagen sollten wegen des besseren „Stehvermögens" immer dicker sein als die äußeren Furnierlagen.

Zur Herstellung von Furniersperrholz wird in der Regel Schälfurnier verwendet. Dieses wird mit Parallelkreissägen oder Schlagscheren auf Größe geschnitten und, soweit erforderlich, gefügt und in der Breite verleimt.

Die Mittellagenfurniere dürfen keine Fehlerstellen aufweisen, da sich diese durch die Deckfurniere abzeichnen würden. Jetzt erfolgt die vollflächige Leimangabe durch Leimauftragsmaschinen. Die so beleimten Furnierlagen werden dann kreuzweise zusammengelegt und in beheizten Mehretagenpressen gepresst. Nach dem Pressen werden die Platten so gelagert, dass sich die Feuchtigkeit und die inneren Spannungen ausgleichen können (Konditionieren). Danach werden die Platten auf „Maß" geschnitten und beidseitig geschliffen.

2　Tragkonstruktion aus Brett-Schichtholz für eine Kirche

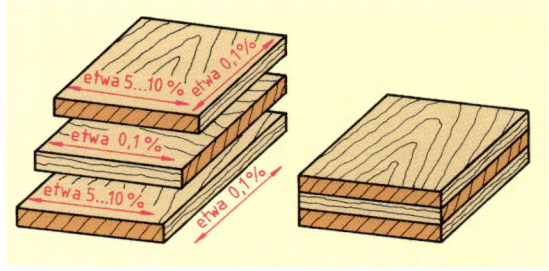

3　Dreilagiges Furniersperrholz

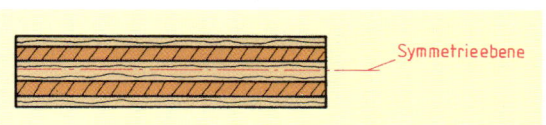

4　Symmetrischer Aufbau einer FU-Platte

Abmessungen

Das Sperrholz wird weitgehend in folgenden Vorzugsmaßen gefertigt (Tab. 1).

Dicke	4, 5, 6, 8, 10, 12, 15, 18, 20, 22, 25, 30, 35, 40, 50
Länge	1220, 1250, 1500, 1530, 1830, 2050, 2200, 2440, 2500, 3050
Breite	1220, 1250, 1500, 1530, 1700, 1830, 2050, 2440, 2500, 3050

1 Vorzugsmaße in mm nach DIN 4078

Die Länge der Platten wird stets in Faserrichtung des Deckfurniers, die Breite quer zur Faserrichtung des Deckfurniers angegeben.

Bei Bestellungen sind die Maße stets in folgender Reihenfolge anzugeben:

Dicke, Länge, Breite

Hieraus ergeben sich zum Teil kürzere Längen als Breiten.

Die Eigenschaften des Furniersperrholzes richten sich nach dem Verwendungszweck und den technischen Anforderungen. Dabei unterscheidet man grundsätzlich

– Verleimqualität und

– Güteklasse.

Nach der Verleimqualität unterscheidet man Innen- und Außensperrholz (Tab. 2).

Unterscheidungsmerkmal	Verleimung	Anwendungsgebiete
IF Innensperrholz	nicht wetterbeständig Leimfuge: hell Harnstoffharzleim (KUF)	niedrige Luftfeuchte Innenräume
AW 100 Außensperrholz	beständig bei erhöhter Feuchtebeanspruchung (bedingt wetterbeständig) Leimfuge: dunkel Phenol-Resorcin-Leim (KPF-KRF)	Nassräume. Außenbereich

2 Einteilen von Sperrholz nach der Verleimung nach DIN 68705

Diese Beständigkeitsangaben beziehen sich aber nur auf die Verleimung, nicht auf die Holzsubstanz.

Güteklassen

Nach DIN 68705 werden Furniersperrholzplatten nach der Beschaffenheit ihrer Deckfurniere in die Güteklassen 1, 2 und 3 eingeteilt.

Die Deckfurniere der Güteklasse 1 weisen die geringsten, die der Güteklasse 3 die meisten Mängel, wie Risse, Äste, Leimdurchschlag, Verfärbungen und ausgebesserte Stellen, auf (Abb. 3).

Güteklasse 1　　　　　Güteklasse 2

3 Güteklassen bei FU-Sperrholz

Nach den Güteklassen sind folgende **Plattenqualitäten** festgelegt (Tab. 4):

Holzart	Güteklasse
Furniersperrholz mit Deckfurnieren aus tropischen Laubhölzern	1-2, 1-3, 2-3
Furniersperrholz mit Deckfurnieren aus europäischen Hölzern und überseeischen Nadelhölzern	1-2, 2-2, 2-3, 3-3

4 Einteilung nach Güte der Deckfurniere

Hierbei bedeutet die erste Ziffer die Güteklasse des Deckfurniers auf der besseren Seite, die zweite Ziffer die Güteklasse des Deckfurniers auf der schlechten Seite.

Kennzeichnung der Platten

Die Kennzeichnung der Platten erfolgt durch Stempelaufdruck immer auf der schlechteren Seite in der Reihenfolge:

- Benennung,
- DIN-Hauptnummer,
- Plattentyp (Verleimung und Gütekombination),
- Dicke in mm,
- Sondereigenschaften.

Sperrholz DIN 68705 – FU AW 1-3 – 6

1 Bezeichnungsbeispiel für Furniersperrholz (ohne Sondereigenschaften)

Furniersperrholz für besondere Zwecke

Furniersperrholz kann durch seinen Aufbau, seine Verleimungsart, hohe Verdichtungsart und Oberflächenbeschaffenheit für besonders hohe Beanspruchung und spezielle Anwendungsgebiete hergestellt werden.

Baufurniersperrholz (BFU) wird vorwiegend im Bauwesen für tragende und aussteifende Zwecke verwendet.

Betonschalungsplatten sind wetterfest verleimte, oberflächenbeschichtete oder beharzte Furniersperrholzplatten, die als Vorsatzschalung bei Sichtbeton verwendet werden.

Edelfurnierte Sperrholzplatten werden auf der „besseren" Seite meist mit Messerfurnier edler Holzarten furniert.

Kunststoffbeschichtete Furniersperrholzplatten finden als Rückwände und Schubkastenböden im Möbelbau Verwendung.

Metallbeschichtete Furniersperrholzplatten kommen im Fassadenbau zur Anwendung.

Dampfsperre-Furnierplatten haben eine Sperrschicht aus Aluminiumblech. Die Mittellage kann aus Sperrholz aber auch aus Kunststoff-Hartschaum bestehen. Sie werden vorwiegend als Füllungen im Türen- (Haustüren) und Fensterbau verwendet (Abb. 1).

Multiplexplatten sind viellagige Furniersperrhölzer bis zu einer Dicke von 80 mm. Sie werden im Vorrichtungs-, Werkzeug-, Modell- und Fahrzeugbau verwendet. Neuerdings werden sie auch als dekorative Plattenwerkstoffe im modernen Möbeldesign eingesetzt (Abb. 2).

Formteile aus Furniersperrholz werden wie Schichtholzformteile in besonderen Formpressen hergestellt. Nach der Aushärtung des Leimes halten die geformten Furnierschichten ihre vorgegebene Form und Lage und sind sehr elastisch (Abb. 3).

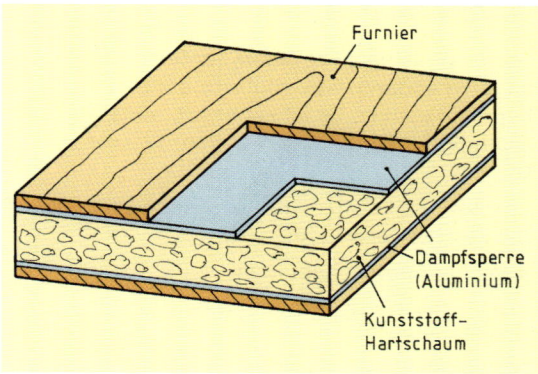

1 Wärmegedämmte Haustürfüllung mit Dampfsperre

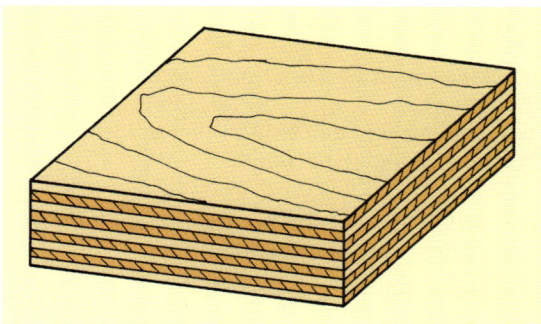

2 Multiplexplatte

3 Sitzschale aus Formsperrholz

Aufgaben

1. Beschreiben Sie den Aufbau und die Verwendung unterschiedlicher Arten von Lagenholz.
2. Erklären Sie die Bedeutung des symmetrischen Aufbaues der Plattenwerkstoffe.

Kunstharz-Pressholz (KP)

Dieses Kunstharz-Pressholz unterscheidet sich von allen anderen Sperrhölzern durch den hohen Phenolharzgehalt. Es ist sehr hart, abriebfest und beständig gegen Säuren, Laugen, Wasser und Öl (Abb. 1).

Kunstharz-Pressholz wird vorwiegend für technische Zwecke verwendet:

– Fräs- und Bohrschablonen,
– beschusssichere Schalteranlagen, Türen und Trennwände,
– Modellplatten im Gießereiwesen.

5.1.3 Tischlerplatten

Tischlerplatten sind Sperrholzplatten, die in der Regel aus drei Lagen, der dickeren Mittellage aus Vollholz und den beiderseitig aufgeleimten Absperrfurnieren, bestehen.

Sie werden vorwiegend als Trägerplatten im Möbel- und Innenausbau verwendet.

Durch das Absperren der Vollholzmittellagen treten bei Feuchtigkeitsänderungen große Spannungen auf, die evtl. zu Rissen im Absperrfurnier oder zu Formveränderungen der gesamten Platte führen können. Aus diesem Grunde müssen die Schichtdicken von Vollholzmittellagen und Absperrfurnier in einem bestimmten Verhältnis zueinander stehen.

Dabei hat sich als günstig herausgestellt, wenn die Dicke des Absperrfurniers etwa 12…15% der Plattendicke beträgt (Tab. 2).

Plattendicke	Dicke des Absperrfurniers
13 mm	1,5…2,0 mm
16 mm	2,0…2,4 mm
19 mm	2,3…2,8 mm
22 mm	2,6…3,3 mm

2 Abhängigkeit von Plattendicke und Dicke des Absperrfurniers

Als Mittellagenholz werden vorwiegend Fichte, Tanne, Kiefer, aber auch außereuropäische Hölzer verwendet.

Als **Absperrfurnier** eignen sich Hölzer wie Gabun, Abachi, Pappel und ähnliche Holzarten.

Nach den technischen Anforderungen und der Art der Mittellage werden drei Plattentypen hergestellt:

– Streifensperrholz (SR), nicht genormt,
– Stabsperrholz (ST) nach DIN 4078,
– Stäbchensperrholz (STAE) nach DIN 4078.

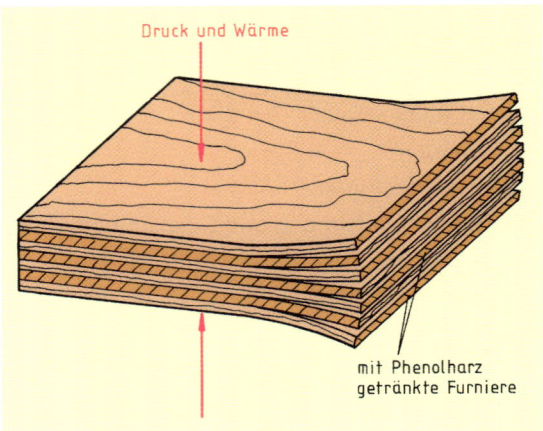

1 Kunstharz-Pressholz (KP)

5.1.4 Streifensperrholz (SR)

Beim Streifensperrholz werden die Mittellagen aus 24…30 mm breiten Leisten hergestellt. Die Leisten werden auf Vielblattkreissägen geschnitten und mit Bindfäden zusammengezogen (Abb. 3).

Da diese Leisten nicht miteinander verleimt werden und unterschiedlich verlaufende Jahresringe aufweisen, „arbeiten" sie sehr stark. Das heißt, die Plattenoberfläche wird sehr stark wellig und die Platten verziehen sich sehr leicht (Abb. 4).

Verwendung

Streifensperrholz unterliegt nicht mehr der Gütesicherung einer Norm und findet nur noch Verwendung für untergeordnete Zwecke, wie Transportkisten, Blindkonstruktionen usw.

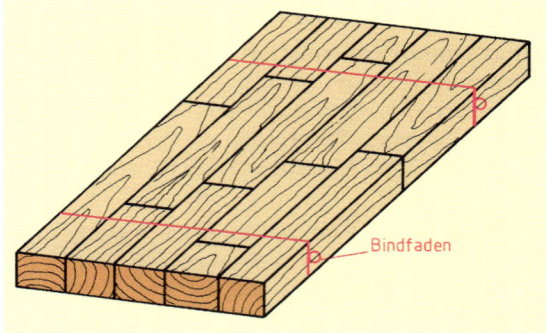

3 Mittellage einer Streifenplatte (SR)

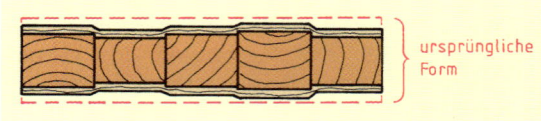

4 Stark wellige Plattenoberfläche beim Streifensperrholz

5.1.5 Stabsperrholz (ST)

Die Stabmittellagen des Stabsperrholzes werden aus 24…30 mm starken Seitenbrettern hergestellt. Diese werden zu Blöcken verleimt und dann auf die erwähnte Mittellagendicke eingeschnitten (Abb. 1).

Durch das Einschneiden ergeben sich für die Stäbe vorwiegend „stehende" bis „schräg verlaufende" Jahresringe. Da diese Mittellagenstäbe aber eine relativ große Breite haben, arbeiten sie auch entsprechend stark. Die Oberflächen dieser Platten werden zwar auch wellig, aber nicht so stark wie bei den Streifenplatten, da die Stäbe miteinander verleimt sind (Abb. 2).

Verwendung

Auch Stabsperrholz ist nicht für Werkstücke mit hohen Anforderungen an die Oberflächengüte, wie Türen, Klappen, Platten u.a., geeignet. Es weist aber die höchste Biegesteife aller Plattenwerkstoffe auf und findet daher Verwendung im Möbelbau für Korpusteile wie Böden und Mittelseiten.

5.1.6 Stäbchensperrholz (STAE)

Stäbchenmittellagen des Stäbchensperrholzes bestehen aus bis zu 8 mm breiten Holzstäbchen oder Schälfurnieren mit stehenden Jahresringen.

In der Regel wird das 8 mm dicke Schälfurnier zu Blöcken verleimt und anschließend auf Mittellagendicke eingeschnitten. Dadurch ergeben sich für alle Stäbchen „stehende Jahresringe" (Abb. 3).

Verwendung

Diese Platten haben ein sehr gutes Stehvermögen, da alle Stäbchen bei Feuchteänderungen gleichmäßig arbeiten. Beim Arbeiten bleibt diese Platte eben (Abb. 4).

Stäbchensperrholz findet Verwendung im hochwertigen Möbel- und Innenausbau für sichtbare Flächen wie Türen, Klappen, Platten usw.

Abmessungen

Tischlerplatten werden weitgehend in folgenden Vorzugsmaßen hergestellt:

Dicke	13, 16, 19, 22, 25, 28, 30, 38
Länge	1220, 1530, 1830, 2050, 2500, 4100
Breite	2440, 2500, 3500, 5100, 5200, 5400

Vorzugsmaße für Tischlerplatten in mm
nach DIN 4078

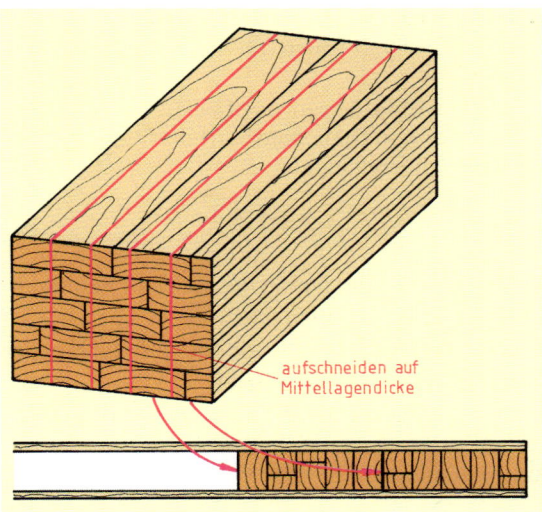

1 Blockverleimung von Seitenbrettern

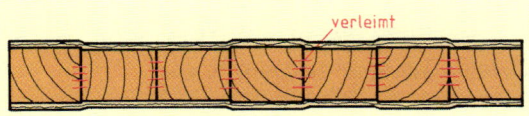

2 Wellige Oberfläche beim Stabsperrholz

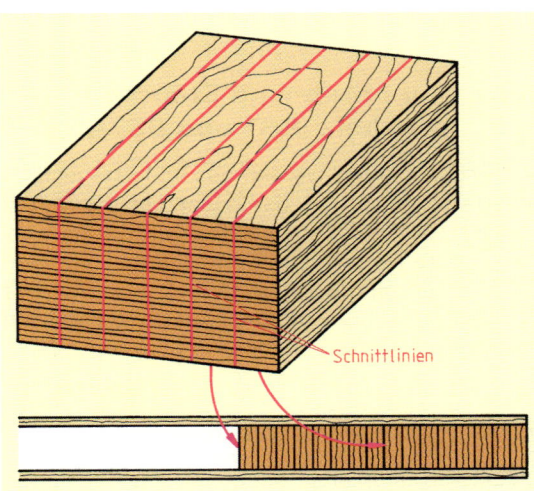

3 Herstellen der Mittellage für Stäbchensperrholz

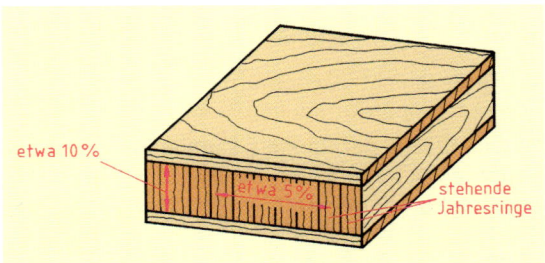

4 Schwundmaße bei Stäbchensperrholz

Auch hierbei wird die Länge wie beim Furnier-sperrholz stets in Faserrichtung des Deckfurniers angegeben.

Nach den Güteklassen der Deckfurniere werden beim Stab- und Stäbchensperrholz folgende Plattentypen unterschieden:

> 1-2, 2-2, 2-3

Für die Verleimung gelten die gleichen Bedingungen wie für Furniersperrholz.

IF – für Räume mit niedriger Luftfeuchte (Innenräume),

AW – bedingt wetterbeständig (Außenbereich).

Kennzeichnung

Die Kennzeichnung der Platten erfolgt wie beim Furniersperrholz durch Stempelaufdruck auf der schlechteren Plattenseite.

> Sperrholz DIN 68705 – ST – IF 2-2 – 16

Bezeichnungsbeispiel: Stabplatte 16 mm

> Sperrholz DIN 68705 – STAE AW 1-2 – 19

Bezeichnungsbeispiel: Stäbchenplatte 19 mm

5.1.7 Bau-, Stab- und Stäbchen-sperrholz (BST und BSTAE)

Bau-Tischlerplatten werden aus widerstandsfähigen Holzarten und in der Regel mit der Verleimungsart AW 100 hergestellt. Diese Platten werden im Fertighausbau und Containerbau verwendet. Betonschalungsplatten sind oft zusätzlich mit einer Kunstharzbeschichtung versehen, damit sie mehrmals eingesetzt werden können.

5.1.8 Parkett-Verbundplatten

Parkett-Verbundplatten haben wie Tischlerplatten einen dreischichtigen Aufbau.

> Die sichtbare Oberschicht wird aus 6…8 mm starkem Edelholz, z. B. Eiche, hergestellt.

Als Unterschicht (Gegenfurnier) wird meist ein dickeres Absperrfurnier verwendet.

Die Sichtfläche der Parketts kann in Form von Lamellen, Mosaiklamellen, Querstab-, Längsstab- und Fischgrätenmustern angeordnet sein. Die Platten sind auf Format geschnitten und können durch die vorbereitete Nut- und Federverbindung gut verlegt werden (Abb. 1).

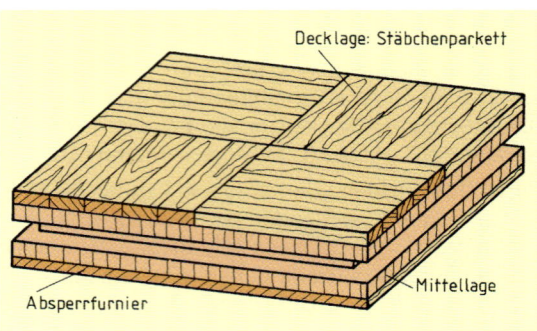

1 Aufbau einer Parkett-Verbundplatte

Aufgaben

1. Wodurch unterscheidet sich Innen- und Außensperrholz?
2. Erklären Sie folgende Stempelaufdrucke:
   DIN 68705 – FU – IF 2-3 – 8
   DIN 68705 – FU – AW 1-2 – 6
3. Nennen Sie Unterschiede im Aufbau von Stab- und Stäbchensperrholz.
4. Warum wird Stabsperrholz bei Feuchteänderung wellig?
5. In welcher Richtung wird bei Furniersperrholz und Tischlerplatten die Länge angegeben?
6. Erklären Sie folgende Stempelaufdrucke:
   DIN 68705 – ST – IF 1-2 – 19
   DIN 68705 – STAE – AW 1-2 – 22
7. Welche besonderen Eigenschaften besitzen Bau-Tischlerplatten?
8. Beschreiben Sie den Aufbau einer Parkett-Verbundplatte.

5.2 Holzspanplatten

> Holzspanplatten sind nach DIN 68760 plattenförmige Holzwerkstoffe, die aus zerspantem Holz von Fichten, Tannen, Pappeln u. a. sowie von holzartigen Faserstoffen, wie Flachsschäben und Hanfschäben, hergestellt werden.

Die Späne werden auf etwa 3…4% Holzfeuchtigkeit getrocknet, mit **Kunstharzleim** besprüht und in Mehretagenpressen unter Wärme und Druck zu Platten gepresst. Da sie aus preiswertem Ast- und Industrieholz (Abfallholz) hergestellt werden, sind sie preisgünstiger als Lagenholz (Tischlerplatten) und haben die Tischlerplatten seit den 50er-Jahren weitgehend als Trägerplatten verdrängt. Nach dem heutigen Stand der Technik darf man sie in Bezug auf die **Formbeständigkeit** jedoch nicht als „billigen Ersatzwerkstoff" betrachten. Je nach Herstellungsart unterscheidet man:

– Flachpressplatten (FP) und

– Strangpressplatten (SP).

5.2.1 Flachpressplatten

> Nach DIN 68761 sind Flachpressplatten Spanplatten, bei denen die Späne vorzugsweise parallel zur Plattenebene liegen.

Sie werden hergestellt als:

- einschichtige Platten,
- mehrschichtige Platten,
- Platten mit stetigem Übergang in der Struktur.

Weiterhin werden sie nach Oberflächenbeschaffenheit unterschieden in:

- ungeschliffene Platten (pressblank),
- geschliffene Platten,
- beplankte und beschichtete Platten.

Einschichtige Flachpressplatten

Diese Platten sind in ihrem Querschnitt gleichmäßig aus einer Späneart aufgebaut, sind am einfachsten herzustellen und deshalb auch am preisgünstigsten (Abb. 1). Sie weisen nur eine **geringe** Festigkeit auf und werden nur für untergeordnete Zwecke verwendet.

Mehrschichtige Flachpressplatten

Dreischichtige Platten bestehen aus einer gröberen und loseren Mittelschicht mit einem geringeren Leimgehalt, die beiden äußeren Deckschichten dagegen aus feineren und dünneren Spänen mit einem höheren Leimgehalt. Diese Platten haben eine **höhere Festigkeit** und eine bessere Formbeständigkeit als die Einschichtplatten (Abb. 2).

Fünfschichtige Platten haben eine gröbere Mittelschicht, zwei mittlere Zwischenschichten und die beiden äußeren feinen Deckschichten (Abb. 3). Durch die Zwischenschichten werden die inneren Spannungen zum Teil aufgehoben und die Platten weisen bei Feuchtigkeitsänderungen eine gute Formbeständigkeit auf. Diese Platten eignen sich besonders für furnierte, beschichtete und lackierte Oberflächen.

Bei Platten mit stetigem Übergang in der Struktur liegen die großen Späne in der Mitte, die Spangröße nimmt nach außen stetig ab (Abb. 4). Diese Platten eignen sich ebenso wie Fünfschichtplatten für furnierte, beschichtete und lackierte Oberflächen.

5.2.2 Flachpressplatten für allgemeine Zwecke

Nach DIN 68761 werden die Flachpressplatten für allgemeine Zwecke unterteilt in:

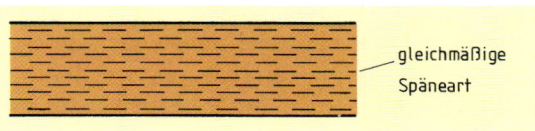

1　Einschichtplatte
Schematische Darstellung

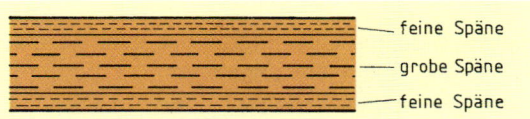

2　Dreischichtplatte mit abgegrenzten Schichten
Schematische Darstellung

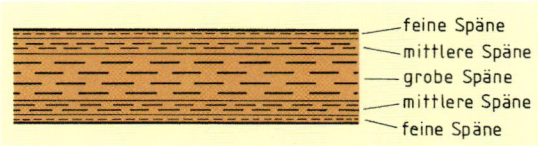

3　Fünfschichtplatte mit abgegrenzten Schichten
Schematische Darstellung

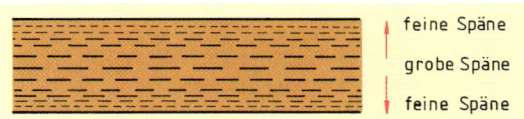

4　Platte mit stetigem Übergang in der Struktur
Schematische Darstellung

FPY-Platten für den Möbel-, Tonmöbel-, Geräte- und Behälterbau und **FPO-Platten** mit besonderen Anforderungen an die feinspanige Oberflächengüte für die Direktlackierung, Folien- und Pressbeschichtung.

Klassifizierung von Spanplatten bezüglich der Formaldehydabgabe

> Spanplatten werden wegen der Geruchsbelästigung und der gesundheitlichen Gefährdung durch Formaldehydabgabe an die Raumluft in drei Emissionsklassen eingeteilt (Tab. 5).

Emissions-klasse	Emissionswerte[1] in ppm HCHO	Perforatorwerte[2] in mg HCHO/100 g atro Platte
E 1	höchstens 0,1	höchstens 10
E 2[3]	über 0,1…1,0	über 10…30
E 3[3]	über 1,0…2,3	über 30…60

[1]　zu bestimmen im Prüfraum
[2]　zu bestimmen nach der Perforatormethode
[3]　unzulässig bei bereits beschichteten Platten

5　Emissionsklassen für Formaldehydabgabe
　pm=parts per million　atro=absolut trocken
　HCHO=Formaldehyd

Spanplatten der Emissionsklasse E1 dürfen unbeschichtet (im rohen Zustand) verwendet werden.

Spanplatten der Emissionsklassen E2 und E3 müssen zur Minderung der Formaldehydabgabe beschichtet oder bekleidet werden.

Formaldehydfreie Spanplatten

Von der Industrie wird zur Zeit die erste „formaldehydfreie" Spanplatte angeboten.

Als Bindemittel wird bei dieser Plattenart ein vernetzter Polyharnstoff eingesetzt, der nach dem Lebensmittelgesetz unbedenklich, unlöslich und umweltfreundlich ist.

Messbare Emission: E = null

Plattentyp: V20 (Verleimung nicht wetterbeständig)

Übliche Flachpressplatten werden in folgenden Abmessungen hergestellt (Tab. 1):

Dicke in mm	6, 8, 10, 13, 16, 19, 22, 25, 28, 32, 36, 40, bis 70
Länge/Breite in mm	Formate 5200 × 2070

1 Abmessungen von Flachpressplatten

Kennzeichnung

Flachpressplatten, die den Güteanforderungen nach DIN 68761 entsprechen, sind vom Hersteller durch Stempelaufdruck zu kennzeichnen:

– Herstellerwerk und Werktyp (evtl. verschlüsselt),

– DIN-Hauptnummer,

– Plattentyp,

– Dicke in mm,

– Emissionsklasse.

Beispiele für die Kennzeichnung der Platten:

Firma – DIN 68761-FPY – 19 – E1
Firma – DIN 68761-FPO – 22 – E3

Flachpressplatten für allgemeine Zwecke

Leichte Flachpressplatten (LF)

Leichte Flachpressplatten haben eine lockere homogene Spanstruktur mit einer Rohdichte zwischen 250...500 kg/m³ und werden in der Regel mit besonderer Oberflächenstruktur hergestellt. Die Platten können auch beschichtet bzw. beplankt sein und finden wegen der hohen Schallabsorption Verwendung als Akustikplatten.

Flachpressplatten für das Bauwesen

Flachpressplatten für das Bauwesen für tragende und aussteifende Zwecke unterliegen nach DIN 68763 einer strengen Gütesicherung in Bezug auf:

– hohe Biege- und Querzugfestigkeit,

– Beständigkeit gegen Feuchtigkeit,

– Beständigkeit gegen Holz zerstörende Pilze.

Nach der Verleimqualität und den Holzschutzmittelzusätzen werden folgende Plattentypen unterschieden (Tab. 2):

Normtyp	Verleimung und Anwendungsgebiete
V20	Verleimung beständig bei Verwendung in Räumen mit niedriger Luftfeuchte. Bindemittel: Harnstoffharzleim (KUF)
V100	Verleimung beständig gegen hohe Luftfeuchte (begrenzt wetterbeständige Verleimung). Bindemittel: Phenolharzleim (KPF), Resorcinharzleim (KRF)
V100G	Verleimung beständig gegen hohe Luftfeuchte (begrenzt wetterbeständige Verleimung). G = Mit einem Holzschutzmittel gegen Holz zerstörende Pilze geschützt.

2 Verleimqualitäten von Flachpressplatten für das Bauwesen

Kennzeichnung

Flachpressplatten für das Bauwesen, die den Güteanforderungen nach DIN 68763 entsprechen, sind vom Hersteller durch Stempeldruck zu kennzeichnen:

– Herstellerwerk und Werktyp (evtl. verschlüsselt)

– DIN-Nummer

– Normtyp

– Dicke in mm

– Emissionsklasse (Überwachungszeichen)

Beispiel

Firma – DIN 68673 – V100G – 19 – E2

Flachpressplatten für das Bauwesen

Aufgaben

1. Wovon hängt das Stehvermögen einer Flachpressplatte ab?
2. Welcher Unterschied besteht zwischen ein- und mehrschichtigen Flachpressplatten?
3. Wie unterscheiden sich FPY- von den FPO-Platten?
4. Was ist bei der Verarbeitung von Spanplatten bezüglich der „Formaldehydabgabe" zu beachten?

5.2.3 Kunststoffbeschichtete dekorative Flachpressplatten (KF)

> KF-Platten bestehen nach DIN 68765 aus einer mehrschichtigen Flachpressplatte und den kunstharzgetränkten Deckschichten.

Diese Schichten sind ähnlich wie die Schichtstoffpressplatten aus einer mehrlagigen Kernschicht und der Deckschicht aufgebaut (Abb. 1). Vgl. Schichtpressstoffplatten, Seite 107.

Die Oberflächengüte der kunststoffbeschichteten dekorativen Flachpressplatte ist von dem **Abrieb**verhalten und der **Schichtdicke** der Deckschichten abhängig. Die Norm gibt für beide Eigenschaften Klassifizierungen nach folgenden Tabellen an.

Abriebklassen	Belastungen
N	normales Abriebverhalten
M	mittleres Abriebverhalten
H	hartes Abriebverhalten
S	stark widerstandsfähiges Abriebverhalten

Abriebverhalten von KF-Platten

Klassen	Beschichtungsdicken	Beschichtungsaufbau
1	bis 0,14 mm	einlagiges, mit Melaminharz getränktes Dekorpapier
2	über 0,14 mm	zusätzliche, mit Harnstoffharz getränkte Kernschicht

Beschichtungsdicken und Beschichtungsaufbau

Kennzeichnung

Die Platten sind vom Hersteller wie folgt zu kennzeichnen:

- Herstellerwerk und Werktyp,
- kunststoffbeschichtete dekorative Flachpressplatte,
- DIN-Nummer,
- Dicke,
- Abriebklasse, Schichtdicke.

> Firma – KF – DIN 68765 – 19 M 2, N 1

Beachten Sie: Die Platte hat zwei unterschiedlich beschichtete Seiten.

Verwendung

Da KF-Platten „oberflächenfertig" geliefert werden, entfallen die Zeit raubenden und somit teuren Arbeiten, wie Furnieren, Beschichten und Oberflächenbehandlung. Sie werden in allen Bereichen des Möbel-, Innen- und Ladenbaues verwendet, vor allem dort, wo unempfindliche Oberflächen verlangt werden.

Formteile aus Spanholz

Aus beleimten Holzspänen werden in Formpressen zwei- oder dreidimensionale Formteile hergestellt. Die Oberflächen können mit Kunststoff, Furnier, Metall oder Textilien beschichtet werden.

Verwendung

Sie finden Anwendung als Tischplatten, Fensterbänke und Verbretterungen im Innenausbau (Abb. 2).

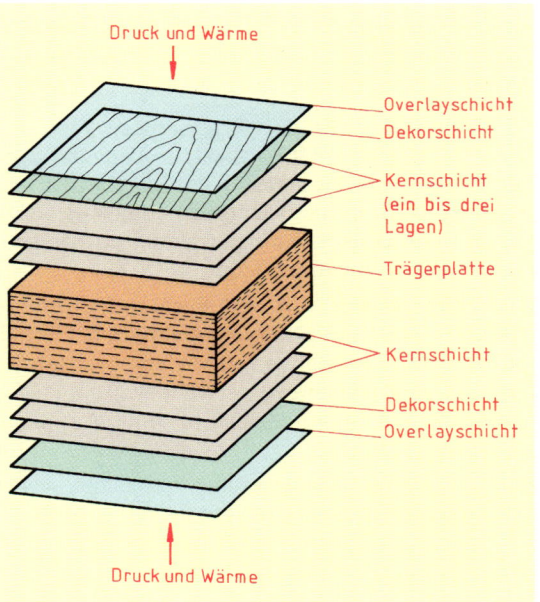

1 Aufbau einer kunststoffbeschichteten dekorativen Flachpressplatte (KF)

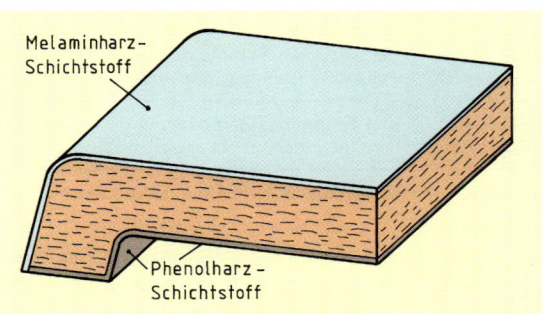

2 Formteil (Fensterbank) aus Spanholz

5.2.4 Strangpressplatten

> Nach DIN 68764 sind Strangpressplatten Spanplatten, bei denen die Späne vorzugsweise rechtwinklig zur Herstellungsrichtung (Stopfrichtung) und zur Plattenebene liegen.

Sie werden je nach Querschnittsstruktur hergestellt als:

– Vollplatten (**SV**), s. Abb. 1, und

– Röhrenplatten (**SR**), s. Abb. 2.

Weiterhin werden sie nach der Oberflächenbeschaffenheit unterschieden in:

– Rohplatten und

– beplankte Platten.

Beplankte Strangpressplatten haben die Kurzzeichen **TSV** und **TSR**.

Das aus der Strangpresse austretende endlose Band wird auf die gewünschte Plattenlänge geschnitten.

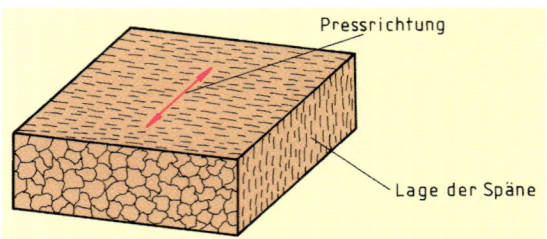

1 Strangpress-Vollplatte (SV)

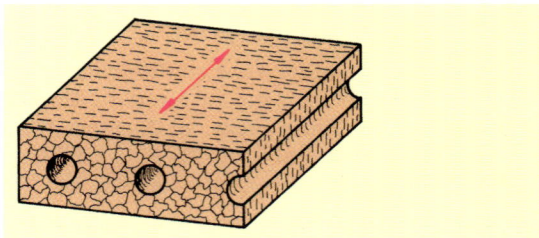

2 Strangpress-Röhrenplatte (SR)

Anwendung

Rohplatten, die aus der Strangpresse kommen, haben entsprechend ihrer Struktur (Lage der Späne) eine geringe Biegefestigkeit. Sie werden verwendet als Türen und Wandelemente. Aus Gründen der Gewichtsersparnis kommen vorwiegend Röhrenplatten zur Anwendung.

Beplankte Platten, d.h. mit Furnieren, Furnier-, Holzfaser- und Kunststoffplatten verleimte Platten, haben ein gutes Stehvermögen und werden im Möbel- und Innenausbau verwendet (Abb. 3). Sie können an den Kanten relativ gut genagelt und geschraubt werden.

Auch beplankte Platten sollen möglichst wenig auf Biegung beansprucht werden (keine Böden).

Nach der Verleimung werden beplankte Platten unterschieden:

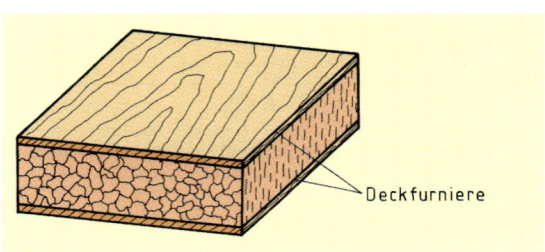

3 Beplankte Strangpressplatte (TSV)

5.2.5 Tischler-Spanplatten

Tischler-Spanplatten sind Verbundplatten, die aus drei Lagen, der dickeren Mittellage aus Vollholz und den beiderseits aufgeleimten dünneren Spanplatten, bestehen (Abb. 4).

Der Vorteil gegenüber dem normalen Stabsperrholz (ST) liegt darin, dass die Oberfläche durch die Absperrung mit Spanplatten beim „Arbeiten" nicht mehr so wellig wird.

Sie werden in den Dicken von 16…38 mm hergestellt und werden als Trägerplatten im Möbel- und Innenausbau verwendet. Sie unterliegen zzt. aber noch keiner Gütesicherung durch eine Norm.

Normtyp	Anwendungsgebiete
SV 1 + SR 1, TSV 1 + TSR 1	Verleimung beständig in Räumen mit allgemein niedriger Luftfeuchte
SV 2 + SR 2, TSV 2 + TSR 2	Verleimung beständig gegen hohe Luftfeuchte, jedoch nicht wetterbeständig

Verleimqualitäten von beplankten Strangpressplatten

Bei den Platten SV 2, SR 2, TSV 2 und TSR 2 sind an allen Kanten mindestens 15 mm breite Vollholzanleimer oder ein gleichwertiger Feuchteschutz anzubringen.

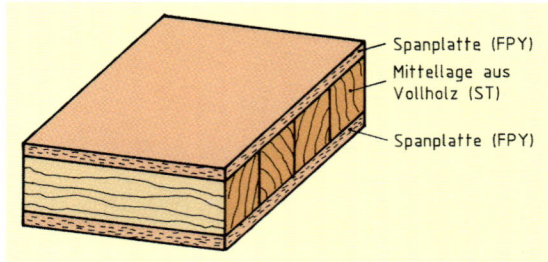

4 Tischler-Spanplatte

5.2.6 OSB-Platten

OSB-Platten (oriented strand boards) sind mehrschichtige Längsspanplatten, die aus langen, schlanken und ausgerichteten Spänen (strands) hergestellt werden (Abb. 2).

2 OSB-Platte

Die langen Flachspäne liegen in den Außenschichten in Längsrichtung, in der Mittelschicht in Querrichtung. Die größte Biegefestigkeit liegt in Längsrichtung der Platte und ist bedeutend größer als bei den normalen Spanplatten. Beim Zuschnitt muss jedoch auf die Längsrichtung Rücksicht genommen werden.

OSB-Platten werden als Bauplatten oder mit Furnier beschichtet als Ersatz für Sperrholz im Möbel- und Innenausbau verwendet.

Kennzeichnung

Die Platten sind nach DIN pr EN 300 vom Hersteller dauerhaft zu kennzeichnen:
- Herstellerwerk und Werktyp
- DIN-Nummer
- Nenndicke
- Formaldehyd-Klasse (Emissionsklasse)

Beispiel

> Firma – DIN EN 300 – 19 – E 1

Nach DIN pr EN 300 werden folgende Plattentypen unterschieden (Tab. 1):

Plattentyp	Kennzeichnung	Verwendung
OSB/1	ein blauer Streifen	Platten für allgemeine Zwecke im Trockenbereich (Möbel, Innenausbau)
OSB/2	zwei blaue Streifen	Platten für tragende Zwecke im Trockenbereich (Innenwände im Hausbau)
OSB/3	ein weißer Streifen	Platten für tragende Zwecke im Feuchtbereich
OSB/4	zwei weiße Streifen	Hoch belastbare Platten für tragende Zwecke im Feuchtbereich

1 Unterscheidungsmerkmale von OSB-Platten

Aufgaben

1. Beschreiben Sie den Aufbau einer kunststoffbeschichteten dekorativen Flachpressplatte (KF).
2. Erklären Sie den Stempelaufdruck:
   Firma – KF – DIN 68765 – 22 H3, N1
3. Warum sollen Strangpressplatten möglichst wenig auf Biegung beansprucht werden?

5.3 Holzfaserplatten

Holzfaserplatten werden nach DIN 68750 aus verholzten Fasern mit oder ohne Füllstoffe und Bindemittel hergestellt.

Je nach Herstellungsart und Verwendungszweck unterscheidet man (Tab. 3):

Kurz-zeichen	Benennung	Anwendungs-gebiete
SB	Poröse Faserplatte	Isolier- und Dämmplatten für Decken und Wände
SB. I	Poröse Faserplatte mit zusätzlichen Eigenschaften Dichte: bis 400 kg/m³	
MB. L	Mittelharte Faserplatte geringer Dichte Dichte: 400 kg/m³...560 kg/m³	
MB.H	Mittelharte Faserplatte hoher Dichte	
MB. I	Mittelharte Faserplatte hoher Dichte mit zusätzlichen Eigenschaften Dichte: 560 kg/m³...900 kg/m³	Beplankung von Zimmertüren, Rahmenfüllungen, Schubkastenböden, Möbelrückwände
HB	Harte Faserplatte	
HB. I	Harte Faserplatte mit zusätzlichen Eigenschaften Dichte: über 900 kg/m³	
MDF	Mitteldichte Faserplatte	Trägerplatten im Möbelbau, Innenausbau, Ladenbau
MDF. I	Mitteldichte Faserplatte mit zusätzlichen Eigenschaften Dichte: über 600 kg/m³	
KH	Kunststoffbeschichtete dekorative harte Faserplatten	Schubkastenböden, Möbelrückwände, Innenausbau

3 Auswahl von Holzfaserplatten nach DIN EN 316 und DIN 58751

Herstellung

Die im **Dampfmahlverfahren** in Zerfaserungsmaschinen hergestellten **Holzfasern** werden mit **Phenolharzleim** beleimt und mit einem Zusatz von **Kolophonium-Paraffin** zur Verringerung der Dickenquellung vermischt.

Beim **Nassverfahren** wird dieser Faserbrei zu einem Faservlies aufgeschüttet und im nassen Zustand in Mehretagenpressen verpresst. Damit das Wasser ablaufen kann, werden auf der Unterseite Drahtsiebe aufgelegt. Diese verleihen auch der Rückseite der Holzfaserplatten die charakteristische Siebnarbe (Abb. 1).

Beim **Halbtrocken-** und **Trockenverfahren** wird die Fasermasse vorgetrocknet, dann zum Faservlies aufgestreut und in Mehretagenpressen verpresst.

Je nach Pressdruck entstehen die unterschiedlichen Dichten der Holzfaserplatten.

Durch spezielle Herstellungsverfahren und Zusätze werden den Holzfaserplatten zusätzliche Eigenschaften verliehen, z.B.

– verbesserte Festigkeiten,

– verbesserte Feuchtebeständigkeiten,

– verbesserter Feuerschutz,

– Resistenz gegen Pilz- und Insektenbefall.

Diese Einzelheiten sind in den entsprechenden Anforderungen der betreffenden Faserplattentypen enthalten.

Holzfaserplatten verändern bei Feuchteänderungen ihre Maße sehr stark. Aus diesem Grunde ist zu beachten:

> Die Plattenfeuchte der Holzfaserplatten muss vor der Verarbeitung dem Verwendungsort angepasst werden.

Holzfaserplatten sind nur beständig bei Verwendung in Räumen mit allgemein niedriger Luftfeuchte.

Abmessungen

Die üblichen Holzfaserplatten werden im Handel in folgenden Abmessungen angeboten:

Dicke	2; 2,5; 3,2; 3,5; 4; 5; 6; 8
Länge	1300, 1730, 2550, 2600, 5100, 5200
Breite	1830, 2050

Abmessungen von Holzfaserplatten (Auswahl)

1 Vorder- und Rückseite einer Holzfaserplatte

MDF-Holzfaserplatten

Medium **d**ensity **f**iberboard = Holzfaserplatte mittlerer Dichte

MDF-Holzfaserplatten werden nach dem Trockenverfahren hergestellt. Als Bindemittel werden den getrockneten Holzfasern vor dem Pressvorgang warmaushärtende Kunstharze zugesetzt.

Die fertigen Platten haben eine Dichte von $0,6...0,8$ kg/dm^3.

Sie werden ähnlich den Spanplatten, in der Verleimqualität V 20 und V 100 angeboten.

MDF-Platten zeichnen sich aus durch:

– homogenen Plattenaufbau,

– sehr gute Oberflächenqualität,

– gutes Stehvermögen und

– niedrige Formaldehydabgabe-Emissionsklasse E 1.

MDF-Platten können an den Kanten direkt profiliert werden (Abb. 2). Sie lassen sich beizen, furnieren, lackieren und mit Kunststofffolien oder beharzten Papieren beschichten (Abb. 2).

Ferner eignen sich MDF-Platten vorzüglich zur Herstellung von beschichteten Profilen und profilierten Schranktüren.

Das Schwindmaß (lineare Ausdehnung) in der Länge/Breite beträgt ca. $0,4\%$, in der Dicke etwa 6%.

Die Probleme der Maßveränderungen können dadurch reduziert werden, dass bei der Verarbeitung dieselbe Plattenfeuchte herrscht wie am Verwen-

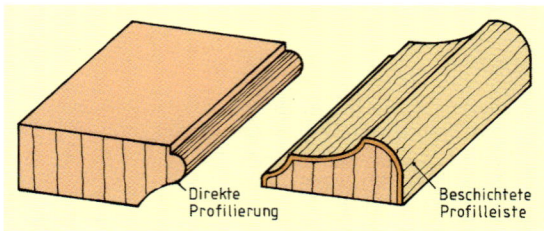

2 **MDF-Holzfaserplatten**

dungsort. Für MDF-Platten wird eine Feuchtegehalt von ca. 8% empfohlen.

Die üblichen MDF-Platten werden in folgenden Abmessungen hergestellt (Tab. 1).

Dicke in mm	6, 8, 10, 12, 14, 16, 19, 22, 25, 28, 30, 32, 35, 38, 40, 45, 50
Länge in mm	2200, 3660, 3730, 4100, 5600
Breite in mm	1870, 2070, 2200

1 **Abmessungen von MDF-Platten (Auswahl)**

Verwendung

MDF-Holzfaserplatten werden heute in allen Bereichen des Möbel-, Innen- und Ladenbaues eingesetzt, vor allem dort, wo profilierte und hochwertige Oberflächen verlangt werden (siehe auch Abb. 2, Seite 106).

5.4 Be- und Verarbeitung von Holzwerkstoffplatten

Holzwerkstoffplatten, wie Furniersperrholz, Tischler-, Holzspan- und Holzfaserplatten, können grundsätzlich mit den üblichen Holzbearbeitungsmaschinen und -werkzeugen gesägt, gehobelt, gefräst, gebohrt und geschliffen werden. Da diese Plattenwerkstoffe jedoch alle mit den harten Kunstharzleimen hergestellt werden, ist es ratsam, **hart**metallbestückte Werkzeuge wegen ihrer längeren Standzeit zu verwenden. Hieraus ergibt sich die Forderung:

Bei der maschinellen Bearbeitung von Holzwerkstoffen muss auf hohe Maßgenauigkeit und Oberflächengüte geachtet werden, damit eine aufwendige Nachbearbeitung von Hand nicht erforderlich wird.

5.4.1 Verbindungen von Plattenwerkstoffen

Verarbeitete Plattenwerkstoffe werden wie Vollholz auf Biegung, Druck, Zug und Abscheren beansprucht. Die Festigkeit einer Verbindung ist weitgehend von der geringen Scherfestigkeit des Plattenwerkstoffes parallel zur Flächenebene abhängig. In der Praxis haben sich folgende Verbindungen besonders bewährt:

– gespundete, gefederte, gedübelte.

Zu den Verbindungsmitteln gehören ferner: Stifte, Spanplattenschrauben, Verbindungsschrauben, -muffen und -muttern, Klammern und Klebstoffe (Anwendung: siehe Kapitel 7).

Aufgaben

1. Warum sollen bei der maschinellen Bearbeitung von Holzwerkstoffplatten vorwiegend hartmetallbestückte Werkzeuge eingesetzt werden?
2. Nennen und zeichnen Sie einige Eckverbindungen von Plattenwerkstoffen, die sich in der Praxis bewährt haben.
3. Wodurch unterscheiden sich Holzfaserplatten von Holzspanplatten?
4. Warum müssen Holzfaserplatten in der Feuchtigkeit dem Verwendungsort angepasst werden?
5. Nennen Sie Verwendungsmöglichkeiten und die Eigenschaften der Holzfaserplatten SB, MB.H, HB. I und KH.
6. Nennen und begründen Sie die Einsatzmöglichkeiten von MDF-Holzfaserplatten im Möbel- und Innenausbau.

5.5 Dekorative Hochdruck-Schichtpressstoffplatten (HPL)

Dekorative Hochdruck-Schichtpressstoffplatten sind nach DIN EN 438-1 Platten, die aus mit duromeren Kunststoffen getränkten Cellulosebahnen bestehen und eine dekorative Oberfläche besitzen.

Fertigung

Dekorative Hochdruck-Schichtpressstoffplatten (Abb. 2) bestehen in ihrem Aufbau im Wesentlichen aus:

Die Kern- und Gegenzugschicht wird aus mehreren **phenolharzgetränkten Cellulosebahnen** gebildet. Auf die Kernschicht (Trägerschicht) kommt das **Dekorpapier**. Dieses Dekorpapier wird, bevor es mit **Melaminharz** getränkt wird, einfarbig, gemustert oder mit einem Holzdekor bedruckt. Zwischen der Kernschicht und dem Dekorpapier liegt bei hellen Oberflächen ein so genanntes weißes **Sperrpapier**. Den oberen Abschluss zum Schutz der Dekorschicht bildet eine melaminharzgetränkte **Deckschicht** (Overlayschicht), die glasklar aushärtet. Die bedruckten, mit **Kondensationsharz** ge-

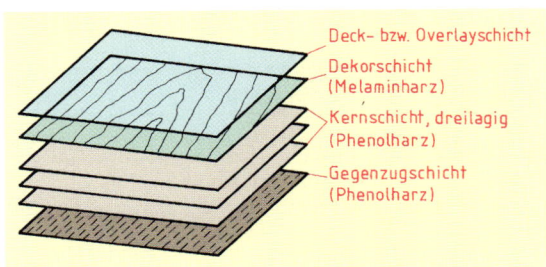

2 **Aufbau einer dekorativen Hochdruck-Schichtpressstoffplatte**

tränkten und vorgetrockneten Papierbahnen werden entsprechend geschichtet und in beheizten Mehretagenpressen hochverdichtet. Unter der Wärmeeinwirkung härtet das Kunstharz durch den chemischen Vorgang der Polykondensation aus, und alle Bahnen werden zu einem homogenen Kunststoff verschweißt (Abb. 1).

5.5.1 Eigenschaften

Hochdruck-Schichtpressstoffplatten werden in den verschiedenen Farben, Dessins und Oberflächenstrukturen hergestellt. Ihre Oberfläche ist gut zu reinigen und gegen Alkohol und die meisten Chemikalien unempfindlich. Weiterhin sind sie geruchs- und geschmacksneutral.

Sie werden im Innenbereich wie folgt angewendet:

- dünne Schichtpressstoffplatte (bis 2 mm Dicke) mit einseitiger dekorativer Deckschicht zum Aufkleben auf eine Unterlage.

- Kompaktschichtpressstoffplatte mit einseitiger oder doppelseitiger dekorativer Deckschicht (2...5 mm Dicke) zum Aufkleben oder auf eine stabile Unterkonstruktion.

- Kompaktschichtpressstoffplatte, selbsttragend mit doppelseitiger dekorativer Deckschicht (Dicke 5...20 mm).

HPL-Platten werden nach DIN EN 438-1 in Materialtypen und spezielle Eigenschaften eingeteilt (Tab. 2):

Typ	Spezielle Eigenschaften
S	HPL – Standard-Qualität für allgemeine Anwendung
P	HPL – durch Wärme nachverformbare Platten
F	HPL – mit erhöhter Widerstandskraft gegen Flammeinwirkung

2 Materialtypen und spezielle Eigenschaften nach DIN EN 438-1

Die Anwendungsklassen werden unterschieden nach dem (Tab. 3...5):

- Verhalten gegenüber der Abriebbeanspruchung,
- Verhalten gegenüber der Stoßbeanspruchung,
- Verhalten gegenüber der Kratzbeanspruchung.

Kennzahl	Abriebbeanspruchung
1	geringer Abriebwiderstand
2	mittlerer Abriebwiderstand
3	hoher Abriebwiderstand
4	besonders hoher Abriebwiderstand

3 Erste Kennzahl für die Abriebbeanspruchung

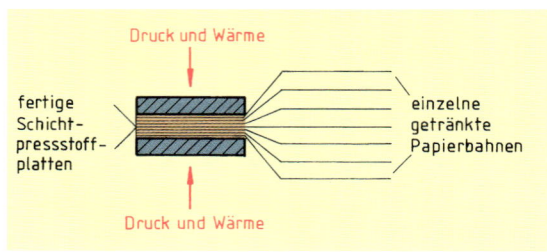

1 Pressen einer dekorativen Hochdruck-Schichtpressstoffplatte
Schematische Darstellung

Kennzahl	Stoßbeanspruchung
1	geringe Stoßfestigkeit
2	mittlere Stoßfestigkeit
3	hohe Stoßfestigkeit
4	besonders hohe Stoßfestigkeit

4 Zweite Kennzahl für die Stoßbeanspruchung

Kennzahl		Kratzbeanspruchung
	1	geringe Kratzfestigkeit
	2	mittlere Kratzfestigkeit
	3	hohe Kratzfestigkeit
	4	besonders hohe Kratzfestigkeit

5 Dritte Kennzahl für die Kratzbeanspruchung

Neben der Kennzahlenklassifizierung kann alternativ auch die alphabetische Klassifizierung angewendet werden (Tab. 6).

Typ	Kenn-zahlen			Alphabetische Klassifizierung	Anwendungsbeispiele
S	1	2	1	**VLS** (Vertical light duty Standard)	Sichtbare Schrankseiten
S	3	3	3	**HGS** (Horizontal General purpose Standard)	Küchenarbeitsflächen, Hoteltische, Tür- und Wandverkleidungen mit hoher Beanspruchung
F				**HGF** (Horizontal General purpose Flame retardant)	
P				**HGP** (Horizontal General purpose Postforming)	

6 Klassifizierungs- und Anwendungsbeispiele nach DIN EN 438-1

5.5.2 Abmessungen

Die Dicken der HPL-Platten sind nach DIN EN 438-1 genormt. Die Längen und Breiten unterliegen jedoch keiner Norm. Handelsübliche Längen und Breiten siehe Tabelle 1.

Dicke (Norm)	0,5; 0,6; 0,7; 0,8; 0,9; 1; 1,1; 1,2; 1,3; 1,4; 1,5; 1,6; 1,8; 2; 2,2; 2,5; 2,8; 3; 4; 5...20
Länge	1750, 2100, 2500, 2800, 3000, 3500, 5200
Breite	800, 1000, 1250, 1700

1 Handelsübliche Abmessung von HPL-Platten in mm

> Die Längsrichtung – Erzeugungsrichtung – ist an den Schleifspuren auf der Rückseite der Platten zu erkennen.

Kennzeichnung

Die nach den Güteanforderungen hergestellten HPL-Platten sind vom Hersteller durch Stempelaufdruck wie folgt zu kennzeichnen:

HPL – DIN EN 438 – S – 121

Benennung
DIN-Nummer
Typ (siehe Tab. 2, S. 108)
Abriebwiderstand (siehe Tab. 3, S. 108)
Stoßfestigkeit (siehe Tab. 4, S. 108)
Kratzfestigkeit (siehe Tab. 5, S. 108)

oder alternativ (siehe Tab. 6, S. 108):

HPL – DIN EN 438 – VLS

Kennzeichnung einer HPL-Platte, Beispiele

5.5.3 Umgang mit HPL-Platten

Das wichtigste Gebot bei der Lagerung, dem Transport und auch der Verarbeitung lautet:

> Die Dekorseite der HPL-Platten darf nicht beschädigt werden.

Die HPL-Platten sollten zweckmäßig waagerecht gelagert werden. Wo dieses aus Raumgründen nicht möglich ist, sollten sie in Längsrichtung unter einem Winkel von ca. 75° untergebracht werden. Dabei ist zu beachten, dass die Platten immer mit ihren Dekorseiten gegeneinander zu lagern sind. Die obersten bzw. letzten Platten sollten mit einer Span- oder Tischlerplatte abgedeckt werden, um ein Verziehen zu verhindern (Abb. 2).

Um Beschädigungen auf der Dekorseite zu verhindern, ist beim Transport und Lagern darauf zu achten, dass die Dekorseiten nicht gegeneinander verschoben werden.

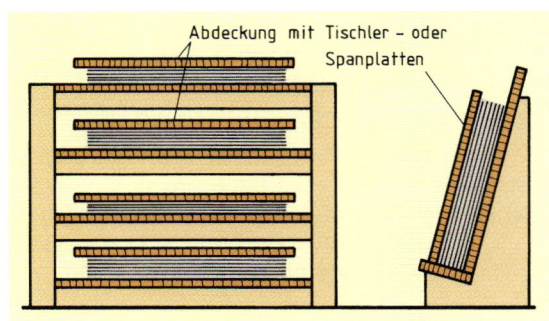

2 Liegende und stehende Lagerung von HPL-Platten

5.5.4 Verarbeiten von HPL-Platten

Da HPL-Platten bei Temperatur- und Feuchteänderungen in Längsrichtung bis etwa 0,15% und in Querrichtung bis etwa 0,3% ihre Abmessungen ändern, sollten sie vor der Verarbeitung auf das entsprechende Gebrauchsklima eingestellt werden. Zum Zuschneiden eignen sich vor allem **Furnierfügemaschinen** und **Tischkreissägen**.

> Um ein Ausbrechen der Plattenkanten zu vermeiden, sollte beim Zuschneiden die Dekorseite immer oben liegen.

Dabei ist auf Folgendes zu achten:

– ausreichende Schnittgeschwindigkeit, etwa 50... 100 m/s,
– günstige Zahnform der Schneidwerkzeuge,
– gleichmäßiger, nicht zu schneller Vorschub, etwa 10...20 m/min,
– Flattern der HPL-Platten vermeiden, durch Rolle der Spanhaube auf den Tisch drücken.

Wegen der Härte der HPL-Platten haben sich hartmetallbestückte Kreissägeblätter wegen ihrer hohen Standzeit besonders bewährt.

Als Trägerplatten eignen sich vor allem Flachpressplatten mit feinen Deckschichten, Furnier- und Stäbchensperrholzplatten. Grundsätzlich dürfen frei stehende Platten, z.B. Türen, nur zweiseitig beschichtet werden. Nur so wird gewährleistet, dass die Platte sich nicht verzieht. Man sollte sich immer bemühen, die Plattensymmetrie zu erhalten. Das bedeutet:

– Die Leimauftragsmenge muss auf beiden Seiten der Trägerplatten möglichst gleichmäßig sein,
– die Erzeugungsrichtung der HPL-Platten muss auf beiden Seiten gleich laufend sein. Sie ist an den Schleifspuren auf der Rückseite der Platte erkennbar (Abb. 1, Seite 110).

Zum Aufleimen von Hochdruck-Schichtpressstoffplatten auf Trägerplatten eignen sich vor allem:

– Dispersationsleim (KPVAC) und

– Kontaktkleber (KPCP).

Damit die Plattenoberfläche beim Pressen nicht beschädigt wird, müssen die Heizplatten (Metallzulagen) einwandfrei und sauber sein. Vorteilhaft ist es, zwischen Plattenoberfläche und Heizplatte (Zulage) eine faltenfreie Papierbahn zu legen.

Kantenbearbeitung und Kantenschutz

Nach dem Pressen und einer entsprechenden Lagerzeit kann die Kantenbearbeitung erfolgen. Hierzu gibt es im Prinzip drei Möglichkeiten:

– Kantenbearbeitung von Hand,

– Kantenbearbeitung mit hochtourigen Handfräsen,

– auf Format schneiden auf einer Tischkreissäge mit Vorritzsäge.

> Mit HPL-Platten beschichtete Werkstücke müssen an den Kanten gegen eindringende Feuchtigkeit und vor Beschädigungen geschützt werden.

Dafür bieten sich verschiedene Lösungen an (Abb. 2).

In der Serienfertigung verwendet man für den Kantenschutz allgemein **duroplastische Schichtstoffumleimer**, die mit Schmelzklebern (KSCH) beschichtet sind. Diese Umleimer können mit beheizten Zulagen (Heizschienen) in den üblichen Kantenpressen oder im Durchlaufverfahren mit beheizten Rollen (Kantenanleimmaschine, siehe Abb. 3, S. 57) aufgepresst werden.

Bei Arbeitsplatten im Küchen- und Ladenbau sowie für Laboreinrichtungen werden Kanten vielfach durch das fugenlose Umformen geschützt. Dieses Umformen ist jedoch nur mit HPL-Platten des Typs P unter Wärmeeinwirkung möglich (Abb. 3). Durch industrielle Verfahren (z.B. Formbeschichtungsverfahren) lassen sich diese HPL-Platten im Durchlauf umformen.

Aufgaben

1. Erklären Sie an einigen Beispielen die Bedeutung der Typenbezeichnungen und Anwendungsklassen bei HPL-Platten!

2. Warum müssen die Schleifriefen der HPL-Platten bei der beiderseitigen Beschichtung immer gleich laufend sein?

3. Warum sind bei beschichteten Platten die Kanten grundsätzlich zu schützen?

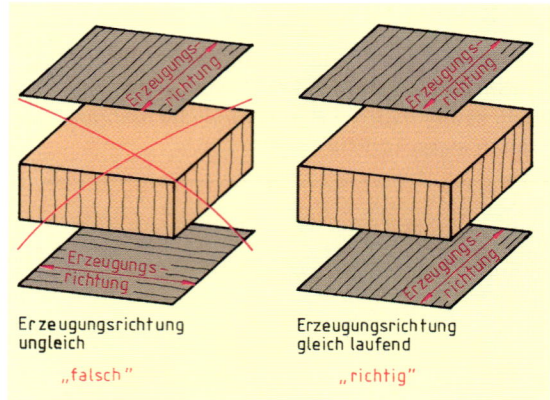

1 Beschichten mit HPL-Platten

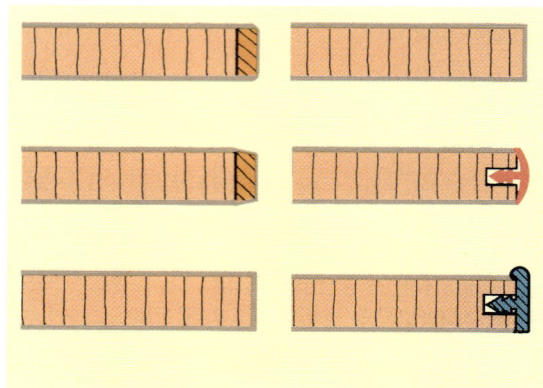

2 Kantenschutz an HPL-beschichteten Platten

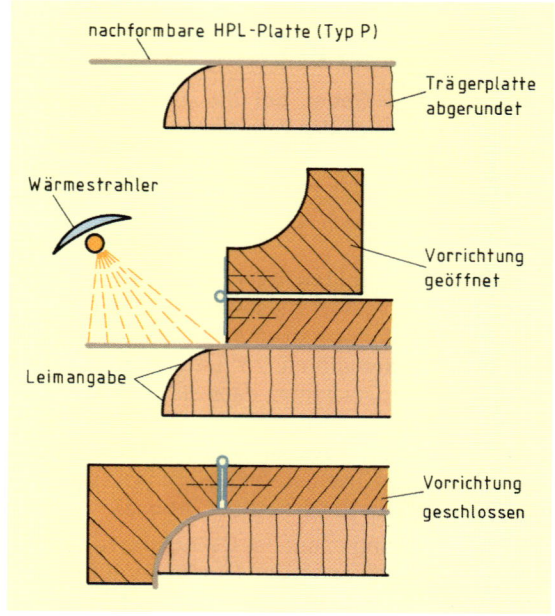

3 Nachverformung von HPL-Platten Typ P

5.5.6 Folien für die Flächenbeschichtung

Folien sind dünne Kunststoffbahnen und werden zum Beschichten von Trägerplatten mit feiner Oberfläche verwendet. Dabei unterscheidet man:

- **Thermoplastische Folien** (wie z.B. PVC-Folien) bestehen aus einem Material und sind oberflächenfertig.
- **Duroplastische Folien** bestehen aus kunstharzgetränkten Papierbahnen, die nach der Beschichtung zum Teil noch oberflächenbehandelt werden müssen.

Weiterhin unterscheidet man (Abb. 1):

- **Dekorfolien** sind meist oberflächenfertig, einige müssen jedoch noch lackiert werden.
- **Gegenzugfolien** verwendet man in der Regel als Zugausgleich einseitig furnierter Flächen.

Die Rückseite ist ebenso wie bei HPL-Platten aufgeraut, sodass sie wie diese auf die Trägerplatten aufgeleimt werden können.

5.6 Plattenwerkstoffe für Türen

Handelsübliche Zimmertüren bestehen im Allgemeinen aus dem Rahmen, der Einlage und den Deckplatten bzw. Decklagen (Abb. 2). Näheres siehe Abschnitt 14.6.3.

Als **Einlagen** werden Holz, Holzwerkstoffe oder Pappwabenfüllungen verwendet.

Die **Deckplatten** können aus folgenden Werkstoffen gefertigt sein:

- zwei kreuzweise aufeinander geleimten Furnieren,
- Furnierplatten,
- Flachpressplatten,
- harten Holzfaserplatten,
- kunststoffbeschichteten dekorativen Holzfaserplatten.

Die **Decklagen** werden, soweit sie nicht Bestandteil der Deckplatten sind, mit den Deckplatten verleimt. Zur Auswahl kommen:

- Furniere,
- dekorative Hochdruck-Schichtpressstoffplatten,
- Kunststofffolien.

5.7 Sonstige Plattenwerkstoffe

In der Bautischlerei und im Bauwesen werden für vielfältige Aufgaben die verschiedensten Plattenwerkstoffe verwendet. In diesem Abschnitt sollen nur einige dieser Plattenwerkstoffe behandelt werden.

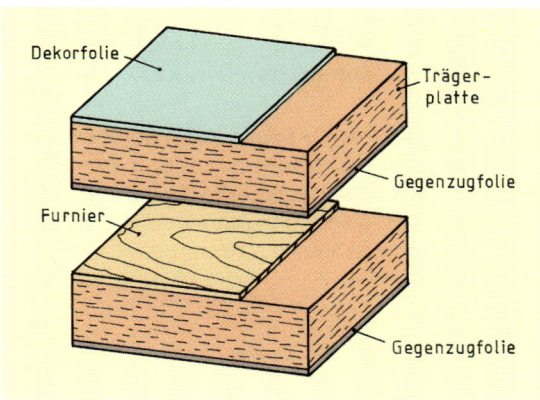

1 Verwendung von Folien

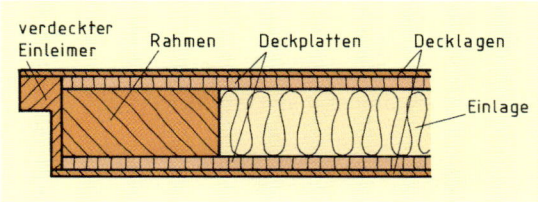

2 Schnitt durch ein Türblatt

5.7.1 Hartschaumplatten aus Polystyrol (PS)

Die im Handel als Styroporplatten bezeichneten Hartschaumplatten zeichnen sich durch geringes Gewicht, sehr gute Wärmedämmungsfähigkeit und gute Formbeständigkeit aus.

Styroporplatten werden heute vielfach zur Verbesserung des Wärmeschutzes in Unterkonstruktionen von Wand- und Deckenverkleidungen angebracht oder direkt auf Wände bzw. Decken aufgeklebt. Dabei sind die entsprechenden **Styroporkleber** zu verwenden. Die üblichen Kontaktkleber der Holzverarbeitung eignen sich nicht, da diese das Styropor auflösen (Abb. 3 und 4).

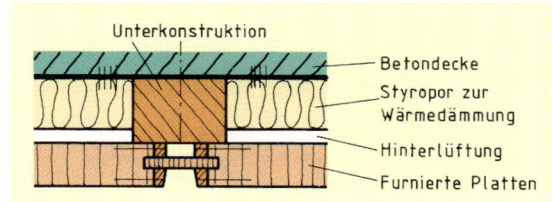

3 Wärmedämmende Deckenverkleidung

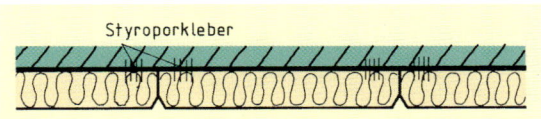

4 Styropor auf Decke verklebt

Räume mit innen liegenden Dämmschichten lassen sich schnell erwärmen, kühlen aber auch schnell wieder aus (siehe auch Kap. 12.2.9 und 12.2.10).

Styropor lässt sich mit Sägen leicht durchtrennen. Um unangenehme Staubentwicklung zu vermeiden und eine saubere Schnittfläche zu erzielen, ist es aber ratsam, die Platten mit einem elektrischen Hitzdraht durch Schmelzen zu trennen.

5.7.2 Gipskartonplatten (GK)

Gipskartonplatten bestehen nach DIN 18180 aus Gipsplatten, deren Flächen mit Karton belegt sind.

Dabei unterscheidet man (Tab. 1):

Bezeichnung	Kurz-zeichen	Verwendung
Gipskarton-Bauplatte Kartonfarbe: graubeige Rückseiten-stempelfarbe: blau	GKB	Wandtrockenputz für trockene Räume
Gipskarton-Feuerschutzplatte Kartonfarbe: graubeige Rückseiten-stempelfarbe: rot	GKF	Wandtrockenputz mit Brandschutz-anforderungen für trockene Räume
Gipskarton-Bauplatte imprägniert Kartonfarbe: grünlich Rückseiten-stempelfarbe: blau	GKBI	Wandtrockenputz für feuchte Räume
Gipskarton-Feuerschutzplatte imprägniert Kartonfarbe: grünlich Rückseiten-stempelfarbe: rot	GKFI	Wandtrockenputz mit Eigenschaften von GKF und GKBI
Gipskarton-Putzträgerplatte Kartonfarbe: grau Rückseiten-stempelfarbe: blau	GKP	Putzträger auf Unterkonstruktionen

1 Arten und Bezeichnungen von Gipskartonplatten

Zur Erhöhung der Feuerwiderstandsdauer erhält der Gipskern der GKF-Platten einen Zusatz von Glasfasern.

Sie werden im Fertighausbau, aber auch im konventionellen Hausbau als Wand- und Deckenplatten verwendet. Bei den Befestigungsarten unterscheidet man:

Befestigung mit Nägeln oder Schrauben an entsprechenden Unterkonstruktionen, z.B. im Dachausbau. Die Befestigungsmittel müssen versenkt werden, damit sie anschließend ausgespachtelt werden können.

Befestigung mittels **Ansetzbinder** auf Rohbauwände. Dieser Ansetzbinder (-mörtel) wird punktuell oder in Streifen auf der Rückseite der Platten angegeben. Anschließend wird die Gipskartonplatte gegen die Wand gedrückt und ausgerichtet.

Sind alle Platten angebracht, werden die Fugen verspachtelt und falls notwendig mit Papier- oder Glasfaserstreifen bewehrt.

Folgende Plattenmaße sind erhältlich (Tab. 2):

Dicke	9,5; 12,5; 15; 18; 25
Länge	1500 ... 4000
Breite	400 ... 1250

2 Gipskartonplatten, Maße in mm

Bei den Gipskartonplatten sind die ummantelten Längskanten für bestimmte Anwendungsgebiete unterschiedlich ausgebildet (Abb. 3).

Gipskarton-Lochplatten werden mit durchgehenden Löchern oder Schlitzen bis 20% der Fläche für schallschluckende Wand- und Deckenverkleidungen verwendet (Abb. 4).

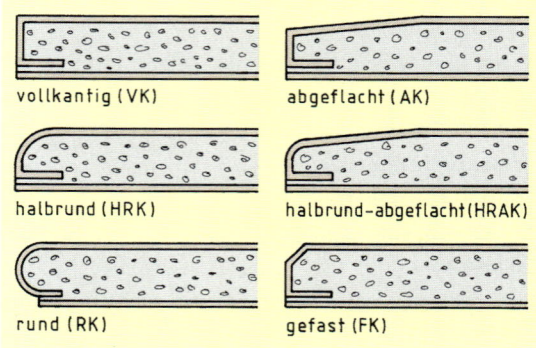

3 Kantenummantelung von Gipskartonplatten

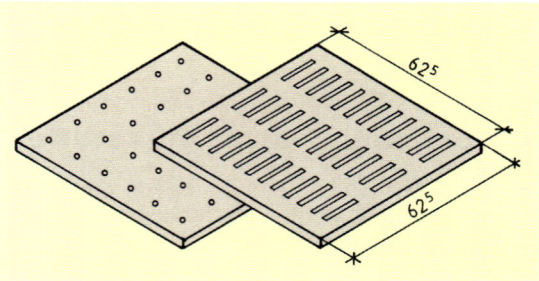

4 Schallschluckende Gipskartonplatten

5.7.3 Zementgebundene Holzspanplatten

> Zementgebundene Holzspanplatten bestehen aus ca. 63% Holzspänen, 25% Zement, 2% Zusatzstoffen, 10% gebundenem Wasser und haben ein Rohdichte von etwa 1,2 kg/dm³.

Sie sind termiten-, verrottungs-, witterungsbeständig und werden je nach Zusammensetzung und Dicke in die Brennbarkeitsklassen B1 (schwer entflammbar) oder A2 (nicht brennbar) eingestuft (Abb. 1). Zementgebundene Holzspanplatten werden in den Dicken 8, 10, 12, 16, 18, 20, 24, 28, 32, 40 mm hergestellt und können mit hartmetallbestückten Werkzeugen bearbeitet werden. Sie können furniert, mit Lacken oder Kunstharzputzen beschichtet und mit Fliesen beklebt werden. Dabei müssen die Kleber bzw. Lacke jedoch alkaliverträglich (zementverträglich) sein. Zementgebundene Holzspanplatten werden in Feuchträumen und im Außenbereich als Fußboden-, Wand- und Deckenplatten eingesetzt und als Brand- und Schallschutzkonstruktionen verwendet. Dabei müssen die Stoßfugen durch Verleimen, Verkleben oder Verspachteln verbunden werden, deshalb sind ihre Kanten besonders ausgeformt (Abb. 2).

5.7.4 Mineral-Kunststoffplatten

> Mineralische Kunststoffplatten bestehen aus fein gemahlenen Mineralien (z.B. Aluminiumhydroxid) und Kunststoffharzen als Bindemittel.

Sie werden einfarbig in verschiedenen Farben oder in steinähnlicher Struktur wie Granit, Marmor oder Travertin hergestellt (Abb. 3). Ihre Dichte liegt bei etwa 1,75 kg/dm³; sie sind in den Dicken von 6…18 mm lieferbar.

Mineral-Kunststoffplatten lassen sich mit hartmetallbestückten Werkzeugen sägen, fräsen und bohren. Zum Schleifen verwendet man Schleifpapier mit zunehmend feinerer Körnung und zum Feinstschliff Stahlwolle. Sie sind licht- und farbecht, abrieb-, schlag- und wetterfest sowie beständig gegen Säuren, Laugen, Alkohol und Aceton.

Mit Spezialklebern lassen sich die Mineral-Kunststoffplatten zu einem fast homogenen Werkstück verkleben. Zum Verkleben auf Unterkonstruktionen müssen dauerelastische Kleber verwendet werden, da infolge unterschiedlicher Längenausdehnungen Spannungen auftreten können (Abb. 4).

Mineral-Kunststoffplatten finden Verwendung in Küchen, Bädern und im Ladenbau als dekorative und strapazierfähige Arbeitsplatten und Verkleidungen.

1 Zementgebundene Holzspanplatte

gefälzt   Nut und Feder

genutet, mit loser Feder   stumpf, gefast

2 Stoßfugen von zementgebundenen Holzspanplatten

3 Mineral-Kunststoffplatte

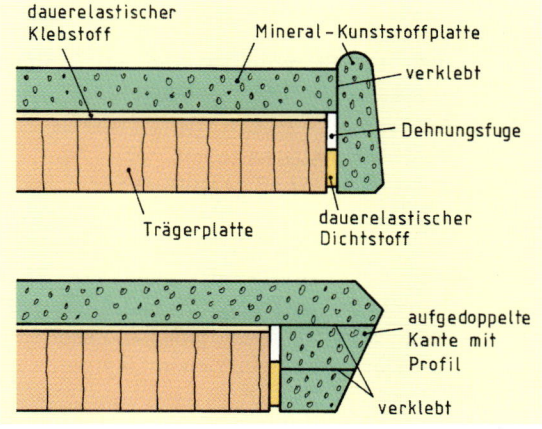

dauerelastischer Klebstoff   Mineral-Kunststoffplatte   verklebt   Dehnungsfuge   Trägerplatte   dauerelastischer Dichtstoff   aufgedoppelte Kante mit Profil   verklebt

4 Verarbeitung von Mineral-Kunststoffplatte

Aufgaben

1. Wo und für welche Zwecke werden Polystyrol-Hartschaumplatten verwendet?
2. Warum dürfen keine Kontaktkleber beim Kleben von Styropor verwendet werden?
3. Wo und für welche Zwecke werden Gipskartonplatten verwendet?

Furnieren ist ein Beschichten von Holz oder Holzwerkstoffen mit dünnen Holzblättern von etwa 0,5...10 mm Dicke.

Die Blätter werden durch Schälen, Messern oder Sägen vom Stamm oder von Stammteilen getrennt, sie heißen Furniere. Sie können auch zur Herstellung von Formteilen verwendet werden.

6.1 Absperren

Absperrfurnier in Dicken von 1,5...3,5 mm wird bei der Herstellung von Furnier-, Stab- und Stäbchensperrholz verwendet. Durch das Absperren wird das Arbeiten der Mittellagen weitgehend verhindert. Außerdem findet es Verwendung beim Beplanken von Holzspan- und Holzfaserplatten.

Blind- oder Unterfurnieren

Blind- oder Unterfurniere werden zwischen Trägerplatten und Deckfurnieren aufgeleimt; vor allem dann, wenn zu befürchten ist, dass sich Fehler der Trägerplatten wie Äste, Risse, Unebenheiten durch das Deckfurnier abzeichnen würden.

Deck- und Edelfurnieren

Deck- und Edelfurniere sollen vor allem die Oberfläche eines ausgewählten Werkstücks verschönern und veredeln. Durch die richtige Auswahl und Technik kann die Eigenheit des Holzes voll zur Geltung gebracht werden (Abb. 1).

Man unterscheidet:

- **Langfurnier (L)**,
  hergestellt aus Stämmen, wobei die Schnittführung parallel zur Stammachse erfolgt,
- **Maserfurnier (M)**,
  hergestellt aus Maserknollen oder Wurzelstücken mit unregelmäßigem Wuchs.

Als **Gegenfurniere** bezeichnet man solche Furniere, die auf nicht sichtbaren Flächen eines Werkstückes (z.B. Böden, Rückwände usw.) verwendet werden. Um ein Verziehen der Flächen zu vermeiden, müssen sie jedoch in der gleichen Faserrichtung wie die Deckfurniere aufgeleimt werden.

Aufgaben

1. Beschreiben Sie den Zweck des Furnierens im Möbel- und Innenausbau.
2. Welche Aufgaben hat das Blind- oder Unterfurnieren?
3. Welcher Unterschied besteht zwischen Lang- (L) und Maserfurnier (M)?

1 Furnierte Schrankwand

6.2 Herstellung und Verwendung der Furniere

Nach der Art der Herstellung unterscheidet man folgende Furniere (Tab. 2):

Herstellung durch

Schälen	Messern	Sägen
↓	↓	↓
Schälfurnier	Messerfurnier	Sägefurnier
Rundschälfurnier Exzenterschälfurnier Maserschälfurnier	Fladerschnittfurnier Spiegelschnittfurnier	hergestellt auf: Gatter Kreissäge

2 Furnierarten

Baumstämme müssen vor der eigentlichen Furnierherstellung entrindet, abgeschwartet, halbiert bzw. geviertelt und abgelängt werden. Da frisches Holz zum Schälen und Messern zu hart und spröde ist, kommen die so vorbehandelten Baumstämme bzw. Stammteile zum Weichmachen in Dampf- oder Kochgruben. Dieses Dämpfen bzw. Kochen dauert je nach Dichte des Holzes, der Holzart und des Blockvolumens Stunden bis Tage.

Beim Dämpfen und Kochen der Furnierstämme sind Farbveränderungen unvermeidlich.

Empfindliche Hölzer, wie Eiche, Esche, Ahorn, Birke u.a., werden lediglich bis etwa 60 °C im Wasserbad erwärmt.

6.2.1 Schälfurniere

Die rationellste Furnierherstellung ist das Schälen. Es ergibt die größte Ausbeute des Rundholzes und erfordert den geringsten Zeitaufwand.

Rundschälen

Der Stamm wird zentrisch in die Furnierschälmaschine eingespannt und um seine Längsachse gedreht. Das Schälmesser und der Druckbalken werden entsprechend der Furnierdicke kontinuierlich nachgeführt und trennen ein endloses Furnierband von gleichmäßiger Dicke ab. Dieses Furnierband wird aufgehaspelt oder in Furnierblätter geschnitten (Abb. 1).

Merkmale der Schälfurniere

– Schälfurniere werden in den Dicken von 0,5...10 mm hergestellt,
– bis etwa 3,5 mm Dicke vorwiegend als Absperr- bzw. Unterfurniere gebraucht,
– von etwa 5...8 mm Dicke als Mittellagen von Stäbchensperrholz (stehende Jahresringe) verarbeitet,
– Schälfurniere haben auf der Unterseite feine Haarrisse (siehe Abb. 3, S. 116),
– sind rationell herzustellen und relativ preiswert,
– werden aus Birke, Ahorn, Esche u.a. wegen der eigenartigen Zeichnung (gewellt, geflammt) gerne als Deckfurniere verwendet.

Exzentrisches Schälen

Der Block (Voll-, Halb-, Viertelstamm, Wurzelstück, Maserknolle) wird exzentrisch (außerhalb der Mitte) eingespannt (Abb. 2). Dabei werden die Jahresringe in verschiedenen Winkeln angeschnitten, sodass sich die Maserung (Zeichnung) entsprechend verändert.

> Exzentrisch geschälte Furniere ähneln in ihrer Textur den Messerfurnieren und werden vielfach als Deckfurniere verwendet.

Dieses Verfahren eignet sich besonders zur Herstellung von Maserfurnieren aus Maserknollen und Wurzelstücken.

Radialschälen

Das Radialschälen ist dem Anspitzen eines Bleistiftes vergleichbar. Dabei entstehen je nach Anspitzwinkel und Dicke des Stammes kleine bzw. große runde Furnierblätter mit eigenartiger Zeichnung (Abb. 3). Radialfurniere eignen sich besonders zum Furnieren runder Flächen, z.B. Tischplatten (Abb. 4).

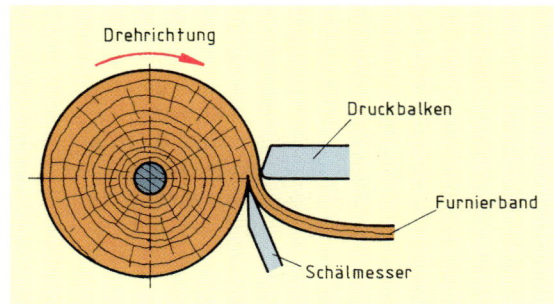

1 Herstellen von Schälfurnier durch Rundschälen

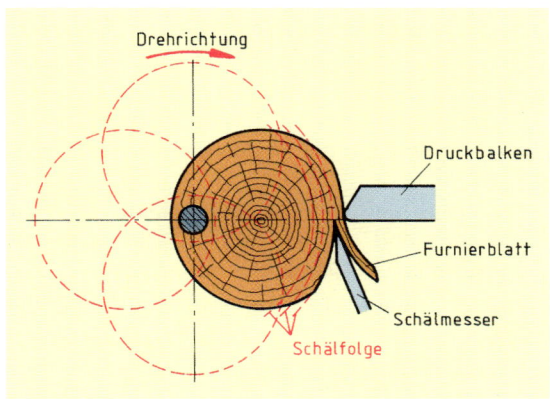

2 Herstellen von Schälfurnieren durch exzentrisches Schälen

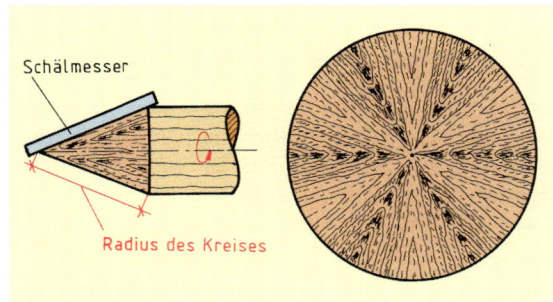

3 Radialschälen   **4 Radialschälfurniere**

6.2.2 Messerfurniere

Das Messern der Furniere erfolgt im Unterschied zum Schälen nicht fortlaufend, sondern durch eine taktweise Hin- und Her- oder Auf- und Abbewegung des Messers bzw. des Stammes. Dabei wird jeweils eine Furnierlage vom Stamm abgehoben. Damit das Furnier nicht so stark einreißt, wird es kurz vor der Schneide durch einen Druckbalken angepresst. Zum Messern werden im Aufbau verschiedene Furniermessermaschinen verwendet.

Horizontalmessern

Beim Horizontalmessern wird das Messer schräg zur Längsrichtung des fest eingespannten Stammes geführt. Nach jedem Schnitt wird der Stamm jeweils um die eingestellte Furnierdicke angehoben. Bei diesem Verfahren werden etwa 50 Furnierblätter je Minute abgemessert (Abb. 1).

Vertikalmessern

Beim neueren Vertikalmessern wird der Halb- oder Viertelblock schräg zur Längsrichtung durch Auf- und Abwärtsbewegung über das fest stehende Messer geführt. Da hierbei der Stamm und nicht das schwere Messer bewegt wird, ist bei geringem Energieverbrauch die Leistung höher. Bei diesem Verfahren werden etwa 80 Furnierblätter je Minute abgemessert (Abb. 2).

Messerfurniere werden in den Dicken 0,5...1 mm hergestellt,

– haben eine natürliche Maserung (gefladert oder gestreift) und werden fast ausschließlich als Deckfurniere verwendet,

– Messerfurniere eines Blockes unterscheiden sich in Farbe und Maserung kaum,

– weisen durch Dämpfen und Kochen Farbveränderungen auf,

– haben auf der Unterseite feine Haarrisse. Die Seite wird als die linke Seite bezeichnet und sollte nach Möglichkeit aufgeleimt werden (Abb. 3).

6.2.3 Sägefurniere

Sägefurniere werden auf dem Furniergatter oder der Furnierkreissäge hergestellt. Die Herstellung ist sehr zeitaufwendig und es entstehen hohe Schnittverluste von etwa 60...200% je nach Furnierdicke (Abb. 4).

Sägefurniere werden in Dicken von etwa 1...10 mm hergestellt,

– sind sehr teuer, bleiben rissfrei,

– brauchen nicht gedämpft zu werden und behalten somit ihre natürliche Farbe,

– werden nur für hochwertige Arbeiten verwendet.

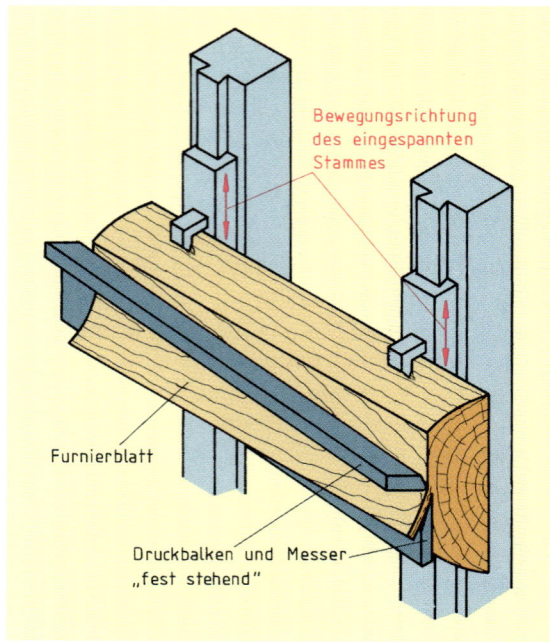

2　Herstellen von Messerfurnieren durch Vertikalmessern

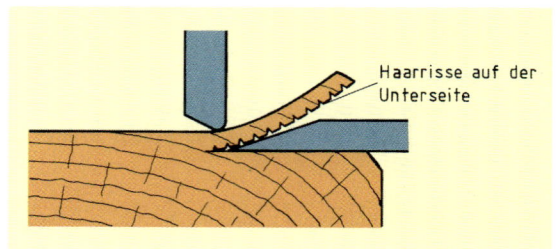

3　Haarrisse bei Schäl- und Messerfurnieren
Furnierblöcke werden je nach Holzart und Form von der linken oder rechten Seite gemessert

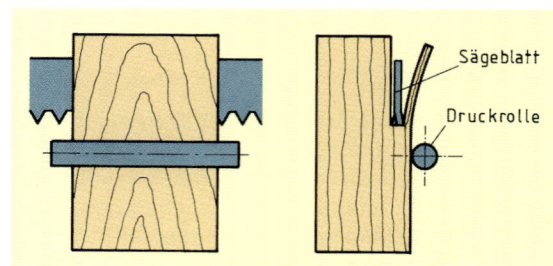

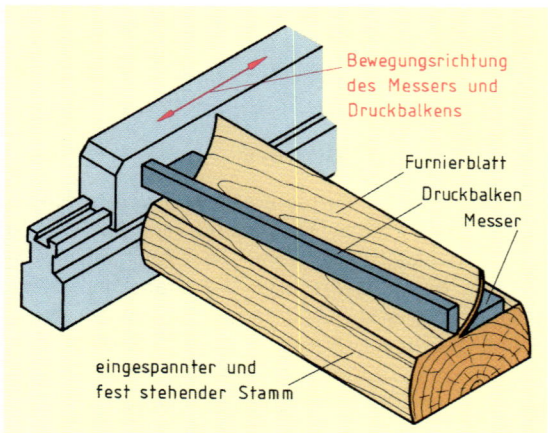

1　Herstellen von Messerfurnieren durch Horizontalmessern

4　Herstellen von Sägefurnier mit dem Furniergatter

6.2.4 Trocknen der Furniere

Der Feuchtegehalt der Furniere beträgt je nach Holzart und Holzdichte nach dem Dämpfen bzw. Kochen etwa 60…130 %.

> Furnierblätter müssen sofort nach der Herstellung auf etwa 10 % Holzfeuchte getrocknet werden, um ein Verfärben, Verstocken, Werfen, Reißen und Welligwerden zu verhindern.

Die Furnierblätter durchlaufen einzeln einen Trockenkanal mit verschiedenen Trockenzonen. Dabei wird zuerst das frei in den Zellhohlräumen lagernde Wasser, dann das in den Zellwänden befindliche Wasser getrocknet. das Einlegen bzw. Herausnehmen der einzelnen Furnierblätter muss in der Reihenfolge erfolgen, wie sie geschält oder gemessert worden sind.

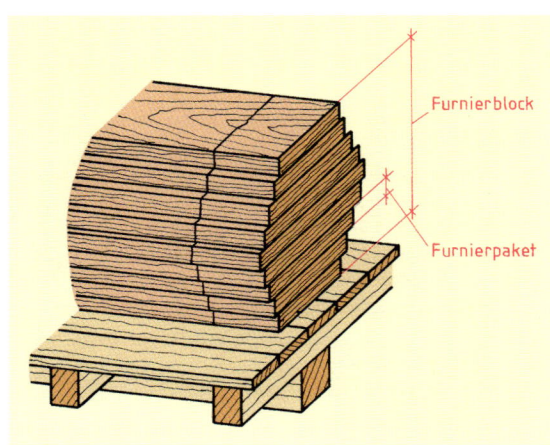

1 Lagerung von Furnieren

6.2.5 Handelsformen

Nach dem Trocknen werden die Exzenterschäl- und Messerfurniere zu Furnierpaketen gebündelt und so in den Handel gebracht. Gebräuchliche Pakete enthalten 16, 24 oder 36 Furnierblätter. Die Zahl der Blätter in einem Paket ist immer durch vier teilbar.

Die aus einem Stamm oder Stammteil gewonnenen Furniere (ähnlich in Farbe und Maserung) sollen möglichst als Furnierblock zusammenbleiben (Abb. 1).

Rundschälfurniere bis etwa 1 mm Dicke werden ebenfalls als gebündelte Pakete angeboten. Dickere Absperrfurniere werden in der Regel ungebündelt geliefert. Maserfurniere sind meistens blattweise im Handel.

Abmessungen und Kennzeichnung

Die Längen und Breiten der Furniere richten sich nach

- den Abmessungen der Furnierstämme,
- der Größe der für die Furnierherstellung verwendeten Maschinen.

Längen und Breiten sind aus diesem Grunde nicht genormt. Furnierlängen sind bis zu 5 m im Handel erhältlich.

Die Dicken der Langfurniere (L) und Maserfurniere (M) sind nach DIN 4079 festgelegt und unterscheiden sich je nach Holzart (Tab. 2 und 3).

Dicke in mm	Holzart	Kurzzeichen
0,5	Makoré Nussbaum	MAC NB
0,55	Birke Birnbaum Kirschbaum Mahagoni (echt) u. a. Rio Palisander Mansonia	BI BB KB MAE PRO MAN
0,65	Eiche Linde	EI LI
0,9	Kiefer Lärche	KI LA
1,0	Fichte	FI

2 Nenndicken der Langfurniere (L)
Auszug nach DIN 4079

Dicke in mm	Holzart	Kurzzeichen
0,5	Nussbaum	NB
0,55	Ahorn	AH
0,6	Esche Rüster	ES RU

3 Nenndicken der Maserfurniere (M)
Auszug nach DIN 4079

Die Kennzeichnung der Furniere wird vom Hersteller wie folgt angegeben:

- Herstellungsart,
- Lang- und Maserfurniere,
- Dicke,
- DIN-Nummer,
- Holzart.

> Messerfurnier L 0,65 DIN 4079 – EI

1. Warum wird das Holz vor dem Schälen oder Messern gedämpft?
2. Welche Nachteile entstehen durch das Dämpfen bzw. Kochen?
3. Welche Herstellungsverfahren für Furniere gibt es?
4. Warum entstehen beim Messern und Schälen auf der Unterseite der Furniere feine Haarrisse?
5. Warum müssen Furnierblätter sofort nach der Herstellung getrocknet werden?
6. Nennen Sie Anwendungsgebiete für Schälfurniere.
7. Welche Vor- und Nachteile haben Sägefurniere gegenüber Messerfurnieren?
8. Erkären Sie die Begriffe „Furnierpaket" und „Furnierblock".

6.3 Verarbeiten der Furniere

Das Furnieren ist ein wichtiges, umfangreiches und auch schönes Aufgabengebiet. Es umfasst folgende Arbeitsschritte:

– Auswahl der Furniere,
– Zusammensetzen der Furniere,
– Vorbereitung der Trägerplatten,
– Auswahl des Leimes und Leimauftrages,
– Auflegen der Furniere und Pressen,
– Nachbehandlung der furnierten Werkstücke.

6.3.1 Umgang mit Furnierblättern

Furniere sind wertvoll und teuer. Da die dünnen Furnierblätter gegen Bruch und Einreißen äußerst empfindlich sind, ist beim Transport, bei der Lagerung und Verarbeitung darauf zu achten, dass möglichst keine Beschädigungen und damit auch keine Verluste entstehen.

Arbeitsweise:

– Furniere müssen beim Transport behutsam und sorgfältig behandelt werden.
– Eingerissene Furnierblätter sind sofort mit Klebestreifen zu sichern.
– Die Reihenfolge der Furnierblätter innerhalb eines Paketes darf nicht verändert werden.
– Furniere sollen dunkel gelagert werden, damit keine Farbveränderungen auftreten können.
– Für die Lagerung der Furniere eignen sich besonders Räume (Kellerräume), die gut belüftet, kühl, trocken und dunkel sind.
– Regale und Konsolen erleichtern die Lagerung und machen die Sortierung überschaubar.

6.3.2 Auswahl der Furniere

Zur Auswahl der Furniere gehören Erfahrung und ein gewisses Gefühl für die Schönheit und Wirkung des Holzes. Dabei ist auf Farbe und Maserung besonders zu achten.

> Bei der Auswahl der Furniere ist stets das gesamte Werkstück oder der Raum seiner Verwendung in die Entscheidung einzubeziehen.

Man beachte:

– Großflächige Werkstücke sollen stets eine Oberfläche erhalten, die der Holzstruktur eines natürlichen Stammquerschnittes entspricht,
– stark gegliederte Flächen sind bevorzugt schlicht zu furnieren,
– Rahmen sollten in der Regel eine schlichte Oberfläche, entsprechend dem Vollholz mit stehenden Jahresringen, erhalten.

Beispiele für die Auswahl und das Zusammensetzen von Furnieren zeigen die folgenden fünf Abbildungen:

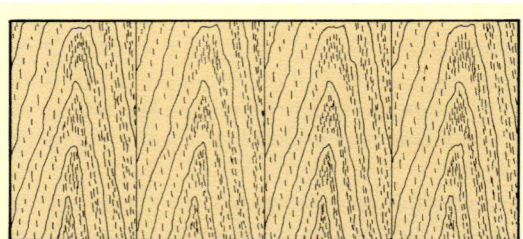

1 Das Nebeneinanderlegen oder Verschieben in der Breite bringt zwar den Vorteil, dass die rissfreie Seite immer nach außen zeigt, aber den Nachteil, dass ein unschönes Bild entsteht, das nicht nachgemacht werden sollte

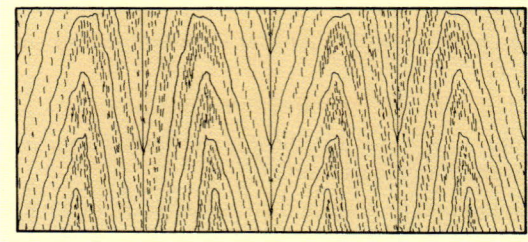

2 Das Stürzen in der Breite bringt den Nachteil, dass jedes zweite Furnierblatt mit den Haarrissen nach außen zeigt und häufig Leimdurchschlag aufweist, aber den Vorteil, dass das Bild viel ruhiger wirkt

Damit sich die Trägerplatten nicht verziehen, sind folgende Hinweise zu beachten:

- **Deckfurniere** müssen immer quer zur Faserrichtung des Absperr- oder Blindfurniers verlaufen.

- Sie müssen beim Furnieren von Rahmen aus Vollholz immer in Faserrichtung des Vollholzes verlaufen.

- Es muss immer beidseitig furniert werden (symmetrischer Aufbau zur Plattenmittelebene).

- Furniere müssen außen und innen immer gleich dick sein.

- Frei stehende Flächen, wie z.B. Türen, sollen möglichst mit der gleichen Furnierart und Holzart vom gleichen Stamm furniert werden.

> Vor dem Zuschneiden werden die Furniere sorgfältig auf Fehler untersucht.

Oft können noch so unscheinbare Fehler schwerwiegende Folgen nach sich ziehen.

Fehlerhafte Furniere:

- **Vermesserte Furniere**
  Die Furniere sind ungleich dick. Es kann zu Fehlverleimungen (Kürschner) kommen und es besteht die Gefahr des Durchschleifens.

- **Dämpffehler**
  Die Furniere weisen Verfärbungen auf. Flecken treten nach der Oberflächenbehandlung stark hervor.

- **Messerriefen**
  Erhebungen auf dem Furnier quer zur Faserrichtung sind durch Scharten im Messer entstanden, nach der Oberflächenbehandlung, vor allem nach dem Beizen, sichtbar.

- **Fehler in der Blattfolge**
  Durch fehlende Furnierblätter oder durch falsches Zusammenlegen entstanden. Das Zusammensetzen des Furnierbildes wird erschwert.

- **Wellige Furniere**
  Durch Fehler beim Trocknen und Lagern entstanden. Beim Furnieren können offene oder überschobene Fugen entstehen.

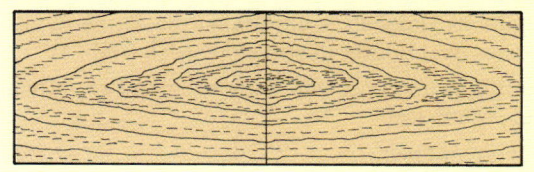

1 Das Stürzen in der Länge
wird angewendet, wenn die Furnierblattlänge nicht ausreicht. Auch hierbei zeigt ein Blatt mit den Haarrissen nach außen

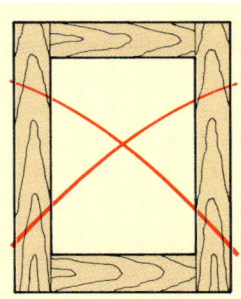

2 Rahmen schlicht furniert
„ruhiges Bild"

Rahmen gefladert furniert
„unruhiges Bild"

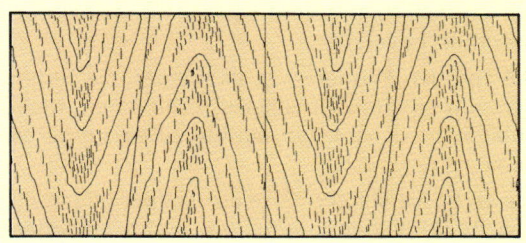

3 Das Verschieben mit Blattdrehung
wird bei stark konischen Furnierblättern angewendet, um hohe Schnittverluste zu vermeiden. Es eignet sich aber nur für Innendeckfurniere mit wenig Sichtfläche wie Schrankinnenseiten, Einlegeböden, Schubkastenböden

6.3.3 Schneiden und Fügen

Für das **Zuschneiden** von Länge und Breite eignet sich vor allem die Furnierschneidemaschine, bei kleineren Mengen auch die **Furniersäge** oder das **Furniermesser**. Beim Zuschnitt sollte möglichst auf geringen Verschnitt geachtet werden.

Das Fügen erfolgt zweckmäßig auf einer Furnierfügemaschine (Abb. 1, S. 36) oder mit einer Furnierschere (Abb. 4).

4 Furnierschere

Das Fügen ist auch auf der Abrichte oder mit der Raubank möglich, wenn dabei die Furniere zwischen zwei Bretter gespannt werden (Abb. 1).

Zum Zusammensetzen der einzelnen Furnierblätter eignen sich

– Fugenpapier,
– Polyamidfäden,
– Verleimen der Fugen in der Breite.

Das **Fugenpapier** wird von Hand, mit dem **Fugenklebeapparat** oder der Fugenzusammensetzmaschine aufgeklebt. Das Fugenpapier soll möglichst dünn und zäh sein. Außerdem muss der Klebstoff säurefrei sein, da sich sonst bei empfindlichen Hölzern Farbveränderungen zeigen, die auch nach der Oberflächenbehandlung sichtbar bleiben.

Auf der Fugenzusammensetzmaschine können die Furnierblätter auch mit einem **Polyamidfaden** im Zickzack-Verfahren zusammengeklebt werden (Abb. 2). Der Polyamidfaden wird kurz vor dem Aufpressen erhitzt und auf das Furnier gedrückt. Der Vorteil dieses Verfahrens liegt darin, dass der Klebefaden mit aufgeleimt wird und somit verdeckt ist.

> Bei hochglänzenden Oberflächen müssen die Furnierfugen zusätzlich beleimt werden, damit sie sich nach der Oberflächenbehandlung nicht abzeichnen.

Das Verleimen der Furnierfugen wird vor allem in der Serienfertigung und bei der Herstellung von Sperrholz bevorzugt.

Bei spröden Furnieren ist es ratsam, die Hirnenden von Langfurnier zusätzlich mit einem **Klebestreifen** zu sichern, um ein Einreißen zu vermeiden.

Die fertig verklebten Furniere sollten gegenüber den Trägerplatten rundherum einen **Überstand** von etwa 10 mm haben, denn dadurch können leichte Verschiebungen beim Pressen ausgeglichen werden. Ferner schützt der Überstand die Platte der Heizpresse vor Verschmutzung durch herausgepressten Leim.

6.3.4 Vorbereiten des Furnierträgers

Größte Sorgfalt ist bei der Vorbereitung des Furnierträgers geboten, denn nur dann entstehen glatte und ebene Oberflächen des furnierten Werkstückes. Furnierträger können sein:

– Trägerplatten aus Furnier-, Stab-, Stäbchensperrholz, Holzspan- und Holzfaserplatten,
– Rahmen aus Stäbchensperrholz und Vollholz.

Ebnen der Trägerplatten

Sollten die Trägerplatten eine wellige Oberfläche zeigen, so sind die Unebenheiten vor dem Furnieren zu beseitigen. Dafür stehen zur Verfügung:

– die Zylinderschleifmaschine,
– die Bandschleifmaschine (Vorsicht),
– die Raubank,
– der Zahnhobel (wird heute nur noch selten angewendet).

Wird zum Oberflächenebnen die Bandschleifmaschine verwendet, so muss mit einem „großen Schleifschuh" und grobem Schleifpapier schräg zum Absperrfurnier geschliffen werden.

1 Fügen mit der Raubank

2 Furnierklebemaschine mit Polyamidfaden

Kantenschutz (Abb. 1)

Die Kanten der Trägerplatten erhalten in der Regel:

– **Einleimer** aus Vollholz (a vor dem Furnieren),

– **Umleimer** aus Vollholz (b nach dem Furnieren),

– **Furnierumleimer** (c nach dem Furnieren).

Werden Einleimer aus Vollholz vor dem Furnieren angebracht, so sollten sie in Farbe und Struktur dem verwendeten Furnier entsprechen.

> Man beachte, dass die Einleimer und das Plattenmaterial die gleiche Feuchte besitzen.

Da die Einleimer und die Trägerplatten aus verschiedenen Holzarten bestehen, arbeiten sie auch unterschiedlich stark und zeichnen sich eventuell nach dem Furnieren auf der Oberfläche ab. Aus diesem Grunde müssen die Einleimer möglichst dünn gehalten werden (Abb. 2).

Werden die Plattenkanten anschließend profiliert, so müssen die Verbindungsfugen zwischen Trägerplatten und Vollholzeinleimer dem Profil angepasst werden (Abb. 3).

Bei stark glänzenden und polierten Oberflächen wird das Abzeichnen der Einleimer vermieden, indem man sie nicht rechtwinklig, sondern schräg einleimt. Diese Anordnung erfordert jedoch ein genaues Arbeiten und einen hohen Arbeitsaufwand (Abb. 4).

An den Plattenecken können die Vollholzeinleimer stumpf oder auf Gehrung zusammenstoßen. Werden abgerundete Ecken verlangt, so sind die Umleimer aus mehreren Teilstücken zusammengekröpft. Dadurch wird der Hirnholzanteil erheblich verringert (Abb. 5).

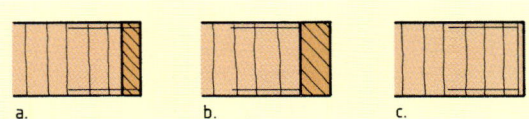

a.   b.   c.

1 Kantenschutz an Trägerplatten

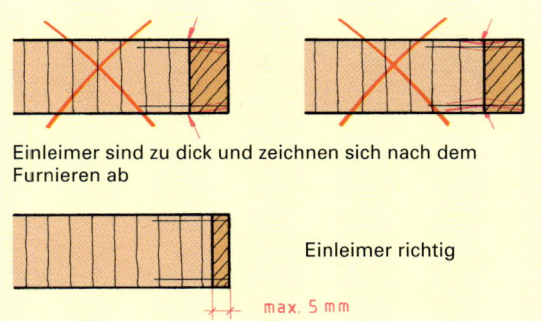

Einleimer sind zu dick und zeichnen sich nach dem Furnieren ab

Einleimer richtig

max. 5 mm

2 Einleimerdicken

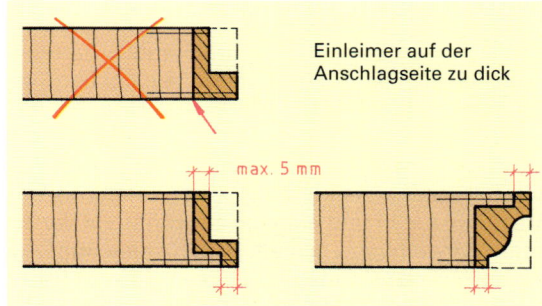

Einleimer auf der Anschlagseite zu dick

max. 5 mm

3 Einleimer bei profilierten Kanten

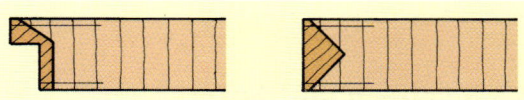

4 Schräg eingeleimte Einleimer bei hochwertigen Arbeiten

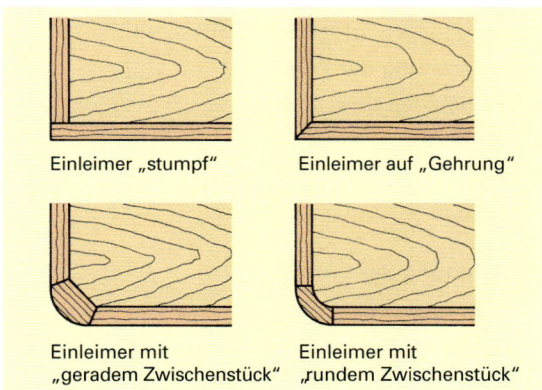

Einleimer „stumpf"   Einleimer auf „Gehrung"

Einleimer mit „geradem Zwischenstück"   Einleimer mit „rundem Zwischenstück"

5 Einleimer an Plattenecken (vor dem Furnieren)

> Die angeleimten Vollholzeinleimer dürfen erst nach dem Austrocknen der Leimfeuchte mit der Platte eben gehobelt, gefräst oder geschliffen werden (Abb. 6).

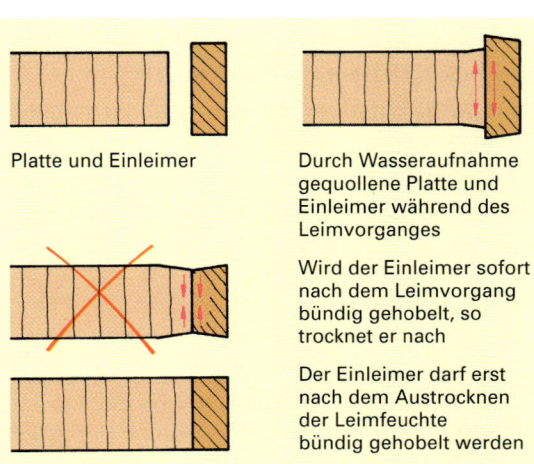

Platte und Einleimer

Durch Wasseraufnahme gequollene Platte und Einleimer während des Leimvorganges

Wird der Einleimer sofort nach dem Leimvorgang bündig gehobelt, so trocknet er nach

Der Einleimer darf erst nach dem Austrocknen der Leimfeuchte bündig gehobelt werden

6 Bündighobeln des Einleimers

Rahmen als Furnierträger

An die Vorbereitung der zu furnierenden Rahmen sind die gleichen Anforderungen wie bei den Trägerplatten zu stellen. Ein hässlicher Fehler bei furnierten Rahmenhölzern ist das Markieren der Rahmenbrüstungsfugen. Aus diesem Grunde ist bei der Rahmenherstellung auf die Gestaltung der Brüstungsfugen und auf eine einwandfreie Verleimung besonders zu achten. Ferner sollte nur Holz mit stehenden Jahresringen ohne Verwachsungen und Äste verwendet werden (Abb. 1). Massivholzrahmen als Furnierträger werden heute wegen des hohen Arbeitsaufwandes nur noch selten verwendet.

6.3.5 Leimen und Aufpressen

Nachdem die Furniere und Trägerplatten vorbereitet wurden, beginnt das „eigentliche Furnieren". Hierzu gehören folgende Arbeitsschritte:

– Vorbereitung der Presse,

– Bereitstellen des Leimes,

– Leimauftrag,

– Auflegen der Furniere,

– Pressen.

Vorbereitung der Presse

Je nach der verwendeten Leimart und der Presse werden die Furniere kalt, warm oder heiß auf die Trägerplatten aufgepresst. Zum Furnieren stehen in den Betrieben die verschiedensten Pressen zur Verfügung:

– Furnierböcke,

– Spindelpressen,

– hydraulische Heißpressen.

Heute werden zum Furnieren fast ausschließlich hydraulische Heißpressen verwendet (siehe S. 70, Abb. 4).

Mit dieser Presse soll auch der eigentliche Furniervorgang beschrieben werden.

Zum Vorbereiten der Pressen gehören folgende Arbeitsschritte:

– **Reinigen** der Pressflächen (Heizplatten),

– **Einreiben** der Platten mit Trennmitteln,

– **Aufheizen** der Platten.

– **Einstellen des Druckes**

  Der Manometerdruck kann aus einem Diagramm, das an der Presse befestigt ist, abgelesen werden (Abb. 2). Dabei ist von der Gesamtfläche der zu furnierenden Einzelwerkstücke auszugehen. Der übliche Druck beträgt etwa $2\ldots3$ bar $= 20\ldots30$ N/cm^2.

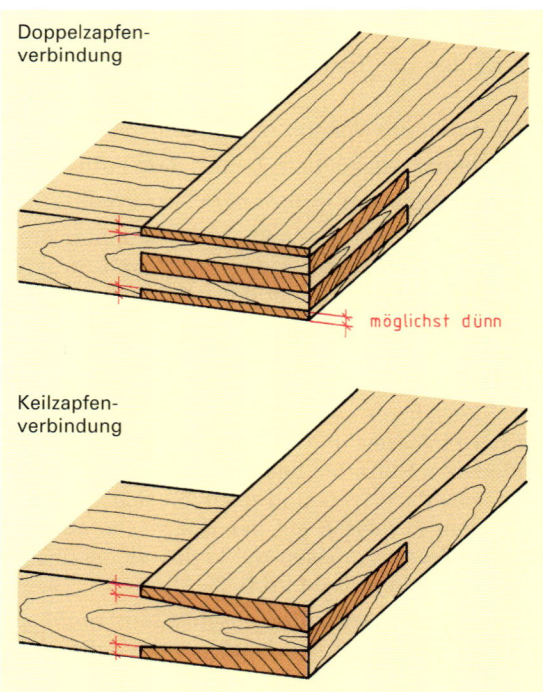

1 **Gestaltung der Rahmenecken**

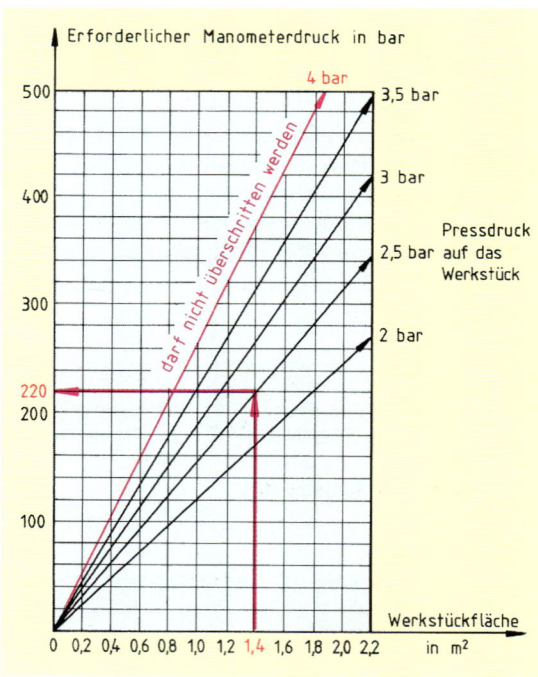

2 **Diagramm zum Einstellen des Manometerdruckes,** nicht auf alle Pressen übertragbar

Ablesebeispiel: Pressdruck auf das Werkstück = 2,5 bar, Werkstückfläche = 1,4 m^2, einzustellender Manometerdruck = 220 bar.

Während des Aufheizens sollte die Presse stets geschlossen sein (Energieersparnis). Die Temperatur richtet sich nach der verwendeten Leimart:

Harnstoffharzleim (KUF) etwa 90…110 °C,

Polyvinylacetatleim (KPVAC) etwa 60…90 °C.

– Einstellen der Zeituhr

Die Presszeit ist abhängig von der Art des Leimes, der Temperatur und der Dicke des Furniers. Die Hinweise der Leimhersteller sind stets zu beachten.

Bereitstellen des Leimes

Zum Aufleimen der Furniere in Heißpressen werden vorwiegend Harnstoffharzleime (KUF) verwendet.

> Beim Anrühren des Leimes sind die Hinweise der Leimhersteller streng zu beachten.

Furnierleime enthalten Zusätze von Streck- und Füllmitteln, die einerseits den Leimdurchschlag verhindern und andererseits die Leimkosten verringern. Beim Furnieren dunkler Hölzer oder wenn die Werkstücke gebeizt werden sollen, kann der Leim entsprechend eingefärbt werden.

> Leimdurchschlag von Kondensationsleimen kann nach dem Pressen nicht mehr ausgewaschen werden.

Leimauftrag

Der Leim kann mit dem **Zahnspachtel**, der **Leimrolle**, dem **Leimauftragsgerät** (Abb. 1) oder bei Serienfertigung mit der Leimauftragsmaschine aufgetragen werden.

Die Leimauftragsmenge ist jeweils von der Leimart, der Leimviskosität (Zähflüssigkeit) und der Holzart abhängig. Sie beträgt in der Regel 100…150 g/m². Die Hinweise der Leimhersteller sind stets zu beachten. Auf jeden Fall ist auf einen gleichmäßigen und lückenlosen Leimauftrag zu achten, damit Fehlverleimungen wie Kürschner[1] und Leimwülste die Oberfläche der furnierten Werkstücke nicht beeinträchtigen.

Auflegen der Furniere

> Furniere dürfen erst kurz vor dem Einlegen in die Presse auf den Furnierträger gelegt werden.

---

[1] Siehe Tab. 1, S. 124

Bei zu frühem Auflegen könnten sie Feuchte aus dem Leim aufnehmen und dadurch quellen und wellig werden. Die Folgen wären:

– überschobene Fugen,

– wellige Oberflächen,

– Risse an den Hirnenden.

Pressen

Die vorgeheizte Presse sollte möglichst schnell beschickt und geschlossen werden. Dabei ist zu beachten, dass die Einzelstücke gleich dick sind und dass die Presse gleichmäßig ausgelegt ist.

6.3.6 Nachbehandeln furnierter Flächen

Die einzelnen Werkstücke werden nach dem Furnieren sofort aus der Presse genommen und zum allseitigen gleichmäßigen Abkühlen am besten senkrecht frei aufgestellt (Abb. 2).

Leimkamm　　　　　Leimrolle

Leimroller

1 Leimauftrag von Hand

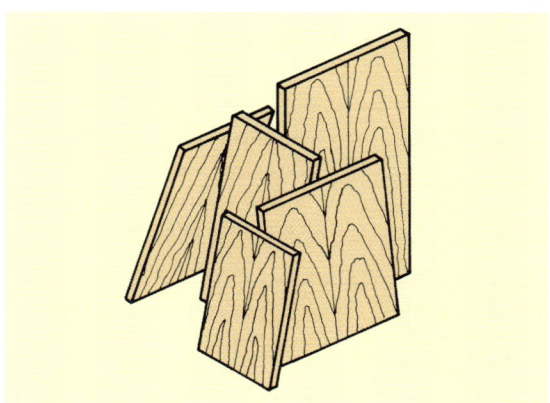

2 Furnierte Werkstücke zum Auskühlen aufgestellt

Der Furnierüberstand ist nach dem Auskühlen sofort zu beseitigen, da der ausgehärtete Harnstoffharzleim die Werkzeuge schnell stumpf macht und nur schwer zu entfernen ist. Zum sauberen Abschneiden des Furnierüberstandes eignet sich vor allem der Furnierkantenbeschneider. Hiernach ist es ratsam, die Werkstücke bis zur vollständigen Aushärtung des Leimes und zum Spannungsausgleich vollflächig zu stapeln und durch eine zusätzliche Platte abzudecken.

6.3.7 Vermeidung und Beseitigung von Furnierfehlern

Trotz größter Sorgfalt bei der Furnierauswahl, Vorbereitung der Trägerplatten, bei Leimauftrag und Pressen kann es beim Furnieren zu Fehlern kommen. Diese können jedoch bei einiger Sachkenntnis meistens wieder ausgebessert werden (Tab. 1).

Aufgaben

1. Wie erfolgt das Fügen und Zusammensetzen der Furniere?
2. Welche Arbeiten dienen der Vorbereitung des Furnierträgers?
3. Warum dürfen die Einleimer an Trägerplatten nicht zu dick sein?
4. Warum dürfen die Einleimer nicht sofort nach dem Anleimen beigearbeitet werden?
5. Nennen Sie mögliche Ursachen, die beim Furnieren zu Kürschnern führen können!
6. Wie lässt sich beim Furnieren der Leimdurchschlag vermeiden?
7. Warum soll die Furnierpresse während des Aufheizens stets geschlossen sein?
8. Warum dürfen die Furniere erst kurz vor dem Pressen auf den vorgeleimten Furnierträger aufgelegt werden?
9. Wie entstehen beim Furnieren offene oder überschobene Fugen?

Furnierfehler	Mögliche Ursachen	Beseitigung der Furnierfehler
Kürschner	– Vertiefungen in der Trägerplatte, – vermesserte Furniere, – kein oder zu wenig Leim angegeben, – Schmutz oder Fett auf der Trägerplatte	Kürschner aufschneiden, Furnier anheben, Leim einschieben und nachpressen
Leimwülste	– zu viel und zu dickflüssiger Leim angegeben, – ungleichmäßiger Leimauftrag	Falls der Leim noch nicht ausgehärtet ist, nochmaliges Nachpressen
Eindruckstellen	– Verunreinigungen auf der Zulage, – Furnierteilchen zwischen Zulage und Werkstück beim Pressen	Mit Wasser und Wärme (Bügeleisen) versuchen, die Vertiefungen hochzuquellen
Offene oder überschobene Fugen	– Fehler beim Fügen, – Fehler beim Zusammenkleben, – welliges Furnier, – zu frühes Auflegen auf die beleimte Trägerplatte	Offene Fugen mit Furnier gleicher Farbe und Struktur ausleimen. Überschobene Fugen mit Furniermesser nachschneiden und evtl. nachpressen
Leimdurchschlag	– zu dünnen Leim verwendet, – zu viel Leim aufgetragen, – Furnier war zu grobporig, – Leim ohne Streckmittel verwendet	Bei KPVAC-Leim sofort nach dem Pressen mit warmem Wasser und Wurzel- oder Messingbürste ausbürsten. Bei Kondensationsharzleim ist der Leimdurchschlag nicht mehr zu entfernen
Risse an den Hirnenden	– welliges Furnier, – Hirnenden nicht mit Klebeband gesichert, – zu frühes Auflegen auf die beleimte Trägerplatte	Furnier gleicher Farbe und Struktur mit dem Furniermesser einpassen und einleimen

1 **Fehler beim Furnieren**

6.4 Besondere Furniertechniken

6.4.1 Furnieren von Kanten

Um Farbunterschiede zu vermeiden und aus Ersparnisgründen werden Kanten vielfach mit Furnierumleimern vom gleichen Stamm versehen. Bei geraden Kanten sind diese wie Vollholzanleimer mit Zulagen, Heizschienen, Schraubknechten oder auf der Rahmenpresse aufzuleimen. Ist ein Aufpressen wie z. B. bei Rundungen nicht möglich, kann der Furnierumleimer auch aufgerieben werden. Dazu wird thermoplastischer Leim oder Glutinleim auf die Trägerkante aufgetragen. Anschließend ist der angefeuchtete Furnierumleimer mit einem angewärmten Furnierhammer oder Bügeleisen aufzureiben (Abb. 1).

Werden Kontaktkleber verwendet, so sind diese auf beide Teile aufzutragen. Nach der Ablüftezeit (Fingerprobe) wird dann das Furnier trocken mit kurzem, aber hohem Druck aufgerieben.

Vollholz-, Furnier- oder auch Kunststoffumleimer werden heute vielfach mit der **Kantenanleimmaschine** aufgeleimt (Abb. 5). Das Aufleimen erfolgt mit dem Schmelzkleber (KSCH) im Durchlaufverfahren. Je nach Konstruktion und Ausstattung der Maschine übernimmt diese im weiteren Durchlauf auch das Ablängen, das Beifräsen und Schleifen der Kanten (siehe S. 57, Abb. 3).

6.4.2 Furnieren gewölbter Flächen

Für die Herstellung gewölbter Flächen bieten sich grundsätzlich drei Fertigungsverfahren an:
- Plattenaufbau wie bei Tischlerplatten aus Vollholz mit eingeschnittenen Mittellagen (Abb. 2),
- Plattenaufbau wie bei Furniersperrholz aus Absperrfurnieren (Abb. 3),
- Plattenaufbau aus zwei Lagen mit eingeschnittenen MDF-Platten (Abb. 4).

Die Fertigung der Trägerplatten zu Abb. 2 und 3 und das Furnieren geschehen gleichzeitig in einem Arbeitsgang.
Das Furnieren der MDF-Platten kann auch vor der Formverleimung erfolgen.

Für die Verleimung benutzt man eine Formzulage.

6.4.3 Furnieren von Profilen

Profile werden in der Regel in einer angefertigten Formzulage mit Gegenprofil furniert (Abb. 1, S. 126). Als Zulagen dienen Gummi-, Linoleum-, PVC-Streifen, die zum schnelleren Abbinden des Leimes erwärmt werden.

1 Aufreiben eines Furnierumleimers

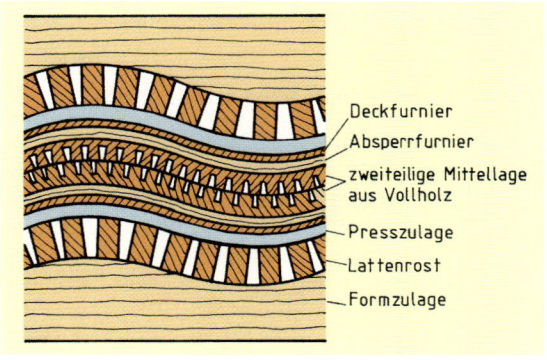

2 Plattenaufbau wie Tischlerplatten aus Vollholz
Mittellage eingeschnitten

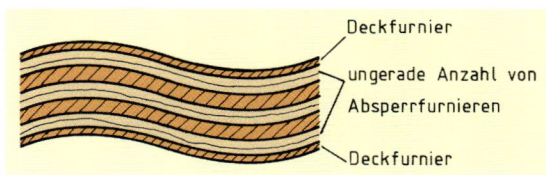

3 Plattenaufbau wie Furniersperrholz aus Absperrfurnieren

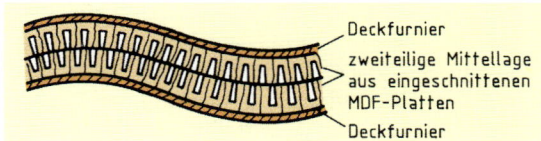

4 Plattenaufbau aus eingeschnittenen MDF-Platten

5 Kantenanleimmaschine

6.4.4 Einlegen von Adern

Adern können auf zweierlei Weise eingelegt werden:

– **Einsetzen** vor dem Furnieren,

– **Einlassen** nach dem Furnieren.

Das Einsetzen vor dem Furnieren ist dem zweiten Verfahren vorzuziehen, denn das Einlassen nach dem Furnieren ist arbeitsaufwendiger und nur mit Spezialwerkzeugen (Adernschneider) möglich.

Die schmalen Furnierstreifen (Adern) werden mit der Fügemaschine, der Furniersäge oder dem Furniermesser genau zugeschnitten. Diese werden dann in der gewünschten Form mit den anderen Furnierteilen durch Klebestreifen verbunden.

Adern aus Metall, Elfenbein, Perlmutt u. a. werden in der Regel nach dem Furnieren eingelegt.

6.4.5 Herstellen von Intarsien

Intarsien werden ausschließlich mit dem Furniermesser hergestellt. Nach dem Aufzeichnen des Intarsienbildes auf das Grundfurnier wird ein Intarsienteil ausgeschnitten. Das einzulegende Furnier wird dann unterlegt und nach der Form des Grundfurniers mit dem Furniermesser durchgeschnitten und mit ihm verklebt. Diese Arbeitsschritte wiederholen sich, bis das gesamte Intarsienbild fertig ist (Abb. 2).

6.4.6 Vorbereiten der Trägerplatten bei Intarsien

Werden gekästelte oder gemusterte Oberflächen gefordert, so darf das Deckfurnier mit dem Absperrfurnier der Furnier- oder Tischlerplatte nie in der gleichen Richtung verlaufen.

Man muss deshalb ein Blind- oder Unterfurnier aufbringen, dessen Faserrichtung nicht mit dem Deckfurnier übereinstimmt.

Beachten Sie, dass das Blindfurnier auf beiden Seiten der Platte die gleiche Richtung hat und unter dem gleichen Winkel verläuft (Abb. 3 und 4).

Bei mehrschichtigen Holzspanplatten mit feinen Oberflächen entfällt das aufwendige Blindfurnieren.

Aufgaben

1. Wie können Kantenfurniere aufgeleimt werden?
2. Beschreiben Sie die Herstellung von furnierten und gewölbten Werkstücken!
3. Warum müssen Sperrholz- und Tischlerplatten bei gemusterten Oberflächen „blindfurniert" werden?
4. Welche Vorteile haben Holzspanplatten als Trägerplatten bei Intarsienarbeiten?

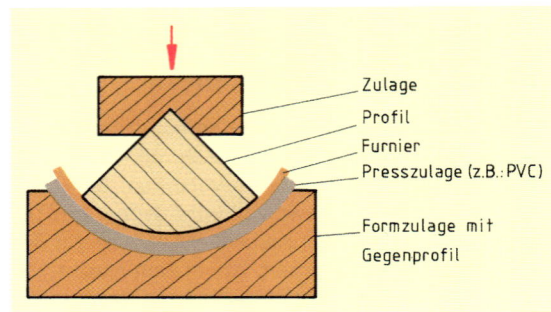

1 Furnieren von Profilen

Zulage
Profil
Furnier
Presszulage (z.B.:PVC)
Formzulage mit Gegenprofil

2 Intarsien (Einlegearbeiten)

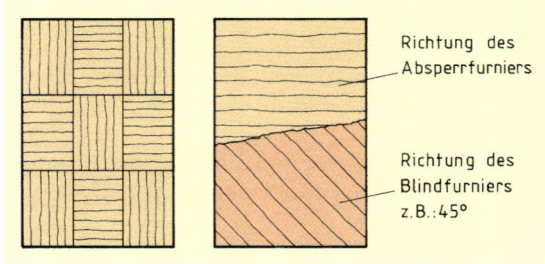

Richtung des Absperrfurniers

Richtung des Blindfurniers z.B.:45°

3 Richtung des Blindfurniers bei gekästeltem Oberflächenmuster

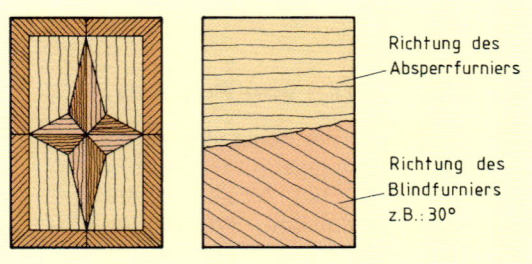

Richtung des Absperrfurniers

Richtung des Blindfurniers z.B.: 30°

4 Richtung des Blindfurniers bei gemusterten Oberflächen

7 Möbelbau

7.1 Allgemeine Anforderungen

Ein Möbel soll je nach seiner Bestimmung besonderen Anforderungen genügen. Daher muss man das Möbel unter verschiedenen Gesichtspunkten betrachten, um seine Eigenschaften beurteilen zu können:

– **Zweck:** Welchem Zweck dient das Möbel, wozu ist es bestimmt?

– **Ergonomie**[1]: Ist das Möbel auf die menschlichen Körpermaße abgestimmt?

– **Funktion:** Erfüllen die einzelnen Möbelteile ihre Aufgabe?

– **Materialauswahl:** Entspricht der verwendete Werkstoff den Ansprüchen (Güte, Belastbarkeit, Aussehen)?

– **Konstruktion:** Hält die gewählte Konstruktion den Beanspruchungen stand?

– **Fertigungstechnik:** Wie kann ein Möbel möglichst rationell hergestellt werden?

– **Transportmöglichkeiten:** Kann das Möbel als Ganzes transportiert werden oder ist es leicht zerlegbar und wieder zusammenzusetzen?

– **Gestaltung:** Entspricht das Möbel dem Geschmack bzw. den Wünschen und Vorstellungen des Käufers?

– **Ästhetik:** Sind bei dem Möbel Holzart, Holzmaserung, Farbgebung sowie Proportionen der Einzelteile und schmückenden Teile gut aufeinander abgestimmt?

– **Umwelt:** In welchem Maße belasten die verarbeiteten Materialien und Hilfsmittel die Umwelt. Wie sehen Ökobilanz bzw. Dauerhaftigkeit aus?

7.2 Möbelbezeichnung

In der DIN 68871 werden Möbel u.a. bezeichnet nach:

– dem **Verwendungszweck**, z.B. Herrenzimmer, Schlafzimmer, Speisezimmer,

– dem **Stil**, z.B. antikes Möbel, Kopie, Stilmöbel,

– den **sichtbaren Flächen**, z.B. aus Holz, Kunststoff, anderen Werkstoffen bzw. kombiniert aus mehreren Werkstoffen,

– der **Oberflächenbehandlung**, z.B. naturbelassen, gebeizt, mattiert, poliert, anpoliert, klar lackiert und nachgebildet,

– den **Beschlägen** und **Schlössern,** z.B. Bänder, Griffe, Klappenhalter und Zuhaltungs-, Zylinder-, Stangenschlösser,

– den **Maßen,** z.B. Längen- bzw. Breitenmaß.

7.3 Definition des Möbels nach DIN 68880

„Möbel" sind Einrichtungsgegenstände zum Aufnehmen von Gütern, zum Sitzen und Liegen oder zum Verrichten von Tätigkeiten.

Unterscheidungsmerkmale ergeben sich aus (Tab. 1):

– dem Werkstoff oder der Ausführung	Holzmöbel, Korbmöbel, Kunststoffmöbel, Metallmöbel, Polstermöbel
– der Funktion	Behältnismöbel, Kleinmöbel, Liegemöbel, Sitzmöbel
– der Verwendung im Raum	Einzelmöbel, Systemmöbel
– der Konstruktion	Korpusmöbel, Regal, Tisch

1 Merkmale zur Unterscheidung von Möbeln

7.4 Konstruktionsarten im Möbelbau

Möbel werden nach ihrer Konstruktion in Korpusmöbel und Gestellmöbel unterschieden. Viele Möbel sind Kombinationen aus beiden, also in ein Gestell eingearbeitete Behälter (Abb. 2 u. Tab. 1, S. 128 und Konstruktion und Arbeitsplanung, Kap. 3).

2 Kommode als **Korpusmöbel,**
Stuhl als **Gestellmöbel,**
Schreibtisch als **Kombination** aus Korpus und Gestell

---

[1] Unter Ergonomie versteht man die Gesamtheit der Methoden und Beziehungen, die zwischen dem Menschen und der Arbeit wirksam sind.

Bauart	Konstruktion	Beispiele
Möbelbau nach dem Kastenprinzip	Korpusmöbel – offene oder geschlossene Behälter	Truhe, Kommode, Schrank
Möbelbau nach dem Gerüstprinzip	Gestellmöbel – offene oder teilweise geschlossene Gestelle	Ablagemöbel – Tisch Sitzmöbel – Stuhl, Bank Liegemöbel – Bett
Kombination aus Kasten und Gerüst	Gestell trägt Korpus	Schreibtisch, Nähtisch, Frisiertisch

1 Konstruktionsarten im Möbelbau

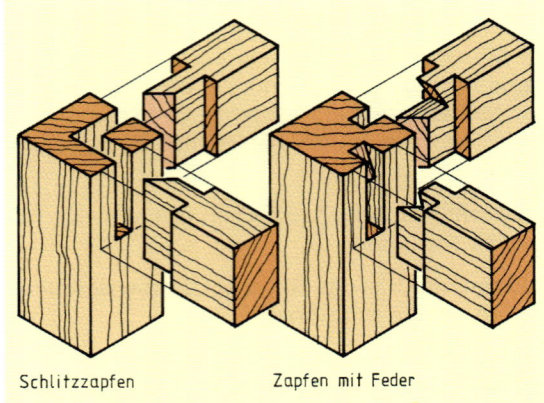

Schlitzzapfen   Zapfen mit Feder

3 Gestellverbindungen, Zargen

7.5 Gestellmöbel

Gestellmöbel sind im Allgemeinen **Stollenmöbel** (Abb. 2). Sie bestehen aus:

– tragenden **Stollen**,
– aussteifenden **Zargen** und **Stegen** und der
– **Nutzfläche** oder einem aufgesetzten bzw. eingefügten Korpus.

7.5.1 Stollen, Zargen und Stege

Gestellecken sind Eckverbindungen in drei senkrecht zueinander stehenden Ebenen, in den Dimensionen Länge, Breite und Höhe. Dabei werden in der Regel rechtwinklig in den aufrechten **Stollen** zwei **Zargen** eingearbeitet (Abb. 3 u. 4).

Die Zargen verbinden die Stollen und steifen das Möbelgestell aus.

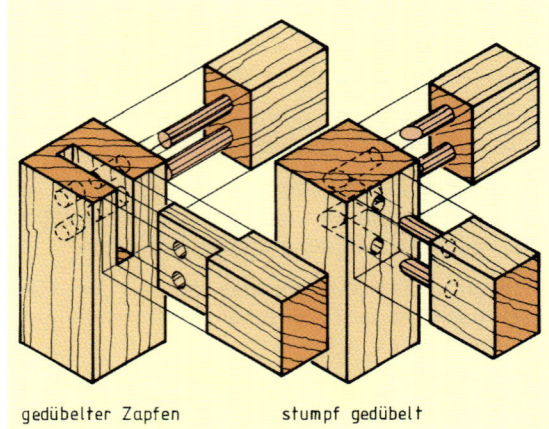

gedübelter Zapfen   stumpf gedübelt

4 Gestellverbindungen, Zargen

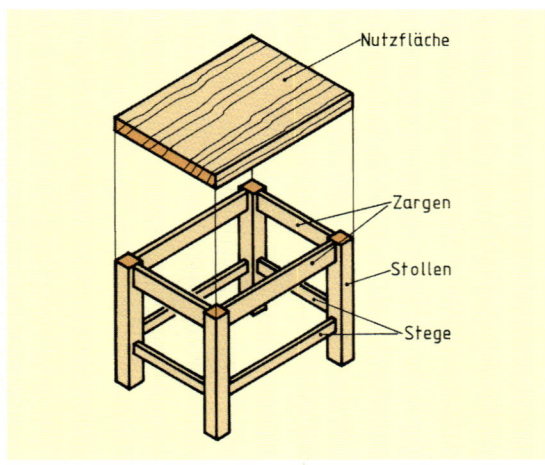

2 Gestellmöbel
Einzelteile

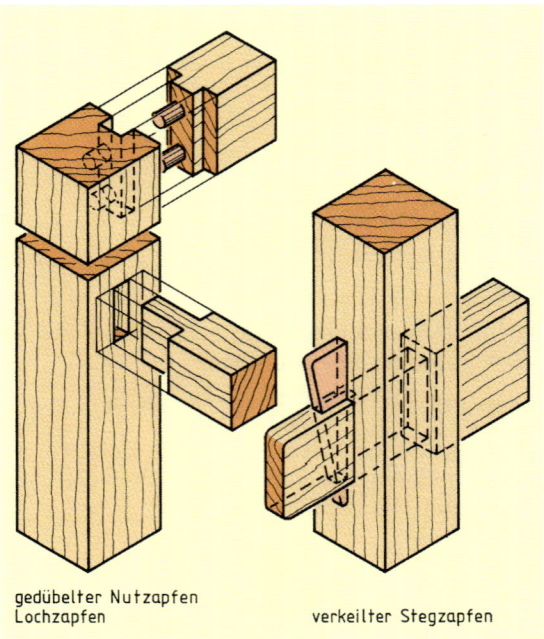

gedübelter Nutzapfen
Lochzapfen   verkeilter Stegzapfen

5 Gestellverbindungen, Stege, Zarge

Bei hohen Zargen ist die aussteifende Wirkung größer als bei niedrigen Zargen.

Deshalb wird bei niedrigen Zargen häufig zur besseren Aussteifung ein **Steg** (Sprosse) im unteren Bereich des Gestells in die Stollen eingearbeitet (Abb. 5, S. 128).

Neben gestemmten und gedübelten Gestelleckverbindungen werden auch lösbare Schraubverbindungen mit Quermutterbolzen oder Spezialgewindeschrauben angewendet (siehe Abb. 1 u. 2, S. 133).

7.5.2 Die Nutzfläche

Die Nutzflächen der Gestellmöbel werden meistens an den Zargen befestigt, die gleichzeitig die Durchbiegung der Nutzflächen verhindern.

Je nach ihrer Aufgabe wird die Nutzfläche in bestimmte Höhen angeordnet (Tab. 1), siehe auch Abb. 1…5, S. 160.

Arbeits- und Ablage- fläche	Esstisch, Schreibtisch, Schreib- maschinen- tisch, Stehpult	etwa 75…80 cm / etwa 65 cm 75…115 cm
Sitz- fläche	Stuhl, Barhocker, Sessel	etwa 42…45 cm etwa 70…80 cm etwa 30…40 cm
Liege- fläche	Bett	etwa 30 cm

1 Höhen von Nutzflächen

Aufgaben

1. Beschreiben Sie verschiedene Anforderungen, die an Möbel gestellt werden.
2. Nennen Sie Möbelbezeichnungen nach DIN 68871.
3. Erklären Sie den Begriff „Möbel" nach DIN 68880.
4. Messen Sie Nutzflächen und Nutzhöhen verschiedener Gestellmöbel aus und stellen Sie dafür eine Maßliste zusammen.
5. Welche Querschnittsabmessungen haben Stollen von Tischen und Stühlen?
6. Beurteilen Sie Haltbarkeit und Herstellung von Stollen-Zargen-Verbindungen.
7. Betrachten Sie Möbel hinsichtlich ihrer Funktion, untersuchen Sie die Konstruktion und beurteilen Sie Festigkeit, Arbeitsaufwand und Aussehen.

7.6 Korpusmöbel

Die Einzelteile des Korpusmöbels (Abb. 2) unterscheidet man nach ihrer Funktion in:

– raumumschließende Flächen, ①

– tragende Teile, ②

– aussteifende Teile, ③

– bewegliche Teile (Türen und Schubkästen), ④

– Fächerunterteilungen, ⑤

– schmückende Teile, ⑥

– Beschläge. ⑦

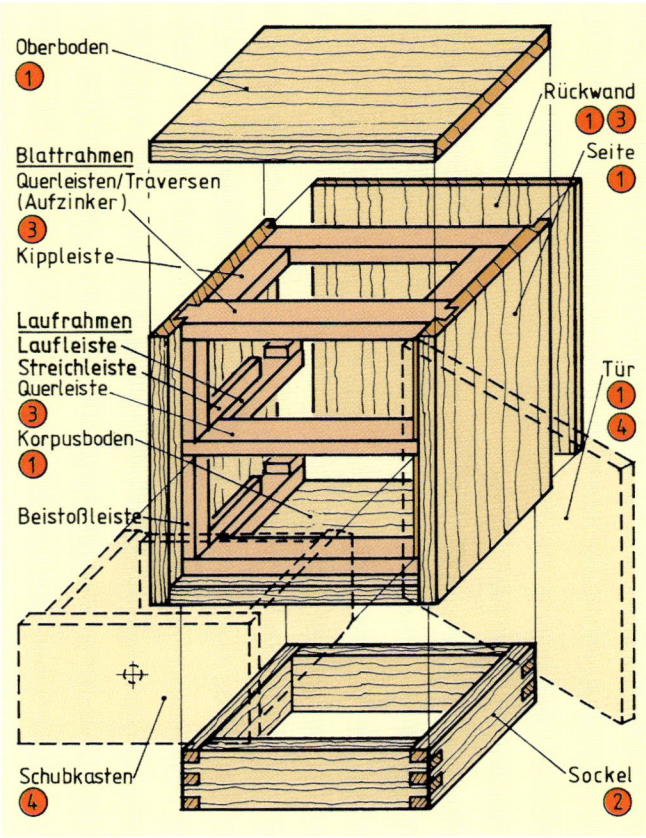

2 Korpusmöbel
Einzelteile

7.7 Raumumschließende Flächen

Der Korpus besteht im Allgemeinen aus sechs raumumschließenden Flächen: den beiden **Seiten**, dem **Unterboden**, dem **Oberboden**, der **Rückwand** und der **Tür-** bzw. **Schubkastenfront**.

Diese einzelnen Flächen können sein:

– ein Brett oder mehrere miteinander verbundene
Bretter,

– Platten aus Holzwerkstoffen,

– Rahmen mit Füllung.

7.7.1 Brettbau

Brettmöbel sind Möbel, deren Korpusteile überwiegend aus unverleimten oder verleimten Brettern (**Vollholz**platten) angefertigt werden.

Wegen ihrer schöneren Zeichnung nimmt man
meistens die rechte Seite nach außen. Bei den Verbindungen in zwei Ebenen ist darauf zu achten,
dass die Bretter die gleiche Schwindrichtung und
möglichst gleiche Schwindmaße haben.

> Bei festen Eckverbindungen und Zwischenver-
> bindungen legt man Hirnholz an Hirnholz und
> Längsholz an Längsholz, niemals Hirnholz an
> Längsholz.

Geeignete Verbindungen im Brettbau zeigen Abb.
1 u. 2 sowie 1, S. 131.

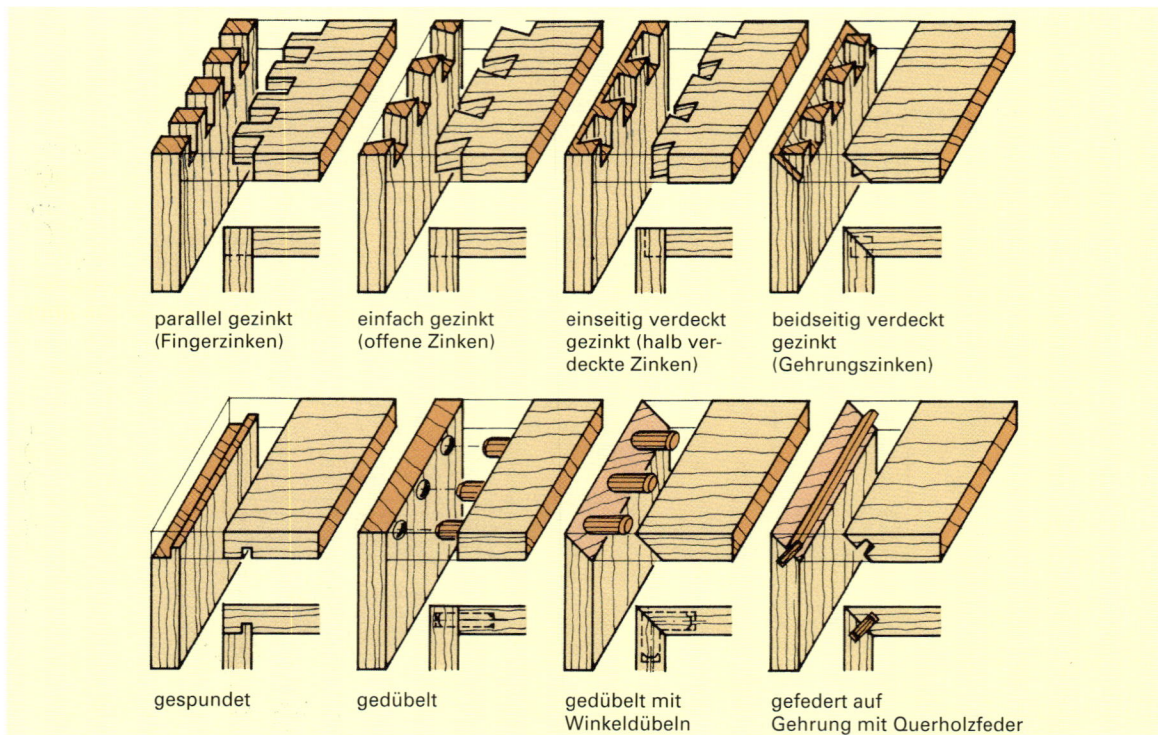

parallel gezinkt
(Fingerzinken)

einfach gezinkt
(offene Zinken)

einseitig verdeckt
gezinkt (halb ver-
deckte Zinken)

beidseitig verdeckt
gezinkt
(Gehrungszinken)

gespundet

gedübelt

gedübelt mit
Winkeldübeln

gefedert auf
Gehrung mit Querholzfeder

1 Eckverbindungen im Brettbau

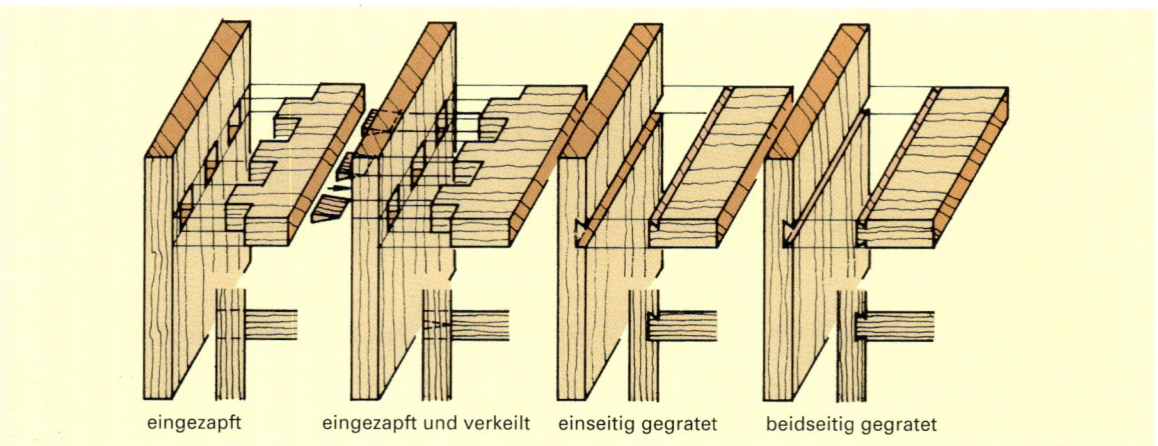

eingezapft　　　eingezapft und verkeilt　　　einseitig gegratet　　　beidseitig gegratet

2 Zwischenverbindungen im Brettbau

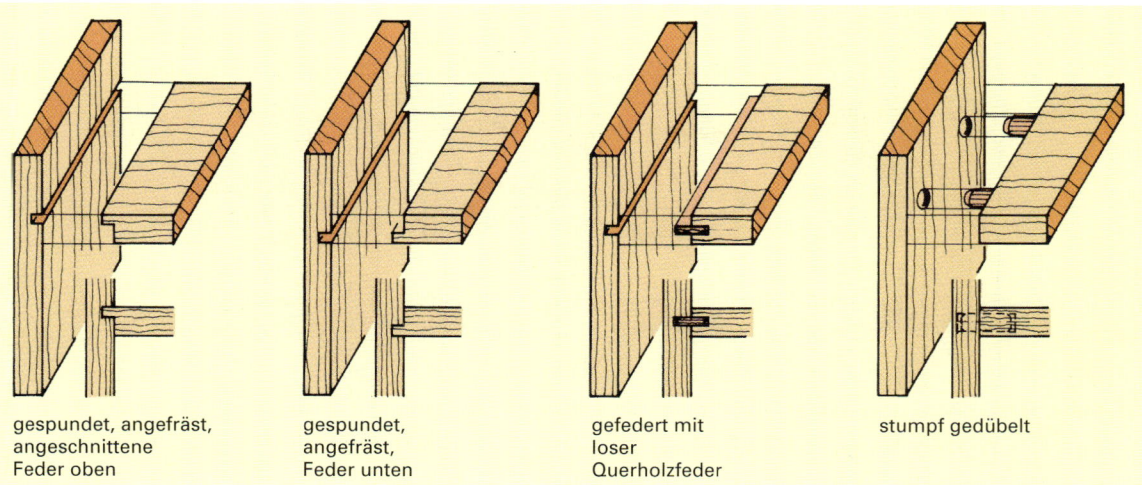

| gespundet, angefräst, angeschnittene Feder oben | gespundet, angefräst, Feder unten | gefedert mit loser Querholzfeder | stumpf gedübelt |

1 Zwischenverbindungen im Brettbau

7.7.2 Plattenbau

Plattenmöbel sind Möbel, deren Korpusteile überwiegend aus **Sperrholzplatten, Holzspanplatten** oder **Holzfaserplatten** angefertigt werden. Vom Äußeren her sind sie den Brettmöbeln ähnlich, wenn die Trägerplatten furniert sind.

Häufig sind die Trägerplatten kunststoffbeschichtet. Geeignete Verbindungen im Plattenbau zeigen Abb. 2 u. 1, S. 132.

Ein ausreichender **Kantenschutz** ist besonders bei Holzspanplatten durch Ein- bzw. Umleimer vorzusehen.

> Im Gegensatz zu Vollholzplatten arbeiten Holzwerkstoffplatten geringfügig und ohne große Verwerfungen.

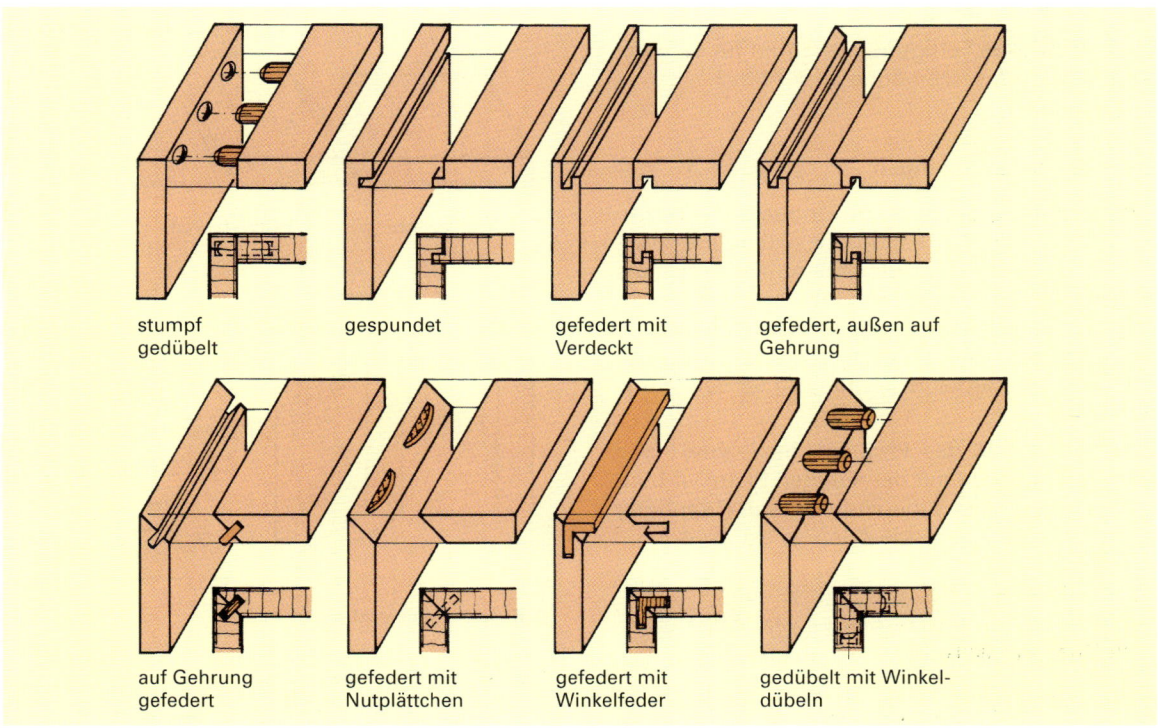

| stumpf gedübelt | gespundet | gefedert mit Verdeckt | gefedert, außen auf Gehrung |
| auf Gehrung gefedert | gefedert mit Nutplättchen | gefedert mit Winkelfeder | gedübelt mit Winkeldübeln |

2 Eckverbindungen im Plattenbau

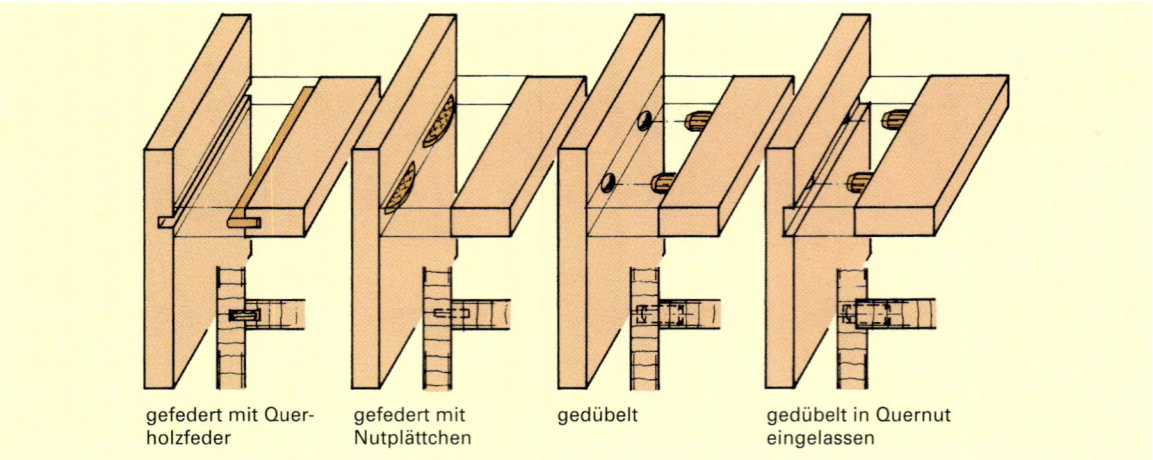

gefedert mit Quer-
holzfeder

gefedert mit
Nutplättchen

gedübelt

gedübelt in Quernut
eingelassen

1 Zwischenverbindungen im Plattenbau

Eingespritzte Kunststoffeckverbindungen

Seiten und Böden können beim Plattenbau auch
durch eingespritzten Kunststoff miteinander verbunden werden. Die in die Seite und den Boden
gefräste Nut wird mit **heißem flüssigem Kunststoff** ausgefüllt, der in wenigen Sekunden erhärtet
(Abb. 2).

Kunststoffeckverbindungen eignen sich besonders für Holzspanplatten.

2 Eingespritzte Kunststoffeckverbindungen

Geleimte Eckverbindung

Ein industrielles Fertigungsverfahren für eine ge-
leimte Gehrungsverbindung zeigt Abb. 3.

Lösbare Eckverbindungen

Industriell hergestellte Korpusmöbel aus Plattenwerkstoffen werden häufig mit lösbaren Eckverbindungen versehen. Gut verpackt lassen sich die
in ihre Einzelteile zerlegten Möbel leicht transpor-
tieren und am Bestimmungsort zusammensetzen.
Bei Umzügen sind besonders große zerlegbare
Schränke eine Arbeitserleichterung für den Transport.

Dabei stellt sich das Problem, dass eine Platte
über die Stirnseite mit der anderen Platte verbunden werden muss. Eine einfache Verschraubung
bietet keine ausreichende Auszugsfestigkeit.

Eine stirnseitige Verankerung ist nur mit Spe-
zialgewinden möglich, besser sind Beschläge
mit Querverankerung.

Zur Anwendung kommt eine Vielzahl von
Schrankverbindern, unter anderem:

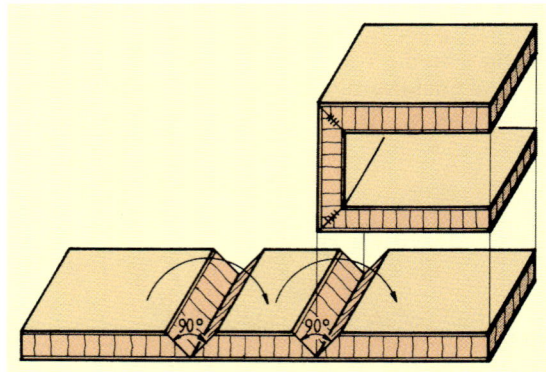

3 Gehrungsverbindung im Faltverfahren

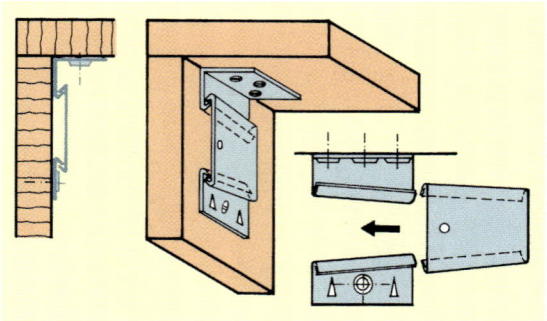

4 Keilschrankverschluss

für **flächige Verankerungen**

– Keilverschluss, vor allem zum Verbinden von
Schrankseite und Schrankkranz (Abb. 4),

für **stirnseitige Verankerungen**

- Einteilverbinder mit Spezialgewinde (Abb. 1a),
- Zweiteilverbinder mit Gewindemuffe (Abb. 1b),

für **Querverankerungen**

- Verbindungsschrauben mit Quermutterbolzen (eingelassen) (Abb. 2),
- Verbindungsbeschlag mit Exzentergehäuse (eingelassen) und Verbindungsbolzen (Abb. 3 u. 4),

für **Konsolverankerungen**

- Schrankdübel: Konsolgehäuse mit Einschlagzapfen und Verbindungsschraube (Abb. 5),
- Trapezschrankverschluss mit zwei ineinander greifenden Gehäusen (Abb. 6).

Einige Schrankverbindungsbeschläge lassen sich in **Lochreihensysteme** einpassen, z. B. das **System 32**. Beim System 32 haben die Löcher einen Abstand von 32 mm untereinander und einen Durchmesser von 5 mm. Bodenträger, Scharniere, Magnetschnäpper, Schubkastenführungen, Lager für Schrankstangen lassen sich rationell in das Lochreihensystem einbauen.

Lochreihensysteme sind besonders für große Schränke und Schrankwände geeignet.

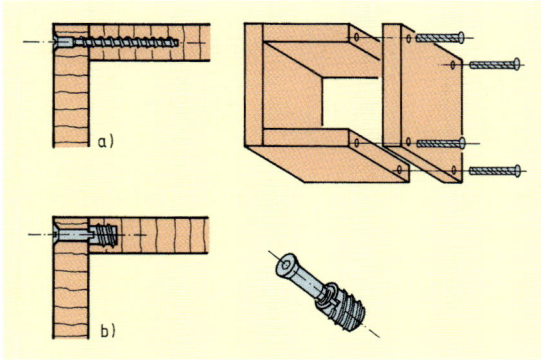

1 Stirnseitige Verankerung in der Spanplatte
a) Einteilverbinder mit Spezialgewinde
b) Zweiteilverbinder mit Gewindemuffe

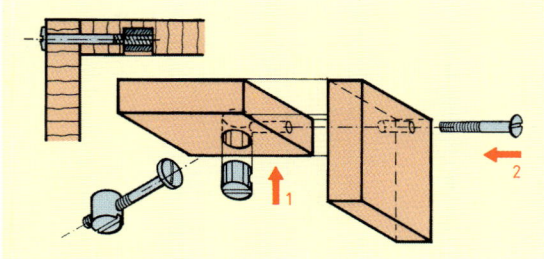

2 Verbindungsschrauben mit Quermutterbolzen

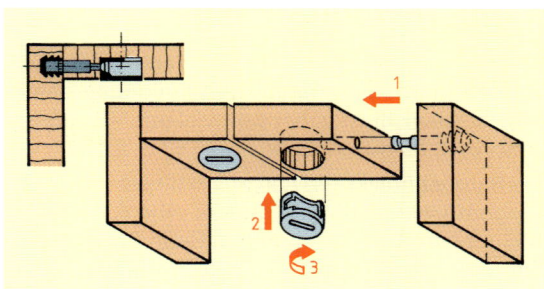

3 Exzentergehäuse und Verbindungsbolzen

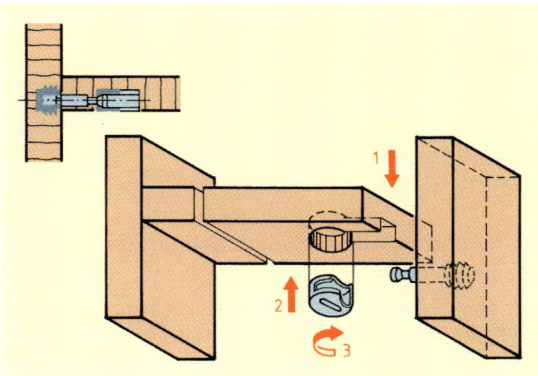

4 Exzentergehäuse und Verbindungsbolzen
Bodenmontage von oben

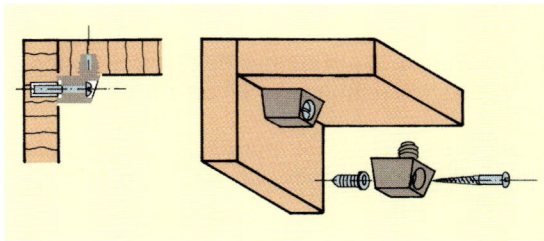

5 Konsolverankerung mit Schrankdübel
Gehäuse mit Einschlagzapfen, Verbindungsschraube und Muffe

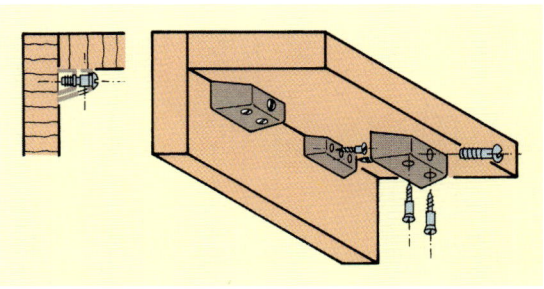

6 Konsolverankerung
Trapezschrankverschluss mit zwei ineinander greifenden Gehäusen

7.7.3 Rahmenbau

Rahmenmöbel sind Möbel, deren Korpusteile überwiegend aus Rahmen und Füllungen bestehen. Ihr Gewicht ist daher sehr viel geringer als bei Brett- bzw. Plattenmöbeln.

Die **Rahmenhölzer (Friese)** aus Vollholz mit rechteckigem Querschnitt nehmen in einem **Falz** oder in einer **Nut** die Füllungen auf. Beim **Rahmen mit Nut** wird die Füllung beim Zusammenbau des Rahmens eingebaut (Abb. 1).

Beim **Rahmen mit Falz** wird die Füllung nach dem Zusammenbau des Rahmens in den Falz eingelegt und mit Füllungsstäben befestigt. Bei Glasfüllungen ist immer ein Rahmen mit Falz vorzusehen (Abb. 2).

> Da durch das Arbeiten des Holzes Rahmen und Füllungsstäbe nie genau bündig liegen, lässt man die Füllungsstäbe betont vor- oder zurückspringen.

Beim Rahmen gehen die aufrechten Hölzer in der Ansicht durch.

Um das Arbeiten des Holzes einzugrenzen, sollen die Rahmenhölzer möglichst **stehende Jahresringe** haben und nicht breiter als 90 mm sein.

Bestehen Seiten und Böden aus Rahmen, können diese stumpf miteinander verleimt werden, da Längsholz mit Längsholz verbunden wird. Die Verbindungen der Korpusecken werden zusätzlich durch Federn, Dübel oder Nutplättchen haltbarer gemacht.

Die **Füllungen** sind dünne Platten aus Vollholz, Holzwerkstoffen, Kunststoffen oder Glas.

> Füllungen aus Vollholz müssen sich frei im Rahmen bewegen können, sie dürfen nicht eingeleimt werden.

Wegen der schöneren Zeichnung werden Vollholzfüllungen mit der rechten Seite nach außen gelegt. Geeignete Verbindungen im Rahmenbau siehe Abb. 3 und Abb. 1...3, S. 135.

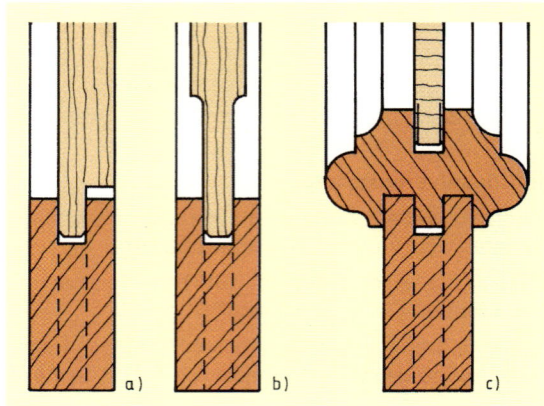

1 Rahmen mit Nut
a) eingenutete Füllung, b) zweiseitig gekehlte Füllung, c) Füllung mit überschobenem Kehlstoß

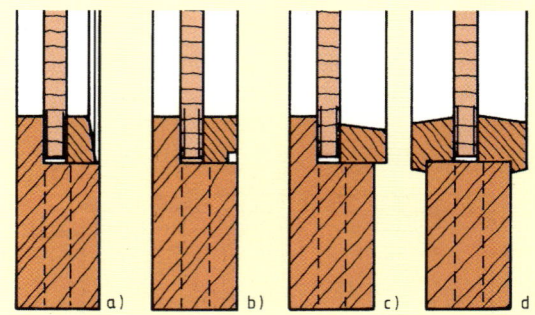

2 Rahmen mit Falz
a) Füllung verleistet, zurückspringend, b) Leiste bündig mit Schattennut, c) Leiste vorspringend, d) Rahmen ohne Falz, Füllung beidseitig verleistet

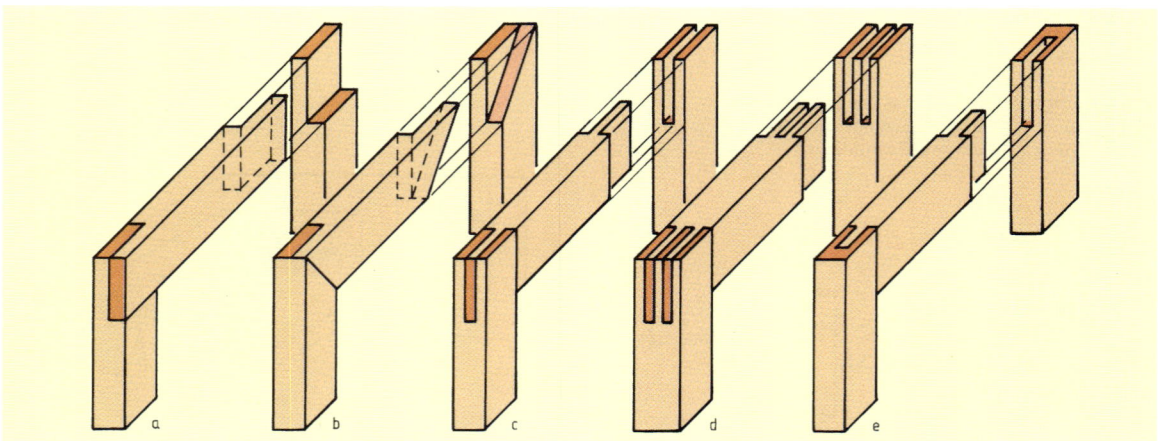

3 Eckverbindungen im Rahmenbau
a) Überblattung, b) auf Gehrung überblattet, c) Schlitz und Zapfen, d) Doppelzapfen, e) eingestemmter Zapfen

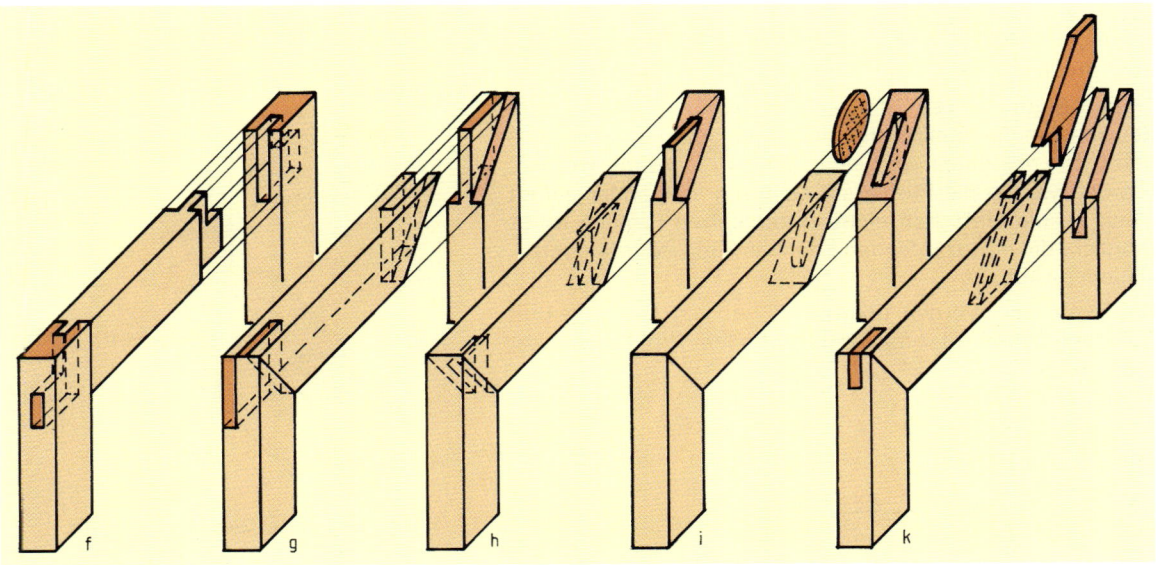

1 Eckverbindungen im Rahmenbau
f) durchgestemmter Zapfen mit Nutzapfen, g) einseitig auf Gehrung geschlitzt, h) beidseitig verdeckt auf Gehrung geschlitzt, i) auf Gehrung mit Nutplättchen, k) auf Gehrung gefedert

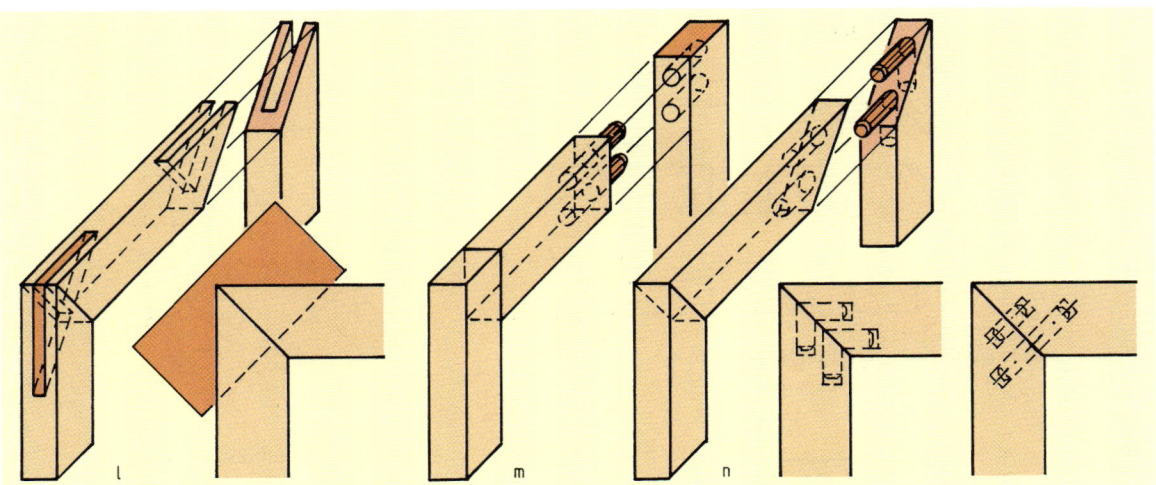

2 Eckverbindungen im Rahmenbau
l) auf Gehrung gefedert, m) stumpf gedübelt, n) auf Gehrung gedübelt

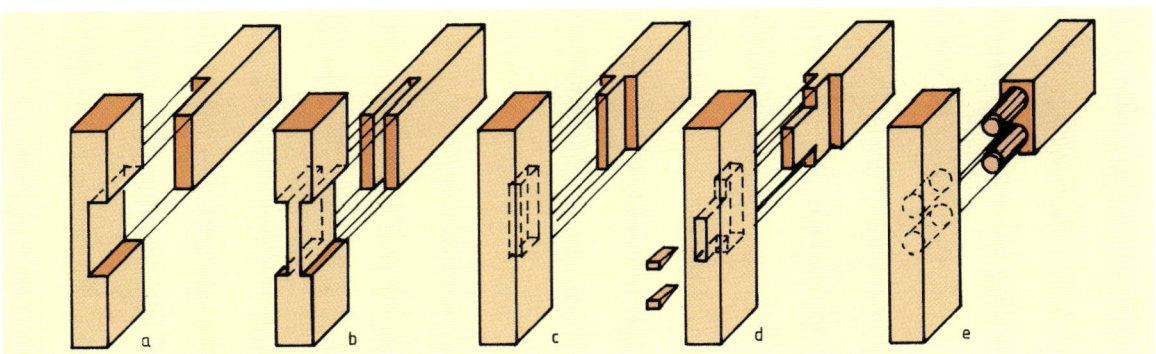

3 Zwischenverbindungen im Rahmenbau
a) eingeblattet, b) doppelt eingeblattet, c) eingestemmter Zapfen, d) durchgestemmter Zapfen verkeilt, e) stumpf gedübelt

Größere Flächen werden durch Rahmenfriese, die in Breite, Dicke und Profil den äußeren Rahmenhölzern entsprechen, oder durch schmalere Sprossen unterteilt.

Treffen Rahmenfriese T-förmig oder kreuzweise aufeinander, so kann der senkrechte Fries durchlaufen und der waagerechte Fries geteilt an beiden Seiten eingezapft werden. Hierbei werden die Profile auf **Gehrung** ineinander gefügt (Abb. 1), bei einfachen **nicht hinterkehlten** Profilen ist es möglich, die einzuzapfenden Friese im Gegenprofil überzuschieben (Abb. 2).

Kreuzsprossen werden überblattet und auf Gehrung (mit Sprossenstanze) oder mit überschobenem Profil gearbeitet (Abb. 3 u. 4).

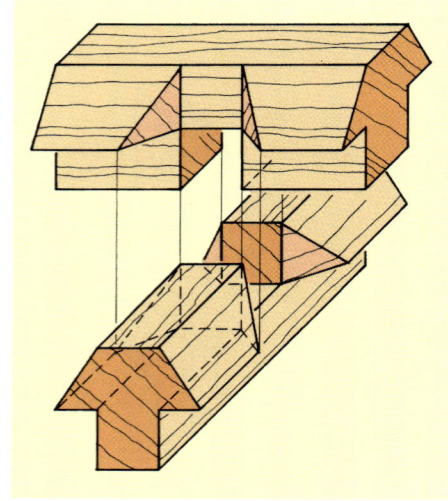

3 Kreuzsprosse auf Gehrung überblattet

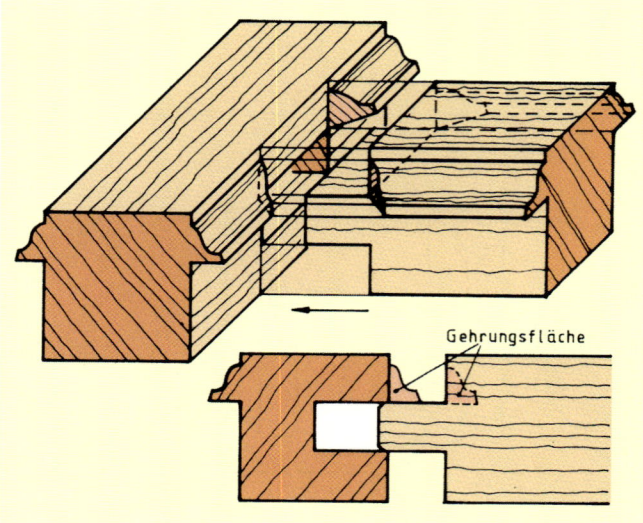

1 Rahmenprofile auf Gehrung aneinander geschoben

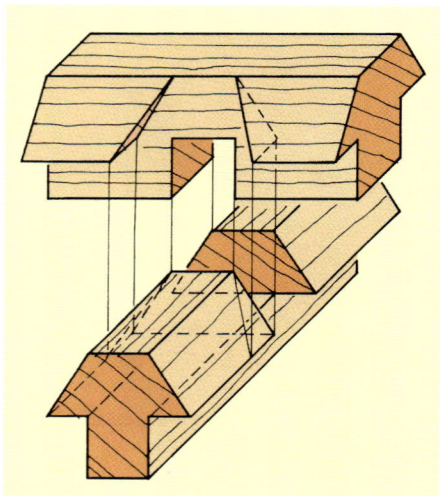

4 Kreuzsprosse mit überschobenem Profil überblattet

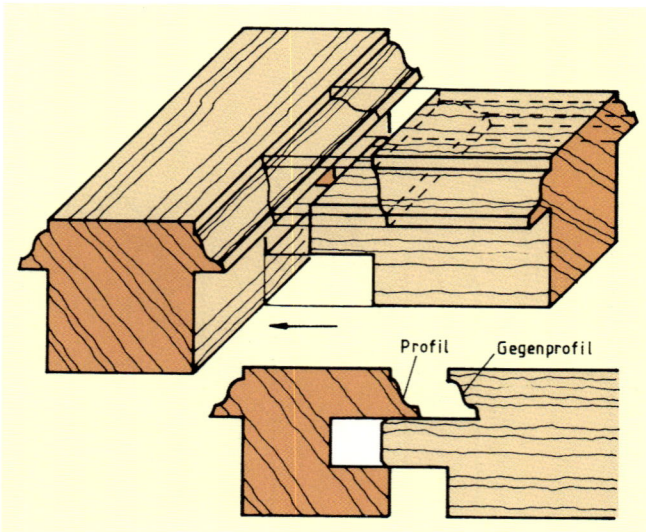

2 Rahmenprofil überschoben mit Gegenprofil

Aufgaben

1. Unterscheiden Sie Eckverbindungen bei Brett- und Plattenmöbeln.
2. Skizzieren Sie verschiedene Eckverbindungen bei Rahmen- bzw. Stollenmöbeln.
3. Nennen Sie mögliche Zwischenverbindungen für die Möbelbauarten.
4. Erläutern Sie verschiedene lösbare Eckverbindungen bei Plattenmöbeln.
5. Überprüfen Sie Herstellungsverfahren von Korpusecken auf ihre Wirtschaftlichkeit.
6. Beurteilen Sie die Festigkeit von Möbelkorpusecken.

7.8 Tragende Teile

Aus verschiedenen Gründen ist es ratsam, den Möbelkorpus vom Fußboden abzuheben:

- Ausgleich von Fußbodenunebenheiten,
- bessere Handhabung von Möbeltüren und Schubkästen,
- Herausheben aus dem Bereich des Fußbodenstaubs,
- Schutz des Möbelkorpus beim Fegen und Wischen,
- Untertritt ermöglichen.

Form und Abmessungen der tragenden Teile eines Korpusmöbels sind mit entscheidend für die Proportionen und die gesamte Wirkung eines Möbelstücks.

Tragende Teile für den Korpus können sein:

- Sockel,
- Füße,
- Fußgestell,
- Traggestell,
- Stollen,
- Wangen.

7.8.1 Sockel

Ein Möbelsockel ist vor allem bei Einbaumöbeln gebräuchlich. Um ihn gegen Stoß unempfindlich zu machen, kann er in einem dunklen Farbton gehalten, mit einem stoßfesten Anstrich versehen oder mit Schichtpressstoffplatten belegt werden (Abb. 1).

Es gibt verschiedene Sockelausführungen (Abb. 2):

- Der Sockel ist als geschlossener Rahmen fest mit dem Korpus verbunden (Abb. 3).
- Der Sockel kann als **selbstständiges Teil**, mit ausgesteiften Ecken, zunächst auf dem Fußboden ausgerichtet werden, bevor der Möbelkorpus aufgesetzt wird.
- Der Korpus wird nicht vom Sockel getragen, sondern von Möbelfüßen oder den heruntergezogenen Seitenwänden. Der Eindruck eines Sockels entsteht durch eine **Sockelblende**.
- Statt einer Sockelblende kann der Raum unter dem Korpus durch einen auf Rollen laufenden **Sockelschubkasten** geschlossen und gleichzeitig genutzt werden.
- Unebenheiten im Fußboden lassen sich leicht durch Sockelbeschläge mit **Stellschrauben** ausgleichen.

Bei Vollholzmöbeln wird der Sockel nur mit dem Vorderstück fest am Unterboden verleimt, das Hinterstück wird durch Nutklötze oder Tischklammern mit dem Unterboden verbunden, damit das Holz in der Waagerechten frei arbeiten kann (Abb. 3).

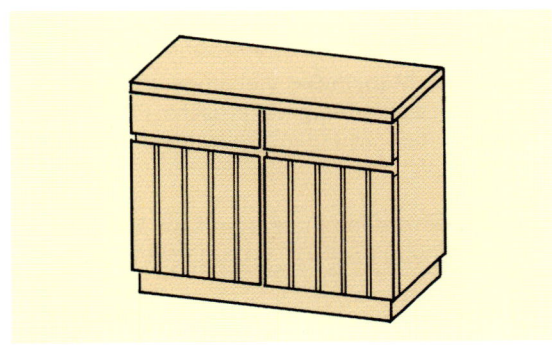

1 Kommode mit Sockel

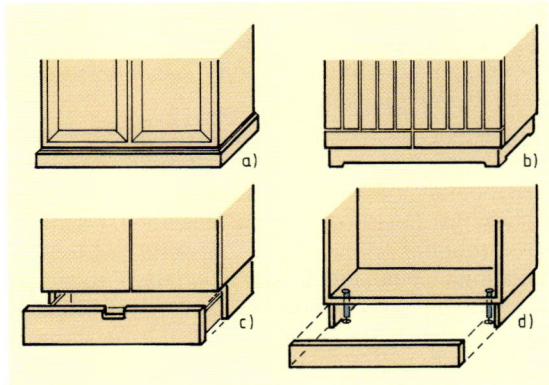

2 Verschiedene Sockelformen
a) Sockel vorspringend, b) Sockel zurückspringend, c) Sockelschubkasten, d) Sockelblende vor Höhenstellschrauben

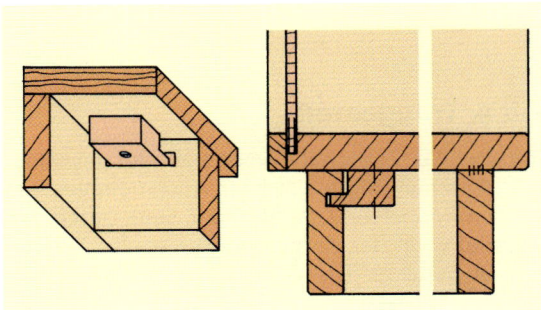

3 Sockel und Korpus aus Vollholz
Anschluss des Hinterstücks durch Nutklötze

7.8.2 Möbelfüße

Möbelfüße haben ebenso wie Sockel die Aufgabe, aus funktionalen und optischen Gründen den Möbelkorpus vom Fußboden abzuheben (Abb. 1).

Optische Gründe sind:

– Der Abschluss nach unten betont das Einzelmöbel.

– Die Füße passen sich der Korpusform an und bilden mit ihr eine Einheit.

– Der Möbelkorpus wirkt optisch leichter, wenn er sich durch Füße vom Boden abhebt.

Formen der Möbelfüße: vielfältige geschwungene, geschnitzte oder geometrische Formen wie Kugel, Quader, Zylinder, Pyramidenstumpf und Kegelstumpf.

> Möbelfüße werden in gerader bzw. ausgestellter Anordnung in den Unterboden eingedübelt.

1 Kommode mit Möbelfüßen

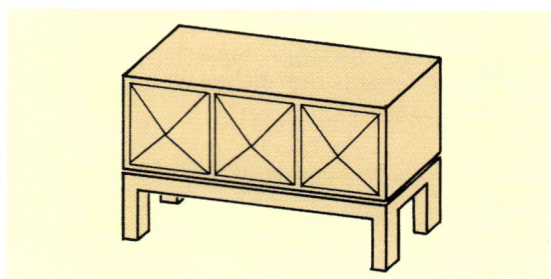

2 Kommode mit Fußgestell

7.8.3 Fußgestell

Ein Fußgestell ist ein selbstständiges, in sich ausgesteiftes Möbelteil, das den Möbelkorpus weiter vom Boden abhebt und dadurch besonders leicht erscheinen lässt (Abb. 2).

Fußgestelle bestehen aus den tragenden **Füßen** und den die Füße verbindenden **Zargen** sowie den aussteifenden **Sprossen** und **Stegen**. Füße und Zargen werden durch Zapfen, Nutzapfen oder Dübel verbunden, siehe Abb. 3…5, Seite 128. Im Allgemeinen steifen die Zargen allein das Fußgestell aus. Zur besseren Aussteifung werden mitunter noch zusätzlich Stege vorgesehen, die meistens in die Füße eingezapft werden, siehe Abb. 2 u. 5, Seite 128.

> Die Zargen unterstützen den Unterboden des Möbelkorpus und vermeiden eine größere Durchbiegung.

3 Kommode mit Traggestell

7.8.5 Stollen

Eckpfosten, die einen Korpus tragen, nennt man Stollen. Grundsätzlich gibt es beim Stollenbau zwei verschiedene Möglichkeiten der Konstruktion:

– Die Stollen dienen als Zwischenglieder, die zusammen mit raumumschließenden Flächen (in Brettbau-, Plattenbau- oder Rahmenbauweise) einen Korpus bilden, die Stollen sind hierbei tragendes und verbindendes Element (Abb. 1 u. 2, S. 139).

– Die Stollen sind die senkrechten Rahmenhölzer, die aus dem Rahmen der Seitenwände nach unten herauswachsen und zu Möbelfüßen werden (Abb. 3, S. 139).

Da der tragende Stollen zum herausragenden, betonenden Gestaltungselement wird, spricht man bei diesen Konstruktionen von **„Stollenbau"**.

7.8.4 Traggestell

Traggestelle für Möbel sind offene oder geschlossene Rahmen, die meist über Abstandhalter fest mit dem Möbelkorpus verbunden sind. Durch den Abstand wirkt der Korpus optisch in das Traggestell eingehängt. Die Querschnitte der „Aufhängungen" müssen ausreichend bemessen sein, da sie die gesamte Gewichtskraft des Möbelkorpus auf das Traggestell übertragen (Abb. 3).

Der Stollenbau ist besonders bei Gestellmöbeln gebräuchlich.

Häufig werden **Korpusseiten** so angeordnet, dass die optische Wirkung eines Stollenmöbels erreicht wird, das fälschlicherweise z. B. als Stollenwand bezeichnet wird.

7.8.6 Wangen

Als Wangen werden Korpusseiten von Brett- und Plattenmöbeln bezeichnet, die direkt bis auf die Standfläche geführt werden (Abb. 4).

Sie können über den **Oberboden** hinausgehen oder mit diesem bündig abschließen. Weit überstehende Wangen stellen gestalterisch einen seitlichen Abschluss für ein weiteres Regalfach dar, nur knapp überstehende Wangen lassen den Oberboden als Ablagefläche erscheinen.

Der Unterboden wird meistens in Sockelhöhe angeordnet.

Hirnleisten schützen die Wangen und halten sie gerade. Sie werden in das Hirnholz der Wange eingepasst.

Verbindungen zwischen Wangen und Böden:

– **Beim Brettbau** können Ober- und Unterboden mit Fingerzapfen, Grat, Feder oder Dübeln mit den Wangen verbunden sein.

– Beim **Plattenbau** kommen neben den Zwischenverbindungen wie angearbeitete und eingesetzte Feder, Dübel und Nutplättchen auch verschiedene Schrankverschlüsse in Betracht.

7.9 Aussteifende Teile

Aussteifende Teile im Möbelbau verhindern in lösbarer oder fester Verbindung mit den angrenzenden Teilen, dass ein Möbelkorpus oder ein Möbelgestell aus dem Winkel gerät.

Zu den aussteifenden Teilen gehören bei den Korpusmöbeln:

– Rückwände,

– Querleisten,

– Konstruktionsböden,

– Rahmenfüllungen, siehe 7.7.3, S. 134,

– Schubkastenboden, siehe 7.18.6, S. 156.

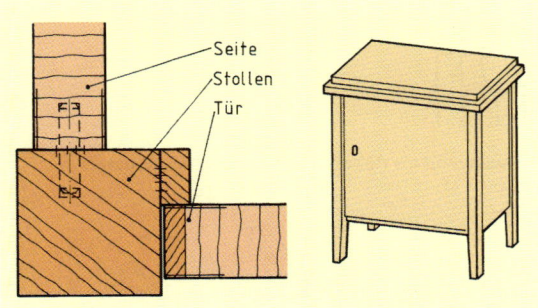

1 **Stollen** als tragende und verbindende Teile **im Brett- oder Plattenbau**

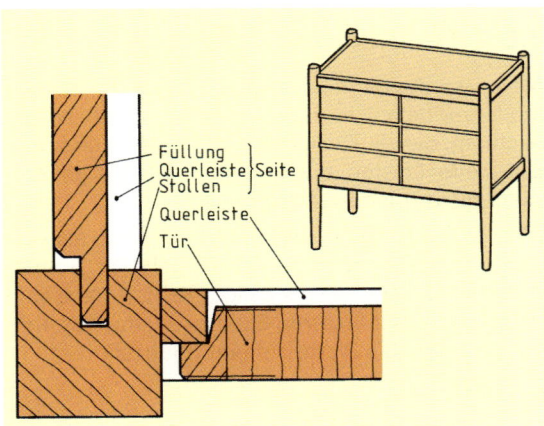

3 **Stollen** als senkrechte Rahmenhölzer

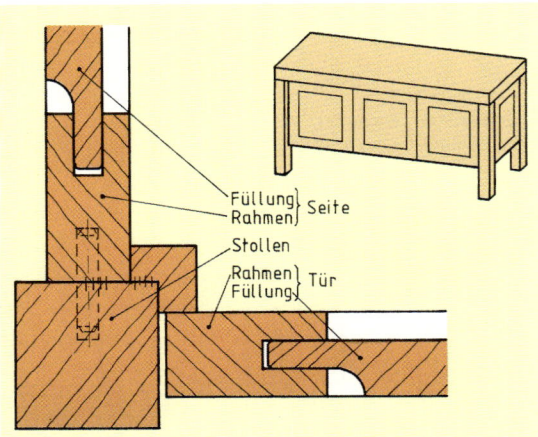

2 **Stollen** als tragende und verbindende Teile **im Rahmenbau**

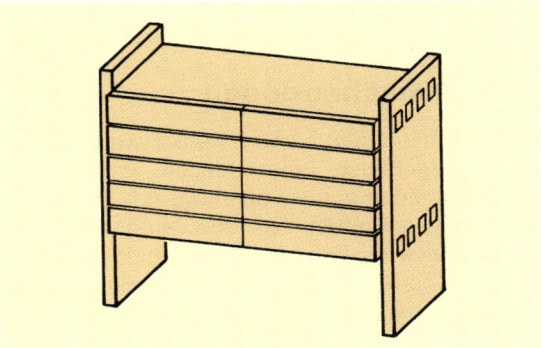

4 **Kommode als Wangenmöbel**

7.9.1 Rückwände

Rückwände von Korpusmöbeln haben neben der raumumschließenden Funktion die Aufgabe, den Korpus im Winkel zu halten, d.h. ihn auszusteifen. Dazu werden Holzwerkstoffe wie **Furnierplatten** 4...8 mm, **Holzfaserplatten** 3,5...6 mm sowie **Holzspanplatten** 8...10 mm dick verwendet, deren Oberfläche unbehandelt, furniert oder kunststoffbeschichtet sein kann.

> Die Rückwand wird in einen Falz der Seiten und Böden gelegt und festgeschraubt, von unten in eine Nut eingeschoben oder bereits beim Zusammenbau ringsum eingenutet (Abb. 1).

Rückwände können auch aus Vollholzrahmen mit Füllung bestehen. Größere Vollholzfüllungen werden durch ein **Rahmenzwischenstück (Beistoß)** unterbrochen, damit beim Schwinden keine Fuge entsteht, durch die Staub in den Möbelkorpus eindringen kann (Abb. 2).

Große Rückwände von Einbauschränken sollen wegen der besseren Aussteifung und aus konstruktiven Gründen mindestens aus 6 mm dicken Furnierplatten bzw. aus mindestens 8 mm dicken Holzspanplatten angefertigt werden.

7.9.2 Querleisten

Als aussteifende Teile sind bei Brettmöbeln und Stollenmöbeln die Querleisten (Traverse) zu bezeichnen, die als Zinkleisten, eingezapfte oder eingedübelte Leisten die Seiten bzw. Pfosten miteinander verbinden (Abb. 3 u. 4).

Querleisten finden vor allem Anwendung als vorderes und hinteres Laufrahmenteil bei Schubkastenschränken und als Zinkleisten („Aufzinken") als oberer Abschluss von Schränken und Kommoden, auf dem die Platte aufliegt (Blattrahmen).

Aufgaben

1. Bei welchen Möbeln werden Querleisten (Aufzinken) benötigt?
2. Inwieweit beeinflussen Querleisten das Aussehen einer Möbelfront?

7.10 Zwischenböden

Bei Zwischenböden werden **Konstruktionsböden** und **Einlegeböden** unterschieden, wobei Konstruktionsböden zur Aussteifung, d.h. zum Aufnehmen von Kräften, fest mit den Möbelseiten verbunden sind. Die feste Verbindung der Konstruktionsböden mit den Korpusseiten hat im Sinne der Einspannung keinen wesentlichen Einfluss auf die Durchbiegung, da die Verbindungen nachgeben und nicht wie steife Verbindungen wirken.

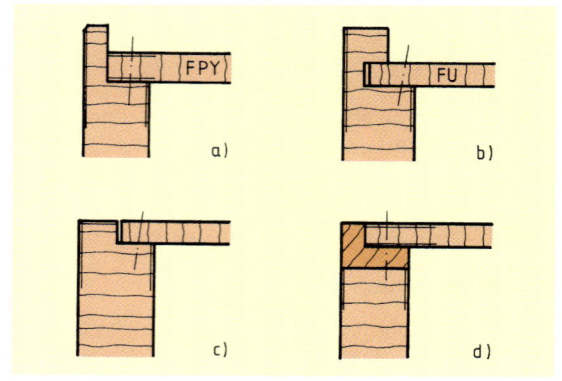

1 Rückwände von Korpusmöbeln
a) im Falz, zurückliegend, z.B. für Einzelmöbel, Korpus direkt an der Wand, Rückwand mit Abstand.
b) Nut und Falz, zurückliegend, z.B. für kleinere Einzelmöbel.
c) im Falz bündig, z.B. für Schrankwände, kleinere Hängeschränke durch die Rückwand hindurch befestigt.
d) im gefälzten Anleimer bündig, z.B. für gefällige Rückansichten, auch eingeleimt.

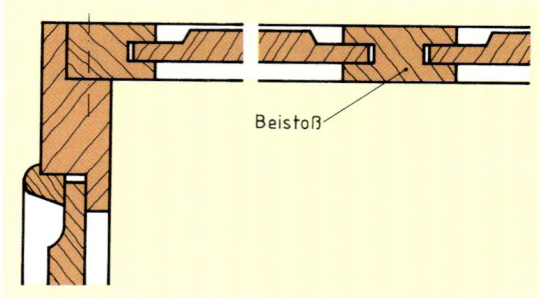

2 Rückwand als Rahmen mit Füllung und Beistoß

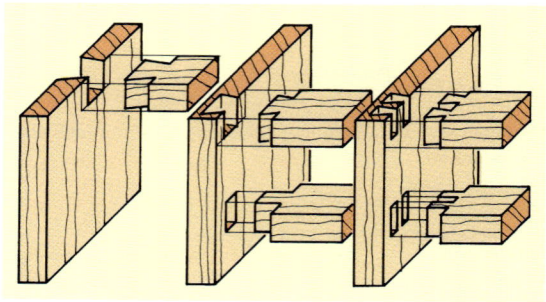

3 Querleisten (Traverse)
mit Vollholzseiten verbunden, aufgezinkt und eingezapft

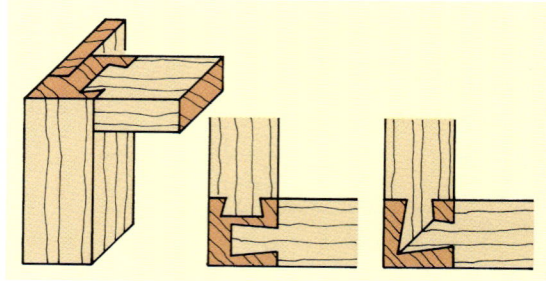

4 Querleisten auf Pfosten aufgezinkt

7.10.1 Auflager für Einlegeböden

Einlegeböden werden in den Möbelkorpus lose auf Leisten, Bodenträgerstifte, -stecker oder -schienen aufgelegt (Abb. 1…3). Aus Gründen der rationellen Fertigung wird häufig das Lochreihensystem 32 angewendet, bei dem im Abstand von 32 mm Bohrungen von 5 mm Durchmesser Lochreihen bilden. Die Bohrungen können neben den Halterungen auch zur Befestigung von Türbändern und Rückwänden verwendet werden.

7.10.2 Durchbiegung bei Zwischenböden

Zwischenböden werden aus Massivholz, Tischlerplatte oder furnierten bzw. kunststoffbeschichteten Holzspanplatten und aus Glas angefertigt.

Die Dicke der Zwischenböden ist vom Werkstoff, dem Abstand der Auflager (Spannweite) und der zu erwartenden Belastung abhängig und liegt zwischen 16 und 20 mm.

Zwischenböden verschiedener Werkstoffe biegen sich unter gleichen Voraussetzungen unterschiedlich durch.

> Große Durchbiegungen schränken die Nutzung ein und stören das optische Empfinden.

Die Spannweite sollte bei Möbeln 1000 mm nicht übersteigen.

Biegeversuche mit Regalböden von 900 mm Länge, 200 mm Breite und 19 mm Dicke ergaben bei gleichmäßig verteilter Last, z. B. Belastung mit Büchern, für die Durchbiegung folgende Werte.

Werkstoff (900/200/19 mm)		Durch-biegung (in mm)
Vollholz (Kiefer)	KI 19	2
Holzspanplatte (Flachpressplatte)	FPY 19	13,5
Tischlerplatte, 5-lagig Absperrfurnier längs	ST 19	5,0
Tischlerplatte, 5-lagig Absperrfurnier quer	ST 19	3,0

Durchbiegung von Zwischenböden verschiedener Werkstoffe

Das Versuchsergebnis zeigt, dass sich die Spanplatte am meisten durchbiegt und deshalb für größere Belastungen, wie z. B. Bücher, ungeeignet ist.

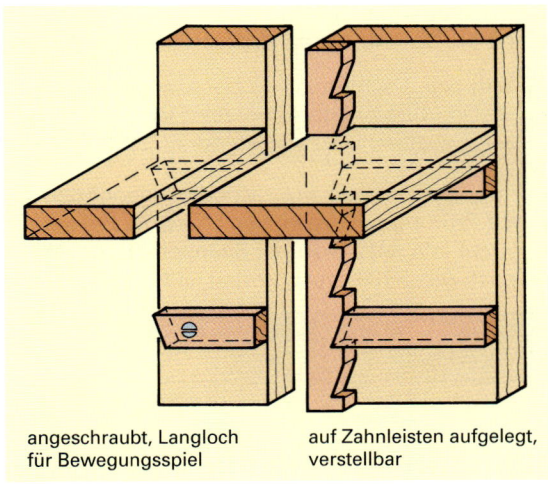

angeschraubt, Langloch für Bewegungsspiel   auf Zahnleisten aufgelegt, verstellbar

1 Tragleisten

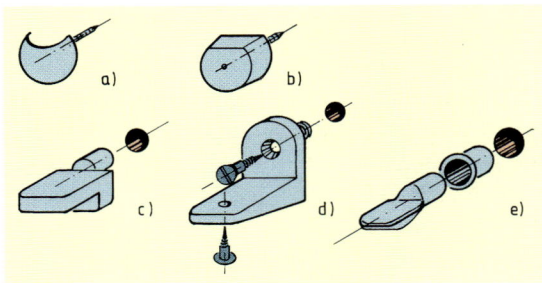

2 Bodenträger
zum Einschlagen (a u. b), zum Einstecken in Holzbohrungen unterschiedlicher Durchmesser (c, d, e)

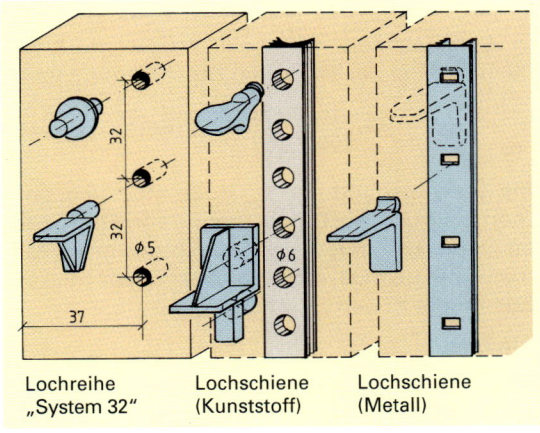

Lochreihe „System 32"   Lochschiene (Kunststoff)   Lochschiene (Metall)

3 Bodenträgersysteme

> Die Biegefestigkeit von Plattenwerkstoffen lässt sich durch beidseitiges Furnieren oder Beschichten mit Schichtpressstoffplatten erhöhen.

Bei furnierten Platten ist darauf zu achten, dass die Holzfasern des Deckfurniers in Richtung der Spannweite verlaufen, da die längs gerichteten Holzfasern in der äußeren Zugzone mehr Zugkräfte aufnehmen als quer gerichtete Holzfasern und somit die Durchbiegung einschränken.

> Fünflagige Tischlerplatten, bei denen Mittellage und Deckfurniere in Längsrichtung verlaufen, biegen sich nur geringfügig durch.

Bei der Bemessung von Möbeleinlegeböden ist durch Prüfung nachzuweisen, dass die Belastbarkeit der Einlegeböden einer Beanspruchungsgruppe nach DIN 68874 zuzuordnen ist (Tab. 1).

Beanspru- chungsgruppe	Nutzlast in N/m²	Prüflast in N/m²	Belastungsbeispiele
L 25	250	500	dekorative Gegenstände
L 50	500	1000	Wäsche, Porzellan
L 75	750	1500	Bücher u. Ä.
L 125	1250	2500	schwere Bücher, Akten

1 Beanspruchungsgruppen und Prüflasten nach DIN 68874

Die Durchbiegung darf unter der Prüflast (28 Tage Belastungsdauer) $\frac{1}{100}$ der Stützweite l nicht überschreiten ($f < \frac{l}{100}$).

Die Durchbiegung für Möbeleinlegeböden ohne zeitliche Begrenzung der Lasteinwirkung darf bei angenommener Nutzlast bis $\frac{1}{200}$ der Stützweite l betragen ($f < \frac{l}{200}$).

Die Durchbiegung darf nur $\frac{1}{300}$ der Stützweite l betragen, wenn unter den Fachböden Schubkästen oder Türen angeordnet sind ($f < \frac{l}{300}$).

Bei der Prüfung nach DIN 68874 wird von einer Flächenlast ausgegangen, die auf die Länge des Einlegebodens verteilt ist. Belastungen durch Punktlasten vergrößern die Durchbiegung.

Ein Einlegeboden mit einer Stützweite l von 900 mm hat in der Mitte eine Durchbiegung von:

$$f = \frac{l}{300} = \frac{900}{300} = 3 \text{ mm}$$

Eine Durchbiegung dieser Größe stört den optischen Eindruck. Die Durchbiegung von Einlegeböden kann verringert werden durch geeignete Materialwahl, geringere Stützweiten sowie dickere und breitere Böden.

Aufgaben

1. Nennen Sie tragende Teile für verschiedene Möbel und beschreiben Sie deren besondere Merkmale.
2. Erklären Sie Funktion und Konstruktion verschiedener aussteifender Teile.
3. Erläutern Sie das System 32.
4. Nennen Sie Einzelteile von Korpusmöbeln und Gestellmöbeln und beschreiben Sie deren Funktion.
5. Unterscheiden Sie tragende, aussteifende und raumumschließende Teile bei Korpusmöbeln.
6. Bestimmen Sie bei einem Korpusmöbel (z.B. Anrichte mit Schubkästen) die raumumschließenden Teile.
7. Beschreiben Sie die beiden Konstruktionsarten für Stollenmöbel.

7.11 Bewegliche Teile – Türen

Möbeltüren haben folgende Aufgaben:
- die im Möbel aufbewahrten Gegenstände vor Licht und vor Einsicht zu schützen,
- Staub und Ungeziefer fern zu halten,
- durch Abschließbarkeit Diebstahl zu erschweren.

Nach der Konstruktion und dem verwendeten Material unterscheidet man:
- Vollholztüren (verbrettert gearbeitet),
- Rahmentüren mit eingelegter Füllung,
- Türen mit aufgesetzter Füllung,
- furnierte Türen,
- kunststoffbeschichtete Türen,
- Glastüren.

Nach der Bewegungsrichtung unterscheidet man:
- Drehflügeltüren,
- Klappen,
- Schiebetüren,
- Rollläden.

7.12 Drehflügeltüren

> Drehflügeltüren werden an der Anschlagseite (Bandseite) mit Bändern oder Scharnieren angeschlagen und erhalten an der Aufschlagseite (Schlossseite) die Zuhaltevorrichtung oder das Schloss.

Bei Drehflügeltüren unterscheidet man nach der Drehrichtung
- Linkstüren und
- Rechtstüren.

Betrachtet man ein Möbel von vorn, so liegen bei einer linken Tür (**Linkstür**) die Bänder (Linksbänder) auf der linken Seite, das Schloss (Linksschloss) auf der rechten Seite (Abb. 1).

Bei einer **Rechtstür** liegen die Bänder (Rechtsbänder) von vorn betrachtet auf der rechten Seite, das dazugehörige Schloss ist ein Rechtsschloss.

Bei zweiflügligen Türen ist das Schloss meistens an der rechten Tür angeordnet (Rechtshänder!).

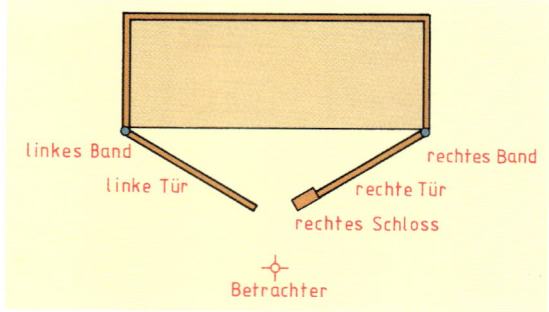

1 Linkstür – Rechtstür nach DIN 68851

7.12.1 Proportionen bei Drehflügeltüren

Drehflügeltüren sollten nicht breiter als 650 mm sein, um die Bänder nicht zu hoch zu beanspruchen.

> Die Türbreite sollte stets kleiner als die Türhöhe sein.

Sehr breite Türen reichen beim Öffnen weit in den Raum hinein, sind unpraktisch zu handhaben und hängen leicht schief, da die Bänder nicht weit genug auseinander liegen und daher übermäßig beansprucht werden (Abb. 1).

Aufgaben

1. Begründen Sie, warum eine breite und niedrige Tür statisch ungünstiger ist als eine hohe und schmale Tür.
2. Skizzieren Sie eine aufschlagende, einschlagende und überfälzte Rahmentür mit Füllung und suchen Sie dazu passende Bänder und Scharniere aus.

7.12.2 Anschlagarten bei Drehflügeltüren

Nach der Lage der Türen vor dem Möbelkorpus unterscheidet man (siehe auch Konstruktion und Arbeitsplanung, Kap. 2.1):

– aufschlagende Türen,
– einschlagende Türen,
– gefälzte Türen.

Aufschlagende Türen liegen stumpf vor den Korpusseiten. Das Anschlagen erfolgt über Bänder, Hänge oder Scharniere, wobei die Lappen gerade oder gekröpft sein können (Abb. 2).

Sollen aufschlagende Türen staubdicht sein, werden so genannte **Staubleisten** auf der Innenseite der Tür oder der Korpusseite angebracht.

Einschlagende Türen liegen vorspringend, bündig oder zurückspringend zwischen den Korpusseiten (Abb. 3 und Abb. 1 u. 2, S. 144). Als Anschlag und zum Abdichten gegen Staub werden Staubleisten an die Seiten und Böden geleimt oder Seiten und Böden ausgefälzt.

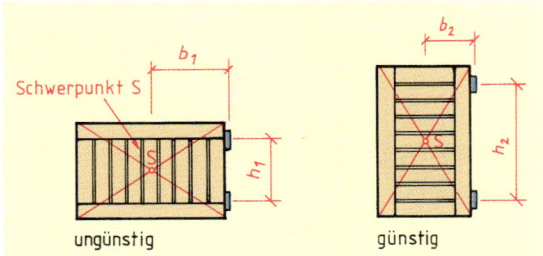

1 Proportionen bei Drehflügeltüren mit Lage des Schwerpunktes

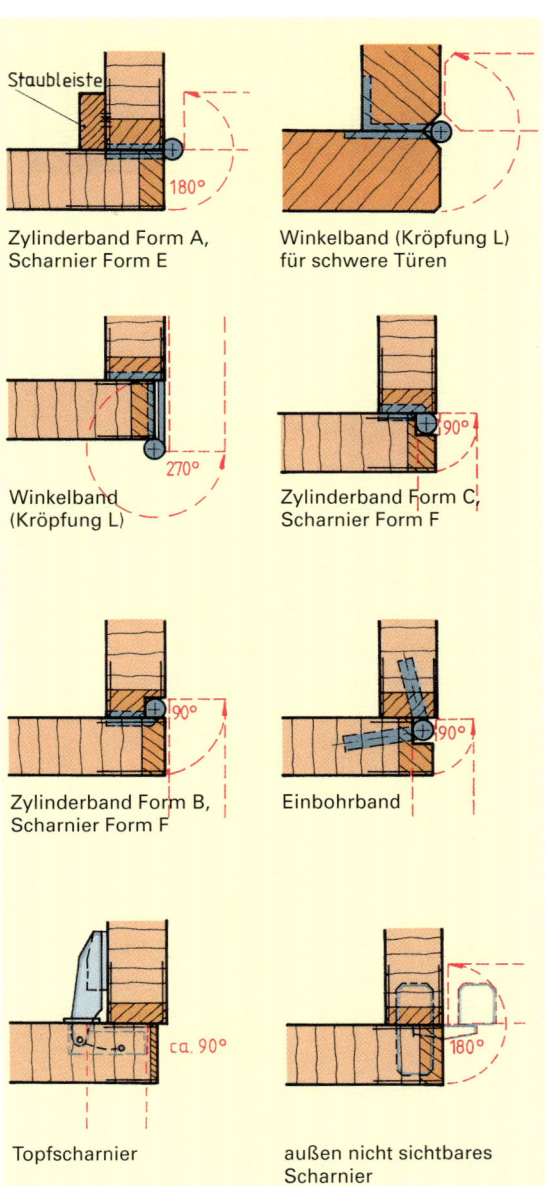

Zylinderband Form A, Scharnier Form E

Winkelband (Kröpfung L) für schwere Türen

Winkelband (Kröpfung L)

Zylinderband Form C, Scharnier Form F

Zylinderband Form B, Scharnier Form F

Einbohrband

Topfscharnier

außen nicht sichtbares Scharnier

2 Aufschlagende Türen (Rechtstüren)

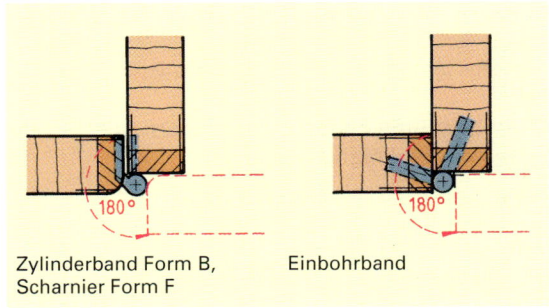

Zylinderband Form B, Scharnier Form F

Einbohrband

3 Einschlagende Türen, vorspringend (Rechtstüren)

143

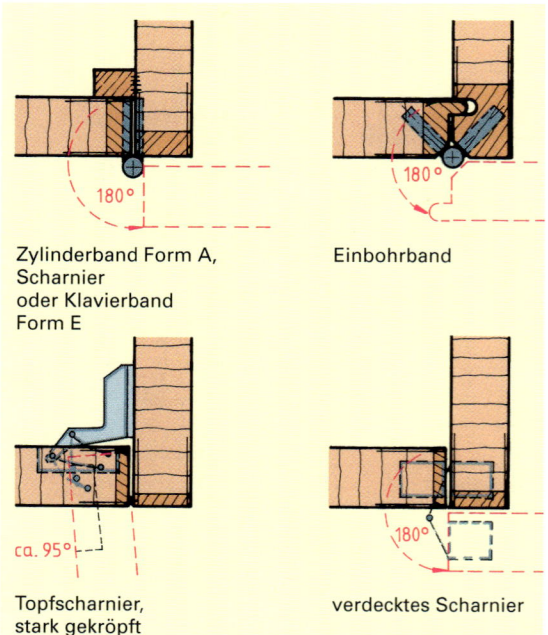

1 Einschlagende Türen, bündig (Rechtstüren)

Gefälzte Türen liegen mit der Falzfläche an den Korpusseiten an (Abb. 3). Durch eine zusätzliche Staubleiste kann man einen doppelten Anschlag und somit besonders staubdichte Türen erreichen.

Die Falzbreite beträgt je nach Kröpfung der verwendeten Hänge oder Scharniere 5,5 mm, 7,5 mm oder 10 mm.

Bei Verwendung von Einbohrbändern muss die Dicke des Überschlages mindestens 8 mm betragen, um ein Aufspalten zu vermeiden.

7.13 Das Anschlagen von Drehflügeltüren

Drehflügeltüren sind bewegliche Möbelteile, die an den Außen- oder Innenseiten des Möbelkorpus senkrecht um eine Achse drehbar angeschlagen werden.

> Unter „Anschlagen" versteht man das Anbringen von Möbelbeschlägen aus verschiedenen Metallen oder Kunststoffen zum Verbinden, Bewegen und Verschließen von Möbelteilen.

Drehflügeltüren können mit Bändern oder Scharnieren angeschlagen werden:

Bänder (Hänge) sind Drehgelenke, die aus dem Stiftteil und dem Lochteil bestehen. Sie sind **aushängbar**. man verwendet:
- Zylinderbänder,
- Einstemmbänder oder Fitschen,
- Zapfenbänder.

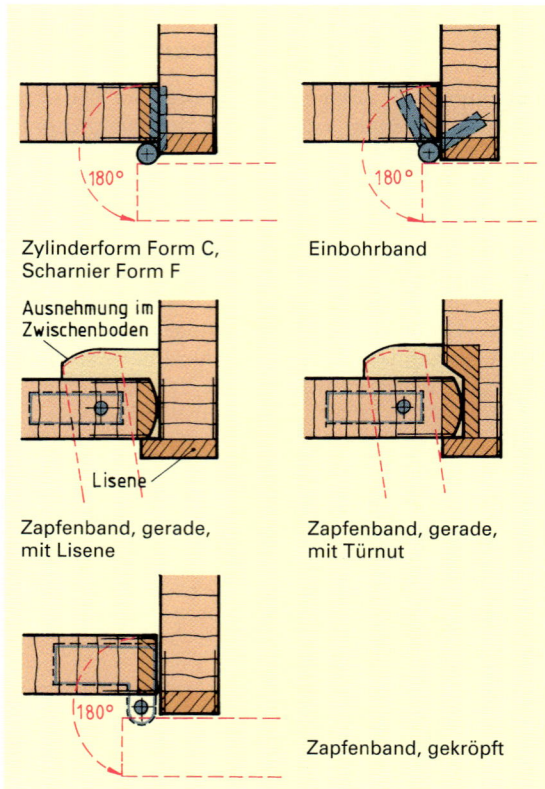

2 Einschlagende Türen, zurückspringend

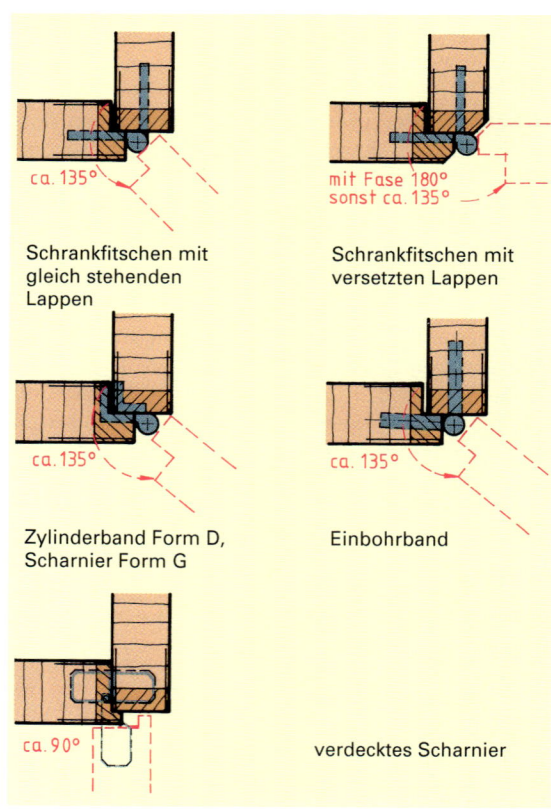

3 Gefälzte Türen (Rechtstüren)

144

Scharniere sind Drehgelenke, die aus mehrgliedrigen Gewerben bestehen. Sie sind **nicht aushängbar**. Man verwendet:

- Scharniere und Stangenscharniere,
- Topfscharniere,
- Spezialscharniere.

> Bei Zylinderbändern und Fitschen werden rechte und linke Bänder unterschieden.

Merke: Bei Bändern ist der Türlappen (Lochlappen) oben, der Seitenlappen (Stiftlappen) unten (Abb. 1).

7.13.1 Zylinderbänder mit Lappen

Nach DIN 81402 unterscheidet man Hänge (Bänder) L für Linksflügel und R für Rechtsflügel zum Anschrauben für Möbeltüren in Form A, Form B, Form C und Form D.

Die Lappen können gerade (Form A) oder verschieden gekröpft, d.h. abgewinkelt sein. Man spricht auch von „Kröpfung" B, C und D und bei Winkelbändern von Kröpfung L (Abb. 2).

> **Hinweis:** Die Darstellungen der Zylinderbänder Form B und C entsprechen in diesem Buch der gültigen DIN 81402. In der Praxis wird vielfach für die Form B die Bezeichnung Form C und für die Form C die Bezeichnung Form B verwendet.

Da bei Zylinderbändern das Gewerbe in der Türfront sichtbar ist, kommen auch verschiedene Zierformen zur Anwendung.

Das Anschlagen der Zylinderbänder:

> Zuerst werden die Lochlappen an die Tür und dann die Stiftlappen an die Korpusseite eingelassen.

Die Ausnehmungen werden mit dem Stecheisen oder der Beschlagfräse herausgenommen.

Anzeichnen, Einlassen und Anschrauben der Bänder erfordert sehr genaues Arbeiten.

7.13.2 Zylinderbänder mit Einbohrzapfen

Einbohrbänder haben Einbohrzapfen anstelle der Lappen (Abb. 3). Mit ihnen lassen sich besonders zeitsparend gefälzte Möbeltüren anschlagen.

Ein Einbohrband kann beliebig als Links- und Rechtsband verwendet werden.

Zum Anschlagen benutzt man so genannte **Stufenbohrer**. Dabei werden **Einbohrlehren** verwendet. Der Einbohrzapfen des Lochteils wird schräg nach innen in den Überschlag des Falzes gebohrt.

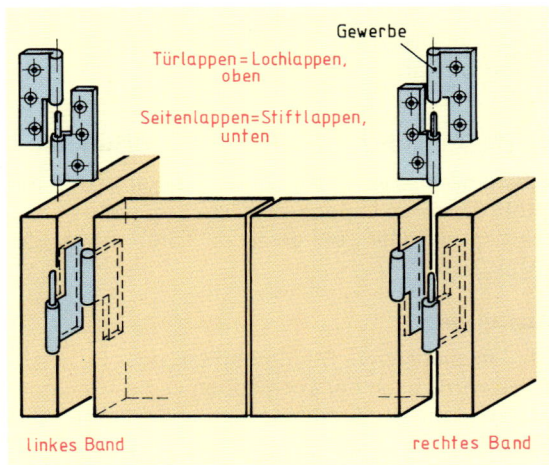

1 Möbeltüren mit Zylinderbändern angeschlagen

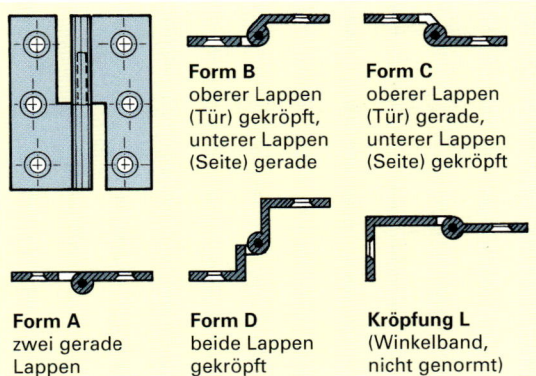

2 Hänge (Zylinderbänder) für Rechtsflügel R
(für Linksflügel L spiegelbildlich) Form A, B, C, D nach DIN 81402 und Kröpfung L

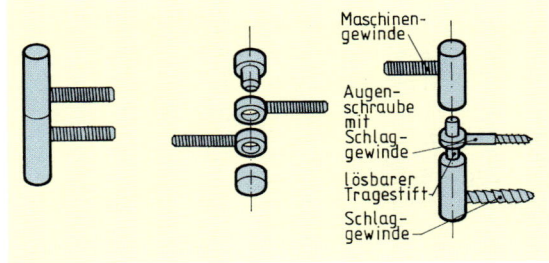

3 Einbohrbänder

Der Überschlag sollte mindestens 8 mm dick sein, damit ein Aufspalten vermieden wird (Abb. 1, S. 146).

Die Einbohrbolzen des Stiftteils können in der Korpusseite mit Stiften versehen werden, um ein Verdrehen zu verhindern.

Die Lage des Türblattes zum Korpus kann durch Heraus- und Hineindrehen der Einbohrzapfen reguliert werden.

Einbohrbänder mit Kloben werden als Halbkloben- oder Klobenbänder bei aufschlagenden Türen verwendet (Abb. 2).

7.13.3 Fitschen = Einstemmbänder

Einstemmbänder sind rechte oder linke Bänder (Abb. 3), deren Lappen eingestemmt werden. Sie werden vor allem bei gefälzten Türen verwendet (Abb. 3, S. 144).

Anschlagen

Mit Fitschensägen, Stemmgeräten oder Fitscheneisen wird zuerst der Lochlappen in die Tür eingelassen, dann der Stiftlappen in die Korpusseite.

Nachdem die „Luft" in den Fälzen richtig verteilt ist, werden die eingestemmten Lappen in den vorgesehenen Löchern mit Stiften oder Schrauben befestigt. Fitschen haben heute aber nur noch historische Bedeutung.

7.13.4 Zapfenbänder

Zapfenbänder bestehen aus dem Zapfenteil (Türteil) und dem Lochteil (Korpusteil) (Abb. 4). Zapfenbänder eignen sich für einschlagende Türen, siehe Abb. 2, S. 144.

> Gerade Zapfenbänder sind in der Möbelfront nicht sichtbar.

Ein Zapfenband kann beliebig sowohl für rechte Türen als auch für linke Türen verwendet werden. Luft wird durch einen Zwischenring im unteren Band vermittelt. Damit die Tür frei gedreht werden kann, wird die Anschlagseite gerundet. Die beim Öffnen der Tür entstehende breite Fuge wird durch eine Leiste (Lisene) abgedeckt. **Eckzapfenbänder** haben einen austragenden Drehpunkt, die Lisene kann hier entfallen, siehe Abb. 2, Seite 144.

Anschlagen

Der Zapfenteil wird an der oberen bzw. unteren Stirnseite der Tür, der Lochteil oben bzw. unten an der Innenseite der Böden angeschlagen.

Der Drehpunkt der Tür wird ermittelt, indem man den Querschnitt der Tür in geöffneter und geschlossener Lage auf die Korpusböden aufreißt. Bei mittiger Anordnung der Bänder ist der Schnittpunkt der Diagonalen der Drehpunkt (Abb. 5).

Zuerst werden mit einer **Anschlaglehre** die Lochteile am Korpus und dann die Zapfenteile an der Tür angerissen. Die untere Ausnehmung für den Zapfenteil muss bis zur Außenkante der Tür durchgehen, damit die Tür eingesetzt werden kann (Abb. 1, Seite 147).

Die Türen schlagen an Stoppleisten oder Ausnehmungen im Boden an, nicht an den Lisenen.

1 Anschlagen eines Einbohrbandes mittels Bohrschablone

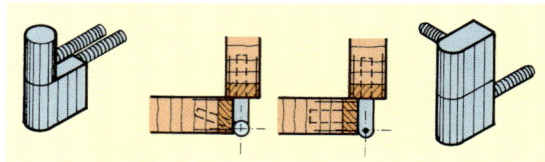

2 Klobenbänder

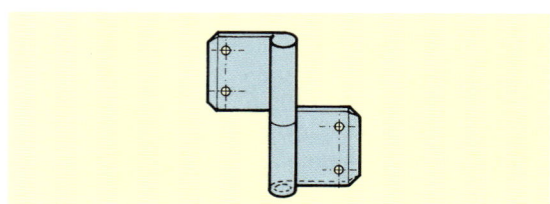

3 Fitschenband, rechts

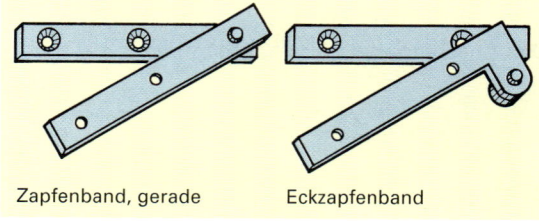

Zapfenband, gerade   Eckzapfenband

4 Zapfenbänder

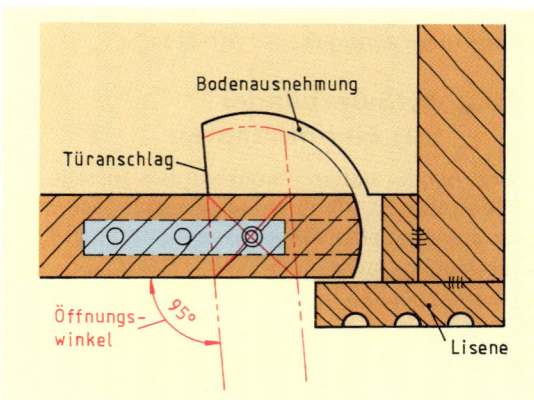

5 Anschlagen des Zapfenbandes

7.13.5 Scharniere

Scharniere mit festem oder losem Stift haben ein mehrgliedriges Gewerbe, das nicht aushängbar ist.

Nach DIN 81402 unterscheidet man Scharniere mit verschiedenen Kröpfungen für aufschlagende Türen **Form E**, für einschlagende Türen **Form F**, für gefälzte Türen **Form G**.

Stangenscharniere sind lange Scharniere, die über die ganze Länge der Anschlagseite angeschraubt werden. Sie werden auch „Klavierband" genannt (Abb. 2).

Anschlagen

Scharniere werden ähnlich wie Lappenbänder angeschlagen. Das Scharnier wird zuerst an dem beweglichen Möbelteil und dann am Möbelkorpus angeschraubt.

Das Anschlagen von Stangenscharnieren ist zeitaufwendig, da sehr viele Schrauben benötigt werden.

7.13.6 Topfscharniere

Man unterscheidet selbstschließende und nicht selbstschließende Topfscharniere.

Topfscharniere bestehen aus dem **Topf** mit **Gelenkarm** und der **Montageplatte**. Der Topf besteht aus Kunststoff oder wie die anderen Teile aus Metall (Abb. 3).

Da Topfscharniere mehrere Drehgelenke haben, können sie für aufschlagende und einschlagende Türen verwendet werden, ohne von außen sichtbar zu sein.

Topfscharniere werden nur in Ausnahmefällen für Türen mit einer größeren Dicke als 20 mm verwendet. Neben Topfbändern mit einem Öffnungswinkel von ca. 90° und 180° kommen solche für **Haarfugenanschläge** zur Anwendung (siehe Abb. 2, Seite 143 und Abb. 1, S. 144).

Anschlagen

Topfscharniere werden in der Regel mithilfe von Schablonen angeschlagen. Der Topf wird in die Tür eingelassen, die Montageplatte auf die Korpusinnenseite aufgeschraubt. Der Montagearm wird auf die Montageplatte gesteckt und mit einer Schraube befestigt oder aufgeclipt.

Durch ein Langloch im Montagearm sowie durch Distanzschrauben kann die Tür in der Breite, in der Tiefe und bei besonderen Montageplatten auch in der Höhe verstellt werden.

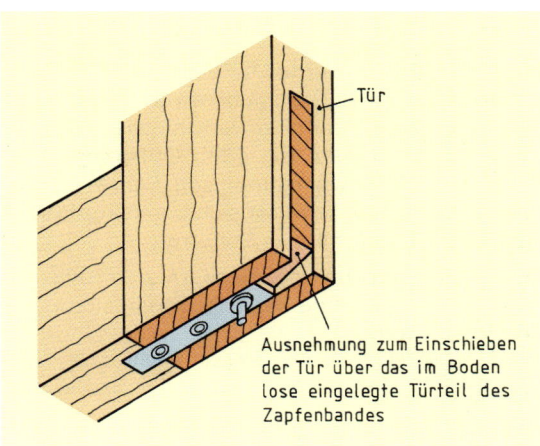

1 Unteres Zapfenband der Tür

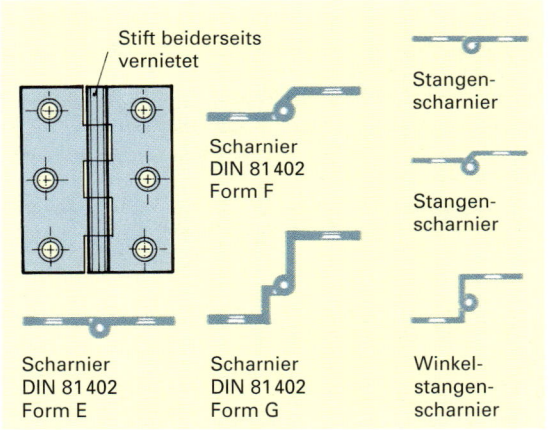

2 Scharniere nach DIN 81402 und Stangenscharniere

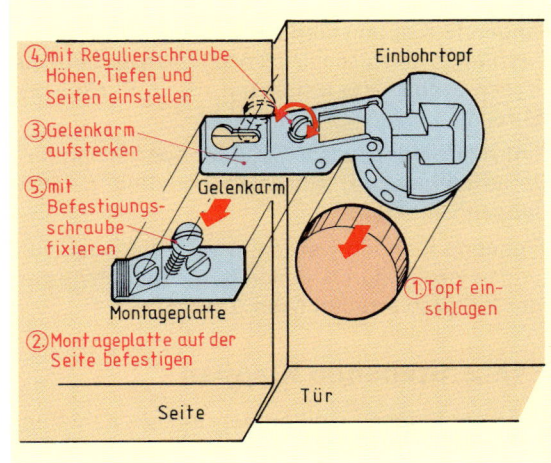

3 Topfscharnier
Montageablauf

7.13.7 Spezialscharniere

Spezialscharniere werden für ausgefallene Türanschläge verwendet. Dazu gehören die in der Front nicht sichtbaren Scharniere verschiedenster Fabrikate, Topfscharniere für 180° Öffnungswinkel, Scharniere für Ganzglastüren, sog. Schnellbänder (Abb. 1) sowie die bewusst sichtbaren Topfscharniere mit Zylinderrollen in Stilform.

Das Anschlagen von Spezialscharnieren sollte unter genauer Beachtung der Anschlaganleitung der Hersteller erfolgen.

Aufgaben

1. Unterscheiden Sie Rechtstür und Linkstür bei Möbeln und ordnen Sie entsprechend rechte und linke Bänder zu.
2. Nennen Sie Merkmale, von denen die Festigkeit einer Rahmeneckverbindung bei Möbeltüren abhängt.
3. Nennen Sie Merkmale, von denen die Dichtigkeit einer Möbeltür abhängt.
4. Skizzieren Sie die Anschlagarten von Möbeltüren für Bänder (Hänge) der Form A, B, C, D sowie Kröpfung L und für Scharniere der Form E, F und G.
5. Beschreiben Sie das Anschlagen von a) Zapfenbändern, b) Zylinderbändern, c) Topfscharnieren.
6. Wovon hängen bei überfälzten Möbeltüren Falzbreite und Dicke des Überschlages ab?
7. Warum werden einschlagende Möbeltüren selten bündig mit den Seiten angeschlagen?

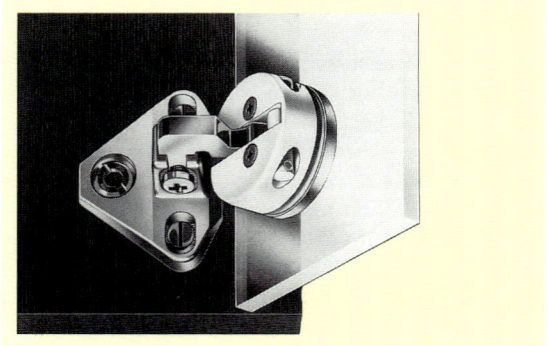

Glastürscharnier

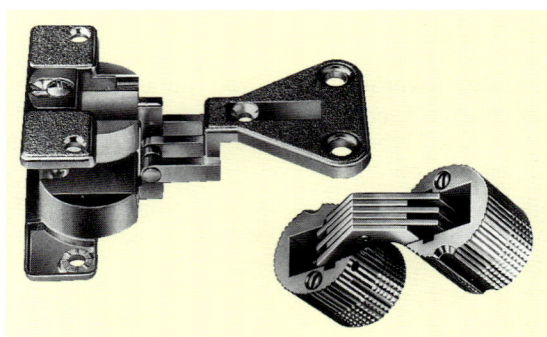

Zwillingsscharnier   **Einbohrscharnier**
für Mittelwandanschlag   von außen unsichtbar

1 Spezialscharniere

7.14 Möbelklappen

Möbelklappen unterscheiden sich von Möbeldrehtüren dadurch, dass sie um eine waagerechte Drehachse hängend, stehend oder liegend angeschlagen sein können (siehe auch Konstruktion und Arbeitsplanung, Kap. 2.2).

7.14.1 Hängende Klappen

Hängende Klappen sind an der oberen Kante angeschlagen und lassen sich nach oben drehen. Sie werden oft bei Oberschränken z. B. in Küchen angebracht.

Zum Anschlagen werden Bänder oder Scharniere für aufschlagende, einschlagende und gefälzte Klappen verwendet.

Hängende Klappen werden in verschiedenen Öffnungswinkeln durch besondere Klappenstützen oder -scheren arretiert (Abb. 2).

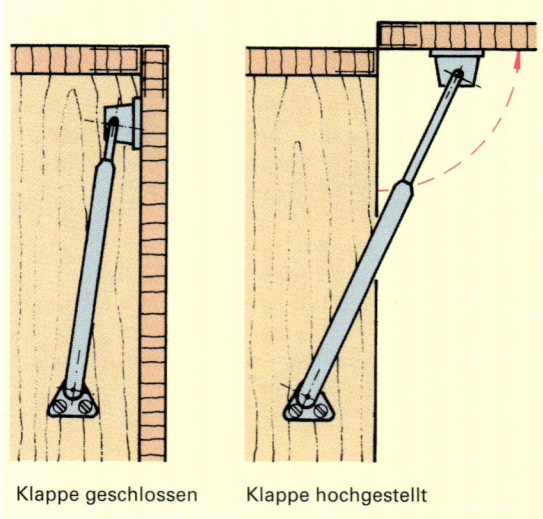

Klappe geschlossen   Klappe hochgestellt

2 Hängende Möbelklappe mit Hochstellfederstütze

7.14.2 Stehende Klappen

Stehende Klappen sind an der unteren Kante angeschlagen und lassen sich nach unten drehen. In geöffnetem Zustand werden sie als Ablage oder Schreibfläche benutzt.

Stehende Möbelklappen sollten so angeschlagen werden, dass die geöffnete Klappe bündig mit dem Korpusboden ist und nur eine Haarfuge entsteht.

Das ist bei aufschlagenden Klappen durch Klappenscharniere (Abb. 1) und bei einschlagenden Klappen durch Zapfenbänder zu erreichen (Abb. 2).

Gefälzte Klappen können mit Klappenscharnieren und mit Zapfenbändern angeschlagen werden. Ein bündiger Übergang zwischen Korpusboden und geöffneter Klappe lässt sich mit ihnen nicht herstellen.

Stehende Klappen sollten immer durch **Klappenscheren** oder **Klappenhalter** seitlich gehalten werden.

7.14.3 Liegende Klappen

Liegende Klappen liegen waagerecht auf dem Korpus und werden in der Regel nach oben geöffnet. Sie können je nach Bedarf an jeder Korpusseite angeschlagen werden.

Das Anschlagen erfolgt mit Scharnieren mit geraden Lappen oder mit Spezialscharnieren, wenn diese nicht sichtbar sein sollen. Zum Feststellen in geöffnetem Zustand werden mechanische Klappenscheren oder **pneumatische Klappenstützen** seitlich angebracht. Zum Verschließen liegender Klappen eignen sich **Flügelriegel-** und **Hakenriegelschlösser**.

7.15 Schiebetüren

Schiebetüren sind im Unterschied zu Drehtüren und Klappen zum Öffnen und Schließen in bzw. vor der Möbelfrontebene seitlich nach links oder nach rechts zu bewegen. Dabei ändert sich die Position der Tür, aber nicht die Lage zur Möbelfront (Abb. 3 und Konstruktion und Arbeitsplanung, Kap. 2.3).

> **Rechtsschiebetüren** werden **beim Öffnen nach rechts** bewegt, Linksschiebetüren beim Öffnen nach links (DIN 68851).

Vorteil gegenüber Drehtüren: Vor dem Möbel wird kein Platz für herausdrehende Türen in Anspruch genommen.

Nachteil gegenüber Drehtüren: Man kann immer nur einen Teil des Schrankes öffnen.

> Um ein Verkanten zu vermeiden, sollten Schiebetüren möglichst Querformat haben, Laufbeschläge sollten weit auseinander liegen.

Bei hochformatigen Schiebetüren ist die hängende Ausführung der stehenden vorzuziehen.

Schiebetüren erhalten vorwiegend Griffmuscheln oder senkrechte Griffleisten. Damit die Türgriffe nicht verdeckt werden und ein Einklemmen der Finger vermieden wird, sind zwischen den einzelnen Türen Stoppvorrichtungen vorzusehen.

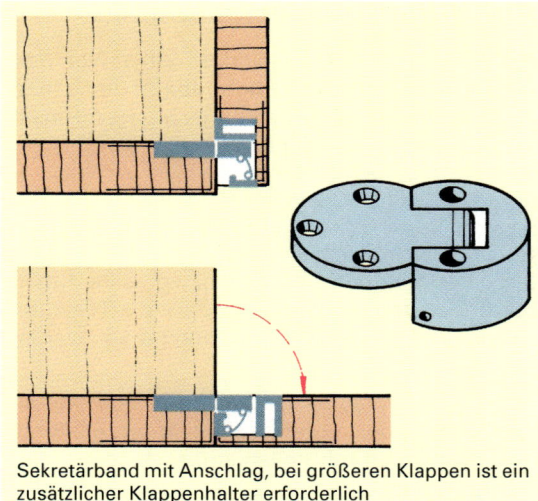

Sekretärband mit Anschlag, bei größeren Klappen ist ein zusätzlicher Klappenhalter erforderlich

1 Stehende Möbelklappe mit Klappen-Einbohrscharnier

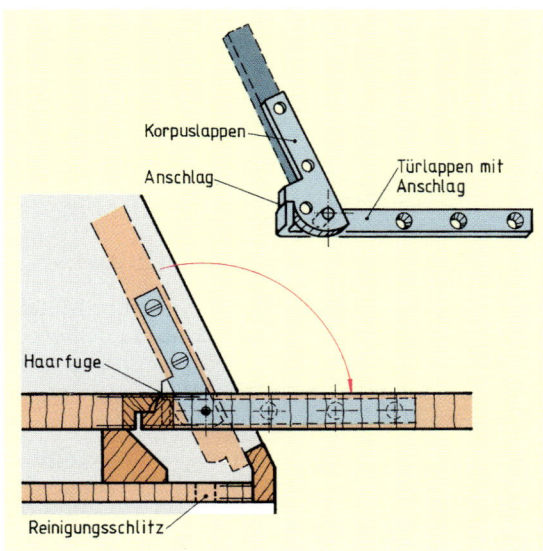

2 Stehende Möbelklappe mit Zapfenband

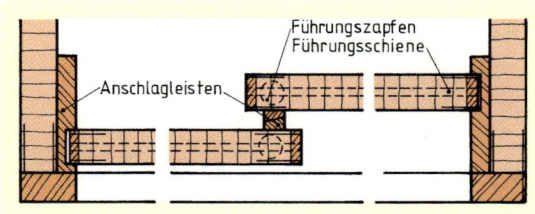

3 Zweiteilige hängende Schiebetür

Seitlich können die Schiebetüren stumpf gegen die Korpusseiten stoßen, besser ist eine zusätzliche Abdichtung durch das Anbringen von Staubleisten oder Nuten in den Korpusseiten, in die die Türen einlaufen können.

7.15.1 Stehende Schiebetüren

Stehende Schiebetüren sind in einer Nut oder **Laufschiene auf dem Unterboden** gleitend oder rollend gelagert und oben nur lose gegen Hineindrücken oder Herausziehen gehalten (Abb. 1).

Anschlagen

Nur bei leichten Schiebetüren genügen einfache Nuten in Unter- und Oberboden, wobei die Nut im Oberboden so tief sein muss, dass die Tür durch einfaches Anheben herausgenommen werden kann.

Schwere Türen laufen in **Kunststoff- oder Metallschienen**. Dabei unterscheidet man gleitende Türen und Türen **mit Rollenlaufbeschlägen**.

Die **obere Führung** erfolgt in Nuten im Oberboden oder in besonderen Führungsschienen. Ein Ausbau der Türen wird möglich entweder durch einfaches Anheben, Hineinschieben in diese Nuten und Herausziehen, durch spezielle **Führungsriegel**, die zum Ausbauen der Türen entriegelt werden, oder durch Abschrauben der Führungsbeschläge.

7.15.2 Hängende Schiebetüren

Hängende Schiebetüren werden oben in **Metall-** oder **Kunststofflaufschienen**, die in den Oberboden eingenutet oder darunter geschraubt sind, gleitend oder rollend gelagert und unten durch **Führungsschienen** gehalten (Abb. 2).

Leichtere Schiebetüren erhalten einen **Hängegleitbeschlag**, der bei in der Möbelfront laufenden Schiebetüren an der oberen Türkante angeordnet ist oder bei vor der Front laufenden Türen gekröpft ist und oben hinter der Tür liegt.

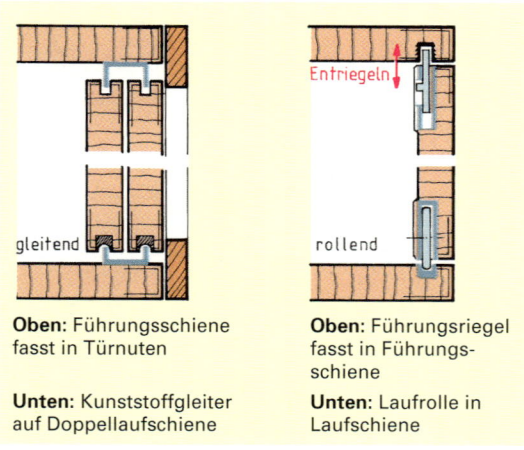

Oben: Führungsschiene fasst in Türnuten

Unten: Kunststoffgleiter auf Doppellaufschiene

Oben: Führungsriegel fasst in Führungsschiene

Unten: Laufrolle in Laufschiene

1 Stehende Schiebetüren

Die untere Führung kann über einfache Führungsschienen, die in die untere Türkante eingenutet sind, und Führungsnocken im Unterboden erfolgen oder durch Führungsschienen, die in die Rückseite eingenutet sind, und Führungsgleiter, die an der Mittelwand oder dem Unterboden angebracht sein können.

Schwere Schiebetüren laufen mit **Tragrollen** in Laufschienen, besonders schwere Türen hängen an **Laufwagen** (Abb. 3).

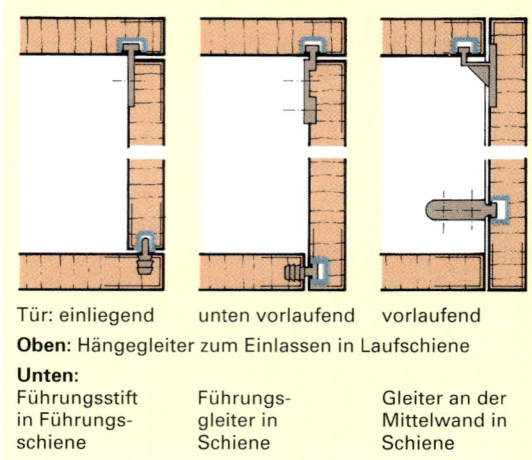

Tür: einliegend   unten vorlaufend   vorlaufend

Oben: Hängegleiter zum Einlassen in Laufschiene

Unten:
Führungsstift in Führungsschiene

Führungsgleiter in Schiene

Gleiter an der Mittelwand in Schiene

2 Hängende Schiebetüren, gleitend

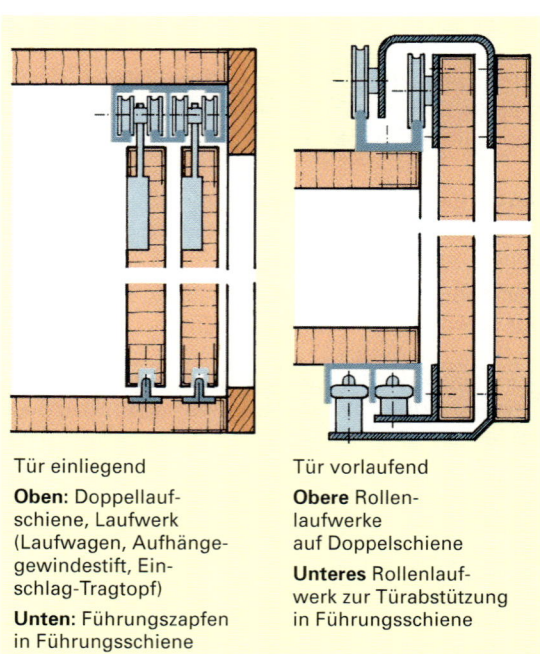

Tür einliegend

Oben: Doppellaufschiene, Laufwerk (Laufwagen, Aufhängegewindestift, Einschlag-Tragtopf)

Unten: Führungszapfen in Führungsschiene

Tür vorlaufend

Obere Rollenlaufwerke auf Doppelschiene

Unteres Rollenlaufwerk zur Türabstützung in Führungsschiene

3 Hängende Schiebetüren, rollend

7.16 Rollläden

Möbelrollläden sind mehrgliedrige, vertikal oder horizontal bewegliche Möbelteile, die aus schmalen Holz- oder Kunststoffprofilen bestehen.

Die **Holzleisten** können einzeln auf eine feste **Stoffbahn** aufgeleimt werden, die wie ein Gelenk wirkt, oder in industrieller Fertigung aus vorher mit Stoff beleimten Holzplatten gestanzt werden. Die **Kunststoffprofile** werden gelenkig ineinander gesteckt (Abb. 1).

Bei **vertikal** laufenden Möbelrollläden läuft der Rollladen beim Öffnen hinter der Rückwand, oder er wird im oberen bzw. unteren Teil des Korpus eingerollt (Abb. 2).

Bei **horizontal** laufenden Möbelrollläden wird der Rollladen beim Öffnen an den Korpusseiten entlang geführt (siehe auch Konstruktion und Arbeitsplanung, Kap 2.4). Seitlich läuft der Rollladen in **Führungsnuten** oder eingenuteten **Führungsschienen**. Damit der Rollladen nicht vollständig eingeschoben werden kann, muss der **Griff** so weit überstehen, dass er nicht mit verschwinden kann, oder im Einfahrbereich ist ein **Stoppklotz** anzubringen.

Zum Einfahren oder Ausbauen des Rollladens ist die Führungsnut aus dem Korpus herauszuführen, je nach Anordnung des eingeschobenen Rollladens ist die Führungsnut im Rückwandbereich nach außen hin zu unterbrechen und die Rückwand abnehmbar anzubringen.

Aufgaben

1. Beschreiben Sie Vor- bzw. Nachteile von Drehflügeltüren im Vergleich mit Schiebetüren.
2. Erläutern Sie Vor- bzw. Nachteile von stehenden gegenüber hängenden Schiebetüren.
3. Erklären Sie das Funktionsprinzip von Möbelrollläden.
4. Skizzieren Sie verschiedene Füllungskonstruktionen für Möbeltüren.
5. Skizzieren Sie die Klappe für einen Schreibsekretär und bestimmen Sie dafür geeignete Bänder und Scharniere!

7.17 Schließbeschläge an Türen

Bei Schließbeschlägen für Möbeltüren unterscheidet man:

- **Schlösser** mit abziehbarem Schlüssel, die Möbeltüren verschließen, um im Möbel aufbewahrte Gegenstände vor unerwünschtem Zugang zu schützen,
- **Verschlüsse**, die Türen zuhalten, damit diese nicht unbeabsichtigt aufgehen können,
- **Griffausführungen** an Möbeltüren.

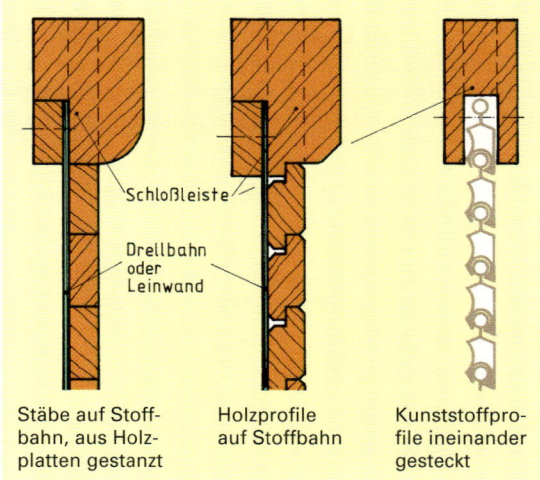

Stäbe auf Stoffbahn, aus Holzplatten gestanzt / Holzprofile auf Stoffbahn / Kunststoffprofile ineinander gesteckt

1 Rollladenprofile

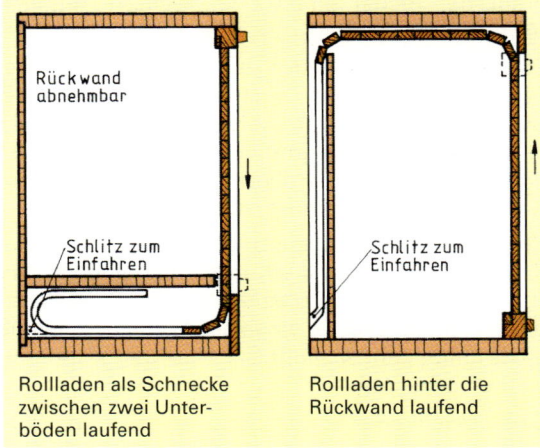

Rollladen als Schnecke zwischen zwei Unterböden laufend / Rollladen hinter die Rückwand laufend

2 Vertikal laufende Rollläden

7.17.1 Möbelschlösser

Möbelschlösser werden nach ihrer Einbauebene in der Tür unterschieden in:

- Aufschraubschlösser,
- Einlassschlösser,
- Einsteckschlösser.

Bei Möbelschlössern mit einer zusätzlichen Verriegelung am Ober- und Unterboden unterscheidet man:

- Drehstangenschlösser,
- Schubstangenschlösser.

Beim Einbau von Schlössern ist auf die Schlossart, auf Rechts- oder Linksschloss (Abb. 1, Seite 142) und auf die Schließart zu achten. Für die Lage des Schlüssellochs ist das Dornmaß entscheidend (Abb. 1, Konstruktion und Arbeitsplanung, Kap. 2.1.3).

> Das Dornmaß ist der Abstand von Mitte Dorn bis Vorderkante Stulp.

Das Schlüsselloch kann mit Schlüsselschildern oder Schlüsselbuchsen versehen werden.

Bei Möbelschlössern unterscheidet man:

– Nutenbartschlösser (Abb. 1a),
– Zuhaltungsschlösser (Abb. 1c),
– Zylinderschlösser (Abb. 1b).

Aufschraubschlösser werden auf die Türinnenseite geschraubt. Bei einflügligen Möbeltüren wird ein **Schließblech** in die Korpusseite eingelassen, in das der Riegel greift. Bei zweiflügligen Türen greift der Riegel hinter den zweiten Türflügel (Abb. 1a).

Einlassschlösser werden an der Türinnenseite bündig eingelassen. Durch das Einlassen des Schlosses wird der Holzquerschnitt an dieser Stelle geschwächt und somit auch die Festigkeit gegen Herausziehen herabgesetzt, so dass es für Rahmentüren ungeeignet ist.

Bei einflügligen Möbeltüren greift der Riegel in ein Schließblech, das in die Korpusseite eingelassen ist. Bei zweiflügligen Möbeltüren ist das Schließblech in die zweite Tür eingelassen. Für den Riegel muss hinter dem Schließblech Holz weggestemmt werden (Abb. 1b).

Einsteckschlösser werden in gestemmte oder gefräste Löcher in der Tür eingesteckt. Der Schlossstulp wird an der Tür festgeschraubt. Da die Schrauben nicht auf Zug beansprucht werden und seitlich des Schlosses Holz stehen bleibt, ist die Festigkeit gegen Ausreißen des Schlosses größer als bei Aufschraub- und Einlassschlössern. Der Riegel fasst in das gegenüberliegende Schließblech (Abb. 1c). Weitere Möbelschlösser sind in Abb. 2 benannt.

Drehstangenschlösser sind Schlösser mit **Schließriegel** und **Drehstangen**, die durch die Schlüsseldrehung gedreht werden. **Schließhaken** an den Stangenenden fassen hinter **Schließbolzen**, die in Ober- und Unterboden eingeschraubt werden (Abb. 3a). Die damit erreichte **Dreipunkteverriegelung** ist besonders für hohe Schranktüren vorteilhaft.

Schubstangenschlösser sind Schlösser mit **Schließriegel** und **Schubstangen**. Diese werden durch die Schlüsseldrehung nach oben und nach unten geschoben und in **Schließkloben** oder in **Schließbleche** im Ober- und Unterboden gescho-

ben (Abb. 3b). Die Schubstangen können auf der Türinnenseite aufliegen oder in die Tür eingelassen und mit Leisten abgedeckt sein. Schubstangenschlösser sind ebenso wie Drehstangenschlösser besonders für hohe Schranktüren geeignet.

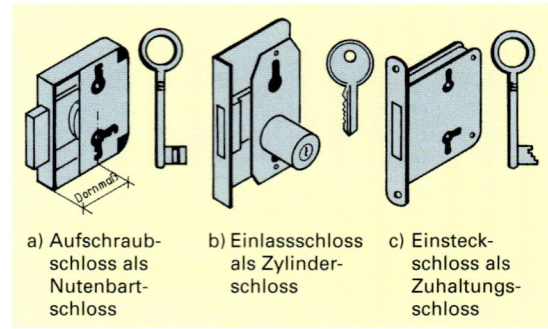

a) Aufschraub-schloss als Nutenbart-schloss   b) Einlassschloss als Zylinder-schloss   c) Einsteck-schloss als Zuhaltungs-schloss

1 Möbelschlösser

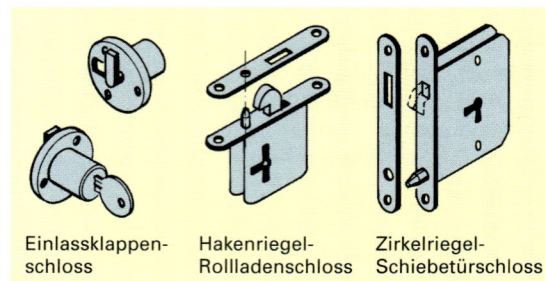

Einlassklappen-schloss   Hakenriegel-Rollladenschloss   Zirkelriegel-Schiebetürschloss

2 Möbelschlösser für besondere Zwecke

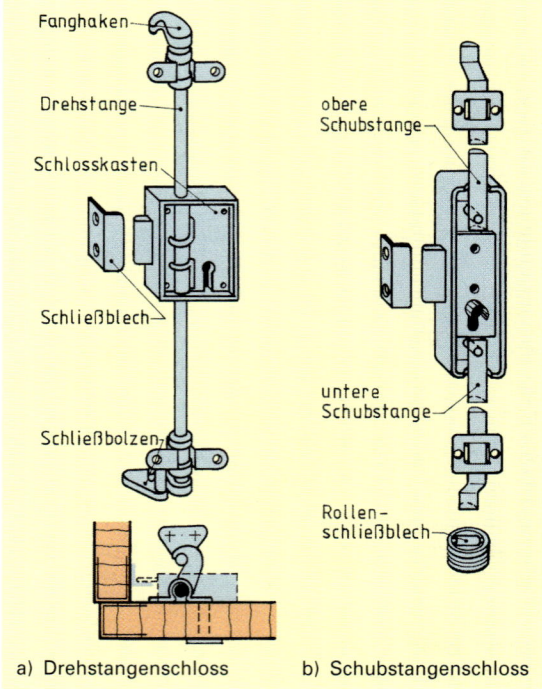

a) Drehstangenschloss   b) Schubstangenschloss

3 Stangenschlösser

7.17.2 Verschlüsse für Möbeltüren

Verschlüsse für Möbeltüren sind Riegel, Schnäpper und Magnetverschlüsse.

Schubriegel dienen bei zweiflügligen Türen zum Zuhalten des Flügels, an dem das Schließblech ist. Sie werden oben und unten angebracht und fassen in Ausnehmungen oder hinter **Stegbleche** (Abb. 1 u. 2).

Schnäpper sind zum leichten Zuhalten von Möbeltüren geeignet. Man unterscheidet **Kugel-** und **Rollenschnäpper** (Abb. 3).

Schnäpper werden an der Innenseite der Tür befestigt. Der Halt erfolgt dadurch, dass die gefederte Kugel oder Rolle hinter ein Anschlagblech fasst.

Bei **Magnetverschlüssen** wird die Tür mit der Haftplatte von dem am Korpus befestigten Fangmagnet angezogen (Abb. 4).

Aufgabe

1. Suchen Sie aus einem Beschlagkatalog passende Bänder und Schlösser für Ihr Gesellenstück aus.

1 Möbelschubriegel, gerade

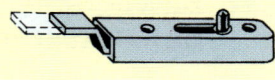

2 Möbelschubriegel, gekröpft

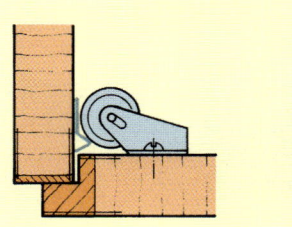

3 Rollenschnäpper

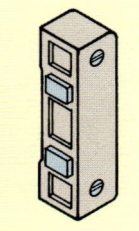

4 Dauermagnetverschluss

7.17.3 Griffausführungen

Griffe an Möbeltüren und Schubkästen sollen handgerecht geformt sein und ein leichtes Öffnen ermöglichen.

Für Möbeltüren werden folgende Griffausführungen verwendet:

– Schlüssel,

– Knöpfe,

– Griffleisten aus Holz, Metall oder Kunststoff,

– Griffmulden oder Griffmuscheln,

– Griffnuten (Abb. 5).

Da alle Griffausführungen das Aussehen eines Möbels entscheidend beeinflussen, sind diese passend zum Stil des Möbels auszuwählen oder zu gestalten.

Zur bequemeren Handhabung ist es zweckmäßig, die Griffe bei Unterschränken in der oberen Türhälfte und bei Oberschränken in der unteren Türhälfte anzubringen.

Bei durchgehenden Schranktüren sollen die Griffe in einer Höhe von 900...1050 mm angebracht werden (Abb. 6).

Bei Schubkästen, die unterhalb der Augenhöhe liegen, rückt die Griffausführung optisch in die Mitte, wenn man sie etwas oberhalb der Vorderstückmittellinie anbringt.

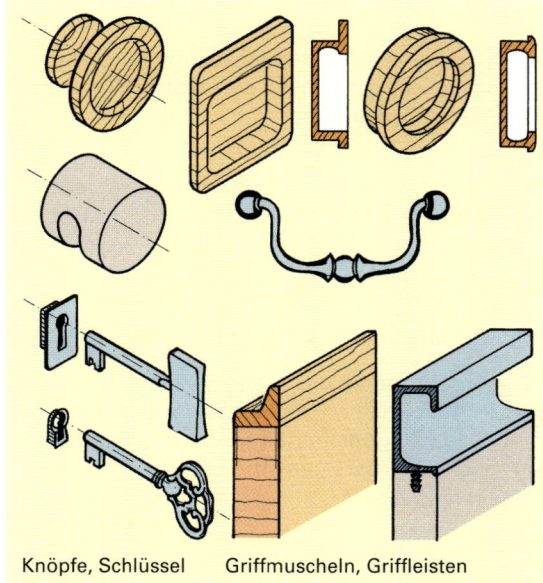

Knöpfe, Schlüssel   Griffmuscheln, Griffleisten

5 Möbelgriffe

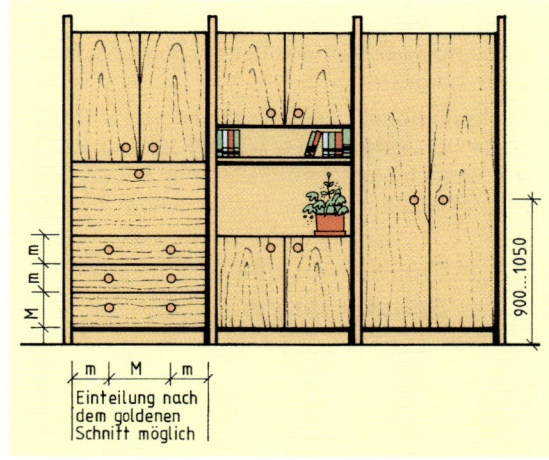

6 Anordnung von Griffen bei einer Schrankwand (siehe auch Abb. 1, S. 154)

7.18 Bewegliche Möbelteile – Schubkästen und Auszüge

Schubkästen sind oben offene rechteckige Behälter, die waagerecht in den Möbelkorpus eingeschoben bzw. herausgezogen werden können. Sie können in der Möbelfront **sichtbar** sein oder **nicht sichtbar** hinter Möbeltüren oder Rollläden liegen (Abb. 1 und Konstruktion und Arbeitsplanung, Kap. 2.5).

> Bei der Konstruktion nicht sichtbarer Schubkästen ist darauf zu achten, dass bei einem Öffnungswinkel der Tür von 90° die Züge frei vor- und zurückbewegt werden können.

Englische Züge sind nicht sichtbare Schubkästen mit niedrigem Vorderstück, das gleichzeitig als Griffleiste dient. Sie werden vor allem bei Büromöbeln hinter Rollläden oder Türen eingesetzt.

Tablettauszüge ermöglichen besonders in Anrichten und Geschirrschränken eine bessere Übersicht als einfache Fachböden.

Schieber sind in der Möbelfront sichtbare Platten, die als schnell herausziehbare Abstellflächen bei Anrichten, aber auch bei Büroschränken vorgesehen werden.

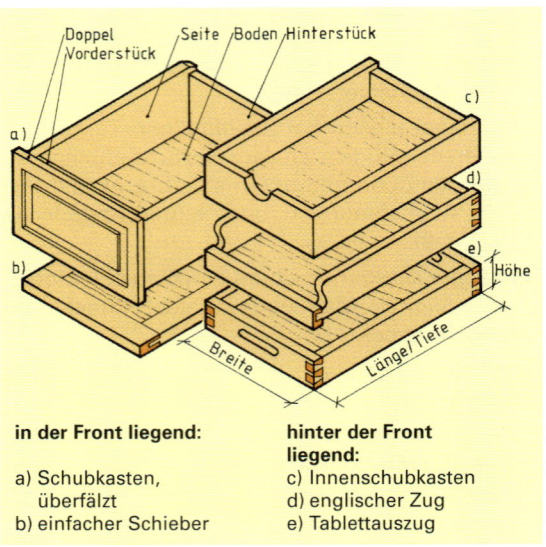

in der Front liegend:
a) Schubkasten, überfälzt
b) einfacher Schieber

hinter der Front liegend:
c) Innenschubkasten
d) englischer Zug
e) Tablettauszug

1 Schubkästen und Auszüge

7.18.1 Äußere Form des Schubkastens

Die **Abmessungen** des Schubkastens (Breite b, Länge l oder Tiefe t, Höhe h) werden insbesondere von den Gegenständen bestimmt, die in dem Schubkasten übersichtlich aufbewahrt werden sollen (siehe Abb. 1).

Die **Breite b** sollte nicht größer als die **Tiefe t** sein, um zu vermeiden, dass der Schubkasten im Korpus verkantet.

Die **Höhe h** des Schubkastens sollte bei Verwendung von Vollholz nicht mehr als 150 mm betragen. Schubkästen mit Höhen über 150 mm werden aus Holzwerkstoffen oder aus Kunststoffhohlprofilen hergestellt.

Bei Schreibmöbeln sind oft die genormten Papierformate von DIN A6 bis DIN A0 für die Schubkästen ausschlaggebend. Sie sollten bei dem Entwurf von solchen Möbeln berücksichtigt werden.

7.18.2 Einzelteile des Schubkastens

Ein Schubkasten ist zusammengesetzt aus:
– dem Vorderstück,
– den Seiten,
– dem Hinterstück,
– dem Boden (Abb. 1).

7.18.3 Das Schubkastenvorderstück

Das Schubkastenvorderstück ist der Teil, den man in der Möbelfront sieht, und es ist dementsprechend zu gestalten. Es wird auf die Anschlagart der Türen abgestimmt. man unterscheidet:

– Schubkästen mit aufschlagendem Vorderstück, das in ganzer Dicke vor den Korpusseiten und -böden liegt,

– Schubkästen mit aufgedoppeltem Vorderstück, das mit der Dicke des Doppels vor den Korpuskanten liegt,

– Schubkästen mit vorstehendem Vorderstück, das 3…4 mm vor den Korpuskanten vorsteht,

– Schubkästen mit zurückstehendem Vorderstück, das 4…5 mm hinter den Korpuskanten liegt.

Die **Dicke** der Vorderstücke richtet sich nach der Größe und dem Verwendungszweck des Schubkastens, sollte aber in der Regel 1,5-mal so dick sein wie die Schubkastenseiten. Bei durchgezinkten Ecken sowie bei aufgeleimtem Doppel hobelt man das Vorderstück in der gleichen Dicke aus wie die Seiten und das Hinterstück.

> Bei Schubkastenvorderstücken aus Vollholz nimmt man die rechte Seite nach außen, damit beim Rundwerden die oberen Fugen nicht aufgehen.

Das Vorderstück kann mit den Seiten konstruktiv verbunden sein durch:

- offene oder halb verdeckte Zinken,
- Dübel,
- Nut und Feder,
- Grat (Abb. 1).

Zur Aufnahme des Bodens wird innen eine Nut von etwa 6…8 mm Tiefe in das Vorderstück eingefräst. Die Höhe der Nut muss mit der Nuthöhe in den Seiten übereinstimmen (Abb. 2).

7.18.4 Die Schubkastenseiten

Die Schubkastenseiten werden aus **Hartholz** gefertigt, da sie durch das ständige Bewegen an der Unterkante und auch an der Oberkante stark abgenutzt werden.

Die Dicke der Seiten beträgt 12…15 mm je nach Beanspruchung und Größe des Schubkastens. Auch bei den Seiten sollte die rechte Seite außen liegen, damit die Fugen der Eckverbindungen oben und unten dicht bleiben.

Die Schubkastenseiten sind hinten abzuschrägen und abzufasen, damit der Schubkasten leichter eingeschoben werden kann (Abb. 1, S. 156).

Der Schubkastenboden wird 8…12 mm von der Unterkante in die Schubkastenseite eingenutet. Die Nuttiefe sollte $1/3…1/2$ der Holzdicke der Seiten betragen.

Schubkastenseiten können auch aus Holzwerkstoffen und Kunststoffhohlprofilen hergestellt werden.

7.18.5 Das Schubkasten-
hinterstück

Das Schubkastenhinterstück wird nicht so stark beansprucht wie die Seiten. Deshalb muss es nicht aus Hartholz bestehen und braucht nur 8…10 mm dick zu sein.

Bei handwerkgerechter Bauart eines Schubkastens ist das Hinterstück niedriger als die Seiten. Beim Herausziehen schabt dadurch das Schubkastenhinterstück nicht am Schubkastengehäuse entlang. Beim Hineinschieben des Schubkastens kann sich somit kein Luftpolster bilden.

Die Unterkante des Schubkastenhinterstücks schließt mit der Nutoberkante in den Schubkastenseiten ab. Der Schubkastenboden wird von hinten eingeschoben und an der Unterkante des Hinterstücks mit Schrauben oder Stiften befestigt (Abb. 1, S. 156).

Bei Schubkästen, die in seitlichen Führungen eingehängt sind, kann das Hinterstück oben und unten mit den Seiten bündig sein. Hier kann der Schubkastenboden nicht nachträglich eingeschoben werden, er wird beim Zusammenbau mit eingebaut.

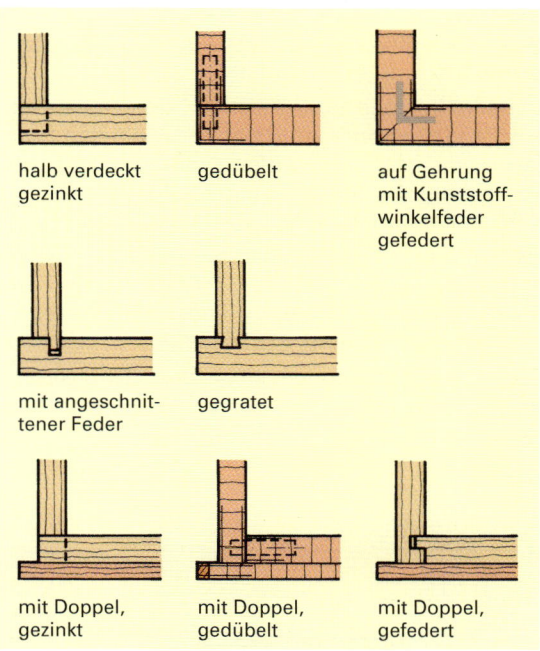

1 Verbindungen von Schubkastenvorderstück mit dem Seitenteil

halb verdeckt gezinkt　　gedübelt　　auf Gehrung mit Kunststoffwinkelfeder gefedert

mit angeschnittener Feder　　gegratet

mit Doppel, gezinkt　　mit Doppel, gedübelt　　mit Doppel, gefedert

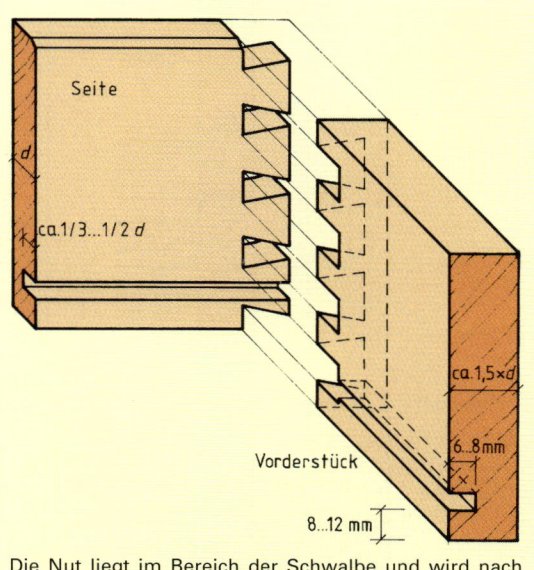

Die Nut liegt im Bereich der Schwalbe und wird nach außen hin durch diese verdeckt

2 Zusammenfügen von Schubkastenvorderstück und Seite

155

7.18.6 Der Schubkastenboden

Die Schubkastenböden werden aus Vollholz, Furnierplatten oder aus Holzfaserhartplatten hergestellt.

> Bei Böden aus Vollholz verlaufen die Holzfasern parallel zum Vorderstück.

Die Böden aus Vollholz stehen etwa 5 mm hinter dem Hinterstück vor und werden nach dem Schwinden vorgeschoben (Abb. 1).

Vorteilhafter und preisgünstiger sind Böden aus Furnierplatten oder kunststoffbeschichteten Holzfaserhartplatten. Sie werfen sich kaum und weisen geringe Längenänderungen auf. Sie sind mit dem Hinterstück bündig.

Bei den meisten Schubkastengrößen genügen 4 mm dicke Böden. Sind die Böden größer als 0,25 m², sollte der Boden mindestens aus einer 6 mm dicken Furnierplatte bestehen.

Der Schubkastenboden steift den Schubkasten aus und hält ihn im Winkel.

7.18.7 Schubkastenführungen

> Schubkastenführungen sind so zu konstruieren, dass die Reibungskräfte möglichst klein sind und der Schubkasten leicht geführt werden kann.

Man unterscheidet folgende Konstruktionen:
– Laufleiste auf Laufrahmen (sog. klassische Führung) (Abb. 1),
– Laufleiste unter Korpusboden,
– Laufleiste an den Korpusseiten,
– mechanische Laufkonstruktionen.

Laufleisten bei aufliegenden Schubkästen

Bei der traditionellen Laufkonstruktion oder der klassischen Schubkastenführung führen die Laufleiste den Schubkasten unter der Seite, die Kippleiste über der Seite und die Streichleiste neben der Seite (Abb. 1, S. 157).

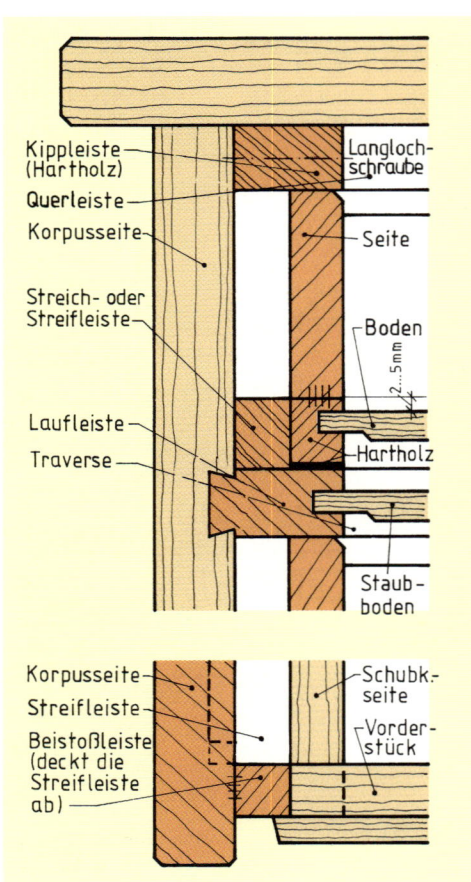

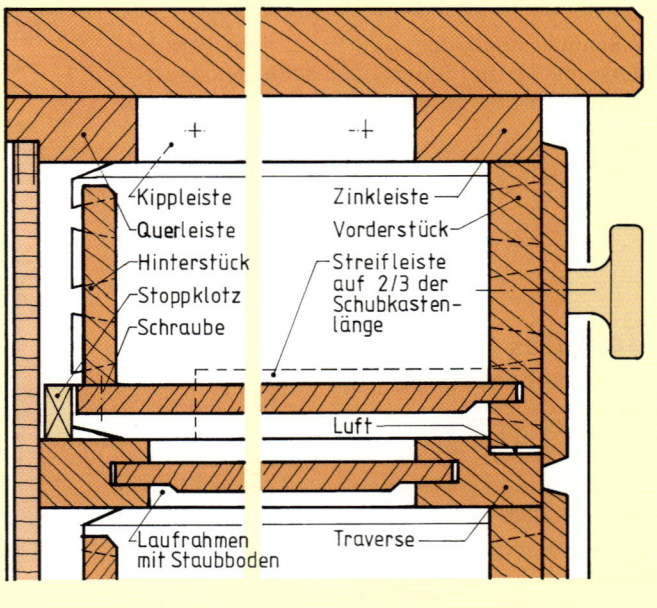

1 Klassische Schubkastenführung im Laufrahmen

Aufgaben

1. Skizzieren Sie die klassische Schubkastenführung mit aufschlagendem, einschlagendem und überfälztem Vorderstück.
2. Beschreiben Sie Vor- bzw. Nachteile von nutleisten- und laufleistengeführten Schubkästen.

Die **Laufleisten** aus etwa 5 mm dickem Hartholz oder Schichtpressstoffplatten (HPL) werden auf den **Laufrahmen** geleimt und reichen vom Schubkastenvorderstück bis zur Rückwand.

Die Streichleisten führen den Schubkasten seitlich. Um die Reibungsfläche klein zu halten, gehen sie nur etwa bis zur Oberkante des Schubkastenbodens und in der Länge nur etwa zwei Drittel in die Korpustiefe hinein.

Die Kippleisten führen den Schubkasten oben und verhindern das Kippen beim Herausziehen. Bei Schubkästen, die zwischen Laufrahmen liegen, verhindert der obere Laufrahmen das Kippen.

Laufleisten bei eingehängten Schubkästen

Laufen die Schubkästen in Führungsleisten, die unter die Böden geleimt oder geschraubt sind, spricht man von eingehängten Schubkästen (Abb. 2). Die Schubkastenseiten werden entsprechend der Nutleiste mit einer Nut versehen.

Die winkelförmigen Führungsleisten erfüllen gleichzeitig die Aufgaben von Lauf-, Streich- und Kippleisten. Die Führungsart wird besonders da angewendet, wo kein Schubkastengehäuse erforderlich ist, z.B. unter Werkbänken und Arbeitstischen.

Laufleisten bei seitlichen Schubkastenführungen

Man unterscheidet:

- **gleitende Führungen** und
- **Führungen mit Kugeln oder Laufrollen** aus Metall und Kunststoff, die als mechanische Schubkastenführungen bezeichnet werden.

Gleitende Führung

Die Nut liegt meistens im oberen Teil der Schubkastenseite (Abb. 3a und b). Die Führungsleisten übernehmen die Aufgaben von Lauf-, Streich- und Kippleisten. Wegen der hohen Abnutzung müssen die Schubkastenseiten aus Hartholz angefertigt werden. Durch Verwendung von Kunststoffgleitern und Kunststoffschienen wird der Abrieb verringert und ein leichterer Lauf des Schubkastens erreicht.

Diese Führungsart ist besonders bei aufschlagenden Vorderstücken angebracht, da diese die seitliche Fuge abdecken.

Bei Schubkästen mit überstehendem Boden werden Nutschienen aus Kunststoff in die Korpusseite eingelassen oder aufgeschraubt (Abb. 3c u. d).

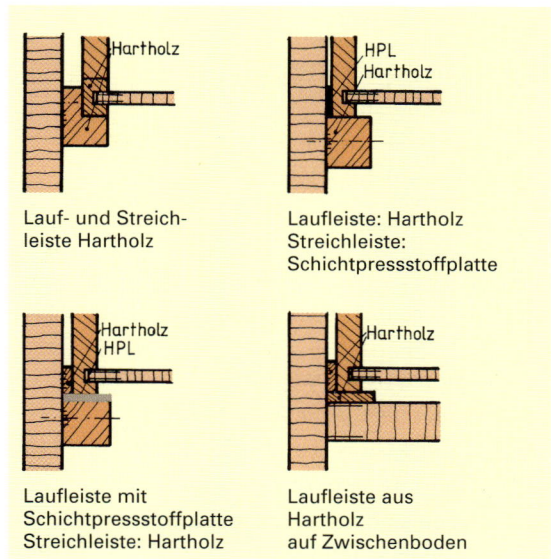

Lauf- und Streich-
leiste Hartholz

Laufleiste: Hartholz
Streichleiste:
Schichtpressstoffplatte

Laufleiste mit
Schichtpressstoffplatte
Streichleiste: Hartholz

Laufleiste aus
Hartholz
auf Zwischenboden

1 Laufleiste unter der Schubkastenseite

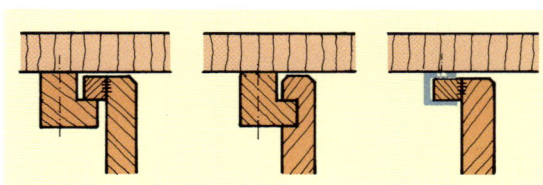

2 Laufleiste unter der Tischplatte

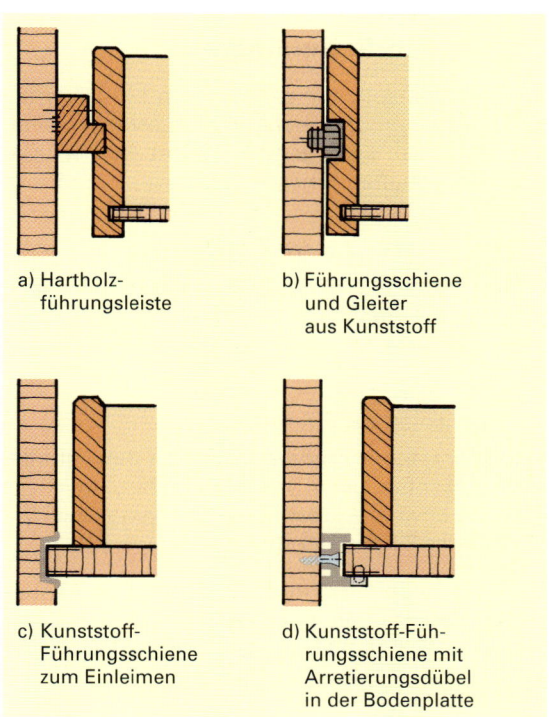

a) Hartholz-
führungsleiste

b) Führungsschiene
und Gleiter
aus Kunststoff

c) Kunststoff-
Führungsschiene
zum Einleimen

d) Kunststoff-Füh-
rungsschiene mit
Arretierungsdübel
in der Bodenplatte

3 Laufleisten an den Korpusseiten
   gleitende Führung

Schubkastenführungen mit Laufrollen und Kugeln laufen sehr leicht (Abb. 1) und eignen sich besonders für Schubkästen, die

– sehr schwer sind,

– breiter als tief sind und

– weit herausziehbar sein sollen.

Bei der Verwendung von Metallführungen entstehen mitunter laute Laufgeräusche. Nachteilig wirkt sich bei einigen Konstruktionen der große Platzbedarf seitlich oder unterhalb der Schubkastenseiten aus.

Rollenführungen werden unterschieden in:

– Einfachauszüge (Abb. 2),

– Vollauszüge (Abb. 3 und 4).

Einfachauszüge sind nicht voll ausziehbar.

Vollauszüge sind voll ausziehbar, d.h. der Schubkasten kann in seiner ganzen Tiefe bis vor die Möbelfront herausgezogen werden. Zum Ein- und Aushängen der Schubkästen werden ca. 15 mm Luft über den Kastenseiten benötigt.

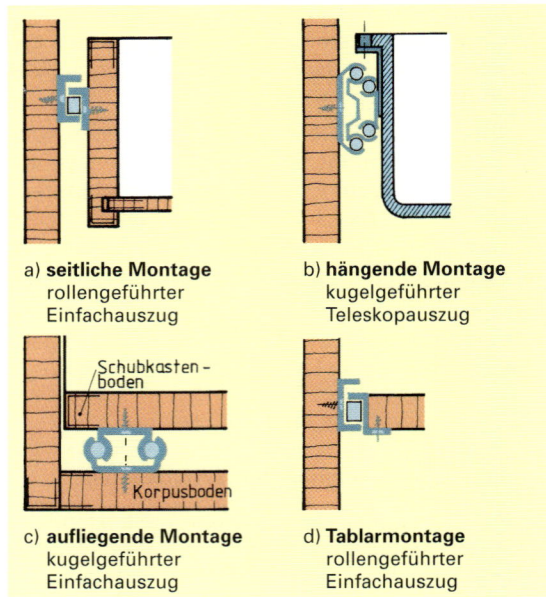

a) **seitliche Montage**
rollengeführter
Einfachauszug

b) **hängende Montage**
kugelgeführter
Teleskopauszug

c) **aufliegende Montage**
kugelgeführter
Einfachauszug

d) **Tablarmontage**
rollengeführter
Einfachauszug

1 mechanische Schubkastenführungen

7.18.8 Laufeigenschaften von Schubkästen

Schubkästen sollen leicht aus dem Möbelkorpus herauszuziehen und leicht hineinzuschieben sein, d.h. sie sollen leichtgängig geführt werden. Die Laufeigenschaften eines Schubkastens sind u.a. abhängig von:

– Bewegungsspiel in der Führung,

– Schubkastenformat (Verhältnis Breite zu Länge),

– Reibungskräfte F_R,

– Angriffspunkt der Zug- bzw. Schiebekraft (Griffanordnung),

– Konstruktion der Führung.

Schubkästen mit großem seitlichen Bewegungsspiel verkanten leicht, wenn sie nicht parallel zur Führung bewegt werden. Das Bewegungsspiel beträgt in der Regel 1…2 mm.

Bei gleich großem Bewegungsspiel **verkanten breite Schubkästen mit geringer Länge leichter** als schmale Schubkästen mit großer Länge. Da der Verkantungswinkel α bei diesen Schubkästen größer ist (Abb. 1, S. 159), wird auch die seitlich auf die Führung wirkende Reibungskraft F_R größer.

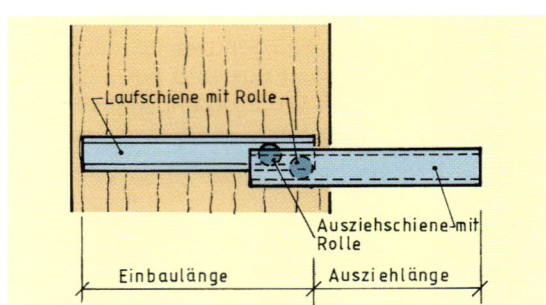

2 Einfachauszug

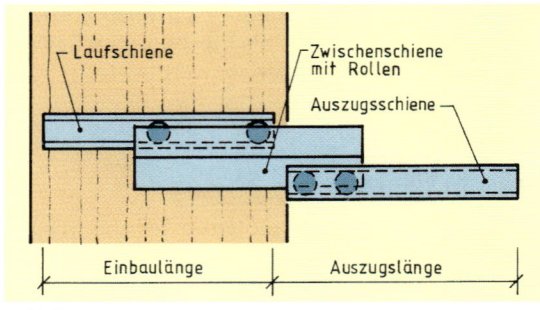

3 Vollauszug

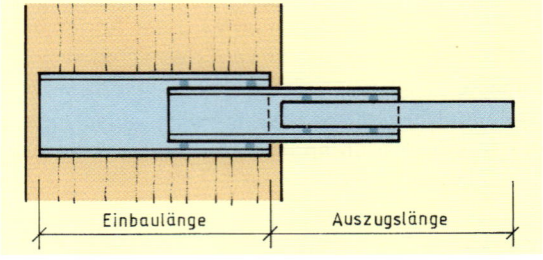

4 Vollauszug als Teleskopauszug

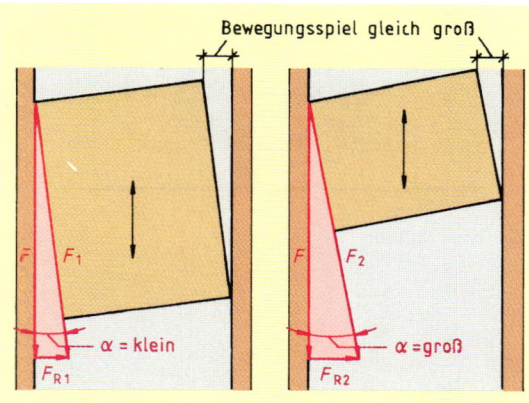

1 Verkantungswinkel bei Schubkästen

Aufgaben

1. Nennen Sie verschiedene Schließbeschläge a) für Möbeltüren, b) für Schubkästen.
2. Skizzieren Sie verschiedene Schubkastenführungen.
3. Begründen Sie das leichte Verkanten von kurzen Schubkästen.
4. Teilen Sie die Zinken für einen Schubkasten aus Vollholz ein.
5. Nennen Sie Vor- bzw. Nachteile von Schubkästen mit Roll- und Kugelführungen gegenüber Nut- und Laufleistenführungen.
6. Skizzieren Sie verschiedene Möbelgriffe und Möbelknöpfe und erläutern Sie die gestalterischen Auswirkungen.
7. Sammeln Sie Prospekte von Möbelbeschlägen und wählen Sie geeignete Formen, Farben und Materialien für Ihre Möbelentwürfe aus.

Die **Reibungskraft** F_R an den waagerechten Laufflächen ist von dem Werkstoff und seiner Oberflächenbeschaffenheit sowie von der Gewichtskraft des Schubkastens abhängig. Je rauer die Oberfläche ist, umso größer ist die Reibungskraft. Die Größe der aufeinander reibenden Flächen hat keinen Einfluss auf die Reibungskraft.

Die **Kraft zum Bewegen des Schubkastens** wird von dem Griff am Schubkastenvorderstück über die Seiten in die Laufflächen geleitet. Je größer der Abstand zwischen Griff und Lauffläche ist, umso weiter muss die Kraft umgeleitet werden. Die Laufeigenschaften des Schubkastens werden verbessert, wenn die Griffe, Knöpfe oder Griffnuten in der waagerechten Ebene der Laufflächen angeordnet werden.

Laufkonstruktionen aus Kunststoffen und Metallen haben im Allgemeinen geringe Reibungswiderstände. Besonders gute Laufeigenschaften haben Führungen mit Kugellagern.

7.18.9 Schließbeschläge an Schubkästen

Verschließbare Schubkästen erhalten je nach Anschlag des Schubkastenvorderstücks verschiedene Schlösser (siehe Abb. 1, Seite 152).

Folgende Schlösser kommen in Betracht:

- Aufschraubschlösser bei aufschlagenden Vorderstücken,
- Einsteck- und Einlassschlösser bei einschlagenden Vorderstücken,
- Einsteck-, Aufschraub- und Einlassschlösser bei aufgedoppelten Vorderstücken.

Sollen mehrere Schubkästen gleichzeitig verriegelt werden, verwendet man Zentralverschlüsse.

Die Schlüssellöcher sind mit Schlüsselschildern oder Schlüsselbuchsen aus Metall oder Kunststoff einzufassen.

7.19 Entwerfen von Möbeln

Entwerfen von Möbeln ist vielschichtig und vollzieht sich in einem fortwährenden Gestaltungsprozess. Bei der Entwurfsarbeit sind folgende Sachbereiche zu berücksichtigen:

- **Funktion** (Aufgabe),
- **Formidee** (Entwurf),
- **Konstruktion** (Bauweise),
- **Gestaltung** (Ästhetik),
- **Ausführung** (Fertigung).

Das Entwerfen eines Möbels, z.B. eines Gesellenstücks, erfordert umfangreiche Fachkenntnisse und die Fähigkeit, diese Kenntnisse funktions-, konstruktions-, form-, werkstoff- und handwerksgerecht aufeinander abzustimmen.

Ziel des Entwerfens ist eine einfache, klare und überzeugende Lösung (siehe auch Konstruktion und Arbeitsplanung, Kap. 5).

7.19.1 Funktion

Möbel sind Gebrauchsgegenstände des Menschen, die verschiedene Aufgaben erfüllen. Der Gebrauch des Möbels durch den Menschen setzt die Anwendung menschlicher **Körpermaße** voraus. Beim Entwerfen von Möbeln geht man von Durchschnittsgrößen für Frauen und Männer aus, die der Tischler zum großen Teil im Gedächtnis haben sollte. Häufig müssen Maße durch **Funktionsstudien** ermittelt werden. So müssen z.B. beim Schreibtisch als Gestellmöbel die Körpermaße des Menschen und beim Schreibtisch als Korpusmöbel die Maße der aufzubewahrenden Gegenstände (DIN-Formate) berücksichtigt werden.

Die Funktion eines Möbels ist vor allem bestimmt durch die von den Körper-, Greif- und Arbeitsmaßen abhängige Zweckmäßigkeit und durch Abmessungen der aufzunehmenden Gegenstände.

Dabei gelten in der Arbeitslehre (Ergonomie) folgende Größen (Abb. 1…6, Angaben in mm).

2 Sitzende Haltung

7.19.2 Konstruktion

Die Konstruktion eines Möbels wird vor allem durch die Möbelbauart und die entsprechenden Verbindungen bestimmt.

Zum Verbinden von Teilen aus Holz stehen dem Tischler jahrhundertealte Konstruktionen zur Verfügung, die die Bearbeitungs- und Festigkeitseigenschaften des gewachsenen Werkstoffes Holz berücksichtigen. Zum Verbinden von Teilen aus Holzwerkstoffen werden Verbindungen verwendet, welche die Materialeigenschaften der Holzwerkstoffe berücksichtigen.

Die Konstruktion, d.h. die Größe, Form, Anordnung und Verbindung der Einzelteile, ist so auszuführen, dass die auftretenden **Kräfte** aufgenommen werden können.

Das können je nach Konstruktion z. B. Druck-, Zug- oder Scherkräfte sein, die wechselweise oder gleichzeitig von einem Möbelteil oder einer Verbindung aufgenommen werden müssen.

Konstruktives Denken beim Entwerfen von Möbeln heißt vor allem, sich Klarheit über den zu erwartenden Kräfteverlauf zu verschaffen und ihn mit den Materialeigenschaften in Einklang zu bringen.

Ein Schreibtisch ist so zu konstruieren, dass er Belastungen von oben und von den Seiten her standhält. Außerdem muss er den Transport gut überstehen. Die Schubkästen müssen einer Dauerbeanspruchung durch ständiges Herausziehen und

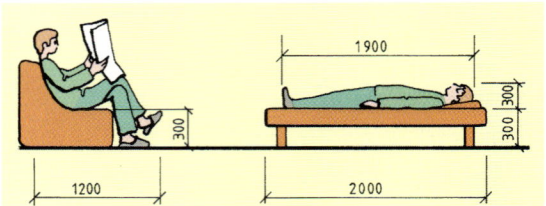

3 In bequemer Ruhehaltung

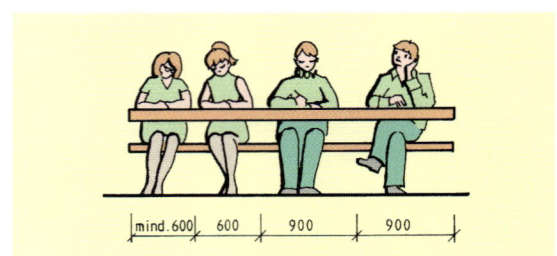

4 Sitzen am Tisch

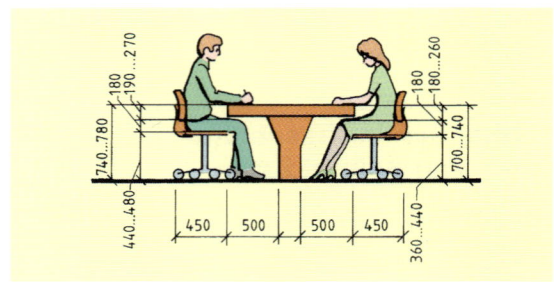

5 Arbeiten in normaler Arbeitshöhe

1 Maße des menschlichen Körpers bei stehender Haltung

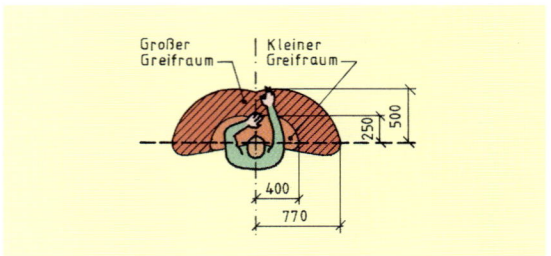

6 Greifraum

Hineinschieben standhalten. Die Verbindungen, z.B. Zinken, werden so angeordnet, dass ein Herausziehen in der Belastungsrichtung durch Formschluss verhindert wird.

7.19.3 Gestaltung

Unter Gestaltung ist – in Verbindung mit der Funktion und der Konstruktion – die optische Wirkung des Möbels zu verstehen. Dazu gehören:

- Formgebung,
- Anbringen schmückender Teile,
- ästhetische Wirkung durch die Werkstoffeigenschaften.

Formgebung

Die Formgebung von Möbeln oder Möbeldetails ist neben den funktionalen und konstruktiven Zwängen in erster Linie von dem ästhetischen Empfinden des Entwerfenden abhängig. Die beabsichtigte Wirkung z.B. einer Schreibtischfront hängt ab von der Form, d.h. der Länge und Breite der verschieden großen Rechteckflächen (Türen, Schubkästen usw.). Je nach Verhältnis von Höhe zu Breite kann ein Rechteck ruhig, spannungsreich oder ausgewogen wirken (Abb. 1).

Waagerechte Linien und senkrechte Linien sind je nach gewünschter optischer Wirkung in ein entsprechendes Verhältnis zu setzen. Das gilt auch für mehrere Flächen, die zueinander passen sollen, z.B. Schreibtischtüren und -schubkästen (Abb. 2).

Wesentliche Gestaltungsmerkmale bei der Formgebung von Möbeln sind u.a. der Wechsel von:

- waagerechten und senkrechten Linien,
- verschieden großen Flächen,
- offenen und geschlossenen Flächen,
- vor- und zurückspringenden Teilen,
- geraden und gebogenen Linien.

Aufgabe

Skizzieren Sie verschieden große Rechtecke nebeneinander und gliedern Sie diese spannungsreich durch senkrechte und waagerechte Teilungen.

Anbringen schmückender Teile

Neben den Gestaltungsmerkmalen für die Formgebung von Möbeln wird das Aussehen eines Möbels von so genannten schmückenden Teilen stark beeinflusst. Zu den schmückenden Teilen an Möbeln gehören:

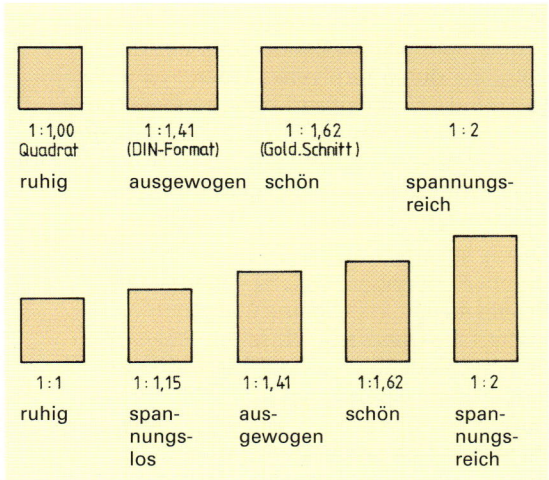

1 Proportionen verschiedener Rechteckflächen

2 Unterschiedliche Gestaltungsmöglichkeiten durch Verschiebung von horizontalen und vertikalen Linien

- Profile,
- Zierleisten und Zierformen aus Holz,
- Schnitzereien,
- Beschlagteile aus Metallen und Kunststoffen.

Die Kunst des Entwerfens besteht eher in der Beschränkung auf wenige klare und aussagekräftige Formen als in der Verwendung einer Vielzahl verschiedener Formen und Gestaltungselemente.

Profile

Profile sind schmückende Teile an Möbeln, die durch ihre verschiedenen Formen und Feinteiligkeit Flächen beleben und gliedern können. Durch ihr Hervortreten und Zurückspringen kommt das Spiel von Licht und Schatten zur Geltung, was zur Belebung der Fläche führt.

Durch scharfe Kanten entstehen harte, durch Rundungen weiche Übergänge. Profile stellen im Allgemeinen einen organischen Übergang zwischen Flächen in verschiedenen Ebenen her. Plattenkanten erscheinen durch die Profilierung meistens dünner und zierlicher. Aber nicht nur fürs Auge sind Profile angenehm, auch im Gebrauch der Möbel sind sie angenehm für die Hand.

Grundelemente für Profile sind die Gerade und der Bogen. Die Gerade wird je nach Verlauf als **Fase** oder **Platte** bezeichnet, der **Bogen** als **Hohlkehle** oder **Stab**.

Platte	Fase	Hohl-kehle	Viertel-stab	Stab und Platte

Karniesformen

über der Augenhöhe angeordnetes Profil	unterhalb der Augen-höhe ange-ordnetes Profil	weiche Übergänge, unausge-sprochenes Profil	spannungs-reiches Spiel von Licht und Schatten

1 Profile

Ein Profil, das aus gegenläufigen Kreisbögen oder Ellipsenbögen besteht, heißt **Karnies**.

Die Grundelemente **Gerade**, **Kreis-** und **Ellipsenlinie** müssen in ein ausgewogenes Verhältnis zueinander gebracht werden, um ein gefälliges oder griffiges Profil zu gestalten. Deshalb dürfen Plattenkanten nicht zu dünn auslaufen. Der Übergang von Geraden in Rundungen sollte immer in den Scheitelpunkten erfolgen, d.h. rechtwinklig verlaufen (Abb. 1).

Ästhetische Wirkung durch die Werkstoffeigenschaften

> Unter den ästhetischen Eigenschaften des Holzes sind die Holzstruktur, die Holzmaserung sowie die Holzfarbe zu verstehen.

Für das Entwerfen von Möbeln sind die ästhetischen Werkstoffeigenschaften von entscheidender Bedeutung, da das Auge neben der äußeren Form die Färbung und die Feinheit der Holzoberfläche wahrnimmt. So geht z.B. von einem Schreibtisch aus hellem, feinporigen Holz eine andere optische Wirkung aus als von einem Schreibtisch aus dunklem, großporigen Holz.

Das Zusammenwirken von Form, Farbe und Material gehört zu den Grundregeln des Entwerfens. Mit der Verwendung verschiedener Hölzer an einem Möbel sollte man vorsichtig sein. Das äußere Erscheinungsbild darf nicht zu unruhig oder gar „bunt" wirken.

7.19.4 Ausführung

> Bereits beim Entwerfen sollte der Tischler bedenken, mit welchen Werkzeugen, Geräten oder Maschinen die Entwurfsideen zu verwirklichen sind und ob es sich um Einzel- oder Serienfertigung handelt.

Bei der Anfertigung eines Gesellenstückes kommt es auf die **handwerksgerechte Ausführung** an. Auch in die Ausführung spielen funktionale, konstruktive und gestalterische Überlegungen hinein. Besondere Sorgfalt ist auf die saubere und maßhaltige Ausführung zu verwenden.

Bei **industrieller Fertigung** ist das Herstellungsverfahren als das beste anzusehen, mit dem bei gleich guter Funktion die Konstruktion und Gestaltung am rationellsten hergestellt werden kann.

7.19.5 Schritte des Entwerfens

Erste Entwurfsüberlegungen

Wer ein Möbel, z.B. ein Gesellenstück, entwerfen will, sollte sich folgende Fragen überlegen und seine Gedanken dazu in Skizzen und Notizen festhalten (Tab. 1, Seite 163).

Fragen	Erarbeitung
1. Zur Funktion (Aufgabe) Welchen Zweck bzw. Mehrzweck hat das Möbel zu erfüllen, z.B. welche Gegenstände sollen darin untergebracht werden?	Notizen, evtl. Skizzen mit den Maßen, die sich vom Gebrauch her ergeben, *l:b:h* der Gegenstände.
Ist vom Gebrauch her eine hohe Beanspruchung zu erwarten? Wodurch kann im Gebrauch eine leichte Handhabung bzw. Zugänglichkeit gewährleistet werden?	Skizzen: z.B. Zusammenspiel von Schubkästen und Möbeltüren, Öffnungswinkel von Klappen.
Gibt es vom zukünftigen Standort des Möbels her besondere Voraussetzungen wie Größe, Werkstoff, Stil usw., die beim Entwurf berücksichtigt werden müssen?	Standort ansehen, Skizze mit Maßen anfertigen, Materialien ermitteln, wenn nötig, Farbkollage erstellen.
Welche persönlichen Ansprüche stellt der spätere Benutzer an das Möbel?	Körpermaße (Mann, Frau oder Kind?) ermitteln, Wünsche in Bezug auf Werkstoff, Stil usw. erfragen.
2. Zur Entwicklung einer Formidee Wodurch wird die Form bestimmt?	Klare geometrische Formen freigewählter Formen gegenüberstellen und kombinieren. Tragkonstruktive Elemente mit ihren besonderen Materialstrukturen herausarbeiten.
Wie kann die Form belebt werden?	Symmetrie von Flächen und Körpern auflösen und zu einer ausgewogenen Balance führen. Rechtwinkligkeit verlassen und spitze und stumpfe Winkel in allen drei Dimensionen wählen.
Mit welchem Mittel kann die 3-Dimensionalität intensiv wahrnehmbar gemacht werden?	Werkstoff Glas stärker in die Entwurfsarbeit einbeziehen. Möbelformen als Einzelstück entwickeln (Wirkung von Solitär, Plastik, Skulptur).
3. Zur Konstruktion Welches Material wird ausgewählt?	Wo und in welchem Zeitraum ist das Holz/Furnier zu beschaffen, ist es ausreichend abgelagert?
Welche Bauart wird gewählt?	Für bestimmte Bauart entscheiden, geeignete Verbindungen überlegen, Mindestabmessungen berücksichtigen.
Welche konstruktive Aufgabe haben die Einzelteile zu erfüllen?	Tragende, aussteifende, raumumschließende Teile unterscheiden.
4. Zur Gestaltung Welche Abmessungen soll das Möbel erhalten?	Grobe äußere Abmessung in Skizze festlegen.
Wie wird das Möbel unterteilt?	Genauere Maße in der Skizze nach den Funktionen und dem Inhalt festlegen.
Welche Proportionen erhalten die Ansichtsflächen?	Flächen horizontal und vertikal unterteilen, evtl. nach dem goldenen Schnitt einteilen (siehe Abb. 1, S. 161).
Welche Holzart wird gewählt; wie werden die Details gestaltet?	Skizzen anfertigen über Detailpunkte wie z.B. abgerundete Kanten, sichtbare Konstruktionen, ausgearbeitete Griffleisten, evtl. als Schrägbild.
Stimmen die gestalterischen Überlegungen mit der Funktion und der Konstruktion überein?	Überprüfen der bisherigen Entscheidung auf Richtigkeit bzw. Übereinstimmung.

Fragen	Erarbeitung
5. Zur Ausführung Wie sind diese Entwurfsüberlegungen zu verwirklichen?	Werkstatteinrichtungen in die Überlegungen einbeziehen, eigene praktische Fertigkeiten selbstkritisch einschätzen.
Wie hoch ist der Anteil an Bankarbeit und Maschinenarbeit?	Geeignete Fertigungsverfahren und -techniken überlegen.
Wie kann mit minimalem Aufwand ein maximales Ergebnis, d.h. eine handwerklich einwandfreie Lösung, erzielt werden?	Arbeitsabläufe planen.

1　Vorüberlegungen zum Entwurf eines Möbels

Anfertigen von Entwurfsskizzen

Nach den Vorüberlegungen wird das Möbel entworfen.

– **Skizzen**

　Mehrere unmaßstäbliche Skizzen werden angefertigt, die beste Lösung wird ausgewählt.

– **Zeichnung im Maßstab 1:10**

　Je nach Größe des Möbels kommt auch ein Maßstab 1:5 oder 1:2,5 in Betracht.

Anschauliche und ansprechende Zeichnung mit Ansichten und Schnitten, evtl. auch schon wesentlichen Detailpunkten dem Ausbilder oder Auftraggeber vorlegen.

Erstellen der Fertigungszeichnung nach DIN 919

Wenn der vorliegende Entwurf ausgeführt werden soll, sind die Fertigungszeichnungen zu erstellen:

– Ansichten, Schnitte, Detailpunkte bestimmen (im Maßstab 1:10/1:1),

– Blatteinteilung festlegen,

– in Bleistift (2H, 3H) dünn vorzeichnen,

– überprüfen der Konstruktion,

– Kontrolle der Zeichnung nach DIN 919,

– Fertigungszeichnung in Bleistift (HB) oder Tusche nachziehen.

Aufgaben

1. Messen Sie verschiedene Aktenordner und Bücher aus und bestimmen Sie die Breite für Regalböden sowie die Höhe für Regalfächer.

2. Stellen Sie die Normmaße für Papierformate zusammen und entwickeln Sie daraus die inneren und äußeren Abmessungen eines Schreibtisches.

3. Entwerfen Sie einen Schreibtisch unter Berücksichtigung der menschlichen Körpermaße in sitzender Haltung sowie der inneren Nutzung.

4. Skizzieren Sie die Grundformen der Kantenprofile bei Vollholzplatten bzw. -umleimern.

5. Beschreiben Sie, wie Holzwerkstoffe durch Ein- oder Umleimer vor Stoßschäden geschützt werden können.

6. Skizzieren Sie eine Schreibklappe a) in geschlossener, b) in geöffneter Lage.

7. Beurteilen Sie ein Möbelstück in Ihrer Wohnung hinsichtlich der Funktion, Konstruktion und Gestaltung.

8. Entwerfen Sie einen Geschirrschrank als Brett-, Platten- und Rahmen- bzw. Stollenmöbel und gliedern Sie die Ansichtsfläche nach dem goldenen Schnitt.

9. Vergleichen Sie Maße alter Möbel mit ihren Entwurfsideen.

10. Beurteilen Sie schmückende Teile an Möbeln.

11. Skizzieren Sie Kantenprofile für Tischplatten.

12. Teilen Sie verschiedene Rechteckflächen durch waagerechte und senkrechte Linien.

8 Entwicklung des Möbelbaus

Menschen sind allgemein bestrebt, ihre Behausung bequem und ansprechend auszustatten. Dabei sind sie immer abhängig gewesen von den wirtschaftlichen, handwerklichen bzw. technischen Möglichkeiten und dem geistigen Hintergrund ihrer Epoche. Dadurch bildeten sich die unterschiedlichen Stilrichtungen heraus, die Bau- und Möbelbaukunst, bildende Künste, Musik und Mode beeinflussten.

Für die Zeit nach dem Verfall der Spätantike unterscheiden wir in Europa folgende Stilrichtungen:

– Romanik	etwa 1000–1250
– Gotik	etwa 1250–1500
– Renaissance	etwa 1500–1600
– Barock	etwa 1600–1700
– Rokoko	etwa 1700–1750
– Klassizismus	etwa 1750–1850
– Historismus	19. Jahrhundert
– Jugendstil	etwa 1900–1910
– Neue Sachlichkeit	etwa 1919 bis heute

Die Jahreszahlen können hier nur sehr allgemein angegeben werden, denn regional waren die Möbelbaukunst und ihre zeitliche Entwicklung oft recht unterschiedlich. Eine Aufteilung in italienische, französische, englische, süd-, west- und norddeutsche Stilepochen würde den Rahmen dieses Kapitels übersteigen.

Erhalten geblieben sind vor allem wertvolle Prunkstücke, während alltägliche Gebrauchsmöbel immer wieder durch neue ersetzt wurden.

8.1 Romanik
etwa 1000–1250 n.Chr.

Der erste eigene Kunststil der nördlichen und östlichen Gebiete Europas war noch beeinflusst von den antiken römischen und byzantinischen Vorbildern, doch die übernommenen Elemente wurden teilweise stark vereinfacht und derb gestaltet (Abb. 1).

Baustil:

Übersichtliche kubische Bauformen, massig und erdverbunden, Säulen, Rundbogen, Würfel- und Figurenkapitelle[1].

---
[1] Kapitell = Kopfstück einer Säule

Bau- und Wohnformen:

Die Wohnkultur steht noch auf sehr niedriger Stufe, die kirchliche Baukunst dagegen ist hervorragend, denn Kirchen und Klöster besitzen Macht und Einfluss:

– Bauern leben in einfachen Katen.

– Städtische Häuser sind einfach, mit Hauptraum ohne Ofen oder Kamin, kein Fensterglas.

– Der Adel lebt auf Burgen ohne Prunk, eine wandernde Hofhaltung erfordert **bewegliche** Möbel.

Handwerk:

Das technische Wissen der Antike hat sich nur in Klosterwerkstätten überliefert, wo Prunkmöbel entstehen. Den Beruf des Schreiners oder Tischlers gibt es noch nicht, einfache Möbel werden von Drechslern oder Zimmerleuten zusammengefügt.

Konstruktionen:

> In der Romanik überwiegen einfache Brett- und Pfostenmöbel (Abb. 1, S. 166).

Holzverbindungen sind kaum bekannt.

– **Brettbau:** Massive Pfosten und Spaltholzbretter werden untereinander verzapft oder vernagelt und mit Eisenbändern beschlagen, um Zusammenhalt der durch Werfen, Schwinden und Reißen gefährdeten Konstruktionen zu erreichen.

– **Pfostenbau:** Sitzmöbel werden vorwiegend aus gedrechselten oder Vierkanthölzern zusammengesetzt (Pfosten=Stollen). Erst später werden Holznägel, Dübel und Zapfenverbindungen angewandt.

Ornamente:

– einfache Flach- und Kerbschnitzereien und Rillen,

– Rundbogen, Rosetten, Baluster (= Säulenreihen),

– Bemalung.

1 Romanische Truhe mit Blendarkaden, 12. Jh.

Möbelformen:

Selbst in wohlhabenden Häusern besteht das Mobiliar nur aus wenigen Teilen:

- Die **Truhe** als wichtigstes und bewegliches Möbel zur Aufbewahrung von Kleidern und anderem Hausrat dient auch als Sitzmöbel. Zuweilen als **Dachtruhe** mit giebelförmigem Deckel.

- **Schränke** sind selten, wirken wie hochkant gestellte Truhen. Oft als Giebelschränke entsprechend der Dachtruhe.

- **Tische** bestehen aus Böcken mit Platte (Tafel) und werden nur zum „Tafeln" aufgestellt.

- **Stühle** und **Sessel** sind vornehmlich Herrschersitz (Thron), so auch der bewegliche Scherenstuhl, den der Herrscher bei seiner wandernden Hofhaltung mit sich führt. Stühle, Sessel und Bänke als Pfostenmöbel oder Kastensitze.

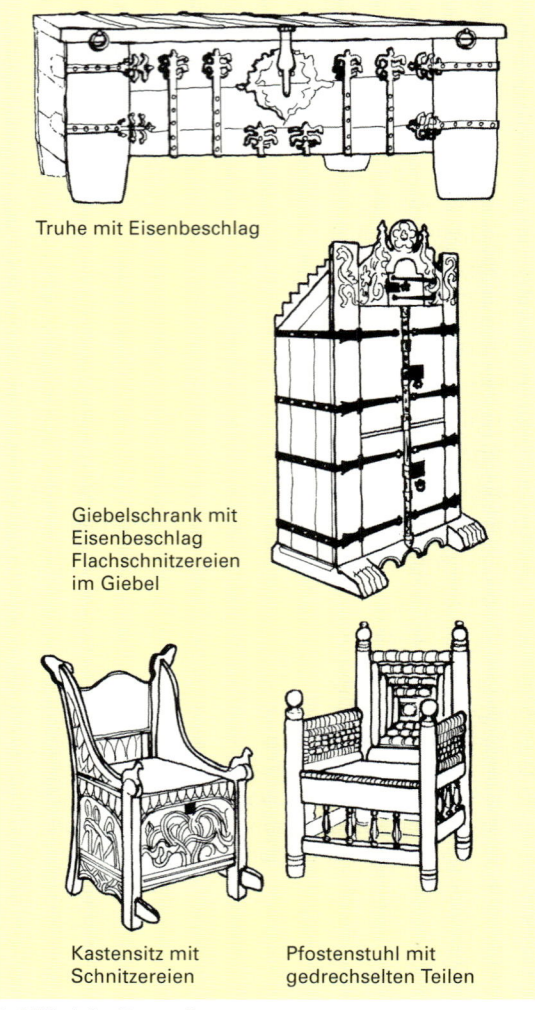

Truhe mit Eisenbeschlag

Giebelschrank mit
Eisenbeschlag
Flachschnitzereien
im Giebel

Kastensitz mit
Schnitzereien   Pfostenstuhl mit
                  gedrechselten Teilen

1 Möbel der Romanik

8.2 Gotik etwa 1250–1500

Baustil:

- Schlanke, hoch aufragende, die Senkrechte betonende Bauwerke, die einzelnen Geschosse werden überspielt durch senkrechte Glieder.

- Hohe Fenster mit **Spitzbogen**, fein gegliedertem **Maßwerk**, Fenster**rosetten**.

- Schlanke Säulen, Blatt- oder Knospenkapitelle.

Bau- und Wohnformen:

- Tiefreligiöses Denken und Streben zu Gott stellen sich dar in der kirchlichen Baukunst.

- Die Städte sind zu Wohlstand gekommen. Verglaste Fenster, Kamine und Kachelöfen bieten die Voraussetzungen für intime Wohnräume mit anspruchsvoller Einrichtung (Abb. 2).

2 Zimmer im gotischen Stil

166

Handwerk:

Aus den alten Zünften sondern sich neue heraus. Der Möbelhandwerker unterscheidet sich jetzt vcm Zimmermann als **Tischler**, **Kistler**, **Schreiner** (= Schrankmacher), oft auch als Bildschnitzer oder gar Bildhauer (Abb. 1).

Konstruktionen:

Fast alle der heute bekannten Werkzeuge sind in einfacher Form vorhanden. In Sägemühlen (seit 1322 in Augsburg bekannt) können Bretter und Pfosten in fast beliebiger Stärke hergestellt und die Möbel dadurch leichter und vielseitiger werden.

– Größere Flächen werden als Rahmen mit Füllung gebaut.
– Die meisten der heute gebräuchlichen Verbindungen werden entwickelt.

Ornamente:

Formen aus der Baukunst: Spitzbogen, Maßwerk, Pflanzenornamente.

– Im **Süden**: einheimisches **Weichholz** – Nadelhölzer, Pappel, **Rahmen** und **Stollen** werden mit Pflanzenornamenten in **Flachschnitzereien** verziert, oft auch bemalt, die Füllungen bleiben glatt.
– Im **Norden**: einheimisches Eichenholz. Die **Füllungen** erhalten strenge Ornamente[1] (**Faltschnitzwerk**).

---
[1] Crnament = Verzierung

In der Gotik werden Möbelkonstruktionen vielseitiger, zu den Stollen- und Brettmöbeln kommen Rahmenmöbel hinzu.

1 Werkstatt eines Holzschnitzmeisters
etwa 1450

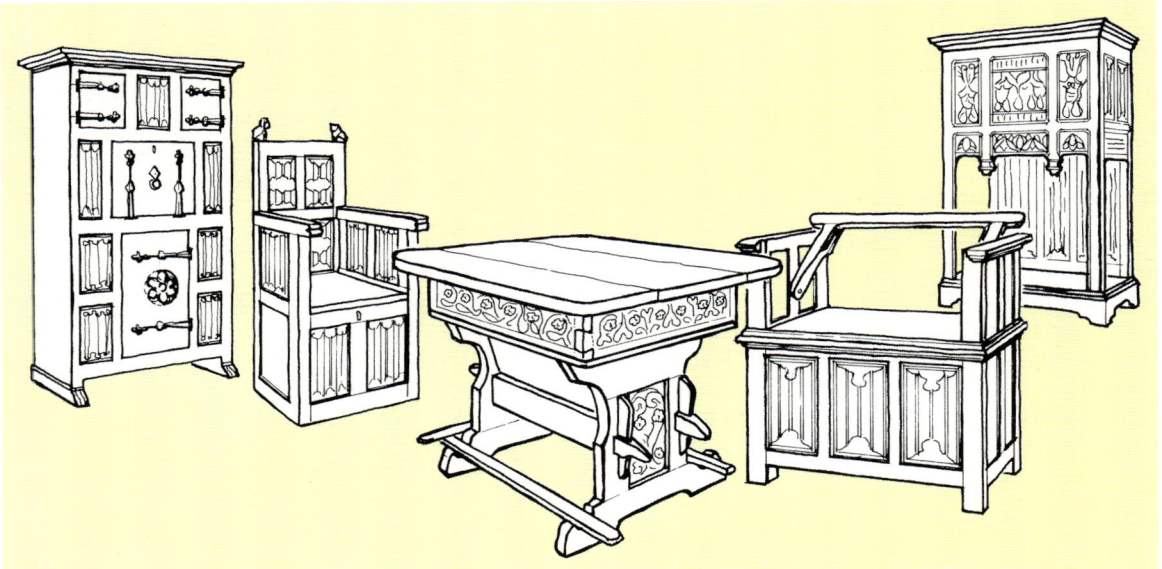

2 Möbel der Gotik
Lüneburger Schenkschywe, Kastensitz und Truhenbank mit umklappbarer Lehne mit Faltwerkschnitzerei, Stirnwandtisch mit Flachschnitzerei, Stollenschrank mit Maßwerk

Möbelformen:

Die Einrichtung der Wohnhäuser wird anspruchsvoller, Wände und Decken werden vertäfelt, die Möblierung vielfältiger (Abb. 2, S. 167):

- **Truhe** und Truhenbank (oft mit verstellbarer Rückenlehne dem Kamin oder Fenster zu- oder abgewandt) als wichtigstes Sitzmöbel,
- **Scherenstuhl** jetzt auch bürgerliches Möbel,
- **Schränke** noch wie übereinander gestellte Truhen, mit mehreren Geschossen und vielen Türen,
- **Stollenschrank** als Vorläufer der Anrichte, ein einfacher Kasten von vier Stollen getragen, unten auf der Bodenplatte ein offenes Fach,
- **Norddeutsche Schenkschywe,** oben und unten je zwei durch Türen verschlossene Fächer, in der Mitte eine nach vorn abklappbare Platte.

Tische lassen immer noch ihre Entstehung aus zwei Böcken mit Platte erkennen:

- **Schragentisch:** zwei Paar scherenförmig gekreuzte Hölzer tragen die Platte,
- **Wangentisch:** zwei Stirnwände mit verkeilter Stegverbindung tragen die Platte,
- **Kastentisch:** aus der Zange, die die Wangen miteinander verbindet, entsteht ein abschließbarer Kasten, oft aufklappbar.

Aufgaben

1. Erläutern Sie die Entwicklung der Möbelkonstruktionen von der Romanik zur Gotik.
2. Skizzieren Sie verschiedene Ornamentformen an Möbeln der Romanik und Gotik.
3. Erkären Sie die unterschiedliche Entwicklung des Möbelbaus im Süden und im Norden.

8.3 Renaissance etwa 1500–1600

Nach dem kirchlich-religiösen Mittelalter besinnt man sich in der Renaissance (das bedeutet „Wiedergeburt") zurück auf die antike griechische Kunst und Philosophie, eine humanistische Weltanschauung mit dem Streben nach Erkenntnis und Wissenschaft. Der Seeweg nach Amerika und Indien wird entdeckt, der Handel wird ausgeweitet, die Wirtschaft belebt.

Baustil:

Klar gegliederte Bauwerke von harmonischen Proportionen, erdverbunden, monumental, die Waagerechte betonend. Auf die **Fassadengestaltung** wird besonderer Wert gelegt (Abb. 1).

Antike Bauglieder: Säulen, Kapitelle mit Voluten (Schnecken) und Akanthusblättern, starke Profilierung von Gesimsen, Fensterleibungen und darüber angeordneten Dreieck- oder Segmentgiebeln.

Bau- und Wohnformen:

Handelsstädte entwickeln sich zu größter Blüte, Rathäuser und Patrizierhäuser werden reich ausgestattet.

Handwerk:

Die hervorragenden Handwerker werden namentlich als Künstler anerkannt, ihre Entwürfe durch Vorlageblätter weit verbreitet. Bekannt sind u.a.:

- Meister H.S., Intarsienkünstler in Süddeutschland, Schweiz und Elsass (Abb. 2).
- Peter Flötner, Ornamentzeichner, Holzschneider und Kunstschreiner in Nürnberg.

1 Fassadenschrank

2 Truhe mit perspektivischer Architektur
(Intarsienkünstler Meister H.S.)

Konstruktion, Materialien, Ornamente

Die Möbel wirken massig und breit gelagert, die Horizontale wird betont.

Schränke und Truhen erhalten wie Bauwerke Fassaden: Fenster, Giebel, Gesimse, Säulen und Kapitelle nach antikem Vorbild (Abb. 1, S. 168 und Abb. 1). Aus dem Ausland werden exotische Hölzer eingeführt.

– **In Süddeutschland:** einheimisches Kiefernholz, mit Edelhölzern furniert und mit kostbaren Intarsien (Einlegearbeiten) und Marketerien (aus verschiedenen Furnieren zusammengesetzte Ornamente und Bilder, oft als perspektivische Architekturdarstellungen) geschmückt.

– **In Norddeutschland:** weiterhin massive Eichenmöbel, geschmückt mit Löwenköpfen, Masken, Tierfüßen. Die Rahmenfüllungen, später das ganze Möbel mit Schnitzereien von Ranken und Bilddarstellungen. Die Innenräume werden mit hölzernen Wand- und Deckenvertäfelungen ausgestattet, Türen und Fenster, oft auch die Möbel, werden mit einbezogen.

> In der Renaissance werden Möbelfronten als Fassade mit antiken Formen gestaltet.

Möbelformen:

– **Truhen,**

– **Schränke,** immer noch zweigeteilt in Ober- und Unterteil. Neu entstehen **„Kabinettschränke"** mit vielen kleinen Fächern für wertvolle Sammlerstücke. Weiterhin: **Stollenschrank** (Kredenz), **Schenkschywe, Überbauschränke.**

– **Stühle: Pfostenstuhl, Armlehnstuhl, Falt-** und **Scherenstuhl,** für das Volk einfache Brettschemel mit steifer Rückenlehne.

– **Tische:** Viele verschiedene Typen werden gebräuchlich: Wangentische, Tische mit Mittelstütze oder vier selbstständigen Füßen, klapp- oder ausziehbare Platten.

8.4 Barock etwa 1600–1700

Aus Italien und Frankreich kommt das durch den Adel geprägte Barock mit seiner Prachtentfaltung. In Deutschland und Flandern entsteht ein üppiger Formenreichtum, der besonders auch in den ländlichen Gemeinden angenommen und weiterentwickelt wird (Abb. 2).

Baustil:

Prunkhafte Bauwerke. Die aus der Renaissance übernommenen klaren Linien und antiken Stilelemente werden überspielt durch schwellende und geschwungene Formen.

Barock/portugies. barocco bedeutet „unregelmäßige Perle, absonderlich".

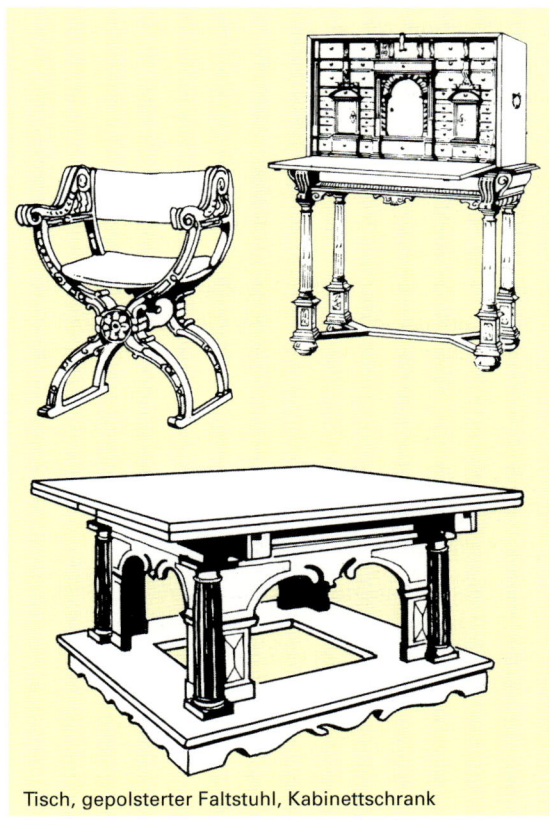

Tisch, gepolsterter Faltstuhl, Kabinettschrank

1 Möbel der Renaissance

2 Kabinettschrank

Handwerk:

Im Barock entwickeln sich die Städte und Residenzen zu Zentren der Möbelkunst.

Der **Kunstmöbeltischler** heißt **Ebenist** und arbeitet oft zusammen mit dem Bildhauer, Goldschmied, Bronzegießer und Tapezierer.

Konstruktion, Materialien, Ornamente:

Die Möbel bleiben wuchtig und schwer, aber die strengen Linien werden durch bewegte Formen, durch Licht und Schatten aufgelöst:

– Möbelbeine geschweift, Säulen korkenzieherartig gedreht,

– Schränke mit Kugelfüßen und weit ausladenden Gesimsen,

– reiche Profile, geschwungen und gekröpft,

– Flächen gewölbt, mit „Kissen" versehen oder mit Schnitzwerk (Knorpelwerk, Ohrmuschelform) überzogen.

> Im Barock bleiben die Möbel schwer, die geraden Linien werden durch geschwungene und gewölbte Formen überspielt (Abb. 1).

Oberflächen:

– Dunkel gemaserte Nussbaumfurniere mit Hochglanzpolitur,

– wertvolle Marketerien und Intarsien in Boulletechnik[1], d. h. Einlegearbeiten in Ebenholz aus Schildplatt, Elfenbein und Metalleinlagen wie Silber oder Kupfer, oder

– ostasiatisch bemalt und lackiert.

Möbelformen:

– **Truhe** nur noch in der bäuerlichen Kultur bis ins 19. Jh., wird abgelöst durch

– **Kommoden** und den

– **Kleiderschrank** mit hohem Teil, in dem die wertvolle Kleidung aufgehängt wird, und dem Sockel mit Schubladen für Wäsche. Diesen Schrank gibt es als **Fassadenschrank** mit zwei hohen Türen, aber noch zweigeschossig gegliedert und als **Norddeutscher Dielenschrank** (Hamburger Schapp, Abb. 2): Repräsentationsmöbel des Bürgers, weit ausladendes Kranzgesims mit vorgekröpftem Mittelfeld, zweitürig, Türfüllungen spitzoval gewölbt mit reichen gekröpften Profilierungen, Sockelschubladen, Kugelfüße.

– **Kabinettschrank** als höfisches Repräsentationsmöbel,

– **Tische:** Schreibtisch, Spieltisch, Leuchtertisch,

– **Stühle** und **Sessel** werden gepolstert,

– Parade**bett** als Mittelpunkt höfischen Zeremoniells.

1 Möbel des Barock

2 Hamburger Schapp

Aufgabe

Erläutern Sie die Entwicklung der Möbelbaukunst von der Renaissance zum Barock.

---

[1] Boulle, franz. Kunsttischler

8.5 Rokoko etwa 1700–1750

Das höfische Rokoko erlebt in Deutschland als eine Weiterentwicklung des Barock eine ganz besondere Blüte.

Bau- und Innenraumstil:

Das Rokoko ist vorwiegend ein Stil der Innenraumdekoration. Die Formen werden leichter und geschwungener. Reiche Ornamente überziehen wie Schmuckgespinste Wände, Decken, Türen und Möbel:

– „rocaille" = Muschelwerk (Abb. 1),
– C- und S-Schwünge,
– gerolltes Blattwerk.

Konstruktion:

Der konstruktive Aufbau eines Möbels erscheint unwichtig, die einzelnen Glieder (z. B. Beine und Zargen) gehen schwunghaft ineinander über, das Möbel wächst zu einer organischen Einheit zusammen (Abb. 2).

> Im Rokoko werden klare Formen durch filigranes Schmuckwerk aufgelöst, die einzelnen Konstruktionselemente wachsen organisch zusammen.

Oberflächen, Materialien:

– Hochglanzpolierte **Marketerien** aus exotischen Furnieren (Rosenholz, Palisander, Mahagoni),
– die wertvollen Oberflächen, Ecken und Füße durch **Bronzebeschläge** geschützt,
– helle Möbel durch helle Furniere oder Bemalungen, **Silber und Gold,**
– **Chinamode**: ostasiatische Lacktechnik, Ornamentik.

Im **Norden**, im Bereich der Hanse, Einfluss von England:

– schlichtere Möbel aus Walnuss, später Mahagoni.

Im **Aachen-Lütticher** Bereich:

– noch massive **Eichenholzmöbel** mit erhaben geschnitzter Rokokoornamentik auf Türfüllungen, Kästen, Lisenen (Abb. 1, S. 172).

Handwerk:

– Französische Ebenisten, vor allem Charles Cressent, gelten als Vorbild auch für Deutschland.
– In Deutschland entsteht höfisches Rokoko, in den Zentren Würzburg, München und Potsdam, daran haben besonderen Anteil:
– François Cuvilliés in Süddeutschland und
– die Brüder Hoppenhaupt in Potsdam.
– In England war der Kunsttischler und Möbelzeichner Thomas Chippendale richtungsweisend,

Im Übrigen unterliegen die deutschen Kunstschreiner strengen und altertümlichen Gesetzen und Formvorschriften ihrer Zunft, sie sind daher mehr dem handwerklichen als dem nur künstlerischen Gestalten verhaftet.

1 Rocaille

2 Möbel des Rokoko

Möbelformen:

- **Sitz- und Liegemöbel** in unzähligen Varianten und mit größter Bequemlichkeit,
- **Schreibtische, Konsoltische** an der Wand.

Kastenmöbel: Während in Frankreich Kommoden überwiegen, gibt es in Deutschland viele verschiedene Schränke:

- **Kleiderschrank/Schapp** behält barocken Charakter,
- **Aufsatz-, Vitrinen-** und **Schreibschränke** mit kommoden- oder schrankförmigem Unterbau, einem etwas eingezogenen Oberbau und einer offenen oder durch eine Schreibklappe verschlossenen Zwischenzone,
- Eckschränke.

8.6 Klassizismus
etwa 1750–1850

Dem übersteigerten Rokoko folgt die Epoche der Aufklärung, eine Rückbesinnung auf klassische Klarheit.

Frankreich	Deutschland	
Louis-seize	**Louis-seize**	**Zopfstil**
Vorstufe zum Klassizismus 1774–1792 Ludwig XVI	höfisch	bürgerlich 1760–1790
Directoire 1795–1799 Direktorium		
Empire 1799–1815 Napoleon	**Empire** höfisch	**Biedermeier** bürgerlich 1815–1848

Bau- und Innenraumstil:

Gemeinsam ist den verschiedenen Klassizismusstufen die klare Gliederung der einzelnen Konstruktionselemente, gerade Linien, Bauglieder nach antikem Vorbild (Säulen, Giebel), Unterschiede liegen vor allem in der Ornamentik.

8.6.1 Louis-seize

Im Gegensatz zum Rokoko sind – vor allem beim Sitzmöbel – die einzelnen Konstruktionsglieder wie Beine und Zargen nicht mehr zu einer Einheit verschmolzen (Abb. 2).

- Möbelbeine sind gerade, nach unten verjüngt, mit Kanneluren (senkrechten Rillen) oder Bronzebeschlägen versehen,
- Sitzmöbel erhalten oft ovale Rückenlehnen.

1 Porzellanschrank im Aachen-Lütticher Stil

2 **Louis-seize-Möbel**
Kommode mit Lackmalerei, Sessel, Zylinderbureau

Ornamente:

– Bildhafte Darstellungen und Blumen-
ranken der Marketerien streng gegliedert,

– sparsame Bronzebeschläge mit Blu-
mengirlanden, Schleifen und antiki-
sierenden Elementen.

Kunsttischler:

Viele deutsche Kunsttischler, die sich
durch deutsche Zünfte nicht einengen
lassen wollen, arbeiten in Paris, so z.B.:

– **Riesener** und **Carlin**.

Bekannte Kunsttischler in Deutschland
sind:

– Johann Christian **Fiedler** in Berlin, vor
allem aber

– **David Roentgen,** der 1772 die Werkstatt seines Vaters **Abraham Roentgen,**
Kunsttischler in Neuwied/Rhein, übernimmt und bald von allen europäischen Höfen Aufträge erhält. Er hat
über 100 Mitarbeiter und stellt, zum
Teil in Serienproduktion, eine große
Anzahl qualitätvoller Möbel her. In Zu-
sammenarbeit mit dem Maler Janua-
rius Zick und dem Mechaniker Peter
Kinzig entstehen Möbel mit großen
farbigen Intarsien und technischen
Raffinessen wie Spielautomaten und
Geheimfächer.

8.6.2 Zopfstil

Der bürgerliche Zopfstil, nach der Haartracht oder auch dem
zopfähnlichen Girlandenornament benannt, ist schlichter
als das höfische Louis-seize:

– weiß lackierte Möbel mit wenig vergoldetem Dekor (Krän-
ze, Girlanden, hängende Tücher),

– Mahagoniholz in Norddeutschland (Abb. 1).

8.6.3 Directoire

Entsprechend der politischen Entwicklung zum demokrati-
schen Ideal der Griechen erscheinen verstärkt antike Symbole:

– Palmetten, Rosetten, Mäander.

Die Möbel sind streng kubisch geformt und geradlinig, sie
wirken gedrungener, schwerer.

8.6.4 Empire

Unter Napoleon entwickelt sich der prunkhafte Stil des Empire mit der ganzen antiken Ornamentik aus der ägypti-
schen, griechischen und römischen Baukunst:

– Sphinx, Löwe, Palmetten, Lorbeer, Eichenblatt, Vasen, Ur-
nen, Waffen und Helme,

– Sitz- und Liegemöbel mit nach außen geschwungenen
Rückenlehnen, die oben in Voluten (spiralförmige Einrol-
lungen) enden,

– Hinterbeine der Stühle als „Säbelbeine" gebogen.

Die streng kubischen Möbel werden reich mit Bronzeappli-
ken besetzt und wirken dadurch sehr prächtig, aber kühl
(Abb. 2).

1 Zopfstil, Mahagoni-Schrank

2 Empire-Möbel: Sekretär, Prunksessel, Tisch

8.6.5 Biedermeier

Aus der Ablehnung des napoleonischen Empires entsteht in Deutschland der Biedermeierstil mit seiner Einfachheit und der Klarheit klassizistischer Formgebung (Abb. 1).

Möbelformen:

Das Biedermeierzimmer dient nicht der Repräsentation, sondern dem familiären Zusammenleben rund um den Tisch mit Stühlen und Sofa. Zur Ausstattung gehören außerdem:

– Kommode und Spiegel, zusätzlich
– Vitrine, Sekretär, Bücherschrank, Klavier und eine Vielzahl an Kleinmöbeln (Abb. 2).

Gliederung, Ornamente, Oberflächen:

Die Möbel werden in den edlen, klaren Proportionen und der Formgebung des Klassizismus gestaltet:

– Fronten flächig und nur durch einfaches Zurückspringen in Bogenform strukturiert,
– die Maserung der Furniere (Kirsche, Birke, helles Nussbaumholz) als natürliches Schmuckwerk,
– schwarze Profilstäbe und Adern aus Ebenholz statt teurer Bronzen,
– knappe Beschläge,
– wenige klassische Ornamente.

> Im Klassizismus zeichnen sich die Möbel durch Geradlinigkeit, klare Gliederung und – im Gegensatz zur Renaissance – sparsame antike Ornamentik aus.

8.7 Historismus des 19. Jahrhunderts

Frankreich	Deutschland
Louis-Philippe („2. Rokoko") 1830–1848 Ludwig Philipp „Bürgerkönig"	**Neo[1]-Rokoko** 1850–1870
	Gründerzeit 1870–1900 mit Neo-Gotik und Neo-Renaissance

---
[1] neo = neu

1 Biedermeier-Wohnzimmer

2 Biedermeier-Möbel

In Frankreich wird durch Ludwig Philipp mit dem „2. Rokoko" wieder ein höfischer Stil bevorzugt, und auch in Deutschland werden nach dem schlichten Biedermeier gegen 1850 reichere Formen gesucht, mit denen das Bürgertum seinen Wohlstand zur Schau stellen kann.

Mit der fortschreitenden Industrialisierung hat ein echter neuer Stil keine Zeit mehr, sich zu entwickeln, so werden je nach Mode wertvolle historische Stile kopiert, anfangs handwerklich gediegen, später weniger sorgfältig verarbeitet.

> Im Historismus werden die Stilformen vorangegangener Epochen nachgemacht, ohne dass etwas eigentlich Neues entsteht.

Dem **Neo-Rokoko** folgen die **Neo-Gotik,** vor allem aber die **Neo-Renaissance,** ein überladener „altdeutscher" Stil mit Protz, Kitsch und Nippes. In die „gute Stube" gehören Vertiko, Büffet, Regulatoren, Sofas mit großer Rückwand, Stühle und Tische, oft im preisgünstigen importierten Nussbaumholz.

8.8 Jugendstil etwa 1900–1910

Aus der Ablehnung des Stilwirrwarrs im Historismus entsteht der Jugendstil mit schlichten Möbeln in geschwungener Linienführung, wie organisch aus der Umgebung herausgewachsen (Abb. 1).

> Im Jugendstil werden neue Formen und Stilelemente entwickelt, die der Natur entlehnt sind.

Besonders schöne Jugendstilmöbel stammen von dem Belgier **Henri van der Velde,** der in Berlin und Weimar arbeitete.

1 Möbel des Jugendstils

8.9 Neue Sachlichkeit 1919 bis heute

Nach dem Ersten Weltkrieg entstand aus der wirtschaftlichen Not heraus und aus dem Bedürfnis nach einer neuen und ehrlichen Sachlichkeit ein Möbelstil, der unser Formempfinden bis heute stark geprägt hat (Abb. 2).

Besonderen Verdienst daran hatte das „bauhaus" (1919–1933 in Weimar, Dessau und Berlin):

- geometrisch einfache Formen ohne Ornamente, Schmuck sind nur die
- gute materialgerechte Konstruktion und das
- Material (Holz, Stahl, Leder, gewebte Stoffe), das in seiner Eigenart unverfälscht zur Geltung kommt,
- handwerklich einwandfreie Verarbeitung, auch gut geeignet für die industrielle Massenproduktion.

2 Möbel aus dem „bauhaus"

Heute ist das Angebot in den Möbelmärkten reich gefächert: Vom glatten Kunststoff- oder kunststoffbeschichteten Möbel über „nordische" Kiefernholzmöbel bis zu Stilmöbeln in den unterschiedlichsten Qualitäten werden die Möbel meistens vom Designer entworfen und in Fabriken hergestellt (Abb. 3).

> Der Tischler unserer Zeit sollte immer bestrebt sein – im Gegensatz zur industriellen Massenware – nach individuellem Entwurf, abgestimmt auf Material und Konstruktion, ein handwerklich gediegenes Möbel anzufertigen.

3 Möbel unseres Jahrhunderts

Aufgaben

1. Nennen Sie die verschiedenen Stilepochen in Deutschland und ordnen Sie diese zeitlich ein.
2. Beschreiben Sie, in welcher Epoche einzelne Möbel gebräuchlich wurden.
3. Beschreiben Sie die charakteristischen Merkmale der einzelnen Möbelstile.
4. Erklären Sie die Gemeinsamkeiten der Stilformen Romanik, Renaissance und Klassizismus.
5. Erläutern Sie anhand einer Skizze den Aufbau eines Fassadenschranks der Renaissance.
6. Zeigen Sie auf, wie der Beruf des Tischlers entstand und sich bis zur Gegenwart weiterentwickelte.

9 Wärmeschutz im Hochbau

9.1 Vorschriften, Verordnungen, Gesetze

Die Anforderungen an den Wärmeschutz von Gebäuden zum ständigen Aufenthalt von Menschen sind in DIN 4108 – Wärmeschutz im Hochbau – und in der Wärmeschutzverordnung zum Energieeinsparungsgesetz (WSchV) geregelt. Grundsätzlich gelten die DIN 4108 und die Wärmeschutzverordnung nebeneinander, wobei stets die weitestgehende Anforderung einzuhalten ist.

● DIN 4108 – Wärmeschutz im Hochbau – befasst sich als bautechnische Bestimmung mit **Mindestanforderungen an den Wärmeschutz** von Außenbauteilen, bauphysikalischen Zusammenhängen sowie Materialwerten und will als anerkannte Regel der Technik

– durch ein hygienisches Raumklima die Gesundheit der Bewohner gewährleisten,

– durch wetterbedingte Feuchteeinwirkung entstehende Bauschäden vermeiden.

Teile der DIN 4108 (Vornorm 4108 V-1) wurden 1988 erneuert, dabei wurden die bisher bekannten Formelzeichen teilweise geändert (z.B. *k*-Wert in *U*-Wert, siehe auch Technische Mathematik, Seite 379).

● Die Wärmeschutzverordnung zum Energieeinsparungsgesetz des Bundes legt als gesetzliche Bestimmung die Anforderungen für einen Energie sparenden Wärmeschutz im Rahmen der Wirtschaftlichkeit fest und will

– durch Nutzung sowieso vorhandener Energiequellen einen geringeren Energieverbrauch für Heizung bzw. Kühlung ermöglichen,

– durch ökonomische und ökologische Maßnahmen die Herstellungs- und Unterhaltungskosten von Gebäuden gering halten.

9.2 Bauphysikalische Grundbegriffe

9.2.1 Entstehung von Wärme

Wärme ist Bewegungsenergie der Moleküle. Erwärmt sich ein Körper, so heißt das, die Bewegungsenergie der Moleküle hat sich erhöht.

Wärme entsteht durch Umwandlung von Energie (Abb. 1):

– **mechanisch,** durch Reibung,

– **chemisch,** durch Oxidation (Verbrennung),

– **elektrisch,** durch Widerstand im elektrischen Leiter.

Wärme ist eine Form der Energie.

9.2.2 Temperatur

| Formelzeichen | T bzw. θ |
| Einheit | K bzw. °C |

Die Temperatur beschreibt den Wärmezustand eines Körpers. Man unterscheidet die Temperaturmessung nach:

– **Kelvin** (K), geht vom absoluten Nullpunkt aus: 0 K = −273,15 °C,

– **Celsius** (°C), geht vom Gefrierpunkt des Wassers aus (Abb. 2).

Die Einheit für Temperatur ist bei beiden Temperaturangaben gleich groß, 1 K = 1 °C.

In der Bauphysik wird auch die Differenz zwischen zwei Celsius-Temperaturen in Kelvin (K) angegeben.

Geräte, die der Temperaturmessung dienen, nennt man Thermometer. Man unterscheidet Flüssigkeits- und Metallthermometer sowie elektrische Thermometer.

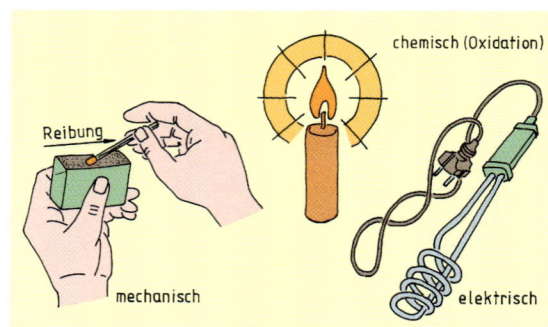

1 Entstehung von Wärme

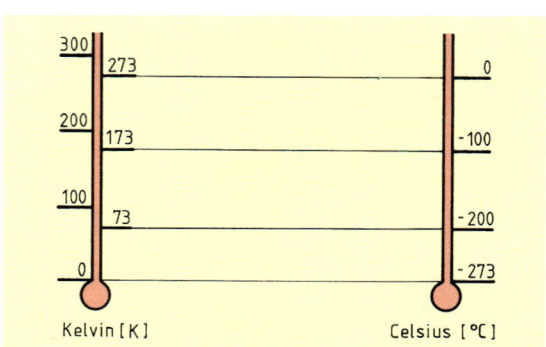

2 Temperaturskala Kelvin (K) im Vergleich mit Celsius (°C)

9.2.3 Wärmemenge

Formelzeichen	Q
Einheit	J

Jede Wärmemenge entspricht einer bestimmten mechanischen Arbeit bzw. Energie. Da Arbeit Energie und Energie wiederum eine bestimmte Wärmemenge erzeugen, werden die Größen **Arbeit, Energie** und **Wärmemenge** in der gleichen Einheit Joule (J) gemessen:

$$1 \text{ Nm} = 1 \text{ Ws} = 1 \text{ J}$$

> Gleiche Wärmemengen erwärmen verschiedenartige Stoffe unterschiedlich.

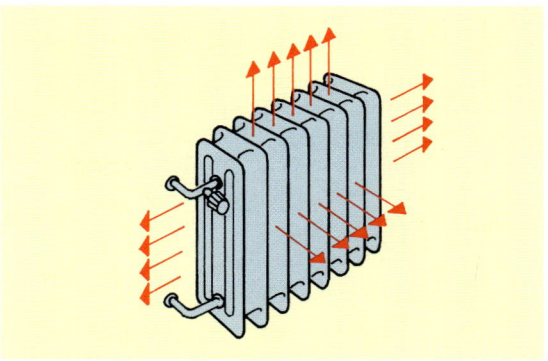

1　Wärmestrahlung

9.2.4 Wärmedehnung

Formelzeichen	Δl
Einheit	m

Wärme dehnt die Körper aus, Kälte zieht sie zusammen. Dieses Verhalten von Stoffen bei Temperaturänderungen erfordert besondere konstruktive Maßnahmen bei der Verarbeitung von Bauteilen aus verschiedenen Stoffen mit unterschiedlicher Wärmedehnung, wie z.B. Holz-Aluminium-Fenster.

Die Längenänderung errechnet man:

$$\Delta l = \alpha \cdot \Delta T \cdot l_0$$

– Wärmedehnzahl α gibt an, wie viel sich ein Stoff von 1 m Länge bei Erwärmung um 1 K ausdehnt,

– Temperaturdifferenz ΔT

– Länge l_0 vor der Temperaturänderung.

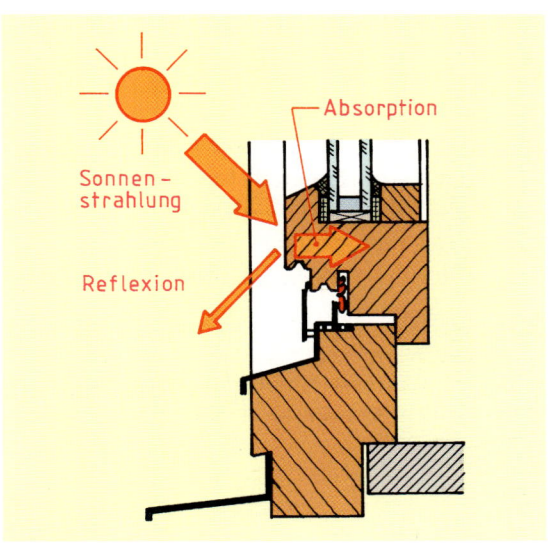

2　Dunkle Fensterrahmen absorbieren einen großen Teil der Wärme und erwärmen sich dadurch sehr stark

9.2.5 Ausbreitung der Wärme

> Wärme breitet sich aus durch Strahlung, Strömung (Konvektion) und Leitung.

Wärmestrahlung: Alle Körper, deren Temperatur höher ist als ihre Umgebung, strahlen Wärme ab. Wie stark sich die von der Strahlung getroffenen Gegenstände erwärmen, hängt von ihren Materialeigenschaften ab, wie Dichte, Struktur, Farbe der Oberfläche (Abb. 1).

> Helle Oberflächen erwärmen sich weniger als dunkle, da sie nur einen Teil der Wärmestrahlung aufnehmen (absorbieren) und einen Teil zurückwerfen (reflektieren) (Abb. 2 u. 3).

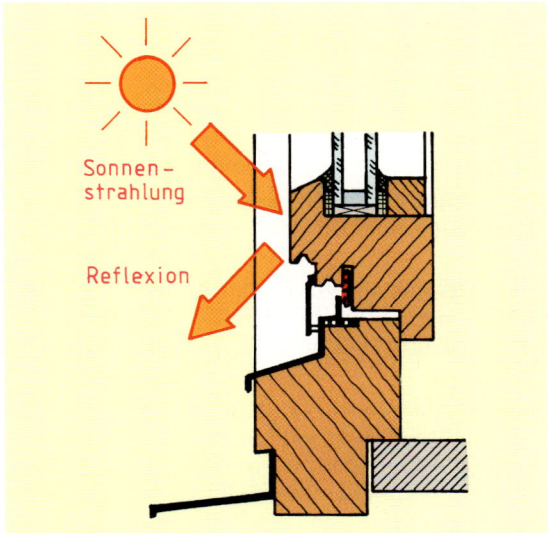

3　Helle Fensterrahmen strahlen die Wärme zurück und erwärmen sich daher wenig

Wärmeströmung entsteht durch das Mitführen von Wärmemengen **in Flüssigkeiten und Gasen**:

- Luftumwälzung an Heizkörpern: Erwärmte Luft wird wegen ihrer geringeren Dichte leichter und steigt nach oben, wobei die Wärme vom Heizkörper weggeführt und an Gegenstände mit niedrigeren Temperaturen abgegeben wird (Abb. 1),
- an Oberflächen von Bauteilen,
- in Luftschichten von Wänden,
- in Luftschichten von Fenstern mit Doppelverglasung.

Wärmeleitung entsteht, wenn Wärme in **festen Stoffen** weitergegeben wird. Bleibt ein Temperaturgefälle erhalten (z. B. bei Außenwänden), fließt ständig Wärme (Abb. 2).

Die Wärmeleitzahl λ (sprich klein lambda) beschreibt die Wärmeleitfähigkeit eines Stoffes:

- Stoffe mit einer **hohen Dichte** leiten die Wärme gut, z. B. Metalle, Beton, Stein.
- Stoffe mit einer **geringen Dichte** leiten die Wärme schlecht, z. B. Holz, Gasbeton, Styropor.

> Bauphysikalisch gesehen liegt die Hauptaufgabe des Wärmeschutzes darin, durch entsprechende Wärmedämmung Wärmeaustausch bzw. Wärmeverluste in wirtschaftlichen Grenzen zu halten.

9.2.6 Wärmespeicherung

Für den Wärmeschutz ist außerdem die Wärmespeicherfähigkeit der Bauteile von Bedeutung. Wärme speichernde Wände und Decken bewirken im Winter ein langsameres Abkühlen der Raumluft nach Abstellen der Heizung und verhindern im Sommer ein zu schnelles Erwärmen der Raumluft.

Die Wärmespeicherfähigkeit eines Stoffes ist abhängig von seiner Dichte:

> Die Wärmespeicherung nimmt allgemein mit größer werdender Dichte zu, während die Wärmedämmung abnimmt.

Beton speichert viel Wärme und gibt sie langsam wieder ab, hat aber eine schlechte Wärmedämmung. **Styropor** speichert wenig Wärme, hat aber eine gute Wärmedämmung. Im Gegensatz zu anderen Baustoffen mit vergleichbarer Dichte hat **Holz** eine gute Wärmespeicherfähigkeit und eine gute Wärmedämmung.

Aufgaben

1. Beschreiben Sie die Entstehung von Wärme.
2. Erläutern Sie die Einheiten °C und K.
3. Erklären Sie die Begriffe: Wärmemenge, Wärmedehnung und Wärmespeicherung.
4. Unterscheiden Sie zwischen Wärmestrahlung, Wärmeströmung und Wärmeleitung.

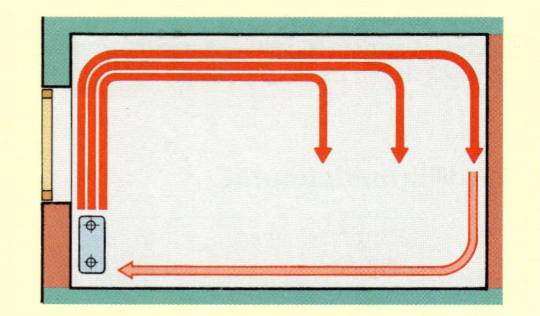

1 Wärmeströmung

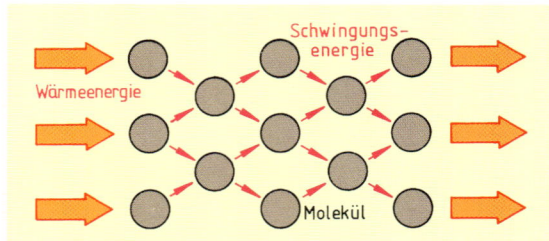

2 Wärmeleitung
Stark schwingende Moleküle geben die Wärme als Schwingungsenergie an langsamer schwingende Moleküle ab

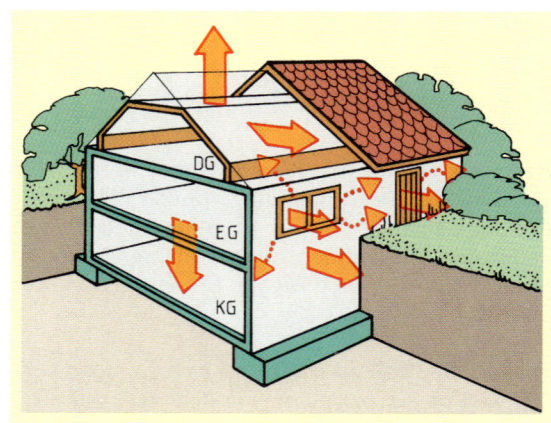

3 Wärmeverlust durch Transmissionswärmeverlust und Lüftungswärmeverlust

9.2.7 Wärmeverlust

Im Winter wandert ständig Wärme von innen nach außen ab. Die Wärme wird entweder durch die geschlossenen Flächen als **Transmissionswärmeverluste** an die kältere Außenluft abgegeben oder durch Öffnungen im Gebäude wie Fugen, offene Fenster und Türen usw. als **Lüftungswärmeverluste** (Abb. 3, S. 178). Trotzdem müssen Wohnräume ausreichend belüftet werden.

> Der Wärmeaustausch ist ein physikalischer Vorgang, bei dem das Abwandern der Wärme durch Wärmedämmung nicht verhindert, sondern nur gebremst werden kann.

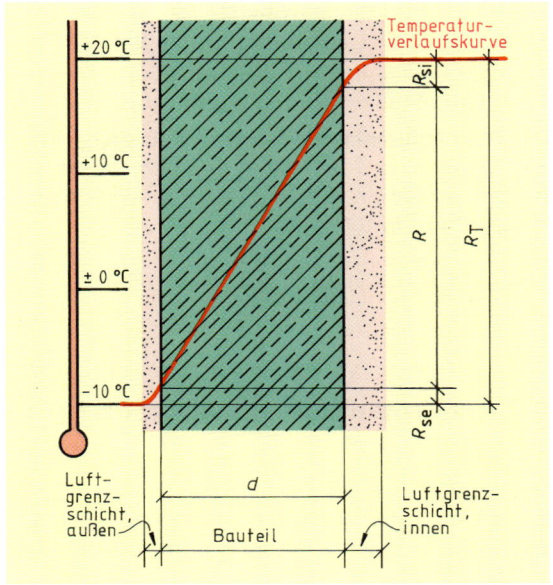

1 **Wärmedurchgang durch einschichtiges Bauteil**

9.2.8 Wärmedurchgang durch ein Bauteil

Wandert die Wärme durch den Temperaturunterschied, in der Regel vom warmen Innenraum zum kalten Außenraum, muss die bewegte Wärmemenge drei Stationen überwinden (siehe auch Technische Mathematik, Kap. 7).

– den **Wärmeübergangswiderstand** R_{si} (bisher $1/\alpha_i$) der Luftgrenzschicht **an der Innenseite** des Bauteils.

Da schwach bewegte Luft eine höhere Wärmedämmfähigkeit hat als stark bewegte Luft, wirken die Luftschichten schwacher Luftbewegung direkt vor den Bauteiloberflächen als wärmedämmende Zonen.

– den **Wärmedurchlasswiderstand** = Wärmedämmwert R (bisher $1/\Lambda$) des eigentlichen Bauteils. Die Wärme wird im Inneren des ein- oder mehrschichtigen Bauteils durch Leitung übertragen.

Anders als bei allen festen Baustoffen erhöht sich bei Luftschichten innerhalb einer Wand der Wärmedurchlasswiderstand R nicht mit der Schichtstärke der Luft gleichmäßig: Von etwa 20 mm Schichtstärke an bleibt der Wert ungefähr konstant. **Lotrechte** Luftschichten in **zweischaligem Mauerwerk**, die entsprechend der DIN 1053, Teil 1 ausgeführt sind, können nach DIN EN 6946 bei einer Dicke von 15 mm mit $R_g = 0,17$, bei 25 … 300 mm Dicke mit $R_g = 0,18$ m² K/W angesetzt werden. Bei **senkrechten** Luftschichten nimmt die Wärmeleitfähigkeit bei einer Schichtdicke über 50 mm wieder zu, bei **waagerechten Schichten** erst bei Dicken über 100 mm. Bei zirkulierenden Luftschichten (z.B. Hinterlüftung von Verkleidungen) darf rechnerisch kein Wärmedurchlasswiderstand in Ansatz gebracht werden.

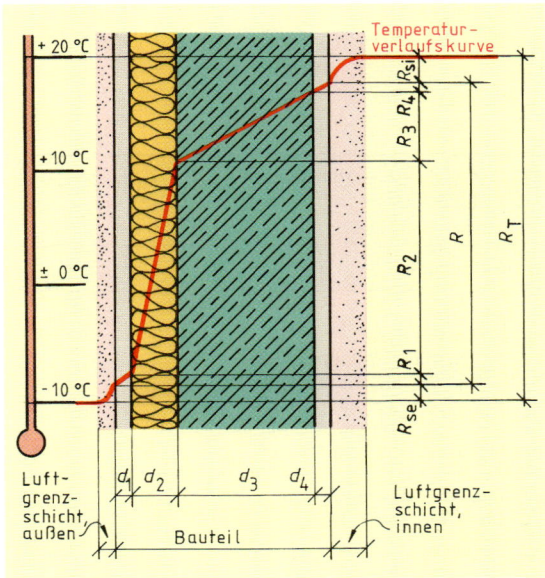

2 **Wärmedurchgang durch mehrschichtiges Bauteil**

Durch die **ruhende Luftschicht** bei geschlossenen Fensterläden bzw. Rollläden kann der Wärmeschutz am Fenster um 10 … 20% verbessert werden.

– den **Wärmeübergangswiderstand** R_{se} (bisher $1/\alpha_a$) der Luftgrenzschicht **an der Außenseite** des Bauteils. Er ist abhängig von der Luftgeschwindigkeit, mit der die Luft am Bauteil entlangstreicht, der Oberflächenbeschaffenheit des Bauteils sowie vom Feuchtigkeitsgehalt der Baustoffe und der Luft (Abb. 1 u. 2).

179

Die **Wärmeübergangswiderstände** R_{si} **und** R_{se} werden nach DIN 4108 vereinfacht angesetzt:

– an der Bauteilinnenseite R_{si} = 0,13 m² K/W
– an der Bauteilaußenseite R_{se} = 0,04 m² K/W

Der **Wärmedurchlasswiderstand *R*** (bisher 1/Λ) eines Bauteils wird berechnet aus den **Dicken der Baustoffschichten *d*** in mm und ihren **Wärmeleitfähigkeiten** λ in W/m K zu

$$R = d_1/\lambda_1 + d_2/\lambda_2 + d_n/\lambda_n \quad \text{in m² K/W}$$

9.2.9 Wärmedurchgangskoeffizient *U*

(bisher *k*-Wert)

Um die Dämmwirkung eines Bauteils zu ermitteln, addiert man die Werte der drei Stationen: **Luftgrenzschicht innen + Bauteile + Luftgrenzschicht außen**.

Dadurch erhält man den **Wärmedurchgangswiderstand** R_T (bisher 1/λ), den das Bauteil dem Wärmedurchgang entgegensetzt.

$$R_T = R_{si} + R_{ges} + R_{se} \quad \text{in m² K/W}$$

Der **Wärmedurchgangskoeffizient *U*** ergibt sich als Kehrwert aus den Wärmedurchlasswiderständen und den Wärmeübergangswiderständen zu:

$$U = \frac{1}{R_T} \quad \text{in W/(m² K)}$$

$$U = \frac{1}{R_{si} + R_{ges} + R_{se}} \quad \text{in W/(m² K)}$$

Der *U*-Wert gibt an, wie viel Watt an Energie bei 1 Kelvin Temperaturunterschied durch 1 m² eines Bauteils gehen.

Je kleiner der *U*-Wert, desto besser ist die Wärmedämmung, d.h. umso geringer sind die Heizkosten.

Den ***U*-Wert** benötigt man, um ein Bauteil hinsichtlich seiner **Wärmedämmfähigkeit** beurteilen zu können, somit auch bei der Bemessung von Heizungsanlagen.

Während man bei den meisten Bauteilen den *U*-Wert berechnen muss, ist er für Fenster bereits festgelegt (Tab. 1).

Beschreibung der Verglasung (LZR = Luftzwischenraum)	Verglasung U_v in W/(m² K)	Glas und Rahmen Rahmengruppe 1 U_F in W/(m² K)
Einfachfenster		
Einfachglas	5,8	5,2
Isolierglas mit 6…8 mm LZR	3,4	2,9
Isolierglas mit 8…10 mm LZR	3,2	2,8
Isolierglas mit 10…16 mm LZR	3,0	2,6
Isolierglas mit zweimal 6…8 mm LZR	2,4	2,2
Isolierglas mit zweimal 8…10 mm LZR	2,2	2,1
Isolierglas mit zweimal 10…16 mm LZR	2,1	2,0
Wärmeschutzglas mit Prüfzeugnis (s. Bundesanzeiger)	1,7	1,7
	1,5	1,6
	1,4	1,5
	1,3	1,4
	1,2	1,4
	1,1	1,3
	1,0	1,2
Doppel- oder Kastendoppelfenster		
Doppelte Einfachverglasung mit 20…100 mm Scheibenabstand	2,8	2,5
Doppelverglasung aus Einfachverglasung und Isolierverglasung (LZR 10…16 mm) mit 20…100 mm Scheibenabstand	2,0	1,9
Doppelverglasung aus zwei Isolierglaseinheiten (LZR 10…16 mm) mit 20…100 mm Scheibenabstand	1,4	1,5

1 Rechenwerte der Wärmedurchgangskoeffizienten für Verglasungen (U_v) und für Fenster/Fenstertüren (U_F) einschließlich Rahmen nach DIN 4108 Teil 4 für Holz- und Kunststofffenster

Sind für nebeneinander liegende Bauteile verschiedener Zusammensetzung, z.B. Wände mit Fenstern oder Türen, **mittlere Wärmedurchgangskoeffizienten U_m** zu bestimmen, so errechnen sich diese im Verhältnis der Flächenanteile A_1, $A_2 \ldots A_n$ zur Gesamtfläche A.

$$U_m = U_1 \cdot A_1/A + U_2 \cdot A_2/A + U_n \cdot A_n/A \quad \text{in W/(m}^2\,\text{K)}$$

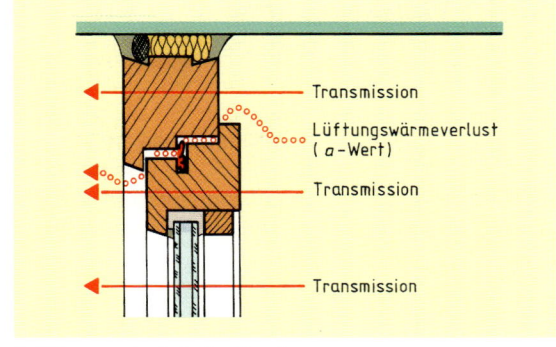

1 **Wärmeverluste beim Fenster**

9.2.10 Wärmeschutz am Fenster

Wärme geht überwiegend auf zwei Wegen durch das Fenster verloren: durch den Lüftungswärmeverlust und den Transmissionswärmeverlust (Abb. 1).

– **Der Lüftungswärmeverlust** entsteht durch die undichten Fugen in Fälzen und an den Maueranschlüssen. Die Messgröße für die Fugendurchlässigkeit ist der **Fugendurchlasskoeffizient** oder ***a*-Wert**.

Der *a*-Wert (m³/m · h) gibt an, wie viel m³ Luft in einer Stunde durch einen Meter Fugenlänge bei einer Druckdifferenz von 10 N/m² zwischen innen und außen ausgetauscht werden.

(siehe auch Kap. 16.1.6).

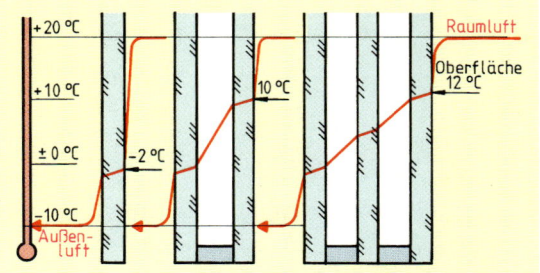

2 **Temperaturverlauf bei Einfachglas, Zwei- und Dreischeibenisolierglas**

Je kleiner der *a*-Wert, desto günstiger ist die Wärme- und Schalldämmung.

– **Der Transmissionswärmeverlust** ist die Wärmemenge, die bei unterschiedlichen Außen- und Innentemperaturen durch die Fensterfläche, d.h. durch Glas und Rahmen, hindurchgeht (Abb. 2). Die Messgröße für den Transmissionswärmeverlust ist der **Wärmedurchgangskoeffizient *U*** oder der ***U*-Wert** (siehe auch Kap. 16.1.3).

Die Verglasung von Fenstern kann als Doppelverglasung aus getrennten Einfachscheiben oder als Isolierverglasung aus Verbundglas bestehen. Bei Wärmeschutzglas, auch Warmglas genannt, ist die Innenseite der raumseitigen Scheibe mit einer dünnen farblosen Metalloxidschicht versehen, die die Sonnenenergie gut durchlässt und die Raumwärme reflektiert. Die Wärmeleitfähigkeit kann durch eine Gasfüllung, z.B. Argon oder Krypton, im Zwischenraum der Scheiben verringert werden. Dadurch können *U*-Werte von 1,0 W/(m²K) erreicht werden. Wärmeschutzgläser werden in den gleichen Dicken wie die üblichen Isoliergläser hergestellt (Abb. 3).

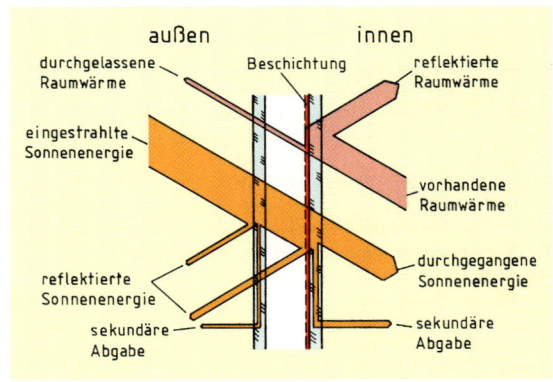

3 **Wirkung von Wärmeschutz-Isolierglas**

Der *U*-Wert des Fensters setzt sich aus dem *U*-Wert des Rahmens und aus dem *U*-Wert der Verglasung zusammen. Für das übliche Rahmenmaterial Holz liegen die Rechenwerte der Wärmeleitfähigkeit bei $\lambda = 0{,}16$ W/(m²K). Das bedeutet, dass der *U*-Wert des ganzen Fensters mit besonderen Wärmeschutzgläsern um bis zu 0,2 W/(m²K) höher liegt als der *U*-Wert der Verglasung.

9.2.11 Wärmegewinne am Fenster

Energie kann nicht nur durch Fenster verloren gehen, sondern auch durch Sonneneinstrahlung einem Gebäude zugeführt werden. So kann es z.B. bei einem Südfenster mit einem U-Wert von ca. 1,5 W/(m²K) zu einem Ausgleich der **Wärmebilanz** kommen, wenn die **Transmissionswärmeverluste** und die **Strahlungswärmegewinne** etwa gleich groß sind.

Nach der Wärmeschutzverordnung sind bei außen liegenden Fenstern und Fenstertüren **solare Wärmegewinne** in Abhängigkeit des **Energiedurchlassgrades g** und der Himmelsrichtung der Fenster zu berücksichtigen. Der um die solaren Wärmegewinne verringerte **äquivalente Wärmedurchgangskoeffizient der Fenster $U_{eq,F}$** wird nach folgender Formel berechnet.

$$U_{eq,F} = U_F - g \cdot s_F \quad \text{in W/(m²K)}$$

$U_{eq,F}$: äquivalenter k-Wert des Fensters

g: Gesamtenergiedurchlassgrad der Verglasung (s. DIN 4108, Teil 2 und Bundesanzeiger)

s_F: Strahlungsgewinn-Koeffizient (Tab. 1)

I: Strahlungsintensität (Tab. 1)

Orientierung/ Himmelsrichtung	s_F W/(m²K)	I kWh/(m²a)
Süd	2,40	400
Ost/West	1,65	275
Nord	0,95	160

1 Strahlungsgewinn-Koeffizient s_F und Strahlungsintensität I

Die Orientierung der Fenster darf um höchstens 45° von der jeweiligen Himmelsrichtung abweichen. Sind die Fenster überwiegend verschattet, ist der **Strahlungsgewinnkoeffizient s_F** wie bei einer Nordorientierung anzunehmen (Tab. 2).

Orientierung	Energiedurchlassgrad g in %					
	35	40	45	50	55	60
Süd	0,84	0,96	1,08	1,20	1,32	1,44
Ost/West	0,58	0,66	0,74	0,82	0,91	0,99
Nord	0,33	0,38	0,43	0,47	0,52	0,57

2 Solare Wärmegewinnung $g \cdot s_F$ in W/(m²K)
(Auswahl)

9.3 Einführung in den baulichen Wärmeschutz

Guter Wärmeschutz ist eine wesentliche Voraussetzung für gesundes und behagliches Wohnen. Das Wohlbefinden des Menschen in beheizten Räumen hängt u.a. ab von:

– Raumtemperatur (ca. 20 °C),
– Oberflächentemperatur der Wände und Decken (mindestens 16 °C),
– Oberflächentemperatur des Fußbodens (optimal 22 °C),
– Wärmespeicherfähigkeit der raumumschließenden Materialien
– relativer Luftfeuchte (ca. 45…60%),
– Luftbewegung (maximal 0,2 m/s).

Zur Einordnung von Wärmeschutzmaßnahmen wurden zusätzlich zur DIN 4108, in der der Mindestwärmeschutz festgelegt ist, und zur Wärmeschutzverordnung folgende Abstufungen vorgeschlagen:

– **Erhöhter Wärmeschutz** ist ein verbesserter Wärmeschutz, der etwa der ersten Wärmeschutzverordnung vom 1.11.77 entspricht und etwas größere Behaglichkeit bietet.

– **Wirtschaftlich optimaler Wärmeschutz:** Die Herstellungskosten können in möglichst kurzer Zeit durch Einsparungen bei den Anlage- und Betriebskosten für die Heizung erwirtschaftet werden.

– **Empfohlener Wärmeschutz:** Dieser Höchstwärmeschutz bringt erst im Laufe der Zeit die größte Wirtschaftlichkeit, dafür aber eine besonders angenehme Wohnbehaglichkeit. Dabei sollte im Winter die Differenz zwischen Raumlufttemperatur und innerer Oberflächentemperatur der Außenbauteile nicht mehr als 2 K betragen.

9.3.1 Erläuterungen zur Wärmeschutzverordnung (WSchV)

Das wesentliche Ziel der Wärmeschutzverordnung heißt **Energie einsparen**. Ein beabsichtigter Nebeneffekt ist die Verringerung der CO_2-Emission.

Die zu negativer Klimabeeinflussung beitragenden Abgase und die ökologischen Auswirkungen des Energieverbrauchs werden vor allem durch

die Verwertung der fossilen Energieträger Kohle, Erdöl, Erdgas und Holz sowie durch chemische Produkte und die intensiv betriebene Landwirtschaft (Methan, Stickoxide u.a.) freigesetzt.

In der neuen Wärmeschutzverordnung (WSchV '95) werden überwiegend neu zu errichtende Gebäude erfasst. Der unzureichend wärmegedämmte Gebäudebestand (Altbauten) wird dabei wenig berücksichtigt.

Die Novelle der Wärmeschutzverordnung (WSchV '95) gilt seit dem 1.1.1995. Die Anforderungen an den baulichen Wärmeschutz wurden gegenüber der alten WSchV '82 deutlich angehoben. Dadurch soll eine Energieeinsparung von bis zu 30% ermöglicht werden.

Ziel der neuen Berechnungsverfahren ist es, von dem bisherigen abstrakten *U*-Wert zu tatsächlich nachvollziehbaren Werten zu kommen, mit denen der Heizwärmebedarf pro Jahr nachgewiesen wird.

Die Wärmeschutzverordnung sieht dafür zwei Nachweisverfahren vor: das

– **Wärmebilanzverfahren** und das

– **Bauteilverfahren**

$$Q_H = 0{,}9 \cdot (Q_T + Q_L) - (Q_I + Q_S) \quad \text{in kWh/a}$$

Q_T:　Transmissionswärmeverlust
Q_L:　Lüftungswärmeverlust
Q_I:　interne Wärmegewinne
Q_S:　solare Wärmegewinne
0,9:　Abminderungsfaktor für Teilbeheizungen

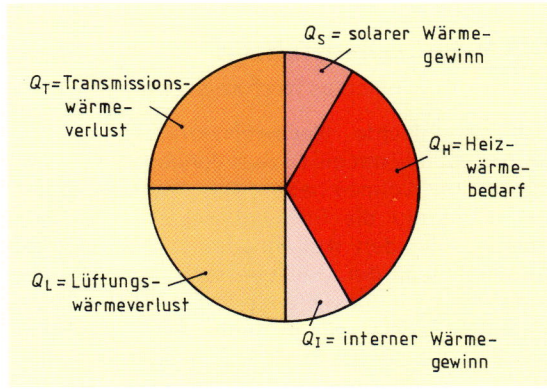

1　Wärmeverluste und -gewinne

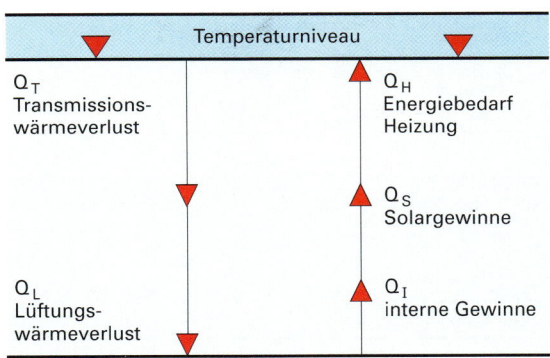

2　Wärmeverluste und -gewinne

9.3.2 Wärmebilanzverfahren

(genaues Nachweisverfahren)

Die Idee, die dem **Wärmebilanzverfahren** oder **Energiebilanzverfahren** zu Grunde liegt, ist die Einbeziehung verschiedenster Einflüsse in die Ermittlung des Heizungsenergiebedarfs. Hierzu gehören u.a. Gebäudeform und Gebäudetyp in Abhängigkeit vom Verhältnis der Gebäudefläche *A* zum Gebäudevolumen *V* (Gebäudeparameter *A/V*). Den **Wärmeverlusten** durch **Transmission** und **Lüftung** werden **Wärmegewinne** aus **internen Wärmequellen** und der **Sonneneinstrahlung** entgegengesetzt (Wärmebilanz) (Abb. 1 und 2).

Die umfassende rechnerische Ermittlung des Heizwärmebedarfs eines Gebäudes kann durch die Verwendung eines systematisch und übersichtlich aufgebauten Formblattes erleichtert werden.

Berechnen der Wärmeverluste und -gewinne

Der Jahres-Heizwärmebedarf Q_H wird nach der folgenden Formel berechnet, in der die nutzbaren solaren Wärmegewinne mit Q_S direkt berücksichtigt werden.

Die Wärme-Grundversorgung wird zukünftig, bedingt durch Berücksichtigung von Abwärme elektrischer Haushaltsgeräte, Wärmefreisetzung der Bewohner sowie der eingestrahlten Sonnenenergie, bis zu 50% der zur Deckung des Wärmebedarfs erforderlichen Energie betragen.

Im rechnerischen Nachweisverfahren bleiben die solaren Gewinne auf den Außenwandoberflächen unberücksichtigt. Die Größe der Solargewinne ist allein von der Größe der Fensterflächen und deren Anordnung sowie von der Lage des Gebäudes bezogen auf die Himmelsrichtung abhängig. Die Wärmespeicherfähigkeit massiver Bauteile wird mit einem Durchschnittswert berücksichtigt.

Diesen Wärmegewinnen stehen die Wärmeverluste durch Transmission und Lüftung entgegen. Die Differenz muss von der Heizungsanlage aufgebracht werden.

9.3.3 Bauteilverfahren

(vereinfachtes Nachweisverfahren

Das **vereinfachte Nachweisverfahren** gilt für Wohngebäude mit bis zu zwei Vollgeschossen und bis zu drei Wohneinheiten. Das Bauteilverfahren betrachtet nur die Stoffeigenschaften der wärmeübertragenden Außenbauteile. Während die Außenbauteile der Gebäude jeweils einzeln den Anforderungen der Tabelle 1 genügen müssen, kann für Fenster ein **mittlerer U-Wert** gebildet werden. Hierzu ist für jedes Fenster der **Wert $U_{m, eq, F}$**, sowie die zugehörige Fensterfläche (lichtes Rohbaumaß) zu ermitteln und dann nach dem Ansatz für nebeneinander liegende Bauteile verschiedener Zusammensetzung (siehe S. 180) auf die gesamte Fensterfläche A_F zu beziehen.

$$U_{m, eq, F} = U_{eq, F1} \cdot A_{F1}/A_F + U_{eq, F2} \cdot A_{F2}/A_F + \ldots \quad \text{in W/(m}^2 \text{ K)}$$

Zeile	Bauteil	max. Wärme-durchgangs-koeffizient U_{max} in W/(m² · K)
Spalte	1	2
1	Außenwände	U_W ≤ 0,50[1]
2	Außenliegende Fenster und Fenstertüren sowie Dachfenster	$U_{m, F eq}$ ≤ 0,7
3	Decken unter nicht ausgebauten Dachräumen und Decken (einschließlich Dachschrägen), die Räume nach oben und unten gegen die Außenluft abgrenzen	U_D ≤ 0,22
4	Kellerdecken, Wände und Decken gegen unbeheizte Räume sowie Decken und Wände, die an das Erdreich grenzen	U_G ≤ 0,35

[1] Für 36,5 cm dicke Wände aus Baustoffen mit λ_R ≤ 0,21 W/(m · K) gilt die Anforderung als erfüllt.

1 Zulässige Werte U_{max} für einzelne Außenbauteile
(Vereinfachter Nachweis für kleine Wohngebäude)

9.4 Baulicher Feuchteschutz

9.4.1 Wirkung von Feuchtigkeit

Wärmeschutz und Feuchteschutz gehören zusammen. So wie die Außenbauteile von Gebäuden durch Temperaturunterschiede beansprucht werden, werden sie auch durch Feuchtigkeit von außen und innen beansprucht.

Von außen wirkt neben Regen, Sicker- und Grundwasser die Feuchtigkeit der Außenluft auf die Bauteile ein.

Von innen entstehen Feuchtigkeitseinwirkungen vor allem durch Neubaufeuchtigkeit, Wasserdampf aus Küche und Bad sowie Feuchtigkeitsabgabe von Menschen durch Atmen und Schwitzen.

> Von innen kommende Feuchtigkeit ist für Außenbauteile oft schädlicher als von außen kommende Feuchtigkeit. In den Luftporen von Baustoffen eingedrungenes Wasser vermindert die Wärmedämmfähigkeit, da die Wärmeleitfähigkeit von Wasser 25-mal größer ist als die der ruhenden Luft.

Der bautechnische Feuchteschutz, d.h. vor allem der Schutz vor Schlagregen, Tauwasser und Kondenswasser, wird in DIN 4108 geregelt. Durch die Anforderungen der DIN 4108 soll vermieden werden, dass die Wärmedämmfähigkeit herabgesetzt wird, Fäulnis entsteht und Stahlteile rosten.

9.4.2 Raumluftfeuchte

Luft enthält Wasser in Form von Wasserdampf, wobei warme Luft mehr Wasser aufnehmen kann als kalte Luft (siehe Abb. 1, S. 185, Taupunkt-Diagramm).

Absolute Luftfeuchte ist die tatsächlich in der Luft enthaltene Wasserdampfmenge in g/m³.

Maximale Luftfeuchte ist der höchstmögliche Feuchtigkeitsgehalt der Luft (Sättigungsmenge). Im Allgemeinen enthält Luft nur einen Teil des höchstmöglichen Wassergehaltes. Man spricht dann von relativer Luftfeuchte.

Relative Luftfeuchte (RL) ist das Verhältnis von absolut vorhandener Luftfeuchte zu maximal möglicher Luftfeuchte

$$RL \text{ in } \% = \frac{\text{absolute Luftfeuchte}}{\text{maximale Luftfeuchte}} \cdot 100\%$$

Die relative Luftfeuchte sollte in Wohnräumen aus Gründen der Gesundheit und der Behaglichkeit 45...60% betragen.

9.4.3 Schwitzwasser

Schwitzwasser bildet sich an Oberflächen von Gegenständen, wenn die **Luftfeuchte zunimmt** (z. B. Küche, Bad).

Um die Schwitzwasserbildung zu vermeiden, ist die Raumluft zu erwärmen oder für eine gute Lüftung zu sorgen, so dass die Feuchtigkeit über den Luftaustausch abgeführt werden kann.

9.4.4 Tauwasser

Tauwasser bildet sich, **wenn die Temperatur der Luft abnimmt** (z. B. Nebel in der Luft, beschlagene Fensterscheiben, Eisblumen). Die Temperatur, bei der das geschieht, bezeichnet man als **Taupunkt-Temperatur** (Abb. 1).

> Bei Tauwasserbildung an Bauteilen muss die Wärmedämmung verbessert werden. Dadurch wird erreicht, dass die Oberflächentemperatur der Bauteil-Innenseite höher ist als die Taupunkt-Temperatur der Raumluft.

Tauwasser bildet sich oft auf Wandoberflächen hinter Möbeln, da dicht an der Außenwand stehende Möbel wie eine überdimensionierte Innendämmung wirken. In diesem Fall wird der Taupunkt so weit nach innen verschoben, dass er sogar im Schrank selbst liegen kann (Abb. 2).

9.4.5 Kondenswasser

Wandert der Wasserdampf infolge des Dampfdruckes von innen nach außen durch das kühler werdende Bauteil hindurch, nimmt die relative Luftfeuchte zu. Wird **die relative Luftfeuchte innerhalb des Bauteils größer als 100 %**, bildet sich im Bauteil **Kondenswasser**.

Wird eine ausreichend dicke Wärmedämmschicht auf der **kalten Außenseite** einer Wand angebracht, entsteht kein Kondenswasser in der Wand. Der Wasserdampf wandert durch die Wand und die Wärmedämmschicht und verdunstet in der Luftschicht der hinterlüfteten Fassadenschale.

Wird eine ausreichend dicke Wärmedämmschicht auf der **warmen Innenseite** einer Wand angebracht, muss die Dämmschicht durch eine raumseitig liegende **Dampfsperre** (Alufolie) vor dem Durchfeuchten geschützt werden, da sonst innerhalb der Wärmedämmschicht Kondenswasser gebildet wird.

Bauteile, an deren Innenseite Tauwasser gebildet wird, haben meistens nicht genügend Wärmedämmung.

> Feuchteschutz ist also überwiegend auch Wärmeschutz.

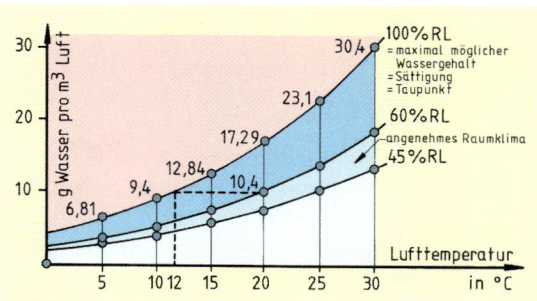

1 Taupunkt-Diagramm, Ablesebeispiel: Bei einer Lufttemperatur von 20 °C und einer relativen Luftfeuchte von 60 % liegt der Taupunkt bei 12 °C

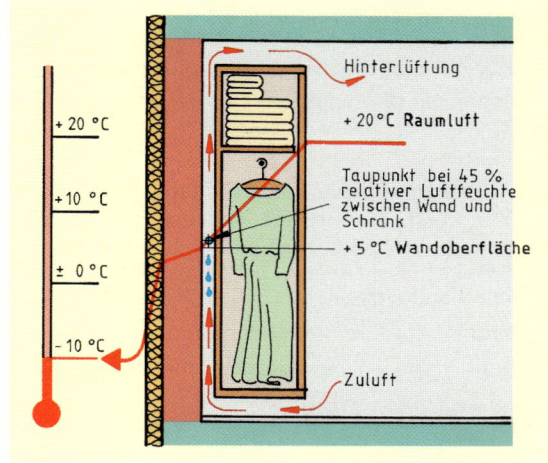

2 Tauwasserbildung vermeiden: gute Hinterlüftung von Einbauten, mind. 25 mm Abstand von der Außenwand

Aufgaben

1. Nennen Sie Merkmale für einen guten Wärmeschutz.
2. Beschreiben Sie den Wärmedurchgang durch ein einschichtiges Bauteil.
3. Was ist der U-Wert?
4. Nennen Sie Werkstoffe mit guten Wärmedämmeigenschaften.
5. Erläutern Sie den Einfluss der Dichte auf die Wärmedämmung.
6. Beurteilen Sie die Auswirkung undichter Fensterfugen auf den Wärmeschutz und den Schallschutz.
7. Was ist der a-Wert?
8. Beschreiben Sie die Feuchtigkeitseinwirkungen auf Bauteile von außen und innen.
9. Erklären Sie die Begriffe absolute, maximale und relative Luftfeuchte sowie Taupunkttemperatur.
10. Unterscheiden Sie Schwitzwasser, Tauwasser und Kondenswasser.
11. Erläutern Sie, warum Wärmedämmschichten nicht durchfeuchtet werden dürfen.

10 Baulicher Schallschutz

10.1 Entstehung von Schall

Schall entsteht durch **mechanische Schwingungen,** die sich in festen, flüssigen und gasförmigen Stoffen ausbreiten.

Durch Wellenbewegungen der Luft wird in unserem Ohr ein Schalldruck erzeugt, der bestimmte Nervenimpulse auslöst: Wir hören!

Wird ein Stoffteilchen durch Schall bewegt, so schwingt es rhythmisch um seine Ausgangslage hin und her und versetzt die benachbarten Teilchen gleichfalls in Schwingungen. Dabei entstehen um die Schallquelle herum wechselseitig verdichtete und verdünnte Zonen – Schallwellen. Der so entstehende **Schalldruck** oder die **Schallstärke** ist umso größer, je größer der Ausschlag der Schallwellen, die **Amplitude,** ist.

> Schall entsteht nicht durch Fortbewegung von Teilchen, sondern durch Weitergabe von Impulsen.

Die Geschwindigkeit der Schallausbreitung beträgt in der Luft ungefähr 340 m/s. In massiven Bauteilen breitet sich der Schall schneller aus.

Man unterscheidet:

- Ton   – reine Schwingung,
- Klang   – Überlagerung mehrerer reiner Schwingungen,
- Geräusch – Überlagerung mehrerer unreiner Schwingungen,
- Knall   – kurz andauerndes lautes Geräusch
- Lärm   – jede Art von Schall, die als Störung empfunden wird.

Die Zahl der Schwingungen pro Sekunde wird **Frequenz** genannt und in Hertz (Hz) angegeben.

> Die Amplitude bestimmt die Lautstärke, die Frequenz bestimmt die Tonhöhe.

10.1.1 Lautstärke/Schallpegel dB(A)

Die Lautstärke nimmt mit zunehmender Entfernung von der Schallquelle ab. Da die Lautstärke von Geräuschen ständig zwischen laut und leise schwankt, spricht man vom durchschnittlichen **Schallpegel.** Der Schallpegel wird in **Dezibel (dB)** gemessen.

Bei Schallmessungen im Bauwesen wird ein Bewertungsfilter A verwendet, der das menschliche Gehörempfinden berücksichtigt. Die Bezeichnung dB(A) hat das früher übliche Maß für das Lautstärkeempfinden „Phon" abgelöst.

Die A-Schallpegelwerte sind nicht proportional dem Lautstärkeempfinden des menschlichen Ohres, sondern logarithmische Größen, die nicht wie normale Zahlen zu addieren sind (Abb. 1). So empfindet man die Erhöhung des Schallpegels um 10 dB(A) als Verdoppelung der Lautstärke, z.B. erscheint lautes Sprechen mit 70 dB(A) doppelt so laut als leises Sprechen mit 60 dB(A).

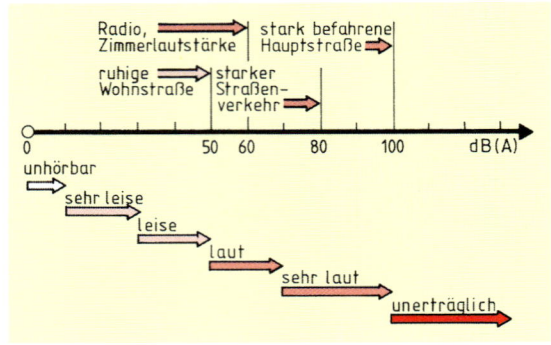

1 Lautstärken

10.1.2 Tonhöhe/Frequenz Hz

Die Tonhöhe (Frequenz) ist die Anzahl an Schallwellen, die in einer Sekunde auf unser Ohr treffen, d.h. 100 Hz = 100 Schwingungen pro Sekunde. In der Musik wird die Halbierung oder Verdoppelung der Frequenz als **Oktave** bezeichnet.

Der menschliche Hörbereich umfasst 10 Oktaven. Der Hörbereich bei Jugendlichen liegt zwischen etwa 16 Hz und 20000 Hz, bei alten Menschen zwischen 30 Hz und 16000 Hz (Abb. 1, S. 187). Unterhalb der 16-Hz-Grenze spricht man von Infraschall, den man nur noch als Erschütterung wahrnimmt. Oberhalb von 20000 Hz spricht man von Ultraschall, der vom menschlichen Gehör nicht mehr wahrgenommen werden kann.

Für den **Schallschutz im Hochbau** ist der Frequenzbereich von 100...3200 Hz entscheidend, da das menschliche Ohr tieferen Frequenzen gegenüber unempfindlicher wird und die Lautstärke von hohen Frequenzen oberhalb 3200 Hz sehr gering ist. Außerdem ist die Schalldämmung aller statischen (schweren) Bauteile oberhalb 3200 Hz sehr groß.

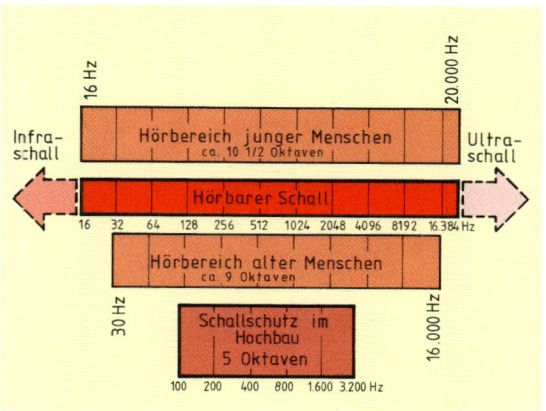

1 Hörbereiche in Hz

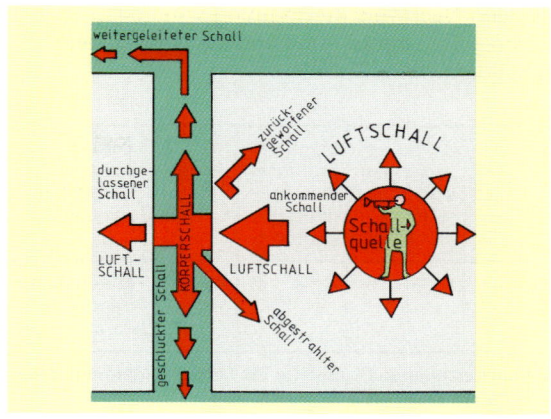

2 Schallausbreitung

10.2 Ausbreitung von Schall

Befinden sich Schallquelle und Hörer im gleichen Raum, erfolgt die Schallminderung durch **Schallschluckung** (Schallabsorption).

Befinden sich Schallquelle und Hörer in benachbarten Räumen, so geschieht die Schallminderung überwiegend durch **Schalldämmung**.

10.2.1 Schallarten

Nach DIN 4109 – Schallschutz im Hochbau – werden Schallarten unterschieden in:

– Luftschall, breitet sich in der Luft aus,

– Körperschall, breitet sich in festen Stoffen aus und wird in Nachbarräume als Luftschall ausgestrahlt,

– Trittschall, entsteht als Körperschall.

10.2.2 Luftschall

Luftschall wird von einer Schallquelle erzeugt und breitet sich kugelförmig **in der Luft** aus (Abb. 2). Der auf raumbegrenzendes Bauteil auftreffende Luftschall wird dabei zu Körperschall umgewandelt und dann wieder als Luftschall in benachbarten Räumen abgestrahlt. Ein Teil des Schalls wird von der Wand geschluckt (absorbiert).

Die kennzeichnende Größe für die Luftschalldämmung ist der erforderliche R_w-Wert. Je größer der R_w-Wert eines Bauteiles ist, desto besser ist die Schalldämmung.

Der Luftschall benachbarter Räume kann gedämmt werden durch:

– Verwendung von Werkstoffen mit einer großen Flächenmasse,

– durch dicke massive Konstruktion und

– Anordnung mehrerer Schichten (Abb. 3).

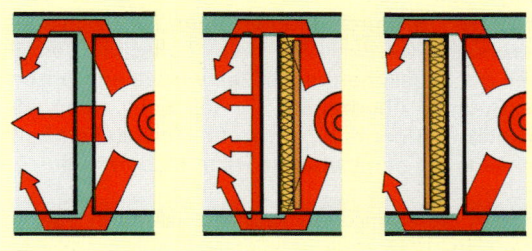

3 Verminderung des Luftschalls durch biegeweiche Vorsatzschalen bei Wänden

Nach DIN 4109 Schallschutz im Hochbau (Nov. 1989) gelten für die Luft- und Trittschalldämmung von Bauteilen die kennzeichnenden Größen (Tab. 4).

Bauteil	Kennzeichnende Größe für Luftschalldämmung	Trittschalldämmung	Berücksichtigte Schallübertragung
Fenster, Türen	erf. R_w	–	nur über das Fenster bzw. über die Tür
Treppen	–	erf. $L'_{n,w}$ (erf. TSM)	über das trennende Bauteil
Wände	erf. R'_w	–	über die flankierenden Bauteile
Decken	erf. R'_w	erf. $L'_{n,w}$ (erf. TSM)	über Nebenwege

4 **Kennzeichnende Größen für die Luft- und Trittschalldämmung von Bauteilen**

R_w: bewertetes Schalldämmmaß in dB ohne Schallübertragung über flankierende Bauteile

R'_w: bewertetes Schalldämmmaß in dB mit Schallübertragung über flankierende Bauteile

$L'_{n,w}$: bewerteter Trittschallpegel in dB (früher TSM = Trittschallschutzmaß)

Für den Nachweis der Eignung von Fenstern und Türen gelten die kennzeichnende Größen der Luftschalldämmung (Tab. 1).

Bauteil	Eignungs-prüfungen in Prüf-ständen	Eignungs-prüfungen in ausge-führten Bauteilen	Rechen-werte	Berück-sichtigte Schallüber-tragung
Fenster, Türen	$R_{w, P}$	$R_{w, B}$	$R_{w, R}$	nur über das trennende Bauteil

1 **Kennzeichnende Größen für die Luftschalldämmung von Fenstern und Türen**

10.2.3 Körperschall

Körperschall sind Schwingungen **in festen** Stoffen, die z.B. durch Klopfen oder Türenschlagen verursacht werden. Wie beim Luftschall verteilt sich die Schallenergie: Ein Teil wird in angrenzende Bauteile übertragen, ein Teil geht durch Absorption verloren und ein großer Teil wird als Luftschall in die benachbarten Räume übertragen.

> Die Ausbreitung von Körperschall kann durch Luftschichten oder elastische Stoffe unterbrochen werden.

10.2.4 Trittschall

Trittschall ist eine Form des Körperschalls und entsteht durch Gehen oder Möbelrücken. Er wird im Fußboden teilweise als Körperschall weitergeleitet oder zum Teil als Luftschall in den darunter liegenden Raum abgestrahlt (Abb. 2).

> Die Trittschalldämmung kann durch massive Decken mit einer großen Flächenmasse, mehrschichtigen Aufbau mit weichen Zwischenlagern wie schwimmendem Estrich und weichen Gehbelägen verbessert werden.

Die kennzeichnende Größe für die Trittschalldämmung ist der erforderliche $L'_{n, w}$-Wert anstelle des bisher verwendeten Trittschallschutzmaßes (TSM), das in der DIN 4109 als Vergleichswert in Klammern ( ) angegeben wird.

10.2.5 Schallschluckung

Treffen Schallwellen auf schallreflektierende, schallharte Decken, Fußböden und Wände, werden sie so lange reflektiert, bis ihre Schallenergie verbraucht ist. Dabei kann es zu Überlagerungen von Schallwellen und zu dem störenden **Nachhalleffekt** kommen.

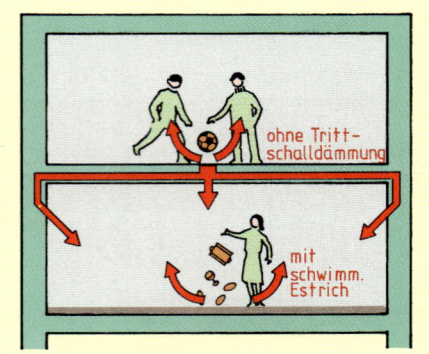

2 **Ausbreitung von Trittschall**

> Durch Verkleiden der einzelnen Raumbegrenzungsflächen mit schallweichen, d.h. schallschluckenden Werkstoffen kann eine ständige Reflexion vermieden werden.

Der Grad der Schallabsorption ist abhängig von:
– Material der Bauteile,
– Oberfläche der Bauteile,
– Loch- bzw. Schlitzanteil der Plattenwerkstoffe,
– Wand- und Deckenform,
– Schallabsorptionsmaterial hinter der Verkleidung,
– Volumen des Raumes und der Raumform,
– Frequenz des Schalls,
– Standort der Schallquelle.

10.3 Bauliche Maßnahmen

10.3.1 Maßnahmen zur Schalldämmung

Schalldämmende Werkstoffe sind:
– Platten mit großer Dichte, z.B. Holzspan- oder Gipskartonplatten,
– dicke Platten, die weniger schwingen als dünne.

Schalldämmende Konstruktionen sind:
– abgehängte Decken,
– Wandverkleidungen und Fußbodenbeläge.

10.3.2 Maßnahmen zur Schallschluckung

Schallschluckende Materialien sind:
– Platten mit **porösen, gelochten oder geschlitzten Oberflächen,** die an Decken und Wänden befestigt werden. Der Lochanteil sollte mindestens

15% der Oberfläche betragen, um die **hohen Töne** genügend zu absorbieren.

– Dünne Holzwerkstoff- oder Gipskartonplatten mit **geschlossener Oberfläche** als Resonanzschallschlucker. Sie werden in bestimmtem Abstand von der Wand frei schwingend befestigt. Die Platten werden durch die Schallwellen in Schwingungen versetzt und absorbieren überwiegend **tiefe Töne.**

Für Vortragsräume empfiehlt es sich, bei Materialien ausgewogen zu kombinieren.

10.3.3 Schallschutz am Fenster

Schalltechnisch ist das Fenster die Schwachstelle in der Fassade des Hauses.

Die Schalldämmung eines Fensters ist abhängig von der **Art der Verglasung:**

– Glasscheibendicke,

– Glasscheibenabstand,

– Randeinspannung der Glasscheiben,

und der **Ausführung der Holzteile:**

– Fugendichte in den Fälzen,

– Wandanschluss des Blendrahmens.

> Je dichter die Fugen und je größer die Scheibendicke und der Scheibenabstand sind, desto besser ist die Schalldämmung.

Nach VDI-Richtlinien 2719 – Schalldämmung von Fenstern – sind die Fenster in die Schallgruppen 0...6 eingeteilt, von denen einige in Abb. 1 dargestellt sind (siehe auch Kap. 16.1.4).

Für den erhöhten Schallschutz gibt es verschiedene Fensterkonstruktionen:

– Verbundfenster R_w ca. 35 dB,

– Kastenfenster ca. 44...47 dB,

– Kastenfenster in besonderer Ausführung ≥ 50 dB.

– Isolierverglasung in schwerer mehrschichtiger Ausführung in dichten Fenstern 35...39 dB,

– Spezial-Schalldämmgläser, deren Gesamtstärken so ausgelegt sind, dass der Einbau in fast alle üblichen Fensterkonstruktionen möglich ist, bis 50 dB.

Spezial-Schalldämmgläser sind Isolierscheiben, die aus zwei bis vier Glastafeln verschiedener Dicken bestehen können, wobei die Scheiben weit auseinander, dicht nebeneinander oder als Mehrscheiben-Verbundsicherheitsglas angeordnet sein können (Abb. 2). Zwischen den Scheiben befinden sich transparente gasförmige oder feste Schalldämpfungsstoffe. **Schalldämmfenster wirken gleichzeitig wärmedämmend.**

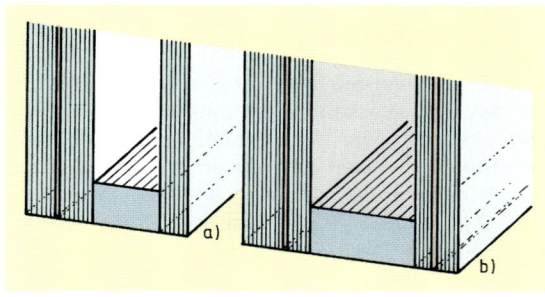

2 Spezial-Schalldämmgläser

a) **Scheiben:** 13 mm Mehrscheiben-Verbundsicherheitsglas außen, 5 mm innen.
Zwischenraum 12 mm
(R_w = 40 dB)

b) **Scheiben** von außen nach innen: 8 mm, 3 mm, 3 mm, 4 mm,
Zwischenräume, gasgefüllt: 1 mm, 20 mm, 1 mm
(R_w = 46 dB)

Aufgaben

1. Erläutern Sie die Begriffe Schall, Frequenz, Schalldruck, Schallpegel, Dezibel.

2. Unterscheiden Sie Luftschall und Körperschall.

3. Erklären Sie das Luftschallschutzmaß und das Trittschallschutzmaß.

4. Nennen Sie Materialeigenschaften zur Verbesserung der Schalldämmung.

5. Beschreiben Sie schalldämmende und schallschluckende Maßnahmen.

6. Nennen Sie Merkmale für die Schalldämmung von Fenstern.

7. Erläutern Sie, in welchem Maße der a-Wert die Schalldämmung am Fenster beeinflusst.

Gruppe	1	2*	2*	3	4...5
a-Wert	<1	<1	<1	<1	<1
k-Wert	5,0	2,6	2,2	1,6	2,2
d3　ca.	24	28...30	ca. 32	ca. 38	ca. 44...47

1 Fenster der verschiedenen Schallschutzgruppen
* zwei Ausführungen in Gruppe 2.

11 Baulicher Brandschutz

Unter Brandschutz versteht man Maßnahmen, die der Entstehung und Ausbreitung von Bränden entgegenwirken. Das kann vorbeugend erreicht werden durch

– **die Verwendung geeigneter Werkstoffe und Schichten** sowie durch

– **konstruktive Maßnahmen.**

Um die Gesundheit und das Leben von Menschen zu schützen und Sachwerte zu erhalten, wurden **Gesetze, Verordnungen** und **Bestimmungen** zum Brandschutz erlassen.

11.1 Normung und gesetzliche Bestimmungen

In DIN 4102 werden die Anforderungen in Bezug auf das Brandverhalten von Baustoffen und Bauteilen beschrieben. In verschiedenen **Landesbauordnungen** und den dazugehörigen **Allgemeinen Durchführungsverordnungen** sind die baurechtlichen Vorschriften für den Brandschutz dargestellt. Bei größeren Bauvorhaben werden Baugenehmigungen oft mit Zusatzbestimmungen der örtlichen Feuerwehr erteilt.

In der DIN 4102 wird das Brandverhalten von Baustoffen und Bauteilen unterschieden, da die Feuerwiderstandsfähigkeit des gesamten Bauteils (Tab. 1) vom Zusammenwirken der einzelnen Baustoffe abhängig ist.

Dabei werden folgende Widerstandsklassen unterschieden:

F für Wände, Decken, Stützen, Unterzüge, Treppen,

W für nicht tragende Außenwände, Brüstungen, Schürzen,

T für Türen, Tore, Klappen, Rollläden.

Feuerwider-standsklassen von Bauteilen	Bauaufsichtliche Benennung	Feuer-wider-stand in min	Türen, Tore, Klap-pen
F 30	feuerhemmend	30	T 30
F 60	feuerbeständig	60	T 60
F 90	feuerbeständig	90	T 90
F 120	hochfeuerbeständig	120	T 120
F 180	hochfeuerbeständig	180	T 180

1 Feuerwiderstandsklassen von Bauteilen
(Wände, Decken, Treppen usw.) und von **Feuerschutzabschlüssen** (Türen, Tore usw.) nach DIN 4102

Baustoffe werden in die Baustoffklassen **nicht-brennbare** und **brennbare** eingeteilt (Tab. 2).

Klasse	Benennung	Baustoffe
A	**nicht-brennbar**	
A_1		Glas, Gips, Kalk, Asbest, Stein, Beton, Zement, Stahl
A_2		Gipskartonplatten (GKF), Mineralfaser
B	**brennbar**	
B_1	schwer ent-flammbar	bestimmte Span- und Hart-schaumplatten, Sperrhölzer, Schichtpressstoffplatten, Holzwolleleichtbauplatten
B_2	normal ent-flammbar	Holz und Holzwerkstoffe über 2 mm Dicke
B_3	leicht ent-flammbar	Papier, Holzwolle, Holz unter 2 mm Dicke

2 Brennbarkeitsklassen von Baustoffen
nach DIN 4102 Teil 1

Baustoffe, wie z. B. Platten und Dämmstoffe, müssen entweder der **DIN 4102** – Brandverhalten von Baustoffen und Bauteilen – entsprechen oder ein **amtliches Prüfzeugnis** vorweisen können und vom Hersteller entsprechend gekennzeichnet sein.

Beispiel: Spezialplatte B_1 – Platte „schwer entflammbar" (Prüfzeichen Nr. ...).

11.2 Brandverhalten von Holz

Das Brandverhalten von Holz ist, obwohl Holz brennbar ist, erstaunlich gut. So können besonders dicke Holzteile auch ohne chemischen Holzschutz immerhin die Feuerwiderstandsklasse F 30 oder sogar F 60 erreichen.

– Wenn Holz verbrennt, bildet sich um das Holzteil herum eine **Holzkohleschicht, die das Verbrennen verzögert.**

– **Die Festigkeit und Tragfähigkeit** der Holzbauteile werden **nicht so schnell gemindert.**

– **Die Einsturzgefahr** von Teilen der Holzkonstruktion tritt **relativ spät** ein und kündigt sich vorher durch Knistern an.

– Die bei der Verbrennung von Holz entstehenden **Gase sind nicht lebensgefährlich giftig** wie die Verbrennungsgase von Kunststoffen.

11.3 Konstruktiver Holzschutz

Ein Feuer kann sich nur unter **Sauerstoffzufuhr** erhalten. Es kommt also darauf an, wie groß die Oberfläche eines Gegenstandes ist, an der das Feuer mithilfe des Sauerstoffs angreifen kann.

Beispiel: Viele einzelne Blätter Papier verbrennen in einem Feuer in wenigen Sekunden, ein ganzes Buch verkohlt nur langsam.

Bauteile müssen möglichst kompakt sein, um widerstandsfähig gegenüber Feuer zu sein:

– **Holz mit großer Dichte verwenden!** Die Entzündung und die Brenngeschwindigkeit von Holz sind umso geringer, je größer die Dichte des Holzes ist.

– **Rissfreies und wenig reißendes Holz verwenden!** Durch Risse wird dem Feuer eine größere Angriffsfläche geboten. Sauerstoff und Flammen können leicht ins Holzinnere vordringen, Gase können leicht entweichen.

– **Flächen glätten und Kanten runden!** Glatte Holzoberflächen mit gerundeten Ecken und Kanten sind nicht so leicht entflammbar.

– **Holzquerschnitte reichlich bemessen!** Holzkonstruktionen sind umso widerstandsfähiger, je größer die Holzquerschnitte sind.

– **Großflächige Konstruktion verwenden!** Sie leisten dem Feuer größeren Widerstand als kleinteilige Konstruktionen.

– **Wandverkleidungen waagerecht anbringen!** Sie halten dem Feuer länger stand als senkrecht angebrachte.

– **Holzbauteile mit nicht brennbaren Stoffen verkleiden oder ummanteln:** Gipskalkputz, Keramikmatten, Keramik-Vlies, Gipskartonplatten und Holzwolleleichtbauplatten.

Der Abstand zwischen **Schornstein** und nicht verputztem Holz muss mindestens 50 mm betragen. **Öfen** müssen mindestens 500 mm von Holzteilen entfernt sein.

11.4 Chemischer Holzschutz

Chemischer Holzschutz gegen Feuereinwirkung geschieht durch

– Feuerschutzsalze und

– Schaum bildende Feuerschutzanstriche.

11.4.1 Feuerschutzsalze

Im Kesseldruckverfahren dringen Feuerschutzsalze tief in die fertigen Holzbauteile ein und schützen das Holz von innen.

Feuerschutzsalze bilden beim Verbrennen eine **Schmelzschicht**, entziehen der Holzoberfläche Wärme, entwickeln **unbrennbare Gase** und begünstigen die Bildung von **Holzkohle**.

11.4.2 Schaum bildende Feuerschutzmittel

Schaum bildende Feuerschutzmittel entwickeln bei direkter Flammeneinwirkung oder hohen Temperaturen eine **nichtbrennbare Schaumschicht**, die den Sauerstoff von der Holzoberfläche fernhält und den Zersetzungszeitpunkt des Holzes herausschiebt (Abb. 1).

Bei der Verbrennung werden **nichtbrennbare Gase** frei, die sich mit der Luft und den brennbaren Gasen aus dem Holz vermischen und deren feuergefährliche Wirkung einschränken.

1 Profilholzwand
feuerhemmend durch aufgeschäumtes Mittel. Die Fläche wurde nach dem Brand zur Veranschaulichung teilweise freigelegt.

Aufgaben

1. Erläutern Sie den Begriff „vorbeugender Brandschutz".

2. Ordnen Sie verschiedene Baustoffe nach den Brennbarkeitsklassen.

3. Nennen Sie die Feuerwiderstandsklassen und erklären Sie deren Bedeutung für die Türen.

4. Nennen Sie Maßnahmen für Holzbauteile, mit denen der Widerstand gegen Feuer erhöht werden kann.

12 Innenausbau

12.1 Verkleidung von Wänden und Decken

Wand- und Deckenverkleidungen sollen das Aussehen, den Wärmeschutz, den Schallschutz sowie die Akustik in Räumen verbessern. Dazu wird im Allgemeinen eine **Unterkonstruktion** an der Wand bzw. Decke befestigt, die dann die **Verkleidungsschale** trägt.

An die Unterkonstruktion von Wand- und Deckenverkleidungen sind folgende Anforderungen zu stellen:
- Ausgleich von Unebenheiten der tragenden Bauteile,
- Tragen der Verkleidungsschale,
- Tragen der erforderlichen Wärme- und Schalldämmstoffe,
- Gewährleistung der Hinterlüftung bei **Wänden,**
- Abhängung bei **Decken,**
- Einhaltung der **bauphysikalischen** Forderungen (keine Kälte- oder Schallbrücken).

An die Verkleidungsschale als sichtbaren Teil wird in erster Linie die Anforderung gestellt, durch teilweises oder vollständiges Verkleiden der Wände oder Decken den optischen Eindruck eines Raumes zu verändern (Abb. 1).

Durch die Verkleidungsschale sollen außerdem unansehnliche Wand- oder Deckenflächen, Versprünge, schadhafte Stellen, Rohre, Elektroleitungen usw. verdeckt werden.

Oft müssen bei der Verkleidungsschale zusätzlich besondere Einbauten berücksichtigt werden, wie Gardinenschienen, Leuchten, Wandschienen für Regale, Deckenschienen für Faltwände, Lautsprecher-, Lüftungs- und Feuerlöschanlagen (Abb. 2).

Je nach dem Flächengewicht wirken Verkleidungsschalen schall- und wärmedämmend und können zur Verbesserung der Raumakustik herangezogen werden. Alle Teile aus Holz und Holzwerkstoffen erfordern einen erhöhten Feuerschutz.

Entscheidend für **die optische Wirkung** der Verkleidungsschale ist der Werkstoff, der dem Tischler in den verschiedensten Holzarten und Verkleidungsmaterialien zur Verfügung steht, die Gestaltung der Flächen und die handwerksgerechte Verarbeitung.

1 Rathaussaal in Lüneburg: „Fürstensaal" (1449–1464)
Stadtarchiv, Lüneburg

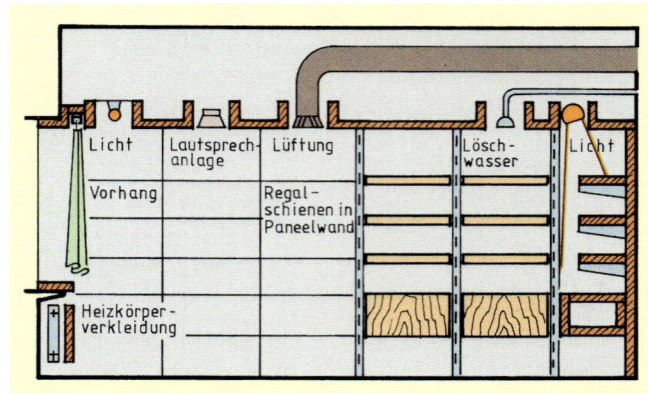

2 Einbauten in die Verkleidungsschale
von Wänden und Decken

192

12.2 Wandverkleidungen

12.2.1 Gestaltung

Der Raumeindruck kann durch Wandverkleidungen erheblich geprägt werden. Dabei ist von Bedeutung,

– welche Wände oder Wandbereiche verkleidet werden und
– wie die Flächen gestaltet werden.

Während ein großer Raum durch eine vollständige Verkleidung von Wand und Decke, evtl. unter Einbeziehung von Einbaumöbeln, einen repräsentativen und großzügigen Eindruck machen wird, können kleine Räume durch Holzverkleidungen noch kleiner, aber auch gemütlicher wirken. Soll ein Raum behaglich sein, ohne kleiner zu erscheinen, werden nur einzelne Wände oder Nischen verkleinert (Abb. 1 u. 2).

Die Gestaltung der Flächen kann die Wirkung der Proportionen beeinflussen. So lassen z.B. die senkrechte Anordnung von Profilbrettern eine Wand höher, die waagerechte Anordnung eine Wand niedriger erscheinen (Abb. 3 u. 4).

Eng liegende Linien (Vertiefungen) bewirken, dass die gesamte Fläche optisch größer erscheint, weit auseinander liegende Profilnuten bewirken, dass die Fläche optisch kleiner erscheint.

Durch den Wechsel von senkrechten und waagerechten Profilen (Linien) und die dadurch entstehenden gleich großen und verschieden großen Feldeinteilungen lassen sich große Flächen vielseitig gliedern (Abb. 5).

Durch die Maserung und die Farbe der Hölzer können Flächen gegliedert werden. So können helle und dunkle Hölzer wechseln (Abb. 6) oder Furniere mit verschiedenen Richtungen im Faserverlauf aneinander gesetzt werden. Außerdem kann durch die Oberflächenbehandlung (z.B. matt oder glänzend) die Flächenwirkung beeinflusst werden.

Eine besonders plastische Wirkung bei der Gliederung von Wandflächen kann erreicht werden durch Vorspringen oder Vertiefungen in der Ebene (Abb. 7).

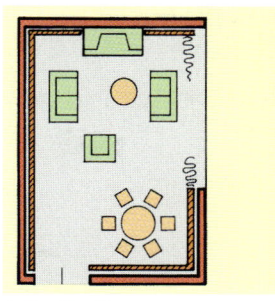
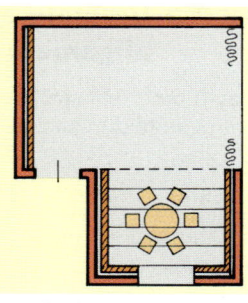

1 Großer Raum
Wände rundum verkleidet

2 Großer Raum
Nische- durch Wand- und Deckenverkleidung abgesetzt

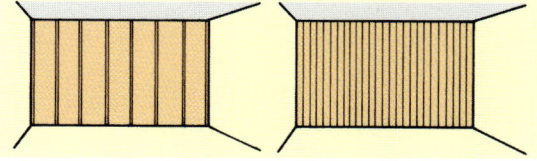

3 Senkrechte Gliederung der Wand

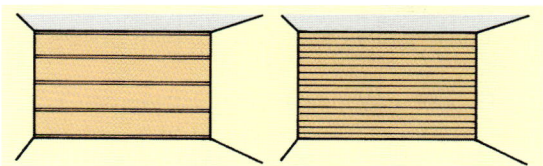

4 Waagerechte Gliederung der Wand

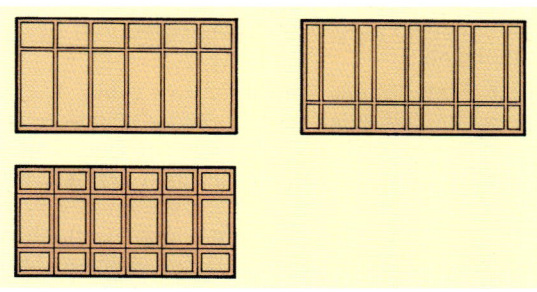

5 Wandverkleidungen können gestaltet werden durch den Wechsel von senkrechten und waagerechten Linien

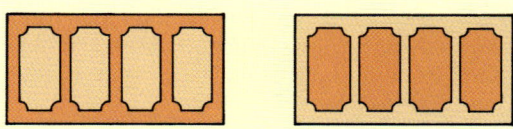

6 Flächenwirkung durch unterschiedliche Oberflächen

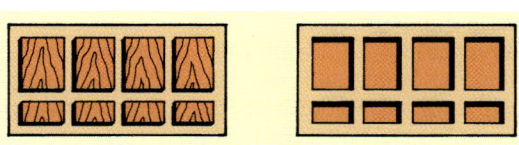

7 Vor- und Zurückspringen von Flächen

12.2.2 Verkleidungsschalen – allgemein

Nach dem konstruktiven Aufbau unterscheidet man Verkleidungsschalen aus:

– Brettern,

– Stäben,

– Rahmen mit Füllungen,

– Platten.

Um den erhöhten Anforderungen standzuhalten, sollen Verkleidungsschalen strapazierfähig sein und eine pflegeleichte Oberfläche haben.

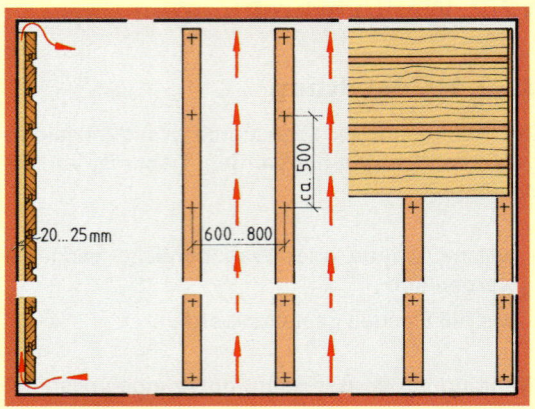

1 Verkleidung
(z. B. Profilbretter) **waagerecht,**
Unterkonstruktion senkrecht

12.2.3 Unterkonstruktion – allgemein

Hinter der Verkleidungsschale darf keine Feuchtigkeit entstehen, daher werden an die Unterkonstruktion entsprechende Forderungen gestellt. Sie muss

– auf trockene Wände aufgebracht werden,

– eine Holzfeuchte von maximal 10 % haben,

– vor allem bei Feuchträumen aus gehobelten Latten bestehen, da diese weniger Feuchtigkeit aufsaugen als ungehobelte,

– imprägniert sein gegen Schimmel- und Insektenbefall,

– die Hinterlüftung gewährleisten (Abb. 1...3), d. h. am Fußboden- und Deckenanschluss müssen Lüftungsschlitze von ca. 20 cm² Querschnitt auf 1 m² Verkleidung vorgesehen werden, die Luft hinter der Verkleidungsschale muss sich in 20...25 mm Tiefe frei von unten nach oben bewegen können (Abb. 1), bei waagerechter Lattung sind Lüftungsschlitze versetzt anzuordnen (Abb. 2) oder Konterlatten anzubringen (Abb. 3).

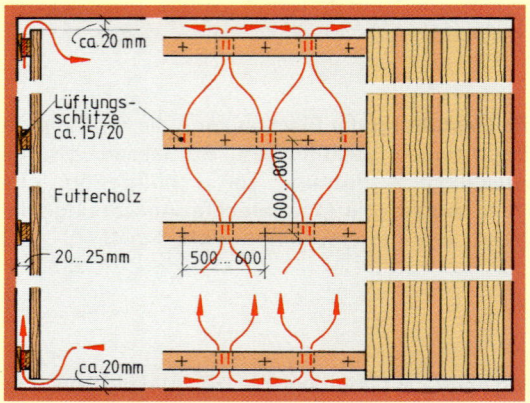

2 Verkleidung
(z. B. gefederte Bretter) **senkrecht,**
Unterkonstruktion waagerecht mit Lüftungsschlitzen

> Die Unterkonstruktion von Verkleidungen muss so gestaltet sein, dass entstandene Feuchtigkeit durch Hinterlüftung wieder abgeführt werden kann.

Die Latten der Unterkonstruktion sind mit einem Querschnitt von 24/48 oder 30/50 meistens ausreichend dimensioniert. Der Abstand untereinander beträgt ca. 500...800 mm. Er ist abhängig vom Gewicht der Verkleidungsschale und ihrer Unterteilung und der Anordnung der Fugen. Um eine Durchbiegung bei großen Platten zu vermeiden, können zusätzliche Latten angeordnet werden.

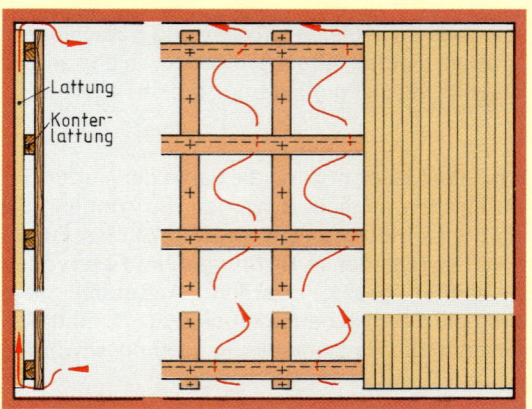

3 Verkleidung
(z. B. Verstäbung) **senkrecht, Grundlattung senkrecht –**
gute Hinterlüftung! –
Konterlattung waagerecht

Die Befestigung an der Wand

Mit der Bohrmaschine wird durch die Latten hindurch in die Wand gebohrt, verlängerte Spreizdübel werden durchgesteckt, die Senkholzschrauben mit Kreuzschlitz gut versenkt.

Der Schraubenabstand sollte höchstens 500…600 mm betragen.

Zum Ausgleich von Unebenheiten werden an den tiefer liegenden Stellen Distanzstücke unterlegt und die Unterkonstruktion durch Lösen oder anziehen der Schrauben justiert. Dabei geht man vom höchsten Punkt der Wandfläche aus und richtet die Lattung mithilfe von Wasserwaage und Richtscheit genau aus.

> Erst wenn die Unterkonstruktion eben ausgerichtet ist, kann die Verkleidungsschale aufgebracht werden.

Außerdem kann die Unterkonstruktion auf ebene, feste und saubere Wände auch mit speziellen Klebern geklebt werden.

Aufgaben

1. Welche Anforderungen sind an die Unterkonstruktion von Wand- und Deckenverkleidung zu stellen?
2. Welche Aufgaben haben Wand- oder Deckenverkleidungen zu erfüllen?
3. Skizzieren Sie verschiedene Gliederungen der Wandfläche.
4. Nennen Sie Arten von Verkleidungsschalen.
5. Beschreiben Sie konstruktive Merkmale der Unterkonstruktion.
6. Geben Sie die Arbeitsschritte für das Befestigen von Unterkonstruktionen an.

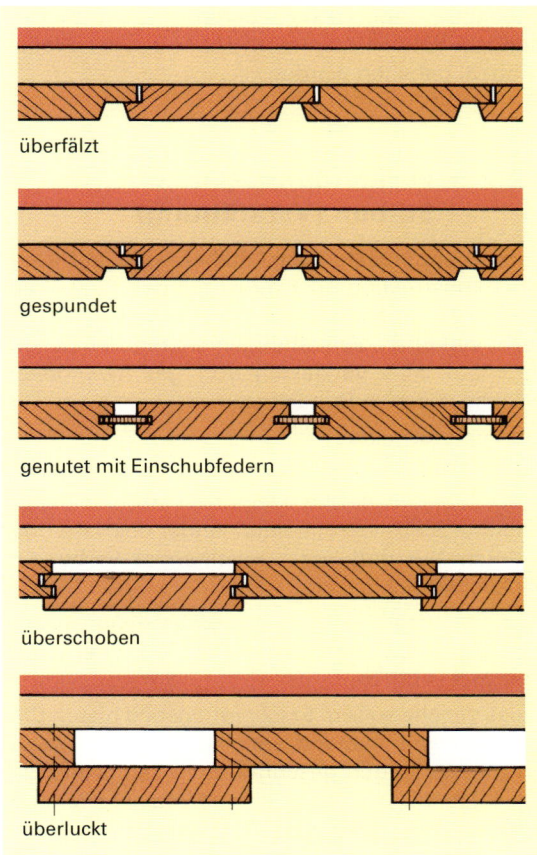

überfälzt

gespundet

genutet mit Einschubfedern

überschoben

überluckt

1 Verbretterungen

12.2.4 Verkleidungsschalen aus Brettern (Verbretterungen)

Verkleidungsschalen aus Brettern sind auf einer Unterkonstruktion befestigte vollkantige oder profilierte Bretter. Sie können gespundet, gefedert, überfälzt, überschoben und überluckt (aufgesetzt) sein (Abb. 1). Die Bretter können senkrecht, waagerecht oder diagonal an Wänden, Decken und Dachschrägen angebracht werden.

> Verbretterungen stellen eine geschlossene Oberfläche dar. Sie verbessern nicht nur das Aussehen eines Raumes, sondern können gleichzeitig zur Verbesserung der Wärme- und Schalldämmung herangezogen werden.

Die Latten der Unterkonstruktion werden entsprechend dem Fugenverlauf der Bretter waagerecht oder senkrecht auf der Wand befestigt. Sie laufen rechtwinklig zur Richtung der Bretter (Ausnahme: diagonale Bretter).

Der Abstand zueinander beträgt in der Regel 500…600 mm. Zunächst werden die Randleisten an Wänden, Decke und Fußboden angebracht, danach teilt man die gesamte Länge von Mitte Randleiste zu Mitte Randleiste in angemessene Zwischenabstände ein und bringt Parallelmarkierungen an, auf denen die Latten angeschraubt werden.

Erst wenn die Unterkonstruktion genau ausgerichtet ist, werden die **Bretter der Verkleidungsschale** befestigt.

Die Befestigung der Verbretterung auf der Unterkonstruktion kann betont sichtbar mit Schrauben oder Ziernägeln erfolgen, in der Regel wird jedoch eine unsichtbare Befestigung vorgezogen, indem Profilbretter in den Nutwangen angestiftet oder angeheftet (Abb. 1) oder durch spezielle Befestigungsmittel wie Klammern (Abb. 2) oder Krallen (Abb. 3) gehalten werden.

12.2.5 Verkleidungsschalen aus Stäben (Verstäbung)

Verkleidungsschalen aus Stäben sind auf einer Unterkonstruktion oder direkt auf den Bauteil angebrachte profilierte Leisten, die meistens senkrecht verlaufen. Verstäbungen eignen sich besonders gut zum Verkleiden von geschwungenen Flächen, z.B. von Rundstützen.

Man unterscheidet:

– geschlossene Verstäbungen: Dicht nebeneinander liegende gleiche oder auch verschieden profilierte Stäbe werden miteinander überfälzt oder durch Nut und Feder miteinander verbunden (Abb. 4),

– offene Verstäbungen: Die Stäbe liegen weiter auseinander, dazwischen werden Bretter angeordnet (Abb. 5),

– das gleiche äußere Erscheinungsbild bieten Stäbe, die mit Abstand voneinander auf größere furnierte Platten geschraubt werden. Konstruktiv ist dies jedoch eine Plattenverkleidung (Abb. 6).

Unterkonstruktion und Befestigung der Stäbe können wie bei Verbretterungen sein, bei sichtbaren Schraubköpfen ist ein genaues Einhalten der Abstände untereinander, gleiches Ausrichten der Schlitze usw. wegen des engen Zusammenstehens der Schrauben besonders wichtig.

Einfacher ist es, die Stäbe auf ihrer Rückseite gemeinsam und nach außen nicht sichtbar auf Nutleisten oder konische Leisten zu schrauben, die dann in die Unterkonstruktion eingehängt werden (siehe Abb. 5, S. 197).

> Die Stäbe werden meistens zunächst auf Nutleisten oder Platten aufgeschraubt und als größeres Element an der Unterkonstruktion befestigt.

12.2.6 Verkleidungsschalen aus Rahmen mit Füllung (Rahmentäfelungen)

Rahmentäfelungen sind überwiegend vorgefertigte Elemente aus Massivholzrahmen mit eingelegten, eingenuteten oder überschobenen Füllungen

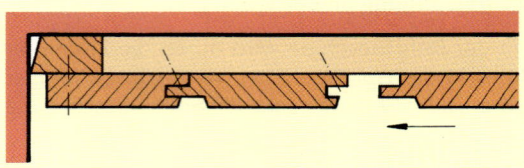

1 Profilbretter mit **Stiften in der Nutwange** nicht sichtbar befestigt
Endbrett: genagelt, Schattenfuge, Feder abgestoßen oder nachträglich mit der Schattenfugensäge abgesägt

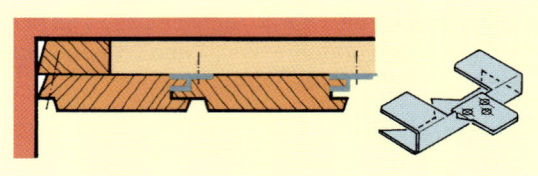

2 Profilbretter mit **Profilklammern** befestigt
Endbrett: genagelt, Feder teilweise abgestoßen, Schattenfuge

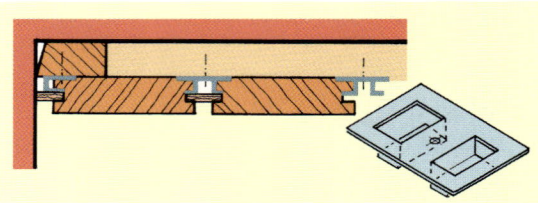

3 Profilbretter mit eingeschobener Feder und **Fugenkralle**
Endbrett: Befestigung nicht sichtbar durch Winkelprofil, das von der Feder verdeckt wird

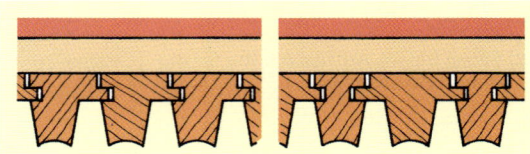

4 Geschlossene Verstäbung

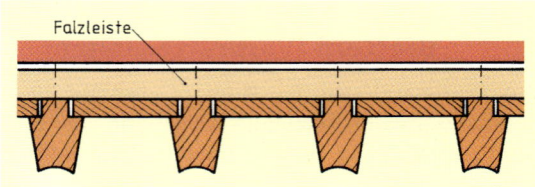

5 Offene Verstäbung

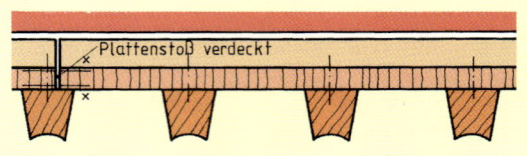

6 Plattenverkleidung mit aufgesetzten Stäben

aus Vollholz oder furnierten Holzwerkstoffen (Abb. 1...3). Eingelegte Füllungen können sowohl auf der Raumseite als auch auf der Wandseite verleistet werden. Bei raumseitiger Verleistung können profilierte Leisten je nach ihrer Größe sehr zur gestalterischen Gliederung der Fläche beitragen.

Handwerklich nicht ganz einwandfrei sind so genannte vorgetäuschte Rahmentäfelungen, bei denen auf eine Trägerplatte Profilleisten oder kleinere Platten in beliebiger Form aufgesetzt werden, so dass der Eindruck einer Rahmentäfelung entsteht. Diese Konstruktion ist weniger arbeitsaufwendig als eine echte Rahmentäfelung.

> Die Rahmenwirkung wird durch eingelegte oder eingeschobene Füllungen sowie durch aufgesetzte Platten oder Profilleisten hervorgerufen.

Große Elemente müssen für den Transport getrennt an Ort und Stelle zusammengesetzt werden.

Als Unterkonstruktion (Abb. 4) werden häufig Rahmen in der Werkstatt vorgefertigt.

Um die Befestigung unsichtbar zu machen, werden Schrauben oder Stifte durch Leisten oder Platten verdeckt, oder an der Rückseite der Täfelungselemente werden Nutleisten, Haken oder Druckknöpfe für die Aufhängung befestigt (Abb. 5).

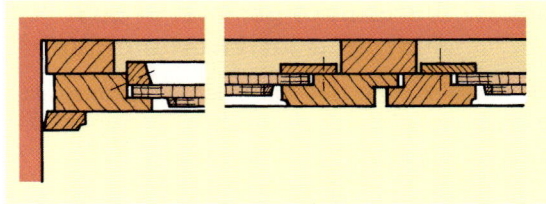

3 Rahmentäfelung, Füllung von hinten eingefälzt
Wand- und Deckenanschluss: mit Deckleiste

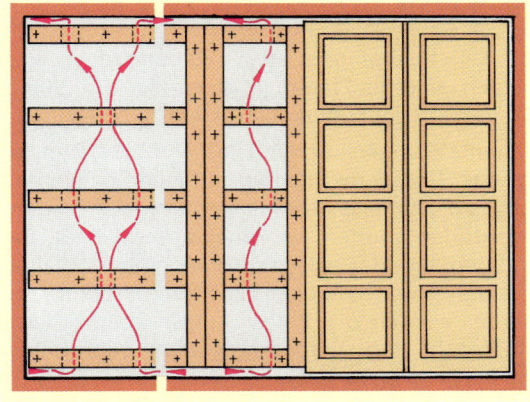

4 Rahmentäfelung
Unterkonstruktion als Querlattung oder in Rahmenform

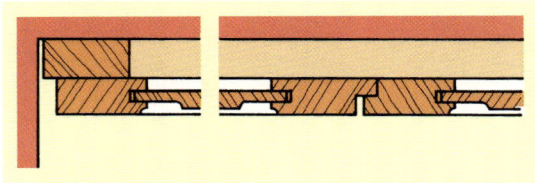

1 Rahmentäfelung, Füllung eingenutet
Wand- und Deckenanschluss: Schattenfuge, Rahmenstoß: überfälzt

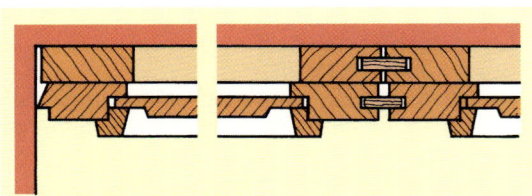

2 Rahmentäfelung, Füllung von vorn eingefälzt
Wand- und Deckenanschluss, Rahmen wird angepasst, Rahmenstoß: mit Nut und Feder

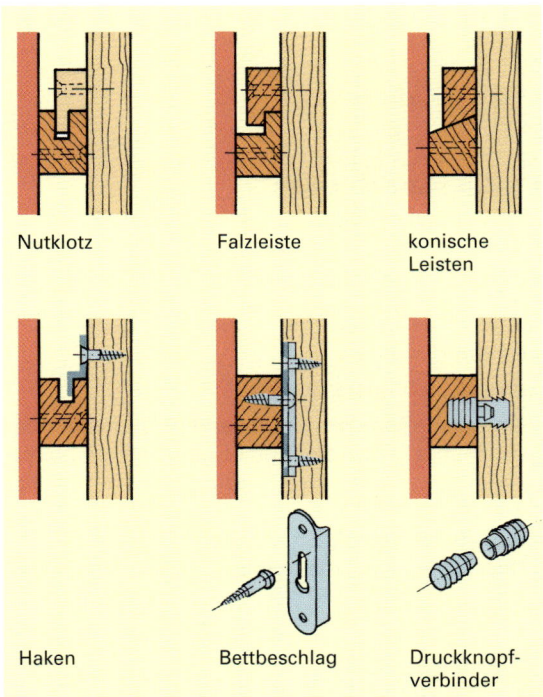

Nutklotz   Falzleiste   konische Leisten

Haken   Bettbeschlag   Druckknopfverbinder

5 Aufhängung von Wandvertäfelungen

12.2.7 Verkleidungsschalen aus Platten (Plattentäfelungen)

Plattentäfelungen sind auf einer Unterkonstruktion befestigte Tafeln aus furnierten oder beschichteten Platten aus Holzwerkstoffen. Für Plattentäfelungen können großflächige Platten verarbeitet werden, da die Holzwerkstoffe nur geringfügig arbeiten (Abb. 1).

> Dünne bzw. große Platten müssen vor dem Anbringen auf einen Holzrahmen aufgeleimt werden, um die Steifigkeit zu erhöhen und das Verziehen einzuschränken.

Um Durchbiegungen bzw. Wölbungen zu vermeiden, sind die Platten in Abständen von 500...800 mm auf der Unterkonstruktion zu befestigen.

Plattentäfelungen können wie Rahmentäfelungen an der Unterkonstruktion aufgehängt werden (Abb. 2). Schmale Streifenelemente aus Plattenwerkstoffen werden als **Paneele** bezeichnet. Sie sind genutet oder gefälzt im Handel und erhalten eine ähnliche Unterkonstruktion wie Profilbretter. Hierbei werden die Befestigungsmittel verdeckt angebracht, d.h. verdeckt gestiftet oder Haken und Krallen verwendet.

Aufgaben

1. Skizzieren sie verschiedene Verbretterungen.
2. Erläutern Sie den Aufbau von Verstäbungen.
3. Vergleichen Sie den Arbeitsaufwand bei Rahmen- und Plattentäfelungen.

12.2.8 Anschlüsse von Wandverkleidungen

Die Anschlüsse von Wandverkleidungen an Fußboden, Decke, Wände und andere Wandverkleidungen müssen besonders sorgfältig geplant und ausgeführt werden.

Dabei ist zu berücksichtigen:

– **Unebenheiten der angrenzenden Bauteile** müssen bedacht werden. Man kann die Wandverkleidung bewusst durch eine ca. 10 mm breite Schattenfuge absetzen (siehe Abb. 1...3, S. 196 und Abb. 1 und 2, S. 197), oder man passt eine Deckleiste den Unebenheiten genau an (siehe Abb. 3, S. 197).

– Verkleidungen aus Holz und Holzwerkstoffen sind durch zum Teil unterschiedliches Quellen und Schwinden starken Spannungen und Bewegungen ausgesetzt. Eckanschlüsse sollten daher

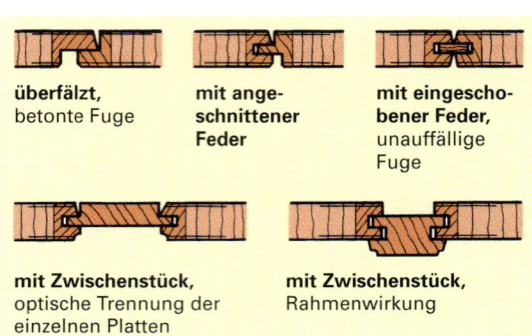

überfälzt, betonte Fuge

mit angeschnittener Feder

mit eingeschobener Feder, unauffällige Fuge

mit Zwischenstück, optische Trennung der einzelnen Platten

mit Zwischenstück, Rahmenwirkung

1 Plattentäfelungen

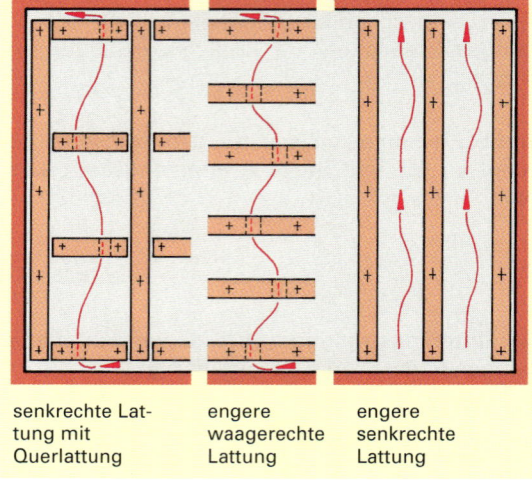

senkrechte Lattung mit Querlattung

engere waagerechte Lattung

engere senkrechte Lattung

2 Plattentäfelung
Anordnung der Unterkonstruktion

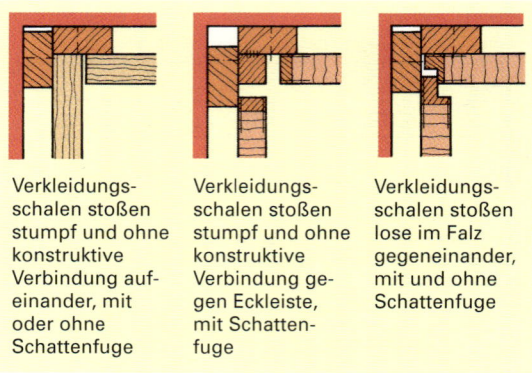

Verkleidungsschalen stoßen stumpf und ohne konstruktive Verbindung aufeinander, mit oder ohne Schattenfuge

Verkleidungsschalen stoßen stumpf und ohne konstruktive Verbindung gegen Eckleiste, mit Schattenfuge

Verkleidungsschalen stoßen lose im Falz gegeneinander, mit und ohne Schattenfuge

3 Innenecken

nicht starr sein, die einzelnen Verkleidungsschalen sollen unabhängig voneinander arbeiten können (Abb. 3 und 2, S. 199).

– Die Hinterlüftung muss vor allem in Feuchträumen und bei wärmedämmenden Wandverkleidungen gewährleistet sein (Abb. 1 und 3, S. 199, siehe auch Abb. 1...3 in Kap. 12.2.3).

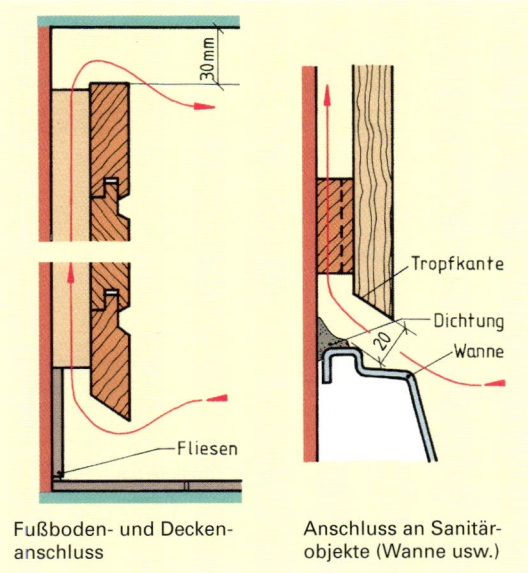

Fußboden- und Decken-anschluss

Anschluss an Sanitär-objekte (Wanne usw.)

1 Anschluss von Wandverkleidungen in Feuchträumen

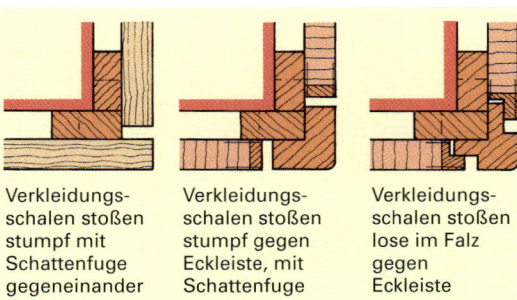

Verkleidungs-schalen stoßen stumpf mit Schattenfuge gegeneinander

Verkleidungs-schalen stoßen stumpf gegen Eckleiste, mit Schattenfuge

Verkleidungs-schalen stoßen lose im Falz gegen Eckleiste

2 Außenecken

12.2.9 Wärmedämmende Wandverkleidungen

Außenwände, auf die innen eine zusätzliche Wär-medämmung aufgebracht werden muss, haben bauphysikalisch den Nachteil, dass der Taupunkt im Bereich der Wärmedämmung liegt. Damit die-se nicht durchfeuchtet und damit weitestgehend unwirksam wird, ist vor allem in Räumen, in de-nen mit höherem Feuchteanfall gerechnet werden muss (viele Menschen, Bäder, Küchen), die Wär-medämmschicht zur Raumseite hin mit einer Dampfsperrfolie zu versehen, die in den Stoß-fugen reichlich überlappen muss und nicht schad-haft sein darf. Extrudierte Hartschaumplatten haben geschlossene Poren und benötigen keine zusätzliche Dampfsperre (Abb. 4 sowie 1 und 2, S. 200).

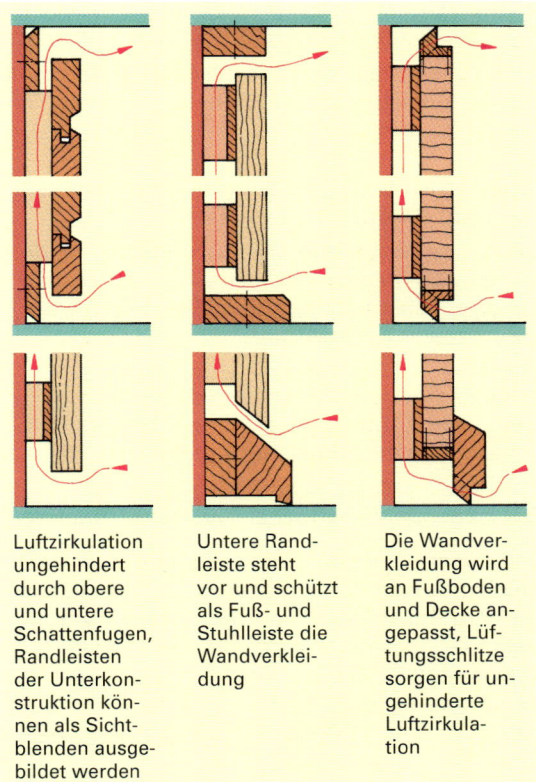

Luftzirkulation ungehindert durch obere und untere Schattenfugen, Randleisten der Unterkon-struktion kön-nen als Sicht-blenden ausge-bildet werden

Untere Rand-leiste steht vor und schützt als Fuß- und Stuhlleiste die Wandverklei-dung

Die Wandver-kleidung wird an Fußboden und Decke an-gepasst, Lüf-tungsschlitze sorgen für un-gehinderte Luftzirkula-tion

3 Fußboden- und Deckenanschlüsse hinterlüfteter Wand-verkleidungen

Der Hohlraum zwischen Dämm-schicht mit Dampfsperre und Verkleidungsschale muss gut hinterlüftet sein. Durch Befesti-gungsteile dürfen keine Kälte-brücken entstehen.

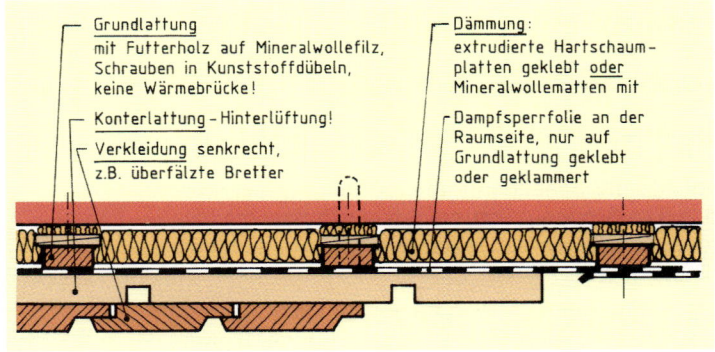

Grundlattung mit Futterholz auf Mineralwollefilz, Schrauben in Kunststoffdübeln, keine Wärmebrücke!

Konterlattung – Hinterlüftung!

Verkleidung senkrecht, z.B. überfälzte Bretter

Dämmung: extrudierte Hartschaum-platten geklebt oder Mineralwollematten mit

Dampfsperrfolie an der Raumseite, nur auf Grundlattung geklebt oder geklammert

4 Wandverkleidung mit Wärmedämmung, hinterlüftet

Wandverkleidungen mit Gipskartonplatten sind bei Feuchteanfall nicht so stark gefährdet, da Gips kurzfristig Feuchte aufnehmen und wieder abgeben kann. Die Platten können mit Hinterlüftung oder direkt auf die mit Sperrfolie kaschierte Wärmedämmung aufgebracht werden (Abb. 3 u. 4).

12.2.10 Schalldämmende Wandverkleidungen

Für Wandverkleidungen, die der zusätzlichen Schalldämmung (Luftschall) dienen, werden dünne, biegeweiche Verkleidungsplatten mit einem großen Flächengewicht verwendet: Gipskartonplatten oder Verkleidungen aus Holz oder Holzwerkstoffen, die durch rückseitig angebrachte Gipskartonplatten zusätzlich beschwert sein können.

> Die Verkleidung sollte auf der Unterkonstruktion nicht starr befestigt werden.
>
> Damit keine Schallbrücken entstehen, ist die gesamte Verkleidungskonstruktion von den angrenzenden tragenden Bauteilen durch Dämmunterlagen abzusetzen.

Schalldämmende Vorsatzschalen können frei stehend sein (Abb. 5 und 6) oder an speziellen Schwingbügeln aufgehängt werden (Abb. 7).

Frei stehende Vorsatzschale auf Holzständerwerk

Dämmmatten werden mit Stahlnägeln auf Pappscheiben an der vorhandenen Wand befestigt. Davor wird frei stehend ein Holzständerwerk aufgestellt, allseitig mit dämmenden Randstreifen unterlegt und an Boden, Decke und Wänden befestigt. Die Verkleidungsschale sollte federnd befestigt werden, z.B. über Nutklötze eingehängt werden.

Frei stehende Vorsatzschale auf Metallständern

Federnde C-Profile aus verzinktem Stahlblech bilden hier die Unterkonstruktion für die Verkleidungsschale.

Vorgehängte Vorsatzschale

An der tragenden Wand werden mit Dämmstreifen unterlegte justierbare Schwingbügel befestigt, auf die die Schalldämmmatten aufgesteckt werden. Die Schwingbügel tragen die senkrechte Lattung, auf der die Verkleidungsschale frei hängend befestigt wird.

Schalldämmende Wandverkleidungen wirken gleichzeitig wärmedämmend. Auf eine ausreichende Hinterlüftung ist zu achten.

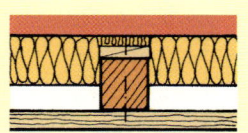

1 Waagerechte Verbretterung auf senkrechter Doppellattung mit folienkaschierter Mineralwolledämmung

2 Waagerechte Verbretterung auf senkrechter Lattung mit extrudierten Hartschaumplatten

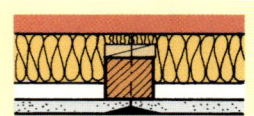

3 Gipskartonverkleidung mit folienkaschierter Mineralwolledämmung

4 Gipskartonverkleidung mit Mineralwolledämmung und Hinterlüftung

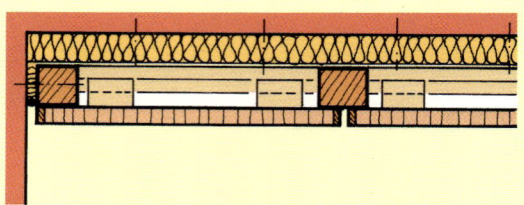

5 Frei stehende Vorsatzschale auf Holzständerwerk

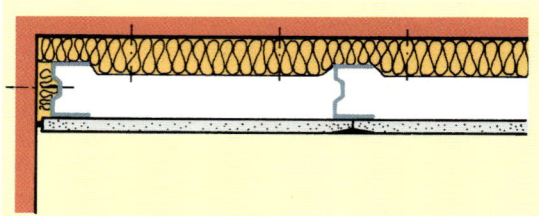

6 Frei stehende Vorsatzschale auf Metallständerwerk

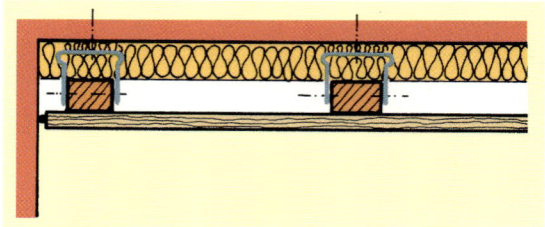

7 Vorgehängte Vorsatzschale

Aufgaben

1. Beschreiben Sie den Aufbau einer wärmedämmenden Wandverkleidung.
2. Erklären Sie die Konstruktion einer schalldämmenden Wandverkleidung.

12.3 Deckenverkleidungen

12.3.1 Gestaltung

Ebenso wie Wandverkleidungen spielt die Deckenverkleidung eine wichtige Rolle bei der Gestaltung eines Raumes.

Die Ausbildung der Deckenverkleidung ist abhängig von der Raumgröße, vor allem von der Raumhöhe, denn:

> Stark profilierte und kassettierte Decken wirken schwer und kommen erst in größeren Räumen gut zur Geltung.

Während bei **niedrigen Räumen** die Decke vorwiegend mit **geringer Konstruktionshöhe** (flächig) verkleidet wird (Abb. 1), erhalten **große, hohe Räume** kräftig **profilierte Decken** (Abb. 2) und dadurch ein besonders repräsentatives Aussehen.

Zu hohe Räume erscheinen durch tiefer abgehängte Decken niedriger und dem Menschen angenehmer (Abb. 3). Wird diese Deckenabhängung offen gehalten, wie z.B. bei Lamellendecken (Abb. 4), steht **das gesamte Luftvolumen** zur Verfügung bei Räumen, in denen auch mit größeren Menschenansammlungen gerechnet werden muss.

Große Räume können durch verschiedene Deckenabhängungen phantasievoll ausgeformt werden (Abb. 5) und in einzelne Raumbereiche gegliedert werden (Abb. 6).

Vorhandene und gewünschte Lichtverhältnisse müssen bei der Planung von Decken berücksichtigt werden (Abb. 7).

> Dunkle Decken reflektieren weniger Licht und lassen Räume dunkler erscheinen.

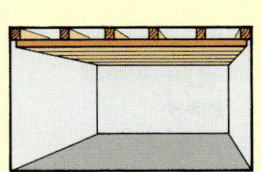

1 Flächig gehaltene Deckenverkleidung für normalhohe Räume

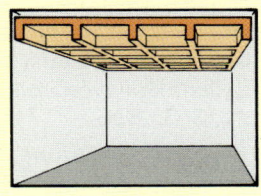

2 Tiefe, kassettierte Deckenverkleidung für höhere Räume

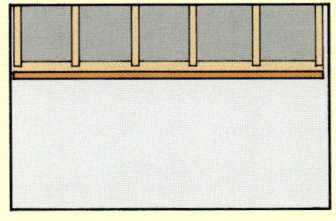

3 Abgehängte Decke bei zu hohen Räumen: Zwischenraum ist für Installation nutzbar, eventuell muss der Tragrost der abgehängten Decke dann begehbar sein

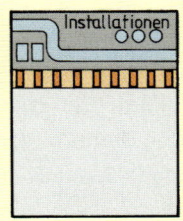

4 Lamellendecke: Der obere Deckenbereich wird einschließlich Installationen dunkel gehalten, damit er von unten her nicht einsehbar ist

5 Ein ursprünglich rechteckiger Raum kann durch geschickte Deckengestaltung ganz andere Formen erhalten

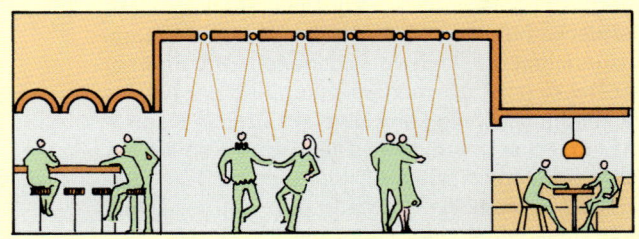

6 Unterschiedliche Raumgestaltung und Gliederung in einzelne Raumbereiche durch verschieden hoch abgehängte und unterschiedlich ausgebildete Decken am Beispiel eines Tanzlokals

12.3.2 Konstruktion

Nach dem konstruktiven Aufbau unterscheidet man:

– **Deckenverkleidungen,** bei denen die Unterkonstruktion der Verkleidungsschale direkt an der Rohdecke befestigt ist (Abb. 1, S. 202), und

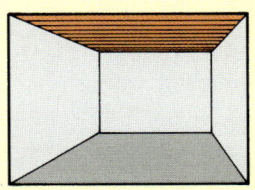
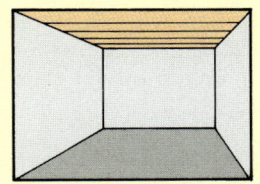

7 Räume mit vorwiegend dunkel gehaltenen Decken wirken niedriger und dunkler als Räume mit hellen Decken

– **abgehängte Decken,** bei denen die Unterkonstruktion mit der Verkleidungsschale in einem bestimmten Abstand von der Rohdecke an speziellen Hängevorrichtungen abgehängt ist (Abb. 2 u. 3, S. 203).

> Deckenverkleidungen und abgehängte Decken müssen konstruktiv einwandfrei und besonders sorgfältig montiert werden, damit sie sich später durch ihr Eigengewicht nicht ganz oder teilweise lösen und herabfallen können.

Deckenverkleidungen bestehen aus:

– Deckenbalken oder Scheinbalken mit Zwischenfeldern (Balkendecken),

– liegenden Brettern (Verbretterungen),

– stehenden Brettern (Lamellen- und Rasterdecken),

– Rahmen mit Füllungen (Kassettendecken),

– Platten (Paneele und Vertäfelungen).

Um zu vermeiden, dass an dem Holz der Deckenverkleidungen durch die besonders warme und trockene Luft im oberen Bereich eines Raumes Verfärbungen und Trockenrisse entstehen, sollte nur Holz mit einer Feuchtigkeit von ca. 8...10% verarbeitet werden.

Unterkonstruktionen

Unterkonstruktionen für Deckenverkleidungen können aus Metallschienensystemen mit passenden Aufhängevorrichtungen oder aus Holzlatten bestehen.

Bei **Deckenverkleidungen** wird eine Grundlattung mit Schrauben und Dübeln, die für Deckenverkleidungen zugelassen sein müssen, direkt an der Rohdecke befestigt (Abb. 1) und genau in Waage ausgerichtet. Je nach vorgesehenen Einbauten in der Decke (z. B. Wärmedämmung) und der Art der Verkleidungsschale kann eine zusätzliche Konterlattung erforderlich sein. Die Lattung sollte ein Achsmaß von ca. 600 mm haben, damit Durchbiegungen vermieden werden, und grundsätzlich nicht genagelt, sondern verschraubt werden.

Bei **abgehängten Decken** bestehen die Grundlattung aus hochkant gestellten Brettern oder Latten, die gegen Kippen gesichert werden sollten. Diese Grundlatten (Tragrippen) können bei schmalen Räumen, wie z. B. Fluren, seitlich an den Wänden (Abb. 2), im Normalfall aber über Abhängevorrichtungen an der Decke (Abb. 3) befestigt werden.

> Die Lattung ist seitlich an den Abhängevorrichtungen zu befestigen, damit die Schrauben nicht auf Zug beansprucht werden.

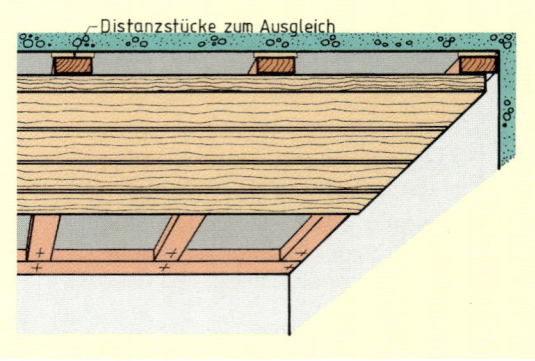

1 Deckenverkleidung mit Profilbrettern
Sie werden direkt **an der Grundlattung** befestigt

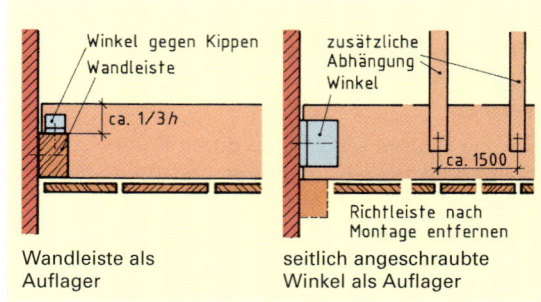

2 Auflager

Wandleiste als Auflager   seitlich angeschraubte Winkel als Auflager

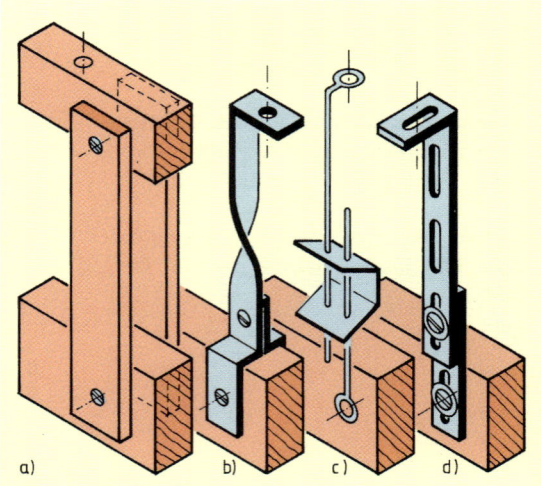

3 Abhängevorrichtungen für Decken

a) Laschen aus Brettern oder Bandstahl an oberem Tragholz befestigt. Steife Konstruktion, auf Zug und Druck von unten belastbar, nicht verstellbar.

b) Bandstahllasche, geschränkt, direkt an Rohdecke befestigt, auf Zug und Druck belastbar, nicht verstellbar.

c) Spannabhänger, nicht auf Druck belastbar, verstellbar.

d) Schlitzbandabhänger, verstellbar, geringfügig auf Druck belastbar.

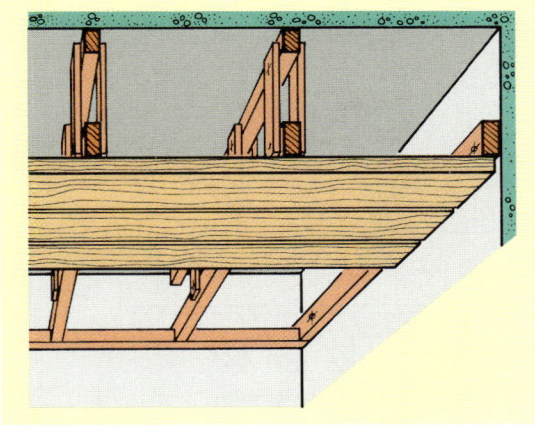

1 Abgehängte Decke mit Grundlattung und Verbretterung

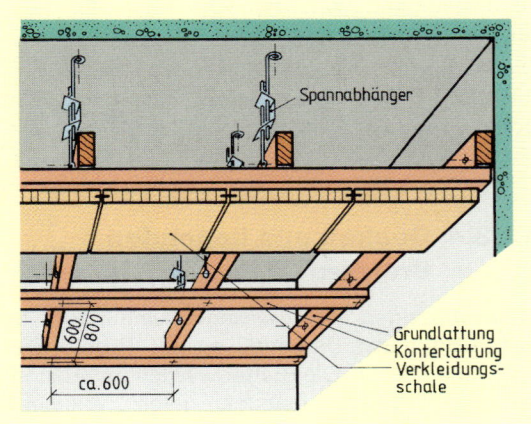

2 Abgehängte Decke mit Grund- und Konterlattung

Bei schmalen Räumen liegt die Grundlattung für abgehängte Decken auf **an den Wänden befestigten Auflagern** auf. Je nach Spannweite und Deckengewicht sind zusätzliche Aufhängevorrichtungen notwendig.

Die Grundlatten haben untereinander einen Abstand von ca. 600 mm und werden je nach ihren Abmessungen und dem Gewicht der Verkleidungsschale in Abständen von 600...800 mm abgehängt.

Lange Bretter, Paneele und Platten, die über mehrere Felder gehen, bilden zusammen mit den Grundlatten eine steife Scheibe und können direkt an der Grundlattung befestigt werden (Abb. 1). Im anderen Fall wird zur Aussteifung eine Konterlattung (Abb. 2) oder ein Rahmenwerk (Abb. 3) unter die Grundlattung geschraubt. Dabei müssen entsprechend den Abmessungen der Verkleidungselemente besondere Achsmaße eingehalten werden.

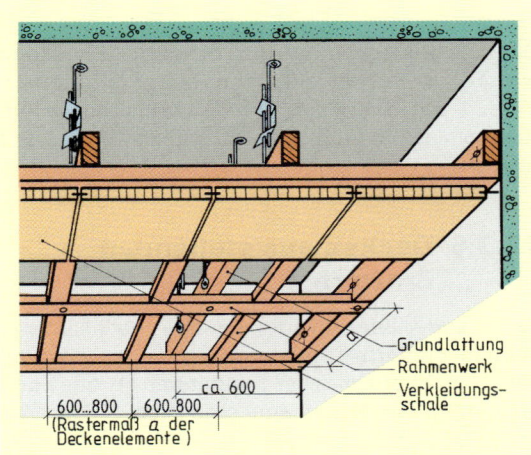

3 Abgehängte Decke mit Grundlattung und Rahmenwerk im Rastermaß der Deckenverkleidungselemente

Aufgaben

1. Unterscheiden Sie die Konstruktionen von Deckenverkleidungen und abgehängten Decken.
2. Beschreiben Sie die gestalterische Wirkung verschiedener abgehängter Deckenkonstruktionen.
3. Nennen Sie Abhängevorrichtungen für Decken.
4. Skizzieren Sie eine abgehängte Decke mit Grund- und Konterlattung.

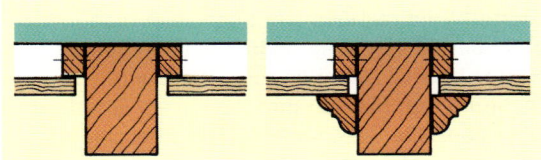

4 **Balken bleiben unverkleidet, Zwischenfelder verkleidet** und durch Schattenfuge abgesetzt oder mit Profilleisten angeschlossen

12.3.3 Decken aus Balken

Balkendecken bestehen aus sichtbaren Balken mit und ohne Verkleidung, aus balkenähnlichen Verkleidungen, die aus Brettern zusammengesetzt sind, den so genannten Scheinbalken, oder aus

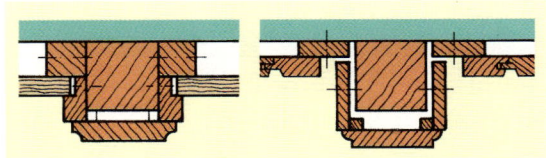

5 **Balken und Balkenfelder werden verkleidet,** da die Balkenhöhe zu gering ist, um die Balken ausdrucksvoll hervortreten zu lassen

Hartschaumimitationen, die vom werkstoffbewussten Tischler oft ungern eingesetzt werden.

Die Felder zwischen den Balken werden mit Brettern oder Platten so verkleidet, dass die Balkenhöhe optisch möglichst wenig verkleinert wird (Abb. 1 und Abb. 4 u. 5, S. 203).

12.3.4 Decken aus liegenden Brettern

Verbretterungen sind Deckenverkleidungen, bei denen die ganze Deckenfläche mit (Profil-) Brettern verkleidet ist. Die Bretter werden mit Abstand verlegt, gespundet, gefedert, gefälzt, überschoben, überstülpt und überluckt angeordnet (siehe auch Abschnitt 12.2.4). Am häufigsten kommen schmale Profilbretter zur Anwendung, mit denen sich auch gewölbte Deckenteile gut verkleiden lassen.

Die Befestigung an der Unterkonstruktion erfolgt wie bei Wandverkleidungen aus Profilbrettern (Abb. 1...3, S. 196) mit Profilklammern, die unsichtbar mit Stiften oder Krampen angenagelt werden.

12.3.5 Decken aus stehenden Brettern

Lamellendecken sind aufgebaut aus hochkant stehenden Brettern (Brettlamellen), die im Abstand von 10...20 cm parallel zueinander an quer laufenden Brettern aufgehängt sind (Abb. 2). Die Länge der Lamellen kann je nach Größe der Deckenfläche beliebig gewählt werden. Die Lamellen sind meistens auf die Querhölzer aufgeklaut und bilden mit den Unterkanten eine optische Ebene.

Rasterdecken bestehen aus hochkant stehenden Brettern, die rechtwinklig oder auch diagonal zueinander laufen und dadurch ein regelmäßiges Raster bilden. Dabei können die Bretter in einer Richtung durchlaufen und die kurzen Querbretter über spezielle Beschläge (z.B. Bettbeschläge) dazwischen gehängt werden (Abb. 3). Eine andere Möglichkeit besteht darin, dass einzelne Rasterkörper vorgefertigt und in eine montierte Unterkonstruktion eingehängt werden (Abb. 4).

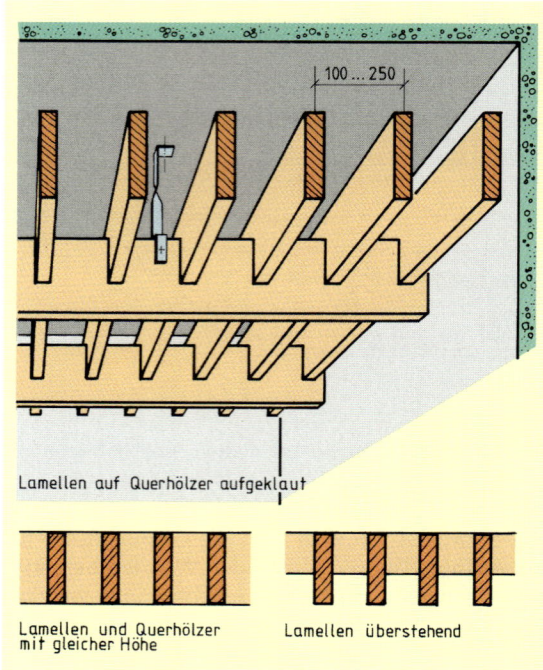

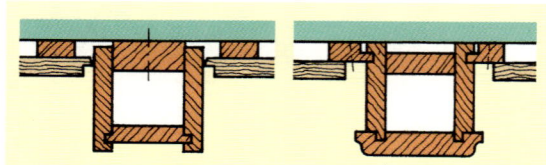

2 **Lamellendecken**

1 **Scheinbalken an glatter Rohdecke mit Deckenverkleidung**

3 **Rasterdecke**
Querhölzer über Verbindungsbeschlag **eingehängt**

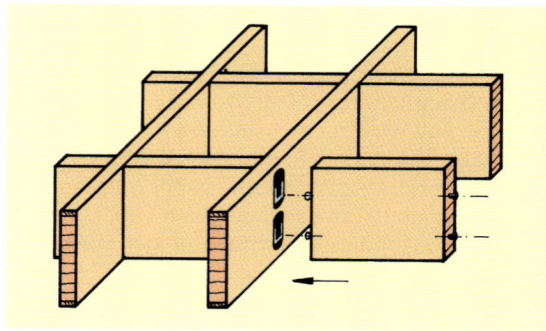

4 **Rasterdecke**
zusammengesetzt aus einzelnen Rasterelementen

Lamellen und Querhölzer können aus Massivholz oder furnierten Holzwerkstoffen hergestellt werden. Lamellen- und Rasterdecken bleiben meistens nach oben hin offen. Es lassen sich dazwischen gut Lampen und Beleuchtungskörper unterbringen.

12.3.6 Decken aus Rahmen mit Füllung

Deckenverkleidungen mit vertieft liegenden oder hervorstehenden Flächen aus regelmäßigen Vielecken nennt man Kassetten (Abb. 1…4). Die Kassetten werden durch flache oder tiefe Rahmen, durch Balken oder Scheinbalken sowie durch Leisten gebildet und gegebenenfalls verziert. Tiefe Kassettendecken werden auf einer Plattenunterlage ein- oder mehrschichtig aufgebaut, während flache Kassettendecken aus profilierten Rahmen und Füllungen angefertigt werden. Große und tiefe Kassetten werden in der Werkstatt vorgefertigt und dann an der Rohdecke montiert. Die Befestigung der Kassetten erfolgt auf einer Unterkonstruktion aus Holzlatten. Die Befestigungsstellen werden durch Leisten oder Abdeckklappen verdeckt.

12.3.7 Decken aus Platten

Plattendecken bestehen aus rechteckigen oder quadratischen Tafeln, die aus Holzspan-, Tischler-, Furnier-, Gips-, Kunststoff- oder Metallplatten gefertigt werden.

Aus optischen Gründen sind die Holzwerkstoffplatten furniert oder mit Kunststoff beschichtet. Die im Handel erhältlichen Platten sind auf die Maße 500 × 500 mm oder 625 × 625 mm und Vielfache davon zugeschnitten. Die Stoßstellen sind meistens als Schattenfuge ausgebildet.

Plattendecken werden in der Regel an einer Unterkonstruktion aus Holzlatten befestigt, sie können auch abgehängt werden. Die Montage erfolgt mit Nutklötzen (Abb. 5), Metallplättchen, Profilbrettklammern und besonderen Schienen so, dass die Befestigungsstellen möglichst nicht sichtbar sind.

12.3.8 Wandanschlüsse

Deckenverkleidungen müssen sorgfältig an angrenzende Bauteile angeschlossen werden. Dafür bieten sich verschiedene Konstruktionsmöglichkeiten an, u.a.:

– Schattenfuge, z.B. bei Verbretterungen, wird nachträglich mit der Schattenfugensäge angeschnitten,

– Begrenzungsfries, wird angepasst oder durch Schattenfuge abgesetzt,

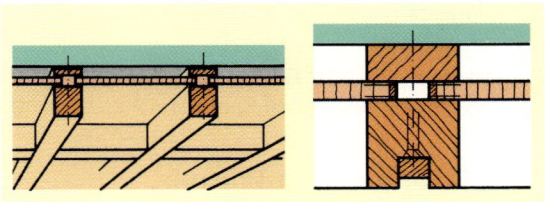

1 Füllung durch Kassettenzarge gehalten
Zarge auf Grundlattung befestigt, Nut durch Deckleiste geschlossen

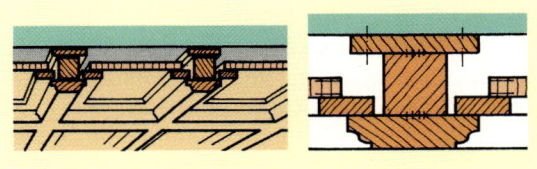

2 Eingelegte Füllung

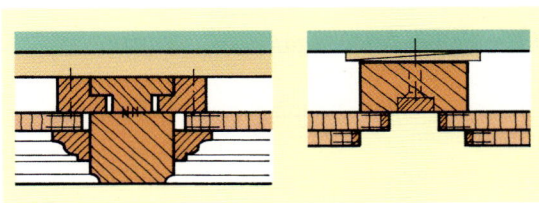

3 Füllung durch Profilleisten gehalten
Zarge durch Nutklötze gehalten

4 Füllung untergesetzt

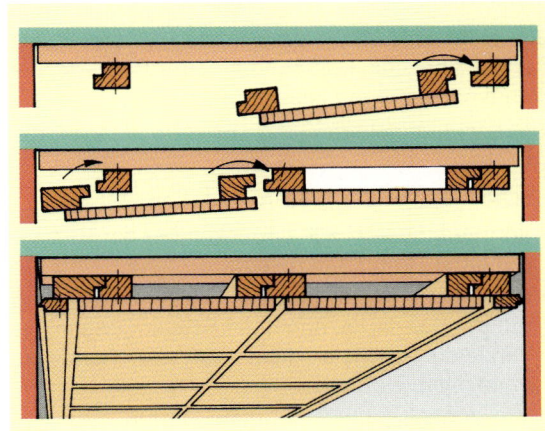

5 Plattendecke
Aufhängung der Platten durch Nutklötze und Falzleisten

– Profilleiste deckt Anschlussfuge ab, wird angepasst,

– Einbauten, wie z.B. Gardinenschienen oder Beleuchtungskörper, in den Randbereichen (Abb. 1).

12.3.9 Einbau von Wärmedämmung in Decken

Der Einbau von Wärmedämmungen ist erforderlich, wenn die Decke an nicht beheizte Räume oder an Dachräume grenzt, um Energie und Heizkosten einzusparen. Da durch die Schwerkraft die warme Luft nach oben steigt, kann durch eine nicht oder nicht ausreichend wärmegedämmte Decke besonders viel Wärme durchgehen.

Als Wärmedämmung kommen Mineralwollmatten oder Schaumstofftafeln oder -bahnen zur Anwendung. Die Dämmschicht kann unter der Decke als innen liegende Dämmung und auf der Decke als außen liegende Dämmung angebracht werden. Der Tischler hat es meistens mit innen liegender, nachträglich aufzubringender Wärmedämmung zu tun.

Der Aufbau von wärmedämmenden Decken (Abb. 2) entspricht dem Aufbau von wärmedämmenden Wänden (siehe 12.2.8):

– Lattenunterkonstruktion unter der Rohdecke,

– dazwischen die innen liegende Wärmedämmung mit der Dampfsperre (Alufolie) auf der Raumseite,

– Konterlattung, ermöglicht die Luftzirkulation. Feuchtigkeit aus der Raumluft, die von der Dampfsperre abgehalten wird, kann durch diese Hinterlüftung in den Raum zurückgeführt werden.

12.3.10 Einbau von Schalldämmung in Decken

Für Decken sind die Dämmung von **Luftschall** und **Trittschall** (Körperschall) von Bedeutung.

Um den **Luftschall** zu dämmen, werden bei Decken ähnliche Maßnahmen ergriffen wie bei Wandverkleidungen (siehe Kap. 12.2.9):

– Verkleidungsplatten mit großem Flächengewicht,

– schalldämmende Matten,

– Vermeidung von Schallbrücken bei der Befestigung der Unterkonstruktion,

– keine steife Verbindung der Deckenverkleidung mit der Rohdecke, damit die Schwingungen der Verkleidungsschale nicht auf die Rohdecke übertragen werden.

Um den **Trittschall** zu dämmen, wird in der Regel auf der Rohdecke schwimmender Estrich und zusätzlich Teppichware verlegt.

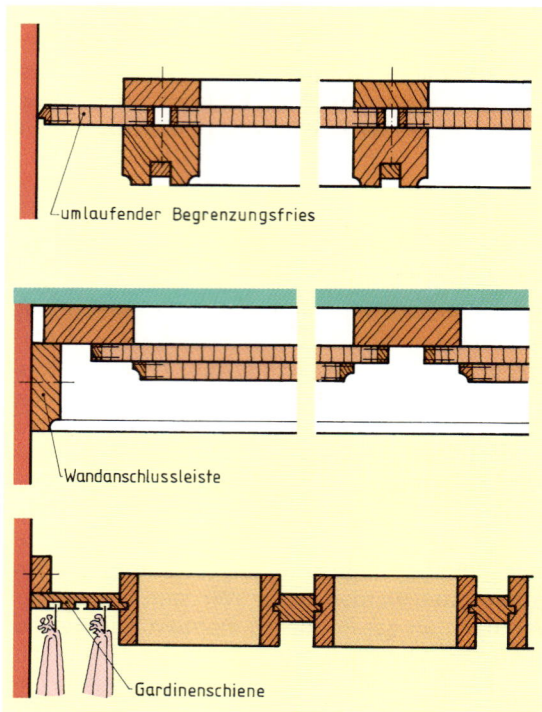

1 **Wandanschlüsse**

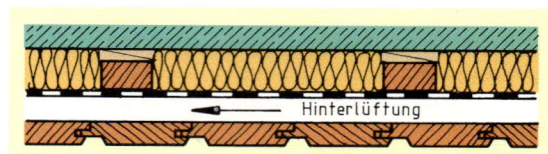

2 **Wärmedämmende Deckenverkleidung**

12.3.11 Einbau von Akustikdecken

Akustikdecken sollen die Raumakustik verbessern, d.h. Schallwellen absorbieren (schlucken). Der Absorptionsgrad ist abhängig von:

– dem Werkstoff und seiner Oberfläche,

– dem Loch- oder Schlitzanteil, der Breite offener Fugen,

– der Höhe des darüber liegenden Hohlraumes,

– den hinterlegten schallschluckenden Matten und

– dem Schall-Frequenzbereich.

So schlucken z.B. gelochte Verkleidungsschalen mit hinterlegten porösen Stoffen überwiegend hohe Töne, dünne Vorsatzschalen mit dahinter liegenden Luftpolstern tiefe Töne.

206

Als Verkleidungsschalen eignen sich Platten mit einer rauen oder teilweise offenen Oberfläche, z.B. gelochte Gipskartonplatten, Röhrenspanplatten mit geschlitzten Röhren auf der Unterseite, Akustik-Profilbretter nach DIN 68127 (Abb. 1), Verstäbungen oder Lamellen.

Die Verkleidungsschale kann mit weichen, schallschluckenden Matten aus Glaswolle, Mineralwolle oder synthetischem Filz hinterlegt werden. Unter diese Matten werden Vliesbahnen (Rieselvlies) gespannt, damit feine Teilchen nicht durch die Öffnungen der Verkleidungsschale rieseln können. Sowohl Deckenverkleidungen als auch abgehängte Decken können als Akustikdecken ausgebildet werden. Die Verkleidungsschale wird mit Klammern, Nägeln oder Schrauben an der Unterkonstruktion befestigt.

Decke aus Akustik-Profilbrettern nach DIN 68127: Die Bretter sind aus Fichtenholz, gehobelt, unlackiert, mit seitlichen Nuten hergestellt. Sie werden mit einem Abstand von 10 oder 15 mm voneinander an der Feinlattung der Unterkonstruktion befestigt.

Aufgaben

1. Skizzieren Sie eine Deckenverkleidung aus stehenden und aus liegenden Brettern.
2. Skizzieren Sie verschiedene Wandanschlüsse für Deckenverkleidungen.
3. Beschreiben Sie den Aufbau wärmedämmender Decken.
4. Erläutern Sie konstruktive Maßnahmen zur Schalldämmung von Decken.
5. Nennen Sie Einflüsse, von denen die Schallschluckung bei Akustikdecken abhängt.

12.4 Leichte Trennwände

12.4.1 Funktion

Leichte Trennwände sind Innenwände, die aus **fest stehenden, demontierbaren** oder **versetzbaren** Wandelementen aufgebaut sind. Demontierbare Trennwände können ohne weiteren Verwendungszweck jederzeit wieder abgebaut werden. Versetzbare Trennwände können je nach Bedarf zur Neuaufteilung von Räumen versetzt werden.

Die Flächenmasse der selbst unbelasteten leichten Trennwände beträgt nur max. 50 kg/m³. Daher können sie unabhängig von darüber oder darunter liegenden Wänden aufgestellt werden. Sie werden durch die angrenzenden Bauteile (Decke, Fußboden, Wände) gehalten.

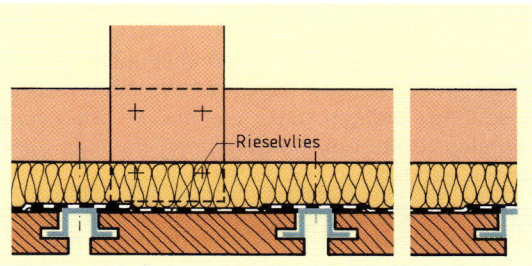

1 Abgehängte Decke aus Akustik-Profilbrettern nach DIN 68127

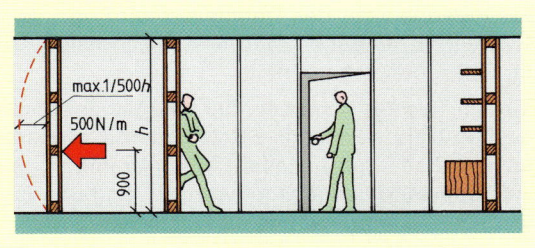

2 Belastung von leichten Trennwänden

Leichte Trennwände müssen in erster Linie horizontalen Belastungen standhalten, die durch Türen, das Anlehnen von Menschen oder das Anhängen von Hängeschränken an die Wand verursacht werden (Abb. 2).

Die Holmenkraft an Brüstungen und Geländern in Holmenhöhe wird in DIN 1055 für den Regelfall mit 500 N/m angegeben. Die zulässige Durchbiegung beträgt $^1/_{500}$ der Wandhöhe.

Die Trennwände haben im Allgemeinen die Aufgabe, Räume in die getrennte Nutzung zu unterteilen, wobei die Aufgaben des Wärme- und Schallschutzes zunächst unberücksichtigt bleiben. Häufig ergeben sich aber aus der Art der Raumnutzung besondere Anforderungen an den Wärme- und Schallschutz. Schalldämmende Trennwände haben ein größeres Eigengewicht als wärmedämmende Trennwände.

Für elektrische Installationen, Wasser- und Abwasserleitungen sind besondere Aussparungen in den Wandelementen vorzusehen. Horizontale elektrische Kabel werden in den Fuß- oder Deckenschwellen verlegt, vertikale Leitungen in den Nuten der Stiele bzw. in den Plattenstößen.

12.4.2 Konstruktion

Die Befestigung der Wandelemente untereinander sowie an Fußboden, Decke und Wänden muss so ausgeführt werden, dass die auftretenden horizontalen Kräfte auf die tragenden Bauteile übertragen werden.

– Bei bereits montierter abgehängter Decke nimmt diese die horizontalen Kräfte aus der Trennwand auf, wobei das Wand- und Deckenraster aufeinander abgestimmt sein müssen.

– Bei später zu montierenden abgehängten Decken werden die Trennwände bis zur Rohdecke geführt und dort befestigt.

Das Eigengewicht der Trennwand wird von dem Schwellholz aufgenommen und gleichmäßig auf der Fußbodenplatte verteilt.

Für den Tischler sind besonders die Bauarten von leichten Trennwänden aus Holz und Holzwerkstoffen von Bedeutung. Neben Schrankwänden, die als Trennwand ausgebildet werden, sind das insbesondere **Gerippewände und Elementwände**.

12.4.3 Gerippewände

Gerippewände sind fest stehende oder demontierbare Trennwände, die aus einem Gerüst aus Kanthölzern oder Metallprofilen bestehen, auf die Bretter oder Platten aus Holzwerkstoffen oder Gipskarton aufgeschraubt, aufgenagelt oder aufgeklemmt werden. Die waagerechten Schwellhölzer, Rähme (Deckenhölzer) und Riegel sowie die senkrechten Stiele bilden das Gerüst. Die Holzgerüste können einfach oder als Doppelständerwerk (schalldämmend) aufgestellt werden (Abb. 1).

Die Holzstiele sollen mindestens 60 mm dick sein, um die Verformung gering zu halten. Der Abstand der Riegel liegt je nach Plattendicke zwischen 600 und 800 mm.

Das Schwellholz hat die Aufgabe, Unebenheiten im Fußboden auszugleichen und die Punktlasten aus den Stielen aufzunehmen. Außerdem dienen Schwellholz und Rähm der unteren und oberen Befestigung der Platten.

Die Platten werden nach Möglichkeit auf den Stielen gestoßen. Die Stoßfuge wird bei Platten aus Holzwerkstoffen durch Fase oder Schattenfuge betont und bei Gipskartonplatten ausgespachtelt.

> Bei Gerippewänden ist die Vorfertigung nur bedingt möglich. Es ist zweckmäßig, fest stehende Trennwände erst nach dem Verputzen von Decken und Wänden mit oberflächenfertigen Platten zu beplanken.

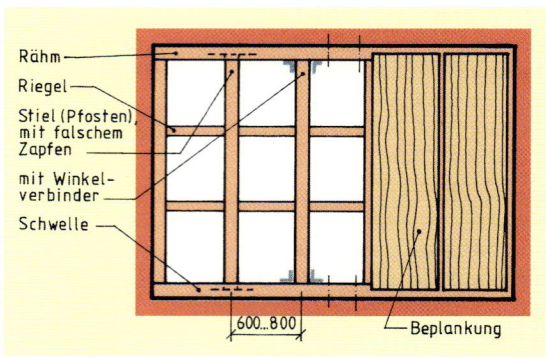

1 Aufbau einer Gerippewand

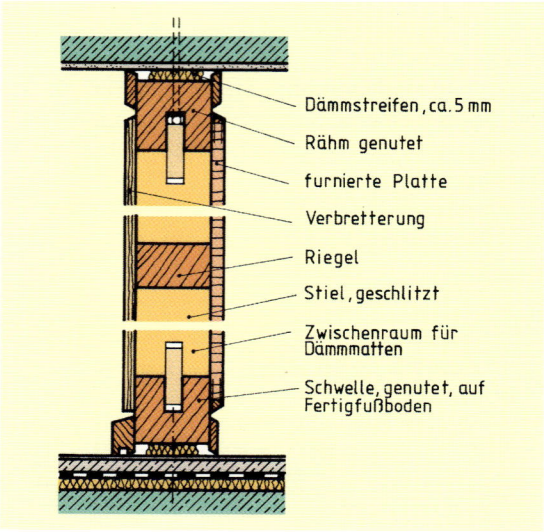

2 Gerippewand
Stiele durch Sperrholzfelder mit Schwelle und Rähm verbunden. Eine Seite mit Verbretterung, andere Seite mit Platten. In den Zwischenräumen können Dämmmatten angebracht werden

Demontierbare Gerippewände werden nach dem Verputzen von Decke und Wänden an den fertigen Fußboden aufgebaut (Abb. 2).

Gerippewände mit einschaliger Beplankung oder einschaliger Füllung, z.B. Glas oder Furnierplatte, haben eine geringe Schalldämmwirkung. Sie werden als Raumtrenner bzw. bei offenen Feldern als dekorative Raumteiler verwendet.

12.4.4 Elementwände

Als Elementwände bezeichnet man vorgefertigte, versetzbare Trennwände, die aus einzelnen, in sich standsicheren Elementen bestehen. Die aneinander zu setzenden meist raumhohen Elemente werden am Fußboden und an der Decke befestigt und

benötigen kein zusätzliches Tragegerüst. Sie bestehen aus Holz, Stahl, Aluminium oder Kunststoff (Abb. 1 und 2).

Bei Elementen aus Holz und Holzwerkstoffen werden die senkrechten Plattenstöße mit Nut und Feder oder besonders gestalteten Profilen ausgebildet (siehe Abb. 3 und 4).

> Seriengefertigte Elementwände müssen in den Anschlüssen besonders flexible Anpassungsmöglichkeiten aufweisen.

Von allen Trennwänden lassen sich Elementwände am leichtesten versetzten. Wegen des Transports und der Montage wird die Dicke der Elemente möglichst gering gehalten. Sie beträgt bei Holzelementen im Allgemeinen 60…100 mm, bei Metallelementen 40…70 mm. Da Elementwände versetzbar sind, werden sie auf einem bestimmten Rastermaß aufgebaut.

Nach DIN 4172 – Maßordnung im Hochbau – ist das Oktametersystem, das auf dem achten Teil des Meters, also $\frac{1000}{8}$ =125 mm, aufbaut, zugrunde zu legen. Demzufolge sind die Elementbreiten mit 500, 625, 750, 875…1250 mm festgelegt.

Neben dem Oktametersystem hat sich in der Architektur ein anderes Grundmaß bewährt, das in etwa auf dem traditionellen „Fußmaß" aufgebaut ist und dem die Einheit von 300 mm zugrunde liegt. Bei Verwendung dieses Moduls ergeben sich Elementbreiten von 300, 450, 600, 750 …1200 mm.

> Besonders zu berücksichtigen ist bei der Maßgebung für Trennwände der Unterschied zwischen dem Bandraster und dem Achsraster.

Ein **Bandraster** ist ein Raster aus Bändern, deren Breite gleich ist. Bei einem Bandraster ergeben sich stets, auch bei Anschlüssen und Eckausbildungen, gleich breite Elemente (Abb. 3).

Ein **Achsraster** ist ein Raster aus Achslinien. Hier ergeben sich verschieden breite Elemente, da sich bei Anschlüssen und Eckausbildungen die Elemente um jeweils eine halbe Wanddicke überschneiden (Abb. 4).

Das Aufstellen von versetzbaren Elementwänden erfolgt, wenn die Innenausbauarbeiten einschließlich Verlegen des Fußbodens abgeschlossen sind. Ein wesentlicher Vorteil der Elementwände liegt in der Austauschbarkeit der Elemente und dem problemlosen Anschließen von Elementen in den Stoßfugen.

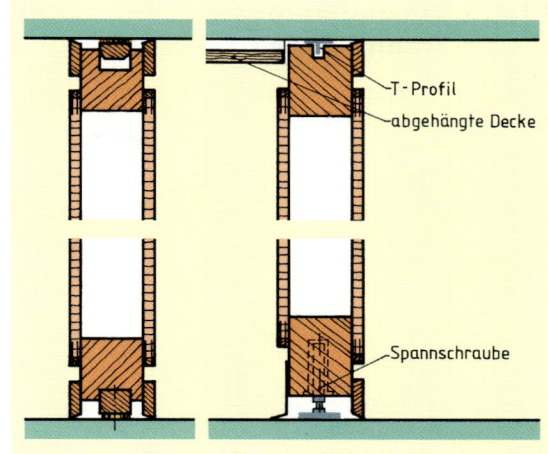

1 Elementwand
Montage: Wandelement von unten schräg nach oben auf die Deckenanschlussleiste schieben, auf Bodenschwelle absenken, evtl. nachträglich oben und unten Passleisten

2 Eingespannte Elementwand
Montage: Wandelement durch Spannschraube auf die Decken-T-Schiene hochdrücken

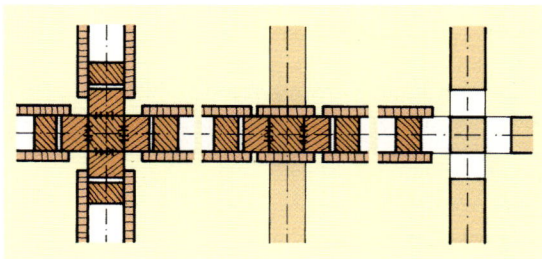

3 Bandraster

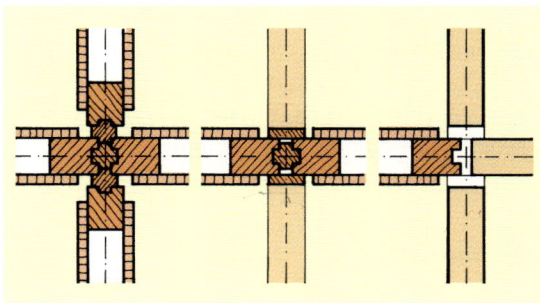

4 Achsraster

Aufgaben

1. Unterscheiden Sie fest stehende, demontierbare und versetzbare Trennwände.
2. Beschreiben Sie den Aufbau einer Gerippewand.
3. Unterscheiden Sie Bandraster und Achsraster.

12.4.5 Schalldämmende Trennwände

Leichte Trennwände müssen häufig so ausgeführt werden, dass sie Räume schalldämmend voneinander trennen. Dabei handelt es sich hauptsächlich um die Luftschalldämmung. Schalldämmende Trennwände werden je nach Anforderung ein- oder mehrschalig ausgeführt.

Einschalige Wandelemente sind in der Regel beidseitig mit Platten beplankte Vollholzrippen. Die Hohlräume werden mit Mineralfaserdämmstoffen ausgefüllt (Abb. 1).

Zweischalige Wandelemente sind in der Regel zwei voneinander getrennte Schalen, die einseitig beplankt werden, zwischen den Schalen muss eine Schallübertragung durch Schallbrücken vermieden werden. Die Schalen sollten unterschiedlich dick sein, damit sie verschiedene Eigenschwingungen aufweisen. Als Beplankung kommen Span-, Furnier- und Gipskartonplatten sowie metallbeschichtete Holzwerkstoffplatten zur Anwendung (Abb. 2).

Zur besseren Schalldämmung sollten:

– die Platten eine hohe Dichte haben,

– biegeweich sein,

– möglichst großen Abstand voneinander haben,

– nicht direkt auf den Holzrippen befestigt sein (elastisches Material zwischen Platten und Rippen legen),

Aufgaben

1. Beschreiben Sie die schalldämmende Wirkung bei ein- und zweischaligen schalldämmenden Trennwänden.
2. Nennen Sie Eigenschaften der bei schalldämmenden Wänden zu verwendenden Werkstoffe.
3. Entwickeln Sie Vorschläge zur Vermeidung von Schallbrücken bei Trennwänden.
4. Geben Sie an, was bei Anschlüssen an Fußböden, Decken und Wände bei schalldämmenden Trennwänden zu beachten ist.

– die Hohlräume mit Mineralfasern oder Filz ausgefüllt sein,

– die Rippen (Ständer, Riegel) untereinander schalldämmend verbunden sein,

– die Türen in den Fälzen mit Gummidichtungen und

– Verglasungen mit einer Randdämpfung versehen sein.

Anschlüsse

Besondere Aufmerksamkeit erfordern die waagerechten und senkrechten Anschlüsse an Fußboden, Decke und Wände. Um die Schallübertragung einzudämmen, sollte:

– die Anschlusswand eine größere Flächenmasse haben als die leichte Trennwand,

– die Anschlüsse an tragende Bauteile mit dauerelastischem Kitt oder anderen Dichtungsstoffen abgedichtet sein,

– der Deckenhohlraum über abgehängten Decken schalldämmend abgeschottet werden,

– der Anschluss an Fensterelemente mit besonderen Zwischenstücken vorgenommen werden.

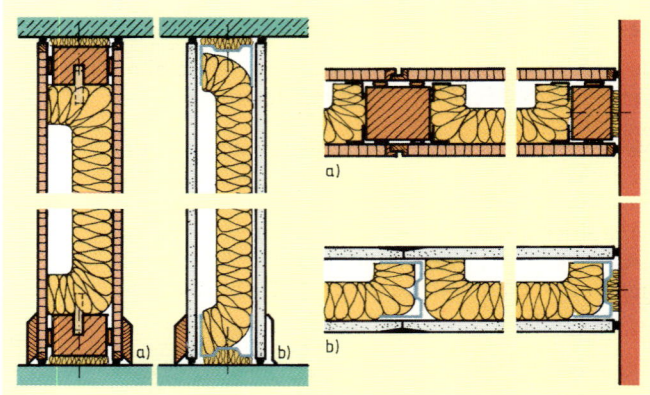

1 Schalldämmende Einfachständerwand
a) **Holz-Einfachständerwand** mit mind. 40 mm Mineralfaserdämmfilz, Beplankung: furnierte Spanplatte, evtl. zusätzlich rückseitig beschwert, frei schwingend aufgehängt,
Schwellen- und Rähmanschluss über ca. 5 mm Dämmfilzstreifen
b) **Metall-Einfachständerwand,**
Beplankung: Gipskartonplatten, ≥12,5 mm, mit Schnellbauschrauben befestigt

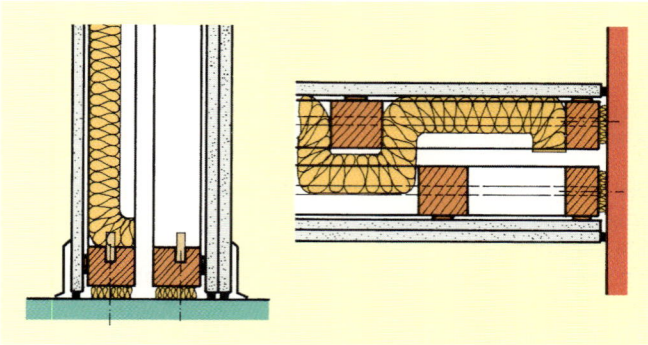

2 Schalldämmende Holz-Doppelständerwand

12.5 Fest stehende Einbauten

Zu den fest stehenden Einbauten gehören **Wandschränke, Schrankwände** vor der Wand oder als Raumtrenner bzw. Raumteiler, Vorratsschränke, Garderoben usw., die an Fußböden, Decken und Wände angearbeitet sind (Abb. 1).

Einbauschränke unterscheiden sich in vielen Einzelteilen, wie Türen, Schubkästen, Einlegeböden und Rückwänden, **kaum von transportablen Schränken.** Unterschiede ergeben sich durch die Anschlüsse an die angrenzenden Bauteile und dadurch, dass diese teilweise die Ober- und Unterböden und die Seiten- und Rückwände ersetzen.

> Fest stehende Einbauten können an vorhandene Decken- und Wandschrägen, Wandvorsprünge, Schornsteine, Installationsleitungen u.a. angepasst werden und diese verdecken.

12.5.1 Wandschränke

Wandschränke werden in Wandnischen fest eingebaut, in Raumecken oder vor Teilstücken einer Wand aufgestellt oder aufgehängt (Abb. 2...7).

In Nischen eingebaute Wandschränke: Schrankseiten, oberer und unterer Schrankboden und Rückwand werden von den angrenzenden Bauteilen gebildet. Die Bodenträger für die Einlegeböden werden an den Wänden und bei breiten Schränken an den Mittelseiten befestigt (Abb. 2).

Die Türen werden an einem Blend- oder Frontrahmen angeschlagen und sind in Form, Farbe und Material wie andere Schranktüren ausgebildet.

In eine Raumecke oder vor ein Teilstück einer Wand eingebaute Wandschränke: Ein oder zwei Schrankseiten sind erforderlich (Abb. 4 und 5).

Wandschränke für gehobene Ansprüche: Neben Ober- und Unterboden wird auch eine Rückwand eingebaut (Abb. 3). Für eine ausreichende Hinterlüftung ist dabei zu sorgen.

> Zwischen Wand- bzw. Deckenfläche und Schrankfläche soll ein Mindestabstand von 25 mm, bei Schornsteinen 50 mm eingehalten werden (Abb. 6).

Wandschränke, die an der Wand aufgehängt werden, z.B. Oberschränke und Anrichten, erhalten besondere Aufhängevorrichtungen, die von außen sichtbar sind oder nicht sichtbar ausgebildet sein können (Abb. 1, S. 212).

Man unterscheidet:

– Wandhaken und Aufhängeösen (sichtbar), die an Korpusseiten und Oberboden befestigt werden,

– Wandhaken und nicht sichtbare Aufhängebeschläge,

– Wandträgerplatten und Aufhängebeschläge mit Haken,

– Falzleisten.

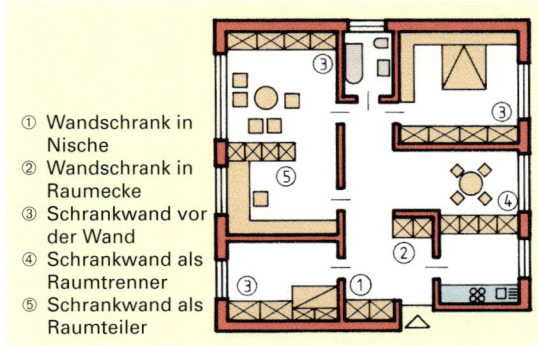

① Wandschrank in Nische
② Wandschrank in Raumecke
③ Schrankwand vor der Wand
④ Schrankwand als Raumtrenner
⑤ Schrankwand als Raumteiler

1 Fest stehende Einbauten einer Wohnung

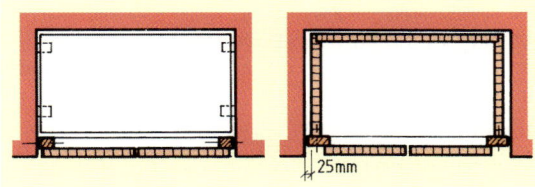

2 Wandschrank in Wandnische, ohne eigenem Korpus
mit Blendrahmentür

3 Wandschrank in Wandnische, mit eigenem Korpus
mit Frontrahmentür

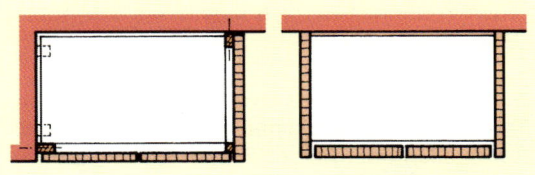

4 Wandschrank in Raumecke
mit einer Seitenwand

5 Wandschrank vor der Wand eingebaut
mit zwei Seitenwänden

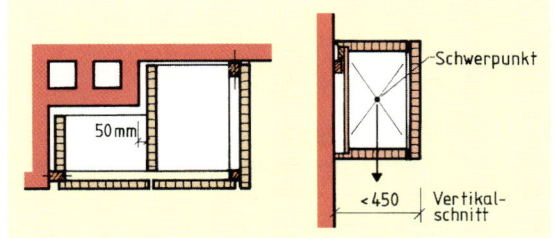

6 Wandschrank vor einem Schornstein

7 Hängeschrank

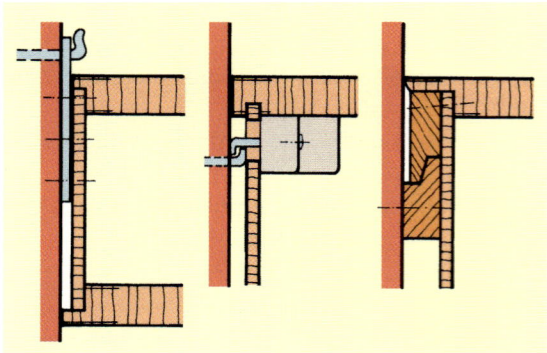

1 Aufhängung von Wandschränken

Die Blend- und Frontrahmen der Schrankvorderseite sind den angrenzenden Wänden, der Decke (Abb. 2) und dem Fußboden (Abb. 3, S. 214) anzupassen.

Frei stehende Seitenwände können an die rückwärtige Raumwand mit Leisten dicht angeschlossen werden (Abb. 3).

12.5.2 Schrankwände

Schrankwände sind Korpusmöbel, die an Fußboden und Decke und an die seitlichen Raumwände dicht anschließen.

Man unterscheidet:

– Schrankwände, die dicht vor der Wand stehen,
– Raumtrenner, die von beiden Seiten zugänglich und mit einer Durchgangstür versehen sind und mit zusätzlicher Schalldämmung ausgebildet sein können,
– Raumteiler, die teilweise in den freien Raum reichen und einen Bereich abteilen (siehe Abb. 1, S. 211).

> Schrankwände werden wegen des leichteren Transports und der einfacheren Montage aus Einzelteilen oder aus einzelnen Elementen am gewünschten Standort zusammengesetzt.

Je nach Nutzung, Gliederung der Front und Konstruktionsprinzip lassen sich Schrankwände vielseitig gestalten.

12.5.3 Konstruktionsarten

Einbauschränke lassen sich unterscheiden nach der Konstruktion als **Anbauschränke** und **Aufbauschränke**.

Anbauschränke bestehen aus einzelnen vorgefertigten Schrankelementen, die zu einer Schrankwand zusammengesetzt werden:

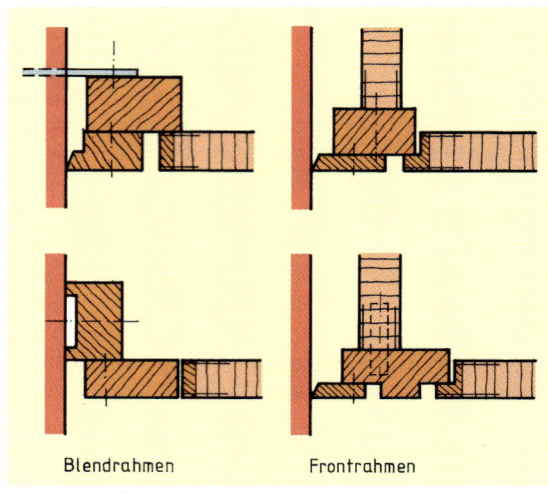

2 Vordere Wandanschlüsse von Wandschränken

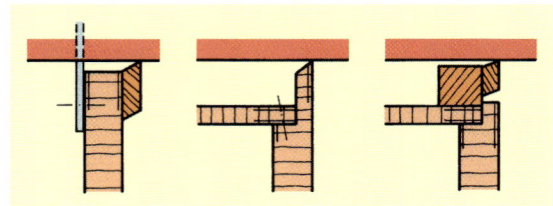

3 Rückwärtige Wandanschlüsse von frei stehenden Wandschränken

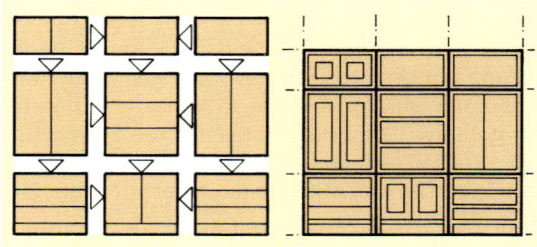

4 Anbauschrank, zusammengesetzt aus einzelnen Kuben

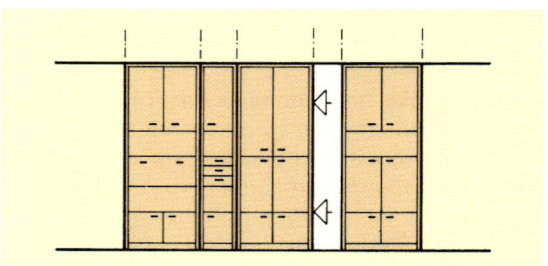

5 Anbauschrank aus raumhohen Schrankelementen

– Einzelne Schrankelemente werden bis zur Raumhöhe übereinander gestellt (Abb. 4).
– raumhohe Schrankelemente werden dicht aneinander gestellt (Abb. 5),

– raumhohe Schrankelemente werden so mit Abstand aufgestellt, dass zwischen den Elementen Einlegeböden oder geschlossene Fächer in beliebiger Anordnung angebracht werden können (Abb. 1).

> **Vorteile** der Anbaumöbel liegen in der Flexibilität, der Vorfertigung und der einfachen Aufstellung.
> **Nachteilig** ist der hohe Materialverbrauch durch doppelte Böden und Seiten.

Aufbauschränke können im

– Korpusscheibensystem,

– Rahmensystem,

– Stollensystem und

– Wandträgersystem hergestellt werden.

Korpusscheibensystem: Einzelne Schrankteile, wie Schrankseiten, Böden und Rückwände (siehe auch 7.7.2 – Plattenbau), werden an der Einbaustelle mit entsprechenden Verbindungsmitteln zusammengesetzt. Hierbei sind Lochschienen- und Lochreihensysteme wie das System 32 besonders von Nutzen. Die Stabilität wird durch die Rückwand erreicht, die statisch wie eine aussteifende Scheibe wirkt. Kennzeichnend für diese Konstruktionsart sind die bis zur Decke durchgehenden Schrankseiten und Rückwände. Die Türen sind häufig geteilt (Abb. 2).

> **Vorteilhaft** beim Korpusscheibensystem sind die günstige Vorfertigung für 2,50 m hohe Räume, der leichte Transport und die Lagerung der Korpusscheiben.

Rahmensystem: Vor ein gesondert errichtetes Schrankgerüst wird ein Blend- oder Frontrahmen aufgestellt, in den die Türen eingehängt werden. Der Rahmen wird an den angrenzenden Bauteilen befestigt. Einfache Ausführungen werden ohne die äußeren Schrankseiten und ohne Rückwand hergestellt. Die Böden werden in diesem Fall an den Wänden, an Mittelseiten bzw. an dem Frontrahmen festgemacht oder auf einem Wandträgersystem aufgehängt. Das Rahmensystem eignet sich sehr für den Einbau in Dachschrägen (Abb. 3).

> **Beim Rahmensystem** können die Türfront und der dahinter liegende Schrankraum voneinander weitestgehend unabhängig sein.

Stollensystem: Stollen werden als senkrechte Konstruktions- und Gestaltungselemente zwischen Fußboden und Decke eingespannt. Zwischen die Stollen werden kleinere Gehäuse mit Schubkästen oder Türen als Ober-, Mittel- oder

Unterschränke eingehängt und fest verschraubt, so dass das System ausgesteift ist. Zusätzlich können offene Fächer durch Einlegeböden geschaffen werden (Abb. 4).

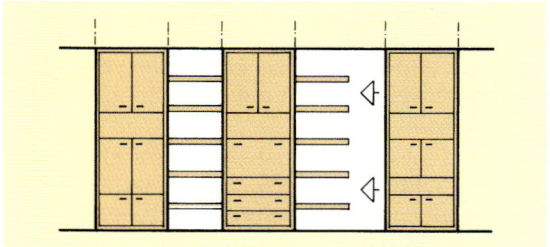

1 Anbauschrank aus raumhohen Elementen, dazwischen Regale

2 Korpusscheibensystem

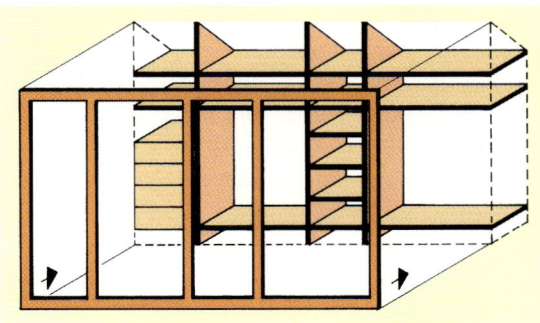

3 Rahmensystem
Beispiel: Einbau in eine Dachschräge

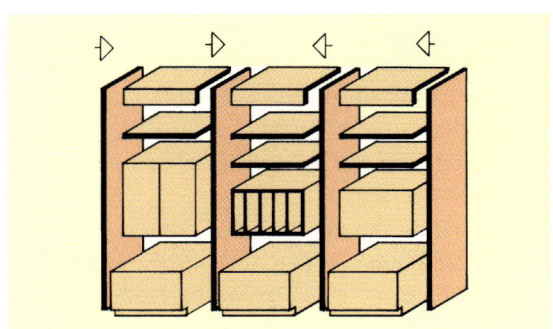

4 Stollensystem

213

Schrankwände im Stollensystem lassen sich besonders vielseitig gestalten, sei eignen sich sehr gut als Raumteiler.

Wandträgersystem: An die rückseitige Raumwand werden Metallschienen für höhenverstellbare Bodenträger angedübelt. Die Lochreihen der Schienen ermöglichen das Einhängen von kleineren, geschlossenen oder offenen Schrankelementen in beliebiger Höhe.

Manche Lochschienen haben zusätzliche Schlüssellochdurchbrüche, in die über rückseitige Kragenschrauben Paneele eingehängt werden können, die für die Schrank- oder Regalwand die Rückwand bilden (Abb. 1).

Beim Wandträgersystem sind vom Tischler nur die Böden, kleine Schrankelemente und gegebenenfalls Paneelrückwände herzustellen, die Metallschienen und -konsolen sind im Handel fertig erhältlich.

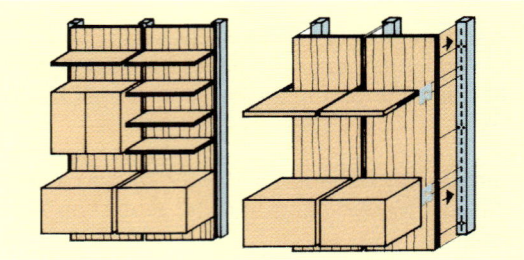

1 Wandträgersystem mit Paneelen

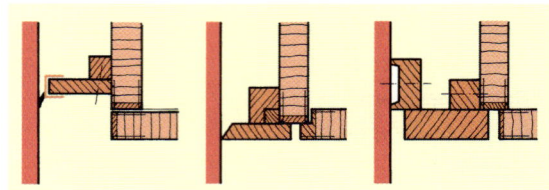

2 Vorderer Wandanschluss bei Schrankwänden

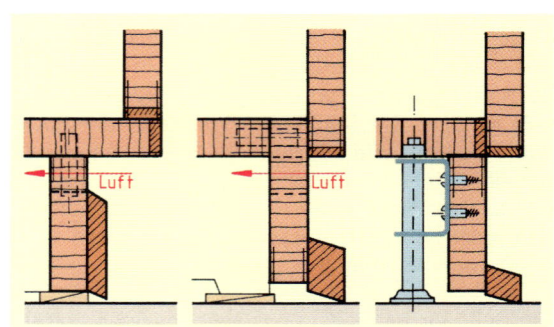

3 Fußbodenanschlüsse

12.5.4 Anschlüsse

Wand- und Deckenanschlüsse: Der Abstand zwischen Schrankseite und Raumwand wird mit **Leisten** abgedeckt (Abb. 2):

– mit aufgestecktem Dichtungsprofil oder als Passleiste,
– bei größeren Abständen mit zusätzlicher Befestigung an der Raumwand,
– hinter der Schrankseite zurückliegend, in einer Ebene mit den Türfronten, mit einem bewusst vorspringenden umlaufenden Rahmenprofil,
– aufgeleimt, genagelt oder auf Nutleisten gesteckt.

Deckenanschlüsse werden entsprechend den Wandanschlüssen ausgeführt, zusätzlich sind Lüftungsschlitze für die Hinterlüftung vorzusehen.

Fußbodenanschlüsse (Abb. 3), Sockel von Einbauschränken, haben u.a. die Aufgabe:

– unter dem Unterboden eingebaute Höhenversteller zu verdecken,
– durch Lüftungsschlitze die Hinterlüftung des Schrankes zu ermöglichen.

Der Sockel kann mit der Schrankfront bündig sein oder zurückspringen.

Sockelausführungen:

– Sockelelement, in Schrankelementbreite oder über die gesamte Schrankwand reichend, wird ausgerichtet, bevor der Schrank aufgesetzt wird. Bodenanschluss durch Passleiste.

– Auf den Frontrahmen wird zum Abdichten der Bodenfuge eine Sockelblende als Passleiste aufgebracht.
– Zwischen den Seiten oder überfälzt vor den Seiten werden Sockelblenden als Passleisten auf Sockelblendenschnäpper aufgeklemmt, von Magnetverschlüssen gehalten oder direkt am Sockelversteller befestigt.

Aufgaben

1. Unterscheiden Sie Wandschränke und Schrankwände.
2. Nennen Sie Vor- und Nachteile von fest stehenden Einbauten gegenüber frei stehenden Schränken.
3. Skizzieren Sie verschiedene Aufhängevorrichtungen für Wandschränke.
4. Skizzieren Sie verschiedene Wandanschlüsse für Wandschränke.
5. Beschreiben Sie konstruktive Merkmale von Anbauschränken.
6. Nennen sie Aufbausysteme von Schrankwänden.
7. Vergleichen Sie die Systeme von Aufbauschränken und geben Sie Vor- und Nachteile hinsichtlich des Arbeitsaufwandes und der Gestaltungsmöglichkeiten an.

12.6 Einbau von Heizkörperverkleidungen

Heizkörper haben die Aufgabe, die Raumluft durch Wärmemitführung (Konvektion) oder durch Wärmestrahlung zu erwärmen (s. S. 177). Nach der Funktion unterscheidet man:

– Konvektoren,

– Radiatoren,

– Plattenheizkörper.

Heizkörper werden zweckmäßig an den Stellen im Raum angebracht, wo die Kälte anfällt, also an Fenstern und Außenwänden.

> Jede Heizkörperverkleidung beeinträchtigt die Konvektion und die Wärmestrahlung. Heizkörperverkleidungen sind daher so zu konstruieren, dass die Heizkörperleistung möglichst wenig gemindert wird.

Heizkörperverkleidungen müssen zur Wartung der Heizkörper **leicht abnehmbar** sein.

Heizkörperverkleidungen sollen gut aussehen und **der Inneneinrichtung angepasst** werden.

Da das Holz der Heizkörperverkleidungen durch die Wärmestrahlung und den Konvektionsluftstrom stark ausgetrocknet wird, sollte es höchstens 6...8% Feuchte besitzen und stehende Jahresringe haben. Beim Befestigen an andere Werkstoffe ist mit Spannungen durch Schwinden und Verziehen zu rechnen.

12.6.1 Verkleiden von Konvektoren

Konvektoren sind Heizkörper aus Rohren, die mit Lamellen besetzt sind und somit eine große spezifische Oberfläche haben. Die Heizwirkung kommt nur durch Wärmemitführung (Konvektion) zustande, d.h. die erwärmte Luft steigt unmittelbar am Heizkörper nach oben bis zur Decke, wo sie abkühlt und wieder sinkt. Die Luft ist ständig in Bewegung. Wärmestrahlung in den Raum findet bei Konvektoren nicht statt (Abb. 1). Um diese Konvektion voll wirksam werden zu lassen, ist eine Verkleidung unerlässlich, sie muss als Luftschacht wirken, in dem durch die nach oben aufsteigende Warmluft von unten die Zuluft angesaugt wird. Ist die Wandnische breiter als der Konvektor, ist zur seitlichen Begrenzung des Schachtes eine zusätzliche Seitenverkleidung direkt am Konvektor erforderlich.

Die Lufteintritts- und Luftaustrittshöhen sind gleich, sie werden vom Heizungsbauer vorgegeben (Abb. 2).

Gitterabdeckungen dürfen die senkrechte Luftströmung nicht zu sehr beeinträchtigen.

Für Konvektorenverkleidungen werden Platten verwendet, die auf der Innenseite mit Blech oder Aluminiumfolie belegt sind. Spezielle Heizkörperbeschläge ermöglichen ein schnelles Einhängen bzw. Schrägstellen der Verkleidung (Abb. 3). Konvektoren können mit Sitzbänken, Blumenbänken, Regalen usw. umbaut werden.

1 Heizwirkung bei Konvektoren

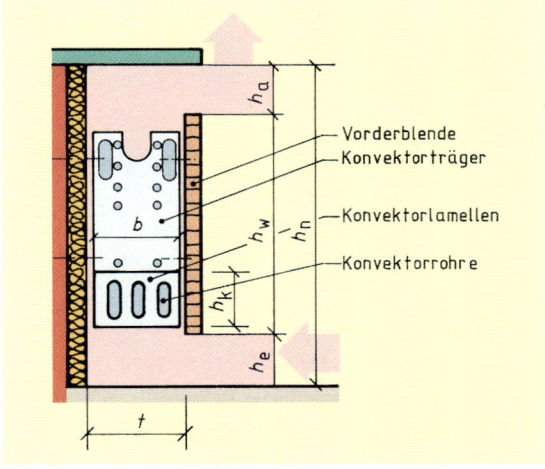

2 Konvektor, in Nische eingebaut
h_n = Nischenhöhe
h_w = wirksame Schachthöhe
h_e = Lufteinlasshöhe, $h_e = h_a$
h_a = Luftauslasshöhe
t = Schachttiefe = b + ca. 15 mm
Konvektormaße:
b = Bautiefe (~50...300 mm)
h_k = Bauhöhe (~180...200 mm)

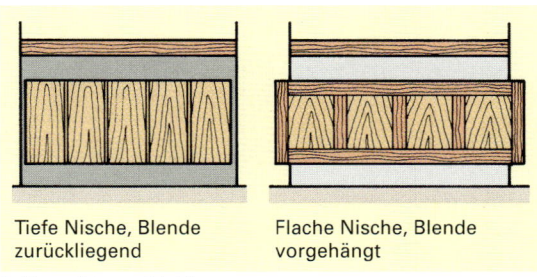

Tiefe Nische, Blende zurückliegend　　　Flache Nische, Blende vorgehängt

3 Konvektorverkleidung

12.6.2 Verkleiden von Radiatoren

Radiatoren sind Heizkörper, die aus einzelnen Rippenrohrelementen zusammengesetzt sind. Die Heizwirkung beruht zu 60…70% auf Konvektion und zu 30…40% auf Wärmestrahlung. Bei nicht unterbrochenen Verkleidungsplatten wird die Konvektion begünstigt, die Wärmestrahlung jedoch verhindert (Abb. 2).

Die Höhe der Luftein- und Luftaustrittsöffnungen soll bei tiefen Radiatoren $2/3$ der Tiefe, bei weniger tiefen Radiatoren der ganzen Tiefe des Radiators entsprechen, um Wärmestaus zu vermeiden und eine möglichst verlustlose Heizwirkung durch Konvektion zu erreichen. Der Abstand der Verkleidungsplatte vom Heizkörper soll 50 mm betragen (Abb. 3).

Bei unterbrochenen vorgehängten Verkleidungsplatten wird die Konvektion eingeschränkt. Bei nicht unterbrochenen Fensterbänken sind aus strömungstechnischen Gründen in den hinteren Ecken oben und unten Leitbleche anzubringen.

Verkleidungen für Radiatoren können Platten, Gitter, Rahmen mit Füllungen oder Geflecht, Stab- oder Brettkonstruktionen sein (Abb. 1).

12.6.3 Verkleiden von Plattenheizkörpern

Plattenheizkörper bestehen aus ein, zwei oder drei dünnen Platten. Die glatten oder profilierten Platten sind hintereinander angeordnet, so dass die Heizkörper eine geringe Tiefe haben.

Die Heizwirkung beruht auf Wärmestrahlung und vor allem bei mehrreihigen Plattenheizkörpern auf Konvektion.

Plattenheizkörper haben eine geschlossene Ansichtsfläche und werden im Allgemeinen nicht verkleidet. Sollen Plattenheizkörper auf besonderen Wunsch dennoch verkleidet werden, ist wie bei den Radiatoren zu verfahren.

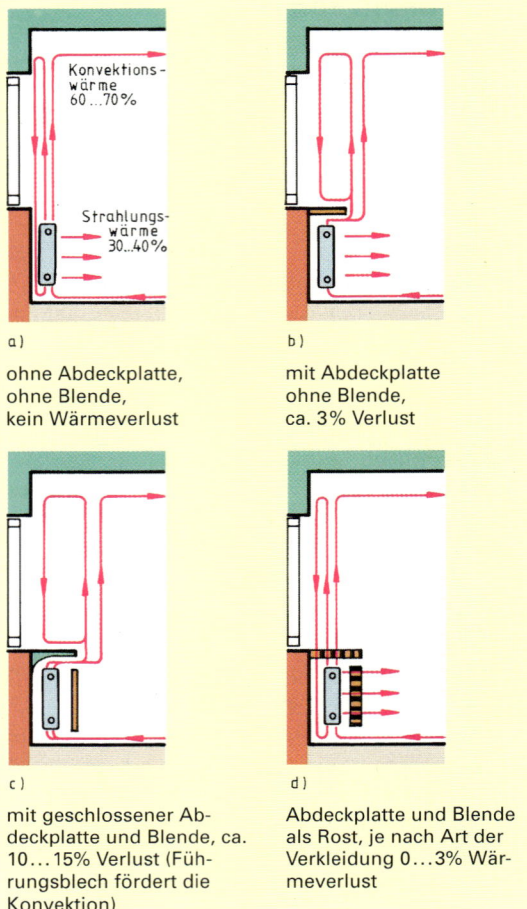

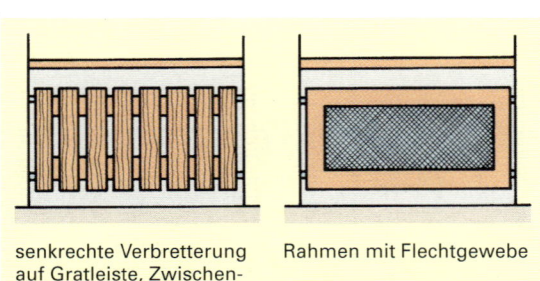

senkrechte Verbretterung auf Gratleiste, Zwischenräume 20…30 mm

Rahmen mit Flechtgewebe

1 Radiatorverkleidungen

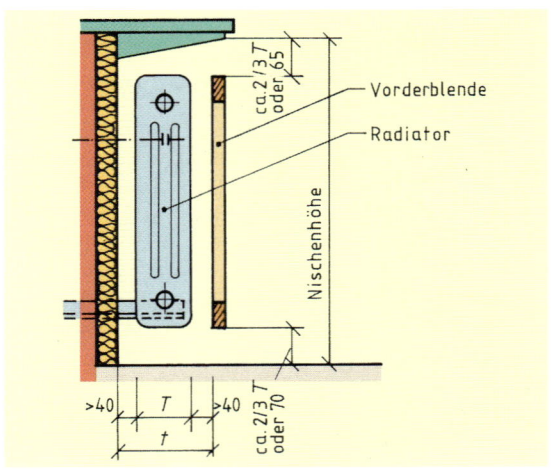

a) ohne Abdeckplatte, ohne Blende, kein Wärmeverlust

b) mit Abdeckplatte ohne Blende, ca. 3% Verlust

c) mit geschlossener Abdeckplatte und Blende, ca. 10…15% Verlust (Führungsblech fördert die Konvektion)

d) Abdeckplatte und Blende als Rost, je nach Art der Verkleidung 0…3% Wärmeverlust

2 Heizwirkung bei Radiatoren

3 Radiator, in Nische eingebaut

Aufgaben

1. Beschreiben Sie die Funktion von Konvektoren, Radiatoren und Plattenheizkörpern.
2. Erläutern Sie die Konstruktion von Verkleidungen für Konvektoren und für Radiatoren.

12.7 Holzfußböden

Holzfußböden haben sich bis heute bewährt, auch wenn die Holzbalkendecke weitgehend durch die Betondecke abgelöst wurde. Neue holztechnologische Erkenntnisse ermöglichen es, bauphysikalische Maßnahmen, je nach Anforderungen an den Fußboden bzw. an die Decke, konstruktiv zu berücksichtigen. Ursachen für Schäden an Holzfußböden sind oft mangelnde Kenntnisse über bauphysikalische und chemische Vorgänge. Temperatur- und Feuchteänderungen der Raumluft und deren Auswirkungen auf die Baustoffe sind bereits beim Verlegen von Holzfußböden zu beachten.

Vor- und Nachteile von Holzfußböden:

– Gestaltungsvielfalt durch verschiedene Holzarten,

– Fußwärme infolge geringer Wärmeleitung,

– Trittschalldämmung bei geeigneter Unterkonstruktion.

– Druckempfindlichkeit quer zur Holzfaser,

– Riss- bzw. Fugenbildung durch Schwinden.

12.7.1 Dielen-Holzfußböden

Hobeldielen für Holzfußböden sind einseitig gehobelte und gespundete Bretter z.B. aus Fichte, Kiefer, Redpine. Hobeldielen für Wohnräume sind aus Holz der Güteklasse II herzustellen (Abb. 1). Dabei wird unterschieden zwischen europäischen, nordischen und überseeischen Brettern (Tab. 4).

Seitenbretter sollten mit der linken Seite nach oben verlegt werden, um das Splittern auf der Lauffläche zu vermeiden (Abb. 2).

Hobeldielen werden auf Balkenlagen oder Lagerhölzern (5/8 bis 10/10 cm) verlegt. Das Holz der Fußbodenlager muss die Gütemerkmale der Klasse II aufweisen. Die Balkenlage muss waagerecht ausgerichtet werden. Zur besseren Trittschalldämmung sollen die Lagerhölzer auf Dämmstreifen „schwimmend" verlegt werden (Abb. 3).

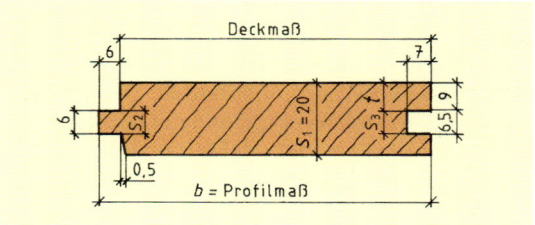

1 Bezeichnung eines gehobelten Brettes mit Nut und Feder

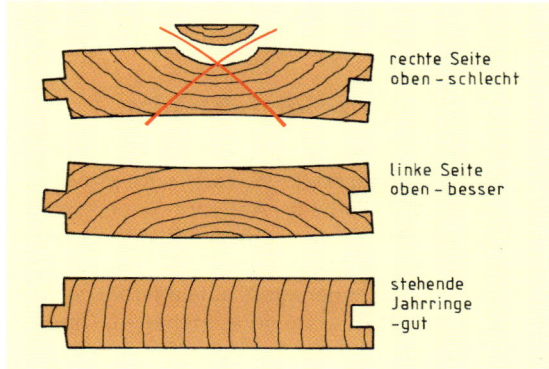

2 Lage der Jahrringe bei Hobeldielen

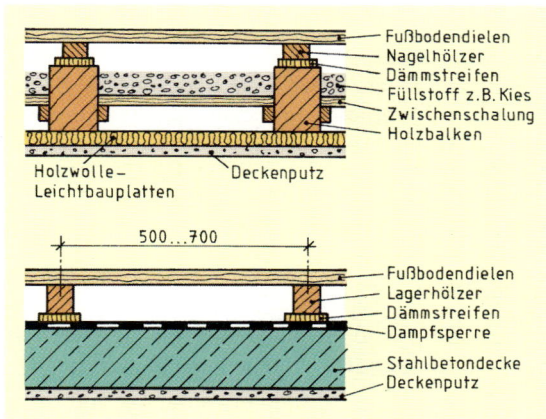

3 Aufbau eines Fußbodens mit Fußbodendielen

Herkunft	Brettlänge _l_	Stufung	zul. Abw.	Brettbreite _b_	zul. Abw.	Brettdicke s_1	zul. Abw.	Federdicke s_2	Brüstung _t_
Europäische Nadelhözer	1500…4500	250	+50	95	±1,5	15	±0,5	4	7
				115	±1,5	20	±0,5	6	9
	4500…6000	500	−25	135	±2,0	25	±1,0	6	10
				155	±2,0	32	±1,0	8	13
Nordische Nadelhölzer	1800…6300	300	±50	96	±1,5	19,5	±0,5	6	8
				111	±1,5	22,5	±1,0	6	10
				121	±2,0	22,5	±1,0	6	11
Überseeische Nadelhölzer	1520…6100	305	±50	76	±0,5	–	–	–	–

4 Maße für gespundete Bretter in mm

Beim Verlegen wird zuerst ein Brett mit der Nutseite zur Wand mit 10…20 mm Abstand befestigt. Der Abstand soll eine Schallübertragung zwischen Fußboden und Wand unterbinden. Dann werden jeweils 5…6 Dielen verlegt und mit Bauklammern und Hartholzkeilen oder mit Fußbodenpressen zusammengepresst. Sichtbar genagelt wird in einer angerissenen Flucht 15…20 mm neben den Fugen (Abb. 3).

Bei der unsichtbaren Nagelung werden die Bretter einzeln verlegt, angepresst und durch die Feder befestigt (Abb. 1 u. 3).

12.7.2 Parkett-Holzfußböden

Die gebräuchlichsten Parkettarten sind Stab-, Mosaik- und Fertigparkett. Parkett wird meist auf schwimmenden Zement-, Anhydrit- oder Asphaltestrich vollflächig aufgeklebt. Auf Blindböden wie Holzspanplatten oder Brettlagen wird Parkett geklebt bzw. verdeckt genagelt, auf Lagerhölzer wird z.B. Stabparkett freitragend aufgenagelt. Die Verlegevorschriften sowie die Herstellerangaben zu Klebern und Anstrichen müssen genau beachtet werden.

Kleben

Der staubfreie Unterboden wird zunächst mit Haftgrund gestrichen. Nach dem Trocknen wird der Kleber aufgebracht und mit einem groben Zahnspachtel gleichmäßig verteilt. Das Parkett wird in den weichen Kleber fugendicht verlegt und ist erst nach der Aushärtung des Klebers begehbar.

Parkettarten

Parkettstäbe sind ringsum genutet und werden mit Fremdfedern (Querholzfedern) verbunden.

Parkettriemen haben an je einer Längs- und Hirnholzkante eine angefräste Feder und an den gegenüberliegenden Seiten die passenden Nuten.

Mosaikparkett besteht aus 8 mm dicken Einzellamellen, die an der Unterseite durch ein Netzgewebe oder Lochpapier lose zusammengehalten werden.

Fertigparkett-Elemente sind mehrschichtige, oberflächenbehandelte, quadratische oder rechteckige Fußbodenplatten (siehe auch Abb. 1, S. 100).

Holzpflasterparkett wird aus scharfkantig geschnittenen Holzklötzen hergestellt, die so verlegt werden, dass die Hirnholzfläche die Lauffläche bildet.

Parkett bietet eine Vielfalt gestalterischer Möglichkeiten in Form von Verlegemustern (Abb. 2).

12.7.3 Fußleisten

Fußleisten haben die Aufgaben, die Fuge zwischen Fußboden und Wand abzudecken und die Wände vor Stößen zu schützen. Fußleisten werden mit der linken Seite zur Wand angebracht. So bleibt beim Nachtrocknen des Holzes die obere Fuge dicht (Abb. 3).

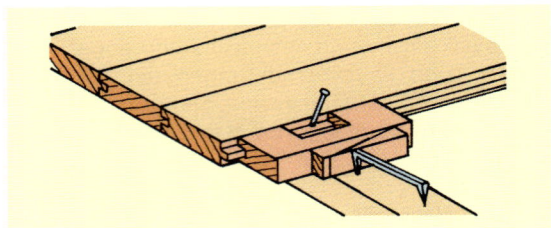

1 Zusammenpressen und verdeckt nageln

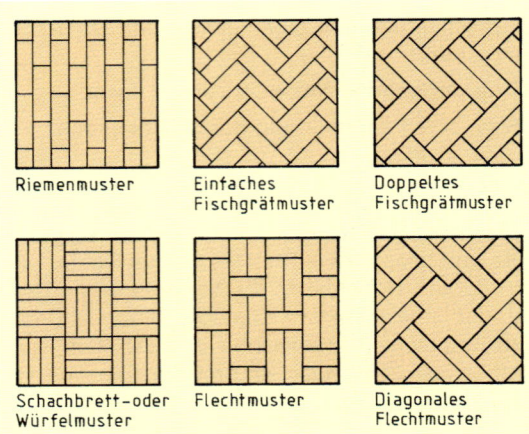

Riemenmuster | Einfaches Fischgrätmuster | Doppeltes Fischgrätmuster

Schachbrett- oder Würfelmuster | Flechtmuster | Diagonales Flechtmuster

2 Verlegemuster von Parkett

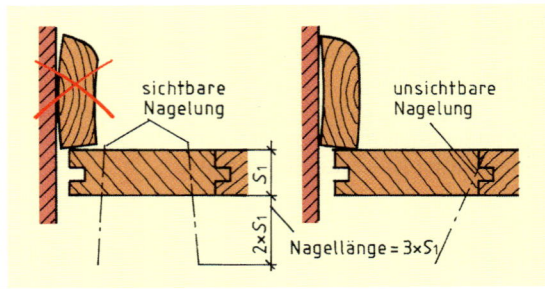

3 Anbringen von Fußleisten

Aufgaben

1. Erklären Sie den Unterschied zwischen Profilmaß und Deckmaß bei Hobeldielen.
2. Warum soll bei Fußbodendielen die linke Seite oben liegen.
3. Warum muss zwischen dem Fußboden und der Wand ein Abstand vorhanden sein?
4. Aus welchen Gründen müssen Fußleisten mit der linken Seite zur Wand angebracht werden?

13 Treppenbau

Treppen sind begehbare Bauteile, die der Überwindung von Höhenunterschieden dienen. Neben dieser eigentlichen Funktion wurden Treppen zu allen Zeiten als besonderes Gestaltungselement ausgeführt (Abb. 1). Besonders aufwendige und bequem begehbare Holztreppen sind im Barock gebaut worden.

Holztreppen bieten eine Vielfalt gestalterischer Möglichkeiten und wurden in den letzten Jahren in zunehmendem Maße gebaut.

Der Treppenbau unterliegt besonderen Sicherheitsbestimmungen, die in DIN 18064 „Begriffe" und DIN 18065 „Hauptmaße" beschrieben sind und durch die verschiedenen Landesbauordnungen gesetzlich geregelt sind.

1 **Barocktreppe** im Sülfmeisterhaus, Lüneburg

13.1 Grundbegriffe nach DIN 18064

Treppe

Ein begehbares Bauteil, das aus mehr als drei zusammengehörenden Stufen besteht, wird als **Treppe** oder **Treppenlauf** bezeichnet.

Mit **Ausgleichstreppen** werden Höhenunterschiede innerhalb eines Geschosses ausgeglichen. Treppen, die zwei Geschosse miteinander verbinden, heißen **Geschosstreppen**.

Die **Lauflinie** ist eine gedachte Linie, die den gewöhnlichen Weg der Benutzer darstellt.

Treppenpodest

Treppenabsätze am Anfang und am Ende einer Treppe werden als **Treppenpodest** bezeichnet.

Treppenabsätze zwischen den Geschossdecken oder zwischen zwei Treppenläufen heißen **Zwischenpodeste**.

Treppenraum

Der für die Treppe vorgesehene Raum wird als **Treppenhaus** oder **Treppenraum** bezeichnet.

Die Aussparung oder Auswechselung in der Geschossdecke nennt man **Treppenöffnung** oder **Treppenloch**.

Der von den Treppenläufen und den Podesten begrenzte Freiraum heißt **Treppenauge**.

Geländer

Die senkrechte Schutzeinrichtung an Treppen gegen Abstürzen bezeichnet man als **Treppengeländer** oder **Treppenbrüstung**.

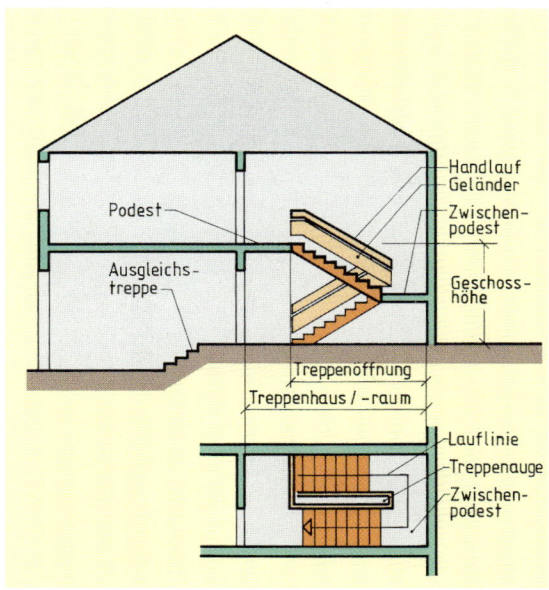

2 **Begriffsbestimmungen von Treppen**

Als **Handlauf** wird der obere griffgerechte Teil eines Geländers bezeichnet, der als Gehhilfe für Personen auch an der Wand befestigt werden kann.

219

Treppenstufe

Eine Treppenstufe besteht aus dem waagerechten Stufenteil der **Trittstufe** oder begehbaren Trittfläche und dem senkrechten Stufenteil, der **Setzstufe**. Die Bezeichnungen der Stufenmaße sind in Abb. 1 dargestellt.

Stufenauflager

Treppenwangen begrenzen den Lauf seitlich und tragen die Stufen. Man unterscheidet **Wand-** und **Lichtwangen** (Abb. 2). Wird die Lichtwange gebogen, spricht man im Bereich der Biegung vom „Krümmling".

Bei aufgesattelten Treppen werden die Stufen von dem **Treppenholm** getragen (Abb. 3).

13.2 Treppenarten

Treppen werden nach ihrer Form unterschieden. Die Form einer Treppe wird von der Größe und der Funktion eines Gebäudes, von einzuhaltenden Vorschriften und von gestalterischen Gesichtspunkten bestimmt.

> Nach der Form der Treppenläufe werden im Holzbau **gerade, gewinkelte** und **gewendelte** Treppen unterschieden.

Aufgaben

1. Erklären Sie die Grundbegriffe: Treppenlauf, Geschosstreppe, Lauflinie, Treppenstufe, Treppenwange, Treppenholm.
2. Nennen Sie Vorschriften für den Treppenbau.

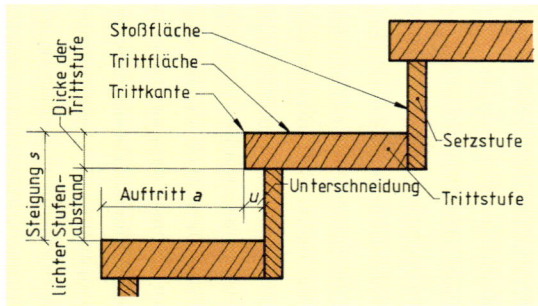

1 Treppenstufen

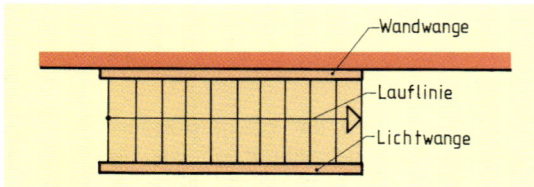

2 Treppenwangen

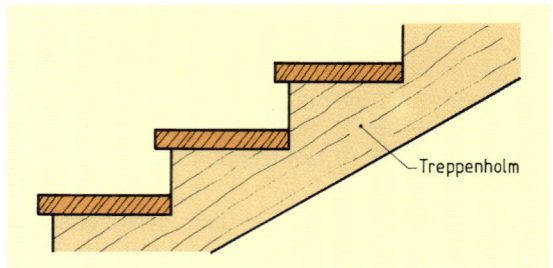

3 Treppenholm

13.2.1 Treppen mit geraden Läufen (Abb. 4)

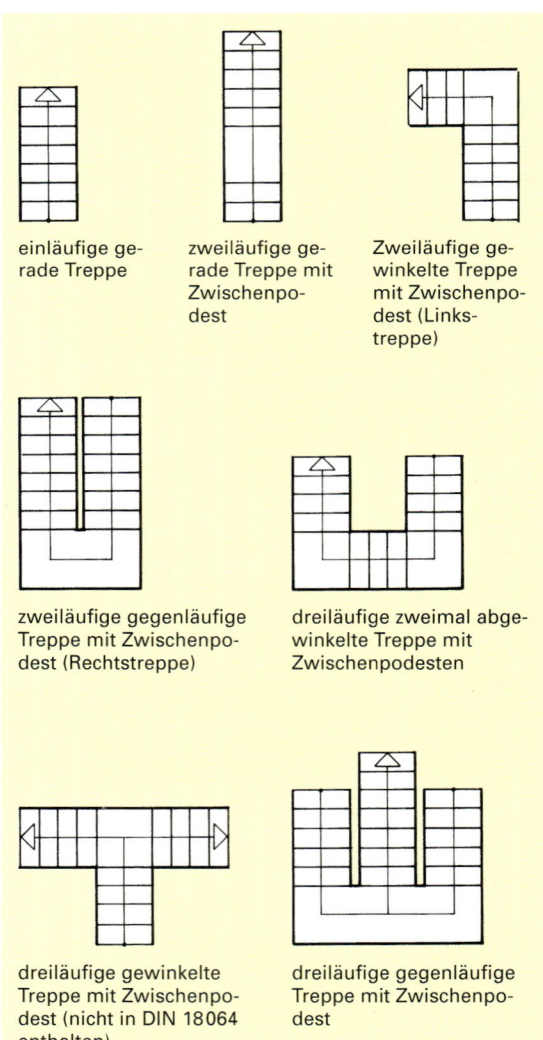

einläufige gerade Treppe

zweiläufige gerade Treppe mit Zwischenpodest

Zweiläufige gewinkelte Treppe mit Zwischenpodest (Linkstreppe)

zweiläufige gegenläufige Treppe mit Zwischenpodest (Rechtstreppe)

dreiläufige zweimal abgewinkelte Treppe mit Zwischenpodesten

dreiläufige gewinkelte Treppe mit Zwischenpodest (nicht in DIN 18064 enthalten)

dreiläufige gegenläufige Treppe mit Zwischenpodest

4 Treppen mit geraden Läufen

13.2.2 Treppen mit gewendelten Läufen

Gewendelte Treppen sind platzsparender als abgewinkelte Treppen mit geraden Läufen und Zwischenpodesten (Abb. 1 u. 2).

13.2.3 Rechts- und Linkstreppen

Rechts- und Linkstreppen werden nach ihrem Drehsinn beim Aufwärtsschreiten bezeichnet (Abb. 3).

13.3 Stufenarten

Treppenstufen werden nach ihrer Lage innerhalb des Treppenlaufes und nach ihrer Querschnittsform unterschieden.

13.3.1 Stufenarten nach der Lage

Die Antrittstufe ist die unterste oder erste Stufe eines Treppenlaufes.

Die Austrittstufe ist die oberste oder letzte Stufe eines Treppenlaufes. Sie gehört bereits zum Podest oder Zwischenpodest.

Ausgleichstufen sind eine bis drei Treppenstufen zwischen verschieden hohen Nutzungsebenen.

13.3.2 Stufenarten nach dem Querschnitt

Bei Holztreppen kommen als Querschnittsformen **Keilstufen** und **Plattenstufen** vor. Keilstufen sind Treppenstufen mit dreieckigem Querschnitt aus Vollholz oder Schichtholz (Abb. 4).

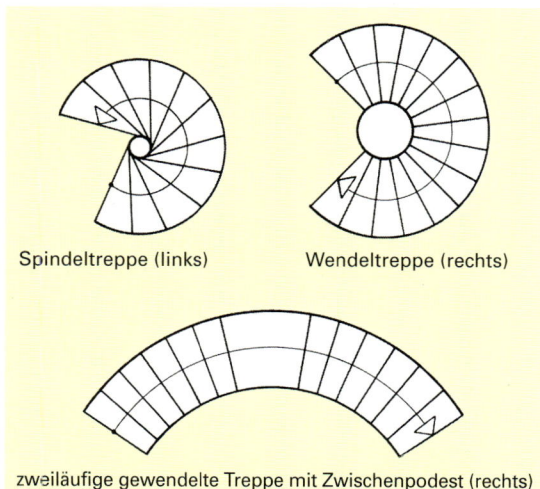

Spindeltreppe (links)　　　　Wendeltreppe (rechts)

zweiläufige gewendelte Treppe mit Zwischenpodest (rechts)

1 Treppen mit gewendelten Läufen

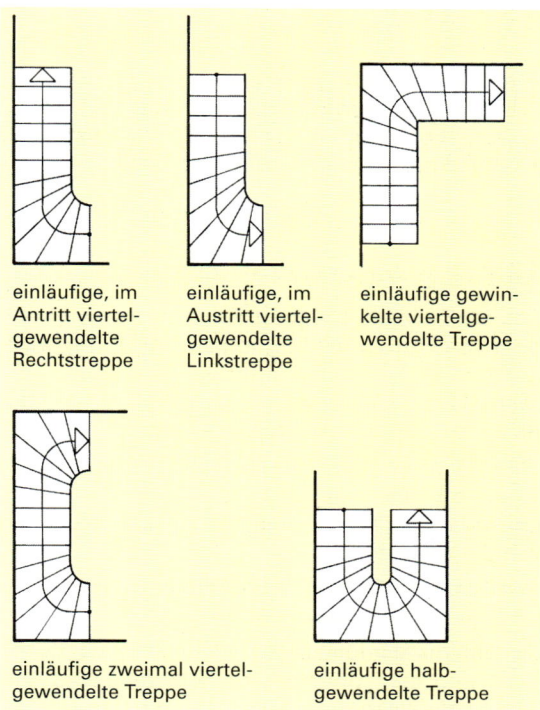

einläufige, im Antritt viertelgewendelte Rechtstreppe

einläufige, im Austritt viertelgewendelte Linkstreppe

einläufige gewinkelte viertelgewendelte Treppe

einläufige zweimal viertelgewendelte Treppe

einläufige halbgewendelte Treppe

2 Treppen mit geraden und gewendelten Laufteilen

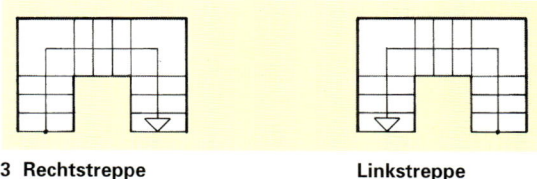

3 Rechtstreppe　　　　　　　Linkstreppe

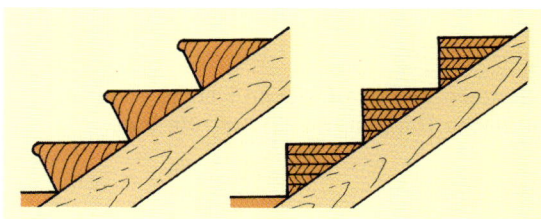

4 Keilstufen

Aufgaben

1. Skizzieren Sie verschiedene Treppenformen im Grundriss.
2. Unterscheiden Sie die Treppenstufen nach der Lage und nach dem Querschnitt.

13.4 Planungsvorschriften

Treppen sollen bequem und sicher zu begehen sein. Die Sicherheitsbestimmungen und Bemessungsregeln sind in den Landesbauordnungen und DIN-Vorschriften festgelegt.

13.4.1 Steigungsverhältnis

Das Maß für die Neigung einer Treppe wird aus dem Verhältnis von Steigung s zu Auftritt a gebildet. Das **Steigungsverhältnis** wird von der durchschnittlichen Schrittlänge in Verbindung mit der Steigungsmöglichkeit abgeleitet.

Zur Bestimmung des Steigungsverhältnisses von Treppen können die Schrittmaßregel, die Sicherheitsregel oder die Bequemlichkeitsregel angewendet werden.

Die **durchschnittliche Schrittlänge** in der waagerechten Ebene beträgt etwa 630 mm.

Die **Steigungsmöglichkeit** ist etwa nur halb so groß und liegt ungefähr bei 315 mm (das entspricht etwa dem Sprossenabstand bei Anlegeleitern).

Die Schrittmaßregel wird aus diesem Verhältnis errechnet. Danach beträgt die Summe aus zwei Steigungen (s) und einem Auftritt (a) die Schrittlänge $l = 630$ mm (siehe auch Technische Mathematik, Kap. 6).

Die Schrittmaßregel lautet:

$$a + 2s = 630 \text{ mm}$$

Beispiel: $s = 170$ mm, $a = ?$
$a = 630$ mm $- 2 \cdot 170$ mm
$a = 290$ mm

Für steile Treppen ergeben sich zu schmale und für flache Treppen zu tiefe Auftritte (Abb. 1).

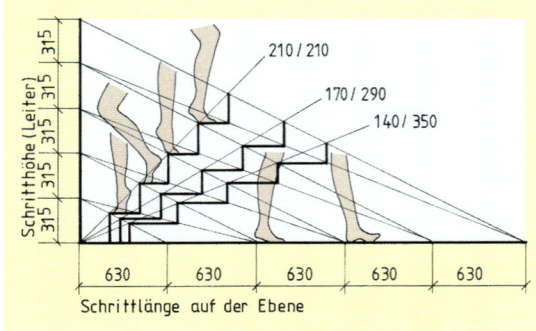

1 Steigungsverhältnis nach der Schrittmaßregel

Die Sicherheitsregel kann für solche Treppen angewendet werden. Hierbei beträgt die Summe aus einem Auftritt (a) und einer Steigung (s) 460 mm.

Die Sicherheitsregel lautet:

$$a + s = 460 \text{ mm}$$

Beispiel: $s = 170$ mm, $a = ?$
$a = 460$ mm $- 170$ mm
$a = 290$ mm

Die Bequemlichkeitsregel besagt, dass die Differenz zwischen einem Auftritt (a) und einer Steigung (s) 120 mm beträgt.

Die Bequemlichkeitsregel lautet:

$$a - s = 120 \text{ mm}$$

Beispiel: $a = 290$ mm, $s = ?$
$s = 290$ mm $- 120$ mm
$s = 170$ mm

Das günstigste Steigungsverhältnis liegt bei 170/290 mm. Das entspricht ungefähr einer Neigung von 30°.

Folgende Steigungen sind üblich:

– Keller- und Bodentreppen	200…220 mm
– Wohnhäuser	170…180 mm
– Schulen, öffentliche Gebäude	160…170 mm
– Garten- und Freitreppen	140…160 mm

13.4.2 Stufenausbildung

Bei Treppenstufen mit einer Auftrittbreite unter 260 mm muss eine Unterschneidung von mindestens 30 mm vorgesehen werden.

Bei Treppen, die nur aus Trittstufen bestehen und bei denen mit Kindern zu rechnen ist, wird ein lichter Stufenabstand von höchstens 120 mm gefordert, siehe Abb. 1, S. 220.

13.4.3 Treppenlaufbreite

Je mehr eine Treppe benutzt wird, desto breiter muss der Treppenlauf sein. Im Allgemeinen gelten folgende Mindestbreiten:

– Treppen in Wohngebäuden mit mehr als zwei Vollgeschossen	1,00 m
– Treppen in Wohngebäuden mit bis zu zwei Vollgeschossen	0,80 m
– Treppen in Einfamilienhäusern sowie Kellerstreppen und Dachraumtreppen	0,80 m

13.4.4 Podestlänge

Ein Treppenlauf muss nach höchstens **18 Steigungen** durch ein Podest unterbrochen werden. Die Podestlänge muss dem Schrittmaß der Treppe angepasst werden, weil sonst Stolpergefahr besteht. Die Mindestlänge beträgt eine Schrittlänge und eine Auftrittbreite.

> Mindestpodestlänge = *l* + *a*

13.4.5 Durchgangshöhe

Nach der Musterbauordnung und der DIN 18065 muss die Kopfhöhe, also der senkrechte Mindestabstand zwischen der Stufenvorderkante und der Unterkante darüber liegender Bausteile, 2,00 m betragen.

13.4.6 Brandschutz

Holztreppen dürfen bei Gebäuden mit einer Grundfläche von höchstens 500 m² und zwei Vollgeschossen ohne besondere Brandschutzmaßnahmen eingebaut werden.

Aufgabe

> Erläutern Sie die Bestimmung des Steigungsverhältnisses nach der Schrittmaßregel, der Sicherheitsregel und nach der Bequemlichkeitsregel.

13.5 Treppenbauarten

13.5.1 Blocktreppen

Die gerade Blocktreppe ist eine einfache und sehr alte Holztreppenkonstruktion. Die dreieckigen Blockstufen aus Vollholz werden auf zwei Tragbalken genagelt, geschraubt oder gezapft (Abb. 1).

Da bei den massiven Stufen verstärkt Risse und Formänderungen auftreten, werden die Stufen heute aus verleimten Brettschichten hergestellt.

13.5.2 Aufgesattelte Treppen

Auf stufenförmig ausgeschnittenen Wangen werden **Plattenstufen** aufgelegt und mit Dübeln oder Holzschrauben befestigt. Die Stirnseiten der Plattenstufen sind bei einer frei stehenden aufgesattelten Treppe sichtbar.

Die **Wangen** werden am unteren und oberen Podestbalken mit Hängewinkeln befestigt oder auf den unteren Podestbalken aufgeklaut und gegen den oberen Podestbalken gelehnt und an diesem angeschraubt oder angenagelt (Abb. 2).

Aufgesattelte Treppen **ohne Setzstufe** wirken sehr leicht, besonders die **Einholmtreppe**, bei der die Stufen auf einem, meist in der Lauflinie angeordneten Holm aufliegen. Der Holm muss 160... 180 mm breit und je nach Treppenlauflänge 250... 350 mm hoch sein, wobei meistens dreieckige **Sattelhölzer** auf den Holm aufgesetzt sind.

Die **Wangen gewendelter aufgesattelter Treppen** werden aus Furnierschichten hergestellt. Mithilfe eines Lehrgerüstes oder einer Spannvorrichtung werden die **Krümmlinge** schichtweise verleimt.

> Da Satteltreppen verhältnismäßig einfach herzustellen sind und sehr vielseitig gestaltet werden können, werden sie heute von allen Holztreppenarten am häufigsten gebaut. Sie können als gerade oder als gewendelte Treppen hergestellt werden.

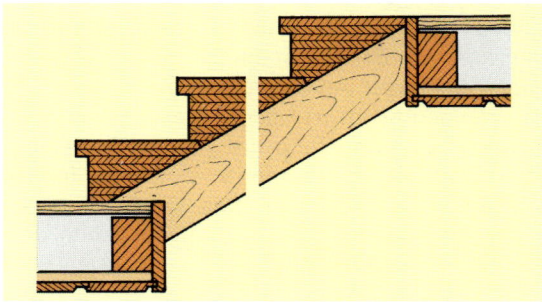

1 Blocktreppe mit brettschichtverleimten Stufen

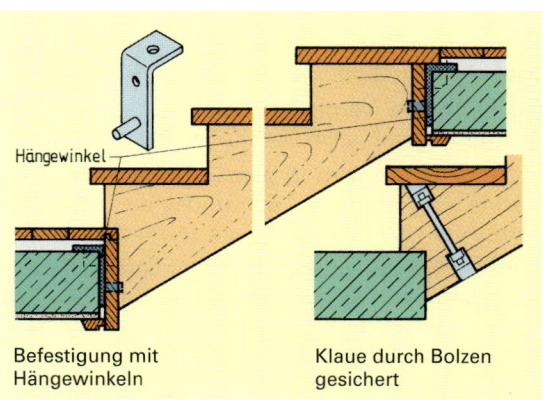

Hängewinkel

Befestigung mit Hängewinkeln   Klaue durch Bolzen gesichert

2 Aufgesattelte Treppe

13.5.3 Eingeschobene Treppen

Eingeschobene Treppen haben gerade Treppenläufe und keine Setzstufen. Sie werden häufig als Keller- oder als Bodentreppen verwendet.

Die Stufen werden in etwa 20 mm tief eingesägte oder eingefräste **Wangennuten** von vorn eingeschoben (Abb. 1).

Bei steilen Treppen gehen die Nuten in den Wangen durch. Bei Treppen mit geringer Neigung gehen die Nuten nicht durch, so dass an der Wangenhinterkante ein **Besteck** von 40...50 mm stehen bleibt.

Eingegratete Stufen sind mit der Wange fest verbunden, die Treppe ist genügend ausgesteift. Bei **geraden Wangennuten** müssen die Treppenstufen durch **zusätzliche Zapfen** an einigen Stufen oder mit durchgehenden **Treppenbolzen** zusammengehalten werden.

Das **Wangenauflager** wird so wie bei der aufgesattelten Treppe ausgebildet.

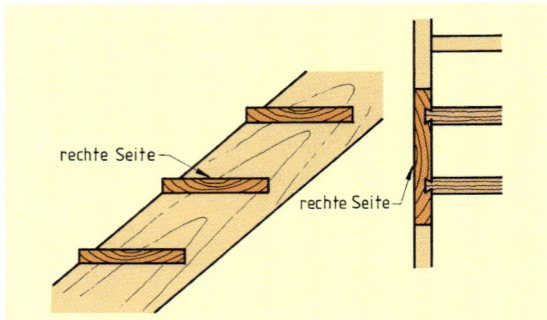

1 Eingeschobene Treppe

13.5.4 Gestemmte Treppen

Gestemmte Treppen werden als gerade und als gewendelte Treppen hergestellt (Abb. 2).

Bei **voll gestemmten Treppen** sind die Tritt- und Setzstufen in die Wangen eingestemmt.

Bei **halb gestemmten Treppen** ohne Setzstufen sind nur die Trittstufen in die Wange eingestemmt. Die Nuten wurden früher eingestemmt, heute dagegen eingefräst. An der Vorder- und Hinterkante der Wangen bleibt jeweils ein Besteck von 40... 50 mm. Zur Aussteifung der Treppe sind einige Stufen mit verkeilten Zapfen vorzusehen oder mit Schrauben zu verbinden. Das Wangenauflager entspricht dem Auflager der aufgesattelten und eingeschobenen Treppe.

Gestemmte Treppen müssen sorgfältig angefertigt werden, da sie sonst knarren.

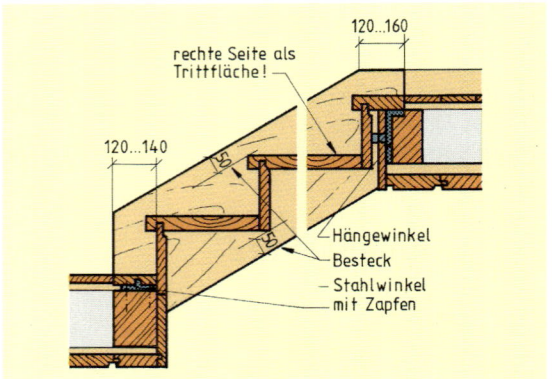

2 Gestemmte Treppe

Besonders genau ist bei der Verbindung zwischen Tritt- und Setzstufe zu arbeiten.

Für die **obere Verbindung** gibt es verschiedene Ausführungsmöglichkeiten (Abb. 3):

- Die Setzstufe wird in ganzer Dicke in die Trittstufe eingeschoben. Schwindet die Setzstufe, entsteht eine Fuge, die Stufe sitzt nicht fest.
- An die Setzstufe wird eine Feder angeschnitten, was ein geringeres Schwindmaß zur Folge hat. Die Feder muss so lang sein, dass sie im Nutgrund fest aufliegt.
- Die Setzstufe wird stumpf unter die Trittstufe gesetzt und verleistet.

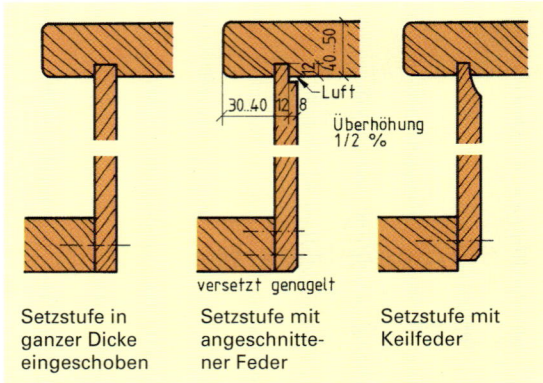

3 Verbindung von Tritt- und Setzstufe

- An die Setzstufe wird eine Keilfeder angefräst, die sich in die Nut hineindrückt und auch dann seitlich dicht anschließt, wenn die Setzstufe in ihrer Höhe schwindet.

Die **untere Verbindung** von Tritt- und Setzstufe ist für die Trittstufe als Auflager auszuführen. Um ein späteres Knarren zu verhindern, werden die Trittstufen vor dem Nageln oder Schrauben mit Keilen oder durch Hebelwirkung auseinander gedrückt, so dass nach dem Nageln eine Spannung zwischen Tritt- und Setzstufe vorhanden ist, bzw. wird die Oberkante der Setzstufe überhöht.

13.6 Treppengeländer

Treppengeländer sind zum Schutz vor seitlichem Abstürzen und zum sicheren Begehen von Treppen vorgeschrieben. Sie bestehen aus **Handlauf, Pfosten** und **Stäben** oder Plattenwerkstoffen.

Die **Höhe** des Treppengeländers, an der Stufenvorderkante gemessen, muss 0,90 m betragen.

Die **Stababstände** dürfen nicht breiter als 120 mm sein, um Kinder nicht zu gefährden.

Der **Handlauf** sollte im Griffbereich 55...60 mm breit und möglichst profiliert sein.

Die Ausführung des **Geländers** wird von der Treppenkonstruktion und von dem Aussehen bestimmt. Bei **eingeschobenen** und **gestemmten** Treppen können die Geländer an den Wangen befestigt werden (Abb. 1). Bei aufgesattelten Treppen wird das Geländer auf den Stufen oder an gekröpften Pfosten befestigt (Abb. 2).

Aufgaben

1. Beschreiben Sie vier Treppenarten.
2. Beschreiben Sie die Geländerkonstruktion für eine eingeschobene und eine gestemmte Treppe.

1 Treppengeländer für eingeschobene und gestemmte Treppen

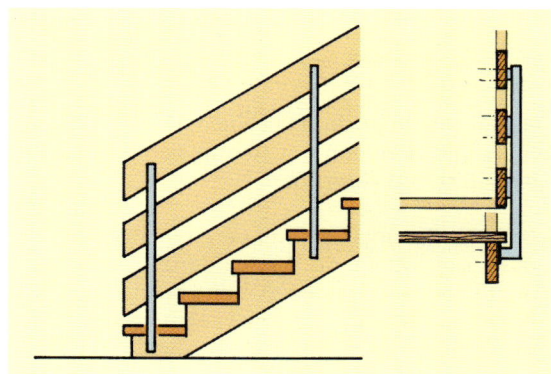

2 Treppengeländer für aufgesattelte Treppen

13.7 Anreißen von Treppen

13.7.1 Ermittlung der Stufenzahl und des Steigungsverhältnisses

Zur Ermittlung des **Steigungsverhältnisses** teilt man die **vorhandene Geschosshöhe** durch die **gewünschte Steigungshöhe**. Das Ergebnis wird auf eine ganze Zahl auf- oder abgerundet und ergibt die **Anzahl der Steigungen**. Die genaue Steigungshöhe erhält man, indem man wiederum die Geschosshöhe durch die Anzahl der gewählten Steigungen teilt.

Die **Auftrittbreite** wird nach der Schrittmaß-, Sicherheits- oder Bequemlichkeitsregel ermittelt. Das Steigungsverhältnis sollte so bestimmt werden, dass die Treppe sich bequem gehen lässt, aber nicht zu viel Platz beansprucht (siehe Beispiel).

Beispiel:

gegeben:	Geschosshöhe	= 2750 mm
	angenommene Steigungshöhe	= 170 mm
gesucht:	Anzahl der Steigungen	
	genaue Steigungshöhe	
	Auftrittbreite	

– **Anzahl an Steigungen:**
  270 mm : 170 mm   = 16,18 Steigungen
  gewählte Anzahl   = **16 Steigungen**

– **genaue Steigungshöhe s:**
  2750 mm : 16 Stg.   = 171,8 mm
                   s = **172 mm**

– **Auftrittbreite a:**
  nach der Schrittmaßregel: $2s + a \approx 630$ mm
  $a \approx 630$ mm $- 2 \cdot 172$ mm
  $a \approx$ **287 mm**

13.7.2 Ermittlung der Lauflänge

Eine Treppe hat immer eine Steigung mehr als Auftritte, da der letzte Auftritt Teil des Podestes oder der Geschossdecke ist.

> **Beispiel** (Siehe 13.7.1):
>
> gegeben: 16 Steigungen s = 172 mm
> Auftrittbreite a = 287 mm
>
> – **Lauflänge:**
> **15** Auftritte · 287 = **4305 mm**
>
> Wählt man bei dieser Treppe 17 Steigungen, ergeben sich folgende Größen:
>
> – Steigungshöhe s = 2750 mm : 17 = **161,8 mm**
> – Auftrittbreite a = 630 – 2 ·162 mm
> = **306 mm**
> – Lauflänge = **16** Auftritte · 306 mm
> = **4896 mm**

Das Beispiel zeigt, dass bei einem Unterschied der Steigungshöhen von nur 10 mm sich die Lauflänge um 591 mm vergrößert.

> Bei der Planung von Treppen ist zu beachten, dass sich durch die Verminderung der Steigungshöhe um wenige mm und die dadurch erhöhte Anzahl der Stufen die Lauflänge erheblich vergrößert.

13.7.3 Anreißen gerader Treppen

Im Aufriss bringt man die Auftritte aus dem Grundriss mit den Steigungshöhen zum Schnitt (Abb. 1). In diese vorläufige Darstellung der Treppe werden je nach Bauart der Treppe Tritt- und Setzstufen eingezeichnet, die dann auf die Treppenwangen oder -holme übertragen werden (siehe auch Konstruktion und Arbeitsplanung, Kap. 8.1).

Zweiläufige Treppen (Abb. 2) haben zwei Steigungen mehr als Auftritte, wodurch die gesamte Lauflänge verkürzt wird.

13.7.4 Anreißen gewendelter Treppen

Im Bereich der Wendelung werden die Stufen keilförmig ausgebildet. Das Ermitteln der Stufenform wird als **Verziehen** bezeichnet.

– Nach DIN 18065 muss die Trittfläche im 150-mm-Abstand von der Innenwange mindestens noch 100 mm breit sein. Nach einigen Landesbauordnungen soll die Auftrittbreite direkt an der Innenwange nicht weniger als 100 mm betragen.

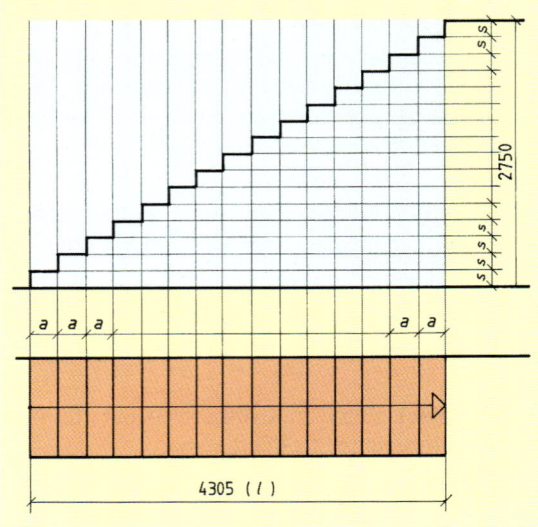

1 Ermittlung der Lauflänge für eine einläufige gerade Treppe (Schema)

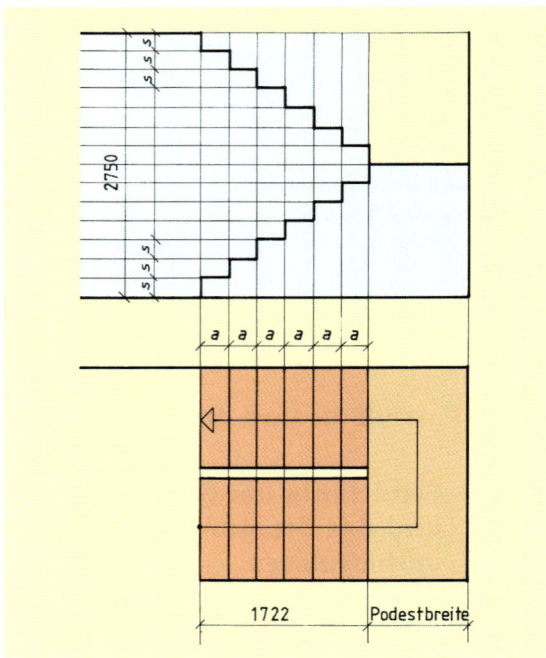

2 Ermittlung der Lauflänge für eine zweiläufige gerade Treppe mit Zwischenpodest (Schema)

– Stufenvorderkanten dürfen nicht in die Ecke der Außenwangen laufen.

– Liegt die Wendelung am Treppenantritt oder -austritt, muss die Antritt- bzw. Austrittstufe die schmalste Stufe an der Innenwange sein.

– Liegt die Wendelung innerhalb des Treppenlaufes, wird eine ungerade Zahl von Stufen verzogen, wobei die schmalste Stufe in der Mitte liegt.

– Die Auftrittbreite muss in der Lauflinie bei allen Stufen gleich groß sein.

> Die Stufenbreite an der Innenseite der Wange sollte möglichst gleichmäßig in den Bereich der Wendelung hinein verzogen werden.

Dafür gibt es mehrere Methoden, u. a. das Verhältnisteilverfahren (s. 13.7.5 und 13.7.6 und Konstruktion und Arbeitsplanung, Kap. 8.2).

13.7.5 Verziehen einer viertelgewendelten Treppe nach dem Verhältnisteilverfahren

Bei einer viertelgewendelten Treppe werden mindestens sieben, möglicherweise auch neun oder elf Stufen verzogen. **Arbeitsschritte** für die zeichnerische Lösung sind (Abb. 1):

– Grundriss mit Lauflinie zeichnen,

– Winkelhalbierende einzeichnen,

– auf beiden Seiten der Winkelhalbierenden die halbe Auftrittbreite an der Lauflinie antragen,

– Mindestauftrittbreite von 100 mm an der Innenwange markieren (Radius wird gewählt),

– die eben ermittelten Punkte auf Lauflinie und Innenwange verbinden, die verlängerte Vorder- und Hinterkante der so gefundenen Mittelstufe schneiden sich im Punkt A,

– Auftrittbreiten auf Lauflinie mit Zirkel antragen,

– die verlängerten Vorderkanten der ersten geraden Stufen auf der Winkelhalbierenden im Punkt B zum Schnitt bringen,

– waagerechte Streckenteilung im Verhältnis 1:2:3 bei sieben zu verziehenden Stufen (bei neun Stufen 1:2:3:4, bei elf Stufen 1:2:3:4:5), im Punkt A beginnen,

– Endpunkt der Streckenteilungslinie mit Punkt B verbinden und parallel dazu durch die anderen Teilpunkte,

– gefundene Teilpunkte auf der Strecke A–B mit den Punkten auf der Lauflinie verbinden.

Aufgaben

1. Ermitteln Sie Stufenzahl und Steigungsverhältnis für eine einläufige Treppe bei einer Geschosshöhe von 2,75 m.

2. Nennen Sie Merkmale für das Verziehen von Treppenstufen.

13.7.6 Verziehen einer halbgewendelten Treppe

Arbeitsschritte:

– Grundriss mit Lauflinie zeichnen,

– Auftrittbreiten auf der Lauflinie abtragen,

– an der Mittellinie am Kropf nach beiden Seiten 50 mm antragen,

– Punkte auf Lauflinie mit Punkten am Kropf verbinden, verlängerte Mittelstufenkanten schneiden sich im Punkt A,

– die verlängerten Vorderkanten der in Laufrichtung ersten und letzten geraden Stufe schneiden sich auf der Mittellinie im Punkt B,

– Strecke A–B mit Verhältnisteilung teilen,

– die so auf der Achse gefundenen Punkte mit den Punkten auf der Lauflinie verbinden (Abb. 2).

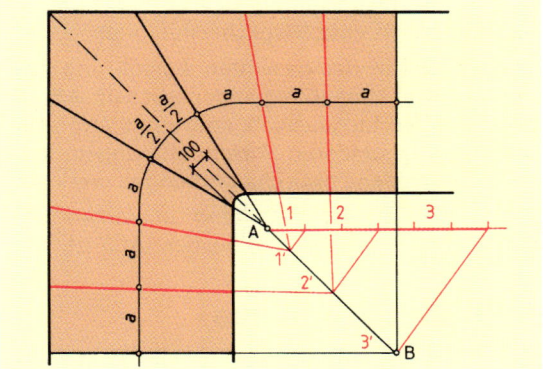

1 Verziehen einer viertelgewendelten Treppe

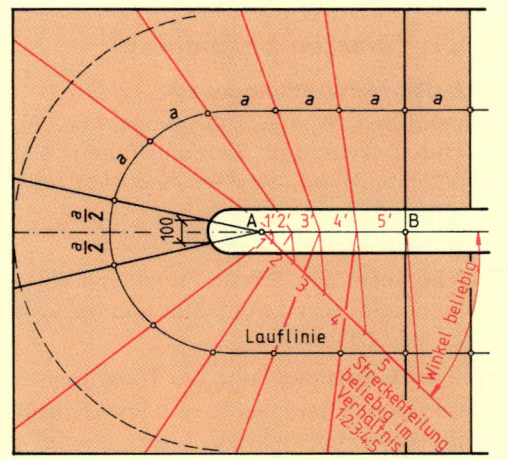

2 Verziehen einer halbgewendelten Treppe

3. Skizzieren Sie den Aufriss einer gestemmten Treppe mit einem Steigungsverhältnis von 170/290 mm im Maßstab 1:10.

4. Verziehen Sie eine halbgewendelte Treppe nach dem Verhältnisteilverfahren.

14 Innentüren

14.1 Aufgaben und Anforderungen

Innentüren bestehen aus dem beweglichen **Türblatt** und der fest eingebauten **Umrahmung**. Ihre Aufgabe besteht darin, Räume miteinander zu verbinden. Innentüren haben auch besondere Anforderungen zu erfüllen, z.B. Schallschutz, Wärmeschutz und Sicherheit.

14.2 Gestaltung und Form

Die äußere Gestalt einer Tür ist von architektonischen Wünschen, von der Funktion, dem Werkstoff und der Konstruktion abhängig (Abb. 1).

Die Größenverhältnisse einer Tür werden in der Regel durch die Maueröffnung bestimmt. Die Aufteilung in beispielsweise Seitenteile und Oberlichter und die Ausgestaltung des Türblattes lassen dem Fachmann viele Möglichkeiten offen.

Türen sollen in der gesamten Ausführung stets dem Stil ihrer Umgebung angepasst sein. Mit der Holz- und Beschlagauswahl sowie mit Verglasungen oder besonderen Türumrahmungen kann man verschiedene optische Wirkungen erreichen.

Türen können raumgestaltend mitwirken oder auch neutral-zurückhaltend bleiben (Abb. 2).

14.3 Bezeichnungen

Innentüren werden nach verschiedenen Merkmalen benannt und eingeteilt. Einzelne Begriffe gelten auch für Außentüren.

14.3.1 Türarten bezeichnet

– **nach dem Verwendungszweck:**
Zimmertüren, Wohnungseingangstüren, Windfangtüren, WC- und Badezellentüren, schalldämmende Türen, Strahlenschutztüren, Feuer hemmende Türen;

– **nach der Türumrahmung:**
Blendrahmentüren, Blockrahmentüren, Zargenrahmentüren, Türen mit Futter und Bekleidung (Abb. 1, S. 229);

– **nach der Bauart und Form des Türblattes:**
Brettertüren, Rahmentüren, Sperrholztüren, Rundbogentüren, gefälzte Türen, stumpf einschlagende Türen (s. Abschnitt 14.6);

– **nach der Anzahl der Türflügel:**
ein- und mehrflügelige Türen, Türen mit fest stehendem Seitenteil;

– **nach der Bewegungsrichtung:**
Drehflügeltüren (Bezeichnung nach DIN 107), Pendeltüren, Schiebetüren, Falttüren, Harmonikatüren und Drehkreuztüren (Abb. 2, S. 229).

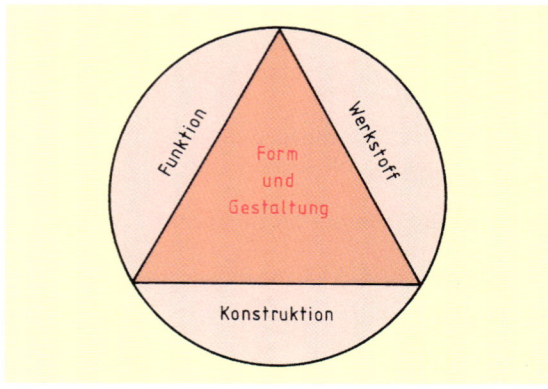

1 Einflussfaktoren
auf Formgebung und Gestaltung einer Tür

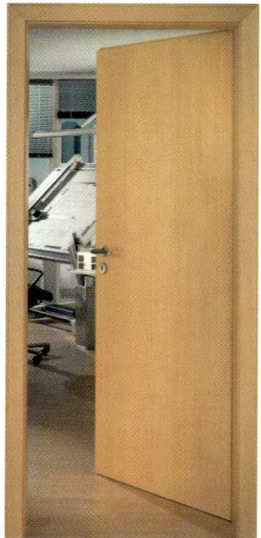

2 Türgestaltung

14.4 Drehflügeltüren

Annähernd 90% aller Türarten sind Drehflügeltüren. Sie bestehen aus der **Umrahmung,** dem **Türblatt** und den **Beschlägen.** Die Drehbewegung erfolgt um eine Längskante des Türflügels.

14.4.1 Rechts- und Linkstüren

Bei Drehflügeltüren können die Türblätter an der linken oder rechten Außenkante angeschlagen werden. Daraus erfolgt die Bezeichnung **Links-** bzw. **Rechtstür.** Sie wird von der Bandsichtseite aus bestimmt. Befinden sich die Bänder z.B. an der linken Seite, so ist es eine linke Tür mit einem linken Schloss (Abb. 3).

Nach DIN 107 wird unterschieden zwischen Öffnungs- und Schließfläche einer Tür. Die **Öffnungsfläche** gilt als Bezugsfläche für die Bezeichnung mit „links" oder „rechts".

14.5 Türumrahmungen, Konstruktion und Fertigung

Die Türumrahmung ist fest mit dem Bauwerk verbunden. Man unterscheidet vier Bauarten:

– **Futterrahmen mit Bekleidungen,**

– **Blendrahmen,**

– **Blockrahmen,**

– **Zargenrahmen.**

14.5.1 Futterrahmen mit Bekleidungen

Sie sind die gebräuchlichste Ausführung bei Innentüren (Abb. 1, S. 230). Das Futter wird **in die Maueröffnung** gesetzt. Die Bekleidungen decken den Luftspalt zwischen Futter und Mauerwerk ab. Die Futterbreite richtet sich nach der Wanddicke. Eine **Maßzugabe** von etwa 2 mm erleichtert den Einbau. Schmale Futter werden aus Vollholz, breitere aus Tischler- und Spanplatten gefertigt.

Vollholzfutter sollten nur bis zu einer Breite von etwa 150 mm hergestellt werden.

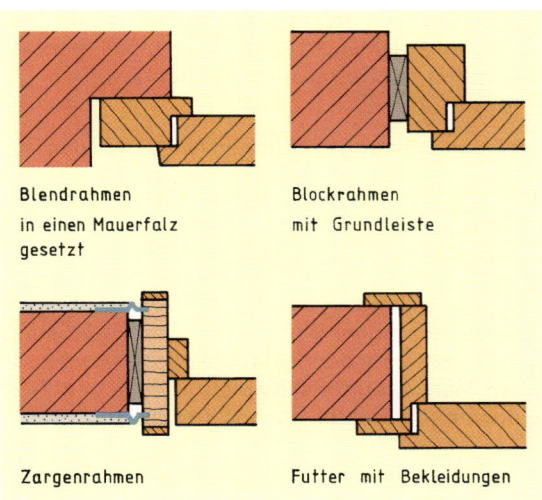

1 Türumrahmungen
Bauprinzip

Blendrahmen in einen Mauerfalz gesetzt

Blockrahmen mit Grundleiste

Zargenrahmen

Futter mit Bekleidungen

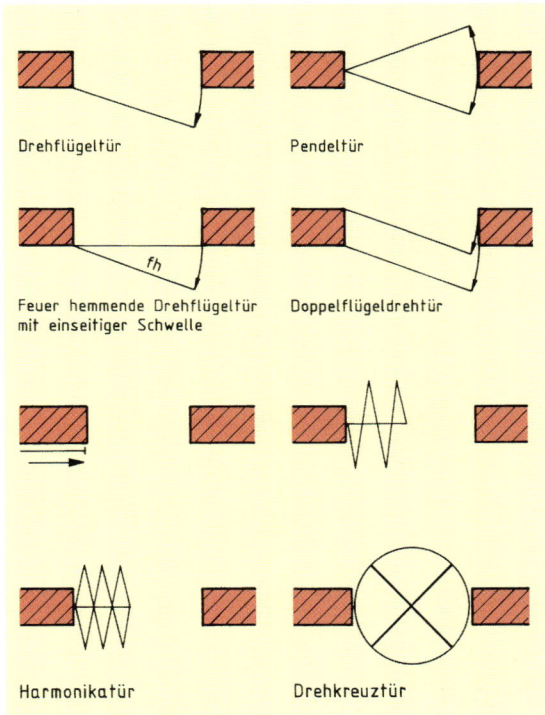

Drehflügeltür

Pendeltür

Feuer hemmende Drehflügeltür mit einseitiger Schwelle

Doppelflügeldrehtür

Harmonikatür

Drehkreuztür

2 Symbole für Türen im Grundriss
nach DIN 1356

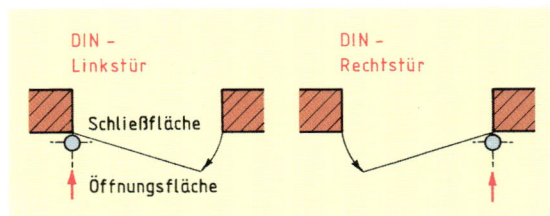

DIN-Linkstür

DIN-Rechtstür

Schließfläche

Öffnungsfläche

3 Links- und Rechtsbezeichnung
nach DIN 107

Die linken Seiten der Futter sind immer zur Mauerleibung gerichtet, so dass ein eventuelles späteres Werfen des Holzes unauffälliger bleibt.

Für **Eckverbindungen** kommen Nut und Feder, Dübel, Fälzung mit Leim und Nägeln oder vereinzelt noch Zinken zur Ausführung (Abb. 2).

Die **Falzbekleidung** wird bereits bei der Fertigung des Futterrahmens angebracht, die **Zierbekleidung** beim Einbau. Die äußeren Kanten erhalten eine **Schattennut** oder eine zusätzliche **Abschlussleiste**. Man unterscheidet Futterrahmen für gefälzte oder stumpf einschlagende Türblätter (Abb. 3).

Die Ecken der Bekleidungen sind auf Gehrung gearbeitet und in der Regel gefedert. Durch das rationelle **Lamellen-Verfahren** (Abb. 4) werden Schlitz und Zapfen bzw. Überblattungen nur noch selten ausgeführt.

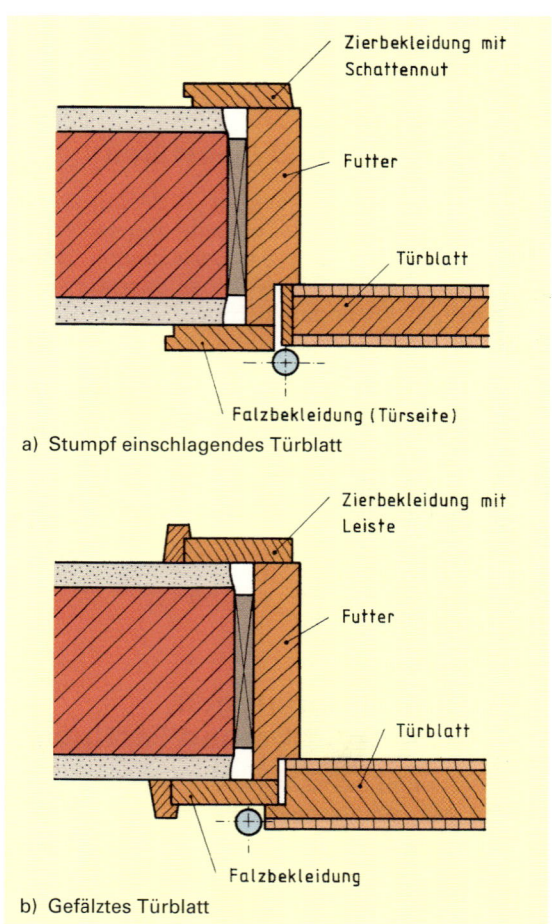

a) Stumpf einschlagendes Türblatt

b) Gefälztes Türblatt

3 Türfutter mit Bekleidungen

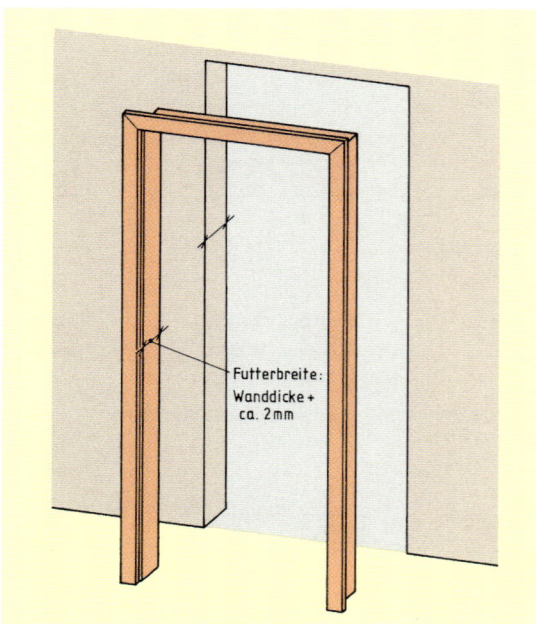

1 Futterrahmen mit Falzbekleidung

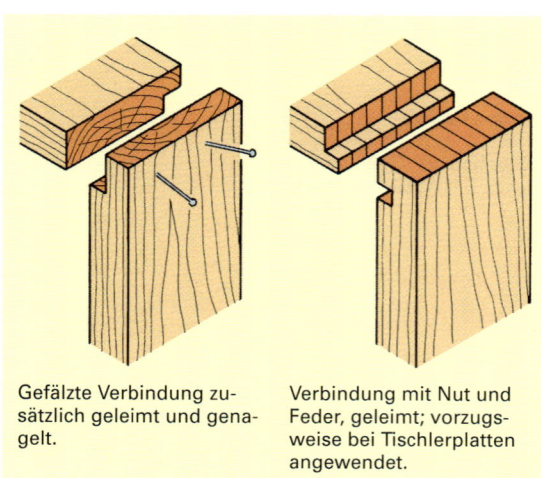

Gefälzte Verbindung zusätzlich geleimt und genagelt.

Verbindung mit Nut und Feder, geleimt; vorzugsweise bei Tischlerplatten angewendet.

2 Rationelle Eckverbindungen von Futterrahmen

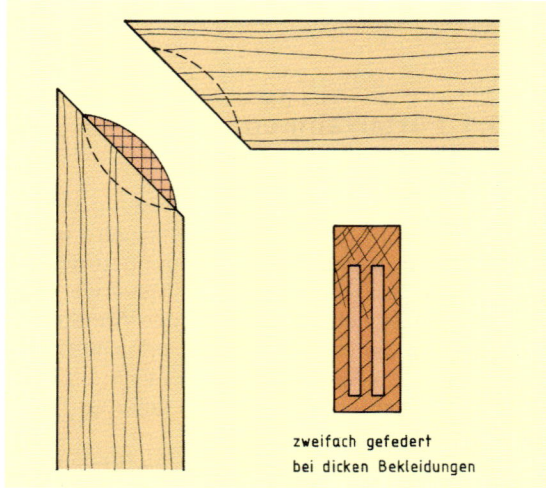

zweifach gefedert bei dicken Bekleidungen

4 Eckverbindung mit Lamellenfedern

Bei **Fertigtüren** werden häufig die Zierbekleidungen mit einer verlängerten Feder und die Futter mit entsprechend tiefen Nuten versehen, um unterschiedliche Wanddicken bis zu etwa 15 mm überbrücken zu können (Abb. 1).

Außenmaße der Futter

Sie sind in der Breite und Höhe etwa um 25 mm kleiner als die Wandöffnung.

Beim Festlegen des Höhenmaßes geht man vom Meterriss aus (siehe Abb. 2, S. 278).

Türabmessungen nach DIN
z.B. 860 mm × 1985 mm

> Mit der ersten Zahl wird stets die Breite, mit der zweiten die Höhe einer Tür angegeben.

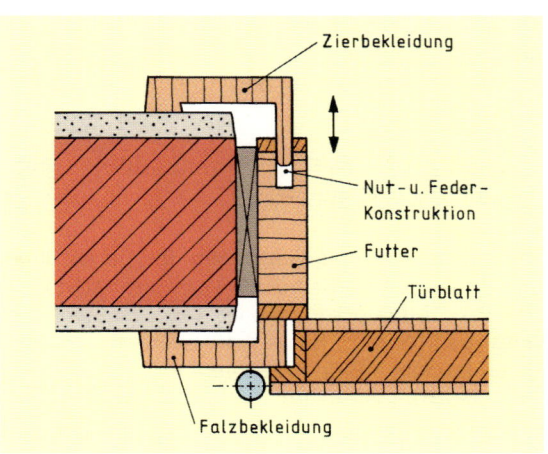

1 Türfutter mit Bekleidungen,
das sich unterschiedlichen Wanddicken anpasst

14.5.2 Blendrahmen

Ein Blendrahmen wird **vor die Maueröffnung** gesetzt. Dadurch liegt er in etwa in einer Ebene mit dem Türflügel. Ein Türblendrahmen steht auf jeder Seite bis etwa 15 mm in der Öffnung vor und verkleinert somit den lichten Durchgang nur geringfügig (Abb. 2). Die Rahmenholzdicke entspricht in der Regel der Dicke des Türflügels.

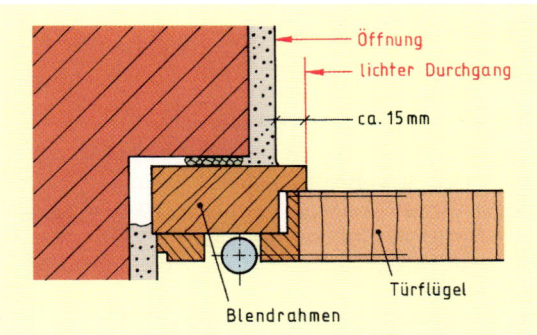

2 Blendrahmen
in einen Mauerfalz gesetzt

14.5.3 Blockrahmen

Ein Blockrahmen wird **in die Mauerlaibung** gesetzt. Das Mauerwerk muss vorher fertig ausgebildet sein, so dass nur **geputzte Öffnungsflächen** oder **Sichtmauerwerk** infrage kommen. Der Blockrahmen ist nach dem annähernd quadratischen Querschnitt seines Rahmens benannt (Abb. 3). Weil die Rahmenkonstruktion das lichte Durchgangsmaß erheblich verkleinert, sind breitere Öffnungen erfoderlich. Eine Hinterkehlung der **Grundleiste** bzw. des Rahmens unterstützt einen sauberen Wandanschluss.

> Für Eckverbindungen der Blend- und Blockrahmen werden Schlitz und Zapfen bzw. Dübel angewandt.

Für breite Blendrahmen kommt nur die gestemmte Zapfenverbindung infrage (s. Abschnitt 14.6.2).

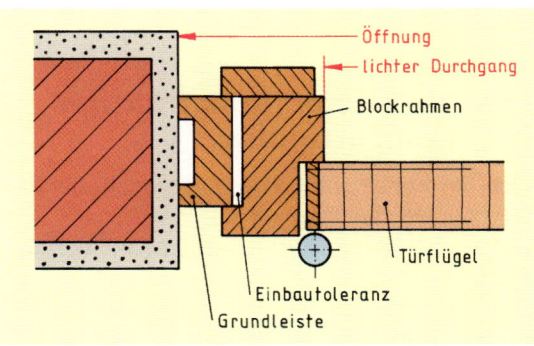

3 Blockrahmen mit hinterkehlter Grundleiste und stumpf einschlagender Tür

14.5.4 Zargenrahmen

Zargenrahmen werden wie Futter **in die Maueröffnung** gesetzt. Sie bestehen aus **Vollholz** oder Holzwerkstoffen, jedoch überwiegend aus **Stahl**.

Bei **Holzzargen** wird der Luftzwischenraum zum Mauerwerk mit eingenuteten Leisten abgedeckt. Hierfür müssen Wanddicken und Futterbreiten genau aufeinander abgestimmt sein (Putzbretter als

231

Putzhilfen bereitstellen). **Profilschienen** aus verzinktem Stahlblech überbrücken den Zwischenraum und bilden gleichzeitig den Putzanschluss (Abb. 1).

Stahlzargen für einflügelige Holztürblätter sind nach DIN 18111 genormt.

Sie haben **Anschlagdichtungen** für geräuscharmes Schließen und sind z.T. links und rechts anwendbar. Man unterscheidet **Umfassungs- und Eckzargen** (Abb. 2). Beide Arten werden in öffentlichen Bauten, z.B. in Krankenhäusern oder Schulen, bevorzugt verwendet.

Stahlzargen werden in der Regel durch den Maurer eingebaut, weil sie mit Mörtel hinterfüllt werden müssen.

Aufgaben

1. Welche Aufgaben soll eine Tür erfüllen?
2. Erklären Sie die Begriffe „Rechts- und Linkstür".
3. Nennen Sie 4 Arten der Türumrahmungen.
4. Zählen Sie Eckverbindungen auf, die für einen Futterrahmen in Betracht kommen.
5. Nennen Sie einige Merkmale der verschiedenen Rahmenarten.
6. Beschreiben Sie, wie sich ein evtl. Werfen des Türfutters auswirkt.

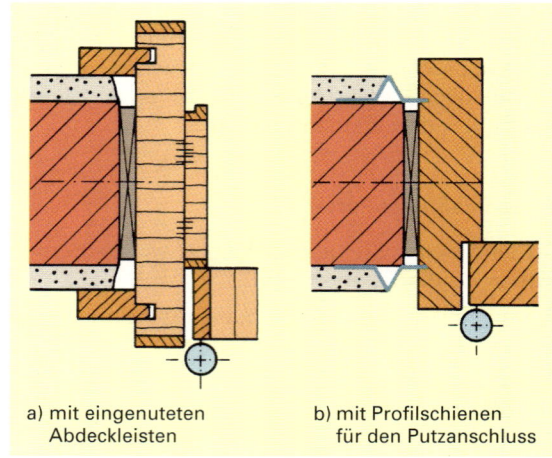

a) mit eingenuteten Abdeckleisten　　b) mit Profilschienen für den Putzanschluss

1　Zargenrahmen

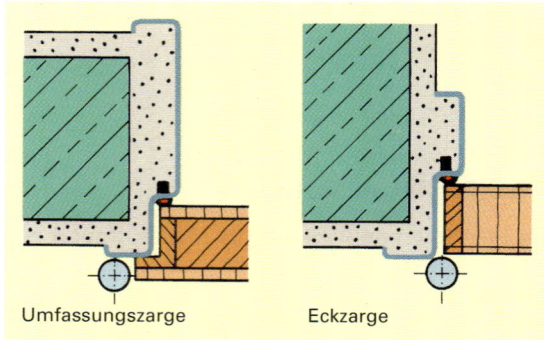

Umfassungszarge　　　　　Eckzarge

2　Stahlzargen

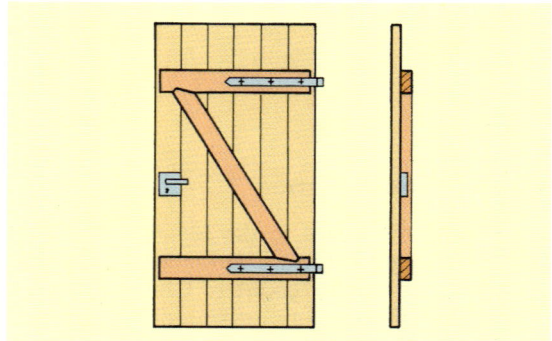

3　Brettertür mit Langbändern und Kastenschloss

14.6 Türblätter, Konstruktion und Fertigung

Nach der Konstruktion und Eigenschaft des Türblattes unterscheidet man:

Lattentür, Brettertür, Rahmentür, Sperrtür, Ganzglastür und Sonderkonstruktionen wie Feuerschutztür, schalldämmende Tür, Strahlenschutztür (siehe auch Konstruktion und Arbeitsplanung, Kap. 9).

14.6.1 Latten- und Brettertüren

Die einfachsten Türblattarten für Keller- und Lagerräume sind Latten- und Brettertüren (Abb. 3). Zwei **Querriegel** und eine **Diagonalstrebe** bilden hier die Grundkonstruktion.

Die Strebe muss immer von der Schlossseite – oben – zur Bandseite – unten – angebracht werden.

Sie hat Druckkräfte aufzunehmen und ist daher in die Querriegel mit einem Versatz einzulassen (Abb. 1, S. 233). Die Bretter bzw. Latten werden aufgenagelt oder geschraubt. Als Beschläge werden in der Regel **Langbänder** und **Kastenschlösser** verwendet. Bei Lattentüren ist jeweils außen ein breiteres Anschlagbrett vorzusehen, damit die Beschläge sicher befestigt werden können. Bei Brettertüren ist besonders das Quellmaß in der Breite zu beachten, man lässt daher das Türblatt am besten auf den Rahmen bzw. auf das Mauerwerk schlagen.

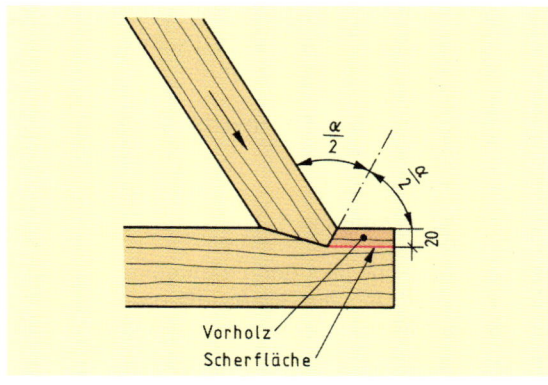

1 Versatzkonstruktion
Auf ausreichende Größe der Scherfläche achten.

14.6.2 Rahmentüren

Rahmentüren waren zu allen Zeiten handwerklich gefertigte Qualitätstüren. Als Innentüren gelten sie heute als Besonderheit. Sie bestehen aus dem tragenden **Rahmen** und den eingebauten **Füllungen** aus Vollholz, Holzwerkstoffen oder Glas. Größe und Anzahl der Füllungen werden überwiegend nach gestalterischen Gesichtspunkten festgelegt.

> Vollholzfüllungen sind wegen des Schwindmaßes möglichst schmal zu halten.

Mittelfriese dürfen nicht in Schlosshöhe sitzen, da sonst die Ausbohrung für den Schlosskasten die Holzverbindung schwächen würde (Abb. 2).

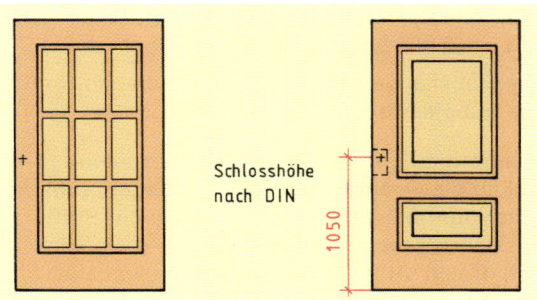

2 Türflügelrahmen

Um die Rissbildung der Rahmenhölzer (Friese) infolge übermäßiger Quellung und Schwindung zu vermeiden, soll ihre Breite nicht über 150 mm liegen. Untere, breitere Rahmenteile müssen geteilt werden. Die **Eckverbindungen** der Rahmen sind entweder **gestemmt** oder **gedübelt** (siehe auch Konstruktion und Arbeitsplanung, Kap 9.1.5).

Bei der gestemmten Verbindung ist nach DIN 18355 Folgendes zu beachten:

1. Die **Zapfen** an den waagerechten Rahmenfriesen sollen nicht über **60 mm** breit sein (Schwindgefahr).
2. Die restliche Rahmenholzbreite ist mit einem **15 mm** langen **Nutzapfen** zu versehen, der die Dichtheit und Bündigkeit der **Brüstungsfuge** absichert (Abb. 3).

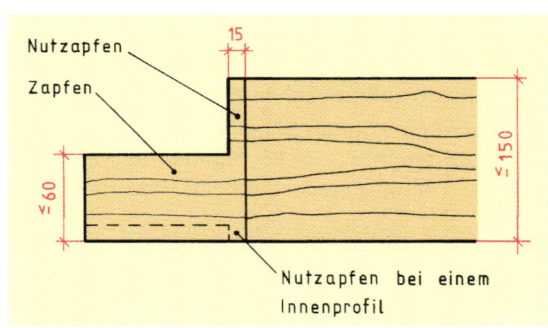

3 Zapfen und Nutzapfen
bei einem gestemmten Rahmen

Die **Zapfendicke** soll etwa $1/3$ (max. 15 mm) der Rahmenholzdicke betragen. Die Verbindung wird durch zusätzliches Verkeilen gesichert. Die Zapfenlöcher werden dafür nach außen konisch gestemmt (Abb. 4). Damit ein eventuelles Schwinden der äußeren Rahmenhölzer von außen nach innen stattfinden kann und so die **Brüstungen** dicht bleiben, ist zu beachten:

> Die Keile sind so auszubilden, dass sie sich im Brüstungsbereich voll auswirken können.

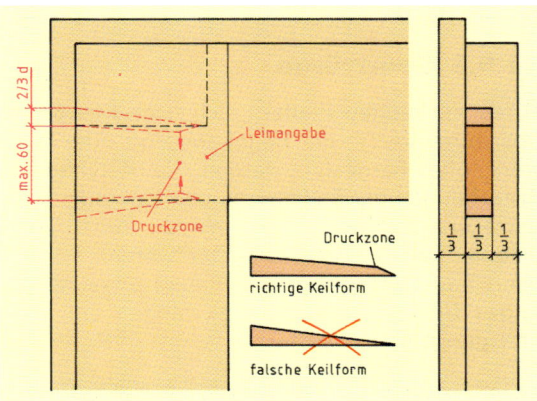

4 Gestemmte Rahmenecke
d = Zapfendicke

233

Leim darf nur im hinteren Drittel des Zapfens (zur Brüstung hin), in Teilbereichen des Keiles und der Stoßfugen angegeben werden.

Für die gedübelte Rahmenverbindung sprechen zwei Gründe:

1. Holzeinsparung,
2. Rationelle Fertigung

Durch Verkürzung aller Rahmenquerstücke um die Zapfenlängen ist die Werkstoffersparnis nicht unerheblich. Beim Einsatz einer Mehrspindelbohrmaschine sind die Fertigungszeiten verhältnismäßig gering.

Die **Anzahl** und der **Durchmesser** der Dübel sind durch Breite und Dicke der Rahmenstücke festgelegt. Alle Rahmenteile unter **150 mm** Breite erhalten **zwei,** alle über 150 mm **drei Dübel.**

Die Dübellänge beträgt $4/3$ der Rahmenholzbreite, die **Dübeldicke** $2/5$ der Holzdicke (Abb. 1).

Haben die Rahmen gekehlte Innenkanten, so erhalten die waagrechten Teile ein **Gegenprofil**. Bei einer stumpfen Konstruktion muss die Stoßfuge zusätzlich gefedert oder mit einem Nutzapfen versehen sein (Abb. 2). Der Nutzapfen dient auch hier der Dichtheit und Bündigkeit der Brüstungsfuge.

Die **Bohrlochtiefen** betragen in den Querstücken die halbe Dübellänge, in den senkrechten Teilen die andere halbe Dübellänge + 10 mm. Durch diese Maßnahme und richtige Leimangabe kann der Rahmen von **außen** nach **innen** schwinden.

Bei Innentüren können Dübel aus Buchenholz zum Einsatz kommen. Für Außentüren empfehlen sich Dübel aus witterungsbeständigen Holzarten.

> Für die Holzauswahl bei Rahmentüren ist u.a. die DIN EN 942 (Gütebedingungen) maßgebend. Für Friese sind Mittel- oder Kernbohlen mit stehenden Jahresringen am besten geeignet.

14.6.3 Sperrtüren

Türen mit glatten Blättern sich nach DIN 68706 Sperrtüren, die in der Regel aus Holz oder Holzwerkstoffen hergestellt werden. Sie bestehen aus dem Rahmen mit Einleimern, den Verstärkern für Band- und Schlosssitz, der Einlage und den Deckplatten (Abb. 3). Sperrtürblätter werden vorwiegend industriell gefertigt; sie haben ein relativ geringes Gewicht, gutes Stehvermögen und sind preisgünstig.

> 68706 Begriffe und Konstrukionsmerkmale,
> 18101 Blattgrößen, Band- und Schlosssitz.

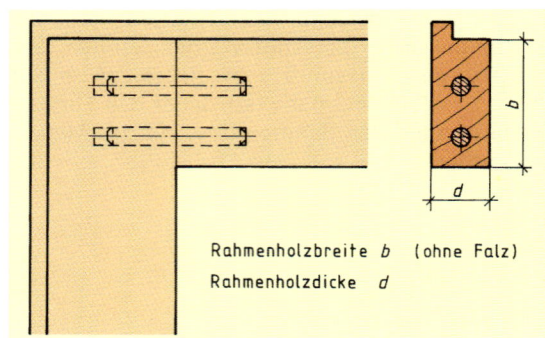

Rahmenholzbreite b (ohne Falz)
Rahmenholzdicke d

1 Gedübelte Rahmenecke

> **Beispiel** für die Ermittlung der erforderlichen Dübel nach **Anzahl, Länge und Dicke,** wenn Holzdicke $d = 45$ mm und Holzbreite $b = 120$ mm.
>
> **Dübelanzahl:** Wenn $b \leq 150$ mm =   2 Dübel
> **Dübellänge:** $4/5\ b$ = 160 mm
> **Dübeldicke:** $2/5\ d$ = 18 mm
>
> Die Dübelabstände sind von der Holzart und den konstruktiven Bedingungen abhängig.

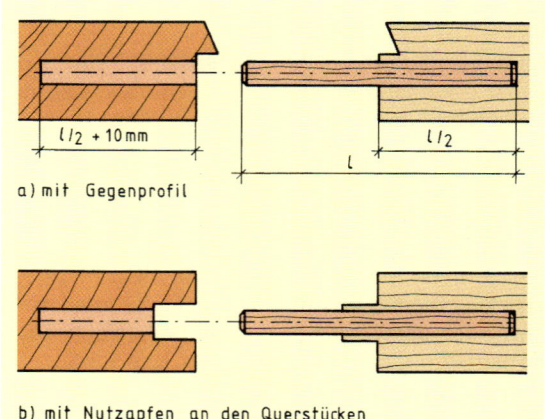

a) mit Gegenprofil

b) mit Nutzapfen an den Querstücken

2 Gedübelte Rahmenecken

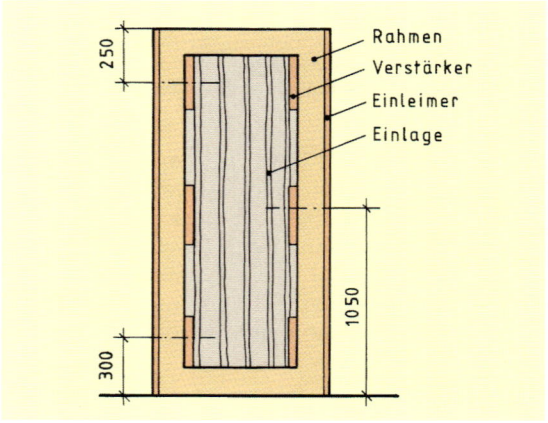

Rahmen
Verstärker
Einleimer
Einlage

3 Aufbau einer Sperrtür
nach DIN

Begriffe und Konstruktionsmerkmale

Der Rahmen muss so beschaffen sein, dass eine einwandfreie Befestigung der Türbänder und des Schlosses gewährleistet ist.

Die Einlage und der Rahmen halten den Abstand zwischen den Deckplatten und steifen die Tür aus. Türeinlagen sollen möglichst leicht sein, zur Schalldämpfung beitragen und ein Verziehen der Tür ausschließen. Einlagen bestehen aus Holz, Holzwerkstoffen oder Pappwaben.

Die **Deckplatten** sind mit dem Rahmen und der Einlage verleimt. Für unterschiedliche Einsatzmöglichkeiten werden entsprechende Deckplatten gefertigt, z.B. Furnierplatten, harte Holzfaserplatten, Schichtpressstoffplatten.

> Sperrtüren müssen beidseitig gleich aufgebaut sein, damit sie sich nicht verziehen.

Die Begriffe **gefälzte** und **ungefälzte** Sperrtür sowie **Einleimer und Anleimer** erläutert Abb. 1.

Normgrößen der Sperrtüren

Sie sind abhängig von der **Maßordnung im Hochbau** (DIN 4172). Vorzugsmaße sind in DIN 68706, Blatt 1 (Abb. 2) festgelegt:

Kenn-Nr.	Rohbau-Richtmaße		Türblatt-Außenmaße	
für Breite und Höhe	Breite in mm	Höhe in mm	Breite in mm	Höhe in mm
7 × 15	875	1875	860	1860
5 × 16	625	2000	610	1985
6 × 16	750	2000	735	1985
7 × 16	875	2000	860	1985
8 × 16	1000	2000	985	1985

2 **Wandöffnungen und Vorzugsmaße für einflügelige gefälzte Sperrtüren**
nach DIN 68706 T1

Die Kenn-Nummer bezieht sich auf das Achtelmeter (am) aus der Maßordnung. Multipliziert man die Zahlen der Kenn-Nummern mit 125, so erhält man das **Rohbau-Richtmaß** der Türöffnung und das dazugehörende **Türblatt**. Bei **ungefälzten** Türblättern sind die Außenmaße gegenüber der Tabelle (Abb. 2) in der Breite um zwei Falzbreiten (= 26 mm) und in der Höhe um eine Falzbreite (= 13 mm) kleiner. 1 am = 125 mm.

14.6.4 Ganzglastüren

Ganzglastüren bestehen aus 8...12 mm dickem **Sicherheitsglas**. Die Glasflügel werden fertig geliefert, d.h. zur Aufnahme der Spezialbeschläge sind sie bereits vorgerichtet. Die Bestellung erfolgt nach Normgrößen, aber auch nach Maßvorgabe in Sonderanfertigung. Der Rahmen, meist Block- oder Zargenrahmen, ist nach dem Flügel zu fertigen. Die Rahmenfälze erhalten Anschlagprofile zum geräuscharmen Schließen der Tür (Abb. 3).

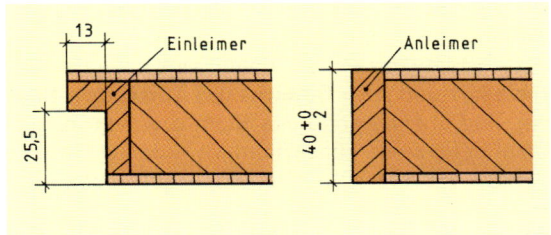

1 **Sperrtüren**

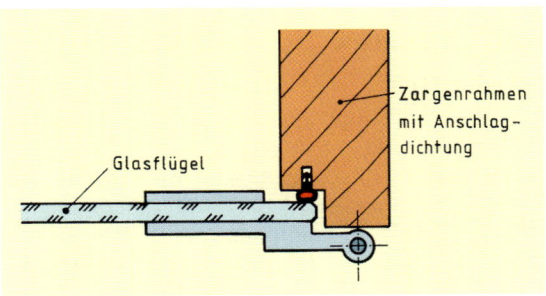

3 **Ganzglastür mit Spezialbeschlag,** Querschnitt

Aufgaben

1. Erklären Sie die richtige Anordnung der Diagonalstrebe an Latten- und Brettertüren.
2. Beschreiben Sie den Aufbau einer Sperrtür.
3. Beschreiben Sie eine fachgerechte Eckverbindung der Rahmenhölzer einer Tür.
4. Begründen Sie die Anordnung eines Nutzapfens bzw. eines Gegenprofiles bei einer gedübelten Rahmenecke.
5. Wovon sind die Normgrößen der Sperrtüren abgeleitet?

14.7 Beschläge und Anschlagen der Türen (Drehflügeltüren)

Zu den Beschlägen gehören:

Bänder, Schlösser, Schlosszubehör und Türdichtungen.

14.7.1 Bänder

Man unterscheidet: **Einbohr-, Einstemm-, Aufsatz-, Kombi- und Spezialbänder.**

Die Rechts- bzw. Linksbezeichnung der Bänder ist nach DIN 107 geregelt (s. auch Abschnitt 14.4.1).

Danach hat der rechts angeschlagene Flügel **„Rechtsbänder"** und der links angeschlagene Flügel **„Linksbänder"** (Abb. 2 und 3).

Die Auswahl der Bänder richtet sich nach der **Anschlagart** und dem **Gewicht des Türblattes**. Bänder sind überwiegend aus Stahl bzw. verzinktem Stahl hergestellt. Für besondere Arbeiten werden Bänder aus Messing oder Edelstahl verwendet. Auch zur Gesamtgestaltung einer Tür können Bänder beitragen. Durch Aufsteckhülsen verschiedener Art und Färbung kann eine Anpassung noch nachträglich stattfinden. Eine Spezialausführung sind steigende Bänder, sie sind so konstruiert, dass sich das Türblatt beim Öffnen um ein bestimmtes Maß hebt.

Einbohrbänder

Einbohrbänder gibt es in zwei- und dreiteiliger Ausführung (Abb.1), sie eignen sich für überfälzte und stumpf einschlagende Türen sowie für Rechts- und Linksanschlag. Die **Einbohrzapfen** haben Gewinde zum Eindrehen und Regulieren der Bänder. Es gibt auch Bänder, deren Teil für die Türumrahmung ohne Gewinde ausgebildet ist. Dieses Teil wird eingeschlagen und verstiftet oder verschraubt (Abb. 2). Für Blendrahmen sind die Zapfen entsprechend kürzer ausgebildet (Abb. 3). Durch Verwendung von **Bohrlehren** ist bei allen Einbohrbändern ein rationelles Anschlagen möglich.

Verstellbare Einbohrbänder ermöglichen eine Höhen- und Seitenverstellung sowie eine Verstellung des Anpressdruckes (siehe auch Abb. 1, Seite 251).

Einstemmbänder (Fitschen)

verwendet man für gefälzte Türen. Sie bestehen aus einem **Ober-** und einem **Unterlappen** (Abb. 4). Der Unterlappen hat in der Regel einen festen Stift. Wenn keine Aushängmöglichkeit des Flügels besteht, werden Fitschen mit „losem" Stift verwendet. Bei Einstämmbändern ist nach DIN Rechts und DIN Links zu unterscheiden. Wegen der aufwendigen Einstemmarbeit sowie wegen der sichtbaren Befestigungsschrauben auf dem Türblatt werden Fitschen nur noch selten eingesetzt.

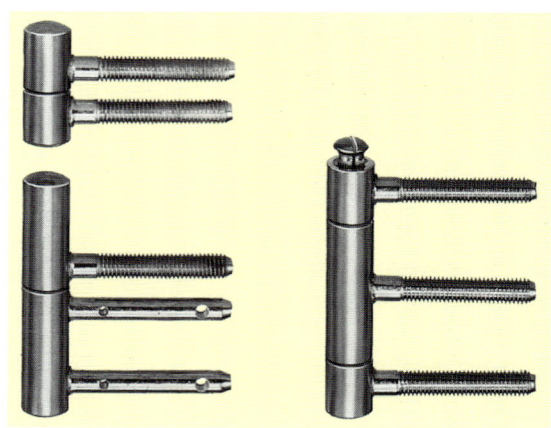

1 Einbohrbänder

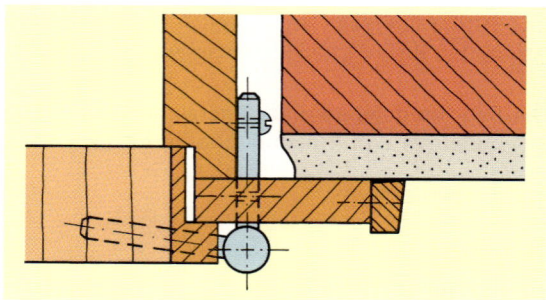

2 Überfälzte Futtertür (DIN rechts)
mit verschraubtem unteren Bandteil

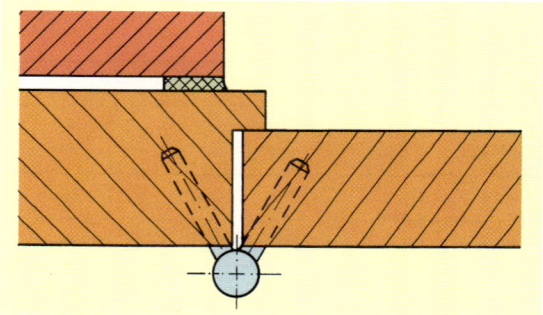

3 Stumpfe Blendrahmentür (DIN links)
mit eingedrehten, kürzeren Zapfen

4 Einstemmband

Aufsatzbänder

Aufsatzbänder für gefälzte Türen sind gekröpft; sie werden mit „D" bezeichnet. „A" ist das Kennzeichen für Aufsatzbänder mit geraden Lappen für stumpfeinschlagende Türen. Der Fachhandel bezeichnet die Kröpfung der Bänder für zurückspringende Blätter allgemein mit „B" (Abb. 2) und Bänder für vorspringende Türen mit „C". Bänder werden **bündig** eingelassen und mit Schrauben befestigt. Die erforderliche Luft zwischen Flügel und Rahmen ist durch die Konstruktion der Aufsatzbänder gegeben. In der Regel verwendet man bei **schwereren** Türen Aufsatzbänder, DIN Rechts bzw. DIN Links ist zu beachten.

Kombibänder

Das Kombiband besteht aus einem **Einbohr-** und einem **Aufsatzteil**. Der Aufsatzlappen wird am Türblatt befestigt, d.h. eingelassen und geschraubt (Abb. 3). Die Drehrichtung der Tür muss wegen der Rechts- bzw. Linksbänder angegeben werden.

Spezialbänder

Zu den Spezialbändern gehören:

Zapfenband mit Bodenschließer (Abb. 1),

verdecktes Band (Abb. 4),

Kugellager-Türscharniere (Abb. 1, S. 238) und

Türscharniere mit mehrteiligem Gewerbe und losem Stift (Abb. 2, S. 238).

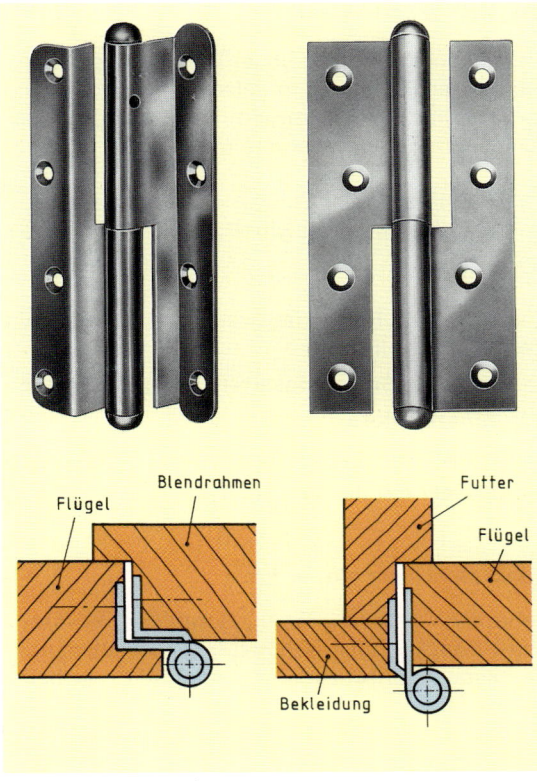

2 Aufsatzbänder für überfälzte und stumpfe Türen

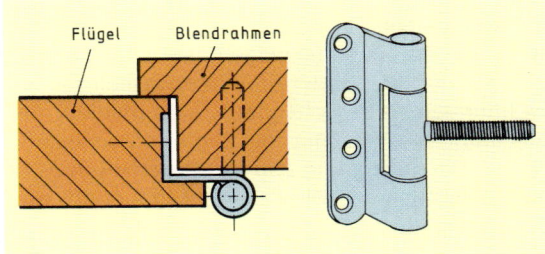

3 Kombiband (DIN rechts),
das Flügelteil wird mit Schrauben befestigt

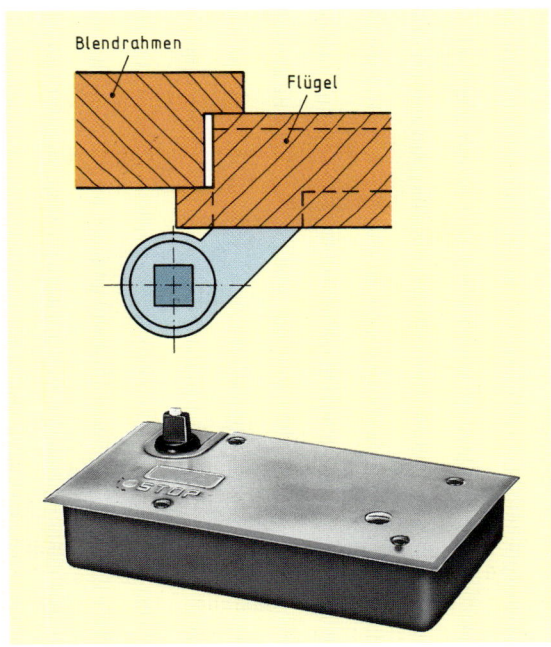

1 Zapfenband mit Bodentürschließer

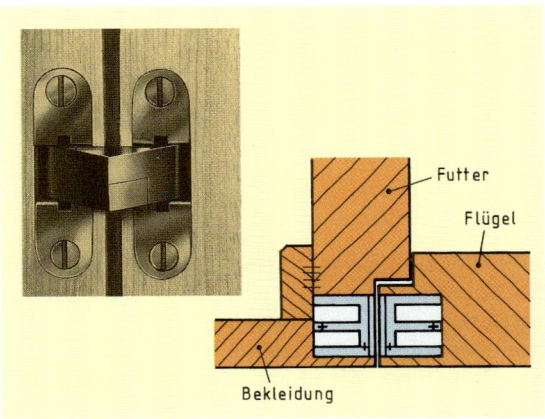

4 Verdecktes Band

237

14.7.2 Schlösser

Einsteckschlösser sind in der DIN 18251 genormt. Sie werden in leichter, mittelschwerer und schwerer Qualität, für Zimmertüren, Wohnungsabschlusstüren und Haustüren unterteilt.

> Man unterscheidet Schlösser für gefälzte und ungefälzte Türen sowie Rechts- und Linksschlösser.

Für eine DIN-Rechtstür braucht man z. B. ein Rechtsschloss (R)

Je nach ihren **Sicherungsarten** unterscheidet man

– **Buntbartschlösser,**

– **Schlösser mit Zuhaltungen,**

– **Schlösser mit Schließzylindern.**

Sonderschlösser gibt es für:

Badezellen- und WC-Türen, Hoteltüren, Krankenhaustüren, Strahlenschutztüren, Notausgangstüren sowie für schalldämmende und Feuer hemmende Türen.

Buntbartschlösser

Die einfachste Schlosskonstruktion ist das Buntbartschloss. Nur die jeweilige Form des Schlüssels bietet einen Schutz gegen unbefugtes Öffnen. Diese Sicherungsart ist wegen der begrenzten Sicherheit nur an Zimmertüren in abgeschlossenen Wohnungen bzw. Gebäuden zu empfehlen. Bezeichnungen am einfachen Zimmertürschloss s. Abb. 3. Die **Entfernung** und das **Dornmaß** (hier 72 und 55 mm) sind zwei wichtige Angaben für den Schlosseinbau.

Die Dornmaße sind je nach Bauart und Schwere der Schlösser unterschiedlich, sie sind in einer Maßreihe von 40…100 mm festgelegt.

> Das gebräuchlichste Dornmaß für Zimmertüren ist 55 mm.

Die **Nuss** ist für einen 8- bzw. 9-mm-Vierkant-Drückerstift vorgerichtet.

Schlösser mit Zuhaltungen

Zuhaltungsschlösser erkennt man an der Form des Schlüssels. Der Schlüssel hat einen verzahnten Bart, der erstens in die Schlüssellochform und zweitens mit seiner Verzahnung zu den eingelegten **Zuhaltungsplättchen** passen muss. Diese Schlösser eignen sich für Wohnungsabschlusstüren, für besser zu sichernde Innentüren und für

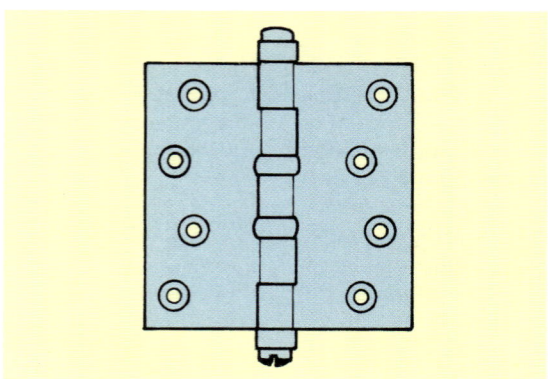

1 Kugellager-Türscharnier

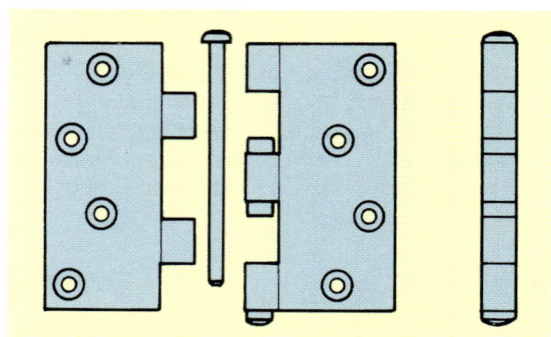

2 Türscharnier mit mehrteiligem Gewerbe und losem Stift

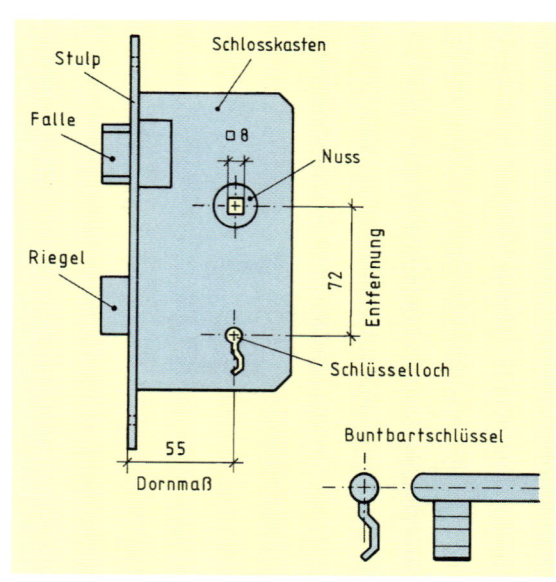

3 Einfaches Buntbartschloss,
   Kurzbezeichnung A1 nach DIN 18251

Schließanlagen, sie sind häufig mit **„Wechsel"** ausgerüstet. Mit Wechsel wird ein Schloss bezeichnet, bei dem die **Schlossfalle** mit dem Schlüssel betätigt werden kann. Zuhaltungsschloss und Schlüssel s. Abb. 1, S. 239.

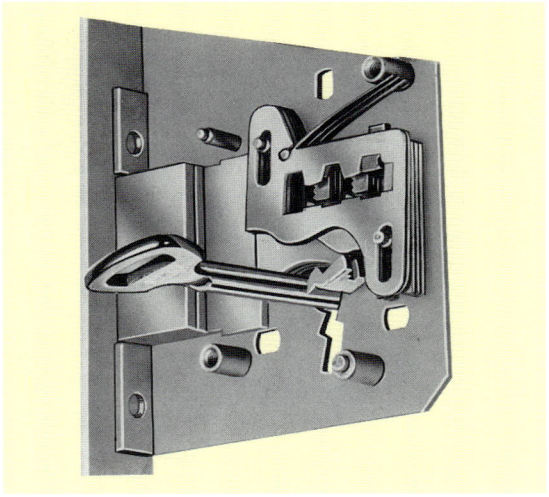

1 Zuhaltungsschloss mit Schlüssel
Kurzbezeichnung A 2

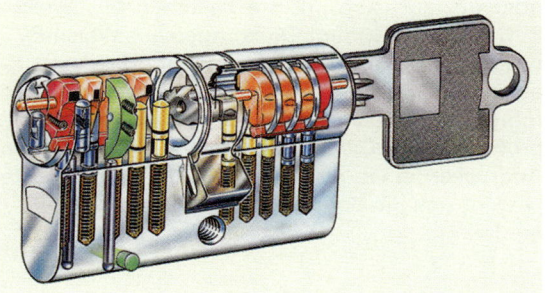

2 Zylindergehäuse im Schnitt mit Schlüssel

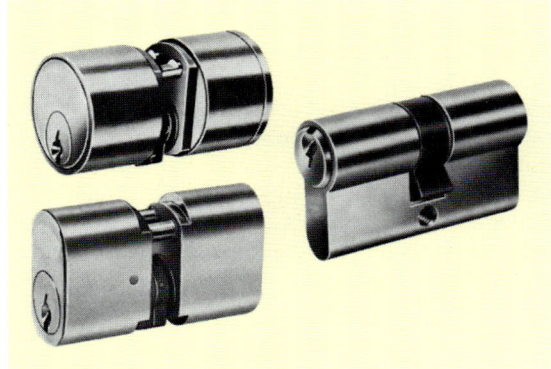

3 Rund-, Oval- und Profilzylinder

Schlösser mit Schließzylindern

Die Schließzylinder sind ein austauschbarer Bestandteil des Schlosses, sie gewährleisten durch die vielfältigen Möglichkeiten der Schlüsseleinschnitte und der verschiedenen Stufensprünge ein hohes Maß an Sicherheit (Abb. 2). Es gibt Zylinder in **Rund-, Oval-** und **Profilform** (Abb. 3). Zylinderschlösser werden besonders in Wohnungsabschlusstüren, Außentüren und großen Schließanlagen eingesetzt. Sie sind in der Regel „mit Wechsel" ausgerüstet. Ein Einsteckschloss mit Profilzylinder wird nach DIN mit A3 bezeichnet.

Einbau der Schlösser

Der Schlosssitz ist nach DIN 18101 genormt. Die **Drückerhöhe** beträgt hiernach 1050 mm vom **Fertigfußboden**. Bei Fertigtüren und Fertigzargen wird die Drückerhöhe auch von der oberen Türfalz bestimmt. Nach dem Anreißen und Bohren der Löcher für Drücker und Schlüssel wird das Loch für den Schlosskasten an der Langlochbohrmaschine oder Kettenfräse eingelassen.

14.7.3 Schlosszubehör

Hierzu gehören **Türdrücker mit Lang- oder Kurzschildern** bzw. Drückerrosetten und Schlüsselschildern. Statt des Drückers kann auch ein drehbarer Knopf und bei Wechselschlössern ein fest stehender Knopf angebracht werden. **Drückergarnituren** sind in vielen Formen und Werkstoffen erhältlich (Abb. 4). Drücker und Schilder werden erst nach der Oberflächenbehandlung des Türblattes angebracht.

4 Türdrückergarnituren

14.7.4 Türdichtungen

Zur besseren Wärme- und Schalldämmung können Innentüren Dichtungen erhalten. Im geräuscharmen Schließen besteht noch ein zusätzlicher Vorteil. Man unterscheidet Falz- und Bodendichtungen. **Falzdichtungen** werden umlaufend eingearbeitet, d.h. in den Ecken werden sie geschweißt

oder geklebt (Abb. 1). Sie bestehen aus Weich-PVC oder aus Gummi. Dichtungen aus Weich-PVC werden von Nitro-Lacken angelöst, das kann zu einem nachteiligen Verkleben mit den Türblättern führen. **Bodendichtungen** gibt es als Dichtungs-profile oder als Dichtungsschienen (Abb. 2). Durch Andrücken eines Knopfes im Falz der Bandseite bewegt sich die Bodenschiene nach unten.

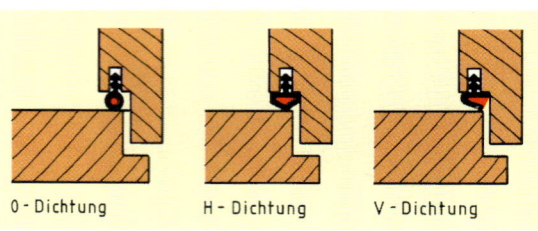

1 Falzdichtungen
sollen bei geringem Anpressdruck abdichten

14.7.5 Anschlagen der Türen

Vor dem Anschlagen einer Tür muss die Falzluft zwischen Türblatt und Umrahmung geprüft werden. Bei Einbohrbändern werden die Bandmitten angezeichnet und die Löcher für Türblatt und Umrahmung mithilfe von **Bohrlehren** gleichzeitig gebohrt (Abb. 3). Bei allen anderen Bändern wird zuerst das Bandteil am Flügel befestigt. Nach dem Einlegen des Türblattes und genauen Anreißen werden dann die Bandteile an der Umrahmung angebracht.

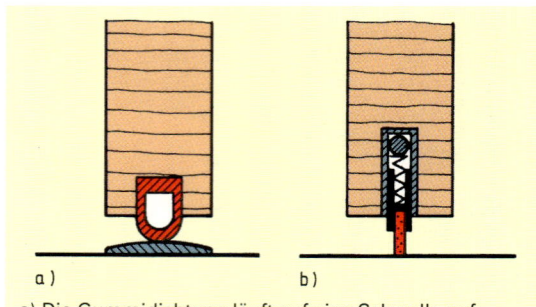

a) Die Gummidichtung läuft auf eine Schwelle auf
b) Die Dichtungsschiene senkt sich beim Schließen der Tür automatisch

2 Bodendichtungen

14.7.6 Einsetzen der Türen

Türumrahmungen müssen fest mit der Wand verbunden sein. Je nach der Bauart gibt es mehrere Einbaumöglichkeiten.

Für die Befestigung von Blend- und Blockrahmen verwendet man **Mauerkrallen, Bankeisen, Spreiz-dübel** oder **Blendrahmenschrauben** (Abb. 4).

Futter und Zargen werden in dafür vorgesehene Dübelsteine genagelt oder geschraubt (Kunststoffdübel).

Heute werden Futter vorwiegend unsichtbar (verdeckt) befestigt:

– durch Ankleben (Ausschäumen) des Futters mit **Expansionsschaum**. Die Futter bzw. Zargen müssen dafür **ausgespreizt** werden (Abb. 1, S. 241). Der Schaum wird in Druckdosen geliefert. Nach dem Einbringen vergrößert er sein Volumen. Die Spreizen dürfen daher erst nach dem Aushärten herausgenommen werden.

– mit Schrauben, die versenkt und deren Köpfe durch Querholzdübel verdeckt werden.

– mit gegeneinander geschobenen Keilen. **Ein** Keil wird dabei an der Mauerleibung befestigt, der andere wird mit beiderseitiger Leimangabe eingeschoben (Abb. 2, S. 241).

– durch Spezialwinkel und Beschläge, die an der Rückseite des Futters angeschraubt und dann an der Mauer befestigt werden. Diese Beschläge sind durch die Bekleidungen verdeckt.

3 Bohrlehre

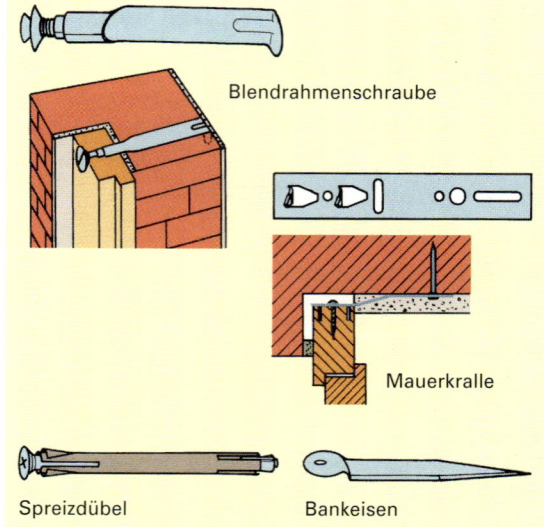

Blendrahmenschraube

Mauerkralle

Spreizdübel

Bankeisen

4 Befestigungsmittel für Blend- und Blockrahmen

Der Einbau einer Tür läuft nach folgenden Arbeitsschritten ab:

1. Türumrahmung einschieben bzw. vorsetzen und ausmitteln (gleiche Abstände zur Leibung);

2. Bandseite ins Lot stellen und von oben verkeilen;

3. Türblatt probeweise einhängen, Schlossseite der Umrahmung ausrichten und von oben festkeilen;

4. Füllhölzer einschieben (an beiden aufrechten Seiten für je drei Befestigungspunkte);

5. Flügeleinschlagkontrolle (gleichmäßige Falzluft und spannungsfreies Anliegen des Türblattes);

6. Befestigung der Umrahmung in Höhe der Bänder und des Schlosses an sechs Punkten; bei Verwendung von Montageschaum: spreizen, einbauen und ausschäumen;

7. gegebenenfalls Anbringen der Zierbekleidung an das Türfutter.

Aufgaben

1. Erklären Sie die Rechts- und Linksbezeichnungen der Bänder.

2. Welche Bänder stehen für Zimmertüren zur Auswahl?

3. Welche Angaben sind für eine eindeutige Schlossbestellung erforderlich?

4. Nennen Sie einige Schlossarten in der Reihenfolge ihrer Sicherungsqualität.

5. Beschreiben Sie den Einbau einer Türumrahmung.

6. Bestimmen Sie die Befestigungsmittel für verschiedene Türumrahmungen

1 **Ausspreizen** (Festsetzen) der Futterhölzer vor dem Ausschäumen

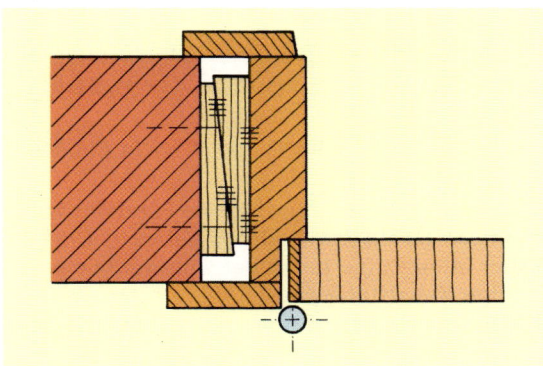

2 **Verdeckte Türfutterbefestigung**

14.8 Schiebetüren

Schiebetüren bestehen aus dem ein- oder zweiflügeligen **Türblatt**, der **Türumrahmung** sowie dem **Lauf-** und **Schließbeschlag**. Sie können vor einer Wand laufen oder in Mauertaschen, hinter Schränke oder Wandverkleidungen geschoben werden (Abb. 3).

Die Türblätter sind wie bei Drehflügeltüren gestaltet. Als Türumrahmung werden in der Regel Futter und Bekleidung gewählt. Die Futter sind als sog. **Halbfutter** ausgebildet, in deren Zwischenraum die Schiebetür läuft.

> Zum Nachjustieren der Schiebetüren und für Reparaturarbeiten müssen **ein** oberes Halbfutter und die dazugehörende Bekleidung abnehmbar sein (Abb. 1, S. 242).,

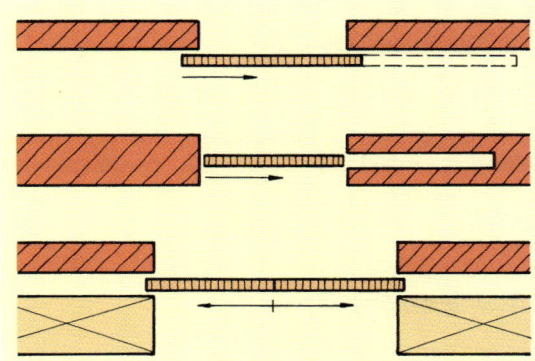

3 **Einbaumöglichkeiten von Schiebetüren**

Die Laufwerke der Schiebetüren sind in der Höhe verstellbare Rollen- oder Kugellagerbeschläge, die in entsprechenden Schienen geführt werden (Abb. 2, S. 242). Die Laufwerke werden vor dem Setzen der zweiten Wand bzw. der Verkleidung montiert. Dabei ist auf eine genaue, waagerechte Lage zu achten.

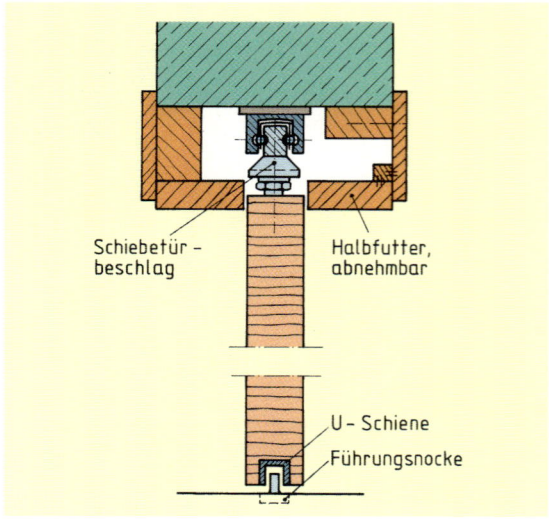

1 Schiebetür Höhenschnitt

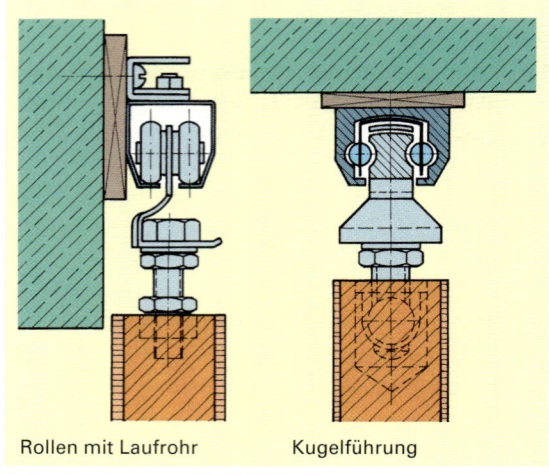

Rollen mit Laufrohr   Kugelführung

2 Laufwerksysteme für Schiebetüren
Beide Arten können sowohl für Wand- als auch für Deckenmontage verwendet werden

Nach DIN 18357 müssen sich Schiebetüren in Wohnräumen geräuscharm bewegen lassen.

Die Bewegungsmechanik muss leicht zugängig sein.

Zur unteren Türführung wird eine Führungsnocke in Futternähe auf dem Boden angebracht. Die Türblätter erhalten hierfür an der Unterkante eine U-förmige Kunststoffschiene (Abb. 1). Die Laufbegrenzung wird durch Gummipuffer erreicht.

Als Schließbeschläge werden **Schiebetür-Riegelschlösser** eingesetzt (Abb. 3). Anstelle von Drückern verwendet man flache **Griffmuscheln**, um vorstehende Teile an den Türflächen zu vermeiden. Die Schlüssel sind als klappbare Gelenkschlüssel ausgebildet.

Um die Türblätter vor Beschädigungen zu schützen, ist es zweckmäßig, an den Außenkanten der Türen auf beiden Seiten schmale, dünne **Aufdoppelungen** aufzuleimen, die bei zweiflügeligen Türen gleichzeitig den Mittelanschluss bilden (Abb. 4).

14.9 Pendeltüren

Pendeltüren schlagen nach beiden Seiten auf und sind selbstschließend (Abb. 5). Sie bestehen aus dem ein- oder zweiflügeligen Türblatt, der Türumrahmung und den Spezialbeschlägen.

Wegen der beidseitigen Schlagrichtung erlauben Pendeltüren einen raschen Durchgangsverkehr. Um eine übersichtliche reibungslose Benutzung zu gewährleisten, werden die Türflügel mit **Glasfüllungen** versehen. Die Scheiben schützt man durch Griff- oder Schutzstangen. Die Vorderkanten der Flügel sind leicht gerundet. Als Türumrah-

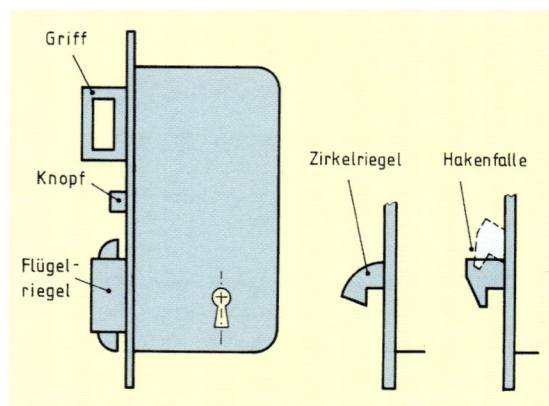

3 Schiebetürschlösser

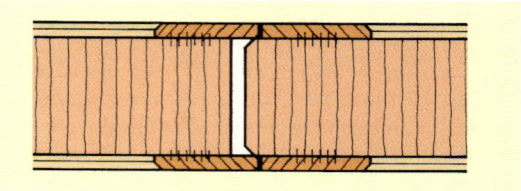

4 Mittelanschluss durch vorstehende bzw. zurückspringende Leisten

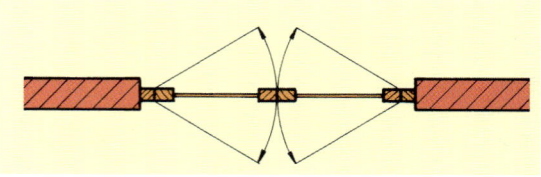

5 Pendeltür zweiflügelig

mungen eignen sich am besten Blend- oder Block-rahmen (Abb. 1).

Pendeltürbänder, auch **Bommerbänder** genannt, ermöglichen einen beidseitigen Öffnungswinkel der Flügel von etwa 110° und das selbsttätige Schließen. Die Spannkraft der Bänder ist nach-stellbar (Abb. 2).

Pendeltüren lassen sich durch Spezialschlösser mit verstellbarer **Rollenfalle** verschließen.

14.10 Falt- und Harmonikatüren

Zum Unterteilen großer Räume stehen faltbare Türen zur Verfügung.

Falttüren bestehen aus mehreren gleich breiten Flügeln. Nur jeder zweite Flügel hängt an der **Lauf-vorrichtung**, die an der Decke oder am Sturz be-festigt wird (Abb. 3). Die Türblätter sind an der oberen Außenecke einseitig aufgehängt.

Lotrecht unter der Laufschiene wird die **Boden-führung** angebracht. In einem in den Fußboden eingelassenen U-Profil laufen die **Führungsrollen**. Die einzelnen Flügel sind mit **Aufsatzbändern** ver-bunden. Alle Flügel ohne Aufhängerolle erhalten an der Unterkante einen Einlassriegel. Beim Öff-nen werden die Flügel seitlich verschoben und auf-einander **gefaltet**. Die Öffnungsrichtung kann ein- oder beidseitig sein. Der erste Öffnungsflügel kann wie eine einfache Drehflügeltür benutzt werden.

Harmonikatüren

Bei Harmonikatüren sind die Außenflügel nur etwa halb so breit wie die Mittelflügel. Die Laufrol-len werden in der Mitte jedes zweiten Flügels be-festigt (Abb. 4).

Durch die **günstige Gewichtsverteilung** kann auf eine Bodenführung verzichtet werden. Die Flügel sind wie Falttüren mit Aufsatzbändern verbunden. Alle einzelnen Blätter werden durch Einlassriegel an der unteren Türkante festgestellt. Zur besseren **Abdichtung** sind alle Längskanten mit Stab- und Hohlkehle versehen oder gefälzt (Abb. 5).

Außer in Holz oder Holzwerkstoffen werden Falt- und Harmonikatüren schon oft aus Kunststoff her-gestellt. Diese einbaufertigen Elemente können in Normgrößen eingekauft werden. Durch das z.T. geringere Gewicht sind auch die Beschläge ver-einfacht.

14.11 Spezialtüren

Spezialtüren haben außergewöhnliche Funktio-nen zu erfüllen. Diese werden von Architekten, vielfach unter Hinzuziehung von Normen, und von Bauaufsichtsämtern vorgegeben. Konstruktion und Wahl des Werkstoffes setzen besondere Fach-kenntnisse voraus.

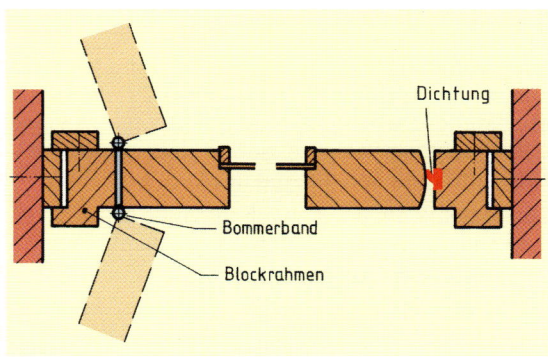

1 Pendeltür
einflügelig mit Blockrahmen

2 Pendeltürband

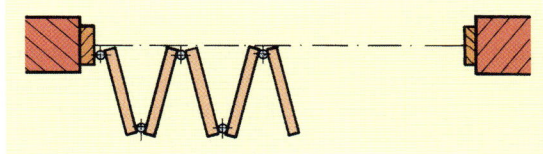

3 Schema einer Falttür
mit 5 Flügeln

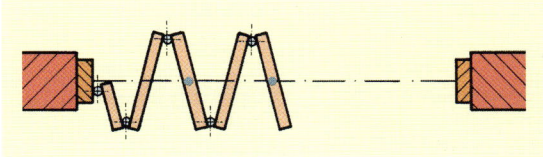

4 Schema einer Harmonikatür
mit 4½ Flügeln

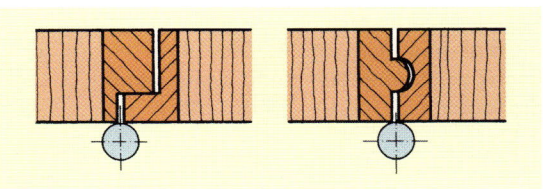

5 Anschlüsse der Flügel

14.11.1 Schalldämmende Türen

Eine einfache Zimmertür ohne Dichtung weist einen mittleren Dämmwert von etwa 20 dB(A) auf. Mit einer gut schallgedämmten Tür hingegen sind über geeignete Konstruktionen und Einbaumaßnahmen Werte von 40...50 dB(A) zu erreichen.

Türblätter können z.B. durch folgende Möglichkeiten schalldämmend verbessert werden:

– Erhöhung der Masse, d.h.
  Einlagen aus Span- oder Röhrenspanplatten,

– Anordnung von Doppel- oder Dreischaligkeit mit speziellen Dämmeinlagen.

Die Fälze werden als **Doppelfälze** ausgeführt und mit Dichtungen versehen. Zum Abdichten der Bodenfuge dienen entsprechende **Dichtungsschienen**, die sich beim Schließen der Tür absenken.

Der Zwischenraum vom Futter zur Wandleibung wird am besten mit Kunststoff ausgeschäumt (Abb. 1).

> Eine schalldämmende Tür muss immer als ganzes Bauteil einschließlich der Fugen und Anschlüsse gesehen werden.

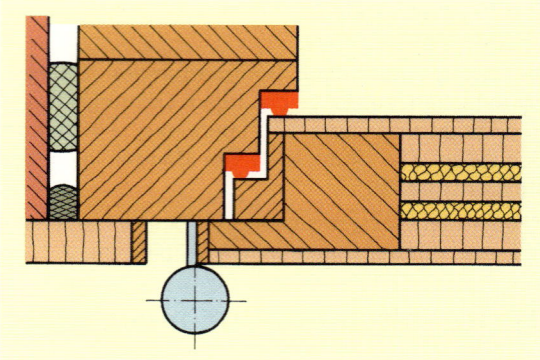

1 Schalldämmende Tür
Doppelfalz mit Dichtungen

Feuerwiderstands-klasse	Feuerwiderstands-dauer in Minuten
F30 (T30)	≥30
F60 (T60)	≥60

2 Feuerwiderstandsklassen F
bei Türen und Toren: T

14.11.2 Feuer hemmende Türen

In DIN 4102 werden Bauteile nach **Feuerwiderstandsklassen** eingeteilt: s. Tab. (Abb. 2).

In der Regel sind die Anforderungen nur mit **Stahltüren** zu erfüllen. Für die Feuerwiderstandsklasse T30 ist jedoch ein **Holztürblatt mit Stahlzarge** entwickelt worden. Die Blätter haben Kork- bzw. fünfschichtige Spaneinlagen.

In den Fälzen befindet sich eine eingenutete zweilagige **Expansionsmasse** (Abb. 3), die im Brandfall zwischen Tür und Zarge abdichtet.

Auch die Drücker unterliegen besonderen Bedingungen.

> Feuer hemmende Türen müssen als gesamtes bauteil eine amtliche Zulassung haben.

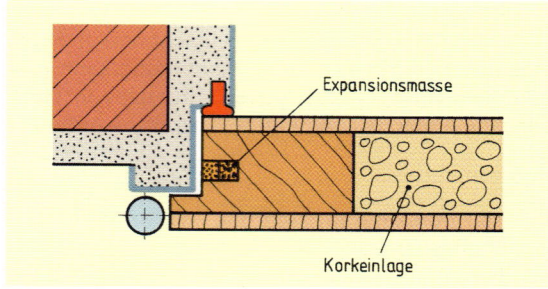

3 Feuer hemmende Tür (T30)

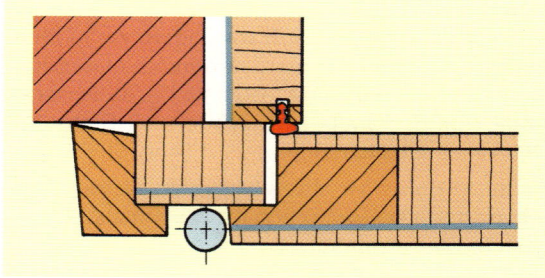

4 Strahlenschutztür mit Bleieinlagen

14.11.3 Strahlenschutztüren

Für den Strahlenschutz werden Türblätter mit **Bleieinlagen** hergestellt. Die Dicke richtet sich nach der Strahlenbelastung. Sehr wichtig ist auch die fugenlose Überdeckung (Abb. 4).

> Schlösser für Strahlenschutztüren haben versetzte Durchgänge für Drücker und Schlüssel.

Aufgaben

1. Welche Besonderheiten sind bei Konstruktion und Einbau einer Schiebetür zu beachten?
2. Wie unterscheiden sich Falttüren und Harmonikatüren hinsichtlich ihres Aufbaus?
3. Welche Möglichkeiten gibt es, die Schalldämmungen der Türen zu verbessern?

15 Außentüren

15.1 Anforderungen

An Außentüren für Wohn- und Geschäftshäuser, Behörden- und Industriegebäude werden neben den allgemeinen Anforderungen an Türen (siehe Innentüren) oft noch zusätzliche gestellt, wie z.B.

- Widerstandsfähigkeit gegen Winddruck, Feuchtigkeit und Stoß,
- Gebrauchsdauer (Holzschutz),
- architektonische Übereinstimmung mit dem Baustil (Abb. 1); besonders bei älteren Häusern ist die Harmonie und die handwerkliche Arbeit noch häufig zu bewundern (Abb. 2),
- Wärme- und Schallschutz,
- Sicherheit gegen Einbruch.

15.2 Werkstoffe

Der Wert einer Haustür hängt sehr wesentlich von der richtigen Werkstoffauswahl ab. Haustüren werden aus **Kunststoff**, **Aluminium** oder **Stahl**, vor allem aber aus **Vollholz** gefertigt.

Bei der Auswahl des Vollholzes sind die DIN-Vorschriften 18355 (Tischlerarbeiten) und DIN EN 942 (Gütebedingungen) zu beachten, siehe auch Grundstufe. Danach muss das Holz gesund, fest und witterungsbeständig sein und ein gutes Stehvermögen aufweisen. Von inländischen Hölzern erfüllen diese Anforderungen in der Regel: **Kiefer**, **Lärche** und **Eiche**, bei ausländischen Hölzern z.B. **Teak**, **Afrormosia**, **Afzelia** und **Sipo**.

Das Vollholz wird allgemein mit 11...15% Holzfeuchtigkeit verarbeitet.

Die Rahmenteile einer Außentür sollen stehende Jahrringe haben (Abb. 3 und 4).

Werden Holzwerkstoffe als Füllungen oder Aufdoppelungen angewandt, so ist auf eine **wetterbeständige** Verleimung zu achten. Geeignet sind Furnierplatten mit der Bezeichnung BFU 100 (DIN 68705 Teil 3).

2 Haustür handwerklich gefertigt

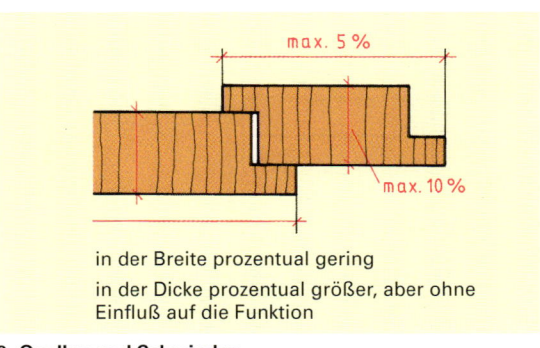

in der Breite prozentual gering

in der Dicke prozentual größer, aber ohne Einfluß auf die Funktion

3 Quellen und Schwinden
der Rahmenfriese in radialer und tangentialer Richtung

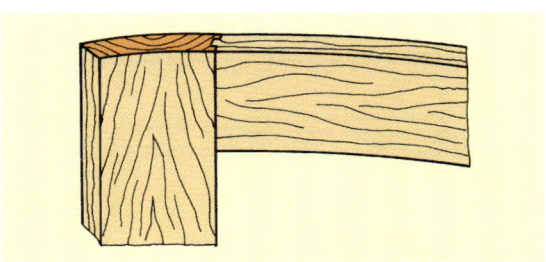

4 Unerwünschte Formänderung durch liegende Jahresringe hervorgerufen

1 Eingangstür
dem Gebäude angepasst

245

15.3 Gestaltung der Haustür

Eine Haustür besteht aus dem **Türblatt**, gegebenenfalls einem Seitenteil, dem tragenden **Rahmen** und den **Beschlägen** (Abb. 1).

Im Vergleich mit Innentüren haben folgende Einzelheiten besondere Bedeutung:

- Gestaltung des Türblattes und der Umrahmung,
- Lichteinfall,
- Farbgebung, Holzart,
- Zubehör, wie z.B. Beschläge, Briefkasten, Namensschild.

> Eine Haustür gestalten heißt: unter Berücksichtigung der Funktion, der Werkstoffe und des Zubehörs mit dem konstruktiven Aufbau eine formschöne Gestalt finden.

Es empfiehlt sich, bei einer Tür nicht mehr als drei verschiedene Werkstoffe zu verwenden, z.B. Holz, Glas und einheitliches Zubehör.

15.4 Türumrahmungen, Konstruktion und Fertigung

Die tragenden Rahmen der Haustüren sind in der Regel Blend- oder Blockrahmen, auch werden zusammengesetzte Profile angewandt (Abb. 2). Die Türumrahmung muss die Masse und die Stoßbe-

lastung des Flügels aufnehmen. Sie muss den Türblattaufschlag ausreichend abdichten (Abb. 3). Die untere Abdichtung wird mit eingebauten Schienen erreicht (Abb. 4). Alle Dichtungen sollen umlaufend in einer Ebene liegen.

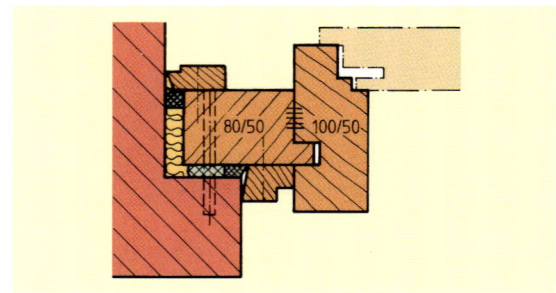

2 Türumrahmung aus zusammengesetzten Profilen

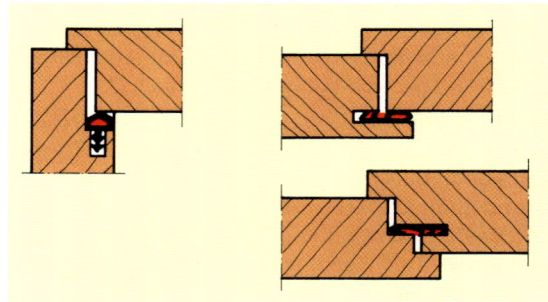

3 Türblatt-Aufschläge

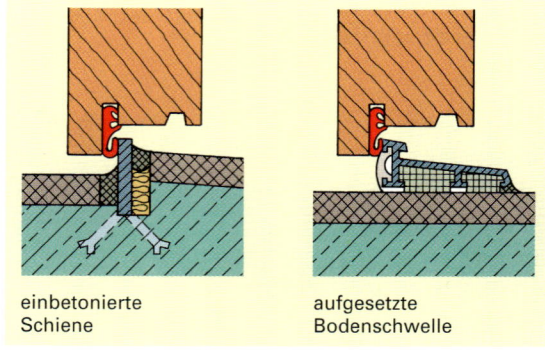

einbetonierte   aufgesetzte
Schiene   Bodenschwelle

4 Wärmegedämmte untere Türanschläge

Abmessungen des Rahmenholzes

Querschnittsmaße der Hölzer für	Breite in mm	Dicke in mm
Blendrahmen Blockrahmen	80...100 80...140	56...68 56...80

Die **Eckverbindungen** der Rahmen werden gestemmt (Zapfen und Nutzapfen), geschlitzt oder gedübelt. Die Abmessungen der Zapfen oder Dübel richten sich nach den Holzbreiten und -dicken (siehe Abschnitt 14.6.2).

1 Einflügelige Haustür
mit Blockrahmen und verglastem Seitenteil

Vor der Fertigung ist es zweckmäßig, einen **Brett-aufriss** anzulegen und die Beschläge zu beschaffen. Vom Rohbaumaß ausgehend werden jeweils alle Holzbreiten unter Berücksichtigung der erforderlichen **Einbautoleranz** und der Falzluft aufgerissen (Abb. 1). Für den Zuschnitt sind dann mithilfe einer **Stückliste** alle Maße festgelegt (siehe auch Konstruktion und Arbeitsplanung, Kap. 9.2).

Aufgaben

1. Zählen Sie die wichtigsten Eigenschaften auf, die von einer Haustür erwartet werden.
2. Welche Holzarten sind für Haustüren besonders geeignet? Begründen Sie Ihre Entscheidung!

15.5 Türblätter, Konstruktion und Fertigung

Für Außentüren, insbesondere Haustüren, sind folgende Bauarten üblich:

- Rahmentüren mit Füllungen,
- aufgedoppelte Türblätter,
- glatte Türen.

15.5.1 Rahmentüren

Türblätter, aus einem sichtbaren Rahmen und einer oder mehreren Füllungen bestehend, heißen Rahmentüren (Abb. 2). Die Festlegung der Querschnitte für die Rahmenteile, sog. **Rahmenfriese**, ist eine wichtige konstruktive Maßnahme.

Die Breite der Rahmenfriese soll eine solide Eckverbindung ermöglichen, die Beschläge sicher aufnehmen und zur Gestaltung beitragen. Übermäßig breite Rahmenteile neigen allerdings zu starkem Quellen und Schwinden sowie zur Rissebildung.

> Friese aus einem Stück sollen nach DIN 18355 nicht breiter als 150 mm sein.

Die Dicke der Rahmenhölzer richtet sich u.a. nach der Art der Füllungen; hier spielt die Verwendung von Isolierglas eine wichtige Rolle. Außentüren sind einseitiger Feuchtigkeitsaufnahme ausgesetzt, so dass größere Rahmenholzdicken zu wählen sind.

> Je dicker das Rahmenholz, desto besser das Stehvermögen.

Empfohlene Querschnittsmaße für Rahmen von Türflügeln:

Dicke: 56...68 mm.

Breite: 100...150 mm für aufrechte oder obere Friese, untere, meist breitere Friese werden geteilt und mit Nut und Feder versehen (Abb. 3).

Friese aus Holzwerkstoffen, z.B. Stäbchenplatten, können in größeren Breiten gefertigt werden.

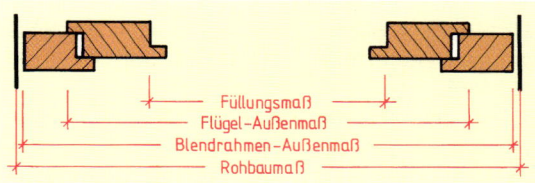

1 Brettaufriss
Querschnitt

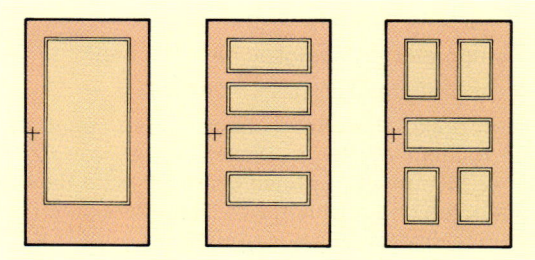

2 Rahmentüren

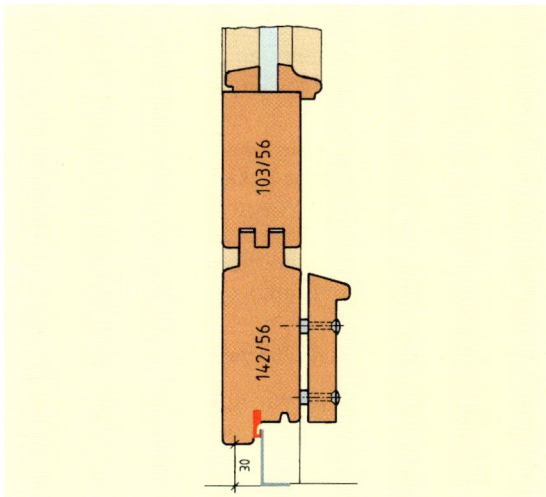

3 Unterer Rahmenfries aus Vollholz
Die Nut befindet sich im oberen Teil (konstruktiver Holzschutz).

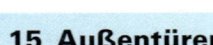
Rahmenhölzer werden entweder gestemmt oder gedübelt miteinander verbunden (siehe Abschnitt 14.6.2).

Die Verleimung muss wetterbeständig sein, d.h. es sind Leime der Beanspruchungsgruppen D3 oder D4 nach DIN EN 204 zu verwenden.

Bei Blendrahmen und Rahmenfriesen hat sich mittlerweile die Lamelliertechnik (Schichtverleimung) bewährt.

Das Ausgangsmaterial zur Herstellung von verleimten **Kanteln** sind so genannte Strips, parallel besäumte Bretter in vorsortierten Güteklassen, die in speziellen Trockenkammern auf eine Holzfeuchte von ca. 13% getrocknet werden.

Nach dem Aushobeln auf vierseitigen Hochleistungsautomaten erfolgt die Verleimung der einzelnen Lamellen nach DIN EN 204/D4.

Die Qualität der meist dreilagigen Laminate – nach DIN 1052 = Brettschichtholz **(BS)** – wird maßgeblich beeinflusst durch die Sortierung (BS 11, 14, 16, 18) der gehobelten Lamellen in Deck- und Mittellagen sowie Eignungsprüfungen und Güteüberwachungen von unabhängigen Instituten (Abb. 1).

Die Güteüberwachung beinhaltet:

– Biegeuntersuchung nach DIN 52 186,

– Temperaturbeständigkeit bis 80 °C und

– Leimprüfung nach DIN EN 204/D4.

Die in praktischen Rahmenholzmaßen angebotenen Kanteln werden in Dicken/Breiten von 62/86 bis 72/150 mm und Längen bis zu 6,0 m im Handel angeboten und zeichnen sich besonders durch ihr gutes Stehvermögen aus (Abb. 2).

1 Güteüberwachung von schichtverleimten Kanteln

2 Dreilagige Kanteln (Nadel- und Laubholz)

15.5.2 Füllungen in Rahmentüren

Eingelegte Vollholzfüllungen sind die älteste Bauart; sie sollen möglichst kleinflächig sein, um Rissen vorzubeugen.

Vollholzfüllungen werden abgeblattet und in einen Falz eingelegt. Eine zusätzliche Versiegelung verhindert das Eintreten von Wasser. Die Befestigungsleisten liegen innen (Abb. 3). Die **Oberflächenbehandlung** sollte möglichst vor dem Einbau durchgeführt werden.

Eingelegte Sperrholzfüllungen

Sie bieten besondere Vorzüge, „arbeiten" kaum und können daher auch in größeren Abmessungen eingesetzt werden. Sperrholzfüllungen werden wie Füllungen aus Vollholz mit **Füllungsleisten** eingebaut (Abb. 1, S. 249). Man verwende **wetterbeständig** verleimtes Bau-Furniersperrholz (BFU 100).

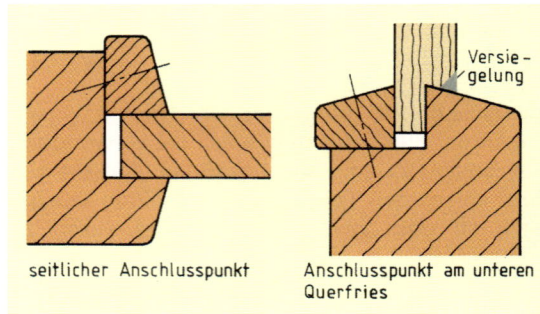

3 Eingelegte Vollholzfüllung, der Füllungsstab liegt stets innen

Isolierglasfüllungen

Holzdicke und Falztiefe müssen dem Isolierglas angepasst sein. Das Glas ist etwa 20…24 mm dick, die dementsprechende Rahmenholzdicke beträgt 56…68 mm. Der Einbau geschieht mit **Glasleisten** (Holz) von der Innenseite. Eine zusätzliche **Versiegelung** ist wie bei Fensterverglasung erforderlich (Abb. 2). Statt profilierter Rahmen verwendet man häufig eingeleimte Kehlstöße. Werden **Sprossen** gewünscht, so haben sie annähernd die gleichen Querschnittsmaße wie die Kehlstöße (Abb. 3), so dass die für Isolierglas erforderliche Falztiefe und Biegesteifigkeit erreicht wird.

Überschobene Vollholzfüllungen

werden umlaufend genutet, oftmals profiliert und in die Friese und Stege geschoben (Abb. 4). Die Holzfaser soll **waagerecht** verlaufen, da beim senkrechten Verlauf die Hirnholzflächen der Füllungen Wasser aufnehmen können. Das Verleimen einer Tür mit mehreren überschobenen Vollholzfüllungen verlangt oft größeren Zeitaufwand.

> Der verwendete Leim sollte deshalb eine längere offene Zeit haben und der Gruppe D3 oder D4 entsprechen.

Ein vorheriges Prüfen des Zusammenpassens aller Teile ist von Vorteil.

15.5.3 Aufgedoppelte Türblätter

Aufgedoppelte Türen bestehen aus dem **tragenden Teil**, der **Außenschale** und gegebenenfalls einer zusätzlichen **Innenschale**.

Die tragenden Teile können aus einem Vollholzrahmen oder aus einem Rahmen oder Blatt aus Holzwerkstoff gefertigt sein.

Die Schalen bestehen aus aufgedoppelten Brettern oder Furnierplatten.

> Mehrschalige Türen sind formbeständig und geben Wärme- und Schallschutz.

In tragende Rahmen mit Außen- und Innenschalen lassen sich **Dämmstoffe** gut einbringen. Um eine Durchfeuchtung der Wärmedämmstoffe zu vermeiden, muss auf der Innenseite der Wärmedämmung eine Dampfdiffusionssperre (Feuchteschutzfolie) angebracht werden (Abb. 1 u. 3, S. 250 und Konstruktion und Arbeitsplanung, Kap. 9.2.4).

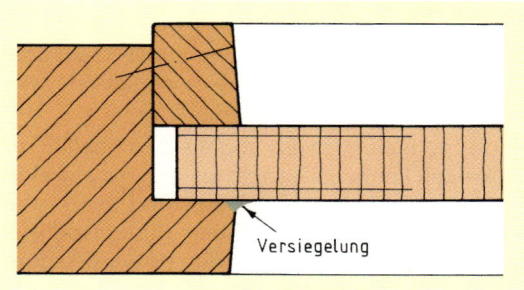

1 Eingelegte Sperrholzfüllung

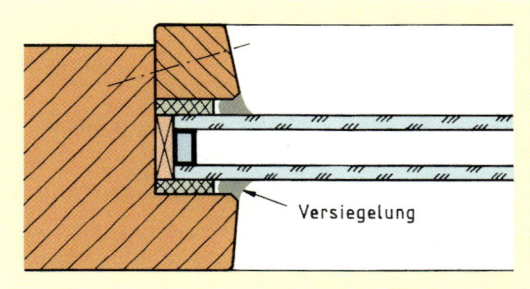

2 Isolierglasfüllung

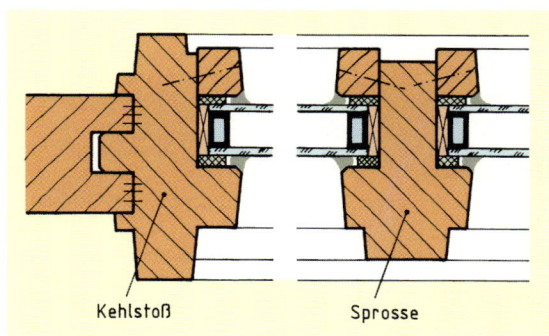

3 Kehlstoß und Sprosse mit Isolierverglasung

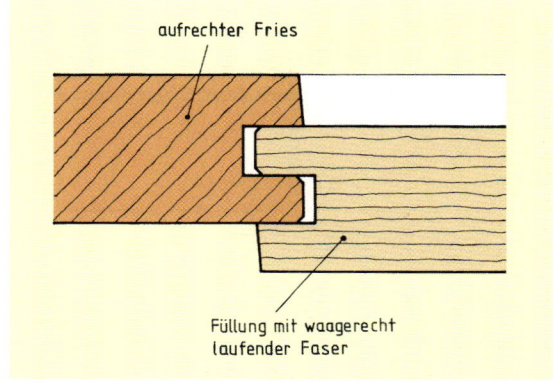

4 Überschobene Vollholzfüllung

Gestaltungsmöglichkeiten

Die Aufdoppelungsbretter sind in der Regel profiliert; sie können unterschiedlich angeordnet werden (Abb. 2).

Die Aufdoppelung muss ungehindert quellen und schwinden können. Deshalb werden die einzelnen Bretter nur punktweise geleimt und geschraubt. Schalen aus Stäbchen- oder Furniersperrholz müssen wetterfest verleimt sein; sie werden durch **Einhängebeschlag** mit dem Träger verbunden oder punktweise geleimt. Verschiedene Aufdoppelungen auf Rahmen und kompakten Platten zeigt Abb. 3.

15.5.4 Glatte Türen

Aufbau:

- **Rahmenbauweise** mit beidseitiger Beplankung aus Sperrholz,
- **Kompaktbauweise** aus Holzwerkstoffen (Abb. 4).

Die Blätter der Kompaktbauweise bestehen vielfach aus Stäbchensperrholz, die man in Normabmessungen beziehen kann. Die Oberflächen sind lackiert, furniert oder mit Schichtpressstoff belegt. Flächen- und Farbwirkungen dienen hier als Gestaltungsmittel.

Aufgaben

1. Welche Querschnittsabmessungen werden für Rahmenhölzer einer Haustür empfohlen?
2. Nennen und beschreiben Sie drei Füllungsarten für Rahmentüren.
3. Beschreiben Sie den Aufbau aufgedoppelter Türblätter.
4. Welche Leime (Beanspruchungsgruppen) kommen für Außentüren infrage?
5. Wodurch zeichnen sich schichtverleimte Kanteln besonders aus?

2 Gestaltungsmöglichkeiten mit Aufdoppelungsbrettern

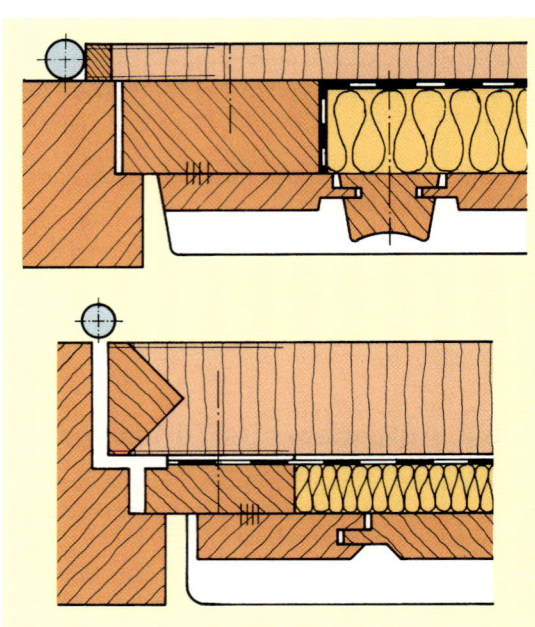

3 Aufdoppelungen

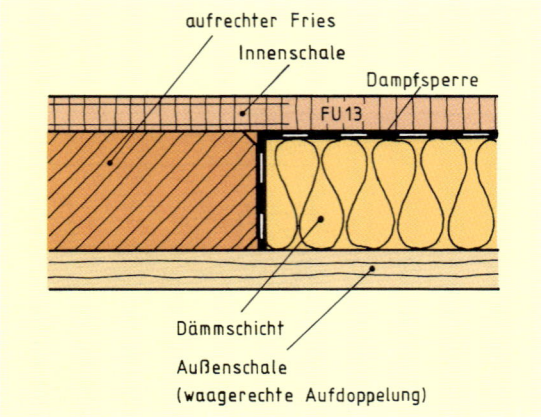

1 Rahmen mit eingelegter Wärmedämmung

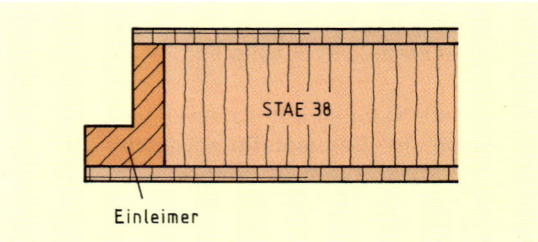

4 Furniertes Türblatt in Kompaktbauweise
wetterbeständig verleimt

15.6 Haustürbeschläge

Zu den Beschlägen gehören: **Bänder**, **Schlösser** und **Schlosszubehör**.

15.6.1 Bänder

Als Haustürbänder werden Einbohr-, Aufsatz- und Kombibänder eingesetzt. Sie sind stets stabiler als Innentürbänder. Da bei Haustüren, trotz sorgfältiger Fertigung und Montage Probleme in der Funktion (gewichts- und witterungsbedingt) auftreten können, verwendet man **verstellbare Einbohrbänder** in drei Ebenen (Abb. 1).

Einbohrbänder verwendet man vorwiegend für gefälzte Türen. Schwere **Aufsatzbänder** mit Kugellagern sind nach DIN links (L) und DIN rechts (R) zu unterscheiden.

Kombibänder haben für den Flügel einen Einlass- und für den Rahmen einen Einbohrteil. Der Lappen des Einlassteils ähnelt dem des Aufsatzbandes; er ist mit **Tragzapfen** und abgerundeten Ecken zum Einfräsen erhältlich.

Bänder für Haustüren gibt es mit Aushängesicherungen für den erhöhten Einbruchschutz, d.h. diese Bänder werden von innen gesichert.

15.6.2 Schlösser

Für Haustüren werden schwere Türschlösser mit Wechsel (siehe 14.7.2) und einer Aussparung für den Zylinder verwendet (Abb. 2). Der Schlosskasten muss der gewählten Zylinderform angepasst sein.

> Bei der Auswahl und dem Einbau des Schlosses ist zu beachten, dass der Zylinder aus Sicherheitsgründen nicht vorsteht.

Ein überstehender Zylinderteil könnte mit einer Zange schnell abgebrochen werden.

Bei einer eindeutigen Bestellung eines Schlosses sind folgende Kennzeichen anzugeben:

Falz- oder Stumpftür, DIN L oder R, mit oder ohne Wechsel, Dornmaß und Aussparungsart (Zylinderform).

Dem Einbruchschutz wird immer mehr an Bedeutung zugemessen. Einbruchhemmende Außentürschlösser haben einen verlängerten oder durchgehenden Stulp mit mehreren Riegeln oder zusätzlichen Rollzapfen. Erhöhter Aufbruchschutz kann aber auch noch durch mehrfache Verriegelung, d.h. durch zusätzliche Rundbolzen im Querrahmen und Boden erreicht werden (Abb. 3).

Die Betätigung aller Verriegelungselemente und des Wechsels erfolgt durch den Zylinderschlüssel.

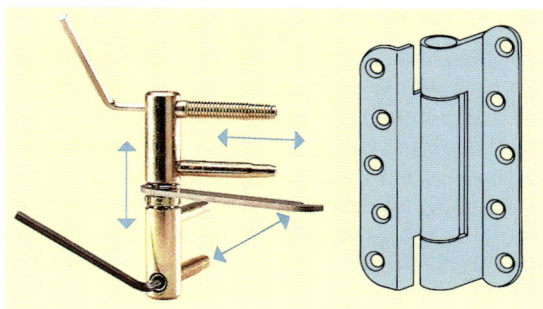

1 Bänder für Haustüren

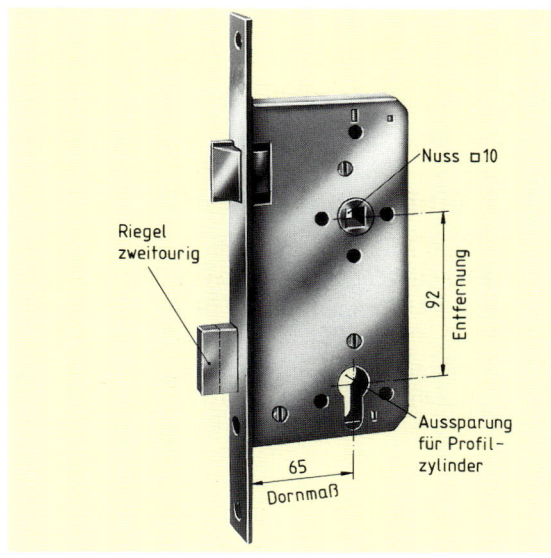

2 Einsteckhaustürschloss

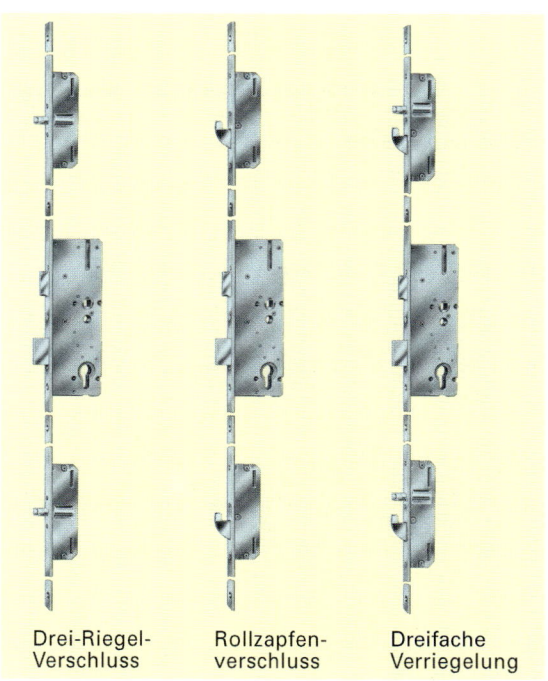

Drei-Riegel-Verschluss   Rollzapfen-verschluss   Dreifache Verriegelung

3 Außentürschlösser mit erhöhtem Einbruchschutz

Schlosszubehör

Bei einem Schloss mit Wechsel können sowohl auf der Außenseite als auch auf der Innenseite einer Haustür **Knöpfe**, **Griffe** oder **Drücker** angebracht werden. Häufig werden innen ein Drücker und außen ein Knopf oder Griff bevorzugt. Die erforderlichen Bohrungen werden entsprechend einseitig oder durchgehend ausgeführt. Drücker, Knöpfe und Zylinder sind von Schildern oder Rosetten eingefasst.

Lang- oder Kurzschilder bzw. Rosetten sollten wegen des Einbruchschutzes von innen verschraubt sein.

15.7 Einbau der Haustüren

Die Türumrahmung wird zunächst ausgerichtet und eingelotet. Die Höhe nach dem **Meterriss** und die davon abhängige Lage der **Bodenschiene** sind besonders zu beachten.

Die Umrahmung wird an drei Punkten je Seite befestigt. Beschläge und Hilfsmittel richten sich nach der Rahmenart. Für Blendrahmen verwendet man in der Regel **Bankeisen** oder **Blendrahmenschrauben**, für Blockrahmen **Mauerkrallen** oder **Spreizdübel**.

Dem Anschluss zum Baukörper kommt besondere Bedeutung zu (Abb. 1). **Dichtungsbänder** werden auf Blendrahmen oder Grundleisten geklebt. Der Hohlraum zwischen Mauerwerk und Rahmen muss ausgeschäumt oder ausgestopft werden (Abb. 2). Die Außenfuge wird dauerelastisch versiegelt (Abb. 3). Deckleisten werden nach dem Anputzen angebracht.

Grund- und Zwischenanstrich sollten vor dem Einbau einer Außentür durchgeführt werden. Dichtungsprofile, Drücker, Griffe und Rosetten werden erst nach dem Schlussanstrich angebracht.

Aufgaben

1. Wie ist ein einbruchsicheres Außentürschloss konstruiert?
2. Beschreiben Sie den Einbau einer Haustür und nennen Sie die erforderlichen Arbeitsmaterialien.
3. Warum müssen aufgedoppelte und wärmegedämmte Außentüren eine Dampfsperre erhalten?
4. Warum wird bei Haustüren in der Regel ein Wechselstift eingebaut?
5. Welche Dämm- und Dichtstoffe werden beim Blendrahmenanschluss zum Baukörper verwendet?

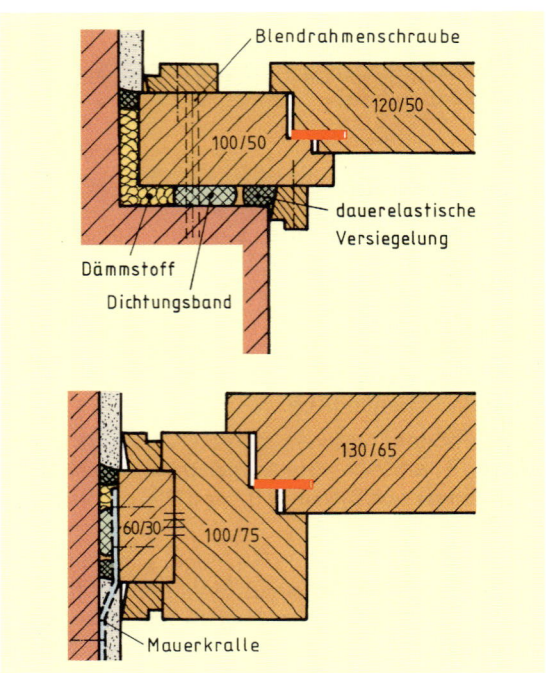

1 Anschlüsse zum Baukörper

2 Ausschäumen zwischen Mauerwerk und Rahmen

3 Spritzpistole mit Kartusche zum Abdichten von Maueranschlüssen

16 Fensterbau

Fenster sind für den äußeren Eindruck eines Gebäudes wie für den Charakter seiner Innenräume von gleich großer Bedeutung. Bereits seit dem Mittelalter ist das Fenster ein wichtiges architektonisches Gestaltungsmittel.

Großflächige Fenster konnten aber erst durch moderne Herstellungsverfahren für Fensterglas entwickelt werden (Abb. 1). Durch die Großflächigkeit wurde das Fenster allerdings zum schwächsten Glied des Baukörpers in Bezug auf Windbelastbarkeit sowie Wärme- und Schallschutz. Um dem abzuhelfen und außerdem weitere Anforderungen, wie z.B. Nutzungsdauer und Bedienungskomfort, zu befriedigen, entstanden anspruchsvolle Konstruktionen und Fertigungstechniken.

1 Fenster
Formgebung und fassadengerechte Gestaltung

16.1 Aufgaben und Anforderungen

16.1.1 Lichteinfall

In DIN 5034 sind die Anforderungen für die Innenraumbeleuchtung mit Tageslicht geregelt.

> Die Fensterfläche eines Raumes soll mindestens 10 % der Grundrissfläche betragen.

Die durch ein Fenster einfallende Lichtmenge (Abb. 2) ist abhängig von:
- der Größe des Fensters,
- der Lage des Fensters,
- der Art der Verglasung.

16.1.2 Be- und Entlüftung[1]

Jeder Raum bedarf einer ausreichenden **Sauerstoffversorgung** und einer entsprechenden **Klimaregelung**. Bei zu geringer Luftzirkulation, bedingt durch vollständige Fugendichtheit, kommt es zur Schwitzwasserbildung in den Räumen und zum Unbehagen des Menschen.

> Wärmetechnisch günstig, d.h. Energie sparend, ist die sog. **Stoßbelüftung** durch kurzfristiges Öffnen der Fensterflügel.

Von einem Fenster müssen gute Be- und Entlüftungsbedingungen erwartet werden. Dieses bedeutet, dass ein Fenster bequem zu öffnen und zu schließen sein muss und dass ein zugfreier Luftaustausch möglich wird (Abb. 3).

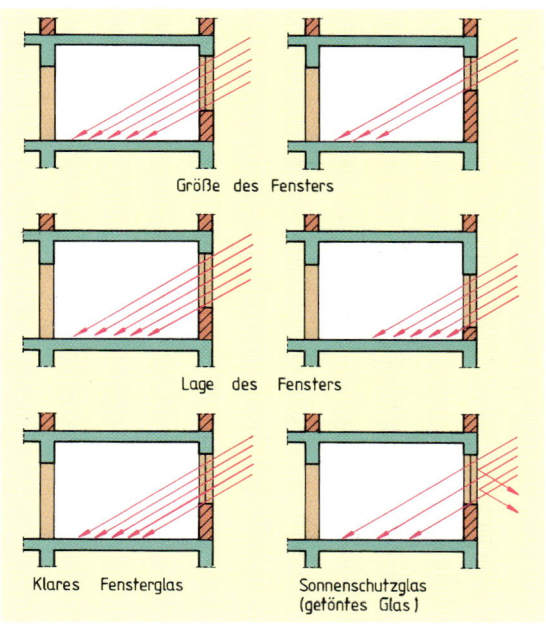

Größe des Fensters

Lage des Fensters

Klares Fensterglas

Sonnenschutzglas (getöntes Glas)

2 Lichteinfall und Innenraumausleuchtung

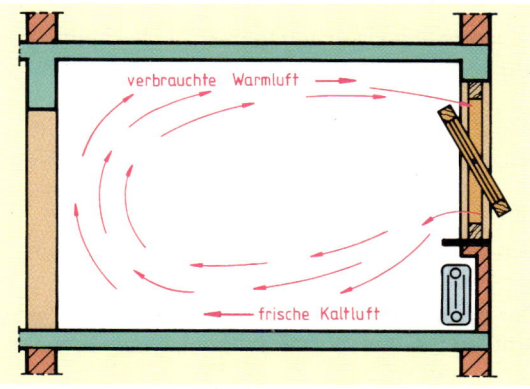

verbrauchte Warmluft

frische Kaltluft

3 Luftaustausch bei geöffnetem Schwingflügel

---

[1] Be- und Entlüftungseinrichtungen siehe Abschnitt 16.12.5.

253

16.1.3 Wärmeschutz

Wärmeschutz umfasst alle Maßnahmen, die den Wärmeverlust zwischen geheizten Räumen und der Außenluft verhindern bzw. einschränken.

Die wärmetechnisch einwandfreie Ausführung von Fenstern wird in Wärmeschutzverordnungen und in der DIN 4108 vorgeschrieben.

Der Wärmeverlust wird durch den Wärmedurchgangskoeffizienten (U-Wert) angegeben, s. S. 181.

Je kleiner der U-Wert, desto geringer ist der Wärmeverlust.

Man unterscheidet zwischen:

– **Lüftungswärmeverlust** über undichte Fälze, Maueranschlüsse und Stoßbelüftung und

– **Transmissionswärmeverlust** über Fensterscheiben und Rahmenflächen (siehe auch Abb. 1, S. 181).

Die Größe des Wärmeverlustes (Tab. 1) wird bestimmt durch:

– die Bauart des Fensters (Einfach-, Doppel-, Kastenfenster),

– die Rahmenwerkstoffe (Holz, Kunststoff, Metall und Kombinationen),

– die Verglasungsart (Einfach-, Isolier-, Doppelverglasung),

– die Dichtheit der Fälze (Einfach-, Doppelfalz und Dichtungen).

Nach der neuen Wärmeschutzverordnung von 1995 müssen bei Fenstern und Fenstertüren folgende U-Werte eingehalten werden (Tab. 2).

Verglasungsart	U_V-Werte in W/m² · K für Verglasung allein	U_F-Werte in W/m² · K für Fenster und Fenstertüren einschl. Rahmen	
		Holz- und Kunststofffenster	Wärmegedämmte Metallfenster
Einfachglas	5,8	5,2	5,2
Zweischeiben-Isolierglas 6...8 mm LZR 10...16 mm LZR	3,4 3,0	2,9 2,6	3,2 2,9
Dreischeiben-Isolierglas 2 × 6...8 mm LZR 2 × 10...16 mm LZR	2,2 2,1	2,1 2,0	2,3 2,3
Zweischeiben-Wärmeschutz-Isolierglas 10...16 mm LZR	1,4	1,5	1,8
Doppelverglasung aus Einfach- und Isolierglas 10...16 mm LZR Scheibenabstand 20...100 mm	1,4	1,5	1,8

1 Auszug aus DIN 4108

– beim erstmaligen Einbau, Ersatz oder Erneuerung	≤2,0 W/m² · K
– nach dem allgemeinen Nachweisverfahren	2,6...1,7 W/m² · K
– nach dem vereinfachten Nachweisverfahren	2,0...1,7 W/m² · K
– beim Niedrigenergiehaus	≤1,5 W/m² · K

2 Anforderungen an den U-Wert bei Fenstern

16.1.4 Schallschutz

Schalldämmung ist die Minderung der Schallenergie beim Durchgang des Schalles durch einen Körper.

Dabei wird ein Teil der Schallwellen beim Auftreffen auf einen Körper reflektiert und ein anderer Teil von diesem Körper absorbiert (verschluckt), siehe Abb. 3.

Schalldämmung wird in Dezibel = dB(A) gemessen (siehe auch S. 186).

Der Schallschutz gewinnt bei Räumen, die einer erhöhten Außenlärmbelästigung (verkehrsreiche Lage, Industriegebiete, Flughäfen usw.) ausgesetzt sind, immer mehr an Bedeutung.

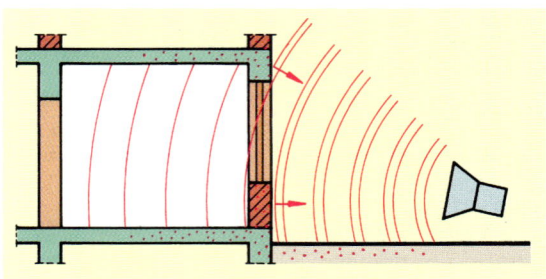

3 Schalldämmung

Das heißt: Kranken-, Wohn- und Büroräume müssen gegen den Außenlärm geschützt werden (Tab. 1).

Außen-lärmpegel in dB(A)	Schalldämm-Maße für Fenster in dB(A)		
	in Räumen von Kranken-häusern und Sanatorien	in Aufent-haltsräumen von Woh-nungen	in Büro-räumen
≤ 50	25	25	25
51 = 55	30	25	25
56 = 60	35	30	25
61 = 65	40	35	30
66 = 70	45	40	35
≥ 70	50	45	40

1 Erforderliche Mindestwerte der Luftschalldämmung

Die Schalldämmung ist abhängig von der Art und Dichte eines Stoffes sowie von seiner Dicke.

Bei Fenstern ist sie im Wesentlichen abhängig von:
- der Konstruktion (Einfach-, Doppel-, Kastenfenster, Anzahl der Fälze und Dichtungsmittel),
- der Flügel- und Blendrahmenquerschnitte,
- der Glasdicken und Anzahl der Scheiben (Tab. 2),
- der Qualität des Wandanschlusses,
- der Bauart des Rollladenkastens,
- der Güte der Verarbeitung.

Glasart	Scheibendicke in mm		Scheiben-abstand in mm	Schalldämm-Maß in dB(A)
Einfach-glas	1,8		–	24
	2,8		–	26
	3,8		–	28
	6,0		–	30
	12,0		–	35
	15,0		–	37
	innen	außen		
Isolierglas (luftdicht)	2,8	2,8	6	27
	2,8	2,8	12	31
	6,0	3,8	12	35

2 Schalldämm-Maße von Einfach- und Isolierglas

Nach Art der Fensterkonstruktion und der Art der Verglasung werden Fenster in 0...6 Schallschutz-klassen eingeteilt (Tab. 3). Die Anforderungen für die Schalldämmung im Bauwesen sind in den VDI-Richtlinien 2719 festgelegt.

Schall-schutz-klasse	Schall-dämm-Maß in dB(A)	Hinweise auf Bauart von Fenstern ohne Lüftungs-einrichtungen
6	≥50	Kastenfenster mit getrennten Blendrahmen, besonderer Dichtung, sehr großem Scheibenabstand und Verglasung aus Dickglas
5	45...49	Kastenfenster mit besonderer Dichtung, großem Scheibenabstand, Verglasung aus Dickglas; Verbundfenster mit besonderer Dichtung, Scheibenabstand über 100 mm, Verglasung aus Dickglas
4	40...44	Kastenfenster mit zusätzlicher Dichtung und 4-mm-Verglasung; Verbundfenster mit besonderer Dichtung, Scheibenabstand über 60 mm, Verglasung aus Dickglas
3	35...39	Kastenfenster ohne zusätzliche Dichtung mit 4-mm-Verglasung; Verbundfenster mit zusätzlicher Dichtung, Scheibenabstand 40...50 mm und Verglasung aus Dickglas; Isolierverglasung in schwerer mehrschichtiger Ausführung; 12 mm Glas, fest eingebaut oder in dichten Fenstern
2	30...34	Verbundfenster mit zusätzlicher Dichtung und 4-mm-Verglasung; Dicke Isolierverglasung, fest eingebaut oder in dichten Fenstern; 6 mm Glas, fest eingebaut oder in dichten Fenstern
1	25...29	Verbundfenster ohne zusätzliche Dichtung und 4-mm-Verglasung; dünne Isolierverglasung in Fenstern ohne zusätzliche Dichtung
0	≤24	Undichte Fenster mit Einfach- oder Isolierverglasung

3 Schallschutzklassen für Fenster

Aufgaben

1. Welche Aufgaben hat das Fenster als Teil der Außen-fassade zu erfüllen?
2. Warum ist eine Be- und Entlüftung der Räume notwendig?
3. Welche Wärmeverluste unterscheidet man bei Fenstern?
4. Welche Maßnahmen erhöhen den Schallschutz bei Fenstern?

16.1.5 Belastung des Fensters durch Windkräfte

Die Beanspruchung durch Windkräfte ist in der Regel die Hauptbelastung des Fensters. Da die Windbelastung der Fensterfläche mit der Gebäudehöhe zunimmt, wird auch die Gefahr des Durchbiegens der Rahmenhölzer größer, d.h. bei geschlossenem Fenster werden Fensterflügel und Blendrahmen auseinander gedrückt (Abb. 1).

Diese Windbelastung muss bei

– der Ermittlung der Fenstergrößen und Rahmenquerschnitte,

– der Art und Wahl der Befestigungselemente,

– der Ermittlung der Glasdicken

berücksichtigt werden.

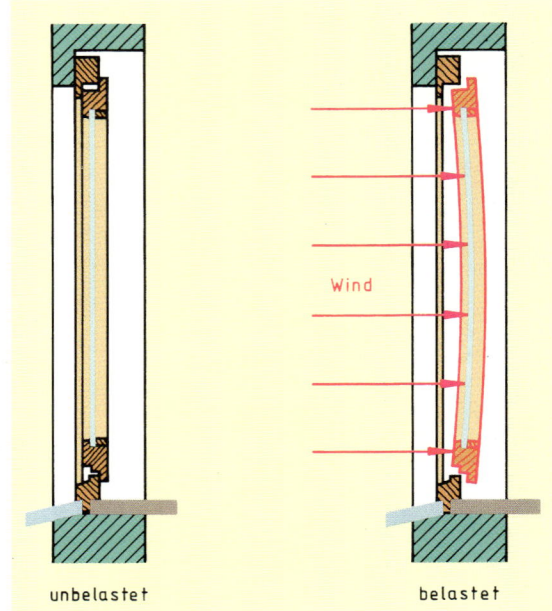

1 Verformung des Fensterflügels durch Wind

16.1.6 Fugendurchlasskoeffizient (*a*-Wert)

Die Messgröße für die Fugendichtheit ist der Fugendurchlasskoeffizient, der *a*-Wert.

> Der *a*-Wert gibt die Luftmenge in m³ an, die in einer Stunde durch eine 1 m lange Fuge bei einem Luftdruckunterschied von 10 N/m² ausgetauscht wird (Abb. 2).

> Je kleiner der *a*-Wert, desto geringer ist die Wärmemenge, die durch die Fugen verloren geht.

In der Wärmeschutzverordnung des Bundesministeriums für Wirtschaft werden folgende max. *a*-Werte für Fenster angegeben (Tab. 3).

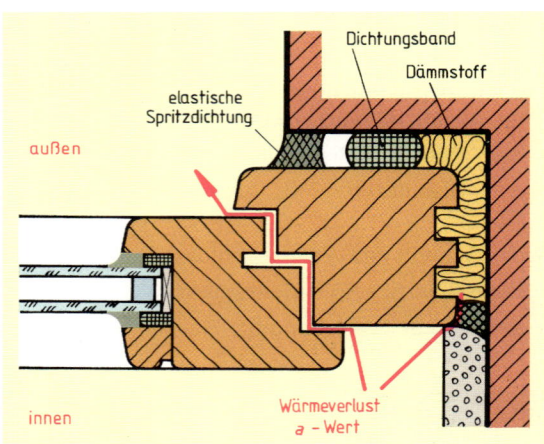

2 Fugendichtheit (*a*-Wert)

Beanspruchungsgruppen	*a*-Wert m³/m · h
A Gebäudehöhe bis 8 m	2,0
B Gebäudehöhe bis 20 m	1,0
C Gebäudehöhe bis 100 m	1,0

3 Maximale *a*-Werte

16.1.7 Schlagregensicherheit

Schlagregensicherheit bezeichnet den Grad der Dichtheit der Fensterfugen und der Falzausbildung zwischen Blendrahmen und Fensterflügel. Das heißt, es darf bei gleichzeitiger Beanspruchung durch Wind und Regen (Schlagregen) kein Wasser durch das Fenster in den Raum eindringen.

Damit keine Schäden am Fenster und Baukörper auftreten können, muss das in die Konstruktion eingedrungene Wasser über die Regenschutzschiene und äußere Fensterbank abgeleitet werden (Abb. 1, S. 257).

Aufgaben

1. Benennen Sie die Ursachen einer mangelhaften Wärmedämmung an Fensterkonstruktionen.
2. Erklären Sie den Begriff „*a*-Wert" beim Fenster.
3. Welchen Belastungen ist ein Fensterflügel ausgesetzt?

16.1.8 Beanspruchungsgruppen

Das Fenster, als Bestandteil der Außenfassade, muss den Witterungsschutz der Innenräume übernehmen. Die Beanspruchung der Fenster wird bestimmt durch

– die Wind- und Regenbelastung,

– die Gebäudeform, Gebäudelage, Gebäudehöhe,

– die Fassadenausbildung,

– die Einbauart des Fensters.

Hieraus leiten sich nach DIN 18055 vier Beanspruchungsgruppen für Fenster ab (Tab. 2).

16.1.9 Fensterprüfstand

Die Prüfung wird am fertigen Fenster, einschließlich der Verglasung, evtl. mit endgültiger Oberflächenbehandlung und funktionsfähigem Wasserablauf vorgenommen. Die Prüfeinrichtung besteht aus einem luft- und wasserdichten Raum, dessen eine Wand das zu prüfende Fenster darstellt. Das Fenster ist gegen den Prüfstand so einzusetzen, zu befestigen und zu dichten, dass es möglichst den späteren Gegebenheiten im Baukörper entspricht.

Nun wird auf der Außenseite des Fensters ein simulierter Staudruck bzw. Regen entsprechend der Beanspruchungsgruppen A bis C erzeugt. Dabei wird die Druckdifferenz zwischen beiden Seiten des Fensters gemessen und die Dichtheit auf Wasserdurchlässigkeit geprüft (Abb. 3).

16.1.10 Flügelabmessungen und Holzfensterprofile

Um die Durchbiegung der Flügelrahmen durch Windkräfte weitgehend zu verhindern bzw. Fugendichtheit und Schlagregensicherheit zu gewährleisten, müssen bestimmte Flügelabmessungen und Holzfensterprofile eingehalten werden. Dabei wird die Konstruktion des Flügelrahmens bestimmt durch

– Werkstoffart,

– Fenstergröße,

– Bauart des Fensters,

– Verglasungsart: EV = Einfachverglasung
　　　　　　　　　IV = Isolierverglasung
　　　　　　　　　DV = Doppelverglasung

– die Beanspruchungsgruppe A, B, C.

Nach DIN 18055 sind die jeweils größten Fensterflügelbreiten in Abhängigkeit von Profilarten und Beanspruchungsgruppen festgelegt (Tab. 1, S. 258).

---

[1] Windskala, 1806 von Beaufort eingeführt

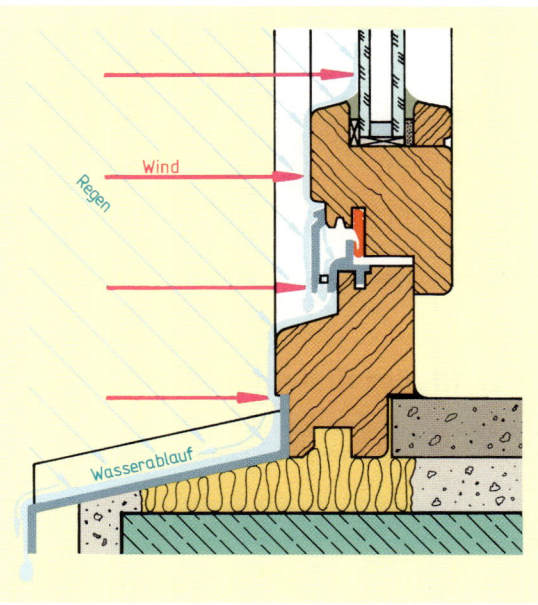

1 Wasserableitung
über Regenschutzschiene und äußere Fensterbank

Beanspruchungs-gruppen	A	B	C	D
Staudruck in N/m²	bis 180	bis 370	bis 660	Sonder-regelung
Windstärke[1]	bis 7	bis 9	bis 11	
Gebäudehöhe in m	bis 8	bis 20	bis 100	

[1] Nach der Beaufort-Skala

2 Beanspruchungsgruppen

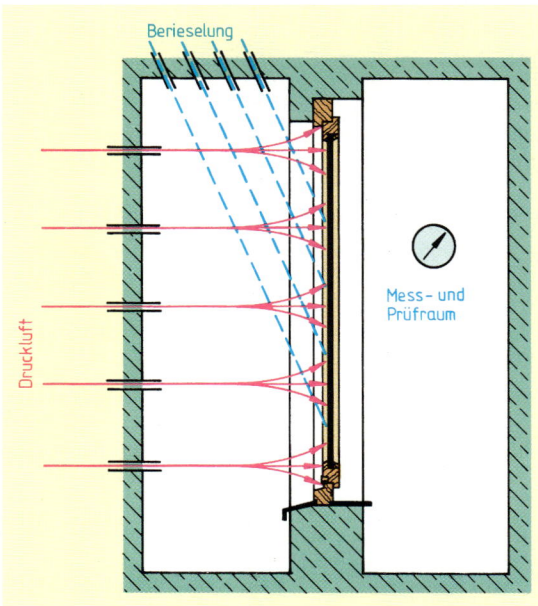

3 Fenster im Prüfstand

Bean-spruchungs-gruppe	Ausführung	Profile für Einfachfenster					Profile für Verbundfenster		
		IV 56	IV 63	IV 68	IV 78	IV 92	DV 32/44	DV 44/44	DV 36/56
A	Größte Flügelbreite in mm	1400	1450	1550	1600	1600	1300	1400	1400
B	Größte Flügelbreite in mm	1300	1350	1450	1500	1500	1200	1300	1300
C	Größte Flügelbreite in mm	1150	1200	1300	1350	1350	1050	1050	1150

1 Größte Flügelbreiten nach DIN 18055

16.1.11 Bezeichnungen am Fenster

Das Fenster (Fensterelement) besteht in der Regel aus dem Blendrahmen und einem oder mehreren Flügelrahmen (Abb. 2).

Blendrahmen

Der Blendrahmen ist mit dem Bauwerk fest verbunden und trägt die beweglichen Flügelrahmen.

Pfosten oder Setzhölzer unterteilen den Blendrahmen in der Breite.

Riegel oder Kämpfer unterteilen den Blendrahmen in der Höhe.

Flügelrahmen

Die Flügelrahmen sind mit dem Blendrahmen beweglich verbunden und sind in der Regel zu öffnen.

Fenstersprossen dienen der Unterteilung des Flügelrahmens in der Breite und Höhe.

Nach DIN 68121 werden die Fensterteile mit Positions-Nummern versehen (Tab. 3).

RAL-Gütegesicherte Fenster

Jeder Fensterhersteller kann bei der Gütegemeinschaft Holzfenster das RAL-Gütezeichen ⊟ für Holzfenster beantragen.

> Dieses Gütezeichen bedeutet eine Garantie für einen beständig hohen Qualitätsstandard in Konstruktion, Profil, Fertigung und Funktion.

Aufgaben

1. Wie lässt sich die Schlagregensicherheit eines Fensters prüfen?
2. Welche Faktoren bestimmen bei Fenstern die Einteilung in die einzelnen Beanspruchungsgruppen?
3. Wie wird ein Fenster auf Dichtheit geprüft?
4. Welche Einflüsse bestimmen die maximalen Flügelbreiten?
5. Was bedeutet das Zeichen „RAL-Gütegesichertes Fenster"?

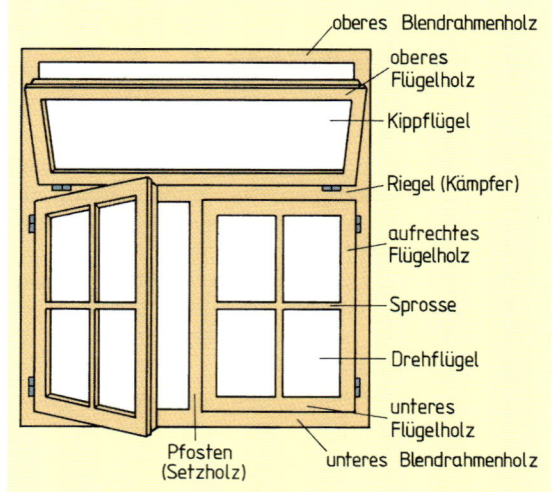

2 Bezeichnungen am Fenster

Fensterteile	Pos.-Nr.
Blendrahmenteile	
aufrechtes Blendrahmenholz	1
oberes Blendrahmenholz	2
unteres Blendrahmenholz	3
Pfosten (Setzholz)	4
Riegel (Kämpfer)	5
Flügelholzteile	
aufrechtes Flügelholz	6
oberes Flügelholz	7
unteres Flügelholz	8
Sprossen	9

3 Fensterteile nach DIN 68121

16.2 Fensterkonstruktionen

16.2.1 Querschnitte und Falzmaße

Durch die Festlegung der Fensterholzprofile (Tab. 1, S. 221) kann das von den Sägewerken gelieferte Schnittholz wirtschaftlich besser ausgenutzt werden.

> Die Querschnittsabmessungen des Fensterholzes gelten bei einem Feuchtigkeitsgehalt von 11…15% bezogen auf das Darrgewicht.

Die zulässigen Abweichungen in der Profildicke betragen nach DIN 68121 (Tab. 1):

Einfachfenster

Profilart	Nenndicke in mm	Mindestdicke in mm
IV 56	56	55
IV 63	63	62
IV 68	68	66
IV 78	78	76
IV 92	92	90

Verbundfenster

Profilart	Außenflügel		Innenflügel	
	Nenndicke in mm	Mindestdicke in mm	Nenndicke in mm	Mindestdicke in mm
DV 32/44	32	30	44	42
DV 44/44	44	42	44	42
DV 36/56	36	34	56	54

1 Zulässige Abweichungen in der Profildicke nach DIN 68121

16.2.2 Konstruktionsmaße

Nach DIN 68121 sind bestimmte Maße „Konstruktionsmaße", die unbedingt eingehalten werden müssen (Abb. 2).

Bei allen weiteren Bearbeitungsmaßen und Profilen ist eine Toleranz von ±0,5 mm erlaubt, die sich jeweils auf die entsprechenden Bezugsebenen bezieht.

Durch die Maßvorgabe ist auch die Zapfen- und Schlitzeinteilung festgelegt. Beschläge und Werkzeuge sind ebenfalls auf diese Norm abgestimmt (Abb. 3).

Weitere Fensterholzprofile siehe Konstruktion und Arbeitsplanung, Kap. 10.2.

Größere Rahmendicken und -breiten sind erlaubt, wenn der Hinweis auf das nächstgeringere Kurzzeichen gemacht wird,

z.B.: Bei einem Fenster mit einer Rahmendicke von 65 mm ist das Kurzzeichen IV 63 anzuwenden.

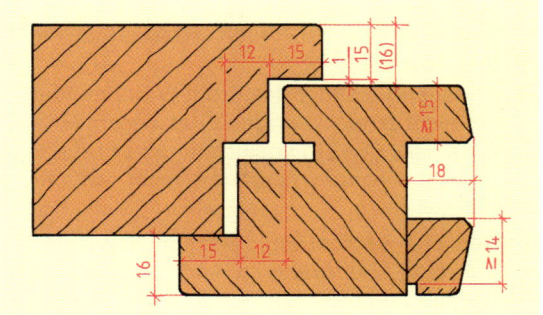

2 Konstruktionsmaße

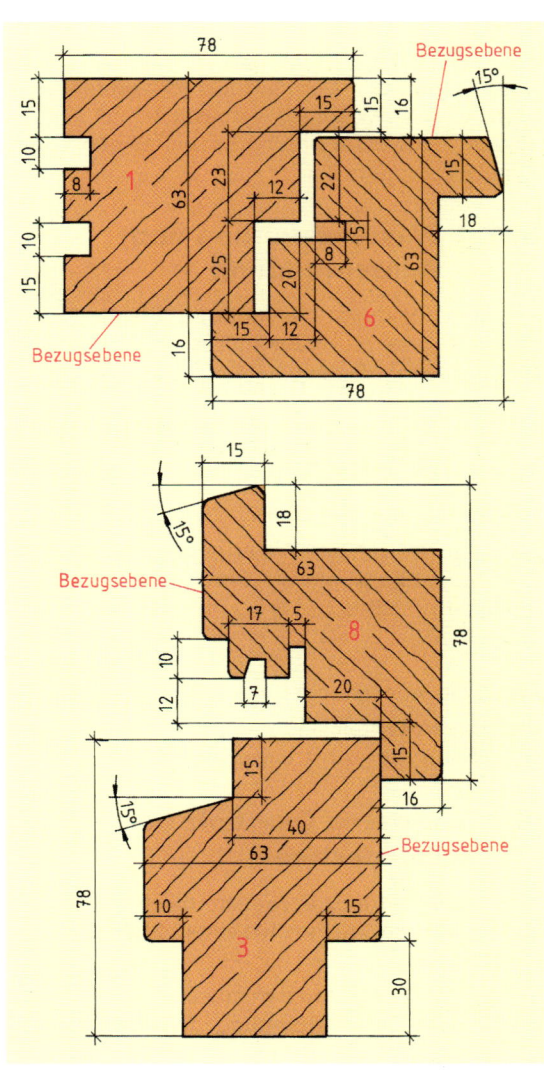

3 Profil IV 63

259

16.2.3 Wasserabreißnut und Windsperre

Beim unteren Fensterflügelholz muss eine Wasserabreißnut mit einer Mindestbreite von 7 mm und einer Höhe von 5 mm vorhanden sein (Abb. 1).

Der Abstand zwischen Regenschutzschiene und Windsperre (Flügeldichtung) muss mindestens 17 mm betragen (Abb. 1).

Eine Ausnahme bildet das Profil IV 56, da hierbei 17 mm nicht erreicht werden. Aus diesem Grunde sollten lt. DIN 68121 Fenster mit dem Profil IV 56 bei stark belasteten Fassaden nicht verwendet werden.

Die seitliche Abdichtung zwischen Regenschutzschiene und Blendrahmen kann entweder mit Endkappen und/oder mit elastischen Dichtstoffen erfolgen.

Wärme gedämmte Regenschutzschienen sind zweigeteilt aufgebaut. Der äußere Teil besteht aus Aluminium, der innere Teil aus Kunststoff.

Dadurch wird der Wärmeschutz im unteren Dichtungsbereich wesentlich verbessert und die Gefahr der Tauwasserbildung an der Regenschutzschiene verringert.

16.2.4 Wasserableitung und Kantenrundung

Die Ablaufneigung des unteren Blendrahmens und des unteren Flügelholzes muss auf der Außenseite mindestens ≥15° betragen (Abb. 2).

Ist auf der Raumseite mit einer erhöhten Tauwasserbildung zu rechnen (Feuchträume), so müssen auch hierbei die unteren Profile eine Ablaufneigung von ≥15° erhalten.

> Alle Kanten auf der Witterungsseite, d.h. auf die das Freiluftklima einwirken kann, müssen mit einem Radius von R = 2 mm gerundet werden (Abb. 2).

Dieses gilt jedoch nicht für die Wasserabreißnut.

Alle übrigen Kanten sind zu „runden"
(siehe Seite 290 – Anstrichschäden).

16.2.5 Unteres Querholz bei Fenstertüren

Das untere Querholz bei Fenstertüren kann bis zu einer Breite von 140 mm aus einem Stück gefertigt werden.

Ab einer Breite von 140 mm muss das Profil geteilt werden und die Verbindung zwischen beiden Querstücken ist mit dauerelastischem Dichtstoff zu versiegeln (Abb. 3).

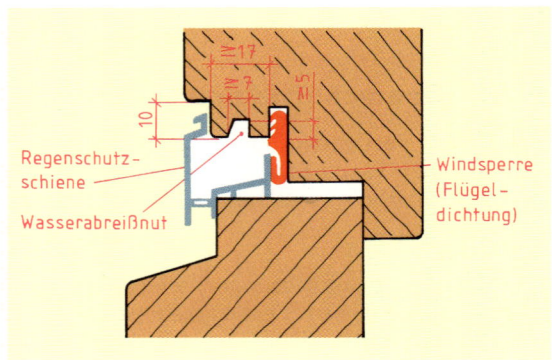

1 Räumliche Trennung zwischen Regenschutzschiene und Flügeldichtung

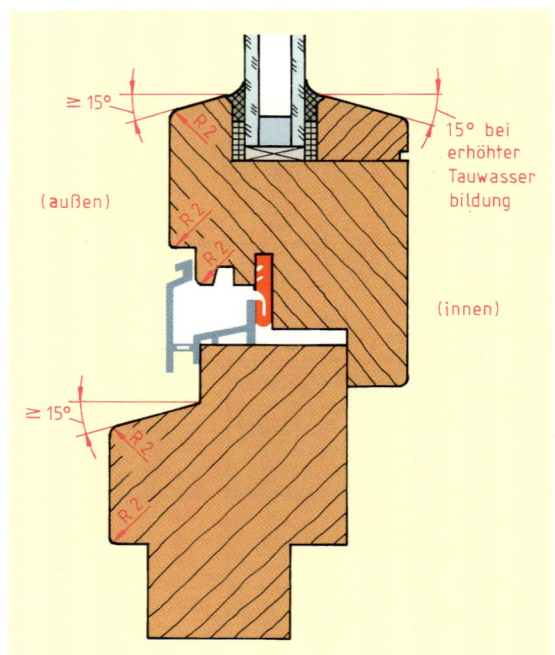

2 Wasserableitung und Kantenrundung

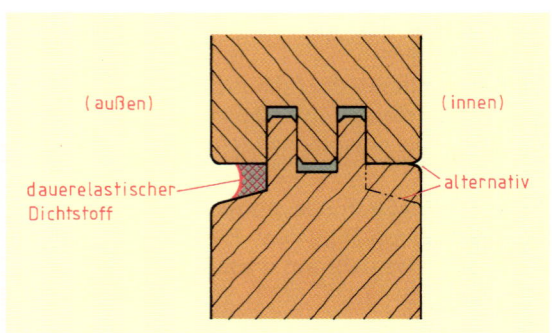

3 Abdichtung bei geteilten Profilen

16.2.6 Dichtungen

Für die Beanspruchungsgruppen B und C werden zusätzlich Dichtungen gefordert. Sie bestehen meist aus Polyvinylchlorid, Ethylen-Propylen-Kautschuk, Butylkautschuk oder Polychloropren und werden als Lippen- oder Quetschdichtungen hergestellt.

> Dichtungen sollen mindestens ein Rückstellvermögen von 1,5 mm besitzen, damit das Fenster auch noch bei Windbelastung dicht bleibt.

Sie müssen in einer Ebene liegen, rundum laufen, an den Ecken verschweißt sein und außerhalb der Bewitterungszone liegen. Dabei unterscheidet man zwischen Flügel- und Blendrahmendichtungen (Abb. 1 und 2).

Aufgaben

1. Welche Aufgabe hat die Wasserabreißnut am unteren Flügelprofil?
2. Warum müssen die Kanten der Fensterprofile auf der Witterungsseite mit einem Radius von 2 mm gerundet werden?
3. Was versteht man unter dem Begriff „Rückstellvermögen" bei einer Fensterdichtung?

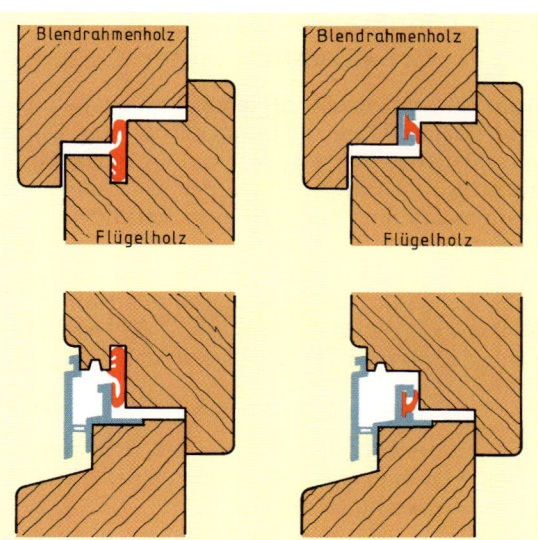

1 Flügel- und Blendrahmendichtung

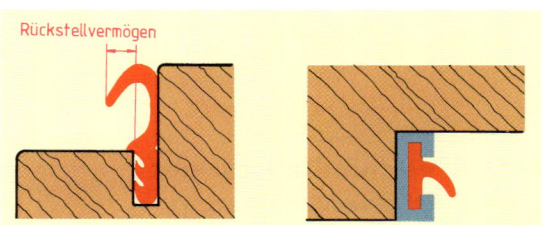

2 Form der unbelasteten Dichtungen

16.3　Fensterarten

16.3.1 Einfachfenster mit Einfachverglasung

Beim Einfachfenster sind die Flügelrahmen nur mit einer Glasscheibe verglast (EV).

Einfach verglaste Fenster haben eine geringe Wärme- und Schalldämmung. Die Glasscheiben beschlagen infolge der geringen Wärmedämmung sehr schnell. Sie sind nur noch für Keller-, Dachboden- und Werkstattfenster zulässig (Abb. 3).

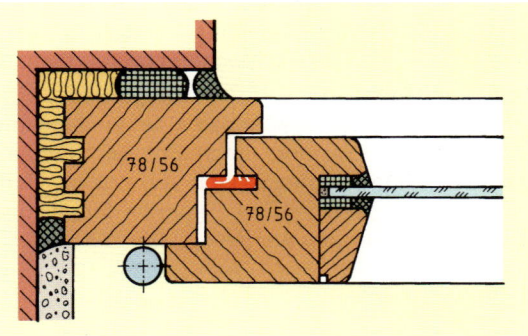

3 Einfachfenster mit Einfachverglasung (EV 56)

16.3.2 Einfachfenster mit Isolierverglasung

Bei diesem Einfachfenster sind die Flügelrahmen mit Isolierglas (IV) verglast (Abb. 4). Das Isolierglas wird innen mit einer Glasleiste gehalten und innen und außen mit einem elastischen Dichtstoff abgedichtet. Die Flügelrahmen liegen in einem Doppelfalz mit Dichtungsprofilen. Die Wärmedämmung ist bei der Isolierverglasung sehr gut, dagegen ist die Schalldämmung, wegen des geringen Scheibenabstandes, relativ gering.

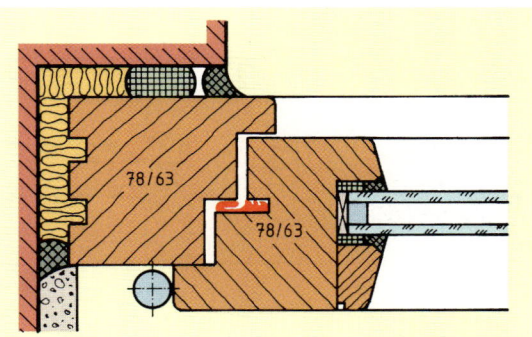

4 Einfachfenster mit Isolierverglasung (IV 63)

261

16.3.3 Einfachfenster als Schallschutzfenster

Beim Einfachfenster IV 68 liegen die Flügelrahmen in dreifachen Fälzen mit Doppeldichtungen. Durch verschiedene Stärken der Isolierverglasung – außen 6 mm Dickglas – werden eine sehr gute Wärmedämmung und eine gute Schalldämmung erreicht.

> Fenster mit Doppeldichtungen werden auch als Schallschutzfenster bezeichnet, da sie die Schalldämmung der Schallschutzklasse 2 erreichen (Abb. 1).

Eine besonders gute Schall- und Wärmedämmung wird durch die Verwendung einer Dreifach-Isolierverglasung erreicht (Abb. 2).

Alternativ zu den zwei Dichtungen in den Fälzen kann die Schalldämmung auch durch das Anbringen einer zweiten Dichtung zwischen Aufschlagfalz des Flügels und des Blendrahmens erfolgen (Abb. 3).

16.3.4 Verbundfenster mit Doppelverglasung

Beim Verbundfenster sind die Flügelrahmen zweiteilig und mit Doppelglas (DV) verglast, d.h. jeder Flügelrahmen wird mit einer Einfachglasscheibe verglast (Abb. 4). Die Flügelrahmen liegen in einem Doppelfalz mit einer zusätzlichen Dichtung am inneren Flügelrahmen.

Innen- und Außenflügel haben eine gemeinsame Drehachse. Sie werden durch Spezialscharniere und Kupplungen miteinander verbunden. Zum Reinigen der „Innenflächen" können Innen- und Außenflügel getrennt werden.

Beim Verbundfenster ist die Wärmedämmung sehr gut, die Schalldämmung besser als beim Einfachfenster. Durch den Einbau von IV-Glas bzw. Dickglas in den äußeren Flügelrahmen wird die Wärme- und Schalldämmung erhöht. Nachteil des Verbundfensters ist der hohe Material- und Arbeitsaufwand.

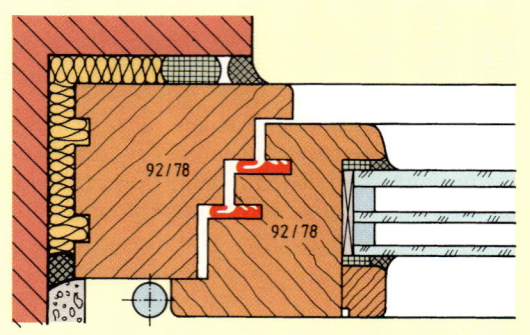

2 Einfachfenster mit Dreifach-Isolierverglasung (IV 78) und Doppeldichtung

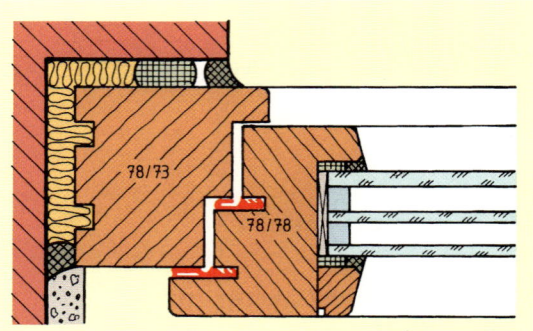

3 Einfachfenster mit Dreifach-Isolierverglasung (IV 78) und Doppeldichtung

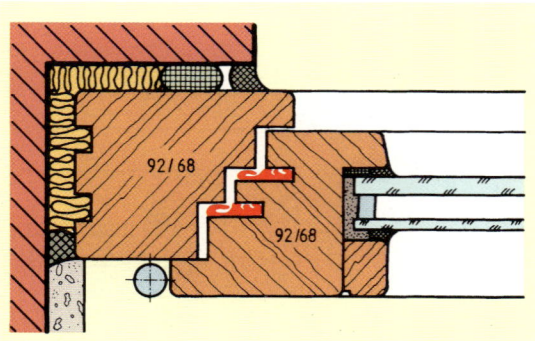

1 Einfachfenster als Schallschutzfenster (IV 68) mit Doppeldichtung

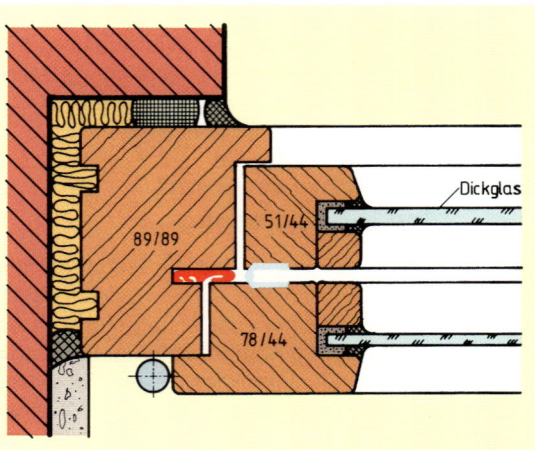

4 Verbundfenster mit Doppelverglasung (DV 44/44)
Profilabmessungen sind DIN 68121 Blatt 1 zu entnehmen.

16.3.5 Kastenfenster mit Doppelverglasung

Das Kastenfenster besteht aus zwei getrennten Blendrahmen mit Flügelrahmen, die durch ein Futter miteinander verbunden sind (Abb. 1). Die Flügelrahmen werden mit Einfachglas verglast und liegen zum Teil in Doppelfälzen mit Dichtungsprofilen.

> Beim Kastenfenster ist die Wärmedämmung wegen des großen Scheibenabstandes geringer als beim Verbundfenster. Die Schalldämmung ist jedoch sehr gut.

Durch den Einbau einer IV- bzw. Dickglasverglasung in den äußeren Flügelrahmen bzw. in beide Flügelrahmen werden die Wärme- und Schalldämmung wesentlich erhöht. Nachteil des Kastenfensters ist der sehr hohe Material- und Arbeitsaufwand.

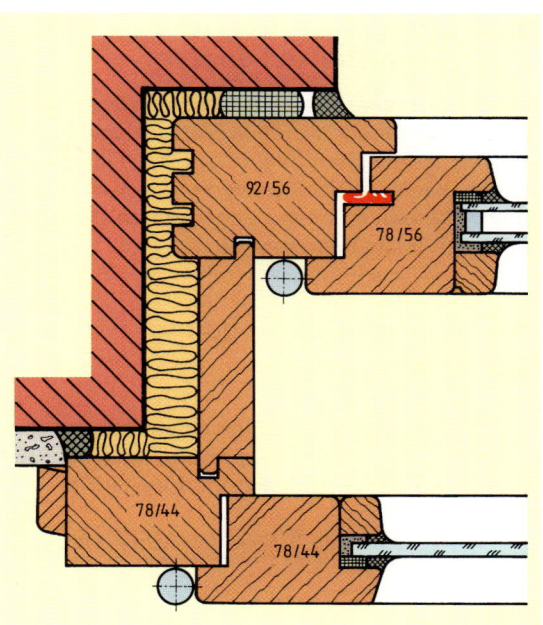

1 Kastenfenster mit Doppelverglasung (DV)

16.3.6 Einteilige, mehrflügelige Einfachfenster

Falls die zulässige Flügelbreite nach DIN 18055 überschritten wird, können mehrflügelige Fenster (ohne Pfosten) verwendet werden (Abb. 2).

Ausnahme: Für ein mehrflügeliges Fenster IV 56 der Beanspruchungsgruppe C muss ein besonderer Nachweis erbracht werden.

16.3.7 Einteilige, mehrflügelige Verbundfenster

Auch bei Verbundfenstern können, falls die zulässige Breite überschritten wird, mehrflügelige Fenster verwendet werden (Abb. 3).

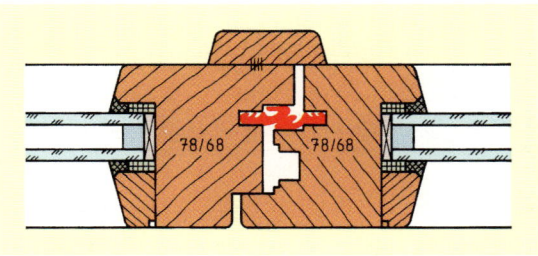

2 Zweiflügeliges Fenster in Stulpausführung

16.3.8 Mehrteilige Einfachfenster

Bei mehrteiligen Fenstern werden Pfosten (Setzholz) und Riegel (Kämpfer) zur Unterteilung verwendet. Diese sind notwendig, wenn die maximalen Breiten und Höhen der Fensterflügel überschritten werden.

Die Verbindung zwischen Pfosten bzw. Kämpfer mit dem Blendrahmen erfolgt normalerweise mit Schlitz und Zapfen. Eine formstabile Verbindung kann jedoch auch durch eine richtige Dübelanordnung erreicht werden (Abb. 1 und 2, Seite 264).

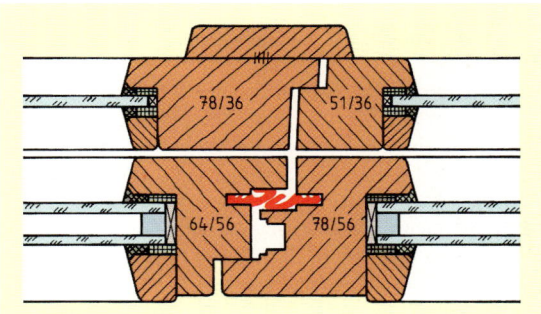

3 Zweiflügeliges Verbundfenster

16.3.9 Einteilige, durch Sprossen unterteilte Fenster

Fensterflügel können durch Sprossen bzw. Kreuzsprossen unterteilt werden. Die formstabile Verbindung zu den Rahmenhölzern kann durch die übliche Schlitz- und Zapfenverbindung, aber auch durch eine entsprechend angeordnete Dübelverbindung erreicht werden (Abb. 3).

16.3.10 Normbezeichnung

Einfachfenster (z.B.: IV 56)

Die Kennzeichnung eines Einfachfensters mit dem Profil IV 56/78 für Isolierverglasung und einer Falzdichtung erhält folgende Normbezeichnung:

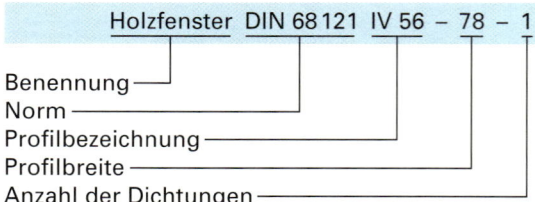

Holzfenster DIN 68121 IV 56 – 78 – 1

Benennung
Norm
Profilbezeichnung
Profilbreite
Anzahl der Dichtungen

Verbundfenster (z.B.: DV 36/56)

Die Kennzeichnung eines Verbundfensters mit dem Profil DV 36/56 und den Profilbreiten 65 und 92 und einer Falzdichtung erhält folgende Normbezeichnung:

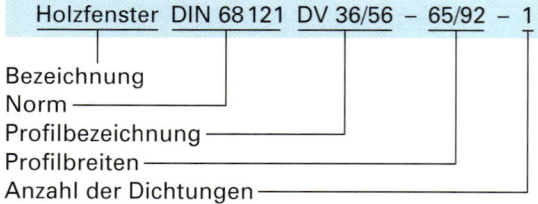

Holzfenster DIN 68121 DV 36/56 – 65/92 – 1

Bezeichnung
Norm
Profilbezeichnung
Profilbreiten
Anzahl der Dichtungen

Aufgaben

1. Was bedeuten die Abkürzungen EV, IV und DV bei Fenstern?
2. Welche Vorteile hat ein Einfachfenster mit Isolierverglasung?
3. Wodurch wird bei Fenstern eine sehr gute Schalldämmung erreicht?
4. Welche Vor- und Nachteile hat ein Verbundfenster?
5. Nennen Sie die Vor- und Nachteile eines Kastenfensters?
6. Bestimmen Sie die Normbezeichnung eines Einfachfensters mit dem Profil IV 68/92 und zwei Dichtungen!
7. Welche Normbezeichnung erhält ein Verbundfenster mit dem Profil DV 32/44, den Profilbreiten 51 bzw. 78 und einer Falzdichtung?

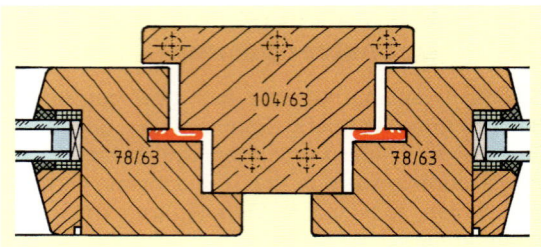

1 Mehrteiliges Einfachfenster mit Pfosten und Dübelanordnung

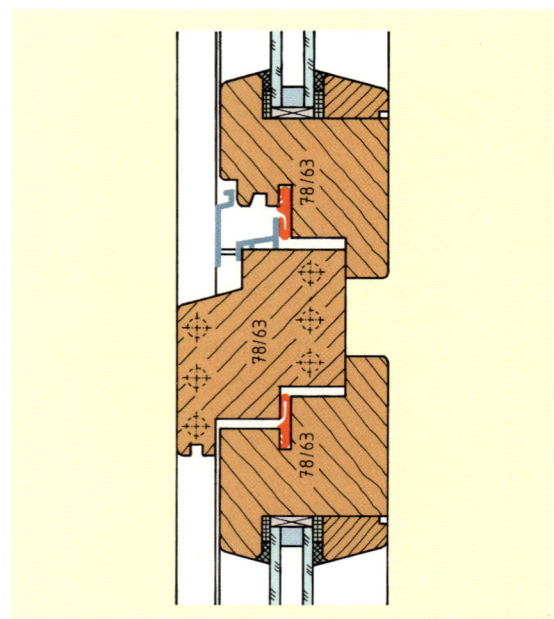

2 Mehrteiliges Einfachfenster mit Kämpfer und Dübelanordnung

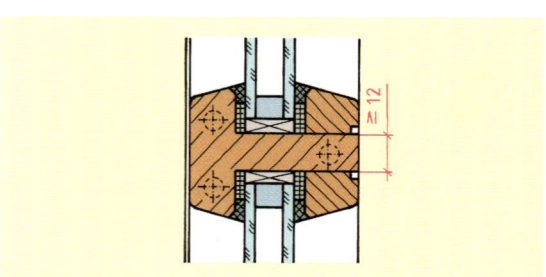

3 Fenstersprosse mit Dübelanordnung

16.4 Flügelabmessungen und Fensterprofile

16.4.1 Größendiagramme und Profile

Die maximalen Flügelabmessungen der Fenster- und Fenstertürflügel sind abhängig von

– der Beanspruchungsgruppe,

– dem Profilquerschnitt,

– der Öffnungsart.

Die größten Flügelbreiten für Dreh- und Drehkippflügel sind durch die Beanspruchungsgruppen (A, B, C) nach DIN 18055 begrenzt (vgl. Tab. 1, Seite 258).

In der DIN 68121 werden zusätzlich Angaben über maximale Flügelabmessungen und Zusatzverriegelungen je nach Beanspruchungsgruppe für Fenstertüren, Dreh- und Drehkippfenster und Kippfenster gemacht.

Dabei ist zu beachten, dass bei der Festlegung der maximalen Flügelgröße in m² das Format (Breite zur Höhe) Anwendung findet und nicht nur das Größtmaß der Flügel (Diagramm 1, Seite 266 und Tab. 1, Seite 267).

Dreh- und Drehkippflügelfenster

Grundsätzlich ist bei Dreh- und Drehkippfenstern ab einer Flügelbreite und einer Flügelhöhe von 1100 mm je eine Zusatzverriegelung in der Breite und Höhe notwendig (Diagramm 1, Seite 266).

Fenstertüren

Für Fenstertüren über 2000 mm Höhe werden zwei Zusatzverriegelungen in der Höhe gefordert (Diagramm 1, Seite 266).

Drehkippfenster

Für Drehkippfenster, die wesentlich breiter als hoch sind, gelten besondere Bedingungen. Sie dürfen nur gelegentlich zur Reinigung der Außenfläche als Drehflügel benutzt werden (Diagramm 1, Seite 266 und Tab. 1, Seite 267).

Kippflügelfenster

Kippflügelfenster dürfen eine maximale Höhe von 800 mm haben. Bei Breiten ab 1100 mm ist eine, bei Breiten über 2000 mm sind zwei Zusatzverriegelungen in der Breite vorgeschrieben (Diagramm 1, Seite 266).

Für alle Fensterprofile werden in der DIN 68121 Angaben über Größendiagramme in Abhängigkeit von den Querschnitten (Profilen) und Anwendungsbereichen (ähnlich dem Größendiagramm für das Profil 68/78, vgl. S. 266) gemacht.

16.4.2 Größendiagramm für das Fensterprofil IV 68/78

Für das Fensterprofil IV 68/78 (Abb. 1 und 2) ergeben sich folgende Flügelabmessungen und Anwendungsbereiche (Diagramm 1, Seite 266).

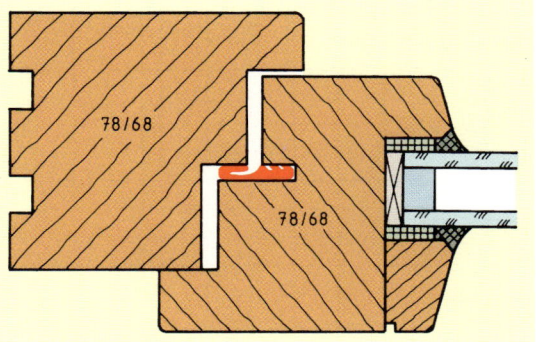

1 Fensterprofil IV 68/78

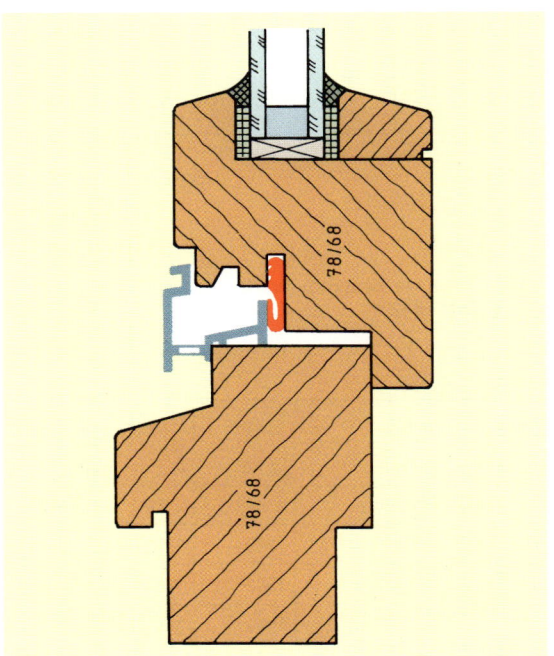

2 Fensterprofil IV 68/78

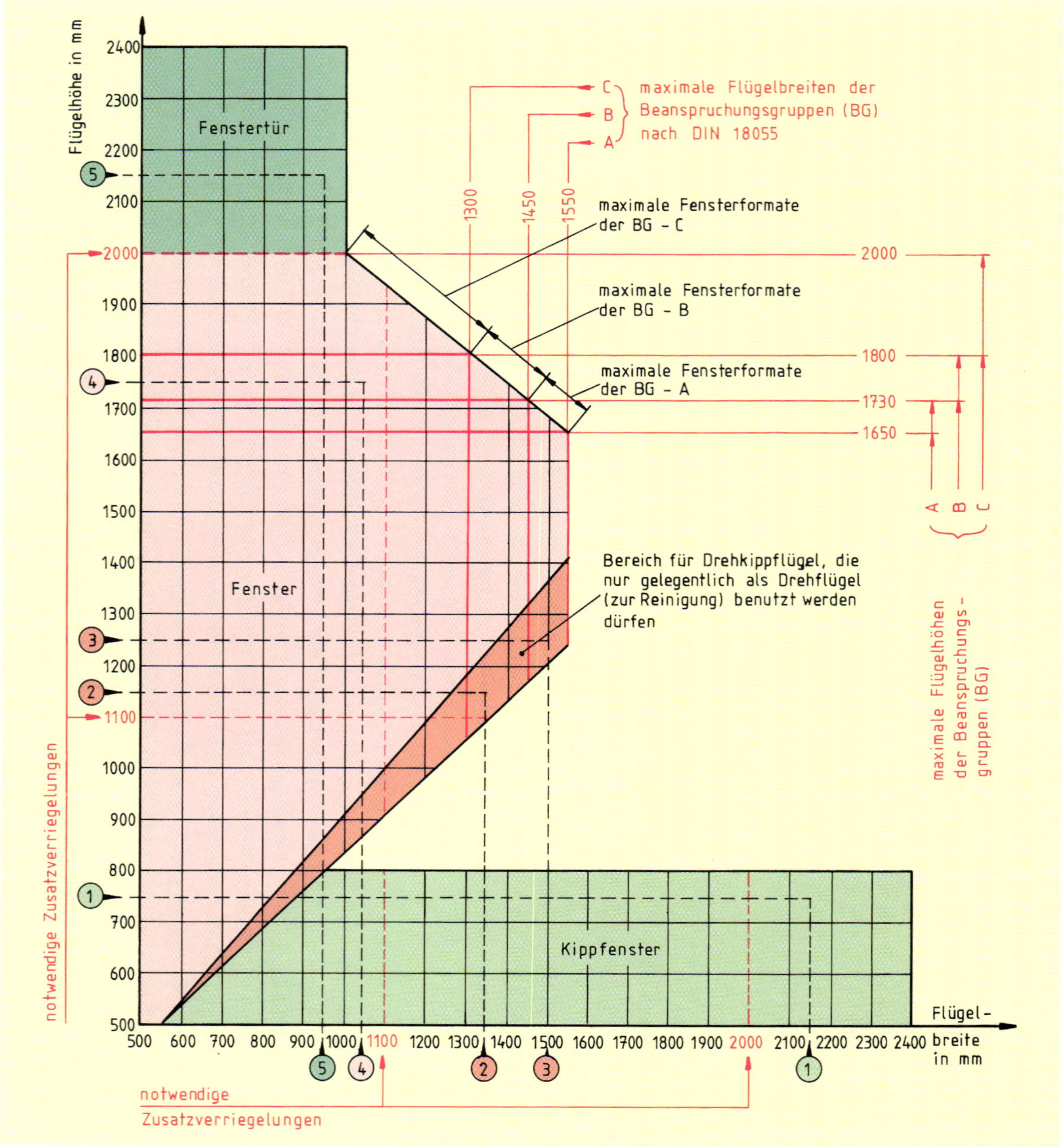

1 Diagramm zur Bestimmung der Flügelgrößen, Beanspruchungsgruppen und Anwendungsbereiche für das Profil IV 68/78 nach DIN 68121

Ablesebeispiele:

Beispiel Nr.	Profil Dicke/Breite	Flügel- breite in mm	Flügel- höhe in mm	Benennung	Bean- spruchungs- gruppe (BG)	Zusatzverriegelung	
						in der Breite	in der Höhe
①	68/78 mm	2150	750	Kippfenster	–	2	–
②	68/78 mm	1350	1150	als Drehflügel nur zur Reinigung zu benutzen	B	1	–
③	68/78 mm	1500	1250	als Drehflügel nur zur Reinigung zu benutzen	A	1	1
④	68/78 mm	1050	1750	Drehkippfenster	B	–	1
⑤	68/78 mm	950	2150	Fenstertür	C	–	2

1 Maximale Fensterformate nach DIN 68121

Spaltengruppen: *Einfachfenster und Einfachfenstertüren* (IV 56/78 … IV 92/92) · *Verbundfenster und Verbundfenstertüren* (DV 32/44 –51/78, DV 44/44 –51/78, DV 36/56 –65/92)

BG	Ausführung	Maximale Flügelformate (mm)	IV 56/78	IV 56/92	IV 63/78	IV 63/92	IV 68/78	IV 68/92	IV 78/78	IV 78/92	IV 92/92	DV 32/44 –51/78	DV 44/44 –51/78	DV 36/56 –65/92
A	Drehkippfenster	Breite/Höhe	1400/1500 1300/1560	1400/1500 1300/1700	1450/1600 1350/1680	1450/1600 1350/1730	1550/1650 1450/1730	1550/1650 1450/1730	1600/1750 1500/1780	1600/1750 1500/1800	1600/1900 1500/1920	1300/1500 1200/1650	1400/1500 1300/1620	1400/1500 1300/1700
A	Drehkippfenster[1]	Breite/Höhe	1400/1250 1300/1180	1400/1250 1300/1180	1450/1320 1350/1240	1450/1320 1350/1240	1550/1410 1450/1330	1550/1410 1450/1330	1600/1450 1500/1360			1300/1170 1200/1080	1400/1260 1300/1180	1400/1260 1300/1180
B	Drehkippfenster	Breite/Höhe	1300/1560 1150/1680	1300/1700 1150/2000	1350/1680 1200/1820	1350/1730 1200/1930	1450/1730 1300/1800	1450/1730 1300/1860	1500/1780 1350/1850	1500/1800 1350/1880	1500/1920 1350/1950	1200/1650 1050/1920	1300/1620 1150/1820	1300/1700 1150/2000
B	Drehkippfenster[1]	Breite/Höhe	1300/1180 1150/1050	1300/1180 1150/1050	1350/1240 1200/1090	1350/1240 1200/1090	1450/1330 1300/1180	1450/1330 1300/1180	1500/1360 1350/1230	1500/1360 1350/1230		1200/1080 1050/950	1300/1180 1150/1050	1300/1180 1150/1050
B	Drehkippfenster	Breite/Höhe	1150/1680 1000/1800	1150/2000	1200/1820 1000/2000	1200/1930 1150/2000	1300/1800 1000/2000	1300/1860 1150/2000	1350/1850 1000/2000	1350/1880 1150/2000	1350/1950 1150/2000	1050/1920 1000/2000	1150/1820 1000/2000	1150/2000
C	Drehkippfenster[1]	Breite/Höhe	1150/1050		1200/1090	1200/1090	1300/1180	1300/1180	1350/1230	1350/1230		1050/950	1150/1050	
C	Fenstertüren	Breite/Höhe	1000/2300	1150/2300	1000/2400	1150/2400	1000/2400	1150/2400	1000/2400	1150/2400	1150/2400	1000/2300	1000/2300	1150/2300
	Kippfenster	Breite/Höhe	→ 800/2400											

BG = Beanspruchungsgruppen
[1] Drehkippflügelfenster, die nur gelegentlich als Drehflügel benutzt werden dürfen

---

Ablesebeispiel:

Es soll ein Drehkippflügel-Einfachfenster mit der Flügelgröße von 1450 mm Breite und 1600 mm Höhe der Beanspruchungsgruppe B (Gebäudehöhe bis 20 m) hergestellt werden.

Ergebnis:

Als Fensterprofil muss mindestens das Profil IV 68/78 gewählt werden. Der Fensterflügel erhält in der Breite und Höhe je eine Zusatzverriegelung.

16.5 Anschlagarten

Nach dem Anschlag und der Zahl der Rahmenflügel unterscheidet man einflügelige und mehrflügelige Fenster mit Drehflügel, Kippflügel, Drehkippflügel, Klappflügel, Schwingflügel, Wendeflügel, Schiebeflügel, Hebedrehflügel und Hebedrehkippflügel.

16.5.1 Sinnbilder

Die Sinnbilder der Öffnungsrichtung der Flügelrahmen sind genormt (Abb. 1). Dabei wird das Fenster von der Beschlagseite aus betrachtet.

> DIN rechts:
> Der Flügelrahmen ist an der rechten Seite angeschlagen und öffnet zur Beschlagseite.
>
> DIN links:
> Der Flügelrahmen ist an der linken Seite angeschlagen und öffnet zur Beschlagseite.

Für nach innen zu öffnende Flügelrahmen verwendet man Dreiecke aus Volllinien, für nach außen zu öffnende Flügelrahmen gestrichelte Linien.

16.5.2 Drehflügelfenster

Drehfenster werden ein- und mehrflügelig konstruiert. Die Drehbeschläge müssen die Kräfte der Masse des Flügelrahmens einschließlich der Verglasung aufnehmen und auf den Blendrahmen übertragen. Um diesen Belastungen widerstehen zu können, müssen sie mit dem Blendrahmen und Flügelrahmen fest und dauerhaft verbunden werden, damit ein Absinken, Verdrehen oder Herausziehen verhindert wird (Abb. 2).

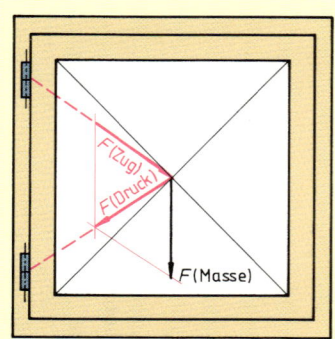
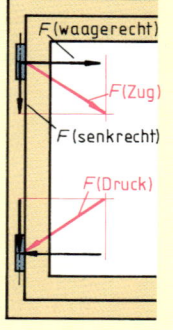

2 Beanspruchung des Drehbeschlages
(Kräftezerlegung)

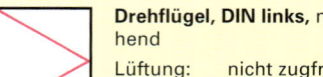

Drehflügel, DIN links, nach innen aufgehend
Lüftung: nicht zugfrei
Reinigung: gut

Drehflügel, DIN rechts, nach außen aufgehend
Lüftung: nicht zugfrei
Reinigung: Außenfläche ungünstig

Zweiflügeliges Drehfenster mit aufgehendem Mittelteil
Lüftung: nicht zugfrei
Reinigung: gut

Zweiflügeliges Drehfenster mit fest stehendem Pfosten
Lüftung: nicht zugfrei
Reinigung: gut

Kippflügel
Lüftung: zugfrei
Reinigung: Außenfläche ungünstig

Drehkippflügel
Lüftung: bei Kippstellung zugfrei
Reinigung: gut

Klappflügel nach außen aufgehend
Lüftung: nicht zugfrei
Reinigung: Außenfläche ungünstig

Schwingflügel
Lüftung: zugfrei
Reinigung: gut

Wendeflügel
Lüftung: nicht zugfrei
Reinigung: gut

Schiebeflügel
Lüftung: nicht zugfrei
Reinigung: Außenfläche ungünstig

Hebeschiebeflügel
Lüftung: nicht zugfrei
Reinigung: Außenfläche ungünstig

Hebedrehflügel
Lüftung: nicht zugfrei
Reinigung: gut

Hebedrehkippflügel
Lüftung: bei Kippstellung zugfrei
Reinigung: gut

1 Sinnbilder nach DIN 1356

Beim Drehfenster wird der Drehbeschlag (Abb. 1) in der Regel mithilfe von Bohrschablonen und Stufenbohrern in den Blend- und den Flügelrahmen eingebohrt (Abb. 2).

Sitz und Anzahl der Bänder sind nach DIN 18051 genormt (Abb. 3).

Auf der gegenüberliegenden Seite wird zur Verriegelung ein Kantengetriebe im Flügelrahmen eingelassen und mit einem Drehgriff betätigt (Abb. 4). Flügelrahmen mit größeren Ausmaßen erhalten in der Regel ein **dreiseitiges Getriebe**. Zusammen mit der Bandseite wird damit eine **Rundum-Verriegelung** erreicht (Abb. 1 u. 3, S. 271).

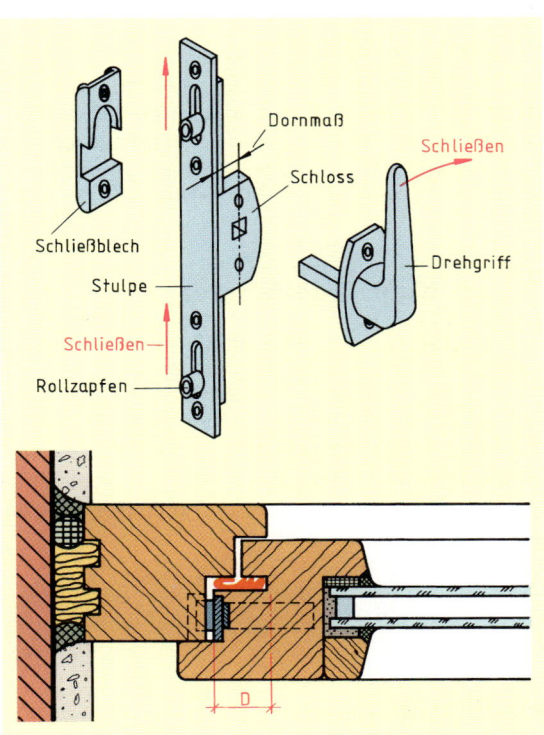

4 Kantengetriebe für Drehfenster

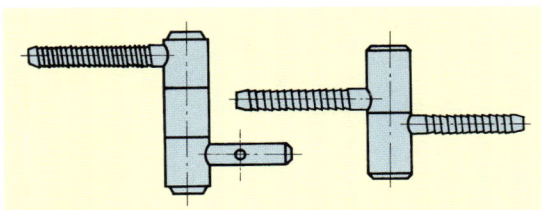

1 Einbohrbänder
links: im Blendrahmen einzuschlagen und zu verstiften, im Flügelrahmen einzuschrauben,
rechts: im Blend- und Flügelrahmen einzuschrauben

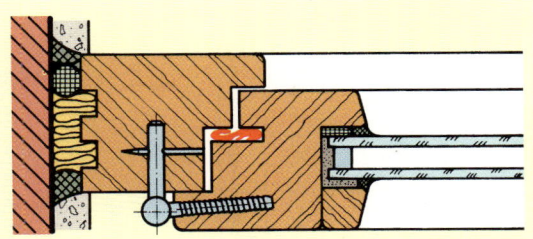

2 Einbohrband
im Flügelrahmen eingeschraubt,
im Blendrahmen verstiftet

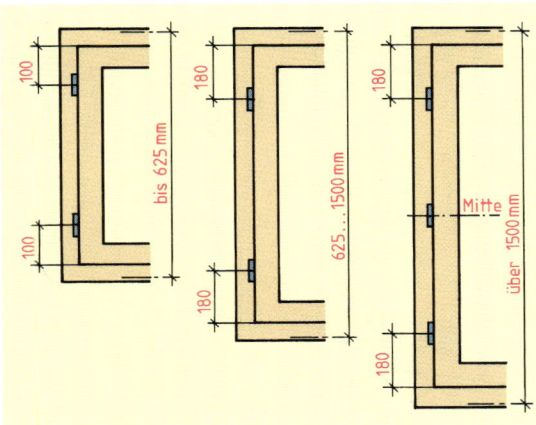

3 Sitz und Anzahl der Bänder

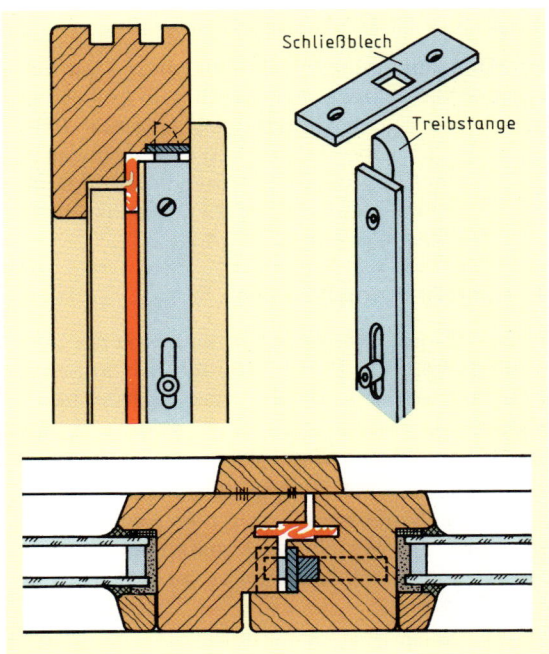

5 Kantengetriebe mit Treibstange
für zweiflügeliges Fenster mit aufgehendem Mittelteil

Beim zweiflügeligen Fenster mit aufgehendem Mittelteil (ohne Setzholz) werden die Flügelrahmen überfälzt. Die Verriegelung erfolgt mit einem Kantengetriebe, das eine **Treibstange** besitzt. Diese Treibstange verriegelt die Flügel im oberen und unteren Blendrahmen. Der zuletzt aufgehende Flügelrahmen erhält außen eine **Schlagleiste** (Abb. 5, S. 269).

16.5.3 Kippflügelfenster

Der Kippflügel wird meist beim **Oberlichtfenster** verwendet. Er ist unten angeschlagen und in der Regel nach innen öffnend. Die Be- und Entlüftung ist zugfrei, die Reinigung der Außenfläche jedoch umständlich. Als Verriegelungsbeschläge dienen aufliegende und verdeckt liegende Oberlichtöffner (Abb. 1). Beim verdeckt angeordneten Beschlag ist nur der Handhebel sichtbar.

> Für den Einbau verdeckt liegender Beschläge sind größere Falztiefen im Flügelrahmen vorzusehen.

16.5.4 Klappflügelfenster

Die Flügelrahmen des Klappfensters sind oben angeschlagen und in der Regel nach außen öffnend. Die Belüftung ist nicht zugfrei. Bei nach außen öffnenden Klappflügeln wird ein guter **Regenschutz** erreicht. Die Reinigung der Außenfläche ist sehr schwierig. Als Verriegelungsbeschläge werden ähnliche wie beim Kippflügel verwendet (Abb. 2).

16.5.5 Drehkippflügelfenster

Der Drehkippflügel bietet mit seiner Mehrfachfunktion die Vorteile des Drehflügels (gute Reinigung) und die des Kippflügels (zugfreie Belüftung). Es gibt eine Vielzahl von Drehkippbeschlägen, die in ihrer Ausführung, Funktion und Bedienungsart voneinander abweichen. Sie lassen sich jedoch in zwei Bautypen einordnen.

Zweigriff-Drehkipp-Beschlag

Beim Zweigriff-Drehkipp-Beschlag wirkt der Drehkipphebel auf das Eckgetriebe mit seinen Schubstangen. Je nach Stellung des Drehkipphebels werden die Schubstangen in Drehstellung oder Kippstellung geschoben (Abb. 3).

Der Drehgriff wirkt auf das **Kantengetriebe**, welches den Flügelrahmen mit dem Blendrahmen verriegelt. **Eckgetriebe, Schubstangen, Einbohrbänder** und **Ausstellscheren** sind bei diesem Beschlag sichtbar.

Dieser Zweigriff-Drehkipp-Beschlag wird heute nicht mehr verwendet und durch den Eingriff-Drehkipp-Beschlag (siehe S. 271) ersetzt.

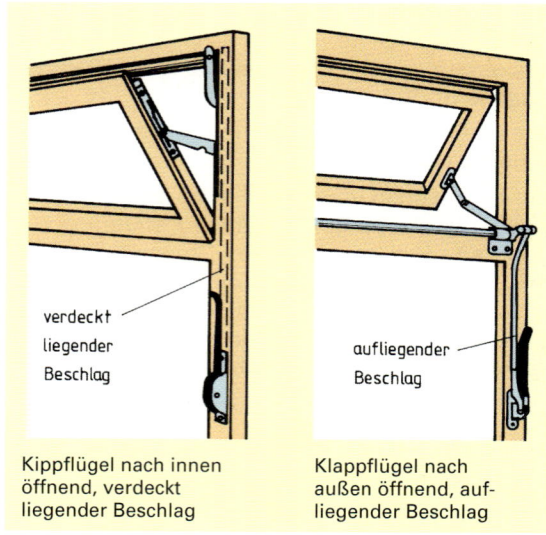

verdeckt liegender Beschlag

aufliegender Beschlag

Kippflügel nach innen öffnend, verdeckt liegender Beschlag

Klappflügel nach außen öffnend, aufliegender Beschlag

1 Kippflügelfenster   **2 Klappflügelfenster**

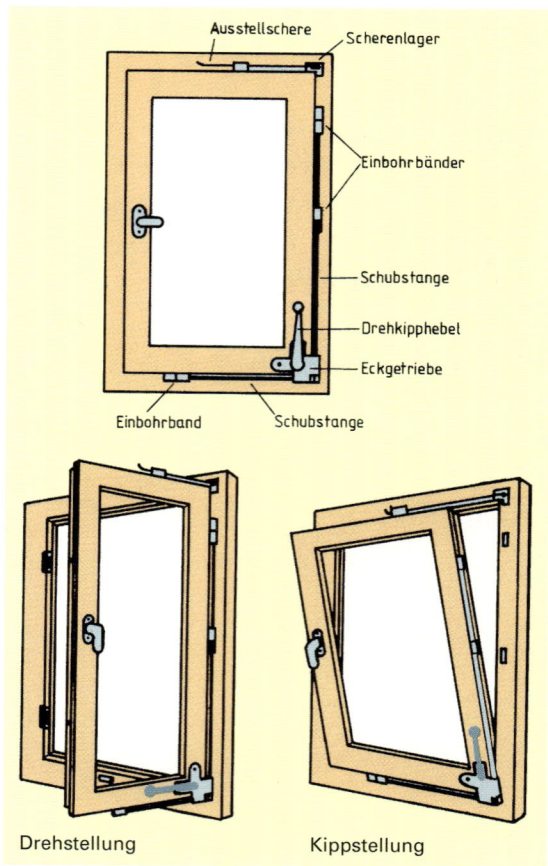

Ausstellschere — Scherenlager

Einbohrbänder

Schubstange

Drehkipphebel

Eckgetriebe

Einbohrband   Schubstange

Drehstellung   Kippstellung

3 Drehkippfenster mit sichtbarem Zweigriffbeschlag

Eingriff-Drehkipp-Beschlag

Je nach Stellung des Drehgriffes lässt sich der Flügelrahmen als Drehflügel oder Kippflügel öffnen (Abb. 1).

Verschlussstellung

Der Drehgriff zeigt nach unten.

Drehstellung

Durch Drehung des Griffes um 90° wird die Verriegelung des Flügelrahmens aufgehoben und der Fensterflügel lässt sich als Drehflügel öffnen.

Kippstellung

Nach dem Schließen des Flügelrahmens und einer weiteren Drehung des Griffes um 90° lässt sich der Fensterflügel als Kippflügel öffnen.

Bei diesem Drehkippbeschlag liegen alle Beschlagteile bis auf Eck- und Scherenlager verdeckt im Flügelrahmen. Im oberen Falz ist wegen der verdeckt liegenden Ausstellscheren eine größere Falztiefe erforderlich (Abb. 2).

Da die Ausstellschere Bestandteil des gesamten Drehkippbeschlages ist, sind Fehlbedienungen wirkungslos (Abb. 3 und 4).

hen bleiben können. Der obere Flügelteil schwingt nach innen. Durch diese Öffnungsart ergibt sich eine sehr gute Zweiwegelüftung, wobei die verbrauchte Warmluft oben ausströmt und gleichzeitig die Frischluft unten einströmt. Bei voller Drehung um 180° lässt sich die Außenfläche gut reinigen (Abb. 1, S. 272).

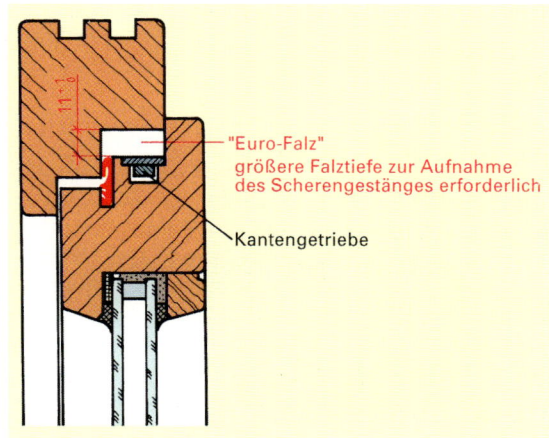

2 Drehkippfenster, Beschlaganleitung beachten!

16.5.6 Schwingflügelfenster

Das Schwingflügelfenster hat ähnliche Vorteile wie das Drehkippfenster. Der Flügelrahmen ist seitlich mittig in der Schwerpunktachse gelagert. Der untere Flügelteil schwingt nach außen. Daraus ergibt sich der Vorteil, dass Gegenstände beim Öffnen auf der Fensterbank stehen

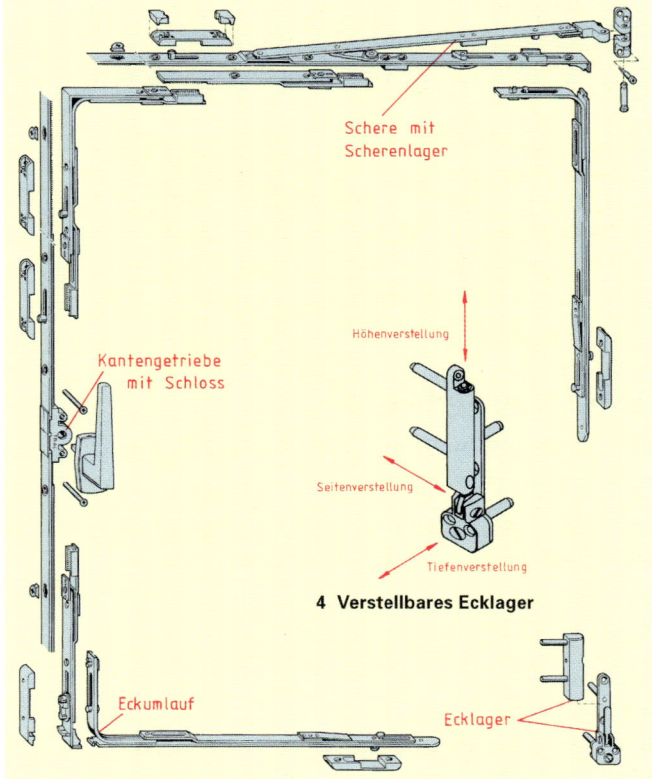

4 Verstellbares Ecklager

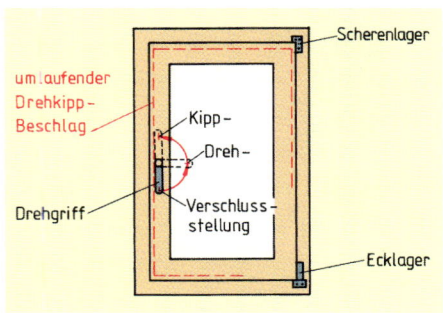

1 Drehkippfenster mit verdeckt liegendem Eingriffbeschlag

3 Umlaufender Drehkippbeschlag

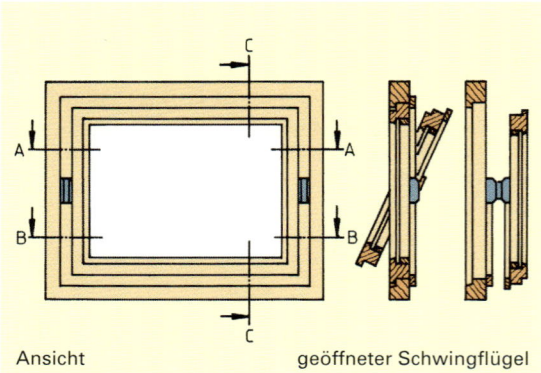

1 Schwingflügelfenster

Ansicht   geöffneter Schwingflügel

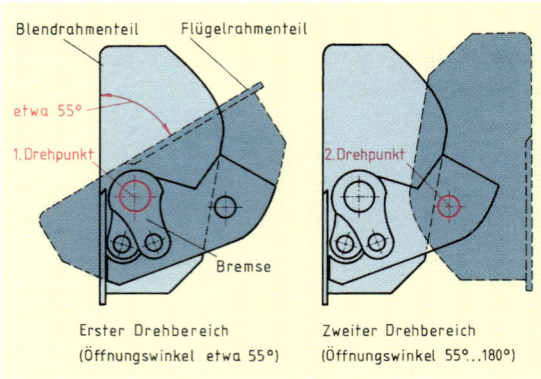

2 Schwingflügellager

Blendrahmenteil   Flügelrahmenteil

etwa 55°

1.Drehpunkt

Bremse

2.Drehpunkt

Erster Drehbereich
(Öffnungswinkel etwa 55°)

Zweiter Drehbereich
(Öffnungswinkel 55°..180°)

Die Schwinglager, in denen sich der Schwingflügel um seine Querachse dreht, haben zwei verschiedene Drehpunkte, die das Flügelgewicht in jeder Lage ausbalancieren. Geringe Gewichtsunterschiede werden durch eine Bremseinrichtung ausgeglichen. Der erste Drehpunkt ermöglicht ein Öffnen des Flügelrahmens bis etwa 55°. Der zweite Drehpunkt wird über eine Gleitfase erreicht, der dann eine weitere Drehbewegung bis 180° ermöglicht (Abb. 2).

Die Verriegelung des Flügelrahmens erfolgt mittels eines umlaufenden Zentralverschlusses, der den Fensterflügel an mehreren Punkten verschließt. Durch einen Nocken am Drehgriff lässt sich eine Spaltöffnung für eine zugfreie Dauerbelüftung einstellen (siehe auch Abb. 1, S. 273).

> Durch die Art der Öffnung (unten nach außen, oben nach innen) müssen zwischen Blend- und Flügelrahmen mit Falz- und Deckleisten **Wechselfälze** gebildet werden (Abb. 3).

16.5.7 Wendeflügelfenster

Das Wendeflügelfenster ist eine dem Schwingflügelfenster verwandte Konstruktion. Der Wendeflügel dreht sich um eine senkrechte Drehachse bis zu 180°. Sie liegt normalerweise in der Flügelrahmenmitte.

Bei der außermittigen Anordnung ergibt sich der Vorteil, dass der Flügelrahmen beim Öffnen weniger als mit halber Flügelbreite in den Raum ragt. Der Wendeflügel ist in einem unteren und einem oberen Wendelager gelagert.

Beide Lager sind mit einer Bremsvorrichtung versehen, die den Flügelrahmen in jeder Stellung windsicher festhalten. Durch eine **Nockenverrie-**

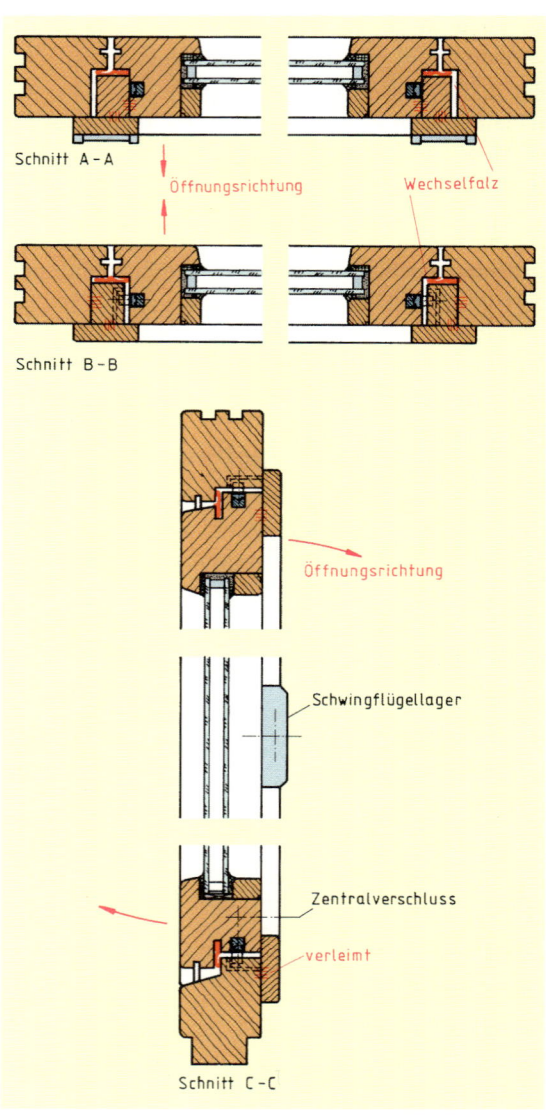

Schnitt A–A

Öffnungsrichtung

Wechselfalz

Schnitt B–B

Öffnungsrichtung

Schwingflügellager

Zentralverschluss

verleimt

Schnitt C–C

3 Schwingflügelfenster, für Profilabmessungen sind auch die Beschlaganleitungen zu beachten
Schnitte aus Abb. 1

gelung am Drehgriff erreicht man eine gute Dauerbelüftung und sturmsichere Feststellung. Bei der Drehrichtung unterscheidet man zwischen:

| DIN rechts | – linke Flügelhälfte dreht einwärts (Abb. 1). |
| DIN links | – rechte Flügelhälfte dreht einwärts. |

Wie beim Schwingflügelfenster müssen auch hier **Wechselfälze** gebildet werden (Abb. 2).

Als Verriegelungsverschluss dient ein Zentralverschluss mit Drehgriff und einem umlaufenden Kantengetriebe. Bei geöffnetem Flügelrahmen ist die Belüftung unregelmäßig und nicht zugfrei.

1 Wendeflügelfenster – DIN rechts mit Nockenverriegelung

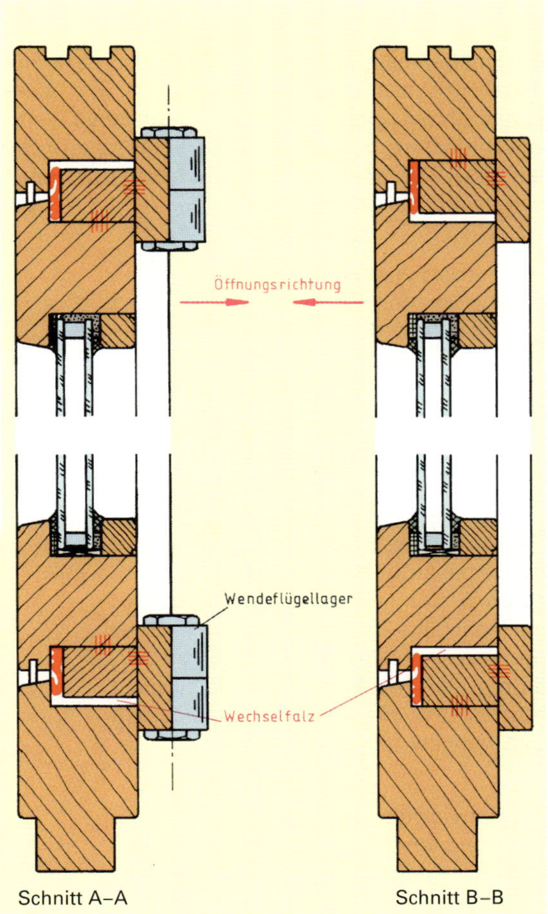

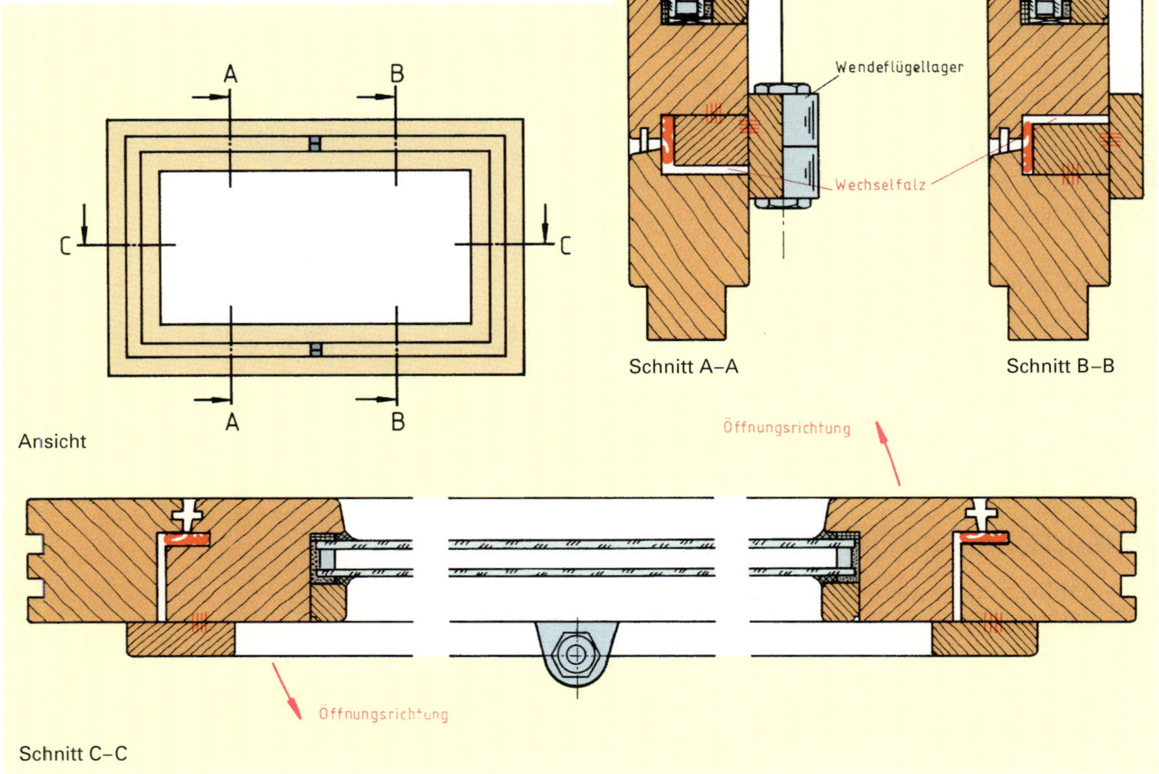

Ansicht

Schnitt A–A   Schnitt B–B

Schnitt C–C

2 Wendeflügelfenster, für Profilabmessung sind auch die Beschlaganleitungen zu beachten

16.5.8 Schiebeflügelfenster

Bei den Schiebeflügelfenstern unterscheidet man nach ihren Bewegungsrichtungen zwei Bautypen:

– Vertikalschiebeflügelfenster,
– Horizontalschiebeflügelfenster.

Vertikalschiebeflügelfenster hängen an Seilzügen. Beim einflügeligen Vertikalschiebefenster wird der Flügelrahmen entweder nach oben oder unten verdeckt verschoben. Dabei ist aber eine zweischalige Bauweise des entsprechenden Mauerabschnittes erforderlich. Beim zweiflügeligen Vertikalschiebefenster verschiebt sich der untere Flügelrahmen nach oben, während sich der obere Flügelrahmen gleichzeitig nach unten senkt. Vertikalschiebefenster aus Holz sind heute relativ selten und wurden von **Aluminiumkonstruktionen** abgelöst (Abb. 1).

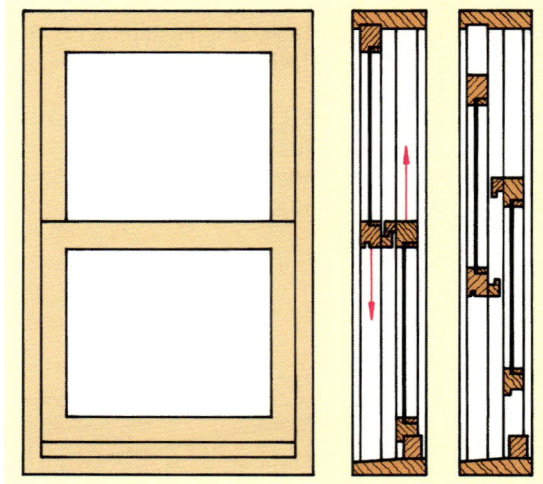

1 Zweiflügeliges Vertikalschiebeflügelfenster, Funktionsskizze

Horizontalschiebeflügelfenster werden zwei- oder mehrflügelig hergestellt und gestatten die Konstruktion großflächiger Fensterflächen. Dabei können alle Flügelrahmen (technisch aufwendig) oder nur ein Teil von ihnen (in der Regel die inneren Flügelrahmen) verschiebbar konstruiert sein.

Der Vorteil der Schiebeflügelfenster liegt darin, dass die Flügelrahmen im geöffneten Zustand weder in den Innenraum noch nach außen ragen. Sie sparen Platz und vermeiden Beschädigungen an Gardinen. Die Belüftung ist jedoch nicht zugfrei und die Außenflächen lassen sich schlecht reinigen.

Die Entwicklung von Horizontalschiebeflügelfenstern läuft baugleich mit den Balkon- und Terrassenschiebetüren (Konstruktionen siehe Kapitel 16.5.11 und 16.5.12).

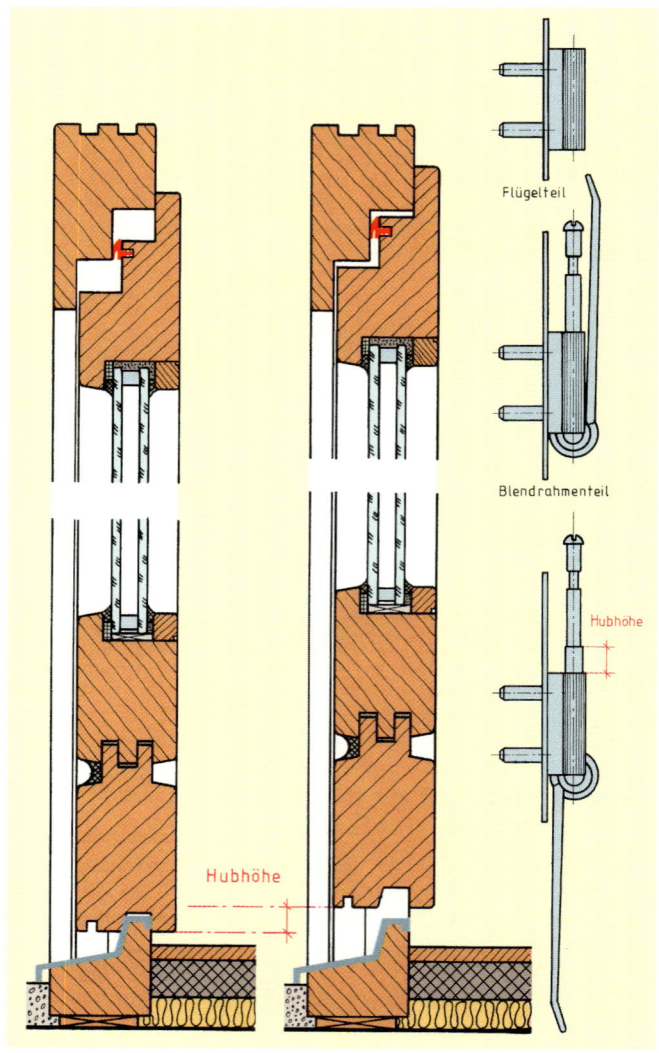

16.5.9 Hebedrehflügeltüren

Hebedrehflügeltüren (-fenster) werden ein- und zweiflügelig konstruiert. Der Flügelrahmen liegt im geschlossenen, abgesenkten Zustand im unteren Rahmenteil in einer konischen **Sattelabdeckschiene**. Die Abdichtung zwischen Flügelrahmen und Blendrahmen ist in diesem Bereich besonders gut (Abb. 2).

2 Hebedrehflügeltür mit Hebeband im geschlossenen (abgesenkten) und gehobenen Zustand

Der Flügelrahmen lässt sich nur im angehobenen Zustand als Drehflügel öffnen. Das Anheben und Absenken erfolgt mit dem **Handhebel** des Hebebandes, das wie die Bänder auf der Anschlagseite angebracht ist. Damit der Flügelrahmen angehoben werden kann, ist im oberen Flügelrahmen eine **größere Falztiefe** erforderlich. Der Bandseite gegenüber erfolgt die Längsverriegelung durch **Rollzapfen** und **Schließbleche**, die durch das Absenken des Flügelrahmens erreicht wird. Bei breiten einflügeligen und zweiflügeligen Hebedrehtüren wird auch eine obere **Querverriegelung** angebracht. An Beschlagteilen sind nur Hebeband mit Handhebel, die Bänder und der Fensterknopf zum Aufziehen und Zudrücken des Flügelrahmens sichtbar.

16.5.10 Hebedrehkippflügeltür

Die Hebedrehkipptür wird wie die Hebedrehtür ein- und zweiflügelig konstruiert. Die Unterschiede zur Hebedrehtür bestehen in folgenden Punkten:

– Das Hebeband ist mit einer Kippvorrichtung versehen.

– Das untere Band ist als Kipplager konstruiert.

– Das obere Band ist gleichzeitig Scherenausstelllager. (Bei verdeckt liegenden Ausstellscheren ist im oberen Flügelrahmen eine größere Falztiefe erforderlich.)

– Für die Längsverriegelung werden auf beiden Seiten Kantengetriebe mit je einem Drehgriff im Flügelrahmen eingelassen.

Hebedrehkippflügeltüren werden heute nur noch selten eingebaut, da die Dichtungsprobleme nie ganz gelöst werden konnten. Auch ist die Bedienung durch die Zweihandverriegelung und Hebevorrichtung nicht ganz problemlos.

16.5.11 Hebeschiebeflügeltür

Horizontal-Hebeschiebetüren (-fenster) (Abb. 1) werden bei relativ großen Fensterflächen (Krankenhäuser, Terrassen u. dgl.) angewendet. Das Verschieben des Flügelrahmens erfolgt durch Laufwagen, deren **Laufrollen** sich auf einer **Laufschiene** bewegen. Die Laufwagen werden im unteren Querstück des Flügelrahmens eingenutet und eingebaut. Im oberen Bereich wird der Flügelrahmen durch **I-Profilschienen** geführt. Diese Führungsschienen sind mit dem Blendrahmen verschraubt und die entsprechenden Gegenstücke im oberen Flügelrahmen eingenutet. Durch einen Handhebel wird der Flügelrahmen angehoben und aus seiner seitlichen Verriegelung gelöst und damit in Schiebestellung gebracht (Abb. 1, S. 276). Er lässt

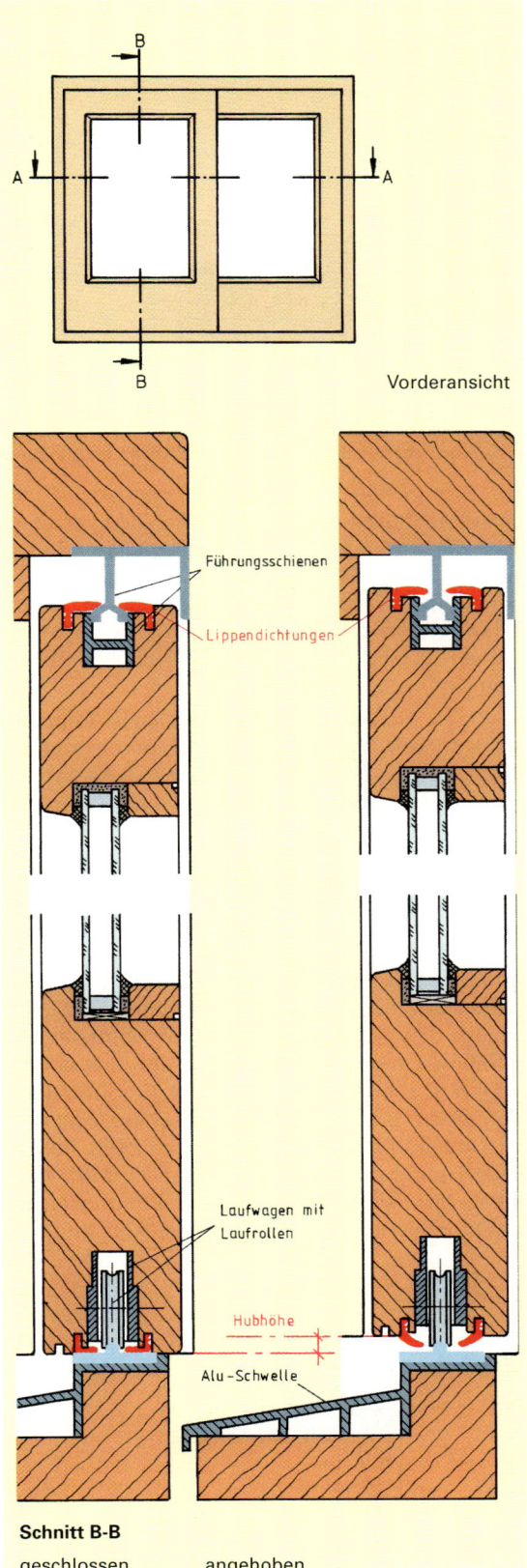

Vorderansicht

Führungsschienen

Lippendichtungen

Laufwagen mit Laufrollen

Hubhöhe

Alu-Schwelle

Schnitt B-B

geschlossen   angehoben

1 Hebeschiebeflügeltür (-fenster)

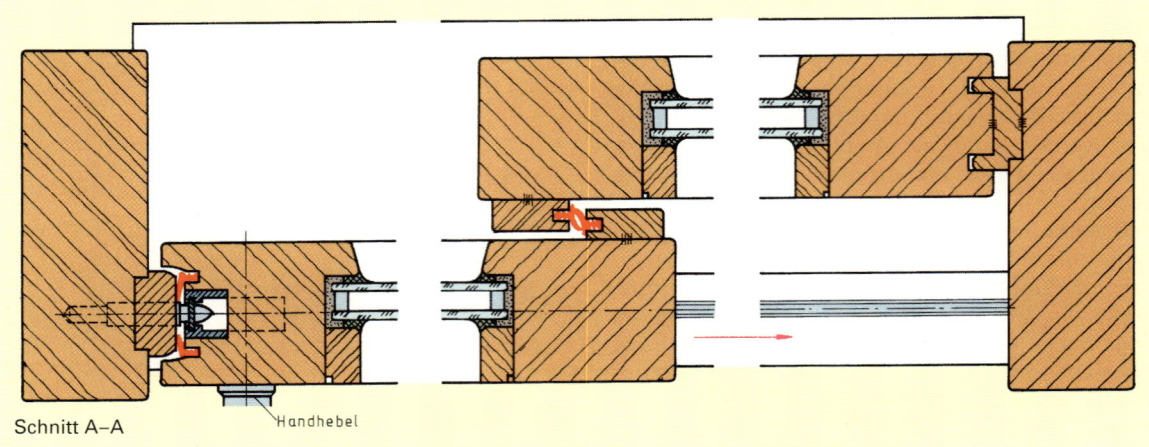

Schnitt A–A　　　Handhebel

1　Hebeschiebeflügeltür (-fenster), für Profilabmessungen sind auch die Beschlagsanleitungen zu beachten

sich dann in jede gewünschte Offenlage verschieben und durch Absenken wieder arretieren. Durch diesen veränderlichen, aufrechten Lüftungsspalt kann jedoch Regen und Schall ungehindert in den Raum eindringen. Die Reinigung der Außenflächen ist sehr ungünstig und nur von außen möglich.

Da beim Hebeschiebeflügel jeglicher Anpressdruck entfällt, werden rundum Lippendichtungen eingebaut, die beim Absenken des Flügelrahmens einen sicheren Schutz ergeben.

16.5.12　Schiebekippflügeltür

Schiebekippflügeltüren (-fenster) haben eine den Hebeschiebetüren (-fenstern) verwandte Konstruktion. Das Verschieben erfolgt ebenfalls durch Laufwagen, deren Laufrollen sich auf einer Laufschiene bewegen. Im oberen Bereich wird der Flügelrahmen durch Gleiter in einer Führungsschiene geführt. Diese Gleiter sind mit der Ausstellschere verbunden. Durch diese Ausstellschere lässt sich der Flügelrahmen in Kippstellung bringen. Mittels eines Getriebeschlosses, Handhebels und Wählhebels lässt sich die gewünschte Öffnungsart im geschlossenen Zustand vorwählen (Abb. 2).

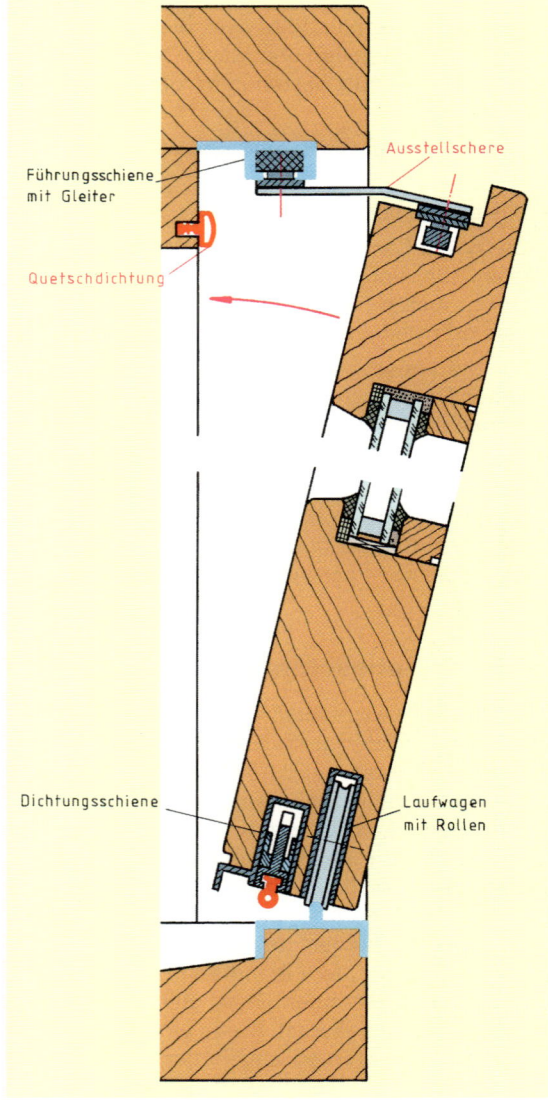

Führungsschiene mit Gleiter

Ausstellschere

Quetschdichtung

Dichtungsschiene

Laufwagen mit Rollen

3　Schiebekippflügeltür in Kippstellung

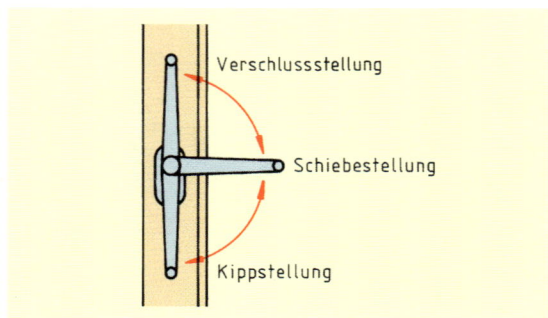

Verschlussstellung

Schiebestellung

Kippstellung

2　Hebelstellung an einer Schiebekippflügeltür

Zur Abdichtung im unteren Bereich wird in den Flügelrahmen eine Dichtungsschiene eingelassen, die sich bei der Verschlussstellung absenkt (Abb. 3, S. 276).

Aufgaben

1. Stellen Sie Vor- und Nachteile eines Wende- und Schwingflügelfensters gegenüber.
2. Wie werden die Wechselfälze bei Schwing- und Wendeflügelfenstern gebildet?
3. Wie lassen sich Schwing- und Wendeflügelfenster für die Dauerbelüftung feststellen?
4. Beschreiben Sie die wesentlichen Konstruktionsmerkmale einer Hebedrehtür.
5. Warum werden Hebedreh- und Hebedrehkippflügeltüren heute kaum noch hergestellt?
6. Wo werden heute vorwiegend Hebeschiebe- und Schiebekippflügeltüren (-fenster) eingebaut?
7. Nennen Sie die Vor- und Nachteile einer Schiebeflügeltür!
8. Wie wird bei Schiebetüren das Dichtungsproblem gelöst?
9. Beschreiben Sie das Dichtungssystem bei Hebeschiebeflügeltüren.
10. Beschreiben Sie die wesentlichen Beschläge einer Hebeschiebetür (eines Hebeschiebefensters).

Baurichtmaße sind theoretische Maße, aus denen man die **Nennmaße (NM)** auch Baulichtmaße unter Berücksichtigung der Mörtelfuge berechnet. Bei den Nennmaßen unterscheidet man zwischen Außenmaß, Öffnungsmaß (auch Innenmaß) und Vorsprungmaß (auch Anbaumaß) (Abb. 2). Nennmaße für Öffnungen bei Bauarten ohne Fugen (Betonbau) entsprechen den Baurichtmaßen.

> **Beispiele:**
>
> **Außenmaß** = Kennziffer × 125 mm – 10 mm
> **Öffnungsmaß** = Kennziffer × 125 mm + 10 mm
> **Vorsprungmaß** = Kennziffer × 125 mm

Durch die Maßordnung im Hochbau sind auch die Fenster- und Fenstertüröffnungen für den Wohnungsbau in den DIN 18050 festgelegt. Infolgedessen können Fenster und Fenstertüren in Normgrößen und Großserien preisgünstig hergestellt werden.

Normgrößen

Fenster- und Fenstertürbreiten (BR in mm) von 625, 750, 875, 1000, 1125, 1250…2250 mm

Fensterhöhen (BR in mm) von 500, 625, 750, 875, 1000, 11251…500 mm

Fenstertürhöhen (BR in mm) von 2125…2250 mm

16.6 Fertigung des Holzfensters

16.6.1 Baumaße

Die Maßordnung im Hochbau DIN 4172 bildet die Grundlage für die Abmessungen von Gebäuden und Bauteilen. Bausteine und Ausbauteile entsprechen in ihren Abmessungen dieser Maßordnung.

Baurichtmaße (BR), auch Rohbau-Richtmaße genannt, sind durch **A**chtel**m**eter (abgekürzt am) festgelegt (Abb. 1).

> Alle Baurichtmaße sind das Vielfache (Kennziffer) von einem „am".

Beispiele:

Baurichtmaß	= Kennziffer	× am
875 mm	= 7	× 125 mm
1375 mm	= 11	× 125 mm
2250 mm	= 18	× 125 mm

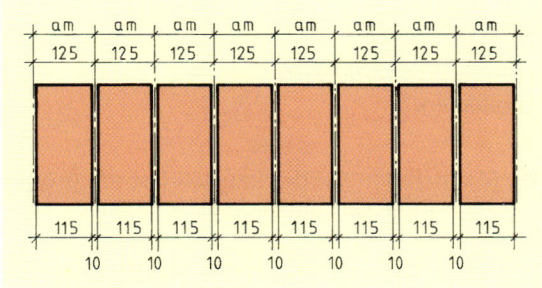

1 Baurichtmaße

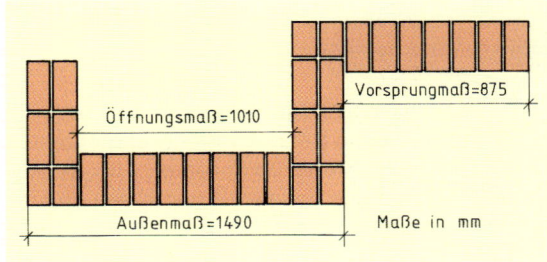

2 Nennmaße

Für Fensterbreiten und -höhen werden Kennziffern angegeben. Diese Kennziffern ergeben mit 125 mm multipliziert die Abmessung der Fensteröffnungen.

Beispiel

Fenster-Kennziffer 13 × 11 ergibt:
Öffnungsbreite in RR   13 × 125 mm = 1625 mm
Öffnungshöhe in RR   11 × 125 mm = 1375 mm

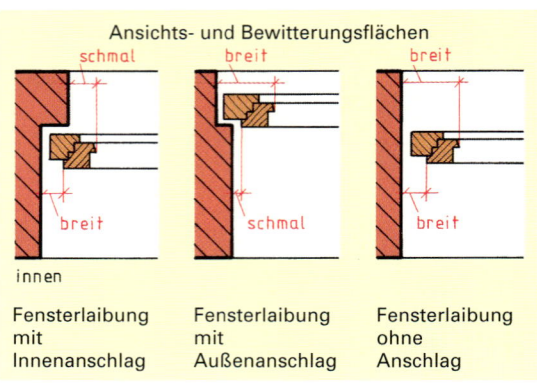

1 Anschlagarten

16.6.2 Maßnehmen auf der Baustelle

Bauzeichnungen mit den eingetragenen Fensteröffnungsarten tragen in der Regel den Vermerk: **„Genaue Maße sind an Ort und Stelle zu prüfen!"**

Durch diesen Vermerk wird der Fensterhersteller für das genaue Passen der Fenster verantwortlich gemacht. Weiterhin hat der Fensterhersteller zu prüfen, ob der Einbau der Fenster sachgemäß erfolgen kann. Dieser Einbau wird durch folgende Fassadenteile beeinflusst:

– Anschlagart – Fensterlaibung (Abb. 1),

– Ziegelmauerwerk,

– Sichtbeton,

– Außenputz,

– Naturstein- oder Fliesenverkleidung,

– Außenfensterbänke,

– Rollläden.

Das Maßnehmen auf der Baustelle ist mit großer Verantwortung verbunden und erfordert größte Sorgfalt und Genauigkeit. Alle Baulichtmaße – BL – (Nennmaße) müssen in ein **Maßbuch** eingetragen und evtl. durch Handskizzen ergänzt werden.

Bei jeder Maueröffnung misst man zuerst die Breite (oben, Mitte, unten) und dann die Höhe (links, Mitte, rechts).

Da im Rohbau noch kein fertiger Fußboden vorhanden ist, wird die Höhe der Blendrahmenunterkante oft auf den **Meterriss** bezogen (Abb. 2). Anschlagmaße werden gesondert gemessen und im Maßbuch vermerkt. Weiterhin sind die Fensteröffnungen mit Lot und Wasserwaage auf **Rechtwinkligkeit** zu prüfen.

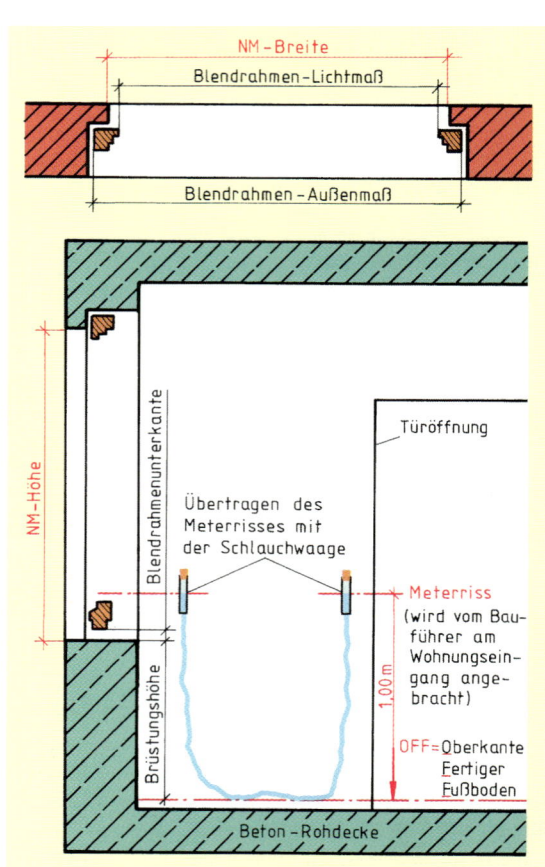

2 Maßnehmen auf der Baustelle
OFF = Oberkante fertiger Fußboden

Aufgaben

1. Erklären Sie die Begriffe „Baurichtmaß" (BR) und „Nennmaß" (NM).

2. Welcher Unterschied besteht zwischen Außenmaß, Öffnungsmaß und Vorsprungmaß?

3. Bestimmen Sie die Fenster- bzw. Türmaße der Kennziffern 12 × 11, 16 × 9, 7 × 17.

4. Welche Maße muss der Fensterhersteller auf der Baustelle nehmen?

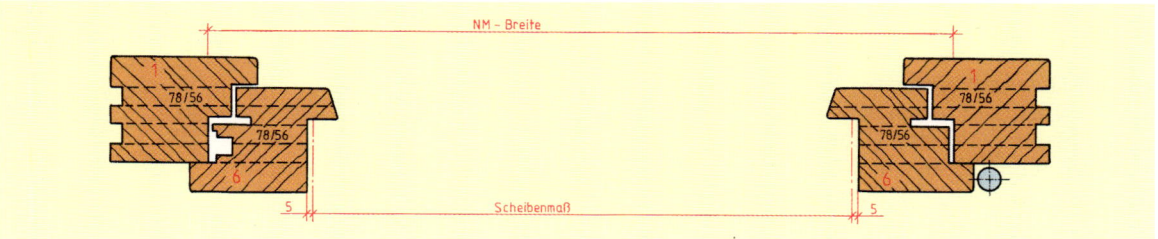

1 Brettaufriss im Maßstab 1 : 1

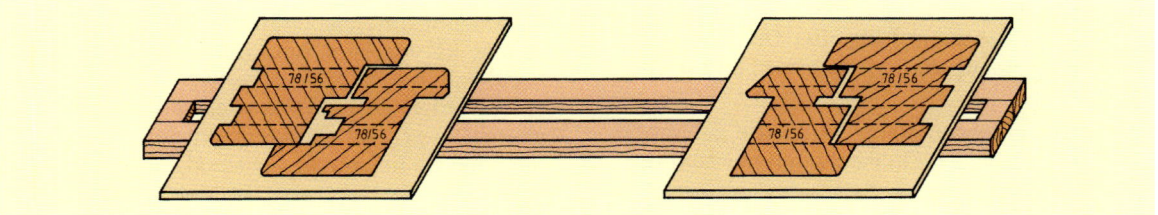

2 Verstellbarer Brettaufriss,
mit Flügelschrauben feststellbar

16.6.3 Fensteraufriss

Vor der Fensterfertigung wird nach den aufgenommenen Maßen für jede Fenstergröße die entsprechende Fertigungszeichnung (Brettaufriss) im Maßstab 1 : 1 hergestellt, oder man verwendet einen verstellbaren Brettaufriss (Abb. 1 und 2). **Fertigungszeichnungen** enthalten alle für die Fensterfertigung notwendigen Maße sowie Angaben über Profile, Beschläge und Verglasung (siehe auch Konstruktion und Arbeitsplanung, Kap. 10.4).

16.6.4 Materialliste

Aus der Fertigungszeichnung wird die **Holzliste** für den Holzzuschnitt erstellt. Für die Rahmenhölzer können auch die Positionsnummern (Tab. 3, S. 258) eingesetzt werden. Weiterhin wird für alle **Zubehörteile** wie Beschläge, Glas usw. eine Materialliste aufgestellt.

16.6.5 Auswahl des Holzes

Holz ist ein natürlicher, organischer Werkstoff. Die einzelnen Holzarten unterscheiden sich wesentlich in ihrer chemischen Zusammensetzung, im Aufbau ihrer Zellen und des Zellgefüges. Für den Rahmenbau von Fenstern eignen sich nur Hölzer, die ganz bestimmte Eigenschaften erfüllen müssen:

– hohe Widerstandsfähigkeit gegen Witterungseinflüsse,
– hohe Widerstandsfähigkeit gegen mechanische Einwirkungen,
– hohe Widerstandsfähigkeit gegen Pilze und Insekten,
– gleichmäßiges Wachstum,
– gutes Stehvermögen,
– geringe Astigkeit,
– gute Bearbeitbarkeit,
– gute Anstrichverträglichkeit.

Folgende Holzarten können für den Rahmenbau von Fenstern verwendet werden (Tab. 3):

Nadelhölzer		Laubhölzer	
Holzart	Kurzzeichen	Holzart	Kurzzeichen
Fichte	FI	Eiche	EI
Kiefer	KI	Afzelia	AFZ
Lärche	LA	Afrormosia	AFR
Parana Pine	PAP	Iroko (Kambala)	IRO
Pitch Pine	PIP	Meranti	MER
Red Pine	PIR	Sipo-Mahagoni	MAU
Douglasie (Oregon Pine)	DGA	Teak	TEK

3 Holzarten für den Fensterbau
Die Herstellung von Fenstern aus „tropischen Hölzern" sollte vermieden werden.

Holzqualität

Bei der Auswahl des Holzes im Fensterbau müssen die **Gütebedingungen** bei Außenanwendung nach DIN EN 942 beachtet werden. Hierbei wird unterschieden zwischen deckend und nicht deckend behandelter Oberfläche. Dabei sind im Einzelnen folgende Merkmale zu berücksichtigen:

– Das Holz muss gesund (frei von zerstörenden Pilzen und Insekten) und frei von der Markröhre sein.

– Geringe Bläue im Anfangsstadium ist zulässig, soweit sie bei nicht deckender Oberflächenbehandlung weitgehend ausgeglichen werden kann.

– Splint ist zulässig, wenn Kern- und Splintholz annähernd gleiche Eigenschaften besitzen (z.B. bei Kiefer).

– Splint ist unzulässig, wenn Kern- und Splintholz wesentliche Unterschiede besitzen (z.B. bei Eiche).

– Drehwuchs und Faserneigung sind unzulässig, wenn die Abweichung des Faserverlaufs über 2 cm je m beträgt.

– Querrisse sind unzulässig.

– Längsrisse und Harzgallen bis 5 mm Breite sind zulässig, wenn sie dauerhaft ausgebessert werden.

– Insektenfraßstellen sind unzulässig, ausgenommen sind einzelne Fraßgänge bis 2 mm Durchmesser von Frischholzinsekten.

– Nicht ausgebesserte fest verwachsene Äste und Punktäste bis 5 mm Durchmesser sind zulässig.

– Ausgedübelte Äste (Dübel bis 25 mm Durchmesser) sind zulässig.

16.6.6 Zuschneiden und Aushobeln

Vor dem Zuschneiden muss der Tischler Folgendes beachten:

– die geeignete Holzart auswählen,

– die Holzfeuchtigkeit nach DIN 68 121 überprüfen (11%…15% zulässig),

– die Gütebedingungen nach DIN EN 942 berücksichtigen.

> Zu den Maßen aus der Holzliste müssen die entsprechenden Bearbeitungsmaße zugegeben werden.

Diese Maßzugaben richten sich in der Regel nach der Länge der Rahmenhölzer und danach, wie stark sich das Holz beim „Auf-Breite-Schneiden"

verzieht. Eine wesentliche Aufgabe des Zuschneiders besteht in der bestmöglichen **Holzausnutzung**. Nach dem Zuschneiden werden die Rahmenhölzer abgerichtet und auf das Endmaß ausgehobelt.

16.6.7 Anreißen

Einzelfertigung

Bei einer bestmöglichen Holzausnutzung beim Zuschnitt ist vor dem Anreißen ein Sortieren der Rahmenhölzer unbedingt notwendig. Die Einzelteile werden durch **Winkelzeichen** und **Bezugsebenen** so gezeichnet, dass beim Fälzen noch vorhandene Baumkanten, Äste und Risse wegfallen (Abb. 1).

Nach dem Zeichnen der Einzelstücke erfolgt das Anreißen der Rahmenhölzer nach dem Brettaufriss (Abb. 2).

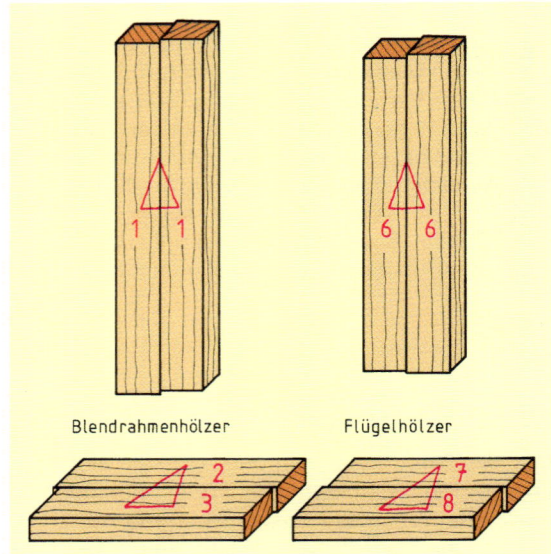

1 Zeichnen der Rahmenhölzer
z.B. IV 56, Positions-Nr. siehe S. 258

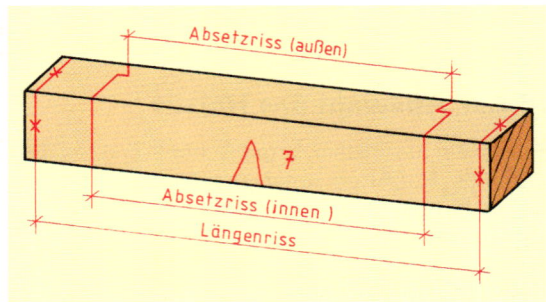

2 Anreißen der Rahmenhölzer

Serienanfertigung

Bei der Serienfertigung entfällt das Zeit raubende Anreißen jedes einzelnen Rahmenholzes. Hierbei wird ein Rahmenholz jeder Fenstergröße angerissen und danach die Maschine eingestellt. Durch **Anschläge** und **Stoppvorrichtungen** erhalten alle Rahmenstücke die entsprechende Form.

Großserienfertigung

Bei der Großserienfertigung werden oft „**Maschinenstraßen**" verwendet. Die Maschinen werden mit der gewünschten Profilabmessung (z. B. IV 56) eingerichtet und über **vorprogrammierte Rechner** gesteuert. Nach Eingabe der gewünschten Fenstergröße (lichtes Blendrahmenmaß) wird die Maschine automatisch so eingestellt, dass alle Blendrahmen- und Flügelhölzer die entsprechenden Maße und Formen erhalten.

16.6.8 Eckverbindungen und Profile

Durch die Profilvorgabe aus DIN 68121 sind auch die Zapfen- und Schlitzebenen bei den Rahmenhölzern vorgegeben.

> Bei der Bearbeitung der Rahmenhölzer an der Maschine muss die Bezugsebene immer auf dem Maschinentisch aufliegen.

Dadurch werden Maßabweichungen unwirksam und die Passgenauigkeit in den Fälzen erreicht (Abb. 1).

Zapfenverbindungen werden an einer Zapfen- und Schlitzmaschine (Zapfenschläger) ausgeführt. Da die Zapfendicke nicht mehr als 15 mm betragen soll, werden bei Fenstern ab Profil IV 56 **Doppelzapfen** gefordert. Sie ergeben eine größere Leimfläche und damit der Rahmenecke eine bessere Haltbarkeit (Abb. 2).

Keilzinkenverbindungen nach DIN 68140 sind nur mit Spezialwerkzeugen (Fräser oder Sägen) passend zu fertigen (Abb. 3). Durch sorgfältiges Verleimen und Pressen werden **hoch belastbare Verbindungen** erzielt. Durch die starren Keilzinkenverbindungen können jedoch beim Arbeiten des Holzes an den Rahmenhölzern Verformungen auftreten. Die Folge wären undichte Fenster.

Nach dem Schlitzen und Zapfen folgt die Herstellung der Dichtungs- und Glasfälze sowie der Profile auf der Tischfräse.

16.6.9 Zusammenbau der Rahmen

Nachdem eventuelle Holzmängel beseitigt wurden, sind die Rahmen verleimfertig. Das Verleimen er-

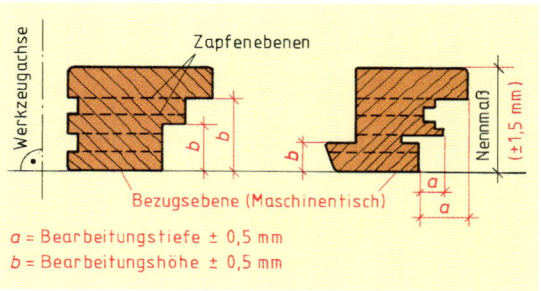

a = Bearbeitungstiefe ± 0,5 mm
b = Bearbeitungshöhe ± 0,5 mm

1 Bezugsebenen, Zapfenebenen, Passgenauigkeit

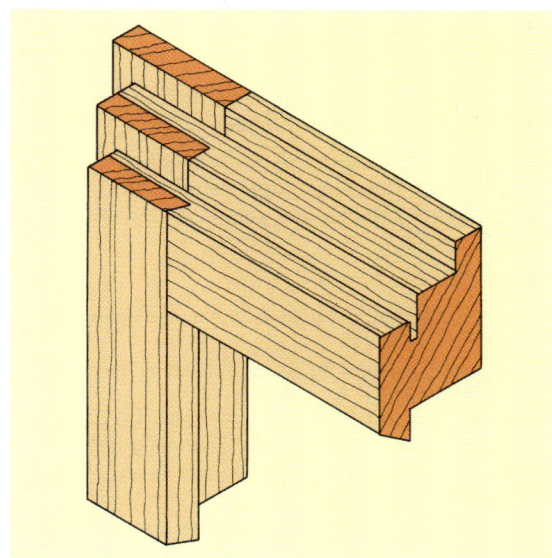

2 Doppelzapfenverbindung

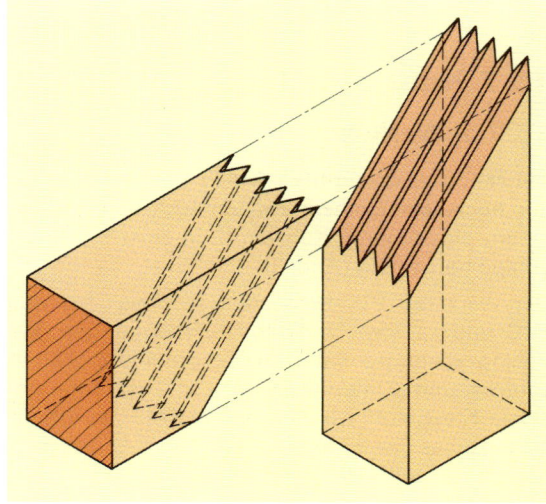

3 Keilzinkenverbindung

folgt in der Regel in Rahmenpressen, die heute vorwiegend hydraulisch betrieben werden (Abb. 1, Seite 282). Beim Arbeiten mit Rahmenpressen ist ihre Winkelgenauigkeit besonders vorteilhaft.

Leime für Fensterrahmen müssen den Beanspruchungsgruppen D3 bzw. D4 nach DIN EN 204 entsprechen.

Die geforderten Leimqualitäten lassen sich mit Resorcin-Formaldehydharzleimen und PVAC-Mischleimen erreichen.

16.6.10 Anschlagen der Fensterflügel

Nach dem Einpassen der Fensterflügel in den Blendrahmen werden diese angeschlagen. Der Anschlagvorgang richtet sich

– nach der Art des Fensters,

– nach der Art des Beschlages.

Beschlagzeichnungen, Arbeitsanleitungen und Einbaulehren der Beschlaghersteller sind für das sachgerechte Anschlagen sehr hilfreich (Abb. 2).

Aufgaben

1. Welche Faktoren bestimmen das Blendrahmenaußenmaß?
2. Nennen Sie einige Holzarten, aus denen Fenster gefertigt werden!
3. Warum muss das Holz für den Fensterbau gleichmäßig gewachsen und von geringer Astigkeit sein?
4. Wie hoch darf die Feuchtigkeit des Holzes für den Fensterbau sein?
5. Erklären Sie die Bedeutung folgender Begriffe: Maßbezugsebene, Bearbeitungshöhe, Bearbeitungstiefe.
6. Warum sind bei Fenstern und Fenstertüren ab Profil IV 56 Doppelzapfen notwendig?

16.7 Kunststofffenster

16.7.1 Werkstoff

Kunststofffensterprofile werden nach DIN 16830 aus **hoch schlagzähem Polyvinylchlorid (PVC-HI)**, einem plastomeren Kunststoff, in einer Extruderanlage hergestellt (Abb. 3).

Der Werkstoff PVC-HI besteht zu etwa 75 % aus PVC und zu etwa 25 % aus Beimengungen wie Schlagzähkomponenten, Farbpigmenten, Stabilisatoren und Gleitmitteln. Der so zusammengesetzte Kunststoff wird nach DIN 7748 als erhöht schlagzähes, weichmacherfreies PVC-U bezeichnet. Ferner sollte er schwer entflammbar sein.

PVC-HI hat für den Fensterbau folgende positive Eigenschaften:

– **geringes Profilgewicht**,

– **glatte und wartungsfreie Oberfläche**,

– **Korrosionsbeständigkeit**,

– **günstige Fertigungszeiten**.

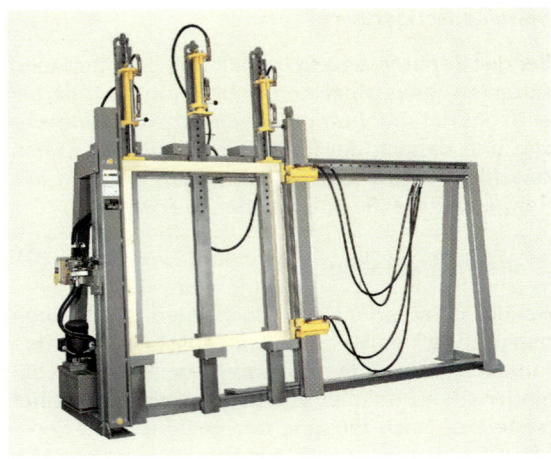

1 Hydraulische Rahmenpresse

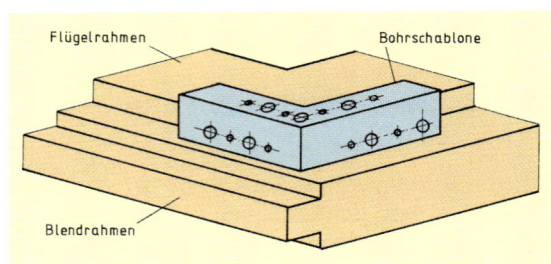

2 Bohrschablone

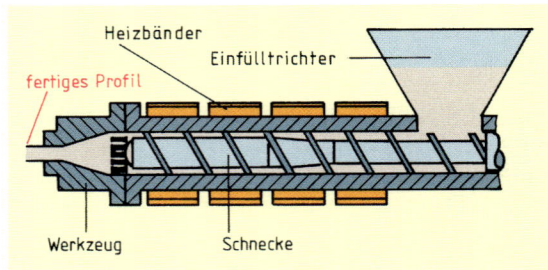

3 Extruderanlage

Nachteile im Vergleich zum Holzfensterbau:

– **geringer Elastizitätsmodul**,

Gefahr des Durchbiegens durch Gewichtskraft der Glasscheibe und des Winddruckes. Profile müssen durch Armierungen (verzinkte Stahlrohre bzw. Aluminiumrohre) verstärkt werden.

– **hoher Wärmeausdehnungskoeffizient**,

Rahmenprofile dehnen sich bei 1 m Länge und einer Temperaturdifferenz von 60 °C (–20 bis +40 °C) um etwa 4,5 mm aus (ungefähr 25-mal mehr als Holz).

– **heizen sich bei Sonneneinstrahlung stark auf**.

Die Werkstofftemperatur sollte 65 °C nicht überschreiten, da die Festigkeit bei erhöhter Temperatur abnimmt.

16.7.2 Profilsysteme

Bei den Profilen unterscheidet man grundsätzlich zwischen zwei Systemarten.

Einkammersystem

Beim Einkammersystem liegt zwischen der inneren und äußeren Profilwand nur eine Luftschicht. Dadurch ist die **Wärmedämmung sehr gering**. Da trotz einwandfreier Abdichtung der Glasscheibe ein Eindringen von Wasser in die Glasfalz nicht auszuschließen ist, muss eine **Glasfalzentwässerung** vorgenommen werden. Diese erfolgt durch die Hauptkammer mit den Armierungsprofilen (Abb. 1).

Mehrkammersystem

Bei den Mehrkammersystemen unterscheidet man flächenbündige und flächenversetzte Profile. Durch die hintereinander liegenden, abgeschlossenen Kammern ist die **Wärmedämmung günstiger** als beim Einkammersystem. Daraus ergibt sich aber gleichzeitig ein gewisser Nachteil. Durch die einseitige Aufheizung dehnt sich die erwärmte Seite des Profils stärker aus als die andere. Da der Wärmeausgleich langsamer vonstatten geht, kommt es zu Verformungen. Die Entwässerung der Glasfalz erfolgt bei diesem System durch die Nebenkammern.

Vorteil:

> Beim Mehrkammersystem kommen die Armierungen nicht mit Wasser in Berührung (Abb. 2 und 3).

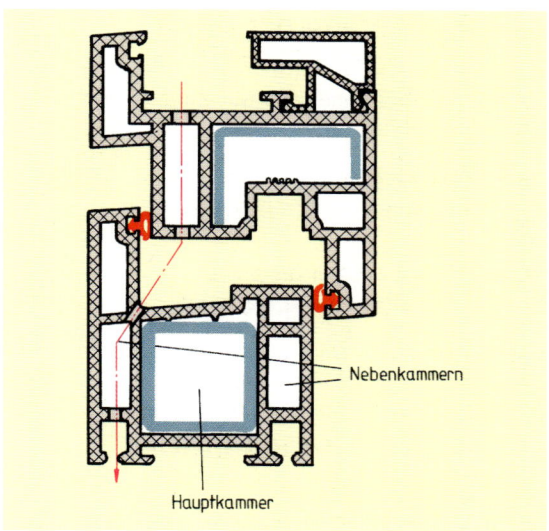

2 Flächenbündiges Mehrkammersystem

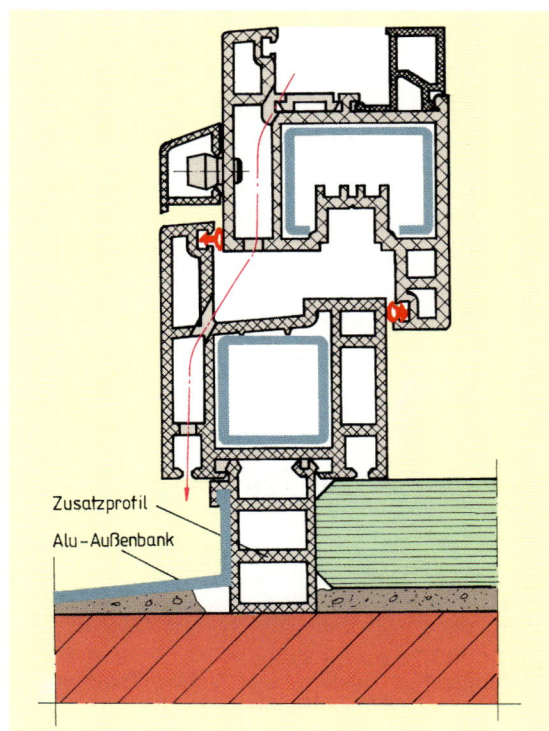

3 Flächenversetztes Mehrkammersystem mit Fensterbankanschluss

Aufgaben

1. Vergleichen Sie die Vor- und Nachteile von Holz- und PVC-HI-Kunststofffenstern.
2. Welche Nachteile hat das Einkammersystem gegenüber dem Mehrkammersystem?
3. Warum müssen PVC-HI-Kunststoffprofile durch Armierungen verstärkt werden?
4. Wie erfolgt die Entwässerung der Glasfälze bei den PVC-HI-Kunststofffenstern?

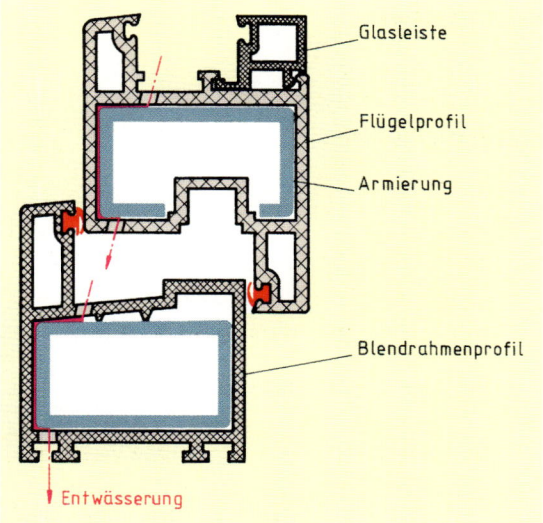

1 Einkammersystem aus PVC-HI mit Armierung

16.7.3 Lagerung der Profile

Die Lagerung der Rahmenprofile muss horizontal erfolgen. Dabei sollen sie auf ausgerichteten Lagerböden vollflächig aufliegen.

> Kunststoffprofile müssen bei Temperaturen von mindestens 17 °C verarbeitet werden.

Ist eine Lagerung bei diesen Temperaturen nicht möglich, so sind die Profile vor der Verarbeitung etwa 8 Stunden bei mindestens 17 °C aufzubewahren.

16.7.4 Zuschnitt der Profile

Der Zuschnitt der Profile geschieht auf Einfach- oder Doppelgehrungssägen. Als Sägeblätter werden hartmetallbestückte Vielzahnsägeblätter mit etwa 120 Zähnen verwendet. Beim Zuschnitt ist der Abbrand durch den Schweißvorgang (Schweißraupe) zu beachten.

> Beim Zuschneiden müssen je Gehrungsseite 2,5 mm zum Außenmaß zugegeben werden.

Die Verstärkungsprofile werden vor dem Verschweißen in die Hohlprofile aus Kunststoff eingeschoben. Dabei müssen Abstände von etwa 10 mm zwischen der Schweißfläche und dem Verstärkungsprofil eingehalten werden.

16.7.5 Schweißen der Eckverbindungen

Eckverbindungen sind möglichst bald nach dem Zuschnitt zu schweißen, da Verschmutzungen und Feuchtigkeitsaufnahme die Festigkeit der Schweißnaht beeinträchtigen. Die Verschweißung wird auf einer Schweißmaschine vorgenommen, die aus einem elektrisch beheizten Schweißspiegel und einer Führungs- und Spannvorrichtung des Maschinentisches besteht. Der Schweißspiegel ist mit einer Teflonschicht überzogen (Abb. 1).

Beim Schweißvorgang ist Folgendes zu beachten:

– keine zu kalten Profile verwenden,

– Schweißtemperatur 230…245 °C,

– Anschmelzzeit etwa 30…40 Sekunden,

– Schweißdruck 2…3 bar,

– Auskühlzeit etwa 40 Sekunden.

(Hinweise der Profilhersteller beachten.)

Die verschweißten Rahmen sind so zu stapeln, dass sie nicht „windschief" liegen und dass die Schweißraupen nicht gedrückt werden, da sonst Einfallstellen entstehen.

16.7.6 Bearbeitung der Rahmenecken

Bevor die Schweißraupen entfernt werden können, müssen die verschweißten Rahmenecken ca. 1 Stunde auskühlen (Abb. 2).

Rahmenecken werden „von Hand" oder maschinell nachgearbeitet.

Handbearbeitung

Die Schweißraupen werden mit dem Stecheisen abgestochen.

Das Glätten erfolgt mit dem Schwingschleifer, Schleifpapier: „Körnung 180, 240". Anschließend werden die Rahmenecken mit einem Poliergerät auf den gewünschten Mattglanz poliert (Abb. 3).

1 Schweißmaschine für PVC-HI

2 Verschweißte Rahmenecke mit Schweißraupe

3 Glatt polierte Rahmenecke aus PVC-HI

Maschinenbearbeitung

Bei dieser Methode wird die Schweißfuge beim Schweißvorgang eng zusammengepresst; die Schweißraupe wölbt sich auf. Nach dem Abstechen mit einem Spezialmesser entsteht eine sichtbare, gehrungsbetonte „Naht" (Abb. 1).

16.7.7 Beschlagmontage

Bei der Beschlagmontage besteht gegenüber den Holzfenstern im Grunde kein Unterschied, da handelsübliche Beschläge verwendet werden. Bohrungen und Ausfräsungen werden mithilfe von Anschlaglehren und Schablonen vorgenommen. Die Befestigung tragender Beschlagteile sollte jedoch durch zwei Profilwandungen erfolgen. Im Kunststofffensterbau werden in der Regel **selbst bohrende Schrauben** verwendet. Man unterscheidet (Abb. 2):

Die **Glasleistenbefestigung** erfolgt, indem der Glasleistenfuß in eine Nute des Flügelprofils eingedrückt wird. Die Glasleiste rastet auf ganzer Länge ein. Durch verschieden breite Glasleisten können alle Fensterarten mit Einfach- und Isolierglas versehen werden.

16.7.8 PUR-Hartschaumfenster

Polyurethan (PUR) ist ein Kunststoff, der je nach Herstellungsverfahren in seinem physikalischen Verhalten entweder den Duromeren, den Plastomeren oder den Elasten zuzuordnen ist. Für die Profile im Fensterbau wird PUR als duromerer Kunststoff verwendet. Die Längenänderung bei Temperaturschwankungen beträgt bei PUR-Fenstern nur etwa $1/3$ im Vergleich zu PVC-Fenstern. Im Temperaturbereich von $-40\,°C…+110\,°C$ bleiben die mechanischen Eigenschaften weitgehend unverändert.

> PUR-Fensterprofile mit eingeschäumten Aluminium-Hohlkammerprofilen werden in Formen hergestellt (Abb. 3).

> Polyurethan als duromerer Kunststoff kann nicht geschweißt werden.

Die Ecken werden mittels **Eckverbindern** und **Zweikomponenten-Polyurethan-Kleber** auf Eckverbindungsmaschinen verklebt (zusammengesickt).

16.7.9 Kunststoff-Holzfenster

Die Werkstoffkombination Holz – Kunststoff PVC-HI ist relativ selten, da das Problem der großen Längenausdehnungsdifferenzen (PVC-HI ca. 25-mal größer als Holz) noch nicht zur Zufriedenheit gelöst werden konnte.

1 Rahmenecke mit gehrungsbetonter Naht

– selbst bohrende Schraube zur Befestigung in PVC mit Hi-Lo-Gewinde und S-Spitze,

– selbst bohrende Schrauben zur Befestigung durch PVC in die Armierung mit TEKS-Spitze.

2 Selbst bohrende Schrauben

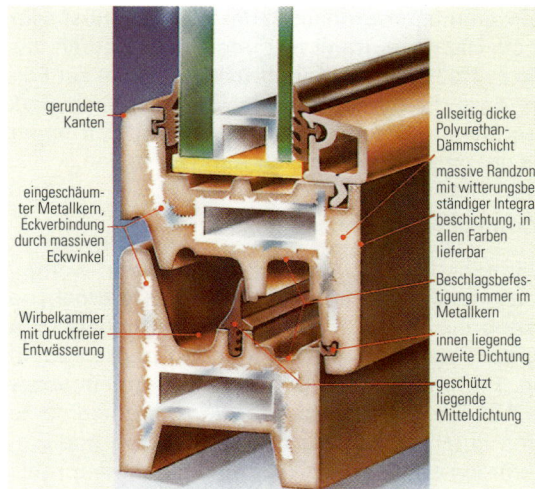

gerundete Kanten

eingeschäumter Metallkern, Eckverbindung durch massiven Eckwinkel

Wirbelkammer mit druckfreier Entwässerung

allseitig dicke Polyurethan-Dämmschicht

massive Randzone mit witterungsbeständiger Integralbeschichtung, in allen Farben lieferbar

Beschlagsbefestigung immer im Metallkern

innen liegende zweite Dichtung

geschützt liegende Mitteldichtung

3 Fensterrahmenquerschnitt aus PUR

Aufgaben

1. Warum müssen beim Zuschneiden der PVC-HI-Profile je Gehrungsseite 2,5 mm zugegeben werden?
2. Beschreiben Sie den Schweißvorgang einer Eckverbindung aus PVC-HI-Profilen.
3. Stellen Sie die Vor- und Nachteile von PVC-HI- und PUR-Fenstern gegenüber.

16.8 Aluminiumfenster

16.8.1 Werkstoff

Die Festigkeit von reinem Aluminium reicht für den Fensterbau nicht aus. Aus diesem Grunde werden allgemein Aluminium-Magnesium-Silicium-Legierungen verwendet.

Diese **Legierungen** haben für den Fensterbau folgende positive Eigenschaften:

– hohe Festigkeit bei relativ geringem Gewicht,

– glatte und wartungsfreie Oberfläche,

– gute Einfärbungsmöglichkeiten der Oberfläche,

– Korrosionsbeständigkeit bei normalen Bedingungen.

Bei besonders aggressiven Industriegasen ist ein Oberflächenschutz mit Klarlack vorteilhaft.

Nachteile im Vergleich zum Holzfensterbau:

– sehr hohe Wärmeleitfähigkeit,

– ungefähr 8-mal größere Wärmeausdehnung gegenüber Holz.

16.8.2 Profilsysteme

Ganzaluminiumprofil (Abb. 1)

Ein großer wärmetechnischer Nachteil des Aluminiums liegt in der großen Wärmeleitfähigkeit. Bei Ganzaluminiumprofilen ist der **Wärmeverlust** sehr hoch. Die Kälte dringt fast ungehindert durch das Alu-Profil hindurch **(Kältebrücke)**. Das hat zur Folge, dass die Innenseiten der Rahmen sehr stark beschlagen. Bei extremer Kälte kann sich sogar Eis auf den Innenseiten der Rahmen bilden.

Wärmegedämmtes Aluminiumprofil

Wärmegedämmte Alu-Profile verhindern weitgehend den Wärmefluss durch die **unterbrochene Kältebrücke**. Sie sind zweiteilig aufgebaut. Die beiden Profilteile außen und innen werden durch ein Dämmelement aus Kunststoff miteinander verbunden. Die Befestigung der Dämmelemente kann durch Kleben, Verkeilen, Verstiften und Einklemmen erfolgen. Die Teilung der Rahmenprofile gestattet eine unterschiedliche Oberflächenveredlung der äußeren und inneren Profilteile. Die **Oberflächenveredlung** erfolgt in der Regel durch das Eloxal-Verfahren (**e**lektrisch **ox**idiertes **Al**uminium) (Abb. 2).

16.8.3 Zuschnitt

Der Zuschnitt der Alu-Profile erfolgt auf Gehrungssägen mit pneumatischen Spannvorrichtungen und automatischem Vorschub. Auch sollte die

Sprühvorrichtung für Kühlmittel, z.B. Seifenwasser, nicht fehlen. Es werden hartmetallbestückte Sägeblätter mit großen, gerundeten Spanräumen verwendet.

16.8.4 Eckverbindungen

Da heute vorwiegend fertig eloxierte Alu-Profile verarbeitet werden, können die auf Gehrung geschnittenen Profile nur mit Eckwinkeln miteinander verbunden werden (Abb. 3). Die Eckwinkel

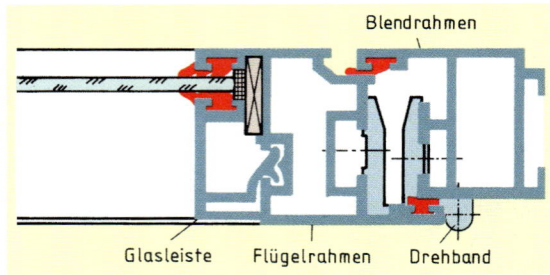

1 Ganzaluminiumprofil

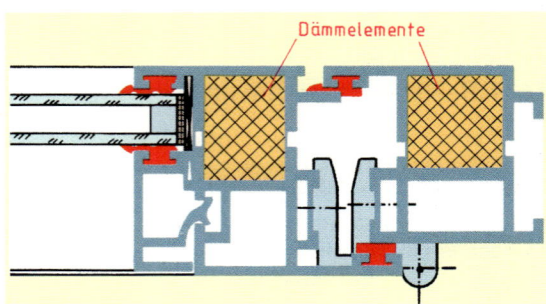

2 Wärmegedämmtes Aluminiumprofil

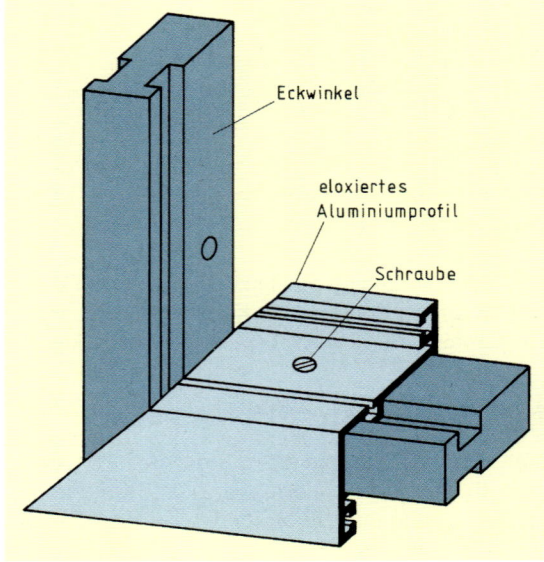

3 Eckverbindung mit Eckwinkel

werden durch **Schrauben**, **Keilstifte** oder **Bolzen** an den Profilen befestigt. Zusätzlich wird jede Eckverbindung mit einem **Zweikomponentenkleber** geklebt und damit im Gehrungsbereich abgedichtet.

Bei nicht eloxierten Alu-Profilen können die Ecken auch nach dem **Abbrenn-Stumpfschweiß-Verfahren** verbunden werden (ähnlich dem Schweißen von PVC-Ecken). Nach dem Schweißen müssen die Rahmenecken jedoch „verputzt" werden. Anschließend erfolgt dann das Eloxieren des gesamten Rahmens (bei großen Rahmen sehr aufwendig).

16.8.5 Einbauschutz

> Da Aluminium gegenüber Chemikalien, z.B. Zement und Kalk, nicht beständig ist, müssen Alu-Fenster bis zum Abschluss der Bauarbeiten unbedingt geschützt werden.

Dazu eignen sich farbige Überzugslacke, Aufklebefolien und Klebestreifen. Um Beschädigungen an Alu-Fenstern generell zu vermeiden, sollten sie erst dann eingebaut werden, wenn der Bau fast fertig ist.

16.8.6 Aluminium-Holzfenster

In der Verbundbauweise mit Holz lässt sich der wärmetechnische Nachteil von Aluminium ausgleichen.

Auf die tragende Holzkonstruktion wird außen eine Aluminiumprofilschale aufgesetzt. Diese schützt das Holz vor Witterungseinflüssen. Durch die unterschiedlichen Wärmeausdehnungen (Aluminium ca. 8-mal größer als Holz) müssen die **Aluminiumprofile** gleitend (beweglich) an den Holzrahmen befestigt werden. Dieses geschieht durch **Führungsprofile**, die auf den Holzrahmen aufgeschraubt werden. Durch eine **Hinterlüftung** der Aluminiumprofile wird die Kondenswasserbildung verhindert (Abb. 1).

16.8.7 Aluminium-Kunststofffenster

Auch durch die Verbundbauweise mit Kunststoff (PVC-HI) lässt sich der wärmetechnische Nachteil von Aluminium ausgleichen. Da auch hierbei große Längenausdehnungsdifferenzen bestehen, werden die beiden Halbprofile (außen Aluminium, innen Kunststoff) durch Quetschverbindungen miteinander verbunden (Abb. 2).

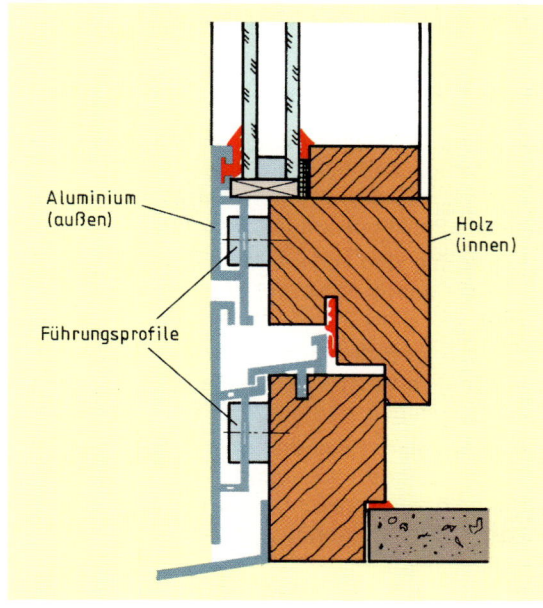

1 Verbundbauweise Holz – Aluminium

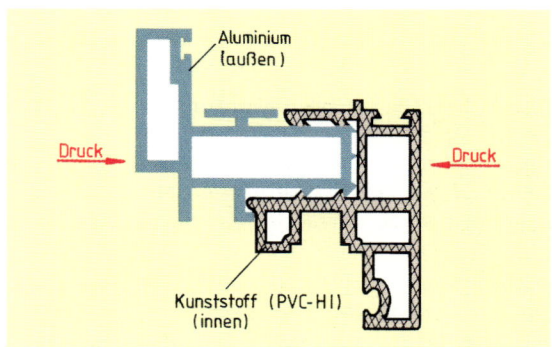

2 Flügelprofil aus Aluminium-Kunststoff

Aufgaben

1. Welche Vor- und Nachteile hat der Werkstoff Aluminium im Fensterbau?
2. Was versteht man unter dem Eloxal-Verfahren?
3. Wie kann man die schlechte Wärmedämmung bei Aluminiumfenstern ausgleichen?
4. Wie werden die Eckverbindungen bei eloxierten und bei nicht eloxierten Alu-Profilen hergestellt?
5. Warum müssen Aluminiumfenster beim Einbau geschützt werden?
6. Welche Vorteile bietet die Verbundbauweise Aluminium – Holz bei Fenstern?
7. Warum müssen die Aluminiumprofile gleitend auf dem Holzrahmen befestigt werden?
8. Warum ist bei Aluminium-Holzfenstern eine Hinterlüftung notwendig?

16.9 Werkstoffschutz

16.9.1 Konstruktiver Holzschutz

Eine gute Profilausbildung und die sorgfältige Konstruktion des Fensters sind ein wesentlicher Teil des konstruktiven Holzschutzes. Dabei ist auf folgende Punkte besonders zu achten:

– Die Profile sind so zu bilden, dass auftretendes Wasser unmittelbar und kontrolliert abgeführt wird,

– Wasser- und Feuchtigkeitsnester müssen vermieden und evtl. mit dauerelastischem Dichtstoff versiegelt werden (Abb. 1 und 2).

– Bei der unteren Blendrahmenverbindung ist die Brüstungsfuge waagerecht ausgebildet (Abb. 3). Dadurch wird erreicht, dass das gegen Feuchtigkeit anfällige Kopfholz nicht mehr im Außenbereich liegt.

– Profilkanten sind abzurunden.

16.9.2 Chemischer Holzschutz

Nach DIN 68800 werden nichttragende, maßhaltige Hölzer z.B. Außenfenster und Außentüren in die Gefährdungsklasse 3 eingestuft. Wenn ein dauerhaft wirkender Oberflächenschutz durch ein Anstrichsystem gewährleistet wird, können sie auch der Gefährdungsklasse 2 zugeordnet werden (Tab. 4).

Da eine Gefahr durch Insekten im allgemeinen nicht gegeben ist, kann auf einen insektiziden Schutz verzichtet werden.

Nach besonderer Vereinbarung kann bei Außenfenstern und Außentüren auf einen chemischen Holzschutz ganz verzichtet werden.

Werden Holzschutzmittel verwendet, so müssen sie ein gültiges Prüfzeichen des Instituts für Bautechnik in Berlin tragen. Der Holzschutz soll an allen Stellen (Glasfälze, Ausfräsungen für Beschläge) des Holzes erfolgen.

> Da einige Holzschutzmittel mehr oder weniger starke Gifte enthalten und giftige Dämpfe abgeben, die auch für den Menschen gesundheitsgefährdend sind, müssen die Gebrauchsanweisungen und Verarbeitungsrichtlinien der Hersteller genau beachtet werden.

Beim Umgang mit chemischen Holzschutzmitteln sind grundsätzlich **Schutzhandschuhe** und **Schutzbrille** zu tragen.

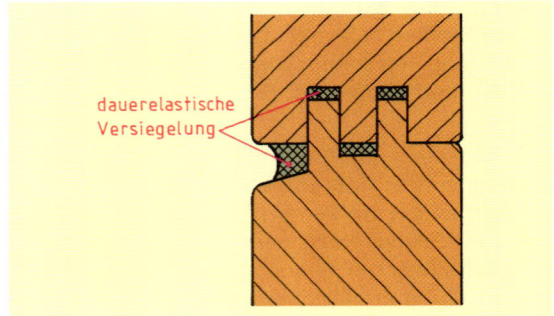

1 Feuchtigkeitsnester vermeiden

2 Kapillarfugen vermeiden

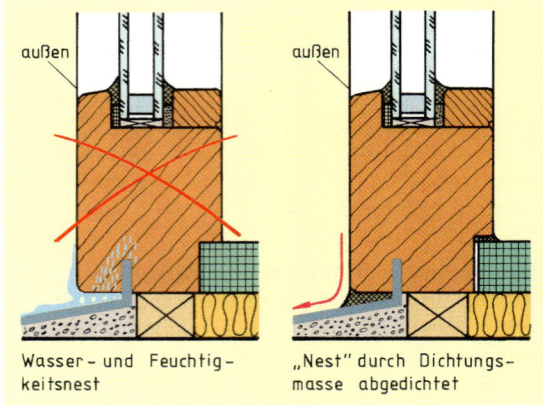

3 Waagerechte Brüstungsfuge am unteren Blendrahmen

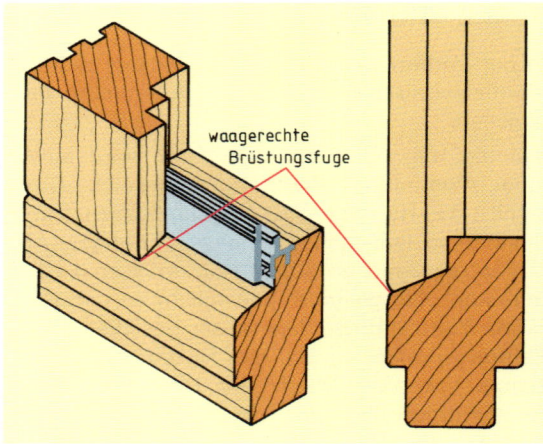

Gefährdungs-klasse	Anforderungen an das Holzschutzmittel	Prüfprädikat (Kurzzeichen)
2	insektenvorbeugend pilzwidrig	Iv P
3	insektenvorbeugend pilzwidrig witterungsbeständig	Iv P W

4 Gefährdungsklassen von Außenfenstern und Außentüren

16.9.3 Anstriche

Jede Fensterkonstruktion, unabhängig von der gewählten Holzart, benötigt einen Oberflächenschutz. Die Anstriche dienen einerseits der farblichen Gestaltung der Rahmen und andererseits dem Schutz des Holzes gegen:

- Feuchtigkeitseintritt,
- Pilz- und Insektenbefall,
- Verfärbungen,
- Verschmutzung.

Bewährt haben sich Anstrichsysteme, die auf Kunstharzbasis aufgebaut sind. Dabei unterscheidet man zwischen lasierter und deckender Oberflächenbehandlung.

Lasuranstriche

Dort, wo der natürliche Charakter des Holzes erhalten bleiben soll, werden **Holzschutzlasuren** verwendet. Man spricht von offenporiger Oberflächenbehandlung.

Die Lasuren müssen jedoch einen Mindestanteil an Pigmenten enthalten, die das Holz vor der UV-Strahlung schützen. Dieser Schutz ist notwendig, weil die UV-Strahlen die Holzfasern unter dem Anstrich zerstören. Die weitere Folge wäre das Ablösen des Anstrichfilms vom Holz. Lasuren sind farblich auf verschiedene Holzarten (Kiefer, Eiche, Mahagoni, Teak) abgestimmt.

Eigenschaften der Lasuranstriche:

- eignen sich für alle Holzarten,
- sind einfach zu verarbeiten,
- gestatten den Feuchtigkeitsausgleich,
- einfache Nachbehandlung.

Deckende Anstriche

Lackfarben für deckende Anstriche sind in der Regel auf Alkydharzbasis aufgebaut. Bei farbigen und dunklen deckenden Anstrichen ergeben sich bei Sonneneinstrahlung erhöhte Oberflächentemperaturen, die zur Rissbildung und damit zur Ablösung des Lackfilmes führen. Die geringsten Probleme treten bei weißen deckenden Anstrichen auf.

Eigenschaften der deckenden Anstriche:

- lange Haltbarkeit bei sachgemäßer Anwendung,
- Feuchtigkeit kann nicht in das Holz eindringen,
- dunkle Anstriche sind sehr temperaturempfindlich.

Anforderungen an Anstrichstoffe für Holzfenster und Holztüren

Die von dem Institut für Fenstertechnik in Rosenheim herausgegebenen Empfehlungen unterscheiden nach Lasuranstrichen und deckenden Anstrichen. Weiterhin wird nach Abhängigkeit von

- der Holzartgruppe[1],
- der Klimaeinwirkung,
- dem Farbton des Anstrichs und
- den Beanspruchungsgruppen (A...C) unterschieden (Tab. 1).

[1] Holzartgruppen:

I Harzreiche Nadelhölzer, z.B. Douglasie, Kiefer
II Harzarme Nadelhölzer, z.B. Fichte, Redwood
III Laubhölzer, z.B. Afzelia, Eiche, Meranti, Sipo

Oberflächenschutz durch den Anstrich		Lasuranstrich			Deckender Anstrich		
Fenster aus Holzartgruppen[1]		I	II	III	I	II	III
Klimaeinwirkung	Farbton	Beanspruchungsgruppen					
Außenklima (Fenster und Türen sind gegen Regen- und Sonneneinwirkung geschützt)	frei wählbar	A	A	A	C	C	C
Freiluftklima (Regen, Sonne und Wind wirken unmittelbar auf Fenster und Türen; Gebäude bis zu drei Geschossen hoch)	hell	–	–	–	C	C	C
	mittel	B	B	B	C	C	C
	dunkel	B	B	B	C	C	C
Freiluftklima (Gebäude über drei Geschosse hoch)	hell	–	–	–	C	C	C
	mittel	–	B	B	C	C	C
	dunkel	–	B	B	–	C	C

1 Anstrichgruppen für Holzfenster und Holztüren

16.9.4 Anstrichschäden

Schäden im Anstrichsystem sind im Wesentlichen in folgenden Ursachen zu sehen:

– **zu hoher Feuchtegehalt** der Rahmenhölzer:

Die Holzfeuchte darf auf keinen Fall mehr als 15% betragen. Die Lackschichten deckender Anstriche werden durch den Dampfdruck zerstört und der Lackfilm blättert ab (Abb. 1). Bei offenporiger Oberflächenbehandlung kann ein ungehinderter Dampfausgleich erfolgen.

– **Konstruktionsmängel:**

Scharfe Kanten verhindern die Bildung eines geschlossenen Lackfilmes. Alle Profilkanten sind deshalb abzurunden (Abb. 2).

Ungenügende Abdichtung zwischen Glasscheibe und Flügelrahmen. Wasser kann in die Glasfälze eindringen.

Ungenügende Abdichtung zwischen Blendrahmen und Mauerwerk. Wasser kann zwischen Mauerwerk und Blendrahmen eindringen.

> Farblose Lacksysteme (ohne Pigmente) haben sich als ungeeignet erwiesen. Das Holz vergraut im Laufe der Zeit und der Lackfilm löst sich dann ab.

Wichtig ist, dass die vorgeschriebenen Schichtdicken der Anstrichstoffe (lt. Hersteller) eingehalten werden.

Aufgaben

1. Was versteht man unter konstruktivem Holzschutz?
2. Was ist bei der Anwendung chemischer Holzschutzmittel zu beachten?
3. Wodurch können Schäden im Anstrichsystem auftreten?

16.10 Verglasung

16.10.1 Zweck der Verglasung

Durch die Verglasung sollten grundsätzlich folgende Ziele erfüllt werden:

– Lichteinlass,
– Wärmeschutz,
– Schallschutz,
– Sichtschutz,
– Schutz vor Zugluft (Wind).

Deshalb muss vor jeder Verglasung Folgendes überlegt werden:

– die Glasart,
– die Verklotzung der Glasscheiben,
– die Verbindung zwischen Scheibe und Flügelrahmen.

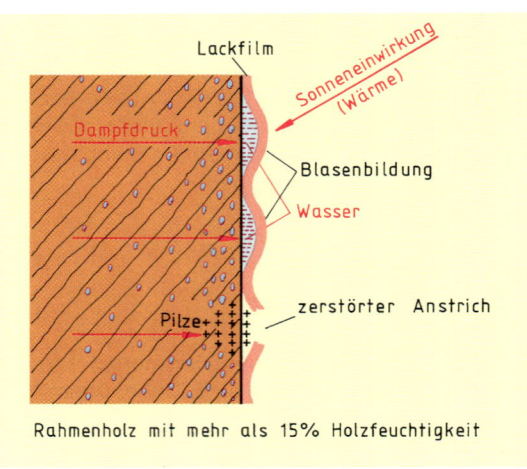

1 Zerstörter Lackfilm durch Dampfdruck

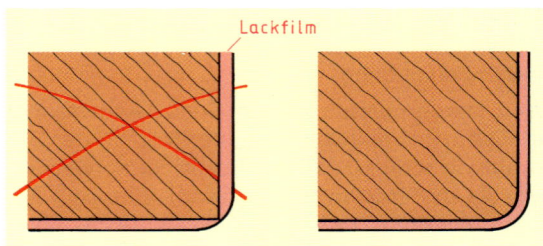

2 Geringe Dicke des Lackfilmes an scharfen Kanten

16.10.2 Glasarten

Im Bauwesen verwendete Glasarten sind in Fensterglas, Spiegelglas und Gussglas unterteilt.

Fensterglas

ist ein nahezu ebenes, durchsichtiges Alkali-Kalk-Glas, das maschinell im Ziehverfahren hergestellt ist. Es wird in den in Tab. 3 angegebenen **Nenndicken** geliefert.

3, 4, 5, 6, 8, 10, 12, 15, 19

3 **Nenndicken von Fensterglas,** in mm,
zulässige Abweichungen: siehe DIN 1249, Teil 1

Fensterglas kann bis zu einer **Breite** von 3180 mm und bis zu einer **Länge** von 3620 mm hergestellt werden.

Spiegelglas

Aufgrund moderner Fertigungsmethoden (Floaten) wird Fensterglas mehr und mehr durch Spiegelglas gleicher Nenndicken ersetzt, wobei allerdings jeder Dicke eine maximale Länge und Breite zugeordnet ist (Tab. 1, Seite 291).

Nenndicke	Länge	Breite
5	6000	3180
10	9000	3180
19	4500	2820

1 Maximale Längen und Breiten von Spiegelglas in mm, Auswahl nach DIN 1249, Teil 3

Noch größere Breiten und Längen sind Sonderanfertigungen.

Isolierglas

Isolierglas besteht aus zwei oder mehreren Glasscheiben, die an den Rändern luftdicht miteinander verbunden sind. Zwischen den Scheiben befindet sich getrocknete Luft. Sie werden aus Fenster- oder Spiegelglas mit einem Luftzwischenraum von 6...12 mm hergestellt. Dabei ergeben sich Elementdicken von 12...50 mm (Abb. 2).

Wärmeschutzglas

Wärmeschutzgläser sind ebenfalls Isoliergläser. Hierbei wird auf die Innenseite der Innenscheibe eine **Beschichtung** aus Metall (z.B. Gold, Silber, Kupfer oder Zinnoxid) aufgedampft und der Glaszwischenraum mit einem **Leichtgas** gefüllt, z.B. Ar = Argon oder Kr = Krypton (Abb. 3). Die aufgedampfte Metallschicht und die Gasfüllung haben folgende Eigenschaften:

– vorrangig eine Verbesserung des U-Wertes,

– im Sommer weniger Wärmestrahlung von außen nach innen (Wärmeschutz),

– im Winter weniger Wärmestrahlung von innen nach außen (geringerer Wärmeverlust),

– langwellige Strahlung (Infrarot) zu reflektieren (IR),

– kurzwellige Strahlung (Licht) in geringerem Maße durchzulassen.

Das bedeutet: Die Lichtdurchlässigkeit beträgt nur noch etwa 65 %.

Schallschutzglas

Schallschutzgläser sind ebenfalls Isoliergläser, die aus mehreren Glasscheiben bestehen. Der erhöhte Schallschutz wird erreicht durch:

– dickere Scheiben,

– Verbundglasscheiben,

– Schwergasfüllung.

Nachteilig für die Fensterkonstruktion sind jedoch das hohe Scheibengewicht und die große Elementdicke (Abb. 4).

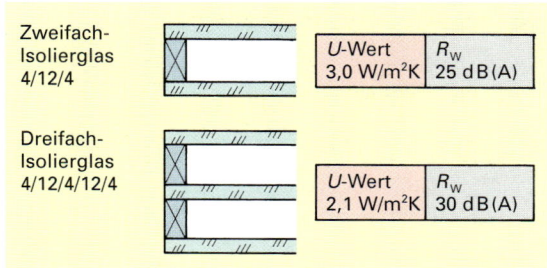

2 Isolierglas, 12 mm Zwischenraum

Zweifach-Isolierglas 4/12/4 — U-Wert 3,0 W/m²K — R_W 25 dB(A)

Dreifach-Isolierglas 4/12/4/12/4 — U-Wert 2,1 W/m²K — R_W 30 dB(A)

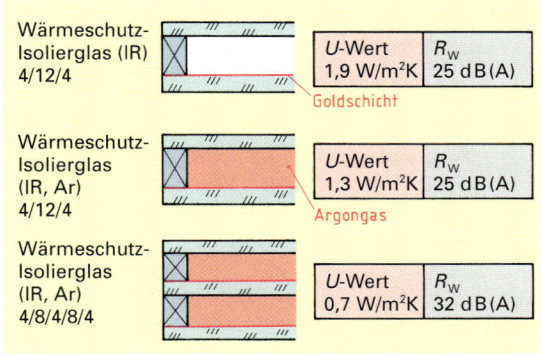

3 Wärmeschutz-Isolierglas

Wärmeschutz-Isolierglas (IR) 4/12/4 — U-Wert 1,9 W/m²K — R_W 25 dB(A) — Goldschicht

Wärmeschutz-Isolierglas (IR, Ar) 4/12/4 — U-Wert 1,3 W/m²K — R_W 25 dB(A) — Argongas

Wärmeschutz-Isolierglas (IR, Ar) 4/8/4/8/4 — U-Wert 0,7 W/m²K — R_W 32 dB(A)

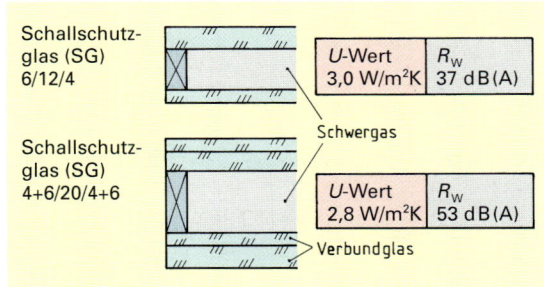

4 Schallschutzglas (SG)
(neue Formelzeichen des baulichen Wärmeschutzes siehe Seite 379)

Schallschutzglas (SG) 6/12/4 — U-Wert 3,0 W/m²K — R_W 37 dB(A) — Schwergas

Schallschutzglas (SG) 4+6/20/4+6 — U-Wert 2,8 W/m²K — R_W 53 dB(A) — Verbundglas

Der Wärme- und Schallschutz umfasst alle Maßnahmen, die den Wärmeverlust und die Schalldämmung zwischen den Wohnräumen und der Außenluft verhindern bzw. einschränken.

Der Wärmedurchgangskoeffizient U_F-Wert und der Schalldämmwert R_W beinhalten die Werte der gesamten fest eingebauten Fenstereinheit (Tab. 1, Seite 292).

Kon-struk-tions-art	Bezeichnung der Verglasung	Glasdicke, Scheibenzwischenraum und Verglasungsabstand in mm	U_v-Wert (nur Ver-glasung in W/m²·K)	U_F-Wert Fensterrahmen aus Holz und Kunststoff in W/m²·K	Bewertetes Schalldämm-maß (einschl. Rahmen) R_W in dB (A)
Einfachfenster	Einfach-verglasung	4...8	5,8	5,2	28 ... 30
	Isolier-verglasung	4 12 4	3,0	2,6	32
	Wärmeschutz-verglasung (IR)	4 14 4	1,9	1,8	32
	Wärmeschutz-verglasung (Ar, IR)	4 15 4	1,3	1,4	32
	Wärmeschutz-verglasung (3 Scheiben)	4 12 4 12 4	2,1	2,0	32
	Wärmeschutz-verglasung (3 Scheiben Kr, IR)	4 12 4 12 4	0,7	1,1	35
	Schall- und Wärmeschutz-verglasung (IR, SG)	6 14 4	1,6	1,4	38
Verbundfenster	Wärmeschutz-verglasung (Ar, IR) und Einfachverglasung	4 15 4 53 6	–	1,2	47
	Isolier-glasung und Einfachverglasung	4 12 4 80 6	–	1,6	48
Kastenfenster	Schallschutz-verglasung (SG) und Einfachverglasung	8 12 4 97 8	–	1,6	58
	Wärmeschutz-verglasung (Ar, IR) und Einfachverglasung	4 15 4 107 6	–	1,2	53

IR = Infrarotreflexionsschicht

Ar = Argon- oder Kryptonfüllung (Wärmeschutzgas)

SG = Schwergasfüllung (Schallschutzgas)

1 Kenndaten von Verglasungen (nach DIN 4108)

Bei Fenstern mit einem Rahmenanteil von nicht mehr als 5 % (z. B. bei Schaufenstern) tritt an die Stelle des U_F-Wertes der U_v-Wert.

Für **Fenster- und Fenstertüren** von Wohn-, Büro-, Schul-, Praxisräumen u. dgl. darf der U_F**-Wert 2,0 W/m²K** nicht überschritten werden.

16.10.3 Anforderungen an die Rahmenkonstruktion

Voraussetzungen für eine funktionsfähige Verglasung sind die notwendigen Abmessungen der Glasfalze nach DIN 18545, Teil 1 (Abb. 1). Sie gilt nicht für Schaufenster und Sonderverglasungen.

Die Glasfalzhöhe ist abhängig von der längsten Seite der Verglasungseinheit und muss mindestens den Werten der Tab. 2 entsprechen.

Längste Seite der Verglasungs- einheit	Glasfalzhöhe bei	
	Einfachglas	Mehrscheiben- Isolierglas
cm	h mm min.	h mm min.
bis 100	10	18
über 100…350	12	18
über 350…400	15	20

2 Glasfalzhöhen bei Einfach- und Isolierverglasung

Die Dichtstoffvorlagen sind abhängig von der längsten Seite der Verglasungseinheit und dem Rahmenmaterial. Zusätzlich wird unterschieden, ob die Oberflächen der Rahmen hell oder dunkel sind. Die Dicken der Dichtstoffvorlagen bei ebenen Verglasungseinheiten müssen den Werten der Tab. 3 entsprechen.

Längste Seite der Verglasungs- einheit	Werkstoff des Rahmens				
	Holz	Kunststoff Oberfläche		Metall Oberfläche	
		hell	dunkel	hell	dunkel
cm	$a_1 = a_2$ in mm				
bis 150	3	4	4	3	3
über 150…200	3	5	5	4	4
über 200…250	4	5	6	4	5
über 250…275	4	–	–	5	5
über 300…400	5	–	–	–	–

3 Mindestdicken der Dichtstoffvorlagen

Dabei darf die Dicke der inneren Dichtstoffvorlage (a_2) bis zu 1 mm dünner sein. Die größte Dicke soll 6 mm nicht überschreiten. Zusätzlich sind jedoch die Angaben der Isolierglashersteller zu beachten.

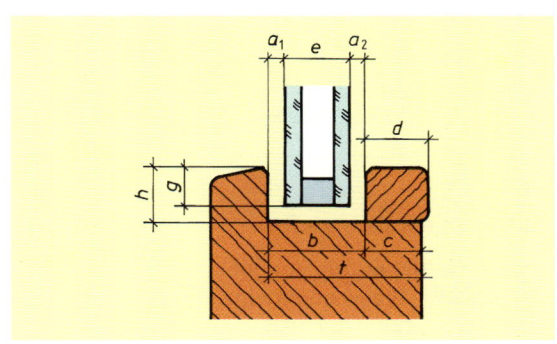

1 Glasfalzabmessungen für Isolierverglasung

h = Glasfalzhöhe
g = Glaseinstand = $^2/_3$ der Glasfalzhöhe
e = Dicke der Verglasungseinheit
c = Auflagebreite der Glasleiste
      bei Holz mind. 14 mm

16.10.4 Glasabdichtung

Die Beanspruchungen an die Glasabdichtung zwischen Glas bzw. Rahmen und dem Abdichtungsmaterial können unterschieden werden nach

– mechanischen Einflüssen (Abb. 4) und

– chemischen Einflüssen (Abb. 1, Seite 294).

Ein Lösen der Dichtstoffe vom Glas bzw. Rahmen führt zu einer dauernden Schädigung der Glasabdichtung.

Bei der Glasabdichtung unterscheidet man grundsätzlich zwei Arten:

– Abdichtung mit Dichtstoffen,

– Abdichtung mit Dichtprofilen.

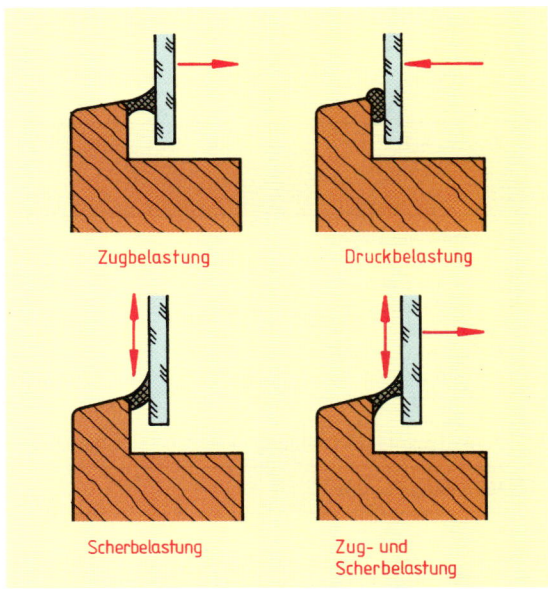

4 Mechanische Belastungen der Glasabdichtung

293

Aufgaben

1. Nennen Sie die Kriterien für die Sortierung von Fensterglas!
2. Wie werden Isoliergläser hergestellt?

Abdichten mit Dichtstoffen

Dichtstoffe haben die Aufgabe, zwischen Flügelrahmen und Glasscheibe eine dichte und dauerhafte Verbindung herzustellen. Sie müssen alterungsbeständig und gegen Witterungseinflüsse unempfindlich sein. Ferner dürfen sie keine aggressiven und giftigen Bestandteile enthalten.

Nach DIN 18545, Teil 2 werden die Dichtstoffe, die im plastischen Zustand verarbeitet werden (Fugendichtungsmassen), in fünf Dichtstoffgruppen A…E unterteilt (Tab. 3).

Der Dichtstoff der Gruppe A zählt zu den erhärtenden Dichtstoffen, die in plastischer Form verarbeitet werden. Zu diesen zählt in erster Linie der Leinölkitt. Hauptbestandteile des „Kittes" sind Kreide und Leinöl. Da Leinölkitt nur auf porenfreier Oberfläche haftet, muss der Glasfalz mit einem deckenden Anstrich versehen werden. Frei liegende Kittfasen müssen nach dem Trocknen einen Anstrich erhalten, da sie sonst rissig werden und sich vom Holz bzw. Glas ablösen (Abb. 2).

Leinölkitt darf nur für Verglasungen der Beanspruchungsgruppe 1 verwendet werden (siehe Tab. 1, S. 299).

Der Dichtstoff der Gruppe B kann als plastischer Dichtstoff angesehen werden. Plastische Dicht-

stoffe behalten nach ihrer Verarbeitung über einen längeren Zeitraum ihre plastischen Eigenschaften. Plastisch bedeutet, dass das Material durch äußere Einwirkungen verformbar ist, aber sich nicht aus eigener Kraft zurückstellt. Durch Winddruck, Erschütterungen usw. werden diese Dichtstoffe verformt und lösen sich vom Glas bzw. Flügelrahmen (Abb. 1, Seite 295).

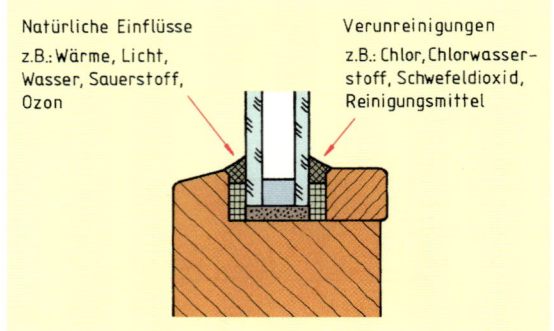

1 **Chemische Belastungen der Glasabdichtung**

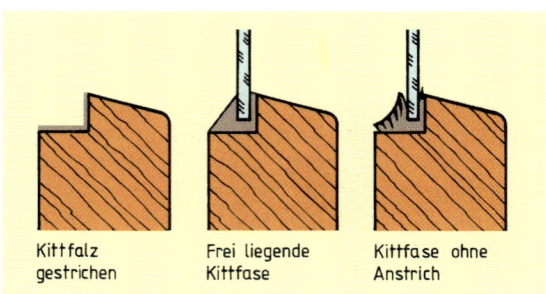

2 **Kittfase mit erhärtendem Dichtstoff**

| Eigenschaft | Anforderung für Dichtstoffgruppe | | | | |
	A	B	C	D	E
1 **Rückstellvermögen**	–	–	≧5%	≧30%	≧60%
2 **Haft- und Dehnverhalten nach Lichtalterung,** kein Adhäsions- oder Kohäsionsriss bei Dehnung bis	–	5%	50%	75%	100%
3 **Haft- und Dehnverhalten nach Wechsellagerung,** kein Adhäsions- oder Kohäsionsriss bei Dehnung bis	–	5%	50%	75%	100%
4 **Kohäsion** Zugspannung bei Dehnung nach Zeile 3 in N/mm^2	–	–	≦0,6	≦0,5	≦0,4
5 **Volumenänderung**	≦5%	≦5%	≦15%	≦10%	≦10%
6 **Standvermögen,** Ausbuchtungen in mm	≦2	≦2	≦2	≦2	≦2

3 **Anforderungen an Dichtstoffe** (Auszug aus DIN 18545)

Plastische Dichtstoffe dürfen im Außenbereich nur in der Beanspruchungsgruppe 2 verwendet werden (siehe Tab. 1, S. 299).

Die Dichtstoffe der Gruppen C, D und E zählen zu den elastischen Dichtstoffen. Als elastische Dichtstoffe werden solche Materialien bezeichnet, die sich unter Krafteinwirkung verformen lassen und nach Ende der Einwirkung in ihre ursprüngliche Form zurückkehren. Elastische Dichtungsmassen werden in spritzbarer und weichpastöser Form verarbeitet. Sie erreichen nach kurzer Zeit ihren Endzustand und verhalten sich dann gummiartig. Ihr dauerelastisches Rückstellvermögen liegt zwischen 5 und 60%. Elastische Dichtungsmassen bestehen aus Polysulfid-Kautschuk, Butyl-Kautschuk und Silicon-Kautschuk (Abb. 2).

Dauerelastische Versiegelungen sind für die Beanspruchungsgruppen 3...5 geeignet (siehe Tab. 1, S. 299).

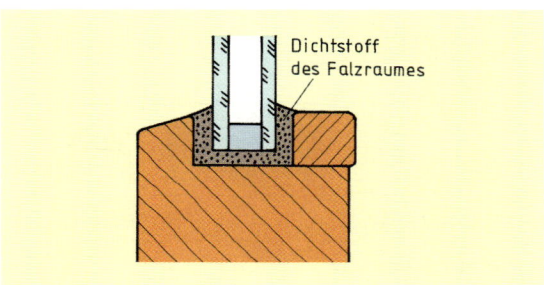

1　Abdichtung mit Dichtstoff der Gruppe B

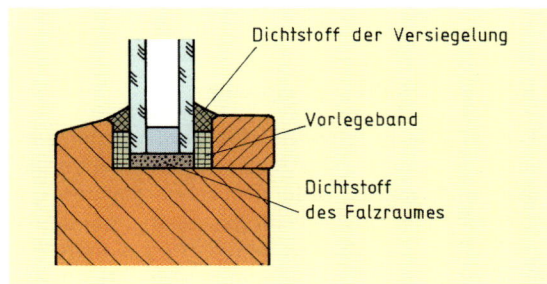

2　Versiegelte Verglasung

Anstrichverträglichkeit von Dichtstoffen

Neben der zuverlässigen Abdichtung z.B. zwischen Verglasung und Fensterrahmen ist die Anstrichverträglichkeit eine weitere wichtige Eigenschaft des Dichtstoffes.

Ein Dichtstoff gilt als anstrichverträglich, wenn keine schädigenden Wechselwirkungen zwischen dem Dichtstoff und dem Anstrich auftreten.

Dabei wird unterschieden nach der Verträglichkeit von Dichtstoffen

- mit dem vorhandenen, ausgehärteten Anstrich (Tab. 3) und
- mit dem nachfolgenden Anstrich (Tab. 1, Seite 296).

Der nachfolgende Anstrich darf den Dichtstoff nur maximal 1 mm überdecken, auch wenn die Anstrichverträglichkeit zwischen dem Dichtstoff und dem Anstrich gegeben ist.

Die Herstellerangaben sind stets zu beachten.

vorhandener Anstrich	Dichtstoffart Silicon-Kautschuk (SI)			Polysulfid-Kautschuk (SR)	Polyurethan-Kautschuk (PUR)
	neutral	sauer	alkalisch		
Alkydharzlasur	ja	ja	ja	ja	ja
Alkydharzlack	ja	ja	nein	ja	nein
Dispersionslasur	ja	ja	nein	nein	ja
Dispersionslack	ja	ja	ja	nein	ja

3　Anstrichverträglichkeit von Dichtstoffen mit vorhandenem, ausgehärtetem Anstrich (Auswahl)

nachfolgender Anstrich \ Dichtstoffart	Silicon-Kautschuk (SI)			Polysulfid-Kautschuk (SR)	Polyurethan-Kautschuk (PUR)
	neutral	sauer	alkalisch		
Alkydharzlasur	ja	nein	nein	ja	ja
Alkydharzlack	ja	nein	nein	ja	nein
Dispersionslasur	nein	nein	nein	nein	ja
Dispersionslack	nein	nein	nein	nein	ja

1 Anstrichverträglichkeit von Dichtstoffen mit nachträglichem Anstrich (Auswahl)

Abdichten mit Dichtungsprofilen

Elastische Dichtungsprofile für Verglasungen werden in zunehmendem Maße für Trockenverglasungen verwendet. Unter Trockenverglasung versteht man solche Verglasungssysteme, bei denen nur Dichtungsprofile als Abdichtung dienen. Für die Trockenverglasung eignen sich jedoch nur Aluminium- und Kunststofffenster. Dabei unterscheidet man:

– drucklose Trockenverglasung,
– Druckverglasung.

Dichtungsprofile werden als Lippendichtungen aus verschiedenen elastischen Kunststoffen hergestellt. Sie sind in der Regel überstreichbar (Herstellerangaben beachten).

EPDM-Profile
bestehen aus Ethylen-Propylen-Terpolymer-Kautschuk.

CR-Profile
bestehen aus Polychloropren-Kautschuk.

Q-Profile
bestehen aus Silicon-Kautschuk.

Drucklose Trockenverglasung

Hierbei werden die Dichtungsprofile als Lippendichtungen unter Vorspannung in die Nuten der Fensterprofile gepresst. Es wird empfohlen, die Stöße und Ecken zu verschweißen oder zu verkleben. Dieses Verglasungssystem gewährt bei starken Beanspruchungen keine ausreichende Dichtigkeit. Die Glashersteller fordern hierbei Entwässerungs- und Druckausgleichsbohrungen im unteren Flügelrahmenprofil (Abb. 2).

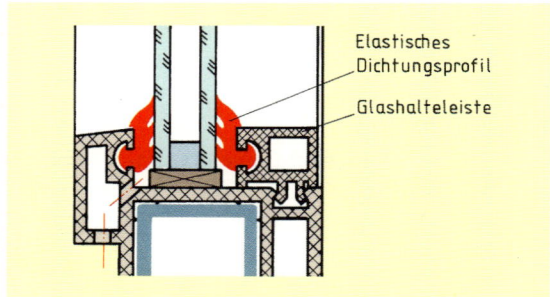

2 Drucklose Trockenverglasung
(Kunststofffenster)

Druckverglasung

Bei der Druckverglasung wird mithilfe von Spannelementen wie Schrauben und Federn eine Druckleiste auf das Dichtungsprofil gedrückt, das sich dabei fest an die Glasscheibe anpresst. Diese Druckverglasung ist auch bei stärkster Beanspruchung dauerhaft dicht. Aber auch hier fordern die Glashersteller Entwässerungs- und Druckausgleichsbohrungen im unteren Flügelrahmenprofil (Abb. 3).

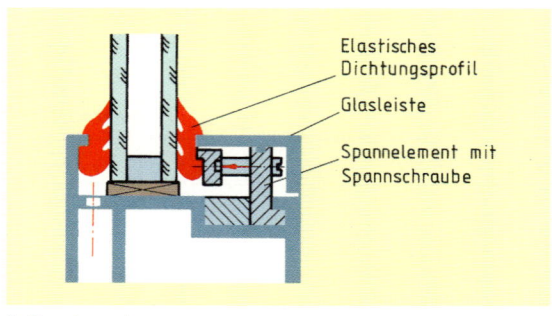

3 Druckverglasung
(Aluminiumfenster)

16.10.5 Falzraum

Nach DIN 18545, Teil 3 ist die Verglasung mit

– ausgefülltem Falzraum, Kurzzeichen Va (Abb. 1), und

– dichtstofffreiem Falzraum, Kurzzeichen Vf (Abb. 2 und 3), möglich.

Bei der Verglasung mit dichtstofffreiem Falzraum gilt der Grundsatz, dass die Hohlräume zur Vermeidung von Feuchtigkeitsansammlung nach außen geöffnet werden müssen. Die Voraussetzungen zur optimalen Wasserabführung und zum Ausgleich der Luftfeuchtigkeit sind gegeben, wenn folgende konstruktive Bedingungen erfüllt sind:

– Zwischen Falzgrund und Scheibenkante muss der Abstand mindestens 5 mm betragen.

– die Hohlräume dürfen durch die Verklotzung nicht unterbrochen werden (Abb. 2 und 3),

– im unteren Falz müssen mindestens 3 Bohrungen von 8 mm Durchmesser bzw. Schlitze von 20 × 5 mm angebracht werden (Abb. 4),

– zum Ausgleich der Luftfeuchtigkeit (Dampfdruckausgleich) sind im oberen Bereich ebenfalls Öffnungen anzubringen (Abb. 4),

– bei Holzfenstern mit profiliertem Falzgrund kann die Öffnung des Glasfalzes auch über die Rahmenverbindung nach außen geführt werden (Abb. 5).

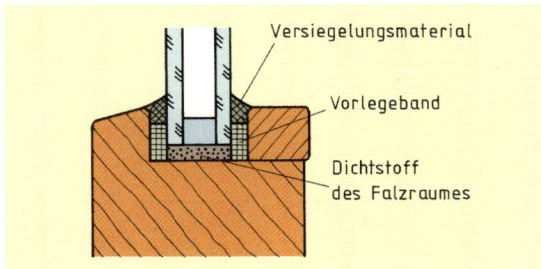

1 Verglasung von Holzfenstern mit ausgefülltem Falzraum = Va

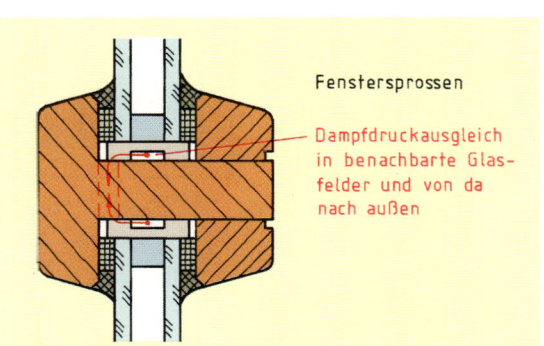

2 Verglasung von Holzfenstern mit dichtstofffreiem Falzraum = Vf

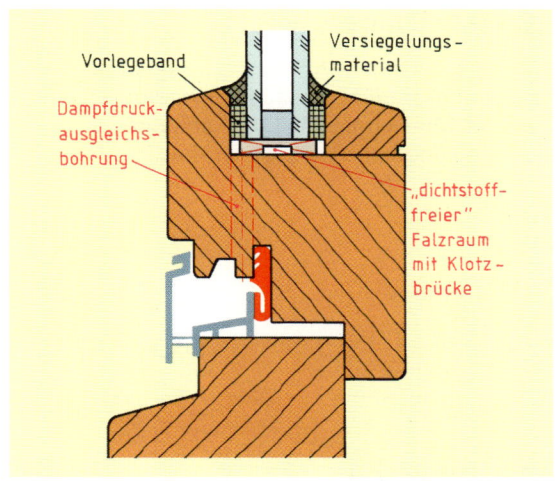

3 Verglasung von Holzfenstern mit dichtstofffreiem Falzraum = Vf

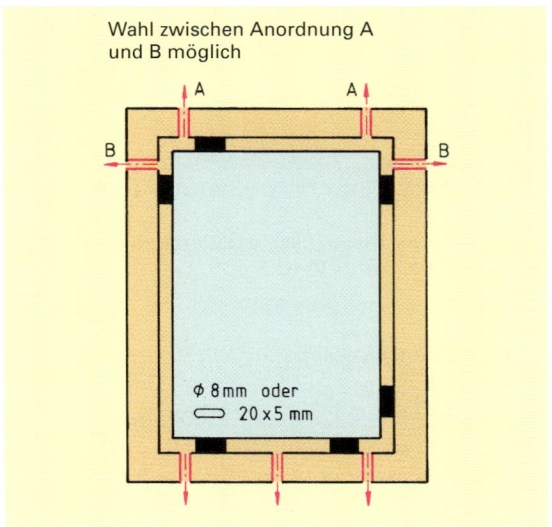

4 Öffnungen zur Wasserabführung und zum Dampfdruckausgleich

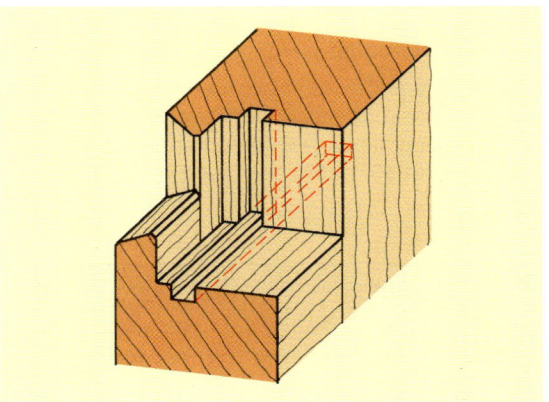

5 Öffnung des Glasfalzes über die Rahmenverbindungen (Holzfenster)

297

16.10.6 Glasauswahl

Die Glasauswahl wird durch die Richtlinien der Glashersteller und DIN 18056 bestimmt. Die erforderliche **Mindestglasdicke** ist abhängig von der Scheibenlänge und Scheibenbreite (Tab. 1).

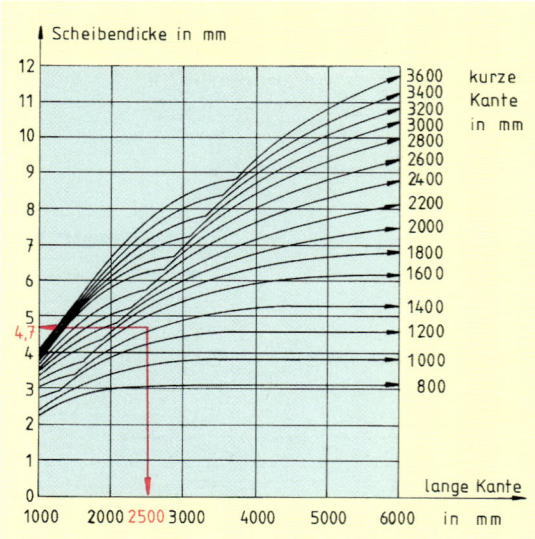

1 **Diagramm zur Bestimmung der Glasdicke bei einer Gebäudehöhe von 0...8 m**

Anwendungsbeispiel:

Gebäudehöhe bis 8 m
Scheibengröße 1400 mm × 2500 mm
Mindestglasdicke (Diagrammwert) = 4,7 mm
Gewählte Glasdicke (Normdicke) = **5 mm**

Die aus dem Diagramm ermittelte Glasdicke muss auf die nächsthöhere Normdicke (vgl. Tab. 3, S. 290) aufgerundet werden.

Für größere Gebäudehöhen und die Art des Bauwerkes müssen die aus dem Diagramm abgelesenen Werte noch mit den entsprechenden Faktoren nach DIN 18055 multipliziert werden (Tab. 2).

Art des Bauwerkes	Korrekturfaktoren für Verglasungshöhen			
	0...8 m	8...20 m	20...100 m	100 m
normal	1	1,27	1,48	1,61
turmartig	1,16	1,46	1,72	1,87

2 **Einfluss der Bauhöhe auf die Glasdicke**

16.10.7 Verklotzen der Glasscheiben

Beim Einsetzen der Glasscheiben in den Flügelrahmen ist Folgendes zu beachten:

– Die Glasscheiben dürfen an keiner Stelle mit dem Flügelrahmen in Berührung kommen,

– das Gewicht der Glasscheiben muss auf das untere Drehlager des Flügelrahmens übertragen werden.

Man unterscheidet Tragklötze und Distanzklötze.

Tragklötze tragen das Scheibengewicht im Flügelrahmen. Durch die richtige Anordnung in dem Glasfalz wird eine Verformung des Flügelrahmens verhindert. Für die Verklotzung verwendet man imprägnierte Hartholz-, Kunststoff- oder Hartgummiklötze von 5 mm Dicke, etwa 100...150 mm lang.

Distanzklötze sind etwa 1 mm dünner als Tragklötze und sollen den gleichmäßigen Abstand zwischen Glaskante und Flügelrahmen gewährleisten (Abb. 3).

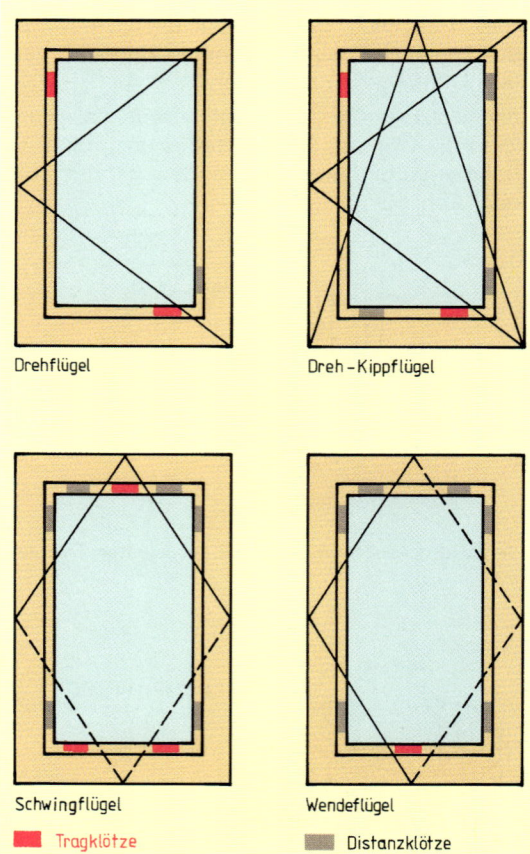

Drehflügel   Dreh-Kippflügel

Schwingflügel   Wendeflügel

■ Tragklötze   ▬ Distanzklötze

3 **Arten des Verklotzens**

Nach dem Verklotzen muss der Flügelrahmen überprüft werden, ob er sich noch einwandfrei öffnen und schließen lässt.

16.10.8 Beanspruchungsgruppen

Das Institut für Fenstertechnik e.V. in Rosenheim hat einheitliche Richtlinien für die Verglasung von Fenstern bei Verwendung von Dichtstoffen in Abstimmung mit der DIN 18545 erstellt. Danach unterscheidet man 5 Beanspruchungsgruppen (Tab. 1, Fensterinstitut Rosenheim, Ausgabe 4/83).

Beanspruchungsgruppen	1	2	3		4		5	
Verglasungssysteme nach DIN 18545 Teil 3 — Schematische Darstellung								
Kurzzeichen	Va 1	Va 2	Va 3	Vf 3	Va 4	Vf 4	Va 5	Vf 5

Beanspruchung aus

Bedienung	Zuordnung über die Öffnungsart
	Festverglasung, Drehfenster, Drehkippfenster (Gruppe 1)
	Schwingfenster, Hebefenster und Fenster mit vergleichbarer Beanspruchung (Gruppen 2–5)

Umgebungseinwirkung	Zuordnung über Einwirkung von der Raumseite
	Feuchtigkeit (Gruppe 4)
	Mechanische Beschädigung (Gruppe 5)

Beziehungen zwischen Rahmenmaterial, Dichtstoffvorlage und Kantenlänge

Rahmenmaterial	Dichtstoffvorlage	Farbton	1	2	3	4	5
Aluminium, Aluminium-Holz, Stahl	3 mm	hell			Kantenlänge bis 0,80 m	bis 1,00 m	bis 1,50 m
		dunkel			bis 0,80 m	bis 1,00 m	bis 1,50 m
	4 mm	hell			bis 1,50 m	bis 2,00 m	bis 2,50 m
		dunkel			bis 1,25 m	bis 1,50 m	bis 2,00 m
	5 mm	hell			bis 1,75 m	bis 2,25 m	bis 3,00 m
		dunkel			bis 1,50 m	bis 2,00 m	bis 2,75 m
Holz	3 mm		Kantenlänge bis 0,80 m	bis 1,00 m	bis 1,50 m	bis 1,75 m	bis 2,00 m
	4 mm				bis 1,75 m	bis 2,50 m	bis 3,00 m
	5 mm				bis 2,00 m	bis 3,00 m	bis 4,00 m
Kunststoff	4 mm	hell			Kantenlänge bis 0,80 m	bis 1,00 m	bis 1,50 m
		dunkel			bis 0,80 m	bis 1,00 m	bis 1,50 m
	5 mm	hell			bis 1,50 m	bis 2,00 m	bis 2,50 m
		dunkel			bis 1,25 m	bis 1,50 m	bis 2,00 m
	6 mm	dunkel			bis 1,50 m	bis 2,00 m	bis 2,50 m

1 Beanspruchungsgruppen zur Verglasung von Fenstern

Anwendungsbeispiel:

Fenstergröße 1,20 × 1,65 m

1. Öffnungsart   Drehkipp   = BG 1
2. Belastung von der Raumseite   normal   = BG 1
3. Beanspruchung aus
   – Rahmenmaterial   Aluminium
   – Farbe   dunkel
   – Dichtstoffvorlage 5 mm   } = BG 4
   – größte Kantenlänge 1,65 m

Ergebnis:

Höchste ermittelte Beanspruchungsgruppe = BG 4

Zu wählendes Verglasungssystem lt. Verglasungstabelle DIN 18545 – Vf 4

Geeigneter Dichtstoff für die Versiegelung Dichtstoff nach DIN 18545 – D, siehe Tab. 3, S. 294.

Die Ermittlung der Beanspruchungsgruppen ergibt sich aus folgenden Eingangsgrößen:

– der Beanspruchung aus Bedienung und Öffnungsart,
z.B. Drehfenster, Kippfenster, Hebefenster, Schwingfenster u.a.,

– der Umgebungseinwirkung von der Raumseite, z.B. Räume mit Klimaanlagen, Feuchträume, Blumenfenster u.a. oder Fenster, die dem Publikumsverkehr von der Raumseite zugänglich sind und somit vor mechanischen Beschädigungen nicht sicher sind,

– der Beanspruchung aus der Scheibengröße.
Hierbei wird auch mit Ausnahme des Rahmenmaterials „Holz" der Farbton „hell" oder „dunkel" bei Kunststoff- und Metallfenstern berücksichtigt.

Für die Verglasung maßgebend ist jeweils die höchste Eingangsgröße bzw. Beanspruchungsgruppe.

16.10.9 Wahl des Verglasungssystems

Nachdem die Beanspruchungsgruppe bekannt ist, kann das Verglasungssystem nach DIN 18545, Teil 3 ermittelt werden (Tab. 1).

Nach dieser Norm werden folgende Verglasungssysteme unterschieden:

– Verglasungssystem mit freier Dichtstofffase (Va 1),

– Verglasungssystem mit Glashalteleiste und ausgefülltem Falzraum (Va 2…Va 5),

– Verglasungssystem mit Glashalteleiste und dichtstofffreiem Falzraum (Vf 3…Vf 5).

Hierbei bedeuten:

V = Verglasungssystem
a = ausgefüllter Falzraum
f = dichtstofffreier Falzraum
1…5 = Beanspruchungsgruppe

Aufgaben

1. Welchen Belastungen ist die Glasabdichtung ausgesetzt?
2. Welche Arten von Dichtstoffen unterscheidet man nach ihrer Verformbarkeit?
3. Was ist bei einer Verglasung die Vorlage?
4. Von welchen Bedingungen ist das Verglasungssystem abhängig?
5. Bestimmen Sie nach Tab. 1 und 2, S. 298 die Glasdicke für eine Scheibengröße von 1850 mm × 1250 mm und eine Gebäudehöhe von 8 m bis 20 m (normal).
6. Für die Verglasung ist als höchste Beanspruchungsgruppe BG 3 ermittelt worden. Bestimmen Sie das zu wählende Verglasungssystem und den entsprechenden Dichtstoff nach Tab. 1.

16.11 Einbau des Fensters

16.11.1 Beanspruchung der Anschlussfuge

Der Anschluss zwischen Blendrahmen und Baukörper muss ausreichend gegen Schlagregen, Wärme-, Schall- und Luftdurchgang abgedichtet werden. Bei der Ausbildung der Anschlussfugen müssen folgende Beanspruchungen berücksichtigt werden:

Beanspruchungsgruppe		1	2	3	4	5
Verglasungssysteme mit ausgefülltem Falzraum						
Kurzbezeichnung		Va 1	Va 2	Va 3	Va 4	Va 5
Schematische Darstellung						
Dichtstoffgruppe nach DIN 18545, Teil 2	für Falzraum	A[1])	B	B	B	B
	für Versiegelung	–	–	C	D	E
Verglasungssysteme mit dichtstofffreiem Falzraum						
Kurzbezeichnung				Vf 3	Vf 4	Vf 5
Schematische Darstellung						
Dichtstoffgruppe nach DIN 18545, Teil 2	für Falzraum			–	–	–
	für Versiegelung			C	D	E

Erläuterung: ■ Dichtstoff des Falzraumes ■ Dichtstoff der Versiegelung ▨ Vorlegeband

[1] Für das Verglasungssystem Va 1 dürfen auch Dichtstoffe der Gruppe B eingesetzt werden, wenn sie von den Herstellern dafür empfohlen werden.

1 Verglasungssysteme nach DIN 18545, Teil 3

– **Winddruck**

Der Winddruck ist abhängig von der Größe des Fensters und der Lage und Höhe des Gebäudes. Durch die Windbelastung kommt es zu Verformungen der Rahmenhölzer.

– **Temperaturschwankungen**

Durch Temperaturschwankungen treten Längenänderungen auf. Diese sind bei Kunststoff- und Aluminiumfenstern besonders groß. Bei großflächigen Fenstern müssen evtl. Fugen mit Bewegungsausgleich vorgesehen werden.

– **Erschütterungen**

Erschütterungen entstehen bei starker Verkehrsbelastung durch Schwingungsübertragungen im Baukörper und durch Schallwellen.

Anschlussfugen werden auf Dehnung, Stauchung und Scherung beansprucht (Abb. 1).

Aus diesem Grunde werden für die Abdichtung **elastische Fugendichtungsmassen** verwendet, die eine dauerhafte und dichte Anschlussfuge ergeben. Um die Fugentiefe zu begrenzen und um eine Haftung auf dem Fugengrund zu vermeiden, werden **Dichtungsbänder** als Vorlage verwendet (Abb. 2).

Komprimierte Fugendichtungsbänder

Komprimierte Fugendichtungsbänder werden in der Regel aus imprägniertem PUR-Weichschaum hergestellt, der sich um ein Vielfaches ausdehnt. Durch die Imprägnierung sind diese Fugendichtungsbänder wasserabweisend.

Sie sind einseitig selbstklebend und passen sich den Unebenheiten des Putzes bzw. Mauerwerkes an und übernehmen damit die Funktionen der Regen- und der Windsperre (Abb. 4, Seite 302).

Raumseitige Abdichtung

Die raumseitige Abdichtung muss wegen der Dampfdiffusion (innen nach außen) so ausgeführt werden, dass die Raumluft nicht in Bereiche eindringen kann, deren Temperatur unter dem Taupunkt der Raumtemperatur liegt.

Aus diesem Grunde werden für die Innenabdichtung ebenfalls dauerelastische Fugendichtungsmassen verwendet.

16.11.2 Befestigung

Für die Befestigung der Fensterrahmen im Baukörper werden **mechanische Befestigungselemente** gebraucht. Dichtstoffe und Schäume sind zur Aufnahme von Kräften nicht geeignet.

Da das Fenster aus dem Baukörper keine Kräfte übernehmen darf, müssen zwischen Blendrahmen und Mauerwerk mindestens 10 mm „Luft" vorhanden sein.

Die Befestigungselemente sind so zu wählen, dass sie in der Fensterebene verschiebbar sind. Bei kleinen Fenstern kann auch die direkte Befestigung durch **Bankeisen** erfolgen (Abb. 3).

Jede Seite des Blendrahmens soll mindestens an zwei Stellen befestigt werden.

Der Abstand der Befestigungselemente darf 80 cm nicht überschreiten (DIN 18056).

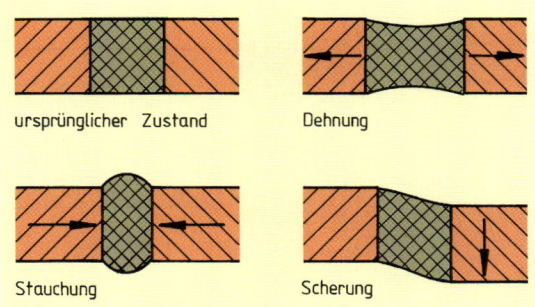

1 Beanspruchung der Anschlussfugen

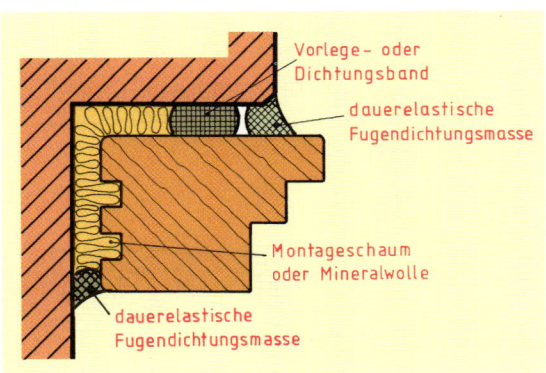

2 Dichtungsband und Fugendichtungsmasse

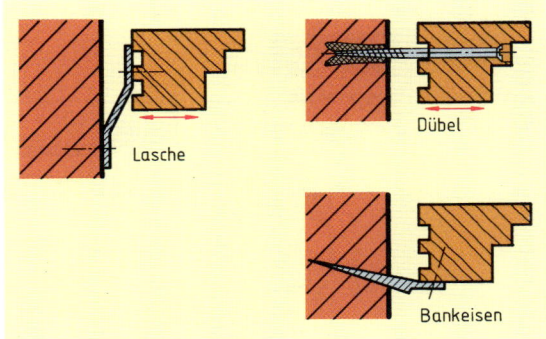

3 Befestigungen des Fensterrahmens

16.11.3 Wandanschlüsse und Abdichtungen

Die Art der Abdichtung wird durch die Fassadenausbildung und Konstruktion des Baukörpers bestimmt.

> Die Hohlräume zwischen Blendrahmen und Mauerwerk müssen mit Mineralwolle oder anderen wärmedämmenden Stoffen ausgestopft oder mit Montageschaum ausgespritzt werden.

Erst so werden die entsprechenden Werte der Wärme- und Schalldämmung erreicht.

Befestigungen und Abdichtungen von Fenstern bei verschiedenen Anschlagarten sind in den Abb. 1…4 dargestellt.

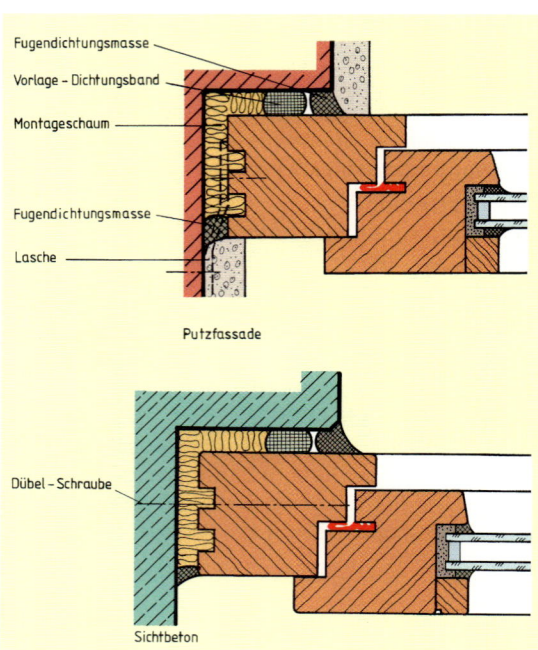

2 Befestigung und Abdichtung bei Wandanschlüssen mit Innenanschlag

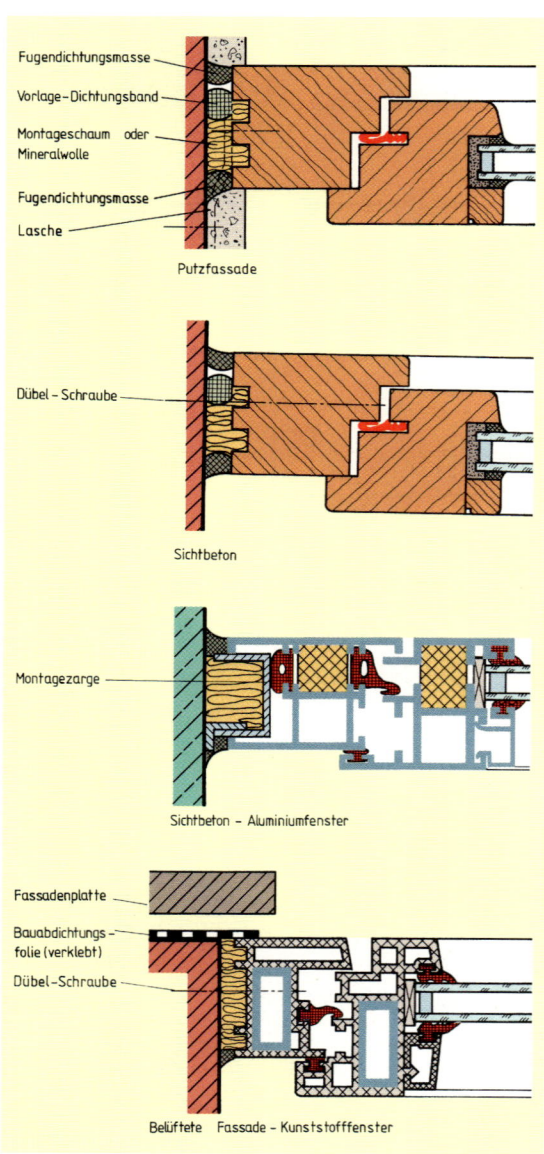

1 Befestigung und Abdichtung bei Wandanschlüssen ohne Anschlag

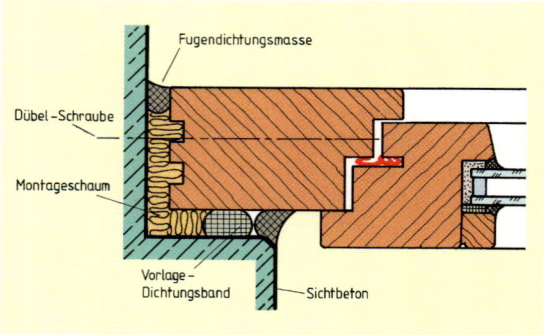

3 Befestigung und Abdichtung bei Wandanschlüssen mit Außenanschlag

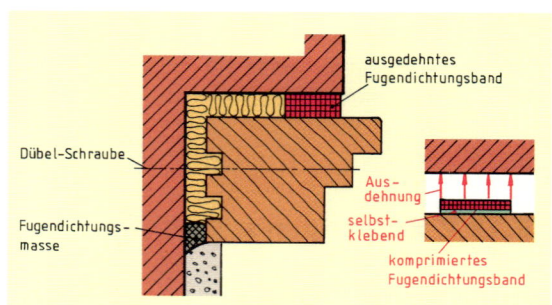

4 Abdichtung zwischen Mauerwerk und Fensterrahmen mit komprimiertem Fugendichtungsband

Aufgaben

1. Welche Aufgaben haben die Fugendichtungsmassen beim Einbau der Fenster?
2. Warum dürfen Blendrahmen nicht „direkt" mit dem Baukörper verbunden werden?
3. Warum müssen die Hohlräume zwischen Blendrahmen und Mauerwerk mit Mineralwolle oder Montageschaum ausgefüllt werden?
4. Beschreiben Sie das Einsetzen bzw. den Einbau eines Fensters bei einem Wandanschluss mit Innenanschlag.

16.12 Sicherheits- und Zusatzeinrichtungen

16.12.1 Fensterläden

Fensterläden, auch **Klappläden** genannt, werden außen am Fenster angebracht und schlagen beim Öffnen auf die Wandfläche des Mauerwerkes. Sie bieten im geschlossenen Zustand je nach Konstruktion Schutz gegen Witterungseinflüsse wie Wind, Sonneneinstrahlung, Kälte, Lärm, Sicht und Einbruch. Sie werden als Jalousie und auch in geschlossener Konstruktion gefertigt.

Jalousiefensterläden

Hierbei werden die Jalousiebrettchen unter einem Winkel von 45° in einen Rahmen eingenutet. Diese Fensterläden bieten im geschlossenen Zustand Wärme-, Regen- und Sichtschutz (Abb. 1).

Die Jalousiebrettchen lassen sich auch im Rahmen drehbar lagern. Hierdurch wird erreicht, dass sich diese Brettchen mit einer Griffleiste in jede beliebige Winkelstellung öffnen und schließen lassen (Abb. 2).

Fensterläden in geschlossener Konstruktion

Diese Fensterläden bieten gegenüber den Jalousieläden im geschlossenen Zustand einen erhöhten Wärme-, Schall- und Einbruchschutz. Bei einer Verbundkonstruktion mit innen liegender Wärmedämmschicht wird eine Verbesserung des Wärmeschutzes von etwa 50% erreicht (Abb. 3).

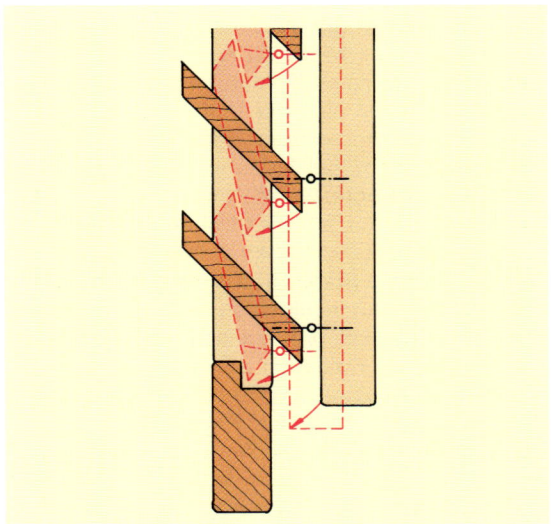

2 Fensterladen mit verstellbaren Jalousiebrettchen

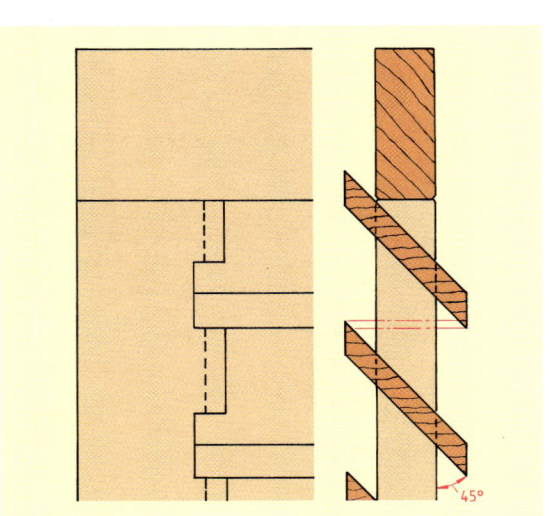

1 Fensterladen mit feststehenden Jalousiebrettchen

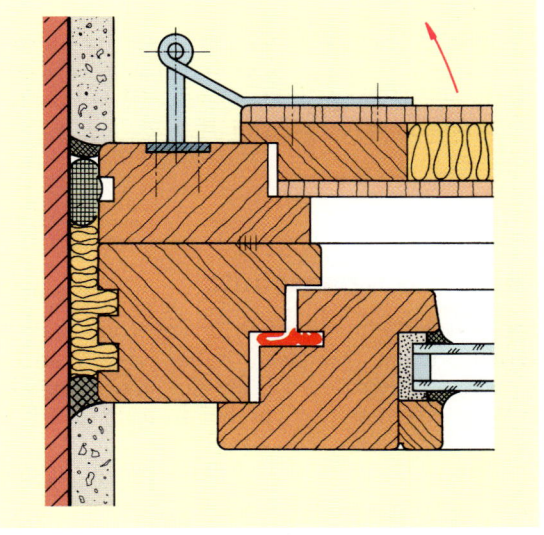

3 Verbundladen mit Rahmenkonstruktion und innen liegender Wärmedämmschicht

303

16.12.2 Jalousien

Jalousien bieten einen gewissen Wärme- und Sichtschutz und sind einfacher zu handhaben als Klappläden. Sie bestehen aus einer Vielzahl von Lamellen, die an einem Zugband hängen und seitlich in Führungsbändern geführt werden. Die Lamellen sind in ihrem Winkel verstellbar (Abb. 1).

16.12.3 Rollläden

Rollläden erfüllen die gleichen Aufgaben wie die Fensterläden. Sie bestehen aus schmalen Profilleisten (Holz, Kunststoff, Aluminium) und sind so geformt, dass sie sich auf Walzen aufrollen lassen. Der im Fenstersturz untergebrachte Rollladenkasten dient zur Aufnahme des geöffneten Rollladens. Die Rollladenführungen aus Holz oder Aluminium werden am Blendrahmen angebracht. Das Öffnen bzw. Schließen erfolgt durch einen Zuggurt oder ein Stahlseil, die mit der Walze verbunden sind. Durch einen automatischen Gurtaufroller lässt sich der Rollladen in jeder Stellung arretieren. Rollläden aus überfälzten Holzprofilleisten bieten im geschlossenen Zustand keine Lüftungsmöglichkeit. Kunststoff- und Aluminiumprofile dagegen schließen nur dann dicht, wenn sie voll geschlossen sind. Durch geringfügiges Hochziehen werden Lüftungsschlitze zwischen den einzelnen Profilleisten frei und ermöglichen so eine Dauerbelüftung.

1 Jalousien

> Bei der Konstruktion und dem Einbau des Rollladenkastens ist besondere Sorgfalt in Bezug auf den Wärme- und Schallschutz anzuwenden.

Da die Außenluft ungehindert durch die Rollladenführung im oberen Blendrahmenbereich in den Rollladenkasten eindringen kann, darf die Innenauskleidung nicht fehlen (Abb. 2).

16.12.4 Sonnenschutz

Sonnenschutzeinrichtungen in Form von **Jalousetten**, **Rollos**, **Markisen** haben wie Wärmeschutzgläser (vgl. 16.10.2) die Aufgabe, die direkte Wärmeeinstrahlung von außen nach innen zu dämmen.

Jalousetten werden in der Regel innen, bei Doppelfenstern auch zwischen den Scheiben nach dem gleichen Konstruktionsprinzip wie die Jalousien angebracht (Abb. 1, S. 305).

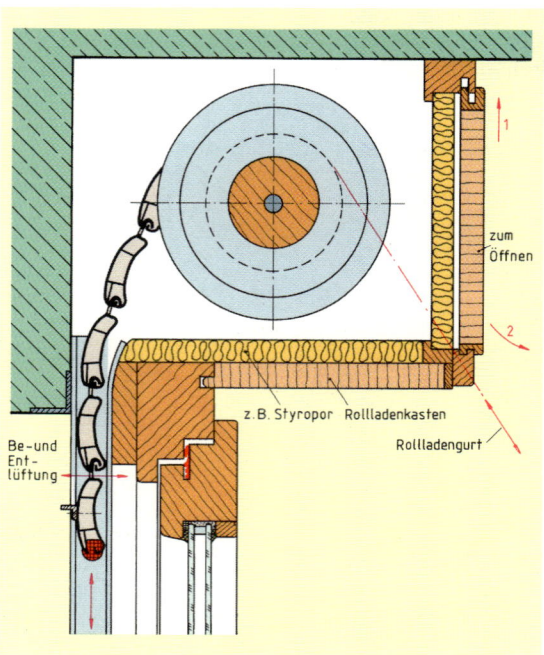

2 Fenster mit Rollladen

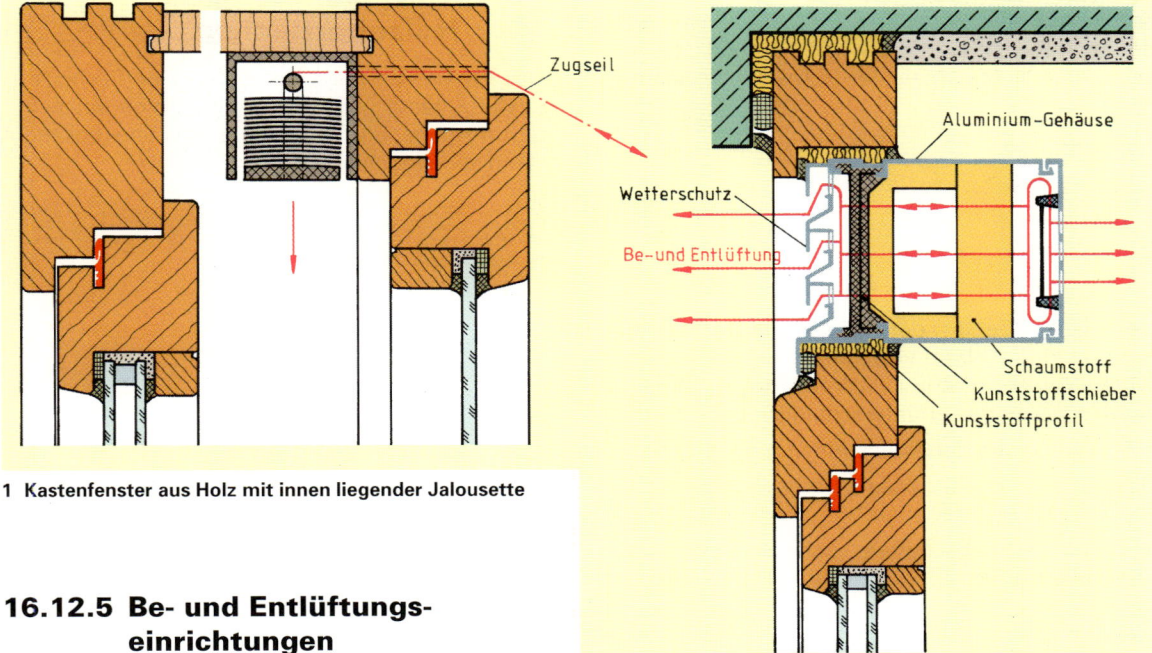

1 Kastenfenster aus Holz mit innen liegender Jalousette

2 Wärme- und schallgedämmter Lüfter

16.12.5 Be- und Entlüftungs-einrichtungen

Durch die Forderung, immer bessere Fenster mit erhöhten Wärme- und Schallschutzwerten zu bauen, treten in zunehmendem Maße Be- und Entlüftungsprobleme auf (vgl. 16.1.2). Der geringe Fugendurchlasskoeffizient verhindert, dass die Räume mit ausreichender **Frischluft** versorgt werden. Dadurch kommt es zum Unbehagen des Menschen sowie zur **Schwitzwasserbildung** in den Räumen.

> Jeder Mensch braucht zum Atmen und Leben in jeder Stunde etwa 25 m³ Frischluft.

Berechnungsbeispiel:

Raumvolumen: 6,00 m × 5,00 m × 2,50 m = 75 m³
Benötigte Luftmenge: 3 Personen je 25 m³/h = 75 m³/h
Luftwechselrate: 75 m³/h: 75 m³ = 1,0 h⁻¹
Das bedeutet, dass die Luft in diesem Raum mit 3 Personen pro Stunde 1-mal ausgetauscht werden muss.

Aus diesem Grunde sollte bei der „Fensterplanung" bereits das Be- und Entlüftungsproblem mit berücksichtigt werden. Die Industrie bietet heute eine Vielfalt von Be- und Entlüftungsgeräten an, die wärme- und schalldämmend arbeiten. Diese Geräte sind so konstruiert, dass sie seitlich, oben oder unten in das Fenster integriert werden können (Abb. 2).

16.12.6 Einbruchsicherungen

Jeder Schutz ist überwindbar, doch werden Einbrecher dort, wo sie großen Widerstand vorfinden, schneller aufgeben als da, wo kein ausreichender Schutz vorhanden ist.

Fensterläden und **Rollläden** bieten, wenn sie innenseitig zu verriegeln bzw. abzuschließen sind, einen gewissen Einbruchschutz.

Auch wird durch die Verglasung mit **Verbundsicherheitsglas** ein gewisser Schutz erreicht, da diese Gläser nicht so leicht zu zerstören sind.

Ebenerdige Fenster, Balkon- und Terrassentüren sollten **verschließbare Beschläge** erhalten.

Hierdurch wird erreicht, dass sich die Flügel nach dem Einschlagen der Scheibe nicht ohne weiteres öffnen lassen und somit dem Eindringling einen größeren Widerstand entgegensetzen.

Aufgaben

1. Welche Aufgaben haben Fensterläden und Rollläden?
2. Warum ist bei großflächigen Fenstern ein Wärmeschutz gegen direkte Sonneneinstrahlung notwendig?
3. Begründen Sie, warum heute Be- und Entlüftungseinrichtungen notwendig sind.
4. Durch welche Maßnahmen lässt sich an Fenstern und Balkon- und Terrassentüren ein gewisser Einbruchschutz erreichen?

Eine erfolgreiche Oberflächenveredelung beginnt bereits mit der Auswahl und Zusammenstellung der entsprechenden Hölzer und Furniere. Hierbei sind folgende Merkmale des Holzes zu beachten:

– Grundfarbe,
– Feuchtigkeit,
– Saugfähigkeit,
– Inhaltsstoffe,
– Maserung (Zeichnung).

Das ganze Gebiet der Oberflächenveredelung umfasst eine Vielzahl von Einzelarbeiten. Die einzelnen Zwecke, die mit diesen Arbeiten verfolgt werden, können sehr unterschiedlich sein:

– Schönheit des Holzes besonders hervorheben,
– Farbe und Struktur des naturgegebenen Holzes verändern bzw. erhalten,
– Gebrauchseigenschaften der Holzoberfläche verbessern.

Zur **Verbesserung der Gebrauchseigenschaften** gehören im Einzelnen:

– Schutz gegen Feuchtigkeit und Wasser,
– Schutz gegen Verschmutzung,
– Schutz gegen mechanische Beanspruchung,
– Schutz gegen Licht- und Wärmestrahlung,
– Schutz gegen Holzschädlinge u.a.

In der Praxis werden stets verschiedene Ziele gleichzeitig angestrebt. So dient z.B. ein Lacküberzug nie allein der Verbesserung der Gebrauchseigenschaften, sondern zugleich auch der Schönung der Holzoberfläche.

> Oberflächenveredeln bedeutet, die Holzoberflächen zu verschönen und gegen äußere Einflüsse zu schützen.

Der Arbeitsablauf einer erfolgreichen Oberflächenveredelung ist immer an eine bestimmte Reihenfolge gebunden:

– Vorbehandeln der Holzoberflächen,
– Schönen und Gestalten der Holzoberflächen,
– Beschichten und Imprägnieren der Holzoberflächen.

17.1 Vorbehandlung der Holzoberflächen

Das Ergebnis einer gelungenen Oberflächenveredelung hängt ganz entscheidend von der richtigen Vorbehandlung ab. Eine alte und bekannte Handwerksregel lautet:

> „Gut geschliffen ist halb poliert."

17.1.1 Putzen und Schleifen

Voraussetzungen für eine „gute Holzoberfläche" sind das Putzen und ein guter und abgestufter Holzschliff. Die Körnung des Schleifpapiers muss von Fall zu Fall auf die Art des Holzes und die Beschaffenheit der Oberfläche abgestimmt werden (Tab. 1).

Bezeichnung	Körnung	Verwendungszweck
Grobschliff	16…60	Grobes Vorschleifen bei Vollholz, Entfernen von alten Lacken
Vorschliff	80…120	Vorschleifen maschinengehobelter und furnierter Flächen
Nachschliff	120…180	Feinschleifen von Vollholz und furnierter Flächen, auch nach dem Wässern
Endschliff	220…400	Schleifen von gebeizten, grundierten und lackierten Flächen

1 Abgestufter Holzschliff

Geschliffen wird bei transparenten Oberflächen immer in Richtung der Holzmaserung mit leichtem Druck (Abb. 1, S. 307).

Das Schleifpapier muss während der ganzen Arbeit scharf sein. Mit Holzstaub zugesetztes Schleifpapier schleift die Holzfasern nicht ab, sondern drückt sie nur herunter. Beim Beizen bzw. Grundieren würden sich diese Fasern wieder aufrichten. Die Folge wäre eine raue Holzoberfläche.

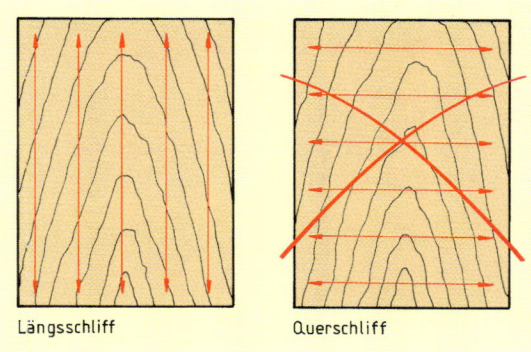

1 Richtung beim Schleifen

Längsschliff　　　Querschliff

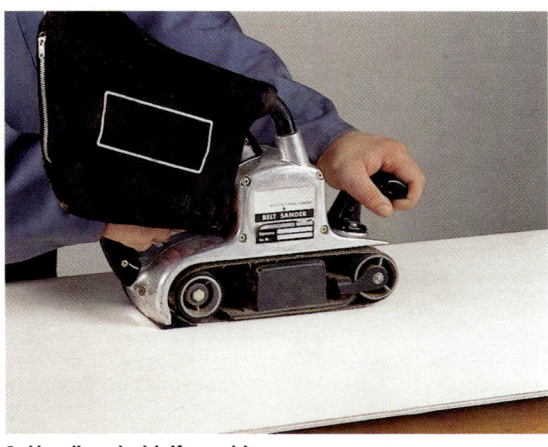

2 Handbandschleifmaschine

Schleifgeräte

Zum Schleifen stehen grundsätzlich folgende Schleifgeräte zur Verfügung:

- Schleifklotz,
- Schwingschleifer,
- Handbandschleifmaschine (Abb. 2),
- Tellerschleifmaschine,
- Bandschleifmaschine.

Bei der Oberflächenbehandlung mit deckenden Anstrichen können alle Schleifgeräte verwendet werden. Sollen jedoch gebeizte oder naturbehandelte Holzoberflächen mit transparenten Lacken hergestellt werden, so können Schwingschleifer und Tellerschleifmaschinen wegen ihrer kreisförmigen Schleifbewegung nicht eingesetzt werden (Abb. 3).

17.1.2 Entstauben

> Schleifstaub, der sich auf der Holzoberfläche und in den Poren abgesetzt hat, muss unbedingt entfernt werden.

3 Schleifspuren auf der Holzoberfläche

Falls Schleifstaub zurückbleibt, wird der Schleifstaub und nicht die darunter liegende Fläche gebeizt oder lackiert. Es kommt kein sauberes Beizbild zustande oder beim Lackieren tritt ein **Grauschleier** auf (Abb. 4).

Schleifstaub wird immer in Faserrichtung mit einer Rosshaar-, Fiber-, Messing- oder Kupferbürste entfernt. Besser ist das Absaugen mit einem Staubsauger, da der Staub dann nicht in den Arbeitsraum gelangt und die Luft sauber bleibt.

17.1.3 Wässern

Um Holzoberflächen von höchster Qualität zu erzielen, wird vor dem Beizen mit wässerigen Beizlösungen grundsätzlich gewässert. Durch das Wässern werden die Poren staubfrei, Druckstel-

4 Beizfehler durch schlechtes Entstauben

307

len quellen wieder auf und niedergedrückte Holzfasern richten sich wieder auf und können nach dem Trocknen abgeschliffen werden. Wird das Holz nicht gewässert, so richten sich die Holzfasern erst beim Beizvorgang auf, werden stärker gefärbt und beeinträchtigen das Beizbild.

Gewässert wird vor dem Endschliff mit warmem und sauberem Wasser. Nach dem Endschliff muss der Schleifstaub sorgfältig entfernt werden.

1 Ausbessern einer Harzgalle

17.1.4 Entharzen

Harzhaltige Nadelhölzer nehmen Beize schlecht und ungleichmäßig auf.

Sie müssen vor dem Beizen entharzt werden, und zwar nach folgenden Methoden:

– Verseifen oder
– Herauslösen.

Verseifen

Beim Verseifen entharzt man mit einer heißen **Holzseifen-** oder **Sodalösung**. Diese Lösung wird auf die schon geschliffene Oberfläche satt aufgetragen und mit einer Wurzel- oder Fiberbürste in Richtung der Holzfasern kräftig gebürstet. Nach dem Ausbürsten wird die Fläche mit reichlich warmem Wasser nachgewaschen und abgetrocknet, damit es beim nachfolgenden Beizen zu keiner Fleckenbildung kommt.

Herauslösen

Zum Herauslösen des Harzes benutzt man organische Lösemittel, wie **Alkohol**, **Aceton**, **Tetrachlorkohlenstoff** u.a. Diese lösen das Harz auf und es kann anschließend wie beim Verseifen entfernt werden.

Vorsicht:

Bei Verwendung von organischen Lösemitteln Schutzhandschuhe und Schutzbrille tragen und Brandgefahr beachten.

Nach dem Entharzen darf nur ganz vorsichtig geschliffen werden, da die Tiefenwirkung der Entharzung etwa 0,5 mm beträgt.

Harzgallen lassen sich mit Entharzen nicht entfernen. Sie müssen ausgebrannt, herausgeschnitten und ausgebessert werden (Abb. 1).

17.1.5 Ausbessern von Fehlern

Schadhafte Stellen in der Holzoberfläche zeichnen sich nach der Oberflächenveredelung besonders stark ab (Tab. 2). Die Ausbesserung erfolgt je nach Größe der Fehler und Art des Ausbesserungsmaterials vor und nach der Oberflächenbehandlung.

Verarbeitungsfehler	Wachstumsfehler
Senklöcher, offene Fugen, Risse, Ausbrüche u.a.	lose und ausgefallene Äste, Harzgallen u.a.

2 Fehlstellen in der Holzoberfläche

Ausbessern vor dem Beizen und Lackieren

Kleinere Risse, offene Fugen, Senklöcher und andere Fehler werden **mit flüssigem Holz** oder **Hirnholzkitt** vor dem Beizen und Lackieren ausgebessert. Dabei sollte die Farbe des Ausbesserungsmaterials immer etwas heller sein als der endgültige Farbton der fertigen Oberfläche.

Größere Fehler wie Astlöcher, Harzgallen u.a. werden mit **Querholzdübeln**, **Holz-** oder **Furnierflicken** ausgebessert. Dabei ist auf gleiche Holzart, Struktur und Faserrichtung zu achten.

Ausbessern nach dem Beizen und Lackieren

Kleinere Fehler werden je nach Art der Oberflächenbehandlung mit Wachskitt oder Schellack ausgebessert:

Wachskitt in der entsprechenden Farbe anwärmen, in die Schadstellen eindrücken, glätten und bei Bedarf überlackieren.

Schellack wird heiß und flüssig gemacht und in Fehlstellen gedrückt, nach dem Erkalten geglättet und evtl. überpoliert.

1 **Farbunterschiede bei Leimrückständen**

17.1.6 Entfernen von Leimrückständen und Flecken

Leimrückstände auf Holzoberflächen entstehen durch:

– Leimdurchschlag beim Furnieren,
– aus Fugen gequetschtem Montageleim,
– Klebstoffreste des Fugenpapiers.

> Leimrückstände ergeben beim Beizen und Lackieren Farbunterschiede.

Sie erscheinen bei naturbelassenen Flächen als dunkler und milchiger Fleck, bei gebeizten Flächen als heller Fleck (Abb. 1).

> Leimrückstände sollten grundsätzlich vermieden werden.

Falls Leimrückstände nicht zu vermeiden sind (z.B. beim Furnieren mit porösen Furnieren), so müssen diese aufgelöst und ausgewaschen werden (Tab. 2).

Leimart	Hinweise zum Entfernen
Glutinleim	Ausbürsten mit warmem Seifenwasser.
Klebstoffreste von Fugenpapier	
PVAC-Leim (Weißleim)	Ausbürsten mit warmem Wasser oder Nitroverdünnung, wenn der Leim noch nicht abgebunden hat. Erhärteter PVAC-Leim lässt sich zwar mit Aceton anlösen. Da Aceton sehr rasch verflüchtigt, ist ein sauberes Auswaschen nicht möglich (nur Verschmieren).
Kondensationsharzleime	Ein Wiederauflösen dieser Leime ist nicht möglich.

2 **Entfernen von Leimrückständen**

Entfernen von Flecken

Verunreinigungen und Flecken jeglicher Art stören das Bild einer veredelten Oberfläche und mindern die Qualität beim Beizen und Lackieren.

> Flecken müssen vor der Oberflächenveredelung entfernt werden (Tab. 3).

Fleckenart	Hinweise zum Entfernen
Öl, Fett, Wachs	Mit Lösemitteln wie Nitroverdünnung, Aceton, Tetrachlorkohlenstoff behandeln. Lösemittel in Pastenform mit Bimsmehl, Kieselgur und Magnesia wirken besonders tief.
Kalk, Zement, Gips	Mit verdünnter eisenfreier Salzsäure oder Essigsäure behandeln und gründlich nachwaschen.
Eisen (Rost)	Mit verdünnter eisenfreier Salzsäure oder Wasserstoffperoxid (H_2O_2) behandeln, nach Farbausgleich gründlich nachwaschen.
Tinte	Mit Wasserstoffperoxid benetzen, danach gesamte Fläche mit H_2O_2 ausgleichen.
Wasser	Mit warmem Wasser wässern, evtl. Zugabe von Salmiakgeist bei gerbstoffarmen Hölzern, Zitronensäure bei gerbstoffreichen Hölzern (z.B. Eiche).

3 **Entfernen von Flecken**

Arbeitshinweise:

– Bei der Arbeit mit Säuren, Laugen, Wasserstoffperoxid und Lösemitteln Schutzbrille tragen, Haut und Kleidung vor Spritzern schützen.

– Bei der Arbeit mit Lösemitteln keine offene Flamme verwenden.

– Beim Entfernen von Flecken immer die gesamte Fläche behandeln, nie einzelne Stellen. (Lokale Anwendung führt wiederum zu Flecken.)

17.1.7 Abbeizen

Wenn eine veredelte Oberfläche erneuert oder umgearbeitet werden soll, so muss die alte Lackschicht entfernt werden. Das Ablösen der Lackschicht wird als Abbeizen bezeichnet. Abbeizer werden mit einem Pinsel oder Spachtel aufgetragen. Nach einer entsprechenden Einwirkzeit wird der angelöste Lackfilm mit einem **Spachtel** oder bei Profilen mit einer **Bronzebürste** abgeschoben (Abb. 1).

> Abbeizer enthalten Methylenchlorid. Berührung mit Augen, Haut und Kleidung vermeiden; gegebenenfalls sofort mit Wasser nachwaschen!

Einfacher und schneller ist das Entfernen der alten Lackschicht auf ebenen Flächen mit einer Lackfräse (Abb. 2).

Aufgaben

1. Nennen Sie die Maßnahmen, die der Vorbereitung der Holzoberfläche dienen!

2. Was versteht man unter einem abgestuften Holzschliff?

3. Welche Aufgaben hat das Wässern der Holzoberflächen?

4. Was ist beim Arbeiten mit Säuren, Laugen, Lösemitteln zu beachten?

17.2 Strukturieren

Auch das Strukturieren gehört zu den Vorbereitungsarbeiten der Oberflächenveredelung. Hierbei wird die Oberfläche so verändert, dass die Maserung plastisch oder reliefartig hervortritt. Zu den Techniken des Strukturierens gehören:

– Bürsten,

– Brennen,

– Sandstrahlen,

– Laugen.

Bei all diesen Verfahren spielt die Holzauswahl eine entscheidende Rolle.

> Zum Strukturieren eignen sich nur Hölzer mit einer ausgeprägten Fladerzeichnung und deutlichen Härteunterschieden zwischen Frühholz- und Spätholzzonen.

Das trifft u.a. für Nadelhölzer, wie Tanne und Fichte, sowie Laubhölzer, wie Eiche und Esche, zu.

Schwach strukturierte Hölzer, wie Nussbaum, Ahorn, Kirschbaum u.a., eignen sich nicht. Für die Strukturtechnik sollten die Hölzer eine Jahresringbreite von mindestens 3 mm haben. In der Regel wird zur Strukturierung von Oberflächen nur Massivholz verwendet. Falls furnierte Flächen eine strukturierte Oberfläche erhalten sollen, so muss die Furnierdicke mindestens 3 mm betragen.

1 Abbeizen eines Lackfilmes

2 Entfernen der Lackschicht mit der Lackfräse

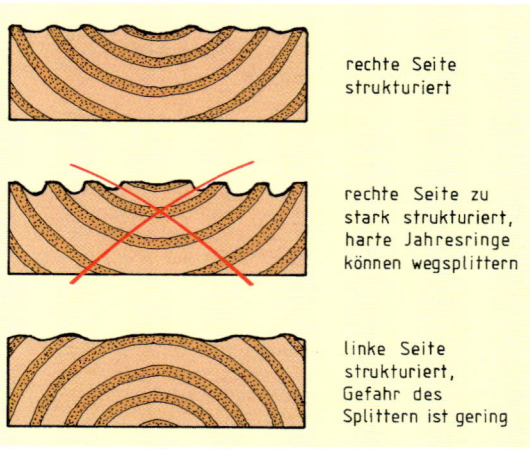

3 Strukturierte Holzoberflächen

Über die Frage, welche Holzseite bei dieser Technik die geeignetere ist, kann keine allgemein gültige Antwort gegeben werden. Die rechte Seite liefert eindeutig das schönere Bild. Es besteht jedoch die Gefahr, dass hierbei die harten Jahresringe wegsplittern, wenn zu viel Weichholz herausgeholt wird (Abb. 3, S. 310).

17.2.1 Bürsten

Zum Bürsten verwendet man harte **Stahl- oder Messingbürsten**. Gebürstet wird parallel oder quer zur Faserrichtung (Abb. 1). Wie tief gebürstet wird, hängt von der gewünschten Reliefwirkung ab. Wichtig ist jedoch, auf Gleichmäßigkeit zu achten. Neben den Handbürsten werden auch Bürstenscheiben verwendet, die in Bohrmaschinen, Winkelschleifer oder Tischfräsen eingespannt werden.

Das Bürsten von Hand ist sehr zeitaufwendig. Durch **Bürstenmaschinen** lassen sich Holzoberflächen im Durchlaufverfahren mit einer vollkommenen Gleichmäßigkeit herstellen.

17.2.2 Brennen

Beim Brennen arbeitet man mit einer **Lötlampe**, die in Richtung der Holzfasern geführt wird. Dabei werden die Frühholzzonen stärker angekohlt als die Spätholzzonen. Eine Vorbehandlung des Holzes mit verdünnter **Schwefelsäure** oder **Brennsalz** beschleunigt den Vorgang und verbessert das Arbeitsergebnis. Nach dem Brennen werden die verkohlten Holzfasern durch Bürsten entfernt.

Vorsicht:

> Beim Brennen von Hölzern Brandgefahren beachten!

17.2.3 Sandstrahlen

Zu diesem Verfahren wird ein Sandstrahlgebläse benötigt, das Quarzsand mittels Luftdruck auf die Holzoberfläche schleudert. Auch hierbei werden wie beim Bürsten und Brennen die weichen Frühholzschichten stärker angegriffen als die harten Spätholzschichten.

Vorsicht:

> Hoher Luftdruck und Sandstrahl sind gefährlich! Schutzbrille, Schutzkleidung und Atemschutzgerät tragen!

17.2.4 Laugen

Das Strukturieren kann auch durch Natronlauge (NaOH) erreicht werden, die weiche Frühholzschichten chemisch anlöst. Bei diesem Verfahren werden die Oberflächen satt mit Natronlauge eingeschwemmt. Nach einer Einwirkzeit von etwa 1 Stunde wird dann das gelöste Holz mit einer Naturfaserbürste entfernt und mit warmem Wasser nachgewaschen.

Vorsicht:

> Laugen und Säuren haben eine stark ätzende Wirkung. – Verletzungsgefahr!

17.2.5 Nachbehandeln strukturierter Oberflächen

Bei strukturierten Holzoberflächen kann der reliefartige Eindruck durch Beizen noch verstärkt werden. Als Beizen kommen nur **chemische Beizen** mit positivem Effekt infrage (Abb. 2). **Wasserbeizen** sind grundsätzlich abzulehnen, da diese ein negatives Beizbild ergeben und damit dem Reliefcharakter des Holzes widersprechen. Aus diesem Grunde sollte man zum Schutz des Holzes auch nur einen Mattlack verwenden.

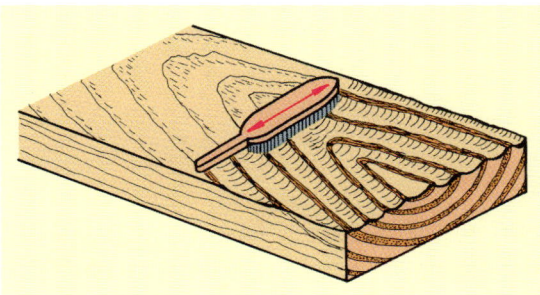

1 Bürsten quer zur Faserrichtung

2 Negatives und positives Beizbild

17.2.6 Füllen der Poren mit Kalkweißpasten

Der strukturierende Effekt „Eiche gekalkt" ist sehr dekorativ (Abb. 1). Die Wirkung beruht darauf, dass die Holzporen weiß erscheinen, als ob sich in ihnen Kalk abgesetzt hätte. Hierzu eignen sich nur Hölzer mit besonders großen und tiefen Poren wie bei Eiche, Esche u. a.

Die naturbelassenen oder gebeizten Flächen werden zuerst grundiert. Nach dem Schleifen wird ein Brei aus Kalkweißpaste in die Poren eingerieben. Anschließend wird der Überschuss abgewischt, so dass nur die Poren weiß bleiben. Nach dem Trocknen wird die Fläche mit einem Lack gespritzt. Ein Pinselauftrag ist nicht möglich, da hierbei das Kalkweiß wieder aus den Poren herausgewischt würde.

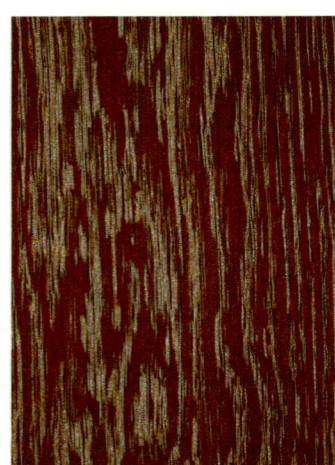

1 Gekalkte Eiche
gebeizte Eiche, gekalkt

Aufgaben

1. Welche Hölzer eignen sich für strukturierte Holzoberflächen?
2. Wie lassen sich strukturierte Holzoberflächen herstellen?
3. Was ist zu beachten, wenn furnierte Flächen strukturiert werden sollen?
4. Welche Schutzmaßnahmen sind beim Sandstrahlen zu beachten?
5. Was versteht man unter Oberflächenveredelung „Eiche gekalkt"?

17.3 Bleichtechniken

Hölzer, die im Naturfarbton verschieden sind, aber zusammen verarbeitet werden sollen, können durch Bleichen in ihrem Farbton angeglichen werden. Durch das Bleichen wird der Naturfarbton des Holzes durch chemische Mittel aufgehellt. Dabei wird unterschieden:

– **Bleichen durch chemische Reduktion**

Bei der chemischen Reduktion (Sauerstoffentzug) werden die farbigen Bestandteile des Holzes in lösliche und farblose Verbindungen umgewandelt. Bleichmittel, deren Wirkung auf chemischer Reduktion beruht, sind:

– **Zitronensäure** $C_2H_2COH(COOH)_3$,
– **Oxalsäure**   COOH—COOH,
– **Kleesalz**   COOH—COOK.

– **Bleichen durch chemische Oxidation**

Bei der chemischen Oxidation (Sauerstoffzufuhr) werden die farbigen Bestandteile des Holzes völlig zerstört.

Bleichmittel, deren Wirkung auf chemischer Oxidation beruht, sind:

– **Wasserstoffperoxid**   (Wasserstoffsuperoxid) H_2O_2,

– **Zyanex** (ähnlich dem Wasserstoffperoxid = Handelsname).

17.3.1 Bleichen mit Reduktionsmitteln

Gerbstoffreiche Hölzer, wie Eiche, Nussbaum u. a., werden durch Zitronensäure, Oxalsäure oder Kleesalz gebleicht. Dabei wird eine Bleichlösung (z. B. 20…50 g Oxalsäure auf 1 Liter heißes Wasser) auf die gesamte Fläche mit einem eisenfreien Gerät aufgetragen. Nach einer Einwirkzeit von etwa 3…5 Minuten wird mit einer Naturfaser- oder Perlonbürste kräftig ausgebürstet und mit sauberem und warmem Wasser reichlich nachgewaschen.

Arbeitshinweise für das Bleichen mit Reduktionsmitteln:

– Oxalsäure und Kleesalzlösungen sind giftig,

– Sicherheitsempfehlungen auf den Packungen beachten.

– Bleichlösungen aus Zitronen-, Oxalsäure und Kleesalz gut auswaschen, da in Verbindung mit Beize Verfärbungen auftreten können.

– Immer die gesamten Flächen behandeln.

– Zitronensäure ist zum Bleichen vorzuziehen, da sie ungiftig ist.

17.3.2 Bleichen mit Oxidationsmitteln

Für viele Hölzer, wie Ahorn, Birke, Kirschbaum, Buche u.a., gilt **Wasserstoffperoxid** als Universalbleichmittel. Es wird im Handel als 35%ige stabilisierte Lösung angeboten. Die Stabilisatoren (z.B. **Phosphorsäure**) haben die Aufgabe, die Verbindung vor dem frühzeitigen Zerfall in Wasser und Sauerstoff zu bewahren (Tab. 1).

$$H_2O_2 \xrightarrow{\text{Zerfall}} H_2O + O$$

1 Zerfall von Wasserstoffperoxid

Um das Wasserstoffperoxid auf dem Holz zur Wirkung zu bringen, ist es notwendig, die stabilisierende Wirkung der Phosphorsäure zu neutralisieren. Für diese Reaktion eignen sich vor allem Laugen (Tab. 2).

Bleichmittel	Neutralisationsmittel
Wasserstoffperoxid	Salmiakgeist NH_4OH
Zyanex	Kalilauge KOH Natronlauge NaOH

2 Neutralisationsmittel für oxidierende Bleichmittel

Durch die Einwirkung von Metallen findet eine sehr schnelle Zersetzung des Wasserstoffperoxids statt. Deshalb immer **metallfreie Auftragsgeräte** benutzen.

Nach der Art des Auftrags unterscheidet man folgende Verfahren:

Untermischverfahren

Sollten kleinere Objekte gebleicht werden, so wird **Wasserstoffperoxid mit Salmiakgeist** gemischt und sofort auf die zu bleichenden Flächen gebracht. Nach kurzer Zeit setzt der Bleichprozess unter Schaumbildung und Wärmeentwicklung ein (Abb. 3).

Getrenntes Auftragverfahren

Sind größere Objekte oder mehrere Flächen zu bleichen, trägt man zuerst **Wasserstoffperoxid** satt auf die Fläche auf. Unmittelbar darauf wird **Salmiakgeist** auf die noch nasse Fläche gebracht und der Bleichprozess beginnt. Je nachdem wie stark gebleicht werden soll, trägt man den Salmiakgeist verdünnt oder pur auf.

3 Bleichprozess unter Schaumbildung

4 Farbunterschiede durch Bleichen
(Kirschbaum)

Die chemische Reaktion von Wasserstoffperoxid und Salmiakgeist und damit der Bleichprozess dauert etwa 12 Stunden. Durch Wärme lässt er sich erheblich verringern (Abb. 4).

Zyanex

Die Bleichwirkung von Zyanex übertrifft alle anderen Bleichmittel. Es handelt sich hierbei im Prinzip ebenfalls um **Wasserstoffperoxid**. Zum Neutralisieren des Stabilisators wird aber **Kali- oder Natronlauge** verwendet.

Beim Bleichen mit Zyanex wird zuerst die Kali- oder Natronlauge auf die Fläche aufgebracht, dann erst das Zyanex (sonstige Verarbeitungshinweise wie bei Wasserstoffperoxid).

Arbeitshinweise für das Bleichen mit Oxidationsmitteln:

– Wasserstoffperoxid, Zyanex und Salmiakgeist sind stark ätzende Flüssigkeiten.

– Augen, Haut und Kleidung schützen.

– Schutzbrille und Handschuhe tragen.

– Mit Wasserstoffperoxid getränkte Lappen sind selbstentzündlich. Sie müssen mit reichlich Wasser ausgewaschen werden.

– Keine Metallgefäße und -geräte verwenden.

– Mit Wasserstoffperoxid gebleichte Flächen können nicht mit DD-Lack oder PUR-Lack behandelt werden (Gelbfärbung).

Aufgaben

1. Nennen Sie oxidierende und reduzierende Bleichmittel.
2. Wann werden reduzierende Bleichmittel verwendet?
3. Wann werden oxidierende Bleichmittel verwendet?
4. Warum ist Zitronensäure den anderen Bleichmitteln vorzuziehen?
5. Worauf ist bei der Verarbeitung von Wasserstoffperoxid besonders zu achten?
6. Wie unterscheiden sich die Auftragverfahren beim Bleichen mit Wasserstoffperoxid?

17.4 Beiztechniken

Mithilfe der Holzbeizen wird die natürliche Farbe des Holzes verändert. Die Färbung wird bewirkt durch:

– lösliche Farbstoffe, die in die Holzfasern eindringen,

– Farbpigmente, die sich auf den Holzfasern ablagern,

– chemische Zusätze, die mit den Inhaltsstoffen des Holzes reagieren und den Holzfarbton verändern.

Dabei unterscheidet man grundsätzlich folgende Beizen (Tab. 1):

Beizen	Farbgebung
Farbstoffbeize	durch Eindringen von löslichen Farbstoffen und Ablagern von Farbpigmenten
Chemische Beizen	durch chemische Reaktion mit den Inhaltsstoffen des Holzes
Kombinationsbeize	durch Eindringen und Ablagern von Farbstoffen und chemische Reaktion

1 Färbetechniken

Die Lichtechtheit der gebeizten Holzoberfläche ist abhängig von:

– der Art des Farbstoffes,

– der Farbstoffkonzentration,

– der Lichtechtheit des Holzes,

– der Art des Überzuglackes.

Der Verarbeiter muss bei der Auswahl der Beize bedenken, welches Holz er beizen will und welche Wirkung er erzielen möchte. Durch die richtige Beizauswahl lassen sich die unterschiedlichsten Wirkungen erreichen:

– Die Holzmaserung kann ausgeprägt zur Geltung gebracht werden,

– die Poren des Holzes lassen sich besonders betonen,

– Farbfehler des Holzes können ausgeglichen werden,

– die harten Jahresringe des Holzes lassen sich besonders hervorheben.

17.4.1 Farbstoffbeizen

Farbstoffbeizen bestehen überwiegend aus **Teerfarbstoffen**, **Trägerflüssigkeiten** und **Zusatz-** oder **Benetzungsstoffen**. Sie zeichnen sich durch gutes Eindringen und gleichmäßiges Aufziehen aus und werden in ihrer Farbkraft und Tonvielfalt von keiner anderen Beize erreicht. Der Beizvorgang besteht im Wesentlichen aus dem Tränken der Holzfasern mit Farbstoffen, die von den Holzfasern physikalisch gebunden werden. Farbstoffbeizen färben aber nur die oberen Holzschichten (Abb. 2).

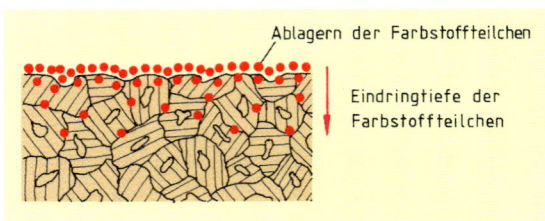

Ablagern der Farbstoffteilchen

Eindringtiefe der Farbstoffteilchen

2 Wirkungsweise von Farbstoffbeizen

Bei der Berührung farbstoffgebeizter Hölzer mit Wasser kommt es zur Fleckenbildung.

Deshalb müssen solche Holzoberflächen mit einem Lacküberzug geschützt werden.

Beim Beizen von Nadelhölzern mit Farbstoffbeizen nimmt das weiche Frühholz mehr Farbstoffe auf als das harte Spätholz. Die Wirkung ist also negativ (Abb. 1, S. 315).

Farbstoffbeizen ergeben auf Nadelholz ein negatives Beizbild.

Die Farbstoffbeizen werden nach ihren Lösemitteln unterteilt in (Tab. 2):

Wasserbeizen

Wasserlösliche Beizen werden in Pulverform zum Selbstauflösen und gebrauchsfertig in flüssiger Form angeboten. Die Pulverbeizen werden in heißem Wasser aufgelöst und sind nach dem Erkalten gebrauchsfertig. Wasserbeizen sind lichtecht und beständig gegen Säuren und Laugen. Als negative Eigenschaft muss das Aufrauen der Holzoberflächen betrachtet werden. Deshalb ist vor dem Beizen unbedingt zu „wässern".

Lösemittelbeizen

Diese Beizen enthalten als Trägerflüssigkeit leichtflüchtige Lösemittel wie **Nitroverdünnung** und **Spiritus**. Das Eindringvermögen dieser Lösemittelbeizen ist besser als das der Wasserbeizen. Besondere Vorteile sind das Nichtaufrauen der Holzoberflächen und die kurze Trockenzeit. Ein weiteres auffälliges Merkmal ist die Betonung der Holzporen (Antikbeize). Hierbei wird die Beize zuerst satt aufgetragen. Der Überschuss wird quer in die Poren eingerieben und dann in Faserrichtung abgezogen.

Vorsicht:

Die Dämpfe von Lösemittelbeizen sind gesundheitsgefährdend und leicht brennbar.

Bindemittelhaltige Beizen

Diese Beizen enthalten neben den üblichen Farb- und Füllstoffen noch Bindemittelzusätze (Tab. 3).

Bindemittelzusätze umhüllen nach dem Trocknen die abgelagerten Farbpigmente und lagern sich in den Poren ab. Dadurch wird das Beizen poriger Hölzer verbessert und die Kratzfestigkeit erhöht.

Mit Wachsbeizen gebeizte Oberflächen werden gebürstet, sind aber gegen Wasser und Abrieb sehr empfindlich. Mit Lack- und Substratbeizen gebeizte Oberflächen erhalten zum Schutz einen Lacküberzug.

1 Negatives Beizbild

Wasserbeizen	Lösemittel- beizen	Bindemittel- haltige Beizen
Edelholzbeizen Hartholzbeizen Buntbeizen Tauchbeizen Spritzbeizen	Spiritusbeizen Nitrobeizen Ölbeizen	Wachsbeizen Lackbeizen Substratbeizen

2 Unterteilung der Farbstoffbeizen

Beizen	Bindemittelzusätze
Wachsbeizen Lackbeizen Substratbeizen	Paraffin, Stearin, Wachs Kunstharzlack Pulver aus Kunststoffen

3 Bindemittelzusätze bei Farbstoffbeizen

17.4.2 Chemisches Beizen (Tab. 4)

Holzart	Beizvorgang	Beizmittel
Gerbstoff- haltige Hölzer, z.B. Eiche, Rüster, Esche, Nussbaum, Mahagoni	„Räuchern" Farbveränderung, auch chemische Reaktion	Salmiakgeist NH_4OH
	„Laugen" Farbveränderung durch chemische Reaktion	Natronlauge NaOH Kalilauge KOH
Gerbstoff- arme Hölzer, z.B. Nadelhölzer	Farbveränderung durch chemische Reaktion	Doppelbeizen (Vor- und Nachbeizen)
		Einkomponen- tenbeizen

4 Chemisches Beizen

Beim chemischen Beizen werden die Inhaltsstoffe des Holzes in ihrem Holzfarbton verändert. Dabei ist die Art des chemischen Beizens abhängig von der Holzart und der Art des Beizmittels (Tab. 4, S. 315).

Räuchern

Das Räuchern von Eichenholz ist ein sehr altes Beizverfahren. Es ist ein Beizen ohne Flüssigkeit. Das **Ammoniakgas** (NH_3) des **Salmiakgeistes** reagiert mit den Gerbstoffen des Holzes und es entstehen hellgraue bis dunkelbraune Farbtöne. Je nach Gaskonzentration und Einwirkung lässt sich das Holz 3…5 mm tief „räuchern" (Abb. 1).

Laugen

Das Laugen von Eichenholz mit Natronlauge ist ein ähnlicher Vorgang wie das Räuchern (Abb. 2). Hierbei werden etwa 50 g **Ätznatron** in 1 Liter **Wasser** aufgelöst. Die Natronlauge reagiert mit der Gerbsäure des Holzes spontan unter Braunfärbung. Durch ihre starke Ätzwirkung löst sie die Holzfasern auf und dringt tief in die Oberfläche ein (vgl. Strukturieren 17.2.4, Seite 311).

Doppelbeizen

> Das Doppelbeizen durch Vor- und Nachbeizen wird bei gerbstoffarmen Hölzern, vor allem bei Nadelhölzern, angewendet.

Hierbei werden dem Holz durch Vorbeizen gerbstoffhaltige Mittel zugeführt. Die chemische Reaktion und damit die Farbveränderung erfolgt durch das Nachbeizen mit Metallsalzlösungen (Abb. 3).

Vorbeizen

Tannin, Pyrogallol, Katechu oder Brenzkatechin werden kurz vor dem Gebrauch in heißem Wasser aufgelöst, weil sie nach kurzer Zeit ihre Wirkung verlieren. Nach dem Erkalten werden diese **Vorbeizen** satt und gleichmäßig aufgetragen und das Holz zum Trocknen weggelegt. (Keine Metallgeräte verwenden.)

> Vorgebeizte Teile dürfen nicht geschliffen und nicht berührt werden.

Nachbeizen

Metallsalze, wie Kaliumcarbonat, Natriumcarbonat, Kupfersulfat, Kaliumchromat u.a., werden in heißem Wasser angesetzt. Diese Lösungen sind unbegrenzt haltbar. Nach dem Erkalten werden die Nachbeizlösungen satt und gleichmäßig auf die vorgebeizte und trockene Fläche aufgetragen.

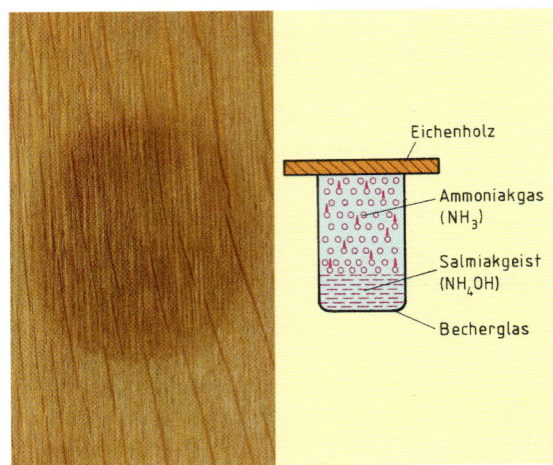

1 Farbveränderung am Eichenholz durch „Räuchern"

2 Gelaugte Oberfläche (Eiche)

3 Vor- und nachgebeizte Oberflächen (Kiefer)

Zur Steigerung der Farbwirkung setzt man den Nachbeizen **Salmiakgeist** zu. Die chemische Farbveränderung setzt langsam ein und dauert bis zu mehreren Stunden. Die erzielte Beizung dringt tief in das Holz ein und ist weitgehend **lichtecht**, **wasserfest** und **kratzfest**.

> Bei Nadelhölzern und anderen gerbstoffarmen Hölzern entsteht durch chemisches Beizen ein positives Beizbild.

Einkomponentenbeize

Die Einkomponentenbeize, auch **Positiv-Fertigbeize** genannt, eignet sich ebenfalls für Nadelhölzer. Die fertige Beize wird auf die Oberfläche aufgetragen und mehrmals vertrieben. Der Beizüberschuss darf nicht entfernt werden, damit sich das positive Beizbild entwickeln kann.

Die Entwicklungszeit dauert einige Stunden. Danach wird der Entwicklungsüberschuss durch Bürsten in Faserrichtung entfernt und das positive Beizbild wird sichtbar.

17.4.3 Kombinationsbeizen

Kombinationsbeizen vereinigen die Vorzüge der Farbstoff- und der chemischen Beizen. Die Farbstoffbeize ergibt hierbei durch Ab- und Einlagerung der Farbstoffe die Farbkraft, während die chemische Beize die Farbveränderung der Inhaltsstoffe bewirkt und damit die Holzstruktur hervorhebt. Diese Beizen eignen sich vor allem für gerbstoffreiche Hölzer. Durch Zugabe von Salmiakgeist lässt sich die Beizwirkung noch erhöhen. Zu diesen Beizen zählen vor allem

- **Räucherbeizen:**   zum Beizen von Eichenholz
- **Edelholzbeizen:**   zum Beizen von Nussbaum
- **Wachs- und Metallsalzbeizen:**   zum Beizen von Eichenholz
- **Bleichbeizen:**   zum Umbeizen (dunkel auf hell) vor allem von Nussbaumholz

Aufgaben

1. Erklären Sie die Wirkungsweise der Farbstoffbeizen!
2. Warum sind Lösemittelbeizen gefährlich?
3. Was versteht man unter Doppelbeizen?
4. Warum dürfen vorgebeizte Flächen nicht geschliffen und berührt werden?
5. Erklären Sie die Wirkungsweise der Kombinationsbeizen!

17.4.4 Probebeizen

Nachdem die Holzoberflächen vorbehandelt sind, die richtige Beize bestimmt und der Farbton aus der Beizmusterkarte ausgewählt worden ist, könnte mit dem eigentlichen Beizen begonnen werden. Da der ausgesuchte Beizton der Musterkarte auf dem Werkstück jedoch recht unterschiedlich ausfallen kann, ist ein

> Probebeizen unbedingt erforderlich.

Farbwirkungen

Die Farbwirkung der Beize ist von folgenden Faktoren abhängig:

- Saugfähigkeit des Holzes,
- Eigenfarbe des Holzes,
- Inhaltsstoffen des Holzes,
- Schleifen des Holzes,
- Beizmenge,
- Einwirkzeit.

Deshalb sollte sich der Fachmann vor dem eigentlichen Beizen durch eine Probebeizung davon überzeugen, ob der Beizton seinen Vorstellungen entspricht. Dabei ist aber zu beachten, dass die Probebeizung wie das eigentliche Beizen des Werkstücks unter den gleichen Bedingungen stattfindet:

- Gleiches Holz in gleicher Weise vorbehandeln,
- Arbeitsgänge müssen zeitlich auf das Werkstück abgestimmt werden,
- gleiche Raumtemperatur,
- Farbton kann erst beurteilt werden, wenn die Beize grundiert und lackiert ist.

Sollte die Beize nicht dem gewünschten Beizton entsprechen, so muss die Beizlösung verändert werden. Dieses kann geschehen durch:

- Veränderung des Lösemittelverhältnisses,
- Mischungen von verschiedenen Beizlösungen,
- Zugabe von Beizextrakten (Tab. 1).

alter Beizfarbton	Zugabe	neuer Beizfarbton
rötlicher Farbton	grün	bräunlicher Farbton
rötlicher Farbton	gelb	orangeroter Farbton
bräunlicher Farbton	schwarz	graubräunlicher Farbton
grünlicher Farbton	rot	bräunlicher Farbton

1 Farbtonveränderungen von Beizlösungen

17.4.5 Auftragen der Beize

Ist die Probebeizung zur Zufriedenheit ausgefallen, kann mit dem eigentlichen Beizen begonnen werden. Dabei unterscheidet man folgende Auftragtechniken:

– Handauftrag,
– Spritzauftrag,
– Tauchauftrag,
– Walzauftrag.

Handauftrag

> Jede Beizlösung muss vor der Verarbeitung sorgfältig aufgerührt werden, damit sich die Farbstoffteilchen gleichmäßig verteilen.

Die Beize wird dann gleichmäßig und satt in Richtung der Holzmaserung aufgetragen. Danach wird quer zur Holzmaserung verteilt und durchgearbeitet. Nach einer gewissen Einwirkzeit wird mit dem Vertreiber (breiter Pinsel) zuerst quer und dann in Längsrichtung der Holzfasern vertrieben und abgezogen (Abb. 1).

Weitere Arbeitshinweise:

– Keine Gefäße und Auftragsgeräte aus Metall verwenden,
– bei stehenden Flächen immer unten beginnen,
– Beiztropfen ergeben Flecken,
– Hirnholz vor dem Beizen zur Verminderung der Saugfähigkeit leicht wässern,
– Beizüberschuss nicht in das Beizgefäß zurückgießen,
– nach dem Gebrauch Beizgeräte sorgfältig säubern,
– Gebrauchshinweise der Beizhersteller beachten.

Spritzauftrag

Grundsätzlich können alle Beizen mit einer Spritzpistole (ohne oxidierende Teile) aufgetragen werden. Vorwiegend wird der Spritzauftrag jedoch beim Nebeln angewendet. Hierunter versteht man einen fein zerstäubten Beizauftrag zum **Schattieren** von Oberflächen, z.B. bei Stilmöbeln (Abb. 2).

Tauchauftrag

Zum Beizauftrag durch Tauchen eignen sich nur besondere Beizen (Tauchbeizen). Das Tauchverfahren wird bei größeren Stückzahlen mit kleinen Flächen angewendet. Bei längerer Benutzung des Tauchbades verändert sich die Lösemittelkonzentration und damit auch der Beizton. Daher muss beim Tauchverfahren die Beize öfter erneuert werden.

Walzauftrag

In der Möbelindustrie werden die Beizen in der Regel im Walzverfahren aufgetragen. Dadurch können große Mengen und Flächen in kurzer Zeit gebeizt werden (Abb. 3).

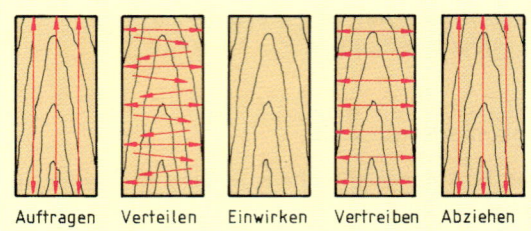

Auftragen　Verteilen　Einwirken　Vertreiben　Abziehen

1 Reihenfolge des Beizauftrages

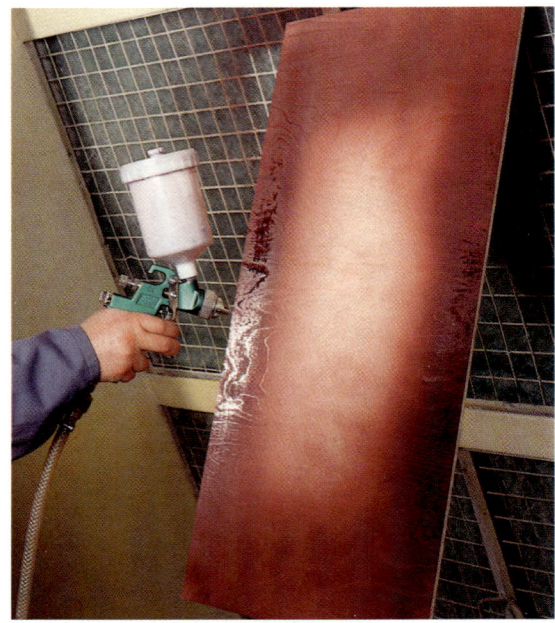

2 Beizauftrag mit der Spritzpistole (Schattieren)

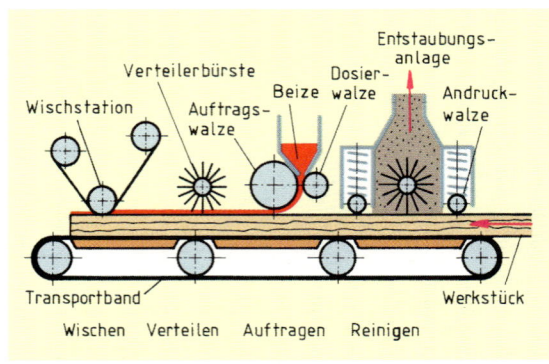

3 Schematische Arbeitsweise einer Walzenauftragsmaschine

17.4.6 Trocknen der Beize

Wegen der unterschiedlichen Zusammensetzung benötigen die verschiedenen Beizen unterschiedliche Trocken- und Entwicklungszeiten. Dabei wird die Trockendauer von folgenden Einflüssen bestimmt:

– Raum- und Holztemperatur,
– Luftfeuchtigkeit,
– Luftumwälzung,
– Härte des Holzes,
– Saugverhalten des Holzes,
– Beizauftragmenge.

Grundsätzlich sind folgende Trocken- und Entwicklungszeiten einzuhalten (Tab. 1):

Beizarten		Trocken- und Entwicklungszeiten in Werkstätten bei 20 °C
Wasserbeizen		bis zu 6 Stunden
Lösemittelbeizen		bis zu 2 Stunden
Wachsbeizen		bis zu 10 Stunden
Einkomponentenbeize		bis zu 6 Stunden
Doppel-beizen:	Vorbeize	bis zu 6 Stunden
	Nachbeize	bis zu 24 Stunden

1　Trocken- und Entwicklungszeiten von Beizen

Gebeizte Oberflächen dürfen erst weiterverarbeitet werden, wenn sie völlig trocken sind.

Aufgaben

1. Warum dürfen beim Beizen keine Metallgefäße und -auftragsgeräte verwendet werden?
2. Warum ist ein Probebeizen unbedingt erforderlich?
3. Erklären Sie die einzelnen Arbeitsstufen beim Beizauftrag!
4. Warum muss bei stehenden Flächen mit dem Beizen immer unten begonnen werden?
5. Warum soll Hirnholz kurz vor dem Beizen leicht gewässert werden?

17.5 Anwenden und Verarbeiten von Überzugsmitteln

Das Lackieren bzw. Beschichten bildet den Abschluss der Oberflächenveredelung. Dabei können die Holzoberflächen verschieden gestaltet werden:

– offenporig,
– geschlossenporig,
– matt,
– seidenglänzend,
– hochglänzend,
– hochglanzpoliert.

Lacke sind nach DIN 55945 Anstrichmittel, in denen Filmbildner ohne Farbstoffzusätze in Lösemitteln gelöst sind (Abb. 2).

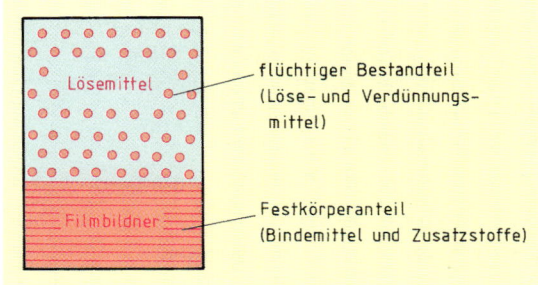

2　Zusammensetzung eines Lackes

Lacke werden grundsätzlich nach der Verwendungsart unterteilt in:

– Lacke für die Außenanwendung,
– Lacke für die Innenanwendung.

In diesem Kapitel sollen jedoch nur Lacke für die Innenanwendung, z.B. für den Möbel- und Innenausbau, behandelt werden. Diese Lacke werden nach DIN 68861 in Beanspruchungsgruppen unterteilt (Tab. 3 und 4).

Verhalten des Lackes gegen	Kennziffer
chemische Einflüsse	1
Abrieb	2
Verkratzen	4

3　Kennziffern für das Verhalten des Lackes nach DIN 68861

Beanspruchung des Lackfilmes
hoch ← mittel → gering A – B – C – D – E – F – G – H

4　Beanspruchungsgruppen nach DIN 68861

Anwendungsbeispiel für einen Lack mit der Kennzeichnung:

Lack DIN 68861 – 1H – 2D – 4A

Dieser Lack hat folgende Widerstandseigenschaften gegen:

- chemische Einflüsse　(1)　– gering　(H)
- Abrieb　　　　　　　(2)　– mittel　(D)
- Verkratzen　　　　　(4)　– hoch　(A)

In der Möbelnorm ist die Widerstandsfähigkeit für die jeweilige Oberfläche festgelegt. Danach ist auch die Auswahl des Lackes vorzunehmen.

Aufbau eines Lackfilmes

Bei Holzoberflächen besteht die Lackoberfläche allgemein aus einer einlagigen oder zweilagigen Filmschicht. Der häufigste Lackaufbau ist die zweilagige Filmschicht. Hierbei bildet die erste Filmschicht die Grundierung, die Grundlage für den nachfolgenden Überzugslack.

Die **Grundierung** hat die Aufgaben:

- tief in die Holzoberfläche einzudringen,
- die Poren zu füllen,
- die Holzoberfläche zu verfestigen,
- die Holzoberfläche gegen Holzinhaltsstoffe zu isolieren.

Der nachfolgende Lacküberzug bestimmt dann die optische Wirkung der Holzoberfläche.

Bei einlagigen Filmschichten wird die Holzoberfläche mit einem einmaligen Lackauftrag versehen. Bei diesen Einschichtlacken sind die Eigenschaften der Grundierung und des Überzugslackes vereinigt. Diese Lackoberflächen besitzen jedoch nicht die Qualität eines zweilagigen Lackaufbaues.

Lackeigenschaften

Neben dem Aufbau des Lackfilmes bestimmen die Eigenschaften des Lackes die Qualität der Lackoberflächen. Dabei ist die Qualität im Wesentlichen abhängig von:

- **dem Festkörpergehalt**, dem Teil der filmbildenden Bestandteile eines Lackes. Dieser ist von Lack zu Lack verschieden und wird in Prozenten angegeben.
- **der Auftragmenge** und damit der Nassfilmdicke pro Arbeitsgang; sie ist ebenfalls von Lack zu Lack verschieden. Die Hinweise der Lackhersteller sind stets zu beachten (Tab. 1).
- **der Viskosität.**

Für die Nassfilmdicke gilt:

Auftragmenge	Nassfilmdicke
100 g/m²	etwa 100 µm = 0,1 mm

1 Auftragmenge und Nassfilmdicke

Bei einem Festkörpergehalt von 30% würde sich daraus folgende Trockenfilmdicke ergeben (Tab. 2):

Nassfilmdicke	Festkörpergehalt	Trockenfilmdicke
100 µm	30%	30 µm ≙ 0,03 mm

2 Trockenfilmdicke

Die Viskosität ist nach DIN EN ISO 2431 die Auslaufzeit in Sekunden, welche die Flüssigkeit benötigt, um aus dem **DIN-Becher 4** (Auslaufdüse 4 mm Durchmesser) auszulaufen. Sie wird bei einem Lack, der beispielsweise in 45 Sekunden aus dem Becher ausläuft, mit 45 DIN-Sekunden angegeben (Abb. 3).

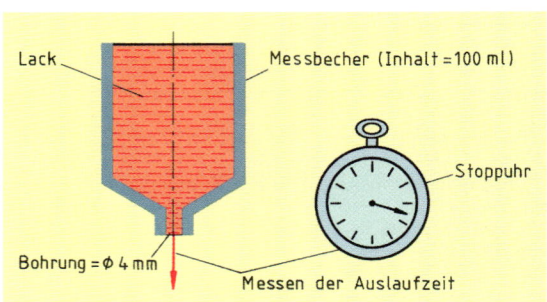

3 Messen der Lackviskosität

Durch Verdunsten des Löse- und Verdünnungsmittels verändert sich die Viskosität, das heißt, der Lack dickt ein. Um Lackierfehler zu vermeiden, muss vor jeder Lackierung die Viskosität nachgeprüft werden und evtl. durch Zugabe von Verdünnungsmitteln dem Auftragverfahren angepasst werden (Tab. 4).

Lackauftragverfahren		Viskosität in DIN-Sekunden
Streichen		30…80
Spritzen:	Niederdruck Hochdruck Airless	bis etwa 20 18…25 bis über 100
Gießen		30…45
Walzen		50…80
Tauchen		etwa 300

4 Lackviskositäten
in Abhängigkeit von Auftragverfahren nach DIN 53211

Lack ist ein Sammelbegriff für verschiedenartige Erzeugnisse der Lackmittelindustrie. Sie lassen sich nach den unterschiedlichsten Merkmalen gliedern (Tab. 1).

Kennzeichnung für Lacke	Benennungsgrundlage
Nitrocelluloselack Säurehärtender Lack PUR- oder DD-Lack Polyesterlack	nach der Art des Bindemittels (Rohstoffe)
Spirituslösliche Lacke Wasserlacke	nach der Art des Lösemittels
Grundierungslack Überzugslack Einschichtlack	nach der Reihenfolge des Lackaufbaues
Streichlack Spritzlack Gießlack	nach dem Auftrag- verfahren
Mattlack Hochglänzender Lack Reißlack	nach der Art des Oberflächeneffekts
Lösemittellack Reaktionsharzlack	nach der Art des Abbindevorganges

1 Lackerzeugnisse

In der Holzoberflächenveredelung werden die Lacke allgemein unterteilt in:

– Lösemittellacke,

– Reaktionsharzlacke.

Aufgaben

1. Was versteht man unter dem Festkörpergehalt des Lackes?
2. Welche Aufgaben hat die Grundierung?
3. Welcher Unterschied besteht zwischen der Nass- und Trockenfilmdicke?
4. Wie wird beim Lack die Viskosität gemessen?
5. Welche Bedeutung hat die Lackviskosität für die Lackverarbeitung?

17.5.1 Lösemittellacke

Zu den Lösemittellacken zählen:

– Nitrocelluloselack,

– Schellack,

– Lasuren,

– Wachslösungen,

– Wasserlacke,

– Alkydharzlacke.

Nitrocelluloselack (NC-Lack)

Nitrocelluloselack besteht grundsätzlich aus den Festkörpern (Filmbildner) und den Lösemitteln (flüchtiger Bestandteil).

Festkörper

– **Nitrocellulose** ist eine Verbindung von Salpetersäure und Cellulose. Nach ihrer chemischen Zusammensetzung ist sie löslich in Alkohol und Ester.

– **Harze** geben dem Lackfilm Beständigkeit gegen Abrieb, Chemikalien und Witterungseinflüsse. Ferner erhöhen sie die Haftfestigkeit, Füllkraft, Härte und Glanz.

– **Mattierungsmittel** sind Salze, Oxide und Kunststoffe, die dem Lack den entsprechenden Mattglanz verleihen.

– **Weichmacher** sind Ester, die dem Lackfilm auf Dauer Elastizität geben.

– **Schleifmittel** ermöglichen die Schleifbarkeit des Lackes und bestehen in der Regel aus Zinkstearat.

– **Lichtschutzmittel** sind Farbpigmente, welche die UV-Strahlung absorbieren und das Vergilben des Holzes verhindern bzw. verzögern.

Lösemittel

– Echte oder aktive Lösemittel sind vor allem Ester und Ketone wie Essigsäureäthylester und Aceton.

– Unechte oder latente Lösemittel sind in der Regel Alkohole, welche die Lösefähigkeit der aktiven Lösemittel erhöhen.

Verdünnungsmittel sind keine Lösemittel. Sie haben die Aufgabe, den Lack verarbeitungsfähig zu machen. Verdünnungsmittel sind vor allem Kohlenwasserstoffe wie Toluol, Xylol u.a. Handelsübliche Verdünnungsmittel enthalten diese Stoffe meist als Mischung.

Ein wichtiges Merkmal aller NC-Lacke ist die sehr schnelle Trocknung. Der Lackfilm härtet durch das Verdunsten des Löse- und Verdünnungsmittels aus. Dieser Vorgang wird als physikalische Trocknung bzw. Härtung bezeichnet.

> Lösemittellacke trocknen bzw. härten physikalisch.

Durch das Verdunsten der Löse- und Verdünnungs-mittel schließen sich die Makromoleküle zu einem geschlossenen Lackfilm zusammen (Abb. 1).

NC-Grundierung

Die Grundierung hat die Aufgabe, die Verbindung von Holz und Lackfilm herzustellen. Sie soll tief in das Holz eindringen, die Holzzellen festigen und die Poren schließen, damit die späteren Überzüge besser auf der Fläche stehen bleiben.

NC-Grundierungen werden im Handel unter folgenden Bezeichnungen angeboten:

- Schnellschliffgrund,
- Hartgrund,
- Einlassgrund,
- Füllschliffgrund,
- Lichtschutzgrund u.a.

Beim Grundieren ist darauf zu achten, dass nicht mehr als 200 g/m² aufgetragen werden, da sonst die Holzfarbe und Holzstruktur verschleiern. Die Verarbeitungshinweise der Lackhersteller sind zu beachten.

NC-Grundierungen eignen sich nicht für exotische Hölzer wie Teak, Tschitola u.a. mit ihren vielfältigen Inhaltsstoffen. Diese Hölzer müssen vorher mit einer PUR-Grundierung isoliert werden. Danach kann mit NC-Lacken weitergearbeitet werden.

NC-Überzugslack

Nach einem sorgfältigen Zwischenschliff (Schleif-papier 220…280er Körnung) soll der Überzugslack die ganze Schönheit des Holzes zur Geltung bringen und die äußeren Einwirkungen abwehren. Überzugslacke werden von matt bis hochglänzend angeboten und werden im Allgemeinen nur einmal aufgetragen. Nur bei Polier- und Schwabbel-lacken ist ein mehrmaliger Auftrag notwendig.

Von den Lösemitteln einer zweiten Lackschicht wird der abgebundene NC-Lackfilm wieder angelöst. Es ist nicht zu empfehlen, NC-Lacke mehrmals mit dem Pinsel aufzutragen. Der Auftrag mit der Spritzpistole ist daher zweckmäßiger.

NC-Einschichtlack

Bei NC-Einschichtlacken erfolgen die Grundierung und Lackierung in einem Arbeitsgang.

Für die Verarbeitung der NC-Lacke sind die Hinweise der Hersteller stets zu beachten (Tab. 2).

Eigenschaften der NC-Lacke

Mit NC-Lacken lassen sich sehr glatte und elegante Holzoberflächen erzielen. Sie eignen sich jedoch nur für gering beanspruchte Oberflächen im Möbel- und Innenausbau.

Festkörper im Löse- und Verdünnungs-mittel gelöst | Löse- und Verdünnungs-mittel ver-dampft | zusammen-geschlossener Lackfilm

1 Vorgang der physikalischen Trocknung
schematische Darstellung

Lack-eigenschaften	Richtwerte für die Verarbeitung bei 20 °C
Festkörper-gehalt	Grundierung: 20…40% Überzugslack: 25…30%
Viskosität	Grundierung: 35…50 DIN-Sek. Überzugslack: 20…35 DIN-Sek.
Trocken-zeiten	Grundierung: schleiftrocken: 20…30 Min. stapeltrocken: etwa 1 Std. Überzugslack: stapeltrocken: etwa 2 Std.
Auftrag-menge	Grundierung: 100…200 g/m² Überzugslack: 100…200 g/m² Einschichtlack: etwa 300 g/m²
Auftrag-methoden	Streichen, Spritzen, Gießen, Walzen

2 Verarbeitungshinweise für NC-Lacke

NC-Lacke dürfen wegen ihrer leichtflüchtigen und gesundheitsschädlichen Lösemittel nur in gut belüfteten Arbeitsräumen oder Spritzkabinen verarbeitet werden.

Schellack

Der Ausgangsstoff zur Herstellung von Schellack wird von der indischen Gummiblattschildlaus erzeugt. Dieser Schellack wird in **Alkohol** (Spiritus) gelöst. Zur Glanzsteigerung werden dem Lack noch **natürliche Harze** beigegeben.

Die Schellacklösung wird als Grundierung und Überzugslack verwendet. Beim Aufbaupolieren wird Schellack Schicht für Schicht mit dem Polierballen in mehreren Arbeitsgängen aufgetragen. Polieren mit Schellack ist sehr zeitaufwendig und wird heute nur noch zum Restaurieren von alten Möbeln angewendet (Abb. 1, S. 323).

Eigenschaften des Schellackfilmes:

- wasserempfindlich,
- nicht chemikalienbeständig,
- wenig kratzfest,
- elastischer Lackfilm,
- gute Haftfähigkeit,
- hochglänzend.

Ölhaltige Lasuren

> Lasuren bestehen aus Harzen, Weichmachern, Farbpigmenten, Trockenstoffen und Fungiziden (Holzschutzmitteln), die in ölhaltigen Lösemitteln gelöst sind.

Sie dienen der Farbgebung und dem Holzschutz und werden im Innen- und Außenbereich verwendet.

Dabei unterscheidet man grundsätzlich zwischen:

- Imprägnierlasuren und
- schichtbildenden Lasuren (Abb. 2).

Imprägnierlasuren dringen tief in die Holzfasern ein und machen das Holz Wasser abweisend und witterungsbeständig. Die hochaktiven Fungizide dagegen bieten dem Holz Schutz gegen Bläue, Schimmel- und Fäulnispilze.

Sie finden Verwendung bei Innenflächen und nicht direkt bewitterten Außenflächen.

Schichtbildende Lasuren verleihen dem Holz einen Wasser abweisenden, transparenten Anstrichfilm. Er ist wasserdampfdurchlässig und damit feuchteregulierend.

Schichtbildende Lasuren werden vorwiegend für maßhaltige Bauteile, wie Fenster und Außentüren, sowie bei stark bewitterten Hölzern verwendet. Die Pigmente schützen die Holzoberfläche vor der zerstörenden Wirkung der UV-Strahlen.

Wasserverdünnbare Lasuren

> Wasserverdünnbare Lasuren bestehen aus **Acrylharzen**, Farbpigmenten, Mattierungsmitteln und Wasser.

Wegen des Fehlens von Fungiziden kann mit diesen Lasuren nur Feuchte vom Holz abgehalten werden.

Sie eignen sich vorwiegend für diffusionsfähige Innenanstriche, aber ohne Schutz gegen Pilze und Insektenbefall.

> Das besondere Merkmal eines Lasuranstriches ist die etwas verschleierte Farbe der Holzoberfläche.

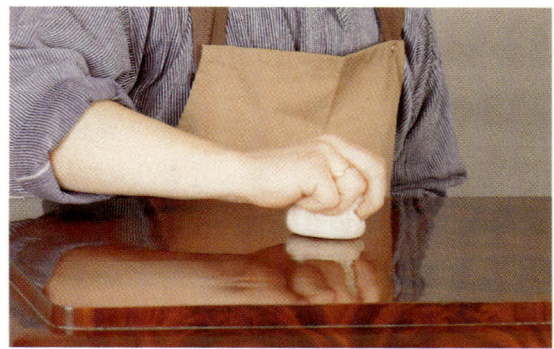

1 Ballenauftrag mit Schellack

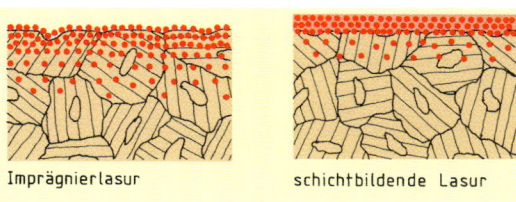

Imprägnierlasur   schichtbildende Lasur

2 Schematische Darstellung der Lasuren

Lasuren können im Streich-, Spritz- oder Tauchverfahren aufgetragen werden. Im Außenbereich ist in der Regel nach 2...3 Jahren je nach Witterungseinflüssen ein Erneuerungsanstrich erforderlich.

Wachslösungen

Tierische, pflanzliche und mineralische Wachse werden in organischen Lösemitteln gelöst (Tab. 1, S. 324). Diese Wachslösung wird mit einem Pinsel aufgetragen. Nach einer Trockenzeit von etwa 4 Stunden wird die Wachsschicht mit einer Rosshaarbürste in Faserrichtung des Holzes auf Mattglanz gebürstet.

Das Wachsen wird heute fast nur noch bei antiken Möbeln und gelaugter Eiche angewendet.

Die Wachsschicht ist sehr wärmeempfindlich, nicht wasser- und abriebfest (Abb. 3).

3 Wasserflecken auf gewachster Oberfläche
(Nussbaum)

Wachsart	Schmelzpunkt in °C	Lösemittel	natürlicher Farbton	Eigenschaften der Wachsschicht
Bienenwachs (tierisch)	62…65	Alkohol, Benzin, Terpentinöl	hellgelb bis braunrot	nicht wasser-, kratz- und abriebfest, sie werden bei Erwärmung weich, sie quellen in Wasser auf, Feuchtigkeit kann in das Holz eindringen, sie werden von Lösemitteln, Säuren und Laugen angegriffen, gebürstete Wachsschichten ergeben einen schönen matten Glanz, der aber nicht grifffest ist.
Paraffin (pflanzlich – Mineralöl)	50…75	Benzin, Benzol, Terpentinöl	weiß bis gelblich	
Karnaubawachs (pflanzlich)	80…90	Ether, Alkohol	graubraun	
Montanwachs (pflanzlich – Braunkohle)	75…95	Benzol	hell bis dunkelbraun	
Zeresin (Erdwachs)	55…85	Benzin, Benzol, Terpentinöl	weiß bis gelblich	

1 **Wachsarten, Schmelzpunkte, Lösemittel, Farben und Eigenschaften der Wachsschichten**

Wasserlacke

Wasserlacke sind umweltfreundliche Überzugsmittel.

> Sie bestehen aus wasserlöslichen Acryl-, Harnstoff-, Phenol-, Melamin-, Alkyd-, Polyurethan- und Polyesterharzen. Aus verarbeitungstechnischen Gründen enthalten sie noch etwa 7…9% organische Lösemittel, die nicht gesundheitsgefährdend sind.

Ein Lack ist dann umweltfreundlich:

– wenn er weniger als 10% organische Lösemittel enthält,

– wenn die Lösemittel ungiftig sind,

– wenn der Lack einen hohen Festkörpergehalt hat,

– wenn die Kunstharze bei der Trocknung keine giftigen (toxischen) Substanzen abgeben und

– wenn die Entsorgung möglichst problemlos ist.

Umweltfreundliche Lacke werden mit dem „Blauen Engel" gekennzeichnet (Abb. 2).

In der Holzoberflächenbehandlung werden fast ausschließlich Acrylharze verwendet.

Dabei werden folgende Lacktypen unterschieden:

– Lacke als echte Lösungen,

– Lacke als Dispersionen,

– Ein- und Zweikomponentenlacke,

– physikalisch trocknende Lacke,

– physikalisch-chemisch aushärtende Lacke,

– farblose und pigmentierte Lacke.

2 **Umweltzeichen „Blauer Engel"**

Die Verarbeitung von Wasserlacken ist vergleichbar mit der von NC-Lacken. Die Vorteile gegenüber den NC-Lacken liegen darin, dass die Brand- und Explosionsgefahr entfällt, und dass die Gesundheitsgefahr verringert wird. Die Verarbeitungshinweise der Lackhersteller sind stets zu beachten (Tab. 3).

Lackeigenschaften	Richtwerte für die Verarbeitung
Festkörpergehalt	35…50%
Viskosität	25…40 DIN-Sek.
Lagerzeit	6…9 Monate
Trockenzeiten	2…4 Std. (abhängig von Temperatur, Luft- und Holzfeuchte)
Auftragmenge	100…200 g/m²
Auftragmethoden	Streichen, Spritzen, Gießen, Walzen

3 **Verarbeitungshinweise für Wasserlacke**

Eigenschaften der Wasserlacke

Die Lackfilme haften gut auf der Holzoberfläche. Sie sind in der Regel chemikalienbeständig und quellen in Wasser nicht auf. Der Lackfilm ist hart, abriebfest, elastisch und weitgehend lichtecht. Einkomponentenlacke haben etwa die Qualitätsmerkmale der NC-Lacke. Die Qualität der Zweikomponentenlacke entspricht in etwa der einer mit SH-Lack lackierten Oberfläche.

Wasserlacke finden Verwendung im Innenausbau, bei Möbeln und auch bei Fenstern und Außentüren, da sie als atmungsaktiv gelten.

Bei Wasserbeizen und bei Hölzern mit wasserlöslichen Inhaltsstoffen (Iroko, Niangon) kann es zu einer Farbauflösung und zu einem Durchbluten des Lackfilmes kommen.

Lack-eigenschaften	Richtwerte für die Verarbeitung bei 20 °C
Festkörper-gehalt	40…70%
Viskosität	50…60 DIN-Sek.
Verarbeitungs-temperatur	nicht unter 8 °C
Trocken-zeiten	je nach Auftragsmenge 1…48 Std.
Auftrags-menge	je Arbeitsgang 70…500 g/m² (Herstellerangaben beachten)
Auftrags-methoden	Streichen, Spritzen, Rollen, Tauchen, Gießen

1 Verarbeitungshinweise für Alkydharzlacke

Alkydharzlacke (AK-Lack)

Alkydharzlacke bestehen aus modifizierten Polyesterharzen, die mit verschiedenen Ölen (z.B. Holz-, Lein-, Sojaöl) und Fettsäuren (z.B. Adipin-, Maleinsäure) versetzt werden. Weitere Komponenten (z.B. Expoxide, Phenol, Styrol, Urethane) können in das Alkydharzmolekül eingebaut werden.

Die Art und die Menge der zugesetzten Öle, Fettsäuren und Komponenten bestimmen die Eigenschaften der Alkydharzlackschicht.

Als Löse- und Verdünnungsmittel sind Spezialverdünnung, Testbenzin, bei verschiedenen Alkydharzlacken auch Wasser geeignet.

Alkydharzlacke können mit anderen Lackarten, wie z.B. Nitrocellulose-, Harnstoff- und Phenolharzlacken gemischt und als „Kombilacke" verarbeitet werden.

Je nach Art und Zusammenstellung werden Alkydharzlacke physikalisch trocknend oder chemisch (oxidierend) härtend hergestellt.

Eigenschaften der Alkydharzlacke

Transparente Lackoberflächen eignen sich für den Innenbereich sehr gut; bei der Außenanwendung (UV-Strahlung) mäßig bis schlecht.

Pigmentierte Lackoberflächen eignen sich dagegen bei äußerer Bewitterung gut bis sehr gut.

Ak-Lacke finden Verwendung für stark beanspruchte Oberflächen, wie Fußböden, Treppen, Fenster, Türen, Küchen, Gartenmöbel u.a.

Aufgaben

1. Welche Lacke zählen zu den Lösemittellacken?
2. Beschreiben Sie den Aufbau eines NC-Lackes.
3. Welche Aufgabe haben die Schleifmittel des Lackes?
4. Nennen Sie die Unterschiede zwischen Löse- und Verdünnungsmittel.
5. Welche Eigenschaften hat ein NC-Lackfilm?
6. Wodurch unterscheiden sich imprägnier- und schichtbildende Lasuren?
7. Wann gilt ein Lack als umweltfreundlich?
8. Welche Eigenschaften hat ein Wasserlackfilm?
9. Wovon ist die Trockenzeit eines Wasserlackfilmes abhängig?
10. Was versteht man unter dem Begriff „Dispersion"?
11. Welche Eigenschaften hat eine Alkydharzoberfläche?
12. Wo werden Alkydharzlacke eingesetzt?

Verarbeitung der Alkydharzlacke

Der Lack verläuft sehr gut, bleibt lange „offen" und kann durch Streichen, Spritzen, Tauchen und Gießen aufgetragen werden (Tab. 1).

17.5.2 Reaktionsharzlacke

Reaktionsharzlacke bestehen aus verschiedenen Komponenten, die chemisch miteinander reagieren und nach dem Verdampfen des Löse- und Verdünnungsmittels zu einem Lackfilm aushärten.

> Reaktionsharzlacke härten durch einen chemischen Prozess aus.

Dabei werden folgende Lacktypen unterschieden:
- säurehärtende Lacke (SH),
- Polyurethanlacke (PUR oder DD),
- Polyesterlacke (UP).

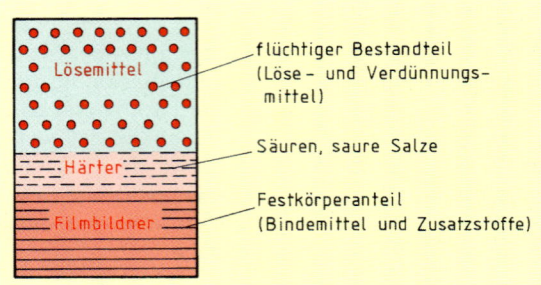

1 Zusammensetzung eines SH-Lackes

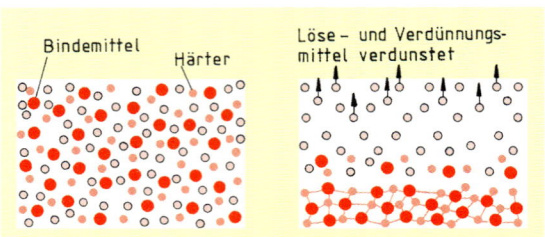

2 Chemische Reaktion eines SH-Lackes

Säurehärtende Lacke (SH)

Der Hauptbestandteil der säurehärtenden Lacke sind die Vorkondensate Harnstoff-, Melamin- oder Phenolharz. Durch Zugabe von sauren Härtern wie Salz-, Phosphor-, Sulfonsäure u.a. findet die chemische Reaktion der Polykondensation statt (Abb. 1).

Die beiden Komponenten Bindemittel und Härter reagieren chemisch und gehen nach dem Verdunsten der flüchtigen Bestandteile in einen unlöslichen Lackfilm über (Abb. 2).

gen Oberflächen ist oft ein zweimaliger Lackauftrag notwendig. Hierbei ist darauf zu achten, dass sich die beiden Lackschichten miteinander verbinden. Man arbeitet deshalb oft nass in nass oder schleift die erste Lackschicht an, um Haftungsschäden zu vermeiden.

Hinweis:

SH-Lacke sollten wegen der Geruchsbelästigung und der ständigen und starken Formaldehydabgabe nicht mehr verwendet werden.

Einkomponenten-SH-Lack

Der Einkomponenten-SH-Lack ist ein Kombinationslack, der etwa 8% Nitrocellulose enthält. Als Härter wird ein spezieller Ester verwendet, der vom Hersteller bereits eingebaut wurde.

> Der Trocken- oder Härtungsprozess von Einkomponenten-SH-Lacken erfolgt physikalisch und chemisch.

Zweikomponenten-SH-Lack

Beim Zweikomponenten-SH-Lack werden Bindemittel und Härter getrennt geliefert. Diese werden erst kurz vor der Verarbeitung miteinander vermischt. Das Mischungsverhältnis ist genau einzuhalten. Beim Mischen ist nur die erforderliche Lackmenge oder ein Tagesbedarf anzusetzen, da der Lack innerhalb eines Tages erhärtet.

> Bei SH-Lacken ist die Topfzeit genau zu beachten (etwa 12 Stunden).

Dieser SH-Lack wird als Grundierung wie auch als Überzugslack verwendet. Zum Grundieren werden dem Lack etwa 20…50% Verdünnung zugegeben. Nach einer entsprechenden Trockenzeit erfolgt der Zwischenschliff. Bei geschlossenpori-

Der NC-Anteil härtet physikalisch durch das Verdunsten des Lösemittels, während der SH-Anteil chemisch reagiert.

> Eingedickte SH-Lacke dürfen nicht mehr verdünnt und verarbeitet werden.

Inhaltsstoffreiche exotische Hölzer müssen vor dem Lackieren mit SH-Lacken eine Isoliergrundierung aus PUR-Lacken erhalten. Die Verarbeitungshinweise der Lackhersteller sind stets zu beachten (Tab. 1, S. 327).

Lackeigenschaften	Richtwerte für die Verarbeitung
Festkörpergehalt	etwa 50%
Viskosität	Grundierung: etwa 20 DIN-Sek. Überzugslack: etwa 30 DIN-Sek.
Mischungsverhältnis	Lack:Härter = 10:1
Topfzeit	etwa 12 Stunden
Trockenzeiten	schleiftrocken: etwa 2 Std. stapeltrocken: 2…5 Tage je nach Temperatur und Hersteller
Auftragmenge	je Arbeitsgang 80…140 g/m²
Auftragmethoden	Streichen, Spritzen, Gießen, Walzen

1 Verarbeitungshinweise für SH-Lacke

Eigenschaften der SH-Lackfilme

SH-Lackierungen zeichnen sich durch Härte, Elastizität und Abriebfestigkeit aus. Sie sind wasser- und alkoholfest und beständig gegen schwache Säuren und Laugen. Sie werden verwendet zur Beschichtung stark beanspruchter Oberflächen wie Parkett, Holztreppen, Sitzmöbel, Tischplatten u.a. Wichtig für den Innenausbau ist die Weich-PVC-Verträglichkeit, z.B. bei Türdichtungen. Bei Beschlägen besteht jedoch Korrosionsgefahr durch die sauren Härter.

Polyurethanlacke (PUR oder DD)

Polyurethanlacke bestehen aus dem Stammlack „Desmophen" und dem Zusatzlack „Desmodur" und härten chemisch aus.

Diese Lacke sind unter dem Namen DD-Lack bekannt (Tab. 2). Die chemische Reaktion der Polyaddition beginnt sofort nach dem Mischen der beiden Komponenten.

> Eingedickter Lack darf nicht mehr mit Verdünnungsmitteln verarbeitungsfähig gemacht werden.

Da der Zusatzlack Desmodur sehr stark auf die Luftfeuchtigkeit reagiert und schnell eindickt, müssen die Gebinde gut verschlossen werden.

> PUR- oder DD-Lacke sind sehr wasserempfindlich – Kontakt mit Wasser vermeiden.

Lackeigenschaften	Richtwerte für die Verarbeitung
Festkörpergehalt	etwa 50%
Viskosität	Grundierung: etwa 25 DIN-Sek. Überzugslack: etwa 30 DIN-Sek.
Mischungsverhältnis	Stammlack:Zusatzlack = 1:1 bis 10:1 (Herstellerangaben beachten)
Lagerzeit	Stammlack: nahezu unbegrenzt Zusatzlack: etwa 1 Jahr Einkomponentenlack: etwa 1 Jahr
Topfzeit	4…24 Stunden (Herstellerangaben beachten)
Trockenzeiten	schleiftrocken: 2…6 Std. stapeltrocken: etwa 2 Tage je nach Temperatur und Luftfeuchtigkeit
Auftragmenge	je Arbeitsgang 160 g/m²
Auftragmethoden	Streichen, Spritzen, Gießen, Walzen

2 Verarbeitungshinweise für DD-Lacke

Zweikomponenten-DD-Lack

Zweikomponenten-Polyurethanlacke müssen genau in dem vom Hersteller angegebenen Mischungsverhältnis Lack-Härter-Verdünnung angesetzt werden.

> Die angesetzte Lackmischung muss innerhalb der Topfzeit verarbeitet werden.

Sie eignen sich zum Grundieren und Lackieren. Zum Grundieren werden dem Lack etwa 30… 50% Spezialverdünnung zugegeben. Nach dem Grundieren erfolgt ein leichter Zwischenschliff. Der Schleifstaub muss bei DD-Lacken besonders gut entfernt werden, da sonst die Holzporen grau werden.

Einkomponenten-DD-Lack

Beim Einkomponenten-DD-Lack werden Stammlack und Zusatzlack gemischt geliefert. Ihre chemische Reaktion erfolgt oxidativ, d.h. die Härtung erfolgt durch Aufnahme von Luftsauerstoff.

Einkomponenten-DD-Lacke sind vor Luftsauerstoff zu schützen, da sie sonst sehr schnell eindicken. Gebinde gut verschlossen halten.

DD-Lacke eignen sich sehr gut als Isoliergrundierung für inhaltsstoffreiche exotische Hölzer, wie Teak, Palisander, Tchitola u.a. (Abb. 1).

Gebleichte Hölzer dürfen nicht mit DD-Lacken beschichtet werden, da sonst eine orangegelbe Verfärbung eintritt.

Eigenschaften der DD-Lackfilme

Duroplastische DD-Lackierungen zeichnen sich durch Elastizität, Härte und Abriebfestigkeit aus. Das wichtigste Merkmal ist die Beständigkeit gegen Chemikalien wie Säuren, Laugen, Lösemittel u.a. Nach der Aushärtung sind sie außerdem Weich-PVC-fest. Sie finden Verwendung zur Beschichtung von stark beanspruchten Oberflächen wie Laboreinrichtungen, Fußböden, Küchenmöbeln u.a.

Polyesterlacke (UP)

Polyesterlacke sind Mehrkomponentenlacke und härten chemisch durch Polymerisation aus. Sie bestehen aus:

- **Stammlack**

  Der Stammlack besteht aus ungesättigten Polyesterharzen, die in Styrol gelöst sind. Dieses Lösemittel „Styrol" wird bei der chemischen Reaktion in den Lackfilm mit eingebaut. Deshalb spricht man beim UP-Lack auch von einem lösemittelfreien Lack.

- **Härter oder Zusatzlack**

  Der Härter besteht aus organischen Peroxiden.

- **Beschleuniger**

  Da die Aushärtung des UP-Lackes sehr langsam geschieht, enthält er eine Kobaltverbindung als Beschleuniger.

Härter und Beschleuniger nie mischen – Explosionsgefahr!

- **Paraffinzusatz**

  Die ungehärtete UP-Lackschicht ist sehr empfindlich gegen Luftsauerstoff, der eine einwandfreie Aushärtung verhindert. Aus diesem Grunde wird dem UP-Lack noch Paraffin zugesetzt, das nach dem Lackauftrag nach oben austritt und eine Schutzschicht gegen Luftsauerstoffzutritt bildet.

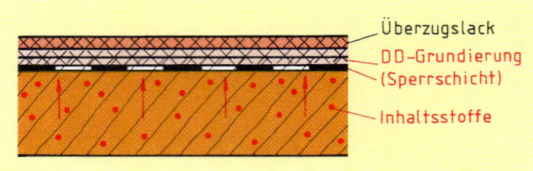

1 Isoliergrundierung mit DD-Lack gegen austretende Inhaltsstoffe

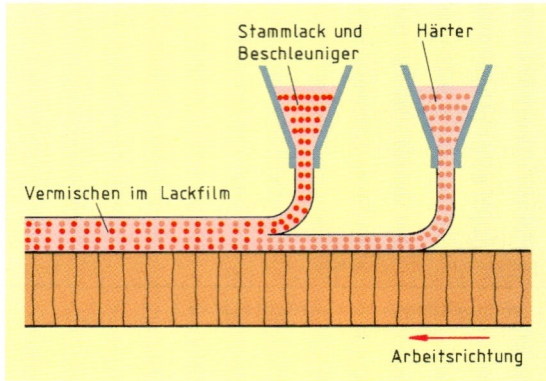

2 Reaktionsgrundverfahren beim UP-Lack

Da die Verarbeitung von UP-Lacken oft schwierig ist, müssen die Hinweise der Lackhersteller genau beachtet werden.

Schon die geringsten Abweichungen können zu Lackierfehlern und Arbeitsunfällen führen. Die wichtigsten Verarbeitungsrichtlinien sind:

- Holzflächen absolut fettfrei halten,

- lackierte Flächen wegen der Ablaufgefahr waagerecht lagern,

- beim Arbeiten mit Härter Schutzbrille tragen (stark ätzend),

- UP-Lacke und NC-Lacke nie gemeinsam verarbeiten, da hierbei für NC-Lacke Selbstentzündungsgefahr besteht.

Beim Untermischverfahren darf wegen der kurzen Topfzeit von etwa 30 Minuten nur so viel Lack angesetzt werden, wie in dieser Zeit verarbeitet werden kann. Um diese kurze Topfzeit zu umgehen, wird in der Praxis häufig das Reaktionsgrundverfahren angewendet. Hierbei wird zuerst der Härter und danach der Stammlack mit dem Beschleuniger getrennt aufgetragen. Dieser getrennte Auftrag kann durch Spritzen oder Gießen erfolgen (Abb. 2).

Bei UP-Lacken ist gegenüber anderen Lacken ein Nacharbeiten notwendig, d.h. die ausgetretene Wachsschutzschicht muss durch Schleifen mit abschließendem Schwabbeln entfernt werden (Abb. 1, Seite 329).

Glanz-Polyester-Lack

Eine Weiterentwicklung des paraffinhaltigen UP-Lackes ist der Glanz-UP-Lack. Dieser enthält kein Paraffin und härtet durch den Luftsauerstoff aus. Bei diesem Lack ist ein Nachpolieren nicht mehr notwendig.

1 Abbaupolieren des UP-Lackfilmes

Thixotroper UP-Lack

Der normale UP-Lack eignet sich wegen der geringen Viskosität nur für die Beschichtung waagerecht liegender Oberflächen. Für stehende Flächen wurde ein UP-Lack entwickelt, der eine höhere Viskosität hat. Man spricht auch von einem UP-Steh-Lack (Tab. 2).

Lack-eigenschaften	Richtwerte für die Verarbeitung
Festkörpergehalt	etwa 95%
Viskosität	normaler UP-Lack etwa 20 DIN-Sekunden Thixotroper UP-Lack etwa 35 DIN-Sekunden
Mischungsverhältnis	Stammlack: Härter=10:1 (Herstellerangaben beachten)
Lagerzeit	etwa 6 Monate
Topfzeit	15…30 Minuten
Trockenzeiten	Gelierzeit = bis zum Austritt des Paraffins: etwa 30 Minuten Härtezeit: etwa 4 Stunden schleiftrocken: 12…24 Stunden
Auftragmenge	etwa 500 g/m²
Auftragverfahren	Spritzen, Gießen

2 Verarbeitungshinweise für UP-Lacke

Eigenschaften des UP-Lackfilmes

Polyesterlacke eignen sich vor allem für geschlossenporige hochglänzende Oberflächen im Möbel- und Innenausbau. Der polierte Lackfilm ist klar und durchsichtig. UP-Lackierungen sind hart, spröde, abriebfest und chemikalienbeständig, gegen Schlag und Stoß jedoch empfindlich.

Aufgaben

1. Wie erfolgt der Härtevorgang bei Reaktionsharzlacken?
2. Warum dürfen Reaktionsharzlacke nach dem Eindicken nicht mehr verdünnt und verarbeitet werden?
3. Warum darf bei SH-Lacken nur der Tagesbedarf angesetzt werden?
4. Wie erfolgt die Trocknung eines SH-Einkomponentenlackes?
5. Beschreiben Sie den Aufbau eines PUR-Lackes!
6. Welche Aufgabe hat die PUR-Isoliergrundierung?
7. Warum wird bei Polyesterlacken zweckmäßigerweise das Reaktionsgrund-Auftragsverfahren angewendet?
8. Warum muss ein normaler UP-Lackfilm nachgearbeitet werden?
9. Beschreiben Sie das Abbaupolierverfahren!
10. Warum dürfen UP-Lacke und NC-Lacke nie gemeinsam verarbeitet werden?

17.5.3 Löse- und Verdünnungsmittel

Lösemittel haben die Aufgabe, den Festkörperanteil eines Lackes zu lösen.

Diese mittel- und schwerflüchtigen Lösemittel sind aber relativ teuer. Um den Lack auftragen zu können, wird er mit Verdünnungsmitteln auf die entsprechende Viskosität verdünnt (Tab. 3). Diese

Löse- und Verdünnungsmittel	Lackart		
	NC-Lack	SH-Lack	PUR-Lack
Essigsäureäthylester	×	×	−
Essigsäurebutylester	×	×	×
Aceton	×	−	−
Äthylalkohol	×	×	−
Butylalkohol	×	×	−
Toluol	×	×	×
Xylol	×	×	×
Testbenzin	×	×	−

3 Zuordnung der Löse- und Verdünnungsmittel (Auswahl)

329

Verdünnungsmittel sind billiger als Lösemittel und regulieren zusätzlich noch bestimmte Lackeigenschaften.

Die richtige Zusammensetzung der Verdünnungsmittel ist sehr wichtig und beeinflusst die **Verarbeitungseigenschaften** des Lackes, wie

– Auftragverfahren,

– Auftragmenge,

– Trockengeschwindigkeit,

– Verlaufen des Lackes,

– Oberflächeneffekt.

Bei der Auswahl der Verdünnungsmittel spielt die **Verdunstungsgeschwindigkeit** eine große Rolle. Sie wird angegeben in der Verdunstungszahl. Diese sagt aus, wievielmal langsamer das Löse- oder Verdünnungsmittel verdampft als Äther.

– **Leichtflüchtige** Verdünnungsmittel (Verdunstungszahl bis 10) sorgen für schnelles Anziehen des Lackes.

– **Mittelflüchtige** (10…35) **und schwerflüchtige** (über 35) Verdünnungsmittel sorgen für einen besseren Verlauf des Lackes (Tab. 1).

Löse- und Verdünnungsmittel	Verdunstungszahl
Äther	1
Wasser	80
Essigsäureäthylester	29
Essigsäurebutylester	12.1
Aceton	2.1
Äthylalkohol	8.3
Butylalkohol	33
Toluol	6.1
Xylol	13.5
Testbenzin	70

1 Verdunstungszahlen von Löse- und Verdünnungsmitteln (Auswahl)

Um Lackierfehler zu vermeiden, sind die von den Herstellern empfohlenen Verdünnungsmittel zu verwenden, da diese in ihrer Zusammensetzung den jeweiligen Lacken angepasst sind (Tab. 2).

Aufgaben

1. Unterscheiden Sie die Begriffe Lösemittel und Verdünnungsmittel!

2. Welchen Einfluss hat die Verdunstungsgeschwindigkeit der Löse- und Verdünnungsmittel auf die Oberflächengüte einer Lackschicht?

Erkennungsfehler beim Lackieren	Ursachen
Weißanlaufen	Löse- und Verdünnungsmittel verdunstet zu schnell, starke Abkühlung der Lackschicht, Feuchtigkeitsniederschlag
Trockenspritzen	Löse- und Verdünnungsmittel verdunstet bereits auf dem Weg zum Werkstück.
Blasenbildung	Lackschicht trocknet an der Oberfläche zu schnell an, schwerflüchtige Lösemittel können nicht mehr entweichen.
Orangehaut	Lackfilm trocknet zu schnell an, der Verlauf wird verhindert.

2 Lackierfehler bei einem zu hohen Anteil an leichtflüchtigen Löse- und Verdünnungsmitteln

17.6 Lackauftragtechniken

Grundierungen und Überzugslacke können nach verschiedenen Verfahren auf die Holzoberfläche aufgetragen werden, z. B. durch:

– Streichen,

– Spritzen,

– Gießen,

– Walzen.

Allgemeine Voraussetzungen für den Lackauftrag

Unabhängig vom Auftragverfahren treten beim Lackieren oft Fehler auf, die weder mit dem Holzuntergrund, dem Lack noch mit dem Auftragverfahren etwas zu tun haben. Es sind meist Fehler, die an den äußeren Bedingungen liegen, unter denen die Lackierung erfolgt. Vor jedem Lackauftrag sollten deshalb folgende Bedingungen überprüft werden:

– Völlige Trockenheit der zu lackierenden Flächen,

– Holzfeuchte darf maximal 12 % betragen,

– Lack- und Holzoberfläche sollten mindestens eine Temperatur von 20 °C haben,

– staubfreier Lackierraum,

– kalte und feuchte Luft vermeiden.

17.6.1 Streichen

Der Lackauftrag mit dem Pinsel ist wohl das älteste Verfahren und wird heute noch bei Einzelstücken angewendet. Hierbei kommt es darauf an, satte und gleichmäßige Pinselstriche in Richtung der Holzfasern nebeneinander zu setzen. Die Qualität der Lackschicht ist im Wesentlichen von der Pinselführung und der Lackviskosität abhängig.

17.6.2 Spritzen

Bei der heutigen handwerklichen Fertigung ist das Spritzen das wichtigste Auftragverfahren. Dabei wird unterschieden zwischen:

– Niederdruckspritzen,
– Hochdruckspritzen,
– Airless-Spritzen,
– Mitteldruckspritzen.

Niederdruckspritzen

Beim Niederdruckspritzen wird die notwendige Druckluft von etwa 0,2...0,5 bar von einem Gebläse, ähnlich einem Staubsauger, erzeugt. Die Luft wird über einen Luftschlauch mit einem Durchmesser von etwa 35 mm direkt zur Spritzpistole geführt. Die beschleunigte Luft wird durch die Pistole geleitet und zerstäubt den zulaufenden Lack, wenn die Materialdüse geöffnet wird.

Pistolenaufbau

In der Niederdruckspritzpistole fehlt ein besonderes Luftventil. Sobald das Gebläse eingeschaltet wird, strömt Luft aus der Luftdüse. Ein Teil der Gebläseluft wird durch einen kleinen Schlauch zum Materialbecher geleitet. Dadurch entsteht über der Spritzflüssigkeit ein Druck, der einen gleichmäßigen Materialfluss gewährleistet. Der Abzugshebel an der Spritzpistole betätigt lediglich die Verschlussnadel der Materialdüse (Abb. 1).

Wegen des geringen Luftdruckes ist die Zerstäubung nicht sehr fein, und es kommt bei schlecht verlaufenden Lacken und ungünstiger Temperatur leicht zur Bildung einer Orangeschalenhaut an der Lackoberfläche.

> Niederdruckspritzen mit leicht entflammbaren Stoffen, z.B. Nitrolacken, ist in geschlossenen und nicht belüfteten Räumen wegen der Gefahr der Funkenbildung nicht gestattet.

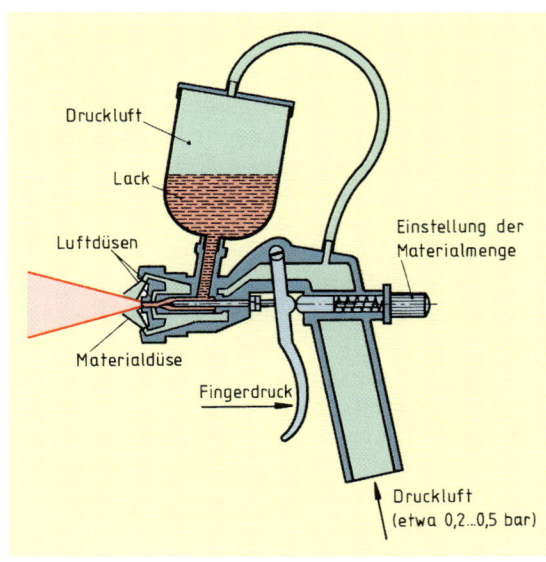

1 Schema einer Niederdruckspritzpistole

Hochdruckspritzen

Das am meisten angewandte Verfahren ist das Spritzen mit der Hochdruckspritzpistole. Die Druckluft wird durch eine **Kompressoranlage** erzeugt. Der Betriebsdruck zwischen 1,5...6 bar je nach Lackart wird an einem **Druckreglerventil** eingestellt. Da die Druckluft zum Spritzen völlig wasser- und ölfrei sein muss, ist ein entsprechender **Abscheider** eingebaut. Die Druckluft wird durch einen Druckschlauch zur Spritzpistole geführt.

Pistolenaufbau, Abb. 2

Bei der Hochdruckspritzpistole wird mit dem Abzugshebel nacheinander der Luft- und Materialzufluss betätigt. Wird der Hebel nur ein wenig durchgedrückt, so entweicht die komprimierte

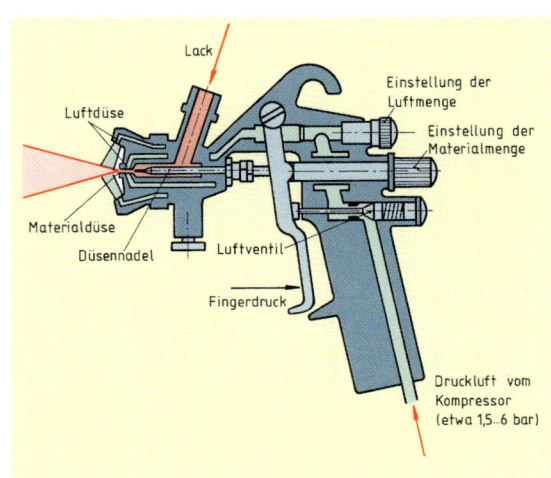

2 Schema einer Hochdruckspritzpistole

Luft. In dieser Stellung kann die Holzoberfläche kurz vor dem Spritzen von Schmutz und Staub befreit werden. Wird der Hebel weiter durchgedrückt, so öffnet die Verschlussnadel die Materialdüse. Durch die ausströmende Luft entsteht an der Materialdüse ein starker Sog, der den zufließenden Lack explosionsartig in kleinste Tröpfchen zerstäubt und in einem kegelförmigen Strahl auf die Oberfläche schleudert.

Durch die Stellung der gegenüberliegenden Luftdüsen kann die Querschnittsform des Spritzkegels verstellt werden (Abb. 1).

Eine weitere Einstellung des Spritzstrahles erfolgt durch die richtige Materialmenge. Der Spritzstrahl ist richtig eingestellt, wenn der Spritzkegel gleichmäßig dicht ist (Abb. 2).

Bei den Pistolenbauarten unterscheidet man, je nachdem ob der Materialbecher stehend oder hängend angeordnet ist, zwischen Fließbecher- und Saugbecherpistolen (Abb. 3).

Die Zerstäubung ist beim Hochdruckspritzen extrem fein und regelbar. Ein Nachteil ist die sehr starke Nebelbildung (gesundheitsgefährdend). Außerdem entsteht durch die Lacknebelverluste ein hoher Lackverbrauch.

Airless-Spritzen

> Das Airless-Spritzen ist ein luftloses Spritzen.

Der Lack wird hierbei ohne Luft mit einem Druck bis zu 200 bar durch die sehr kleine Düse mit einem Durchmesser von etwa 0,3 mm gepresst und fein zerstäubt. Der Lack wird von einer **Lackpumpe**, dem wichtigsten Teil der Airlessanlage, aus dem Lackbehälter angesaugt und verdichtet. Die Pumpe kann elektrisch oder pneumatisch angetrieben werden. Der hoch verdichtete Lack wird durch einen Hochdruckschlauch direkt zur Spritzpistole gefördert.

Pistolenaufbau

Der wichtigste Teil der Spritzpistole ist die Spritzdüse. Wegen der extrem hohen Beanspruchung, wie Druck und Reibung, besteht die Düse aus Hartmetall. Wird der Abzugshebel betätigt, so gibt das Verschlussventil die Spritzdüse frei, und der Lack tritt fein zerstäubt aus. Der Spritzstrahl lässt sich durch einfaches Drehen der Spritzdüse einstellen (Abb. 4).

Im Vergleich zum Spritzen mit luftbetriebenen Spritzpistolen ergeben sich beim Airless-Spritzen bestimmte Vor- und Nachteile.

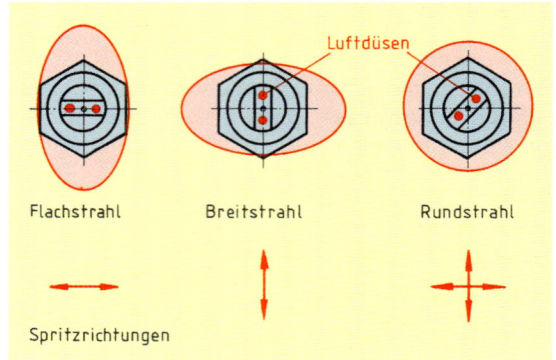

1 Spritzstrahlarten und Spritzrichtungen

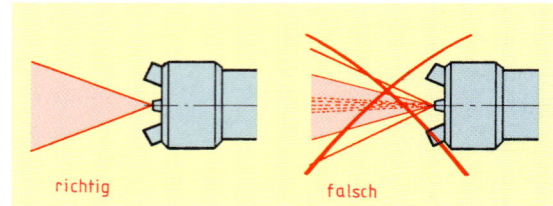

2 Spritzstrahleinstellung

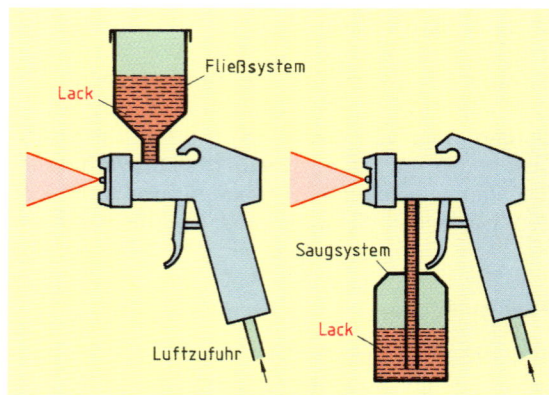

3 Fließbecher- und Saugbecherpistole

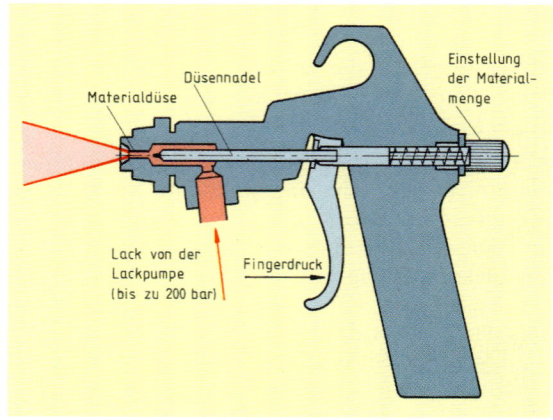

4 Schema einer Airless-Spritzpistole

Vorteile beim Airless-Spritzen:

- keine Nebelwirkung – umweltfreundlicher,
- größere Auftragsgeschwindigkeit,
- geringerer Lackverbrauch,
- keine Lufteinschlüsse im Lackfilm,
- leichtere Spritzpistole – ohne Becher.

Nachteile beim Airless-Spritzen:

- Feindosierung nicht möglich,
- Patinieren und Nebeln nicht möglich.
- Die Pistole darf nicht gegen die eigene Hand, den eigenen Körper oder andere Personen gerichtet werden.

Vorsicht!

Beim Arbeiten mit der Airless-Spritzpistole besteht wegen des hohen Druckes Verletzungsgefahr.

- Beim Düsenwechsel muss die Anlage drucklos gemacht werden.
- Bei Arbeitsunterbrechungen muss die Pistole gesichert werden.

Mitteldruckspritzen

Das Mitteldruckspritzen ist eine Kombination von Hochdruck- und Airless-Spritzen. Der Lack wird hierbei von einer Lackpumpe aus dem Behälter angesaugt, auf etwa 25…50 bar verdichtet, zur Spritzpistole geführt und luftlos verspritzt. Die zusätzlichen Druckluftdüsen, die an der Lackdüse angeordnet sind, haben die Aufgabe, den Lackstrahl scharf abzugrenzen (Abb. 1).

Arbeitshinweise für das Spritzen

Die beste Oberflächengüte des Lackfilmes wird auf ebenen und liegenden Flächen erreicht, denn nur hierbei ist ein einwandfreies Verlaufen des Lackes gewährleistet. Bei stehenden Flächen besteht die Gefahr, dass der Lack schnell abläuft (Nasenbildung). Grundsätzlich ist die Lackauftragsmenge bei stehenden Flächen geringer als bei liegenden Flächen.

Der Abstand zwischen Pistole und Fläche soll etwa 20…30 cm betragen. Ein größerer Abstand führt zu starker Nebelbildung und zu schlechtem Verlauf des Lackfilmes durch vorzeitige Lösemittelverdampfung. Bei zu geringem Abstand kommt es zu ungleichen Lackschichtdicken (Abb. 2).

Um eine gleichmäßige Nassfilmdicke zu erhalten, ist die parallel zur Spritzebene geführte Pistole sehr wichtig. Wird die Pistole im Handgelenk ge-

schwenkt, wird der Abstand und damit die Schichtdicke verändert (Abb. 3).

Da der Spritzstrahl bei liegenden Flächen in der Regel unter einem spitzen Winkel auftrifft, prallt ein Teil des Lacknebels im gleichen Winkel ab und fällt auf die hintere Fläche. Hierbei trocknet der Lacknebel so weit an, dass er sich als Lackstaub absetzt.

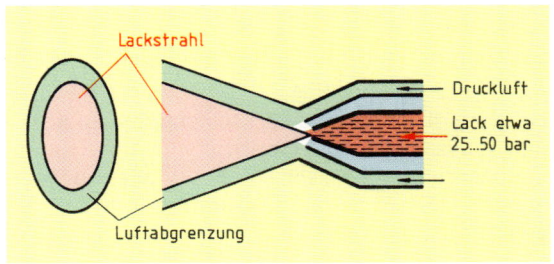

1 Spritzstrahl einer Mitteldruckspritze

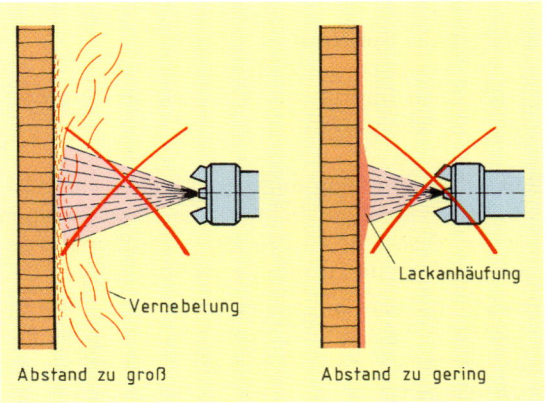

2 Folgeerscheinungen bei falschem Spritzabstand

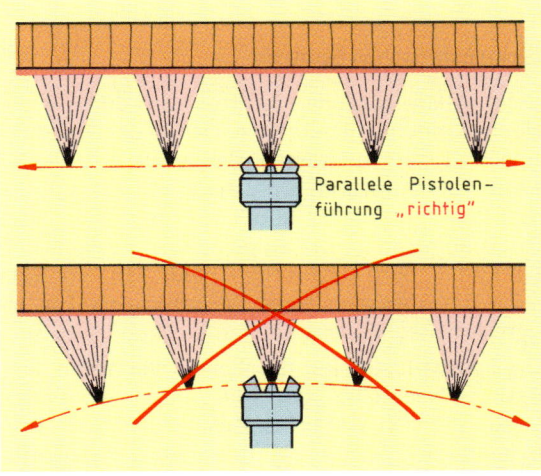

3 Ungleichmäßige Nassfilmdicke bei falscher Pistolenführung

Es ist daher wichtig, dass vom Körper weg gespritzt wird, denn nur so kann der nachfolgende Lack den Lackstaub lösen und in die Lackschicht einbinden (Abb. 1).

Regel:

> Gespritzt wird vom Körper weg!

Weiterhin muss die Pistole immer über den Rand hinaus geführt werden, damit die Wendung außerhalb der Fläche erfolgt. Dabei sollte der Spritzstrahl jedesmal aus- und wieder eingeschaltet werden (Abb. 2).

Um eine gleichmäßige Lackschichtdicke zu erhalten, müssen sich die Spritzbahnen überlappen. Bei bestimmten Lackschichten, vor allem bei stehenden Flächen, ist ein Lackauftrag in Kreuzgängen erforderlich (Abb. 3).

Reinigen der Spritzpistole

> Nach jeder Spritzarbeit muss die Spritzpistole sofort gereinigt werden.

Besonders sorgfältig müssen Luftdüse, Lackdüse und Düsennadel gereinigt werden. Zum Reinigen werden diese Teile ausgebaut, in Verdünnung gelegt, gereinigt und trocken gelagert (Abb. 4).

Reinigungsfehler an diesen Teilen führen mit Sicherheit zu Lackierfehlern. Es ist ratsam, die Pistole erst kurz vor dem erneuten Spritzen zusammenzubauen.

Elektrostatisches Spritzen

Beim elektrostatischen Spritzen wird durch einen Hochspannungsgenerator zwischen der Spritzpistole und dem geerdeten Werkstück ein elektrisches Feld aufgebaut. Der Lack wird beim Austritt aus der Spritzpistole durch eine Elektrode elektrisch aufgeladen. Die aufgeladenen Lackteilchen (−) folgen den elektrischen Feldlinien, so dass auch die Rückseite eines Werkstückes (+) in einem Arbeitsgang lackiert werden kann (Abb. 5).

Die Lackverluste sind bei diesem Verfahren sehr gering. Nachteilig sind die teuren speziellen Lacke, die sich erst durch Zusätze elektrisch aufladen lassen. Auch muss für die Erdung der Holzwerkstücke eine Mindestfeuchtigkeit von 8…12% vorhanden sein.

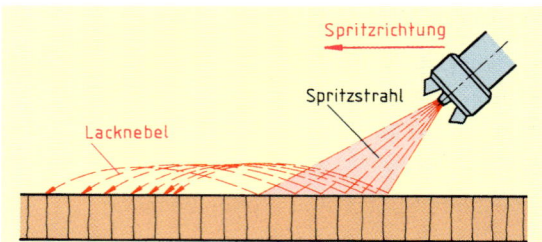

1 Lacknebel beim Spritzen; Spritzrichtung beachten

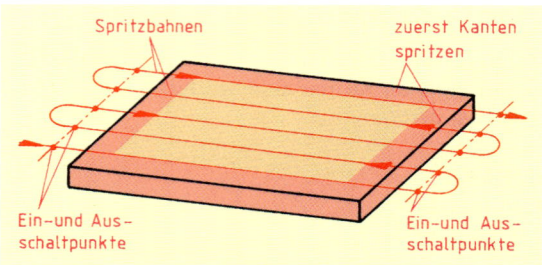

2 Spritzschema bei einer liegenden Fläche

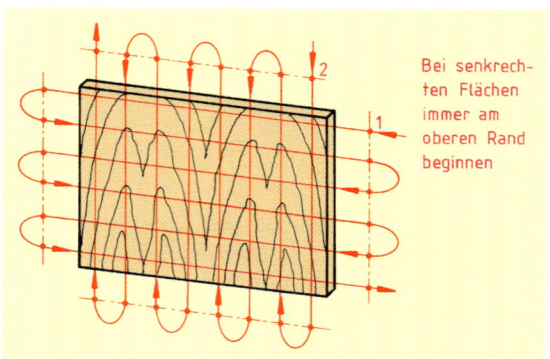

3 Spritzschema bei Kreuzspritzgängen

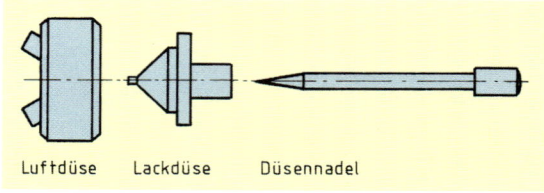

4 Teile der Spritzpistole,
die besonders gut gereinigt werden müssen

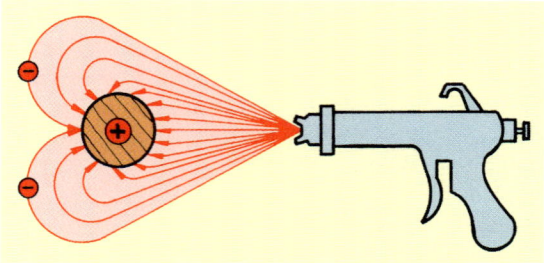

5 Flugbahnen des Lackes beim elektrostatischen Spritzen

17.6.3 Gießen

Der Lackauftrag durch Gießen wird bei der industriellen Fertigung angewendet. Hierzu eignen sich nur glatte Flächen. Der wichtigste Teil der Gießmaschine ist der Gießkopf mit seinen verstellbaren Gießlippen. Der Lack wird in den Gießkopf gepumpt und tritt als Lackvorhang aus. Die Werkstücke werden über Transportbänder unter dem Gießkopf hindurchgeführt. Die Lackauftragsmenge kann durch Veränderung des Gießschlitzes und der Vorschubgeschwindigkeit geregelt werden. Nicht aufgetragener Lack läuft in ein Auffangbecken und wird nach einer Filterung von einer Lackpumpe in den Gießkopf zurückgepumpt (Abb. 1).

Der Vorteil beim Gießauftrag liegt in der schnellen Arbeitsweise, der gleich bleibenden Lackschichtdicke und den geringen Lackverlusten.

17.6.4 Walzen

Der Lackauftrag durch Walzen kann nur bei ebenen Flächen angewendet werden. Hierbei lassen sich geringe Auftragsmengen von etwa 40 g/m² gleichmäßig auftragen (vgl. Beizen durch Walzauftrag).

Aufgaben

1. Erklären Sie die wesentlichen Unterschiede beim Niederdruck-, Hochdruck- und Airless-Spritzen.
2. Welchen Einfluss hat der Spritzabstand für die Oberflächengüte einer Lackschicht?
3. Warum soll beim Spritzauftrag vom Körper weg gespritzt werden?
4. Warum soll die Pistole beim Spritzen außerhalb der Fläche gewendet werden?

17.7 Arbeitssicherheit und Umweltschutz

> Lösemittelhaltige Überzugsmittel gehören nach der Arbeitsstoff-Verordnung und den Unfallverhütungs-Vorschriften (VGB) zu den gefährlichen Arbeitsstoffen.

Gefährliche Arbeitsstoffe im Sinne von VGB §1 sind alle

– explosionsgefährlichen und brandfördernden,
– entzündlichen und leicht entzündlichen,
– giftigen und gesundheitsschädlichen,
– ätzenden und reizenden

  Ausgangs-, Hilfs- und Betriebsstoffe.

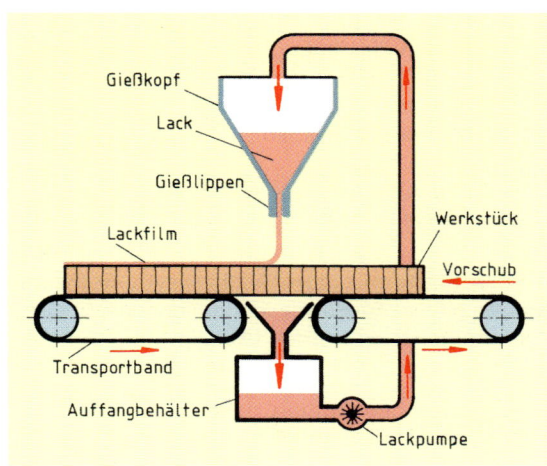

1 Arbeitsweise der Gießmaschine

2 Gefahrensymbole

Bei unsachgemäßer Verarbeitung, Lagerung und ungenügenden Schutzmaßnahmen kann es zu erheblichen Sach- und Personenschäden kommen. Aus diesem Grunde hat der Gesetzgeber Verordnungen und Richtlinien geschaffen. Diese Maßnahmen dienen im Einzelnen:

– dem Gesundheitsschutz,
– dem Brandschutz,
– dem Umweltschutz.

17.7.1 Gesundheitsschutz

Bei der Oberflächenbehandlung entstehen durch das Verdunsten der Löse- und Verdünnungsmittel und des Lacknebels mehr oder weniger gesundheitsgefährdende Gase. Größte Vorsicht ist vor allem bei Stoffen geboten, die mit Gefahrensymbolen gekennzeichnet sind (Abb. 2).

Für die Beurteilung der Gesundheitsgefahren kommt es darauf an, welche Konzentrationen von den Menschen ohne Schaden vertragen werden. Anhaltspunkt für die **m**aximale **A**rbeitsplatz**k**onzentration, den MAK-Wert, ist die höchstzulässige Konzentration eines Stoffes als Gas, Dampf oder Schwebstoff in der Luft, bei einer Einwirkzeit von 8 Stunden (Tab. 1, S. 336).

Durch eine gute Be- und Entlüftung bzw. durch Absaugung muss die Luft frei von diesen Schadstoffen gehalten werden. Wird in Räumen gespritzt, die keine Absauganlage haben, ist ein Atemschutzgerät zu tragen.

> Lösemitteldämpfe und Lackschwebstoffe können schwere Erkrankungen verursachen.

Werden Stoffe mit dem Gefahrensymbol **ätzend** verarbeitet, so muss die entsprechende Schutzkleidung getragen werden (Abb. 2).

Zu den ätzenden Stoffen gehören Säuren, Laugen, Härter, Wasserstoffperoxid u.a.

> Bei Unfällen ist nach der ersten Hilfe am Arbeitsplatz sofort ein Arzt aufzusuchen.

Aufgaben

1. Nennen Sie lösemittelhaltige Stoffe, die als gefährliche Arbeitsstoffe eingestuft sind.
2. Erläutern Sie den Begriff „maximale Arbeitsplatzkonzentration".

Löse- und Verdünnungsmittel	MAK-Werte	
	cm³/m³	mg/m³
Essigsäureäthylester	400	1400
Essigsäurebutylester	200	950
Aceton	1000	2350
Äthylalkohol	1000	1900
Xylol	100	440
Testbenzin	500	2000
Formaldehyd	0,5	0,6

1 MAK-Werte (Auswahl)

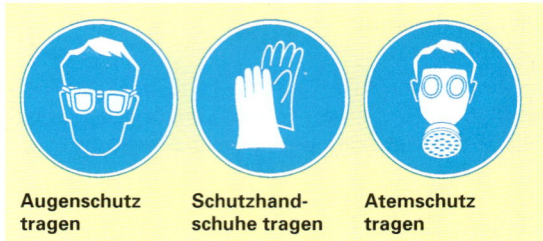

2 Körperschutzsymbole

Augenschutz tragen — Schutzhandschuhe tragen — Atemschutz tragen

Löse- und Verdünnungsmittel	Flammpunkt in °C	Zündtemperatur in °C	Explosionsgrenzen in Vol.-%
Essigsäureäthylester	− 4	460	2,1…11,5
Essigsäuremethylester	+22	370	1,2…7,5
Aceton	−19	540	2,5…13
Äthylalkohol	+12	425	3,5…15
Xylol	+25	525	1,1…7
Testbenzin	+33	220	0,8…6

3 Kennzahlen (Auswahl)

17.7.2 Brand- und Explosionsschutz

Anstrichmittel gehören zu den entzündlichen, leicht entzündlichen und explosiven Arbeitsstoffen, bei denen folgende Kennzahlen zu berücksichtigen sind (Tab. 3).

Flammpunkt

Als Flammtemperatur wird die Temperatur bezeichnet, bei der sich die Dämpfe über einer brennbaren Flüssigkeit entzünden. Dabei unterscheidet man drei Gefahrenklassen.

Gefahrenklasse I: Flüssigkeiten mit einem Flammpunkt unter 21 °C.

Gefahrenklasse II: Flüssigkeiten mit einem Flammpunkt von 21 °C bis 55 °C.

Gefahrenklasse III: Flüssigkeiten mit einem Flammpunkt von 55 °C bis 100 °C.

Zündtemperatur

Die Zündtemperatur ist die niedrigste Temperatur, bei der eine Verbrennung ohne äußere Wärmezufuhr von selbst fortschreitet.

Schutzvorschriften

Um einer Brand- und Explosionsgefahr vorzubeugen, sind folgende **Schutzvorschriften nach VGB § 23** genauestens einzuhalten:

– Rauchen und offenes Feuer sind verboten.
– Feuerlöscher und Löschdecken sind regelmäßig zu überprüfen.
– Nur Feuerlöscher der Brandklasse B verwenden (Wasser ist ungeeignet).
– Fluchtwege sind immer begehbar zu halten (im Lackierraum mindestens zwei Ausgänge).
– Lackreste müssen regelmäßig entfernt werden.
– Reinigung mit Eisenwerkzeugen ist wegen des Funkenschlags verboten. Schuhe ohne metallische Teile tragen.
– Arbeitskleidung sauber halten (Selbstentzündung).
– Gegenstände, die sich statisch aufladen können, müssen geerdet sein. Verwendung ungeschützter elektrischer Handmaschinen im Lackierraum ist verboten.

- Im Lackierraum darf max. ein Lackvorrat für einen halben Tagesbedarf vorhanden sein.
- Leere Lackgefäße sind sofort aus dem Lackierraum zu entfernen (Explosionsgefahr).
- Das wechselweise Verarbeiten von Anstrichstoffen in derselben Anlage ist verboten (Explosionsgefahr).
- Sind keine gesonderten Lackierräume vorhanden, so gilt der Bereich um 5 m um die Verarbeitungsstelle herum als feuergefährlich (Abb. 1).
- Die Lüftung bzw. Absaugung muss so geführt werden, dass sich keine explosiven Lösemitteldämpfe am Boden bilden können.

> Lösemitteldämpfe sind schwerer als Luft und sammeln sich in Bodennähe – Explosionsgefahr!

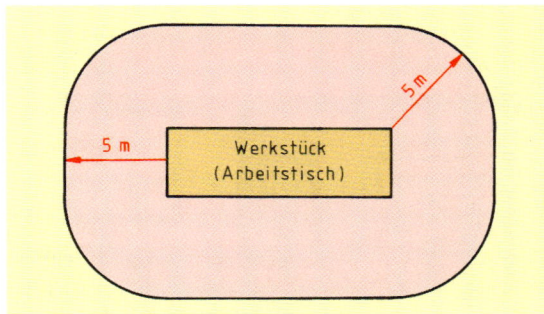

1 Feuergefährlicher Arbeitsbereich

17.7.3 Umweltschutz

Der Umweltschutz wird durch eine große Anzahl von Gesetzen gesichert. Verstöße gegen diese Gesetze werden hoch bestraft.

> Luftverschmutzung durch Lösemitteldämpfe und Lacknebel muss unbedingt verhindert werden.

Lösemitteldämpfe und Lacknebel können durch geeignete Absauganlagen gefiltert und abgeführt werden. Dabei unterscheidet man zwei Abscheidungssysteme.

Trockenfilterung

Die lacknebelhaltige Luft wird über Prallbleche mit Filtereinsätzen abgesaugt. Dabei setzt sich der Lacknebel in den Filtern ab und die gereinigte Luft gelangt über einen Exhaustor ins Freie (Abb. 2).

Nassfilterung

Die lacknebelhaltige Luft wird durch einen Wasservorhang hindurch abgesaugt, wobei die Lackteilchen, vom Wasser benetzt, sich als Schlamm im Wasserbecken sammeln (Abb. 3).

> Lack- und Lösemittelreste dürfen wegen der Grundwasserverschmutzung nicht in die Kanalisation geleitet werden.

Sie sind in besonders gekennzeichneten und verschließbaren Abfallbehältern zu sammeln und auf dafür genehmigte Mülldeponien abzulagern.

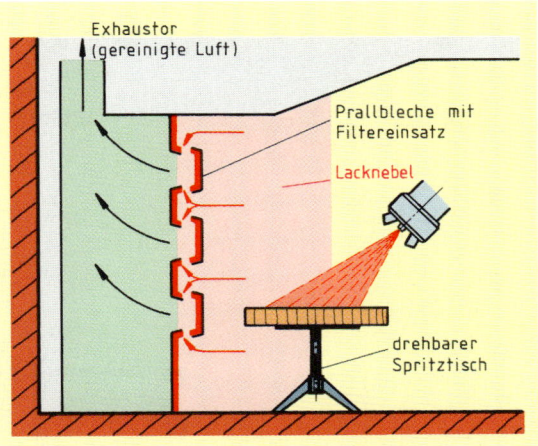

2 Trockenspritzstand, Wirkungsgrad etwa 50%

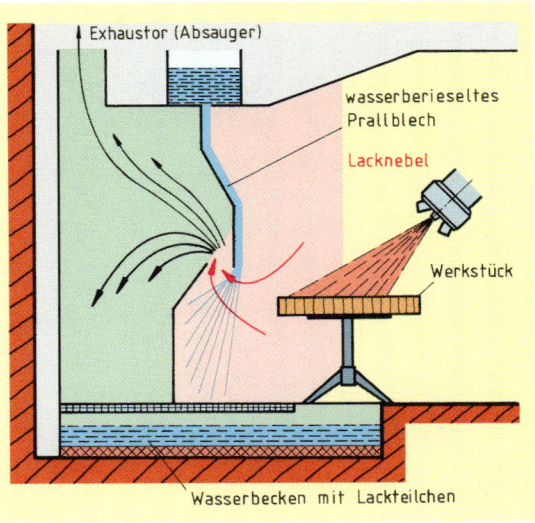

3 Nassspritzstand, Wirkungsgrad etwa 100%

Aufgaben

1. Nennen Sie Arbeitsstoffe, die in Gefahrenklasse I eingestuft werden!
2. Warum dürfen leere Lackgefäße nicht im Lackierraum gelagert werden?

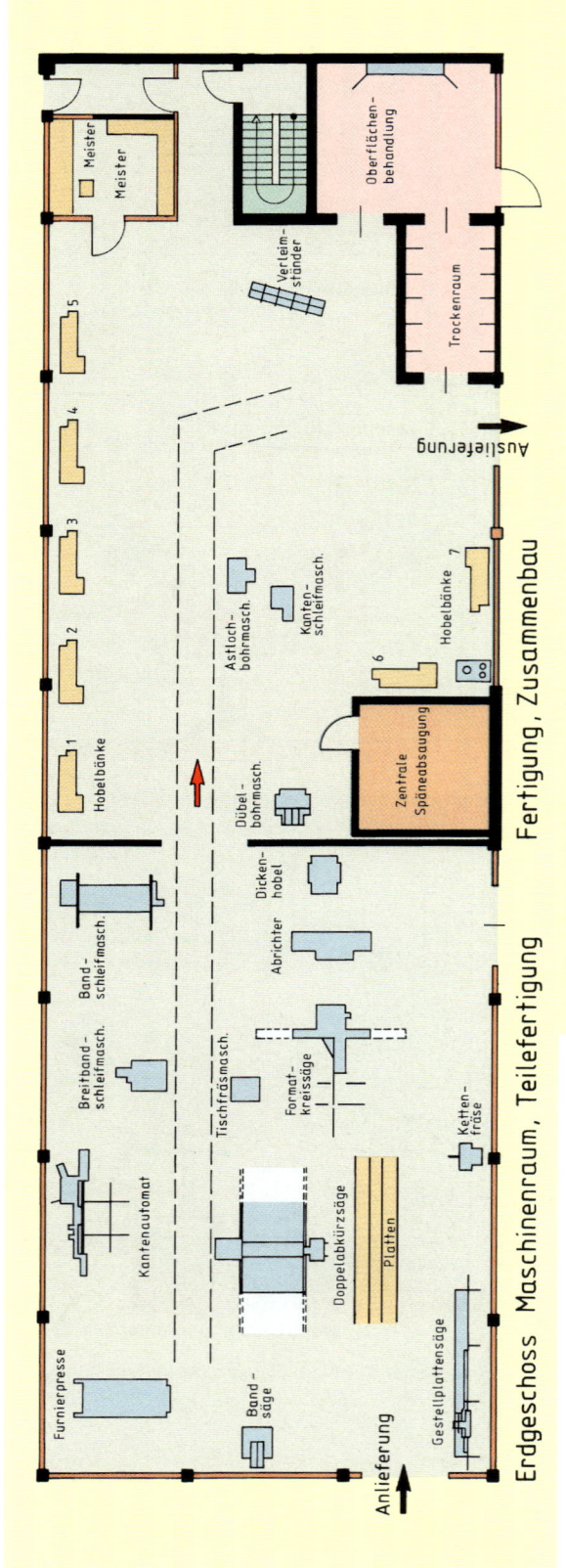

1 Grundriss einer Tischlerei/Schreinerei

18.1 Betriebsanlage

Zur Betriebsanlage gehören Gebäude und Außenanlagen. Eine Tischlerei mittlerer Größe könnte z. B. Abb. 1 entsprechend aufgebaut sein. Bank- und Maschinenräume sind voneinander getrennt. Sie bilden in der Regel die beiden größten Einheiten.

Alle Maschinen und Arbeitsplätze sollen so angeordnet werden, dass vom Werkstofflager bis zur Fertigstellung eines Werkstückes möglichst wenig Transportwege anfallen.

Ordentliche Außenanlagen mit Einstell- und Lagerplätzen sowie evtl. Grünanlagen ergeben für Kunden und Besucher einen guten Gesamteindruck.

Das **Holzlager**: Bretter, Bohlen, Latten und Leisten sollten übersichtlich gelagert werden. Temperatur und Luftfeuchte sind für die Holztrocknung zu beachten.

Als **Furnierlager** eignet sich am besten ein Kellerraum. Furniere, die stark austrocknen, werden wellig und damit zum Teil unbrauchbar (Abb. 2).

Im **Plattenlager** sind aus Gründen der Übersichtlichkeit und Arbeitssicherheit stabile Regale anzuordnen.

Lager für Halbfabrikate zur Aufbewahrung von Beschlägen, Schrauben, Dübeln, Schleifpapier usw. Die Lagerhaltung wird durch ein gutes Ordnungssystem erleichtert.

Lagerraum für Mittel der Oberflächenbehandlung. Hier gelten besondere Vorschriften der Be- und Entlüftung sowie des Feuer- und Explosionsschutzes.

Das **Fertiglager** soll für die Auslieferung der Erzeugnisse verkehrsgünstig liegen.

Die **persönlichen Arbeitsmittel** wie Atemmasken, Gehörschutz, Handschuhe, Schutzhelme und Schutzbrillen sind **zentral** und **übersichtlich** aufzubewahren.

Der Weg zur Erste-Hilfe-Station ist auszuschildern und darf nicht versperrt werden (Abb. 1).

2 Furnierlager

3 Fahrbares Plattenmagazin

18.2 Arbeitsplatz

Der Arbeitsplatz soll dem arbeitenden Menschen angepasst sein. Die zweckmäßige Gestaltung spielt eine wichtige Rolle. Die Höhe einer Hobelbank z. B. und der Greifraum zu den Werkzeugen müssen auf die Körpermaße des Arbeitenden abgestimmt werden. Für schwere Platten eignet sich besonders ein fahrbares Plattenlager (Abb. 3).

Bedienungselemente an Maschinen sind sinnvoll in Sichthöhe anzubringen (Abb. 4).

„Erste Hilfe"
(Verbandskasten)

Richtungshinweis für
Flucht- und Rettungsweg

1 Hinweiszeichen

4 Fräsmaschine mit elektrischem Schaltpult und automatischer Drehzahlanzeige

Alle Maßnahmen zum Erleichtern und Verbessern der menschlichen Arbeit (**Humanisierung**) sind gleichzeitig geeignet, Wirtschaftlichkeit und Qualität zu verbessern.

Ein gut gestalteter Arbeitsplatz wird auch als **ergonomisch richtig** bezeichnet. **Ergonomie** ist die Lehre vom arbeitenden Menschen, sie ist angewandte Arbeitswissenschaft.

Auch bei der **Arbeitsumgebung** sind mehrere Einflüsse zu berücksichtigen und günstig zu gestalten: z.B. **Klima**, **Licht und Beleuchtung**, **Lärm**, **Staub und Gase**.

Durch Erkennen und Beseitigen ungünstiger Umgebungseinflüsse wird die Unfallgefahr herabgesetzt und so zur Arbeitssicherheit beigetragen.

Klima

Die Art der Arbeit ist bestimmend für ein angenehmes Raumklima. In **Arbeitsstättenrichtlinien** wurden durch Erproben verschiedene Werte festgelegt. Für einen Klimabereich, in dem man sich „behaglich" fühlt, ist das Zusammenwirken von Lufttemperatur, Luftfeuchtigkeit und Luftbewegung maßgebend. Alter und Geschlecht eines Menschen sind besonders bei stark schwankendem Klima und erhöhter Wärmestrahlung, z.B. durch Maschinen, zu berücksichtigen.

Licht und Beleuchtung

Das Auge nimmt etwa 80% aller Sinneseindrücke auf. Ermüdungserscheinungen und Kopfschmerzen sind häufig die Folge einer mangelhaften Beleuchtung. Das natürliche Tageslicht sollte den Raum gleichmäßig ausleuchten (Abb. 1). Wenn die natürliche Lichtquelle ca. 300 Lux nicht erreicht, muss künstliches Licht eingesetzt werden. Neben der Allgemeinbeleuchtung sind noch arbeitsplatzorientierte Leuchtquellen mit einer Beleuchtungsstärke von etwa 500 Lux anzuordnen. Das künstliche Licht sollte möglichst nicht blenden und keine Schatten bilden.

> Bei Störung der Stromversorgung für die allgemeine Beleuchtung müssen Arbeitsplätze mit besonderer Gefährdung, z.B. an Kreissägen, durch eine Notbeleuchtung, die sich innerhalb 0,5 Sekunden automatisch einschaltet, beleuchtet werden.

Lärm

Lärm ist gesundheitsschädlich, er soll möglichst an der Entstehungsstelle abgemindert werden. Lärmschwerhörigkeit ist eine anerkannte Berufskrankheit, sie ist **nicht heilbar**.

1 Gutes Licht im Bankraum

2 Gehörschutz

Das Maß für den **Lärmpegel** ist das **Dezibel = dB** (A). Ab 80 dB (A) tritt eine Belastung für den Menschen auf, deshalb sollte ein Gehörschutz getragen werden (Abb. 2).

Durch Holzbearbeitungsmaschinen treten oft höhere Werte, bis ca. 120 dB (A), auf.

Den Lärm kann man mit einem Spezialgerät messen.

> Ab 90 dB (A) ist der Maschinenarbeiter laut VBG 121 verpflichtet, Schallschutzmittel zu benutzen.

Die Maschinenindustrie bemüht sich sehr um Lärmminderung, wie z.B. durch Dämmmaßnahmen an der Lärmquelle oder gezahnte Tischlippen an Abrichthobelmaschinen.

18.3 Späne- und Staubabsaugung

An Arbeitsplätzen muss sichergestellt sein, dass die Luft nicht mit gesundheitsgefährdenden Stoffen belastet ist.

Während bisher Absauganlagen installiert wurden, um die Späne aus der Werkstatt zu befördern, damit ein sauberes und unbehindertes Arbeiten möglich war, muss heute abgesaugt werden, da das Einatmen von Holzstaub gesundheitsschädlich ist.

Nach der Gefahrstoffverordnung gilt dies insbesondere für Buchen- und Eichenholzstäube, die als krebserregend eingestuft sind.

Staub beseitigende Geräte und Anlagen, welche die sicherheitstechnischen und staubtechnischen Prüfungen „bestanden" haben, erhalten von der Holzberufsgenossenschaft und der Prüfgemeinschaft – Holzbearbeitungsmaschinen das entsprechende Sicherheitszeichen (Abb. 1).

Kennzeichnung Staub geprüfter Industriestaubsauger und Entstauber (Auswahl)

Kennzeichnung geprüfter Filteranlagen (Auswahl)

1 Prüfzeichen für Staub beseitigende Geräte und Anlagen (Auswahl)

Als **Grenzwerte (TRK-Werte)** für den gesamten Holzstaub sind festgelegt worden:

– für Neuanlagen   2 mg Holzstaub/m^3 Luft,
– für bestehende   5 mg Holzstaub/m^3 Luft.
  Anlagen

Sind die so gekennzeichneten Maschinen an eine leistungsfähige Absauganlage angeschlossen, die mindestens 20 m/s Luftgeschwindigkeit am Anschlussstutzen sicherstellt, so gilt der Wert 2 mg/m^3 als dauerhaft sicher eingehalten.

2 Industriestaubsauger

18.3.1 Absaugsysteme

Je nach Betriebsgröße und Betriebsbeschaffenheit kommen verschiedene Geräte und Maschinen zur Entsorgung zum Einsatz:

– Staubsauger,
– Entstauber,
– Absauganlagen.

Staubsauger sind Geräte zum Aufsaugen und Abscheiden von abgelagerten Holzspänen und abgelagertem Holzstaub (Abb. 2).

Unter **Entstauber** versteht man mobile Geräte zum Erfassen, Fördern und Abscheiden von

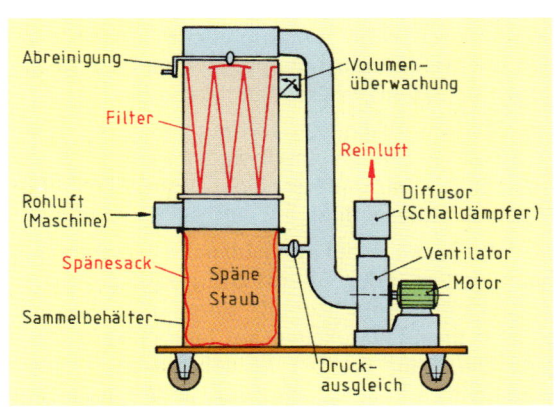

3 Entstauber für Einzelabsaugung

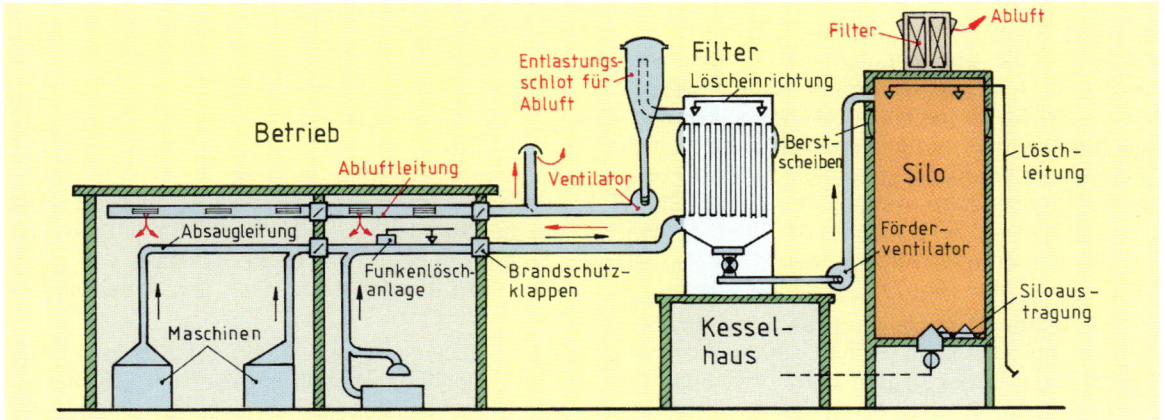

4 Zentralabsauganlage mit Silo und Kessel

Staub und Spänen in einer Anlage. An einen Entstauber darf nur eine Maschine (Einzelabsaugung) angeschlossen werden (Abb. 3, S. 341).

Absauganlagen sind ortsfeste Anlagen zum Erfassen, Fördern, Abscheiden und Zwischenlagern von Holzspänen und Holzstaub. An Absauganlagen können mehrere Maschinen (**Gruppen-** oder **Zentralabsaugung**) angeschlossen werden (Abb. 4, S. 341).

Bauteile einer Absauganlage

Auf die Kombination vieler einzelner Bauteile sollte geachtet werden, denn jedes Element ist für den Energiebedarf des Ventilators mitverantwortlich.

Erfassungselemente sind die Teile an der Maschine, die den Staub und die Späne direkt am Werkzeug erfassen sollen.

Förderleitungen sind alle Rohrleitungen, in denen die Späne und der Staub transportiert werden. Zu den Förderleitungen gehören alle Rohrverbinder, Bögen, manuell, pneumatisch oder elektrisch betriebene Absperrschieber, Drosselklappen, Weichen, Klotzfänger, Reinigungs- und Feuerschutzklappen. Ist das Rohrleitungssystem in Bodenschächten untergebracht, spricht man von der Unterflurabsaugung, ist es an der Decke angebracht, von der Oberflurabsaugung.

Als filternde Abscheider werden die Bauteile bezeichnet, welche die staubbeladene Luft (Rohluft) reinigen. Dabei unterscheidet man Filter und Massenkraftabscheider.

Die **Filtersäcke** oder **Filterschläuche** bestehen aus Baumwolle- oder Kunststoffgeweben. Beim Durchströmen der Rohluft durch das Gewebe bleiben die Staubteilchen am Filtergewebe hängen. Die Filter werden in den meisten Fällen schlauchförmig aufgehängt und sollten in gewissen Zeitabständen erneuert werden.

Massenkraftabscheider (Zyklone) trennen den Staub und die Späne durch die Fliehkraft der Luft. Durch fortlaufende Drehbewegung werden Späne und Staub gegen die Wandung des Zyklons geschleudert und gleiten nach unten in eine Auffangeinrichtung. Die gereinigte Luft wird über ein Rohr nach oben weggeleitet. Feiner Staub kann mit diesem Gerät nicht ausgefiltert werden. Aus diesem Grunde werden Zyklone oft den Filtern vorgeschaltet (Abb. 1).

Der **Ventilator** ist der eigentliche Strömungsantrieb der Absauganlage. Seine Leistung entscheidet über den Wirkungsgrad und somit über die Leistungsfähigkeit und Wirtschaftlichkeit der gesamten Absauganlage (Abb. 2).

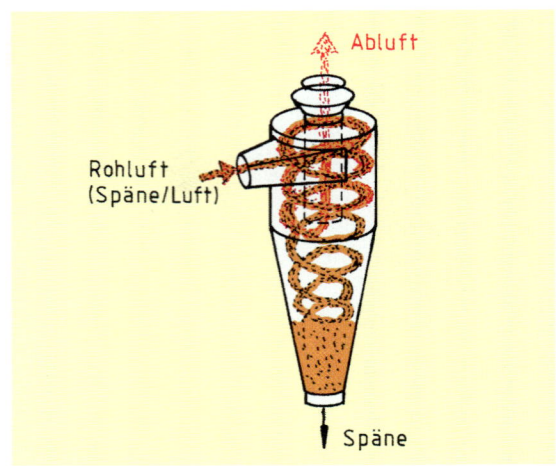

1 Wirkungsweise eines Zyklonabscheiders

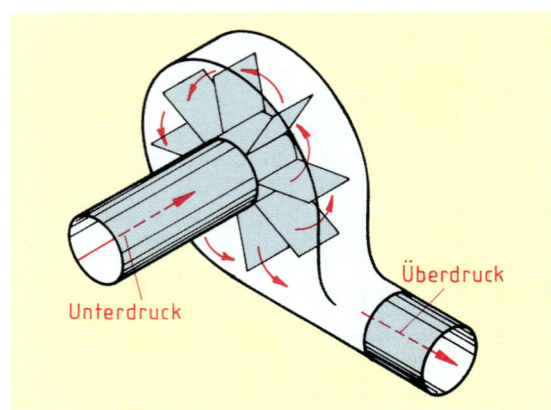

2 Wirkungsweise eines Ventilators

Zu den **Auffangeinrichtungen** gehören **Säcke, Silos** und **Bunker**.

Besonders zu beachten ist: Holz- und Lackschleifstaub dürfen wegen der Brand- und Entzündungsgefahr nicht gemeinsam abgesaugt und gelagert werden.

Die Gewerbeaufsichtsbehörden verlangen vom Arbeitgeber den Nachweis der höchstzulässigen Holzstaubbelastung im Betrieb. Das bedeutet, dass Holzstaubmessungen durchzuführen sind. Es handelt sich also nicht nur um eine Frage der Sauberkeit am Arbeitsplatz, sondern vor allem auch um die der Gesundheit und Arbeitssicherheit.

Eine Absauganlagenplanung sollte stets von einem Fachmann erstellt werden. Bei Erweiterungen oder Umstellungen muss die Leistung der gesamten Anlage überprüft werden.

18.4 Umweltschutz in der Holzverarbeitung

Ein wachsendes Umweltbewusstsein in der Bevölkerung trägt zu neuen Absatzmärkten z.B. für Vollholzmöbel bei, bewirkt jedoch auch neue Gesetze und Verordnungen für den **Umweltschutz** in den holzverarbeitenden Betrieben (Tab. 1).

> Bestimmungen über **Feuerungsanlagen, Späne- und Staubabsaugungen** sowie **Vermeidung und Entsorgung von Abfällen** bilden die drei Schwerpunkte beim **Umweltschutz in der Holzbearbeitung.**

Außer den gesetzlichen Vorschriften für die **Späne- und Staubabsaugung** sind für die Holzverarbeitung u.a. noch **Emissionswerte bei Feuerungs- und Lackieranlagen** einzuhalten. Das neue Gesetz zur **Vermeidung und Entsorgung von Abfällen** (Abfallgesetz vom Oktober 1996) bringt eine Reihe von Auflagen jedoch auch Vereinfachungen gegenüber einigen bisherigen Vorschriften.

Die **Bundesimmissionsschutzverordnung regelt den Betrieb von Kleinfeuerungsanlagen** mit einer Nennwärmeleistung bis max. 1000 kW. Brennstoffe können Öl, Gas sowie feste Brennstoffe wie Holz oder Kohle sein. In Tischlereien fallen vorwiegend Abfälle aus Holz und Holzwerkstoffen an.

Hier gilt:

Wenn die handbeschickten Feuerungsanlagen eine Nennwärme von mind. 50 kW haben,

dürfen verbrannt werden:

- naturbelassenes stückiges Holz (lufttrocken),
- Späne, Holzstaub, Holzschnitzel,
- Holzbriketts (ohne Bindemittel hergestellt),
- gestrichenes, lackiertes oder beschichtetes Holz, wenn keine Holzschutzmittel enthalten sind,
- Reste von Sperrholz, Spanplatten oder Faserplatten (einschließlich evtl. Beschichtungen z.B. mit Melaminharz oder HPL).

Nicht verbrannt werden dürfen:

- Plattenmaterial mit PVC-Beschichtungen oder PVC-Anleimern (alle halogenorganischen Verbindungen, die Chlor und Fluor enthalten),
- Spanplatten, die Holzschutzmittel enthalten (häufig V_{100} Platten),
- Holz- und Holzwerkstoffe mit Brandschutzlackierungen,
- Lackreste.

Nach dem Gesetz über die **Vermeidung und Entsorgung von Abfällen** soll die Menge der Gewerbeabfälle so klein wie möglich gehalten werden. Sind Abfälle nicht zu vermeiden, so gilt „anderweitige Verwertung vor Entsorgung". Die in einem Betrieb anfallenden Gewerbeabfälle werden danach in Wertstoffe, hausmüllähnliche Gewerbeabfälle und Sondermüll eingeteilt. Sie sind getrennt voneinander zu sammeln und jeweils entsprechend zu entsorgen.

Wertstoffe sind Abfallstoffe, die von anderen Firmen weiterverarbeitet werden können, z.B. in Kunststoff-, Glaserzeugnisse oder Umweltpapier und werden somit wieder in den Wirtschaftskreislauf eingebracht.

Gesetze, Verordnungen, Vorschriften	Regelungen und Anforderungen
Bundesimmissionsschutzgesetz (BImSchG)	Schutz von Menschen, Tieren, Pflanzen etc. vor schädlichen Umwelteinwirkungen (Immissionen) von z.B. Staub, Späne, Gase, Lärm u.a.
Verordnungen zur Durchführung des BImSchG	Emissionsbegrenzungen von nicht genehmigungsbedürftigen Kleinfeuerungsanlagen. Emissionsgrenzwerte bei Holzstaub.
Technische Regel für Gefahrstoffe TRGS 553 – Holzstaub	Anforderungen an Arbeitsplätze, an denen Holzstäube auftreten.
Verordnung über gefährliche Stoffe (Gefahrstoffverordnung)	Einstufung und Kennzeichnung von gefährlichen Stoffen durch MAK-Werte (siehe Tab. 1, Seite 336).
Gesetz über die Vermeidung und Entsorgung von Abfällen (Abfallgesetz)	Regelungen über das Vermeiden, Sammeln, Befördern, Behandeln und Lagern von Abfällen.
Abfall- und Wertstoffüberwachungsverordnung	Regelungen über den Transport und Entsorgung von Abfällen und Wertstoffen.
Technische Anleitung zur Reinhaltung der Luft (TA-Luft)	Anforderungen an Anlagen, die Verunreinigungen der Luft durch Gase, Rauch, Dämpfe, Staub u.a. verursachen können.
Technische Anleitung zum Schutz gegen Lärm (TA-Lärm)	Anforderungen an Anlagen, die Lärmbelästigungen verursachen können (Holzbearbeitungsmaschinen).

1 **Wichtige Gesetze, Verordnungen und Vorschriften zum Umweltschutz für holzverarbeitende Betriebe**

18.5 Fertigungsablauf

Der Arbeitsablauf in einem Betrieb muss organisiert werden. Großbetriebe setzen dafür Fachleute ein. Aber auch ein Handwerksbetrieb kann auf **Ablaufgestaltung** nicht verzichten.

Je nach Betriebsgröße sind **Arbeitsteilung**, **Arbeitsartteilung**, **Anordnung der Arbeitsplätze** und **Materialfluss** zu regeln.

Man unterscheidet folgende Fertigungssysteme:

- Werkplatzsystem: Abgegrenzter Bereich mit fest stehendem Arbeitsplatz.
- Werkstattsystem: Vor- und Rückläufe sind unumgänglich, sollten aber durch gute Anordnung der Fertigungsbereiche zweckmäßig gestaltet sein.
- Fließsystem: Kein Rücklauf, Kennzeichen für industrielle Fertigung.

Arbeitsteilung

Die Arbeitsteilung ist zu einem wichtigen Begriff geworden. Im betrieblichen wie im privaten Bereich kommt man heute nicht mehr ohne sie aus. In Handwerksbetrieben wird nicht nur mengenmäßige, sondern besonders artmäßige Aufteilung der Arbeit betrieben.

Diese berücksichtigt fachliche Kenntnisse und körperliche Fähigkeiten einzelner Mitarbeiter. Die Spezialisierung von Teilbereichen, aber auch die Nutzung teurer Betriebseinrichtungen wird damit rationell gestaltet.

Rationalisieren heißt in jedem Fall **vernunftgemäß** arbeiten, also nicht nur Erhöhen der Wirtschaftlichkeit, sondern auch Humanisierung der Arbeit.

Anordnung der Arbeitsplätze

Die Fertigung von **Einzelerzeugnissen** oder die **Reihenfertigung** bestimmen die Anordnung der Arbeitsplätze. Bei der Fensterherstellung wird häufig schon das Reihenprinzip angewandt, d.h. dem Fertigungsablauf werden die unterschiedlichen Arbeitsplätze zugeordnet.

Materialfluss

Der Weg der Werkstoffe oder Teilerzeugnisse von der Anlieferung bis zum Vertrieb ist hier zu planen. Das Ziel muss sein, Lager- und Förderzeiten so gering wie möglich anfallen zu lassen. Beim Materialfluss werden zur Arbeitserleichterung auch Beförderungsmittel (Abb. 1) und Hebezeuge eingesetzt, wie z.B. Rollwagen, Hubwagen (Abb. 2), Front- oder Seitenstapler, Rollbahnen (Abb. 3), Krananlagen.

1 Fahrtisch

2 Hydraulischer Hubwagen

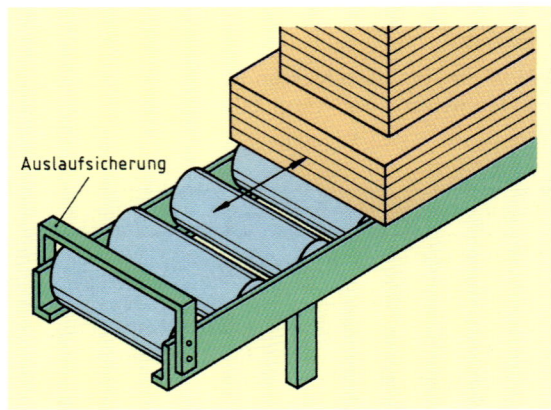

Auslaufsicherung

3 Rollenbahnen

Aufgaben

1. Wie hoch darf heute der TRK-Wert bei neuen Absauganlagen sein?
2. Welche Aufgaben hat die Absauganlage?
3. Wie hoch muss die Luftgeschwindigkeit am Anschlussstutzen mindestens sein?
4. Welche Absaugsysteme sind möglich?
5. Welche Holzabfälle dürfen in Kleinfeuerungsanlagen verbrannt werden und welche nicht?
6. Welche Abfallarten entstehen in einer Tischlerei und wie sollen diese behandelt werden?

1 Mechanik

1.1 Hebelgesetze und Drehmomente

Der Hebel wird als „Kraftumsetzer" benutzt, indem man z.B. zum Heben einer Last den Kraftaufwand mithilfe eines langen Hebelarmes verringert. Dabei ist allerdings ein längerer Kraftweg zurückzulegen, entsprechend der goldenen Regel der Mechanik:

Was an Kraft gespart wird, muss an Weg zugesetzt werden und umgekehrt: Was an Weg gespart wird, muss an Kraft zugesetzt werden.

Beispiel:

Ein schweres Tor ($F_G = 2380$ N) muss, um es aushängen zu können, 60 mm angehoben werden. Dazu wird ein Kantholz als Hebel angesetzt.

1. Um wie viel mm muss das Hebelende angehoben werden, damit sich das Tor um 60 mm hebt?

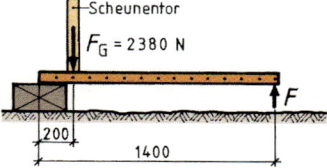

Lösung:

$$\frac{60 \text{ mm}}{h} = \frac{200 \text{ mm}}{1400 \text{ mm}}$$

$$h = \frac{60 \text{ mm} \cdot 1400 \text{ mm}}{200 \text{ mm}}$$

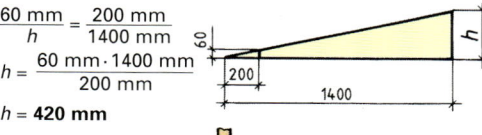

$h = \mathbf{420\ mm}$

2. Wie lautet das Verhältnis Lastweg zu Kraftweg in Verhältniszahlen?

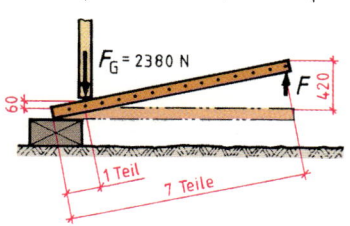

Lösung:

$$\frac{60 \text{ mm}}{420 \text{ mm}} = \frac{1}{x}; \quad x = \frac{1 \cdot 420 \text{ mm}}{60 \text{ mm}} = 7; \quad \text{Verhältnis } \mathbf{1:7}$$

3. Nach der goldenen Regel der Mechanik nimmt die aufgewendete Kraft im gleichen Verhältnis ab, wie der aufgewendete Weg zugenommen hat. Wie groß ist die aufgewendete Kraft F?

Lösung: $F : F_G = 1 : 7; \quad F = \dfrac{1 \cdot F_G}{7} = \dfrac{2380 \text{ N}}{7} = \mathbf{340\ N}$

Drehmoment M

Das Produkt aus Hebelarmlänge und der rechtwinklig dazu angreifenden Kraft heißt Drehmoment oder kurz Moment (M).

$$M = F \cdot l \quad \leftarrow \text{Hebelarmlänge in m}$$
$\qquad\qquad\quad \llcorner$ Kraft in N
$\qquad\quad \llcorner$ Moment in Nm

Drehmomente am einseitigen Hebel

An allen Hebeln wirken mindestens zwei Momente.

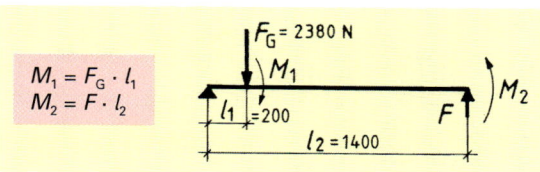

$$M_1 = F_G \cdot l_1$$
$$M_2 = F \cdot l_2$$

Die Momente wirken entgegengesetzt, und zwar M_1 rechtsdrehend im Uhrzeigersinn ($\widehat{M}_1$) und M_2 linksdrehend gegen den Uhrzeigersinn ($\widehat{M}_2$).

An einem Hebel herrscht Gleichgewicht, wenn das rechtsdrehende Moment und das linksdrehende Moment gleich groß sind.

Beispiel:

Auf das Anheben des Tores angewendet, ergibt sich folgender Gleichgewichtszustand, **das Hebelgesetz:**

$$\widehat{M}_1 = \widehat{M}_2$$

$$F_G \cdot l_1 = F \cdot l_2 \qquad F = \frac{F_G \cdot l}{l_2} = \frac{2380 \text{ N} \cdot 200 \text{ mm}}{1400 \text{ mm}} = \mathbf{340\ N}$$

Wirken an einem Hebel mehr als zwei Momente, so herrscht Gleichgewicht, wenn die Summe der rechtsdrehenden Momente ebenso groß ist wie die Summe der linksdrehenden Momente.

Als Formel: $\qquad \sum \widehat{M} = \sum \widehat{M}$

An einem Hebel herrscht auch Gleichgewicht, wenn die Summe der Momente gleich null ist.

Als Formel: $\qquad \sum M = 0$

oder $\quad \sum \widehat{M} - \sum \widehat{M} = 0 \quad$ oder $\quad \sum \widehat{M} - \sum \widehat{M} = 0$

Drehmomente am zweiseitigen Hebel

Es gelten die gleichen Regeln wie bei einseitigen Hebeln.

Beispiel:

Das Tor, wie im Beispiel zuvor, soll mit einem zweiseitigen Hebel (ebenfalls 1400 mm Gesamtlänge) angehoben werden.

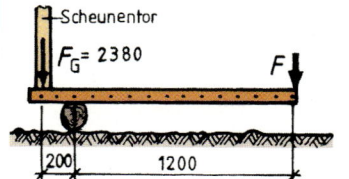

Wie groß ist die aufzuwendende Kraft F?

Lösung:

Systemzeichnung:

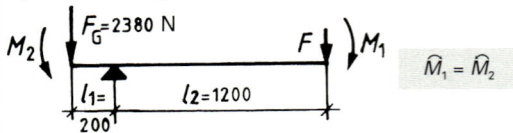

$\widehat{M}_1 = \widehat{M}_2$

$F \cdot 1200\ \text{mm} = F_G \cdot 200\ \text{mm}$

$F = \dfrac{2380\ \text{N} \cdot 200\ \text{mm}}{1200\ \text{mm}} = \textbf{397 N}$

Beispiel mit mehr als zwei Momenten:

Wie groß ist die Druckkraft F_3 auf das Schleifkissen einer Bandschleifmaschine?

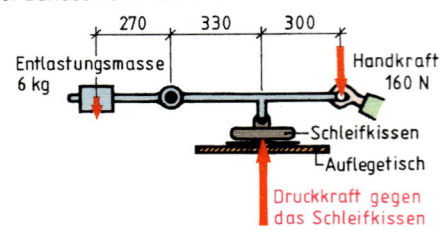

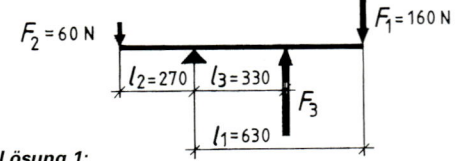

Lösung 1:

$\sum \widehat{M} = \sum \widehat{M}$ $\qquad F_1 \cdot l_1 = F_2 \cdot l_2 + F_3 \cdot l_3$

$F_3 = \dfrac{F_1 \cdot l_1 - F_2 \cdot l_2}{l_3} = \dfrac{160\ \text{N} \cdot 630\ \text{mm} - 60\ \text{N} \cdot 270\ \text{mm}}{330\ \text{mm}}$

Schleifdruckkraft $F_3 = \textbf{256 N}$

Lösung 2:

$\sum M = 0$ $\qquad$ Rechtsdrehende Momente werden positiv, linksdrehende negativ angenommen.

Umstellung der vorhergehenden Gleichung:

$\sum \widehat{M} = \sum \widehat{M};\ \ \sum \widehat{M} - \sum \widehat{M} = 0$

$F_1 \cdot l_1 - (F_2 \cdot l_2 + F_3 \cdot l_3) = 0$

Berechnen Sie aus der Gleichung F_3.

Messen des Hebelarmes

Die Länge des Hebelarmes wird rechtwinklig von der Kraftwirkungslinie bis zum Drehpunkt gemessen.

Beispiel an einem gekrümmten Hebel einer Spannvorrichtung:

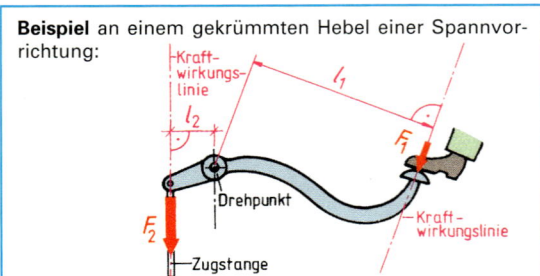

Auflagerkräfte

Breit aufliegende Lasten, wie z.B. Schüttgüter, Holz- und Plattenstapel u.dgl. werden jeweils wie Einzellasten mit Kraftangriff in der Schwerlinie bzw. im Schwerpunkt behandelt.

Beispiel:

Wie groß sind die an den Auflagern A und B wirkenden Auflagerkräfte, die den Auflagerlasten entgegenwirken?

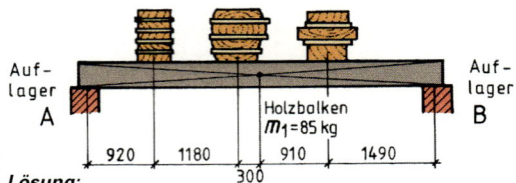

Lösung:

a) Hebelarmzeichnung mit dem linken Auflager als Drehachse anfertigen, Massen in Kräfte umwandeln.

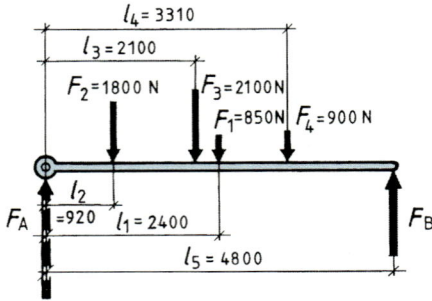

b) Momentengleichung aufstellen und F_B ausrechnen. Dadurch, dass die Drehachse am linken Auflager angenommen wird, hat F_A den Hebelarm der Länge 0. $F_A \cdot 0 = 0$; somit fällt F_A aus der Gleichung heraus.

$\widehat{M} = \sum \widehat{M}$

$F_B \cdot l_5 = F_1 \cdot l_1 + F_2 \cdot l_2 + F_3 \cdot l_3 + F_4 \cdot l_4$

$F_B \cdot 4{,}80\ \text{m} = 850\ \text{N} \cdot 2{,}4\ \text{m} + 1800\ \text{N} \cdot 0{,}92\ \text{m}$
$\qquad\qquad\qquad + 2100\ \text{N} \cdot 2{,}1\ \text{m} + 900\ \text{N} \cdot 3{,}31\ \text{m}$

$F_B \cdot 4{,}8\ \text{m} = 11085\ \text{Nm}$

$F_B = \dfrac{11085\ \text{Nm}}{4{,}8\ \text{m}} = \textbf{2309 N}$

c) F_A kann nach einer Momentengleichung mit der Drehachse am rechten Auflager oder nach der folgenden Gleichgewichtsbedingung – **Gleichgewicht vertikaler Kräfte** – ermittelt werden.

An einem Hebel herrscht Gleichgewicht, wenn die Summe der senkrecht nach unten wirkenden Kräfte gleich der Summe der senkrecht nach oben wirkenden Kräfte ist.

$\sum F{\downarrow} = \sum F{\uparrow}$

$F_1 + F_2 + F_3 + F_4 = F_A + F_B$

$F_A = F_1 + F_2 + F_3 + F_4 - F_B$

$F_A = 850\ \text{N} + 1800\ \text{N} + 2100\ \text{N} + 900\ \text{N} - 2309\ \text{N}$

$F_A = \textbf{3341 N}$

Aufgaben zum Kapitel 1

Mechanik

Bei allen nachfolgenden Aufgaben bleiben Reibungsverluste, wie auch zuvor schon, unberücksichtigt.

1. Einseitiger Hebel: Berechnen Sie die jeweils fehlende Größe:

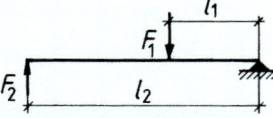

	F_1	F_2	l_1	l_2
a)	1820 N	?	0,65 m	1,90 m
b)	?	550 N	12 cm	105 cm
c)	3500 N	1210 N	?	2,20 m
d)	770 N	305 N	95 mm	?

2. Zweiseitiger Hebel: Ermitteln Sie die jeweils fehlende Größe:

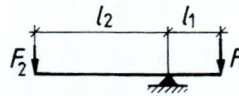

	F_1	F_2	l_1	l_2
a)	36 kN	?	1,80 m	2,35 m
b)	1240 N	826 N	3,42 m	?
c)	?	75 N	95 cm	63 cm
d)	106 N	138 N	?	1110 mm

3. Träger auf zwei Stützen: Berechnen Sie die jeweils fehlenden Größen:

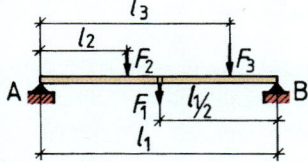

	In N					In m		
	F_A	F_B	F_1	F_2	F_3	l_1	l_2	l_3
a)	?	?	910	6110	5320	4,20	1,80	3,70
b)	3689	5611	1100	?	4700	3,80	1,60	2,90
c)	1459	2736	405	1930	1860	2,60	?	2,40

4. Mit welcher Kraft wird der Nagel im Zangenmaul gefasst, wenn an den Schenkelenden mit 250 N gedrückt wird?

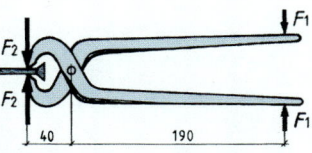

5. Wie groß ist die Kraft F_2, mit der der Druckbolzen B einer Dickenhobelmaschine niedergedrückt wird?

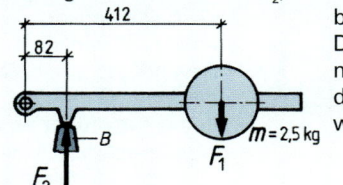

6. Die Druckstange St soll das Schleifband einer Bandschleifmaschine mit $F_2 = 150$ N spannen. Wie groß muss das Maß l sein?

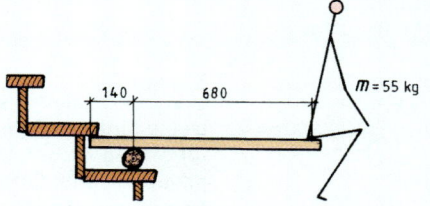

7. Beim Annageln von Setzstufen werden die Trittstufen etwas angehoben (vorgespannt), damit die Treppe beim Begehen nicht knarrt.

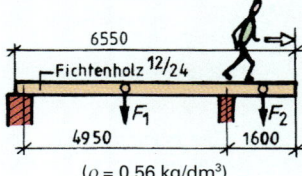

Mit welcher Kraft wird die Trittstufe angehoben?

8. Ein Tischler hat den Balken lose verlegt.

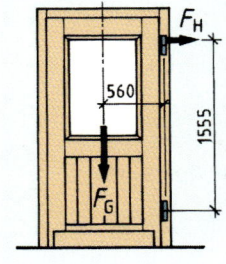

Kann er bei 85 kg Masse bis zur äußersten Balkenkante vorgehen, ohne dass der Balken aufkippt?

($\varrho = 0,56$ kg/dm³)

9. Die Haustür hat eine Masse von 87 kg, die mit einer Gewichtskraft von $F_G \approx 870$ N in der Schwerlinie der Tür (Türmitte) wirkt. Mit welcher Kraft F_H wird an dem oberen Fitschenlappen des Haustürbandes gezogen?

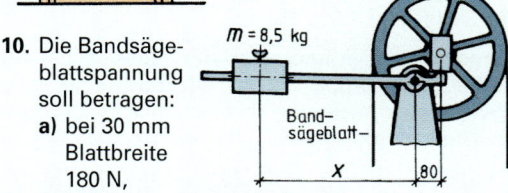

10. Die Bandsägeblattspannung soll betragen:
a) bei 30 mm Blattbreite 180 N,
b) bei 20 mm Blattbreite 140 N.
Berechnen Sie den jeweiligen Einstellungsabstand X.

11. Die Arbeiter A und B tragen ein Rundholz aus Fichte, $\varrho = 0,56$ kg/dm³. Berechnen Sie die Last von A und B.

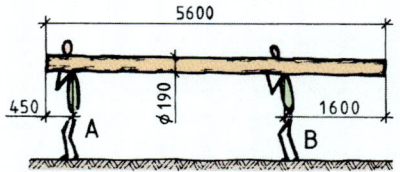

2 Druck

2.1 Druckeinheiten und Formelzeichen

Holzverbindungen müssen zusammengedrückt, Furniere aufgepresst werden. Beim Drücken und Pressen wirken die Kräfte nicht nur an Punkten, sie verteilen sich auf eine Fläche.

> Der Druck p ist der Quotient aus einer Kraft F, die senkrecht auf eine Fläche A wirkt.

Druck nennt man auch Flächenpressung.

> Die Basisgröße für den Druck ist 1 Pascal (Pa).

$$1\,\text{Pa} = \frac{1\,\text{N}}{1\,\text{m}^2}$$

● Weil Pascal eine sehr kleine Einheit ist, wird für mechanischen Druck die **abgeleitete Einheit N/mm²** verwendet.

Mechanischer Druck

$$p = \frac{F}{A}$$

← Kraft in N
← Fläche in mm²
└ Druck oder Flächenpressung in $\frac{\text{N}}{\text{mm}^2}$

● Bei Flüssigkeits- und Gasdrücken wird sowohl mit Pascal als auch mit der **abgeleiteten Einheit Bar** (bar) gerechnet.

Flüssigkeits- und Gasdruck

$$p = \frac{F}{A}$$

← Kraft in N
← Fläche in m²
└ Druck in $\frac{\text{N}}{\text{m}^2}$ = Pa

(oder in der abgeleiteten Einheit bar)

$$1\,\text{bar} = 100\,000\,\text{Pa}$$

● **Druckmesser** (Manometer) für Flüssigkeits- und Gasdrücke zeigen bar an. Im Holzgewerbe ist in der Regel eine Umrechnung in mechanische Druckeinheit (N/mm²) erforderlich.

$$1\,\text{bar} = 100\,000\,\text{Pa} = 100\,000\,\frac{\text{N}}{\text{m}^2} = \frac{100\,000\,\text{N}}{1\,000\,000\,\text{mm}^2}$$

$$= \frac{1\,\text{N}}{10\,\text{mm}^2} = \frac{1}{10}\,\frac{\text{N}}{\text{mm}^2}$$

$$1\,\text{bar} = 0{,}1\,\frac{\text{N}}{\text{mm}^2} = 10\,\frac{\text{N}}{\text{cm}^2}$$

Beispiel:

Das Manometer an einer Furnierpresse zeigt 40 bar an. Wie groß ist die Flächenpressung in N/mm²?

Lösung: $p = 40\,\text{bar} = 40\,\text{bar} \cdot \dfrac{0{,}1\,\text{N/mm}^2}{1\,\text{bar}} = \mathbf{4\,\dfrac{N}{mm^2}}$

2.2 Mechanischer Druck

Mechanischer Druck wird von Gewichtskräften oder von mechanisch erzeugten Kräften hervorgerufen.

> **Beispiel:**
>
> Die Stollenfüße eines schweren Schrankes drücken sich stark in einen Fußbodenbelag ein und hinterlassen bleibende Druckstellen. Damit der Bodenbelag weniger beansprucht wird, werden großflächige Kunststoffuntersetzer unter die Füße gelegt.
>
> Wie groß sind die Drücke (Flächenpressungen):
>
>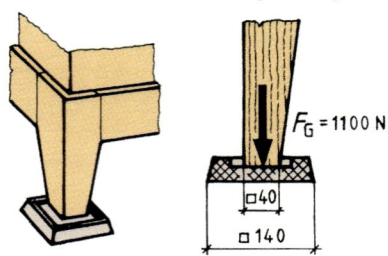
>
> 1. zwischen Fuß und Untersetzer,
> 2. zwischen Untersetzer und Bodenbelag?
>
> **Lösung zu 1.:** $p_1 = \dfrac{F_G}{A_1} = \dfrac{1100\,\text{N}}{(40\,\text{mm})^2} = \mathbf{0{,}69\,\dfrac{N}{mm^2}}$
>
> **Lösung zu 2.:** $p_2 = \dfrac{F_G}{A_2} = \dfrac{1100\,\text{N}}{(140\,\text{mm})^2} = \mathbf{0{,}06\,\dfrac{N}{mm^2}}$

Erkenntnis:

> Bei gleich bleibender Kraft nimmt der Druck (die Flächenpressung) umso mehr ab, je größer die beanspruchte Fläche wird.

Kraftwirkung einer Schraube

Die **Schraube** ist eine einfache Vorrichtung zur Erzeugung von Druck auf mechanischem Wege (Hobelbankzangen, Schraubzwingen u.dgl.).

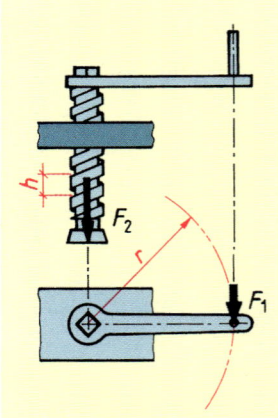

Der Kraftweg der Schraubenkurbel des Türspanners ($2\,r \cdot \pi$) ist erheblich größer als der Lastweg der Schraube (Ganghöhe h). Bei einer Schraubenumdrehung bewegt sich die Spindel in der Achsrichtung um die Gewindeganghöhe h. Je feiner ein Gewinde ist, umso kleiner ist die Ganghöhe und umso größer ist die wirksame Kraft im Verhältnis zur aufgewandten Kraft.

● Bei allen mechanischen Vorgängen entstehen **Reibungsverluste**. Die damit zusammenhängenden Fragen werden erst beim **„Wirkungsgrad"** in den Kap. 4.1 und 4.2, behandelt.

In den hier folgenden Aufgaben und Beispielen werden Reibungsverluste prozentual vorgegeben.

Unter Vernachlässigung des Reibungsverlustes gilt:

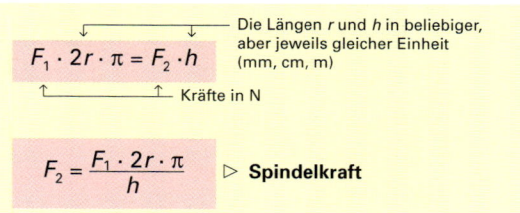

$$F_1 \cdot 2r \cdot \pi = F_2 \cdot h$$

Die Längen r und h in beliebiger, aber jeweils gleicher Einheit (mm, cm, m)

Kräfte in N

$$F_2 = \frac{F_1 \cdot 2r \cdot \pi}{h} \quad \triangleright \text{ **Spindelkraft**}$$

Beispiel:

Die Spannschraube eines Türspanners wird mit einer Kurbel, die r = 18 cm lang ist, angedreht. Das Gewinde hat eine Ganghöhe von h = 4,5 mm. Die menschliche Kraft, die bei der stabilen Ausführung an der Kurbel drehen kann, wird mit 250 N angesetzt. Der Reibungsverlust beträgt 45 %. Wie groß ist die wirksame Kraft der Schraube?

Lösung: $F_2 = \dfrac{F_1 \cdot 2r \cdot \pi}{h} \cdot \dfrac{100\% - 45\%}{100\%}$

$\qquad = \dfrac{250 \text{ N} \cdot 2 \cdot 18 \text{ cm} \cdot \pi}{0,45 \text{ cm}} \cdot 0,55 = 34\,557,5 \text{ N}$

Wirksame Kraft $F_2 \approx$ **34 500 N**

Pressdrücke

Die wirksame Druckkraft F_2 einer **Schraubzwinge** ist

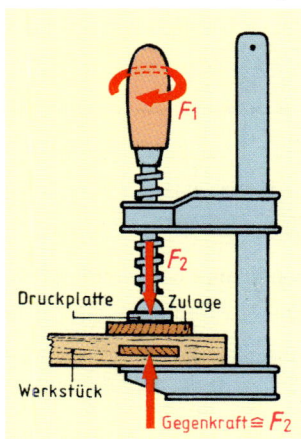

abhängig von der Handkraft des Menschen, dem Griffdurchmesser, der Ganghöhe des Gewindes und dem Reibungsverlust.

Die **wirksame Druckkraft** liegt zwischen 2 kN und 18 kN (siehe Tabelle 6, Kap. 10).

Die Kraft F_2 ruft zwischen der Druckplatte der Zwinge und der Zulage einen Pressdruck hervor, der sich durch die Zulage auf das eingespannte Werkstück fortpflanzt.

Bei einem Druck von p = 5 N/mm^2 rechtwinklig zur Faserrichtung entstehen bei Weichhölzern bereits sichtbare Druckstellen.

Beispiele:

1. Welchen Druck erzeugt eine Schraubzwinge mit der wirksamen Kraft (Nutzkraft) F_2 = 2,5 kN und einer Druckplatte mit 18 mm Durchmesser?

   Lösung: $p = \dfrac{F_2}{A_1} = \dfrac{2500 \text{ N}}{(18 \text{ mm})^2 \cdot \frac{\pi}{4}} = \mathbf{9{,}82 \ \dfrac{N}{mm^2}}$

2. Ein Werkstück aus Tannenholz soll vor Druckstellen geschützt werden. Deshalb wird vor dem Spannen eine quadratische Zulage zwischen Schraubzwingendruckplatte und Werkstück gelegt. Der Druck auf dem Werkstück darf nicht größer als p = 1,8 N/mm^2 sein (siehe auch Tabelle 5, Kap. 10).

   Wie groß muss die Seitenlänge l der Zulage mindestens sein?

   Lösung: $p = \dfrac{F_2}{A_2}; \ A_2 = \dfrac{F_2}{p} = \dfrac{2500 \text{ N}}{1,8 \text{ N/mm}^2} = 1389 \text{ mm}^2$

   $A_2 = l^2; \ l = \sqrt{1389 \text{ mm}^2} \approx 37 \text{ mm}$

   $l_{\text{gewählt}} =$ **40 mm**

   Kontrollrechnung:

   $p = \dfrac{F_2}{A_2} = \dfrac{2500 \text{ N}}{(40 \text{ mm})^2} = 1,56 \ \dfrac{N}{mm^2} < 1,8 \ \dfrac{N}{mm^2}$

● Für leichte Pressungen und kleinflächige Verleimungen werden **Klemmzwingen** mit Exzenterspannung eingesetzt.

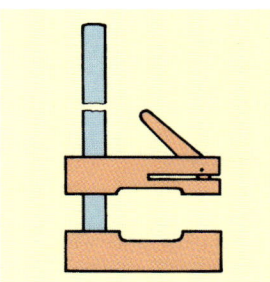

Die Kraftwirkung und somit der Pressdruck ist nicht sehr groß, der Reibungsverlust liegt bei 65 %.

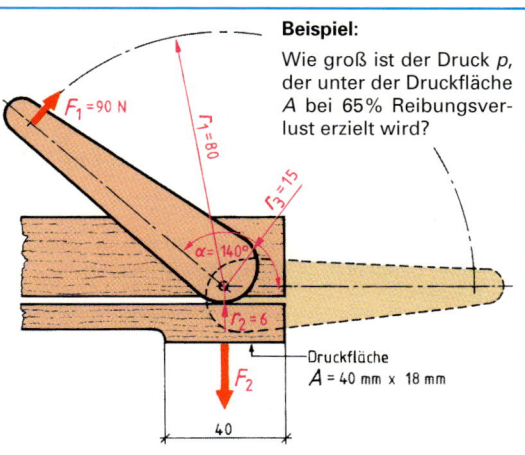

Beispiel:

Wie groß ist der Druck p, der unter der Druckfläche A bei 65 % Reibungsverlust erzielt wird?

Lösung:

Kraftweg $s = 2r_1 \cdot \pi \cdot \dfrac{\alpha}{360°}$

$\qquad = 2 \cdot 80 \text{ mm} \cdot \pi \cdot \dfrac{140°}{360°} = 195 \text{ mm}$

Lastweg = Hubhöhe $h = r_3 - r_2 = 15 \text{ mm} - 6 \text{ mm} = 9 \text{ mm}$

Ohne Berücksichtigung des Reibungsverlustes:

$F_1 \cdot s = F_2' \cdot h$

$F_2' = \dfrac{F_1 \cdot s}{h} = \dfrac{90 \text{ N} \cdot 195 \text{ mm}}{9 \text{ mm}} = 1950 \text{ N}$

Wirksame Kraft $F_2 = 1950 \text{ N} \cdot \dfrac{100\% - 65\%}{100\%} = 683 \text{ N}$

$p = \dfrac{F}{A} = \dfrac{683 \text{ N}}{40 \text{ mm} \cdot 18 \text{ mm}} \approx 0{,}95 \, \dfrac{\text{N}}{\text{mm}^2}$

(Vergleiche Tabelle 6, Kap. 10)

2. Beispiel:

Der Pressdruck für die Kontaktklebung soll mindestens $p = 0{,}4 \text{ N/mm}^2$ betragen (siehe auch Tabelle 3, Kap. 10).

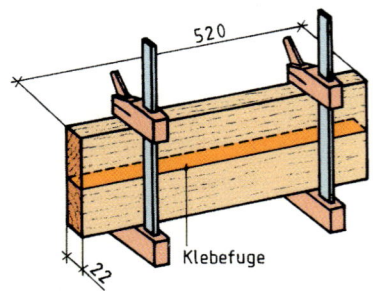

a) Wird der erforderliche Pressdruck mit den beiden Klemmzwingen mit je 550 N wirksamer Kraft erreicht? (Siehe auch Tabelle 6, Kap. 10.)

Lösung:

$A = l \cdot b = 520 \text{ mm} \cdot 22 \text{ mm} = 11440 \text{ mm}$

$F_{ges} = 2 \cdot F = 2 \cdot 550 \text{ N} = 1100 \text{ N}$

$p = \dfrac{F_{ges}}{A} = \dfrac{1100 \text{ N}}{11440 \text{ mm}^2} = 0{,}096 \, \dfrac{\text{N}}{\text{mm}^2}$

$p \approx 0{,}1 \, \dfrac{\text{N}}{\text{mm}^2}$, d.h. **nicht ausreichend**

b) Welche Wirkkraft müssen Schraubzwingen haben, die statt der Klemmzwingen angesetzt werden?

Lösung:

$F_{ges} = A \cdot p = 11440 \text{ mm}^2 \cdot 0{,}4 \, \dfrac{\text{N}}{\text{mm}^2} = 4576 \text{ N}$

$F_{einer \, Zwinge} = \dfrac{4576 \text{ N}}{2} = \textbf{2288 N} \approx \textbf{2,3 kN}$

c) Welche Zwinge kommt gemäß Tabelle 6, Kap. 10 infrage?

Auswahl:

150 mm Spannweite, 60 mm…80 mm Ausladung, 4 mm Ganghöhe, 24 mm Griffdurchmesser: $F = 2 \text{ kN}…4 \text{ kN}$.

● Pressen entgegengesetzt gerichtete Kräfte **mehrere Flächen** rechtwinklig zu ihrer Kraftrichtung zusammen, **so wirkt in jeder Pressfläche die volle Presskraft**. Sind die Pressflächen verschieden groß, so ergeben sich unterschiedliche Pressdrücke. Die Kraft pflanzt sich nicht nur in der angesetzten Kraftrichtung fort; die Kraftlinien breiten sich aus und weichen bei Holz bis zu 45° von der angesetzten Richtung ab, ohne dabei viel an Wirksamkeit zu verlieren.

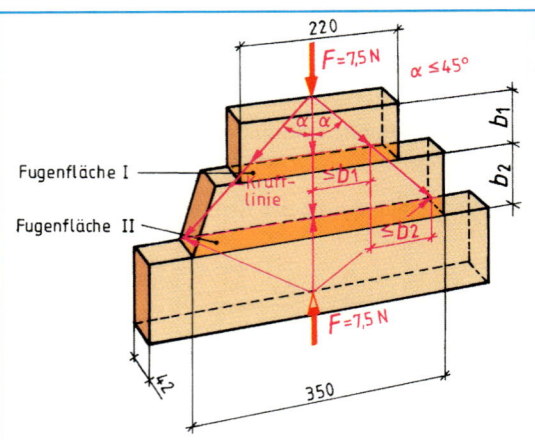

Beispielrechnung für die abgebildeten Fugen:

Fugenfläche I:

$p_1 = \dfrac{F}{A_1} = \dfrac{7500 \text{ N}}{220 \text{ mm} \cdot 42 \text{ mm}} = \textbf{0,81} \, \dfrac{\textbf{N}}{\textbf{mm}^2}$

Fugenfläche II:

$p_2 = \dfrac{F}{A_2} = \dfrac{7500 \text{ N}}{350 \text{ mm} \cdot 42 \text{ mm}} = \textbf{0,51} \, \dfrac{\textbf{N}}{\textbf{mm}^2}$

Folgerung aus der Kraftausbreitung:

Die volle und weitgehend **gleichmäßige Flächenpressung** wird nur erreicht, wenn der Abstand der Presswerkzeuge nicht größer als die zweifache Dicke bzw. Breite der gepressten Werkstücke ist. Bei unterschiedlichen Breiten (Dicken) ist das kleinste Maß ausschlaggebend.

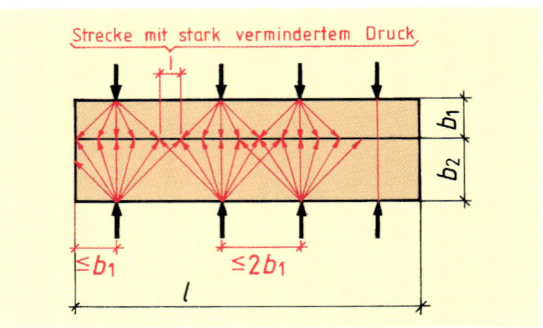

Die **Anzahl n der Presswerkzeuge** wird wie folgt ermittelt:

$n = \dfrac{l}{2b}$ ← Werkstücklänge
← Bei unterschiedlichen Breiten bzw. Dicken das kleinste Maß

Beispiel:

Zwei Bretter, 87 cm lang, 11 und 13 cm breit, sollen miteinander verleimt werden. Wie viele Zwingen müssen mindestens angesetzt werden?

Lösung:

Anzahl der Zwingen $= \dfrac{87 \text{ cm}}{2 \cdot 11 \text{ cm}} = 3{,}95 \approx \textbf{4}$

Aufgaben zu 2.1 und 2.2

Druckeinheiten/Mechanischer Druck

1. Was versteht man unter Druck und welche Basiseinheit besitzt Druck?

2. Rechnen Sie in die jeweils angegebene Einheit um.

   a) $120 \frac{N}{cm^2} = \boxed{?} \frac{N}{mm^2}$ b) $5 \frac{kN}{m^2} = \boxed{?} \frac{N}{cm^2}$

   c) $590 \frac{N}{cm^2} = \boxed{?} \ bar$ d) $16 \frac{N}{cm^2} = \boxed{?} \frac{N}{mm^2}$

   e) $3,4 \frac{kN}{m^2} = \boxed{?} \frac{N}{cm^2}$ f) $19 \frac{N}{mm^2} = \boxed{?} \frac{N}{cm^2}$

3. Eine Holzstütze mit 12 cm × 14 cm Querschnitt überträgt eine Last von 67 kN. Wie groß ist der Druck in der Standfläche in N/mm²?

4. Ein Holzschemel hat drei Beine mit kreisrunden Standflächen von 22 mm Durchmesser.
   Wie groß ist der Druck unter einem Bein, wenn auf dem Schemel eine Masse von $m = 95$ kg ruht?

5. In einem Regal mit vier Stahlfüßen, 30 mm × 40 mm Querschnitt, lagern Nägel, Schrauben u.dgl., mit einer Masse von $m = 3800$ kg. Auf einen Fuß entfällt eine Gewichtskraft von $F_G = 9,5$ kN.
   Berechnen Sie den Druck (die Flächenpressung):

   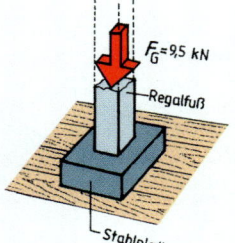

   a) zwischen Regalfuß und Stahlplatte,
   b) zwischen Stahlplatte (70 mm × 90 mm) und Fichtenholzboden.
   c) Sehen Sie in Tab. 5, Kap. 10 nach, ob in dem Fußboden keine bleibenden Druckstellen entstehen.

6. Die Bretter sind zur Verleimung mit Dispersionsleim gespannt. Der Reibungsverlust an der Hinterzange beträgt 50%, die Ganghöhe des Spindelgewindes 6 mm.

   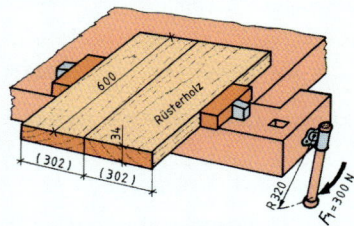

   a) Wie groß ist die wirksame Kraft an den Bankhaken?
   b) Reicht die Kraft zur Erzielung des nötigen Pressdrucks aus? (Werte gemäß Tabelle 3, Kap. 10.)
   c) Genügt eine Spannung in Brettmitte hinsichtlich der Druckfortpflanzung?

2.3 Hydraulischer Druck

Werden Kräfte und Bewegungen durch Flüssigkeiten übertragen, so spricht man von Hydraulik (Hydro bedeutet Wasser). In der Regel ist die Flüssigkeit in einer Hydraulikanlage Öl.

Wirkt in einem geschlossenen Hydrauliksystem auf einen Kolben eine Kraft, so wird auf der Kolbenfläche ein Druck erzeugt, der sich innerhalb der Flüssigkeit nach allen Seiten hin gleichmäßig fortpflanzt, d.h. er ist überall gleich groß.

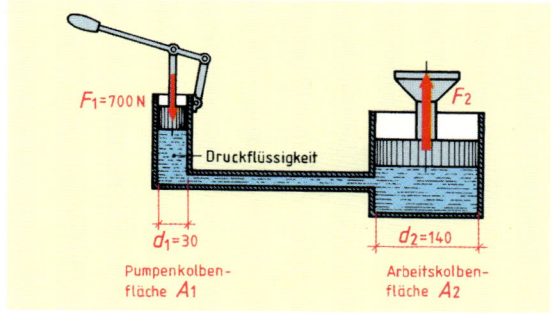

F_1 erzeugt unter der Pumpenkolbenfläche A_1 einen Druck p, der in der gesamten Flüssigkeit wirkt.

Dieser Flüssigkeitsdruck ist $p = \dfrac{F_1}{A_1}$ ← Kraft in N
← Fläche in m²

↑
Druck in Pa

Umrechnung des Druckes:

$$1 \ bar = 100\,000 \ Pa = 100\,000 \ \frac{N}{m^2}.$$

Bei A in mm² ergibt sich $1 \ bar = 0{,}1 \ \frac{N}{mm^2}$.

Der Druck auf der Pumpenkolbenfläche A_1 wirkt auch auf der Arbeitskolbenfläche A_2, so dass sich ergibt:

$$F_2 = A_2 \cdot p = A_2 \cdot \frac{F_1}{A_1} = F_1 \cdot \frac{A_2}{A_1};$$

$$F_1 \cdot \frac{A_2}{A_1} = F_2; \quad \frac{A_2}{A_1} = \frac{F_2}{F_1}; \quad \boxed{F_1 : F_2 = A_1 : A_2}$$

In Worten:

Die Kräfte stehen im gleichen Verhältnis zueinander wie die Größen der Kolbenflächen.

Beispiele:

1. Wie groß ist bei der vorstehenden Anlage F_2?

   Lösung:

   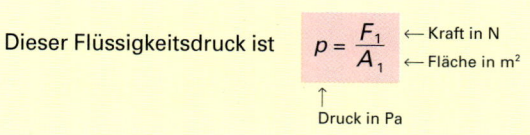

   $$F_2 = \frac{F_1 \cdot A_2}{A_1} = \frac{700 \ N \cdot (140 \ mm)^2 \cdot \frac{\pi}{4}}{(30 \ mm)^2 \cdot \frac{\pi}{4}}$$

   $$F_2 = 15244 \ N \approx \mathbf{15 \ kN}$$

2. a) Welche Kraft F_2 wirkt auf die Druckplatte der hydraulischen Furnierpresse für Kleinmöbel?

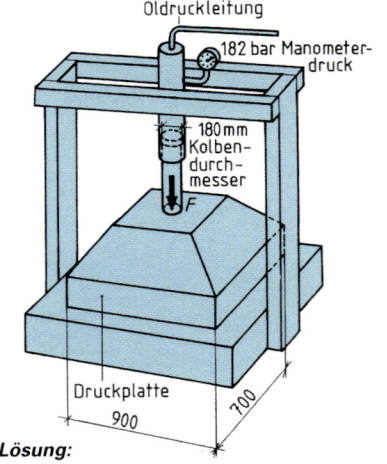

Lösung:

$p_1 = 182\ \text{bar} = 182 \cdot 0,1\ \dfrac{\text{N}}{\text{mm}^2} = 18,2\ \dfrac{\text{N}}{\text{mm}^2}$

$A_{1\,\text{(Druckkolben)}} = d^2 \cdot \dfrac{\pi}{4} = (180\ \text{mm})^2 \cdot \dfrac{\pi}{4} = 25\,447\ \text{mm}^2$

$F = A_1 \cdot p_1 = 25\,447\ \text{mm}^2 \cdot 18,2\ \dfrac{\text{N}}{\text{mm}^2} \approx \textbf{463\,000 N}$

b) Wie groß ist der Druck unter der Druckplatte?

Lösung: $p_2 = \dfrac{463\,000\ \text{N}}{900\ \text{mm} \cdot 700\ \text{mm}} \approx \textbf{0,73}\ \dfrac{\textbf{N}}{\textbf{mm}^2}$

c) Für welche Furnierungsarten reicht der Druck gemäß Tabelle 3, Kap. 10 aus?

Lösung: Für alle Furnierungen einschl. Kunststoffbeschichtungen.

2.4 Pneumatischer Druck

Pneumatische Anlagen arbeiten mit **Gasdruck**. Im Gegensatz zu Flüssigkeiten lassen sich Gase, also auch Luft, zusammendrücken (komprimieren). Wird Gas komprimiert, dann steigt der Gasdruck an; dehnt sich Gas aus (expandiert), so fällt der Gasdruck ab.

Beispiel:

Expandiert das Gas in dem Zylinder, d.h. vergrößert sich sein Volumen von beispielsweise 90 cm³ auf das Doppelte (= 180 cm³), so fällt gleichzeitig der Druck von 6,2 bar auf die Hälfte (= 3,1 bar) ab.

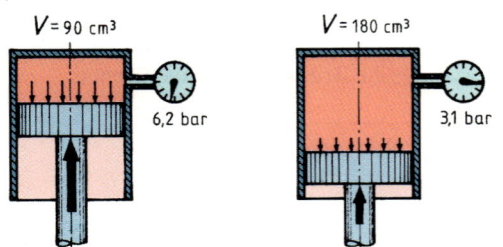

Fährt der Arbeitskolben im Zylinder aus, so kann der Druck nur gehalten werden, wenn gleichzeitig komprimiertes Gas nachgepumpt wird.

Der **Gasdruck** innerhalb eines geschlossenen Systems pflanzt sich, wie der Druck in hydraulischen Systemen, gleichmäßig nach allen Seiten hin fort, so dass die gleiche physikalische Gesetzmäßigkeit gilt:

$$p = \dfrac{F}{A} \qquad \text{Gasdruck wird in bar gemessen.}$$

Die **Kolbengeschwindigkeit** bei pneumatischen Pressen ist größer als bei hydraulischen Pressen. Sie werden deshalb vorwiegend dort eingesetzt, wo schnell relativ große Wege zurückgelegt werden müssen, z.B. beim Zusammendrücken von Rahmen mit Schlitz und Zapfen oder Dübelung.

Der **Betriebsdruck** pneumatischer Pressen ist geringer als bei hydraulischen Pressen, er liegt in der Regel zwischen 4 bar und 17 bar.

● **Keilzinkenverbindungen** sind sehr haltbar, weil sie große Leimflächen haben und durch die Verkeilung eine große Flächenpressung erzielt wird. Form und Größe der Zinken sind genormt, entsprechende Fräser sorgen für Passgenauigkeit.

Beispiel:

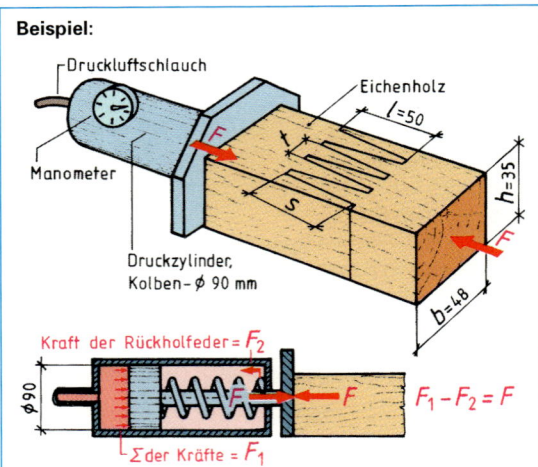

1. Wie groß muss die Druckkraft F sein?

Für den Pressdruck wird laut Tab. 4, Kap. 10 $p_1 = 1,8\ \text{N/mm}^2$ zugrunde gelegt.

Lösung:

$F = A_{\text{Holz}} \cdot p_1 = 48\ \text{mm} \cdot 35\ \text{mm} \cdot 1,8\ \dfrac{\text{N}}{\text{mm}^2} = \textbf{3024 N}$

2. Welchen Druck muss das Manometer anzeigen?

Lösung:

$A_{\text{Kolben}} = d^2 \cdot \dfrac{\pi}{4} = (90\ \text{mm})^2 \cdot \dfrac{\pi}{4} = 6362\ \text{mm}^2$

$p_{2\,\text{am Kolben}} = \dfrac{F}{A_{\text{Kolben}}} = \dfrac{3024\ \text{N}}{6362\ \text{mm}^2} = 0,475\ \dfrac{\text{N}}{\text{mm}^2}$

Manometeranzeige p_2 in bar

Gang der Umrechnung:

0,1 N/mm²	= 1 bar
1 N/mm²	= 10 bar
0,475 N/mm²	= **4,75 bar**

Die Federkraft F_2 der Rückholfeder von 40…60 N blieb bei der Rechnung unberücksichtigt.

Aufgaben zum Kapitel 2

Druck

1. Mit den Türspannern werden Buchenhölzer für Treppenstufen zum Verleimen gespannt. Kraftaufwand $F_1 = 300$ N. Kennwerte der Spanner: Spindelganghöhe 5 mm, Kurbelradius 21 cm, Reibungsverlust 55%.

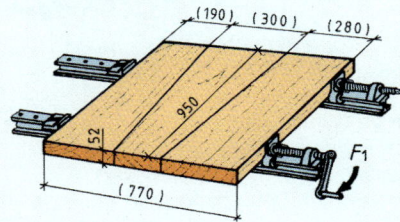

a) Wie groß ist die wirksame Presskraft eines Spanners?

b) Welcher Pressdruck wird erzielt?

c) Reicht der erzielte Pressdruck bei Verleimung mit Kleber aus?
(Werte gemäß Tabelle 3, Kap. 10)

d) Überprüfen Sie die Anzahl der Spanner hinsichtlich der Druckfortpflanzung.

e) Wird der erforderliche Pressdruck nicht erzielt oder ist der Abstand der Spanner zu groß, so machen Sie Vorschläge zur Erzielung richtiger Werte.

2. Die Leimfuge soll mit mindestens $p = 0,3$ N/mm^2 gepresst werden.

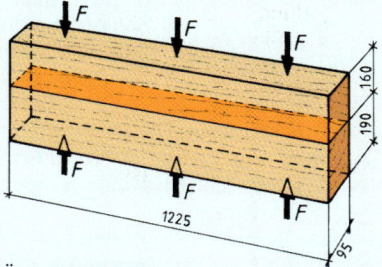

Überprüfen Sie:

a) ob drei Schraubzwingen mit 5 mm Gewindeganghöhe und 32 mm Griffdurchmesser den erforderlichen Druck erzielen (Wirkkräfte für Schraubzwingen gemäß Tabelle 6, Kap. 10),

b) den Abstand der Zwingen hinsichtlich der Kraftverteilung.

3. Berechnen Sie den Pressdruck, den die hölzerne Klemmzwinge erzielt, und beurteilen Sie, ob der Druck für Weißleim und sägeraue Tannenholzleimflächen ausreicht.
(Wirkkräfte für Klemmzwingen siehe Tabelle 6, Kap. 10 und für Pressdrücke Tabelle 3, Kap. 10.)

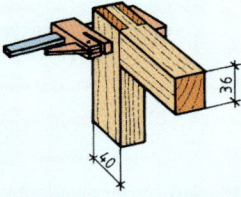

4. Es stehen folgende Schraubzwingen zur Verfügung (Maße in mm):

	Spann-weite	Aus-ladung	Gang-höhe	Griff-durchmesser	Druckplatten-durchmesser
I	150	80	4	24	20
II	250	100	5	32	27
III	750	175	5	35	40

Sie sollen zum Zusammenpressen von Fichtenhölzern rechtwinklig zur Faserrichtung benutzt werden.

a) Berechnen Sie die jeweiligen Pressdrücke unter der Druckplatte bei sehr kräftiger Andrehung (Größtwerte gemäß Tabelle 6, Kap. 10).

b) Stellen Sie fest, ob die Zwingen eingesetzt werden können, d.h. ob keine sichtbaren Druckstellen entstehen werden (Tabelle 5, Kap. 10).

5. In der Vorderzange der Hobelbank werden zwei geschlitzte Rahmenhölzer gespannt, in deren Schlitze Hartholzfedern geleimt werden. Der Pressdruck soll mindestens $p = 0,3$ N/mm^2 betragen.
Kennwerte der Vorderzange: Gewindeganghöhe 5 mm, Reibungsverlust 55%.

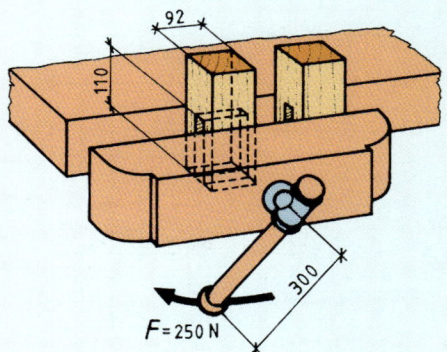

Wird der erforderliche Pressdruck erreicht?

6. Die zulässige Druckbeanspruchung rechtwinklig zur Faserrichtung beträgt, wenn geringe Eindrücke unbedenklich sind, bei Nadelholz 2 N/mm^2 und bei Eiche 3 N/mm^2. Der Pfosten eines Wintergartenanbaues überträgt eine Dachlast einschl. Schnee- u. Windlast von $F_G = 7,3$ kN.
Das Zapfenloch misst 60 mm × 70 mm.
Die belasteten Holzflächen sind rot dargestellt. Muss die Schwelle aus Eiche sein oder genügt Fichtenholz?

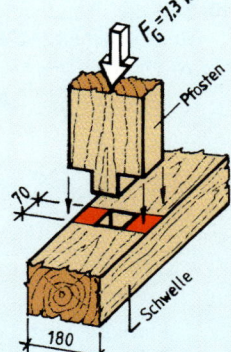

7. In Tabellen an Furnierpressen wird der Pressdruck mitunter auch in N/cm^2 angegeben. Rechnen Sie $5{,}5\ N/cm^2$ in N/mm^2 und in bar um.

8. Eine hydraulische Furnierpresse arbeitet mit sechs Kolben zu je 120 mm Durchmesser und einem Höchstdruck von 350 bar. Die Druckplatte, 2250 mm × 1150 mm, bewegt sich von unten nach oben.
Welcher maximale Flächendruck in N/mm^2 kann erzielt werden, wenn für Gewichtslasten mit 5 % Kraftverlust gerechnet wird?

9. An hydraulischen Furnierpressen lässt sich der Flüssigkeitsdruck, der in den Druckkolben wirkt, einstellen und in bar am Manometer ablesen.
Diagrammen kann entnommen werden, welcher Manometerdruck bei einer bestimmten Flächengröße und einem bestimmten Pressdruck eingestellt werden muss.
Eine Tischplatte $1{,}12\ m \times 0{,}72\ m \approx 0{,}81\ m^2$ soll mit $p_1 = 3$ bar furniert werden. Auf welchen Druck ist das Manometer einzustellen?

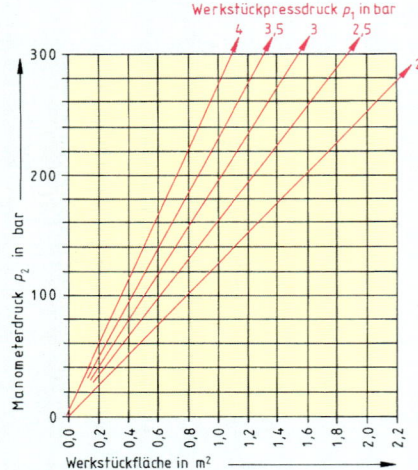

Umrechnung: $1\ bar = 10\ N/cm^2 = 0{,}1\ N/mm^2$.

10. Mit der Handspindelpresse kann eine maximale senkrechte Spindelkraft von 175 kN erzielt werden.

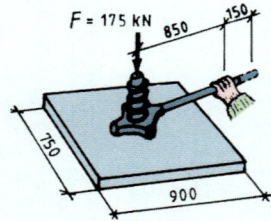

a) Welcher Pressdruck wird erreicht, wenn eine Platte mit den Maßen 710 mm × 875 mm furniert wird?

b) Stellen Sie in der Tabelle 3, Kap. 10, fest, für welche Furniere und Leim- bzw. Kleberarten der Druck ausreicht.

c) Der Spannhebel ist 85 cm lang. Welche Kraft ließe sich erzielen bei einer Verlängerung auf 100 cm?

11. Die Holzverbindung ist mit einer pneumatischen Presse zusammengedrückt worden. Die Presskraft war so groß, dass die Holzbrüstungen zusammengequetscht wurden. In der Tabelle 5, Kap. 10 finden Sie den Druckwert, der nicht überschritten werden darf.

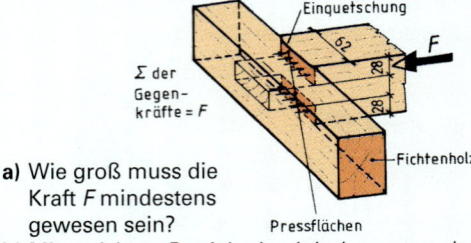

a) Wie groß muss die Kraft F mindestens gewesen sein?

b) Mit welchem Betriebsdruck in bar muss der Druckzylinder mit $\varnothing\ 80$ mm gearbeitet haben, wenn die Rückholfeder 50 N beansprucht?

12. Eine pneumatische Presse arbeitet mit einem Kolben-$\varnothing$ 40 mm, die Rückholfeder beansprucht 55 N.

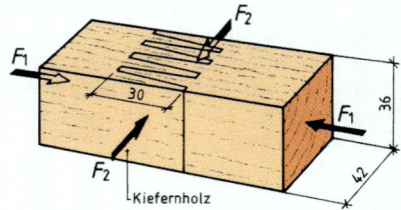

a) Entnehmen Sie der Tabelle 4, Kap. 10 den für die Verbindung erforderlichen Pressdruck und rechnen Sie aus, auf welchen Betriebsdruck in bar die Presse eingestellt werden muss.

b) Eine Schraubzwinge soll eine zusätzliche Seitenkraft F_2 erzeugen. Der Druck soll etwa $p = 1{,}5\ N/mm^2$ betragen (siehe Tabelle 4, Kap. 10). Welche Schraubzwinge ist gemäß Tabelle 6, Kap. 10 geeignet?

c) In welchem Verhältnis $(1 : x)$ steht die Holzquerschnittfläche zur Leimfläche?

13. Die pneumatisch wirkende Spannvorrichtung an einer Zinkenfräse arbeitet mit einem Gasdruck von 3,8 bar. Der Kolbendurchmesser beträgt 35 mm. Für die Rückholfeder und weitere Reibungsverluste werden 8 % angenommen. Berechnen Sie:
a) die Kolbenkraft in N,
b) die Flächenpressung unter einer Druckplatte mit 55 mm Durchmesser.

14. Wie groß ist der Flächendruck auf eine Platte mit dem $\varnothing$ 92 cm, wenn das Manometer auf 140 bar eingestellt ist (Diagramm unter Aufg. 9)?

15. Auf eine Leimfläche von 120 cm × 80 cm wirkt eine Kraft von 260 kN. Wie groß ist der Druck in N/cm^2 und in bar?

3 Maschinelle Holzbearbeitung

3.1 Bewegungsarten und Geschwindigkeit

● Bewegt sich ein Körper auf einer geradlinigen Bahn, so spricht man von einer **geradlinigen Bewegung**, z.B. bei der Bewegung des Handhobels.

● Die Bewegung eines Körpers auf einer kreisförmigen Bahn nennt man **kreisförmige Bewegung**, z.B. die Bewegung eines Kreissägezahnes.

● Eine geradlinige Bewegung kann in eine kreisförmige übergehen und umgekehrt, z.B. die Bewegung eines Bandsägeblattes.

● Legt ein Körper in gleichen Zeitabständen gleiche Wege zurück, so ist die Bewegung **gleichförmig**.

Beispiele:

Gleichförmig ist die Bewegung des Schleifblattes einer Bandschleifmaschine, ungleichförmig die eines Schwingschleifers.

Die Geschwindigkeit *v* ist das Verhältnis von Weg *s* und Zeit *t*.

$$v = \frac{s}{t} \quad \begin{array}{l} \leftarrow \text{ Weg in m (Meter)} \\ \leftarrow \text{ Zeit in s (Sekunde)} \end{array}$$

$\quad \uparrow$ Geschwindigkeit in $\frac{m}{s}$

Die Basisgröße für Geschwindigkeit ist $1\,\frac{m}{s}$.

Größen mit abgeleiteten Einheiten:

$$1\,\frac{m}{s} = 60\,\frac{m}{min} = 3600\,\frac{m}{h} = 3,6\,\frac{km}{h}$$

$$1\,\frac{km}{h} = 1000\,\frac{m}{h} = 16,\bar{6}\,\frac{m}{min} = 0,2\bar{7}\,\frac{m}{s}$$

$$1\,\frac{m}{min} = 0,01\bar{6}\,\frac{m}{s} = 60\,\frac{m}{h}$$

● Die **Einheit der Geschwindigkeit** muss der jeweiligen Aufgabenstellung angepasst werden.

Beispiel:

Ein Mopedfahrer durchfährt eine Strecke von 300 m in 32,5 Sekunden. Wie groß ist die Geschwindigkeit in km/h?

Lösung:

$$v = \frac{s}{t} = \frac{300\,m}{32,5\,s} = \frac{0,3\,km}{32,5\,s} \cdot 3600\,\frac{s}{h}$$

$$v = \mathbf{33,23\,\frac{km}{h}}$$

3.2 Vorschubgeschwindigkeit

Die Geschwindigkeit, mit der ein Werkstück dem schneidenden Werkzeug zugeführt wird, heißt Vorschubgeschwindigkeit. Sie hat das Formelzeichen v_f (Index f vom engl. feed = zuführen).

$$v_f = \frac{s}{t} \quad \begin{array}{l} \leftarrow \text{ Weg in m} \\ \leftarrow \text{ Zeit in min} \end{array}$$

$\quad \uparrow$ Vorschubgeschwindigkeit in $\frac{m}{min}$

Beispiel:

28 Leisten von 4,20 m Länge werden im Handvorschub mit 7,5 m/min auf einer Tischkreissäge durchgetrennt.

Wie groß ist die reine Maschinenarbeitszeit ohne Aufnehmen und Ablegen der Leisten?

Lösung:

$$v_f = \frac{s}{t};\ \ t = \frac{s}{v_f};\ \ t = \frac{28 \cdot 4,20\,m}{7,5\,m/min} = 15,68\,min \approx \mathbf{16\,min}$$

Mechanischer Vorschub wird von Kreisbewegungen her bewirkt.

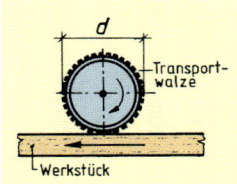

Die Einzugs- und Transportwalze einer Dickenhobelmaschine schiebt mit ihrem geriffelten Umfang das Werkstück vor und setzt so die kreisförmige Bewegung in eine geradlinige um.

Aufgaben zu 3.1 und 3.2

Geschwindigkeit

1. Was versteht man unter Geschwindigkeit?

2. In welcher Einheit wird die Vorschubgeschwindigkeit v_f angegeben?

3. Die Vorschubgeschwindigkeit eines Vorschubapparates an einer Kreissäge ist auf v_f = 7 m/min eingestellt. Es werden 4,75 m lange Bretter 2-mal der Länge nach durchgetrennt. Sie werden ohne Zwischendistanz hintereinander durchgeschoben. Wie viel Bretter werden in 1¾ Stunden aufgetrennt?

4. Der Handvorschub an einer Abrichthobelmaschine erfolgt mit 5 m/min. Fensterrahmenhölzer von 1,46 m Länge werden abgerichtet und eine Winkelkante wird angehobelt. Für das Aufnehmen, Zurückziehen und Ablegen werden je Rahmenholz 8 Sekunden benötigt.
Welche Zeit muss für 88 Rahmenhölzer veranschlagt werden?

5. In eine Dickenhobelmaschine werden 38 Bretter von 4,50 m Länge dicht hintereinander eingeschoben und gehobelt. Es wurden dafür 19 Minuten benötigt. Wie groß war die Vorschubgeschwindigkeit?

3.3 Kreisgeschwindigkeit

Die Geschwindigkeit, mit der sich ein Punkt auf einer Kreisbahn bewegt, heißt allgemein Kreisgeschwindigkeit, sie kann je nach Besonderheit **Umfangsgeschwindigkeit**, **Riemengeschwindigkeit** oder **Schnittgeschwindigkeit** sein.

> Die Kreisgeschwindigkeit v ist das Produkt aus Kreisumfang l_u und Umdrehungsfrequenz n.*

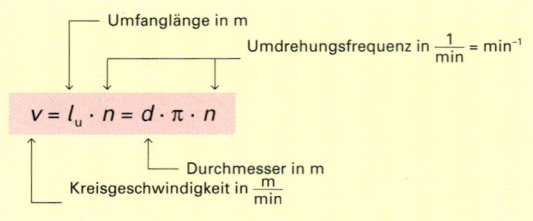

Umfanglänge in m

Umdrehungsfrequenz in $\frac{1}{\text{min}} = \text{min}^{-1}$

$$v = l_u \cdot n = d \cdot \pi \cdot n$$

Durchmesser in m

Kreisgeschwindigkeit in $\frac{\text{m}}{\text{min}}$

Beispiel:

Die Transport- und Einzugswalze einer Dickenhobelmaschine hat 90 mm Durchmesser und eine Umdrehungsfrequenz von $n = 60/\text{min} = 60 \text{ min}^{-1}$.

Wie groß ist die Vorschubgeschwindigkeit des transportierten Holzes?

Lösung:

$v_f = d \cdot \pi \cdot n = 0{,}09 \text{ m} \cdot \pi \cdot \dfrac{60}{\text{min}} = 16{,}96 \dfrac{\text{m}}{\text{min}}$

$v_f \approx \mathbf{17} \dfrac{\textbf{m}}{\textbf{min}}$

3.4 Umdrehungsfrequenzen (Drehfrequenzen) und Übersetzungsverhältnisse

● Die Übertragung der Bewegung vom Antriebsmotor zur Transmission oder unmittelbar zur Arbeitsspindel erfolgt oft durch **Riementriebe**.

Sind die Durchmesser zweier Riemenscheiben gleich groß, so haben die treibende und die getriebene Scheibe gleiche Umdrehungsfrequenzen. Bei ungleich großen Scheiben ergeben sich unterschiedliche Umdrehungsfrequenzen (Drehfrequenzen).

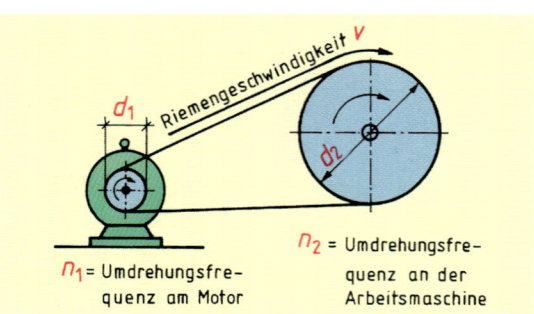

n_1 = Umdrehungsfrequenz am Motor

n_2 = Umdrehungsfrequenz an der Arbeitsmaschine

---

* Die Umdrehungsfrequenz wird verkürzt Drehfrequenz und auch fälschlich noch Drehzahl genannt.

● Die **Umfangsgeschwindigkeiten** zweier durch einen Treibriemen verbundenen Scheiben sind gleich. Die Umfangsgeschwindigkeit ist gleich der Riemengeschwindigkeit.

Daraus ergibt sich:

| v_1 der treibenden Scheibe = $d_1 \cdot \pi \cdot n_1$ | = | v_2 der getriebenen Scheibe = $d_2 \cdot \pi \cdot n_2$ |

$$v_1 = v_2$$
$$d_1 \cdot \pi \cdot n_1 = d_2 \cdot \pi \cdot n_2$$
$$\frac{d_1 \cdot \cancel{\pi}^{\,1} \cdot n_1}{\cancel{\pi}_{\,1}} = d_2 \cdot n_2$$

Die gekürzte Formel ist die **Riementriebsformel**:

$$d_1 \cdot n_1 = d_2 \cdot n_2$$

Daraus abgeleitete Formeln:

$$d_1 = \frac{d_2 \cdot n_2}{n_1} \qquad d_2 = \frac{d_1 \cdot n_1}{n_2}$$

$$n_1 = \frac{d_2 \cdot n_2}{d_1} \qquad n_2 = \frac{d_1 \cdot n_1}{d_2}$$

Übersetzungsverhältnis

Das Verhältnis von Antriebsumdrehungsfrequenz zur Abtriebsumdrehungsfrequenz heißt Übersetzungsverhältnis. Das Verhältnis als Zahl ausgedrückt, hat das Formelzeichen i.

$$i = n_1 : n_2 \qquad \text{und somit auch} \qquad i = d_2 : d_1$$

Ist $i < 1$, liegt eine Übersetzung ins Schnellere vor, bei $i > 1$ eine ins Langsamere.

Beispiel:

Ein Elektromotor $n_1 = 1450/\text{min}$, Riemenscheibendurchmesser $d_1 = 112$ mm, treibt über einen Flachriemen die Riemenscheibe einer Bandsäge mit $d_2 = 400$ mm an.

1. Wie groß ist die Umdrehungsfrequenz n_2 der Bandsäge?

   Lösung:

   $n_2 = \dfrac{d_1 \cdot n_1}{d_2} = \dfrac{112 \text{ mm} \cdot 1450/\text{min}}{400 \text{ mm}}$

   $n_2 = \dfrac{406}{\text{min}} = \mathbf{406 \text{ min}^{-1}}$

2. Wie groß ist die Übersetzungs-Verhältniszahl i?

   Lösung:

   $i = n_1 : n_2 = \dfrac{1450}{\text{min}} : \dfrac{406}{\text{min}} = \dfrac{1450}{\text{min}} \cdot \dfrac{\text{min}}{406} = \mathbf{3{,}57}$

---

3. Wie ist das Übersetzungsverhältnis in Verhältniszahlen, wenn die Verhältniszahl 1 der Antriebsumdrehungsfrequenz entspricht?

Lösung:

$$1 : x = \frac{1450}{min} : \frac{406}{min}; \quad x = \frac{1 \cdot 406/min}{1450/min} = 0{,}28$$

Übersetzungsverhältnis = **1 : 0,28**

Hinweis:

Riementriebe haben einen Schlupf (Rutschen des Riemens auf der Riemenscheibe). Bei Holzbearbeitungsmaschinen liegt er bei etwa 2% und er kann in der Regel unberücksichtigt bleiben.

Aufgaben zu 3.3 und 3.4

Kreisgeschwindigkeit / Drehfrequenzen

1. Die Transportwalzen eines Vorschubapparates haben 85 mm Durchmesser.
Wie groß muss die Umdrehungsfrequenz sein, damit ein Vorschub von 12 m/min erreicht wird?

2. Die Vorschubgeschwindigkeiten einer Dickenhobelmaschine betragen 11 m/min und 17 m/min. Die Einzugswalze und die Auszugswalzen (= Transportwalzen) haben einen Durchmesser von 75 mm.
a) Berechnen Sie die Umdrehungsfrequenzen der Transportwalzen.
b) Wie viel Bretter von 4,50 m Länge können in 15 Minuten zweiseitig gehobelt werden beim langsamen Vorschub und beim schnelleren Vorschub? (Dabei bleiben unberücksichtigt: die Zusatzzeiten für das Umstecken, Aufnehmen und Ablegen der Bretter, eine Verringerung der Drehzahl infolge starker Belastung sowie gleichzeitiges Nebeneinanderhobeln zweier Bretter.)

3. Die beiden Riemenscheiben sind durch einen Flachriemen miteinander verbunden. Der Motor mit der Riemenscheibe und dem Durchmesser d_1 treibt an.

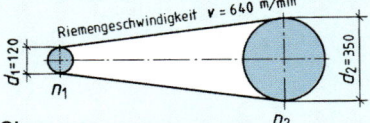

Berechnen Sie:
a) die Umdrehungsfrequenzen n_1 und n_2,
b) die Übersetzungsverhältniszahl i.

4. Der Elektromotor einer Bandsäge mit einer Keilriemenscheibe von $d_1 = 100$ mm hat eine Drehfrequenz von $n_1 = 2870$ min^{-1}. Die mit der unteren Bandsägenrolle gekoppelte Riemenscheibe hat $d_2 = 400$ mm. Berechnen Sie:
a) die Drehfrequenz der Bandsägenrolle,
b) die Umfangsgeschwindigkeit der Rolle bei 800 mm ⌀ (= Bandsägengeschwindigkeit).

3.5 Schnittgeschwindigkeit

Schnittgeschwindigkeit nennt man die Geschwindigkeit, mit der die Werkzeugschneide den Werkstoff zerspant.

Bei kreisrunden Werkzeugen mit Werkzeugschneiden am Umfang ist sie gleich der Umfangsgeschwindigkeit der Schneiden.

Den Kreis, den die Werkzeugschneiden beschreiben, nennt man **Flugkreis**.

Auf einer Kreisfläche schneidende Werkzeuge, z.B. Teller-Schleifblätter und Spiralbohrer, haben trotz gleich bleibender Umdrehungsfrequenz an jedem Schneidenpunkt eine andere Schnittgeschwindigkeit; sie nimmt vom Rand her zur Mitte hin ab.

Die **Schnittgeschwindigkeit** v_c wird in der Holztechnik in m/s gemessen. Index „c" bedeutet Schnitt (engl. cutting).

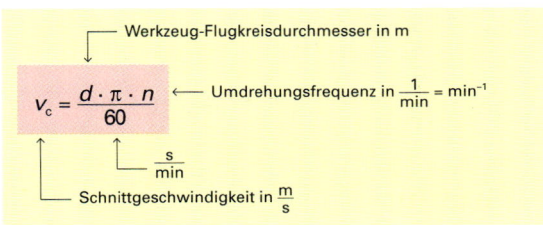

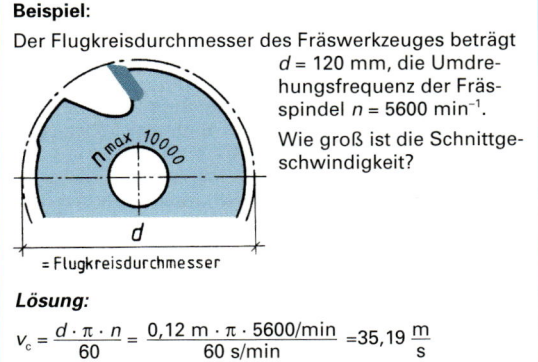

Beispiel:
Der Flugkreisdurchmesser des Fräswerkzeuges beträgt $d = 120$ mm, die Umdrehungsfrequenz der Frässpindel $n = 5600$ min^{-1}.

Wie groß ist die Schnittgeschwindigkeit?

= Flugkreisdurchmesser

Lösung:

$$v_c = \frac{d \cdot \pi \cdot n}{60} = \frac{0{,}12 \text{ m} \cdot \pi \cdot 5600/min}{60 \text{ s/min}} = 35{,}19 \frac{m}{s}$$

$$v_c \approx 35 \frac{m}{s}$$

● Maschinen, in die üblicherweise Schnittwerkzeuge verschiedener Durchmesser gespannt werden, z.B. Bohr- und Fräsmaschinen, können in der Regel mit 2 bis 6 **verschiedenen Umdrehungsfrequenzen** betrieben werden oder sind stufenlos regelbar. Dadurch können die in der Tabelle 7, Kap. 10 aufgeführten **günstigen Schnittgeschwindigkeiten** erzielt werden.

● Mit dem **Schnittgeschwindigkeitsdiagramm**, Tabelle 8, Kap. 10, können Schnittgeschwindigkeiten ermittelt und v_c-Berechnungen überprüft werden.

Beispiel:

An einem polumschaltbaren Elektromotor mit n_1 = 1440 min^{-1} und n_2 = 2870 min^{-1} befindet sich eine zweistufige Flachriemenscheibe. Der Riemen treibt die Frässpindel mit 4 möglichen Umdrehungsfrequenzen an.

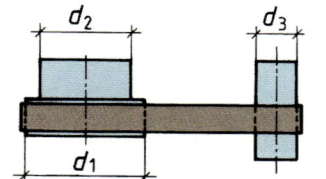

n_1 = 1440 min^{-1}
n_2 = 2870 min^{-1}
d_1 = 250 mm
d_2 = 180 mm
d_3 = 120 mm

Motor mit Riemenscheiben und den Umdrehungsfrequenzen n_1 und n_2

Frässpindel mit den Umdrehungsfrequenzen n_3, n_4, n_5 und n_6

1. Wie groß sind die möglichen Umdrehungsfrequenzen der Frässpindel?

   Lösung:

   $$n_3 = \frac{d_1 \cdot n_1}{d_3} = \frac{250 \text{ mm} \cdot 1440/\text{min}}{120 \text{ mm}} = \textbf{3000 min}^{-1}$$

   $$n_4 = \frac{d_2 \cdot n_1}{d_3} = \frac{180 \text{ mm} \cdot 1440/\text{min}}{120 \text{ mm}} = \textbf{2160 min}^{-1}$$

   $$n_5 = \frac{d_1 \cdot n_2}{d_3} = \frac{250 \text{ mm} \cdot 2870/\text{min}}{120 \text{ mm}} = \textbf{5979 min}^{-1}$$

   $$n_6 = \frac{d_2 \cdot n_2}{d_3} = \frac{180 \text{ mm} \cdot 2870/\text{min}}{120 \text{ mm}} = \textbf{4305 min}^{-1}$$

2. Es wird ein zusammengesetzter Messerkopf mit d_4 = 130 mm Flugkreisdurchmesser aufgespannt. Das Werkzeug weist eine höchstzulässige Umdrehungsfrequenz von n = 4500 min^{-1} und eine Schnittgeschwindigkeit von v_c = 40 m/s auf.

   2.1 Welche der obigen Umdrehungsfrequenzen (Drehzahlen) kommt höchstens infrage?

   Lösung: n_6 mit 4305 min^{-1}

   2.2 Auf welcher Antriebsscheibe liegt der Riemen?

   Lösung: Auf der oberen mit d_2

   2.3 Mit welcher Umdrehungsfrequenz läuft der Motor?

   Lösung: Mit n_2 = 2870 min^{-1}

   2.4 Wird die zulässige Schnittgeschwindigkeit nicht überschritten?

   Lösung:

   $$v_c = \frac{d_4 \cdot \pi \cdot n_6}{60} = \frac{0{,}13 \text{ m} \cdot \pi \cdot 4305/\text{min}}{60 \text{ s/min}}$$

   $$= 29{,}3 \frac{\text{m}}{\text{s}} \approx 29 \frac{\text{m}}{\text{s}}$$

   29 m/s < 40 m/s, **keine Überschreitung**

Annähernde Schnittgeschwindigkeitsberechnung

Die Schnittgeschwindigkeit v_c kann aus n und d überschläglich nach einer **Fausformel*** berechnet werden, die sich wie folgt entwickelt:

in m, z.B. Kreissägeblatt d = 0,3 m

$$v_c = \frac{d \cdot \pi \cdot n}{60}$$

in $\frac{1}{\text{min}}$ = min^{-1}

$\frac{\text{s}}{\text{min}}$

r in cm; $\frac{2 \cdot r}{100} = \frac{2 \cdot 15 \text{ cm}}{100 \text{ cm/m}} \cong d$ = 0,3 m

$$v_c = \frac{\dfrac{2 \cdot r}{100} \cdot \pi \cdot n}{60} = \frac{2 \cdot r \cdot \pi \cdot n}{100 \cdot 60} = \frac{2\pi}{6000} \cdot r \cdot n$$

Setzt man für $\dfrac{2\pi}{6000} = \dfrac{2 \cdot 3{,}14}{6 \cdot 1000} = \dfrac{6{,}28}{6} \cdot \dfrac{1}{1000}$

$= 1{,}046 \cdot \dfrac{1}{1000}$, so ergibt sich $\approx \dfrac{1}{1000}$

Somit gilt:

Flugkreisradius in cm

$$v_c \approx \frac{r \cdot n}{1000}$$

Umdrehungsfrequenz in $\frac{1}{\text{min}}$ = min^{-1}

Annähernde Schnittgeschwindigkeit in $\frac{\text{m}}{\text{s}}$

In die Berechnung werden nur Zahlenwerte eingesetzt, und dem Ergebnis wird die Einheit m/s hinzugefügt.

Beispiel:

Die Schnittgeschwindigkeit eines Bohrers von 12 mm (= 1,2 cm) ⌀ bei n = 2700/min ist zu ermitteln.

1. Nach der Faustformel:

   Lösung: $v_c \approx \dfrac{r \cdot n}{1000} \approx \dfrac{0{,}6 \cdot 2700}{1000} \approx \textbf{1{,}62} \dfrac{\textbf{m}}{\textbf{s}}$

2. Nach der genauen Formel:

   Lösung: $v_c = \dfrac{d \cdot \pi \cdot n}{60} = \dfrac{0{,}012 \text{ m} \cdot \pi \cdot 2700/\text{min}}{60 \text{ s/min}} = \textbf{1{,}70} \dfrac{\textbf{m}}{\textbf{s}}$

Durch Umstellen der Faustformel können auch r und n annähernd ermittelt werden.

$$r \approx \frac{v_c \cdot 1000}{n} \qquad n \approx \frac{v_c \cdot 1000}{r}$$

Einheiten wie zuvor

Beispiel:

In Messingbeschläge sollen Löcher ⌀ 4 mm gebohrt werden. Die günstige Schnittgeschwindigkeit für Buntmetalle mit Werkzeugstahlbohrern liegt bei v_c ≈ 0,55 m/s (Tabelle 7, Kap. 10). Eine Bohrmaschine kann mit n = 900, 1400, 1700 und 2700 min^{-1} laufen. Welche Umdrehungsfrequenz ist geeignet?

Lösung: $n \approx \dfrac{v_c \cdot 1000}{r} \approx \dfrac{0{,}55 \cdot 1000}{0{,}2} \approx 2750$ min^{-1}

Einstellung auf n = **2700 min**$^{-1}$

* Keine Formel, sondern eine Annäherungsregel.

Aufgaben zu 3.5

Schnittgeschwindigkeit

1. In welcher Einheit wird die Schnittgeschwindigkeit v_c angegeben?

2. Ein Motor mit angekoppelter Schleifscheibe hat eine Umdrehungsfrequenz von 1450 min⁻¹. Die Scheibe hat 150 mm Durchmesser.
   Wie groß ist die Schleifgeschwindigkeit am Umfang?

3. In eine Langlochbohrmaschine wird ein Fräsbohrer mit $\varnothing$ 16 mm gespannt.
   Berechnen Sie unter Zugrundelegung des Hartholzwertes für Schnittgeschwindigkeiten gemäß Tabelle 7, Kap. 10 die Mindestumdrehungsfrequenz der Bohrwelle.

4. Auf einem Zweischneidenmesserkopf, $\varnothing$ 130 mm, ist eingeschlagen n_{max} = 4800.
   a) Berechnen Sie v_c bei n_{max}.
   b) Überprüfen Sie die Berechnung mittels Diagramm, Tabelle 8, Kap. 10.

5. Eine Kreissägenwelle hat eine Umdrehungsfrequenz von n = 2100 min⁻¹. Berechnen Sie die Schnittgeschwindigkeiten von Sägeblättern mit folgenden Durchmessern:
   a) 330 mm; b) 400 mm; c) 550 mm.

6. Eine Handbohrmaschine arbeitet mit n = 1200 min⁻¹.
   Berechnen Sie nach der Faustformel die ungefähre Schnittgeschwindigkeit eines Bohrers von 9 mm Durchmesser.

7. Der Flugkreisdurchmesser einer Hobelmesserwelle beträgt 125 mm. Die Umdrehungsfrequenz kann n_1 = 3800 min⁻¹ und n_2 = 5100 min⁻¹ betragen. Berechnen Sie:
   a) die Schnittgeschwindigkeit v_{c1} bei n_1,
   b) die Schnittgeschwindigkeit v_{c2} bei n_2.

8. Errechnen Sie jeweils die fehlende Größe einer Tischkreissäge.

	Wellendrehfrequenz n in min⁻¹	Sägeblattdurchmesser d in mm	Schnittgeschwindigkeit v_c in m/s
a)	2800	350	?
b)	3500	?	51
c)	?	195	60

9. In einer stufenlos elektronisch-drehfrequenzgeregelten Fräsmaschine sollen Werkzeuge mit dem Flugkreisdurchmesser **a)** = 110 mm, **b)** = 160 mm und **c)** = 400 mm eingesetzt werden. Bei den Werkzeugen **a)** und **b)** soll mit einer Schnittgeschwindigkeit von v_c = 40 m/s, bei **c)** mit v_c = 35 m/s gearbeitet werden.
   Berechnen Sie die Umdrehungsfrequenzen.

3.6 Güte der Holzschnittfläche

Mit dem **Handhobel** wird eine ebene Hobelfläche erzielt, weil das Hobelmesser geradlinig über das Holz geführt wird. Der Span wird nicht unterbrochen, er wird nur gebrochen.

Beim **Maschinenhobeln** arbeitet die Schneide kreisförmig, das Holz wird geradlinig vorgeschoben. Die Späne werden laufend unterbrochen. Die Hobelfläche ist zwar in sich eben, besteht aber aus lauter kleinen Wellentälern. Der Abstand von Welle zu Welle, bisher vornehmlich als **Messerschritt** e bekannt, wird aber normgerecht als **Zahnvorschub** f_z bezeichnet.

Abrichthobelmaschine

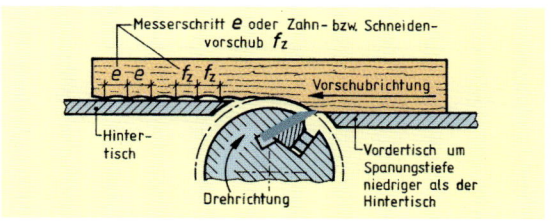

● Die **Güte**, also die Sauberkeit **der Holzschnittfläche**, hängt von mehreren Bedingungen ab:

a) Die maschinelle Zerspanung ist ein Vorgang mit Spaltwirkung. Bei niedriger Schnittgeschwindigkeit und somit niedriger Spaltgeschwindigkeit spaltet das Holz in Richtung der Holzfasern auf. Das Holz reißt ein und die Schnittfläche wird rau. Die Schnittgeschwindigkeit sollte deshalb mindestens 40 m/s betragen, um eine möglichst saubere Fläche zu erhalten.

b) Die **Werkzeugmesser** müssen scharf sein.

c) Der **Zahnvorschub** f_z muss klein sein, jedoch nicht kleiner als 0,2 mm (die Begründung folgt auf der nächsten Seite). Er ist abhängig von der Schneidenzahl des Werkzeuges (z), der Umdrehungsfrequenz der Messerwelle (n), der Vorschubgeschwindigkeit v_f.

> Je mehr Schneiden und je höher die Umdrehungsfrequenz, desto kleiner der Zahnvorschub.
>
> Je größer die Vorschubgeschwindigkeit, desto größer der Zahnvorschub.

● Die **Vorschubgeschwindigkeit** v_f wird in der Einheit m/min und der **Zahn- oder Schneidenvorschub** f_z in mm angegeben.

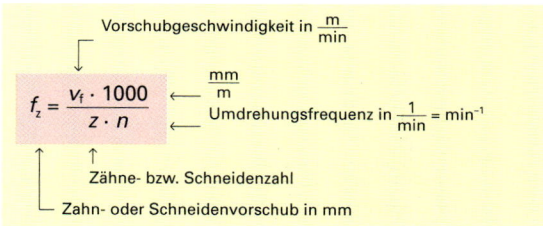

Beispiel:

Die Hobelmesserwelle einer Dickenhobelmaschine hat $z = 2$ Messer (= Schneiden) und $n = 5500$ min^{-1}. Der Vorschub ist auf $v_f = 18$ m/min eingestellt.

Wie groß ist der Schneidenvorschub f_z?

Lösung:

$$f_z = \frac{v_f \cdot 1000}{z} \cdot n = \frac{18 \text{ m/min} \cdot 1000 \text{ mm/m}}{2 \cdot 5500/\text{min}} \approx \mathbf{1,6 \text{ mm}}$$

● Bei **Kreissägeblättern** ist der Zahnvorschub f_z, ebenso wie bei Fräsern oder Messerwellen, der Vorschubweg je Zahn oder je Schneide.

● Von dem Schneidenvorschub f_z und der Spanungstiefe a hängt die Mächtigkeit der Spanung ab.

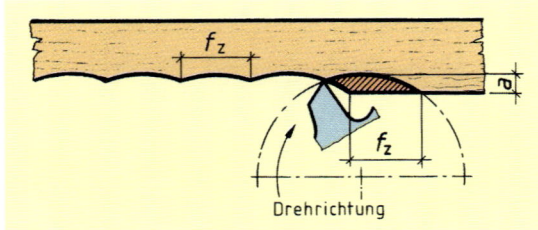

Die **mittlere Spandicke** h_m soll 0,8 mm nicht überschreiten. Wird sie größer, verringert sich nicht nur die Güte der Schnittfläche, es erhöht sich auch die Rückschlaggefahr.

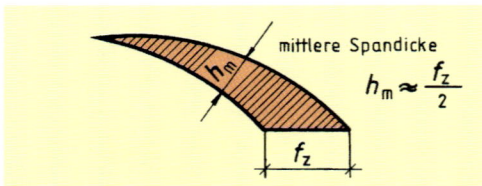

Maschinenschnittwerkzeuge haben deshalb häufig Spandickenbegrenzungen.

● Wird der Zahnvorschub f_z **größer als 1,5 mm**, besteht neben der großen Rückschlaggefahr auch eine zu große Schneidenbelastung.

● Wird f_z **kleiner als 0,2 mm**, dann entsteht zwischen der Schneide und dem Holz eine Schleifwirkung, die die Schneide schneller abstumpft bzw. die Holzoberfläche verbrennt.

Richtwerte für Schnittflächengüten beim Hobeln und Fräsen von Holz	
Zahnvorschub	Schnittflächengüte
$f_z < 0,2$ mm	Druck-, Schleif- und Brandstellen
0,2 mm > f_z < 0,4 mm	fein, sehr sauber
0,4 mm > f_z < 0,9 mm	mittelfein, noch sauber
0,9 mm > f_z < 1,5 mm	grob, nicht mehr sauber, rau

Beispiel:

1. Die Umdrehungsfrequenz einer Frässpindel beträgt $n = 6000$ min^{-1}, das Fräswerkzeug hat vier Schneiden. Es soll eine sehr saubere Fläche erzielt werden.

   Welche Vorschubgeschwindigkeit v_f ist richtig?

   Lösung:

   $$f_z = \frac{v_f \cdot 1000}{z \cdot n}; \quad v_f = \frac{f_z \cdot z \cdot n}{1000}$$

   $$v_{f1} = \frac{0,2 \text{ mm} \cdot 4 \cdot 6000/\text{min}}{1000 \text{ mm/m}} = 4,8 \frac{\text{m}}{\text{min}}$$

   $$v_{f2} = \frac{0,4 \text{ mm} \cdot 4 \cdot 6000/\text{min}}{1000 \text{ mm/m}} = 9,6 \frac{\text{m}}{\text{min}}$$

   v_f muss zwischen 4,8 $\frac{\text{m}}{\text{min}}$ und 9,6 $\frac{\text{m}}{\text{min}}$ liegen.

2. Ein RS-Kreissägeblatt mit acht Zähnen dreht sich mit $n = 4200$ min^{-1}. Der Vorschubapparat ist auf $v_f = 6$ m/min eingestellt.

   Der Zahnvorschub f_z ist zu berechnen und zu beurteilen.

   Lösung:

   $$f_z = \frac{v_f \cdot 1000}{z \cdot n} = \frac{6 \text{ m/min} \cdot 1000 \text{ mm/m}}{8 \cdot 4200/\text{min}} \approx \mathbf{0,18 \text{ mm}}$$

   Beurteilung:

   Der **Zahnvorschub ist zu klein** (< 0,2 mm), die Vorschubgeschwindigkeit muss erhöht oder die Drehzahl erniedrigt werden, sofern die Schnittgeschwindigkeit v_c nicht schon kleiner als 40 m/s ist.

● Die meisten Fräswerkzeuge sind **zweischneidig** und die meisten Fräsarbeiten verlangen eine **mittelfeine Fläche** mit $f_z \approx 0,5$ mm.

Für diese in der Praxis am häufigsten vorkommenden Fälle gilt die Faustformel:

$$v_f = \frac{n}{1000} \quad \longleftarrow \text{Umdrehungsfrequenz in min}^{-1}$$

$\quad$ Vorschubgeschwindigkeit in $\frac{\text{m}}{\text{min}}$

Die Formel ergibt genaue v_f-Werte. In die Berechnung werden nur die Zahlenwerte eingesetzt und dem Ergebnis wird die Einheit m/min hinzugefügt.

Beispiel:

für einen zweischneidigen Fräser $n = 10\,000$ min^{-1}:

1. Wie groß ist v_f nach der Faustformel?

   Lösung:

   $$v_f = \frac{10\,000}{1000} = \mathbf{10 \frac{\text{m}}{\text{min}}}$$

2. Wie groß ist der f_z-Wert?

   Lösung:

   $$f_z = \frac{v_f \cdot 1000}{z \cdot n} = \frac{10 \text{ m/min} \cdot 1000 \text{ mm/m}}{2 \cdot 10\,000 \text{ m/min}} = \mathbf{0,5 \text{ mm}}$$

● Das **Richtwertediagramm** für den Schneidwerkzeugeinsatz, Tabelle 9, Kap. 10, erleichtert die Bestimmung von e bzw. f_z, v_f, n und z.

Anhand des Diagrammausschnittes soll der Gebrauch an einigen Beispielen erklärt werden:

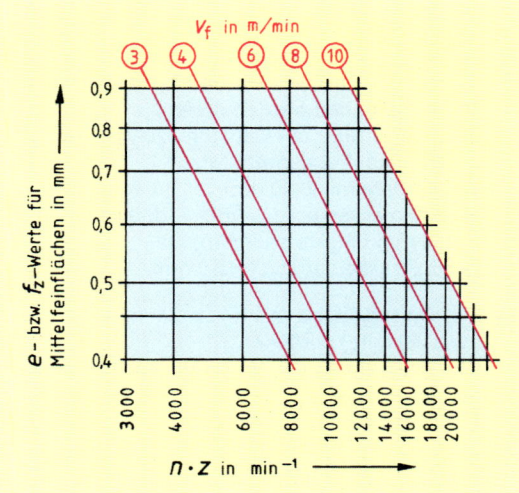

Beispiele:

1. Gegeben: $z = 4$, $n = 3000$/min, $v_f = 6$ m/min.
   Gesucht: f_z

   Lösung:

   $n \cdot z = 3000$/min $\cdot$ 4 $= 12000$/min. Von $n \cdot z = 12000$ senkrecht hoch bis zur v_f-6-Linie und von dort waagerecht bis zur f_z-Linie.

   Abgelesener Wert: $f_z = 0,5$ mm

2. Gegeben: $f_z = 0,8$ mm, $z = 2$, $n = 5000$ min^{-1}.
   Gesucht: v_f

   Lösung:

   $n \cdot z = 5000$ min^{-1} $\cdot$ 2 $= 10000$ min^{-1}. Von $f_z = 0,8$ waagerecht bis zur senkrechten $n \cdot z = 10000$-Linie. Dort schneidet die v_f-8-Linie.

   v_f-Wert = **8 m/min**

3. Gegeben: $v_f = 10$ m/min, $f_z = 0,5$ mm, $z = 4$.
   Gesucht: n

   Lösung:

   Von $f_z = 0,5$ waagerecht bis zur v_f-10-Linie und von dort senkrecht nach unten $z \cdot n$-Wert ablesen: 20000 min^{-1}

   $n = \dfrac{20000 \text{ min}^{-1}}{z} = \dfrac{20000 \text{ min}^{-1}}{4} = \mathbf{5000 \text{ min}^{-1}}$

4. Gegeben: $f_z = 0,4$ mm, $v_f = 6$ m/min, $n = 5000$/min.
   Gesucht: z

   Lösung:

   Von $f_z = 0,4$ waagerecht bis zur v_f-6-Linie und von dort senkrecht nach unten.

   $z \cdot n$-Wert ablesen: 15000/min

   $z = \dfrac{15000 \text{ min}^{-1}}{n} = \dfrac{15000/\text{min}}{5000/\text{min}} = \mathbf{3}$

Aufgaben zum Kapitel 3

Maschinelle Holzbearbeitung

1. Auf einer Tischkreissäge werden 12 Kiefernholzbohlen von 4,75 m Länge beiderseitig besäumt. Für das Aufnehmen, Umdrehen und Ablegen einer Bohle braucht ein Geselle eine Minute. Der Handvorschub beträgt 7,5 m/min. In welcher Zeit sind die Bohlen besäumt?

2. In einer Dickenhobelmaschine werden 110 Fußbodendielen von 5,20 m Länge dicht hintereinander einseitig gehobelt. Fünfundfünfzig Minuten werden für das Hobeln benötigt. Berechnen Sie die Vorschubgeschwindigkeit v_f.

3. Das Übersetzungsverhältnis eines Flachriementriebes von einer Motorriemenscheibe zur Riemenscheibe einer Langlochbohrmaschine ist mit 5:3 angegeben. Die Umdrehungsfrequenz beträgt $n_1 = 2870$/min. Die Riemenscheibe am Motor hat einen Durchmesser von $d_1 = 90$ mm. Berechnen Sie:
   a) den Durchmesser d_2 der Riemenscheibe an der Arbeitswelle,
   b) die Übersetzungsverhältniszahl i,
   c) die Umdrehungsfrequenz n_2 an der Arbeitswelle.

4. Berechnen Sie von der Bandsäge:
   a) die Umdrehungsfrequenz der Sägerollen,
   b) die Schnittgeschwindigkeit.

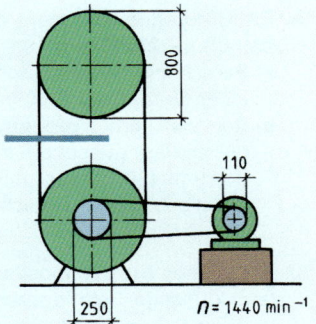

5. Die Frässpindel einer Tischfräsmaschine kann mit $n_1 = 6000$ min^{-1}, $n_2 = 9000$ min^{-1} und $n_3 = 12000$ min^{-1} betrieben werden. Es wird ein hartmetallbestücktes Werkzeug mit einem Flugkreisdurchmesser von 14 cm und der Aufschrift n_{max} 12000 aufgespannt. Es soll Weichholz mit wirtschaftlicher Schnittgeschwindigkeit gemäß Mittelwert der Tabelle 7, Kap. 10 gefräst werden.
   a) Berechnen Sie die Schnittgeschwindigkeiten bei den Umdrehungsfrequenzen n_1, n_2 und n_3.
   b) Geben Sie an, bei welcher Umdrehungsfrequenz mit der günstigsten (wirtschaftlichsten) Schnittgeschwindigkeit gearbeitet wird.
   c) Überprüfen Sie die Berechnungen mittels Diagramm, Tabelle 8, Kap. 10.

6. Eine Handkreissäge hat die Umdrehungsfrequenz $n = 2870$ min^{-1} und ein Sägeblatt von 18 cm Durchmesser.
   Berechnen Sie nach der Faustformel die ungefähre Schnittgeschwindigkeit.

7. Berechnen Sie die Schnittgeschwindigkeit der Bandschleifmaschine und stellen Sie fest, ob die Maschine wirtschaftlich arbeitet. Die Richtwerte für wirtschaftliches Arbeiten finden Sie in der Tabelle 7, Kap. 10.

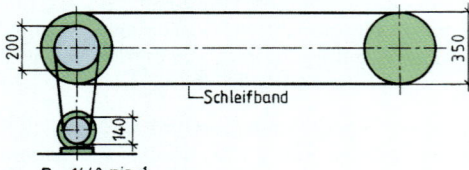

8. Auf zusammengesetzten Fräswerkzeugen steht $n = 4500/min$ und $V_c = 40m/s$. Diese Werte dürfen nicht überschritten werden. Es sind vorhanden:
   a) ein Profilmesserkopf $\varnothing$ 65 mm,
   b) ein Zweibackenspannfutter $\varnothing$ 90 mm,
   c) ein Abblattkopf $\varnothing$ 165 mm.
   Die Fräsmaschine, auf die die Werkzeuge aufgespannt werden, kann mit $n_1 = 2500/min$ und $n_2 = 3800/min$ laufen.
   Berechnen Sie, für welche der Umdrehungsfrequenzen die Werkzeuge geeignet sind.

9. Die Umdrehungsfrequenz einer Handoberfräse beträgt $n = 27000$ min⁻¹.
   a) Berechnen Sie die Schnittgeschwindigkeit eines Gratfräsers $\varnothing$ 20 mm.
   b) Bei welchem Werkzeugdurchmesser wird die mittlere günstige Schnittgeschwindigkeit (Hartmetallwerkzeug und Hartholz) gemäß Tabelle 7, Kap. 10 erreicht?

10. Entnehmen Sie der Tabelle 7, Kap. 10 die (mittlere) günstige Schnittgeschwindigkeit für Kettenfräsen (hartmetallbestückt und Weichholz), und rechnen Sie nach der Faustformel die Umdrehungsfrequenz für 60 mm Flugkreisdurchmesser aus.

11. Mit einer Handbohrmaschine, vielfach regelbar, sollen in nicht gehärtete Stahlbeschläge Löcher gebohrt werden. Aus zwei Tafeln auf der Maschine gehen Schalterstellung und Umdrehungsfrequenzen hervor.

	A	850 min⁻¹		A	1600 min⁻¹
I	B	1000 min⁻¹	II	B	1950 min⁻¹
	C	1200 min⁻¹		C	2300 min⁻¹

Entnehmen Sie der Tabelle 7, Kap. 10 den höchsten Wert für günstige Schnittgeschwindigkeiten von Bohrern aus Schnellarbeitsstahl und berechnen Sie, welcher Bohrerdurchmesser für die sechs möglichen Umdrehungsfrequenzen (Schalterstellungen) jeweils geeignet ist.

12. Ein Fräser mit drei Schneiden wird mit $n = 6000$ min⁻¹ betrieben.
   a) Welche Vorschubgeschwindigkeit muss bei einem Zahnvorschub von $f_z = 0,4$ mm erreicht werden?
   b) Überprüfen Sie v_f mittels Diagramm Tabelle 9, Kap. 10.

13. Für eine Tischfräsmaschine sind Fräswerkzeuge vorhanden, die mit nicht mehr als $v_c = 40$ m/s betrieben werden dürfen.
   Berechnen Sie die Höchstdrehzahlen (Höchstumdrehungsfrequenzen) für:
   a) Falzköpfe mit $\varnothing$ 90 mm,
   b) Profilmesserköpfe mit durchschnittlich 150 mm Flugkreisdurchmesser,
   c) Schlitzscheiben mit $\varnothing$ 350 mm.

14. Ein Kreissägeblatt mit zwölf Zähnen wird mit $n = 1440$ min⁻¹ betrieben.
   Wie groß muss die Vorschubgeschwindigkeit mindestens sein, damit ein Zahnvorschub f_z ($\hat{=} e$) von 0,6 mm erreicht wird?

15. Ein Werkzeug hat vier Schneiden. Der Vorschubapparat schiebt eine Leiste mit $v_f = 8$ m/min vorbei. Es soll eine mittelfeine Fräsfläche erzielt werden.
   Ermitteln Sie anhand des Diagramms, Tabelle 9, Kap. 10:
   a) die niedrigste Umdrehungsfrequenz,
   b) die höchste Umdrehungsfrequenz.

16. Für grobe Hobelarbeiten darf der Schneidenvorschub $f_z = 1,1$ mm betragen. Eine Dickenhobelmaschine hat eine Zweimesserwelle mit $\varnothing$ 125 mm und $n = 5800$ min⁻¹.
   a) Ermitteln Sie die Vorschubgeschwindigkeit v_f mittels Diagramm, Tabelle 9, Kap. 10.
   b) Errechnen Sie die Schnittgeschwindigkeit v_c.

17. Berechnen Sie nach der Faustformel die Vorschubgeschwindigkeit v_f, bei der mit einem zweischneidigen Werkzeug, das mit $n = 8100$ min⁻¹ betrieben wird, eine mittelfeine Fläche erzielt wird.

18. Die Umdrehungsfrequenz einer Frässpindel beträgt $n = 6000$. Es soll bei einem Vorschub von $v_f \approx 15$ m/min eine mittelfeine Fläche mit $f_z = 0,6$ mm erzielt werden.
   Ermitteln Sie anhand des Diagramms, Tabelle 9, Kap. 10, wie viel Schneiden das Werkzeug haben muss.

19. Ein Fräser mit drei Schneiden wird mit $n = 6500$ min⁻¹ betrieben. Der Vorschub beträgt $v_f = 6$ m/min. Berechnen Sie den Messerschritt e und beurteilen Sie die Flächengüte gem. Tab. 9, Kap. 10.

20. Eine Bohrmaschine arbeitet mit $n = 320$ min⁻¹. Welcher Bohrerdurchmesser entspricht einer Schnittgeschwindigkeit von 0,5 m/s?

4 Arbeit, Leistung, Wirkungsgrad

4.1 Arbeit und Wirkungsgrad

Mechanische Arbeit ist die **Wirkung einer Kraft längs eines Weges**.

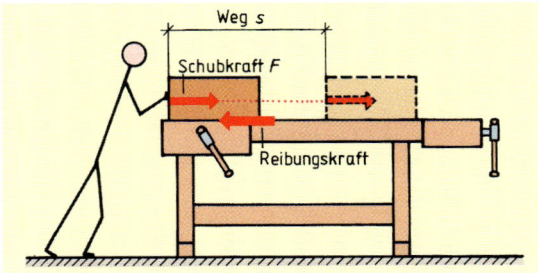

Die Arbeit besteht darin, dass die Schubkraft die entgegengesetzt wirkende Reibungskraft, die während der gesamten Wegstrecke wirksam ist, überwindet.

Das Formelzeichen für Arbeit ist W (vom engl. work = Arbeit).

> Die Arbeit W ist das Produkt aus der Kraft F und dem Kraftweg s.

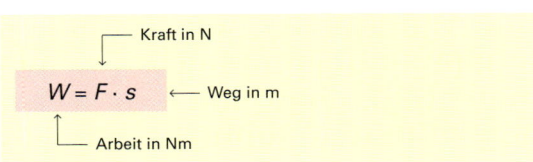

$$W = F \cdot s$$

← Kraft in N
← Weg in m
← Arbeit in Nm

> Die Basisgröße der Arbeit ist 1 Joule (J).

Für technische Angaben werden vielfach Größen mit anderen Einheitenbezeichnungen, die aber der Einheit J entsprechen, verwandt.

$$1\ J = 1\ Nm = 1\ Ws$$

← Wattsekunde für elektrische Arbeit
└ Newtonmeter für mechanische Arbeit

Beispiel:

Die Masse m wird auf die Plattform gehoben.
Wie groß ist die Hubarbeit, die verrichtet wird?

Lösung:

$F = m \cdot g = 35\ kg \cdot 10\ \frac{m}{s^2}$

$\quad = 350\ \frac{kg \cdot m}{s^2}$

$F = 350\ N$

$W = F \cdot s = 350\ N \cdot 2{,}80\ m$

$W = \mathbf{980\ Nm = 980\ J}$

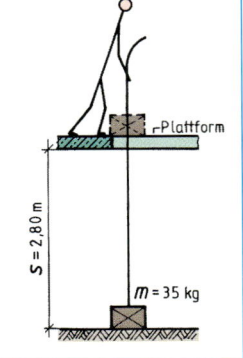

● Wird Arbeit von Maschinen und Geräten verrichtet, so entstehen Verluste durch Reibung. Ein Teil der zugeführten **Energie** (= Fähigkeit, Arbeit zu leisten) wird in Wärme umgesetzt, so dass die **Nutzarbeit** W_2 kleiner als die **aufgewendete Arbeit** W_1 ist.

> Das Verhältnis von Nutzarbeit W_2 zur aufgewendeten Arbeit W_1 ist der Wirkungsgrad η (Eta).

Wirkungsgrad der Arbeit:

$$\eta = \frac{W_2}{W_1}$$

← Nutzarbeit in J oder Nm oder Ws
← Aufgewendete Arbeit in gleicher Einheit wie Nutzarbeit
└ Wirkungsgrad, ein Zahlenwert < 1

Durch Formelumstellung ergibt sich:

$$W_1 = \frac{W_2}{\eta} \qquad\qquad W_2 = W_1 \cdot \eta$$

Beispiel:

Die Masse m_2 wird um die Strecke s gehoben. Damit sie sich hebt, muss sich der Arbeiter mit seiner Körpermasse m_1 an das Zugseil hängen.

Die feste Rolle bringt keine Krafteinsparung, lediglich ein bequemeres Hochziehen der Last; der Lastweg ist gleich dem Kraftweg.

Wie groß ist der Wirkungsgrad η der festen Rolle?

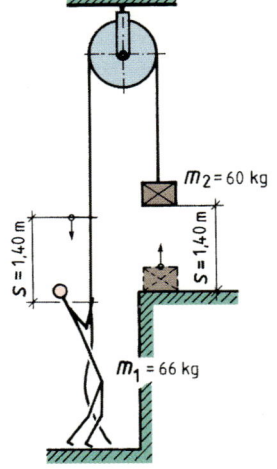

$m_2 = 60\ kg$
$s = 1{,}40\ m$
$s = 1{,}40\ m$
$m_1 = 66\ kg$

Lösung:

$F_1 = m_1 \cdot g = 66\ kg \cdot 10\ \frac{m}{s^2} = 660\ \frac{kgm}{s^2} = 660\ N$

$F_2 = m_2 \cdot g = 60\ kg \cdot 10\ \frac{m}{s^2} = 600\ N$

$W_1 = F_1 \cdot s = 660\ N \cdot 1{,}40\ m = 924\ Nm$

$W_2 = F_2 \cdot s = 660\ N \cdot 1{,}40\ m = 840\ Nm$

$\eta = \dfrac{W_2}{W_1} = \dfrac{840\ Nm}{924\ Nm} = 0{,}909 \approx \mathbf{0{,}91}$

4.2 Leistung und Wirkungsgrad

Für den wirtschaftlichen Nutzen einer Maschinenarbeit ist letztlich ausschlaggebend, in **welcher Zeit Arbeit ausgeführt wird**. Die Leistung ist umso größer, je weniger Zeit zur Verrichtung von Arbeit benötigt wird.

Das Formelzeichen für Leistung ist P (vom engl. power = bewegende Kraft = Leistung).

> Die Leistung P ist Arbeit W in der Zeit t.

$$P = \frac{W}{t}$$
$\longleftarrow$ Arbeit in J oder Nm oder Ws
$\longleftarrow$ Zeit in s

Leistung in $\frac{J}{s}$ oder $\frac{Nm}{s}$ oder $\frac{Ws}{s}$ = W (Watt)

Die Basisgröße der Leistung ist 1 Watt (W).

$1 \frac{J}{s}$ und $1 \frac{Nm}{s}$ sind Größen mit anderen Einheiten, die aber der Einheit W entsprechen.

Abgeleitete Einheiten:

1 kW (Kilowatt) = 10^3 W = 1000 W

1 MW (Megawatt) = 10^6 W = 1 000 000 W

Beispiel:

Eine Seilwinde hebt einen Baumstamm von 820 kg Masse in 6 Sekunden 3,10 m hoch.

Wie groß ist die Leistung P?

Lösung:

$F = m \cdot g = 820 \text{ kg} \cdot 10 \frac{m}{s^2} = 8200 \text{ N}$

$P = \frac{W}{t} = \frac{F \cdot s}{t} = \frac{8200 \text{ N} \cdot 3,10 \text{ m}}{6 \text{ s}} = \textbf{4237} \frac{\textbf{Nm}}{\textbf{s}}$

$P = 4237 \frac{Nm}{s} = 4237 \text{ W} = \textbf{4,237 kW}$

Zusammenhang zwischen Leistung, Arbeit und Geschwindigkeit:

$\text{Leistung } P = \dfrac{\text{Arbeit } W}{\text{Zeit } t} = \dfrac{\text{Kraft } F \cdot \text{Weg } s}{\text{Zeit } t}$

$= \text{Kraft } F \cdot \dfrac{\text{Weg } s}{\text{Zeit } t}$

$\text{Geschwindigkeit } v = \dfrac{\text{Weg } s}{\text{Zeit } t}$

Daraus folgt:

Leistung:	$P = F \cdot v$
Kraft:	$F = \dfrac{P}{v}$
Geschwindigkeit:	$v = \dfrac{P}{F}$

Beispiel:

Die Seiltrommel eines Materialaufzugs hat $d = 65$ mm Durchmesser (gemessen von Mitte bis Mitte Seil). Die Umdrehungsfrequenz der Trommel beträgt $n = 350 \text{ min}^{-1}$. Der Motor leistet 18 kW.

Welche Masse kann gehoben werden, wenn der Wirkungsgrad des Aufzugs nicht berücksichtigt wird?

Lösung: $v = d \cdot \pi \cdot n = 0,065 \text{ m} \cdot \pi \cdot \dfrac{350}{\text{min}} = 71,47 \dfrac{\text{m}}{\text{min}}$

$v = 71,47 \dfrac{\text{m}}{\text{min}} = \dfrac{71,47 \dfrac{\text{m}}{\text{min}}}{60 \dfrac{\text{s}}{\text{min}}} = 1,19 \dfrac{\text{m}}{\text{s}}$

$P = 18 \text{ kW} = 18000 \text{ W} = 18000 \dfrac{\text{Nm}}{\text{s}}$

$F = \dfrac{P}{v} = \dfrac{18000 \dfrac{\text{Nm}}{\text{s}}}{1,19 \dfrac{\text{m}}{\text{s}}} = 15126 \text{ N}$

$F = 15126 \text{ N} \hat{=} m \approx \textbf{1513 kg}$

Wirkungsgrad

Leistung beruht auf Arbeit, so dass auch bei der Leistung wie bei der Arbeit Verluste entstehen.

Die erzielte **Nutzleistung P_2** (auch Nennleistung genannt) ist kleiner als die **aufgewendete Leistung P_1**.

Das Verhältnis von Nutzleistung zur aufgewendeten Leistung ist der Wirkungsgrad η.

$$\eta = \frac{P_2}{P_1}$$
$\longleftarrow$ Nutzleistung, Nennleistung oder effektive Leistung in $\frac{J}{s}$ oder $\frac{Nm}{s}$ oder W

Aufgewendete Leistung in gleicher Einheit wie die Nutzleistung

Wirkungsgrad, ein Zahlenwert < 1

Durch Formelumstellung ergibt sich:

$$P_1 = \frac{P_2}{\eta} \qquad\qquad P_2 = P_1 \cdot \eta$$

Beispiel:

Das Vorschubband eines Vorschubapparates gibt eine Nutz- oder Nennleistung von 3000 Watt ab.

Der Wirkungsgrad des Apparates ist mit $\eta = 0,86$ angegeben. Wie groß ist die aufgewendete Leistung des Elektromotors?

Lösung: $P_1 = \dfrac{P_2}{\eta} = \dfrac{3000 \text{ W}}{0,86} = 3488 \text{ W} \approx \textbf{3,5 kW}$

Aufgaben zum Kapitel 4

Arbeit / Leistung / Wirkungsgrad

1. Was versteht man unter Arbeit im physikalischen Sinne?

2. Was versteht man unter Energie?

3. Schreiben Sie die Formel für mechanische Bewegungsarbeit auf und geben Sie an, welche Einheiten zu den Größen der Formelzeichen gehören.

4. Begründen Sie, warum die Nutzarbeit einer Maschine kleiner als die aufgewendete Arbeit ist.

5. Berechnen Sie die fehlenden Werte.

	Last	Weg	Arbeit
a)	320 kN	1,50 m	?
b)	?	1,20 m	18 Nm
c)	450 kN	?	280 kJ

6. Was versteht man unter dem Wirkungsgrad η (Eta)
a) der Arbeit, **b)** der Leistung?

7. Mit dem Elektromotor mit angekoppelter Seilwinde wird über eine feste Rolle die Masse m hochgezogen. Der Wirkungsgrad der gesamten Aufzugsanlage beträgt $\eta = 0,78$. Wie groß ist die Kraft F, die an der Seiltrommel aufgewendet werden muss?

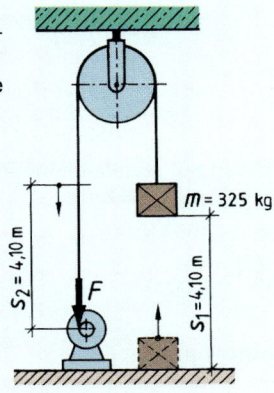

$m = 325$ kg
$s_2 = 4,10$ m
$s_1 = 4,10$ m
F

8. Ein Geselle hebt beim Verladen eines Fensters eine Masse von 61 kg 90 cm hoch.

Wie groß ist die Hubarbeit?

9. Was versteht man unter mechanischer Leistung?

10. In welchen Einheiten kann Leistung gemessen werden?

11. Welche Masse m kann mithilfe der Zahnradwinde gehoben werden, wenn der Wirkungsgrad der Anlage $\eta = 0,92$ beträgt?

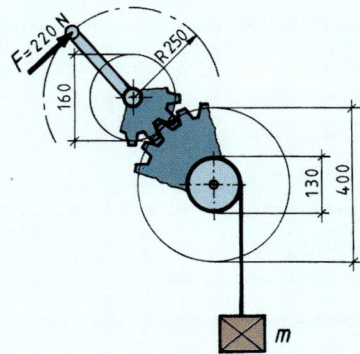

$F = 220$ N
$R\,250$
160
130
400
m

12. Ein Holzmechaniker hebt eine Masse von $m = 45$ kg in $t = 1\frac{1}{2}$ Sekunden auf seine Schulter in $s = 1,65$ m Höhe.
Berechnen Sie die Leistung.

13. Das Transportband eines Vorschubapparates transportiert mit $v_f = 7$ m/min. Die Kraft, mit der das Band fortbewegt wird, beträgt $F = 1850$ N.
Wie groß ist die Leistung P in Watt?

14. An der Messerwelle einer Hobelmaschine wird eine Leistung von $P_2 = 6120$ Nm/s gemessen. Die Nutzleistung des Antriebsmotors beträgt 7,5 kW.
Berechnen Sie den Wirkungsgrad.

15. Berechnen Sie die fehlenden Werte.

	P_1	P_2	η
a)	3,2 kW	2,8 kW	?
b)	4200 $\frac{Nm}{s}$	?	0,85
c)	?	3,4 kW	0,82

16. Antriebsmotor und Kreissägeblatt liegen an einer Welle. Der Motor hat eine Aufnahmeleistung von 3,5 kW, eine Umdrehungsfrequenz von $n = 1440$ min^{-1}, und das Kreissägeblatt hat einen Durchmesser von 28 cm. Der Wirkungsgrad beträgt $\eta = 0,87$.
Wie groß ist die Schnittkraft an den Sägezähnen?

17. Ein Gabelstapler hebt 1,80 m^3 Tannenholz (Rohholzdichte $\varrho = 0,55$ kg/dm^3) in 2,5 Sekunden 1,60 m hoch.
Wie groß ist die Leistung in kW?

18. Ein Elektromotor, $n = 2870$ min^{-1}, Riemenscheibendurchmesser 150 mm, Wirkungsgrad $\eta = 0,89$, soll eine Zugkraft von $F = 200$ N an den Treibriemen abgeben.
Wie groß muss die aufgewendete Leistung in kW sein?

19. An einem zweischneidigen Nutenfräser mit 75 mm Flugkreisdurchmesser wirken je Schneide 45 N. Die Schnittgeschwindigkeit soll 40 m/s betragen. Berechnen Sie:
a) die Nutzleistung des mit der Fräswelle gekoppelten Motors,
b) die aufgewendete Leistung bei einem Wirkungsgrad von $\eta = 0,87$,
c) die Umdrehungsfrequenz der Welle.

20. Zwei Elektromotoren mit folgenden Kenndaten stehen zur Auswahl:

Motor	Nutzleistung	Drehfrequenz	Wirkungsgrad	Riemenscheibendurchm.
A	$P_2 = $ 4,5 kW	$n = $ 2870 min^{-1}	$\eta_1 = 0,82$	$d_1 = 15$ cm
B			$\eta_2 = 0,89$	$d_2 = 12$ cm

Berechnen Sie:
a) die aufgewendete Leistung von Motor A,
b) die aufgewendete Leistung von Motor B.
c) Um wie viel Prozent liegt die Leistung von Motor A über der von Motor B?
d) Um wie viel Prozent liegt die Leistung von Motor B unter der von Motor A?
e) Wie groß ist die Kraft, die von der Riemenscheibe des Motors A übertragen wird?
f) Welche Kraft überträgt die Riemenscheibe von Motor B?

5 Elektrotechnische Berechnungen

5.1 Größen und Einheiten im Stromkreis

Elektrischer Strom kann nur fließen, wenn ein geschlossener Stromkreis vorhanden ist.

Ein **Stromkreis** entsteht, wenn eine Leitung von einem Pol einer Spannungsquelle (z. B. einem Generator) über einen Verbraucher (z. B. eine Glühlampe) zu dem anderen Pol der Spannungsquelle vorhanden ist.

Schaltbild eines geschlossenen Stromkreises

Spannungsquelle — Glühlampe als Verbraucher

Der elektrische Stromfluss (Elektronenfluss) im geschlossenen Stromkreis wird durch die **elektrische Spannung**, das ist das Ausgleichsbestreben elektrischer Ladungen, bewirkt.

Das Fließen des Stromes kann man nicht unmittelbar, sondern nur an seinen Wirkungen, z. B. dem Aufleuchten der Glühlampe, erkennen.

Elektrische Größen und deren Einheiten:

U = **Spannung** in Volt (V)

I = **Stromstärke** in Ampere (A)

R = **Widerstand** in Ohm (Ω)

Elektrische Symbole und Schaltzeichen

Spannungsquelle	Glühlampe	Widerstand	Schalter
—o o—	⊗	▭	⟋
U= Gleich-spannung U∼ Wechsel-spannung	Motor Ⓜ	Strom-messer Ⓐ	Spannungs-messer Ⓥ

5.2 Elektrischer Widerstand und ohmsches Gesetz

Die Umwandlung der elektrischen Energie erfolgt in einem Verbraucher (z. B. in einer Heizspirale) durch Behinderung des Elektronenflusses. Diese Behinderung nennt man den **elektrischen Widerstand**. Auch die elektrischen Leitungen sind Widerstände.

● Erhöht man in einem Stromkreis die Spannung U, so nimmt gleichzeitig die Stromstärke I im gleichen Verhältnis zu.

Die Stromstärke ist der Spannung proportional.

Anmerkung: Die Spannung des Einphasen-Wechselspannungsnetzes beträgt jetzt 230 V, die des Dreiphasen-Wechselspannungsnetzes 400 V.

● Das **ohmsche Gesetz** beschreibt die Beziehung der elektrischen Größen:

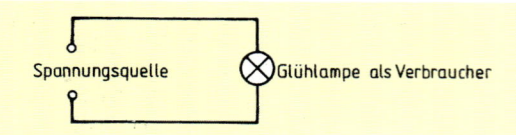

$$R = \frac{U}{I}$$ ← Spannung in Volt (V) ← Stromstärke in Ampere (A)

Widerstand in Ohm (Ω) = $\left[\frac{V}{A}\right]$

Durch Umstellen ergibt sich:

$$U = I \cdot R \qquad I = \frac{U}{R}$$

$$1\,\Omega = 1\,\frac{V}{A}; \quad 1\,V = 1\,A \cdot \Omega; \quad 1\,A = 1\,\frac{V}{\Omega}$$

Größen mit abgeleiteten Einheiten:

$1\,k\Omega = 1000\,\Omega;$
$1\,kV = 1000\,V;$
$1\,mV = \frac{1}{1000}\,V;$

$1\,mA = \frac{1}{1000}\,A$
$1\,\mu A = \frac{1}{1\,000\,000}\,A$

Anmerkung:

Das ohmsche Gesetz gilt stets für Gleichstromkreise, für Wechselstromkreise nur dann, wenn diese keine Spulen oder Kondensatoren enthalten.

Beispiele:

1. Ein Lötkolben mit einem Widerstand von 1100 Ω wird an ein 230-Volt-Netz angeschlossen. Wie groß ist die Stromstärke?

   Lösung: $I = \frac{U}{R} = \frac{230\,V}{1100\,\Omega} = \textbf{0,21 A}$

2. Ein Durchlauferhitzer wird an 230 V Netzspannung von einem Strom von 25 Ampere durchflossen. Wie groß ist der Widerstand in dem Gerät, d. h. in den Heizdrähten und Leitungen?

   Lösung: $R = \frac{U}{I} = \frac{230\,V}{25\,A} = \textbf{9,2 Ω}$

3. Die Gefährlichkeit der Elektrizität liegt nicht in der Höhe der Spannung, sondern in der des Stromes, der durch den menschlichen Körper fließt. Bereits ab einer Stromstärke von 0,02 A (= 20 mA) durch den Körper besteht Lebensgefahr. Da der elektrische Widerstand des menschlichen Körpers durch z. B. Schweiß, Art des Untergrundes u. dgl. sehr unterschiedlich sein kann, sind auch die gefährdenden Spannungen sehr verschieden. Der kleinste Körperwiderstand – und damit die größte Gefahr durch Elektrizität – liegt bei etwa 3000 Ω.

   Wie groß ist die lebensgefährliche Spannung?

   Lösung: $U = I \cdot R = 0{,}02\,A \cdot 3000\,\Omega = 60\,A \cdot \Omega$

   $U = 60\,A \cdot 1\,\frac{V}{A} = \textbf{60 V}$

Lt. DIN VDE 0100

beträgt die Spannung, bis zu der keine zusätzlichen Schutzmaßnahmen gefordert werden, $U_L \leq 50\,V$.

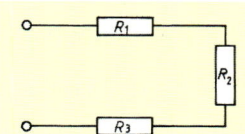

Reihenschaltung

Die Abbildung zeigt in Reihe geschaltete Widerstände. R_1 und R_3 sind z.B. die Widerstände der Leitungen. R_2 ist der Widerstand des Verbrauchers, z.B. der einer Glühlampe.

Werden mehrere Widerstände in Reihe geschaltet, so addieren sich die Einzelwiderstände zum Gesamtwiderstand.

An allen Punkten der Schaltung fließt die gleiche Stromstärke.

> Der Gesamtwiderstand R_{ges} hintereinander geschalteter Widerstände ist gleich der Summe der Einzelwiderstände:
> $$R_{ges} = R_1 + R_2 + R_3 + R\ldots$$

Beispiel:

Ein Furnierbügeleisen zum Aufbügeln von Furnieren hat bei 230 V Spannung einen Widerstand von 40 Ω. Der Widerstand der Hin- und Rückleitung beträgt je 0,5 Ω.

1. Wie groß ist der Gesamtwiderstand R_{ges}?

   Lösung:

   Zur Veranschaulichung wird das **Schaltbild eines unverzweigten Stromkreises** mit Strom- und Spannungsmesser benützt.

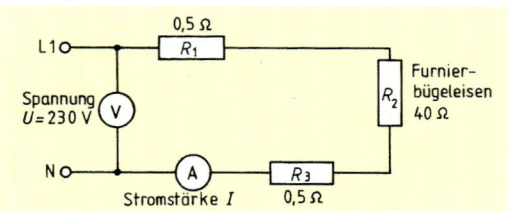

$R_{ges} = R_1 + R_2 + R_3 = 0,5\ \Omega + 40\ \Omega + 0,5\ \Omega = 41\ \Omega$

$R_{ges} = $ **41 Ω**

2. Welche Stromstärke I zeigt der Strommesser (Amperemeter) an?

$$I = \frac{U}{R_{ges}} = \frac{230\ V}{41\ \Omega} = 5,61\ \frac{V}{\Omega} = \frac{5,61\ V}{1\ \frac{V}{A}} \approx \textbf{5,61 A}$$

Parallelschaltung

An einen **Stromkreis** können auch **mehrere Verbraucher** parallel zueinander angeschlossen und durch Schalter ein- und ausgeschaltet werden. Man spricht dann von einem verzweigten Stromkreis.

Schaltbild eines verzweigten Stromkreises

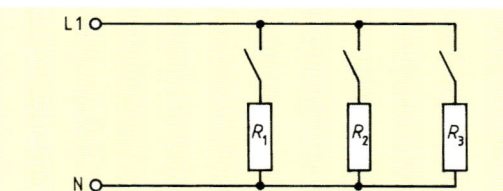

Die Verbraucher liegen alle an derselben Spannung. Der in einen Knotenpunkt hineinfließende Strom bzw. der aus einem Knotenpunkt herausfließende ist gleich der Summe der Ströme in den Verzweigungen.

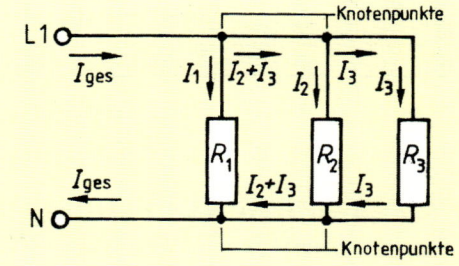

> Der Gesamtstrom I_{ges} in einer Parallelschaltung ist gleich der Summe der Teilströme:
> $$I_{ges} = I_1 + I_2 + I_3 + I\ldots$$

Beispiel:

An einen verzweigten Stromkreis mit 230 V Wechselstromspannung werden angeschlossen: 1 Schweißschwert für Kunststoffschweißung mit $I_1 = 1,5$ A, 1 Glühlampe mit $I_2 = 0,272$ A, 1 Heizofen mit $I_3 = 6,9$ A und 1 Tauchsieder mit $I_4 = 0,7$ A. Wie groß sind der Gesamtstrom I_{ges} und der Gesamtwiderstand R_{ges}?

Lösung:

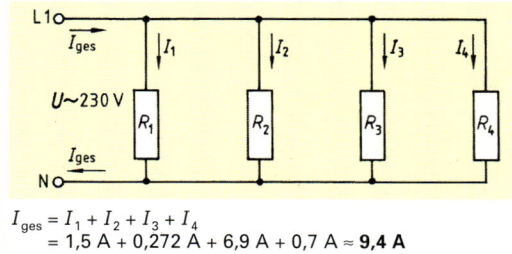

$I_{ges} = I_1 + I_2 + I_3 + I_4$
$= 1,5\ A + 0,272\ A + 6,9\ A + 0,7\ A \approx \textbf{9,4 A}$

$R_{ges} = \dfrac{U}{I_{ges}} = \dfrac{230\ V}{9,4\ A} \approx \textbf{24,5 }\Omega\ \left[\frac{V}{A} = \Omega\right]$

Aufgaben zum Kapitel 5.2

Elektrischer Widerstand und ohmsches Gesetz

1. Schreiben Sie das ohmsche Gesetz als mathematische Formel und geben Sie die Einheiten der Größen an.

2. Berechnen Sie die jeweils fehlende Größe.

	Stromstärke I	Spannung U	Widerstand R
a)	7 A	230 V	?
b)	?	400 V	11 Ω
c)	16 A	?	31 Ω

3. Das Schweißschwert für Kunststoffprofile hat 5 A Stromaufnahme bei 230 V Gerätespannung.
   Wie groß ist der Gerätewiderstand in Ohm?

4. Aus einem verzweigten Stromkreis (Parallelschaltung) mit 230 V Wechselspannung sind folgende Messwerte bekannt.
Berechnen Sie jeweils die fehlenden Größen.

	I_1	I_2	I_{ges}	R_{ges}	R_1	R_2
a)	7 A	18,4 A	?	?	?	?
b)	?	6,5 A	22 A	?	?	?
c)	8,5 A	?	?	?	?	50 Ω

5.3 Sicherungen und Leitungsquerschnitte

Der **Gesamtstrom** wird umso größer, je mehr Widerstände (Verbraucher) parallel in einen Stromkreis geschaltet werden.

Die **Leitungen** sind auch Widerstände und können nur einen bestimmten Strom aufnehmen ohne sich deutlich zu erwärmen. Wird der Strom zu groß, tritt eine starke Erwärmung des Leiters ein, die Isolierung verschmort und es kann ein Brand entstehen.

● Die Größe des **Widerstandes elektrischer Leiter** ist abhängig vom Werkstoff, vom Querschnitt und der Länge des Leiters.

> Je größer der Leiterquerschnitt ist, umso geringer ist der Widerstand.

Es dürfen deshalb nicht beliebig viele Verbraucher mit beliebig hoher Stromaufnahme an einen Stromkreis angeschlossen werden. Fest verlegte Stromleitungen werden entsprechend ihrem Querschnitt durch **Sicherungen** geschützt. Diese unterbrechen beim Überschreiten eines vorbestimmten **Nennstromes**, der auf der Sicherung angegeben ist, den Stromkreis.

Höchststromstärke in A bei Kupferleitungen	Leiterquerschnitt in mm²
13	1,5
18	2,5
24	4
31	6

Höchstzulässiger Nennstrom der vorgeschalteten Sicherung für eine Drehstromleitung bei Verlegung in wärmegedämmten Wänden.

> **Beispiel:**
>
> In einem Stromkreis fließt ein Strom von 17 A. Wie groß müssen die Sicherung und der Leiterquerschnitt mindestens sein?
>
> *Lösung:*
>
> Ein Strom mit 17 A muss mindestens mit einer **18 Ampere-Sicherung** abgesichert sein. Für 18 Ampere ist eine **Kupferleitung ≥ 2,5 mm²** erforderlich.

Aufgaben zum Kapitel 5.3

Sicherungen und Leitungsquerschnitte

5. Eine Kupferleitung hat 1,5 mm² Querschnitt. Welche Höchststromstärke ist zulässig?

6. In einem Stromkreis fließt ein Gesamtstrom von 22 A.
Wie groß müssen die Sicherung und der Leiterquerschnitt mindestens sein?

7. In einem verzweigten Stromkreis an 230 V Spannung (Parallelschaltung) werden folgende Einzelströme gemessen.
$I_1 = 4,2$ A, $I_2 = 8,6$ A, $I_3 = 1,8$ A, $I_4 = 3,8$ A
Berechnen Sie:
a) den Gesamtstrom,
b) den Gesamtwiderstand.
c) die Absicherung des Stromkreises,
d) den Querschnitt der Kupferleitungen.

5.4 Elektrische Leistung

Die Energie des elektrischen Stromes wird in elektrischen Geräten in Licht, Wärme und mechanische Arbeit umgesetzt.

> Die zugeführte elektrische Leistung P_{zu}, auch Aufnahmeleistung genannt, ist das Produkt aus der Stromstärke I und der Spannung U.

Stromstärke in A

$$P_{zu} = I \cdot U \quad \longleftarrow \text{ Spannung in V}$$

Leistung in VA (Voltampere)=W (Watt)

Durch Umstellen der Formel ergibt sich:

$$I = \frac{P_{zu}}{U} \qquad U = \frac{P_{zu}}{I}$$

Die vorstehenden Formeln gelten für Gleichstromkreise, bei Wechselstromkreisen nur dann, wenn diese keine Spulen und Kondensatoren enthalten.

> Die Einheit der elektrischen Leistung ist 1 Watt (W).

1 W $= 1$ V $\cdot 1$ A $= 1$ VA (Voltampere) $= 1 \frac{Nm}{s}$

Vielfache der Einheit Watt:
1 kW (Kilowatt) = 1000 Watt
1 MW (Megawatt) = 1 000 000 W
Bei Heiz- und Lichtstromgeräten wird in der Regel die Aufnahmeleistung P_{zu} angegeben.

> **Beispiel:**
>
> Welche Leistung in Watt hat eine Glühlampe, die bei 230 Volt Spannung einen Strom von 0,33 Ampere aufnimmt?
>
> *Lösung:*
>
> $P_{zu} = U \cdot I = 230$ V $\cdot 0,33$ A $= 75,9$ VA $\approx$ **75 W**

● Leistungsfaktor cos φ

Bei **Wechselstrommotoren** und anderen Geräten mit Spulen und Kondensatoren steht wegen der Art der Motorenwicklung nicht die volle elektrische Leistung, die dem Motor zugeführt wird, für die Umwandlung in mechanische Leistung zur Verfügung. Dieser Unterschied (Verhältnis von Wirk- zur Scheinleistung) wird durch den Leistungsfaktor cos φ (Kosinus Phi) ausgedrückt.

Der Faktor cos φ steht in der Regel auf dem Typenschild des Gerätes. Sein Wert liegt zwischen 0,5 und 0,9.

Für **Wechselstrommotoren** gilt:

$$P_{zu} = U \cdot I \cdot \underbrace{\cos \varphi}$$

Leistungsfaktor, ein Zahlenwert < 1

Beispiel:

Wie groß ist die Aufnahmeleistung des Wechselstrommotors einer Handbohrmaschine für $U = 230$ V, $I = 3,4$ A und cos φ = 0,8?

Lösung:

$P_{zu} = U \cdot I \cdot \cos \varphi = 230$ V $\cdot 3,4$ A $\cdot 0,8$
$= 626$ VA $= 626$ W $\approx$ **0,6 kW**

● Wirkungsgrad von Elektromotoren

Bei Elektromotoren wird vorwiegend mit der **Abgabeleistung P_{ab}**, auch Nennleistung genannt, gearbeitet.

> Das Verhältnis von Abgabeleistung P_{ab} zur Aufnahmeleistung P_{zu} ist der Wirkungsgrad η (Eta).

Siehe dazu auch unter Kap. 4.2, Seite 363f.

$$\eta = \frac{P_{ab}}{P_{zu}}$$

← Abgabeleistung in W, kW oder MW
← Aufnahmeleistung in gleicher Einheit wie die Abgabeleistung

└ Wirkungsgrad, ein Zahlenwert < 1

Durch Umstellen der Formel ergibt sich:

$$P_{zu} = \frac{P_{ab}}{\eta} \qquad P_{ab} = P_{zu} \cdot \eta$$

Beispiel:

Ein Elektromotor nimmt 3,35 kW auf und gibt an die Riemenscheibe 2,75 kW ab.

Wie groß ist der Wirkungsgrad η?

Lösung:

$\eta = \dfrac{P_{ab}}{P_{zu}} = \dfrac{2,75 \text{ kW}}{3,35 \text{ kW}} \approx$ **0,82**

● Verkettungsfaktor 1,73

Dreiphasenwechselspannung (auch Drehstrom genannt) weist durch die zeitversetzte Überlagerung dreier Wechselspannungsphasen, bezeichnet mit L_1, L_2 und L_3, eine effektive Spannung von 400 V auf.

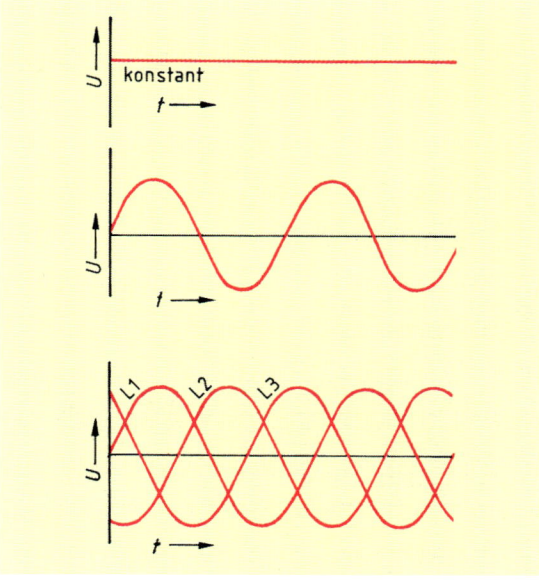

Bei der Leistungsberechnung an Dreiphasenwechselspannung ist wegen der Phasenverschiebung zwischen den drei Phasen, die sich günstig auf die Leistung auswirkt, ein zusätzlicher Verkettungsfaktor 1,73 zu berücksichtigen.

Für **Drehstrommotoren** gilt:

$$P_{zu} = U \cdot I \cdot \cos \varphi \cdot 1,73$$

Verkettungsfaktor, ein konstanter Zahlenwert

$$P_{ab} = U \cdot I \cdot \cos \varphi \cdot 1,73 \cdot \eta$$

Beispiel:

Wie groß ist die Abgabeleistung (Nennleistung) eines Drehstrommotors für $U = 230/400$ V, $I = 7,5$ A, cos φ = 0,7 und $\eta = 0,81$ an 400 V?

Lösung:

$P_{ab} = U \cdot I \cdot \cos \varphi \cdot 1,73 \cdot \eta$
$= 400$ V $\cdot 7,5$ A $\cdot 0,7 \cdot 1,73 \cdot 0,81$
$= 2943$ VA $= 2943$ W $\approx$ **2,9 kW**

Hinweis:

> Drehstrommotoren können in Stern- und in Dreieckschaltung betrieben werden. Bei Schalterstellung 人 (Stern) liegen die Motorwicklungen an 230 V, bei Schalterstellung △ (Dreieck) an 400 V. Dies gewährt einen schonenden Anlauf in Schalterstellung 人.

Aufgaben zum Kapitel 5.4

Elektrische Leistung / Wirkungsgrad

1. Berechnen Sie die fehlenden Größen.

	U	R	I	P_{zu}
a)	230 V	?	6,5 A	?
b)	230 V	50 Ω	?	?
c)	?	?	12,2 A	2,8 kW

2. Eine Heiztrommel zur Erwärmung von PVC-Kantenprofilen hat eine Aufnahmeleistung von 1200 W bei 230 V Gerätespannung.
   Berechnen Sie:
   a) die Stromstärke,
   b) den Widerstand.

3. Von Wechselstrommotoren sind folgende Daten bekannt.
   Berechnen Sie die fehlenden Werte.

	U	I	$\cos \varphi$	P_{zu}	η	P_{ab}
a)	230 V	4,3 A	0,7	?	0,82	?
b)	230 V	?	0,75	1,2 kW	0,84	?
c)	230 V	9 A	?	1,5 kW	?	1,2 kW

4. Eine elektrische Handstichsäge für U = 230 V hat eine Nutzleistung von P_{ab} = 750 W. Der Leistungsfaktor $\cos \varphi$ beträgt 0,8 und der Wirkungsgrad η = 0,82.
   Berechnen Sie die Stromstärke I.

5. Auf dem Leistungsschild eines Drehstrommotors stehen folgende Daten:
   U = 400 V, I = 4,8 A, $\cos \varphi$ = 0,8, η = 0,82
   Berechnen Sie:
   a) die Leistungsaufnahme,
   b) die Leistungsabgabe.
   (Beachten Sie den Verkettungsfaktor 1,73.)

6. Dem Leistungsschild eines Drehstrommotors ist zu entnehmen:
   U = 400 V, P_{ab} = 4,2 kW, $\cos \varphi$ = 0,82, η = 0,78
   Berechnen Sie:
   a) die Aufnahmeleistung,
   b) die Stromstärke.

7. Welche Nutzleistung (= Nennleistung P_{ab}) erbringt ein Elektromotor für Drehstrom 230/400 V, 5,5 A Stromstärke, η = 0,85 Wirkungsgrad und dem Leistungsfaktor $\cos \varphi$ = 0,75 im 400-Volt-Netz?

8. Ein Holzverarbeitungsbetrieb hat die Wahl zwischen dem Kauf einer Kreissäge für Wechselstrom 230 V oder Drehstrom 230/400 V. Beide Maschinen haben gleiche Kenndaten:
   2 kW Abgabeleistung, $\cos \varphi$ = 0,75, η = 0,82.
   Berechnen Sie die Stromstärke I
   a) für den Wechselstrommotor,
   b) für den Drehstrommotor (bei 400 V).

5.5 Elektrische Arbeit und Energie-(Strom-)kosten

Leistung ist Arbeit pro Zeiteinheit:

$P = \dfrac{W}{t}$ (siehe dazu unter Kap. 4.2, Seite 363 f.)

Arbeit ist mithin das Produkt aus Leistung und Zeit:
$W = P \cdot t$

Die elektrische Leistung P wiederum ist das Produkt aus der Spannung U und der Stromstärke I. Für die **Stromkosten** ist die **Aufnahmeleistung P_{zu}** maßgebend.

Mithin gilt für die **elektrische Arbeit**:

$$W = P_{zu} \cdot t = U \cdot I \cdot t$$

- Aufnahmeleistung in W
- Zeit in s
- Stromstärke in A
- Spannung in V
- Arbeit in VAs = Ws (Wattsekunde)

Für **Wechselstrommotoren** gilt erweitert:
$P_{zu} = U \cdot I \cdot \cos \varphi$ und somit

$$W = U \cdot I \cdot \cos \varphi \cdot t$$

Für **Drehstrommotoren** gilt erweitert:

$$W = U \cdot I \cdot \cos \varphi \cdot 1{,}73 \cdot t$$

Die Einheit **Wattsekunde** (Ws) ist eine so kleine Einheit, dass bei ihrer Verwendung schon für relativ kleine Stromabnahmen mit großen Zahlen gerechnet werden muss.

Es wird deshalb in der Regel mit der Einheit **Kilowattstunde (kWh)** gerechnet.

Wattsekunde:	1 Ws = 1 W · 1 s
Wattstunde:	1 Wh = 3600 Ws
Kilowattstunde:	1 kWh = 1000 Wh = **3 600 000 Ws**

Beispiel:

Der Drehstrommotor einer Fräsmaschine hat folgende Kenndaten: U = 230/400 V, Abgabeleistung P_{ab} = 5,5 kW, Wirkungsgrad η = 0,80. Wie groß ist die Nutzarbeit W bei 4 Stunden und 20 Minuten Betriebszeit?

Lösung:

$P_{zu} = \dfrac{P_{ab}}{\eta} = \dfrac{5500\ \text{W}}{0{,}80} = 6875\ \text{W}$

$t = 4\ \text{h}\ 20\ \text{min} = 4\dfrac{20}{60}\ \text{h} = 4{,}\bar{3}\ \text{h}$

$W = P_{zu} \cdot t = 6{,}875\ \text{kW} \cdot 4{,}\bar{3}\ \text{h} = 29{,}79\ \text{kWh}$

$W \approx \mathbf{30\ kWh}$

Energie-(Strom-)Kosten

● **Leistungszähler** messen den Stromverbrauch in Kilowattstunden und registrieren die Abnahmezeiten. Stromabnahme zu Belastungszeiten ist teurer als zu Schwachlastzeiten. Leistungszähler sind bisher aber nur wenige installiert.

● Der Normalfall ist zzt. noch der **Eintarifzähler** zur Messung des Stromverbrauchs in Kilowattstunden (kWh). Aus dem Jahresstromverbrauch errechnen sich die **Arbeitskosten** wie auch die **Leistungskosten**.

● Die Kosten für Strombezug setzen sich aus zwei Preisgruppen zusammen:

1. **Der Arbeitspreis.** Er ist für den verbrauchten Strom und beträgt zzt. etwa 0,15 DM/kWh.

2. **Der Leistungspreis.** Er setzt sich entsprechend der Kostenverursachung aus zwei Teilen zusammen:

   a) einem **festen Anteil** für **verbrauchsunabhängige** Leistungen, z.B. für die Bereitstellung von Kraftwerken, Netzen und Betriebsanschlüssen. Er kann zzt. für den gewerblichen Bedarf mit etwa 380,– DM pro Jahr angesetzt werden.

   b) einem **verbrauchsabhängigen Anteil**, der sich nach der in einem Abrechnungsjahr in Anspruch genommenen Leistung richtet. Dieser Teil des Leistungspreises beträgt zzt. etwa 0,14 DM/kWh.
   Arbeits- und Leistungspreis sollen zusammen 0,55 DM je Kilowattstunde nicht überschreiten.

● **Weitere Kosten** fallen an für **Zählermiete** und **Abrechnung des Stromverbrauchs** (Tarifschaltung). Für einen Drehstromzähler werden zzt. etwa 60,– DM pro Jahr berechnet. Zu dem bisher errechneten Stromentgelt kommen noch **Ausgleichsabgaben** (z.B. der so genannte Kohlepfennig) von zzt. etwa 8% und darauf noch die **Mehrwertsteuer** von zzt. 16%.

● Der **Endpreis** für eine **Kilowattstunde** hängt von verschiedenen Faktoren ab und kann nur in einer Betriebskalkulation ermittelt werden. Bei den folgenden Kostenrechnungen kann mit ca. 0,60 DM/kWh gerechnet werden.

Anmerkung:
Für die Umrechnung gilt: (siehe auch Seite 383)
$$1 \text{ DM} = 0,5112919 \text{ Euro (€)}$$
$$1 \text{ Euro (€)} = 1,95583 \text{ DM}$$

Beispiel:
Auf dem Typenschild einer Handkettenfräse mit Wechselstrommotor stehen die Kenndaten: 230 V, 6,5 A, $\eta = 0,82$, $\cos \varphi = 0,70$. Die Nennleistung ist nicht mehr lesbar. Wie hoch sind die Stromkosten bei einer Betriebsdauer von 6 h 45 min und 0,60 DM/kWh?

Lösung:
$W = P_{zu} \cdot t = U \cdot I \cdot \cos \varphi \cdot t$

$W = 230 \text{ V} \cdot 6,5 \text{ A} \cdot 0,70 \cdot 6,75 \text{ h} = 7064 \text{ VAh}$

$W = 7064 \text{ VAh} = 7064 \text{ Wh} = \dfrac{7064 \text{ Wh}}{1000 \text{ W/kW}} = 7,064 \text{ kWh}$

Stromkosten $= 7,064 \text{ kWh} \cdot 0,60 \dfrac{\text{DM}}{\text{kWh}} = \mathbf{4,24 \text{ DM}}$

$= 4,24 \text{ DM} : 1,95583 = \mathbf{2,17 \text{ €}}$

Aufgaben zum Kapitel 5.5

Elektrische Arbeit und Energie-(Strom-)Kosten

1. Bei einer Wechselspannung von 230 V fließt 2½ Stunden lang ein Strom von 7,5 A. Wie groß ist die elektrische Arbeit W in kWh?

2. Wie lange kann eine 75-Watt-Glühlampe bei einem Kilowattstundenpreis von 0,65 DM brennen, bis 1,– DM verbraucht ist?

3. Mit einem elektr. Heizgerät, 230 V, 2500 W, wird ein Werkraum 7¾ Stunden lang beheizt. Berechnen Sie die Stromkosten bei 0,62 DM/kWh.

4. Eine kombinierte Holzbearbeitungsmaschine wird mit zwei Elektromotoren je 2,2 kW Nennleistung (= Abgabeleistung), die gleichzeitig laufen, betrieben.
Kenndaten: $U = 230$ V, $\cos \varphi = 0,8$; $\eta = 0,9$.
   a) Wie groß ist die Gesamtleistung P_{zu}?
   b) Wie groß ist der Gesamtstrom I_{ges}?
   c) Wie groß sind die Stromkosten für eine Betriebsstunde bei 0,58 DM/kWh?

5. Wie hoch sind die Stromkosten für den Betrieb einer Fräsmaschine mit 5,8 kW Nennleistung und einem Wirkungsgrad von 0,89 bei 4 Stunden und 45 Minuten Betriebszeit? 1 kWh kostet 0,62 DM.

6. Ein Absauggerät ist 11½ Stunden in Betrieb. Kenndaten des Motors: Drehstrom 230/400 V, Stromstärke 4,5 A, $\cos \varphi = 0,8$ und $\eta = 0,81$. Berechnen Sie:
   a) die Nennleistung P_{ab} (400 V),
   b) die Aufnahmeleistung P_{zu},
   c) die elektrische Arbeit W,
   d) die Stromkosten bei 0,60 DM/kWh.

7. Eine Holzplatzbeleuchtung besteht aus sechs Strahlern mit je 250 W Leistungsaufnahme. Wie lange kann der Platz bei 0,63 DM pro kWh für 100,– DM beleuchtet werden?

8. Der Drehstrommotor einer Hobelmaschine hat eine Nennleistung von $P_{ab} = 5,5$ kW. Der Wirkungsgrad beträgt $\eta = 0,88$. Berechnen Sie:
   a) P_{zu} (Aufnahmeleistung) in kW,
   b) die Jahresstromkosten bei 880 Betriebsstunden und 0,59 DM/kWh.

9. In einer Kleinmöbelfabrik werden in der Oberflächenbearbeitung gleichzeitig betrieben: 2 Hand-Bandschleifmaschinen mit je 400 W Aufnahmeleistung, 1 Kantenfräser mit 450 W Aufnahmeleistung und 2 Bohrmaschinen mit je 650 W Aufnahmeleistung, dazu brennen 9 Glühlampen mit je 100 Watt. Alle Geräte hängen an einem Stromkreis im 230-V-Wechselspannungsnetz. Berechnen Sie:
   a) mit wie viel Ampere der Stromkreis mindestens abgesichert sein muss,
   b) die Stromkosten für 8 Betriebsstunden bei 0,61 DM/kWh.

6 Treppen

6.1 Steigungsverhältnisse und Berechnungsregeln

Steigungsverhältnis = $\dfrac{s}{a}$ ← Steigungshöhe
                      ← Auftrittbreite

Bei bequem und sicher begehbaren Treppen liegt die Steigungshöhe s zwischen 17 und 18 cm und die Auftrittbreite a zwischen 27 und 29 cm.

Das ideale Steigungsverhältnis beträgt $\dfrac{17\ cm}{29\ cm}$

Die **Stufenbreite** muss nicht gleich der Auftrittbreite sein.

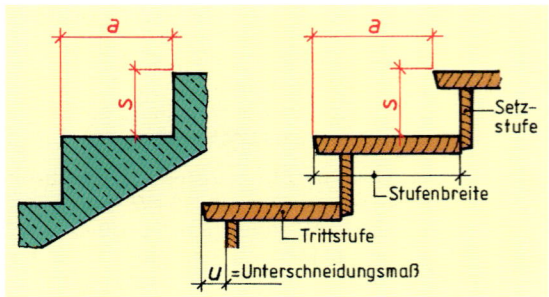

Die **Schrittmaßregeln** für bequem und sicher begehbare Treppen lauten

im **Idealfall**:	$2s + a = 63$ cm
für **flache Treppen**, $s < 17$ cm:	$2s + a = 61$ cm
für **steile Treppen**, $s > 18$ cm:	$2s + a = 65$ cm

● Die DIN 18065 (Gebäudetreppen) lässt zu:
$2s + a = 59$ cm bis 65 cm.

In der DIN sind alle Maße in Zentimetereinheit angegeben. Es wird deshalb auch hier in der Einheit cm gerechnet. Für die Zeichnungen verbleibt es jedoch bei Millimetermaßen gemäß DIN 919 für holzgewerbliche Zeichnungen und für Bauzeichnungen bei den dort üblichen Maßeinheiten.

Beispiel:

Wie groß müssen s und a sein, wenn die Treppe nach der Schrittmaßregel für den Idealfall hergestellt wird?

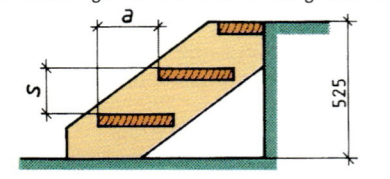

Lösung:

$s = 52{,}5$ cm : 3 = **17,5 cm**
$2s + a = 63$ cm; $a = 63$ cm $- 2s$
$a = 63$ cm $- 2 \cdot 17{,}5$ cm = **28 cm**

● **Steigungshöhen** und **Auftrittbreiten** für Treppen sollen sein:

in **Einfamilienhäusern** und bei Keller-, Boden-, Neben- und Nottreppen:

$s \leq 20$ cm, $a \geq 21$ cm,

in **Mehrfamilienhäusern**:

$s \leq 19$ cm, $a \geq 26$ cm.

● Bei **Treppen ohne Setzstufen** (offene Treppen) und bei **Auftrittbreiten $a < 26$ cm** muss das Unterschneidungsmaß $u \geq 3$ cm sein.

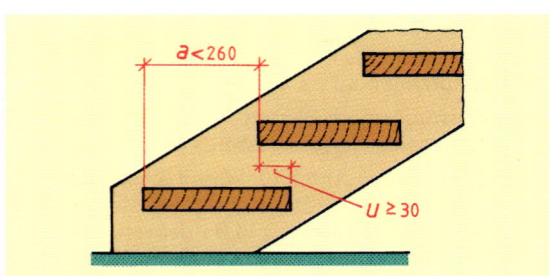

● Treppen werden bei freier Gestaltungsmöglichkeit mit dem idealen Steigungsverhältnis 17 cm : 29 cm entworfen. Ist die Konstruktion an festliegende Maße gebunden, dann sollte das ermittelte Steigungsverhältnis mit zwei weiteren Regeln verglichen werden:

Bequemlichkeitsregel	$a - s = 12$ cm
Gehsicherheitsregel	$a + s = 46$ cm

Beispiel:

Das im vorhergehenden Beispiel errechnete Steigungsverhältnis 17,5 cm : 28 cm soll verglichen und beurteilt werden.

1. Vergleich: $a - s = 12$ cm; $a = 12$ cm $+ s$

   $a = 12$ cm $+ 17{,}5$ cm = 29,5 cm

   Abweichung = 29,5 cm $- 28$ cm = 1,5 cm

2. Vergleich: $a + s = 46$ cm; $a = 46$ cm $- s$

   $a = 46$ cm $- 17{,}5$ cm = 28,5 cm

   Abweichung = 28,5 cm $- 28$ cm = 0,5 cm

Beurteilung: Beide Abweichungen können als geringfügig und vertretbar angesehen werden.

● Nur beim idealen Steigungsverhältnis von 17 cm : 29 cm, entsprechend der idealen Schrittmaßregel $2s + a = 63$ cm, gehen auch die Bequemlichkeits- und die Gehsicherheitsregel auf.

Beweis:

$2s + a = 63$ cm; $2 \cdot 17$ cm $+ 29$ cm = 63 cm
Bequemlichkeitsregel: $a - s = 12$ cm
$a = 29$ cm $- 17$ cm = 12 cm
Gehsicherheitsregel: $a + s = 46$ cm
$a = 29$ cm $+ 17$ cm = 46 cm

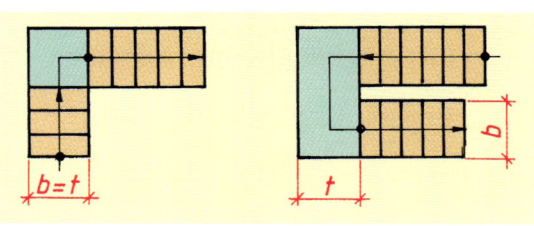

6.2 Lauflinie, Auftrittbreite, Podesttiefe, Durchgangshöhe

Treppen bis etwa 110 cm Treppenlaufbreite haben einen mittigen Gehbereich von 12 cm bis 20 cm Breite. Die Gehlinie wird in Treppenlaufmitte angenommen, sie verschiebt sich bei Spindeltreppen von der Spindelseite zur Handlaufseite hin. Projiziert man die Gehlinie auf die Grundfläche, so erhält man die **Lauflinie**. Ein Punkt (kleiner Kreis) kennzeichnet die erste Steigung, die Pfeilspitze die letzte Steigung.

Für die **Podesttiefe _t_** gilt allgemein:

> Podesttiefe $t \geq b$

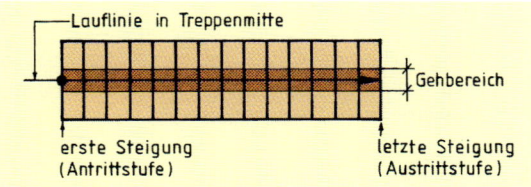

- Die **Durchgangshöhe** muss mindestens 200 cm betragen. Sie wird senkrecht von der Stufenvorderkante bis zur Unterkante des darüber liegenden Bauteils gemessen.

- **Die Auftrittbreite** wird in der Lauflinie gemessen, dort müssen alle Auftrittbreiten _a_ gleich sein. Der Krümmungsradius _r_ der Lauflinie muss $\geq$ 30 cm sein.

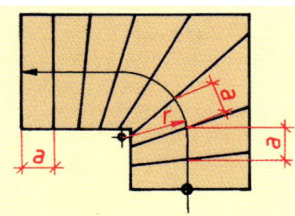

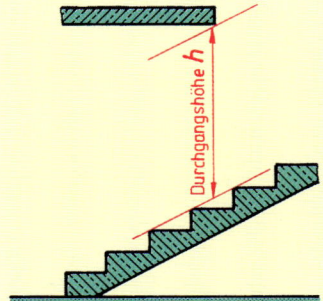

> $h \geq 200$ cm

- **Podeste** unterbrechen Treppenläufe. Ein Treppenlauf muss nach höchstens 18 Steigungen (Stufen) durch ein Podest oder eine Podeststufe unterbrochen werden.

- **Podeststufen** sind verbreiterte Stufen im Treppenlauf.

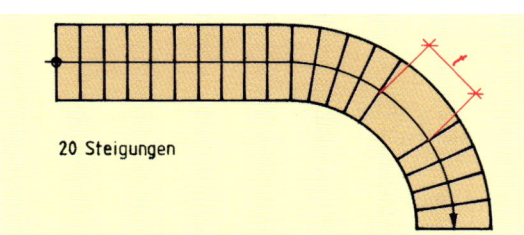

Für die **Podeststufentiefe _t_** gilt:

> $t \geq$ Schrittlänge + _a_
> $t \geq (2s + a) + a \geq 2s + 2a \geq 2(s + a)$

Beispiel für die obige Treppe:
$t \geq 2(s + a) \geq 2(17 \text{ cm} + 29 \text{ cm}) \geq$ **92 cm**

Die DIN 18065 gibt **Mindesttiefen für Podeste** an. Sie sind unterschiedlich und richten sich nach der Gebäude- und Treppenart. Sie sind aber mindestens gleich groß mit der nutzbaren Treppenlaufbreite.

Beispiele:

Die Treppe führt zu einer Galerie. Unter der Podeststufe soll Durchgangshöhe vorhanden sein. Von Stufenvorderkante bis Unterkante Treppenkonstruktion sind es 24 cm.

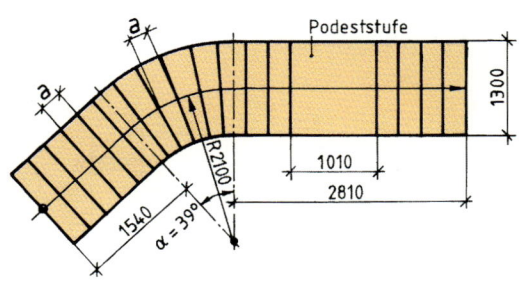

1. Wie groß ist die Länge der Lauflinie?
Lösung:
$l = 154 \text{ cm} + 2 \cdot 210 \text{ cm} \cdot \pi \dfrac{39°}{360°} + 281 \text{ cm}$
$l =$ **578 cm**

2. Wie groß ist die Auftrittbreite _a_ einer Trittstufe?
Lösung:
17 Stufentritte
$a = \dfrac{578 \text{ cm} - 101 \text{ cm}}{17} =$ **28,06 cm**

3. Welche Steigungshöhe hat die Treppe, wenn sie nach der Schrittmaßregel 2 s + a = 63 cm angelegt ist?

Lösung:

$s = \dfrac{63\ cm - a}{2} = \dfrac{63\ cm - 28,06\ cm}{2} = \mathbf{17,47\ cm}$

4. Wie groß ist die Gesamthöhe (Galeriehöhe) der Treppe?

Lösung:

19 Steigungen

Treppenhöhe = 19 · 17,47 cm = **332 cm**

5. Welche Durchgangshöhe *h* wird unter der Podeststufe erreicht?

Lösung:

Bis zur Podeststufe sind 14 Steigungen.

h = 14 · 17,47 cm − 24 cm = **221 cm**

Die Mindestdurchgangshöhe von 200 cm ist vorhanden.

6. Ist die erforderliche Podeststufentiefe *t* gegeben?

Lösung:

$t \geq 2(s + a) = 2(17,47\ cm + 28,06\ cm) = \mathbf{91,06\ cm}$

$t_{vorhanden} = \mathbf{101\ cm}$

Gestaltungsspielraum

Durch **bauliche Gegebenheiten** und **Vorgaben** des Architekten zur Treppenausführung liegen in der Regel schon die **Lage der Antrittstufe** und der **Austrittstufe** fest. Auch zwingt die Größe des **Treppenlochs** (Öffnung in der Geschossdecke) in Verbindung mit der Geschosshöhe sehr häufig ein bestimmtes Steigungsverhältnis auf, damit die vorgeschriebene **Durchgangshöhe** vorhanden ist.

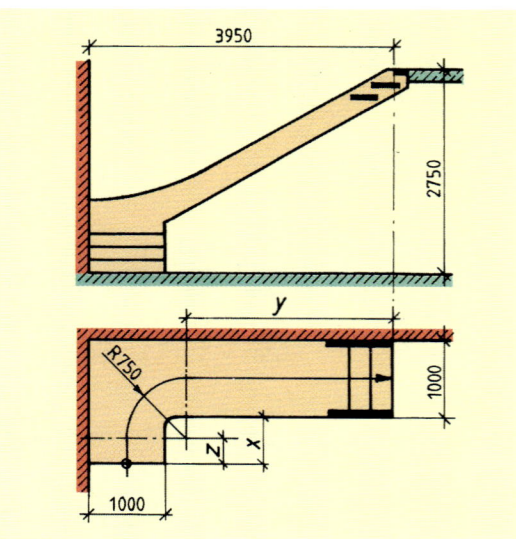

Entwurf einer Treppe

Je nach den Gegebenheiten wird bei der Treppenkonstruktion und -berechnung ausgegangen von

der Geschosshöhe (Treppenhöhe),

der Länge der Lauflinie,

der Auftrittbreite.

Beispiele:

1. Die viertelgewendelte Rechtstreppe soll so weit wie möglich dem idealen Steigungsverhältnis 17 cm : 29 cm entsprechen. Die Lage der Austrittstufe liegt fest, die der Antrittstufe muss bestimmt werden.

a) Wie viel Steigungen muss die Treppe haben und wie groß ist die Steigungshöhe *s*?

Lösung:

Anzahl der Steigungen $= \dfrac{275\ cm}{17\ cm} = 16,18$

Gewählt **16 Steigungen**

Steigungshöhe $s = \dfrac{275\ cm}{16} = \mathbf{17,2\ cm}$

b) Welche Auftrittbreite *a* ergibt sich?

Lösung:

2 s + a = 63 cm

a = 63 cm − 2 · 17,2 cm = **28,6 cm**

c) Wie lang ist die Lauflinie *l*?

Lösung:

16 Steigungen ≅ 16 − 1 = 15 Auftritte

l = 15 · 28,6 cm = **429 cm**

d) Wie groß ist das Maß *x*, durch das die Lage der Antrittstufe festgelegt wird?

Lösung:

Viertelbogenlänge

$\hat{b} = \dfrac{2\,R \cdot \pi}{4} = \dfrac{2 \cdot 75\ cm \cdot \pi}{4} = 117,8\ cm$

Oberes Lauflinienstück

$y = 395 - \left(\dfrac{100\ cm}{2} + 75\ cm\right) = \mathbf{270\ cm}$

Unteres Lauflinienstück

$z = l - (y + \hat{b}) = 429\ cm - (270\ cm + 117,8\ cm)$

$= 41,2\ cm$

$x = z + R - \dfrac{100\ cm}{2}$

$= 41,2\ cm + 75\ cm - 50\ cm$

$x = \mathbf{66,2\ cm}$

2. Die Lauflinienlänge der geraden Kellertreppe liegt fest. Die Auftrittbreite soll 26 cm nicht unterschreiten.

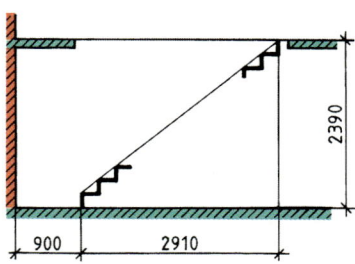

2390

900   2910

a) Zu berechnen sind die Anzahl der Steigungen, die Steigungshöhe s und die Auftrittbreite a.

Lösung:

a soll $\geq$ 26 cm sein, deshalb wird von der Auftrittbreite ausgegangen.

Anzahl der Auftritte $= \dfrac{291\ \text{cm}}{26\ \text{cm}} = 11{,}19$

Gewählt 11 Auftritte

11 Auftritte $\cong$ 11 + 1 = **12 Steigungen**

Steigungshöhe $s = \dfrac{239\ \text{cm}}{12} = $ **19,9 cm**

Auftrittbreite $a = \dfrac{291\ \text{cm}}{11} = $ **26,5 cm**

b) Das ermittelte Steigungsverhältnis ist nach der für die Treppe gültigen Schrittmaßregel, der Bequemlichkeitsregel und der Gehsicherheitsregel zu überprüfen und zu beurteilen.

Beurteilung nach der Schrittmaßregel

$s >$ 18 cm, deshalb Schrittmaßregel
$\quad 2\,s + a = 65\ \text{cm}$
$\quad 2 \cdot 19{,}9\ \text{cm} + 26{,}5\ \text{cm} = 66{,}3\ \text{cm}$

Die Abweichung von der Schrittmaßregel ist nur geringfügig.

Beurteilung nach der Bequemlichkeitsregel

Bequemlichkeitsregel $a - s = 12\ \text{cm}$
$26{,}5\ \text{cm} - 19{,}9\ \text{cm} = 6{,}6\ \text{cm}$

Die Abweichung ist groß, die Treppe ist nicht bequem zu begehen.

Beurteilung nach der Gehsicherheitsregel

Gehsicherheitsregel $a + s = 46\ \text{cm}$
$26{,}5\ \text{cm} + 19{,}9\ \text{cm} = 46{,}4\ \text{cm}$

Die Abweichung ist nur geringfügig, die Treppe ist gehsicher.

6.3 Wangen-, Geländer- und Handlauflängen

Geschosshöhe und Lauflinienlänge, Steigungshöhe und Auftrittbreite bilden die Grundlage zur Ermittlung der Längen von Wangen, Geländer und Handlauf.

Die rechnerische Ermittlung erfasst aber nicht die konstruktiven Gegebenheiten bei der Antrittstufe und der Austrittstufe. Diese Zusatzlängen werden in der Regel ebenso zeichnerisch ermittelt wie die Wangenbreite.

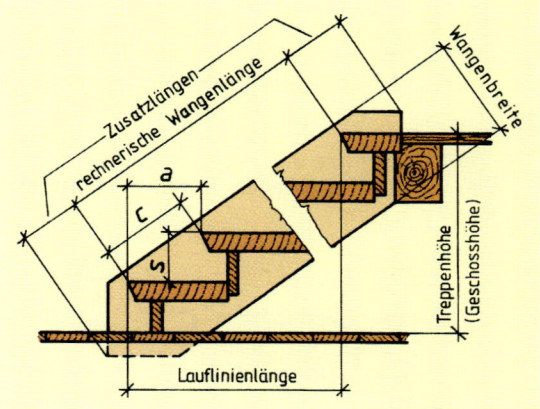

Beispiel:

Die oben im Teilschnitt gezeichnete Treppe soll 15 Steigungen 18,4 cm : 26,5 cm haben. Die untere Zusatzlänge beträgt 17,5 cm, die obere 14 cm. Wie lang muss eine Bohle sein, aus der die Wange ausgeschnitten werden kann?

Lösung:

$c = \sqrt{a^2 + s^2} = \sqrt{(26{,}5\ \text{cm})^2 + (18{,}4\ \text{cm})^2} = 32{,}26\ \text{cm}$

Rechnerische Wangenlänge $= (15 - 1) \cdot c$

$= 14 \cdot 32{,}26\ \text{cm} = 451{,}6\ \text{cm}$

Bohlenlänge $= 451{,}6\ \text{cm} + 17{,}5\ \text{cm} + 14\ \text{cm}$

$\qquad\qquad = 483{,}1\ \text{cm} \approx $ **483 cm**

Aufgaben zum Kapitel 6

Längen an Treppen

1. Schreiben Sie die Schrittmaßregel für sicher und bequem begehbare Treppen (ideale Schrittmaßregel) auf.

2. Welche Maße hat das ideale Steigungsverhältnis?

3. Das ideale Schrittmaß von 63 cm ist in die Schrittmaßregel eingegangen. Welche Schrittmaßspanne lässt die DIN 18065 (Gebäudetreppen) zu?

4. Welche Mindestdurchgangshöhe ist für Treppen vorgeschrieben?

5. Wie groß muss das Unterschneidungsmaß u bei „offenen" Treppen und bei Treppen mit einer Auftrittbreite $a < 26$ cm sein?

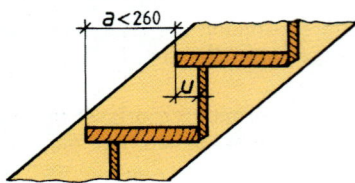

6. Eine Treppe hat ein Steigungsverhältnis von 19,8 cm : 25,8 cm. Überprüfen und beurteilen Sie die Treppe nach der für sie gültigen Schrittmaßregel, nach der Bequemlichkeitsregel und nach der Gehsicherheitsregel.

7. Wie groß muss die Podeststufentiefe t bei der einläufigen geraden Treppe mindestens sein?

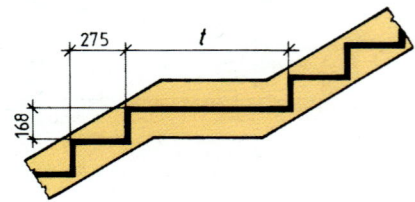

8. Welche Tiefe muss ein Podest bei abgewinkelten Treppen mindestens haben?

9. Welche allgemeine Grundregel gilt für die Auftrittbreite a in der Lauflinie?

10. Eine einarmige gerade Treppe, die zu einem Spitzboden führt, soll ohne Setzstufen hergestellt werden. Keine der Berechnungsregeln kann eingehalten werden, d.h. die Treppe ist weder bequem noch sicher begehbar.

Die Steigungshöhe soll 21 cm nicht überschreiten, die Stufenbreite nicht unter 22 cm liegen.

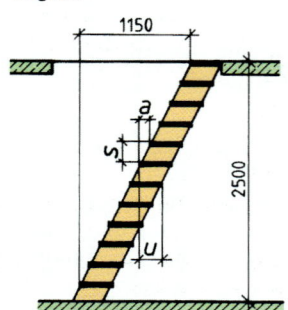

Berechnen Sie:

a) die Steigungshöhe s,

b) die Auftrittbreite a,

c) das Unterschneidungsmaß u und beurteilen Sie, ob das Maß groß genug ist,

d) die Wangenlänge bei 11 cm Zusatzlänge.

11. Die gerade Treppe mit Zwischenpodest hat im unteren Lauf 13 und im oberen 7 Steigungen.

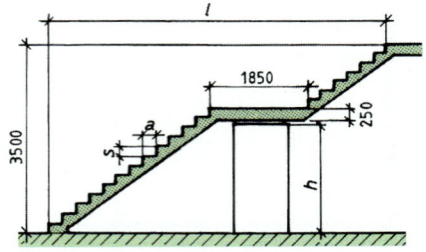

Berechnen Sie:

a) die Steigungshöhe s,

b) die Auftrittbreite a bei Anwendung der Schrittmaßregel $2s + a = 63$ cm,

c) die Länge der Lauflinie (Grundrisslänge) l.

d) Stellen Sie fest, ob die Türhöhe $h \geq 200$ cm erreicht wird.

12. Für die einläufige gerade Kellertreppe soll zwischen der Möglichkeit A mit 11 Steigungen und B mit 12 Steigungen entschieden werden. In beiden Fällen soll die Schrittmaßregel für steile Treppen $2s + a = 65$ cm angewendet werden.

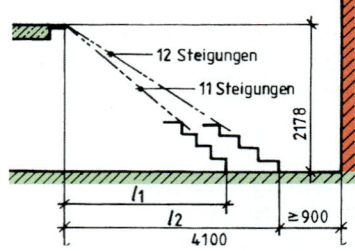

a) Berechnen Sie für beide Treppen die Maße von s und a.

b) Ermitteln Sie die Längen von l_1 und l_2.

c) Stellen Sie fest, ob bei der Treppe B das erforderliche Durchgangsmaß ≥ 900 mm vorhanden ist.

13. Die gerade Treppe muss mit 20 Steigungen eine Geschosshöhe von 3,46 m überwinden.

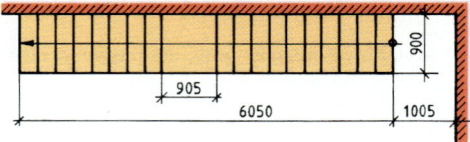

Berechnen Sie:

a) die Steigungshöhe,   **b)** die Auftrittbreite,

c) das Schrittmaß.

d) Überprüfen und beurteilen Sie die Treppe nach der Bequemlichkeitsregel und nach der Gehsicherheitsregel.

14. Berechnen Sie:

a) die Länge der Lauflinie,

b) die Auftrittbreite *a* bei 16 Auftritten,

c) die Geschosshöhe bei 17,2 cm Steigung.

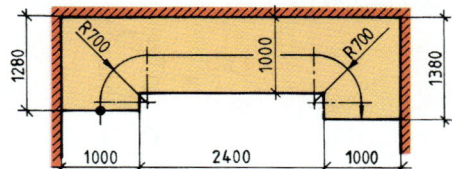

15. Berechnen Sie die Länge der Lauflinie bei der halbgewendelten Linkstreppe und die Auftrittbreite *a* bei 16 Steigungen.

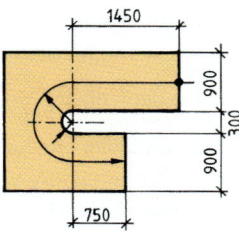

16. Die Treppe soll eine Steigungshöhe *s* von 18 cm bis 19 cm haben. Die Geschosshöhe (Dachgeschoss) beträgt 2,63 m. Die Lage der Austrittstufe liegt nicht fest.

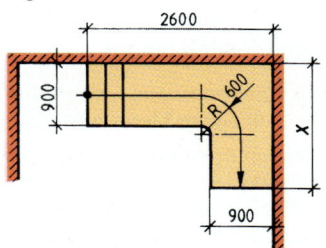

Berechnen Sie:

a) die Anzahl der Steigungen,

b) das Steigungsmaß *s*,

c) die Auftrittbreite *a*.

d) die Länge der Lauflinie,

e) das Maß *x*.

17. Die Höhe der Dachgeschosstreppe beträgt 2,67 m, *s* soll etwa 18 cm betragen, *x* ≥ 96 cm.

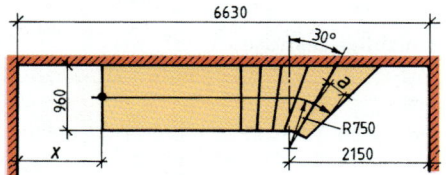

Legen Sie die Schrittmaßregel 2*s* + *a* = 65 cm zugrunde und berechnen Sie:

a) die Anzahl und die Höhe der Steigungen,

b) die Breite des Auftritts,

c) die Länge der Lauflinie,

d) die Länge von *x*.

18. Die Treppe führt zu einer Empore, die 2,31 m hoch ist.

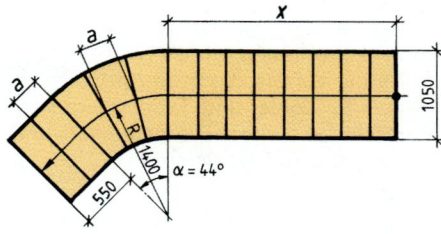

Die Treppe soll unter Zugrundelegung der Schrittmaßregel für flache Treppen konstruiert werden.

Zu berechnen ist:

a) das Steigungsmaß *s* bei 14 Steigungen,

b) das Auftrittmaß *a*,

c) die Länge der Lauflinie,

d) das Maß *x* zur Festlegung der Antrittstufe.

19. Die Geschosshöhe der Treppe beträgt 2,80 m.

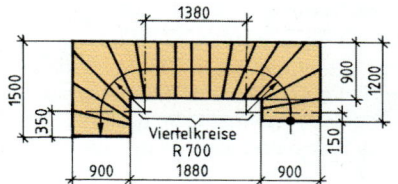

Berechnen Sie:

a) die Länge der Lauflinie,

b) die Steigungshöhe und die Auftrittbreite.

c) Überprüfen und beurteilen Sie die Treppe nach der für sie gültigen Schrittmaßregel, der Bequemlichkeitsregel und der Gehsicherheitsregel.

20. Die Spindeltreppe für eine Maisonettenwohnung soll für eine Geschosshöhe von 2,50 m gebaut werden. Der Spindeldurchmesser beträgt 16 cm. Antrittstufe und Austrittstufe liegen durch den freien Öffnungswinkel fest. Die Lauflinie hat einen Winkel von 330°.

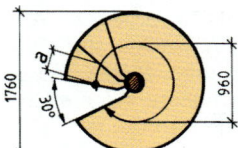

Die Steigungshöhe soll kleiner als 18 cm und die Auftrittbreite mindestens 21 cm sein.

Berechnen Sie:

a) die Länge der Lauflinie,

b) die Anzahl der Steigungen und die Steigungshöhe,

c) die Auftrittbreite (dabei kann keine Schrittmaßregel angewandt werden).

d) Beurteilen Sie die Treppe nach den Berechnungsregeln.

7 Wärmeschutz im Hochbau

7.1 Wärmeschutztechnische Grundlagen

Wärme ist eine Form der Energie. Um eine Raumtemperatur zu erhöhen, muss Wärme zugeführt werden. Da die Vorräte der Erde zur Energiegewinnung, wie z.B. Kohle und Erdöl, begrenzt sind, muss sorgfältig mit ihnen umgegangen und jede Verschwendung vermieden werden.

Guter **Wärmeschutz** bei Gebäuden spart nicht nur Heizenergie, er schafft auch Behaglichkeit und erhält die Gesundheit des Menschen und hilft mit, Bauschäden, wie z.B. Schimmelbildung, Holzfäule und Frostschäden, zu vermeiden.

Wärme kann von einem Körper auf den anderen übertragen werden. Dies kann geschehen durch

1. **Wärmestrahlung** (z.B. durch den erhitzten Glühkörper eines Heizofens oder durch Sonnenstrahlen).

2. **Wärmemitführung – Wärmekonvektion** (z.B. durch die Luft eines Heizgebläses oder das Wasser in Heizungsrohren).

3. **Wärmeleitung** (z.B. durch das Hobeleisen beim Anschleifen).

Die Wärmestrahlung hat im Hochbau kaum eine Bedeutung und durch bewegte Raumluft wird auch nur eine geringe Wärmemenge mitgeführt. Bauphysikalisch ist die **Wärmeleitung** von größter Bedeutung.

Die unerwünschte Wärmewanderung geht von den raumumgebenden Flächen aus.

Besteht zwischen der Außenluft und der Raumluft eine **Temperaturdifferenz**, so findet durch das abgrenzende Bauteil (Wand, Decke, Fenster) hindurch ein Wärmeaustausch statt. Die Wärme wird innerhalb eines Stoffes stets vom wärmeren zum kälteren Ort geleitet, ohne dass sich das Material selbst verschiebt.

7.2 Wärmedurchlasswiderstand R und Wärmedurchgangskoeffizient U

Wärmeleitfähigkeit λ

Jeder Stoff besitzt eine typische, arteigene Wärmeleitfähigkeit, die durch die Wärmeleitzahl λ (sprich: klein Lambda) ausgedrückt wird. Dichte und nasse Stoffe besitzen dabei eine höhere Wärmeleitfähigkeit als weniger dichte und trockene. Da Gase schlechte Wärmeleiter sind, stellen poröse Stoffe, durch die in den Poren eingeschlossenen Gase, der Wärmeleitung einen hohen Widerstand entgegen. Sie gehören also zu den Wärmedämmstoffen.

● Die Kenngröße für die Wärmeleitfähigkeit ist λ. λ gibt an, welche Wärmemenge Q in einer Sekunde durch 1 m² eines 1 m dicken Baustoffes bei einer Temperaturdifferenz der beiden Oberflächen von 1 K (1 Kelvin ≙ 1 °C) hindurchgeht.

Neue Formelzeichen siehe Seite 379.

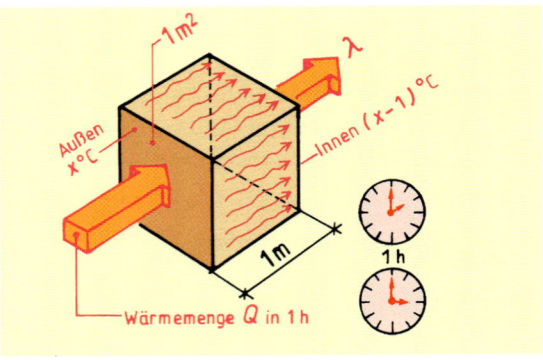

Veranschaulichung des Wärmedurchgangs

λ steht in der Einheit $\dfrac{1\,\text{Ws}}{1\,\text{m} \cdot 1\,\text{K} \cdot 1\,\text{s}} = \dfrac{\text{W}}{\text{m} \cdot \text{K}}$

(Watt durch Meter und Kelvin).

> Je leichter, je poröser, je trockener ein Stoff ist, umso weniger wärmeleitfähig, also umso besser wärmedämmend, ist er.

Je kleiner λ, desto besser der Wärmeschutz. (λ-Bemessungswerte siehe Tabelle 10, Kap. 10.)

Wärmedurchlasswiderstand R

Dem Wärmeleitfähigkeitswert λ liegt eine Werkstoff-Schichtdicke d von einem Meter zugrunde.

Für den Wärmeschutz ist nicht die Wärmeleitfähigkeit von entscheidender Bedeutung, sondern der Widerstand eines Stoffes gegen den Wärmedurchgang (Wärmeverlust). Da die Schichtdicken von Bauteilen im Hochbau in der Regel nicht ein Meter dick sind, wird diese direkt in den Wärmedurchlasswiderstand R mit einbezogen.

● Der Wärmedurchlasswiderstand R ist der zentrale Begriff des Wärmeschutzes.

$$R = \frac{d}{\lambda}$$
Schichtdicke in m
Wärmeleitfähigkeit in $\dfrac{\text{W}}{\text{m} \cdot \text{K}}$

Wärmedurchlasswiderstand in $\dfrac{\text{m}^2 \cdot \text{K}}{\text{W}}$

● Einschichtige Bauteile

Beispiel:

Wie groß ist der Wärmedurchlasswiderstand R für eine 24 cm dicke Wand aus Kalksandsteinen?

Lösung: $R = \dfrac{d}{\lambda} = \dfrac{0{,}24\,\text{m}}{0{,}99\,\text{W/m} \cdot \text{K}} = \mathbf{0{,}24\ \dfrac{\text{m}^2 \cdot \text{K}}{\text{W}}}$

Siehe Tab. 10, Kap. 10

Bei der einschichtigen Wand ändert sich innerhalb des Bauteils der Wärmedurchlasswiderstand nicht, so dass sich ein geradliniges Temperaturgefälle ergibt (siehe folgende Abb., Seite 379).

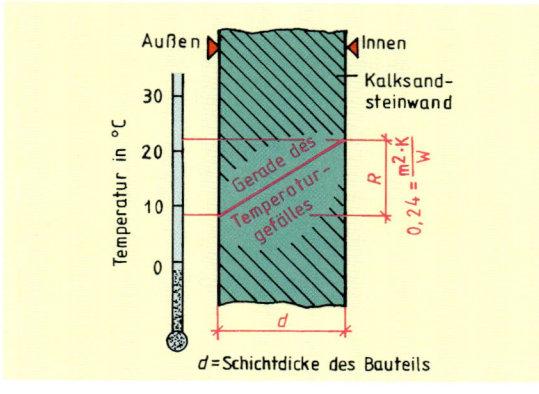

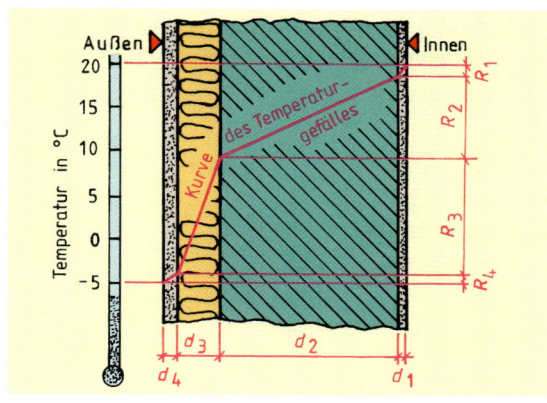

● Mehrschichtige Bauteile

Bauteile werden heute in der Regel mehrschichtig ausgeführt (z.B. Mauerwerk mit Dämmschicht, Außenputz und Innen-Holzvertäfelung). Jede Schicht hat ihren eigenen Wärmedurchlasswiderstand.

Der **Gesamtwärmedurchlasswiderstand** eines aus mehreren Schichten bestehenden Bauteils ergibt sich aus der Summe der Wärmedurchlasswiderstände der einzelnen Schichten:

$$R_{ges} = R_1 + R_2 + R_3$$

Beispiel:

Die Außenwand eines Büroanbaues hat von innen nach außen den Aufbau:

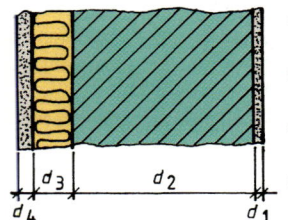

d_1 = 9,5 mm Gipskarton-platte

d_2 = 24 cm Vollziegel-mauerwerk

d_3 = 5 cm Holzwolle-Leichtbauplatte

d_4 = 1,5 cm Kalk-Zementputz

Wie groß ist der Gesamtdurchlasswiderstand R_{ges} der Wand?

Lösung:

λ-Bemessungswerte gemäß Tabelle 10, Kap. 10

$R_{ges} = R_1 + R_2 + R_3 + R_4$

$R_{ges} = \dfrac{0,0095\ m}{0,21\ W/m \cdot K} + \dfrac{0,24\ m}{0,68\ W/m \cdot K} + \dfrac{0,05\ m}{0,093\ W/m \cdot K}$

$\quad + \dfrac{0,015\ m}{0,87\ W/m \cdot K}$

$= 0,045\ \dfrac{m^2 \cdot K}{W} + 0,353\ \dfrac{m^2 \cdot K}{W} + 0,538\ \dfrac{m^2 \cdot K}{W}$

$\quad + 0,017\ \dfrac{m^2 \cdot K}{W} = \mathbf{0,953\ \dfrac{m^2 \cdot K}{W}}$

Das Temperaturgefälle im Inneren der Wand von +20 °C auf −5 °C verläuft unterschiedlich stark, je nach Wärmedurchlasswiderständen und Dicken der einzelnen Bauteilschichten.

Wärmeübergangswiderstand R_s

Wird Wärme aus der Luft auf ein Bauteil übertragen oder umgekehrt, so entsteht an der Luftgrenzschicht ein Widerstand, der überwunden werden muss. Dieser Wärmeübergangswiderstand $R_s \left[\dfrac{m^2 \cdot K}{W} \right]$ ist je nach Lage der Luftgrenzschicht verschieden:

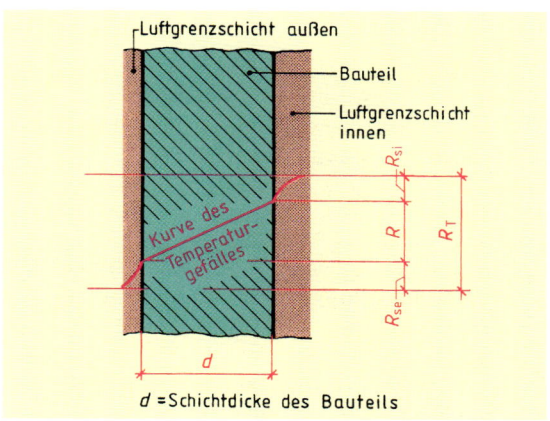

d =Schichtdicke des Bauteils

a) Luftgrenzschicht innen für Außenwände, Decken und Dachschrägen mit Wärmestrom nach oben

$$R_{si} = 0,13\ \frac{m^2 \cdot K}{W}$$

b) Luftgrenzschicht außen für Bauteile wie unter a)

$$R_{se} = 0,04\ \frac{m^2 \cdot K}{W}.$$

Hinweis:
Mit den europäischen Normen DIN EN ISO 6946 und DIN EN ISO 7345 haben sich folgende Formelzeichen des baulichen Wärmeschutzes geändert.

Physikalische Größe	bisher	neu
Bauteildicke	s	d
Wärmedurchlasswiderstand	$1/\Lambda$	R
Wärmeübergangswiderstand – innen – außen	$1/\alpha_i$ $1/\alpha_a$	R_{si} R_{se}
Wärmedurchgangswiderstand	$1/k$	R_T
Wärmedurchgangskoeffizient	k	U

Die **Wärmedurchlasswiderstände** und die **Wärmeübergangswiderstände** werden zum **Wärmedurchgangswiderstand** $R_T \left[\dfrac{m^2 \cdot K}{W} \right]$ addiert.

Aus dem vorherigen Rechenbeispiel ergibt sich:

- Wärmedurchgangswiderstand

$R_T = R_{si} + R_{ges} + R_{se}$

$= 0{,}13 \dfrac{m^2 \cdot K}{W} + 0{,}953 \dfrac{m^2 \cdot K}{W} + 0{,}04 \dfrac{m^2 \cdot K}{W}$

$R_T = \mathbf{1{,}123} \dfrac{\mathbf{m^2 \cdot K}}{\mathbf{W}}$

Je größer R_T ist, desto besser ist die Wärmedämmung.

Wärmedurchgangskoeffizient U

Der **Wärmedurchgangskoeffizient** U ist der Kehrwert des Wärmedurchgangswiderstandes R_T:

$U = \dfrac{1}{R_T}$ ← Wärmedurchgangswiderstand in $\dfrac{m^2 \cdot K}{W}$

└ Wärmedurchgangskoeffizient in $\dfrac{W}{m^2 \cdot K}$

Der U-Wert ist ein Maß für die durchfließende Wärmemenge. Je kleiner U ist, desto geringer ist der Transportwärmeverlust, also umso besser die Dämmwirkung.

Die derzeit gültige Wärmeschutzverordnung schreibt für Neubauten und Umbauten den Nachweis vor, dass der Heizwärmebedarf ein zulässiges Höchstmaß nicht überschreitet. Dieser wird über den Wärmedurchgangskoeffizienten U und die Größe der Außenwandflächen berechnet.

Für kleine Wohngebäude mit bis zu 2 Vollgeschossen und nicht mehr als 3 Wohneinheiten sowie für Umbauten gilt ein **vereinfachtes Nachweisverfahren**. Es verlangt jeweils nur den Nachweis, dass ein Bauteil einen U-Wert aufweist, der festgelegte Grenzen nicht überschreitet.

Zeile	Bauteil	max. Wärmedurchgangskoeffizient U_{max} in W/(m² · K)
1	Außenwände	U_W ≤ 0,50
2	Außenliegende Fenster und Fenstertüren sowie Dachfenster	$U_{m, F\,eq}$ ≤ 0,70
3	Decken unter nicht ausgebauten Dachräumen und Decken (einschließlich Dachschrägen), die Räume nach oben und unten gegen die Außenluft abgrenzen	U_D ≤ 0,22
4	Kellerdecken, Wände und Decken gegen unbeheizte Räume sowie Decken und Wände, die an das Erdreich grenzen	U_G ≤ 0,35

Ein Bauteil entspricht nur dann den Anforderungen des baulichen Wärmeschutzes, wenn der entsprechende Wert **nicht** erreicht wird.

Beispiel:

Entspricht die im Beispiel zuvor berechnete Büro-Außenwand auch hinsichtlich des U-Wertes den Anforderungen des Wärmeschutzes?

Lösung: $R_T = 1{,}123 \dfrac{m^2 \cdot K}{W}$

$U = \dfrac{1}{R_T} = \dfrac{1}{1{,}123 \dfrac{m^2 \cdot K}{W}} = \mathbf{0{,}89} \dfrac{\mathbf{W}}{\mathbf{m^2 \cdot K}}$

$0{,}89 \dfrac{W}{m^2 \cdot K} > 0{,}5 \dfrac{W}{m^2 \cdot K}$, d.h. die Wand entspricht den Anforderungen **nicht**.

7.3 Dicke von Wärmedämmschichten

Erfüllt ein Bauteil die Anforderungen des Wärmeschutzes (hinsichtlich von R und U) nicht, so sind zusätzliche Dämmmaßnahmen erforderlich.

Die zusätzlichen Dämmungen müssen mindestens die Differenz zwischen dem vorhandenen U-Wert und dem geforderten U-Höchstwert ausgleichen.

Beispiel: Schichten einer Wohnhaus-Außenmauer

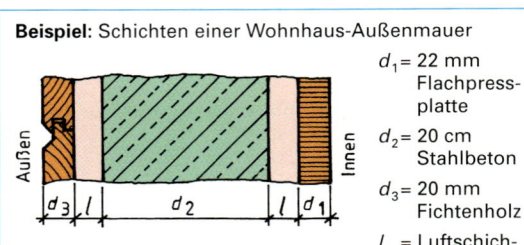

d_1 = 22 mm Flachpressplatte

d_2 = 20 cm Stahlbeton

d_3 = 20 mm Fichtenholz

l = Luftschichten, die der Durch- bzw. Hinterlüftung dienen.

1. Entspricht die Außenmauer den wärmeschutztechnischen Bestimmungen hinsichtlich R und U?

Hinweis: Luftschichten, die der Durchlüftung dienen, sind wärmetechnisch unwirksam. Die davor liegende Außenschale wird auch nicht berücksichtigt, sie dient nur dem Witterungsschutz. Die Innenschale vor einer Luftschicht wird in die Wärmeberechnung einbezogen. Die der Hinterlüftung dienende Luftschicht ist ebenfalls wärmetechnisch unwirksam.

Berechnung von R

Wärmedurchlasswiderstand $R = \dfrac{d}{\lambda}$

λ-Bemessungswerte gemäß Tabelle 10, Kap. 10

λ_1 Flachpressplatte = 0,13 W/m · K

λ_2 Stahlbeton = 2,10 W/m · K

λ_3 Fichtenholz = 0,13 W/m · K

Flachpressplatte: $R_1 = \dfrac{d_1}{\lambda_1} = \dfrac{0{,}022 \text{ m}}{0{,}13 \text{ W/m} \cdot K} = 0{,}17 \dfrac{m^2 \cdot K}{W}$

Stahlbeton: $R_2 = \dfrac{d_2}{\lambda_2} = \dfrac{0{,}20 \text{ m}}{2{,}10 \text{ W/m} \cdot K} = \dfrac{0{,}10 \, m^2 \cdot K}{W}$

Fichtenholz und Luftschichten sind hier wärmetechnisch unwirksam: (keine Werte)

$$R_{ges} = R_1 + R_2$$

$$= 0,17 \frac{m^2 \cdot K}{W} + 0,10 \frac{m^2 \cdot K}{W} = 0,27 \frac{m^2 \cdot K}{W}$$

Berechnung von U

$$R_T = R_{si} + R_{ges} + R_{se}$$

$$R_T = 0,13 \frac{m^2 \cdot K}{W} + 0,27 \frac{m^2 \cdot K}{W} + 0,04 \frac{m^2 \cdot K}{W} = 0,44 \frac{m^2 \cdot K}{W}$$

$$U = \frac{1}{R_T} = \frac{1}{0,44 \ m^2 \cdot K/W} = 2,27 \frac{W}{m^2 \cdot K}$$

Auch **hinsichtlich des *U*-Wertes genügt die Wand den Anforderungen nicht,** weil $U = 2,27 \ W/m^2 \cdot K$ größer als der Höchstwert $0,5 \ W/m^2 \cdot K$ ist. Auch hieraus ergeben sich zusätzliche Dämmmaßnahmen.

Hinweis zu abgeschlossenen Luftschichten:

Der Wärmedurchlasswiderstand R wird nicht aus Schichtdicke d und Wärmeleitfähigkeit λ berechnet. Es gelten Tabellenwerte, die hier bei den jeweiligen Aufgaben angegeben werden.

2. Die zusätzliche Dämmmaßnahme muss die Differenz zwischen

$$U_{vorh} = 2,27 \frac{W}{m^2 \cdot K} \quad \text{und dem Höchstwert}$$

$$U = 0,5 \frac{W}{m^2 \cdot K} \quad \text{beseitigen.}$$

Beispielrechnung für diese zusätzliche Dämmmaßnahme:

Auf die Flachpressplatte an der Innenwand sollen Hartschaum-Kunststoffplatten der Wärmeleitfähigkeitsgruppe 0,30 (Styropor) geklebt werden.

Welche Dicke d müssen sie mindestens haben?

Lösung:

Ein Wärmedurchgangskoeffizient $U \leq 0,5$ bedeutet, dass der Wärmedurchgangswiderstand $R_T \geq 2 \frac{W}{m^2 \cdot K}$ sein muss. Da $R_T = R_{si} + R_{ges} + R_{se}$ ist gilt auch

$$R_{T\ ges} = R_{si} + (R_{vorh.} + R_{Dämmschicht}) + R_{se}$$

$$= (R_{si} + R_{vorh.} + R_{se} + R_{Dämmschicht}$$

$$= R_{T\ vorh.} + R_{Dämmschicht}; \ \text{Mit } R_{T\ ges} \geq 2 \text{ gilt dann}$$

$$R_{T\ vorh.} + R_{Dämmschicht} \geq 2 \frac{W}{m^2 \cdot K}$$

$$\frac{1}{2,27 \frac{W}{m^2 \cdot K}} + R_{Dämmschicht} \geq 2 \frac{W}{m^2 \cdot K}$$

$$0,44 \frac{W}{m^2 \cdot K} + R_{Dämmschicht} \geq 2 \frac{W}{m^2 \cdot K}$$

$$R_{Dämmschicht} \geq (2 - 0,44) \frac{W}{m^2 \cdot K} = 1,56 \frac{W}{m^2 \cdot K}$$

Stellt man die Formel $R = \frac{d}{\lambda}$ für den Wärmedurchlasswiderstand um, gilt $d = R \cdot \lambda$. Die erforderliche Schichtdicke für die PS-Dämmplatten berechnet sich wie folgt:

$$d = 1,56 \frac{m^2 \cdot K}{W} \cdot 0,03 \frac{W}{m \cdot K} = 0,047 \ m \approx 47 \ mm$$

3. Nachweis des erforderlichen Wärmeschutzes

$$R_{\text{für Hartschaum } s = 1 cm} = \frac{d}{\lambda} = \frac{0,047 \ m}{0,03 \ W/m \cdot K} = 1,57 \frac{m^2 \cdot K}{W}$$

$$R_T = 0,44 \frac{m^2 \cdot K}{W} + 1,57 \frac{m^2 \cdot K}{W} = 2,01 \frac{m^2 \cdot K}{W}$$

$$U = \frac{1}{R_T} = \frac{1}{2,01 \ m^2 \cdot K/W} = 0,498 \frac{W}{m^2 \cdot K}$$

Ergebnis:

$$0,498 \frac{W}{m^2 \cdot K} < \text{Höchstwert } 0,5 \frac{W}{m^2 \cdot K}, \text{ d.h. zulässig}$$

Aufgaben zum Kapitel 7

1. Wozu dient baulicher Wärmeschutz?

2. Worüber sagen die *U*-Werte etwas aus?

3. Schreiben Sie die Formel zur Ermittlung der Dicke d einer Wärmedämmschicht bei gegebenem Wärmedurchlasswiderstand R auf.

4. Durch Anbringen einer Wärmedämmung soll ein ehemaliger Lagerraum mit Wänden aus 25 cm Kiesbeton als Büroraum nutzbar gemacht werden. Wie dick sind die Dämmstoffe mindestens zu wählen **a)** für Korkplatten? **b)** für Styropor (W.-Gr. 0,30)?

5. Wie dick muss die Außenwand eines Blockhauses aus Fichte nach WSchVO mindestens sein?

6. Welche Dicke muss eine Stahlbetonwand haben um denselben Wärmedurchlasswiderstand zu besitzen wie 100 mm Mineralwolle?

7. Die Außenwand eines Wochenendhauses aus Holz hat in den Feldern zwischen den senkrechten Balken folgenden Aufbau:

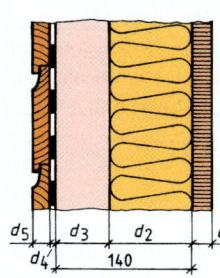

d_1 = 2,2 cm Spanplatte,
d_2 = Mineralfaserdämmmatte der W.-Gr. 0,45,
d_3 = „Stehender" Luftraum mit R = 0,17 m² · K/W,
d_4 = 2 mm Bitumenbahn,
d_5 = 20 mm Fichtenholzbretter.

Berechnen Sie die Mindestschichtdicke d_2 der Dämmmatte.

8. Ein ehemaliger Abstellraum mit Betonboden unmittelbar auf Erdreich soll als Belegschaftsraum hergerichtet werden.

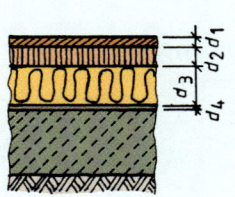

Dazu wird eine Gussasphaltschicht von 1 cm aufgetragen (d_4 mit $\lambda = 0,7$ W/m · K),

$d_1 = 8$ mm Parkett (Eiche),

$d_2 = 28$ mm Flachpressplatte,

$d_3 =$ Hartschaumkunststoffplatte der W.-Gr. 0,30.

Wie dick muss die Hartschaumplatte mindestens sein, wenn $U < 0,22$ W/m² · K einzuhalten ist?

9. Eine Wohnhausaußenmauer besteht aus 24 cm dickem Mauerwerk aus Leichtbetonsteinen, einer aufgebrachten Dämmschicht aus 100 mm Mineralwolle, einer 11,5 cm dicken Vormauerung aus Mauerziegeln und einem 1,5 cm dicken Innenputz aus Kalkgipsmörtel.

   a) Ermitteln Sie den Wärmedurchlasswiderstand R_{ges} sowie den Wärmedurchgangskoeffizienten U und beurteilen Sie, ob die Wand den Bedingungen des baulichen Wärmeschutzes genügt.

   b) Bestimmen Sie den Temperaturverlauf in der Wand für $T_{innen} = 20$ °C, $T_{außen} = -15$ °C.

10. Die Decke über einer Hofeinfahrt ist zugleich der Boden für einen Wohnraum.

Rohbau – Aufbau

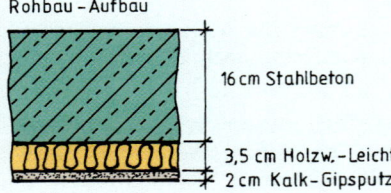

16 cm Stahlbeton

3,5 cm Holzw.-Leichtbaupl.
2 cm Kalk-Gipsputz

Es gelten folgende Werte:

$R_{si} = 0,17$ m² · K/W, $R_{se} = 0,04$ m² · K/W.

   a) Berechnen Sie den U-Wert.

   b) Als weiterer Aufbau soll eine Korkplatte und eine 22 mm dicke Flachpressplatte als Teppichbodenunterlage verlegt werden.

   Wie dick muss die Korkplatte für den vorgeschriebenen Wert $U_D \leq$ W/m² · K mindestens sein?

11. Der Rollladenkasten links (Bilder in der rechten Spalte oben) bringt zu wenig Wärmeschutz, er erhält deshalb eine Innendämmplatte (rechts).

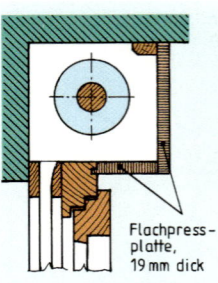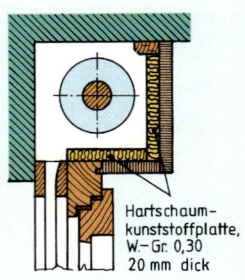

Flachpressplatte, 19 mm dick

Hartschaumkunststoffplatte, W.-Gr. 0,30 20 mm dick

Berechnen Sie:

   a) den Wärmedurchlasswiderstand der Flachpressplatte,

   b) den Wärmedurchlasswiderstand der Hartschaumplatte,

   c) den Prozentsatz, um den die Wärmedämmung verbessert wurde.

12. Welche der unter a) bis c) genannten Schichten weist die jeweils höhere Dämmwirkung auf?

   a) 5 mm Hartschaum (Styropor) W.-Gr. 0,25 oder 12,5 mm Gipskarton?

   b) 17,5 cm Kalksandsteinmauerwerk oder 3 cm Mineralfaserdämmstoff?

   c) 22 mm Flachpressplatte (FPY) oder 1,5 cm Holzwolle-Leichtbauplatte?

13. Ein Kellerraum soll als Wohnraum genutzt werden.
   Die Außenwände bestehen aus 24 cm dickem Kalksandsteinmauerwerk mit außen vorgesetzter 5 cm dicker Dämmung aus PS.

   a) Ermitteln und beurteilen Sie den U-Wert.

   b) Als Innenverkleidung sind 16 mm Gipskartonplatten und eine PS-Dämmschicht vorgesehen.

   Welche Dicke muss diese haben?

14. Eine Holzbalkendecke über einem Wohnraum, aber unter einem nicht ausgebauten Dachraum hat in den Feldern zwischen den Balken folgenden Aufbau.

12,5 mm Gipskartonplatte,

80 mm Mineralfaser-Dämmmatten,

22 mm Fichtenholz-Fußboden.

Ermitteln Sie die Werte für R_{ges} sowie U und beurteilen Sie, ob die Decke den Anforderungen des Wärmeschutzes genügt.

8 Kostenrechnen (Kalkulation)

8.1 Aufbau der Kostenermittlung

Die **Vorkalkulation** dient der Ermittlung des Angebotspreises für ein Werkstück oder eine Werkarbeit.

Die **Nachkalkulation** dient der Überprüfung des Angebotspreises und bringt gleichzeitig Erfahrungswerte für neue Vorkalkulationen.

Kalkulationsaufbau (Kalkulationsschema):

Diese Kalkulationsart nennt man **Zuschlagkalkulation**, weil zu den Grundkostenbereichen jeweils Zuschläge gemacht werden.

Anmerkung:
Ab dem 01.01.1999 ist der Euro offiziell die gemeinsame Währung der elf europäischen Teilnehmerländer im bargeldlosen Zahlungsverkehr. Der Umrechnungskurs des Euro wurde ab dem 01.01.1999 mit 1,95583 festgesetzt.
So wird umgerechnet:

$$1 \text{ DM} = 0,5112919 \text{ €}$$
$$1 \text{ €} = 1,95583 \text{ DM}$$

8.2 Werkstoffkostenermittlung

Die Kosten für die **Hauptwerkstoffe** wie Schnittholz, gehobeltes Holz, Plattenwerkstoffe auf Holz- und Kunststoffbasis, Furnier u.dgl. werden wie folgt ermittelt:

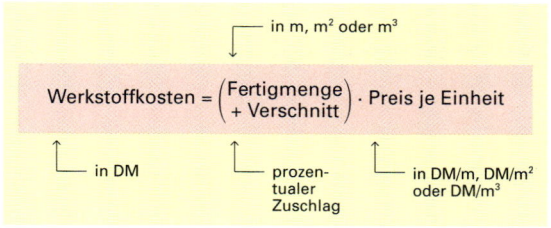

Die Kosten für **Hilfswerkstoffe** wie Leim, Kleber, Beize, Mattierung, Lack u.dgl. werden wie folgt ermittelt:

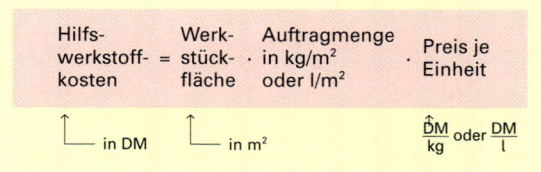

Hilfswerkstoffe wie z.B. Schlösser, Beschläge u.dgl. werden nach Stückzahl und Stückpreis kostenmäßig ermittelt, Schleifmittel, Schrauben, Nägel u.dgl. nach Schätzung erfasst.

Die Kosten für **Halbfertigwerkstoffe** wie z.B. Türblätter, Türfutter, Fertigfenster u.dgl. werden nach Stückzahl und Stückpreis ermittelt.

Mengenberechnungen zu Werkstoffen wurden im Grundwissen Holztechnik in den Kapiteln 2: Längen, 3: Flächen, 4: Rauminhalte und 5: Werkstoffbedarf und Werkstoffkosten ausführlich behandelt.

● Die Kalkulationsarbeit wird erleichtert, wenn man die Werkstoffmengen anhand einer **Werkstoffliste** erfasst und die Werkstoffkosten ebenfalls listenmäßig ermittelt.

Beispiel:
Ein kleiner Wandschrank (Hängeschrank) gemäß nachstehender Zeichnung soll hergestellt werden.

Werkstoffe und Konstruktion:
Korpuswände aus Spanplatten, beiderseits und an den Vorderkanten mit Limba furniert; an den Ecken auf Gehrung gedübelt.

Rückwand aus Limba-Sperrholz, in den Falz geschraubt.

Tür aus Spanplatte, beiderseits und an den Kanten mit Limba furniert; stumpf aufschlagend; Topfscharniere, Magnetschnäpper, Möbelknopf.

Einlegeboden aus Limba-Vollholz auf Bodenträgern. Aufhängeösen.

Oberflächenbehandlung:

Außen und innen (außer der Rückwand hinten) mit Seidenmattlack lackiert.

Einkaufspreise und Verschnittsätze:

Limba-Vollholz, 20 mm Rohholzdicke, 1700,– DM/m³, 35% Verschnittzuschlag. Spanplatte, 16 mm dick, 15,50 DM/m², 25% Verschnittzuschlag. Limba-Furnier 11,– DM/m², 25% Verschnittzuschlag. Limba-Kantenfurnier mit Schmelzleim, 1,90 DM/m, 20% Verschnittzuschlag. Limba-Sperrholz, 6 mm dick, 7,50 DM/m², 15% Verschnittzuschlag. 12 Eckdübel 0,15 DM/Stck. Topfscharniere 5,10 DM/Paar. Möbelknopf 3,75 DM. Magnetschnäpper 2,70 DM. 2 Aufhängeösen 0,45 DM/Stck. 8 Bodenträger 0,10 DM/Stck. Leim, 180 g/m², 10,– DM/kg. Lack für 2 Arbeitsgänge, 125 g/m², 12,– DM/kg. Schrauben, pauschal 1,20 DM. Schleifmittel, pauschal 1,50 DM.

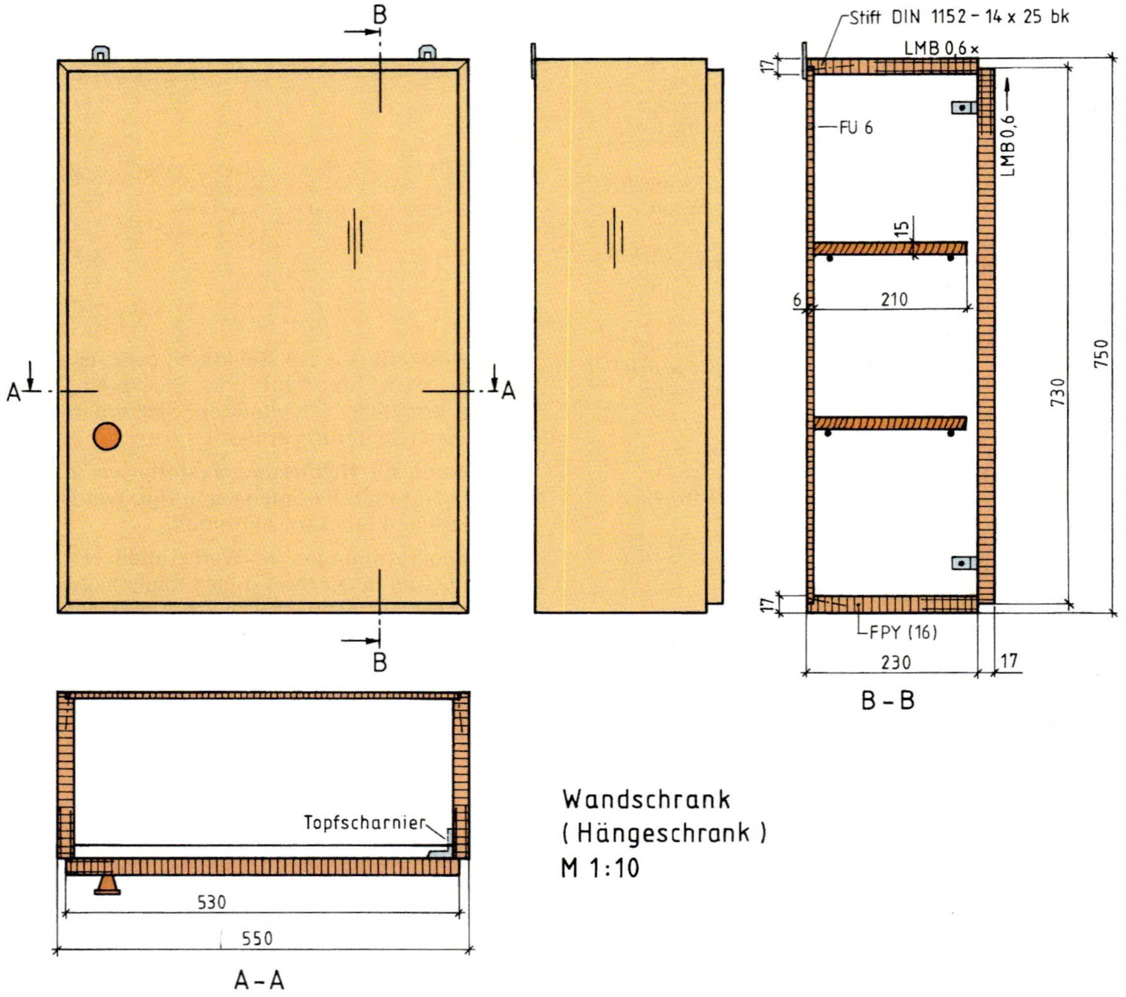

B

Stift DIN 1152 – 14 x 25 bk

LMB 0,6 x

17

FU 6

LMB 0,6

15

6   210

750

730

A   A

17

FPY (16)

230   17

B

B – B

Topfscharnier

530

550

A – A

Wandschrank
(Hängeschrank)
M 1:10

● Auf der Grundlage der Zeichnung und der oben genannten Einkaufspreise und Verschnittsätze wurden die nachfolgende **Werkstoffliste** ausgefüllt und die **Werkstoffkosten** für den Schrank ermittelt.

Werkstoffliste											Werkstück/Auftrag: *Wandschrank*
Nr.	Teilwerkstück	Werk-stoff	Stück-zahl	Fertigmaße in mm		Flächen-inhalt in m²	Ver-schnitt-satz in %	Roh-holz-dicke in mm	Werkstoff-menge und Einheit	Preis je Einheit in DM	Teilwerk-stück-preis in DM
				Länge	Breite						
1	Korpuswände	FPY (16)	2	750	230	0,35 ⎫					
2	Korpuswände	FPY (16)	2	550	230	0,25 ⎬	25	–	1,24 m²	15,50	19,22
3	Tür	FPY (16)	1	730	530	0,39 ⎭					
4	Rückwand	FU 6	1	730	530	0,39	15	–	0,45 m²	7,50	3,38
5	Einlegeböden	Limbaholz	2	510	210	0,21	35	20	0,006 m³	1700,–	10,20
6	Korpuswände	Furnier	1	5200	230	1,20 ⎫					
7	Tür	Furnier	2	750	550	0,83 ⎬ 2,03	25	–	2,54 m²	11,–	27,94
8	Korpus u. Tür	Leim		(Wie Furnier)		2,03	–	–	Bei 180 g/m²		
									= 0,37 kg	10,–	3,70
9	Korpus u. Tür	Kanten-									
		furnier	1	5120	–	–	20	–	6,14 m	1,90	11,67
10	Gesamtschrank										
	Korpus u. Tür ⎫		–	–	–	2,03 ⎫			Bei 125 g/m²		
	Rückwand ⎬	Lack	–	–	–	0,39 ⎬ 3,26	–	–	0,41 kg	12,–	4,92
	Böden ⎭		–	–	–	0,84 ⎭					
11	–	Eckdübel	12	–	–	–	–	–	12 Stck.	0,15	1,80
12	–	Boden-									
	–	träger	8	–	–	–	–	–	8 Stck.	0,10	0,80
13	–	Scharniere	2	–	–	–	–	–	1 Paar	5,10	5,10
14	–	Knopf	1	–	–	–	–	–	1 Stck.	3,75	3,75
15	–	Ösen	2	–	–	–	–	–	2 Stck.	0,45	0,90
16	–	Schnäpper	1	–	–	–	–	–	1 Stck.	2,70	2,70
17	–	Schrauben	–	–	–	–	–	–	Pauschal	–	1,20
18	–	Schleifm.	–	–	–	–	–	–	Pauschal	–	1,50
										Werkstoffkosten = 98,78 DM	

8.3 Lohnarten und Lohnkosten

Fertigungslöhne

sind solche, die unmittelbar bei der Fertigung eines Werkstücks oder einer Auftragsarbeit anfallen. Und nur diese Löhne, einschließlich der Zuschläge für Mehr-, Sonn- und Feiertagsarbeit, gehen als Brutto-lohnkosten in die Kalkulation ein.

Zeitlohn

kann Stunden-, Wochen- oder Monatslohn sein. Die Berechnungseinheit für die Kalkulation ist der Stundenlohn. Wochen- und Monatslöhne sind entsprechend umzurechnen.

> Bruttozeitlohn = Stundenzahl · Stundenlohn

Beispiel:

Für Schleif- und Mattierungsarbeiten an einer Wand-vertäfelung brauchte ein Tischler 11 Stunden. Er führte die Arbeit in einem Zuge aus. Sein Stundenlohn beträgt 21,20 DM und für die 8 Stunden Tagesarbeit überschreitende Zeit erhält er einen Mehrarbeitszuschlag von 25 % zum Stundenlohn.

Wie groß ist der Brutto-Zeitlohn für die Arbeit?

Lösung:

Bruttozeitlohn:

$$= 11\,h \cdot 21{,}20\,\text{DM/h} + (11\,h - 8\,h) \cdot \frac{25\,\%}{100\,\%} \cdot 21{,}20\,\text{DM/h}$$

$$= 233{,}20\,\text{DM} + 15{,}90\,\text{DM} = \mathbf{249{,}10\,DM}$$

Leistungslohn

In Holzverarbeitungsbetrieben mit Serienfertigung ist neben Zeitlohn auch Leistungslohn üblich. Es gibt mehrere Varianten von Leistungslöhnen, von denen für das Holzgewerbe lediglich der **Stücklohn**, im Allgemeinen **Stückakkordlohn** genannt, von Bedeutung ist.

Für jedes hergestellte oder bearbeitete Stück (Teilstück) wird ein Stückpreis gezahlt. Der Stücklohn wird für die Kalkulation in Stundenlohn umgerechnet:

$$\text{Bruttoakkordstundenlohn} = \frac{\text{Stückzahl}}{\text{Stunde}} \cdot \text{Stückpreis}$$

Der Akkordstundenlohn liegt im Allgemeinen 15% höher als der normale Stundenlohn.

Beispiel:
Der Stundenlohn eines Holzmechanikers beträgt 20,70 DM. In Akkordarbeit verleimt er in 8 Stunden 102 Stühle. Der Akkordsatz beträgt 1,88 DM/Stück.

1. Wie groß ist der Bruttoakkordstundenlohn?
   Lösung:
   $$\text{Akkordstundenlohn} = \frac{102 \text{ Stck.}}{8 \text{ h}} \cdot 1{,}88 \frac{\text{DM}}{\text{Stck.}} = \mathbf{23{,}97} \frac{\mathbf{DM}}{\mathbf{h}}$$

2. Um wie viel Prozent liegt der Akkordstundenlohn über dem Stundenlohn?
   Lösung:
   Mehrlohn je h = 23,97 DM − 20,70 DM = 3,27 DM
   $$\text{Akkordzuschlagsatz} = \frac{3{,}27 \text{ DM}}{20{,}70 \text{ DM}/100\,\%} = \mathbf{15{,}80\,\%}$$

8.4 Gemeinkosten

Gemeinkosten sind **indirekte Kosten**, d.h. solche, die in einem Betrieb anfallen, ohne dass sie unmittelbar mit einem Werkstück oder einer Werkarbeit abgerechnet werden können.

Dazu gehören:

● Miete, Pacht, Abschreibung und Verzinsung für Werkstätten, Betriebsräume, Lagerräume, Büros, Maschinen, Geräte, Werkzeuge, Lagerbestände

● Löhne für Betriebsangehörige, die nicht unmittelbar an der Produktion beteiligt sind, wie kaufm. und techn. Angestellte, Boten, Platzarbeiter, Kraftfahrer

● Lohnfortzahlungskosten

● Arbeitgeberanteile zu Sozialversicherungen

● Versicherungsprämien, Beiträge zu Berufsorganisationen

● Betriebliche Steuern

● Unternehmergehalt

● Energie-, insbesondere Stromkosten, Kosten für Wasser sowie für Verbrauchsstoffe wie Schmieröl und Reinigungsmittel

● Innerbetriebliche Reparaturkosten

● Kosten für Kraftfahrzeuge

● Kosten für Büro und Verwaltung sowie Fachliteratur.

Die Jahresgemeinkosten eines Betriebes und die Fertigungslöhne eines Jahres werden ermittelt. Aus dem Verhältnis der Gemeinkosten zu den Löhnen wird ein **Gemeinkostenzuschlagsatz** errechnet, der auf die Fertigungslöhne aufgeschlagen wird.

$$\text{Gemeinkostenzuschlagsatz in \%} = \frac{\text{Jahresgemeinkosten}}{\text{Jahresfertigungslöhne}} \cdot 100\,\%$$

Für Handwerksbetriebe genügt diese Zuschlagsart nicht, weil die Zeitanteile von Bankraumarbeit und Maschinenarbeit je nach Werkstück sehr unterschiedlich sind. Dort werden **zwei Gemeinkostenzuschlagsätze** ermittelt, und zwar:

a) **für Bankraumarbeit** (= Handarbeit und Arbeit mit Handmaschinen wie Bohr- und Handschleifmaschinen sowie Außen- und Montagearbeit)

$$\text{Gemeinkostenzuschlagsatz für Bankraumarbeit in \%} = \frac{\substack{\text{Jahresgemeinkosten} \\ \text{für Bankraumarbeit}}}{\substack{\text{Jahresfertigungslöhne} \\ \text{für Bankraumarbeit}}} \cdot 100\,\%$$

b) **für Maschinenarbeit** (= Arbeit unmittelbar an laufenden stationären Maschinen)

$$\text{Gemeinkostenzuschlagsatz für Maschinenarbeit in \%} = \frac{\substack{\text{Jahresgemeinkosten} \\ \text{für Maschinenarbeit}}}{\substack{\text{Jahresfertigungslöhne} \\ \text{für Maschinenarbeit}}} \cdot 100\,\%$$

Weitere, noch differenziertere Ermittlungen der Gemeinkostenzuschlagsätze, so z.B. für Montagearbeiten, Oberflächenarbeiten oder auf Werkstoffe, sind möglich. Für einen mittleren Tischlereibetrieb genügt die vorstehende Differenzierung.

Die Ermittlung der Gemeinkostenzuschlagsätze aufgrund betrieblicher Daten und Erhebungen geht über den Rahmen dieses Buches hinaus.

Hier soll für die Vorkalkulation mit den derzeit üblichen Erfahrungswerten für mittlere Tischlereien gerechnet werden.

Die **Gemeinkostenzuschlagsätze** betragen:

a) für **Bankraum- und Montagearbeit 130 %** zu den Bankraum- und Montagelöhnen,

b) für **Maschinenarbeit 280 %** zu den Maschinenarbeitslöhnen.

Die **Arbeitszeiten** für ein Werkstück oder eine Werkarbeit müssen geschätzt werden. Wo keine Erfahrungen vorhanden sind, können die Refa-Arbeitszeitstudien Hilfestellung leisten.

Es ist zweckmäßig, die Arbeitszeiten tabellarisch zu erfassen:

Beispiel für den Wandschrank unter 8.2:

Arbeitszeitaufstellungen:

1. Maschinenarbeit:

Nr.	Arbeitsgänge	h	min
1	Zuschneiden		15
2	Aushobeln, fügen		10
3	Falzen		5
4	Gehrungen schneiden		12
5	Flächenschleifen		8
	Summe:		50

2. Bankraumarbeit:

Nr.	Arbeitsgänge	h	min
1	Böden verleimen		5
2	Furniere zurichten		35
3	Furnieren		20
4	Gehrungen dübeln		30
5	Kanten furnieren		20
6	Zusammenleimen		5
7	Scharniere anbringen		10
8	Schnäpper, Knopf und Tür anbringen		5
9	Böden einpassen		5
10	Rückwand einschrauben		3
11	Verputzen, schleifen		17
12	Lackieren		15
	Summe:		170

Aufgrund der Arbeitszeiten werden die **Fertigungslöhne** und die **Gemeinkostenzuschläge** berechnet.

Beispiel für den Wandschrank unter 8.2:

angenommener Stundenlohn für Maschinenarbeit 23,50 DM und für Bankraumarbeit 21,30 DM.

Lösung:

1. **Maschinenarbeitslohn** $= \dfrac{50}{60}$ h $\cdot$ 23,50 $\dfrac{DM}{h}$

   $= \mathbf{19{,}58\ DM}$

2. **Gemeinkostenzuschlag für Maschinenarbeit** $= 19{,}58$ DM $\cdot \dfrac{280\,\%}{100\,\%}$

   $= \mathbf{54{,}82\ DM}$

3. **Bankraumarbeitslohn** $= \dfrac{170}{60}$ h $\cdot$ 21,30 $\dfrac{DM}{h}$

   $= \mathbf{60{,}35\ DM}$

4. **Gemeinkostenzuschlag für Bankraumarbeit** $= 60{,}35$ DM $\cdot \dfrac{130\,\%}{100\,\%}$

   $= \mathbf{78{,}46\ DM}$

8.5 Wagnis und Gewinn

Wagnis und Gewinn werden als Zuschlag zu den Selbstkosten erhoben. Der Betrag dient dazu, eine **Rücklage** zu schaffen für Fehlkalkulationen, nicht eintreibbare Forderungen und für Betriebsinvestitionen; er ist zugleich auch **Unternehmergewinn**.

● Je nach dem Verhältnis von Werkstoffanteil zu Lohnanteil eines Werkstückes liegt der Zuschlagsatz zwischen 10 % und 20 %. Je höher der Werkstoffanteil, desto niedriger der Prozentsatz.

● Im Durchschnitt kann mit einem **Zuschlagsatz** von 15 % gerechnet werden.

8.6 Mehrwertsteuer

Die Mehrwertsteuer ist eine vom Käufer voll zu tragende Steuer, die der selbstständige Handwerker bzw. Betriebsinhaber abzuführen hat.

Sie beträgt zzt. **16 %** vom **Netto-Herstellungs-** bzw. **Netto-Verkaufspreis**.

Beispiel:

Auf 100,– DM beträgt die Mehrwertsteuer 16,– DM, der Brutto-Preis somit 116,– DM. Wie hoch ist der Prozentsatz, wenn vom Brutto-Preis zurückgerechnet wird?

Lösung:

100 % $\cong$ 116 DM; 1 % $= \dfrac{116\ DM}{100} = 1{,}16$ DM

Mehrwertsteuersatz vom Bruttopreis

$= \dfrac{16\ DM}{1{,}16\ DM/1\,\%} = \mathbf{13{,}79\,\%}$

8.7 Zuschlagkalkulation

Bei Kalkulationen auf Vordrucken wird nicht so leicht ein Kalkulationsbestandteil vergessen, und der übersichtliche Aufbau erleichtert Vor- und Nachkalkulation.

Beispiel für den Wandschrank unter 8.2

Kalkulationsbogen für Vor- und Nachkalkulation

Werkstück/Arbeitsauftrag: *Wandschrank* ....

Holzart: *Limba* .... Oberfläche: *Seidenmattlack* ....

Auftraggeber: ....

Zeichnung/Skizze:

Wandschrank
(Hängeschrank)
M 1:20

750

230

550

1. Werkstoffe		Vorkal-kulation DM	Nachkal-kulation DM
1.1	Vollholz lt. Holzliste		
1.2			
1.3			
1.4			
1.5	Holz-Plattenwerkstoffe		
1.6			
1.7			
1.8	Furniere		
1.9			
1.10	Kunststoffe		
1.11			
1.12	Leim/Kleber		
1.13			
1.14	Hilfswerkstoffe		
1.15			
1.16	Beschläge		
1.17			
1.18	Oberflächenwerkstoffe		
1.19			
1.20	Halbfertigerzeugnisse		
1.21			
1.22	Schrauben/Schleifmittel		
1.23			
1.24			
1.25	Werkstoffe lt. besonderer Werkstoffliste (siehe S. 385)	98 78	
1.26			
	zu übertragen:	98 78	

				Vorkal-kulation DM	Nachkal-kulation DM
			Übertrag:	98 78	
2.	**Fertigungslöhne** lt.				
Arbeitszeiten-aufstellung		Arbeits-zeit in Std.	Stun-den-lohn in DM		
2.1 Maschinenarbeit		$^{50}/_{60}$	23,50	19 58	
2.2 Bankraumarbeit		$^{170}/_{60}$	21,30	60 35	
3.	**Sonderkosten der Fertigung**				
4.	**Gemeinkosten**				
4.1	*280*.% auf die Maschinenlöhne			54 82	
4.2	*130*.% auf die Bankraumlöhne			78 46	
4.3	........% auf die Montagelöhne				
Selbstkosten (1. + 2. + 3. + 4.)				311 99	
5.	**Wagnis und Gewinn**				
	...*15*..% auf die Selbstkosten			46 80	
6.	**Sonderkosten des Vertriebs**				
Netto-Herstellungspreis				358 79	
7.	**Mehrwertsteuer** *16*....%			57 41	
	Verkaufspreis			416 20	

Kostenrechnen

Setzen Sie in die folgenden Kalkulationsaufgaben die derzeitigen Tagespreise und Stundenlöhne ein.

Richtwerte für die Vorkalkulation nach dem Stand der Drucklegung des Buches finden Sie im Kap. 10 an folgenden Stellen:

● Verschnittzuschlagsätze unter Tab. 1, S. 400

● Ergiebigkeit von Oberflächenmitteln unter Tab. 12, S. 404

● Holz- und Holzwerkstoffpreise in Tab. 14, S. 405

● Preise für Leime, Kleber, Oberflächenmittel in Tab. 13, S. 404

● Preise für Verbindungsmittel, Beschläge und Hilfswerkstoffe in Tab. 15, S. 405

● Stundenlohnsätze in Tab. 16, S. 405

● Nuttiefen, Falzmaße, Zapfenlängen u.dgl. bestimmen Sie selbst.

1. Bücherregal

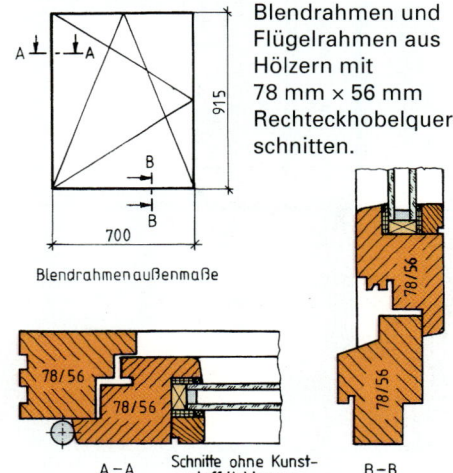

Werkstoffe: Vollholz Kiefer, Rohholzdicke 24 mm. Rückwand aus Sperrholz, Kiefer, FU 5 mm.

Konstruktion: Eckverbindungen gegratet, Rückwand in den Falz geschraubt.

Oberflächenbehandlung: Natur mattiert.

2. Einflügeliges Einfachfenster

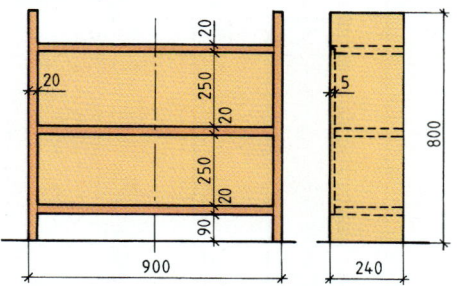

Blendrahmen und Flügelrahmen aus Hölzern mit 78 mm × 56 mm Rechteckhobelquerschnitten.

Blendrahmen außenmaße

A – A   Schnitte ohne Kunststoffdichtungen

B – B

Werkstoffe:
Afzeliaholz (Doussie), Drehkippbeschlag.
Konstruktion:
Doppelzapfenverbindung.
Oberflächenbehandlung:
Grundierung gegen Fäulnis.

3. Brettertür

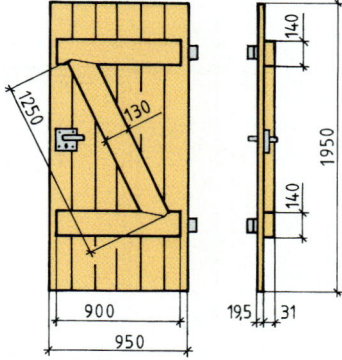

Werkstoffe und Konstruktion:

Gehobelte und gespundete Fasebretter als Halbfertigwerkstoff, Fichtenholz 19,5 mm dick.

Querriegel aus 35 mm dickem Rotbuchenholz.

Strebe aus 35 mm dickem Fichtenholz.

Langbänder und Kastenschloss.

Alles miteinander verschraubt.

Montage bei bereits eingemauerten Kloben (kein Blendrahmen), Schließkasten anbringen.

4. Treppe

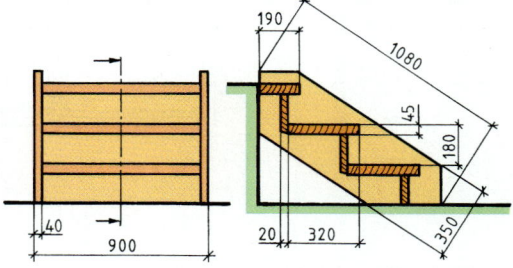

Werkstoffe:

Trittstufen aus 50 mm dickem Rotbuchenholz, Setzstufen aus 24 mm dickem Fichtenholz, Wangen aus 45 mm dickem Kiefernholz.

Konstruktion:

Trittstufen und Setzstufen eingestemmt.

Montage:

Aufstellen und befestigen (ca. 1 Std.), kein Geländer.

5. Rahmentür mit Glasfüllungen

Die in der Ansicht und den Teilschnitten dargestellte Wohnungstür soll als Einzelstück aus Eichenholz hergestellt werden.

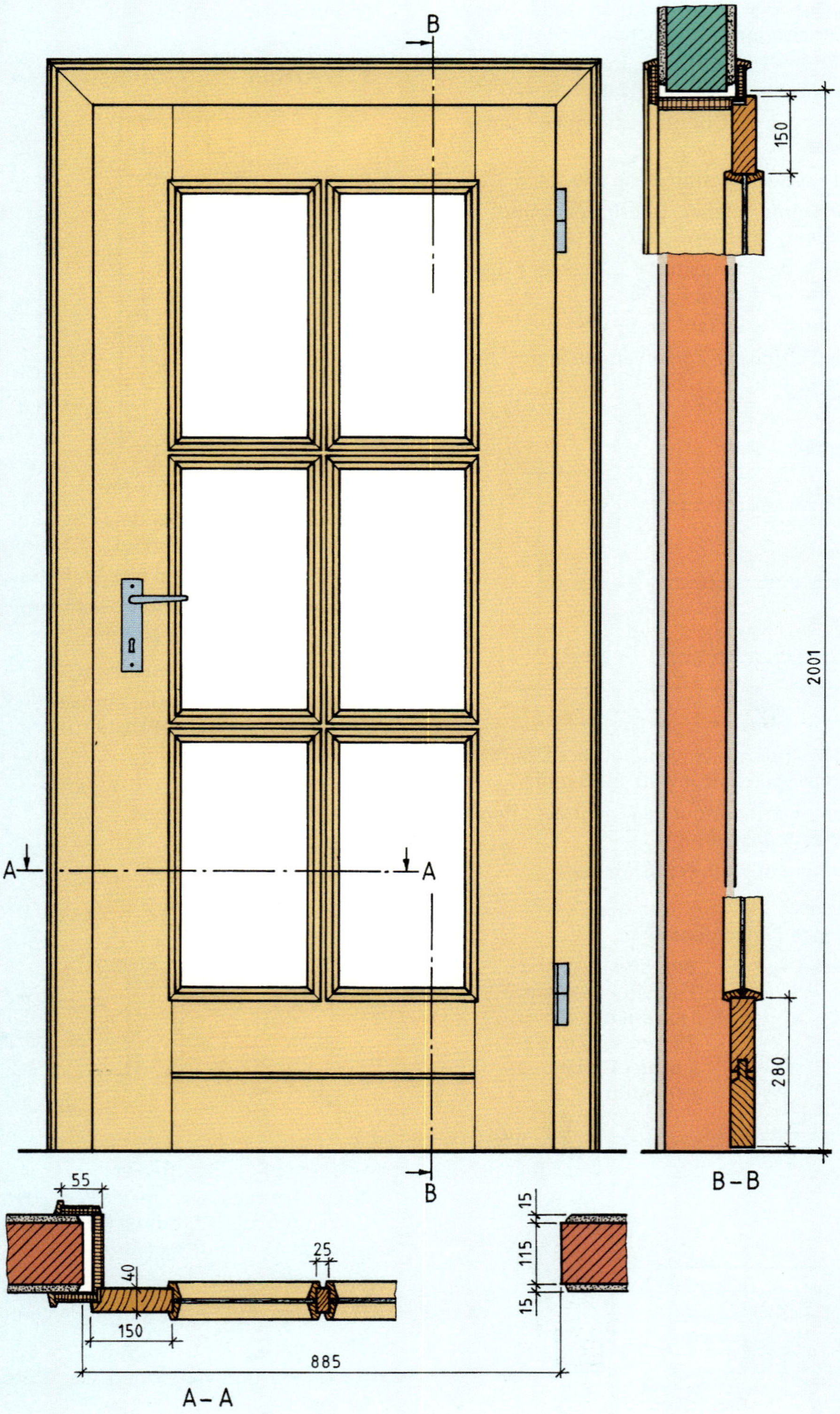

B

B

2001

150

280

B – B

55

25

40

15

115

15

150

885

A – A

A   A

Teilschnitte

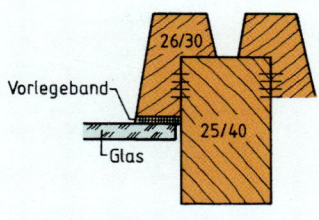

Glasleisten und Sprosse

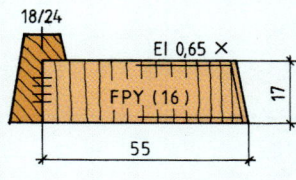

Deckleiste und Bekleidung

Werkstoffe:

Rahmen, Sprossen, Glas- und Deckleisten aus Vollholz Eiche. Futter aus Flachpressplatten FPY (19), beiderseits und an den Kanten bzw. im Falz furniert. Bekleidung aus Flachpressplatten FPY (16), beiderseits und an der abgeschrägten Innenkante furniert.

Einbohrbänder, Langschilder, Drücker, Einsteckschloss mit Zuhaltungen, Antikglas.

Konstruktion:

An den Rahmenecken verkeilte Zapfen und Nutzapfen. Sprossen mit den Rahmenhölzern verzapft und an den Kreuzungen stumpf überblattet.

Türfutterecken gefalzt, geleimt, zusätzlich verschraubt. Türbekleidungen auf Gehrung gefedert und verleimt. Futter und Bekleidungen verleimt. Deckleisten mit den Bekleidungen verleimt. Auf der Aufdeckseite werden die gefasten Glasleisten mit Linsenkopfschrauben 1,6 × 25 Ms befestigt, auf der Falzseite werden sie mit den Sprossen verleimt.

Oberflächenbehandlung:
Natur lackiert, seidenmatt.

Montage:
Verkeilt und mit PUR-Montageschaum eingeschäumt.

● **Zur Vorbereitung der Fertigung sind folgende Arbeiten zu verrichten:**

a) Zeichnen Sie im Maßstab 1:10 die Ansicht, den Horizontalschnitt (B–B, jedoch ganz) und den Vertikalschnitt (A–A, jedoch ganz) der Tür. Tragen Sie alle Maße ein, die für die Herstellung erforderlich sind.

b) Fertigen Sie eine Holz- und Holzwerkstoffliste an und ermitteln Sie die Holzwerkstoffkosten. Setzen Sie genormte Rohholzdicken und übliche Verschnittsätze sowie die Tagespreise ein.

c) Stellen Sie für die übrigen Werkstoffe eine weitere Werkstoffliste auf und ermitteln Sie deren Kosten nach Tagespreisen.

d) Fertigen Sie für die Maschinenarbeit, die Bankraumarbeit und die Montagearbeit Arbeitszeitaufstellungen an.

e) Ermitteln Sie auf einem Kalkulationsbogen den Herstellungs-(Verkaufs-)preis. Setzen Sie die derzeitigen Stundenlöhne ein und rechnen Sie bei den Gemeinkosten mit einem Zuschlag von 120% zu den Montagelöhnen. (Maschinenlohn-Zuschlagsatz und Bankraumlohn-Zuschlagsatz wie üblich.)

6. Tisch

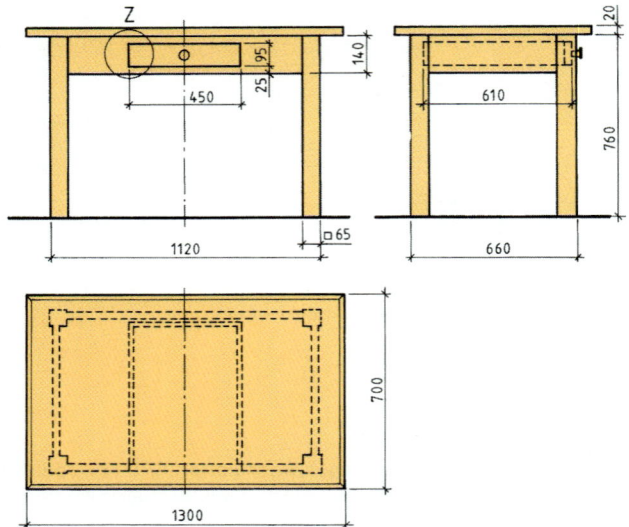

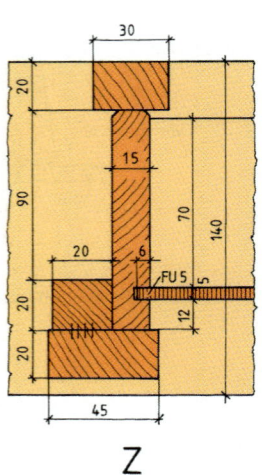

Z

Werkstoffe und Konstruktion:

Tischplatte aus kunststoffbeschichteter dekorativer Flachpressplatte KF 19 mm mit Buchenholzanleimern, 7 mm dick. Tischfüße aus Buchenholz, Halbfertigerzeugnis mit Zapfenlöchern (Satz = 28 DM). Zargen aus Kiefernholz, 24 mm Rohholzdicke. Schubkasten gezinkt, Seitenteile und Hinterteil aus Buchenholz, 18 mm Rohholzdicke. Kippleisten aus Buchenholz, 24 mm Rohholzdicke. Boden aus Limba-Sperrholz. Laufleisten aus Buchenholz, 24 mm Rohholzdicke. Streichleisten aus Buchenholz, 18 mm Rohholzdicke. Schubkastenknopf. Zargen und Tischfüße mit Zapfen auf Gehrung und Nutzapfen verbunden. Tischplatte mit Tischklammern befestigt. Holzoberflächen naturlasiert.

7. Schranktüren

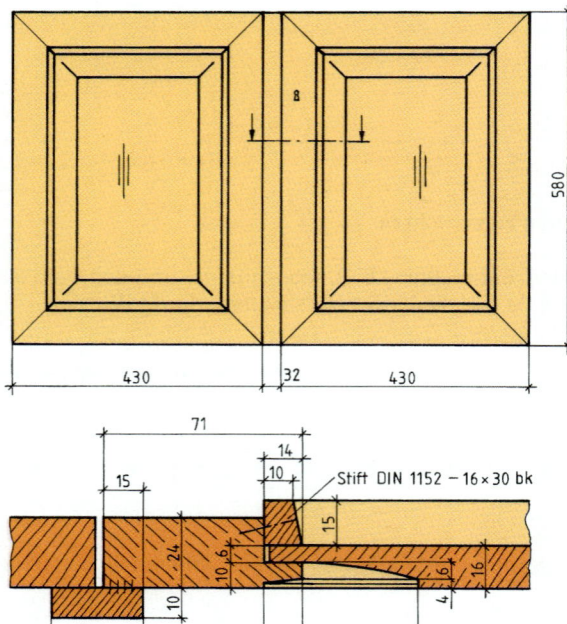

Zur Restaurierung eines antiken Schrankes sollen zwei Schranktüren hergestellt werden.

Werkstoff und Konstruktion:

Vollholz Rüster, Rohholzdicken 22 mm und 30 mm. Alle Rahmenhölzer, außer den beiden mittleren, haben das Rechteckhobelmaß 56 mm × 24 mm. Die Rahmenhölzer sind einseitig auf Gehrung geschlitzt. Einlassschloss 35 mm. Schrankriegel und Bänder werden von den alten Türen übernommen.

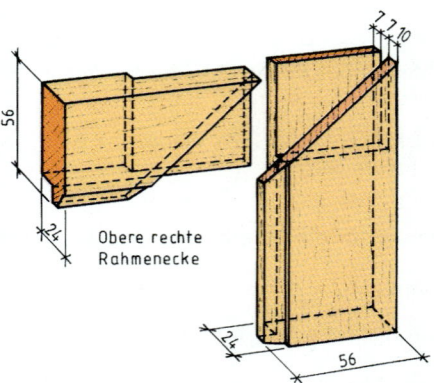

Obere rechte Rahmenecke

9 CNC-Programmierung

9.1 Grundlagen

CNC bedeutet: **c**omputerized (= rechnergesteuerte) **n**umeric (= zahlenmäßige) **c**ontrol (= Steuerung). Bei **numerisch gesteuerten Werkzeugmaschinen** (= CNC-Maschinen) steuert ein **Computerprogramm** die einzelnen **Arbeitsvorgänge**. Dabei braucht nicht, wie bei herkömmlichen Arbeiten an Holzbearbeitungsmaschinen, in den Fertigungsprozess eingegriffen zu werden.

CNC-Maschinen eignen sich besonders für die Fertigung von formenkomplizierten Werkstücken für Klein- und Mittelserien. Für Holzbearbeitungsbetriebe kommt in erster Linie die **CNC-Oberfräsmaschine** (im folgenden Bild schematisch dargestellt) infrage. Sie besteht aus dem **Maschinentisch**, dem angeschlossenen **Rechner** und dem **Werkzeugaggregat**. Es kann in **drei Richtungen** gefahren (gearbeitet), manchmal zusätzlich noch geschwenkt werden.

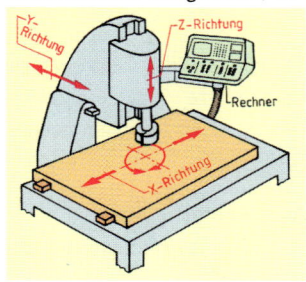

Dieses Kapitel beschränkt sich auf die Programmierung einer Oberfräsmaschine mit drei Bewegungsrichtungen (= Verfahrachsen, auch Koordinatenachsen genannt). Die **Verfahrachsen X**, **Y** und **Z** stehen rechtwinklig zueinander. Ihre Lage ist mit der **Rechte-Hand-Regel** leicht zu bestimmen (Bild rechts). Die Finger weisen jeweils in positive Achsrichtungen. Für senkrechte Arbeitsbewegungen in das Werkstück hinein ergeben sich somit negative Z-Werte.

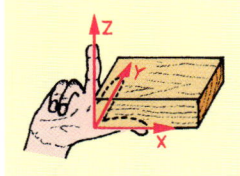

Das **Arbeitsprogramm**, das die Oberfräsmaschine steuert, wird mit einem Computer erstellt und ggf. gespeichert. Es beinhaltet **Informationen** über z. B.:

- Werkstückformen und -maße,
- Verfahrwege des Werkzeugs oder der Achsschlitten,
- Reihenfolge der Bearbeitungsgänge,
- Art und Größe des Werkzeugs,
- Umdrehungsfrequenzen,
- Vorschubgeschwindigkeiten.

Das Arbeitsprogramm wird zur Abarbeitung an die Oberfräsmaschine übermittelt.

Der **Programmaufbau** mit **Programmbefehlen** erfolgt nach

DIN 66025 Teil 1 A1, Sept. 1987 (= Adressbuchstaben) und DIN 66025 Teil 2, Sept. 1988 (= Wegbeschreibungen G).

Ein **CNC-Steuerungsprogramm** besteht aus

- dem Zeichen „**Programmanfang**" (%),
- einer **Folge von Sätzen**, die alle mit **N** beginnen, gefolgt von einer **Satznummer** (im Regelfall im Zehnerrhythmus, dazwischen frei für Ergänzungssätze). Es schließt sich ein **Befehlswort** an, das eine **Wegbedingung**, **Motorsteuerung** oder Ähnliches festlegt (G 02, M 04). **Koordinatenangaben** ergänzen die Programmsätze (Y – 43),
- dem Programmende (M 30 oder M 02).

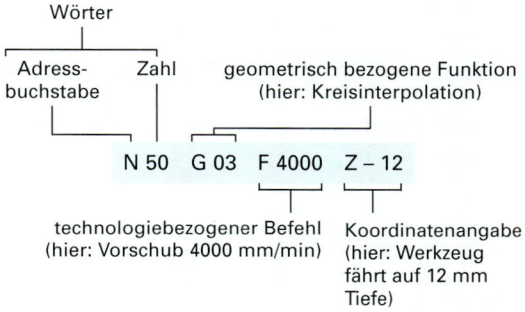

Gliederung eines Satzaufbaus
(ohne Programmanfang und -ende)

Zusammenstellung von Befehlen und Adressbuchstaben

a) Geometriebezogene Befehle, die eine **Wegbedingung** bezeichnen, Anfangsbuchstabe **G**:

Wegbedingung	Bedeutung
G 00	Punktsteuerungsverhalten (fährt das Werkzeug im Eilgang zu einem vorgegebenen Punkt)
G 01	Geradeninterpolation (bewegt das Werkzeug mit der vorgegebenen Vorschubgeschwindigkeit auf geradem Weg zu einem bestimmten Punkt)
G 02	Kreisinterpolation im Uhrzeigersinn (bewegt das Werkzeug auf einer Kreisbahn mit gegebenem Radius um einen bestimmten Mittelpunkt)
G 03	Kreisinterpolation im Gegenuhrzeigersinn (sonst wie vor)
G 17	X–Y Bearbeitungsebene
G 40	Aufhebung einer Werkzeugbahnkorrektur
G 41	Werkzeugbahnkorrektur links
G 42	Werkzeugbahnkorrektur rechts
G 54 bis G 57	Werkzeug-Nullpunkt, Festlegung und Verschiebung
G 60	Genauhalt (Vorschubgeschwindigkeit geht auf 0)
G 62 G 64	Anpassung der Vorschubgeschwindigkeit bei Ecken und Konturen
G 74	Referenzfahrt (d. h. in Ruhestellung)
G 90	Absolute Koordinate (bezogen auf WNP)
G 91	Relative Koordinate (bezogen auf die letzte Koordinatenangabe)

b) Zusatzbefehle für Steuerfunktionen,
Anfangsbuchstabe **M**:

Zusatzfunktion	Bedeutung
M 03	Rechtslauf des Werkzeugs
M 04	Linkslauf des Werkzeugs
M 06	Werkzeugwechsel
M 30	Programmende mit Rücksetzen

c) Adressbuchstaben:

Buchstabe	Bedeutung
F	Vorschub (mm/min)
N	Satz-Nummer
S	Spindel-Umdrehungsfrequenz (min^{-1})
X, Y, Z	Koordinaten (Verfahrachsen)
I, J	Mittelpunkt-Koordinaten

d) Befehle für Werkzeugbahn-Radiuskorrektur siehe unter 9.4.2

%		(Start)
N 10	F 2500	S 5500 (Einschaltzustand, Vorschub F = 2500 mm/min, Drehfrequenz S = 5500 min^{-1})
N 20	M 03	(Spindel ein, Rechtslauf)
N 30	G 90	(Absolute Koordinaten, bezogen auf WNP)
N 40	G 00	Z + 020.00 (Fahren auf Bereitschaftsposition, 20 mm über die Werkstückoberfläche)
N 50	G 00	X + 090.00 Y + 040.00 (Eilfahrt zum Punkt X = 90, Y = 40)
N 60	G 01	Z – 026.00 (Vorschub auf 26 mm Tiefe)
N 70	G 00	Z + 020.00 (Ausfahren aus der Bohrung)
N 80	G 00	X + 190.00 Y + 090.00 (Eilfahrt zum Punkt X = 190, Y = 90)
N 90	G 01	Z – 018.00 (Vorschub auf 18 mm Tiefe)
N 100	G 00	Z + 020.00 (Ausfahren aus der Bohrung)
N 110	G 74	(Referenzfahrt, d.h. in Ruhestellung)
N 120	M 30	(Programmende)

Anmerkung:

Zu Vorschubgeschwindigkeiten, Schnittgeschwindigkeiten und Umdrehungsfrequenzen siehe Kapitel 3 und Tabellen 7, 8 und 9, Kap. 10.

9.2 Punktsteuerung

Das Werkzeug greift mit der programmierten Vorschubgeschwindigkeit **an einem bestimmten Punkt** (= punktuell) in das **Werkstück** ein.

Beispiel für punktgesteuertes Bohren

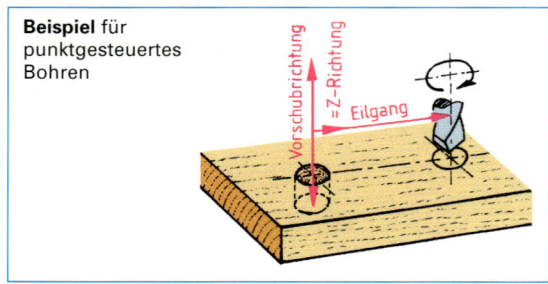

Programmierbeispiel:

Grundplatte für ein Kleiderreck, Erle, 26 mm dick

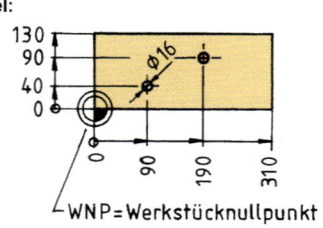

In die Platte sollen Löcher gebohrt werden. Das linke Loch soll durchgebohrt werden, das rechte Loch 18 mm tief. Die Zeichnung weist bereits die für die Programmierung erforderliche Bemaßung auf (hier: **Absolutbemaßung = steigende Bemaßung**, nach DIN 406).

Lösungsweg für die Programmierung (Steuerungsprogramm; in Klammern stehen Bemerkungen und Erläuterungen, die nicht Programmbestandteil sind):

Aufgabe zum Kapitel 9.2

Punktsteuerung

Entlüftungsverkleidung

aus Furniersperrholz, 10 mm dick

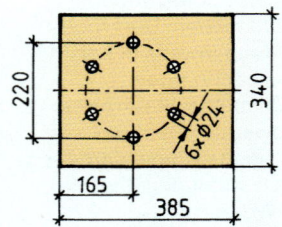

Nach der Bemaßung der gegebenen Zeichnung können die Bohrungen nicht programmiert werden.

Die Koordinaten der Bohrlochmittelpunkte für die Verfahrachsen X und Y müssen ermittelt und in eine programmierfähige Zeichnung eingetragen werden.

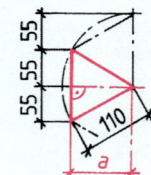

$a = \sqrt{(110\ mm)^2 - (55\ mm)^2}$

$a = 95{,}3\ mm$

Die Zeichnung rechts hat programmierfähige Absolutbemaßung.

Stellen Sie das Steuerungsprogramm für die Bohrungen auf.

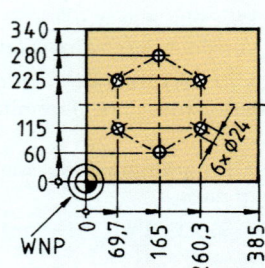

9.3 Streckensteuerung

Das **Werkzeug** bearbeitet das **Werkstück** auf einer **geradlinigen**, achsparallelen **Strecke** mit der programmierten Vorschubgeschwindigkeit.

Beispiel
für strecken-
gesteuertes
Fräsen einer
Gratnute

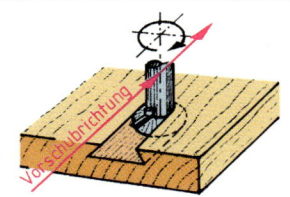

Programmierbeispiel:

In die **trapezförmige Bockseite** aus Kiefer, 30 mm dick, soll eine 12 mm tiefe Nute eingefräst werden.

Die Zeichnung weist eine für die Programmierung erforderliche Bemaßung auf.

Hier:
Zuwachsbemaßung = inkrementale Bemaßung.

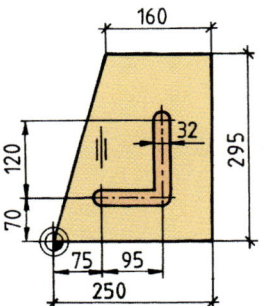

Steuerungsprogramm (was in Klammern steht, ist nicht Programmbestandteil):

%		(Start)
N 10	F 4000	S 8000 (Einschaltzustand, Vorschub F = 4000 mm/min, Drehfrequenz S = 8000 min⁻¹)

N 10 F 4000 S 8000 (Einschaltzustand, Vorschub F = 4000 mm/min, Drehfrequenz $S = 8000 \ \text{min}^{-1}$)

N 20 M 03 (Spindel ein, Rechtslauf)

N 30 G 91 (Relative Koordinaten)

N 40 G 00 Z + 020.00 (Fahren auf Bereitschafts-position, 20 mm über die Werkstückoberfläche)

N 50 G 00 X + 075.00 Y + 070.00 (Eilfahrt zum Punkt X = 75, Y = 70)

N 60 G 01 Z – 032.00 (Vorschub auf 12 mm Tiefe)

N 70 G 01 X + 095.00 (Vorschub zum Punkt X = 170, Y = 70)

N 80 G 01 Y + 120.00 (Vorschub zum Punkt X = 170, Y = 190)

N 90 G 00 Z + 032.00 (Ausfahren)

N 100 G 74 (Referenzfahrt, d.h. in Ruhestellung)

N 110 M 30 (Programmende)

Streckensteuerung

1. Furniersperrholzplatte mit Einwurfschlitzen, 8 mm dick. Fertigen Sie eine Zeichnung mit Bezugsbemaßung an und stellen Sie das Steuerungsprogramm auf.

   a) Für relative Koordinaten.

   b) Für absolute Koordinaten.

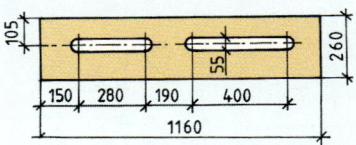

2. **Schemelplatte**

   Buche,
   35 mm dick

   Bohrungen und Griffloch gehen durch. Stellen Sie das Steuerungs-programm auf.

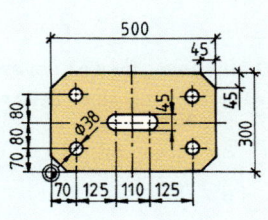

3. **Entlüftungs-Verkleidungsplatte**, Buchen-Furniersperrholz, 12 mm dick

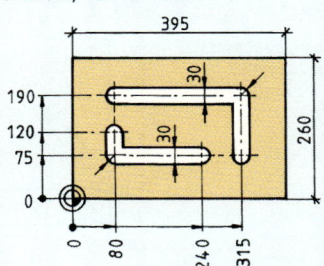

Die Schlitze werden in Plattendicke durchgefräst. Stellen Sie das Steuerungsprogramm auf.

   a) Für absolute Koordinaten.

   b) Für relative Koordinaten.

9.4 Bahnsteuerung

Das **Werkzeug** bearbeitet das **Werkstück** auf **geradlinigen**, auch schräg zu den Verfahrachsen verlaufenden und **gekrümmten Bahnen** mit der programmierten Vorschubgeschwindigkeit.

Beispiel
für bahngesteuertes
Fräsen

9.4.1 Fräsungen innerhalb des Werkstücks

Hierbei werden die **Verfahrbahnen** der **Werkzeugachsen** bemaßt und somit programmiert.

Programmierbeispiele:

1. Kastenseite

Buche, 34 mm dick
In die Seitenwand soll
eine 16 mm tiefe Nute
eingefräst werden.

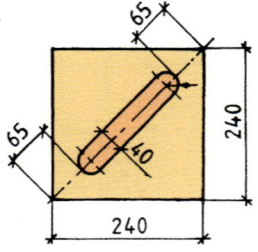

Lösungsweg für die Programmierung:

a) Herstellung einer **Zeichnung** mit **programmierfähiger Bemaßung:**

$2a^2 = (85\ \text{mm})^2$

$a = \sqrt{\dfrac{(85\ \text{mm})^2}{2}}$

$a = 60\ \text{mm}$

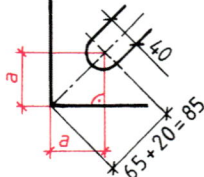

Die Zeichnung rechts ist
**inkremental bemaßt
(= Zuwachsbemaßung)**
nach DIN 406.

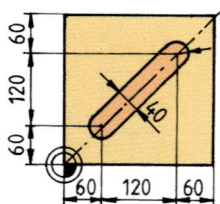

b) **Steuerungsprogramm** (was in Klammern steht, ist nicht Programmbestandteil):

Die Programmierung erfolgt in **relativen Koordinaten,** d.h. die zuletzt angegebenen Koordinaten werden als neuer WNP betrachtet.

```
%                   (Start)
N 10  F 3000  S 6000 (Einschaltzustand,
                     Vorschub F = 3000 mm/min,
                     Drehfrequenz S = 6000 min⁻¹)
N 20  M 03    (Spindel ein, Rechtslauf)
N 30  G 91    (Relative Koordinaten)
N 40  G 00    Z + 020.00 (Fahren auf Bereitschafts-
                     position, 20 mm über die
                     Werkstückoberfläche)
N 50  G 00    X + 060.00  Y + 060.00 (Eilfahrt zum
                     Punkt X = 60, Y = 60)
N 60  G 01    Z – 036.00 (Vorschub auf 16 mm Tiefe)
N 70  G 01    X + 120.00  Y + 120.00
                     (Vorschub zum Punkt X = 180, Y = 180)
N 80  G 00    Z + 036.00 (Ausfahren)
N 90  G 74    (Referenzfahrt, d.h. in Ruhestellung)
N 100 M 30    (Programmende)
```

---

2. Schranktür, Spanplatte FPO, 19 mm dick

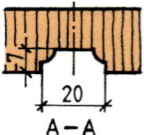

A–A

(vergrößert)

In die Rechteck-
platte soll eine
Profilnute
(Schnitt A–A)
eingefräst werden.

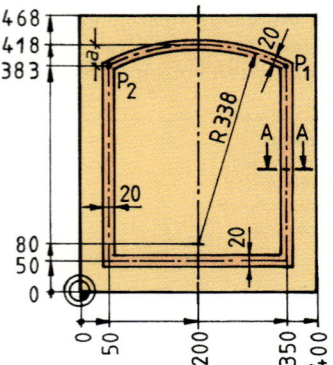

Die obige Zeichnung weist bereits vollständige Bezugsbemaßung auf. Das Maß *a* und das senkrechte Koordinatenmaß 383 wurden zuvor ermittelt (dazu Bild rechts).

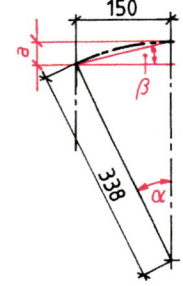

$\sin \alpha = \dfrac{150\ \text{mm}}{338\ \text{mm}} = 0{,}444$

$\alpha = 26{,}35° \approx 26°$

$\beta = \alpha/2 = 13°$

$\tan \beta = \dfrac{a}{150\ \text{mm}}$

$a = \tan 13° \cdot 150\ \text{mm} = 34{,}63 \approx 35\ \text{mm}$
Koordinate zu $P_2(P_1) = 418\ \text{mm} – 35\ \text{mm} = 383\ \text{mm}$

Steuerungsprogramm (was in Klammern steht, ist nicht Programmbestandteil):

```
%                   (Start)
N 10  F 3000  S 2000 (Einschaltzustand,
                     Vorschub F = 3000 mm/min,
                     Drehfrequenz S = 2000 min⁻¹)
N 20  M 03    (Spindel ein, Rechtslauf)
N 30  G 90    (Absolute Koordinaten)
N 40  G 00    Z + 20    (Fahren auf Bereitschafts-
                     position, 20 mm über die
                     Werkstückoberfläche)
N 50  G 00    X + 50   Y + 383 (Eilfahrt zum Punkt
                     X = 50, Y = 383)
N 60  G 01    Z – 7    (Vorschub auf 7 mm Tiefe)
N 70  G 01    X + 50   Y + 50 (Vorschub zu
                     X = 50, Y=50)
N 80  G 01    X + 350  Y + 50 (Vorschub zu
                     X = 350, Y=50)
N 90  G 01    X + 350  Y + 383 (Vorschub zu
                     X = 350, Y=383)
N 100 G 03    X + 50   Y + 383 I + 200 J + 80
                     (Kreisbogen im Gegenuhrzeigersinn
                     um den Mittelpunkt I = Xₘ = 200,
                     J = Yₘ = 80 zum Punkt X = 50, Y = 383)
N 110 G 00    Z + 20    (Ausfahren)
N 120 G 74    (Referenzfahrt, d.h. in Ruhestellung)
N 130 M 30    (Programmende)
```

Aufgaben zum Kapitel 9.4.1

Fräsungen innerhalb des Werkstückes

1. **Leuchtreklameplatte**, 16 mm dickes wasserfest verleimtes Sperrholz

Stellen Sie das Steuerungsprogramm für die Absolutbemaßung auf.

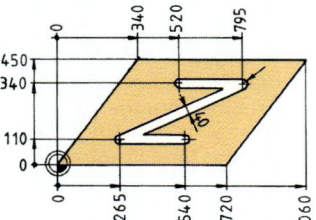

2. **Obstbrett**
   Birnbaum, 15 mm dick

In eine vorgefertigte runde Platte soll eine 5 mm tiefe Saftrinne eingefräst werden. Stellen Sie das Steuerungsprogramm auf.

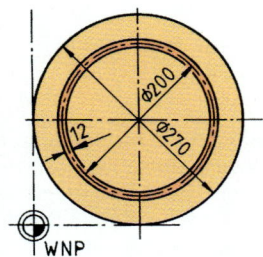

9.4.2 Fräsungen an Werkstückrändern (Konturfräsungen)

Die Verfahrbahnen der Werkzeugachsen liegen außerhalb des Werkstücks, die **Werkstückkonturen** sind in der Regel bemaßt. Die erforderliche Bemaßung der Werkzeug-Achsbahnen ist oft zeitaufwendig und schwierig. Auch ergeben sich andere (neue) Achsbahnen, wenn sich der Werkzeugdurchmesser (auch nur geringfügig durch Schärfen oder Nachstellen der Messer) verändert.

Es gibt **Programmbefehle** zur **automatischen Werkzeugbahn-Radiuskorrektur**. Sie setzen lediglich die **Kenntnis der Werkzeugabmessungen**, die in der Werkzeugliste der Maschine eingetragen sind, voraus. Die notwendigen **Änderungen der Fräsbahnen** werden selbstständig **vom Computer ausgeführt**. Ist die **Werkstück-Korrektur** bekannt, so ist für die Korrektur von Bedeutung, ob die **Werkzeugachsen** (vom Werkstück aus gesehen) nach **links** oder nach **rechts verschoben** werden.

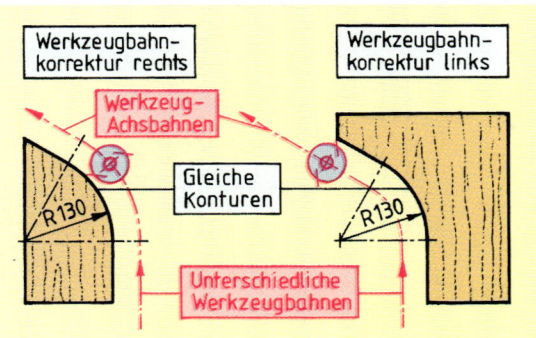

Befehle für die Werkzeugbahn-Radiuskorrektur	
G 41	Werkzeugbahnkorrektur links vom Werkstück
G 42	Werkzeugbahnkorrektur rechts vom Werkstück
G 40	Aufhebung der Korrektur

Programmierbeispiel:

Eckschrankaufsatz
Erle, 20 mm dick

An die Rechteckplatte, 430 mm × 236 mm, sollen Karniesbögen mit einem Fräser, ⌀ 90 mm, angefräst werden.

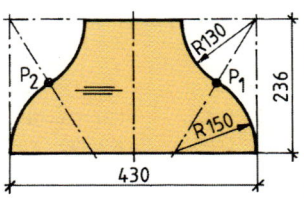

Ist ein Übergangspunkt von einem Kreisbogen in einen anderen (oder von einer Geraden in einen Kreisbogen und umgekehrt), nicht ohne weiteres vom WNP aus auf den Achsen (X und Y) einmessbar, müssen die Koordinatenmaße (hier: für die Punkte P₁ und P₂) errechnet werden.

a) Ermittlung der Übergangspunktmaße

$$\tan \alpha_1 = \frac{150 \text{ mm}}{236 \text{ mm}} = 0{,}64$$

$$\alpha_1 \cong 32°, \ \alpha_1 = \alpha_2$$

$$\sin \alpha_2 = \frac{a}{150 \text{ mm}}$$

$$a = \sin 32° \cdot 150 \text{ mm} = 79 \text{ mm}$$

$$b = \sqrt{(150 \text{ mm})^2 - a^2}$$

$$b = \sqrt{(150 \text{ mm})^2 - (79 \text{ mm})^2} = 128 \text{ mm}$$

b) Zeichnung mit programmierfähiger Bemaßung

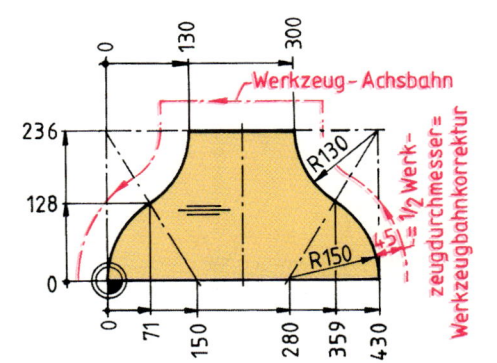

c) Steuerungsprogramm (was in Klammern steht, ist nicht Programmbestandteil)

%		(Start)
N 10	F 2500 T1	S 3000 (Einschaltzustand mit Werkzeug 1 der eingetragenen Werkzeugliste, Vorschub F = 2500 mm/min, Drehfrequenz S = 3000 min⁻¹)
N 20	M 04	(Spindel ein, Linkslauf)
N 30	G 90	(Absolute Koordinaten)
N 40	G 00	Z + 20 (Fahren auf Bereitschaftsposition, 20 mm über die Werkstückoberfläche)
N 50	G 42	(Werkzeugbahnkorrektur rechts)
N 60	G 00	X + 430 Y + 0 (Eilfahrt zum Punkt X = 430, Y = 0)
N 70	G 01	Z – 20 (Vorschub auf 20 mm Tiefe)
N 80	G 03	X + 359 Y + 128 I + 280 J + 0 (Kreisbogen im Gegenuhrzeigersinn um den Mittelpunkt I = X_M = 128, J = Y_M = 0 zum Punkt X = 359, Y = 128)
N 90	G 02	X + 300 Y + 236 I + 430 J + 236 (Kreisbogen im Uhrzeigersinn um den Mittelpunkt I = X_M = 430, J = Y_M = 236 zum Punkt X = 300, Y = 236)
N 100	G 00	X + 20
N 110	M 03	(Rechtslauf)
N 120	G 00	X – 20
N 130	G 01	X + 130 Y + 236 (Vorschub zu X = 130, Y = 236)
N 140	G 02	X + 71 Y + 128 I + 0 J + 236 (Kreisbogen im Uhrzeigersinn um den Mittelpunkt I = X_M = 0, J = Y_M = 236 zum Punkt X = 71, Y = 128)
N 150	G 03	X + 0 Y + 0 I + 150 J + 0 (Kreisbogen im Gegenuhrzeigersinn um den Mittelpunkt I = X_M = 150, J = Y_M = 0 zum Punkt X = 0, Y = 0)
N 160	G 00	Z + 20 (Ausfahren)
N 170	G 74	(Referenzfahrt, d.h. in Ruhestellung)
N 180	M 30	(Programmende)

Aufgabe zum Kapitel 9.4.2

Fräsungen an Werkstückrändern

Stellen Sie für den Doppelkarniesbogen (Plattendicke 16 mm) das Steuerungsprogramm auf.

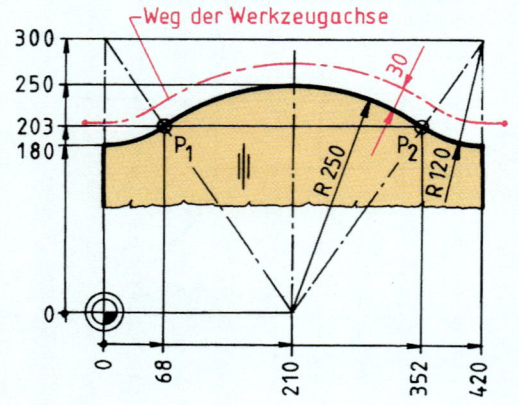

Aufgaben zum Kapitel 9

CNC-Programmierung

1. Erklären Sie kurz, was unter a) Punkt-, b) Strecken- und c) Bahnsteuerung verstanden wird.

2. Geben Sie für die drei Hauptverfahrachsen die Buchstaben an und beschreiben Sie deren Arbeitsrichtungen.

3. Welche Bemaßungsarten werden für die CNC-Programmierung vorzugsweise angewendet?

4. Woraus besteht ein Steuerungsprogramm?

5. Aus welchen Teilen besteht ein Programmsatz?

Stellen Sie für die nunmehr folgenden Aufgaben jeweils das „Steuerungsprogramm" auf. Sollten noch „Bogenwendepunkte" (= Übergänge Gerade-Bogen, Bogen-Bogen, Bogen-Gegenbogen) einzumessen sein, so ermitteln Sie die Koordinaten dazu. Ist eine Zeichnung nicht programmierfähig bemaßt, so fertigen Sie eine Zeichnung mit Zuwachsbemaßung oder Absolutbemaßung an.

6. **Wandregalseite**
   aus Flachpressplatte FPY, 19 mm dick

   Stellen Sie das Steuerungsprogramm für durchgehende Bohrungen mit Fingerfräser ⌀ 30 mm auf.

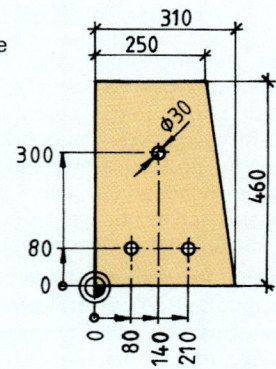

7. **Schrankwand**, furnierte Spanplatte, 20 mm dick mit Bohrlöchern für Bodenträger, 8 mm tief

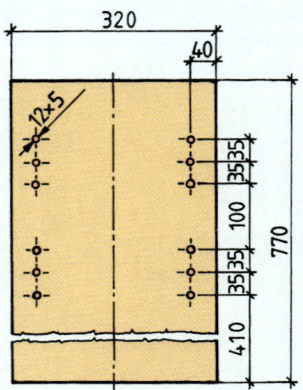

8. **Entlüftungsverkleidung**, Furniersperrholz, 8 mm dick

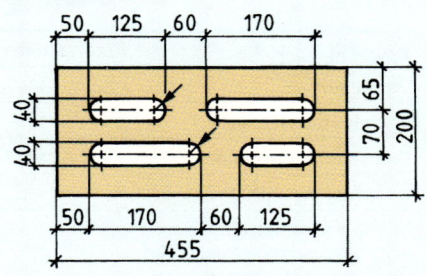

9. **Bockseite**, Kiefer, 35 mm dick, Nutentiefe 15 mm

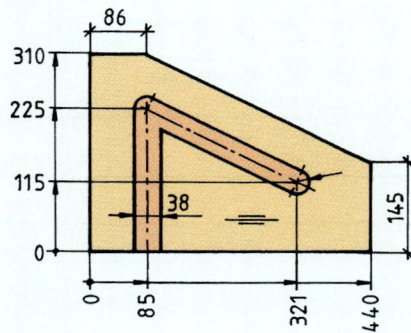

10. **Rollladenführungsseite**, Spanplatte FPO, 19 mm dick, Nutentiefe 12 mm

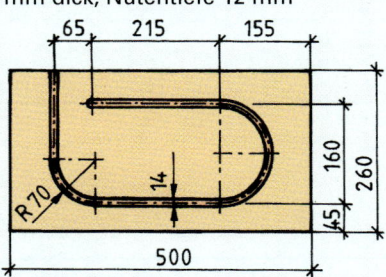

11. **Früchteschale**, Kirschbaum, 35 mm dick, Ausgründung 26 mm tief

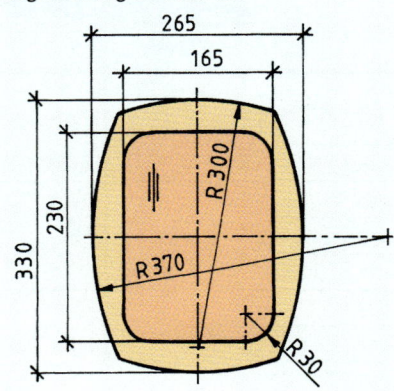

12. **Kastenseite**, Esche, 24 mm dick

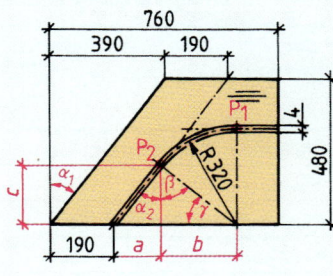

In die Platte soll eine 4 mm breite und 10 mm tiefe Nute zur Aufnahme einer gebogenen Furniersperrholzplatte eingefräst werden (die Nutenbreite ist maßstäblich vergrößert gezeichnet). Nur die schwarzen Maße wurden gegeben, die roten wie folgt errechnet:

$$\tan \alpha_1 = \frac{390 \text{ mm}}{480 \text{ mm}} = 0{,}813, \; \alpha_1 = 39°$$

$$\alpha_1 = \alpha_2; \; \beta = 90° - \alpha_2 = 90° - 39° = 51°$$

$$\sin \beta = \frac{b}{320 \text{ mm}}; \; b = \sin 51° \cdot 320 \text{ mm} = 249 \text{ mm}$$

$$\sin \gamma = \frac{c}{320 \text{ mm}}; \; c = \sin 39° \cdot 320 \text{ mm} = 201 \text{ mm}$$

$$\tan \alpha_2 = \frac{a}{c}; \; a = \tan 39° \cdot 210 \text{ mm} = 163 \text{ mm}$$

13. **Geräteplatte**, Buche, 35 mm dick, Bohrlöcher für Sprossen, 25 mm tief

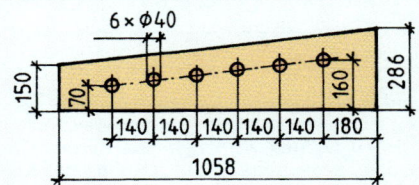

14. **Brotzeitbrett**, Ahorn, 12 mm dick

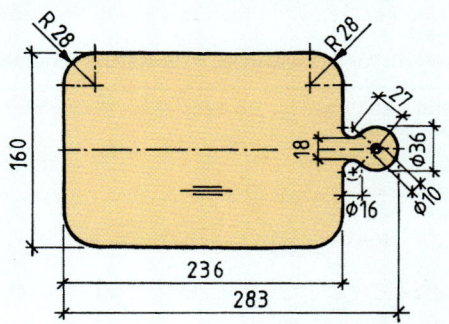

15. **Blumenkübelseite**, Fichte, 20 mm dick

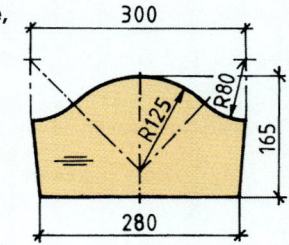

Tabelle 1
Mittlere Zuschlag-Verschnittsätze in Prozent

Holzart Holzwerkstoff	Geradlinige und recht-eckige Werkstücke	Krummlinige und viel-eckige Werkstücke
Fichte, Tanne, Pappel, Erle	30	35
Kiefer, Lärche, Pitchpine	35	40
Rotbuche, Rüster, Esche	40	45
Eiche, Ahorn, Nussbaum	50	55
Sperrholz, Spanplatten	15	20
Absperr- und Blindfurnier	25	30
Deckfurnier	schlicht 40	gefladert 50

Tabelle 2
Auftragmengen für Klebeflächen bei einseitiger Angabe

	Klebstoff	g/m²
Glu-tine	Warmleim	150…200
	Kaltleim mit Harnstoff	125…175
Plasto-mere	Dispersions-Weißleim KPVAC	140…200
	Kontaktkleber KPCP	150…300
Duro-mere	Mit Härter versetzt und einseitiger Auftrag, oder eine Seite Leim- und eine Seite Härterauftrag: Harnstoff-Formaldehydharzleim KUF	120…220
	Wie vor, mit Streckmittel z. Furnieren	150…250
	Melamin-Formaldehydharzleim KMF heißhärtend	120…200
	Wie vor, mit Streckmittel z. Furnieren	160…250
	Phenol-Formaldehydharzleim KPF heißhärtend	160….220
	Phenol-Resorcin-Formaldehyd-harzleim KRF	180…220

Tabelle 3
Pressdrücke p für Leim- und Klebefugen
(Mittelwerte in vereinfachter Darstellung)

Werkstoff* Die Flächen müssen gute Passgenauigkeit haben**		Pressdruck p in $\frac{N}{mm^2}$	
		Dispersionsleime (Weißleime)	Kleber (Harnstoff-, Phenol-, Melamin- und Resorcinharze)
Weichholz		0,1	0,2
Hartholz		0,2	0,4
Spanplatten		0,15	0,5
Furniere (Der Werkstoff der Träger-platte ist ohne Bedeutung)	aus Weichholz	0,2	0,3
	aus Hartholz	0,3	0,4
	aus dünnen Kunststoffplatten	0,3	0,7

* Werden verschiedene Werkstoffe miteinander verleimt (verklebt), so gilt der höhere Pressdruck.
** Bei nur mäßiger Passgenauigkeit (z.B. bei sägerauen Fugen, Schlitzen und Zapfen) müssen die Werte um etwa 30% erhöht werden.

Tabelle 4
Richtwerte für Pressdrücke p für Keilzinkenverbindungen

Genormte Keilzinken für z.B. Fenster- und Türhölzer sowie Sitzmöbel

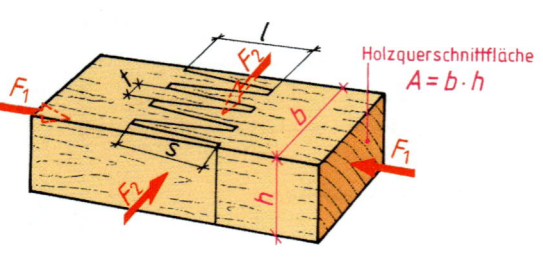

Holzquerschnittfläche $A = b \cdot h$

Ein zusätzlicher Seitenpressdruck von

$p_2 \approx 1{,}5 \ \frac{N}{mm^2}$ ist zu empfehlen.

$p_2 = \frac{F_2}{l \cdot h}$

	Bei Kraftwirkung (Kraft F_1) in Faserrichtung Pressdruck (p) auf die Holzquerschnittfläche (A) ist $p = \frac{F_1}{A} = \frac{F_1}{b \cdot h}$	
Zinkenmaße in mm	Nadelholz p in $\frac{N}{mm^2}$	Laubholz p in $\frac{N}{mm^2}$
l = 15		
t = 7	4	5,5
s = 15,4		
l = 30		
t = 10	2	2,7
s = 30,4		
l = 50		
t = 12	1,3	1,8
s = 50,2		

Tabelle 5: Höchst-Richtwerte für Pressdrücke *p* rechtwinklig zur Faserrichtung, ohne bleibende Druckstellen

Holzart	$p_\perp$ in $\frac{N}{mm^2}$	Holzart	$p_\perp$ in $\frac{N}{mm^2}$
Pappel	3	Sapelli- und Sipo-Mahagoni	6,5
Fichte/Tanne	5	Nussbaum	7
Limba	5,5	Buche	9
Kiefer	6	Eiche	10

Tabelle 6: Wirkkräfte *F* von Klemm- und Spannwerkzeugen

Klemm- bzw. Spannwerkzeug	Werkzeugdaten				F in kN Kleinst- und Größtwert	Mittel- wert
Exzenter-Klemmzwinge	aus Holz				0,5…0,8	0,6
	aus Stahl				1…2	1,5
Schraubzwinge mit Trapezgewinde	Orientierungsmaße in mm Spannweite	Ausladung	Entscheidende Maße in mm Gang-höhe	Griff-durchmesser		
	130	60…80	4	24	2…4	3
	200…300	100…160	5	32	5…18	12
	400 und mehr	175	5	35	6…12	9
Türspanner mit Trapezgewinde	Gewindeganghöhe 4 mm, Kurbelradius 200 mm				12…25	19
Furnierpressenspindel mit Trapezgewinde	Gewindeganghöhe 8 mm, Spannhebellänge 800 mm (*F* = Gesamtkraft für die 3 Spindeln einer Presse)				500…900	700
Druckluftzylinder für Rahmenpressen u.dgl.	Zylinderdurchmesser 60 bis 90 mm Arbeitsdruck 4 bis 6 bar				10…24	17
Hydraulische Druckzylinder für Furnierpressen	Gesamtzylinderfläche bis 50000 mm². Arbeitsdruck bis 300 bar. Pressfläche bis 2200 mm × 1100 mm *F* = Gesamtkraft der Presse				600…2000	1300

Tabelle 7: Günstige (wirtschaftliche) Schnittgeschwindigkeiten *v*_c

Werkzeug	Werkzeugschneide aus	Schnittgeschwindigkeit v_c in m/s Weichholz	Hartholz	Kunststoff	Spanplatte
Kreissägeblatt	Stahl	60…70	40…45	–	(40)
	Hartmetall	70…100	60…80	40…50	
Bandsägeblatt	Stahl	20…30	18…25	–	(15)
Kette der Kettenfräse	Stahl	15…20	12…15	–	(15)
	Hartmetall	20…30	15…20	25	
Fräswerkzeug	Stahl	35…45	30…40	25	
	Hartmetall	50…80	45…70	45	
Langloch-Fräsbohrer	Stahl	3	2	1,5	
Schleifbänder und Schleifteller	Granat und Korund	18…22	16…20	Farbe und Lack 7…10	
Spiralbohrer		Ungehärteter Stahl	Buntmetalle	Leichtmetall	
	Werkzeugstahl	0,2…0,5	0,5…0,6	1…1,5	
	Schnellarbeitsstahl	0,4…0,8	0,8…1	1,5…2,5	

Tabelle 8
Schnittgeschwindigkeitsdiagramm

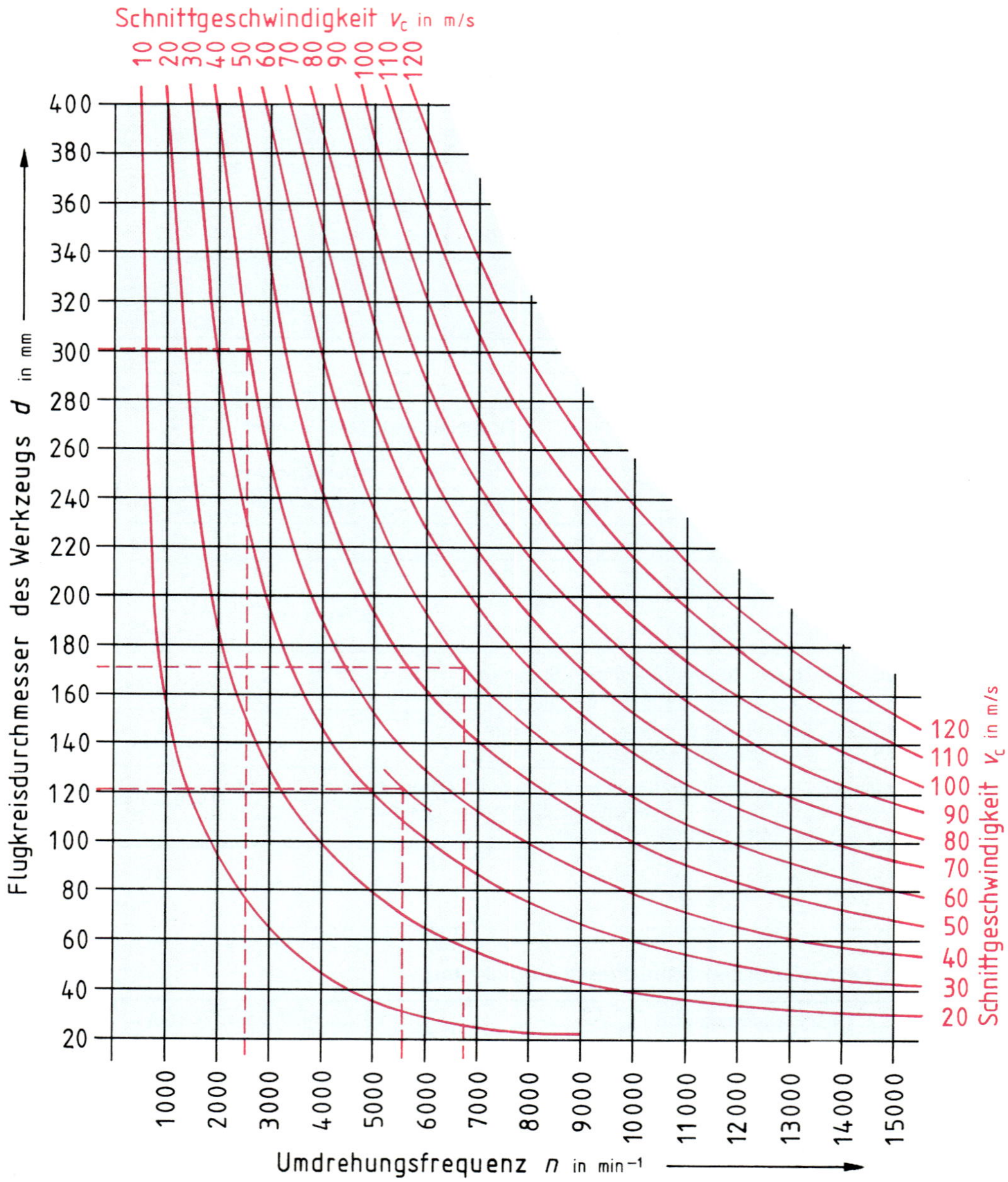

1. **Beispiel** für das Aufsuchen von v_c : Gegeben sind d = 120 mm und n = 5600 min^{-1}.

Lösung: Im Schnittpunkt der Durchmesserachse und der Umdrehungsfrequenzachse liegt v_c = 35 m/s.
(Siehe hierzu 1. Rechenbeispiel unter 10.4.)

2. **Beispiel** für das Aufsuchen von n: Gegeben sind d = 300 mm und $v_c \geq$ 40 m/s.

Lösung: Von d = 300 waagerecht bis zur v_c = 40-Linie, dann senkrecht nach unten und n ablesen. **$n \geq$ 2600 min^{-1}**.

3. **Beispiel** für das Aufsuchen von d: Gegeben n = 6800 min^{-1}, v_c = 60 m/s.

Lösung: Von n = 6800 senkrecht bis zur v_c = 60-Linie, dann waagerecht nach links und d ablesen. **$d \approx$ 170 mm**.

Tabelle 9
Richtwertediagramm für
Schneidwerkzeugeinsatz

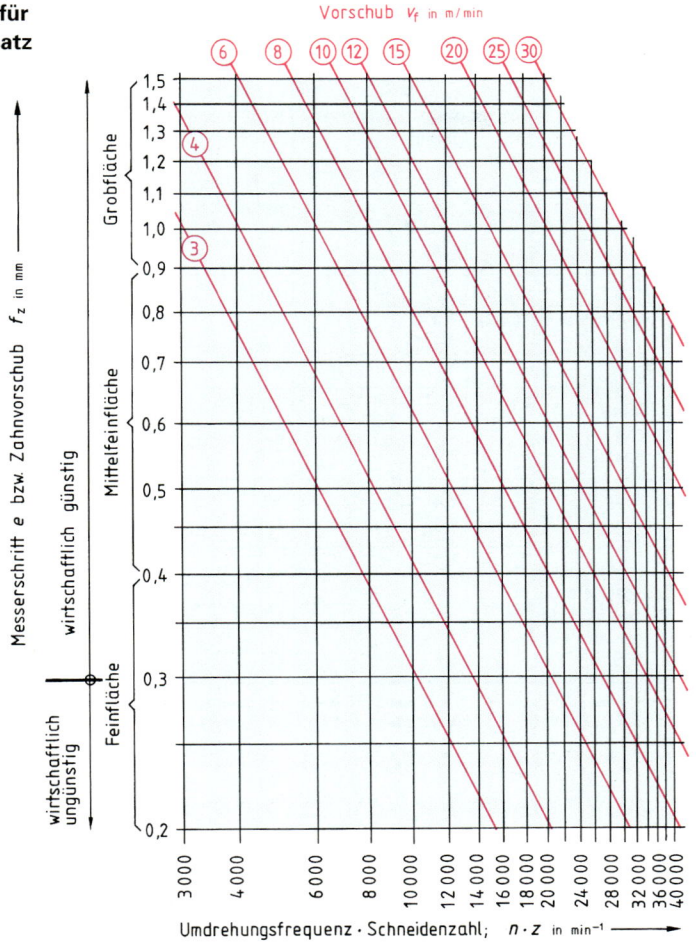

Tabelle 10
Rohdichten ϱ und Bemessungswerte der Wärme-
leitfähigkeit λ_R von Bau- und Dämmstoffen

Art	Bau- und Dämmstoffe		ϱ in kg/dm³	λ_R in W/m · K
Bau-platten	Gipskartonplatte		0,9	0,21
	Holzwolle-Leichtbauplatte		0,4	0,093
Dämm-stoffe	Hartschaumkunststoff-platten (Styropor)	W.-Gr. 0,25	≈0,03	0,025
		W.-Gr. 0,30	≈0,03	0,030
	Korkplatte	W.-Gr. 0,45	≈0,08	0,045
	Mineralfaserdämmstoffe W.-Gr. 0,45		0,1	0,045
Sperrstoff	Bitumen, Bitumenbahnen		1,1	0,17
Holz	Vollholz lufttrocken	Fichte	0,48	0,13
		Tanne	0,45	0,13
		Buche	0,75	0,20
		Eiche	0,72	0,20
Glas	Spiegelglas		2,7	0,80

Art	Bau- und Dämmstoffe	ϱ in kg/dm³	λ_R in W/m · K
Platten-werk-stoffe	Flachpressplatte	0,7	0,13
	Sperrholz	≈0,65	0,15
	Tischlerplatten	≈0,6	0,15
Putz	Kalk-Zementmörtel	1,8	0,87
	Kalkgips-, Gipsmörtel	1,4	0,70
Beton	Kies-, Splitt-Stahlbeton	2,4	2,10
	Gasbeton	0,5	0,28
Mauer-werk	Vollziegelmauerwerk	1,7	0,68
	Kalksandsteinmauerwerk	1,8	0,99
	Mauerwerk aus Leichtbetonsteinen	0,8	0,40
	Natursteine und -mauerwerk	2,8	3,50
Metalle	Aluminium	2,7	175
	Kupfer	8,9	380

Tabelle 11
Wärmedurchgangskoeffizienten für Verglasung U_V und für Fenster und Fenstertüren U_F

Zeile	Beschreibung der Verglasung aus Normalglas	U_V-Werte in W/m² · K für Verglasung allein*	U_F-Werte in W/m² · K für Fenster und Fenstertüren einschl. Rahmen aus		
			Holz und Kunststoff (auch mit Metalleinlagen zur Aussteifung und Holzrahmen mit Alu-Bekleidung)	wärmegedämmten Metallprofilen	Stahl, Aluminium
1	Einfachverglasung	5,8	5,2	5,2	5,2
2 3 4	Zweischeiben-Isolierglas mit 6 bis 8 mm Luftzwischenraum (LZR) mit 8 bis 10 mm LZR mit 10 bis 16 mm LZR	3,4 3,2 3,0	2,9 2,8 2,6	3,2 3,0 2,9	4,1 4,0 3,8
5 6	Dreischeiben-Isolierglas mit zweimal 6 bis 8 mm LZR mit zweimal 8 bis 10 mm LZR	2,4 2,2	2,2 2,1	2,5 2,3	3,4 3,3
7	Wärmeschutzgläser (lt. Prüfzeugnis)	1,4 1,3	1,5 1,4	1,8…2,2 1,7…2,1	2,7 2,7
8	Doppelverglasung aus einer Einfachscheibe und einer Zweifachisolierscheibe mit 10 bis 16 mm LZR und einem Abstand zwischen den Scheiben von –20 bis 100 mm	1,4	1,5	1,8	2,7

* Bei Fenstern mit einem Rahmenanteil von nicht mehr als 5% (z. B. bei Schaufenstern) tritt an die Stelle des U_F-Wertes der U_V-Wert.
  Für **Fenster- und Fenstertüren** von Wohn-, Büro-, Schul-, Praxisräumen u.dgl. darf der **U_F-Wert 2,0 W/m²K** nicht überschritten werden.

Tabelle 12
Auftragmengen für Oberflächenmittel

Oberflächenmittel		Ergiebigkeit
Abbeizer		5 m²/l
Entharzer		6 m²/l
Bleichmittel		10 m²/l
Farbbeize		8 m²/l
Einkomponentenbeize		7 m²/l
Doppelbeize	Vorbeize	7 m²/l
	Nachbeize	8 m²/l
Wachsbeize		6 m²/l
Nitrozellulose – Einlassgrund		10 m²/l
Mattierung für 2 Arbeitsgänge		12 m²/l
Spritzlack für 2 Arbeitsgänge		8 m²/kg
Schwabbellack		2 m²/kg

Tabelle 13 (Nach dem Stand von 1997)
Richtpreise für Leime, Kleber, Oberflächenmittel

Art	Preis DM/kg
Warmleim	7,–
Weißleim (PVAC)	10,–
Kaurit-Heißleim	7,–
Kauresin mit Härter	27,–
D3-Leim[1]	12,–
D4-Leim mit Härter[2]	14,–
Holzschutzmittel	14,–
Chemische Fertigbeize	9,–
Grundierung	10,–
Mattierung	16,–
NC-Lack	14,–
Hartlack-Binder	15,–
Hartlack-Härter	28,–

[1] D3-Leim (DIN EN 204), ohne Härter
[2] D4-Leim (DIN EN 204), mit 5 Masse-% Härter

Tabelle 14
Holz- und Holzwerkstoffpreise (nach dem Stand von 1997)

Vollholz (Massivholz)

Holzart	Preis DM/m³
Afzelia	1600,–
Eiche	3200,–
Fichte/Tanne	1050,–
Kiefer	1500,–
Rotbuche	1200,–
Rüster	1800,–

Furniere

Holzart	Preis DM/m²
Sperrfurnier, $t \approx 2$ mm	8,–
Eiche, $t = 0,6...0,8$ mm	17,–
Limba, $t = 0,6...0,8$ mm	13,–
Rüster, $t = 0,6...0,8$ mm	14,–
Nussbaum, $t = 0,6...0,8$ mm	26,–

Holzwerkstoffplatten

Plattenart	Dicke in mm	Preis DM/m²
Flachpressplatten (Spanplatten)	FPY 16	16,–
	FPY 19	19,–
	FPY 22	21,–
Tischlerplatte	ST 19	32,–
Sperrholz	FU 5	7,–
	FU 6	9,–
Kunststoffbeschichtete dekor. Flachpressplatten	KF3 16	22,–
	KF3 19	26,–
Hartfaserplatten	HB 4	7,–

Hobelware

Holzart	Dicke	Preis DM/m²
Gespundete Fasebretter	19,5	25,–
Profilbretter	13	17,–

Tabelle 15
Richtpreise für Verbindungsmittel, Beschläge, Hilfswerkstoffe (nach dem Stand von 1997)

Artikel	DM/Einheit
Holzdübel	0,60/10 Stück
Winkeldübel	1,10/10 Stück
Metallspreizdübel mit Schraube	0,80/Stück
Schrankschr. (Möbelverbinder)	5,–/Stück
Fensterfitschen, Einbohrbänder	4,–/Paar
Langband mit Kloben	6,–/Paar
Möbel-Zylinderband	7,50/Stück
Möbelschloss	10,50/Stück
Möbel-Schubriegel	1,50/Stück

Artikel		DM/Einheit
Zimmertür-Einsteckschloss		13,–/Stück
Türband (Türfitsche)		16,–/Paar
Einhand-Drehkippbeschlag		
	Fenster	55,–/Satz
	Tür	75,–/Satz
Zimmertür-Drückergarnitur		25,–/Satz
Haustür-Zylindereinsteckschloss		45,–/Stück
Möbelgriff/-knopf		4,–/Stück
Möbel-Bodenträger mit Hülse		0,70/Stück

Tabelle 16
Brutto-Stundenlöhne als Kalkulationsgrundlage (nach dem Stand von 1997)

Bankgeselle	21,30 DM
Maschinengeselle	23,50 DM

Auszubildender	im 1. Jahr	8,– DM
	im 2. Jahr	10,– DM
	im 3. Jahr	12,– DM

Musterformulare

Die Formblätter auf den Seiten 385 und 388 sind Empfehlungen des Bundesverbandes des holz- und kunststoffverarbeitenden Handwerks, Wiesbaden.

Übungen Nr. 1

1. Die Gesamtarbeitszeit für die Erledigung eines Auftrags betrug 21 Stunden und 36 Minuten. Welche Dezimalzahl in Stunden wird in die Kostenrechnung eingesetzt?

2. Eine Lattentür von 906 mm Breite besteht aus zwei Randbrettern von je 110 mm Breite und acht Zwischenlatten von je 43 mm Breite mit gleichen Abständen. Wie groß ist der lichte Abstand zwischen den Latten?

3. Ein Handwerker legt 5500,– DM zu einem Zinssatz von $6\frac{1}{2}\%$ für 11 Monate an. Wie viel DM an Zinsen erhält er?

4. Die Selbstkosten für die Herstellung eines Treppengeländers betragen 1470,– DM. Davon entfallen $\frac{3}{8}$ auf Löhne und $\frac{2}{7}$ auf Gemeinkosten. Der Rest entfällt auf Werkstoffe. Wie viel DM entfallen auf die einzelnen Kostengruppen?

5. Bei Barzahlung wurden von einem Rechnungsbetrag 3% Skonto abgezogen und 1183,40 DM bezahlt. Wie lautete der Rechnungsbetrag?

6. Ein rechteckiger Holzlagerschuppen mit Pultdach ist 12,60 m lang und 5,80 m breit. Die Höhe an der Traufe beträgt 3,20 m und am First 3,70 m. Berechnen Sie den umbauten Raum.

7. Der Treppenhandlauf mit trapezförmigem Querschnitt ist 3,60 m lang. Er wurde aus einem Rohholzstück 70 mm × 135 mm × 3750 mm hergestellt. Berechnen Sie:

a) das Fertigholzvolumen,

b) das Rohholzvolumen,

c) das Verhältnis Fertigholz zu Rohholz in $1 : x$.

8. Drei Liter dickflüssiger Lack und $\frac{3}{4}$ Liter Verdünnung werden miteinander vermischt. Ein Liter Lack kostet 12,60 DM und ein Liter Verdünnung 7,50 DM. Wie viel kostet ein Liter verdünnter Lack?

9. Achthundert DM, die 5 Monate lang angelegt waren, brachten 20,– DM an Zinsen. Berechnen Sie den Zinssatz.

10. Berechnen Sie den Flächeninhalt A der Trittstufe einer Wendeltreppe.

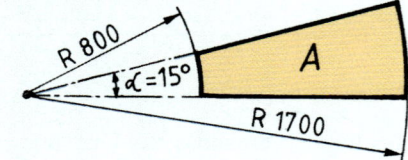

11. Für $3\frac{1}{2}$ m³ Tannenholz von 18 mm Dicke wurden 3430,– DM bezahlt. Wie viel kostet 1 m²?

12. Elf Schiebetürblätter, 735 mm × 1985 mm, sollen beiderseits furniert werden. Wie viel kg Leim sind erforderlich bei 125 g/m² Auftragsmenge?

Übungen Nr. 2

13. Ein Geselle mit einem Stundenlohn von 22,05 DM hat in einem Kalendermonat 152 Normalstunden und 6 Überstunden gearbeitet. Der Überstundenzuschlag beträgt 25%. Wie hoch ist der Bruttomonatslohn?

14. Der Rechnungsbetrag für 2,750 m³ Buchenholz von 45 mm Dicke lautet auf 3163,– DM. Wie viel DM kostet 1 m² des Holzes?

15. Drei Tischlermeister kaufen gemeinsam 882 m² Fichtenholz, 18 mm dick, zu insgesamt 14994,– DM ein. Meister **A** erhält $\frac{2}{7}$, Meister **B** $\frac{1}{3}$ und Meister **C** den Rest der Ware.

Berechnen Sie:

a) den Anteil von **C** in einem gewöhnlichen Bruch,

b) die einzelnen Anteile in m²,

c) die einzelnen Anteile in DM.

16. Der Preis eines Werkstücks hat sich von 130,– DM auf 141,70 DM erhöht. Berechnen Sie die Verteuerung in Prozent.

17. Der Kantenumleimer um eine runde Tischplatte ist 2700 mm lang. Wie groß ist die Fläche der Platte in m², gerundet auf zwei Stellen hinter dem Komma?

18. Ein Blechkanister mit Holzgrundierung fasst 10 l. Er hat Rechteckgrundfläche mit abgerundeten Ecken. Berechnen Sie die Höhe in mm.

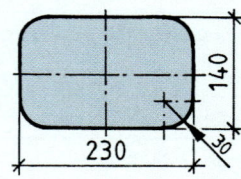

19. Fünf Tischler fertigen fünfzehn gleiche Werkstücke in neun Stunden an. Wie viele Tischler müssen angestellt werden, damit vierundachtzig Werkstücke in achtzehn Stunden gefertigt werden?

20. Aus einer Platte 2,05 m × 4,00 m werden 7 runde Tischplatten mit je 950 mm Durchmesser gefertigt. Berechnen Sie den Verschnittsatz.

21. Die Vorkalkulation für eine Tischlerarbeit lautete auf 3120,– DM. Die Abrechnung ergab einen Preis von 2905,– DM. Um wie viel Prozent wurde die Vorkalkulation unterschritten?

22. Ein zylindrischer Eimer mit 21 cm Durchmesser ist noch 25 cm hoch mit Leim gefüllt. Berechnen Sie die Leimmenge in Liter.

23. Leimpulver, Härter und Wasser sollen nach Massenteilen (= Gewichtsteilen) im Verhältnis 9:1:22 gemischt werden. Wie viel g Leimpulver und wie viel g Härter müssen 500 ml (1 ml ≙ 1 g) Wasser zugerührt werden?

24. Der Hallenbinder soll beiderseits mit gespundeten Brettern verkleidet werden.

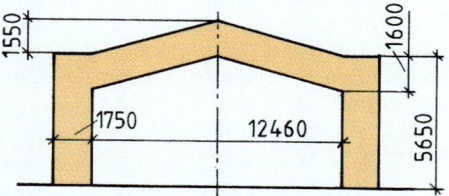

Wie lautet der Angebotspreis bei 56,– DM pro m² Verkleidungsfläche?

Übungen Nr. 3

25. Leimpulver und Wasser sollen im Volumenverhältnis 2,5:1 zu Fertigleim angerührt werden. Wie viel Leimpulver muss ½ Liter Wasser zugegeben werden?

26. Die Mittenabstände der Zaunlatten verhalten

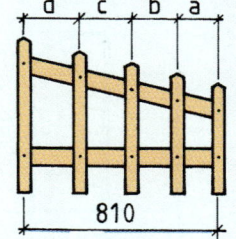

sich von rechts nach links wie 6:7:8:9. Berechnen Sie die Abstände a, b, c und d in mm.

27. Eine Treppe hat 13 Steigungen (s) von 21 cm Höhe. Die Auftrittbreite (a) beträgt 22 cm. Sie soll durch eine weniger steile Treppe mit 14 Steigungen nach der Schrittmaßregel $2s + a = 65$ cm ersetzt werden. Berechnen Sie:

a) die neue Steigung s,

b) die neue Auftrittbreite a.

28. Mit einem Pkw-Anhänger mit 750 kg Ladefähigkeit sollen lufttrockene Fichtenholzbretter von 4,00 m Länge, 22 cm Breite und 24 mm Dicke transportiert werden. Wie viele Bretter können geladen werden? (Dichte $\varrho = 0,48$ kg/dm³)

29. Für ein Darlehen von 8500,– DM werden jährlich 467,50 DM an Zinsen gezahlt. Zu welchem Zinssatz ist das Geld ausgeliehen?

30. Der mittlere Umfang eines Baumstammes wird (weil keine Messkluppe zur Messung der Durchmesser zur Verfügung steht) mit einem Bandmaß gemessen. Er beträgt 1,82 m. Der Baumstamm ist 5,50 m lang. Berechnen Sie das Stammvolumen in m³.

31. Aus einem Eichenholzbrettstück 1780 mm × 220 mm × 30 mm werden 12 Füllungsstäbe 1700 mm × 13 mm × 25 mm hergestellt. Ein m³ Eichenholz kostet 2950,– DM. Berechnen Sie den reinen Holzpreis (ohne Fertigungskosten) für 1 m Füllungsstab.

32. Für zwei Fensterflügel mit 0,62 m² Fertigholzfläche wurden 0,84 m² Kiefernholzbohle benötigt. Wie groß ist der Verschnittzuschlag in Prozent?

33. Ein Raum 4,24 m × 3,78 m erhält einen Fußboden aus 22 mm dicken Kiefern-Hobeldielen. Berechnen Sie die Masse des Belages in kg ($\varrho = 0,54$ kg/dm³).

34. Zwei pyramidenstumpfförmige Lautsprechertrichter mit offenen quadratischen Grund- und Deckflächen sollen an den äußeren Mantelflächen mit Folien beklebt werden.

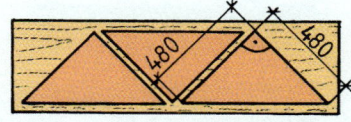

Berechnen Sie:

a) die Seitenhöhe h_s,

b) die Größe der Mantelfläche.

35. Mit einer Dickenhobelmaschine werden 13 Leisten von 2,59 m Länge einseitig gehobelt. Berechnen Sie die Arbeitszeit in Minuten, wenn für das Zuführen und Ablegen je Leiste 5 Sekunden angesetzt werden und eine Vorschubgeschwindigkeit von 9 m/min gewählt wird.

36. Aus einer Rechteckplatte 380 mm × 1480 mm

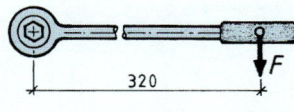

werden die drei Eckschrank-Einlegeböden ausgeschnitten. Berechnen Sie den Verschnitt in Prozent.

37. Eine Holzprobe wog 190 g und im darrgetrockneten Zustand noch 165 g. Welche Holzfeuchte in Prozent hatte das Holz?

38. Der Drehmomentenschlüssel ist auf 200 Nm eingestellt.

Wie groß ist die aufgewendete Kraft F, wenn die Automatik anspricht?

39. Wie groß ist die Anfangsgeschwindigkeit in km/h eines losen Astes, der von den aufsteigenden Zähnen eines Kreissägeblattes erfasst und fortkatapultiert wird, bei 400 mm Blattdurchmesser und 3500 min⁻¹ Umdrehungsfrequenz?

Übungen Nr. 4

40. Zu seinem Tariflohn von 19,50 DM/h erhält ein Holzmechaniker 3,20 DM/h Leistungszulage. Wie hoch ist die Leistungszulage in Prozent?

41. Berechnen Sie von der Buchenholzbohle:

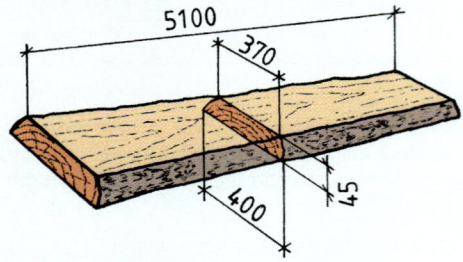

a) den Preis bei 1200,– DM/m³,

b) den Quadratmeterpreis.

42. Aus einem Baumstamm soll ein quadratisches Kantholz von 12 cm Kantenlänge geschnitten werden. Wie groß muss der Durchmesser des Stammes mindestens sein?

43. Die Anzahl der Schwalbenschwänze für eine Zinkeneinteilung kann nach folgender Regel bestimmt werden:

$$\text{Anzahl der Schwalben} = \frac{\text{Holzbreite } (b)}{1,5 \cdot \text{Holzdicke } (t)}$$

Berechnen Sie die Anzahl für $b = 103$ mm und $t = 17$ mm.

44. Zu einer Verladeplattform soll eine Rampe gebaut werden mit einem Neigungsverhältnis von 1 : 4.

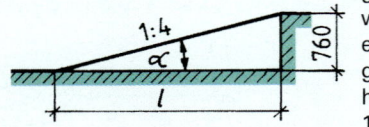

Berechnen Sie:

a) die Länge von l,

b) die Größe des Neigungswinkels.

45. Drei Segmente für einen Halbkreisbogen einer Tür werden aus einem 60 mm dicken Bohlenstück 1,65 m lang und 39 cm breit ausgeschnitten. Berechnen Sie:

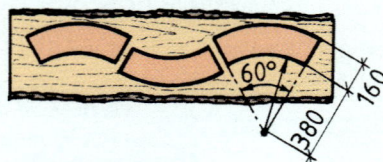

a) den Verschnittsatz,

b) das Rohholzvolumen der Segmente.

46. Der Zahnvorschub (= Messerschritt) für eine mittelfeine Fräsfläche soll 0,4 mm betragen. Der Vorschub erfolgt mit 14 m/min. Auf welche Umdrehungsfrequenz muss die Fräswelle bei einem Vier-Schneidenfräser eingestellt werden?

47. Ein Fräser mit 150 mm Flugkreisdurchmesser wird mit einer Umdrehungsfrequenz von 5000 min⁻¹ betrieben. Berechnen Sie die Schnittgeschwindigkeit.

48. Eine Eichenholz-Mittelbohle hat einige Zeit nach dem Einschneiden eine Holzfeuchte von 30 % und eine Mittenbreite von 45 cm. Wie breit wird die Bohle nach dem Heruntertrocknen auf 12 % Holzfeuchte noch sein? (Lineare Schwindung = 0,16 % je 1 % Holzfeuchteverringerung)

49. Mit einem Türspanner wird eine wirksame Spindelkraft von 22 kN erzielt. Zwei Bohlenstücke mit den Leimflächenmaßen 670 mm × 48 mm werden damit zusammengepresst. Wie hoch ist in der Leimfuge der Pressdruck in N/mm²?

50. Ein Brett wird auf einer Abrichte mit zwei Messern mit 7,5 m/min vorgeschoben. Der Flugkreisdurchmesser beträgt 125 mm, die Umdrehungsfrequenz 6000 min⁻¹.

a) Wie groß ist der Messerschritt?

b) Wie groß ist die Schnittgeschwindigkeit?

51. Berechnen Sie die Flächengröße des Hoftores mit elliptischem Bogen.

52. Fensterrahmenhölzer sollen mit einer Schnittflächengüte $e = 0,9$ mm gefräst werden. Der Messerkopf ist zweischneidig und die Umdrehungsfrequenz der Frässpindel beträgt 5500 min⁻¹.

Wie groß muss die Vorschubgeschwindigkeit sein?

53. Eine hydraulische Presse mit einfach wirkendem Zylinder hat einen Kolbendurchmesser von 30 mm, der Druck im Zylinder beträgt 10 bar. Für Rückholfeder und Reibung gehen 10 % der aufgewendeten Kraft verloren. Mit welcher Kraft fährt der Kolben aus?

54. Der Drehstrommotor einer Kettenfräsmaschine hat folgende Kenndaten: $U = 230/400$ V, Aufnahmeleistung $P_{zu} = 3,5$ kW, Wirkungsgrad $\eta = 0,82$. Wie groß ist die Nutzarbeit W bei 8 Stunden Betriebszeit?

55. Wie groß ist der Wärmedurchlasswiderstand R einer Holzfaserdämmplatte mit der Wärmeleitfähigkeit $\lambda = 0,06$ W/m · K bei 50 mm Dicke?

1 Schnitte und Werkstoffe

1.1 Kurzzeichen von Werkstoffen nach DIN (Auswahl)

Benennung	Kurzzeichen nach DIN 4076 Teil 6	Furnierdicken (Langfurnier) nach DIN 4079
Nadelhölzer	**NH**	
Fichte	FI	1,0
Kiefer	KI	0,9
Lärche	LA	0,9
Douglasie	DGA	0,85
Redwood	RWK	0,85
Tanne	TA	1,0
Laubhölzer	**LH**	
Abachi	ABA	0,7
Ahorn	AH	0,6
Birke	BI	0,55
Birnbaum	BB	0,55
Buche	BU	0,55
Eiche	EI	0,65
Erle	ER	0,6
Esche	ES	0,6
Kirschbaum	KB	0,55
Limba	LMB	0,6
Mahagoni (echt)	MAE	0,55
Macore	MAC	0,5
Mansonia	MAN	0,55
Nussbaum	NB	0,5
Palisander (Rio)	PRO	0,5
Rüster	RU	0,6
Teak	TEK	0,6
Wenge	WEN	0,75

1 Holzarten

Nadelhölzer nach DIN 4071	
Bretter	16, 18, 22, 24, 28, 38
Bohlen	44, 48, 50, 63, 70, 75

Laubhölzer nach DIN 68372	
Bretter	18, 20, 26, 30, 35
Bohlen	40, 45, 50, 55, 60, 65, 70, 75, 80, 90, 100

2 Genormte Dickenmaße für ungehobelte Bretter und Bohlen in mm

Typ-Eigenschaften	Typ-Kurzzeichen
HPL – Standard-Qualität für allgemeine Anwendung	S
HPL – durch Wärme nachformbare Platten	P
HPL – mit erhöhter Widerstandsfähigkeit gegen Flammeneinwirkung, z.B. Baustoffklasse B 1 nach DIN 4102 Teil 1	F

4 Dekorative Hochdruck-Schichtpressstoffplatten (HPL) nach DIN EN 438-1

Benennung	Kurzzeichen nach DIN 4076 T5	Genormte Dicken in mm
Schichtholz	Sch	4…100
Furniersperrholz	FU	4, 5, 6, 8, 10, 12, 15, 18, 20, 22, 25, 30, 35, 40, 50
Stabsperrholz	ST	13, 16, 19, 22, 25, 28, 30, 38
Stäbchensperrholz	STAE	
Flachpressplatte für allgemeine Zwecke	FPY	6, 8, 10, 13, 16, 19, 22, 25, 28, 32, 36, 40 bis 70
Flaßpressplatte mit feinspaniger Oberfläche für Direktbeschichtung	FPO	
Kunststoffbeschichtete dekorative Flachpressplatte	KF	
Strangpress-Vollplatte	SV	12, 16, 18, 20, 22, 25
Strangpress-Röhrenplatte	SR	30, 35, 38, 40, 45 bis 70
Weichfaserplatte	SB	2; 2,5; 3,2; 3,5; 4; 5; 6; 8
verbesserte Weichfaserplatte	SB.I	
mittelharte Faserplatte geringer Dichte	MB.L	
mittelharte Faserplatte hoher Dichte	MB.M	
verbesserte, mittelharte Faserplatte	MB.I	
Hartfaserplatte	HB	
verbesserte Hartfaserplatte	HB.I	
Kunststoffbeschichtete dekorative Hartfaserplatte	KH	
mitteldichte Faserplatte	MDF	6, 8, 10, 12, 14, 16, 19, 22, 25, 28, 30, 32, 40, 45, 50 …
verbesserte mitteldichte Faserplatte	MDF.I	
	(DIN EN 316)	
Dekorative Hochdruck-Schichtpressstoffplatten	HPL (DIN EN 438-1)	0,5…20

3 Plattenwerkstoffe

Plattenarten	Dicke in mm	Verwendung
– mit einseitig dekorativer Deckschicht	0,5…2,0	zum Aufkleben auf eine Unterlage
– mit ein- oder doppelseitigen dekorativen Deckschichten	2,0…5,0	starr abgestützt
– mit doppelseitigen dekorativen Deckschichten	5…19	selbsttragend

5 Verwendung von dekorativen Hochdruck-Schichtpressstoffplatten (HPL)

Größe in mm		DIN-Kurz-zeichen	DIN 1151 Flachkopf glatt, Form A	DIN 1151 Senkkopf geriffelt, Form B	DIN 1152 Stauchkopf
d	l				
0,9	13	9×13	×		
1,0	15	10×15	×		
1,2	20	12×20	×		×
1,4	25	14×25	×		×
1,6	30	16×30	×		×
1,8	35	18×35		×	×
2,0	40	20×40		×	×
2,2	45	22×45		×	×
2,5	55	25×55		×	×
2,5	60	25×60		×	×
2,8	65	28×65		×	×

1 Größen für runde Nägel (Drahtstifte) nach DIN (Auswahl)
Ausführungen: bk = blank, Zn = verzinkt, bl = blau geglüht
Bestellbeispiel: Stift B 20×40 DIN 1151 – bk

	Schraubenlänge in mm										
d	8	10	12	16	20	25	30	35	40	45	50
2,0	×[1]	×[1]	×[1]	×[1]	×[1]						
2,5	×	×	×	×	×	×	×				
3,0		×	×	×	×	×	×	×	×		
3,5	×	×	×	×	×	×	×	×	×	×	
4,0		×	×	×	×	×	×	×	×	×	×
4,5			×	×	×	×	×	×	×	×	×
5,0			×	×	×	×	×	×	×	×	×

2 Größen für Holzschrauben nach DIN (Auswahl)
[1] nur DIN 96 und 97

Breite × Dicke	geeignet für Plattendicke
10×3	8, 12
12×4	13
15×5	16
16×6	19
22×8	22

3 Größen von Winkelfedern aus FU (Auswahl)

Breite × Dicke	geeignet für Plattendicke
15×2	8...12

4 Größen von Kunststofffedern

Nr.	Länge mm	×	Breite mm	×	Dicke mm	Nuttiefe mm	Fräser ⌀ mm
0	45	×	15	×	4	8	100
10	55	×	19	×	4	10	100
20	60	×	23	×	4	12	100
S4	68	×	21	×	4	11	140
S5	65	×	18	×	4	10	140
S6	85	×	30	×	4	16	160
S7	52	×	12	×	4	7	140

5 Größen von Formfedern (Auswahl)

Durchmesser in mm	Dübellängen in mm									
	25	30	35	40	50	60	80	120	140	160
5	×	×	×							
6	×	×	×	×						
8	×	×	×	×	×					
10		×	×	×	×	×				
12			×	×	×	×	×			
14				×	×	×	×	×		
16					×	×	×	×	×	×

▢ auch Winkeldübel aus Holz   ▢ auch Winkeldübel aus Kunststoff

6 Holzdübel nach DIN 68150

1.2 Darstellung der Werkstoffe nach DIN 919

Schnitte durch Vollholz

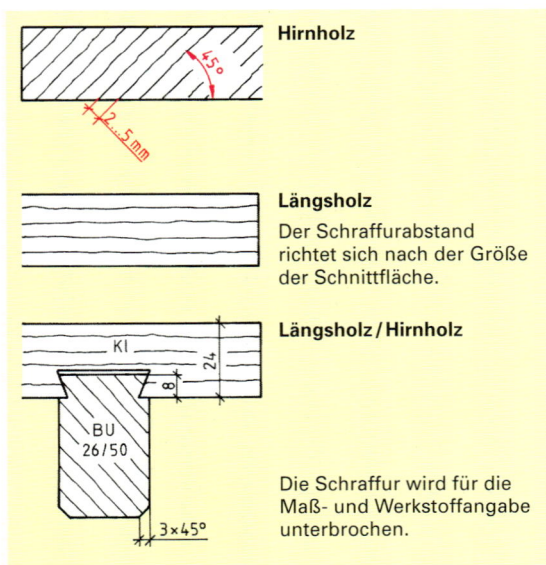

Hirnholz

Längsholz
Der Schraffurabstand richtet sich nach der Größe der Schnittfläche.

Längsholz / Hirnholz

Die Schraffur wird für die Maß- und Werkstoffangabe unterbrochen.

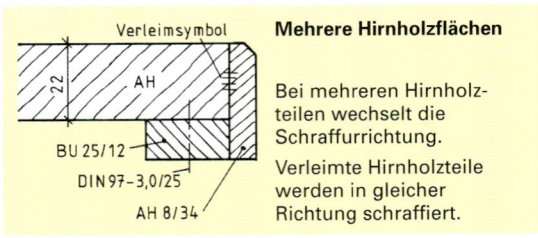

Mehrere Hirnholzflächen

Bei mehreren Hirnholzteilen wechselt die Schraffurrichtung.

Verleimte Hirnholzteile werden in gleicher Richtung schraffiert.

Maßeintragung

Werden Maßeintragungen in Schnittzeichnungen gefordert, so werden sie immer in der Reihenfolge

waagerechtes Maß
senkrechtes Maß

gesehen von der „Zeichnungslage = Gebrauchslage" eingetragen. Die Schraffur wird für die Maßeintragung unterbrochen.

Schnitte durch Plattenwerkstoffe

Unbeschichtete Plattenwerkstoffe (Rohplatten)

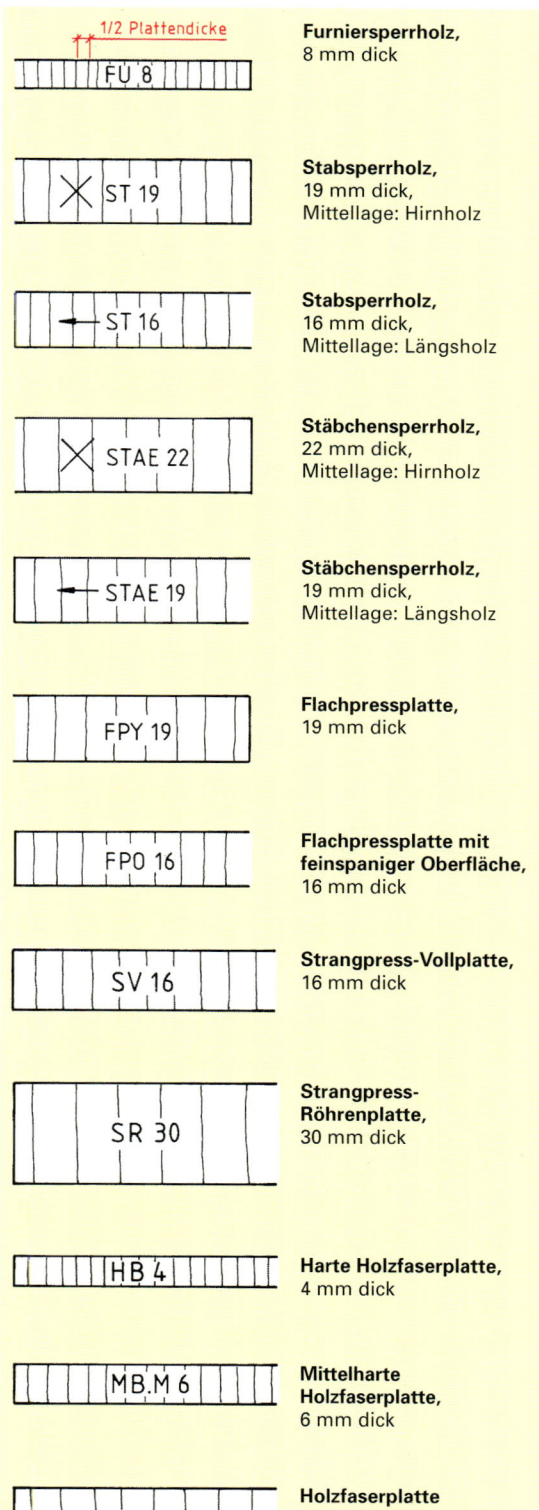

Furniersperrholz,
8 mm dick

Stabsperrholz,
19 mm dick,
Mittellage: Hirnholz

Stabsperrholz,
16 mm dick,
Mittellage: Längsholz

Stäbchensperrholz,
22 mm dick,
Mittellage: Hirnholz

Stäbchensperrholz,
19 mm dick,
Mittellage: Längsholz

Flachpressplatte,
19 mm dick

Flachpressplatte mit feinspaniger Oberfläche,
16 mm dick

Strangpress-Vollplatte,
16 mm dick

Strangpress-Röhrenplatte,
30 mm dick

Harte Holzfaserplatte,
4 mm dick

Mittelharte Holzfaserplatte,
6 mm dick

Holzfaserplatte mittlerer Dichte,
19 mm dick

Zu beschichtende Plattenwerke

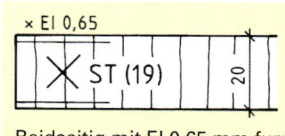

Stabsperrholz,
Rohdicke = 19 mm,
Mittellage: Hirnholz

Beidseitig mit EI 0,65 mm furniert – Furnierrichtung Hirnholz, Fertigmaß 20 mm

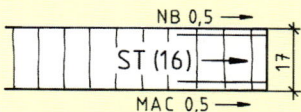

Stabsperrholz,
Rohdicke = 16 mm,
Mittellage: Längsholz

Obere Fläche mit NB 0,5 mm, untere Fläche mit MAC 0,5 mm furniert – Furnierrichtung Längsholz, Fertigmaß 17 mm

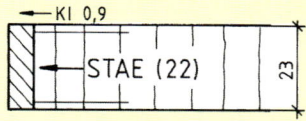

Stäbchensperrholz,
Rohdicke = 22 mm,
Mittellage: Längsholz

Anleimer nach dem Furnieren angebracht, Furnier beidseitig KI 0,9 mm – Furnierrichtung Längsholz, Fertigmaß 23 mm

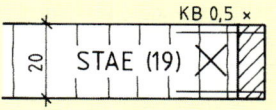

Stäbchensperrholz,
Rohdicke = 19 mm,
Mittellage: Hirnholz

Einleimer überfurniert, Furnier beidseitig KB 0,5 mm – Furnierrichtung Hirnholz, Fertigmaß 20 mm

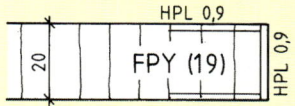

Flachpressplatte (FPY),
Rohdicke = 19 mm

Beide Seiten und die Kante mit HPL 0,9 mm beschichtet, Fertigmaß 20 mm

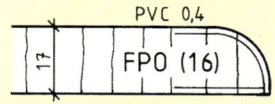

Flachpressplatte (FPO),
Rohdicke = 16 mm

FPO-Flachpressplatte mit PVC-Folie 0,4 mm ummantelt, Fertigmaß 17 mm

Beschichtete Plattenwerkstoffe (Fertigplatten)

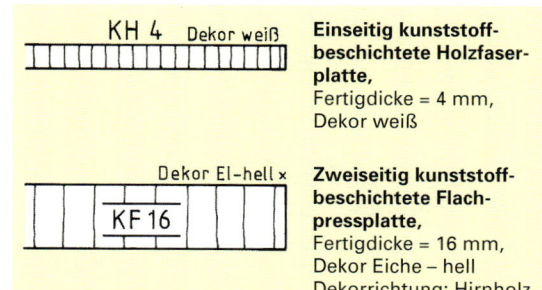

Einseitig kunststoffbeschichtete Holzfaserplatte,
Fertigdicke = 4 mm,
Dekor weiß

Zweiseitig kunststoffbeschichtete Flachpressplatte,
Fertigdicke = 16 mm,
Dekor Eiche – hell
Dekorrichtung: Hirnholz

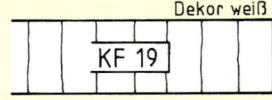

Dreiseitig kunststoff-beschichtete Flachpress-platte,
Fertigdicke = 19 mm,
Dekor weiß

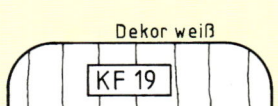

Vierseitig kunststoff-beschichtete (ummantel-te) Flachpressplatte,
Fertigdicke = 19 mm,
Dekor weiß

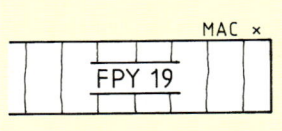

Zweiseitig mit Macore-furnier beschichtete Flachpressplatte,
Fertigdicke = 19 mm,
Furnierrichtung: Hirnholz

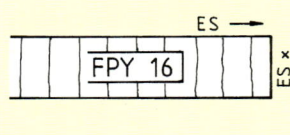

Dreiseitig mit Esche-furnier beschichtete Flachpressplatte,
Fertigdicke = 16 mm,
Furnierrichtungen:
Flächen = Längsholz
Kante = Hirnholz

Sonstige Werkstoffe

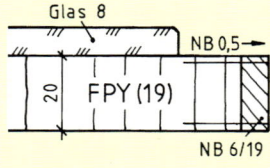

Glasauflage 8 mm dick,
(Schraffur nach DIN 201),
Flachpressplatte,
Rohdicke 19 mm,
Einleimer überfurniert,
Furnier beidseitig NB 0,5,
Furnierrichtung: Längs-holz

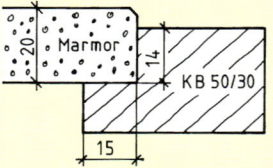

Marmor 20 mm dick,
(Schraffur durch unregel-mäßige Punktierung),
Kirschbaumrahmen –
Vollholz 50/30

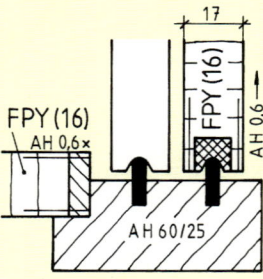

Kunststoff,
(z.B. Schiebetürführun-gen),
– schmale Flächen wer-den voll geschwärzt,
– größere Flächen wer-den unter 45° – kreuz-weise – mit dem Lineal schraffiert
(nach DIN 201)

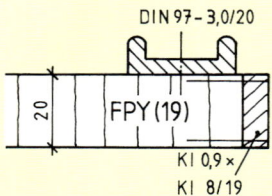

Metall,
(z.B. Schiebetürführun-gen),
– schmale Flächen wer-den voll geschwärzt,
– größere Flächen wer-den unter 45° mit dem Lineal schraffiert
(nach DIN 6)

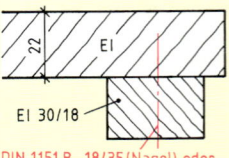

DIN 1151 B – 18/35 (Nagel) oder
DIN 97 – 3,5/35 (Schraube)

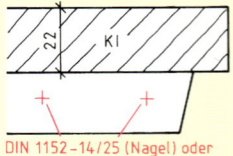

DIN 1152 – 14/25 (Nagel) oder
DIN 95 – 3,0/25 (Schraube)

Nagel- und Schraubverbin-dungen

Nägel und Schrauben werden

– in Schnitten durch eine Mittellinie mit Bezugslinie und Angabe der DIN-Kurz-bezeichnung,

– in Ansichten durch ein Mittelkreuz mit Bezugslinie und Angabe der DIN-Kurz-bezeichnung dargestellt.

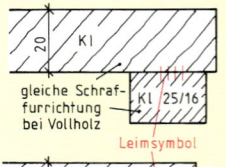

gleiche Schraf-furrichtung bei Vollholz

Leimsymbol

Leimfugen

Die vollfugige Verleimung wird durch vier kurze freihän-dig gezeichnete Linien recht-winklig zur Leimfuge darge-stellt.

Bei teilfugiger Verleimung wird die gesamte Länge durch kurze freihändig ge-zeichnete Linien rechtwinklig zur Leimfuge dargestellt. Zusätzlich wird die Länge der Leimfuge bemaßt.

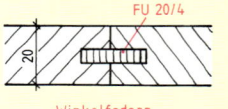

Winkelfedern
FU 12/4

Kunststoff
15/2

Durchgehende Federn

Durchgehende Federn wer-den in Schnittdarstellungen sichtbar dargestellt.

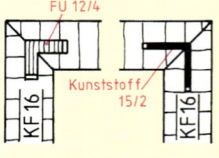

Formfeder 55/19/4

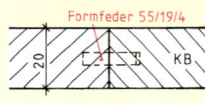

Formfeder 3×45/15/4
Anzahl

Formfedern

Verbindungsmittel, wie Formfedern, die nicht über die gesamte Konstruktions-breite angebracht werden, sind in Schnitten verdeckt darzustellen.

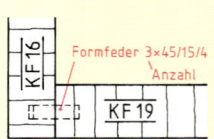

Holzdübel Φ6×30 BU

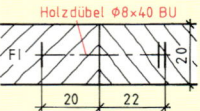

Holzdübel Φ8×40 BU

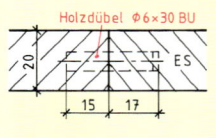

Winkel-dübel aus Holz
Φ6×25×25

Dübel

Verbindungsmittel, wie Dü-bel, die nicht über die ge-samte Konstruktionsbreite angebracht werden, sind in Schnitten verdeckt darzu-stellen.

1.3 Darstellung der Werkstoffe nach DIN 201 (Auswahl)

Diese Grundnorm gilt als einheitliche Anwendung für Schraffuren in technischen Zeichnungen aller Fachbereiche, unabhängig von der Art der Erstellung der Zeichnung (manuell oder rechnerunterstützt).

	Vollholz (Hirnholz)		**Naturstoffe** (allgemein)
	Vollholz (Längsholz)		**Mauerwerk** (Ziegel)
	Plattenwerkstoffe (Sperrholz, Spanplatten, Holzfaserplatten)		**Schnittflächen** (allgemein)
	Kunststoffe (allgemein)		**Beton** (bewehrt)
	Duroplaste		**Beton** (unbewehrt)
	Thermoplaste		**Marmor**
	Elaste (Gummi)		**Metalle** (allgemein)
	Isolierstoffe		**Stahl** (legiert)
	Faserstoffe		**Stahl** (unlegiert)
	Glas		**Leichtmetall**

413

2 Möbel/Beschläge/Teilschnitte

2.1 Drehflügeltüren

Teilschnittzeichnungen von Möbeln sind notwendig, um Details von Ansichten und deren innere Konstruktion zu zeigen.

2.1.1 Aufschlagende Drehtüren

Bei den heutigen modernen Möbeln in Plattenbauweise wird die Vorderfront vielfach mit aufschlagenden Türen gestaltet. Dabei unterscheidet man sichtbare und verdeckt liegende Beschläge. Wegen der rationell anzuschlagenden **Topfscharniere** wird diese Anschlagart heute bevorzugt angewendet (folgende Abb.).

Räumliche Darstellung	Beschlag	Darstellung nach DIN 919

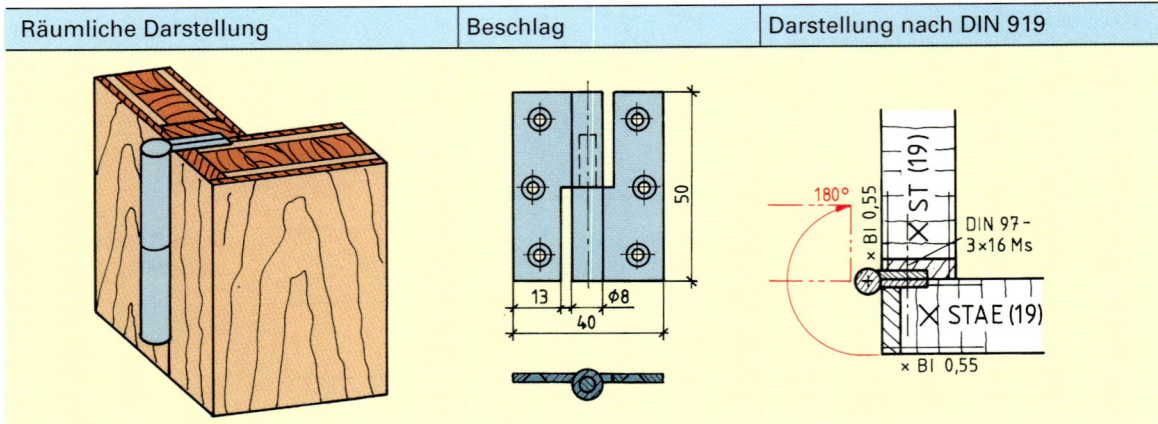

1 Zylinderband, Form (Kröpfung) A Scharniere Form E

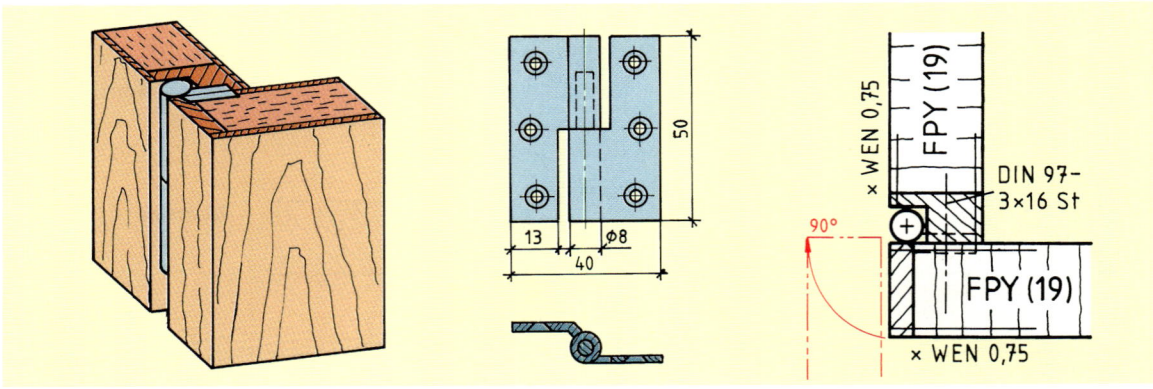

2 Zylinderband, Form (Kröpfung) B Scharniere Form F

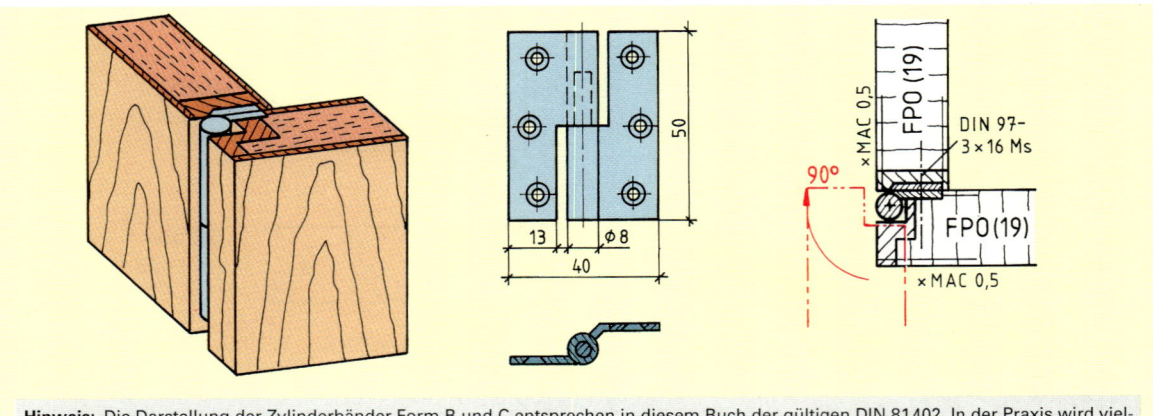

Hinweis: Die Darstellung der Zylinderbänder Form B und C entsprechen in diesem Buch der gültigen DIN 81402. In der Praxis wird vielfach für die Form B die Bezeichnung Form C und für die Form C die Bezeichnung Form B angewendet.

3 Zylinderband, Form (Kröpfung) C Scharniere Form F

Räumliche Darstellung	Beschlag	Darstellung nach DIN 919

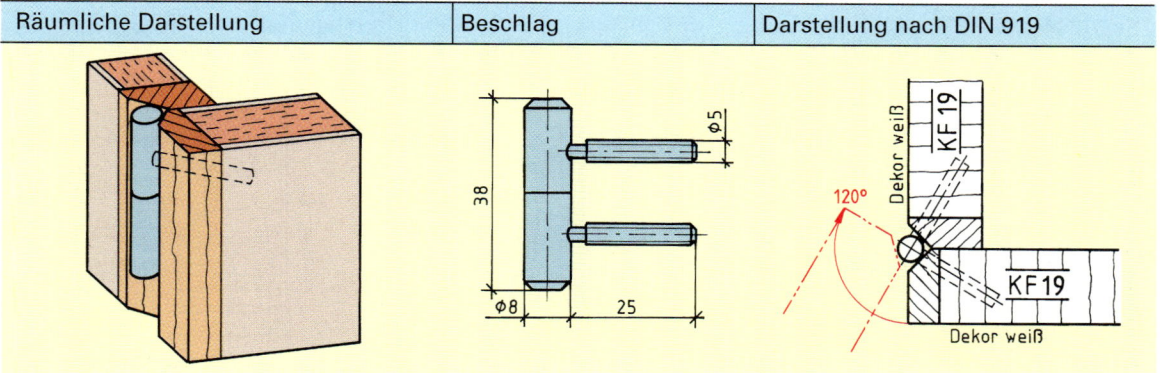

1　Einbohrband

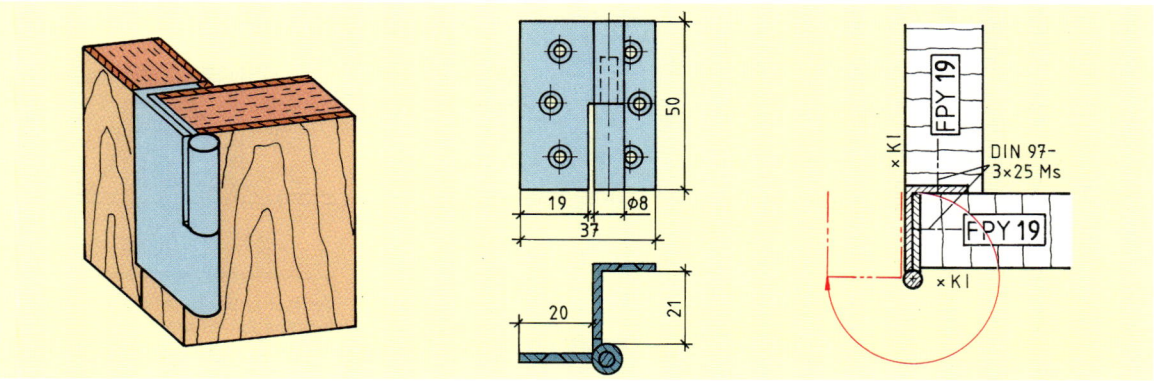

2　Winkelband, Form (Kröpfung) L

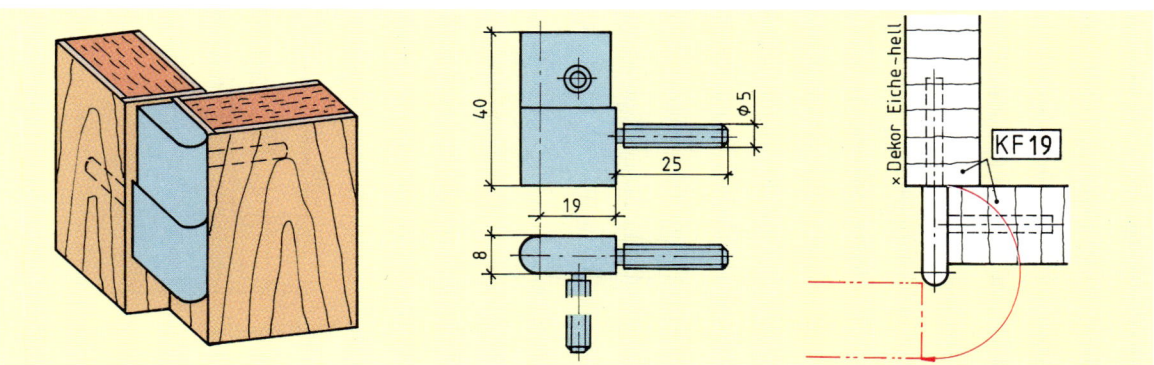

3　Klobenband als Einbohrband

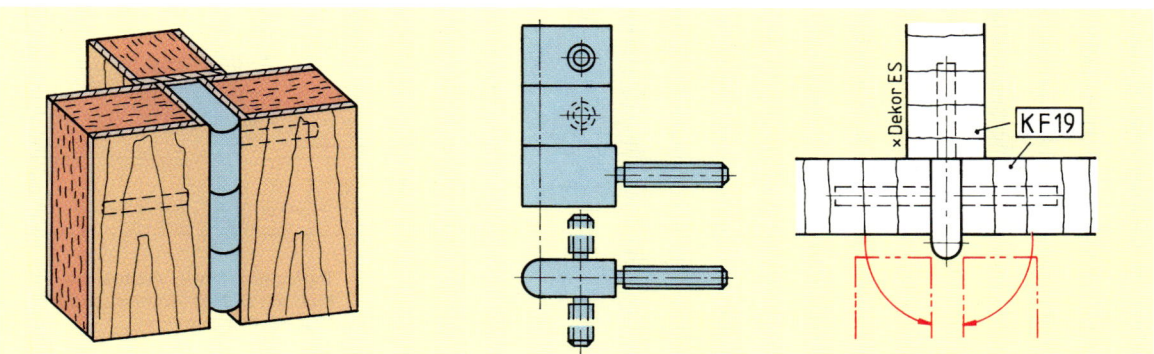

4　Mittelanschlag mit Klobenband als Einbohrband, dreigliederig

Räumliche Darstellung	Beschlag	Darstellung nach DIN 919

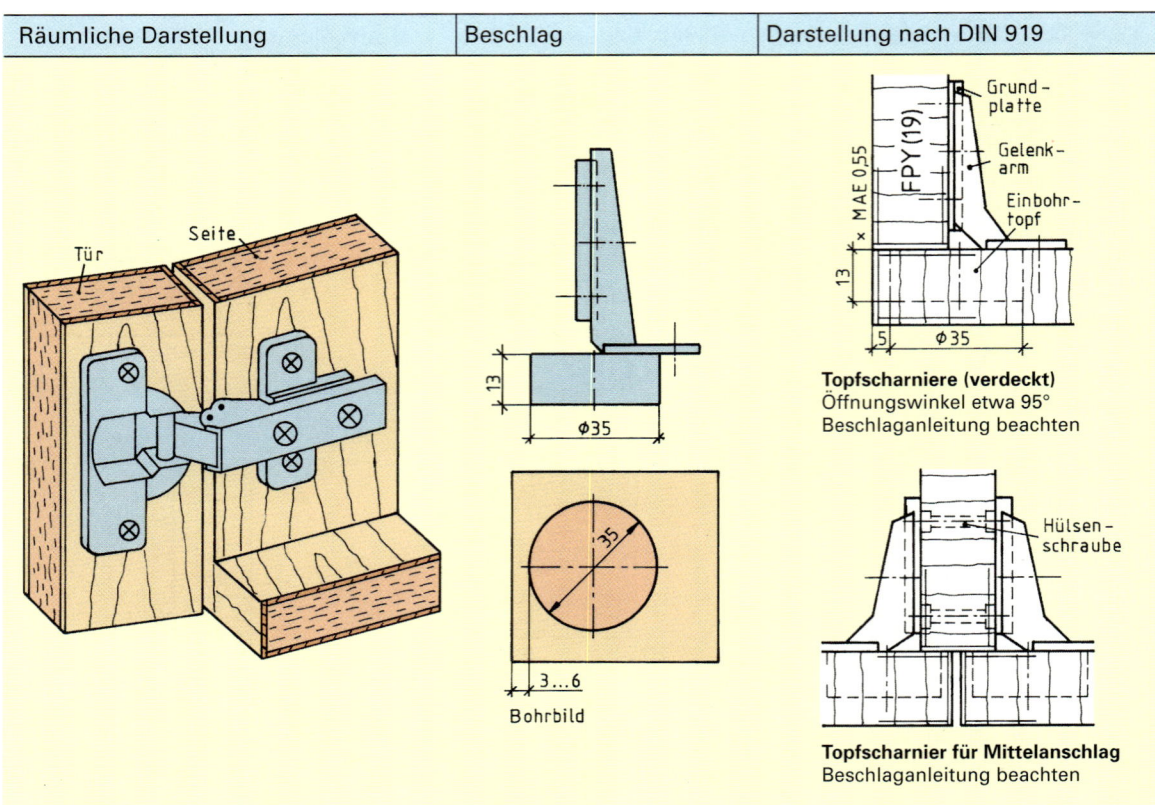

Topfscharniere (verdeckt)
Öffnungswinkel etwa 95°
Beschlaganleitung beachten

Topfscharnier für Mittelanschlag
Beschlaganleitung beachten

1 Topfscharniere

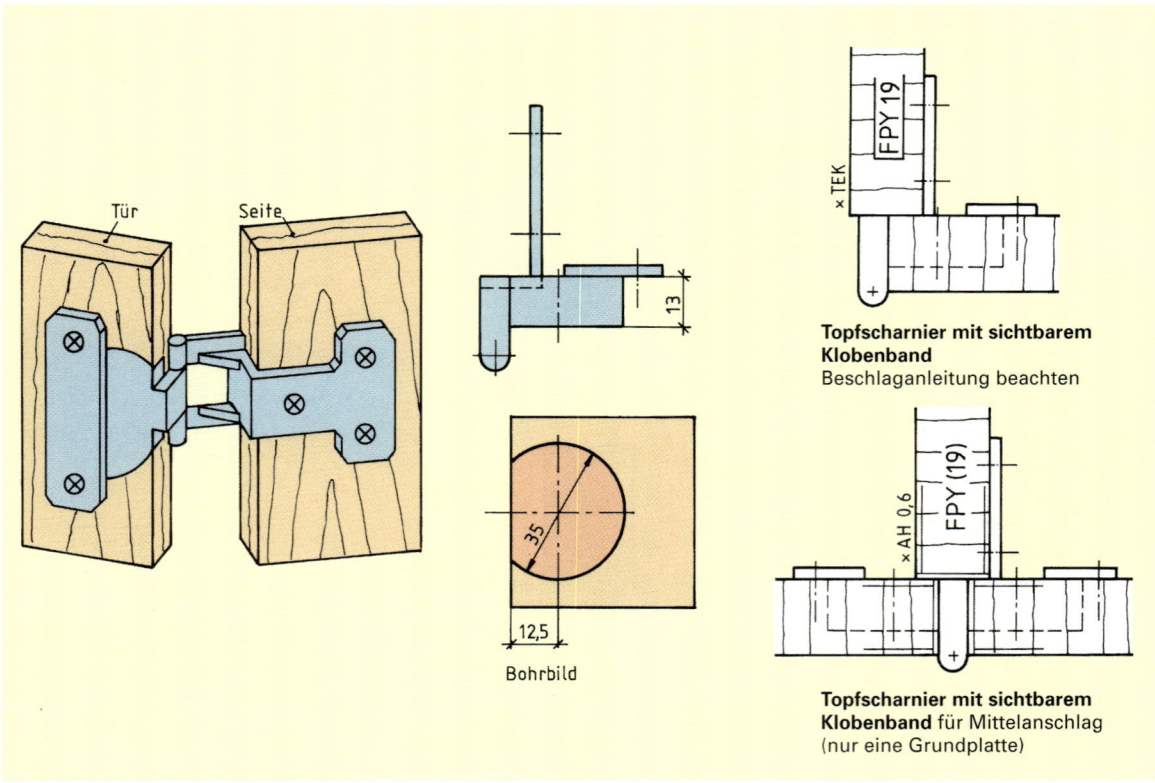

Topfscharnier mit sichtbarem Klobenband
Beschlaganleitung beachten

Topfscharnier mit sichtbarem Klobenband für Mittelanschlag
(nur eine Grundplatte)

2 Topfscharniere mit sichtbarem Klobenband

416

Schließbeschläge

Als Schließbeschläge für aufschlagende Türen eignen sich Magnetschnäpper, Schub- und Drehstangenschlösser mit gekröpftem Riegel und Topfscharniere mit Schließautomatik (folgende Abb.).

Mittelanschlüsse

Mittelanschlüsse bei aufschlagenden Türen werden entweder mit Haarfuge oder Schattennut gestaltet. Zur Abdichtung verwendet man innen liegende Schlagleisten (folgende Abb.).

Räumliche Darstellung	Beschlag	Darstellung nach DIN 919

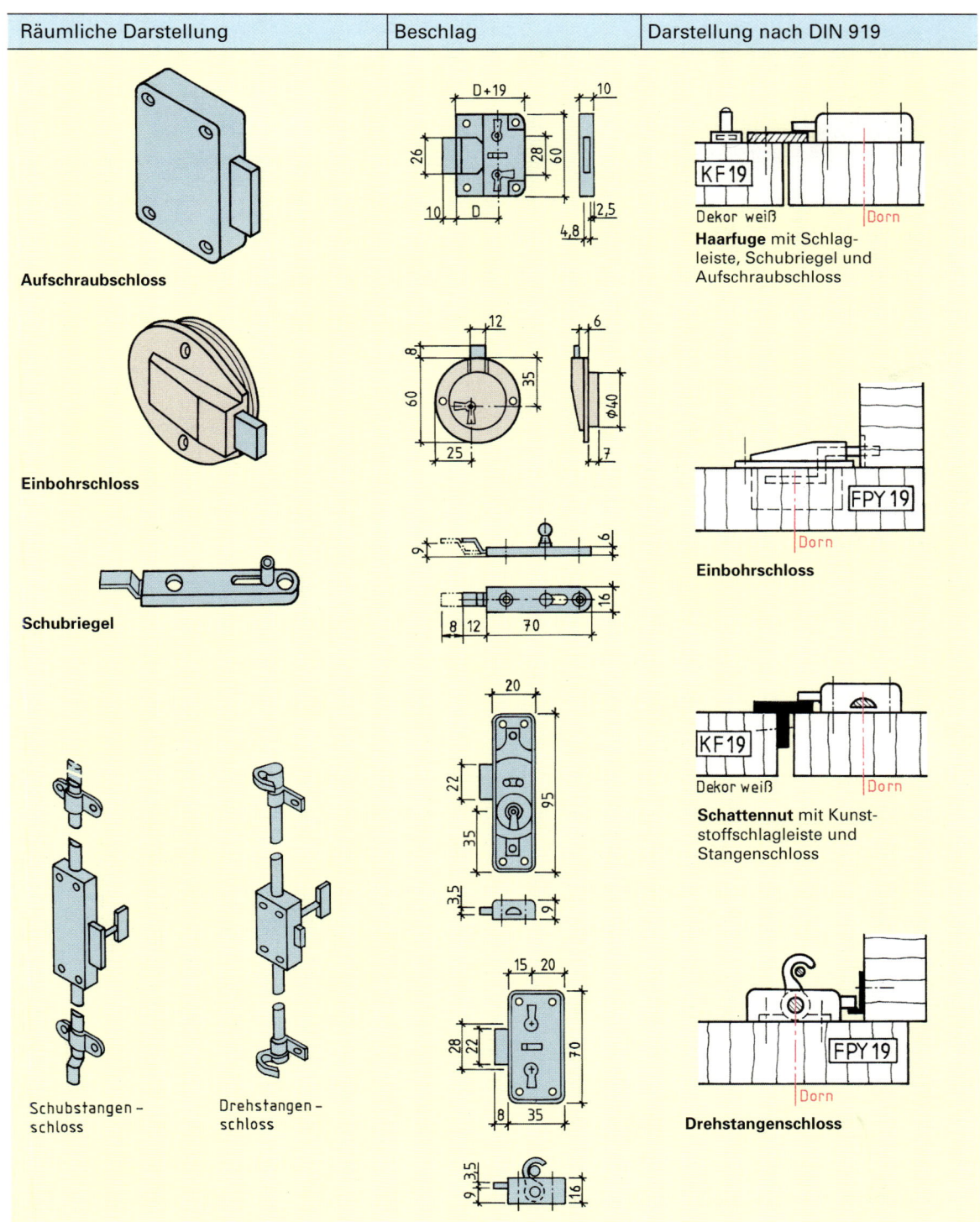

Aufschraubschloss

Einbohrschloss

Schubriegel

Schubstangen-schloss   **Drehstangen-schloss**

Haarfuge mit Schlagleiste, Schubriegel und Aufschraubschloss

Einbohrschloss

Schattennut mit Kunststoffschlagleiste und Stangenschloss

Drehstangenschloss

1 Schließbeschläge und Mittelanschlüsse bei aufschlagenden Drehtüren

Aufgaben 2.1...2.3

Die Maße für die **Beschläge** sind den Originalen bzw. aus Prospekten zu entnehmen.

Fehlende Maße und Angaben sind selbst zu bestimmen.

Zeichenblatt: jeweils DIN-A4-Hochformat.

Aufgabe 2.1

Zeichnen Sie die **Horizontalschnitte für Türanschläge** mit den entsprechenden Beschlägen:

a) Zylinderband, Kröpfung A,
b) Kröpfung C,
c) Topfscharnier (nicht sichtbar)
d) Topfscharnier mit sichtbarem Klobenband.

Aufgabe 2.2

Zeichnen Sie die **Vorder- und Seitenansicht** im Maßstab 1:10 und die Teilschnitte A–A, B–B und C–C im Maßstab 1:1. Der Korpus ist auf Gehrung mit Formfeder verleimt. Die Tür ist mit Topfscharnier angeschlagen und mit einem Aufschraubschloss, Dornmaß 20 mm, verschlossen.

Aufgabe 2.3

Zeichnen Sie die **Vorder- und Seitenansicht** im Maßstab 1:10 und die Teilschnitte A–A, B–B und C–C im Maßstab 1:1. Der Korpus ist auf Gehrung mit Winkeldübeln 6 × 25 verleimt. Die Türen sind mit Zylinderbändern (Kröpfung B) angeschlagen. Sie erhalten in der Mitte eine Haarfuge (stumpf mit Schlagleiste) und sind mit Schubriegeln und einem Aufschraubschloss, Dornmaß 20 mm verschlossen.

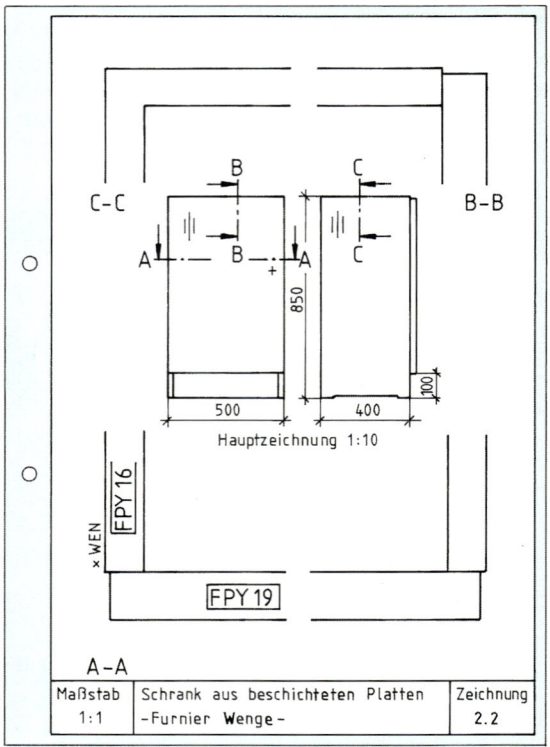

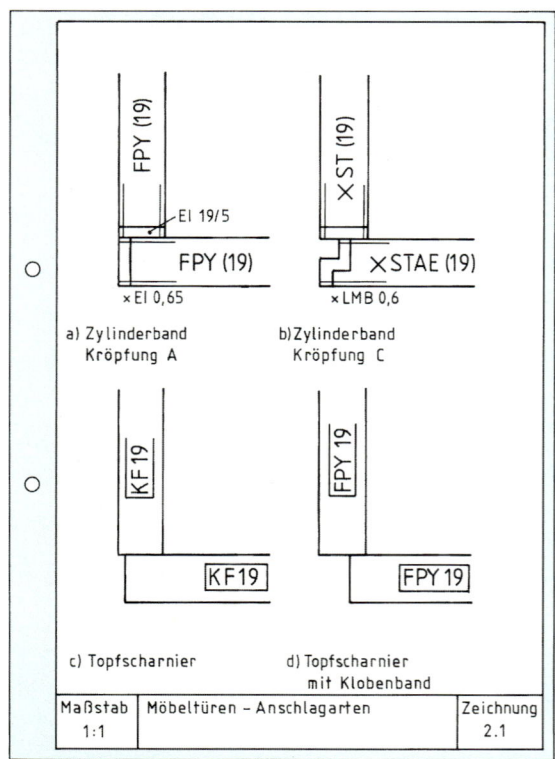

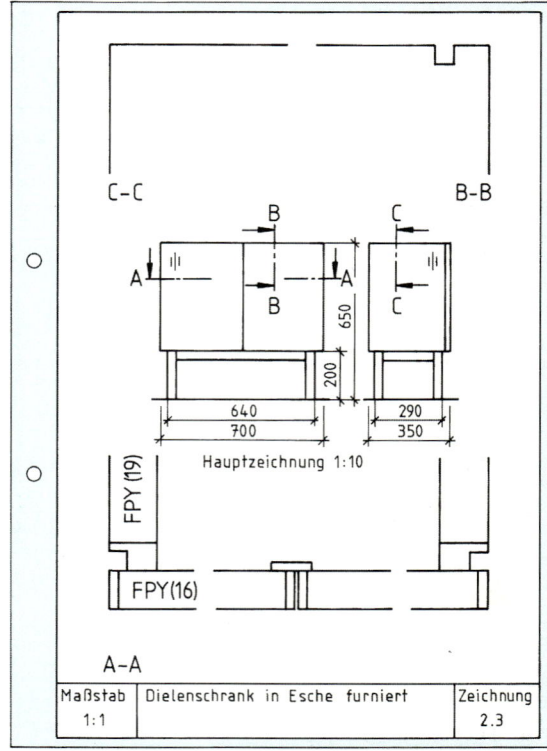

2.1.2 Einschlagende Drehtüren

Einschlagende Türen können bündig, zurückspringend oder vorspringend angeschlagen werden. Als Anschlag werden die Seiten und Böden ausgefälzt oder es werden Leisten angeleimt. Die Fälze bzw. Leisten dienen gleichzeitig zum Abdichten gegen den Staub (folgende Abb.).

Räumliche Darstellung	Beschlag	Darstellung nach DIN 919

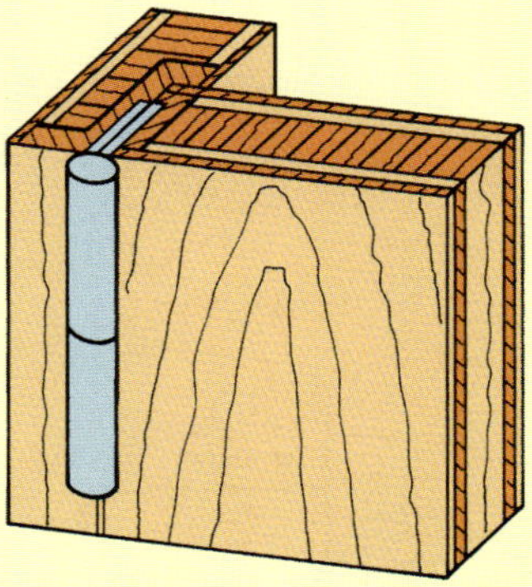

Zylinderband, Form (Kröpfung) A

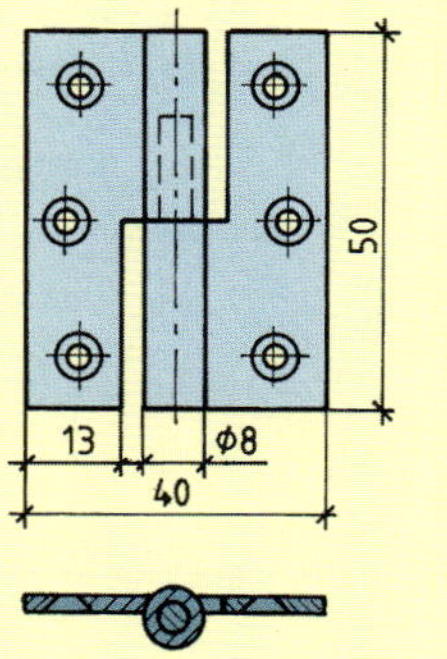

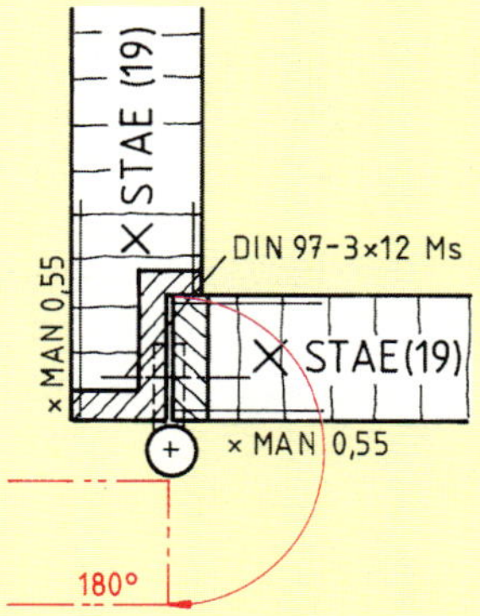

Topfscharnier, stark gekröpft

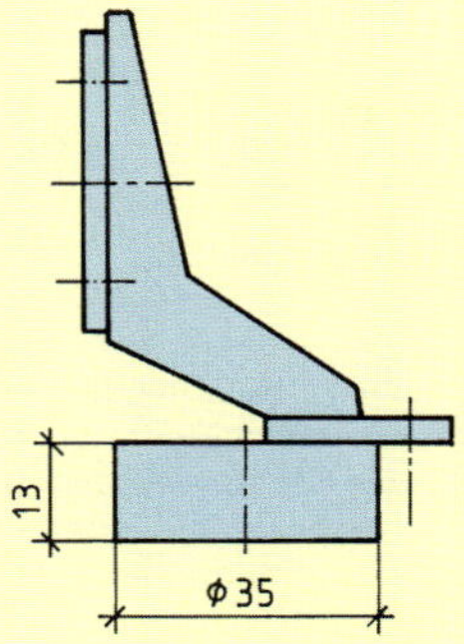

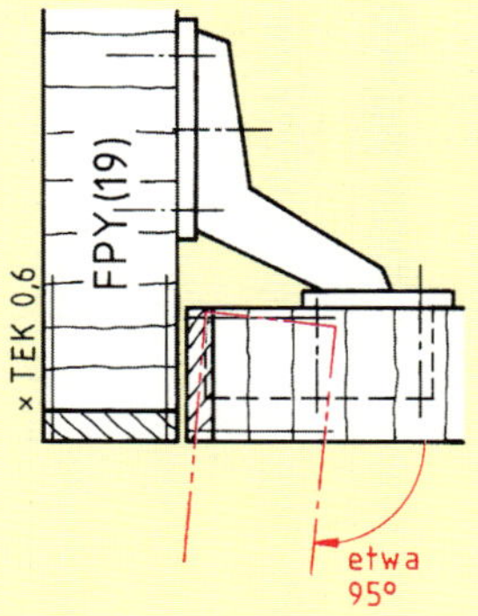

1 Bündig einschlagende Türen

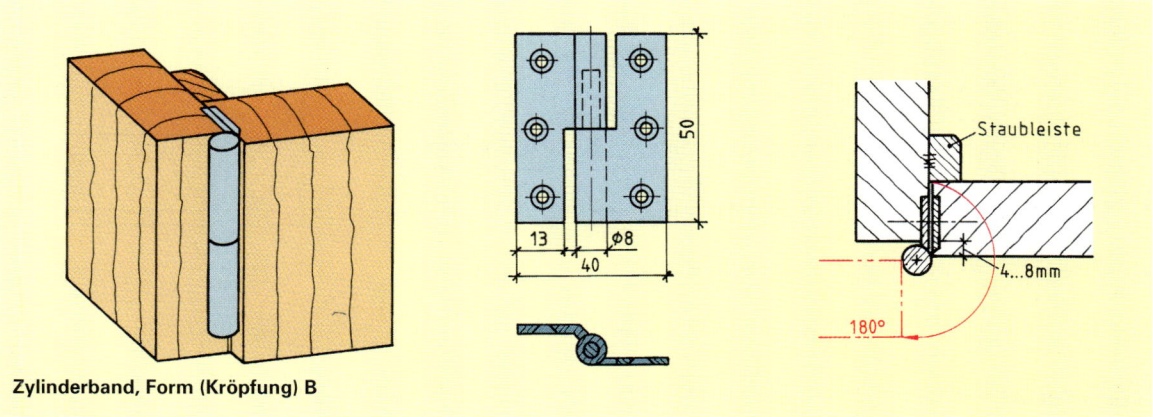

Zylinderband, Form (Kröpfung) B

2 Vorspringend einschlagende Türen

Räumliche Darstellung	Beschlag	Darstellung nach DIN 919

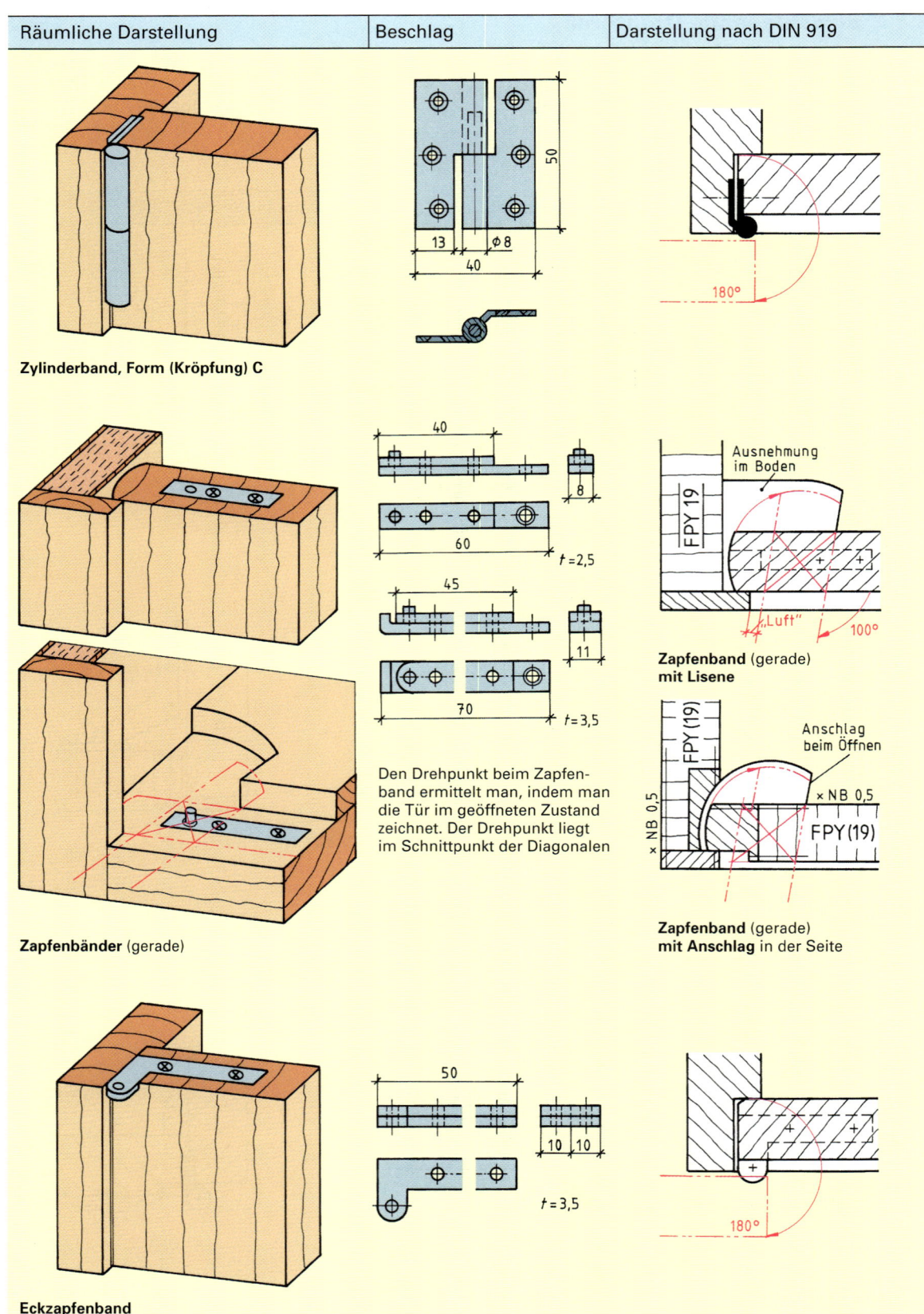

Zylinderband, Form (Kröpfung) C

180°

Zapfenbänder (gerade)

Den Drehpunkt beim Zapfenband ermittelt man, indem man die Tür im geöffneten Zustand zeichnet. Der Drehpunkt liegt im Schnittpunkt der Diagonalen

Zapfenband (gerade)
mit Lisene

Ausnehmung im Boden

„Luft" 100°

Zapfenband (gerade)
mit Anschlag in der Seite

Anschlag beim Öffnen

Eckzapfenband

1 Zurückspringend einschlagende Türen

Schließbeschläge

Bei diesen Anschlagarten können alle Schlossarten verwendet werden. Nur für vorspringende Türen sind Einsteckschlösser ungeeignet, da der Schließriegel in seiner Einbauebene vor der Korpusseite liegt (folgende Abb.).

Mittelanschlüsse

Bei nebeneinanderliegenden Türen ohne Mittelwand wird die linke Tür in der Regel mit einem Möbelschubriegel festgestellt (folgende Abb.).

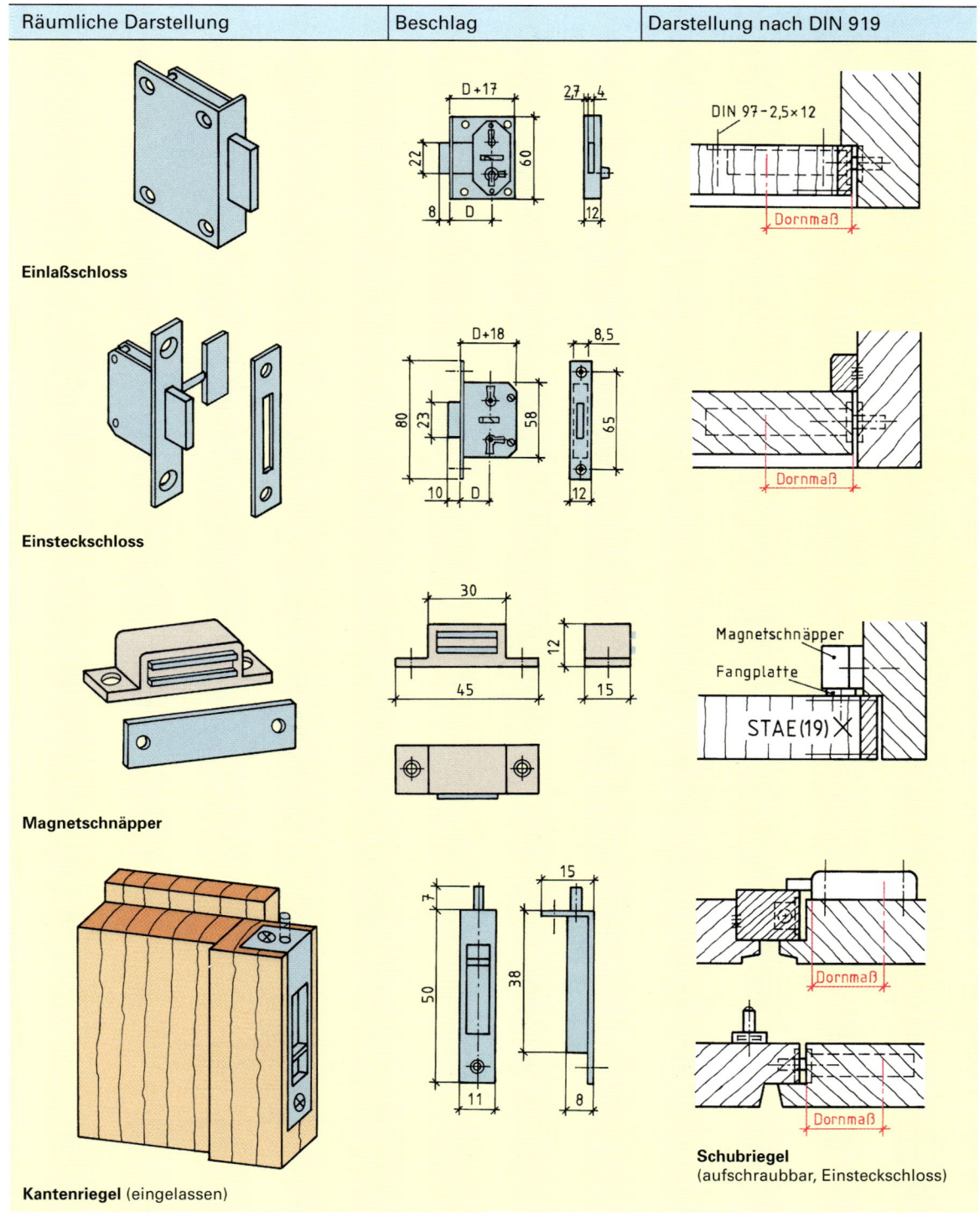

Räumliche Darstellung	Beschlag	Darstellung nach DIN 919
Einlaßschloss		
Einsteckschloss		
Magnetschnäpper		
Kantenriegel (eingelassen)		**Schubriegel** (aufschraubbar, Einsteckschloss)

1 Schließbeschläge und Mittelanschlüsse bei Drehflügeltüren

Aufgaben 2.4...2.6

Fehlende Maße und Angaben sind selbst zu bestimmen.

Aufgabe 2.4

Schrank mit einschlagenden Drehtüren in Limba

Zeichnen Sie die Teilansicht und die Teilschnitte A–A und B–B der oberen Schrankhälfte im Maßstab 1:1.

Die einschlagenden Türen springen 4 mm zurück und sind mit Zylinderbändern (Kröpfung C) angeschlagen. In der Mitte sind die Türen überfälzt – mit Haarfuge.

Als Schließbeschläge werden Schubriegel und ein Einsteckschloss verwendet.

Schrankecke auf Gehrung mit Formfeder.

Zeichenblatt: DIN-A 4-Querformat.

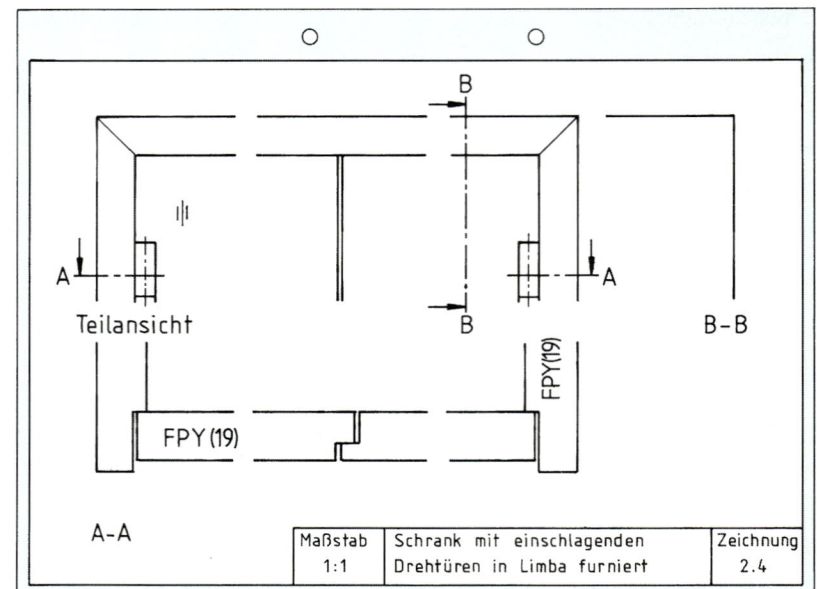

Maßstab	Schrank mit einschlagenden	Zeichnung
1:1	Drehtüren in Limba furniert	2.4

Aufgabe 2.5

Schrankecke in Rüster
– Tür mit geraden Zapfenbändern angeschlagen –

Zeichnen Sie die Teilansicht und die Teilschnitte A–A und B–B der oberen linken Schrankecke im Maßstab 1:1.
Der Öffnungswinkel der Tür beträgt 100°.
Zeichenblatt: DIN-A 4-Hochformat.

Maßstab	Schrankecke in Rüster – Tür mit gera-	Zeichnung
1:1	den Zapfenbändern angeschlagen	2.5

Aufgabe 2.6

Schrankecke in Birnbaum
– Tür mit Eckzapfenbändern angeschlagen –

Zeichnen Sie die Teilansicht und die Teilschnitte A–A und B–B der oberen linken Schrankecke im Maßstab 1:1.
Zeichenblatt: DIN-A 4-Hochformat.

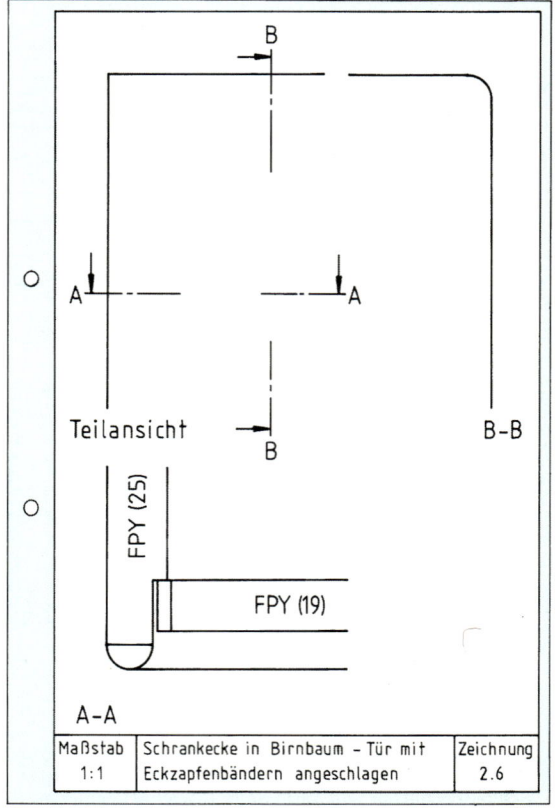

Maßstab	Schrankecke in Birnbaum – Tür mit	Zeichnung
1:1	Eckzapfenbändern angeschlagen	2.6

2.1.3 Gefälzte Drehtüren

Gefälzte Drehtüren haben gegenüber den anderen Drehtüren den Vorteil, dass sie mit ihrer Falzfläche an den Möbelseiten anliegen und somit staubdicht sind.

Zum Anschlagen werden vorwiegend **Zylinder-Einlassbänder** der Form (Kröpfung) D oder **Einbohrbänder** verwendet.

Einlassbänder werden bei der handwerklichen Einzelfertigung meist von Hand angerissen, eingelassen und angeschlagen (erfordert hohes handwerkliches Können). Einlassbänder mit gerundeten Ecken können auch maschinell eingelassen werden.

Die Falztiefe und die Falzbreite richten sich nach den verwendeten Bändern (Abb. 1).

Neben den Zylinder-Einlass- und Einbohrbändern können weitere Drehbeschläge wie verstellbare Einbohrbänder, Fitschen, Topfscharniere und unsichtbare Scharniere verwendet werden.

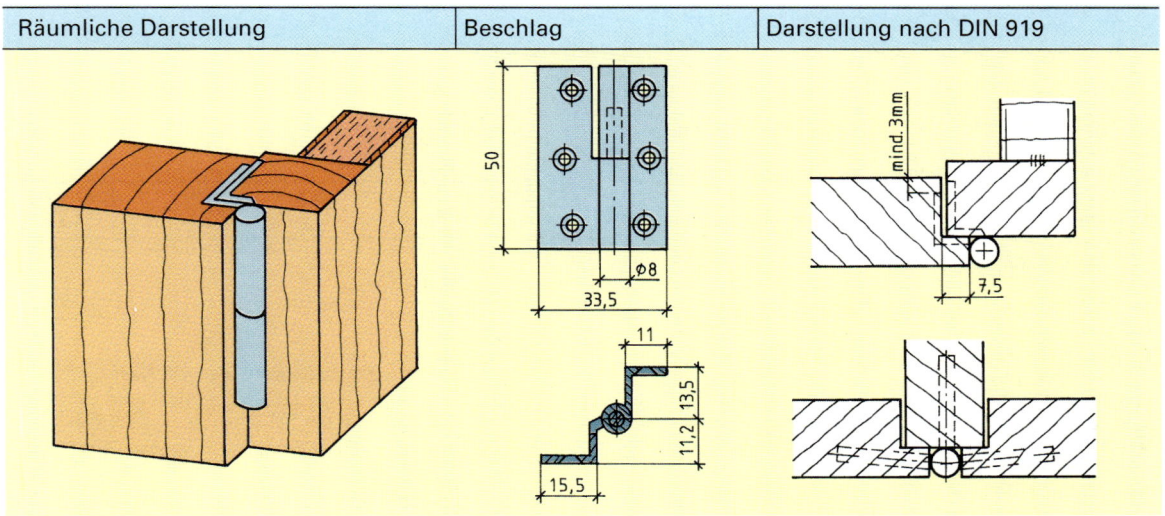

Räumliche Darstellung	Beschlag	Darstellung nach DIN 919

1 Gefälzte Drehflügeltür, Zylinderband, Form (Kröpfung) D

Der Vorteil der Zylinderbänder (Hänge) gegenüber den Scharnieren liegt darin, dass sich die Türen im geöffneten Zustand aushängen lassen. Dabei ist aber zu beachten, dass bei überstehenden Platten eine Hubhöhe von 18 mm eingehalten wird (Abb. 2).

Werden die Drehtüren als Rahmenkonstruktion gestaltet, so ist die Wahl der Rahmenbreite abhängig von dem Dornmaß des Schlosses, denn der Dorn (= Schlüssel) soll in der Mitte der Rahmenfläche liegen (Abb. 3 u. 4).

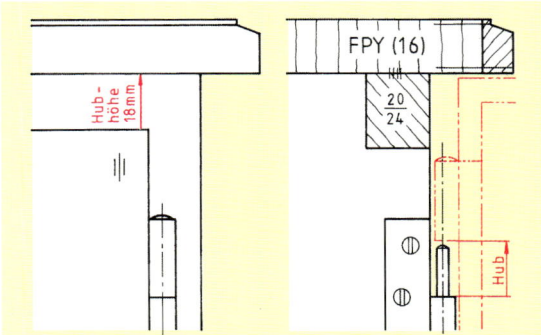

2 Schrankecke mit überstehender Platte in der Ansicht und im Schnitt mit geöffneter Tür

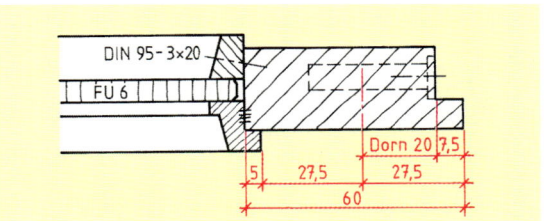

3 Falztiefe der Tür = 7,5 mm, Dornmaß 20 mm, Rahmenbreite = **60 mm**

Schließbeschläge

Als Schließbeschläge bei den Drehtüren können fast alle Möbelschlösser wie Aufschraub-, Einlass-, Einsteck- und Stangenschlösser verwendet werden.

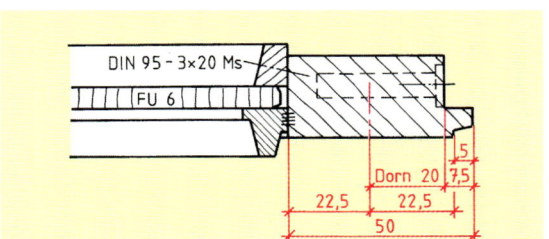

4 Falztiefe der Tür = 7,5 mm, Dornmaß 20 mm, Rahmenbreite = **50 mm**

Aufgaben 2.7 … 2.9

Fehlende Maße und Angaben sind selbst zu bestimmen.

Zeichenblätter: DIN-A 4-Quer- und Hochformat.

Aufgabe 2.7

Gefälzte Drehtüren

a) Die Türen sind mit Einbohrbändern anzuschlagen. Für den Verschluss werden Schubriegel und Einlassschloss, Dornmaß 25 mm, verwendet. Zeichnen Sie den Horizontalschnitt im Maßstab 1:1 mit Beschlägen.

b) Die Tür ist mit Zylinderbändern, Kröpfung D = 7,5 mm, DIN links anzuschlagen. Bestimmen Sie die Rahmenholzbreite der Türriegel bei Verwendung eines Einsteckschlosses, Dornmaß 20 mm. Zeichnen Sie den Horizontalschnitt im Maßstab 1:1 mit Beschlägen und geben Sie den Öffnungswinkel der Tür an.

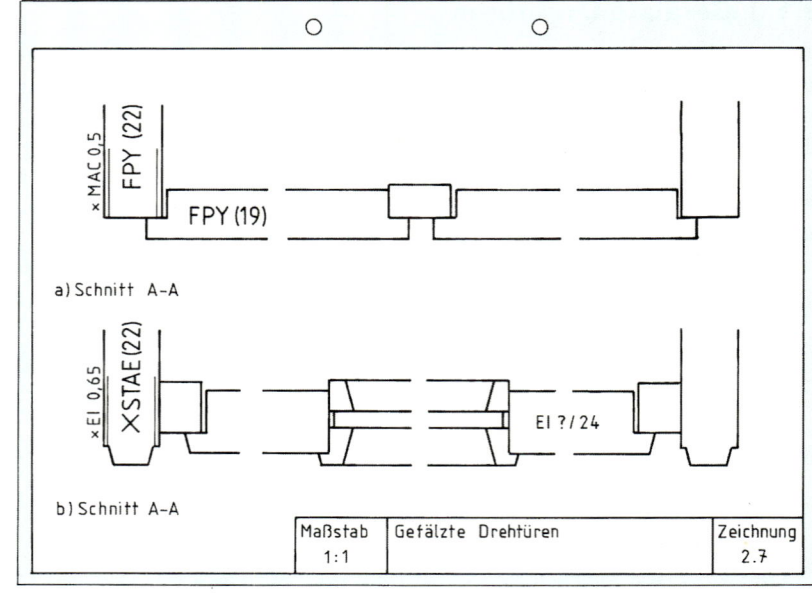

a) Schnitt A–A

b) Schnitt A–A

| Maßstab 1:1 | Gefälzte Drehtüren | Zeichnung 2.7 |

Aufgabe 2.8

Schrankecke mit gefälzter Drehtür in Eiche

Zeichnen Sie die obere linke Teilansicht und die Teilschnitte A–A und B–B im Maßstab 1:1. Die Tür ist mit Zylinderbändern (Kröpfung D = 7,5 mm) angeschlagen.
Welches Dornmaß muss das Einsteckschloss haben? Die Schrankecke ist gezinkt.

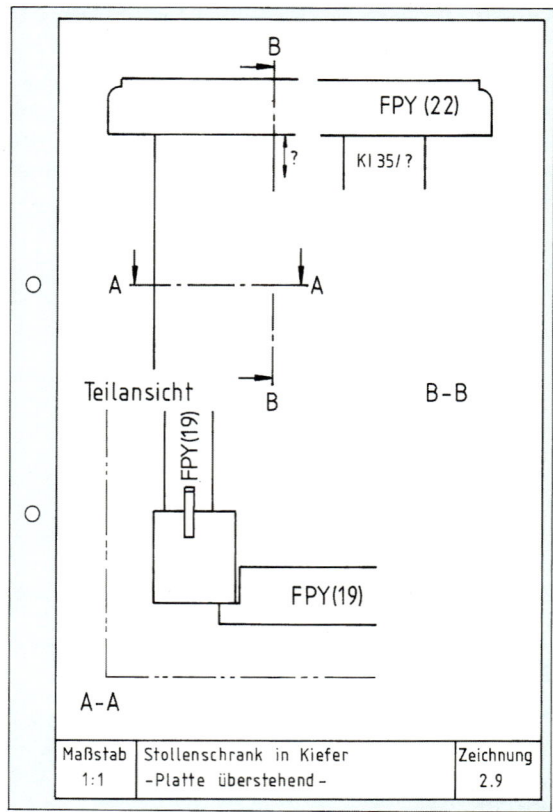

Teilansicht

B–B

EI 22

EI 55/24

A–A

| Maßstab 1:1 | Schrankecke mit gefälzter Drehtür und Glasfüllung in Eiche | Zeichnung 2.8 |

Aufgabe 2.9

Stollenschrank – Platte überstehend – in Kiefer

Zeichnen Sie die obere linke Teilansicht und die Teilschnitte A–A und B–B der Schrankecke im Maßstab 1:1.

Die Tür wird mit Einbohrbändern angeschlagen. Die Platte steht 20 mm bzw. 28 mm über. Beachten Sie die Hubhöhe zum Aushängen der Tür.

FPY (22)

KI 35/?

Teilansicht

B–B

FPY(19)

FPY (19)

A–A

| Maßstab 1:1 | Stollenschrank in Kiefer –Platte überstehend– | Zeichnung 2.9 |

2.2 Möbelklappen

Hängende Möbelklappen

Hängende Möbelklappen werden an ihrer Oberkante angeschlagen und öffnen sich nach oben. Zum Anschlagen können alle üblichen Scharniere und Bänder verwendet werden. Zum Offenhalten werden besondere Klappenstützen – pneumatische und mechanische – benutzt (Abb. 1).

Räumliche Darstellung/Beschlag	Darstellung nach DIN 919

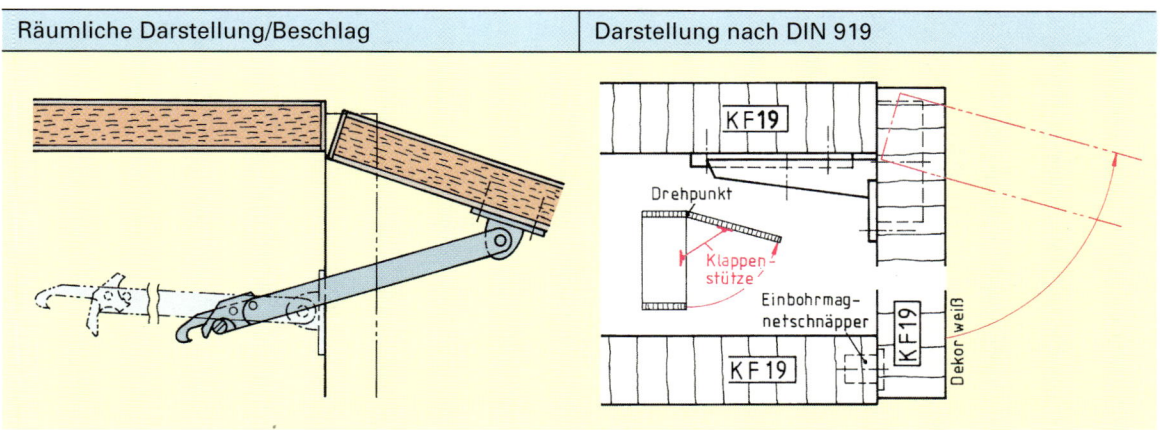

1 Hängende Möbelklappe mit Topfscharnier (stumpf aufschlagend) und Klappenstütze

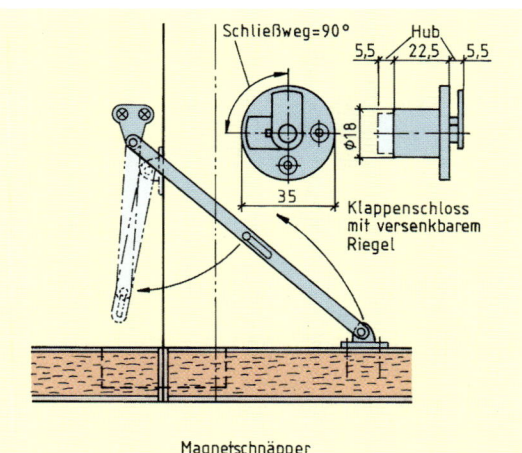

Stehende Möbelklappen

Stehende Möbelklappen werden unten angeschlagen und öffnen sich nach unten. Im geöffneten Zustand können sie als Abstell- oder Schreibfläche benutzt werden.

Aufschlagende Möbelklappen

Aufschlagende Möbelklappen werden mit Einbohr-Klappenscharnieren (auch aushängbar und verstellbar) angeschlagen. Bei diesem Beschlag ist die Klappe im geöffneten Zustand mit dem Boden bündig. Dabei sind möglichst zwei Klappenhalter(-scheren) anzubringen (Abb. 2).

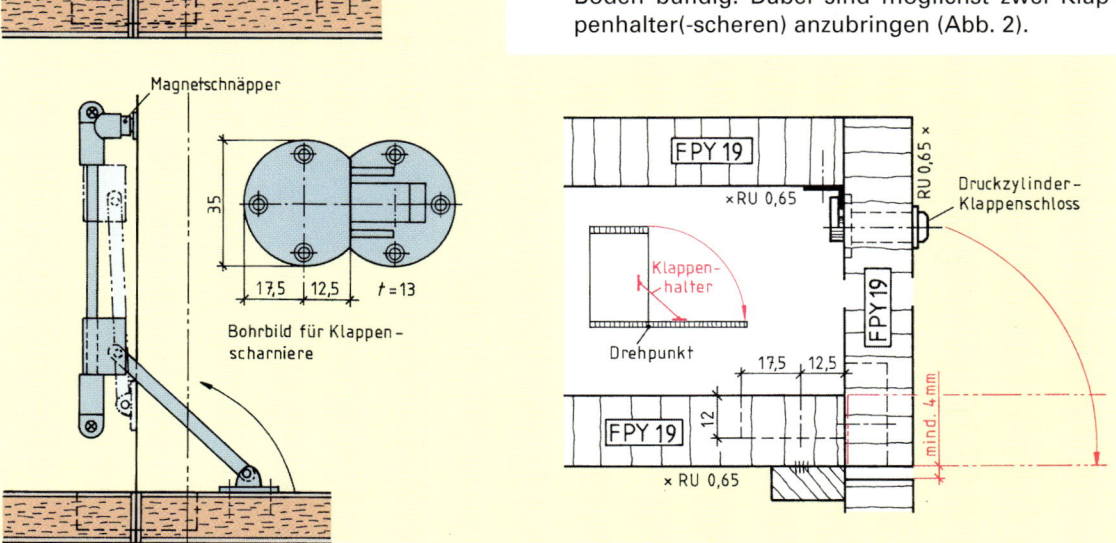

2 Stehende Möbelklappe mit Einbohr-Klappenband (stumpf aufschlagend) und Klappenhalter

Räumliche Darstellung/Beschlag	Darstellung nach DIN 919

Einschlagende Möbelklappen

Einschlagende Möbelklappen werden am zweckmäßigsten mit Zapfenbändern angeschlagen. Für schwere Klappen eignen sich besonders Zapfenbänder mit Arretierung (Abb. 1 u. 2).

1 Schreibklappe liegt im geöffneten Zustand unter dem Zwischenboden

2 Schreibklappe liegt im geöffneten Zustand mit dem Zwischenboden bündig

Liegende Möbelklappen

Diese Klappen liegen waagerecht auf dem Möbelkorpus (Truhe) und öffnen sich nach oben. Das

Anschlagen erfolgt mit Scharnieren, Zylinderbändern, Zapfenbändern, Spezialscharnieren (Abb. 3).

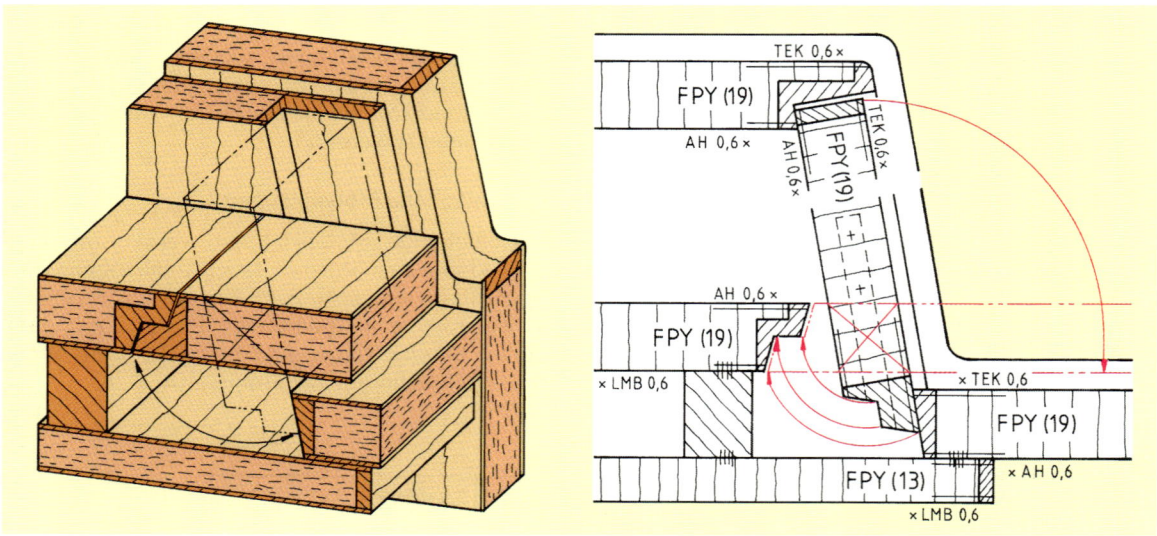

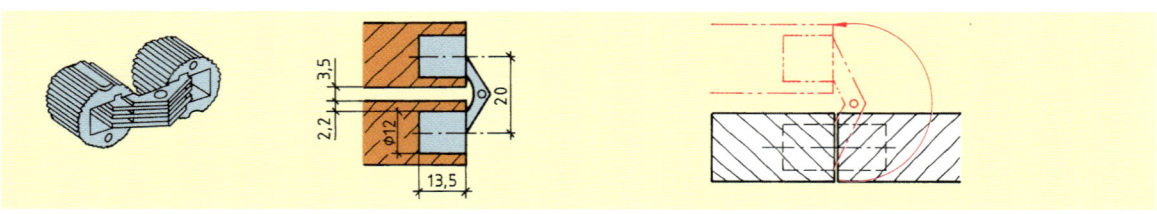

3 Klappe mit Vici-Band (Klappenhalter notwendig)

426

Aufgaben 2.10...2.12

Fehlende Maße und Angaben sind selbst zu bestimmen.

Aufgabe 2.10

Möbelklappen
Zeichnen Sie den Vertikalschnitt einer Möbelklappe im Maßstab 1:1. Die Klappe liegt im geöffneten Zustand
a) unter dem Zwischenboden (Holzart: Eiche)
b) mit dem Zwischenboden bündig (Holzart: Nussbaum).
Ermitteln Sie die Drehpunkte.
Zeichenblatt: DIN-A 4-Hochformat.

Aufgabe 2.11

Hängeschrank mit Klappe als Hausbar in Rüster furniert.
Zeichnen Sie die obere und untere linke Ecke der Vorderansicht und die Teilschnitte A–A und B–B im Maßstab 1:1.
Die Klappe ist mit Zapfenbändern angeschlagen und liegt im geöffneten Zustand unter dem Zwischenboden.
Ermitteln Sie den Drehpunkt.
Zeichenblatt: DIN-A 4-Hochformat.

Aufgabe 2.12

Hängeschrank mit schräg stehender Klappe in Esche furniert
Klappe liegt im geöffneten Zustand mit dem Zwischenboden bündig; Schräglage der Klappe 80°.
Aufgabenstellung sonst wie unter 2.11.
Zeichenblatt: DIN-A 4-Hochformat.

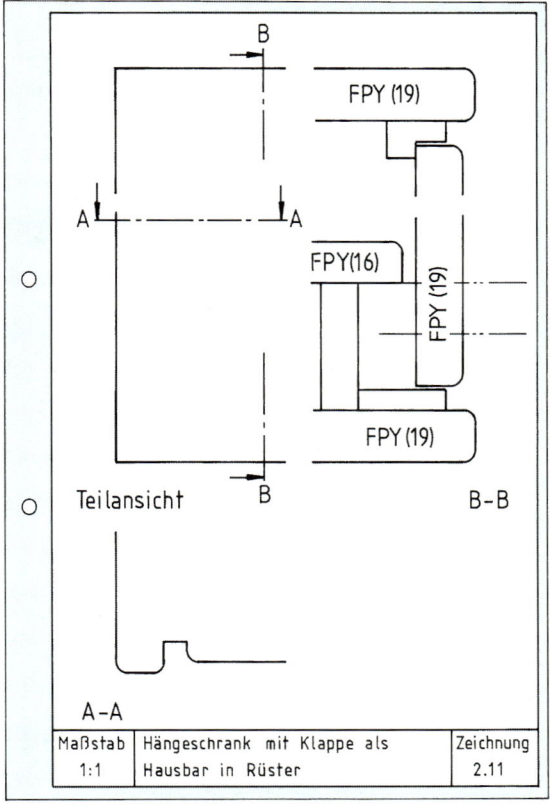

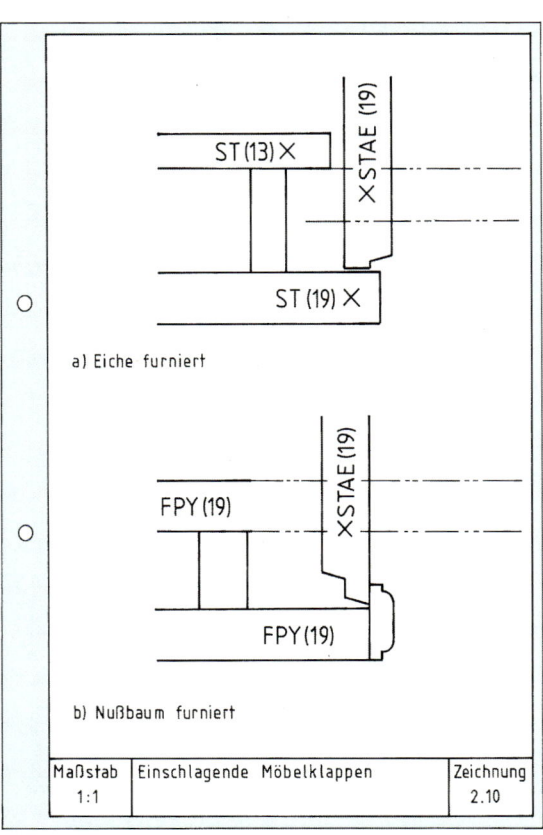

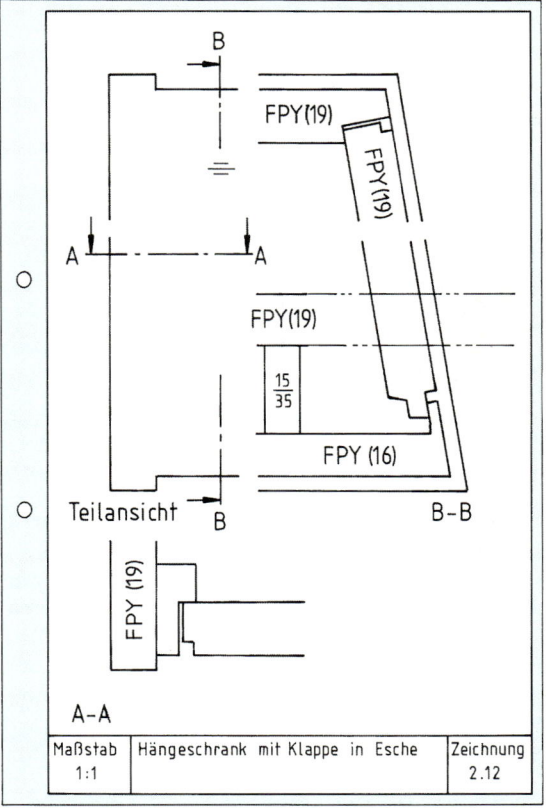

427

2.3 Schiebetüren

Schiebetüren werden seitlich im bzw. vor dem Möbelkorpus bewegt. Sie haben gegenüber den Drehtüren den

– Vorteil, dass vor dem Möbel für den Drehraum kein Platz gebraucht wird, und den

– Nachteil, dass immer nur ein Teil des Möbels zugängig ist.

2.3.1 Stehende Schiebetüren

Stehende Schiebetüren werden auf dem Unterboden gleitend oder rollend gelagert und an der Oberkante geführt (Abb. 1).

Räumliche Darstellung/Beschlag	Darstellung nach DIN 919

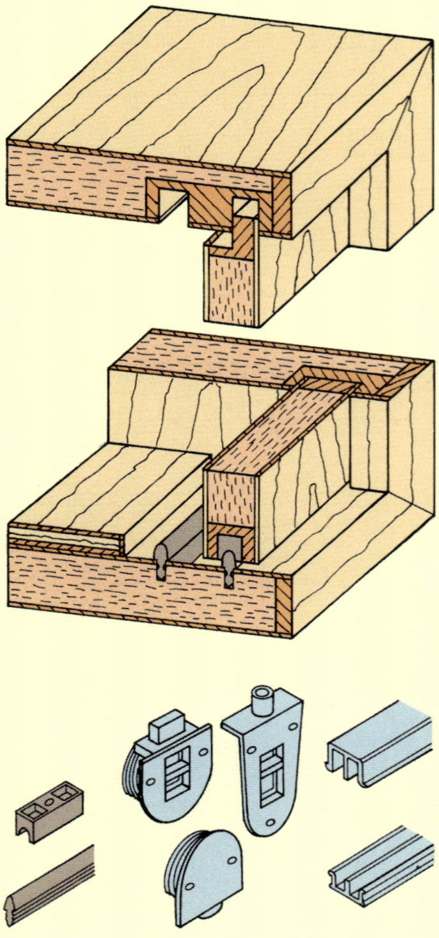

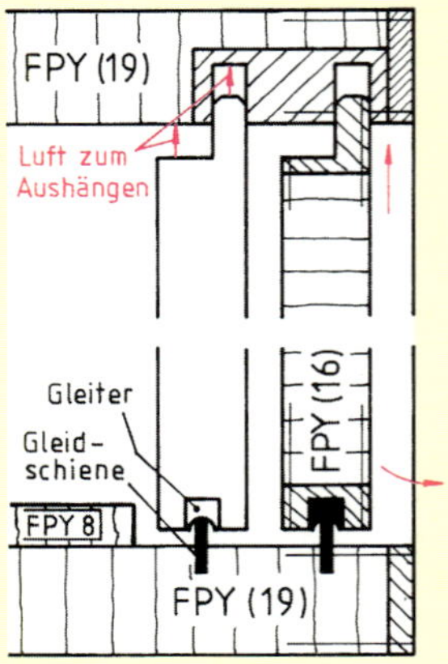

Stehend-gleitend

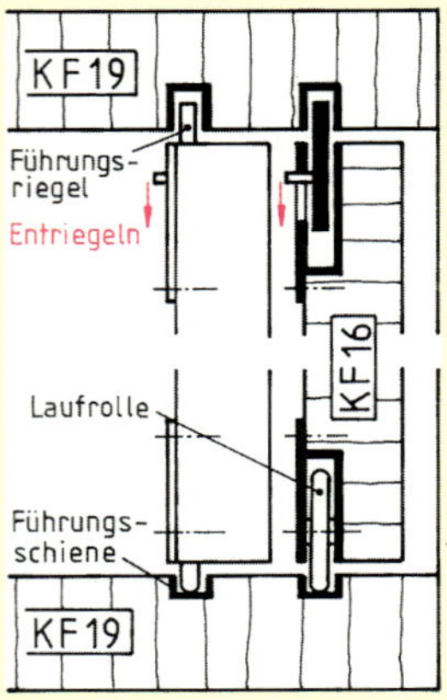

FPY (19) · Luft zum Aushängen · Gleiter · Gleitschiene · FPY 8 · FPY (16) · FPY (19)

Stehend-rollend

KF 19 · Führungsriegel · Entriegeln · Laufrolle · Führungsschiene · KF 16 · KF 19

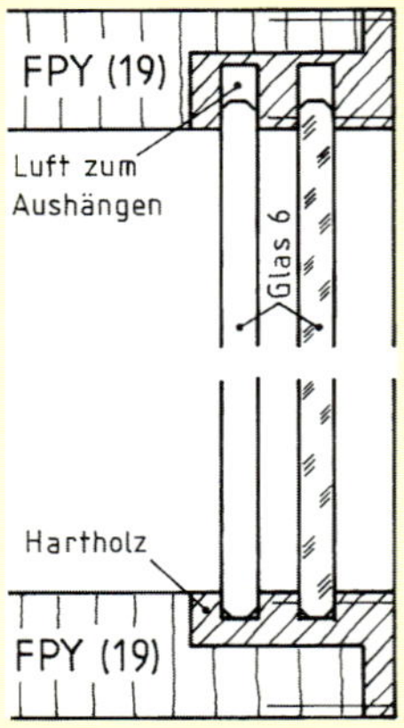

Glasschiebetüren, stehend-gleitend

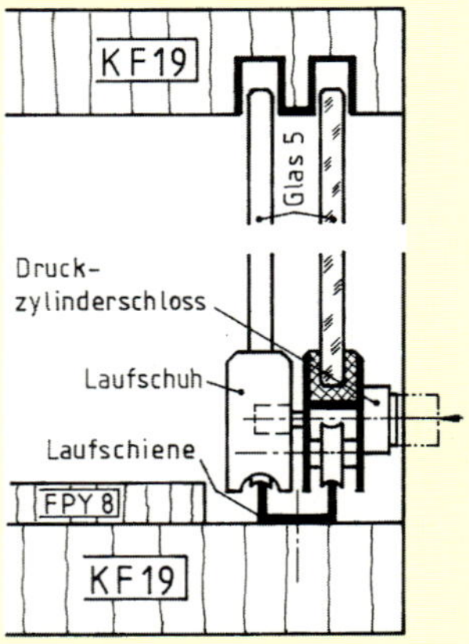

FPY (19) · Luft zum Aushängen · Glas 6 · Hartholz · FPY (19)

Glasschiebetüren mit Laufwagen, stehend-rollend

KF 19 · Glas 5 · Druckzylinderschloss · Laufschuh · Laufschiene · FPY 8 · KF 19

1 Stehende Schiebetüren

Seitlich laufen die Schiebetüren zur besseren Staubabdichtung in Nuten der Korpusseiten oder Leisten. Die Mittelabdichtung erfolgt durch Staubleisten. Damit die Griffmuscheln beim Öffnen nicht verdeckt werden (auch Einklemmen der Finger), ist eine zusätzliche Stoppvorrichtung notwendig (Abb. 2).

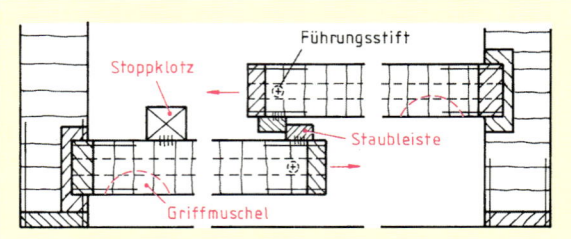

2 Horizontalschnitt durch eine zweiflügelige Schiebetür

2.3.2 Hängende Schiebetüren

Hängende Schiebetüren werden an der Oberkante gleitend oder rollend gelagert und an der Unterkante ebenfalls gleitend oder rollend geführt (Abb. 1).

Schiebetüren aus Holzwerkstoffen werden durch Flügelriegel- oder Druckzylinderschlösser verschlossen (Abb. 2).

Räumliche Darstellung/Beschlag	Darstellung nach DIN 919

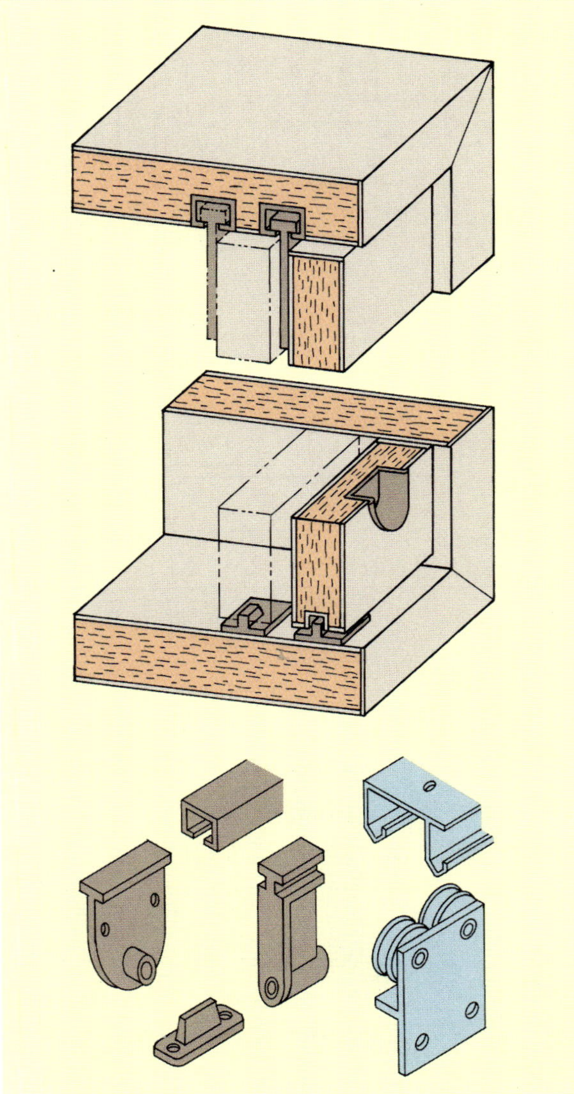

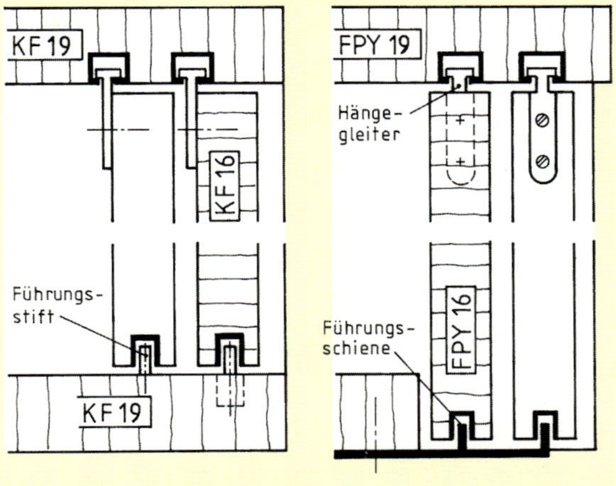

KF 19

KF 16

Führungs-stift

KF 19

Hängend-gleitend, einliegend

FPY 19

Hänge-gleiter

FPY 16

Führungs-schiene

Hängend-gleitend, unten vorlaufend

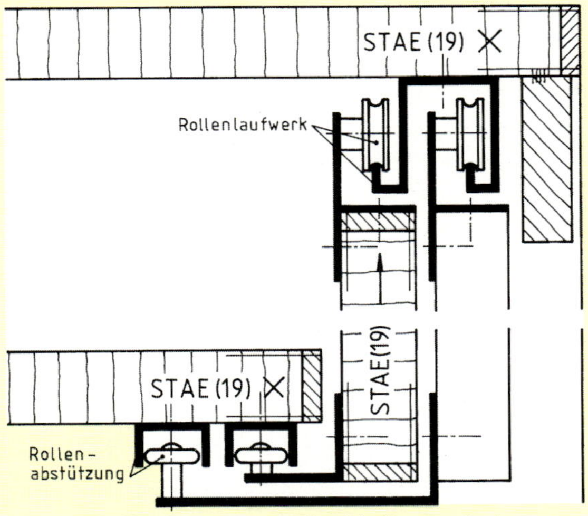

STAE (19)

Rollenlaufwerk

STAE (19)

STAE (19)

Rollen-abstützung

Hängend-rollend, unten vorlaufend (rollengestützt)

1 Hängende Schiebetüren

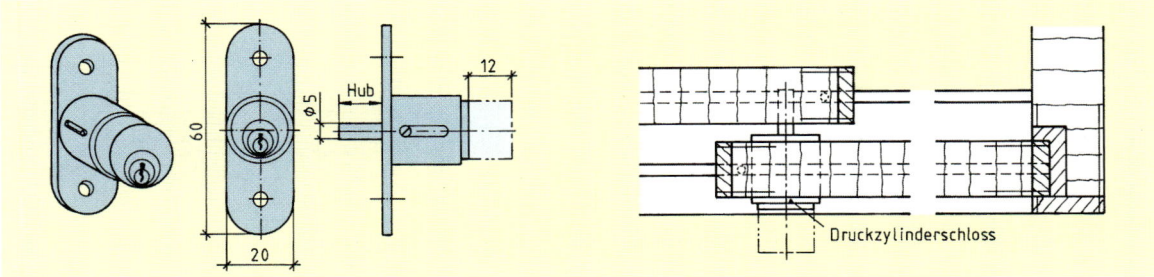

Hub

Ø 5

60

12

20

Druckzylinderschloss

2 Mittelverschluss bei Schiebetüren

Aufgaben 2.13…2.15

Fehlende Maße und Angaben sind selbst zu bestimmen.

Aufgabe 2.13

Hängeschrank mit Schiebetüren (stehend-gleitend) in Kiefer furniert

Zeichnen Sie die Vorderansicht im Maßstab 1:10. Zeichnen und vervollständigen Sie die Teilschnitte A–A und B–B im Maßstab 1:1.

Zeichenblatt: DIN-A 4-Hochformat.

Aufgabe 2.14

Hausbar mit Schiebetüren (hängend-gleitend) in Macoré furniert

Zeichnen Sie die Vorderansicht im Maßstab 1:10. Zeichnen und vervollständigen Sie die Teilschnitte A–A und B–B im Maßstab 1:1.

Zeichenblatt: DIN-A 4-Hochformat.

Aufgabe 2.15

Hängevitrine mit Glasschiebetüren (stehend-gleitend) in Nussbaum furniert

Zeichnen Sie die Vorderansicht im Maßstab 1:10. Zeichnen und vervollständigen Sie die Teilschnitte A–A und B–B im Maßstab 1:1.

Zeichenblatt: DIN-A 4-Hochformat.

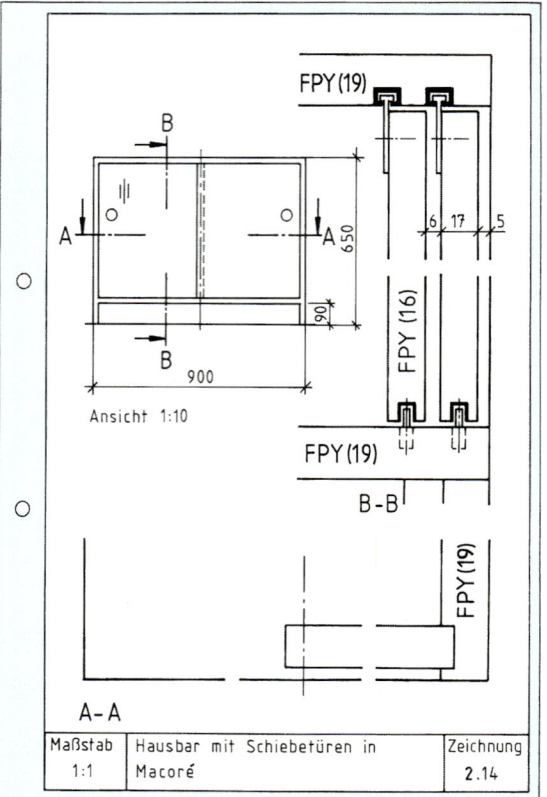

| Maßstab 1:1 | Hausbar mit Schiebetüren in Macoré | Zeichnung 2.14 |

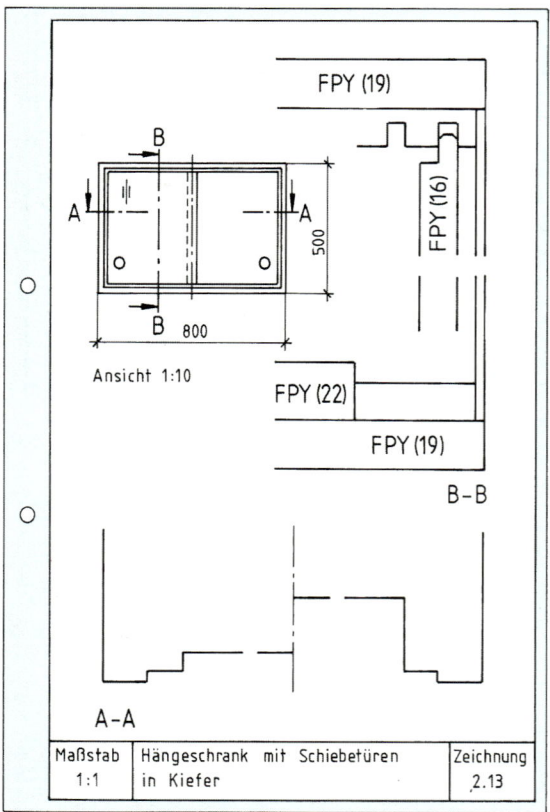

| Maßstab 1:1 | Hängeschrank mit Schiebetüren in Kiefer | Zeichnung 2.13 |

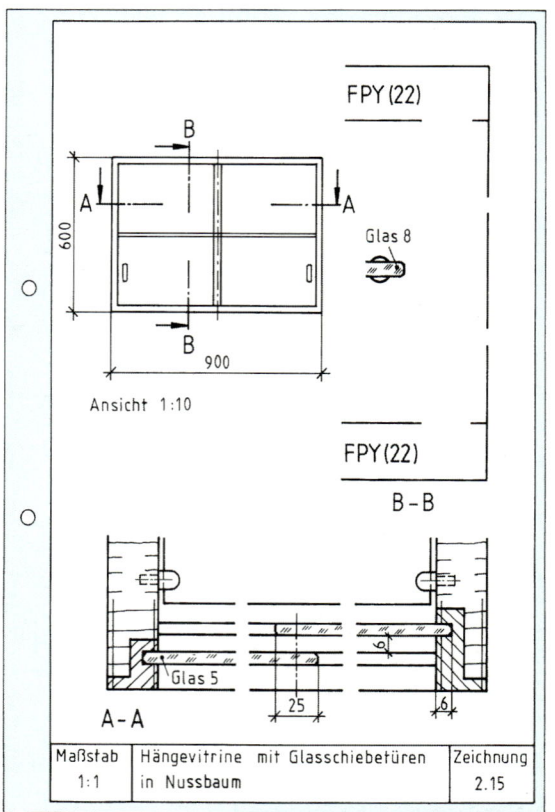

| Maßstab 1:1 | Hängevitrine mit Glasschiebetüren in Nussbaum | Zeichnung 2.15 |

2.4 Möbelrollläden

Möbelrollläden werden an solchen Schränken verwendet, bei denen der Verkehrsraum vor den Schränken beschränkt ist, z. B. bei Büroschränken.

Der Innenraum ist jedoch durch innen liegende Rückwände bzw. Innenseiten z. T. stark verkleinert.

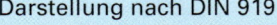

Räumliche Darstellung	Darstellung nach DIN 919

Waagerecht laufende Rollläden

Waagerecht laufende Rollläden werden beim Öffnen seitlich verschoben. Dabei läuft der Rollladen zwischen Korpusseite und Zwischenseite bis hinter die Rückwand. Die Zwischenseite ist notwendig, um Zwischenböden anbringen zu können (Abb. 1).

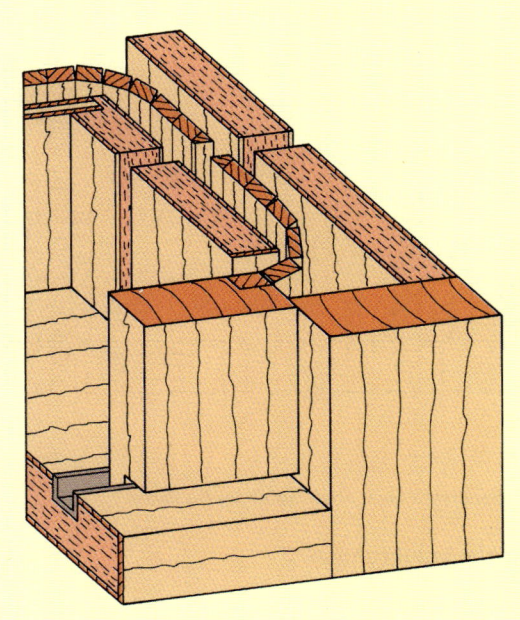

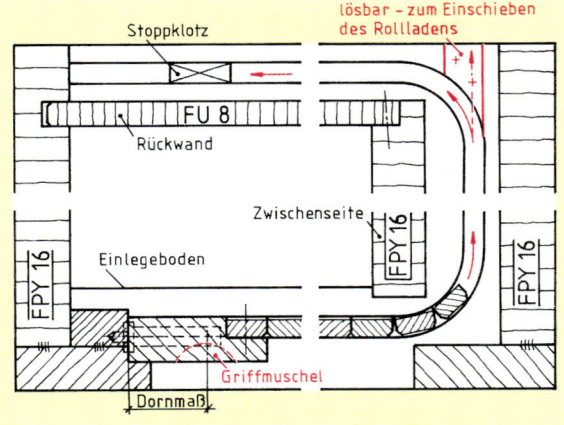

1 Waagerecht laufende Rollläden

Senkrecht laufende Rollläden

Senkrecht laufende Rollläden können beim Öffnen nach oben oder unten verschoben werden. Dabei läuft der Rollladen entweder oben oder unten in den Schrankraum, der in Form einer Schnecke ausgebildet wird, hinein oder hinter die Rückwand (Abb. 2 und 3, S. 432).

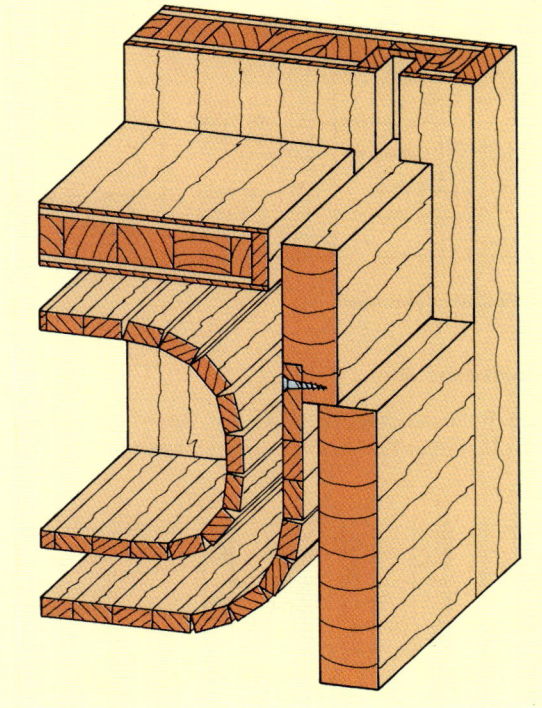

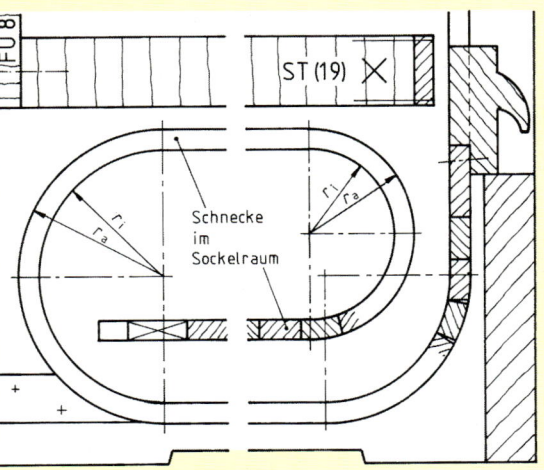

2 Senkrecht nach unten laufender Rollladen (geöffnet)

Räumliche Darstellung/Beschlag	Darstellung nach DIN 919

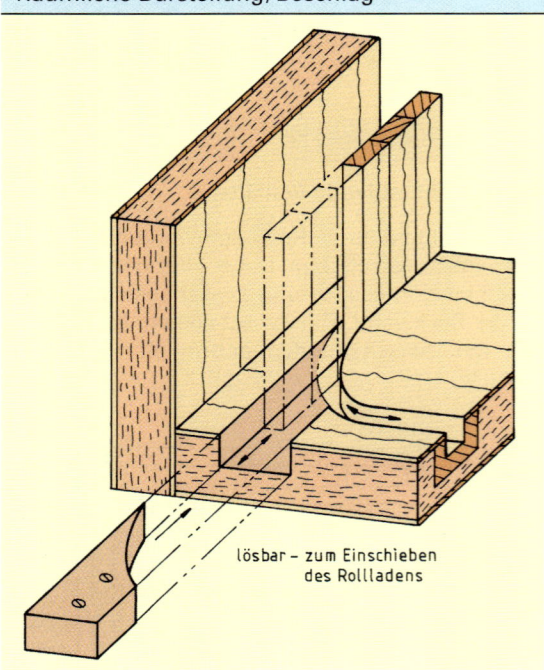

lösbar – zum Einschieben
des Rollladens

1 Passstück zum Einschieben des Rollladens

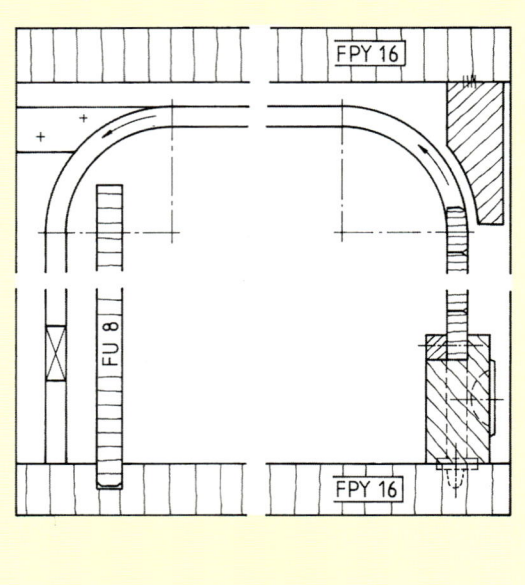

3 Senkrecht nach oben laufender Rollladen

Zum Ein- und Ausbau des Rollladens im zusammengebauten Korpus ist ein lösbares Passstück notwendig (Abb. 1).

Zum Verschließen von Möbelrollladen werden Hakenriegel- (Abb. 2) oder Flügelriegelschlösser verwendet.

Rollladenführungen

Die Rollläden werden in Nuten aus Hartholz geführt. Zum besseren Gleiten können diese Nuten auch mit Kunststoffprofilen ausgeleimt werden. Bei der Umlenkung darf der Radius nicht zu eng gewählt werden. Er muss vielmehr der Breite der Rollladenstäbe entsprechen (Abb. 4).

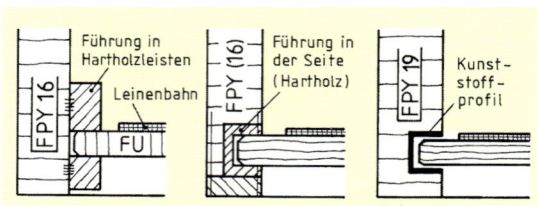

4 Rollladenführungen

Rollladenstäbe

Die Rollladenstäbe können aus Sperrholz, Vollholz (Profile) oder Kunststoff hergestellt werden (Abb. 5).

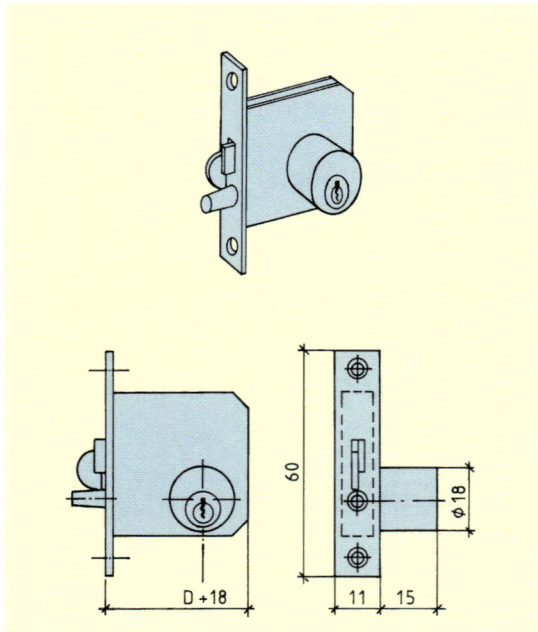

2 Hakenriegelschloss mit Schließzylinder

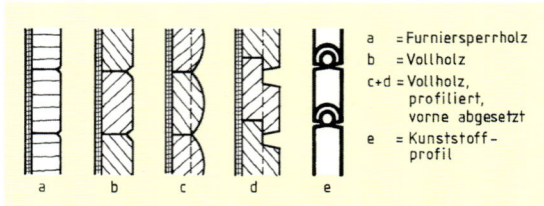

a = Furniersperrholz
b = Vollholz
c+d = Vollholz, profiliert, vorne abgesetzt
e = Kunststoffprofil

5 Stabformen

Aufgaben 2.16...2.18

Fehlende Maße und Angaben sind selbst zu bestimmen.

Aufgabe 2.16

Rollladenschrank, seitlich öffnend

Zeichnen Sie die Vorderansicht im Maßstab 1:20 und den Teilschnitt A–A im Maßstab 1:1.

Der Rollladen befindet sich im geöffneten Zustand.

Zeichenblatt: DIN-A4-Querformat.

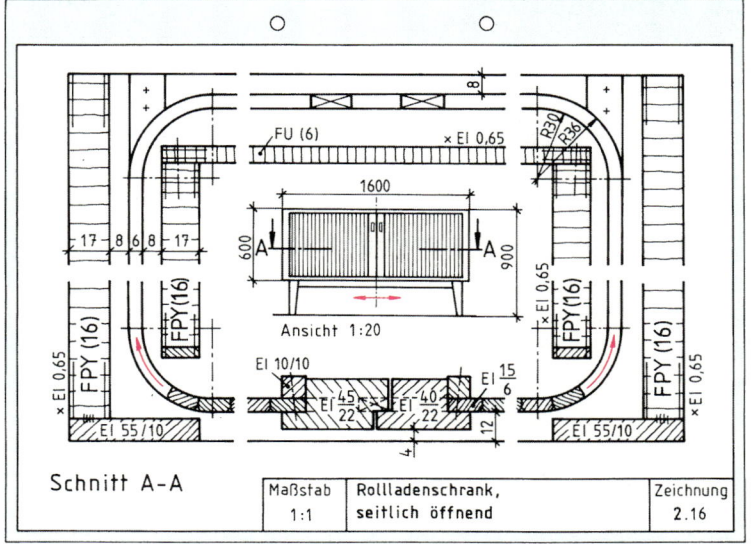

Aufgabe 2.17

Rollladenschrank, nach oben öffnend

Zeichnen Sie die Vorderansicht im Maßstab 1:20 und den Teilschnitt B–B im Maßstab 1:1 (Rollladen im geöffneten Zustand).

Zeichenblatt: DIN-A4-Hochformat.

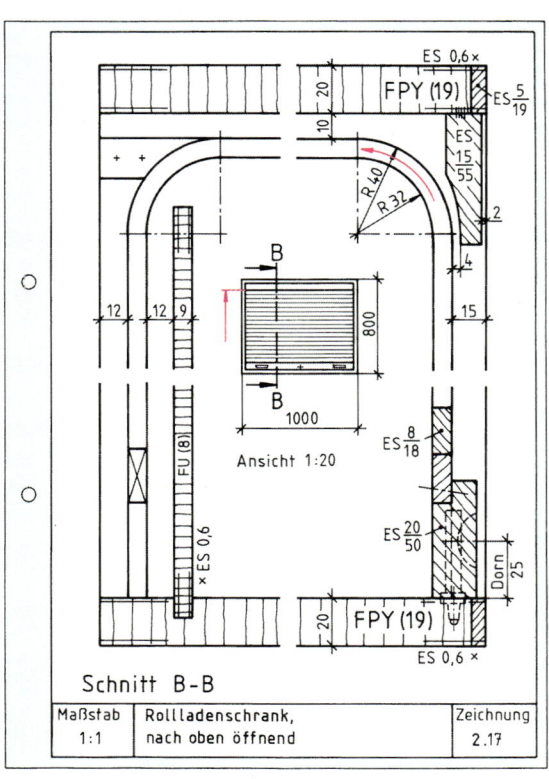

Aufgabe 2.18

Rollladenschrank, nach unten öffnend

Zeichnen Sie die Vorderansicht im Maßstab 1:20 und den Teilschnitt B–B im Maßstab 1:1 (Rollladen im geöffneten Zustand).

Zeichenblatt: DIN-A4-Hochformat.

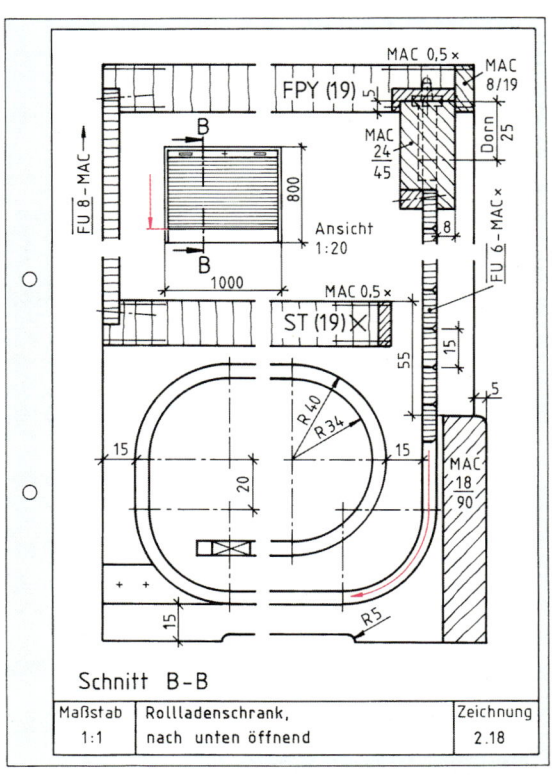

2.5 Schubkästen

Schubkästen dienen neben anderen Elementen auch der Gestaltung des Möbelstückes. Sie sind in ihrer Lage zur Möbelfront auf die Anschlagart der Türen oder Klappen abzustimmen.

2.5.1 Schubkastenführungen

Um die **Reibungskräfte** gering zu halten, müssen die Schubkastenführungen so konstruiert werden, dass sich der Schubkasten leicht führen lässt.

Gestaltung von Schubkastenvorderstücken

Zurückspringendes Vorderstück in 3 Schnittdarstellungen (Abb. 1).

Diese Konstruktion zeigt eine „klassische" Schubkastenführung mit Laufrahmen, Streifleisten und Kippleisten aus Hartholz. Die Schubkastenseiten sind mit dem Vorderstück halb verdeckt gezinkt. Der Schubkasten wird hinten (oben, unten und seitlich) abgefast, damit er sich besser einführen lässt. Er gleitet auf der Schubkastenunterseite.

Weitere Gestaltungen von Schubkastenvorderstücken zeigen die Abb. 1, Seite 435.

Darstellung nach DIN 919

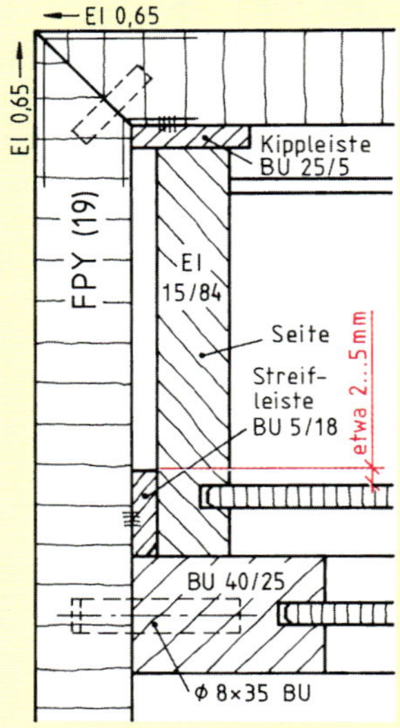

Schnitt C–C (Frontalschnitt)

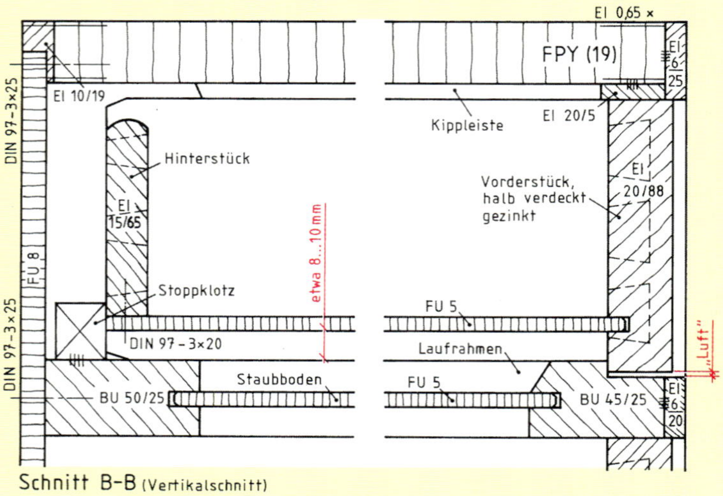

Schnitt B–B (Vertikalschnitt)

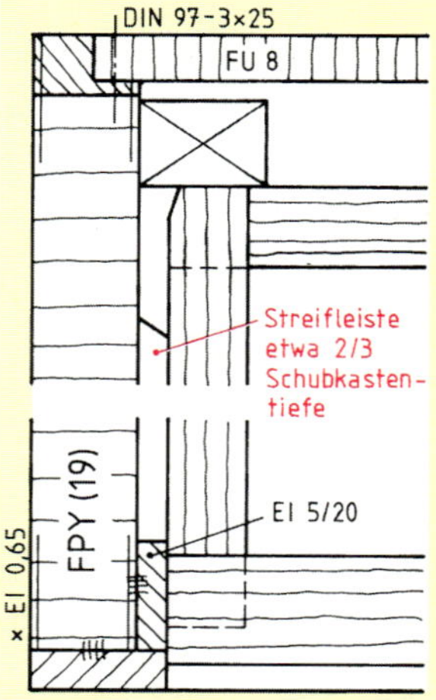

Räumliche Darstellung

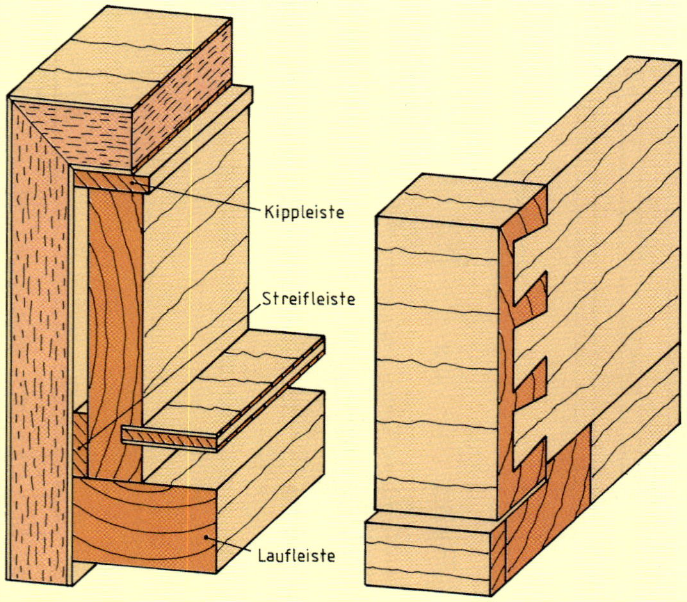

Schnitt A–A (Horizontalschnitt)

Zurückspringendes Vorderstück in drei Schnittdarstellungen nach DIN 919

1 Klassische Schubkastenführung

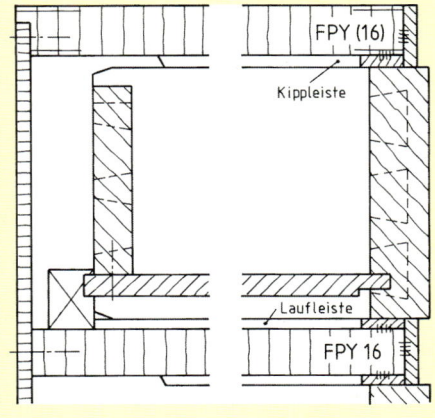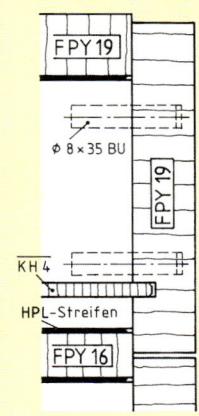

1 Gestaltung von Schubkastenvorderstücken

Hängende Schubkastenführungen

Bei der hängenden Schubkastenführung übernehmen Führungsleisten die Aufgaben der Lauf-, Streif- und Kippleisten. Da die Schubkastenseiten nur maximal bis zur Hälfte eingenutet werden können, besteht

die Gefahr einer sehr hohen Abnutzung (Verschleiß). Aus diesem Grunde müssen diese Führungen immer aus Hartholz bzw. Kunststoff gefertigt werden. Hängende Schubkastenführungen eignen sich nicht für Schubkästen mit schwerem Inhalt (Abb. 2).

Räumliche Darstellung/Beschlag	Darstellung nach DIN 919

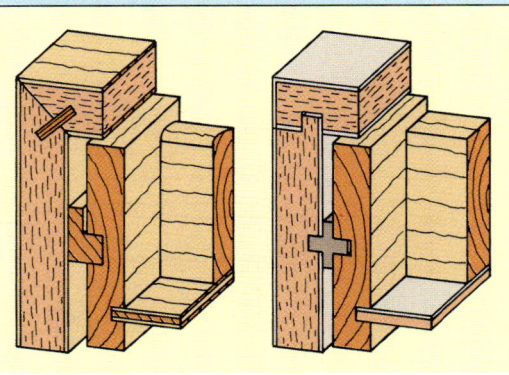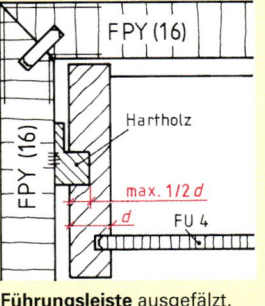

Führungsleiste ausgefälzt, an der Korpusseite befestigt

Führungsschiene in der Korpusseite befestigt

2 Hängende Schubkastenführungen

Mechanische Schubkastenführungen

Für schwere bzw. große Schubkästen werden mechanische Führungen aus Metall, die auf Rollen oder Kugeln laufen, verwendet (Abb. 3).

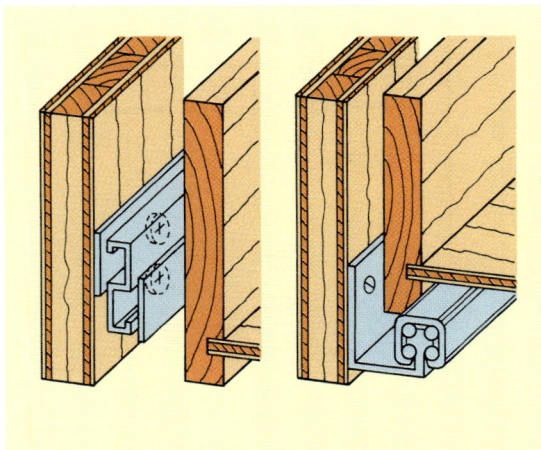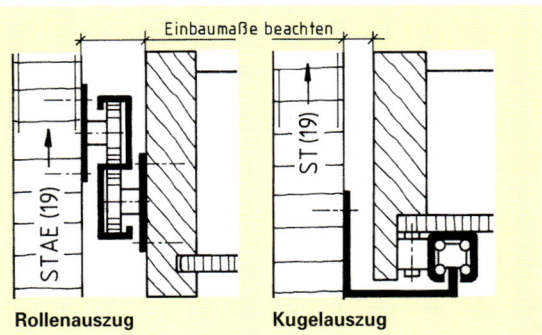

Rollenauszug   Kugelauszug

3 Mechanische Schubkastenführungen

Aufgabe 2.19

Beistellschrank in Rüster furniert

Zeichnen Sie die Vorder- und Seitenansicht der Hauptzeichnung im Maßstab 1:20 und vervollständigen Sie die Teilschnitte A–A, B–B und C–C im Maßstab 1:1.

Konstruieren Sie die Zinkeneinteilung für Vorder- und Hinterstück.

Konstruktion: Platte/Seite: Auf Gehrung mit Formfeder
Boden/Seite: Stumpf gedübelt

Zeichenblatt: DIN-A4-Hochformat.

Aufgabe 2.20

Dielenschrank in Kiefer furniert

Zeichnen Sie die Vorderansicht der Hauptzeichnung im Maßstab 1:10 und vervollständigen Sie die Teilschnitte A–A und B–B im Maßstab 1:1.

Zeichenblatt: DIN-A4-Hochformat.

Aufgabe 2.21

Nachtschränkchen in Mahagoni furniert

Zeichnen Sie die Vorder- und Seitenansicht der Hauptzeichnung im Maßstab 1:10 und vervollständigen Sie die Schnitte A–A, B–B und C–C im Maßstab 1:1.

Der Schubkasten ist gedübelt.

Zeichenblatt: DIN-A4-Hochformat.

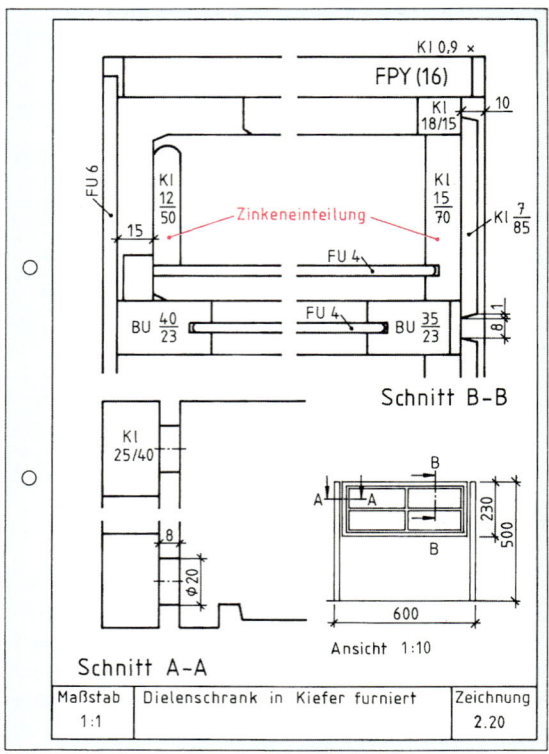

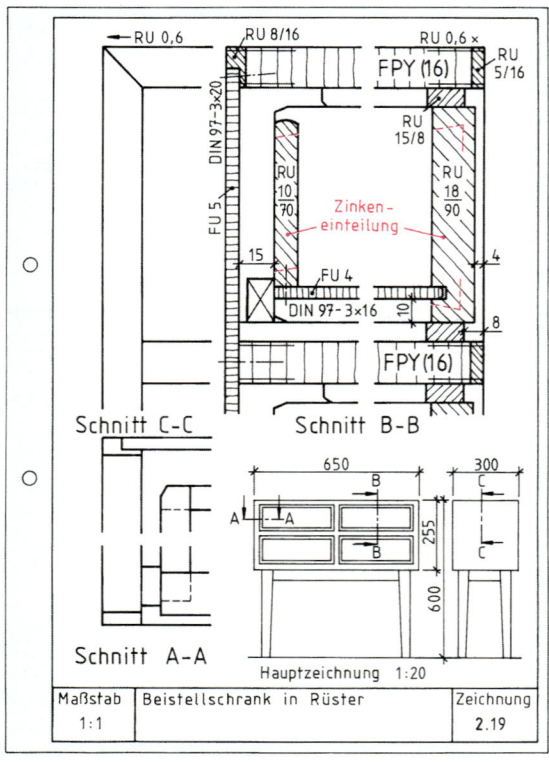

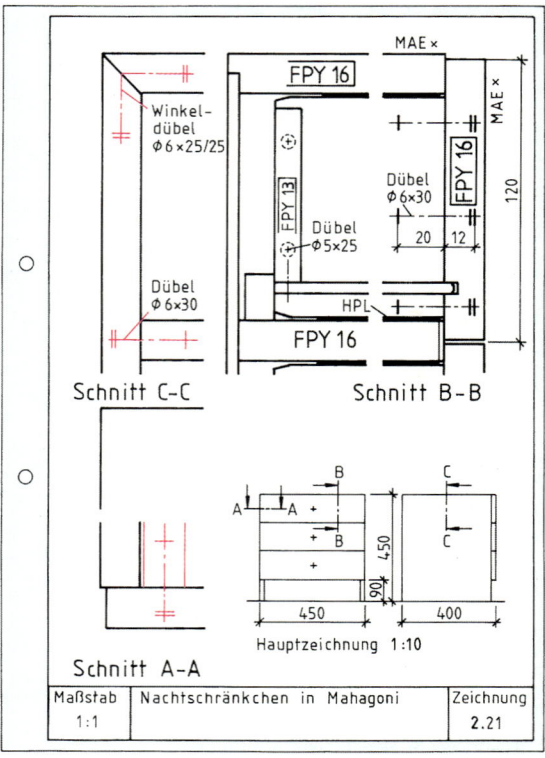

Räumliche Darstellung	Darstellung nach DIN 919

2.5.2 Innenschubkästen

Bei der Konstruktion aller Innenschubkästen ist darauf zu achten, dass sie sich bereits bei einem Öffnungswinkel der Drehtür von 90° herausziehen lassen (Abb. 1).

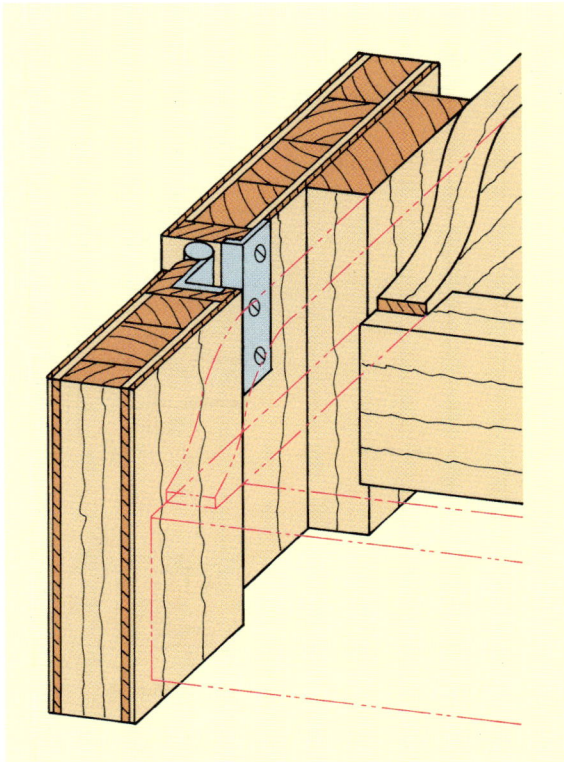

1 Innen liegender Schubkasten

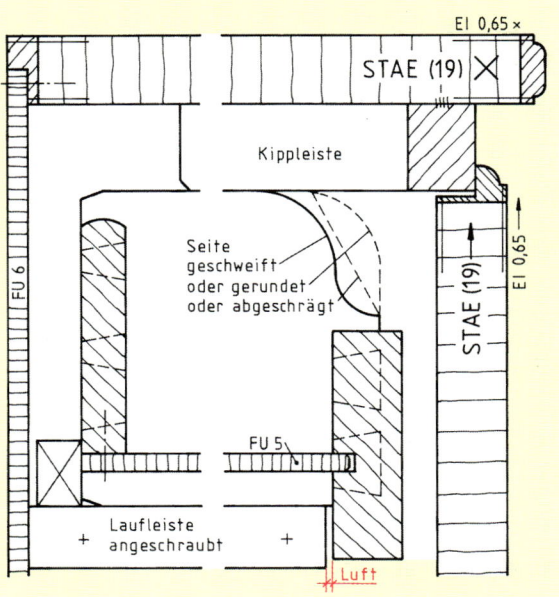

Bei den Innenschubkästen unterscheidet man normale Schubkästen, englische Züge und Tablettauszüge. Englische Züge laufen oft auf ausgefälzten Führungsleisten, die an den Korpusseiten befestigt werden (Abb. 2).

2 Englischer Zug auf Laufleiste

Aufgabe 2.22

Zeichnen Sie die Teilschnitte mit Zinkeneinteilung im Maßstab 1:1.

a) Englischer Zug mit eckigem Vorderstück und geschweifter Seite,

b) Englischer Zug mit abgerundetem Vorderstück und gerundeter Seite.

Zeichenblatt: DIN-A4-Hochformat.

Aufgabe 2.23

**Schränkchen in Macoré furniert
mit innen liegendem englischen Zug**

Zeichnen Sie die Vorder- und Seitenansicht der Hauptzeichnung im Maßstab 1:20.

Zeichnen und vervollständigen Sie die Teilschnitte A–A, B–B und C–C im Maßstab 1:1 mit Zinkeneinteilung.

Fehlende Maße und Angaben sind selbst zu bestimmen.

Zeichenblatt: DIN-A4-Hochformat.

Aufgabe 2.24

**Schränkchen in Eiche furniert
mit innen liegenden Schubkästen**

Zeichnen Sie die Vorder- und Seitenansicht der Hauptzeichnung im Maßstab 1:20.

Zeichnen und vervollständigen Sie die Teilschnitte A–A, B–B und C–C im Maßstab 1:1 mit Zinkeneinteilung.

Fehlende Maße und Angaben sind selbst zu bestimmen.

Zeichenblatt: DIN-A4-Hochformat.

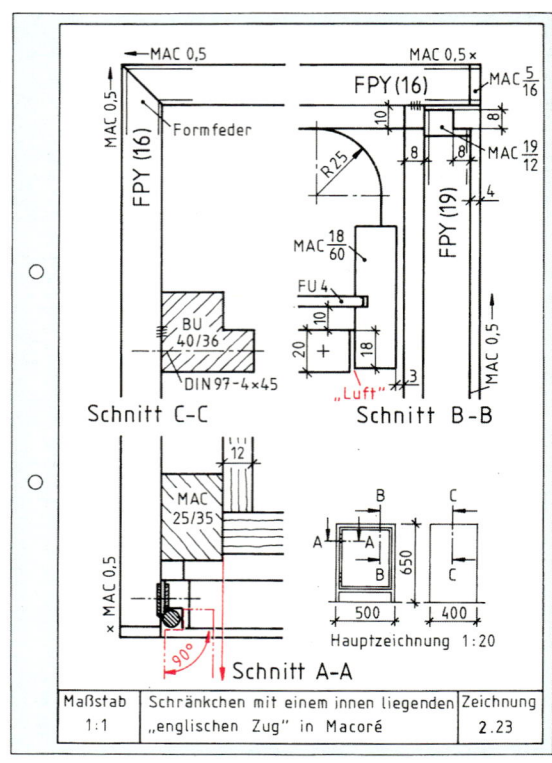

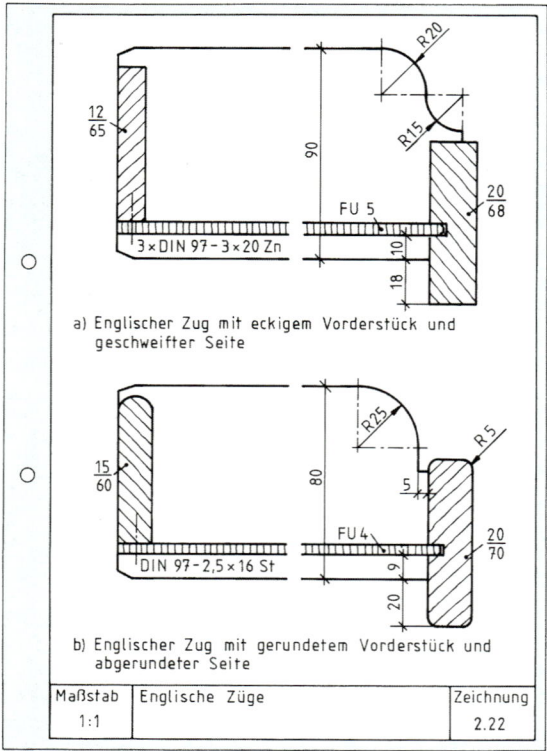

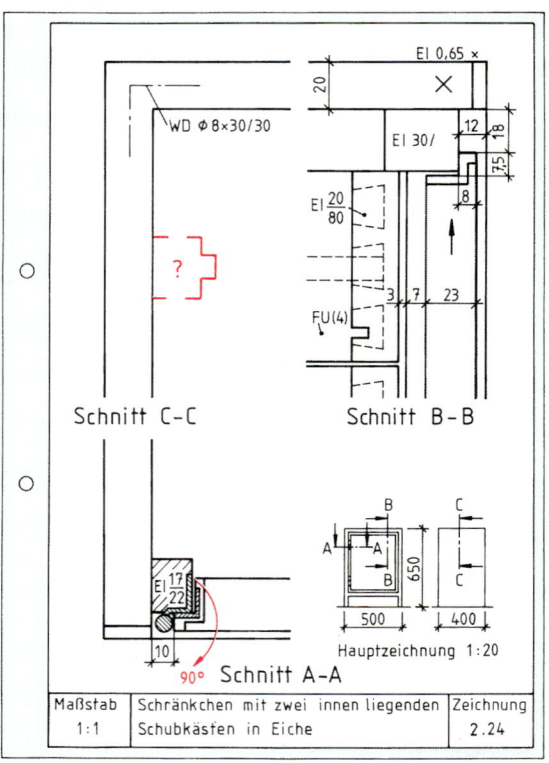

2.6 Wahre Längen und Winkel bei Trichterverbindungen

Sollen trichterförmige Behälter hergestellt werden, so sind die Winkel der „Brüstungen" **nicht mehr 90°**.

Die wahren Längen und wahren Winkel können durch Umklappungen in eine parallele Lage zur Zeichenebene ermittelt werden.

Räumliche Darstellung	Darstellung nach DIN 919

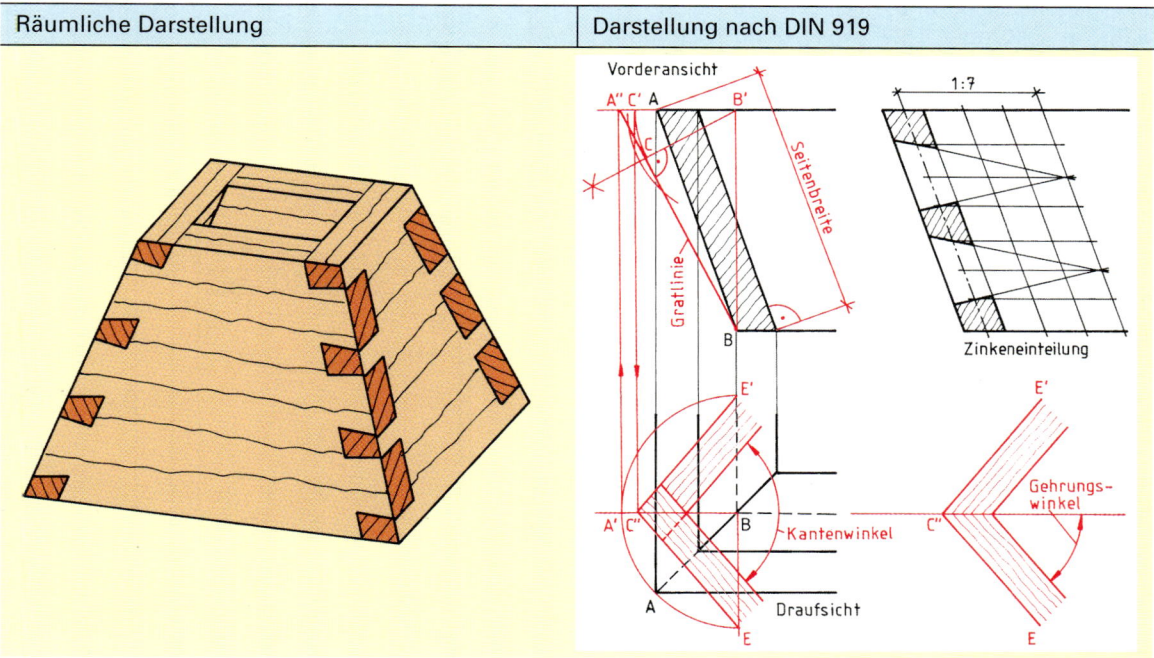

1 Konstruktion der Zinken und wahrer Längen und wahrer Winkel bei Trichterverbindungen

Lösungshinweise für Trichterverbindungen (Abb. 1)

1. Konstruktion der wahren Seitenbreite

– Tragen Sie den rechten Winkel an den äußeren Ecken der Seite an.

2. Konstruktion der wahren Länge der Gratlinie

– Der Kreis mit dem Radius AB um B in der Draufsicht ergibt auf der waagrechten Verlängerung von B den Punkt A' und in der senkrechten Verlängerung die Punkte E und E'.
– A' in die Vorderansicht projiziert ergibt auf der waagerechten Verlängerung der Oberkante den Punkt A''.
– A''B ist die wahre Länge der Gratlinie.

3. Konstruktion der wahren Kantenwinkel

– Fällen Sie das Lot von Punkt B' der Vorderansicht auf die Gratlinie – ergibt Punkt C.
– Der Kreisbogen mit B'C um B' ergibt auf der waagerechten Verlängerung der Vorderansicht den Punkt C'.
– C' auf die gedrehte Gratlinie A'B gelotet, ergibt den Punkt C''.
– Die Verbindungslinien von C'' zu den Schnittpunkten E und E' ergeben den Kantenwinkel.

Aufgabe 2.25

Konstruieren und zeichnen Sie die wahren Längen und wahren Winkel von einem allseitig und gleichmäßig geneigten Einfülltrichter. Maßstab 1:1.
Zeichenblatt: DIN-A4-Hochformat.

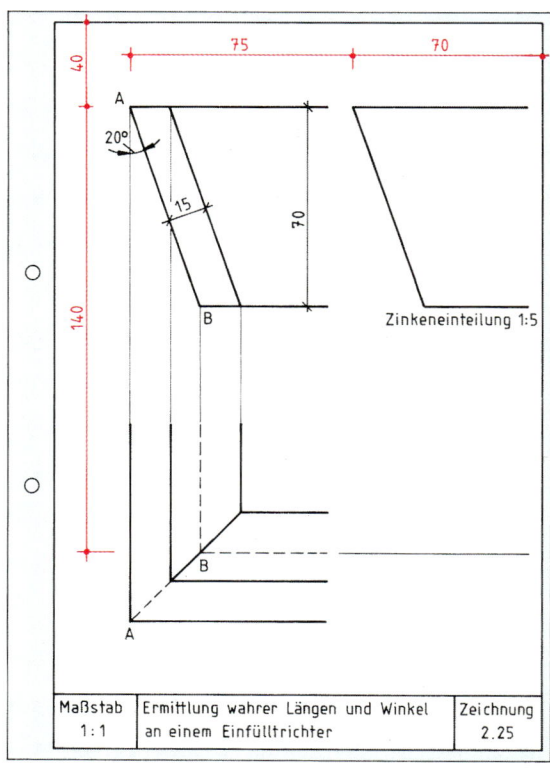

3 Möbelkonstruktionen

3.1 Möbelzeichnungen

3.1.1 Hauptzeichnung

Zu jeder Fertigungszeichnung gehört die Hauptzeichnung (früher Gesamtzeichnung) mit Vorder- und Seitenansicht und ggf. der Draufsicht im Maßstab 1:10 oder 1:20. Diese Hauptzeichnung soll alle Hauptmaße und die Lage der Schnitte enthalten (Abb. 1).

Die Draufsicht in der Hauptzeichnung wird nur benötigt, wenn aus der Vorder- und Seitenansicht nicht eindeutig zu erkennen ist, wie das Werkstück in der Draufsicht „aussieht" (Abb. 2).

3.1.2 Fertigungszeichnung

Die Fertigungszeichnung bzw. der Fertigungsriss oder der Brettaufriss (Abb. 3) sind die Zeichnungen, nach denen das Werkstück in der Werkstatt hergestellt wird. Sie werden im Maßstab 1:1 gezeichnet und enthalten neben der inneren Konstruktion alle Angaben über Werkstoffe, Verbindungsarten und Verbindungsmittel, Beschläge, Verglasungssysteme, Oberflächenbehandlung u.a. Am wichtigsten sind die Maßangaben für die Fertigung.

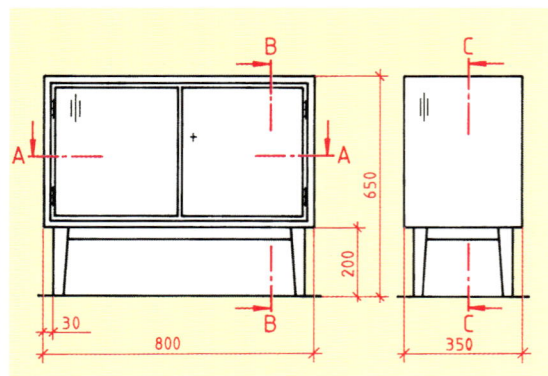

1 Hauptzeichnung (Vorder- und Seitenansicht im Maßstab 1:10 mit Hauptmaßen und Lage der Schnitte

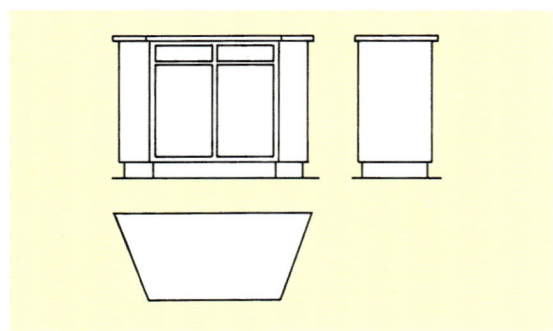

2 Hauptzeichnung mit Draufsicht im Maßstab 1:20

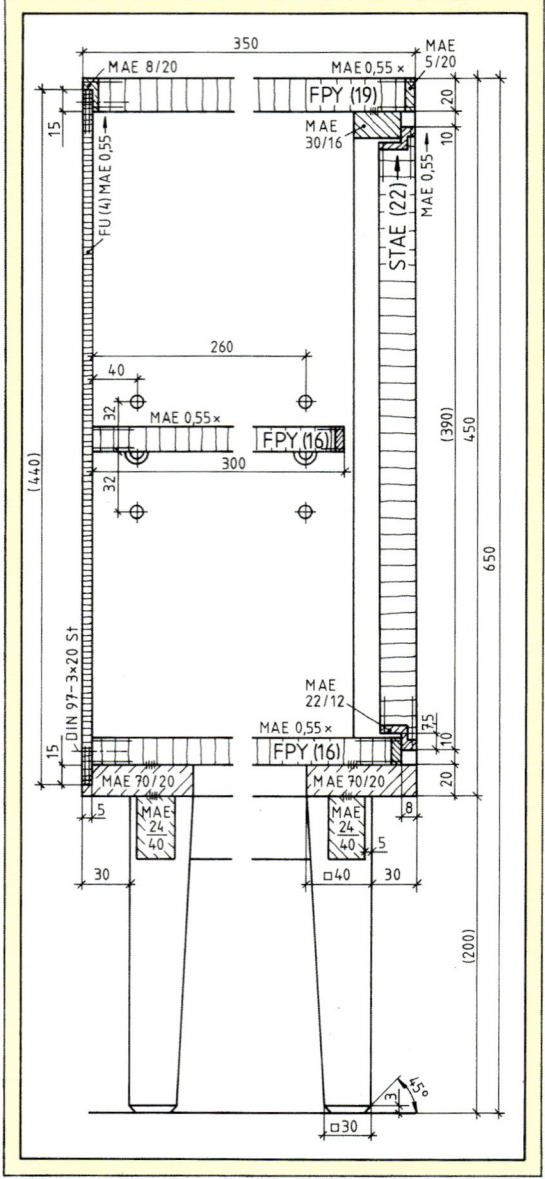

3 Brettaufriss (Vertikalschnitt B–B)

3.1.3 Teilschnittzeichnung

Die Teilschnittzeichnung ist eine besondere Art der Fertigungszeichnung. In ihr werden ebenfalls alle konstruktiven Einzelheiten im Maßstab 1:1 dargestellt. Da die Werkstücke hierbei jedoch nicht in voller Größe gezeichnet werden können (fehlende Zeichenblattgröße), werden die Schnitte unterbrochen und erhalten die volle Maßangabe – früher Teilschnittzeichnung mit sog. Fehlmaßen (Abb. 1, Seite 441).

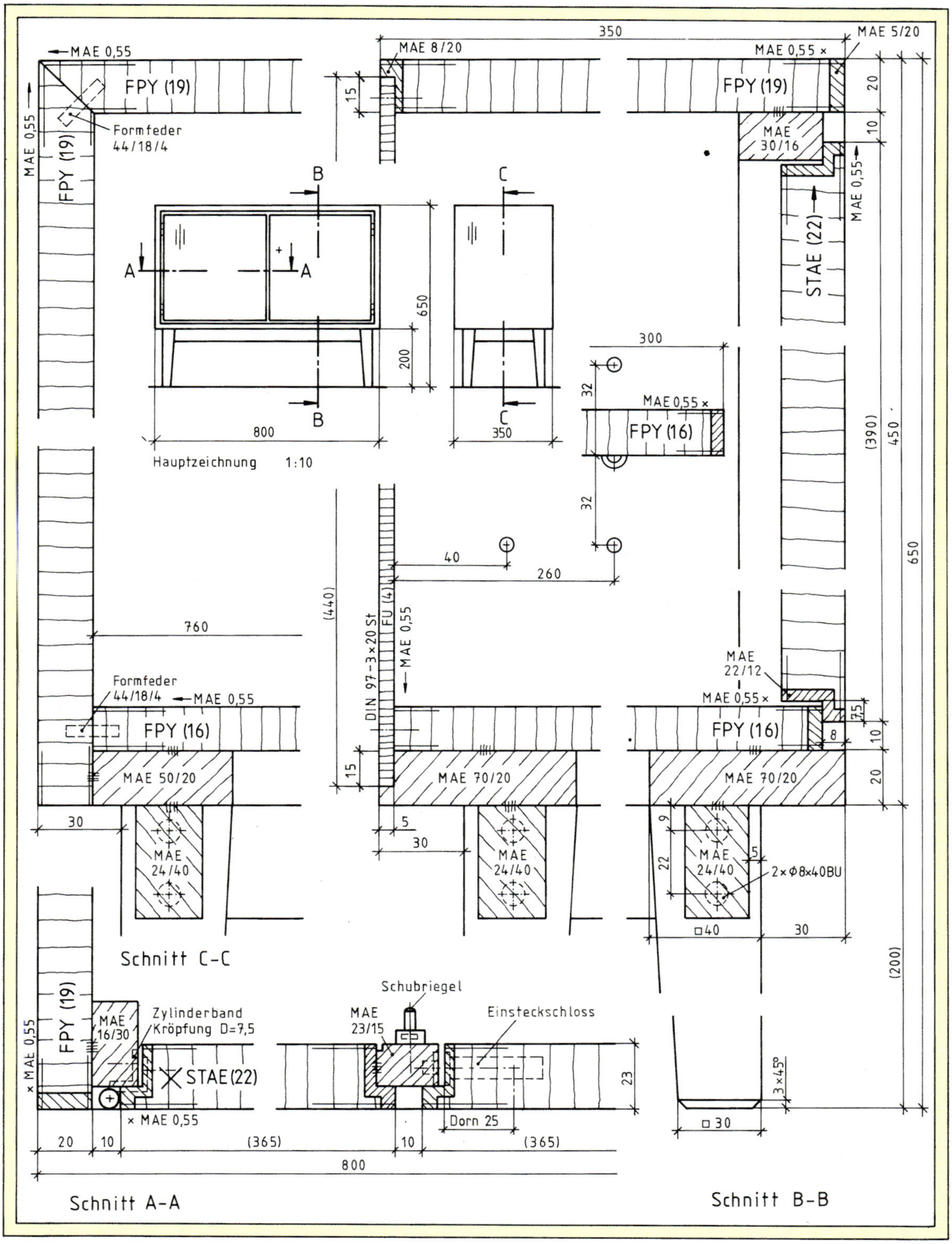

MAE 0,55

FPY (19)

Formfeder 44/18/4

MAE 0,55

FPY (19)

350

MAE 8/20

15

MAE 5/20

MAE 0,55 ×

FPY (19)

20

MAE 30/16

10

MAE 0,55

STAE (22)

B

C

A ——— A

650

200

B

C

800

350

Hauptzeichnung   1:10

300

32

MAE 0,55 ×

FPY (16)

32

(390)

450

650

(440)

40

260

DIN 97–3×20 St

FU (4)

MAE 0,55

760

Formfeder 44/18/4 — MAE 0,55

FPY (16)

MAE 50/20

15

MAE 70/20

30

5

30

MAE 24/40

MAE 24/40

MAE 22/12

MAE 0,55 ×

FPY (16)

MAE 70/20

25

8

10

20

9

22

MAE 24/40

5

2×⌀8×40BU

□40

30

(200)

Schnitt C-C

FPY (19)

× MAE 0,55

MAE 16/30

Zylinderband Kröpfung D=7,5

STAE (22)

× MAE 0,55

20   10   (365)

800

Schnitt A-A

Schubriegel

MAE 23/15

Einsteckschloss

23

Dorn 25

10   (365)

3×45°

□30

□30

Schnitt B-B

1 Teilschnittzeichnung eines Dielenschränkchens (Musterlösung)

3.2 Plattenbaumöbel

Bei Plattenbaumöbeln besteht der Korpus aus Sperrholzplatten (Tischlerplatten) oder Holzspanplatten, die furniert oder mit Kunststoff beschichtet sind. Die Kanten der Platten erhalten Furnierumleimer oder Ein- bzw. Umleimer aus Vollholz. Bei profilierten Kanten sind aber stets Ein- bzw. Umleimer aus Vollholz notwendig (Abb. 1…4).

Die Verbindungen der Seiten mit den Böden erfolgt in der Regel stumpf oder auf Gehrung mit Federn oder Dübeln. Lösbare Verbindungsbeschläge ermöglichen das Zerlegen der Möbel für den Transport (Abb. 5…8).

Möbel, die in Plattenbauweise hergestellt werden, erhalten als tragende oder stützende Teile einen Sockel oder ein Fußgestell. Es können aber auch die Seiten als tragendes Element (Wangen) durchgehen (Abb. 9…13).

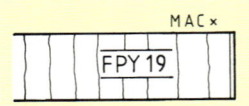

1 Plattenkante furniert

2 Umleimer aus Vollholz, nach dem Furnieren angebracht

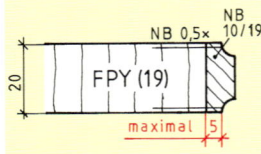
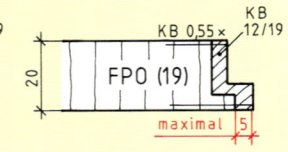

3 Einleimer aus Vollholz, vor dem Furnieren angebracht

4 Einleimer aus Vollholz, vor dem Furnieren angebracht

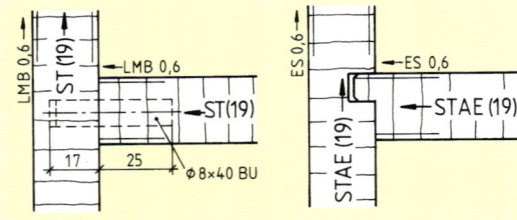

5 Stumpf – gedübelt

6 Nut und Feder

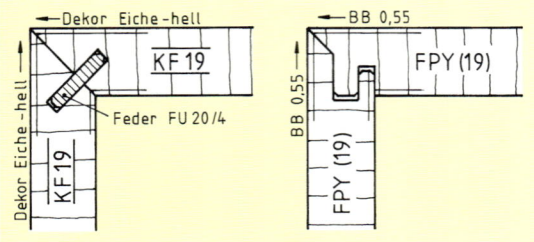

7 Auf Gehrung (gefedert)

8 Auf Gehrung (gespundet)

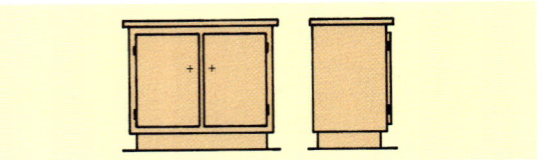

9 Plattenmöbel mit Sockel

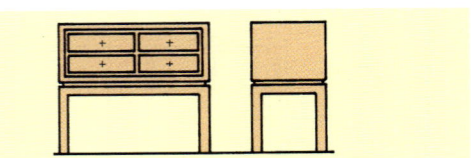

10 Plattenmöbel mit Fußgestell und Schattennut

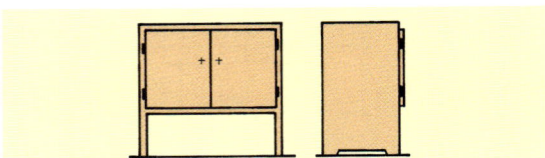

11 Plattenmöbel mit durchgehender Seite (Wange)

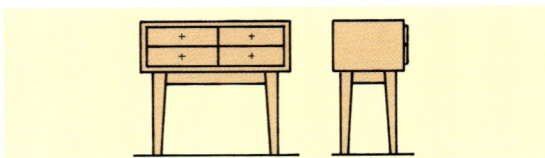

12 Plattenmöbel mit Zargengestell

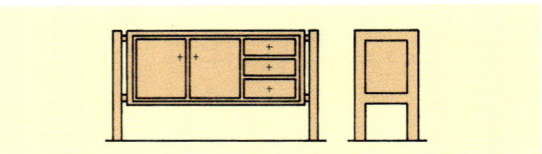

13 Plattenmöbel mit Traggestell und Abstandshalter

Aufgabe 3.1, Seite 443

Anrichte in Esche mit Zargengestell

Zeichnen Sie die Hauptzeichnung im Maßstab 1:10 und die Schnitte C–C und D–D und vervollständigen Sie die Schnitte A–A und B–B der Teilschnittzeichnung im Maßstab 1:1 mit Bemaßung. Fehlende Maße sind selbst zu bestimmen.

Aufgabe 3.2, Seite 444

Anrichte mit Traggestell und Abstandshalter in Eiche

Zeichnen Sie die Hauptzeichnung im Maßstab 1:20. Zeichnen Sie den Schnitt B–B und vervollständigen Sie die Schnitte A–A und C–C der Teilschnittzeichnung im Maßstab 1:1 mit Bemaßung. Konstruieren Sie die Korpusverbindungen nach eigener Wahl.

Aufgabe 3.3, Seite 445

Dielenschränkchen mit Fußgestell in Nussbaum

Aufgabenstellung wie unter 3.2. Die Profile können nach eigener Wahl gestaltet werden. Fehlende Maße sind selbst zu bestimmen.

Zeichenblätter: jeweils DIN-A3-Hochformat.

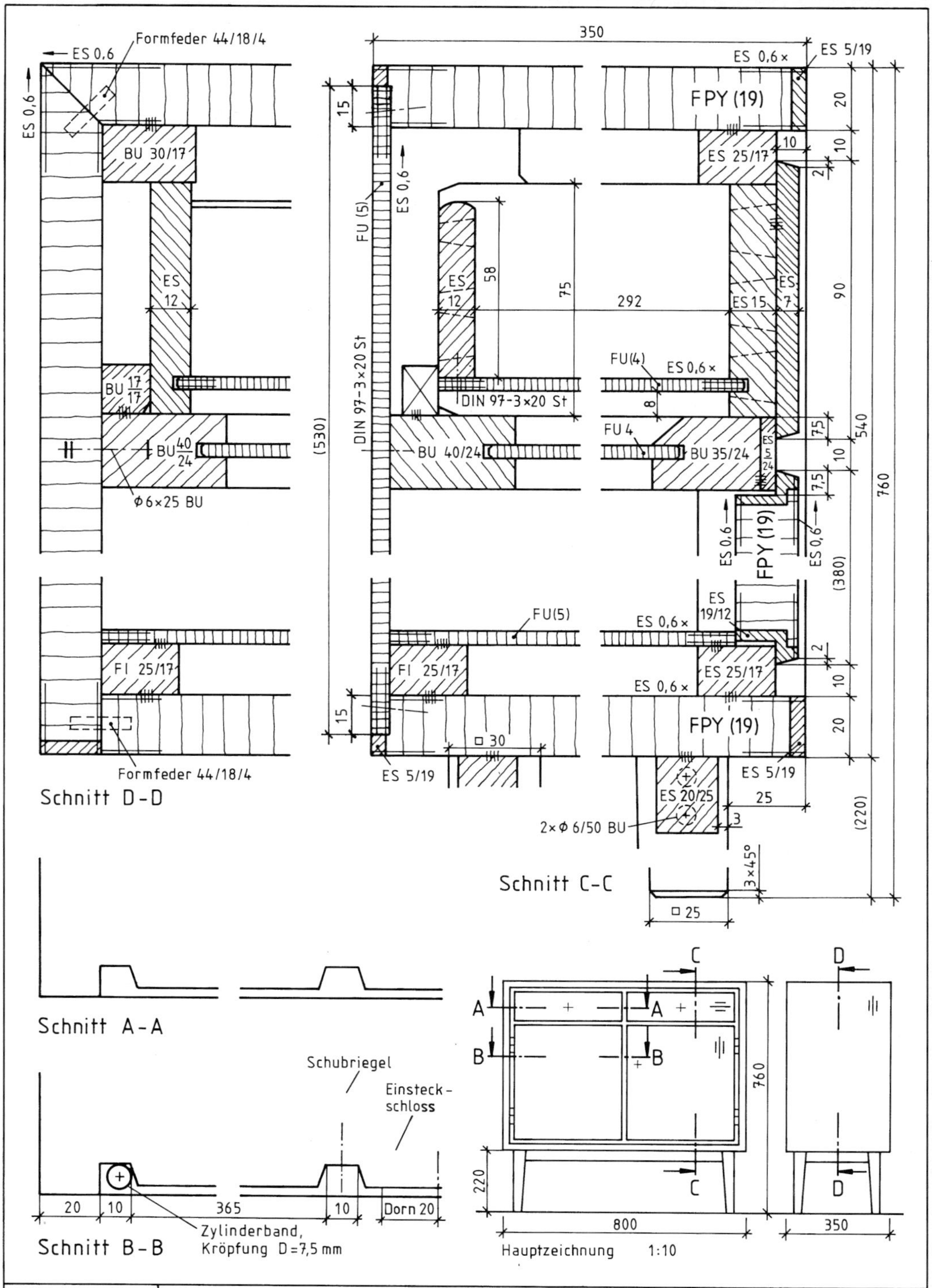

Schnitt D-D

Schnitt C-C

Schnitt A-A

Schnitt B-B

Hauptzeichnung   1:10

Maßstab	Anrichte mit Zargengestell in Esche	Zeichnung
1:1		3.1

Der Text zu der Aufgabe steht auf Seite 442.

Schnitt C-C

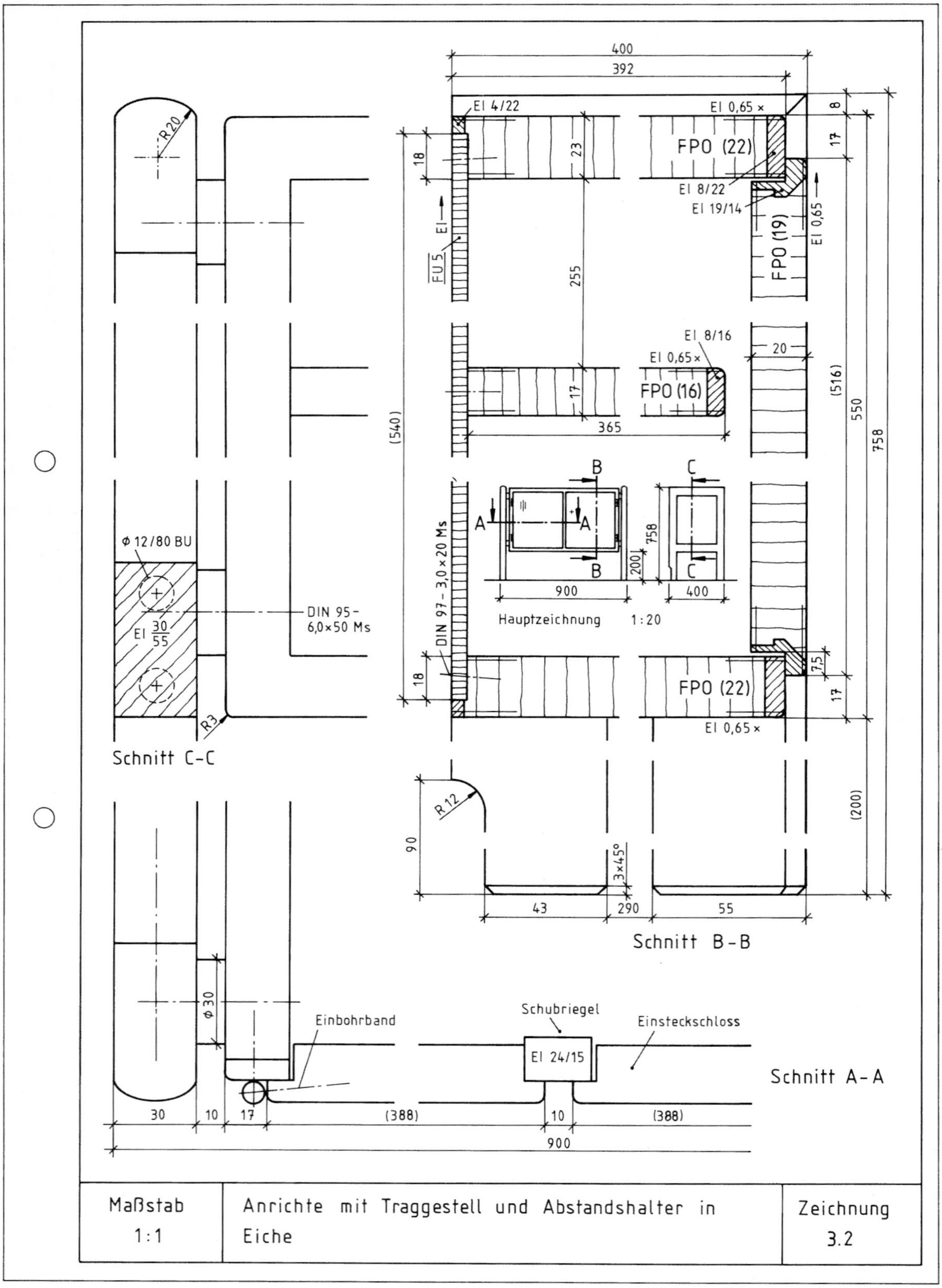

EI 4/22

EI 0,65 ×

FPO (22)

EI 8/22

EI 19/14

FPO (19)

EI 0,65

FU 5

EI 8/16

EI 0,65 ×

FPO (16)

Ø 12/80 BU

EI $\frac{30}{55}$

DIN 95 –
6,0×50 Ms

R 3

DIN 97 – 3,0 × 20 Ms

Hauptzeichnung　1:20

FPO (22)

EI 0,65 ×

R 12

Schnitt B-B

Ø 30

Einbohrband

Schubriegel

Einsteckschloss

EI 24/15

Schnitt A-A

Maßstab	Anrichte mit Traggestell und Abstandshalter in	Zeichnung
1:1	Eiche	3.2

Der Text zu der Aufgabe steht auf Seite 442.

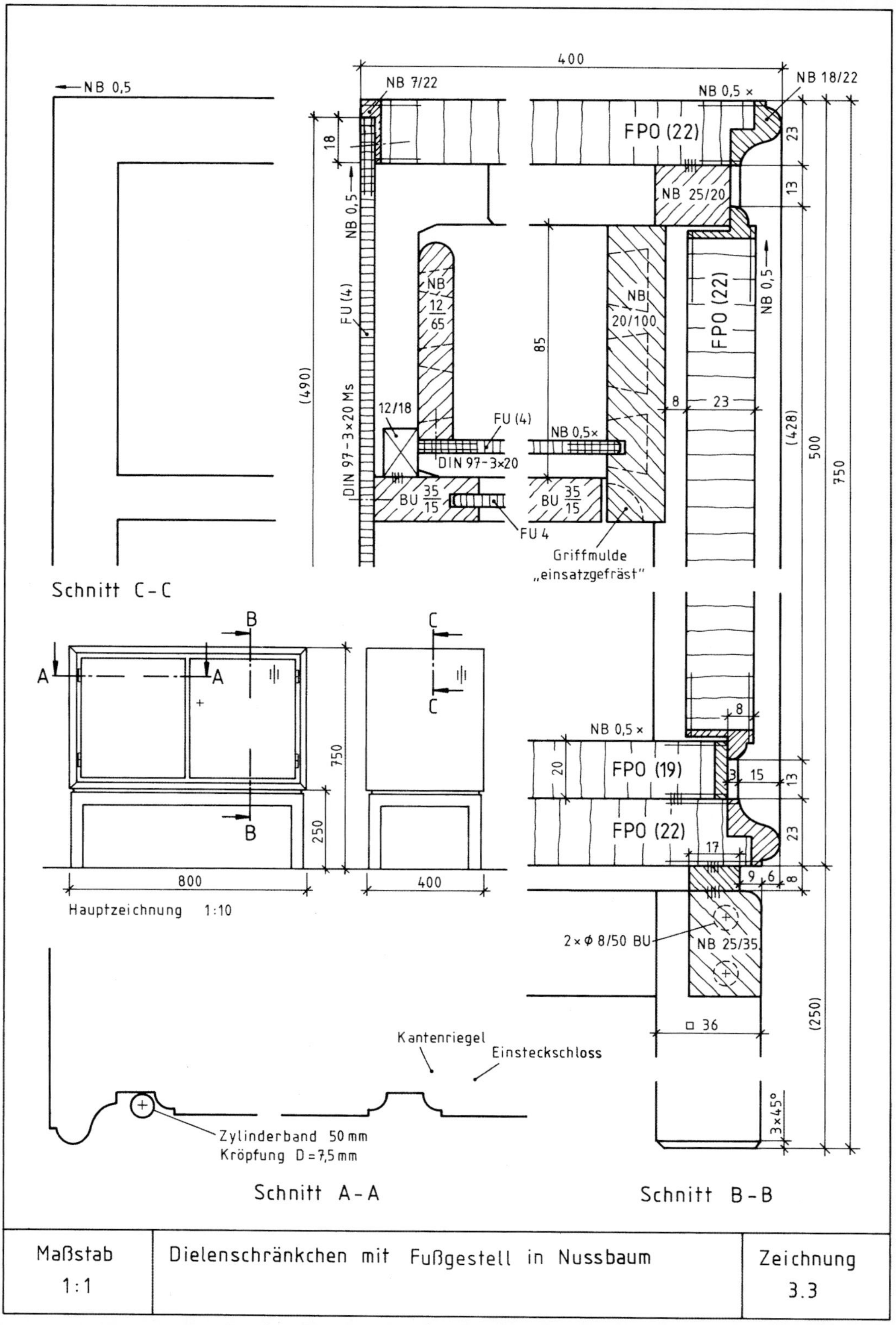

NB 0,5

400

NB 7/22

NB 18/22

NB 0,5 ×

FPO (22)

18

NB 0,5

NB 25/20

23

FU (4)

13

NB
12
65

85

NB
20/100

FPO (22)

NB 0,5

(490)

DIN 97-3×20 Ms

12/18

FU (4)

8   23

DIN 97-3×20

NB 0,5×

BU 35/15

BU 35/15

(428)

500

750

FU 4

Griffmulde
„einsatzgefräst"

Schnitt C-C

B

C

A   A

C

750

NB 0,5 ×

8

20

FPO (19)

3   15   13

250

B

FPO (22)

23

800

400

17

9   8

Hauptzeichnung 1:10

2 × ⌀ 8/50 BU

NB 25/35

(250)

□ 36

Kantenriegel

Einsteckschloss

3×45°

Zylinderband 50 mm
Kröpfung D=7,5 mm

Schnitt A-A   **Schnitt B-B**

| Maßstab 1:1 | Dielenschränkchen mit Fußgestell in Nussbaum | Zeichnung 3.3 |

Der Text zu der Aufgabe steht auf Seite 442.

3.3 Rahmenbaumöbel

Beim Rahmenmöbel werden die flächigen Korpusteile vorwiegend als Rahmen mit Füllungen gefertigt. Die Rahmenarbeit bietet bei der Formgebung der Möbel eine Vielzahl von Gestaltungsmöglichkeiten. Weiterhin wird durch die dünnere Füllungsfläche Holz eingespart. Rahmenmöbel sind leichter als Platten- und Brettmöbel; das Vollholz kann ungehindert quellen und schwinden.

Die Rahmenhölzer (Friese) sollen möglichst **stehende Jahresringe** haben: besseres Stehvermögen, geringeres Arbeiten als Riegel mit liegenden Jahresringen und besseres Aussehen (Abb. 1 und 2).

Beim Rahmenbau können die aufrechten oder die quer liegenden Rahmenhölzer durchgehen. Der Rahmen kann aber auch auf Gehrung gefertigt werden (Abb. 3...5).

Geeignete Rahmenverbindungen sind stumpf oder auf Gehrung gestaltet und u.a. mit Schlitz und Zapfen, Doppelzapfen, gestemmten Zapfen, Federn oder Dübeln zusammengefügt.

Die Füllungen werden z.B. aus Vollholz, Sperrholz, Spanplatten oder Glas hergestellt.

> Füllungen müssen sich frei im Rahmen bewegen können, sie dürfen nicht eingeleimt werden.

Zur Aufnahme der Füllungen werden die Rahmen genutet oder gefälzt. Glasfüllungen sind stets einzufälzen – Glasleiste lösbar – (Abb. 6...9).

Die Korpusecken können „stumpf" miteinander verleimt werden (Längsholz an Längsholz). Besser ist jedoch, die Verbindung durch Dübel, Federn u.a. zu verstärken (Abb. 10).

Rahmenmöbel erhalten als tragende oder stützende Teile **Sockel** oder **Fußgestelle**. Auch können die aufrechten Rahmen an den Seiten durchgehen. Besser ist jedoch die Kombination mit **Stollen** als tragende oder stützende Elemente (vgl. Stollenmöbel).

Aufgabe 3.4, Seite 447

Möbeltruhe in Eiche

Zeichnen Sie die Hauptzeichnung im Maßstab 1:10 auf einem Zeichenblatt DIN-A4-Hochformat in Vorderansicht, Seitenansicht und Draufsicht mit den Hauptmaßen.

Zeichnen und vervollständigen Sie die Schnitte A–A und B–B der Teilschnittzeichnung im Maßstab 1:1 mit vollständiger Bemaßung. Die Profile sind nach eigener Wahl zu gestalten.

Die Klappe wird mit einem Klappenhalter (Arretierung) gesichert.

Zeichenblatt: DIN-A3-Hochformat.

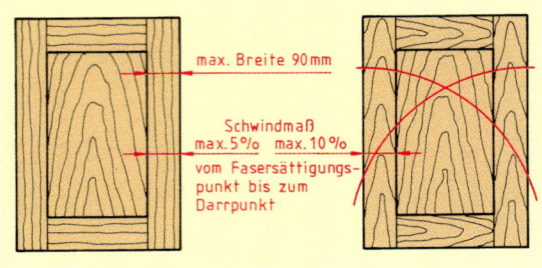

1 Stehende Jahresringe „ruhiges Bild"   **2 Liegende Jahresringe** „unruhiges Bild"

3 Aufrechte Rahmenstücke gehen durch   **4 Quer liegende Rahmenstücke gehen durch**   **5 Rahmen auf Gehrung**

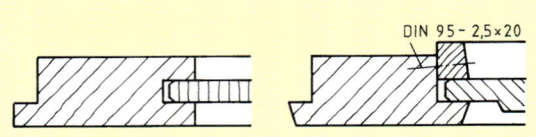

6 Sperrholzfüllung in Rahmennut   **7 Vollholzfüllung in Falz mit Füllungsleiste**

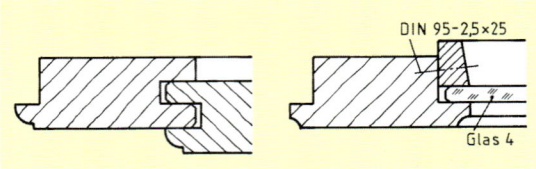

8 Überschobene Vollholzfüllung   **9 Glasfüllung im Falz mit lösbarer Glasleiste**

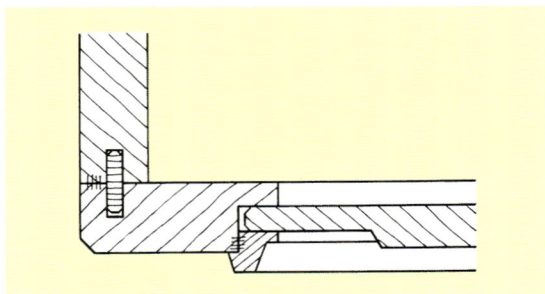

10 Korpusecke, verleimt mit FU-Feder

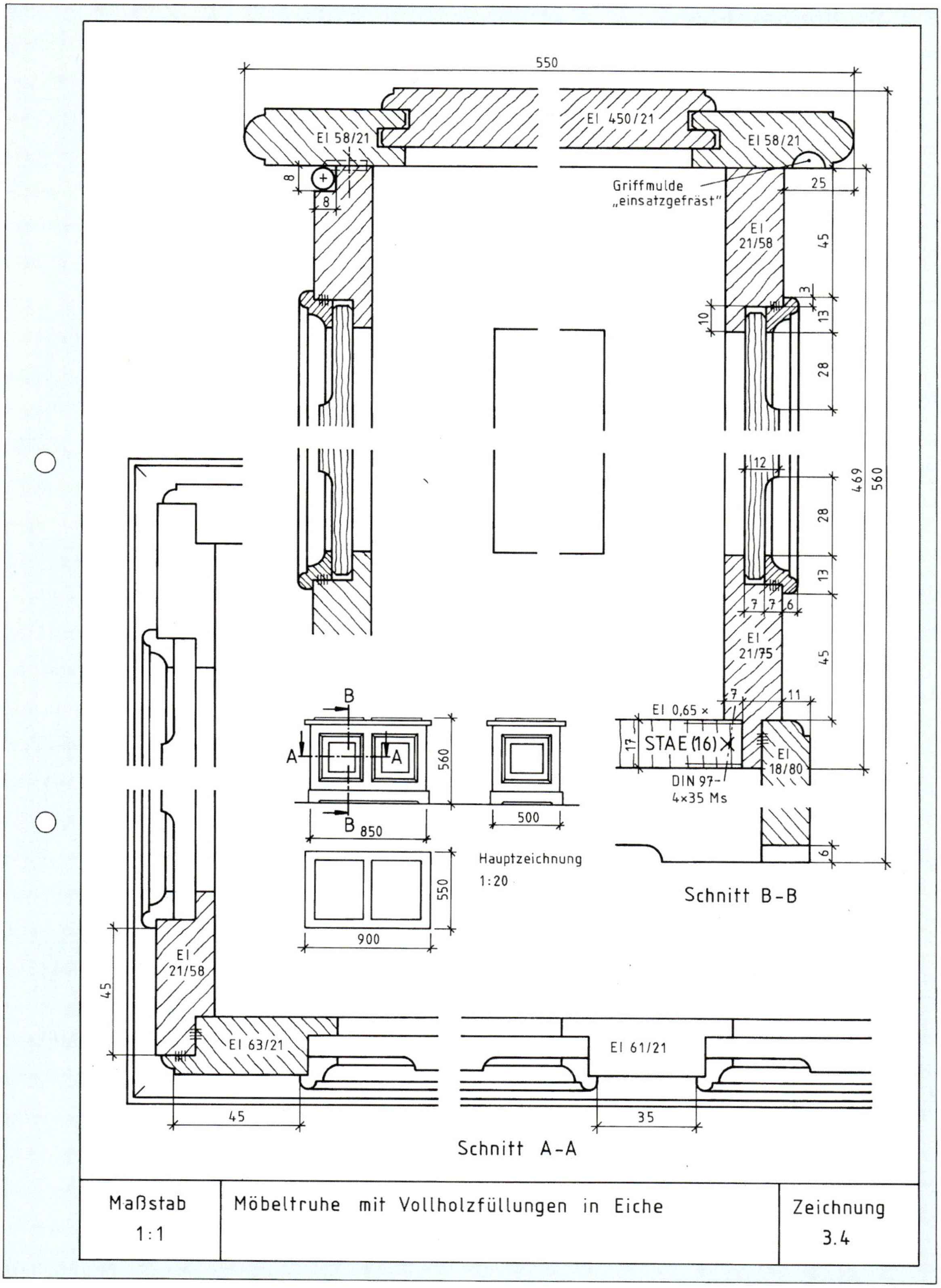

550

EI 450 / 21

EI 58/21

EI 58/21

8

8

Griffmulde
„einsatzgefräst"

25

EI
21/58

45

3

10

13

28

12

28

13

469

560

7 7 6

EI
21/75

45

EI 0,65 ×

STAE (16) ×

17

DIN 97
4×35 Ms

7

11

EI
18/80

6

Schnitt B-B

B

A

A

B

560

850

500

Hauptzeichnung
1:20

550

900

EI
21/58

45

EI 63/21

EI 61/21

45

35

Schnitt A-A

Maßstab 1:1	Möbeltruhe mit Vollholzfüllungen in Eiche	Zeichnung 3.4

Der Text zu der Aufgabe steht auf Seite 446.

3.4 Stollenbaumöbel

Beim Stollenmöbel werden die tragenden und stützenden Stollen zum herausragenden und beherrschenden Gestaltungselement. Die Stollen werden in der Regel mit den Seiten verbunden und bilden eine Einheit. Die Seiten, Türen, Böden, Platten und Rückwände können in Form von Rahmen oder Platten gearbeitet sein (Abb. 1...3).

Da die Seiten dünner als die Stollen sind, müssen die Ecken der Böden entsprechend der Form der Stollen ausgeklinkt werden (Abb. 1).

Die Verbindungen der Querleisten (Traverse) mit den Stollen werden gedübelt (Abb. 4), gezapft (Abb. 5) oder bei der oberen Traverse aufgezinkt (Abb. 6).

Die Türen können direkt an die Stollen angeschlagen werden. Eine bessere Gestaltungsmöglichkeit ist jedoch, Türen und Stollen durch eine Schattennut optisch zu trennen (Abb. 7...8).

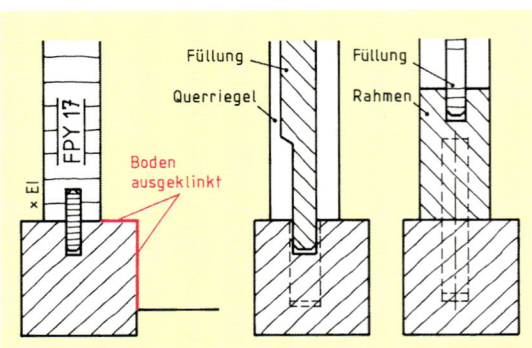

1 Stollen mit Seite aus Plattenwerkstoff

2 Stollen als senkrechtes Rahmenholz

3 Stollen mit Seite aus Rahmen mit Füllung

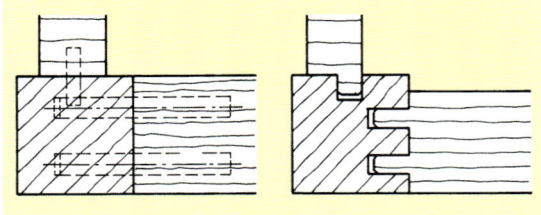

4 Stollen und Traverse gedübelt

5 Stollen und Traverse gezapft

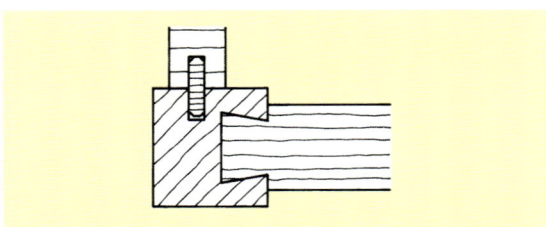

6 Stollen und Traverse aufgezinkt

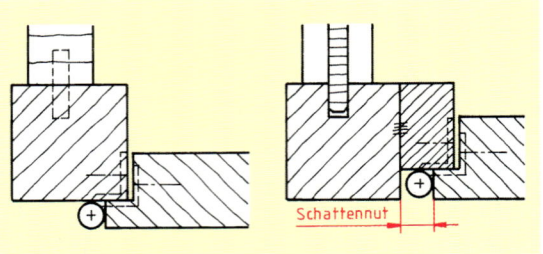

7 Tür direkt am Stollen angeschlagen

8 Stollen und Tür optisch getrennt

Die obere Platte wird in der Regel aufgeleimt und steht gegenüber dem Möbelkorpus etwas über. Die Stollen können aber auch als zusätzliches Gestaltungselement mit dem oberen Boden abschließen oder ihn überragen.

Sollen Stollenmöbel harmonisch und zierlich wirken, so werden die Stollen ab Korpusunterkante innen verjüngt.

Eine innere und äußere Verjüngung mindert die optische Wirkung der Standfestigkeit.

Eine **nur** äußere Verjüngung ist stilistisch völlig **falsch** (Abb. 9).

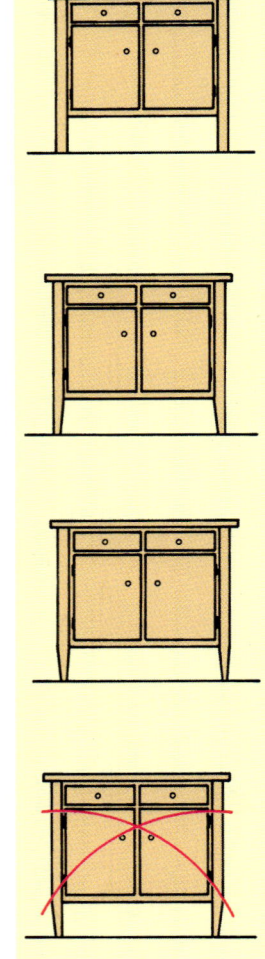

9 Möbelstollen

Aufgabe 3.5, Seite 449

Dielenschränkchen in Esche

Zeichnen Sie die Hauptzeichnung im Maßstab 1:10.

Zeichnen und vervollständigen Sie die Schnitte A–A, B–B und C–C der Teilschnittzeichnung im Maßstab 1:1, mit vollständiger Bemaßung.

Fehlende Maße, Profile u.a. sind selbst zu bestimmen.

Zeichenblatt: DIN-A3-Hochformat.

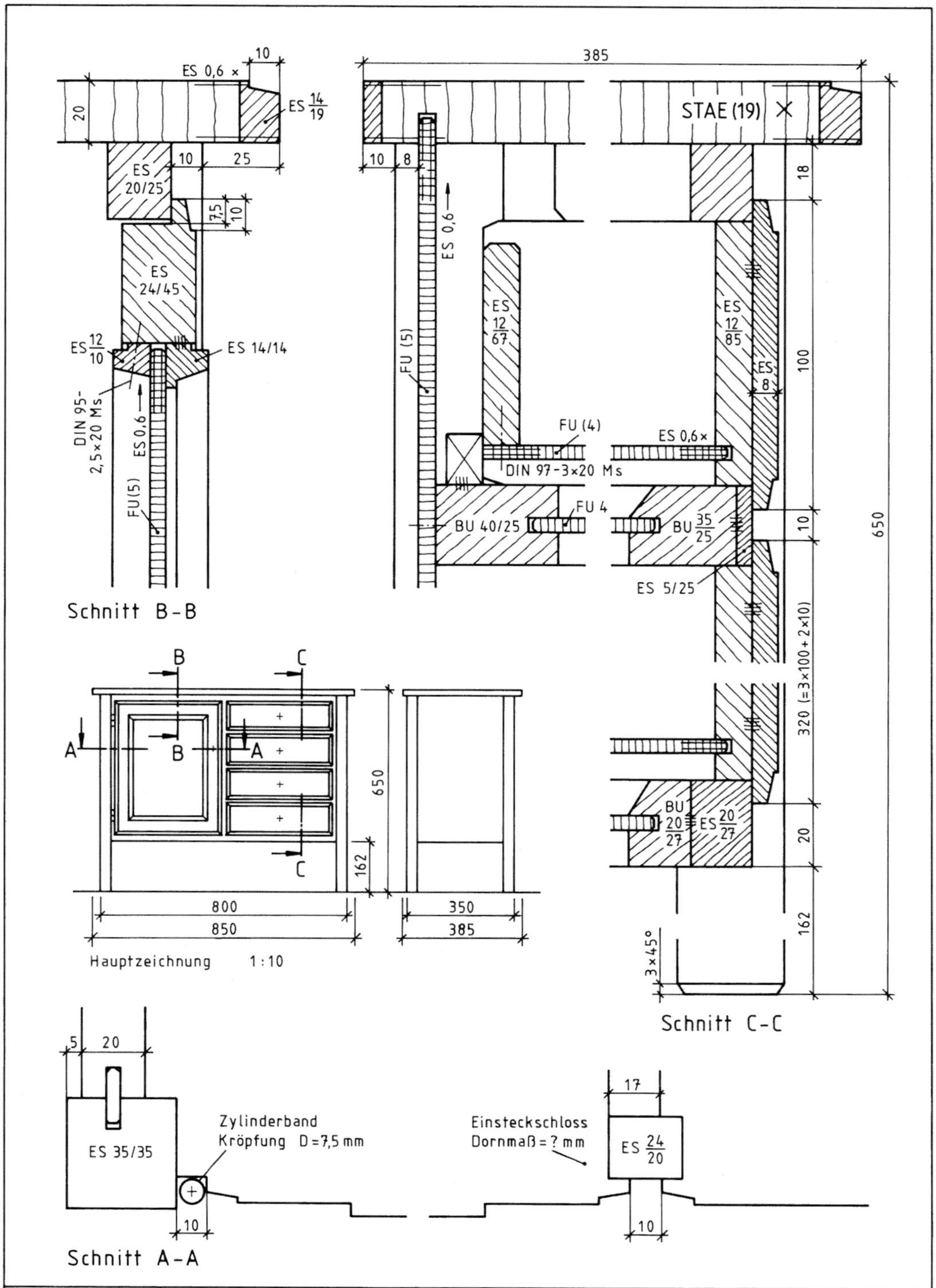

ES 0,6 × | 10
ES 14/19
20
ES 10 25
20/25
7,5
10
ES
24/45
ES 12/10 | ES 14/14
DIN 95-
2,5×20 Ms
ES 0,6
FU(5)

Schnitt B-B

385
10 | 8
FU 0,6
STAE (19) ×
18
FU (5)
ES 12/67
ES 12/85
100
ES 8
FU (4)
ES 0,6 ×
DIN 97-3×20 Ms
BU 40/25
FU 4
BU 35/25
10
ES 5/25
650
320 (=3×100+2×10)
BU 20/27 ES 20/27
20
3×45°
162

Schnitt C-C

B   C
A   A
B   +
650   +
A
162   +
+
C
800
850

Hauptzeichnung   1:10

350
385

5 | 20
Zylinderband
Kröpfung D=7,5 mm
ES 35/35
+
10

17
Einsteckschloss
Dornmaß = ? mm
ES 24/20
10

Schnitt A-A

Maßstab	Dielenschränkchen in Stollenbauweise	Zeichnung
1:1	Holzart: Esche	3.5

Der Text zu der Aufgabe steht auf Seite 448.

3.5 Brettbaumöbel

Bei der Brettbauweise von Möbeln werden die einzelnen Möbelteile aus unverleimten oder verleimten Brettern (Vollholz) hergestellt. Dabei wird in der Regel die rechte Seite des Holzes nach außen genommen, da diese die schönere Zeichnung (Textur) hat.

Bei den Verbindungen von Vollholz ist es unbedingt erforderlich, dass nur Langholz mit Langholz und Querholz mit Querholz verbunden werden (gleiche Schwindmaße). Unterschiedliche Schwindmaße führen zur Zerstörung der Verbindung bzw. zum Reißen des Holzes. Geeignete Verbindungen von Querholz sind in Abb. 1 u. 2 dargestellt.

Frei stehende Vollholzflächen (Türen und Tischplatten) müssen durch Grat- oder Hirnleisten gesichert werden, dass sie noch ungehindert arbeiten, sich aber nicht werfen können. Bei nicht durchgehenden Gratleisten ist darauf zu achten, dass die Gratnut am Ende „Luft" hat, damit die Vollholzseite „schwinden" kann (Abb. 3…5) (siehe auch Abb. 8).

Außen liegende Gratleisten sowie Eckverbindungen, an denen Hirnholz (Zinken, Keilzapfen u.a.) sichtbar ist, werden oft bewusst als gestalterisches Mittel angewendet.

Werden bei der Brettbauweise Schubkästen gefordert, so dürfen diese nicht direkt auf den Querholzböden laufen (hoher Verschleiß). Geeignete Schubkastenführungen sind Gratleisten oder Laufböden, die in die Seiten eingegratet werden (Abb. 6…7).

> Schubkästen, die von Nutleisten getragen und geführt werden, sind nur für leichte Konstruktionen geeignet.

Eine weitere Möglichkeit wäre, die Laufleiste vorne an der Seite zu befestigen (Schraube, Leim) und sie hinten mittels Langloch beweglich zu befestigen – gilt auch für Einlegeböden, die auf Leisten aufliegen – (Abb. 8).

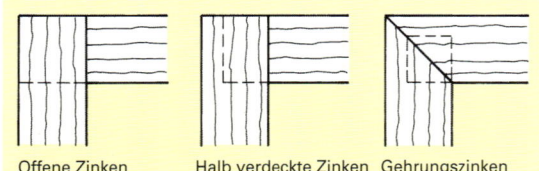

1 Eckverbindungen (Auswahl)

Offene Zinken   Halb verdeckte Zinken   Gehrungszinken

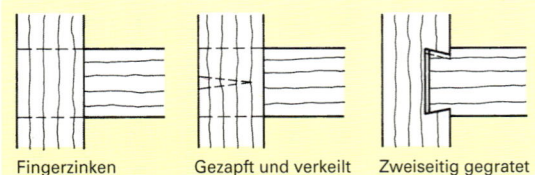

2 Zwischenverbindungen (Auswahl)

Fingerzinken   Gezapft und verkeilt   Zweiseitig gegratet

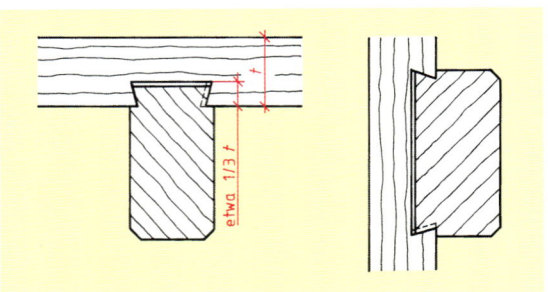

3 Stehende Gratleiste   **4 Liegende Gratleiste**

etwa 1/3 t

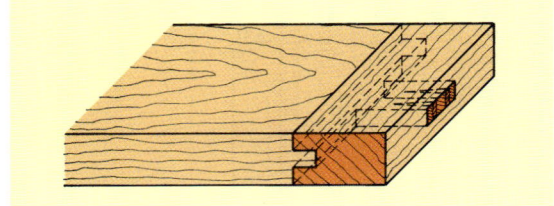

5 Hirnleiste (verkeilt)

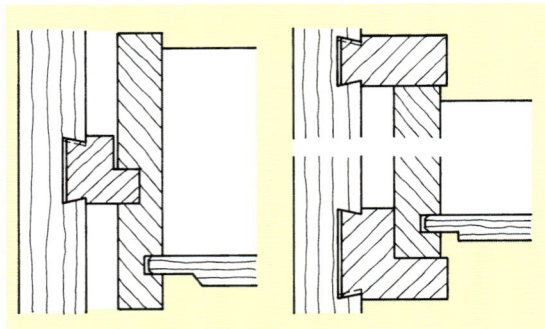

6 Führungsleiste eingegratet   **7 Lauf- und Kippleiste**
(aufgehängter Schubkasten)   **eingegratet**

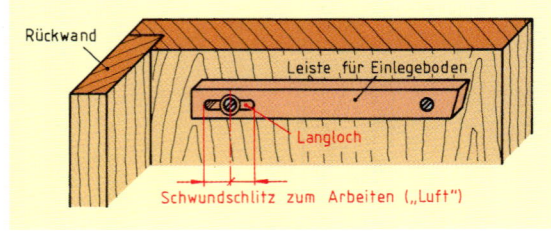

Rückwand
Leiste für Einlegeboden
Langloch
Schwundschlitz zum Arbeiten („Luft")

8 Befestigung von Leisten an Vollholzseiten

Aufgabe 3.6, Seite 451

Schränkchen in Eiche (Brettbauweise)

Zeichnen Sie die Hauptzeichnung im Maßstab 1:10. Zeichnen und vervollständigen Sie die Schnitte A–A, B–B und C–C der Teilschnittzeichnung im Maßstab 1:1.

Fehlende Maße, Konstruktionen, Profile u.a. sind selbst zu bestimmen.

Zeichenblatt: DIN-A3-Hochformat.

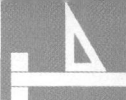

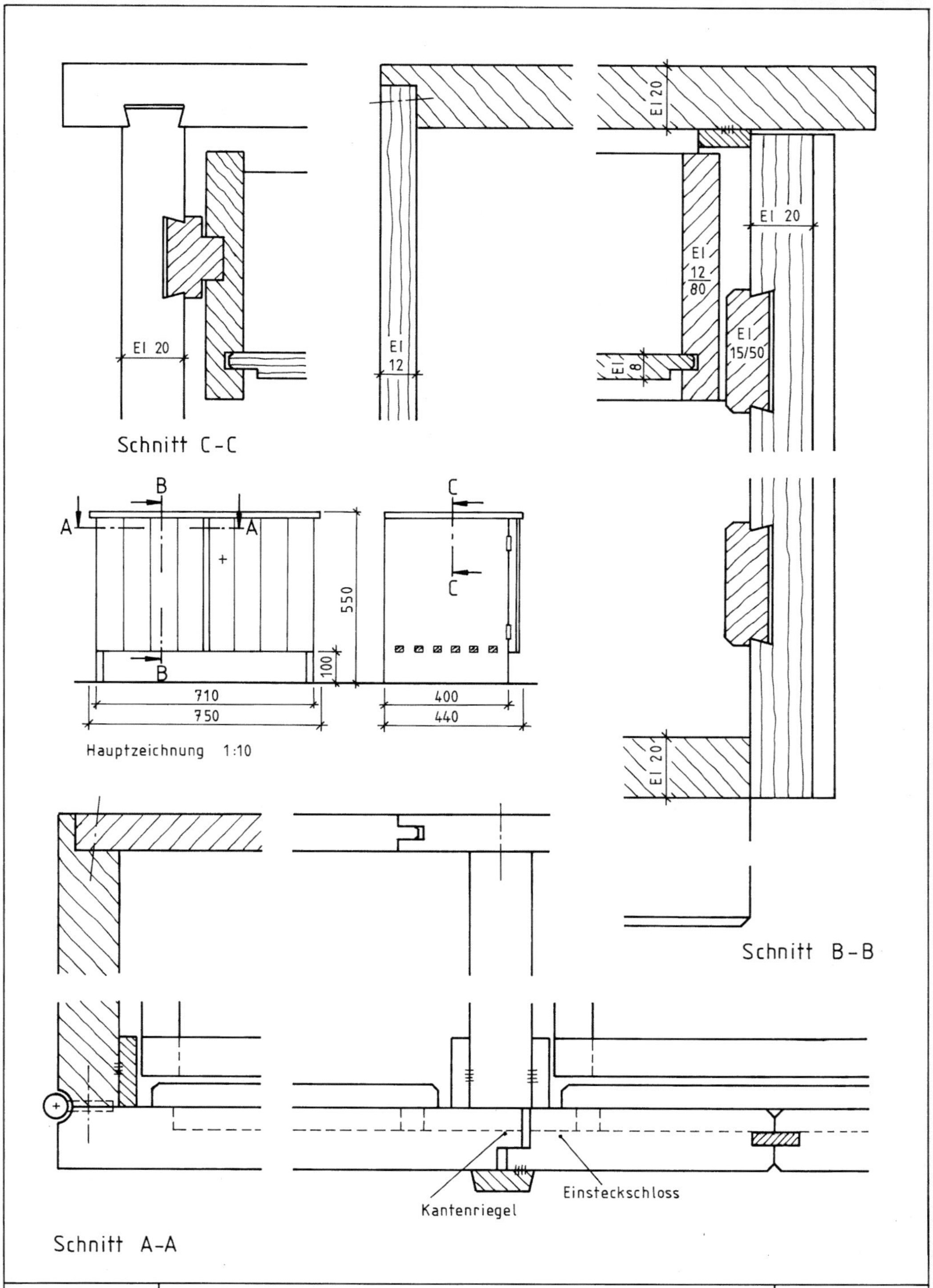

EI 20
Schnitt C-C
EI 12
EI 20
EI 20
EI 12/80
EI 15/50
EI 8
B
A
A
C
C
B
550
100
710
750
400
440
Hauptzeichnung 1:10
EI 20
Schnitt B-B
Einsteckschloss
Kantenriegel
Schnitt A-A

Maßstab 1:1	Schränkchen in Brettbauweise Holzart: Eiche	Zeichnung 3.6

Der Text zu der Aufgabe steht auf Seite 450.

3.6 Tische

Die Bauart und Konstruktion, die Form und die Größe eines Tisches sind vom jeweiligen Verwendungszweck abhängig.

Grundsätzlich unterscheidet man zwischen Stollen- und Wangentischen.

Die Form ist wiederum abhängig von der Funktion bzw. der Aufgabe. Dabei gibt es verschiedene Gestaltungsmöglichkeiten, die sich auch nach den individuellen Wünschen richten. Verlangt werden Tische mit quadratischen, rechteckigen, runden, ovalen u. a. Tischplatten.

Die Größe eines Tisches ist einerseits vom Verwendungszweck, andererseits von den Körpermaßen des Menschen abhängig (Tabelle 1).

	Küchentisch	Schreibma-schinentisch	Beistelltisch
Platzbreite je Person	600 mm	–	–
Breite	1200 mm	1200 mm	650…800 mm
Tiefe	800 mm	600 mm	450…800 mm
Höhe	750…780 mm	650 mm	400…650 mm
Kniefreiheit	580…630 mm	580…630 mm	–

1 Körpergerechte Tischmaße

3.6.1 Stollentische

Küchen- bzw. Esstische werden in der Regel als Stollentische konstruiert. Zusätzlich erhalten sie oft noch Schubkästen, die innerhalb der Zarge angeordnet werden (Abb. 2).

Die Verbindung der Stollen mit den Zargen erfolgt entweder mit eingestemmten Zapfen (Nutzapfen) oder mit Dübeln (Abb. 3 und 4). Siehe auch Stollenverbindungen Abschnitt 3.4, S. 448.

Tischplatten aus beschichteten Holzwerkstoffen werden meist direkt aufgeleimt (Abb. 3 und 4). Werden die Platten jedoch aus Vollholz hergestellt, so erhalten sie eine Gratleiste oder Nutklötze, die an der Tischkonstruktion befestigt werden (Abb. 5 und 6).

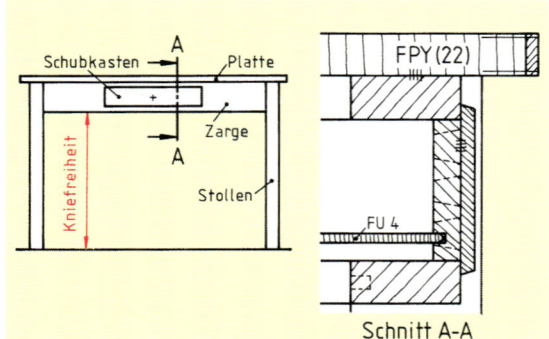

2 Stollentisch mit Schubkasten

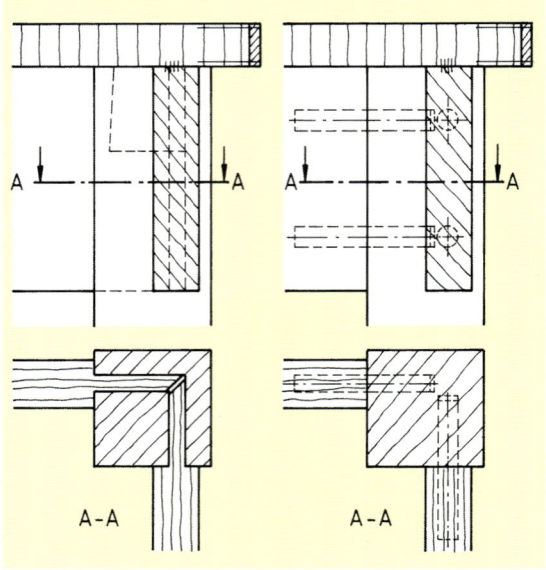

3 Eingestemmter Zapfen Nutzapfen   **4 Gedübelte Stollenverbindung**

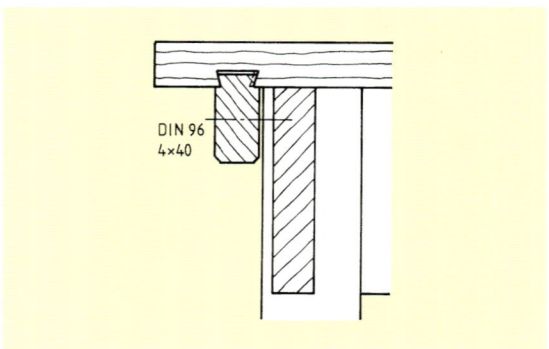

5 Gratleiste

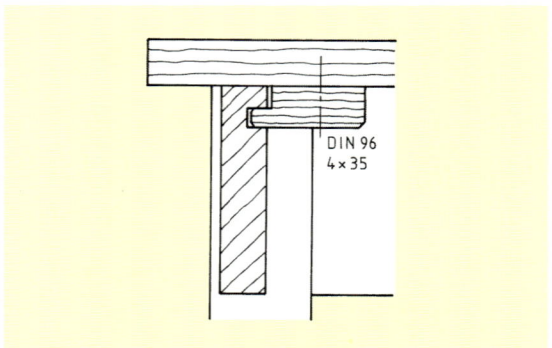

6 Nutklötze

452

3.6.2 Wangentische

Bei Wangentischen bestehen die Wangen und die Platte vielfach aus Vollholz (auch Plattenwerkstoffen). Bei Vollholz können die Wangen in die Platte eingegratet werden. Das Wangengestell erhält oft zur Versteifung einen Steg, der zusätzlich verkeilt wird. Vielfach erhält die Wange noch eine Kufe, die als Gestaltungsmittel, aber auch als konstruktiver Holzschutz betrachtet werden kann (Abb. 1).

Für besondere Zwecke ist es vielfach notwendig, durch Tischvergrößerungen mehreren Personen Platz zu bieten. Diese können durch Auszieh-, Klapp- oder Kulissenvorrichtungen erreicht werden.

3.6.3 Ausziehtische

Der Ausziehtisch wird als Tischvergrößerung am häufigsten verwendet. Dabei liegen die **Auszieh-platten** in der Regel unter der Platte. Sie werden durch **Zugleisten**, die mit den Ausziehplatten verbunden sind, geführt und abgestützt. Diese Zugleisten werden so abgeschrägt, dass die Ausziehplatten nach dem Herausziehen mit der Tischplatte eine Ebene bilden (Abb. 2).

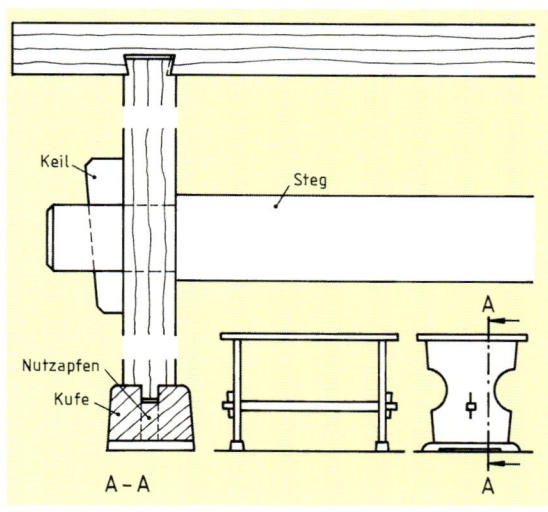

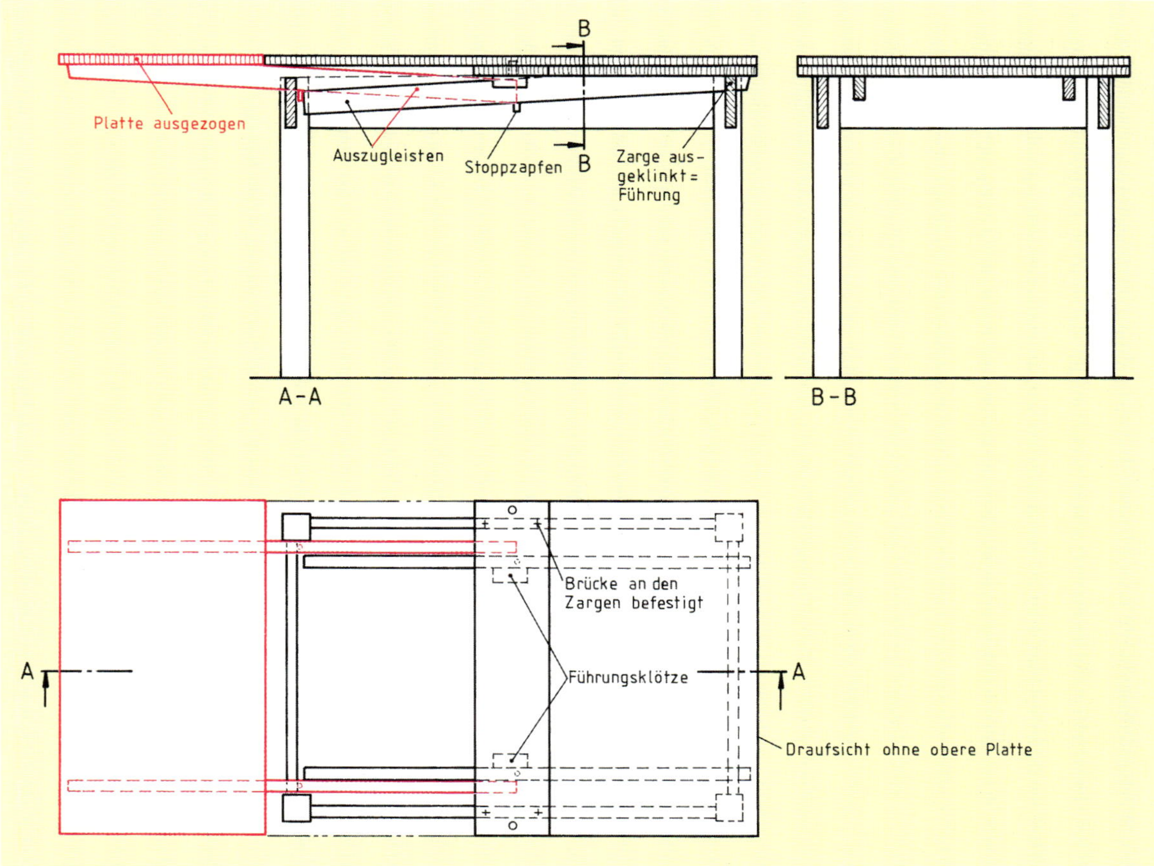

1 Wangentisch

2 Ausziehtisch in Stollenbauweise

Aufgabe 3.7

Küchentisch mit Schubkasten in Stollenbauweise

Zeichnen Sie die Hauptzeichnung im Maßstab 1:10.

Zeichnen Sie die Schnitte A–A und B–B der Teilschnittzeichnung im Maßstab 1:1.

Bestimmen Sie die Holzart.

Die Stollen- und Zargenverbindung wird gedübelt.

Zeichenblatt: DIN-A3-Hochformat.

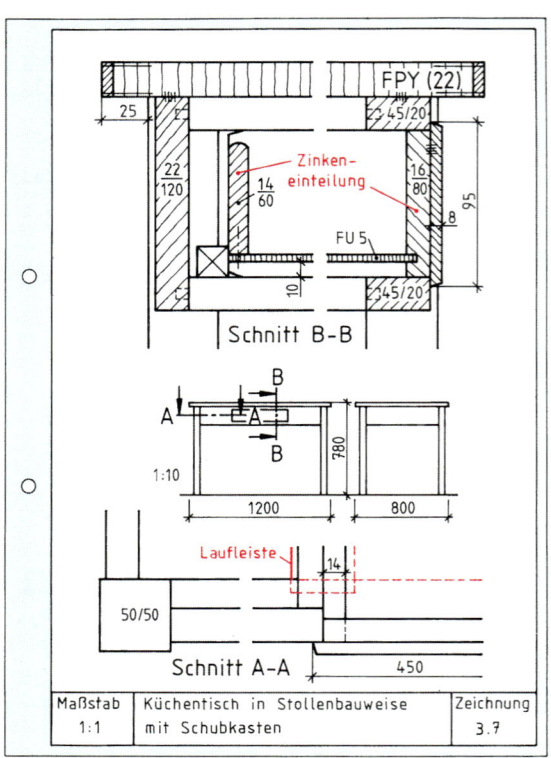

Aufgabe 3.8

Stollentisch mit zwei Schubkästen

Zeichnen Sie die Hauptzeichnung im Maßstab 1:10.

Zeichnen Sie die Teilansicht der oberen linken Ecke des Tisches und die Schnitte A–A und B–B der Teilschnittzeichnung im Maßstab 1:1. Fehlende Maße sind zu ergänzen.

Holzart: Buche.

Zeichenblatt: DIN-A3-Hochformat.

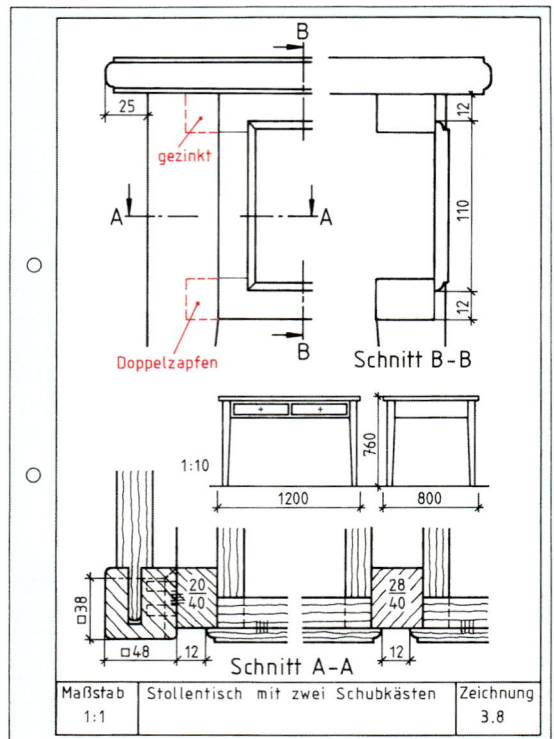

Aufgabe 3.9

Wangentisch

Zeichnen Sie die Hauptzeichnung im Maßstab 1:10 und den Schnitt A–A der Teilschnittzeichnung im Maßstab 1:1.

Fehlende Maße und Profile sind selbst zu bestimmen.

Zeichenblatt:
DIN-A3-Querformat.

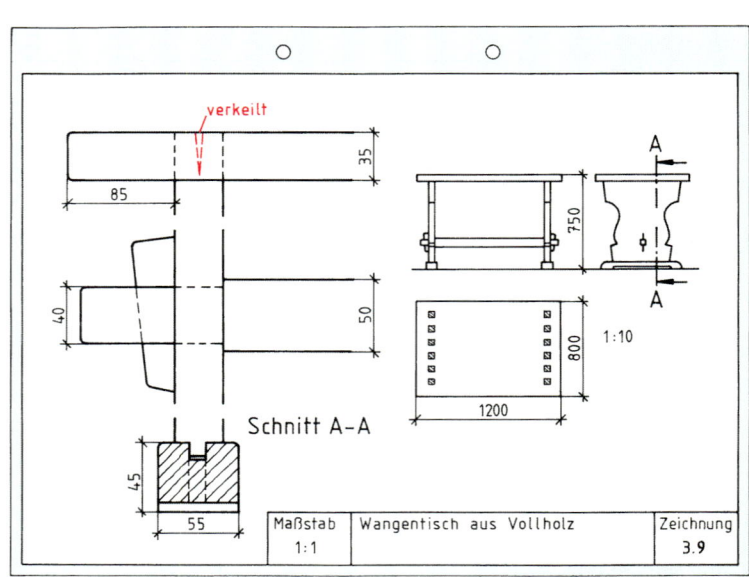

Aufgabe 3.10

Ausziehtisch in Nussbaum

Zeichnen Sie die Hauptzeichnung im Maßstab 1:10 (beide Platten ausgezogen).

Zeichenblatt: DIN-A3-Querformat.

Konstruieren und zeichnen Sie die Ausziehvorrichtung als Brettaufriss im Maßstab 1:1.

Brettmaße:
 Länge 2400 mm
 Breite 200 mm

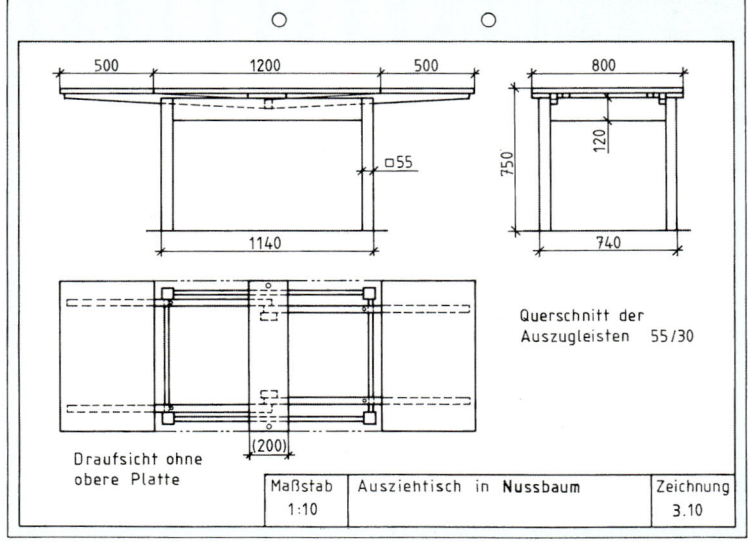

Aufgabe 3.11

Schreibsekretär in Kiefer

Zeichnen Sie die Hauptzeichnung im Maßstab 1:10.

Zeichenblatt: DIN-A3-Hochformat.

Zeichnen Sie die Schnitte A–A, B–B und C–C der Teilschnittzeichnung im Maßstab 1:1.

Fehlende Konstruktionen, Maße und Profile sind selbst zu bestimmen.

Zeichenblätter: DIN-A3-Hoch- und Querformat.

Aufgabe 3.12

Stehpult in Esche

Zeichnen Sie die Hauptzeichnung im Maßstab 1:10.

Zeichnen Sie die Schnitte A–A und B–B der Teilschnittzeichnung im Maßstab 1:1.

Fehlende Konstruktionen und Maße sind selbst zu bestimmen.

Zeichenblätter: DIN-A3-Hoch- und Querformat.

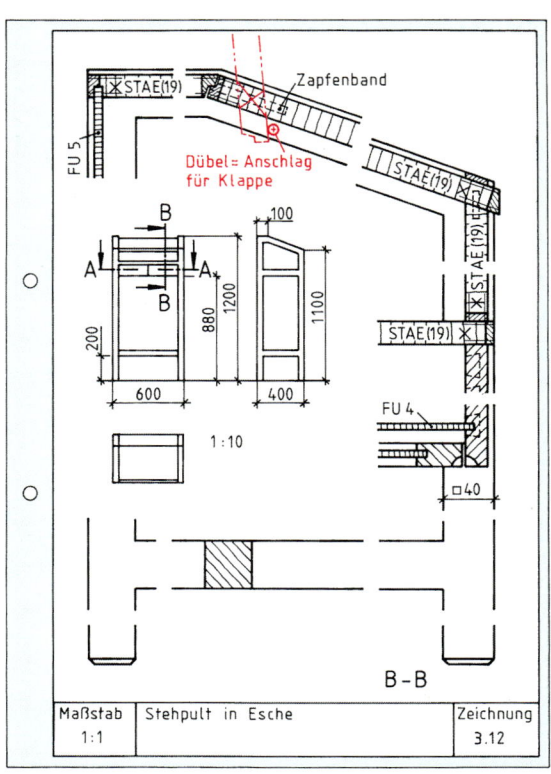

Aufgabe 3.13

Dielenschrank mit Sitzbank in Kiefer

Der Korpus besteht aus Kiefer und wird an den Ecken gezinkt (sichtbar).

Die Türen werden als Rahmen hergestellt und erhalten überschobene Füllungen. Sie werden mit Eckzapfenbändern angeschlagen.

Zeichnen Sie die Hauptzeichnung im Maßstab 1:10.

Zeichenblatt: DIN-A4-Querformat.

Zeichnen Sie die Schnitte A–A, B–B und C–C der Teilschnittzeichnung im Maßstab 1:1.

Fehlende Konstruktionen, Maße und Profile sind selbst zu bestimmen.

Zeichenblätter: DIN-A3-Hoch- und Querformat.

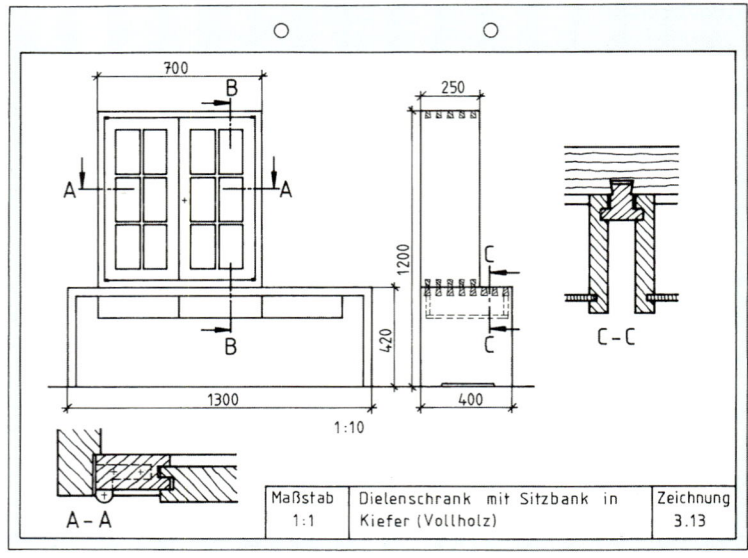

Aufgabe 3.14

Geschirrschrank in Rüster als Stollenmöbel mit Glastüren und Glaseinlegeböden

Zeichnen Sie die Hauptzeichnung im Maßstab 1:10.

Zeichenblatt: DIN-A4-Hochformat.

Zeichnen Sie die Schnitte A–A, B–B, C–C und D–D der Teilschnittzeichnung im Maßstab 1:1.

Zeichenblätter: DIN-A3-Hoch- und Querformat.

Aufgabe 3.15

Truhe in Eiche

Die Truhe ist in Rahmenbauweise hergestellt und erhält überschobene Füllungen. Die zwei unteren Füllungen sind als Schubkästen konstruiert.

Zeichnen Sie die Hauptzeichnung im Maßstab 1:10 auf DIN-A4 und die Schnitte A–A, B–B, C–C und D–D der Teilschnittzeichnung im Maßstab 1:1.

Fehlende Konstruktionen, Maße, Profile u. a. sind selbst zu bestimmen.

Zeichenblätter: DIN-A3-Hochformat.

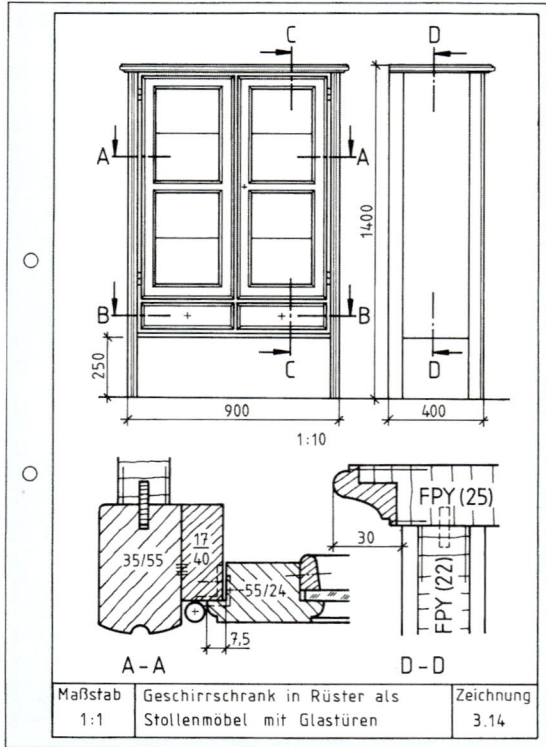

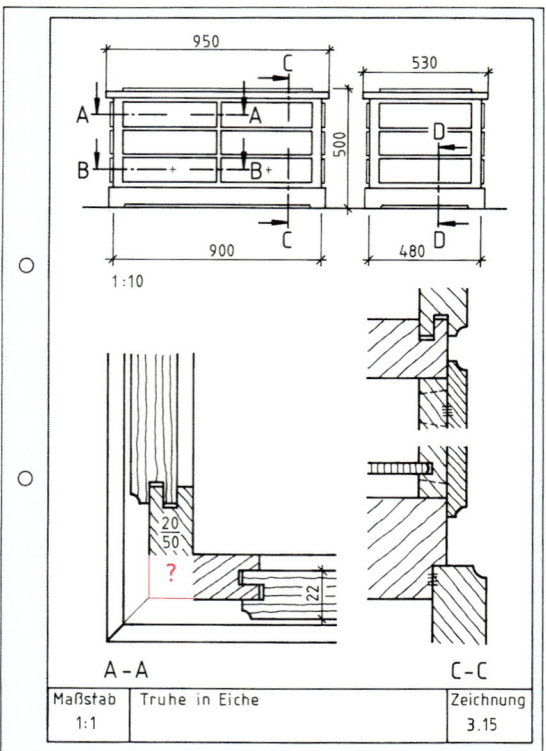

Aufgabe 3.16

**Schreibtisch mit seitlichem
Stollenrahmen in Esche**

Der linke Schreibtischblock erhält
hinter der Tür vier „englische Züge".

Zeichnen Sie die Hauptzeichnung im
Maßstab 1:10.

Zeichnen Sie die Schnitte A–A, B–B
und C–C im Maßstab 1:1.

Fehlende Konstruktionen, Maße, Profile u.a. sind selbst zu bestimmen,
Überlegungen zu konstruktiven Ver-
besserungen erwünscht.

Zeichenblätter: DIN-A3-Hochformat.

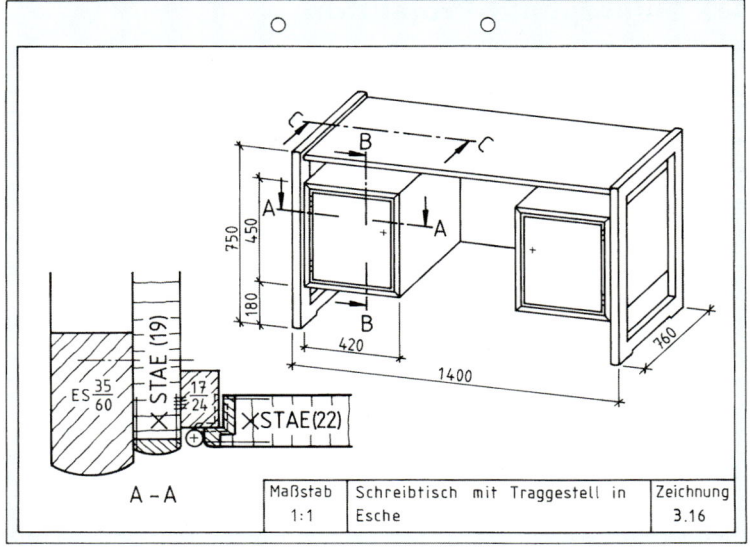

Aufgabe 3.17

Anrichte in Eiche

Hinter der linken Tür befinden sich fünf Schubkästen.

Zeichnen Sie die Hauptzeichnung im Maßstab 1:10 mit
den Schnitten A–A, B–B und C–C im Maßstab 1:1.

Fehlende Konstruktionen, Maße, Profile u.a. sind selbst
zu bestimmen.

Zeichenblätter: DIN-A3-Hoch- und Querformat.

Aufgabe 3.18

Schreibsekretär in Nussbaum

Hinter der Schreibklappe befindet sich ein Einsatz (s. Abb.).

Zeichnen Sie die Hauptzeichnung mit Draufsicht im
Maßstab 1:10. Zeichenblatt: DIN-A4-Hochformat.

Zeichnen Sie die Schnitte A–A, B–B und C–C der Teilschnittzeichnung im Maßstab 1:1.

Fehlende Konstruktionen, Maße, Profile u.a. sind selbst
zu bestimmen.

Zeichenblätter: DIN-A3-Hoch- und Querformat.

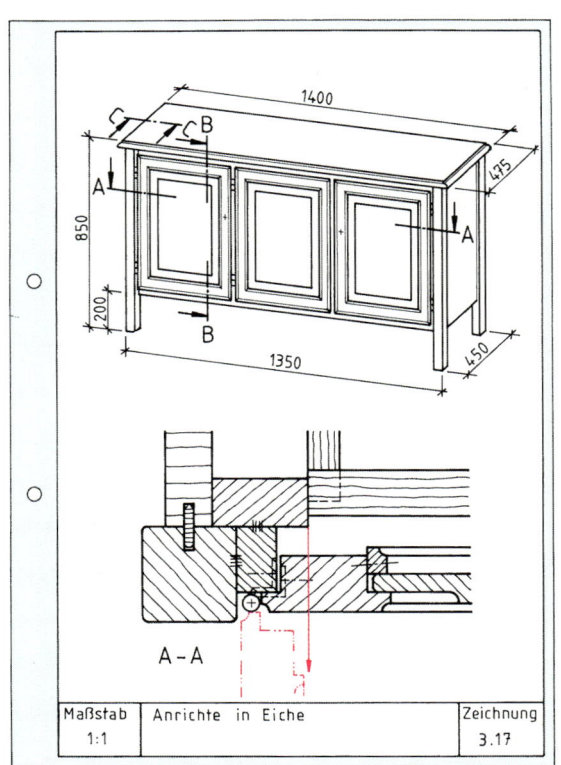

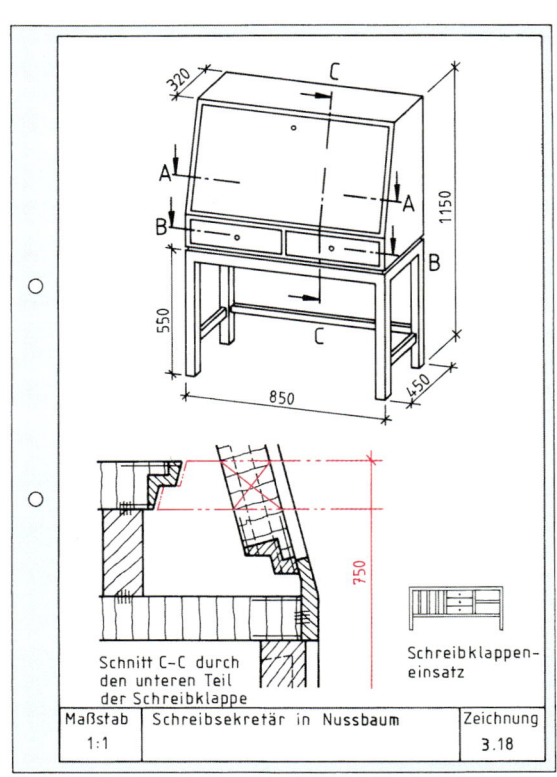

457

4.1 Fluchtpunkt-Projektion

Ein plastisches Bild liefert meist die Fotografie eines Gegenstandes schräg von vorne. Dabei laufen ursprünglich parallele Kanten des Körpers nicht mehr parallel, sondern auf einen so genannten **Fluchtpunkt** zu.

Ähnlich lassen sich zeichnerisch Projektionen mit einem oder mehreren Fluchtpunkten konstruieren (Abb. 1). Das sehr realistische Bild ist allerdings zum Abgreifen von Maßen nicht mehr geeignet.

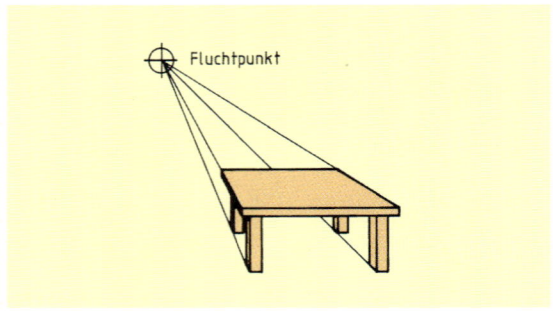

1 Fluchtpunkt-Projektion

4.1.1 Projektion mit einem Fluchtpunkt Zentralperspektive

Die Zentralperspektive ist besonders geeignet zur Darstellung von Inneneinrichtungen. Der Betrachter blickt dabei frontal auf die Rückwand des Raumes, die also parallel zur Bildebene liegt. Der Fluchtpunkt liegt dann in Augenhöhe, dem **Horizont**, genau vor ihm (Abb. 2).

> Alle Kanten in Richtung der Raumtiefe liegen auf Linien durch den Fluchtpunkt.
>
> Alle Körperkanten parallel zur Breite und Höhe des Raumes bleiben parallel.

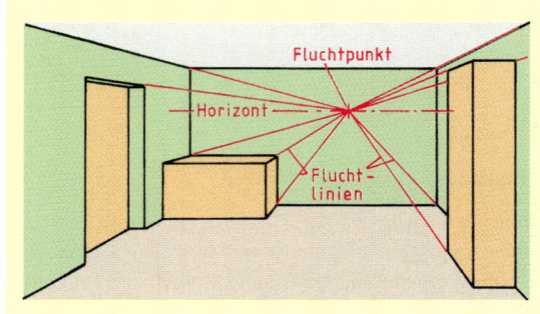

2 Zentralperspektive, Horizont hoch

Die Wahl der Horizontlage (Augenhöhe) bestimmt, ob eher die Sicht eines stehenden oder eines sitzenden Menschen dargestellt werden soll. Liegt der Horizont hoch, betont dies mehr die Draufsicht der niedrigen Möbel (Abb. 2), während ein niedriger Horizont die hohen Gegenstände hervorhebt (Abb. 3). Normalerweise wird der Horizont in einer Augenhöhe von ca. 1,70 m angenommen.

Möbel geringer Höhe können so auch von oben dargestellt werden. Hohe Möbel, die über die Augenhöhe hinausragen, erscheinen nur in den senkrechten Ansichtsflächen. Bei offenen Möbeln oder bei Türöffnungen sieht man die Deckfläche in der Untersicht.

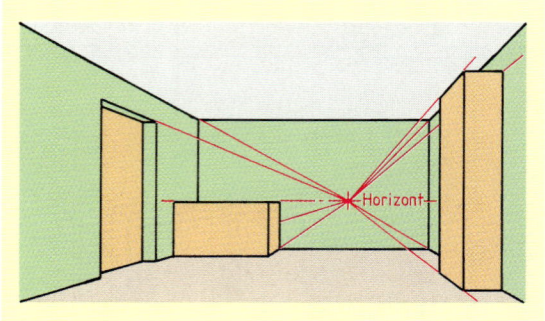

3 Zentralperspektive, Horizont niedrig

> Alle Gegenstände vor der Rückwand, also näher zum Betrachter, werden vergrößert. Wahre Höhen- und Breitenmaße erscheinen nur in der Bildebene, also direkt auf der Rückwand des Raumes.

Der Standort des Betrachters in der Raumbreite ist beliebig wählbar. Ein Standpunkt mehr rechts zeigt die linke Raumseite besser (Abb. 2 und 3), die Standpunktlage links im Raum dagegen die rechte Seite (Abb. 4).

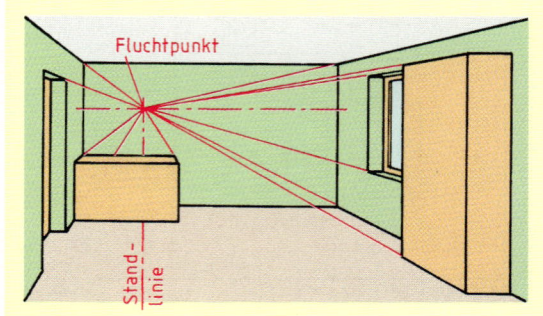

4 Zentralperspektive, Standpunktlage links

Konstruktion der Ein-Fluchtpunkt-Perspektive

Der Abstand des Betrachterstandpunktes von der Rückwand des Raumes kann nur in der Draufsicht festgelegt werden. Die **Standlinie** als Lotstrahl vom **Standpunkt** in der Draufsicht markiert im Schnitt mit dem Horizont in der Vorderansicht den **Fluchtpunkt** (Abb. 1).

Die für eine Perspektive günstige **Standpunktentfernung _s_** hängt von der **Raumbreite _b_** ab. Sie bestimmt die Darstellung der Tiefen.

Bei kurzem Abstand, z.B. $s = b$ wirken die Tiefen überbetont (Abb. 2, links).

Bei großer Entfernung, z.B. $s = 1{,}5\ b$ erscheinen die Tiefen zu sehr verkürzt (Abb. 2, rechts).

Eine Standpunktentfernung von **$s = 1{,}25 \cdot b$** lässt die Tiefen dagegen maßstäblich wirken (Abb. 1, S. 460). Eine natürlich wirkende Abbildung erhält man also bei einem Verhältnis von

$$s : b = 5 : 4$$

oder

Standpunktentfernung s = Raumbreite + 25%

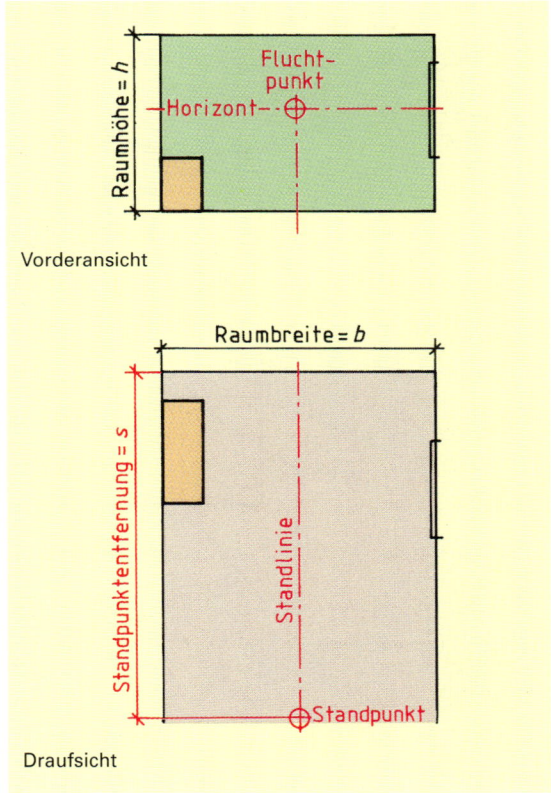

1 Festlegung der Standpunktentfernung

Entstehung des Raumbildes (Abb. 1, Seite 460):

1. Die Rückwand des Raumes wird mit den Bauteilen bzw. Einrichtungsgegenständen maßstäblich als **Vorderansicht** dargestellt. Als Maßstab ist meist 1:50 geeignet. Der Horizont wird in der Augenhöhe eingetragen, z.B. 1,70 m.

2. Genau unter der Vorderansicht wird eine zugehörige **Draufsicht** mit der Lage der Einrichtung gezeichnet. Der Standpunkt des Betrachters wird nach Breite und Entfernung festgelegt sowie mit der Standlinie im Horizont der Fluchpunkt markiert.

3. In der Vorderansicht werden vom Fluchtpunkt aus durch alle Eckpunkte der Raumwand und der Bauteile **Fluchtlinien** gezogen.

4. In der Draufsicht werden vom Standpunkt aus **Sehstrahlen** durch alle Eckpunkte der Bauteile bis zum Schnitt mit der Rückwandebene im Grundriss, der **Bildebene** gezogen.

5. Von diesen Schnittpunkten aus der Bildebene führen senkrechte **Projektionsstrahlen** bis zu den Fluchtstrahlen.

6. Die zwischen den Schnittpunkten von Fluchtlinien und Projektionsstrahlen liegenden Bauteilkanten werden durch breite Linien kenntlich gemacht. Bei korrekter Konstruktion liegen die zur Raumbreite parallelen Kanten genau waagerecht.

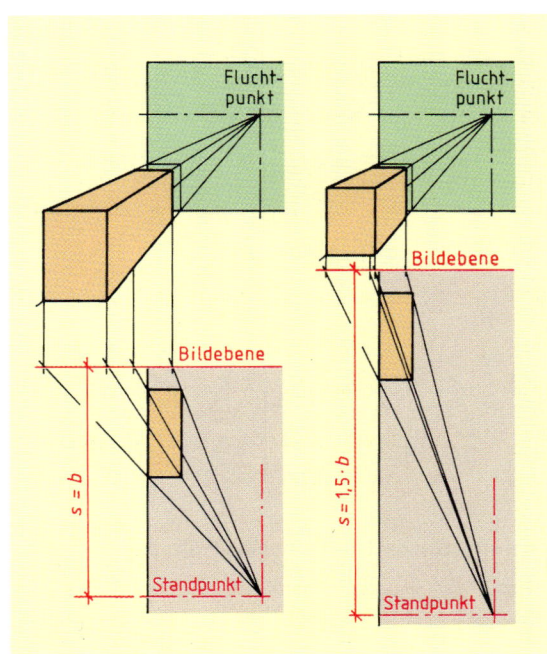

2 Tiefenwirkung der Standpunktentfernung

459

Flucht-
punkt

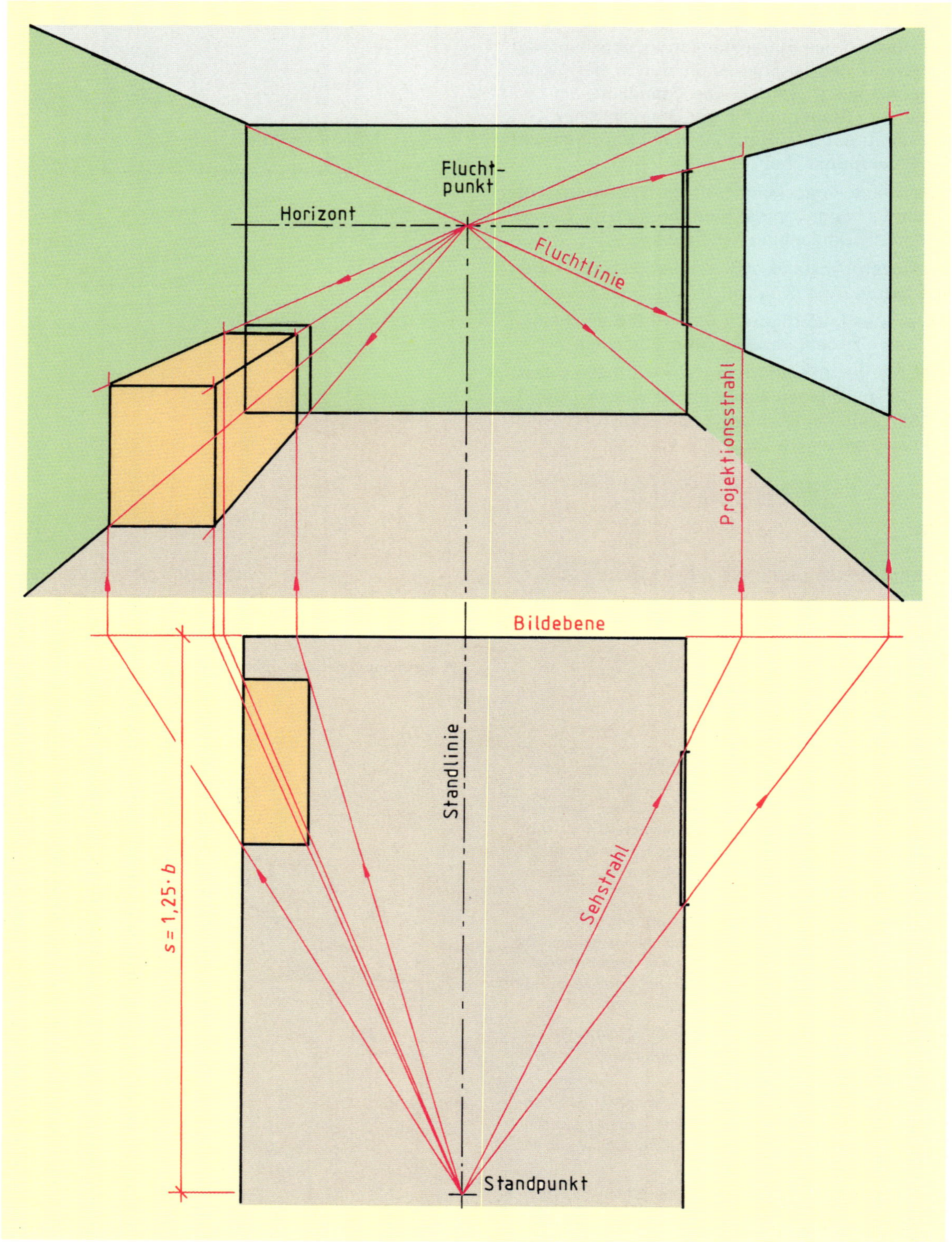

Horizont

Fluchtlinie

Projektionsstrahl

Bildebene

Standlinie

$s = 1{,}25 \cdot b$

Sehstrahl

Standpunkt

1 Konstruktion der Ein-Fluchtpunkt-Projektion (Zentralperspektive)

Aufgabe 4.1

Zeichnen Sie eine Zentralperspektive:

Raumhöhe: 2,55 m, Raumbreite: 4,40 m, Standpunkt rechts

Anrichte: Breite: 1,30 m, Höhe: 0,90 m, Tiefe: 0,60 m

Fenster: Breite und Höhe: 1,40 m, Tiefe der Leibung: 0,25 m
Abstand zur Rückwand: 0,80 m

Maßstab für Ansicht und Draufsicht: 1:50

Zeichenblatt: DIN-A4-Hochformat.

Aufgabe 4.2

Zeichnen Sie eine Zentralperspektive:

Raumhöhe: 2,55 m, Raumbreite: 4,75 m, Standpunkt links

Schreibtisch: Breite: 1,70 m, Höhe: 0,75 m, Tiefe: 0,80 m
zur Rückwand schräg gestellt um 60°

Regal: Breite: 1,00 m, Höhe: 2,10 m, Tiefe: 0,40 m

Maßstab für Ansicht und Draufsicht: 1:50

Zeichenblatt: DIN-A4-Hochformat.

Aufgabe 4.3

Zeichnen Sie eine Zentralperspektive:

Raumhöhe: 2,55 m, Raumbreite: 4,40 m, Standpunkt rechts

Horizonthöhe: 0,90 m

Schrank: Breite: 1,40 m, Gesamthöhe: 2,20 m,
Oberschrank: Höhe: 1,60 m, Tiefe: 0,40 m
Unterschrank: Höhe: 0,60 m, Tiefe: 0,50 m

Couchtisch, achteckig: größte Breite: 1,00 m, Höhe: 0,50 m

Maßstab für Ansicht und Draufsicht: 1:50

Zeichenblatt: DIN-A4-Hochformat.

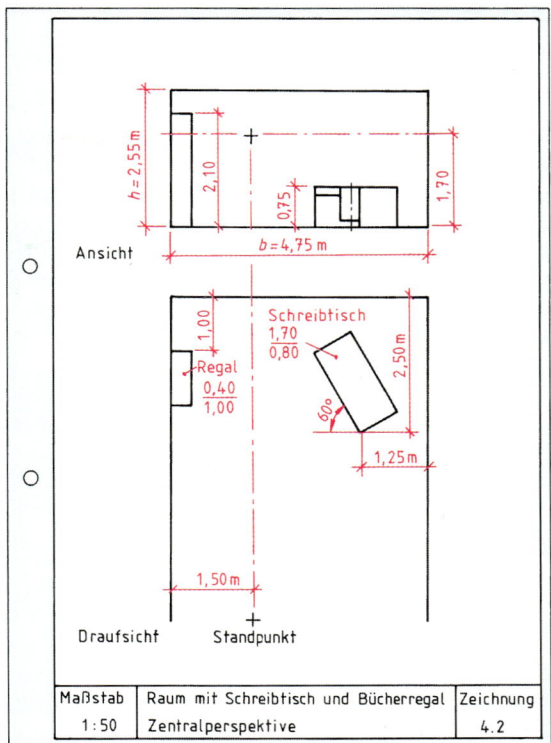

Maßstab	Raum mit Schreibtisch und Bücherregal	Zeichnung
1:50	Zentralperspektive	4.2

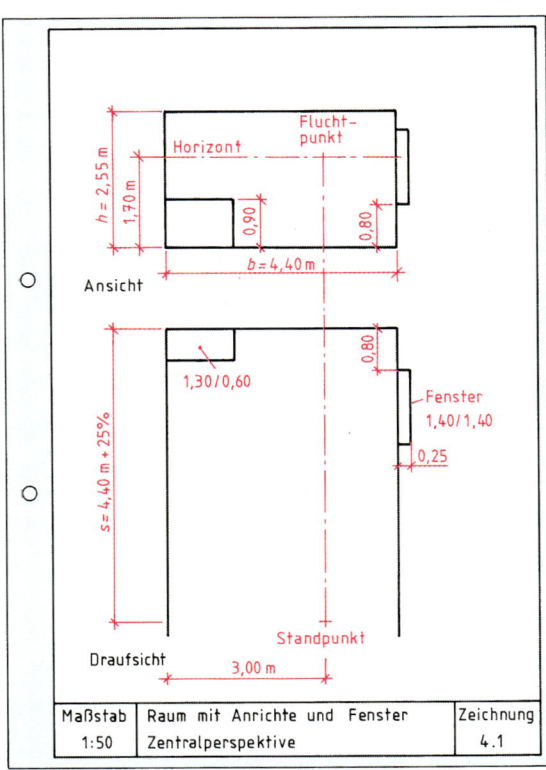

Maßstab	Raum mit Anrichte und Fenster	Zeichnung
1:50	Zentralperspektive	4.1

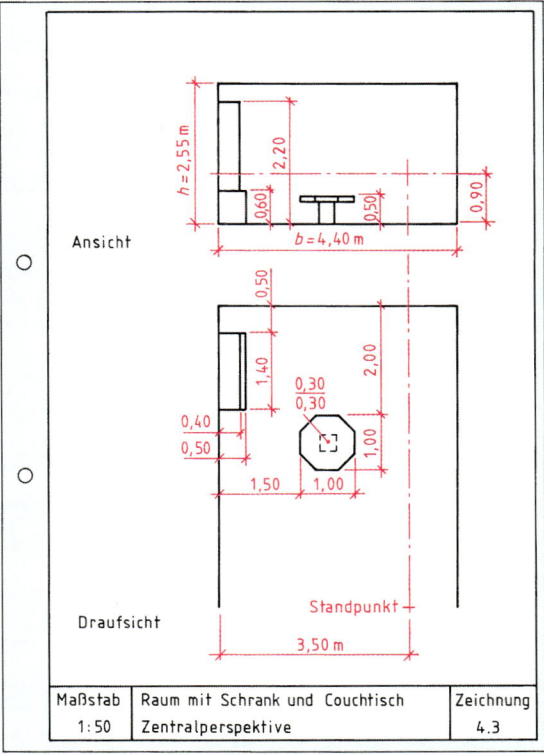

Maßstab	Raum mit Schrank und Couchtisch	Zeichnung
1:50	Zentralperspektive	4.3

4.2 Projektion mit zwei Fluchtpunkten Eckperspektive

Der Wirklichkeit noch näher als die Ein-Fluchtpunkt-Projektion kommt die Darstellung mit zwei Fluchtpunkten (Abb. 1). Hier ist dem Betrachter nicht mehr die Vorderansicht am nächsten, sondern eine Ecke des Gegenstandes. Man spricht daher auch von einer **Eckperspektive**. Da keine Hauptansichtsebene des Körpers parallel zur Bildebene liegt, werden auch rechte Winkel nicht rechtwinklig abgebildet.

> Alle Kanten in Richtung von Breite und Tiefe laufen jeweils auf einen Fluchtpunkt zu.
>
> Alle Kanten parallel zur Höhe des Raumes bleiben parallel und verlaufen senkrecht.

4.2.1 Konstruktion der Zwei-Fluchtpunkt-Projektion

Ablauf der Konstruktion

Oberhalb des späteren, fertigen perspektivischen Bildes zeigt die **Draufsicht** den über Eck schräg stehenden Körper mit der Bildebene als Linie und den **Standpunkt** des Betrachters (Abb. 2). Der Öffnungswinkel zwischen linkem und rechtem **Hauptsehstrahl** beträgt immer 90° (Gesichtswinkel).

Lage und Entfernung des Standpunktes sind frei zu wählen, wobei die Aufteilung des Gesichtswinkels nach einer der drei folgenden Standortlagen erfolgen sollte (Abb. 3):

„Standpunktlage links": 60°/30°

„Standpunktlage Mitte": 45°/45°

„Standpunktlage rechts": 30°/60°

Die Draufsicht des Körpers wird nun so angeordnet, dass eine Ecke in der Bildebene liegt und die rechtwinkligen Hauptkanten parallel zu den Hauptsehstrahlen laufen. Der Gegenstand sollte nahe dem Auftreffpunkt des Lotstrahles in der Bildebene liegen, um ein wenig verzerrtes Bild zu erhalten (Abb. 3).

2 Draufsicht mit Körper, Bildebene und Standpunkt

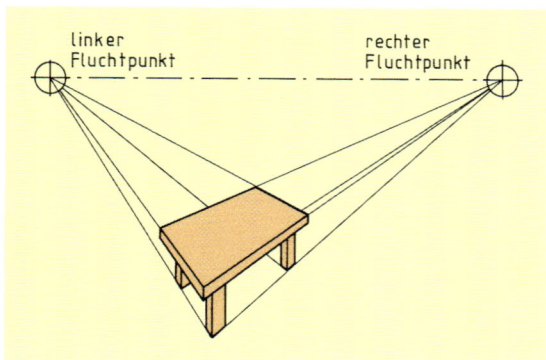

1 Projektion mit zwei Fluchtpunkten

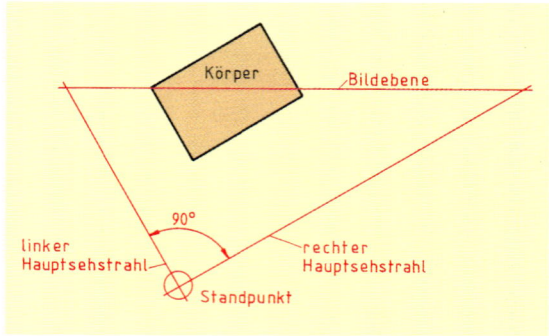

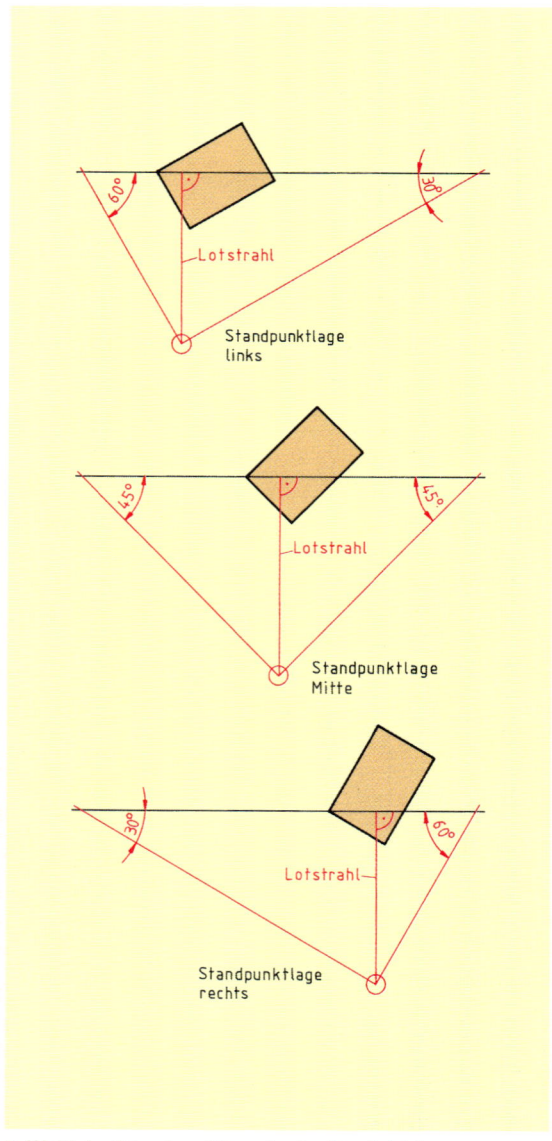

3 Wahl der Standpunktlage in der Draufsicht

4.2.2 Räumliche Darstellung eines Schrankes nach der Zwei-Punkt-Methode

1. Vom „Standpunkt" aus zieht man durch alle Körperecken **Sehstrahlen**. Diese markieren in der Bildebene „Durchstoßpunkte" (Abb. 1).

2. Von den Durchstoßpunkten werden **Projektionsstrahlen** senkrecht nach unten auf das Zeichenblatt bis dorthin gezogen, wo das Perspektivbild des Körpers entstehen soll (Abb. 2). Ein zusätzlicher Projektionsstrahl geht vom Schnittpunkt der Bildebenen-Schnittlinie mit einer Körperseite aus.

3. Rechts oder links neben dem Bündel der Projektionsstrahlen, in der Höhe des späteren Perspektivbildes, ist eine **Vorderansicht** des Gegenstandes zu zeichnen. Die Grundebene und die Deckfläche werden waagerecht verlängert bis zum Schnitt mit den Projektionsstrahlen, die in der Draufsicht die Bildebenen-Schnittlinie begrenzen. Zwischen diesen Strahlen ergibt sich so die **Bildebenen-Schnittfläche** (Abb. 2).

> Nur in der Bildebenen-Schnittfläche zeigt das Bild den Körper in wahrer Größe.

Körperteile vor der Bildebene erscheinen vergrößert, die Teile hinter der Schnittfläche dagegen verkleinert. Nur Kanten, die **in** dieser Ebene liegen, haben im fertigen Bild die wahre Länge.

4. Die Höhenlage des **Horizontes** in der Ansicht bestimmt den Eindruck des Betrachters vom fertigen Bild. Liegt die Augenhöhe normalerweise unter der Werkstückhöhe (z. B. bei hohen Schränken), so sollte der Horizont innerhalb der Ansicht etwa auf 2/3 der Höhe liegen, da somit die Deckfläche nicht sichtbar ist (Abb. 1, S. 464, Oberschrank).
   Bei niedrigen Werkstücken sollte die Deckfläche sichtbar sein. Hier muss der Horizont (Augenhöhe) oberhalb der Höhe in der Ansicht liegen (Abb. 1, S. 464, Unterschrank).
   Die **Fluchtpunkte** zur Konstruktion des Körpers liegen genau in Horizonthöhe unter den Fluchtpunkten der Draufsicht.

5. Von den Fluchtpunkten aus durch die Ecken der Bildebenen-Schnittfläche verlaufen die **Fluchtstrahlen** der Haupt-Körperkanten. In den Schnittpunkten mit den zugehörigen Projektionsstrahlen findet man die Körperecken. Einspringende Ecken oder nicht auf den Außenlinien liegende Kanten ergeben sich erst auf den Fluchtstrahlen zu bereits konstruierten Ecken: Die senkrechten Körperkanten sind auf den Projektionsstrahlen zwischen den Ecken der fertigen Deck- und Grundfläche anzulegen. Verdeckte Kanten ergeben sich genau wie die sichtbaren (Abb. 1, S. 464).

Beachten Sie:

> Zum linken Fluchtpunkt laufen die Kanten, die in der Draufsicht zum linken Hauptsehstrahl parallel sind.
> Zum rechten Fluchtpunkt laufen die Kanten, die in der Draufsicht zum rechten Hauptsehstrahl parallel sind.

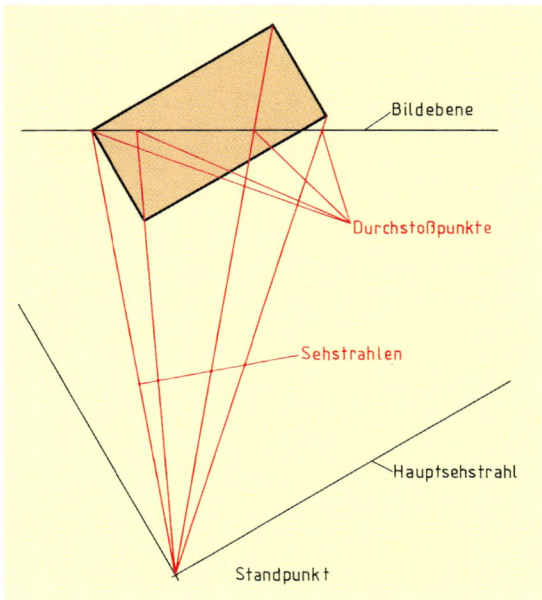

1 Konstruktion der Durchstoßpunkte

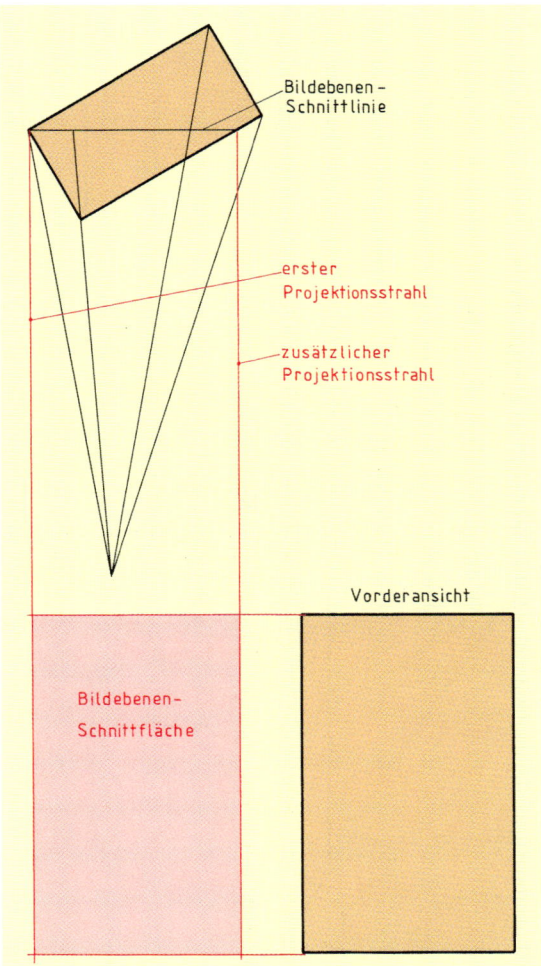

2 Konstruktion der Bildebenen-Schnittfläche

463

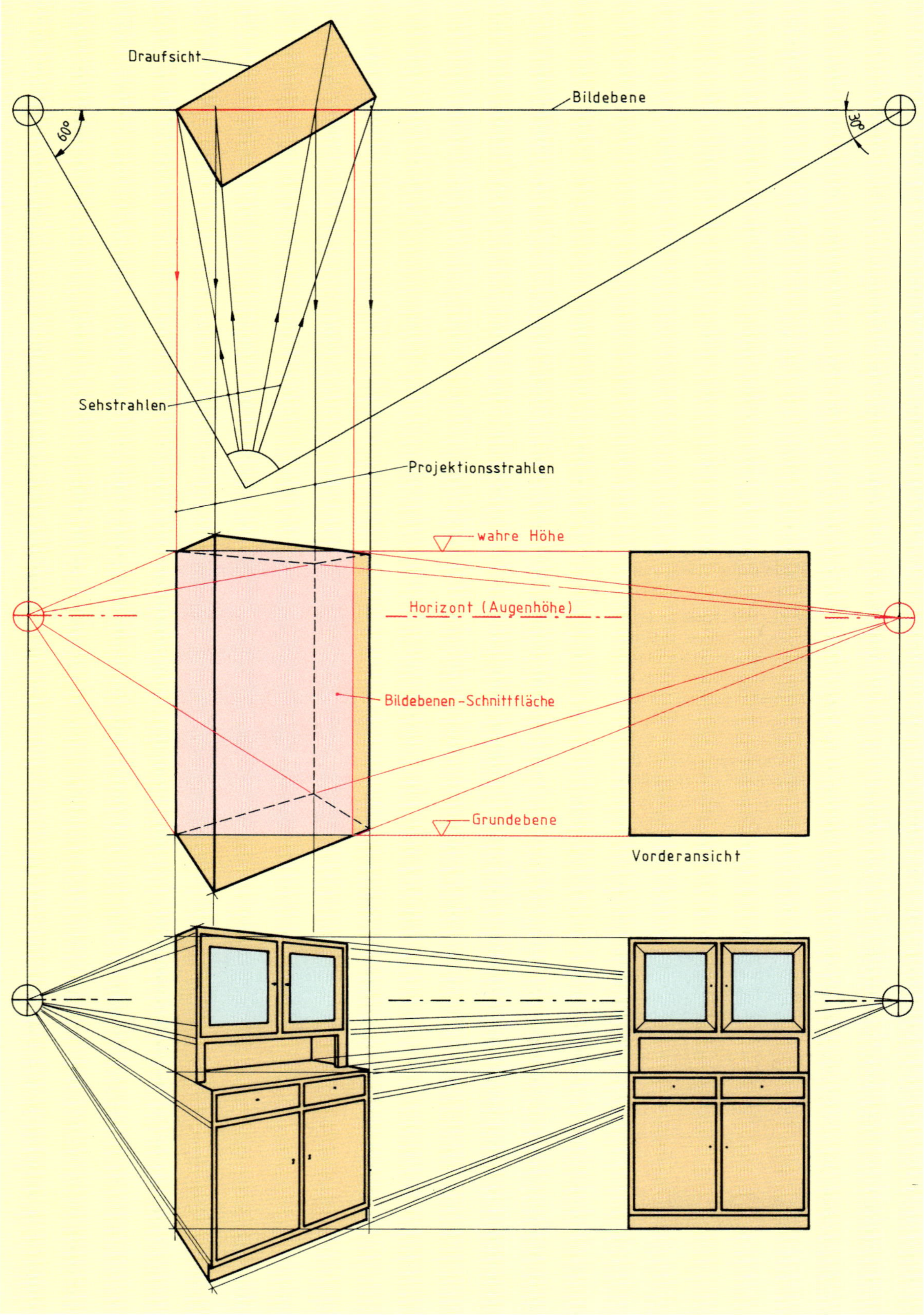

Draufsicht

Bildebene

60°

30°

Sehstrahlen

Projektionsstrahlen

wahre Höhe

Horizont (Augenhöhe)

Bildebenen–Schnittfläche

Grundebene

Vorderansicht

1 Konstruktionsbeispiel nach der Zwei-Punkt-Methode

Aufgabe 4.4

Zeichnen Sie einen **Quader** mit den Abmessungen 30/50/25 (Breite/Höhe/Tiefe) **nach der Zwei-Punkt-Methode.**

Vorgaben:

Zeichenblatt DIN-A4 mit Rand; Abstand der Fluchtpunkte 175 mm; Standpunktlage rechts; Horizonthöhe 75 mm über der Grundebene.

Blatteinteilung

Abstände vom oberen Zeichenrand:

Bildebene
in der Draufsicht   40 mm

Grundebene   225 mm

Abstände vom linken Zeichenrand:

Quader-
Draufsicht   ca. 105 mm

Quader-Ansicht   ca. 30 mm

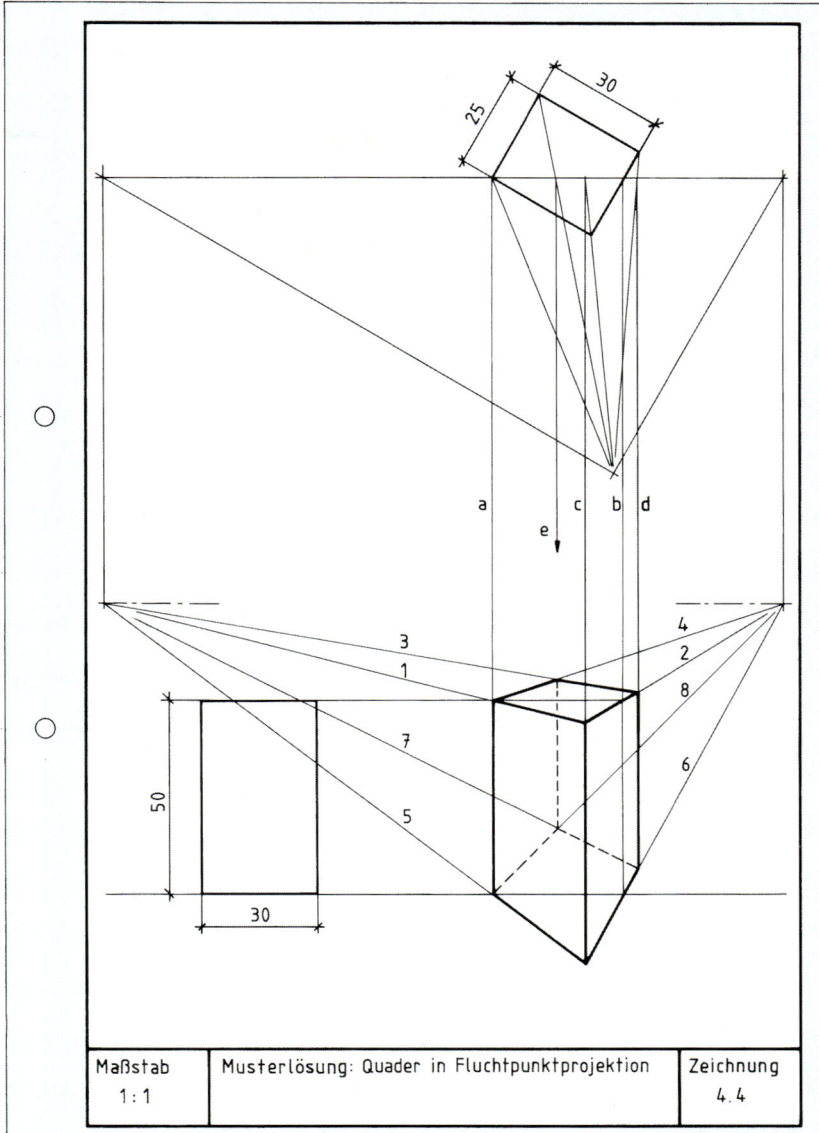

| Maßstab 1:1 | Musterlösung: Quader in Fluchtpunktprojektion | Zeichnung 4.4 |

Lösungsgang

1. Bildebene in der Draufsicht anlegen, Fluchtpunkte markieren; im Schnittpunkt der Hauptsehstrahlen liegt der Standpunkt (Basiswinkel 30°/60°); Quader-Draufsicht zeichnen.

2. Sehstrahlen durch die Ecken bis zur Bildebene ziehen.

3. Quader-Ansicht zeichnen, Grundebene und Deckflächenhöhe bis unter die Draufsicht verlängern.

4. Projektionsstrahlen der Bildebenen-Schnittfläche a und b ziehen. Diese bilden mit den Höhenlinien aus der Ansicht die Bildebenen-Schnittfläche innerhalb des späteren perspektivischen Körpers.

5. Horizont anlegen, Fluchtpunkte in der Ansicht markieren, Projektionsstrahlen c und d ziehen.

6. Vom linken Fluchtpunkt durch die obere linke Ecke der Schnittfläche Strahl 1 mit Projektionslinie c zum Schnitt bringen. Durch diesen Schnittpunkt Strahl 2 vom rechten Fluchtpunkt ziehen, im Schnitt mit Projektionslinie d ergibt sich die dritte Ecke der Deckfläche. Mit den Strahlen 3 und 4 wird die Deckfläche geschlossen. Bodenfläche, beginnend mit Strahl 5, entsprechend konstruieren.

7. Kontrolle: Die hinteren Eckpunkte des Quaders müssen genau in der Verlängerung von Projektionsstrahl e liegen. Wenn in Ordnung: Kanten ausziehen.

Aufgabe 4.5

a) Zeichnen Sie den rot dargestellten Körper auf einem DIN-A4-Zeichenblatt in **Isometrie** und zusätzlich in **Dimetrie**. Maßstab für die unveränderten Längen ist 1:20. Wählen Sie die Blattaufteilung selbständig!

b) Zeichnen Sie den Körper auf einem DIN-A4-Zeichenblatt in einer **Zwei-Fluchtpunkt-Projektion**. Der Maßstab für Draufsicht und Ansicht ist 1:20.

Wählen Sie die Standpunktlage links, die Lagen von Draufsicht, Horizont und Ansicht entsprechend der angegebenen Blattaufteilung (s. Zeichnung 4.5).

Aufgabe 4.6

a) Wie Aufg. 4.5a

b) Zeichnen Sie den Körper in einer **Zwei-Fluchtpunkt-Projektion**. Zeichenblatt DIN A4, Maßstab für Drauf- und Ansicht 1:20, Standpunktlage Mitte, Blattaufteilung wie angegeben (s. Zeichnung 4.6).

Aufgabe 4.7

a) Wie Aufg. 4.5a

b) Zeichnen Sie den Körper in einer **Zwei-Fluchtpunkt-Projektion**. Zeichenblatt DIN A4, Maßstab für Drauf- und Ansicht 1:20, Standpunktlage rechts, Blattaufteilung wie angegeben (s. Zeichnung 4.7).

Hinweis zu den Aufgaben 4.5 bis 4.7: Die Lösung wird erleichtert, wenn zunächst der **Hüllkörper** des Werkstückes als vollständiger Quader konstruiert wird.

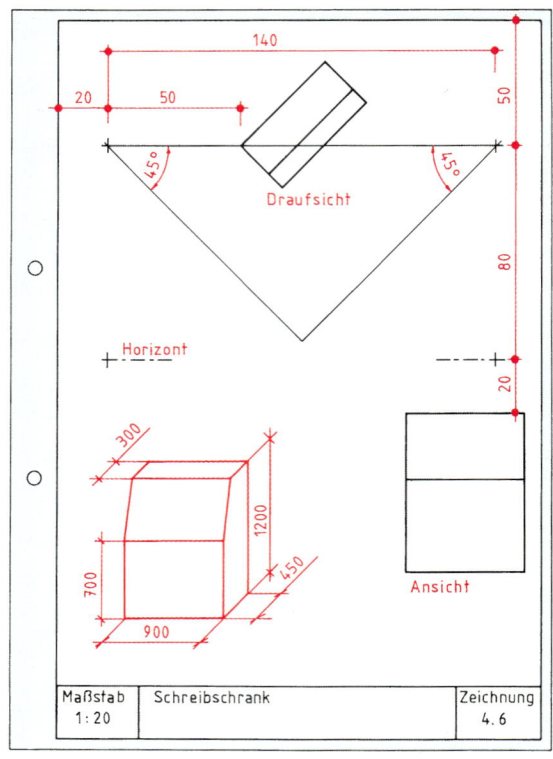

Maßstab 1:20 — Schreibschrank — Zeichnung 4.6

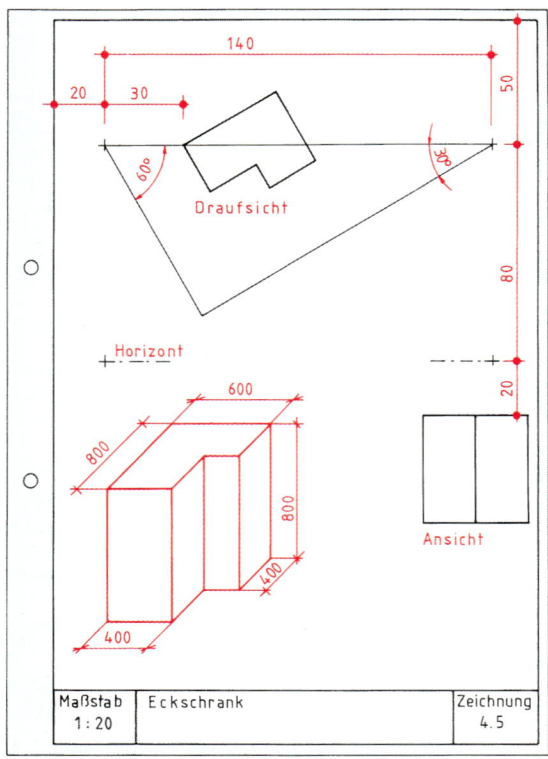

Maßstab 1:20 — Eckschrank — Zeichnung 4.5

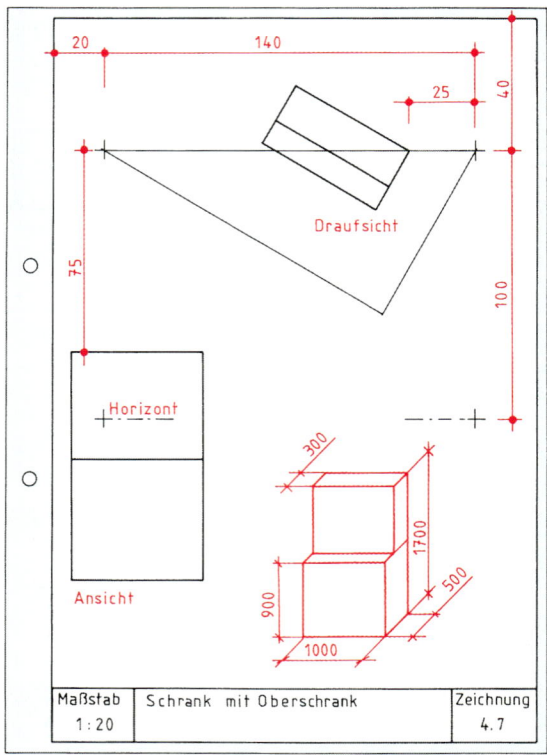

Maßstab 1:20 — Schrank mit Oberschrank — Zeichnung 4.7

5 Grundlagen der Gestaltung

Möbel dienen einerseits der Raumgestaltung und sind andererseits Gebrauchsgegenstände.

Beim Entwurf von Möbeln müssen also die Ansprüche und Bedürfnisse des Menschen berücksichtigt werden. Ihr Wert wird durch ihre **Formschönheit**, ihre **Zweckmäßigkeit** und ihre **handwerkliche Qualität** bestimmt. Dabei muss die Gewichtung zwischen Formschönheit (Ästhetik), Zweckmäßigkeit (Funktion) und Konstruktion sorgfältig aufeinander abgestimmt werden.

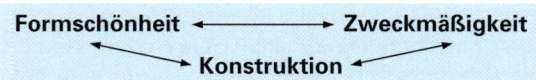

Formschönheit ←——→ **Zweckmäßigkeit**
←→ **Konstruktion** ←

1 Zusammenspiel von Form, Funktion und Konstruktion

Gestaltung zielt somit immer auf das äußere Erscheinungsbild eines Möbels mit seiner Konstruktion in Verbindung mit seiner Funktion. Bei der Gestaltung sind folgende Punkte zu beachten (siehe auch Technologie, Kap. 7.19).

– Formschönheit: Flächenaufteilung, Profile, Beschläge, Oberflächenstruktur, …
– Funktion: Körpermaße des Menschen, Art und Menge der unterzubringenden Gegenstände, …
– Konstruktion: Bauart, Werkstoffauswahl, …

5.1 Formschönheit

Die Formschönheit eines Möbels wird ganz entscheidend durch seine **Proportionen – Aufteilung der Flächen** – bestimmt, wobei es sich bei Möbeln überwiegend um Körper mit rechtwinklig begrenzten Flächen handelt. Nach seiner Lage kann ein Rechteck neutral, schwer oder leicht wirken (Abb. 2).

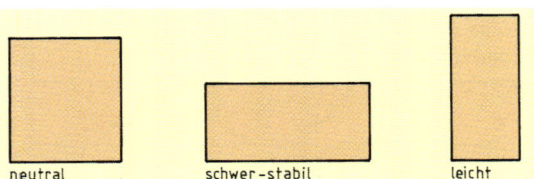

neutral   schwer – stabil   leicht

2 Proportionen und ihre Wirkung

Je nach Aufteilung der Flächen ergeben sich unterschiedliche Wirkungen. Symmetrische Möbelfronten wirken harmonisch (Abb. 3).

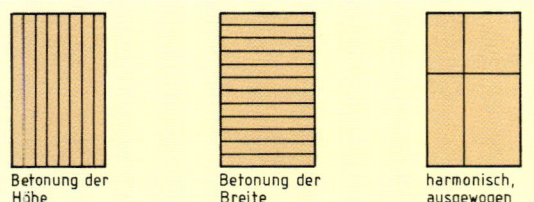

Betonung der Höhe   Betonung der Breite   harmonisch, ausgewogen

3 Aufteilung von Flächen und ihre Wirkung

Der **goldene Schnitt** ist eine der bekanntesten Methoden für die harmonische Aufteilung von Flächen (siehe Seite 500, Abb 1).

5.2 Zweckmäßigkeit

Möbel sind in erster Linie Gebrauchsgegenstände. Die Möbelmaße sollen sich nach den Körpermaßen des Menschen sowie der Größe und Menge der unterzubringenden Gegenstände richten.

Möbel werden im Allgemeinen so gebaut, dass sie von Menschen verschiedener Größe benutzt werden können. Man muss deshalb ein durchschnittliches Körpermaß bei der Konstruktion der Möbel zugrunde legen. Die Maße müssen aber auch den Gebrauch des Möbels oder dessen Funktion berücksichtigen. So ist die Sitzhöhe und die Sitzneigung für Stühle zum Arbeiten oder zum Essen anders, als für Stühle zum Ausruhen oder zum Unterhalten. Die Arbeitshöhe für stehende Arbeit ist anders, als für die Arbeit im Sitzen (Tab. 2, S. 468).

Die Nutzung des Möbels ist entscheidend für die Gestaltung der Oberfläche. Möbel in Kindergärten, Schulen und Kantinen werden stark beansprucht und erfordern somit sicher strapazierfähige Oberflächen.

Auch ist bei der Gestaltung des Möbels der günstigste Greifbereich des Menschen zu berücksichtigen. Griffe oder auch Fächer, die außerhalb dieses Greifbereichs liegen, sind nur schwer zu bedienen. Schubkästen, die über Augenhöhe des Benutzers liegen können nicht eingesehen werden usw.

Die Funktion eines Möbels ist also abhängig von:

– den durchschnittlichen Maßen des Menschen im Stehen und Sitzen, beim Arbeiten oder Ausruhen (Abb. 4 und 5),
– den Abmessungen und Stückzahlen der unterzubringenden Gegenstände (Abb. 6 und Abb. 1, S. 468).

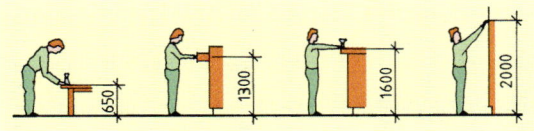

4 Durchschnittliche Greifhöhen

5 Durchschnittliche Tisch- und Sitzhöhen

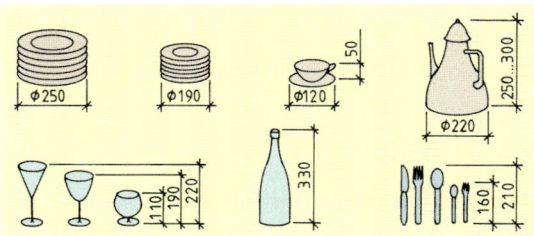

6 Durchschnittliche Maße von Geschirr

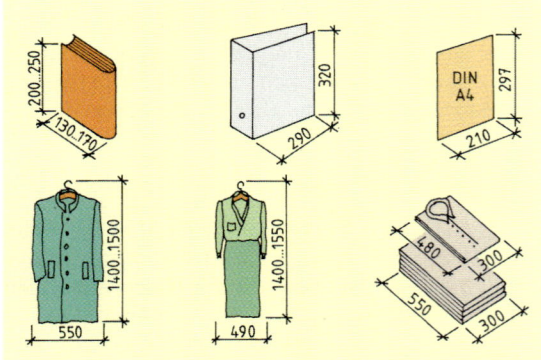

1 Durchschnittliche Maße von Büromaterial und Kleidung

Möbelart	Breite mm	Tiefe mm	Höhe mm
Abstelltisch	650	450	500– 650
Aktenregal	450– 800	200–350	900–2000
Aktenschrank	580–1250	400	900–2000
Anrichte	900–2000	420–550	750– 900
Beistelltisch	650	450	500– 650
Bett	2060	960	
	2060	1560	
	2000	1400	
Bücherregal	450– 800	200–350	900–2000
Bücherschrank	1000–2000	300–420	900–2000
Büroschreibtisch	1600	800	720– 750
	1800	900	720– 750
Couchtisch	1000	500	450– 650
	∅ 500–1000		
Esstisch	1100	700	720– 760
	1200	800	720– 760
	1300	900	720– 760
	∅1100–1250		720– 760
Geschirrschrank	920–1100	420–500	1300–1420
Herrenkommode	850–1100	460–500	720–1200
Kinderbett	1400	700	900–1000
Kleiderschrank	1000–1200	580–650	1650–1900
Küchenoberschrank	600	350–400	600– 650
Küchenunterschrank	600	600–620	850– 900
Maschinentisch	900–1300	450–500	650– 680
Schreibsekretär	800–1100	400–480	1100–1300
Sessel	700– 800	700–850	360– 420
Stuhl	380– 500	400–600	400– 450
Wäschekommode	850–1100	460–500	720–1200
Wäscheschrank	1000–1800	460–500	1650–1900
Wohnzimmerschrank	1200–2400	380–500	1800–2200

2 Durchschnittliche Möbelabmessungen

5.3 Konstruktion

Die Konstruktion berücksichtigt den Verwendungszweck des Möbels. Stark beanspruchte Möbel erfordern eine robuste Bauweise, Hartholz und entsprechend stabile Verbindungen.

5.4 Profile

Profile sind Schmuckelemente an Tischlerarbeiten, die durch die Wirkung von Licht und Schatten das Aussehen der Möbel besonders beeinflussen.

Es gab Epochen, in denen mit Profilen geradezu verschwenderisch umgegangen wurde (Barock, Rokoko), zu anderen Zeiten wurden sie aus gestalterischen Gründen abgelehnt (Bauhaus).

Hoher Vollholzteil, großer Fertigungsaufwand sind die wesentlichen Gründe, weshalb der Einsatz von Profilen heute eher in Grenzen gehalten wird.

Profile können durch Kanten harte Übergänge und durch Rundungen weiche Übergänge schaffen. Der Übergang von Rundungen in Geraden sollte im Profilablauf möglichst rechtwinklig erfolgen.

Die Grundelemente für alle Profile sind die Gerade, die Kreislinie und die Ellipsenlinie. Um eine gute Profilform zu erhalten müssen diese Grundelemente zu einem ausgewogenen Zusammenspiel kommen (Abb. 3).

Damit Profile voll zur Wirkung kommen ist ihre Anbringung im Bezug zur Blickrichtung besonders wichtig (Abb. 4).

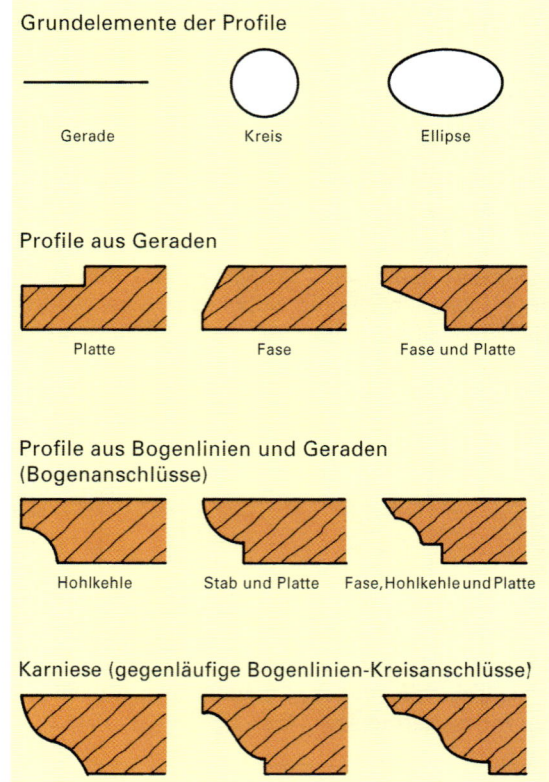

3 Profilarten

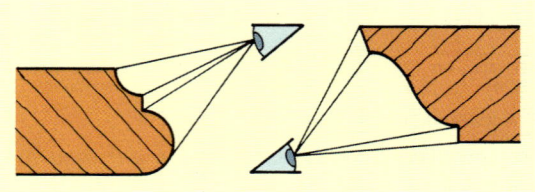

4 Günstiger Blickwinkel auf Profile

5.5 Moderne Möbel

Es gibt viele Anlässe, Möbel zu entwerfen. Form und Funktion werden beeinflusst durch die heute möglichen Herstellungsverfahren und die Vielfalt der modernen Werkstoffe, Verbindungsmittel und Oberflächenmaterialien.

Die gelungene Form eines Möbels muss auf seinen Gebrauch und seine Aufgabe hindeuten.

Darüber hinaus sollte das Möbel nicht nur in sich, in Gestalt und Funktion eine Einheit bilden, sondern auch „stimmig" mit seiner Umgebung sein.

Das Bestreben, etwas „Einmaliges" zu schaffen, darf den Gebrauch – einwandfreie Funktion, sinnvolle Handhabung und Berücksichtigung der Dimension bezüglich seiner Benutzer –,

die Qualität der Ausführung – werkstoffgerechte Verarbeitung, die Auswahl der Beschläge – und

die Umweltfreundlichkeit – der verwendeten Werkstoffe und Bearbeitungsverfahren – nicht außer Acht lassen.

Zeitgemäße Möbel erfordern, mehr denn je, eine intensive Auseinandersetzung des Entwerfers mit der Funktion und der Form des zu gestaltenden Möbelstückes, unter der Berücksichtigung der heutigen Technologie.

Aufgaben 5.1...5.6

Versuchen Sie in Anlehnung an die dargestellten Zeichnungen 5.1...5.6 diesen Möbeln Ihren ganz persönlichen Ausdruck zu geben.

Beachten Sie dabei bitte folgende Gestaltungsprinzipien:

– eindeutige und harmonische Proportionen,

– sinnvolle Handhabung,

– hohe Gebrauchstauglichkeit,

– einwandfreies Funktionieren der beweglichen Teile,

– werkstoffgerechte Konstruktion und Verarbeitung,

– gute Detailausbildung,

– zurückhaltende Farb- und Materialauswahl.

Zeichnen Sie die Hauptzeichnung im Maßstab 1:10 und die notwendigen Teilschnittzeichnungen im Maßstab 1:1.

Maße sind selbst zu bestimmen.

Zeichenblätter:
DIN-A4- und DIN-A3-Hoch- und Querformat.

Die Zeichnungen 5.1...5.6 wurden mit der CAD-Technologie – Zeichnen mit Unterstützung des Computers – hergestellt.

Siehe auch Kap. 11 – Zeichnen mit CAD

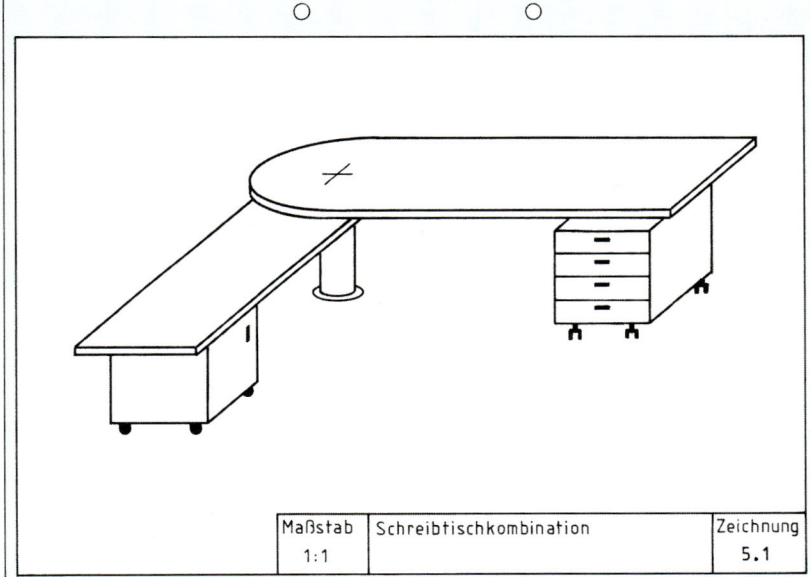

| Maßstab 1:1 | Schreibtischkombination | Zeichnung 5.1 |

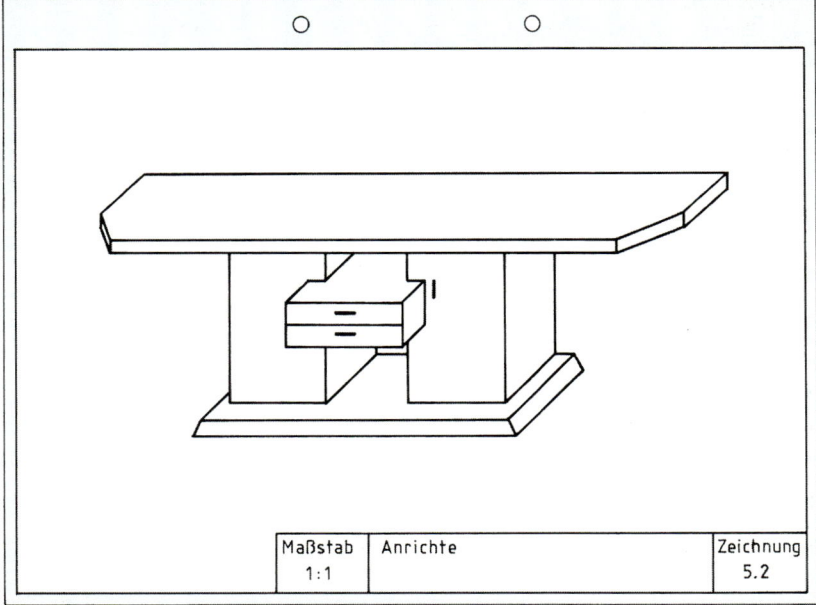

| Maßstab 1:1 | Anrichte | Zeichnung 5.2 |

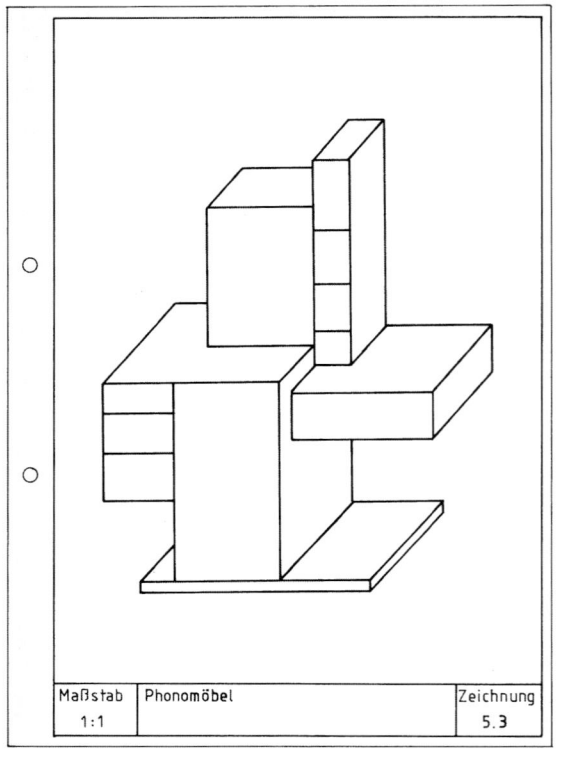

Maßstab	Phonomöbel	Zeichnung
1:1		5.3

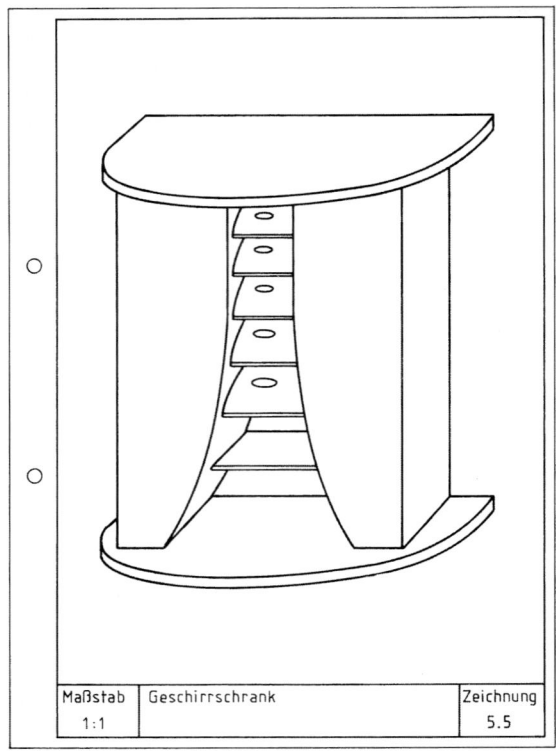

Maßstab	Geschirrschrank	Zeichnung
1:1		5.5

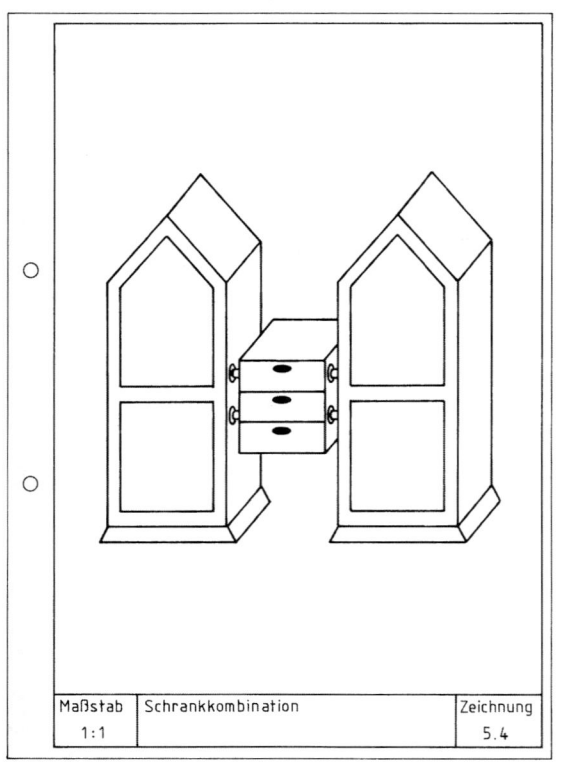

Maßstab	Schrankkombination	Zeichnung
1:1		5.4

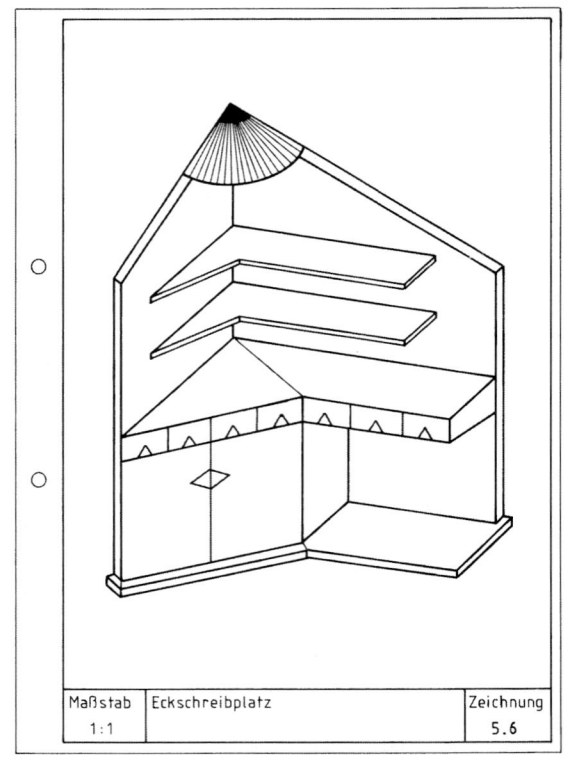

Maßstab	Eckschreibplatz	Zeichnung
1:1		5.6

6 Arbeitsplanung/Projekte

In diesem Kapitel wird die Projektierung eines Möbels vom Entwurf bis zum fertigen Möbel dargestellt. Die Projektierung dient dabei gleichzeitig dem fächerübergreifenden und handlungsorientierten Unterricht. So ergeben sich für die Arbeitsplanung folgende Aufgabenstellungen z.B.:

- Konstruktive Gestaltung, Holz- und Beschlagauswahl, Oberflächengestaltung.

- Entwurf (Freihandzeichnen), Konstruktionsentwürfe (Freihandzeichnen), Haupt- und Teilschnittzeichnungen nach DIN 919.

- Erstellung der Materialliste, Verschnitt- und Preisberechnung.

- Erstellung des Arbeitsablaufplanes mit Arbeitszeitermittlung.

- Erstellen der Kalkulation.

- Schreiben des Angebotes.

- Herstellung eines Modells im Maßstab 1:1 bzw. 1:5.

Dieser Projektunterricht dient auch als Vorbereitung zur Herstellung des Gesellenstückes, einem Teil der Fertigkeitsprüfung.

6.1 Planung eines Möbelstückes

Vor jeder Planung (Entwurf) eines Möbelstückes, z.B. eines Möbels sollen folgende Fragen beantwortet werden (siehe auch Technologie, Kap. 7.19, Seite 159ff.).

Welche Funktionen bzw. Aufgabe wird an das Möbel gestellt?

Z.B.: Maße überlegen, die sich vom Gebrauch ergeben, Standort festlegen. Soll das Möbel zu anderen Einrichtungsgegenständen „passen" oder soll es ein Einzelstück werden?

Welche Form soll gewählt werden?

Z.B.: Tragende Elemente ermitteln, Symmetrie von Flächen auflösen, Rechtwinkligkeit verlassen und stumpfe und spitze Winkel wählen. Glas in die Entwurfsarbeit mit einbeziehen.

Welche Konstruktion soll gewählt werden?

Z.B.: Auswahl des Materials. Bestimmung der Bauart und Festlegung der geeigneten konstruktiven Verbindungen.

Wie soll das Möbel gestaltet werden?

Z.B.: Einzelmaße, Flächenteilungen, Profile anhand von Skizzen erarbeiten und bestimmen.

Wie kann die Herstellung des Möbels verwirklicht werden?

Z.B.: Sind die notwendigen Werkstatteinrichtungen vorhanden?

Reichen meine praktischen Fertigkeiten aus?

Fertigungsverfahren, -techniken und Arbeitsabläufe planen und festlegen.

Nach diesen Überlegungen soll ein Hängeschrank gefertigt werden, der als „Einzelstück" gelten soll und dem später einmal weitere Möbelstücke zugeordnet werden könnten.

Holzart: Kirschbaum

Oberfläche: natur lackiert

Arbeitszeit: etwa 80 Stunden

6.1.1 Entwürfe zur Auswahl

Freihand-Entwurfsskizzen sollten möglichst im Maßstab 1:10 und in perspektivischer Projektion dargestellt werden, da hierbei ein bildhafter Eindruck entsteht (Abb. 1...3 und Seite 472, Abb. 1...4).

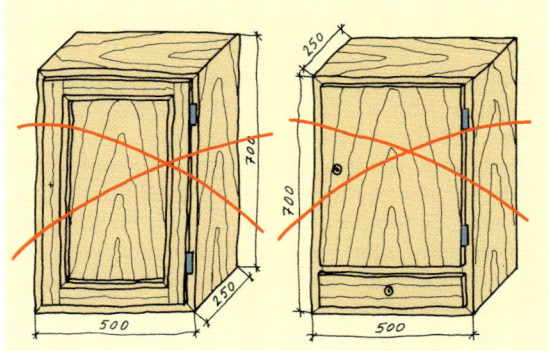

1 Hängeschrank, Korpus in Plattenbauweise, Tür in Rahmenbauweise mit Füllung

2 Hängeschrank in Plattenbauweise mit Plattentür und Schubkasten

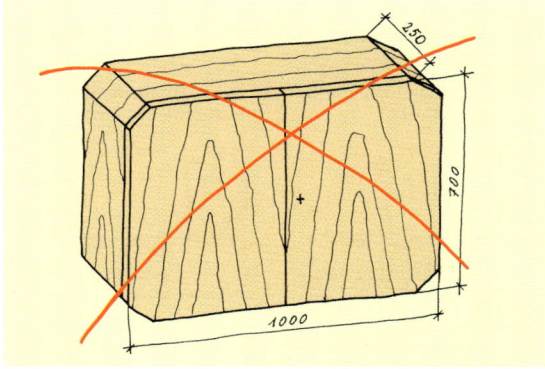

3 Zweitüriger Hängeschrank mit abgeschrägten Ecken in Plattenbauweise, Türen aufschlagend

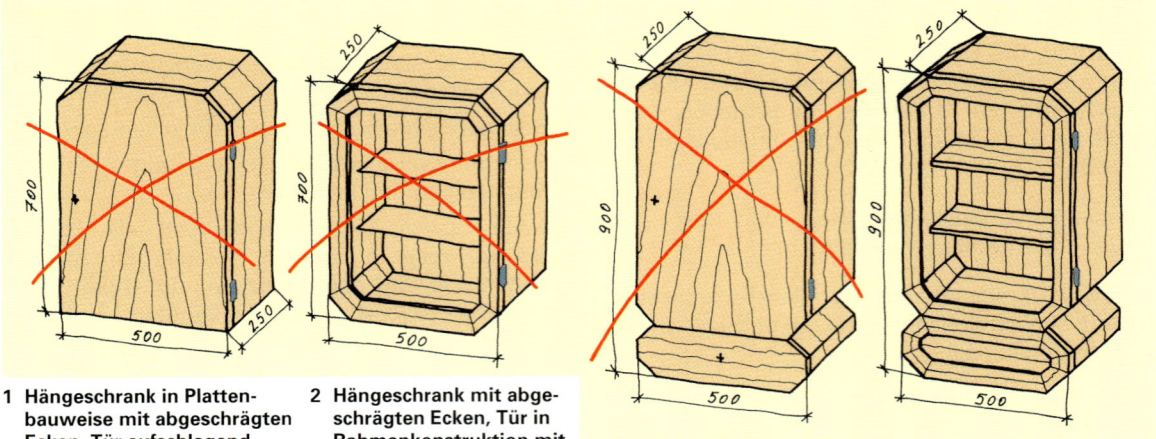

1 Hängeschrank in Plattenbauweise mit abgeschrägten
Ecken, Tür aufschlagend

2 Hängeschrank mit abge-
schrägten Ecken, Tür in
Rahmenkonstruktion mit
Glasfüllung

3 Hängeschrank mit abgeschrägten Ecken in
Plattenbauweise,
Tür und Schubkasten
aufschlagend

4 Hängeschrank mit abgeschrägten Ecken, Rah-
mentür mit Glasfüllung,
Schubkastenaufdeck in
Rahmenbauweise,
aufschlagend

6.1.2 Entwurfsskizzen zur Konstruktion

Aus den vorhergehenden 7 Entwürfen wird die
Abb. 4 auf dieser Seite ausgewählt. Nachdem die
annähernde Form des Möbelstückes damit festgelegt worden ist, müssen die Konstruktion und
auch die Profilauswahl durchdacht werden.

Die Konstruktionsskizzen sollten etwa im Maßstab
1:1 freihändig gezeichnet werden (Abb. 5…8).

Gewählt wird die Konstruktion des Horizontal-
schnittes (Abb. d), denn das Profil entspricht den
abgeschrägten Kanten des Schrankes. Durch die
Schattennut ist das Zylinderband (Kröpfung B)
verdeckt, gleichzeitig dient sie als Griffmulde für
Tür und Schubkasten. Als Verschluss wird ein
Einbohrschnäpper verwendet. Dadurch wird die
Vorderfront nicht durch einen Schlüssel bzw.
Griff oder Knopf unterbrochen.

Der Schrank soll an schrägen Falzleisten aufgehängt werden (Abb. 6).

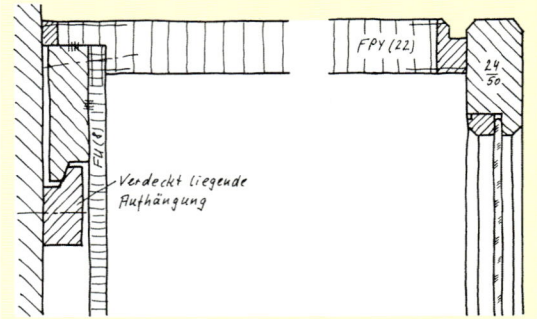

6 Vertikalschnitte (freihändig)

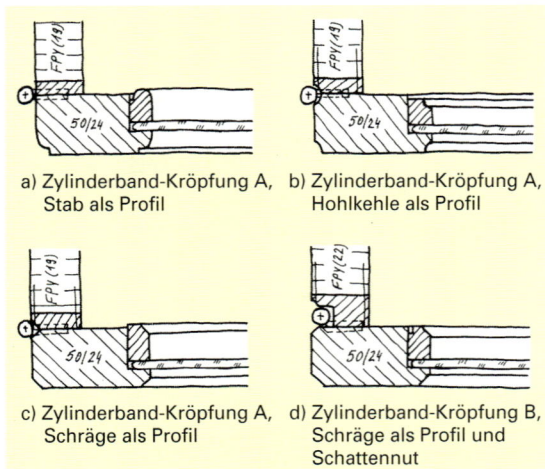

a) Zylinderband-Kröpfung A,
Stab als Profil

b) Zylinderband-Kröpfung A,
Hohlkehle als Profil

c) Zylinderband-Kröpfung A,
Schräge als Profil

d) Zylinderband-Kröpfung B,
Schräge als Profil und
Schattennut

5 Horizontalschnitt (freihändig)

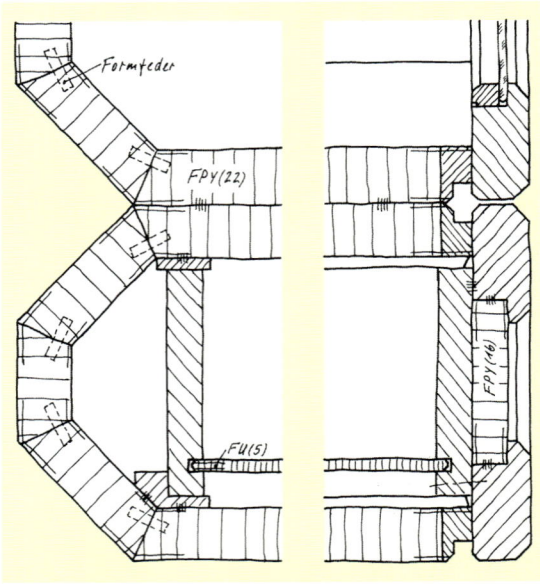

7 Frontalschnitt
(freihändig)

8 Vertikalschnitt
(freihändig)

6.2 Fertigungszeichnungen

Nachdem die Entwurfszeichnungen für Ansicht und Konstruktion erstellt worden sind, kann mit der Fertigungszeichnung begonnen werden. Hierzu gehören die Hauptzeichnung im Maßstab 1:10 und die Teilschnittzeichnung im Maßstab 1:1.

6.2.1 Hauptzeichnung

Die Hauptzeichnung zeigt das Gesellenstück in V, SL und D mit allen wesentlichen Maßen und die Lage der Schnitte (Abb. 1).

6.2.2 Teilschnittzeichnung

Die Teilschnittzeichnung im Maßstab 1:1 enthält alle zur Herstellung notwendigen Angaben über Maße, Konstruktion, Beschläge, Furniere usw. (Abb. 2 und 3 und Seite 474, Abb. 1 und 2).

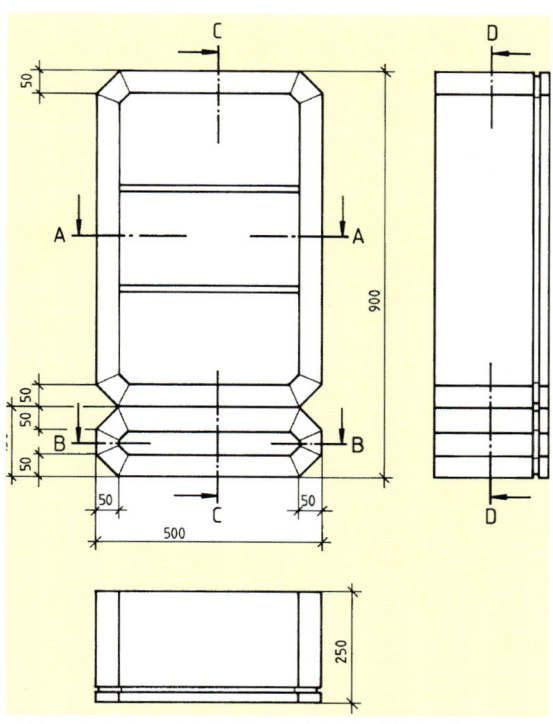

1 Hauptzeichnung im Maßstab 1:10 (verkleinert)

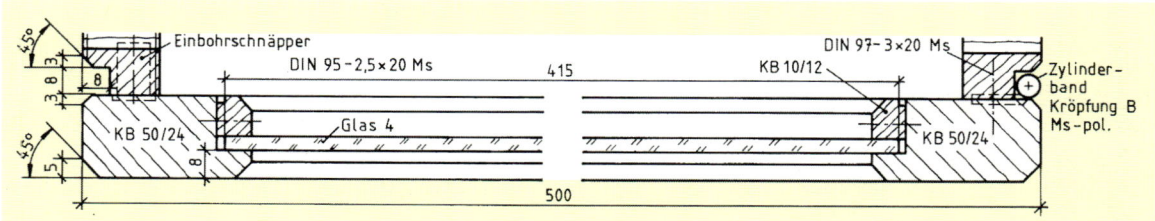

2 Schnitt A–A (verkleinert)

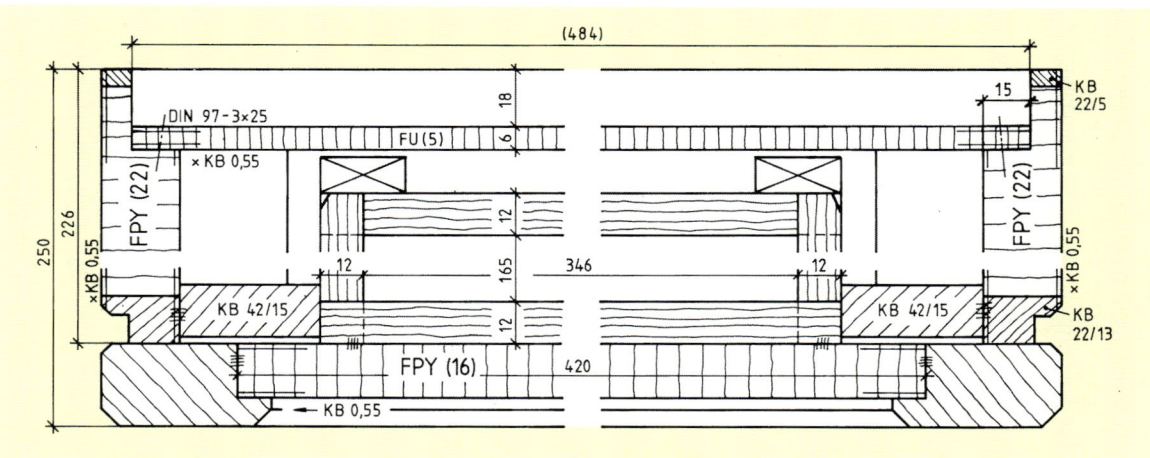

3 Schnitt B–B (verkleinert)

473

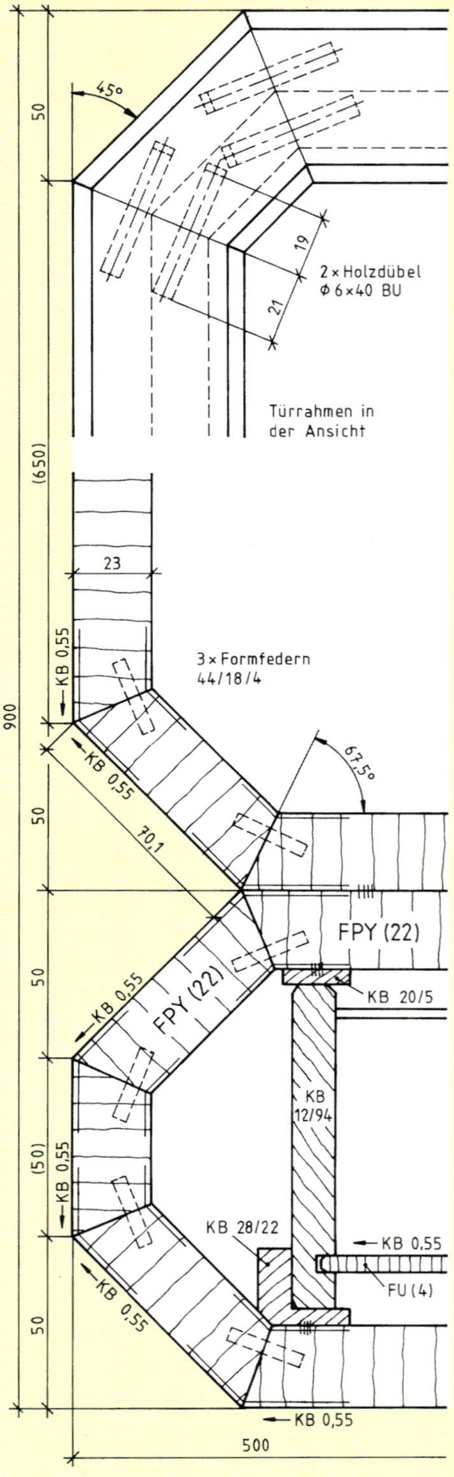

1 Schnitt D–D (verkleinert)

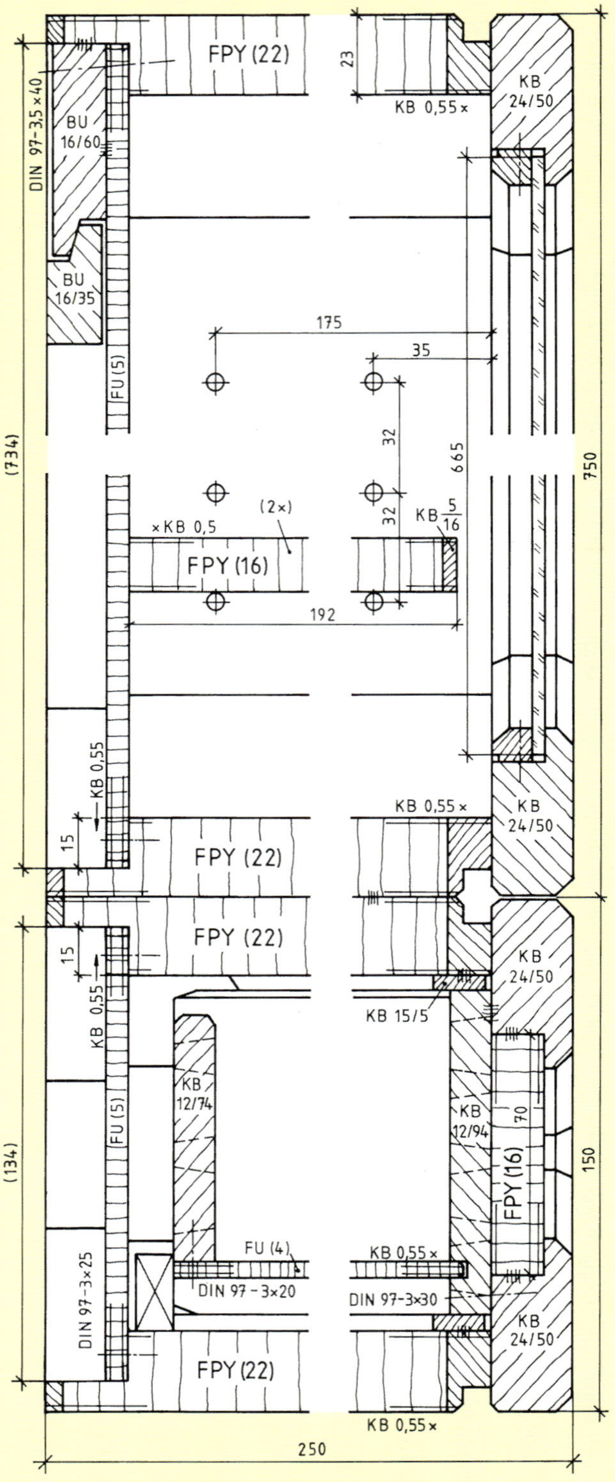

2 Schnitt C–C (verkleinert)

6.3 Werkstoffliste

Nr.	Bezeichnung/Verwendung		Werkstoff	Stück n	Fertigmaße Länge mm	Breite mm	Dicke mm	Fläche m²	Verschnittsatz %	Rohholzdicke mm	Rohmenge	Preis je Einheit DM	Teilstückpreis in DM
1	Seiten	schräg	FPY 22	8	71	208	–	0,12	–	–	–	–	–
2		senkr. oben	FPY 22	2	650	208	–	0,27	–	–	–	–	–
3		senkr. unten	FPY 22	2	50	208	–	0,02	–	–	–	–	–
4	Böden	Korpus	FPY 22	4	400	208	–	0,33	15	–	0,85 m²	21,00	17,85
5		Fach	FPY 16	2	456	187	–	0,17	–	–	–	–	–
6	Schub	Aufdopplung	FPY 16	1	420	70	–	0,03	15	–	0,23 m²	16,00	3,68
7		Boden	FU 4	1	182	356	–	0,06	15	–	0,07 m²	6,80	0,48
8	Rück-	oben	FU 5	1	734	484	–	0,36	–	–	–	–	–
9	wand	unten	FU 5	1	134	484	–	0,06	15	–	0,48 m²	7,00	3,36
10	Rahmen	schräg	KB	8	71	50	24	0,03	–	–	–	–	–
11	Tür u.	senkr. oben	KB	2	650	50	24	0,07	–	–	–	–	–
12	Schub	senkr. unten	KB	2	50	50	24	0,01	–	–	–	–	–
13		waagrecht	KB	4	400	50	24	0,08	40	30	0,008 m³	1480,00	11,84
14	Glasleisten gesamt		KB	1	2122	12	10	0,03	40	18	0,001 m³	1480,00	1,48
15	Anleimer	Korpus-vorn	KB	1	3568	22	13	0,08	–	–	–	–	–
16		Korpus-hinten	KB	1	3568	22	5	0,08	40	30	0,007 m³	1480,00	10,36
17		Fachböden	KB	2	400	16	5	0,01	–	–	–	–	–
18	Schub	Vorderstück	KB	1	370	94	12	0,03	–	–	–	–	–
19		Seiten	KB	2	189	94	12	0,04	–	–	–	–	–
20		Hinterstück	KB	1	370	74	12	0,03	40	18	0,003 m³	1480,00	4,44
21		Laufleisten	KB	2	189	28	22	0,01	–	–	–	–	–
22		Kippleisten	KB	2	189	20	5	0,01	40	30	0,001 m³	1480,00	1,48
23		Verdeck senkr.	KB	2	104	42	15	0,01	–	–	–	–	–
24		Verdeck waagr.	KB	2	370	15	5	0,01	40	20	0,001 m³	1480,00	1,48
25	Aufhängung-Korpus		BU	1	400	35	16	0,01	–	–	–	–	–
26	Aufhängung-Wand		BU	1	400	60	16	0,02	40	20	0,001 m³	1200,00	1,20
27	Furnier	Pos. 1-3	KB	4	984	226	–	0,89	–	–	–	–	–
28		Pos. 4	KB	8	400	226	–	0,72	–	–	–	–	–
29		Pos. 5	KB	4	456	192	–	0,35	–	–	–	–	–
30		Pos. 6	KB	2	420	70	–	0,06	–	–	–	–	–
31		Pos. 7	KB	2	356	182	–	0,13	–	–	–	–	–
32		Pos. 8	KB	2	730	480	–	0,70	–	–	–	–	–
33		Pos. 9	KB	2	130	480	–	0,12	50	–	4,46 m²	56,00	249,76
34	Zylinderband Kröpfung B		MS	2	50	–	Ø 7,5	–	–	–	–	7,85	15,70
35	Einbohrschnäpper		–	2	–	–	Ø 11	–	–	–	–	5,50	11,00
36	Glas	Spiegelglas	–	1	665	415	4	–	–	–	–	36,00	36,00
37	Bodenträger		MS	4	–	–	–	–	–	–	–	0,70	2,80
38	Dübel	6 × 40	BU	32	–	–	–	–	–	–	–	0,05	1,60
39	Formfedern	44/18/4	BU	48	–	–	–	–	–	–	–	0,08	3,84
40	Schrauben	DIN 95-2,5 × 20	MS	24	–	–	–	–	–	–	–	0,06	1,44
41		DIN 97-3,0 × 20	MS	12	–	–	–	–	–	–	–	0,06	0,72
42		DIN 97-3,0 × 25	St	36	–	–	–	–	–	–	–	0,06	2,16
43		DIN 97-3,5 × 40	St	6	–	–	–	–	–	–	–	0,08	0,48
44	Leim		KPVAC	–	–	–	–	ca. 3,20	–	–	180 g/m²	10,00	5,76
45	Oberflächenveredelung		Grund.	–	–	–	–	ca. 3,50	–	–	160 g/m²	10,00	5,60
46		Lack		–	–	–	–	ca. 3,50	–	–	160 g/m²	16,00	8,96
47	Hilfsmittel (pauschal)		–	–	–	–	–	–	–	–	–	–	8,00
48													
49													
50													

Materialkosten gesamt   **411,47**

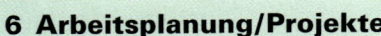

6.4 Arbeitsablauf mit Arbeitszeitermittlung

Projekt: Hängeschrank in Kirschbaum (siehe Kap. 6.2)

Nr.	Arbeitsvorgänge	Teilvorgänge	Arbeitsmittel Maschinen, Werkzeuge	Hinweise	Arbeitszeit in h			
					Bankraum		Maschinen-raum	
					soll	ist	soll	ist
1	Auftrags-vorbereitung	Zeichnung – lesen – prüfen	–	siehe Kap. 6.2	–		–	
		Werkstoffliste – erstellen	Computer/Formblatt	siehe Kap. 6.3				
2	Sägearbeiten	Zuschnitt – Plattenwerkstoffe – Vollholz	Kreissägemaschine	Holzauswahl Arbeitssicherheit Gehörschutz	–		1,5	
3	Hobelarbeiten	Aushobeln – Rahmen – Anleimer – Glasleisten – Schubkasten Teile – Aufhängeleisten	Abrichthobelmaschine Dickenhobelmaschine	Arbeitssicherheit Gehörschutz	–		1,5	
4	Verleimarbeiten	Anleimer	Zwingen und Zulagen	Holzfeuchte beachten	0,5			
5	Furnierarbeiten	Zuschneiden, Fügen	Abrichte, Raubank Furniersägemaschine Furnierschere	Holzbild beachten	1,5		0,5	
6	Fräsarbeiten/ Schleifarbeiten	Anleimer – bündig	Handoberfräse, Breit-bandschleifmaschine	Arbeitssicherheit	–		0,5	
7	Furnieren/ Beschichten	Plattenwerkstoffe – Korpus – Rückwände – Schubkastenboden – Schubkastenaufdeck – Einlegeböden	Leimauftragsgerät Furnierpresse	Pressplatten säubern Pressdruck prüfen	2,5		–	
8	Fräsarbeiten	Rahmen, Schubkasten, Aufhängeleisten – Fälzen – Profilieren – Nuten	Tischfräsmaschine	Arbeitssicherheit Gehörschutz	–		2,5	
9	Sägearbeiten	Rahmen, Schubkasten, Rückwände, Korpus – Formatschnitte – Gehrungsschnitte	Kreissägemaschine	Arbeitssicherheit Gehörschutz	–		3,5	
				Arbeitszeit – Zwischensumme	4,5		10,0	

				Arbeitszeit – Übertrag	4,5		10,0	
10	Bohrarbeiten	Rahmen – Dübellochbohrungen Seiten – Lochreihen Rückwände	Dübelbohrmaschine	Arbeitssicherheit	–		2,0	
11	Fräsarbeiten	Korpus – Nuten für Formfedern	Handnutfräsmaschine	Arbeitssicherheit	1,5		–	
12	Stemmarbeiten	Schubkasten – Zinken	Handsäge Stechbeitel	Unterlagen, Zulagen verwenden	2,5		–	
13	Schleifarbeiten	Korpus Rahmen Einlegeböden Schubkästen Kanten	Bandschleifmaschine Schleifklotz Schleifpapier Staubsauger	Körnung, Schleifrichtung und Umweltschutz beachten	1,5		1,5	
14	Verleimarbeiten	Korpus Rahmen Schubkasten	Zwingen und Zulagen Verleimvorrichtung	Winkligkeit beachten, Oberfläche leimfrei halten	12,0		–	
15	Einbau/ Beschlag- montage	Schubkasten Schubkastenführung Schubkastenauf- dopplung Rückwände, Schnäpper Zylinderbänder Aufhängeleiste	Schrauber Stechbeitel Bohrmaschine	–	7,0		–	
16	Schleifarbeiten	Flächen Kanten	Schleifklotz Schleifpapier	Körnung, Schleif- richtung beachten	2,0		–	
17	Oberflächen- arbeiten	Entstauben Grundieren, Schleifen Lackieren	Staubsauger Spritzpistole Spritzkabine Schleifpapier	Arbeitssicherheit Atemschutzmaske Schutzhandschuhe Umweltschutz	1,5		2,5	
18	Endmontage	Glasscheibe Glasleisten	Gehrungssäge, Bohrer Schrauber	–	2,5		–	
19	Prüfen/ Bewerten	Maßhaltigkeit Oberfläche Funktion	Meterstab, Winkel Visuell	–	1,0		–	
20	Lieferung/ Montage	Wandleiste für Aufhängung	Meterstab Wasserwaage Bohrmaschine Schrauber Staubsauger	Umgangsformen mit dem Kunden beachten	2,0		–	
21	Arbeitszeit – Summen				38,0		16,0	

6.5 Kalkulationsbogen für Vor- und Nachkalkulation

Werkstück/Auftrag: Hängeschrank

Holzart: Kirschbaum   Oberfläche: natur-lackiert

Auftraggeber:

Zeichnung:

Hängeschrank
in Kirschbaum
M 1:20

		Vor-	Nach-
		Kalkulation	
		DM	DM
	Übertrag	**411,47**	

2. Fertigungslöhne

		Arbeits-zeit h	Stunden-lohn DM	
2.1	Maschinenraum	16	23,50	376,00
2.2	Bankraum	36	21,30	766,80
2.3	Montage	2	21,30	42,60

3. Sonderkosten der Fertigung

4. Gemeinkosten

4.1	280% auf Maschinenraumlöhne	1052,80
4.2	130% auf Bankraumlöhne	996,84
4.3	80% auf Montagelöhne	34,08

5. Selbstkosten (1. + 2. + 3. + 4.)   3680,59

6. Wagnis und Gewinn

15% auf die Selbstkosten	552,09

7. Sonderkosten des Vertriebs

Anfahrt/Lieferung	26,50

8. Netto-Herstellungspreis   4259,18

9. Mehrwertsteuer

16% auf den Netto-Herst.-preis	681,47

| **Verkaufspreis** | **4940,65** |

---

	1. Werkstoffe	Vor- Kalkulation DM	Nach- DM
1.1	Vollholz lt. Werkstoffliste		
1.2			
1.3			
1.4			
1.5	Plattenwerkstoffe		
1.6			
1.7			
1.8	Furniere		
1.9			
1.10	Kunststoffe		
1.11			
1.12	Leim/Kleber		
1.13			
1.14	Hilfswerkstoffe		
1.15			
1.16	Beschläge		
1.17			
1.18	Oberflächen		
1.19			
1.20	Halbfertigerzeugnisse		
1.21			
1.22	Schrauben/Schleifmittel		
1.23			
1.24			
1.25	lt. besonderer Liste	411,47	
1.26			
	Übertrag	**411,47**	

Die Arbeitszeit wurde geschätzt.

6.6 Angebot

Bau- und Möbeltischlerei   Eichenau, den 22. 02. 1999

Walter Kirschbaum
Waldstr. 12

82223 Eichenau

Herrn
Hubert Nussbaum
Ahornweg 5

83022 Rosenheim

Angebot: Hängeschrank in Kirschbaum

Sehr geehrter Herr Nussbaum,

aufgrund unseres Gespräches vom 15.02.1999 erlaube ich mir, Ihnen folgendes Angebot laut beiliegender Zeichnung zu unterbreiten.

Die Ausführung erfolgt in Kirschbaum furniert, Fronten massiv Kirschbaum, Oberfläche matt lackiert.

Die Lieferzeit beträgt ca. acht Wochen ab Auftragserteilung.

Die Gültigkeit dieses Angebots beträgt drei Monate.

Nettoherstellungspreis:	4259,18 DM
zuzüglich Mehrwertsteuer 16%:	681,47 DM
Verkaufspreis:	**4940,65 DM**

Ich hoffe, dass Ihnen mein Angebot zusagt und erwarte gerne Ihren Auftrag. Um eine termingerechte und handwerklich einwandfreie Ausführung werde ich besonders bemüht sein.

Mit freundlichen Grüßen

6.7 Projektaufgaben

Für einen Kunden sollen folgende Möbelstücke angefertigt werden.

6.1 Anrichte
   mit mindestens drei Schubkästen in Plattenbauweise

6.2 Truhe
   in Rahmenbauweise

6.3 Schreibsekretär
   mit Schreibklappe in Plattenbauweise

6.4 Glasvitrine
   in Rahmenbauweise

6.5 Geschirrschrank
   in Rahmenbauweise

6.6 Schreibtisch
   mit englischen Zügen in Plattenbauweise

Maße siehe Aufgabenblätter

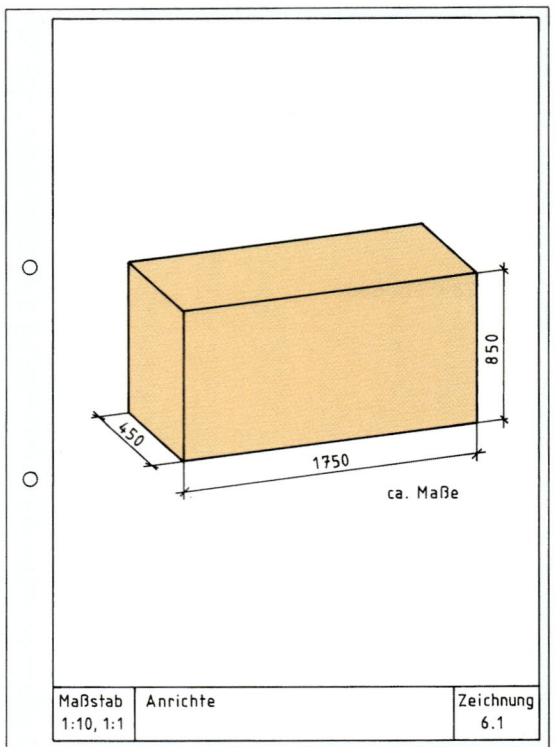

| Maßstab 1:10, 1:1 | Anrichte | Zeichnung 6.1 |

Aufgabenstellung:

– Entwerfen Sie das Möbelstück (mehrere Entwürfe) und wählen Sie davon einen Entwurf aus.

– Ermitteln Sie durch Freihandskizzen die Konstruktionsdetails.

– Legen Sie die Holzart, genauen Maße, Beschläge, Profile usw. fest.

– Erstellen Sie die Hauptzeichnung im Maßstab 1:10 und die notwendigen Teilschnittzeichnungen im Maßstab 1:1.

– Stellen Sie die Materialliste auf und ermitteln Sie die Einzelpreise.

– Beschreiben Sie den Arbeitsablauf und schätzen Sie die Arbeitszeit (Bank- und Maschinenstunden).

– Erstellen Sie die Kalkulation.

– Schreiben Sie das Angebot an den Kunden.

– Fertigen Sie das Modell im Maßstab 1:10 bzw. 1:5.

Zeichenblätter: DIN-A4 und DIN-A3 – Hoch- und Querformat.

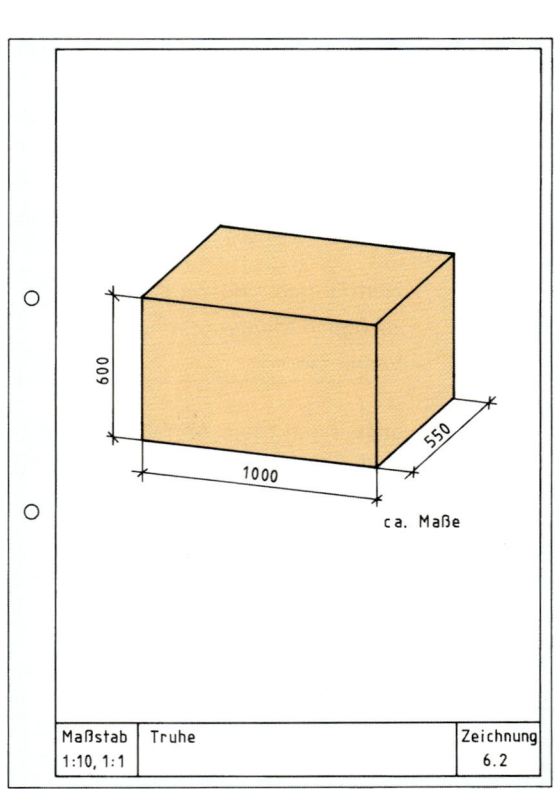

| Maßstab 1:10, 1:1 | Truhe | Zeichnung 6.2 |

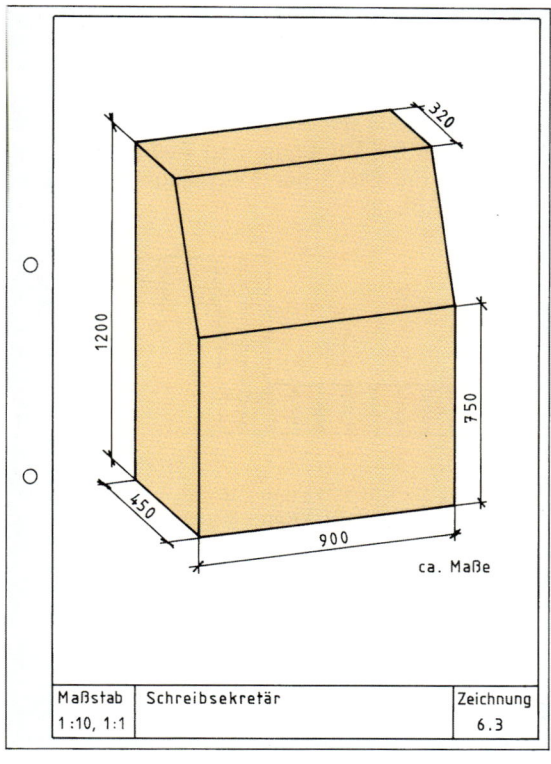

320

1200

750

450

900

ca. Maße

Maßstab	Schreibsekretär	Zeichnung
1:10, 1:1		6.3

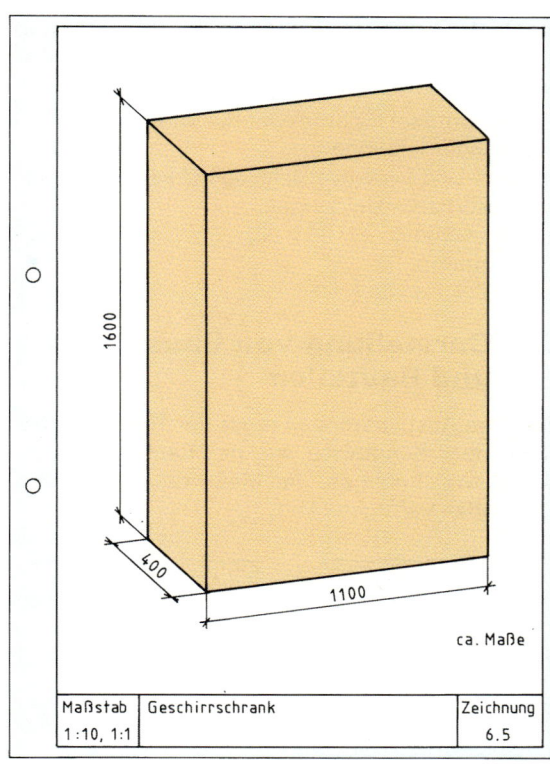

1600

400

1100

ca. Maße

Maßstab	Geschirrschrank	Zeichnung
1:10, 1:1		6.5

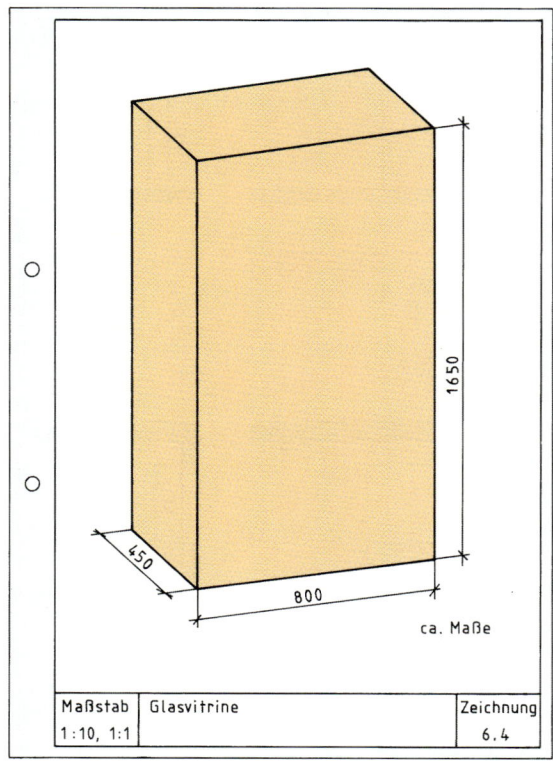

1650

450

800

ca. Maße

Maßstab	Glasvitrine	Zeichnung
1:10, 1:1		6.4

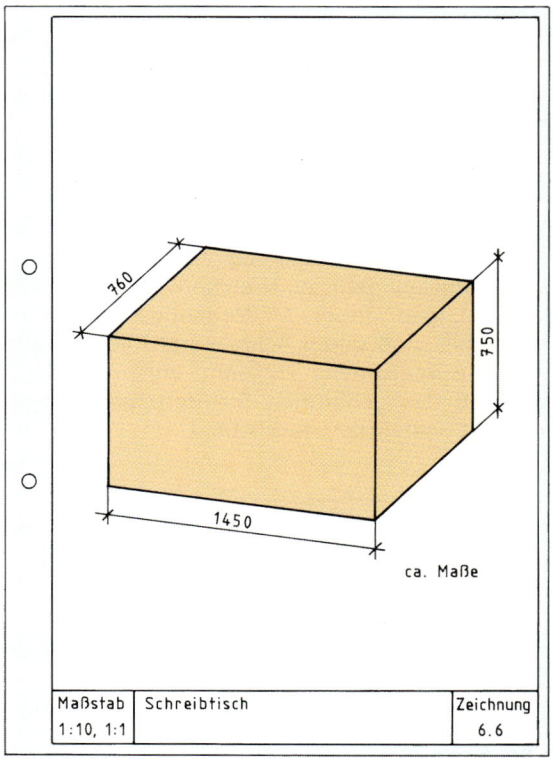

760

750

1450

ca. Maße

Maßstab	Schreibtisch	Zeichnung
1:10, 1:1		6.6

Innenausbauarbeiten umfassen für den Bau- und Möbeltischler ein vielfältiges Aufgabengebiet. Man unterscheidet u.a.:

– Einbaumöbel (Schrankwände, Raumteiler),
– Ladeneinrichtungen,
– Wand- und Deckenverkleidungen (-vertäfelungen),
– Heizkörperverkleidungen,
– Trennwände,
– Innentüren.

7.1 Darstellung von Baustoffen und Bauteilen

Bei allen Ausbauarbeiten muss der Tischler unbedingt über Kenntnisse aus der Bautechnik, von den Bauzeichnungen, der Maßordnung und den Baustoffen verfügen (Abb. 1).

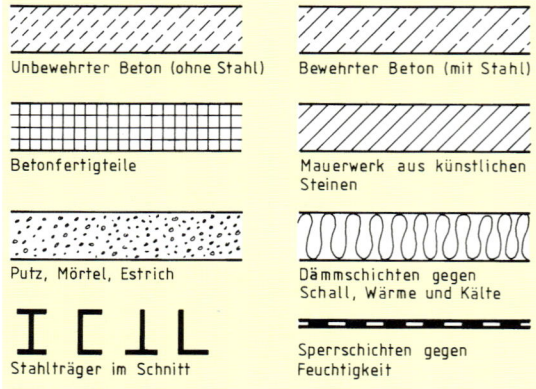

1 Schraffuren und Symbole nach DIN 1356 (Auswahl)

7.2 Maßordnung im Hochbau

7.2.1 Bau-Richtmaße (BR)

Die Maßordnung im Hochbau nach DIN 4172 ist die Grundlage aller Abmessungen von Gebäuden und Bauteilen. Bausteine entsprechen in ihren Abmessungen dieser Maßordnung. Bau-Richtmaße (BR) sind durch Achtelmeter (am) festgelegt. Das Achtelmeter (125 mm) entspricht dem Kopfmaß des genormten Steinformates (Steinbreite + Fugendicke), siehe Abb. 2.

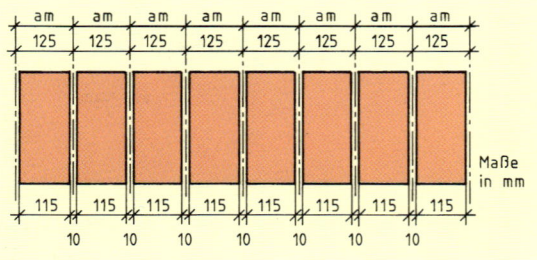

2 Bau-Richtmaße (BR)

7.2.2 Nennmaße (NM)

Das **Nennmaß** = Bau-Lichtmaß ergibt sich bei einseitig angebautem Mauerwerk als sog. Vorsprungsmaß aus der Anzahl der Köpfe mal dem Achtelmeter. Bei Öffnungs- und Außenmaßen ist außerdem die Dicke der Mörtelfuge zu berücksichtigen (Abb. 3).

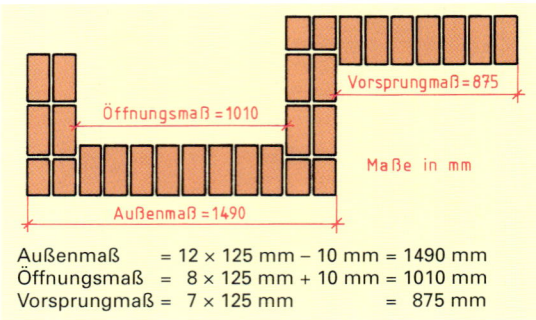

Außenmaß   = 12 × 125 mm – 10 mm = 1490 mm
Öffnungsmaß = 8 × 125 mm + 10 mm = 1010 mm
Vorsprungmaß = 7 × 125 mm   = 875 mm

3 Nennmaße (NM)

7.3 Bauzeichnungen

7.3.1 Tür- und Fensteröffnungen

In Schnittzeichnungen verlaufen die Schnittebenen so durch das Bauwerk, dass Wandöffnungen geschnitten werden. Tür- und Fensterstürze über der Schnittebene werden im Grundriss als Strichlinien dargestellt (Abb. 4...5).

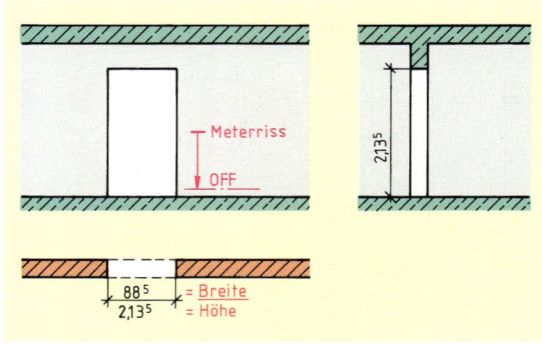

4 Türöffnung

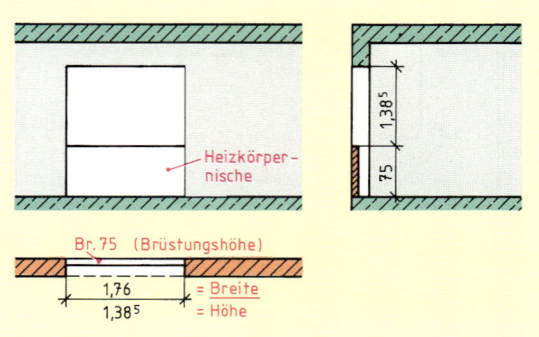

5 Fensteröffnung

7.3.2 Bemaßung von Bauzeichnungen im Grundriss

In Bauzeichnungen werden **Nennmaße** = Bau-Lichtmaße wie Außenmaße, Vorsprungsmaße und Öffnungsmaße als Kettenmaße angegeben. Diese Kettenmaße dienen der Fertigung (Abb. 1).

Bauzeichnungen im Maßstab 1:50 werden nach DIN 1356 in m, cm, mm bemaßt, z.B.

$$1{,}37^5 = 1 \text{ m, 37 cm und 5 mm}$$

Maße unter 1,00 m werden in cm^{mm} angegeben, z.B.

$$88^5 = 88 \text{ cm und 5 mm}$$

Für alle Innenausbauarbeiten erfordert das Maßnehmen am Bau große Verantwortung, Sorgfalt und Genauigkeit.

Bauzeichnungen tragen in der Regel den Vermerk:

„Genaue Maße sind an Ort und Stelle zu nehmen".

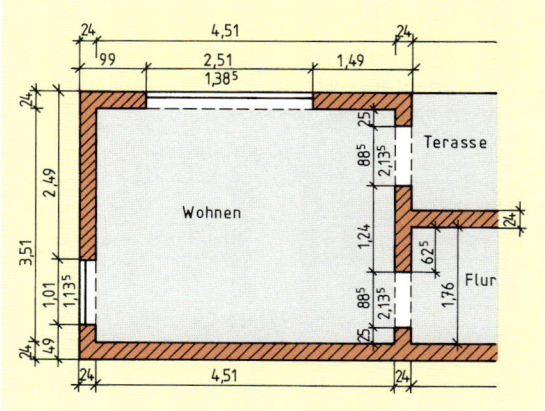

1 Grundriss (Teil einer Wohnung), Maßstab 1:50 (verkleinert dargestellt)

Aufgabe 7.1

Grundriss einer Einraumwohnung mit Küche und WC/Dusche

Zeichnen Sie den Grundriss der Einraumwohnung im Maßstab 1:50.

Fehlende Maße sind zu ergänzen.

Zeichenblatt: DIN-A4-Hochformat.

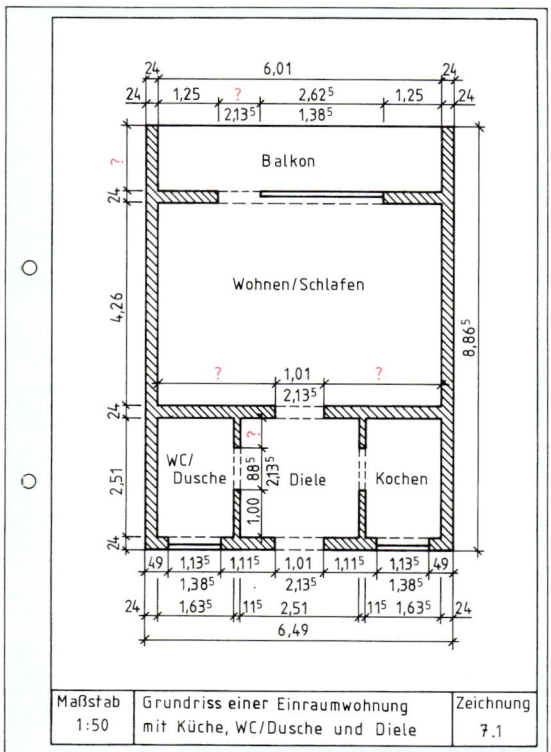

Aufgabe 7.2

Grundriss eines Ferienhauses

Zeichnen Sie den mit **„am"** vermaßten Grundriss im Maßstab 1:50.

Alle „am-Maße" sind durch **Baulichtmaße = Nennmaße** zu ersetzen.

Zeichenblatt: DIN-A4-Hochformat.

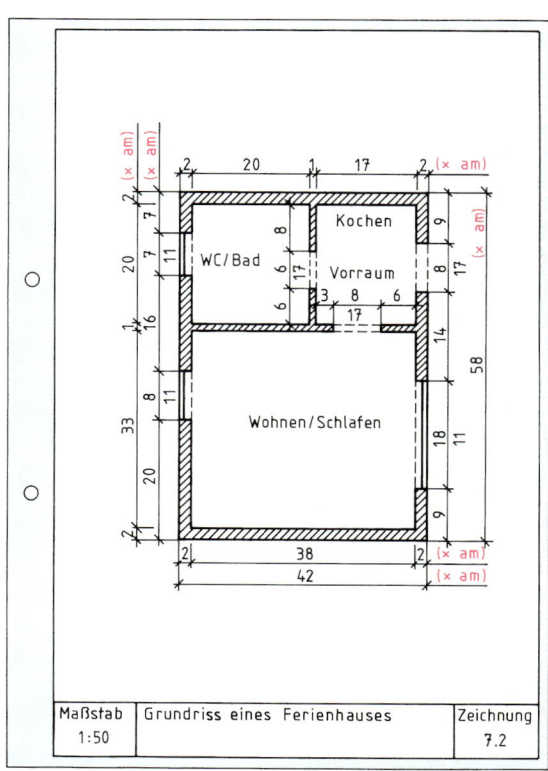

7.4 Einbaumöbel

Einbauschränke können als Schrankwand die ganze Wand verdecken oder sie können als Raumteiler Räume trennen (Abb. 1).

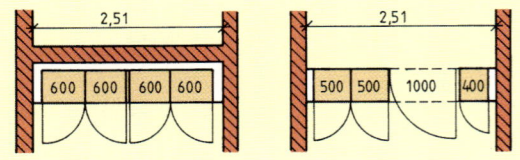

1 Schrankwand   **Raumteiler mit Durchgangstür**

Aus Rationalisierungsgründen spielen bei der Planung die **Rastermaße** eine wichtige Rolle. Hier kann zwischen **Achsraster** oder **Bandraster** gewählt werden (Abb. 2…3).

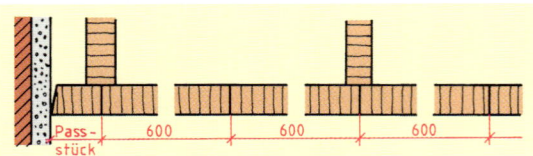

2 Maße im Achsraster (z.B.: 600 – 600 – 600 –)

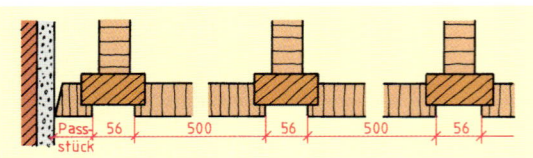

3 Maße im Bandraster (z.B.: 56 – 500 – 56 – 500 – 56 –)

Bei Einbauschränken sind die Rastermaße von 400, 500, 600 mm zu bevorzugen (Stufung jeweils 100 mm). Passstücke von Breiten bis zu 100 mm ermöglichen den fach- und passgerechten Anschluss an Wände, Decken, Installationen u.a.

Dicht eingepasste Einbauschränke dürfen nur an trockenen Innenwänden eingebaut werden (Abb. 4…6).

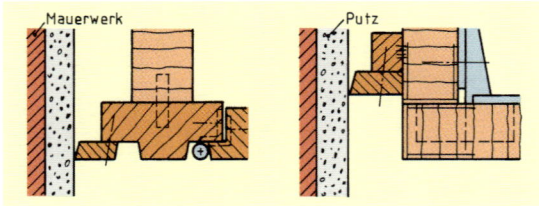

4 Seitliche Wandanschlüsse (Auswahl)

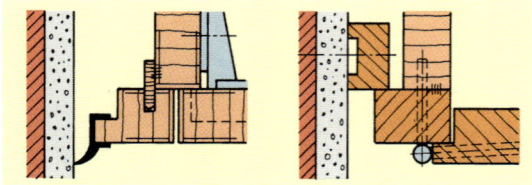

5 Seitliche Wandanschlüsse (Auswahl)

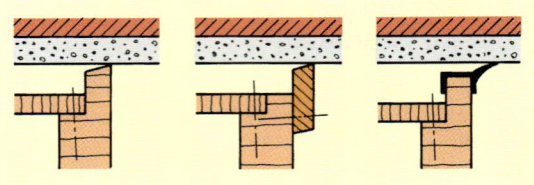

6 Rückwertige Wandanschlüsse von frei stehenden Wandschränken (Auswahl)

In Feuchträumen (Bad, Küche u.a.) oder an kalten Außenwänden, wo die Gefahr der Kondenswasserbildung besteht, muss eine wirksame Zwangsentlüftung konstruiert und durchgeführt werden, damit die entstehende Feuchtigkeit abgeführt werden kann. Deshalb ist auf die Konstruktion der Boden- und Deckenanschlüsse besonderer Wert zu legen (Abb. 7).

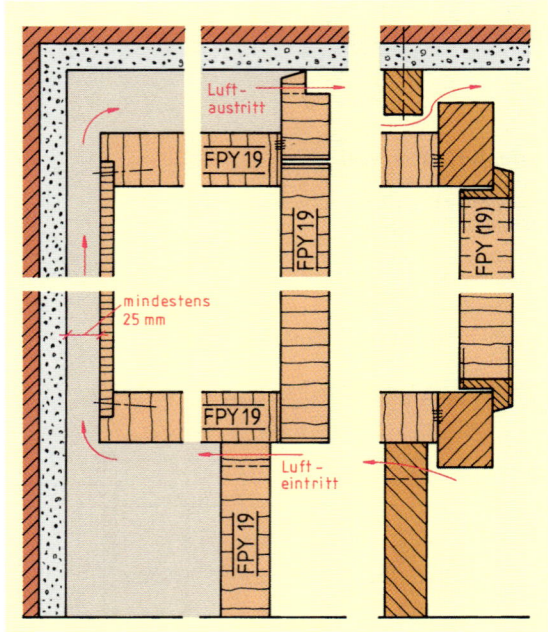

7 Boden- und Deckenanschlüsse bei hinterlüfteten Einbauschränken (Auswahl)

Kleine Mauernischen für Vorrats-, Kleider- oder Schuhschränke erhalten oft nur einen Blendrahmen (Frontrahmen), an dem die Türen angeschlagen sind (Abb. 8).

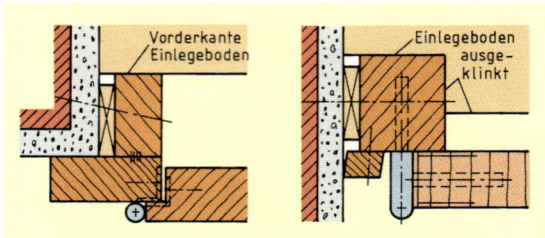

8 Blendrahmen (Frontrahmen) mit Tür

Aufgabe 7.3

Zeichnen Sie die **Wandanschlüsse von Einbauschränken** im Maßstab 1:1. Konstruktion nach freier Wahl.

Zeichenblatt: DIN-A4-Hochformat.

Aufgabe 7.4

Zeichnen Sie die **Boden- und Deckenanschlüsse von hinterlüfteten Einbauschränken** im Maßstab 1:1. Konstruktion nach freier Wahl.

Zeichenblatt: DIN-A4-Hochformat.

Aufgabe 7.5

Zeichnen Sie die **Hauptzeichnung eines 6-türigen Einbauschrankes** im Maßstab 1:20. Aufteilung nach freier Wahl.

Zeichenblatt: DIN-A4-Hochformat.

Zeichnen Sie die Schnitte A–A und B–B der Teilschnittzeichnung und die Details im Maßstab 1:1. Konstruktion nach freier Wahl.

Zeichenblatt: DIN-A3-Hochformat.

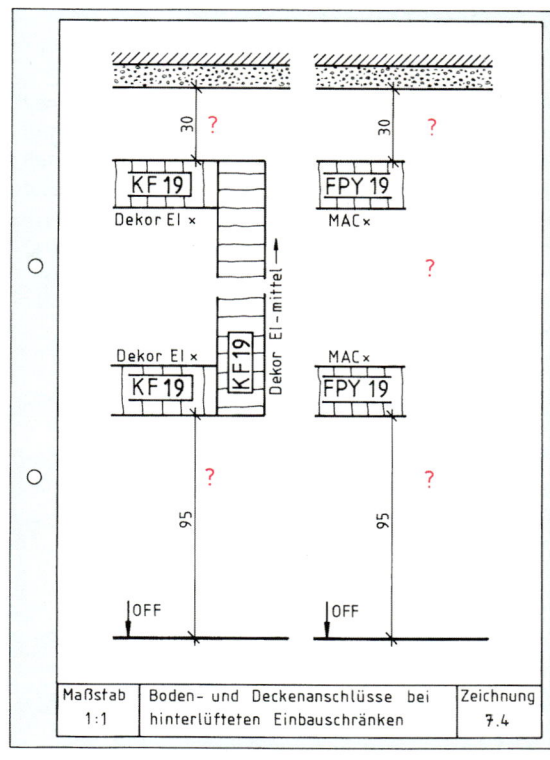

| Maßstab 1:1 | Boden- und Deckenanschlüsse bei hinterlüfteten Einbauschränken | Zeichnung 7.4 |

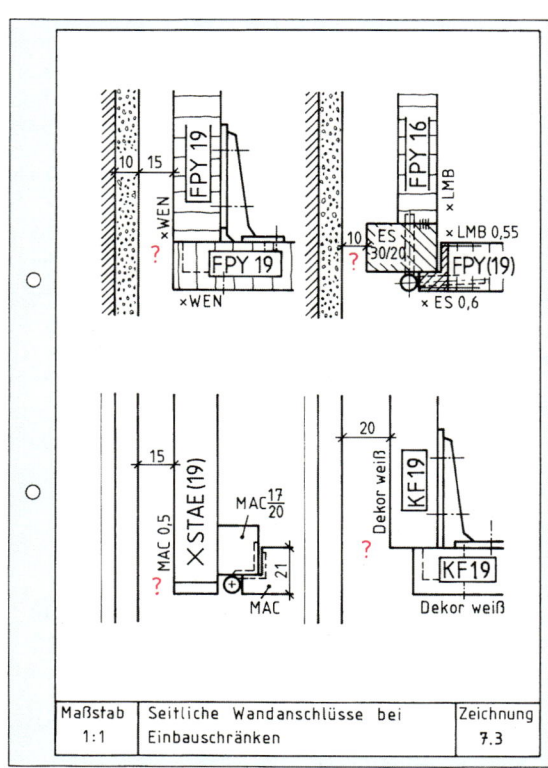

| Maßstab 1:1 | Seitliche Wandanschlüsse bei Einbauschränken | Zeichnung 7.3 |

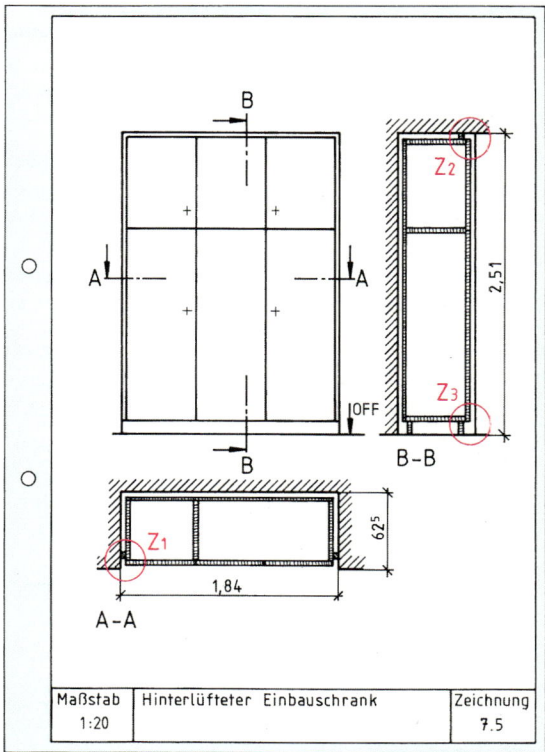

| Maßstab 1:20 | Hinterlüfteter Einbauschrank | Zeichnung 7.5 |

7.5 Wand- und Deckenverkleidungen

Wand- und Deckenverkleidungen können einerseits als Gestaltungsmittel, andererseits in bautechnischer Hinsicht zur Verbesserung der Schall- und Wärmedämmung, zur Verbesserung der Akustik, zum Verkleiden von Installationen u.a. angebracht werden. Ferner bieten z.B. Deckenverkleidungen die Möglichkeit, bei Altbaurenovierungen durch abgehängte Decken die Raumhöhe zu verringern.

7.5.1 Unterkonstruktion

Die Unterkonstruktion muss so hergestellt werden, dass evtl. entstehende Feuchtigkeit (vgl. Einbauschränke) durch die **Hinterlüftung** abgeführt werden kann. Dabei ist auf die Boden-, Decken- und Wandanschlüsse besonders zu achten (Abb. 1).

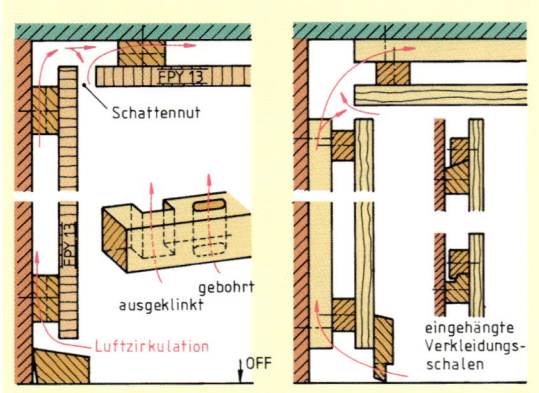

1 Boden- und Deckenanschlüsse

Bei senkrechter und der Kreuzlattung als Unterkonstruktion ergibt sich von selbst eine sehr gute Hinterlüftung.

7.5.2 Verkleidungsschalen

Als Verkleidungsschalen können verwendet werden:

– **Verbretterung**
Die Verbretterung kann aus vollkantigen oder profilierten Brettern bestehen, die u.a. überfälzt, gespundet, genutet mit Federn oder überschoben sein können (Abb. 2).

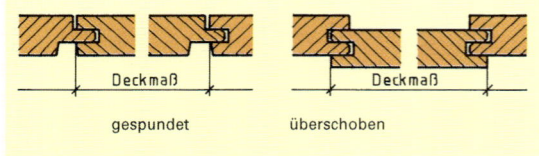

2 Verbretterung

– **Plattenvertäfelung** (industriell vorgefertigt)
Paneele bestehen aus Holzwerkstoffen, die mit „echt Furnier" oder mit Nachbildungen aus Kunststoff beschichtet sind. Sie werden in der Regel bereits oberflächenfertig geliefert (Abb. 3).

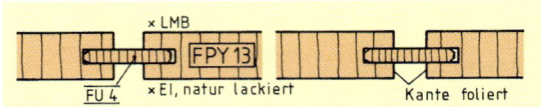

3 Paneele: genutet mit eingeschobener Feder

Vorzugslängen: 1250, 2600, 3500, 4100 mm
Vorzugsbreiten: 100, 125, 200 mm

Kassetten werden wie die Paneele hergestellt, haben aber quadratische Maße:

Vorzugsmaße: □ 300, 500, 625 mm

– **Verstäbung**
Die Verstäbung wird vorwiegend bei runden Pfeilern angewendet. Dabei unterscheidet man die geschlossene und offene Verstäbung (Abb. 4).

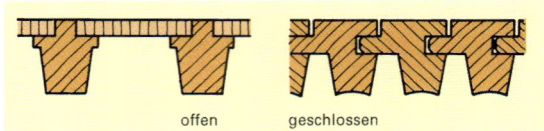

4 Verstäbung

– **Rahmenvertäfelung**
Rahmenvertäfelungen bestehen aus dem Rahmen mit den eingelegten, eingenuteten oder überschobenen Füllungen. Durch Profilleisten kann die optische Wirkung zur gestalterischen Gliederung der Gesamtfläche besonders hervorgehoben werden (Abb. 5).

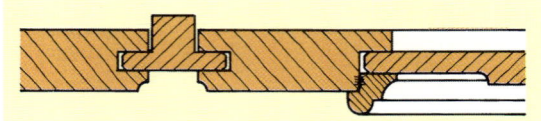

5 Rahmenvertäfelung mit Füllung und Profilleisten

– **Balkendecken**
Balkendecken bestehen aus sichtbaren Balken oder balkenähnlichen Verkleidungen (Scheinbalken). Die Balkenfelder können unverkleidet sein oder verkleidet werden (Abb. 6).

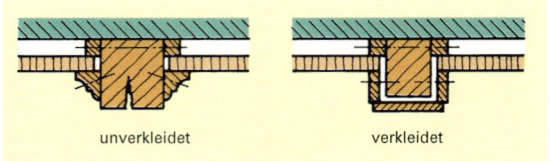

6 Balkendecke

7.5.3 Eckanschlüsse von Wandverkleidungen

Die Eckanschlüsse müssen in ihrer Konstruktion der jeweiligen Verkleidungsschale entsprechen, da sonst die Gesamtwirkung beeinträchtigt wird. Man unterscheidet zwischen Innen- und Außenecken (Abb. 1).

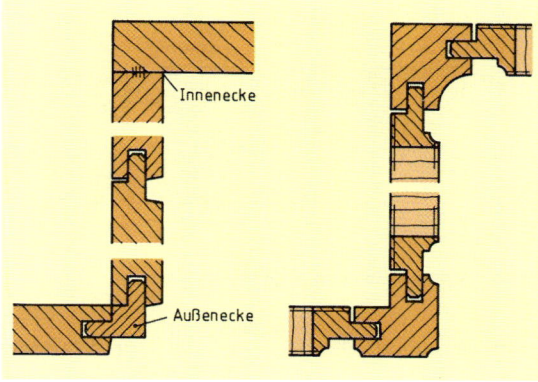

1 Eckanschlüsse

Aufgabe 7.6

Wand- und Deckenverkleidungen

a) Zeichnen Sie den Vertikalschnitt der hinterlüfteten Wand- und Deckenverkleidung im Maßstab 1:1.

Die Wandverkleidungsschale ist einhängbar.

Der Anschluss Wand/Decke erhält eine Schattennut.

b) **Konstruktion einer Wand- und Deckenverkleidung** (hinterlüftet mit Kreuzlattung als Unterkonstruktion) im Maßstab 1:1.

Die Verkleidungsschale sowie die Boden- und Deckenanschlüsse sind selbst zu bestimmen.

Zeichenblatt: DIN-A4-Hochformat.

Aufgabe 7.7

Eckanschlüsse (Innen- und Außenecke)

Zeichnen Sie die Eckanschlüsse des Horizontalschnittes der hinterlüfteten Wandverkleidung im Maßstab 1:1.

Konstruktion der Eckanschlüsse nach freier Wahl.

Zeichenblatt: DIN-A4-Hochformat.

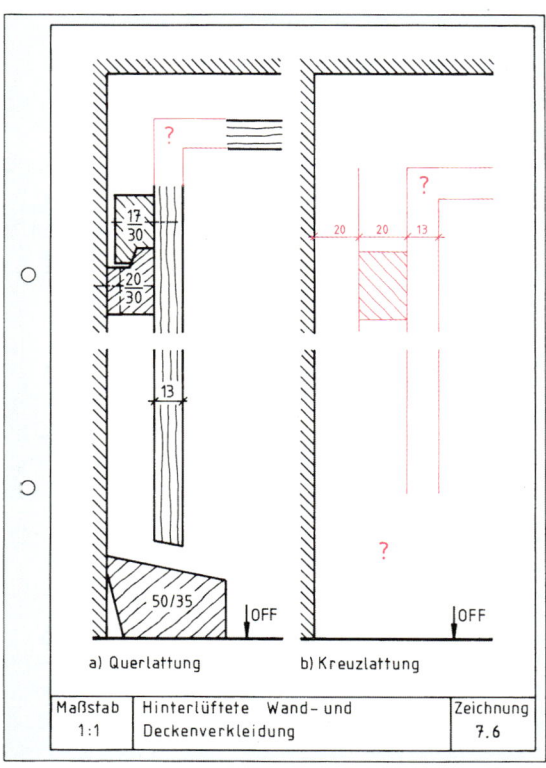

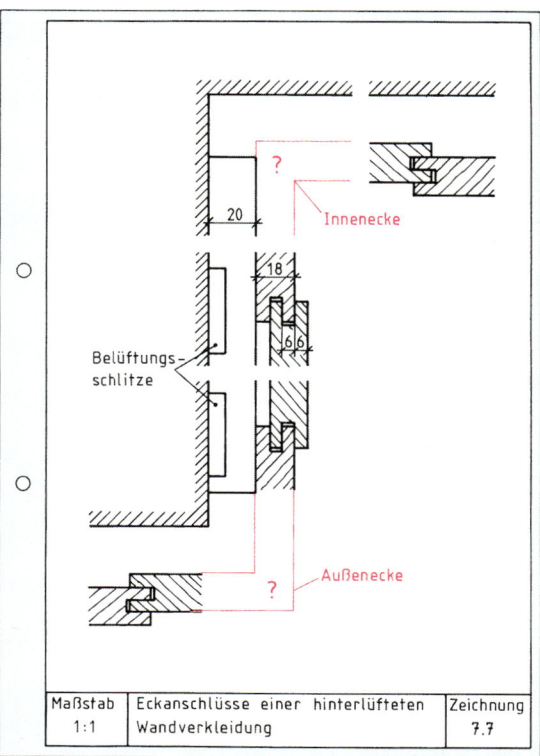

7.6 Heizkörperverkleidungen

Vielfach sollen Heizkörperverkleidungen in die Wandverkleidung integriert werden. Dabei ist jedoch zu beachten:

> Jede Heizkörperverkleidung vermindert die Leistung des Heizkörpers (Abb. 1).

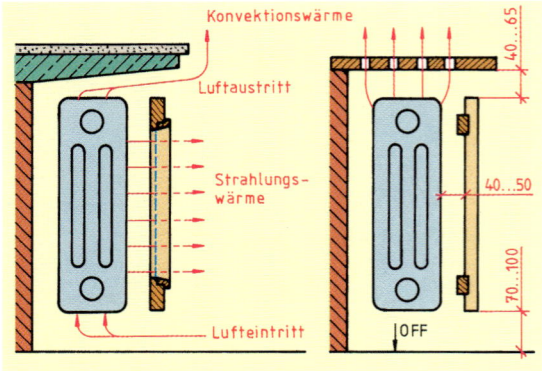

1 Wärmestrahlung eines verkleideten Heizkörpers

Geschlossene, aus Platten bestehende Heizkörperverkleidungen sollten möglichst vermieden werden, da sie die Wärmestrahlung des Heizkörpers vermindern. Besser sind Rahmenverkleidungen, die als „Füllung" ein Flechtgewebe erhalten (Abb. 2) oder eine offene senkrechte Verstäbung, die auf Querleisten befestigt wird (Abb. 3).

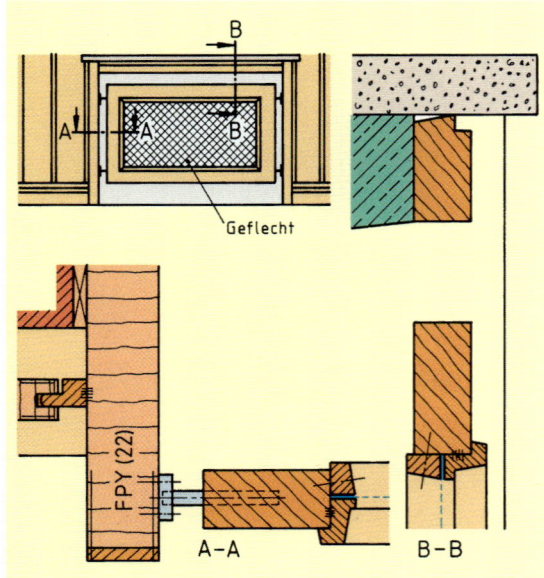

2 Heizkörperverkleidung – Rahmen mit Geflecht

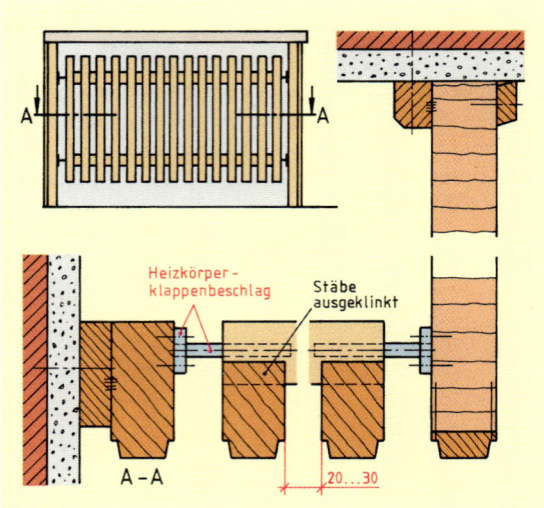

3 Heizkörperverkleidung – offene Verstäbung

Heizkörperverkleidungen müssen zur Wartung der Heizkörper leicht und schnell abnehmbar sein. Aus diesem Grunde werden sie in der Regel mit aushängbaren Heizkörperklappen-Beschlägen angeschlagen.

Aufgabe 7.8, Seite 489

Heizkörperverkleidung in Rahmenbauweise mit Flechtgewebe

Zeichnen Sie die Vorderansicht der Hauptzeichnung im Maßstab 1:10 und die Schnitte A–A und B–B der Teilschnittzeichnung im Maßstab 1:1.

Zeichenblatt: DIN-A3-Hochformat.

Aufgabe 7.9, Seite 489

Heizkörperverkleidung mit offener Verstäbung

Aufgabenstellung wie unter 7.8, zusätzlich: Bestimmen Sie die Anzahl der Stäbe und berechnen Sie die „Luft" zwischen den Stäben. Profilgestaltung nach eigener Wahl.

Zeichenblatt: DIN-A3-Hochformat.

Aufgabe 7.10, Seite 489

Integrierte Heizkörper-/Wandverkleidung

Aufgabenstellung wie unter 7.8, außerdem: Andere Konstruktionen und Gestaltungsmöglichkeiten sind erwünscht.

Zeichenblatt: DIN-A3-Hochformat.

Aufgabe 7.11, Seite 489

Dielenschrank mit integrierter Heizkörperverkleidung

Zeichnen Sie die Hauptzeichnung im Maßstab 1:10 und die Schnitte A–A, B–B und C–C im Maßstab 1:1. Fehlende Konstruktionen sind zu ergänzen.

Zeichenblätter: DIN-A3-Hoch- und Querformat.

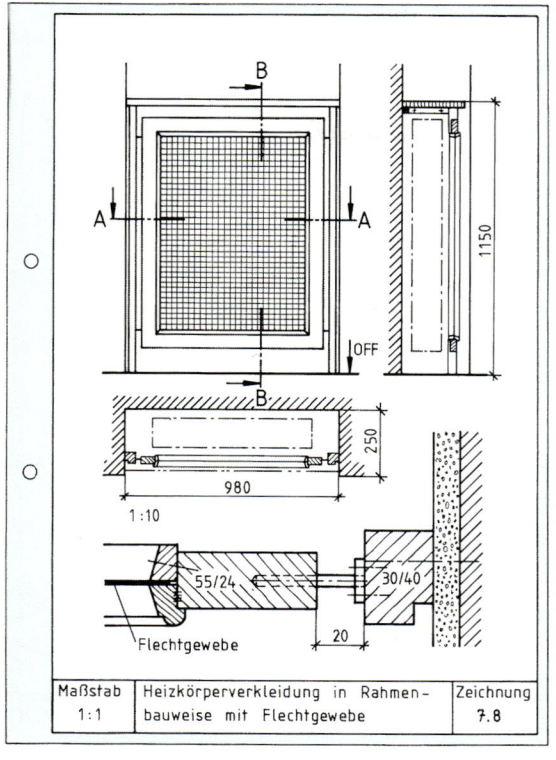

Maßstab	Heizkörperverkleidung in Rahmen-	Zeichnung
1:1	bauweise mit Flechtgewebe	7.8

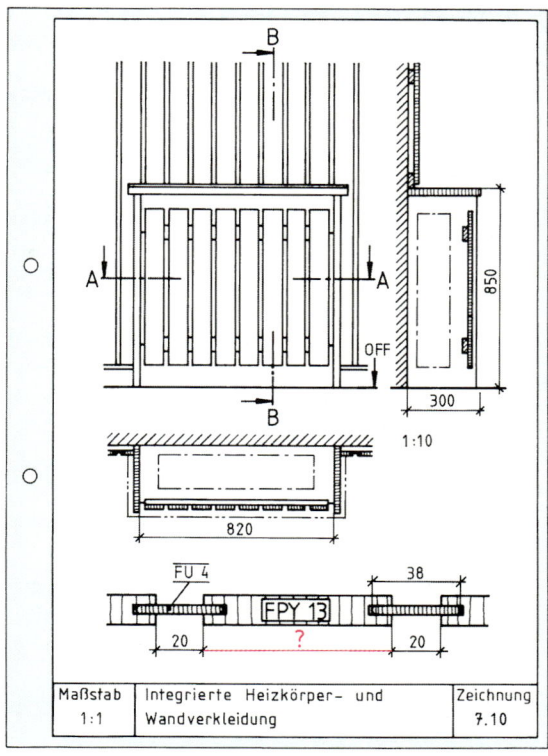

Maßstab	Integrierte Heizkörper- und	Zeichnung
1:1	Wandverkleidung	7.10

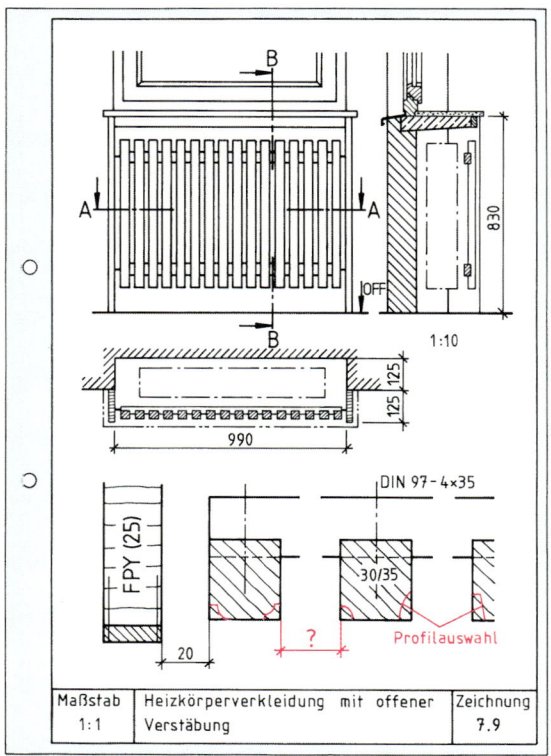

Maßstab	Heizkörperverkleidung mit offener	Zeichnung
1:1	Verstäbung	7.9

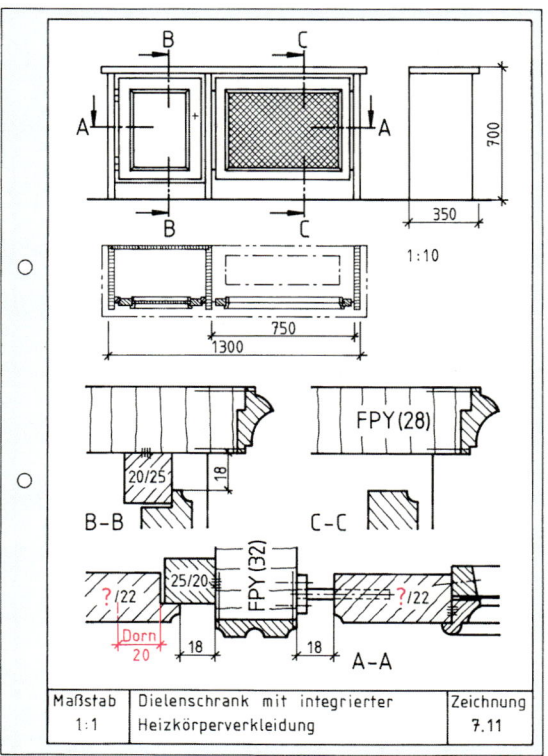

Maßstab	Dielenschrank mit integrierter	Zeichnung
1:1	Heizkörperverkleidung	7.11

Der Text zu den Aufgaben steht auf Seite 488.

7.7 Projektaufgaben

Für einen Kunden sollen folgende Innenausbauten angefertigt werden.

Aufgabe 7.12

Einbauschrank in Rahmenbauweise mit 6 Türen und einer Zwischenwand (hinterlüftet).

1/3 der Breite mit Einlegeböden und zwei Schubkästen, 2/3 der Breite als Kleiderschrank.

Holzart: Eiche

Aufgabe 7.13

Wandvertäfelung für eine Raumecke (hinterlüftet) in Rahmenbauweise mit Füllungen.

Holzart: Kiefer

Aufgabe 7.14

Einbauschrank mit integrierter Heizkörperverkleidung. Der Schrank soll optisch zu dem abgebildeten Schreibtisch „passen".

Holzart: Esche

Aufgabenstellung wie Kap. 6.7, Seite 480.

Die Maße sind den Aufgabenblättern zu entnehmen.

Zeichenblätter: DIN-A4- und DIN-A3-Hoch- und Querformat.

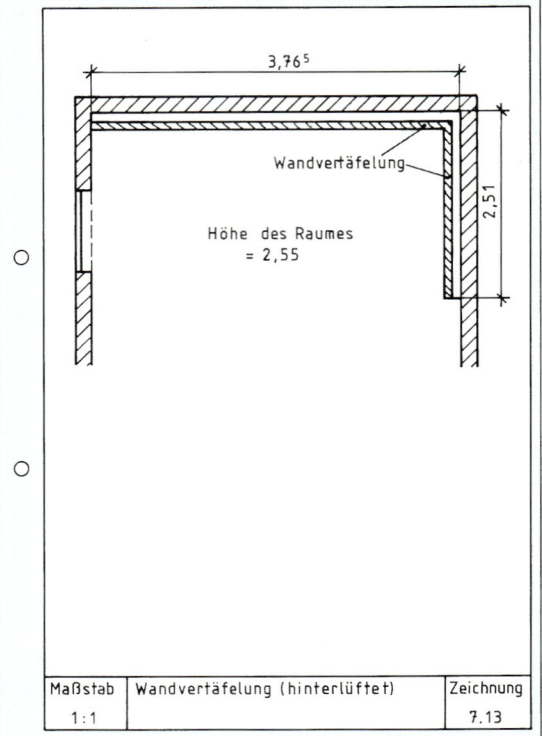

Maßstab	Wandvertäfelung (hinterlüftet)	Zeichnung
1:1		7.13

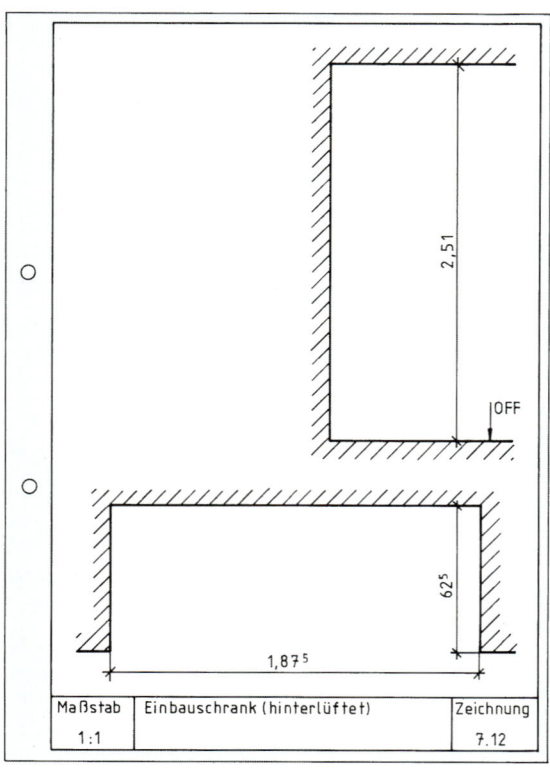

Maßstab	Einbauschrank (hinterlüftet)	Zeichnung
1:1		7.12

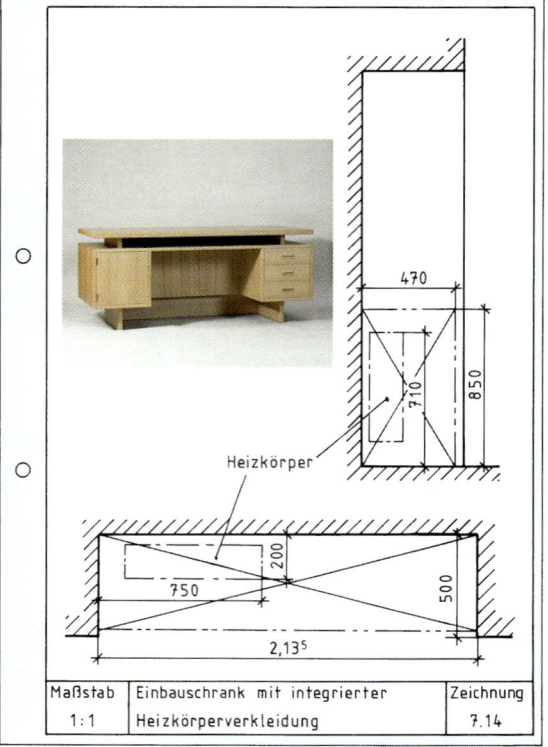

Maßstab	Einbauschrank mit integrierter	Zeichnung
1:1	Heizkörperverkleidung	7.14

8 Treppenbau

Planung beim Treppenbau

Vor jeder Planung und Anfertigung von Treppen sind die DIN-Vorschriften sowie die Sicherheitsbestimmungen der Landesbauordnung des zuständigen Bundeslandes zu beachten.

8.1 Gerade Treppen

Zeichnerisches Anreißen einer einläufigen geraden Treppe mit Auftritt- und Setzstufen.

Schrittfolge der Lösung:

1. Maßnahmen am Bau (Abb. 1)

Geschosshöhe von Podest (OFF) zu Podest (OFF) = 1204 mm.

Waagerechtes Maß zwischen den Podesten = 1790 mm.

Die Winkligkeitsüberprüfung zwischen Wand und Podesten ergab keine Abweichung = jeweils 90°.

Treppenbreite einschließlich Wangen 900 mm.

2. Berechnung der Treppenlauflänge (Abb. 2)

Die Treppenlauflänge ergibt sich aus den Podesten abzüglich der „Luft" und einer Setzstufendicke

$$1790 \text{ mm} - 40 \text{ mm} = \underline{1750 \text{ mm}}$$

3. Festlegung der Anzahl der Steigungen und Auftritte

(2 × Geschosshöhe + Treppenlauflänge) : Normalschrittlänge 2 × 1204 + 1750 = 4158 : 630 = 6,6 Steigungen

Daraus ergibt sich: 7 Steigungen/6 Auftritte

4. Berechnung der genauen Steigungshöhe und Auftrittbreite

a) Steigungshöhe (s) = Geschosshöhe : Anzahl der Steigungen

$$1204 \text{ mm} : 7 = \underline{172 \text{ mm}}$$

b) Auftrittbreite (a) = Treppenlauflänge : Anzahl der Auftritte

$$1750 \text{ mm} : 6 = \underline{291,7 \text{ mm}}$$

5. Auswahl des Holzes

Wangen = 50 mm dick

Trittstufen = 40 mm dick mit 30 mm Unterschneidung (Überstand vor Setzstufe)

Setzstufen = 20 mm dick

6. Anreißen der Treppe (zeichnerisch)

a) Festlegen der Steigungslinie (Abb. 3):

- Teilen der Geschosshöhe in 7 gleiche Teile = Steigungshöhe s,
- Teilen der Treppenlauflänge in 6 gleiche Teile = Auftrittbreite a.

Die Teilung kann auch mit dem Strahlensatz vorgenommen werden.

b) **Anreißen der Auftritt- und Setzstufen** (Abb. 4):

Die Steigungslinie ist immer die Bezugslinie für die Vorderkante Setzstufe und Oberkante Auftrittstufe. Die Unterschneidung liegt immer vor der Steigungslinie.

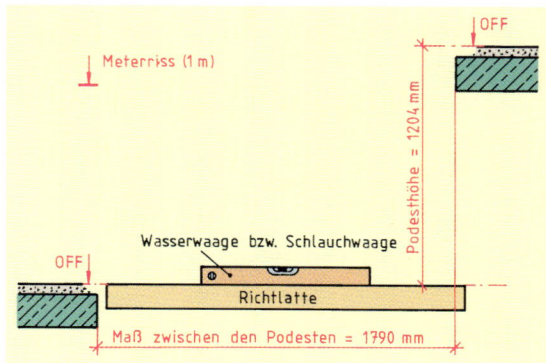

1 Maßnehmen „am Bau"

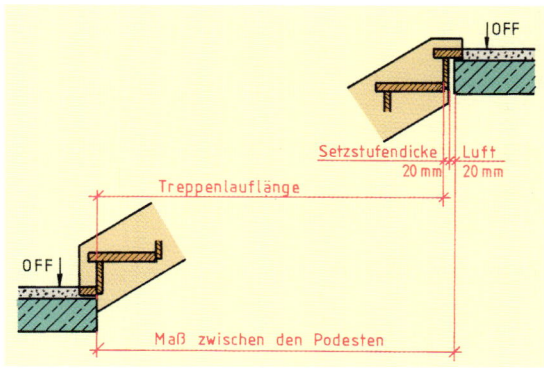

2 Ermittlung der Treppenlauflänge

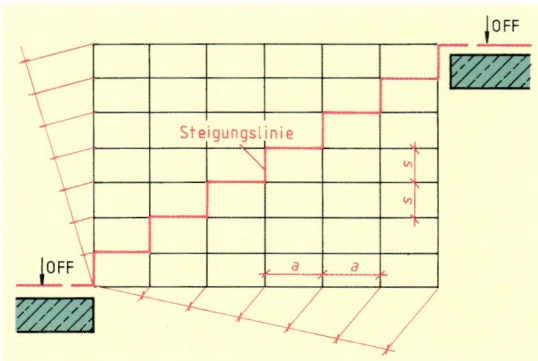

3 Festlegung der Steigungslinie

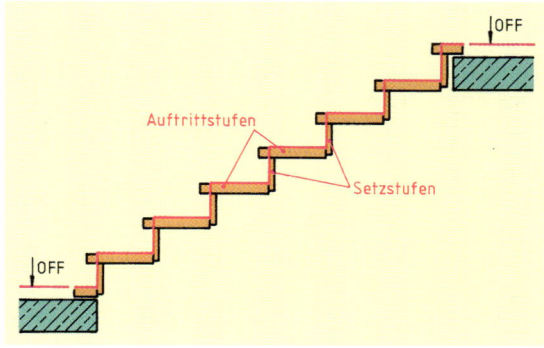

4 Anreißen der Auftritt- und Setzstufen

491

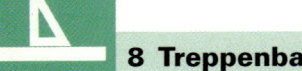
c) **Wangenbreite** (Abb. 1)

Die Breite der Wange ergibt sich aus dem Steigungsverhältnis und der beiderseitigen Zugabe der Besteckbreite

Beachten Sie:

Die gegenüberliegende Wange wird immer spiegelbildlich angerissen.

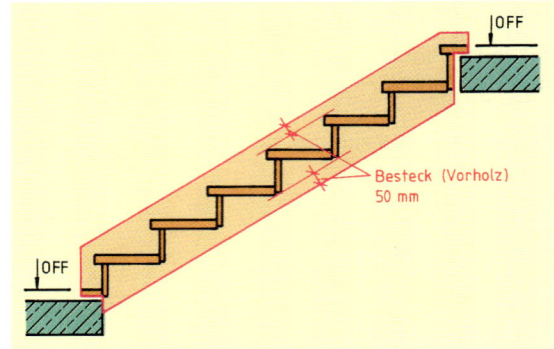

1 Festlegung der Wange

Aufgabe 8.1

Einläufige, gerade Treppe

Wangen = 50 mm dick

Trittstufen = 40 mm dick mit 35 mm Unterschneidung

Setzstufen = 20 mm dick

Besteck (Vorholz) 50 mm

Berechnen und zeichnen Sie die Treppe entsprechend den Lösungshinweisen im Maßstab 1:10.

Zeichenblatt: DIN-A3-Querformat.

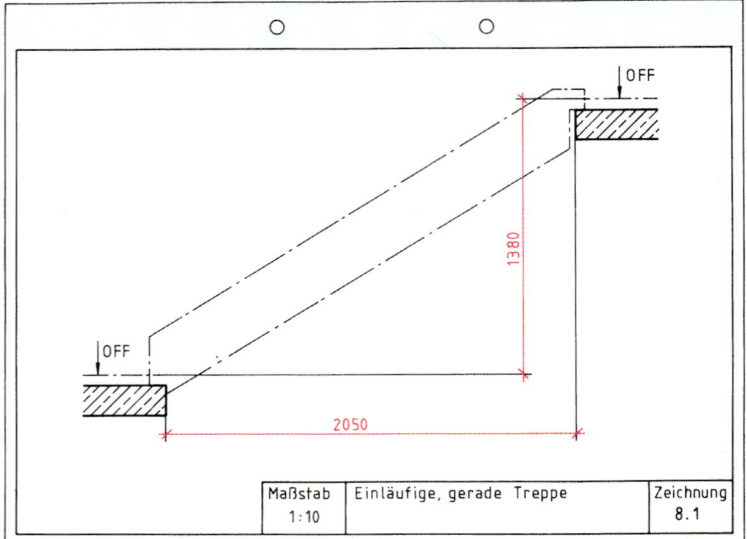

| Maßstab 1:10 | Einläufige, gerade Treppe | Zeichnung 8.1 |

Aufgabe 8.2

Einläufige, gerade Treppe

Wangen = 50 mm dick

Trittstufen = 40 mm dick mit 40 mm Unterschneidung

Setzstufen = 20 mm dick

Oberes Besteck 50 mm

Unteres Besteck 60 mm

Berechnen und zeichnen Sie die Treppe entsprechend den Lösungshinweisen im Maßstab 1:10.

Zeichenblatt: DIN-A2-Querformat.

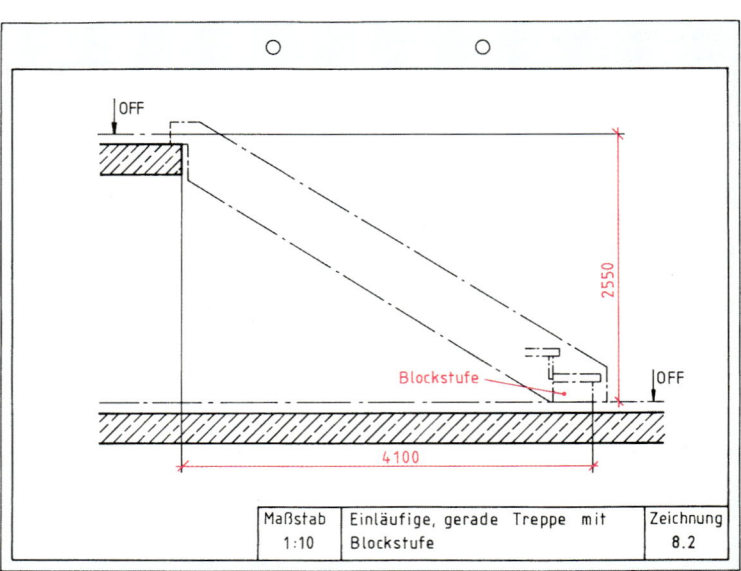

| Maßstab 1:10 | Einläufige, gerade Treppe mit Blockstufe | Zeichnung 8.2 |

8.2 Gewendelte Treppen

Lösungshinweise für die zeichnerische Darstellung am Beispiel einer viertelgewendelten, einläufigen Rechtstreppe.

1. Maßvorgaben (Abb. 1)

Geschosshöhe (OFF bis OFF) = 1892 mm.

Maß zwischen unterem Podest und Wand = 2004 mm.

Maß zwischen Wand und oberem Podest = 2314 mm.

Treppenbreite einschl. Wangen = 1100 mm.

Lauflinie = 500 mm von der Innenkante Freiwange entfernt.

Auftrittstufen = 40 mm dick mit 40 mm Unterschneidung.

Setzstufen = 20 mm dick.

Krümmling an der Freiwange.

Innenradius = 50 mm, Außenradius = 100 mm.

2. Länge der Treppenlauflinie (Abb. 1)

Untere Gerade	834 mm
$\frac{1}{4}$ Umfang $= \dfrac{d \cdot \pi}{4} = \dfrac{1200 \text{ mm} \cdot 3{,}14}{4}$	+ 942 mm
Obere Gerade	+ 1124 mm
	2900 mm

3. Festlegung der Steigungen/Auftritte

$$2 \times 1892 + 2900 = 6684 : 630 = 10{,}6$$

Daraus ergeben sich   11 Steigungen/10 Auftritte

4. Berechnung der genauen Steigungshöhe und Auftrittbreite

a) Steigungshöhe (s) = 1892 mm : 11 = <u>172 mm</u>

b) Auftrittbreite (a) = 2900 mm : 10 = <u>290 mm</u>

5. Stufenverziehen nach dem Verhältnisverfahren (Abb. 2)

a) Lauflinie im Grundriss festlegen.

b) Abtragen der 10 Auftrittbreiten (*a*) auf der Lauflinie (beginnend am Antritt).

c) Es werden 7 Stufen verzogen, d.h. die Stufen 1, 9 und 10 sind gerade.

d) Mittelstufe eintragen, Mindestbreite an der Innenwange – Krümmling – 100 mm.

e) Vorder- und Hinterkante der Mittelstufe nach innen verlängern – ergibt den Schnittpunkt A.

f) Vorderkanten der geraden Stufen 2 und 9 nach innen verlängern – ergibt den Schnittpunkt B.

g) Schnittpunkte A und B miteinander verbinden.

h) Strecke AB im Verhältnis 1:2:3 mit dem Strahlensatz teilen.

i) Teilungspunkte der Strecke AB mit den markierten Punkten auf der Lauflinie verbinden.

j) Unterschneidung von 40 mm an den einzelnen Stufen eintragen.

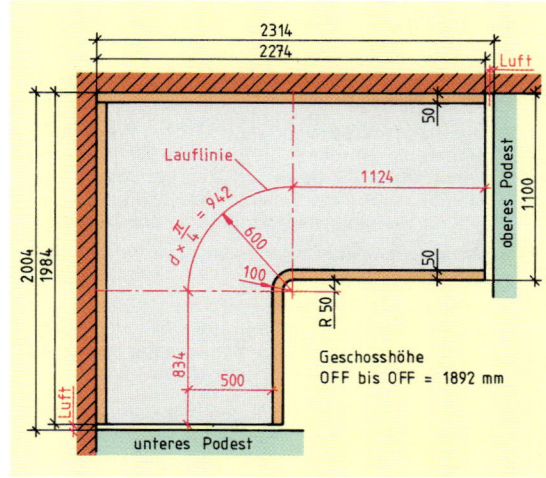

1 Maßvorgaben

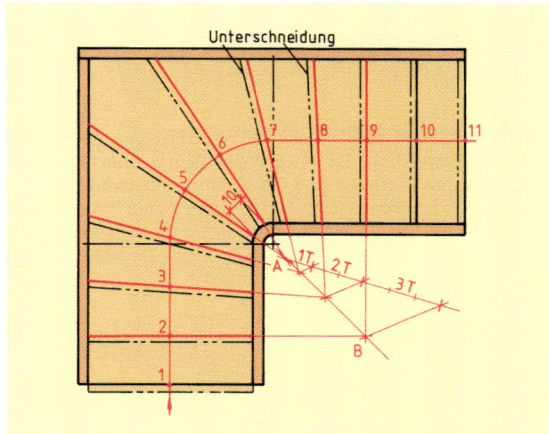

2 Grundriss der viertelgewendelten Treppe

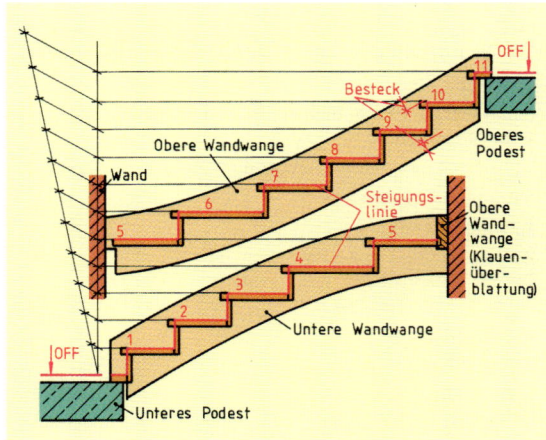

3 Aufriss der Wandwangen

6. Anreißen der Wandwangen, zeichnerisch (Abb. 3, Seite 491)

a) Teilen Sie die Geschosshöhe in 11 gleiche Teile = Steigungshöhen (s).

b) Übernehmen Sie aus dem Grundriss die Auftrittbreiten der einzelnen Stufe an den Wandwangen und tragen Sie diese auf der entsprechenden Steigungshöhe der unteren Wandwange ab: ergibt die Steigungslinie der unteren Wandwange.

c) Die untere Wandwange **endet** etwa bei der **„halben Stufe" Nr. 5.**

d) Übernehmen Sie die weiteren Auftrittbreiten und tragen Sie diese auf den entsprechenden Steigungshöhen der oberen Wandwange ab: ergibt die Steigungslinie der oberen Wandwange.

7. Anreißen der Freiwangen, zeichnerisch (Abb. 1)

Verfahren Sie hierbei wie bei den Wandwangen. Übernehmen Sie aber die Auftrittbreiten an den Freiwangen bzw. des Krümmlings.

Die Rundung eines Krümmlings bzw. Hohlpfostens muss als Abwicklung dargestellt werden.

8. Anreißen der Auftritt- und Setzstufen

Die Steigungslinie ist immer die Bezugslinie für die Vorderkante Setzstufe und Oberkante Auftrittstufe.

9. Festlegung der Wangen

a) Tragen Sie das „Besteck" an allen Vorderkanten der Auftrittstufen ab.

b) Verbinden Sie diese Punkte mit dem Kurvenlineal, so erhalten Sie den oberen Verlauf der Wangen.

c) Nach Festlegung des „Bestecks" an der Unterkante der Stufen erhalten Sie die Breite der Wangen.

d) Untere und obere Wandwange werden durch „Klauenüberblattung" verbunden.

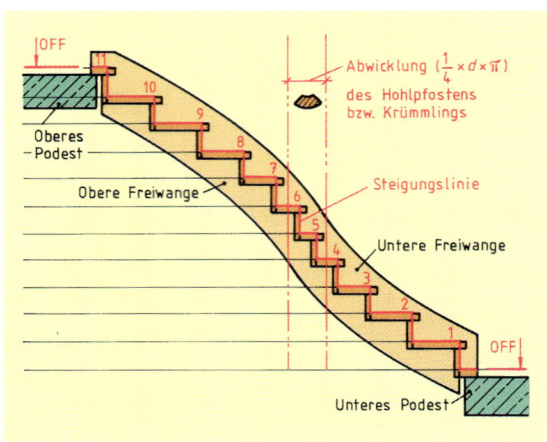

1 Aufriss der Freiwangen und des Krümmlings

Aufgabe 8.3

Viertelgewendelte, einläufige Rechtstreppe

Maßvorgaben:
Geschosshöhe = 2625 mm.

Anzahl der Steigungen = 15.

Stufendicke = 40 mm dick mit 40 mm Unterschneidung.

7 Stufen (3…9) werden verzogen.

Setzstufen = 20 mm dick.

Besteck = 50 mm.

Berechnen und zeichnen Sie die Treppe entsprechend den Lösungshinweisen im Maßstab 1:10.

Zeichenblätter für

– Grundriss

– Wandwangen

– Freiwangen

jeweils DIN-A3-Querformat.

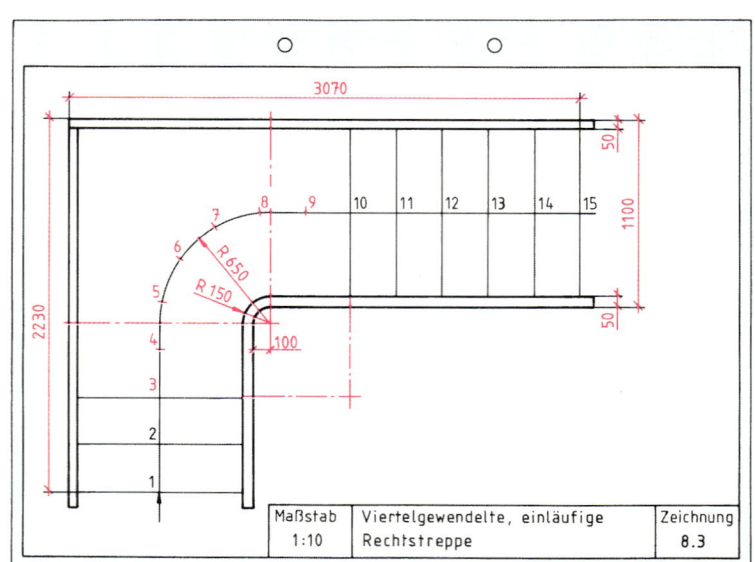

9 Türkonstruktionen

9.1 Innentüren

Innentüren haben die Aufgabe, Innenräume zu verbinden oder zu trennen. Sie bestehen aus der fest eingebauten Umrahmung und dem beweglichen Türblatt.

Form und Gestaltung sollten sich dem Stil der Umgebung möglichst anpassen, bleiben aber von der Funktion, dem Werkstoff und der damit verbundenen Konstruktion abhängig.

Bewegungsrichtung der Türen

Bei der Bewegungsrichtung und der Anschlagart wird die Tür von der Beschlagseite (Anschlagseite) aus betrachtet. Dabei unterscheidet man: Drehtüren, Pendeltüren, Doppeltüren, Falttüren, Harmonikatüren, Schiebetüren, Drehkreuztüren usw. (Abb. 1).

> In der Hauptzeichnung wird in der Regel die Beschlagseite einer Innentür als Vorderansicht dargestellt.

9.1.1 Normgrößen für Türen

Die Maßordnung im Hochbau nach DIN 4172 (Abb. 2) ist Grundlage für die Abmessungen (Vorzugsmaße) der Türblätter nach DIN 18101 (folgende Tabelle).

Kenn-Nr.	Baurichtmaße		Türblatt-Außenmaße		
Breite × Höhe	Breite	Höhe	Breite	Höhe	zul. Abweichungen
7 × 15	875	1875	860	1860	
5 × 16	625	2000	610	1985	+0
6 × 16	750	2000	735	1985	−2
7 × 16	875	2000	860	1985	
8 × 16	1000	2000	985	1985	

Wandöffnungen und Vorzugsmaße für einflügelige gefälzte Sperrtüren in mm

Bei ungefälzten Türen sind die Außenmaße gegenüber der Tabelle in der Breite um zwei Falztiefen (2 × 13 mm) und in der Höhe um eine Falzbreite (1 × 13 mm) kleiner.

9.1.2 Türblätter

Türblätter werden nach Konstruktion und Eigenschaft unterschieden in (Abb. 3):

- Latten- und Brettertüren,
- Plattentüren (Sperrtüren),
- Rahmentüren,
- Ganzglastüren,
- Sondertüren (z.B.: Feuerschutztüren, Schallschutztüren, Strahlenschutztüren).

9.1.3 Latten- und Brettertüren

Latten- und Brettertüren werden vor allem in Keller- und Lagerräumen verwendet. Zwei Querriegel und eine Diagonalstrebe bilden hierbei die Grundkonstruktion.

> Die Strebe einer Tür muss immer von der Bandseite (unten) nach der Schlossseite (oben) verlaufen.

Siehe Aufgabe 9.1.

Die Strebe wird mit dem Querriegel in Form eines Versatzes (Aufgabe 9.2) verbunden.

Als Beschläge werden vielfach „Langbänder" und Kastenschlösser (evtl. auch Vorhängeschlösser) verwendet.

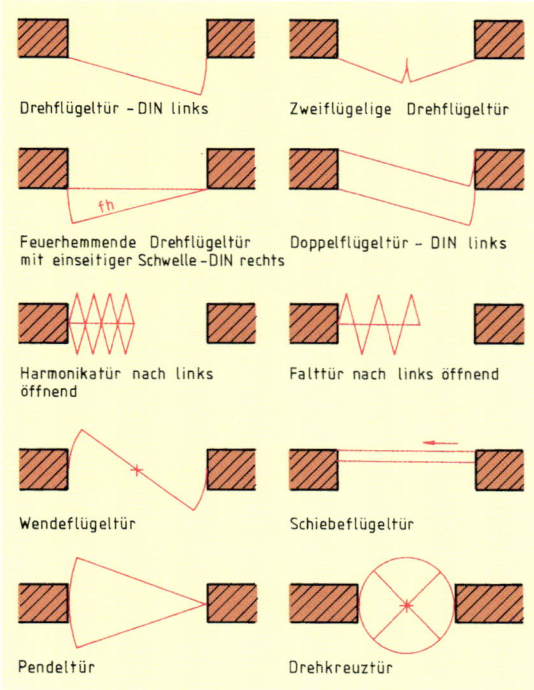

1 Symbole für Türen im Grundriss nach DIN 1356 (Auswahl)

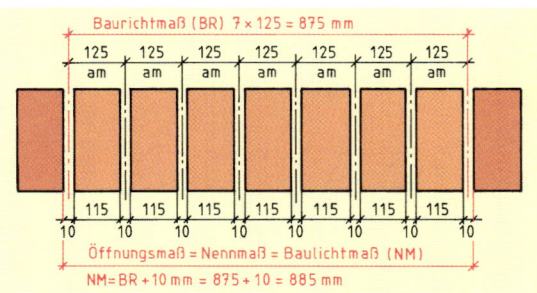

2 Rohbaurichtmaße (RR), Nennmaße (NM) für Maueröffnungen

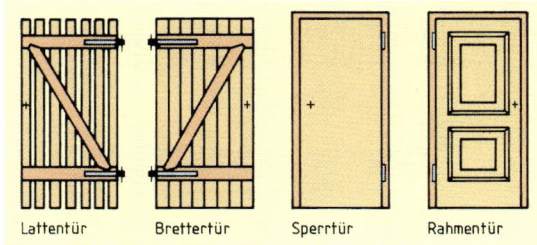

3 Türblattkonstruktionen (Auswahl)

Aufgabe 9.1

Zeichnen Sie die **Kellertür in Lattenkonstruktion** mit Strebe im Maßstab 1:10.
Zeichenblatt: DIN-A4-Hochformat.

Aufgabe 9.2

Zeichnen Sie den **einfachen und abgesetzten Versatz** (Querriegel mit Strebe) als Detail aus Aufgabe 9.1 im Maßstab 1:2.
Zeichenblatt: DIN-A4-Hochformat.

Aufgabe 9.3

Zeichnen Sie **Breitenverbindungen aus Vollholz für Brettertüren** im Maßstab 1:1.
Zeichenblatt: DIN-A4-Hochformat.

Vervollständigen Sie das Aufgabenblatt, indem Sie weitere Breitenverbindungen nach eigener Wahl zeichnen.
Zeichenblatt: DIN-A4-Hochformat.

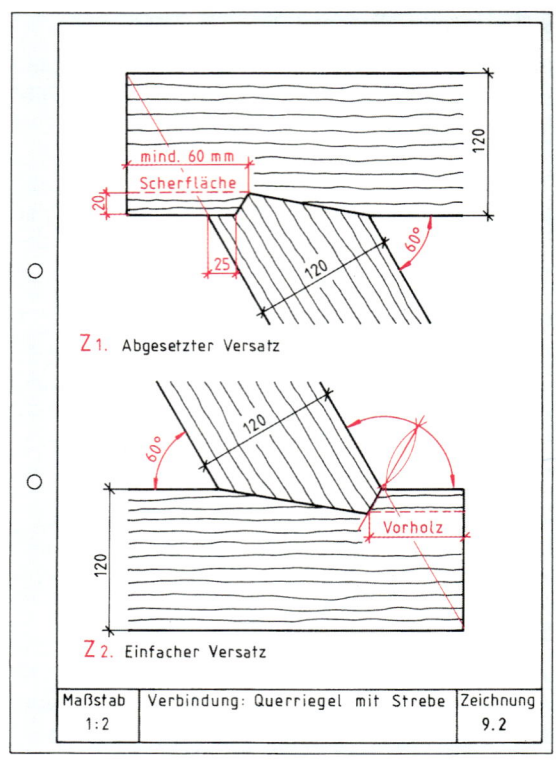

Z1. Abgesetzter Versatz

Z2. Einfacher Versatz

| Maßstab 1:2 | Verbindung: Querriegel mit Strebe | Zeichnung 9.2 |

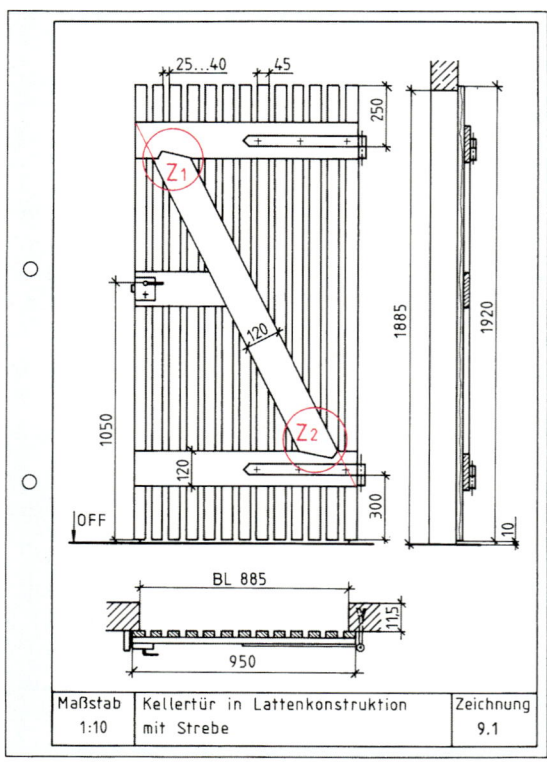

| Maßstab 1:10 | Kellertür in Lattenkonstruktion mit Strebe | Zeichnung 9.1 |

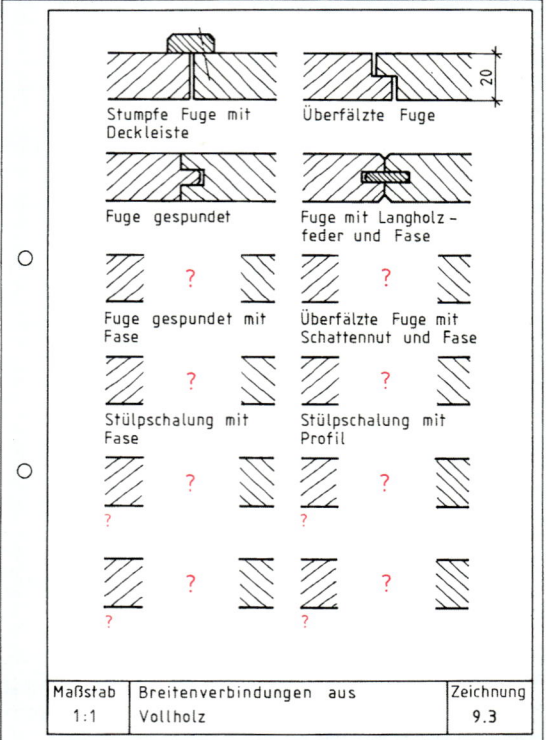

| Maßstab 1:1 | Breitenverbindungen aus Vollholz | Zeichnung 9.3 |

9.1.4 Sperrtüren (Plattentüren)

Sperrtüren (glatte Türblätter) für den Innenausbau werden nach **DIN 68706** im Wesentlichen aus Holz und/oder Holzwerkstoffen hergestellt (Abb. 1).

Sie bestehen aus dem Rahmen mit den Verstärkungen für Band- und Schlosssitz (Abb. 1). Hierzu gehören auch glatte Sperrtüren mit aufgesetzten Zierleisten und/oder Lichtausschnitten.

Die Einlagen halten den Abstand zwischen den Deckplatten und steifen das Türblatt aus. Sie sollen möglichst leicht sein, zur Schalldämmung beitragen und ein Verziehen des Türblattes verhindern.

Einlagen bestehen in der Regel aus:

– Holz (Furnierstreifen),

– Holzwerkstoffen,

– Pappwaben.

Die DIN 68706 legt u.a. die Falzmaße für gefälzte Türen fest (Abb. 1).

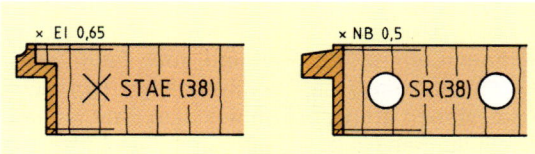

2 Türblatt aus Tischlerplatte STAE (38)   **Türblatt aus Röhren-Strangpressplatte** SR (38)

Die Norm gibt weiterhin Auskunft über Lage und Größe von Lichtausschnitten, über Gucklöcher und Briefschlitze für Wohnungseingangstüren, Lüftungsschlitze bei innen liegenden Badezimmer- und Toilettentüren (Aufgabe 9.4).

Die Norm 18101 legt die Maße für den Bändersitz und Schlosssitz (Drückerhöhe) fest (Aufgabe 9.4).

Aufgabe 9.4

Zeichnen Sie die **Ansichten von vier Türblättern,** mit den Kennziffern 8 × 16 im Maßstab 1:20, und tragen Sie die Lage, Größe und Maße von

a) Lichtausschnitten,

b) Guckloch und Briefkastenschlitz,

c) Entlüftungsschlitzen,

d) Bänder- und Schlosssitz (Drückerhöhe) ein.

Zeichenblatt: DIN-A4-Hochformat.

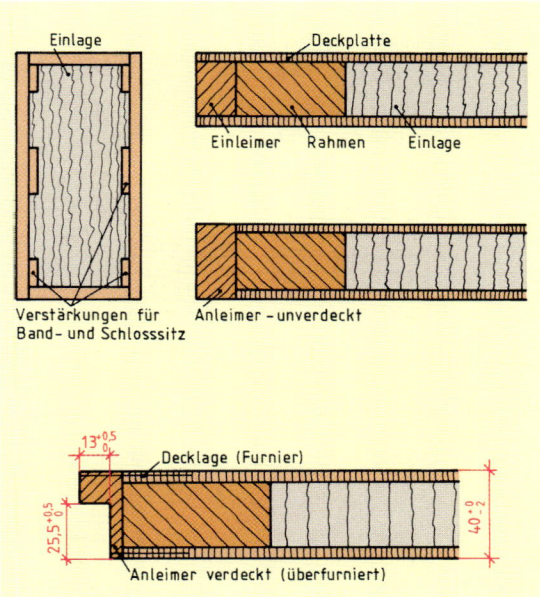

1 Begriffe und Abmessungen für Türblätter nach DIN 68706 (industrielle Fertigung)

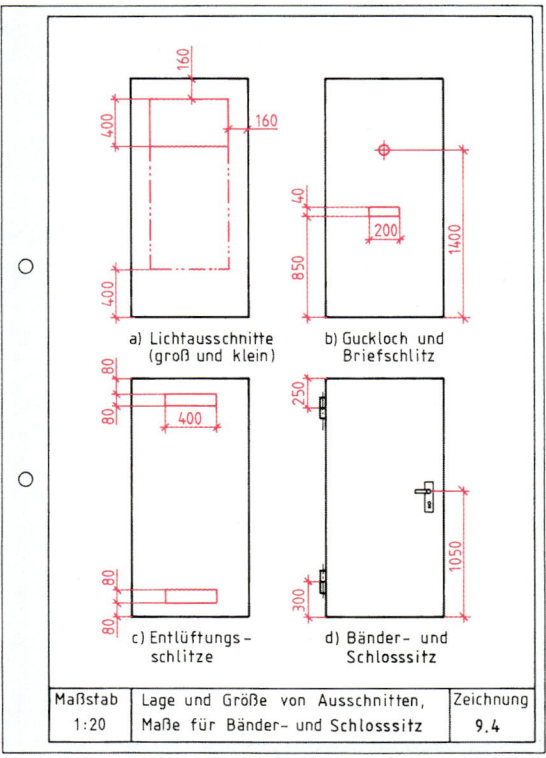

Diese Türblätter werden vorwiegend industriell gefertigt und sind relativ preiswert.

Auf besonderen Wunsch werden aber glatte Türblätter auch in der Werkstatt, z.B. aus Tischlerplatten (STAE) oder Röhren-Strangpressplatten (SR), angefertigt (Abb. 2).

9.1.5 Rahmentüren

Rahmentüren waren und sind auch heute noch ein Qualitätsmerkmal handwerklicher Fertigkeit. Sie bestehen grundsätzlich aus dem Rahmen und den Füllungen (Holz – Glas). Durch die Größe und Aufteilung von Rahmen, Sprossen und Füllungen können die verschiedensten gestalterischen Formen erreicht werden (Abb. 1).

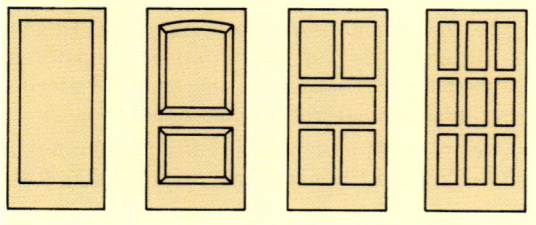

1 Formen von Rahmentüren (Auswahl)

Man unterscheidet gestemmte und gedübelte Rahmentüren.

Gestemmte Rahmentür aus Vollholz

Um Rissbildungen und zu große Quell- und Schwindneigung zu vermeiden, soll die Rahmenbreite 150 mm nicht überschreiten. Ferner sollte bei der Auswahl des Holzes auf „stehende Jahresringe" geachtet werden (Schwind- und Quellneigung max. 5%).

Nach DIN 18355 soll der Zapfen nicht breiter als 60 mm sein (Schwindgefahr). Der Nutzapfen soll eine Länge von 15 mm haben und die Dichtheit und Bündigkeit der restlichen Brüstungsfuge sichern (Abb. 2).

Um die Dichtheit der Brüstungsfuge zu gewährleisten, darf nur im Bereich der Brüstung (etwa ⅓ der Zapfenlänge) Leim angegeben werden. Ferner ist bei der Keilform darauf zu achten, dass kein Schwinden von innen nach außen stattfindet.

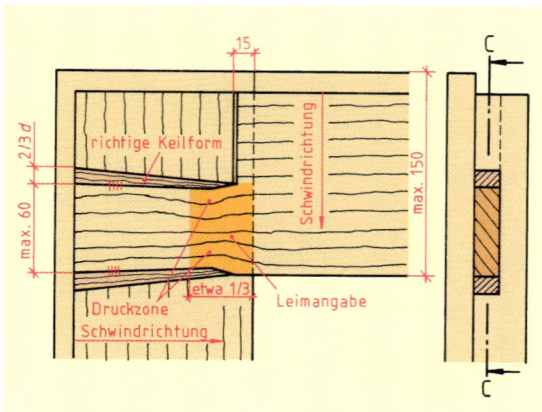

2 Richtig verleimte und verkeilte Rahmenecke

Beachten Sie:

> Der Keil wird nur mit dem Zapfen verleimt (Abb. 2).

Da der untere Querriegel in der Regel eine Breite von etwa 250…300 mm hat, muss er bei Vollholz geteilt werden = zwei Querriegel. Jeder Querriegel erhält einen Zapfen-Nutzapfen. Der Zapfen von 60 mm liegt wegen der gewünschten Schwindrichtung immer oben (Aufgabe 9.5).

Bei eingenuteten oder eingefälzten Füllungen soll die Nut- bzw. Falztiefe für

– Vollholzfüllungen 15 mm,

– Sperrholzfüllungen 12 mm betragen.

Aufgabe 9.5

Zeichnen Sie die Teilansicht und den Teilschnitt B–B einer gestemmten und verkeilten **Rahmentür aus Vollholz** im Maßstab 1:2.

Der untere Querriegel ist geteilt.

Zeichenblatt: DIN-A4-Hochformat.

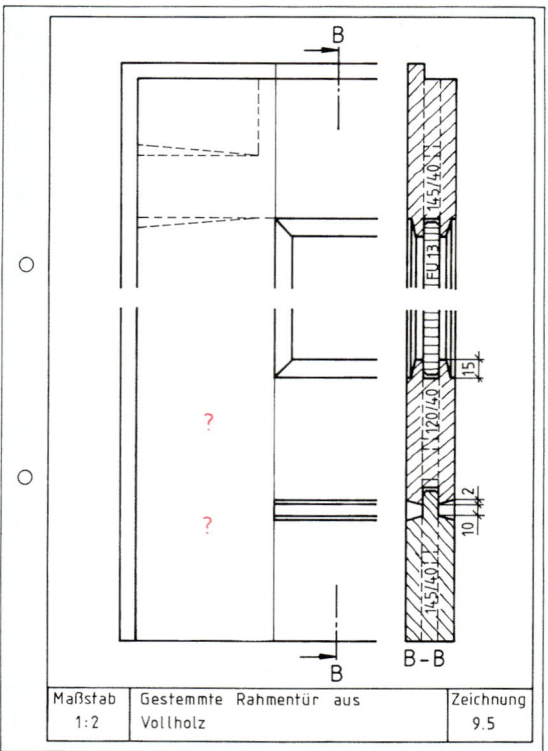

Gedübelte Rahmentür aus Vollholz

Heute werden Rahmentüren vorwiegend in Dübelverbindungen hergestellt. Für die gedübelte Rahmenverbindung sprechen zwei Gründe:

- Holzeinsparung, da Holz für die Zapfenlänge entfällt,

- rationelle Fertigung: Durch den Einsatz von Mehrspindel-Bohrmaschinen werden die Fertigungszeiten erheblich verkürzt.

Für gedübelte Rahmenverbindungen sind die Anzahl der Dübel, Dübellänge und Dübeldicke von der Breite und Dicke der Rahmenfriese abhängig.

Alle Rahmenteile (Querriegel) erhalten

- bis   150 mm Rahmenbreite = 2 Dübel,

- über 150 mm Rahmenbreite = 3 Dübel.

Dabei unterscheidet man die Anordnung der Dübel danach, ob es sich um einen äußeren oder mittleren Querriegel handelt (Aufgabe 9.6 und 9.7).

Werden Rahmentüren aus abgesperrten Riegeln hergestellt, so können die Dübel bei allen Querriegeln wie bei mittleren Querriegeln angeordnet werden (Aufgabe 9.6).

Bei stumpfen Brüstungsfugen muss die Stoßfuge zusätzlich mit einem 15 mm langen Nutzapfen versehen sein. Er dient auch hier der Dichtheit und Bündigkeit der Brüstungsfuge.

Erhalten bei profilierten Innenkanten die Querriegel ein Gegenprofil (Konterprofil), so wird kein Nutzapfen benötigt.

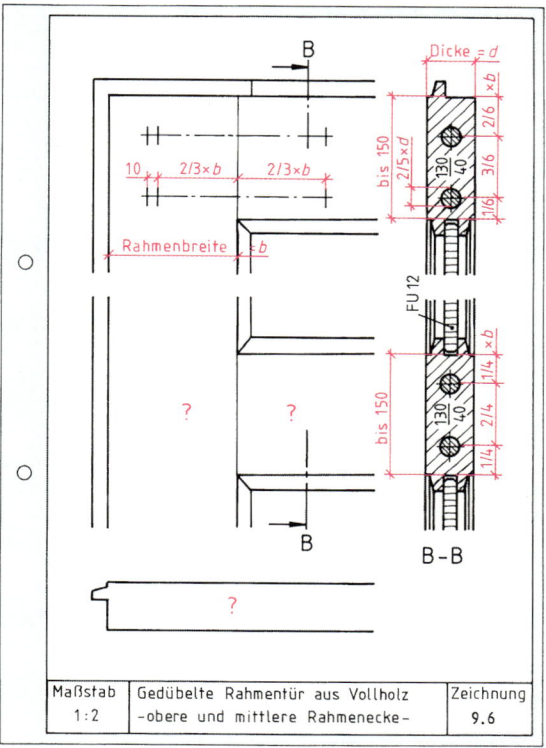

Maßstab	Gedübelte Rahmentür aus Vollholz	Zeichnung
1:2	–obere und mittlere Rahmenecke–	9.6

Aufgabe 9.6

Zeichnen Sie die **Teilansicht** und **Draufsicht** und den **Teilschnitt** B–B einer gedübelten Rahmentür aus Vollholz (obere und mittlere Rahmenecke) im Maßstab 1:2.

Fehlende Maße sind selbst zu bestimmen.

Welche Maße haben die Dübel?

Zeichenblatt: DIN-A4-Hochformat.

Aufgabe 9.7

Zeichnen Sie die **Teilansicht** und die **Teilschnitte** A–A und B–B einer gedübelten Rahmentür aus Vollholz (untere Rahmenecke) im Maßstab 1:2.

Fehlende Maße sind selbst zu bestimmen.

Welche Maße haben die Dübel?

Zeichenblatt: DIN-A4-Hochformat.

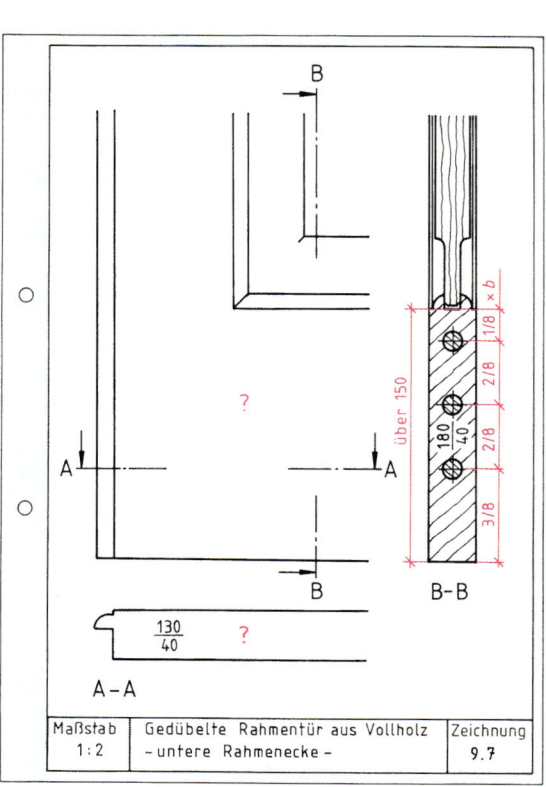

Maßstab	Gedübelte Rahmentür aus Vollholz	Zeichnung
1:2	– untere Rahmenecke –	9.7

Die mittleren Querriegel (Querfriese) dürfen niemals in Schlosshöhe liegen, da sonst die Verbindungskonstruktion durch das Ausbohren für den Schlosskasten zerstört würde.

Eine Möglichkeit für die harmonische Teilung der Türfläche durch einen Querriegel bietet die Anwendung des „**goldenen Schnittes**" (Abb. 1).

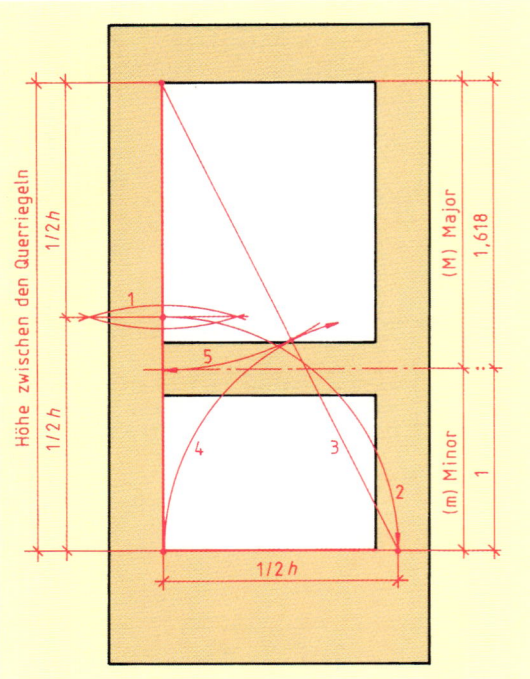

1 **Türblattteilung nach dem goldenen Schnitt**

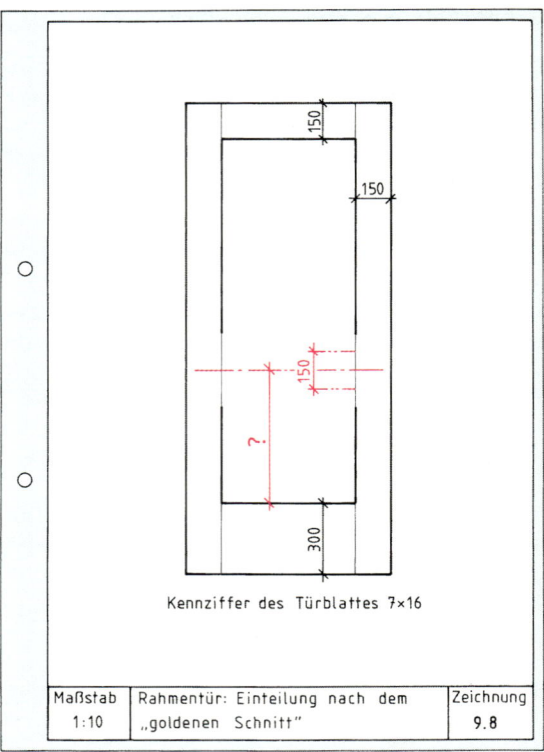

Aufgabe 9.8

Zeichnen Sie die **Ansicht der Rahmentür** (Kennziffer 7 × 16) im Maßstab 1:10 und bestimmen Sie nach dem „goldenen Schnitt" die Lage des mittleren Querriegels.

Zeichenblatt: DIN-A4-Hochformat.

Aufgabe 9.9

Zeichnen Sie die **Ansicht der Rahmentür** (Kennziffer 8 × 17) im Maßstab 1:10 und bestimmen Sie nach dem „goldenen Schnitt" die Lage des mittleren Querriegels.

Zeichenblatt: DIN-A4-Hochformat.

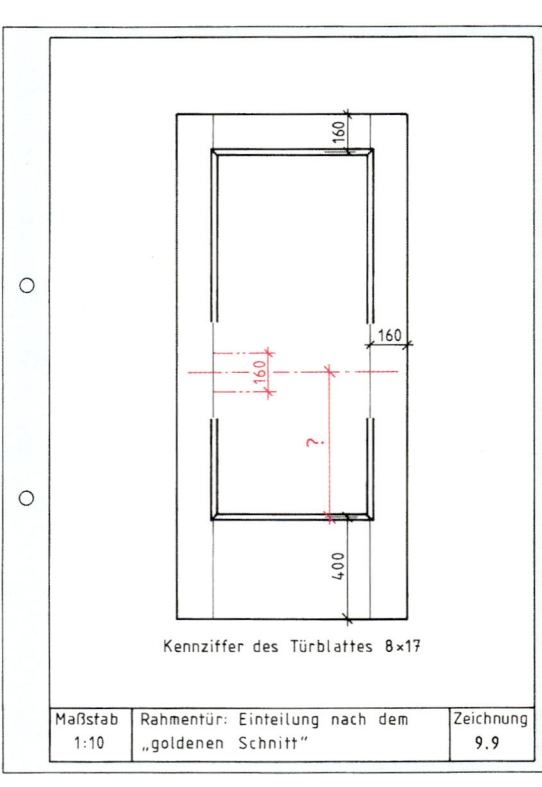

9.1.6 Türeinbausysteme

Die Türumrahmung wird fest mit dem Mauerwerk verbunden und ist das Verbindungselement zwischen dem sich öffnenden und schließenden Türblatt und der Wand. Begriffe und Maße sind in der DIN 68706 geregelt (Abb. 1).

Nach der Bauart und Konstruktion unterscheidet man:

– Futterrahmen mit Bekleidung,

– Zargenrahmen (Holz oder Metall),

– Blendrahmen und

– Blockrahmen.

Bei diesen Bauarten und Konstruktionen gibt es die verschiedensten Ausführungen. Weiterhin unterscheidet man gefälzte und stumpf einschlagende Türblätter (Abb. 2…10).

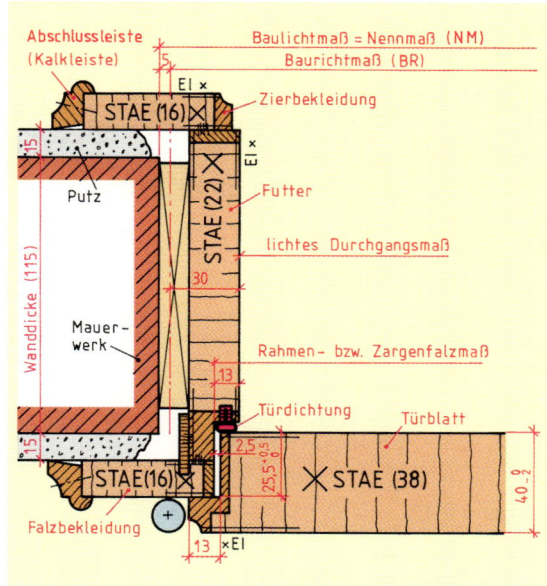

1 Türeinbau: Gefälzte Tür mit Futterrahmen und Bekleidung (Begriffe und Maße nach DIN 68706)

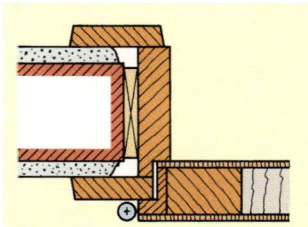

2 Gefälzte Tür mit Futter und Bekleidung aus Vollholz

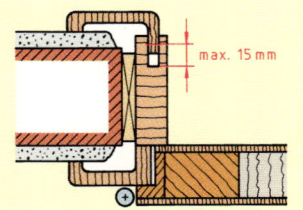

3 Gefälzte Tür mit Fertigfutter und Bekleidung für unterschiedliche Wanddicken

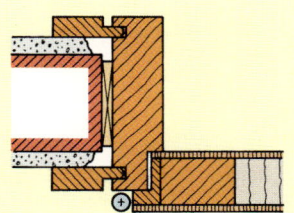

4 Gefälzte Tür mit Zargenrahmen

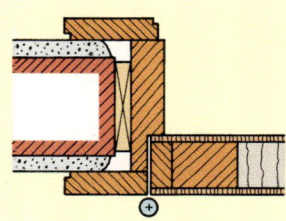

5 Stumpf einschlagende Tür mit Futter und Bekleidung

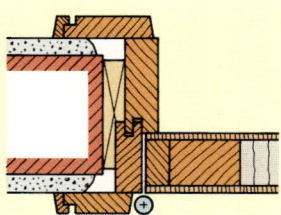

6 Stumpf einschlagende Tür mit Beistoß und Bekleidung

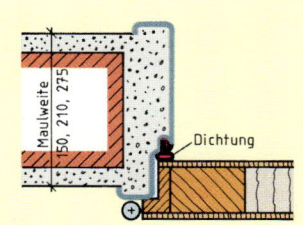

7 Gefälzte Tür mit Stahlzarge und Dichtung

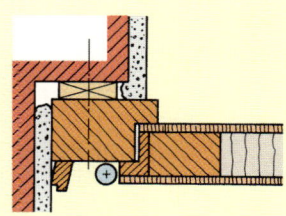

8 Gefälzte Tür mit Blendrahmen im Mauerfalz

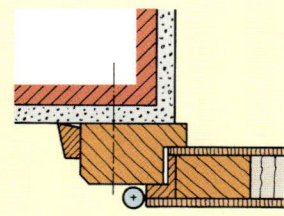

9 Gefälzte Tür mit aufgesetztem Blendrahmen

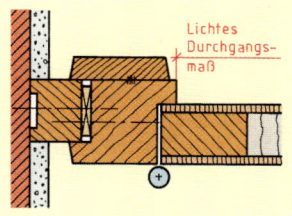

10 Stumpf einschlagende Tür mit Blockrahmen

Aufgabe 9.10

Gefälzte glatte Sperrtür mit Futter und Bekleidung

Zeichnen Sie die Ansicht der Hauptzeichnung im Maßstab 1:10 und die Schnitte A–A und B–B der Teilschnittzeichnung im Maßstab 1:1. Fehlende Maße sind selbst zu bestimmen.

Zeichenblätter: DIN-A3-Hoch- und Querformat.

Aufgabe 9.11

Gefälzte Rahmentür mit Stichbogen und Glasfüllung in Nussbaum furniert mit Futter und Bekleidung

Aufgabenstellung wie 9.10. Konstruieren Sie außerdem den Stichbogen (50 mm).

Zeichenblätter: DIN-A3-Hoch- und Querformat.

Aufgabe 9.12

Gefälzte Rahmentür mit abgeblatteten Füllungen in Eiche (Vollholz) und Zargenrahmen

Aufgabenstellung wie Aufgabe 9.10.

Außerdem ist die Lage des Mittelriegels nach dem goldenen Schnitt zu konstruieren.

Fehlende Maße sind selbst zu bestimmen.

Zeichenblätter: DIN-A3-Hoch- und Querformat.

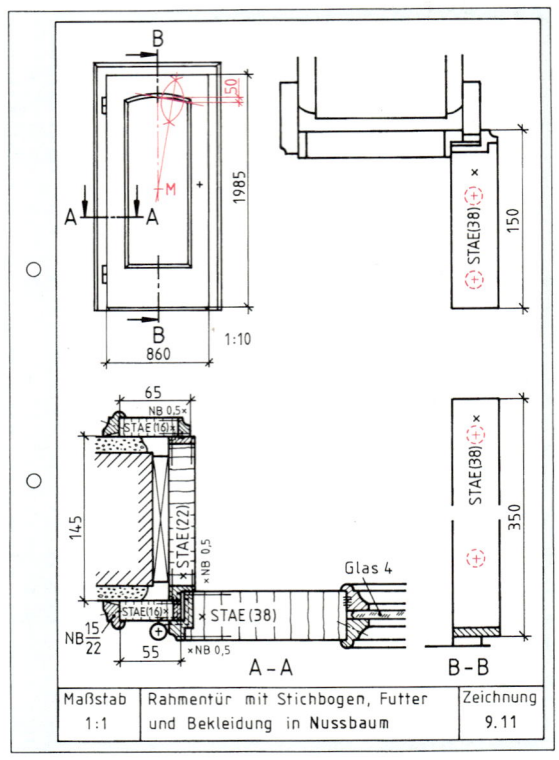

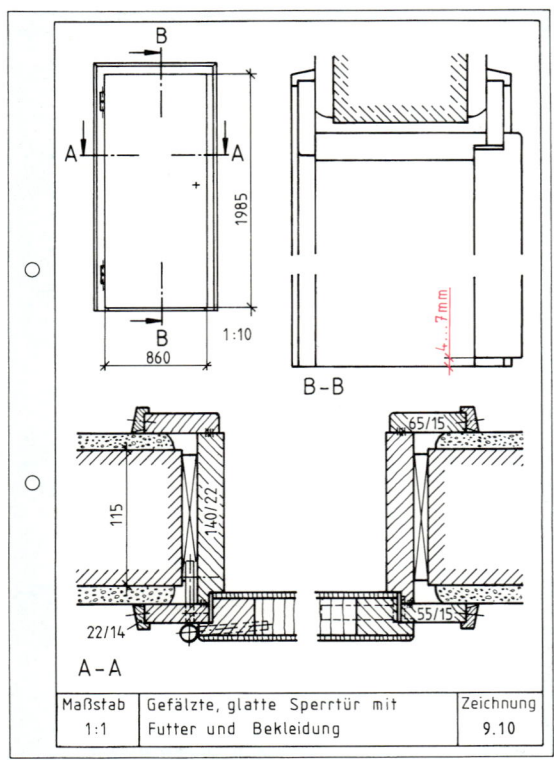

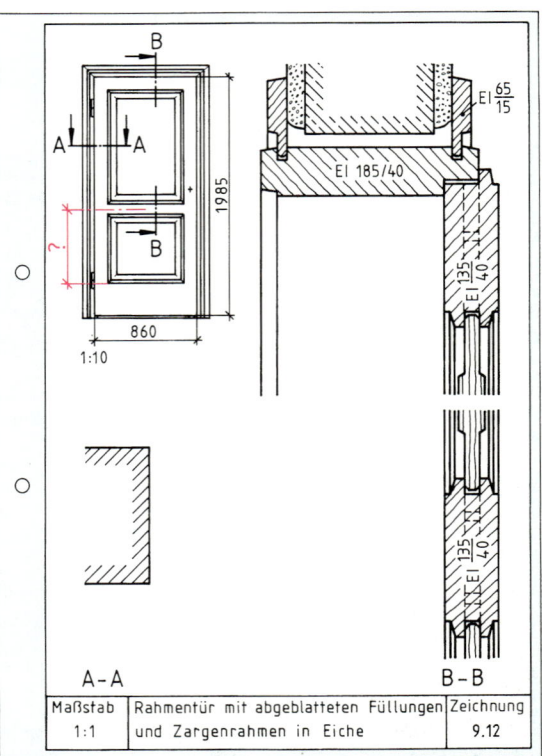

9.2 Haustüren

An Außentüren werden gegenüber Innentüren zusätzliche Anforderungen gestellt, z.B.

– Widerstandsfähigkeit gegen Schlagregen und Winddruck,

– konstruktiver Holzschutz,

– Wärme- und Schallschutz,

– architektonische Gestaltung.

In Zeichnungen von Haustüren gilt die Außenansicht immer als Vorderansicht.

9.2.1 Türeinbausysteme

Die Türumrahmung besteht bei Haustüren in der Regel aus

– Blendrahmen (Abb. 1),

– Blockrahmen,

– zusammengesetztem Profilrahmen (Abb. 2).

Sie erhalten wegen des Schlagregens, Winddruckes, Wärme- und Schallschutzes immer einen Doppelfalz mit umlaufender Dichtung (Abb. 1 und 2).

Die untere Abdichtung wird mit eingelassenen Schienen erreicht (Abb. 3).

Bei der Befestigung und Abdichtung der Türumrahmung mit dem Mauerwerk ist größte Sorgfalt aufzuwenden. Aus diesem Grunde werden dauerelastische Dichtungsmassen, Vorlegebänder und Montageschäume oder Mineralwolle verwendet (Abb. 1 und 2).

9.2.2 Türblätter

Bei der Gestaltung der Haustüren sind folgende Bauarten üblich:

– Rahmentüren mit Füllungen (Holz – Glas),

– aufgedoppelte Türblätter.

9.2.3 Rahmentüren mit Füllungen

Die Rahmen der Haustüren sind in der Regel dicker als die der Innentüren (Dicke etwa 56…68 mm). Da die Zapfendicke max. 15 mm betragen darf, werden hierbei Doppelzapfen-Verbindungen (Abb. 4) oder auch Dübelverbindungen verwendet.

Bei Rahmentüren mit Füllungen ist besonders auf den konstruktiven Holzschutz zu achten, d.h. dass durch Schlagregen kein Wasser in Fugen und Brüstungen eintreten kann. Eine zusätzliche Versiegelung mit dauerelastischer Dichtungsmasse ist vorteilhaft. Abb. 1…5, Seite 502.

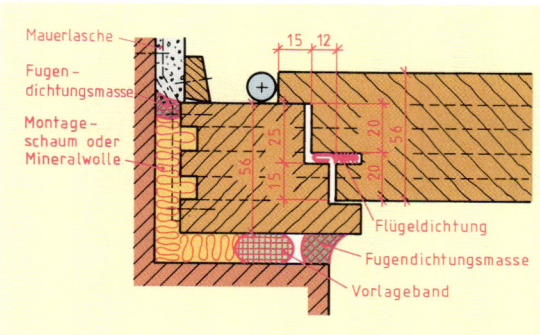

1 Richtig eingesetzter Blendrahmen mit Doppelzapfen und Doppelfalz

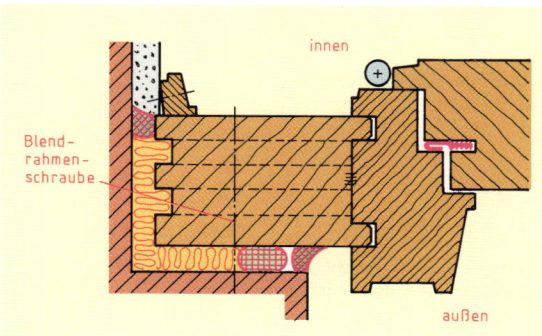

2 Zusammengesetzter Profilrahmen

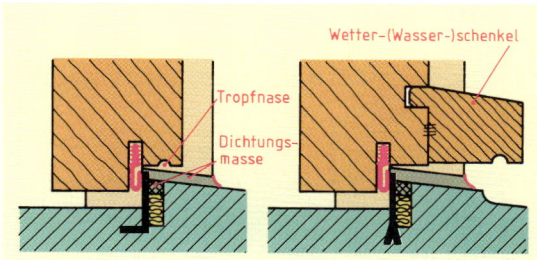

3 Unterer Türanschlag mit Einbauschiene und Dichtung

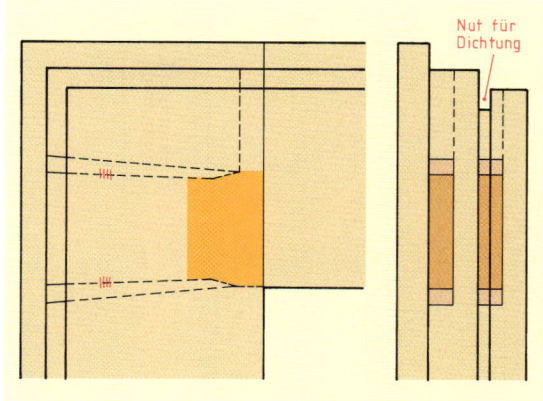

4 Rahmenverbindung, verkeilt mit Doppelzapfen und Doppelfalz

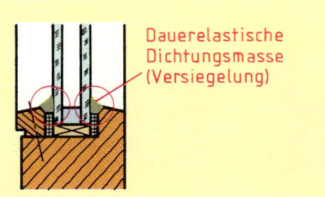

Dauerelastische Dichtungsmasse (Versiegelung)

1 Isolierglasfüllung

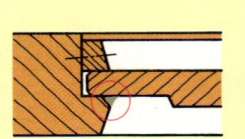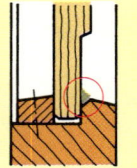

2 Rahmen mit eingelegter Vollholzfüllung

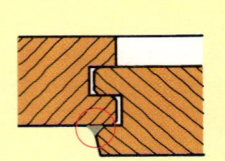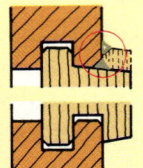

3 Rahmen mit überschobener Füllung

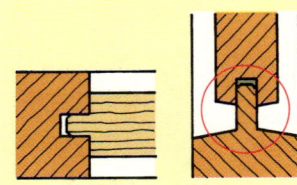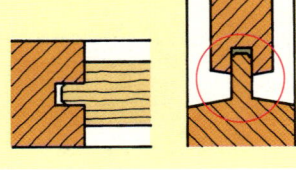

4 Rahmen mit Stülpschalung

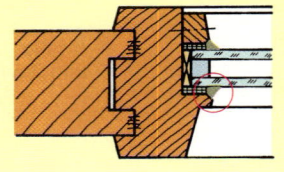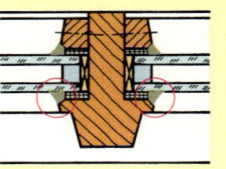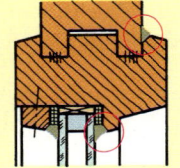

5 Rahmen mit Kehlstoß, Sprosse und Isolierglasfüllung

Aufgabe 9.13

Haustür mit überschobenem Rahmen und Isolierverglasung in Kiefer

Zeichnen Sie die Ansicht der Hauptzeichnung im Maßstab 1:10 und die Teilschnitte A–A und B–B im Maßstab 1:1.

Fehlende Maße sind selbst zu bestimmen.

Zeichenblätter: DIN-A3-Hoch- und Querformat.

Aufgabe 9.14

Kassettenhaustür mit überschobenen Füllungen in Eiche

Zeichnen Sie die Ansicht der Hauptzeichnung im Maßstab 1:10 und die Teilschnitte A–A und B–B im Maßstab 1:1.

Fehlende Maße sind selbst zu bestimmen.

Zeichenblätter: DIN-A3-Hoch- und Querformat.

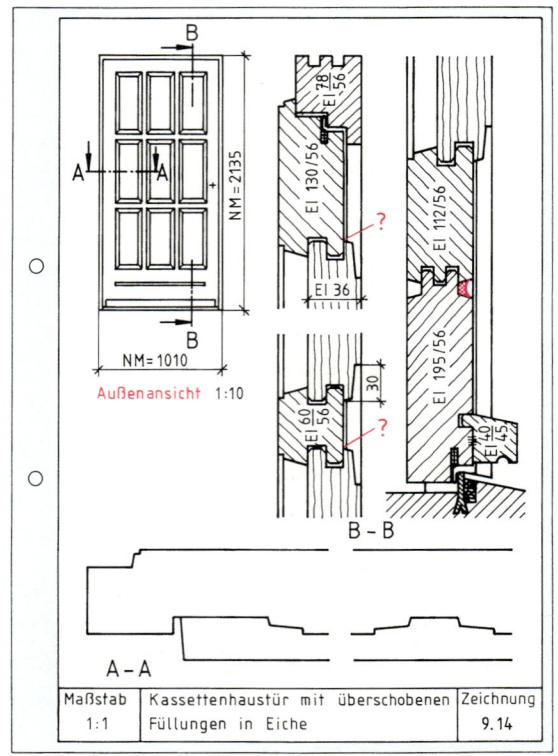

9.2.4 Aufgedoppelte Türblätter

Aufgedoppelte Türblätter bestehen in der Regel aus:

– dem tragenden Rahmen oder Blatt,

– der Außenschale aus Vollholz.

Bei der Rahmenbauweise wird oft eine zusätzliche Innenschale verwendet. Der Hohlraum zwischen Außen- und Innenschale wird zum Wärme- und Schallschutz genutzt (Abb. 3 und 4).

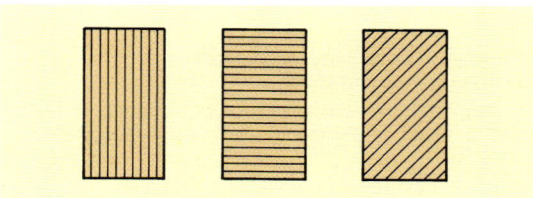

1 Gestaltungsmöglichkeitem mit Profilen aus Vollholz

Gestaltungsmöglichkeiten

Für die Aufdoppelungen aus Vollholz bieten sich konstruktiv nur drei Möglichkeiten an (Abb. 1).

Schräge Aufdoppelungen aus Vollholz mit geteilten „Gehrungen" eignen sich nicht für Haustüren, die dem Wetter ausgesetzt sind. Die Gehrungsfugen öffnen sich durch das Quellen und Schwinden des Vollholzes (Abb. 2a und 2b).

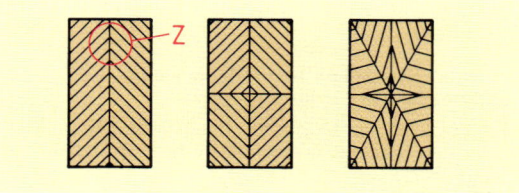

2a Schräge Aufdoppelung aus Vollholz auf „Gehrung"

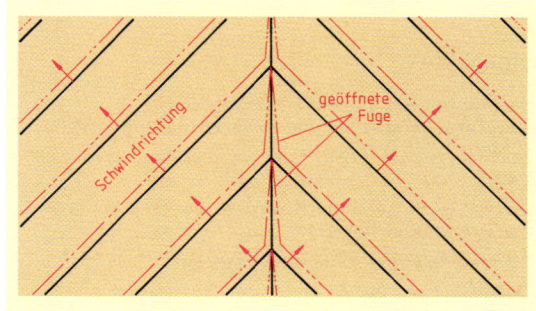

2b Detail Z „Gehrungsfuge" öffnet sich beim Schwinden von Vollholz

> Wie bei Rahmentüren mit Füllungen ist darauf zu achten, dass bei Aufdoppelungen kein Wasser in Fugen und Hirnholz eintreten kann (Abb. 3 und 4).

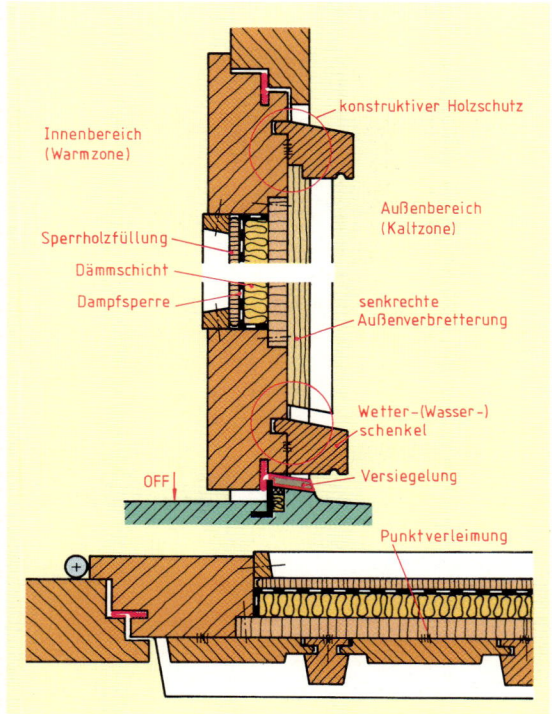

3 Aufrechte Aufdoppelung

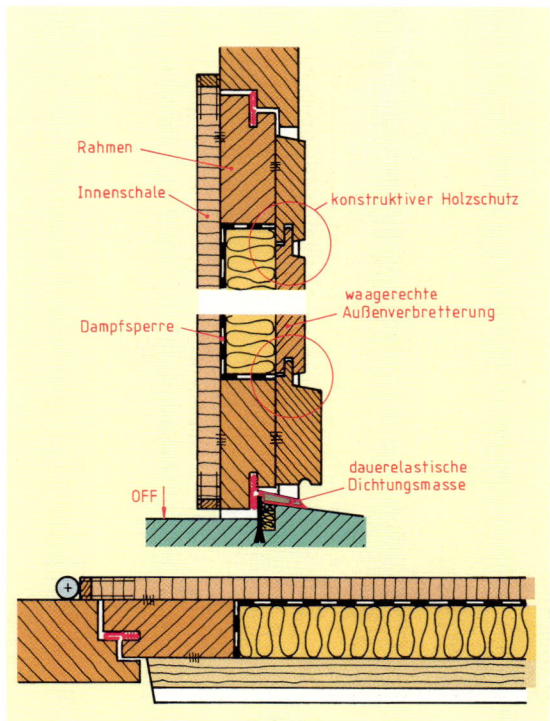

4 Waagerechte Aufdoppelung

Aufgabe 9.15

**Haustür mit senkrechter Aufdoppelung
und Blockrahmen in Meranti**

Zeichnen Sie die Ansicht der Hauptzeichnung im Maßstab 1:10 und die Teilschnitte A–A und B–B im Maßstab 1:1.

Fehlende Maße sind selbst zu bestimmen.

Zeichenblätter: DIN-A3-Hoch- und Querformat.

Aufgabe 9.16

**Haustür mit waagerechter Aufdoppelung
und Oberlicht in Lärche**

Zeichnen Sie die Ansicht der Hauptzeichnung im Maßstab 1:10 und die Teilschnitte A–A, B–B und C–C im Maßstab 1:1.

Fehlende Maße sind selbst zu bestimmen.

Zeichenblätter: DIN-A3-Hoch- und Querformat.

Aufgabe 9.17

**Haustür mit fest stehendem Seitenteil,
aufrechter Verstäbung und Isolierverglasung in Eiche**

Zeichnen Sie die Ansicht der Hauptzeichnung im Maßstab 1:10.

„Konstruieren" und zeichnen Sie die Teilschnitte A–A und B–B im Maßstab 1:1.

Die Materialvorgaben sind zu beachten.

Zeichenblätter: DIN-A3-Hoch- und Querformat.

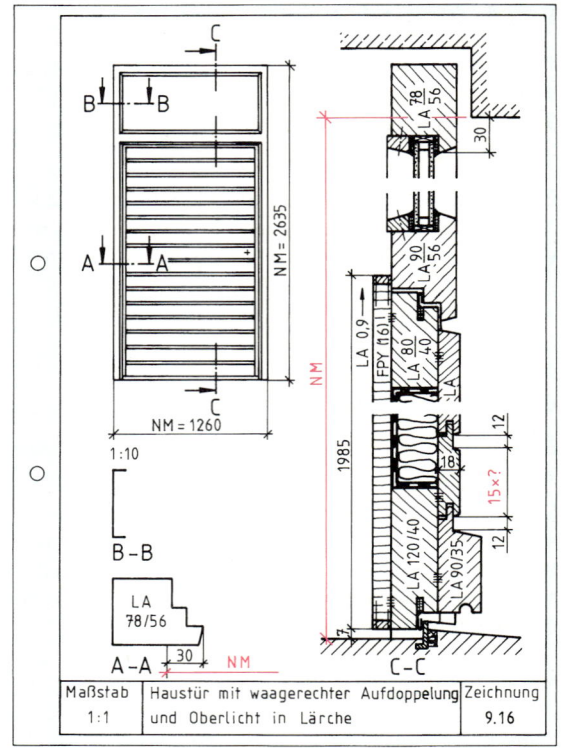

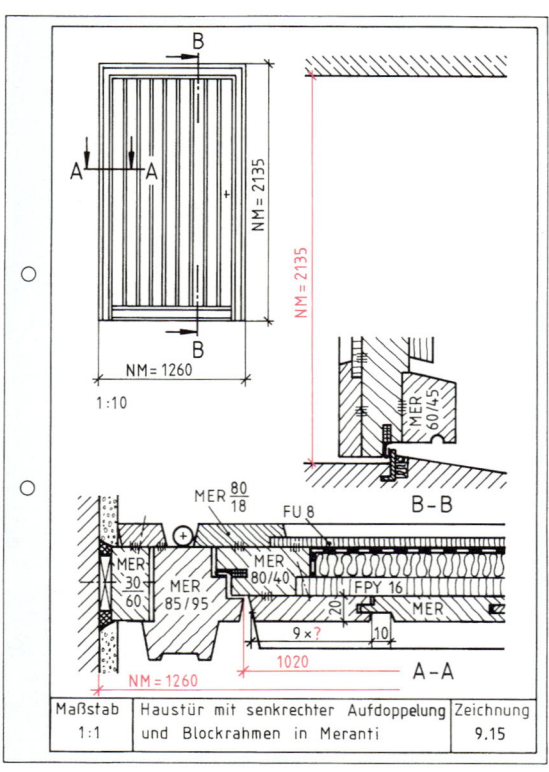

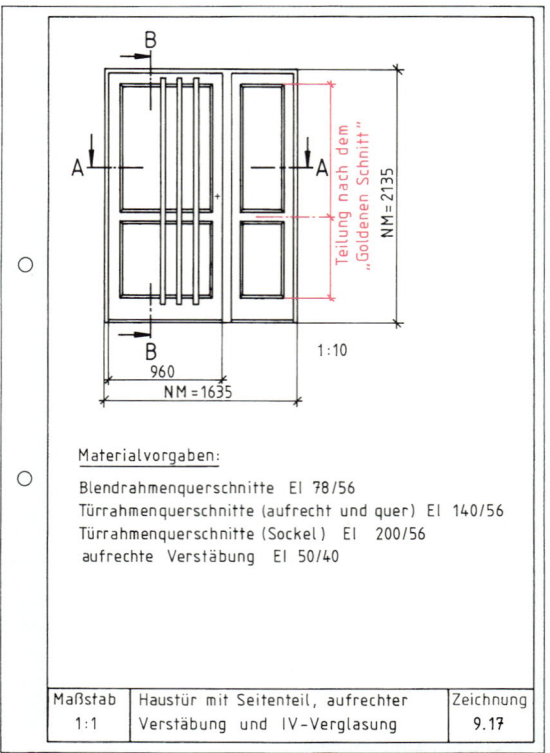

9.3 Projektaufgaben

Für einen Kunden sollen folgende Türeinbauten angefertigt werden.

Die Maße sind den Aufgabenblättern zu entnehmen.

Aufgabe 9.18

Innentür (DIN links) mit Stichbogen in Rahmenkonstruktion und Glasfüllung, Futter, Bekleidung und Abschlussleiste.

Holzart: Kirschbaum

Aufgabe 9.19

Zweiflügelige Innentür mit Oberlicht (Ornamentglas) in Rahmenbauweise mit abgeblatteten Vollholzfüllungen und Zargenrahmen.

Holzart: Esche

Aufgabe 9.20

Haustür mit feststehendem Seitenteil (links) in Rahmenbauweise.

Türblattgröße: 985/2110 mm

Im unteren Bereich werden abgeblattete Vollholzfüllungen, im oberen Bereich Isolierglasfüllungen verlangt.

Holzart: Eiche

Profil: IV 68

Aufgabenstellung wie Kap. 6.7, Seite 480

Zeichenblätter: DIN-A3-Hoch- und Querformat.

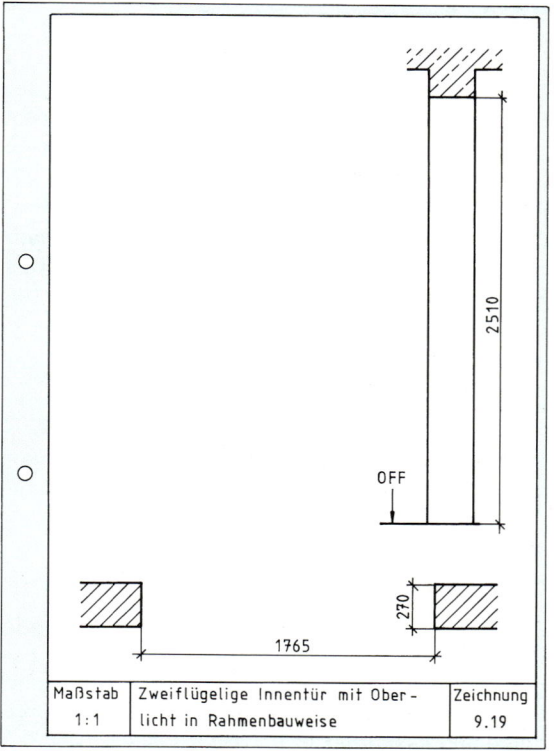

Maßstab	Zweiflügelige Innentür mit Ober-	Zeichnung
1:1	licht in Rahmenbauweise	9.19

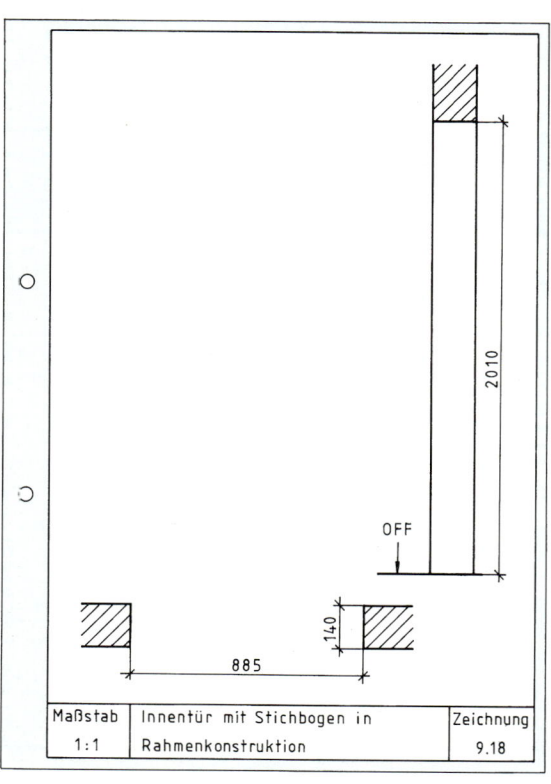

Maßstab	Innentür mit Stichbogen in	Zeichnung
1:1	Rahmenkonstruktion	9.18

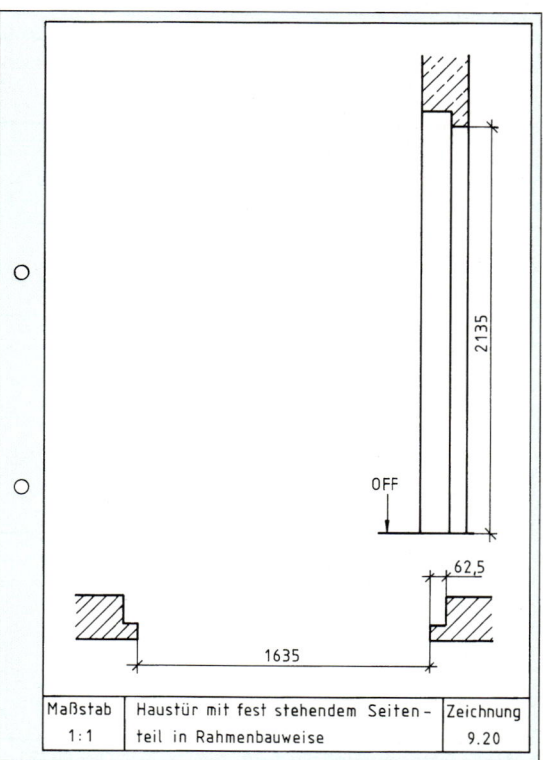

Maßstab	Haustür mit fest stehendem Seiten-	Zeichnung
1:1	teil in Rahmenbauweise	9.20

10 Fensterkonstruktionen

10.1 Anschlagarten der Fensterflügel (-türflügel)

Nach der Art des Anschlages und der Zahl der Fensterflügel unterscheidet man ein- und mehrflügelige Fenster mit Dreh-, Kipp-, Drehkipp-, Klapp-, Schwing-, Wende-, Schiebe-, Hebedreh-, Hebedrehkipp-, Hebeschiebe- und Schiebekippflügel.

Dabei werden die zu öffnenden Flügelrahmen nach DIN 1356 mit Sinnbildern bezeichnet. Das Fenster wird dabei von der Beschlagseite aus betrachtet (Abb. 1).

Nach innen zu öffnende Fensterflügel sind mit Dreiecken aus Volllinien gekennzeichnet, nach außen zu öffnende Flügel jedoch mit Dreiecken aus Strichlinien, die Spitzen der Dreiecke zeigen stets zur Verschlussseite.

10.2 Holzfenster- und Fenstertürprofile

Da das Fenster als Bestandteil der Außenfassade Windkräften und Regen ausgesetzt ist, dabei Fugendichtheit, Schlagregensicherheit, Wärme und Schallschutz gewährleisten muss, sind bestimmte Flügelabmessungen und Profile nach DIN 68121 einzuhalten (Abb. 2).

Querschnitte und Profile

Die Querschnitte der Fenster- und Fenstertürprofile richten sich nach der Größe (Breite und Höhe) der Fenster und sind in der DIN 68121 festgelegt. Weiterhin schreibt die Norm Falz- und Profilmaße für den jeweiligen Querschnitt vor (Aufgaben 10.1…10.9).

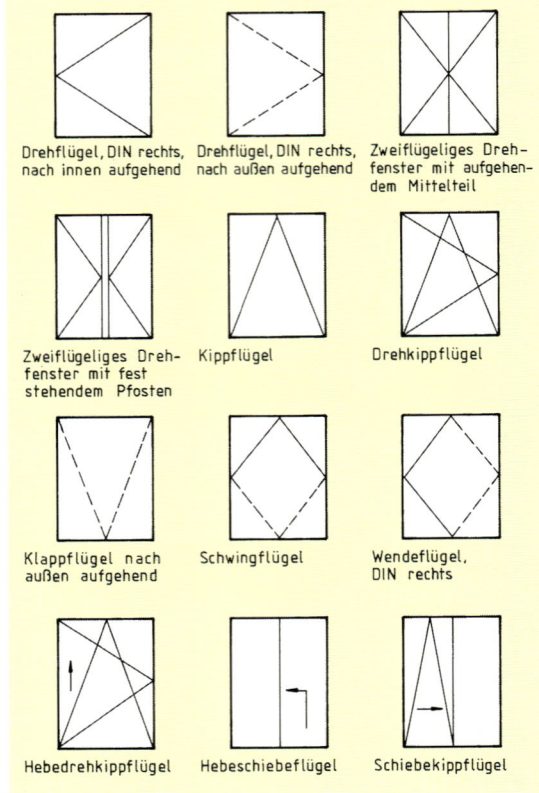

1 Sinnbilder nach DIN 1356 für Ansichtszeichnungen

(Drehflügel, DIN rechts, nach innen aufgehend — Drehflügel, DIN rechts, nach außen aufgehend — Zweiflügeliges Drehfenster mit aufgehendem Mittelteil — Zweiflügeliges Drehfenster mit fest stehendem Pfosten — Kippflügel — Drehkippflügel — Klappflügel nach außen aufgehend — Schwingflügel — Wendeflügel, DIN rechts — Hebedrehkippflügel — Hebeschiebeflügel — Schiebekippflügel)

Fenster-, Fenstertür- bezeichnung	Verglasungsart	Profilart	Flügel- und Blendrahmenholz					Bemerkungen
			Fenster		Fenstertüren		Mindest- dicke	
			Dicke	Breite	Dicke	Breite		
Einfachfenster, Einfachfenstertür	Einfach- verglasung	EV 56	56	78	–	–	55	
	Isolier- verglasung	IV 56	56	78	56	92	55	Bei Fenstertüren kann die Blendrahmenholz- breite je nach Beschlag 78 oder 89 mm betragen
		IV 63	63	78	63	92	62	
		IV 68	68	78	68	92	66	
		IV 78	78	92	78	92	76	
		IV 92	92	92	92	92	90	
Verbundfenster, Verbund- fenstertür	Doppel- verglasung Die Profile 32, 36 und 44 haben Einfachverglasung. Das Profil 56 kann Isolierverglasung aufnehmen.	DV $\frac{32}{44}$	32 44	51 78	32 44	65 92	30 42	Außenflügel Innenflügel Blendrahmenholz 78/78
		DV $\frac{44}{44}$	44 44	51 78	44 44	65 92	42 42	Außenflügel Innenflügel Blendrahmenholz 89/89
		DV $\frac{36}{56}$	36 56	51 78	36 56	65 92	34 54	Außenflügel Innenflügel Blenrahmenholz: Dicke = 93 Breite = 89

2 Holzfenster- und Holzfenstertürprofile nach DIN 68121

Blendrahmenteile	Pos. Nr.	Flügelholzteile	Pos. Nr.
aufrechtes Blendrahmenholz	1	aufrechtes Flügelholz	6
oberes Blendrahmenholz	2	oberes Flügelholz	7
unteres Blendrahmenholz	3	unteres Flügelholz	8
Pfosten (Setzholz)	4	Sprossen	9
Riegel (Kämpfer)	5		

1 Positionsnummern der Fensterteile nach DIN 68 121

Aufgabe 10.1

Fensterprofil IV 56

Zeichnen Sie die Profilquerschnitte IV 56 nach DIN 68121 im Maßstab 1:1 mit Maßeintragungen.

Zeichenblatt: DIN-A4-Hochformat.

Aufgabe 10.2

Fensterprofil IV 63

Zeichnen Sie die Profilquerschnitte IV 63 nach DIN 68121 im Maßstab 1:1 mit Maßeintragungen.

Zeichenblatt: DIN-A4-Hochformat.

Aufgabe 10.3

Fensterprofil IV 68

Zeichnen Sie die Profilquerschnitte IV 68 nach DIN 68121 im Maßstab 1:1 mit Maßeintragungen.

Zeichenblatt: DIN-A4-Hochformat.

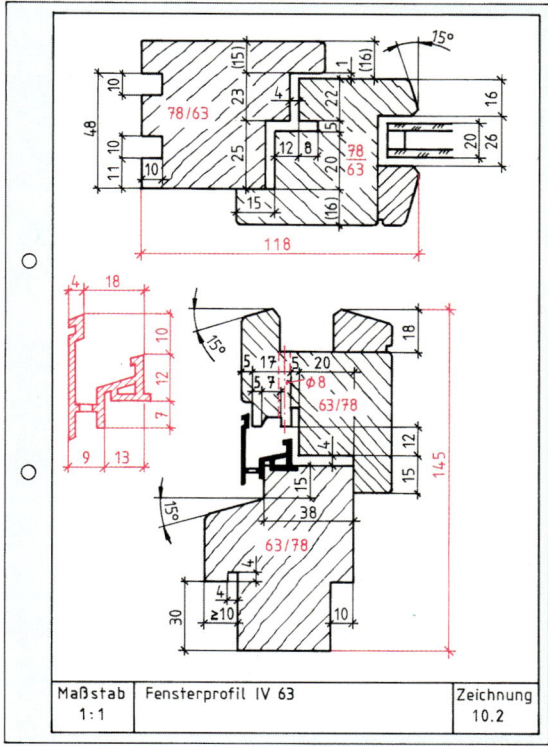

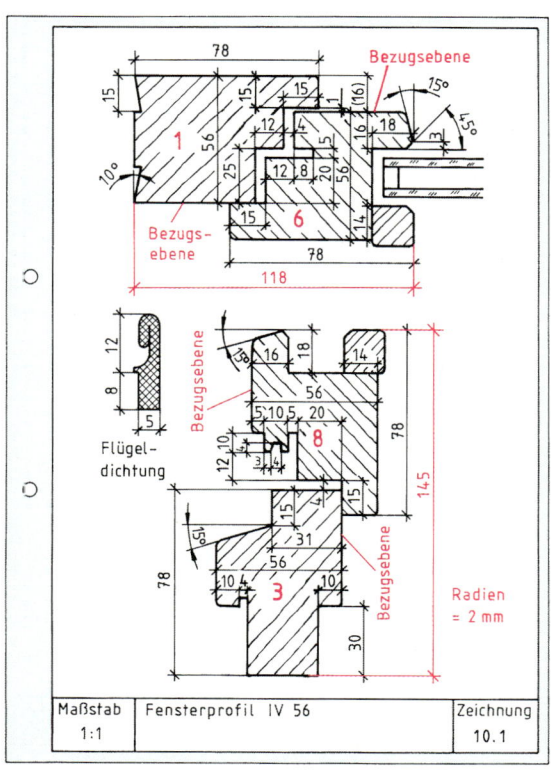

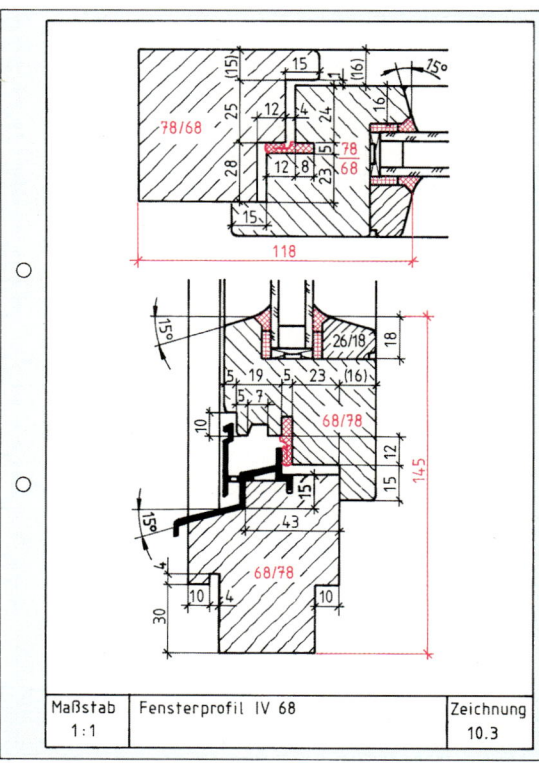

Aufgabe 10.4

Fensterprofile IV 78 und IV 92 mit Doppeldichtung für Schallschutzfenster

Zeichnen Sie die Profilquerschnitte der Teilschnitte im Maßstab 1:1.

Fehlende Maße sind aus Aufgabe 10.1 (IV 56) zu übernehmen.

Zeichenblatt: DIN-A4-Hochformat.

Aufgabe 10.5

Fensterprofile IV 56 für Fenster mit Oberlicht

Zeichnen Sie die Profilquerschnitte des Teilschnittes im Maßstab 1:1.

Fehlende Maße sind aus Aufgabe 10.1 (IV 56) zu übernehmen.

Zeichenblatt: DIN-A4-Hochformat.

Aufgabe 10.6

Fensterprofile IV 63 und 68 für zweiflügelige Fenster

Zeichnen Sie die Profilquerschnitte der Teilschnitte im Maßstab 1:1.

Fehlende Maße sind aus Aufgabe 10.2 und 10.3 zu übernehmen.

Zeichenblatt: DIN-A4-Hochformat.

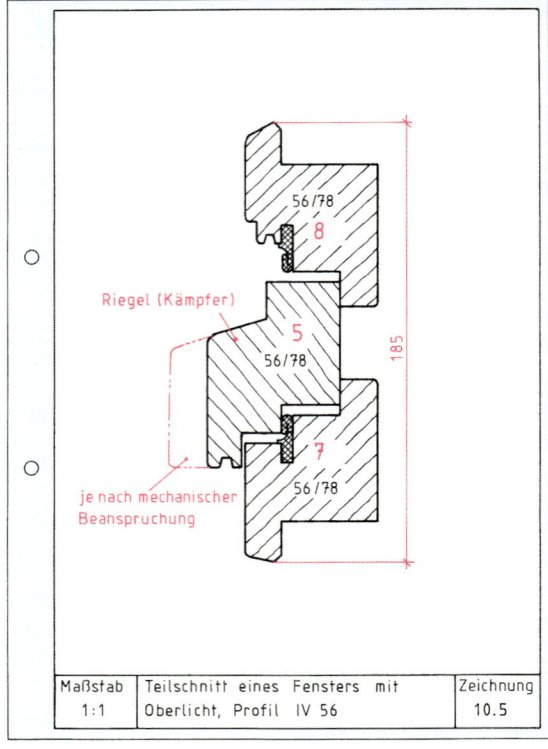

| Maßstab 1:1 | Teilschnitt eines Fensters mit Oberlicht, Profil IV 56 | Zeichnung 10.5 |

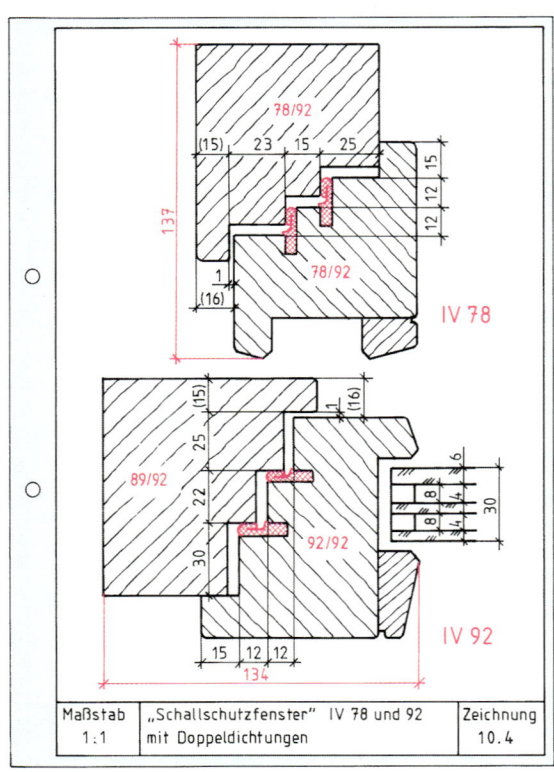

| Maßstab 1:1 | „Schallschutzfenster" IV 78 und 92 mit Doppeldichtungen | Zeichnung 10.4 |

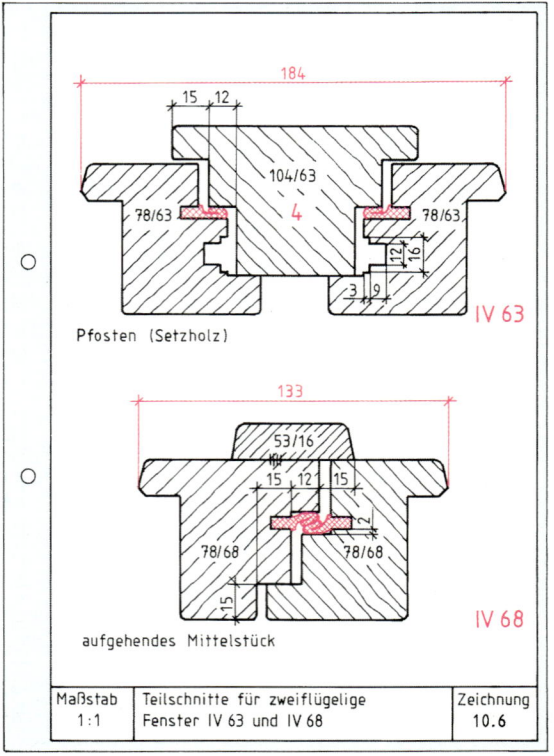

| Maßstab 1:1 | Teilschnitte für zweiflügelige Fenster IV 63 und IV 68 | Zeichnung 10.6 |

Aufgabe 10.7

Fenstertürprofil IV 63

Zeichnen Sie die Profilquerschnitte der Fenstertür IV 63 im Maßstab 1:1 mit Maßeintragungen.

Fehlende Maße sind aus Aufgabe 10.2 zu übernehmen.

Zeichenblatt: DIN-A4-Hochformat.

Aufgabe 10.8

Fensterprofile DV 44/44 und DV 36/56

Zeichnen Sie die Profilquerschnitte DV 44/44 und DV 36/56 im Maßstab 1:1 mit Maßeintragungen.

Fehlende Maße sind aus der Aufgabe 10.1 zu übernehmen.

Zeichenblatt: DIN-A4-Hochformat.

Aufgabe 10.9

Fenstertürprofil DV 36/56

Zeichnen Sie die Profilquerschnitte der Fenstertür DV 36/56 im Maßstab 1:1 mit Maßeintragungen.

Fehlende Maße sind aus den Aufgaben 10.1 und 10.8 zu übernehmen.

Zeichenblatt: DIN-A4-Hochformat.

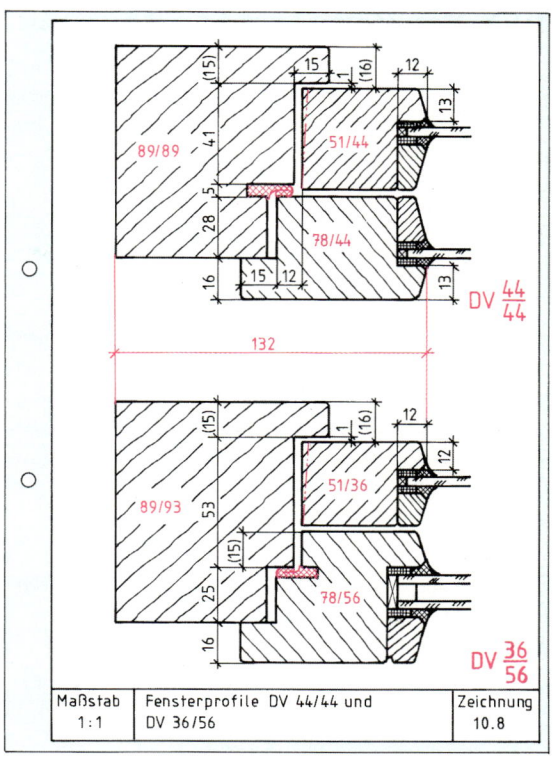

| Maßstab 1:1 | Fensterprofile DV 44/44 und DV 36/56 | Zeichnung 10.8 |

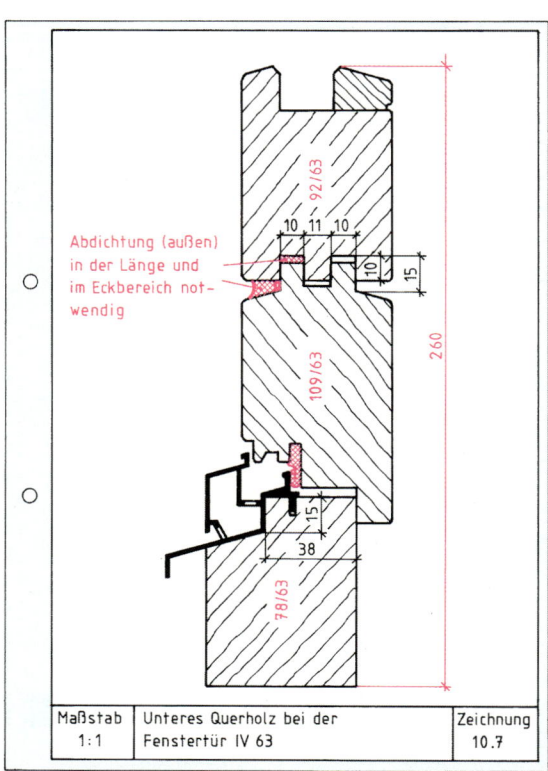

| Maßstab 1:1 | Unteres Querholz bei der Fenstertür IV 63 | Zeichnung 10.7 |

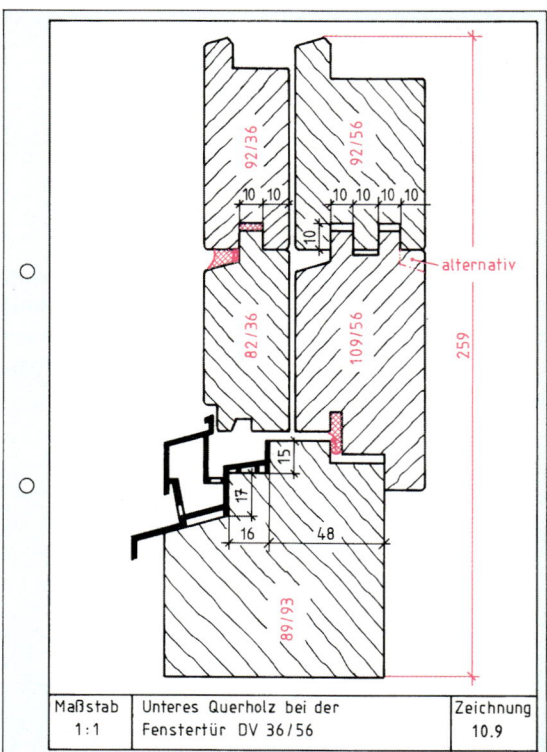

| Maßstab 1:1 | Unteres Querholz bei der Fenstertür DV 36/56 | Zeichnung 10.9 |

10.3 Baumaße und Fenstermaße

Da der Fensterhersteller für das genaue „Passen" der Fenster und Fenstertüren verantwortlich ist, kommt dem Maßnehmen auf der Baustelle besondere Bedeutung zu.

Maße werden stets in der Reihenfolge

> **Breite** (oben, Mitte, unten)
> **Höhe** (links, Mitte, rechts)

gemessen und in das Maßbuch eingetragen und evtl. durch Skizzen ergänzt.

Maßgebend für die Größe der Fenster und Fenstertüren sind die **Nennmaße (NM)**. Für die Festlegung der Fenstergröße, der Blendrahmen-Außenmaße ist die Art des Maueranschlages (Abb. 1...5) entscheidend.

Rechnerische Bestimmung der Blendrahmen-Außenmaße

a) Breitenmaß *b*

bei Innen- und Außenanschlag (Abb. 1 und 2) ist:

$$b = NM + 2 \times 50$$

ohne Anschlag (Abb. 3) ist:

$$b = NM - 2 \times 10$$

b) Höhenmaß *h*

bei Innen- und Außenanschlag (Abb. 4) ist:

$$h = NM + 50 - 10$$

ohne Anschlag (Abb. 5) ist:

$$h = NM - 2 \times 10$$

Bei der Festlegung des Blendrahmen-Außenmaßes in der **Höhe** ist ferner zu beachten, dass das Fenster unten in der Regel ohne Anschlag (stumpf) aufgesetzt wird (Abb. 4 und 5).

Aufgabe 10.10

a) Bau-Richtmaß (BR) = 1125 × 1375
   Fenster mit Innenanschlag.
b) Bau-Richtmaß (BR) = 1750 × 1500
   Fenster ohne Maueranschlag.

   Bestimmen Sie die Blendrahmenaußenmaße – mit Zeichnungen!

Zeichenblätter: DIN-A3-Hoch- und Querformat.

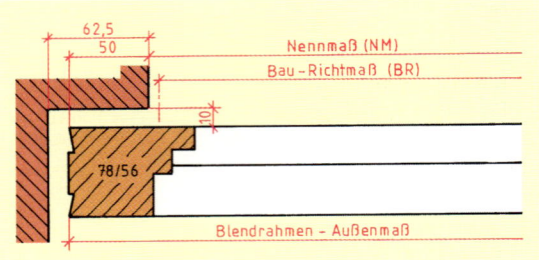

1 Innenanschlag

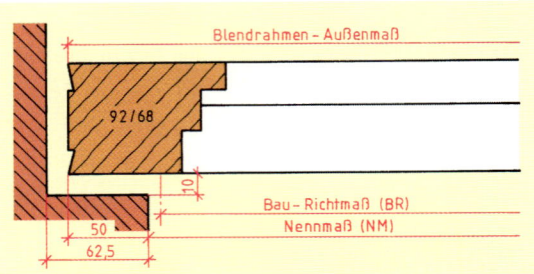

2 Außenanschlag

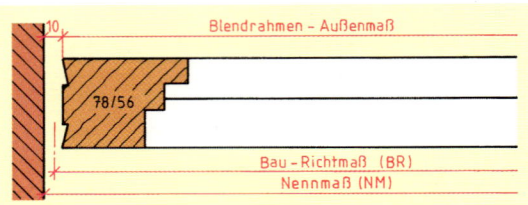

3 Ohne Anschlag

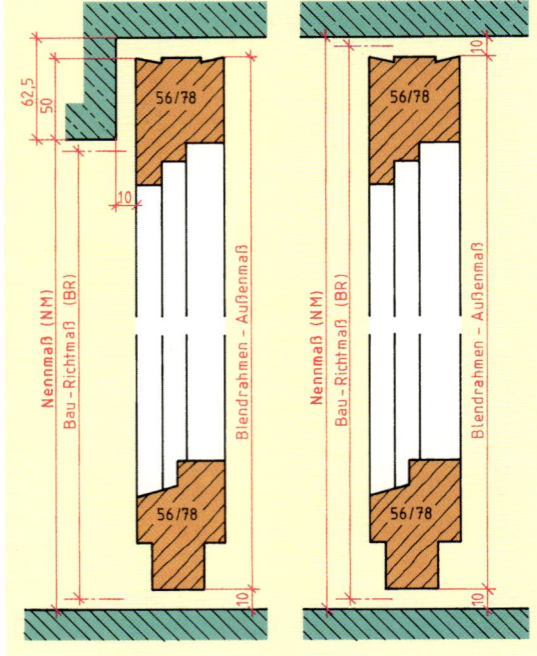

4 Innenanschlag   **5 Ohne Anschlag**

10.4 Fertigungszeichnung bzw. Brettaufriss

Bevor die Fertigungszeichnung oder der Brettaufriss (Abb. 7) angefertigt werden können, sind folgende Einzelheiten zu klären:

- Blendrahmen-Außenmaße (Abb. 1...5, Seite 512),
- Fensterquerschnitt nach der Beanspruchungsgruppe aus DIN 68121,
- Öffnungsart,
- Art der Fensterdichtung (Abb. 1 und 2),
- Beschlagsanleitung des Herstellers beachten (Abb. 1),
- Wetterschutzschiene (Abb. 2),
- Dicke der Verglasungseinheit (Abb. 3 und Tabelle 4),
- Verglasungssysteme (Abb. 5 und 6).

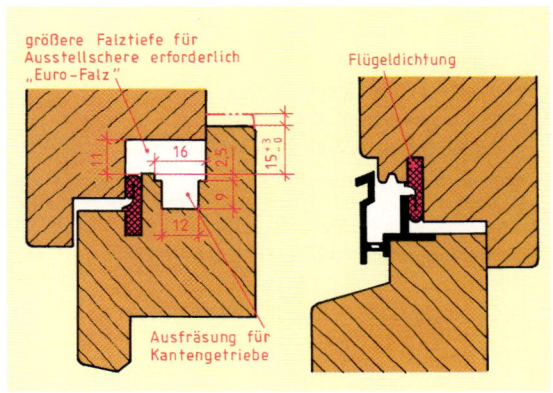

1 Beschlag-Ausfräsungen   **2 Wetterschutzschiene**

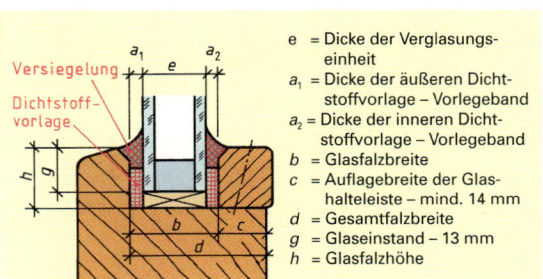

e = Dicke der Verglasungseinheit
a_1 = Dicke der äußeren Dichtstoffvorlage – Vorlegeband
a_2 = Dicke der inneren Dichtstoffvorlage – Vorlegeband
b = Glasfalzbreite
c = Auflagebreite der Glashalteleiste – mind. 14 mm
d = Gesamtfalzbreite
g = Glaseinstand – 13 mm
h = Glasfalzhöhe

3 Glasfalzabmessungen für Isolierverglasung

Glasdicke	außen	3	4	5	6	9	6
	innen	3	4	5	4	5	4/4
Luftzwischen-raum (LZR)	außen	12	12	12	12	12	8
	innen						8
Dicke der Verglasungseinheit		18	20	22	22	26	30

4 Dicke von Verglasungseinheiten für Isolierglas in mm (Auswahl)

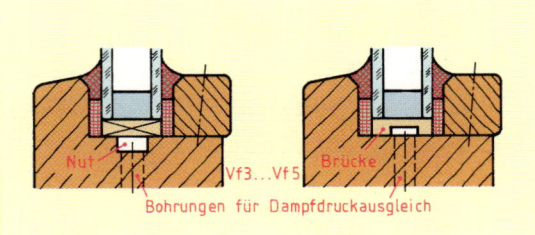

5 Verglasungssystem mit dichtstoffreiem Falzraum nach DIN 18545

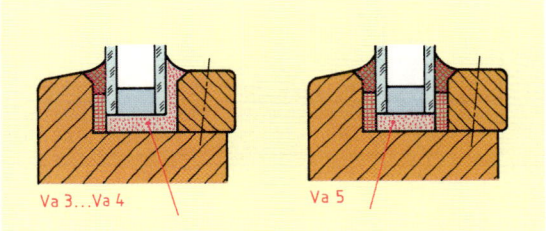

6 Verglasungssystem mit ausgefülltem Falzraum nach DIN 18545

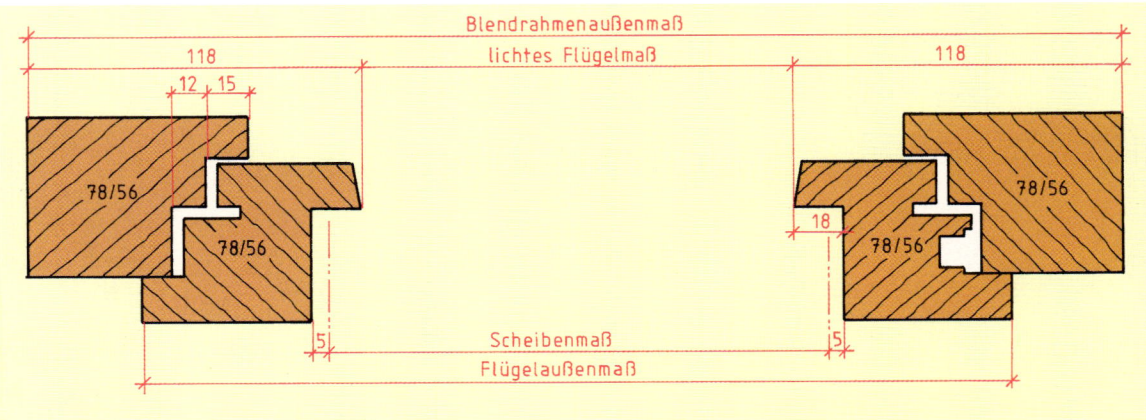

7 Fertigungszeichnung (Horizontalschnitt)

Aufgabe 10.11

Drehkippflügelfenster IV 63

Nennmaße 1135 × 1385 mit Innenanschlag.

Verglasungssystem: Va 5.

Berechnen Sie das Blendrahmenaußenmaß.

Zeichnen Sie die Vorderansicht der Hauptzeichnung im Maßstab 1:10 und die Schnitte A–A und B–B der Teilschnittzeichnung im Maßstab 1:1.

Zeichenblätter: DIN-A3-Hoch- und Querformat.

Aufgabe 10.12

Fenster mit Oberlicht IV 56

Zeichnen Sie die Vorderansicht der Hauptzeichnung im Maßstab 1:10 und die Schnitte A–A und B–B der Teilschnittzeichnung im Maßstab 1:1.

Bestimmen Sie die Nennmaße.

Zeichenblätter: DIN-A3-Hoch- und Querformat.

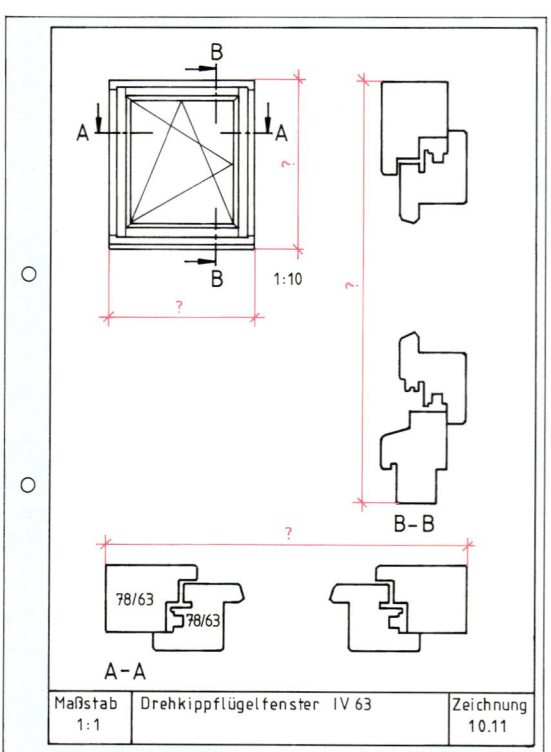

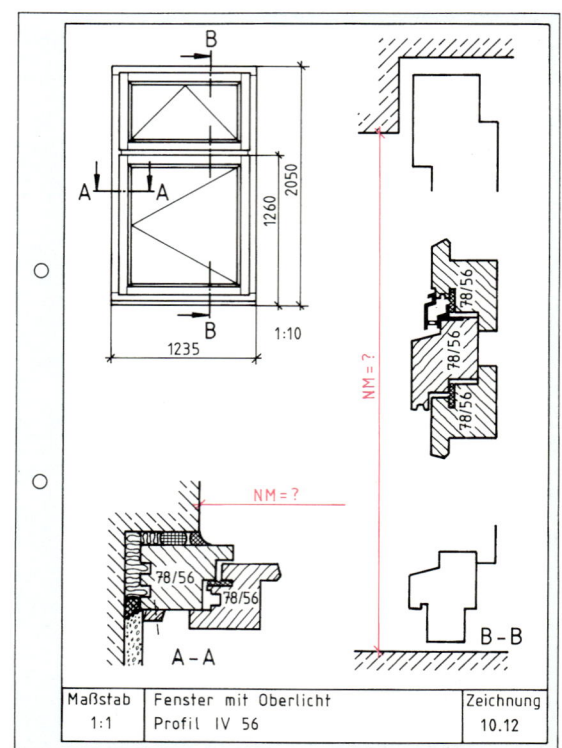

Aufgabe 10.13

Zweiflügeliges Fenster mit aufgehendem Mittelteil IV 68

Zeichnen Sie die Vorderansicht der Hauptzeichnung im Maßstab 1:10 und die Schnitte A–A und B–B der Teilschnittzeichnung im Maßstab 1:1.

Zeichenblätter:
DIN-A3-Quer- und Hochformat.

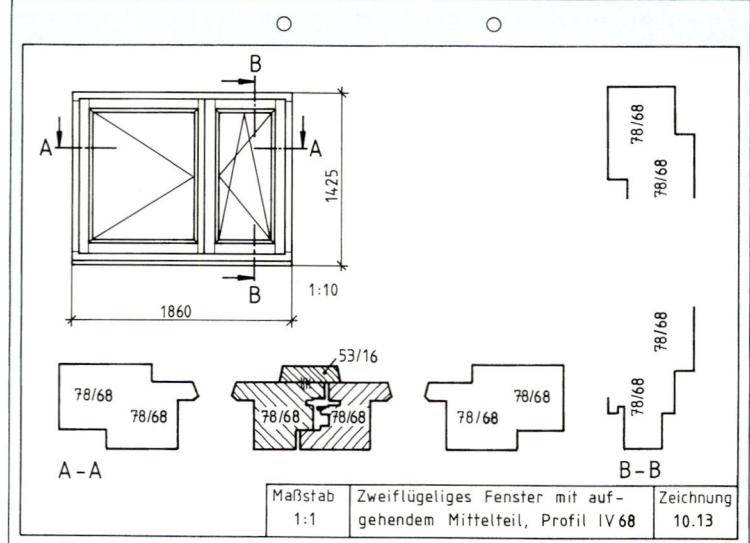

Aufgabe 10.14

Zweiflügeliges Fenster mit fest stehendem Pfosten IV 56

Zeichnen Sie die Vorderansicht der Hauptzeichnung im Maßstab 1:10 und die Schnitte A–A und B–B der Teilschnittzeichnung im Maßstab 1:1.

Berechnen Sie die Blendrahmenaußenmaße.

Zeichenblätter: DIN-A3-Quer- und Hochformat.

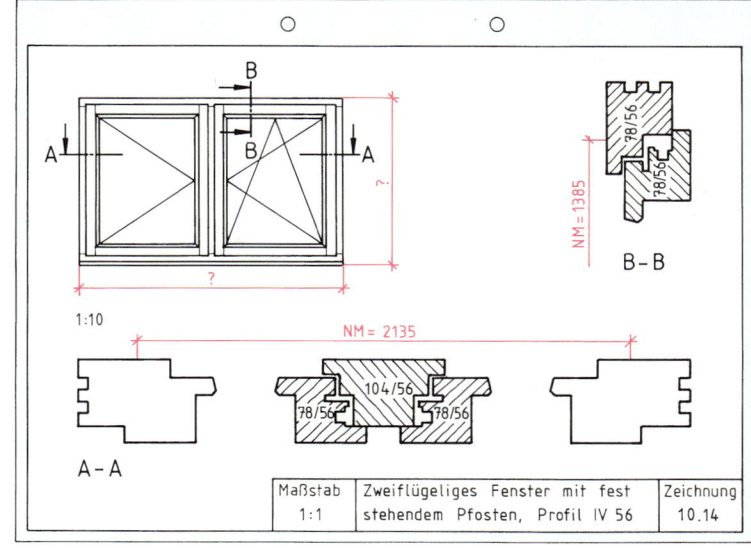

Maßstab	Zweiflügeliges Fenster mit fest	Zeichnung
1:1	stehendem Pfosten, Profil IV 56	10.14

Aufgabe 10.15

Balkontür IV 68

Zeichnen Sie die Vorderansicht der Hauptzeichnung im Maßstab 1:10 und die Schnitte A–A und B–B der Teilschnittzeichnung im Maßstab 1:1.

Berechnen Sie die Blendrahmenaußenmaße.

Zeichenblätter: DIN-A3-Hoch- und Querformat.

Aufgabe 10.16

Schwingflügelfenster IV 56

Zeichnen Sie die Vorderansicht der Hauptzeichnung im Maßstab 1:10 und die Schnitte A–A und B–B der Teilschnittzeichnung im Maßstab 1:1.

Zeichenblätter: DIN-A3-Hoch- und Querformat.

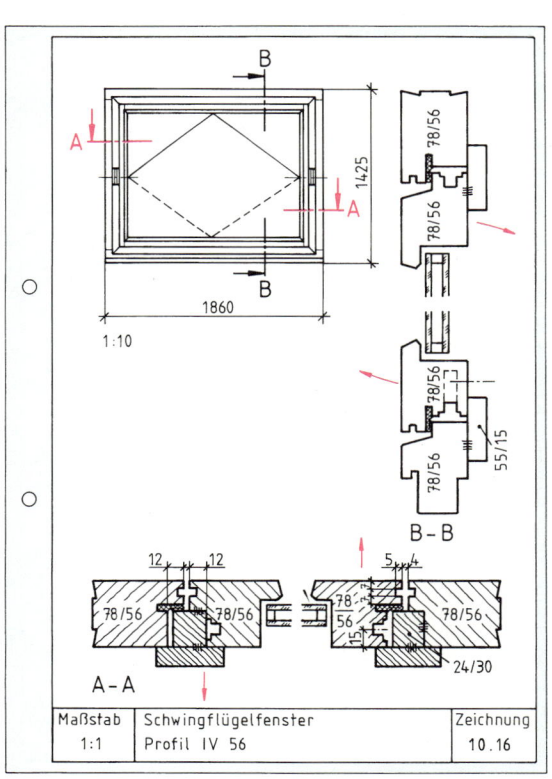

515

Aufgabe 10.17

**Fenster IV 63 mit Rollladenführung
und Rollladenkasten**

Zeichnen Sie die Vorderansicht der Hauptzeichnung im
Maßstab 1:10 und die Teilschnitte A–A und B–B im
Maßstab 1:1.

Zeichenblätter: DIN-A3-Hoch- und Querformat.

Aufgabe 10.18

Verbundfenster DV 36/56

Zeichnen Sie die Vorderansicht der Hauptzeichnung im
Maßstab 1:10 und die Schnitte A–A und B–B der Teilschnittzeichnung im Maßstab 1:1.

Zeichenblätter: DIN-A3-Hoch- und Querformat.

Aufgabe 10.19

Kastenfenster IV 68/EV 56

Blendrahmenaußenmaße: 1360 × 1550.

Zeichnen Sie den Horizontalschnitt A–A und den Vertikalschnitt B–B der Teilschnittzeichnung im Maßstab 1:1.

Zeichenblätter: DIN-A3-Hoch- und Querformat.

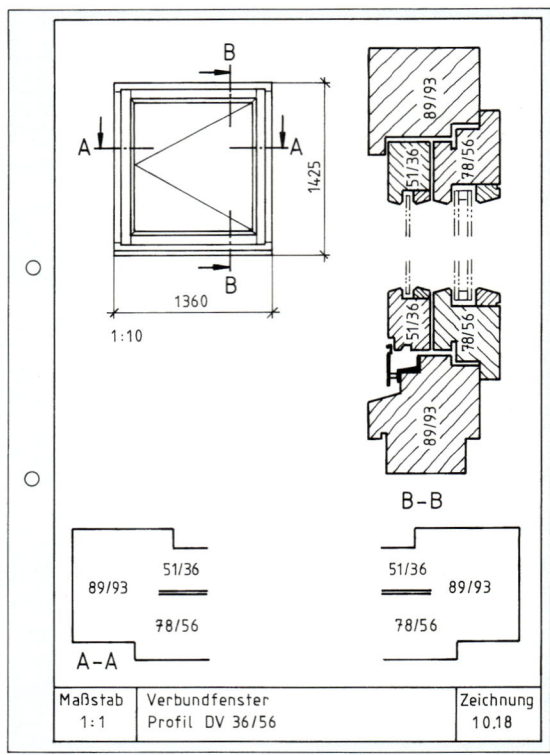

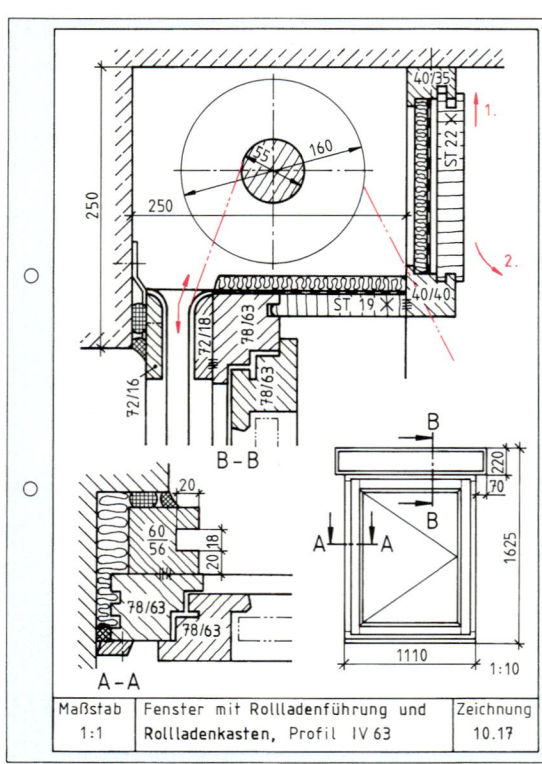

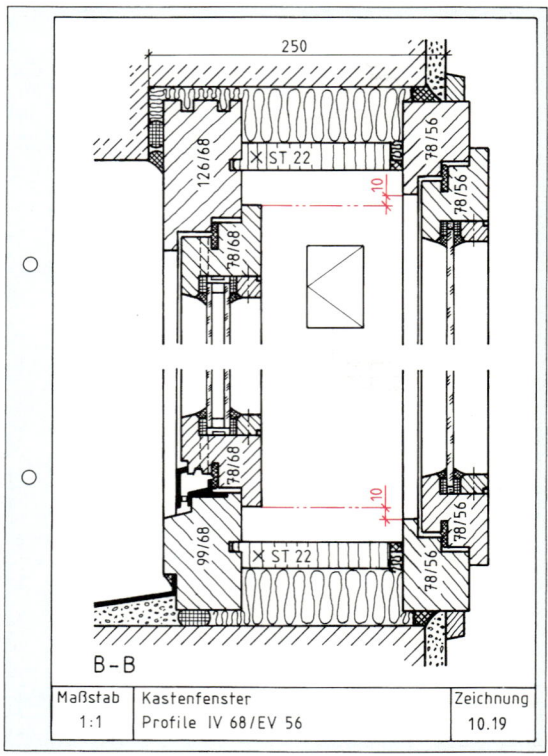

10.5 Projektaufgaben

Für einen Kunden sollen folgende Fensterelemente angefertigt werden.

Die Baumaße (Nennmaße) sind den Aufgabenblättern zu entnehmen.

Fehlende Maße sind selbst zu bestimmen.

Aufgabe 10.20

Fenstertür (IV) mit Rollladen und Rollladenkasten.

Bestimmen Sie die Profilquerschnitte.

Aufgabe 10.21

Dreiflügeliges Fenster (IV) mit Rolllade und Rollladenkasten.

Bestimmen Sie die Profilquerschnitte.

Aufgabe 10.22

Fenster-Tür-Element (IV) mit einem fest stehenden Verbundelement, einer Rolllade und einem Rollladenkasten.

Bestimmen Sie die Profilquerschnitte.

Aufgabenstellung wie Kap. 6.7, Seite 480

Zeichenblätter: DIN-A3-Hoch- und Querformat.

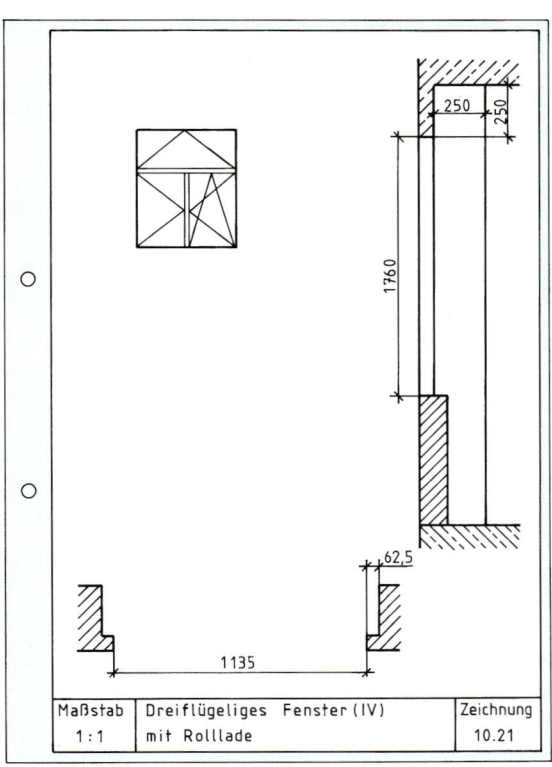

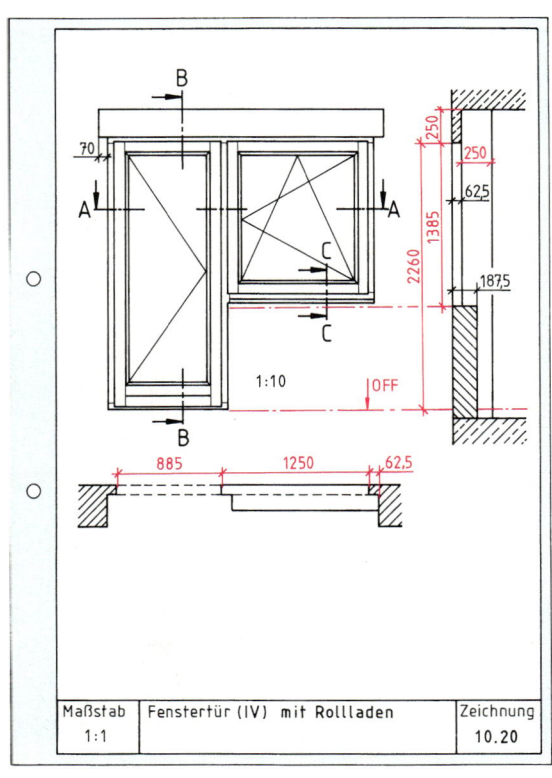

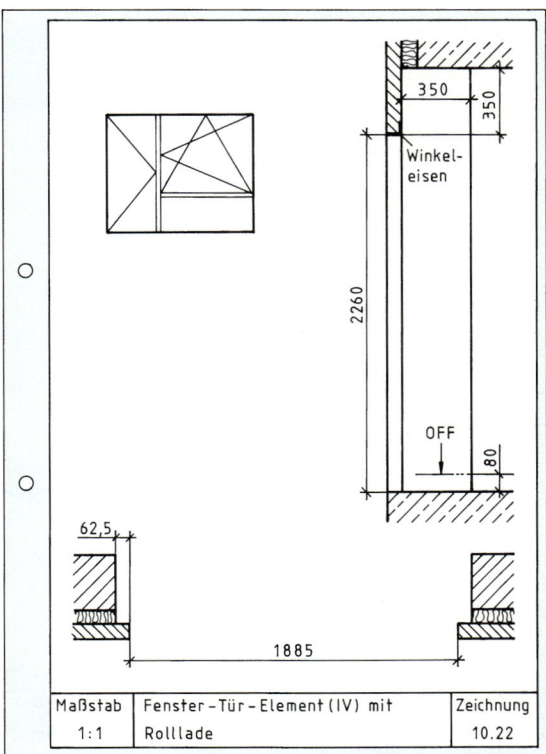

11 Zeichnen mit CAD

11.1 Einsatzmöglichkeiten

Mit der rasanten Entwicklung der Computertechnik in den letzten Jahren hat auch die CAD-Technik zunehmend an Bedeutung gewonnen.

> **CAD** – **C**omputer-**A**ided **D**esign – wurde anfänglich als rechnerunterstützte Zeichnungserstellung verstanden, hat heute aber umfassendere Bedeutung als rechnerunterstütztes Entwerfen und Konstruieren.

Die ständige Weiterentwicklung leistungsfähiger und anwendungsspezifischer CAD-Systeme sowie die günstige Preisentwicklung am Computermarkt lassen vermuten, dass zukünftig in allen Bereichen des Entwerfens und Konstruierens die herkömmliche Zeichentechnik durch die CAD-Technik ergänzt wird.

Im Tischlerhandwerk liegen die Einsatzmöglichkeiten von CAD-Programmen vorwiegend bei:

– der Erstellung von Entwurfs-, Ansichts- und Perspektivzeichnungen für die Kundenpräsentation und

– der Erstellung von Konstruktions- und Fertigungszeichnungen für die Arbeitsvorbereitung und Fertigung.

11.2 Der CAD-Arbeitsplatz

Die **Hardware-** und **Software-Elemente** sowie die Sachkenntnisse des Bedieners müssen gut aufeinander abgestimmt sein, um die CAD-Technik erfolgreich einsetzen zu können (Abb. 1).

11.2.1 Hardware

> Als **Hardware** wird die Gesamtheit aller gerätetechnischen Komponenten eines Computers bezeichnet. Die einzelnen Geräte können nach dem **EVA**-Prinzip (**E**ingabe-**V**erarbeitung-**A**usgabe) geordnet werden.

Eingabegeräte

– Die **Tastatur** (Abb. 1, Seite 519) ist unterteilt in einen alphanumerischen Block (Schreibmaschinentastatur), einen numerischen Block (Taschenrechnertastatur) und einen Block mit speziellen Funktionstasten. Die Befehlseingabe allein über die Tastatur ist zwar möglich, aber sehr zeitaufwendig. Daher wird die Tastatur meist mit einem anderen Eingabegerät kombiniert.

– Mit der Bewegung der **Maus** wird die aktuelle Cursor-Position (Fadenkreuz, Pfeil) auf dem Bildschirm verändert. So können Konstruktionspunkte oder Befehle im Bildmenü angewählt werden (Abb. 1, Seite 519).

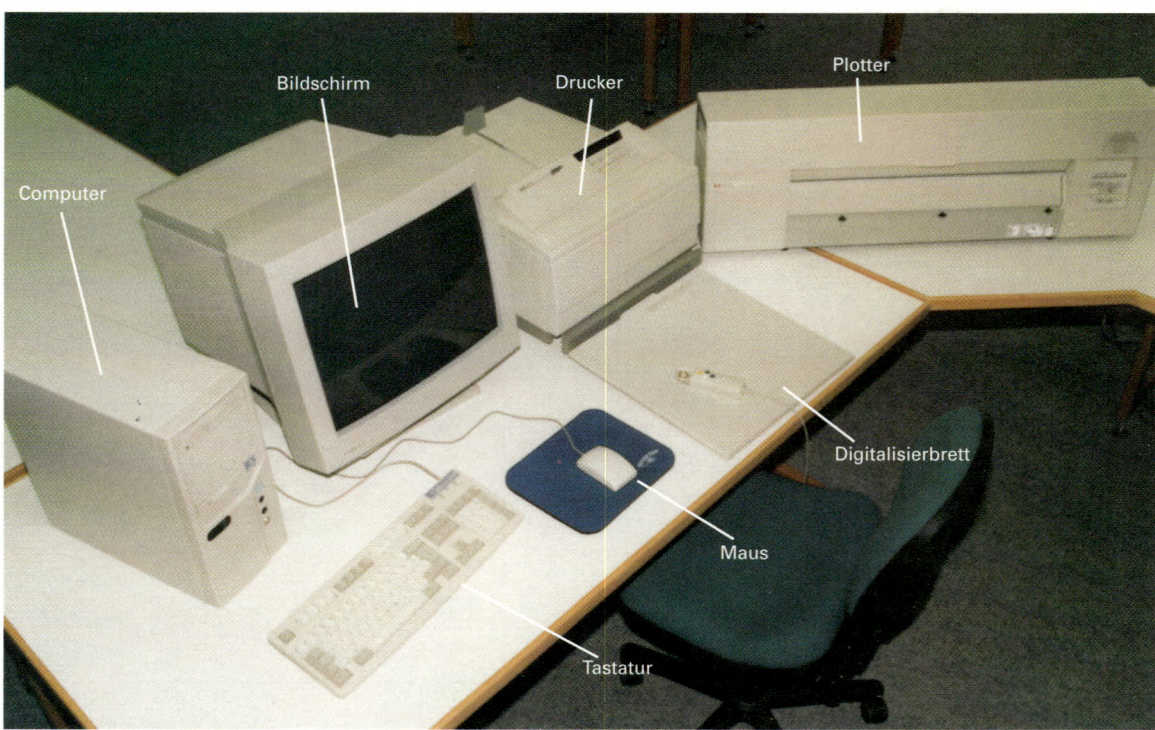

1 CAD-Arbeitsplatz

– Ein **Grafik-Tablett** oder ein **Digitalisiertablett** wird in Verbindung mit einem **Digitalisierstift** oder einer **Digitalisierlupe** (Abb. 1) verwendet als Positioniergerät (Cursor- und Menüsteuerung), zum Freihand-Zeichnen sowie zum Digitalisieren. Dabei wird eine auf dem Tablett liegende Zeichnung nachgezeichnet und vom CAD-Programm übernommen. Hat das Tablett zusätzlich ein **Menüfeld**, können die Steuerbefehle dort direkt mit dem Stift oder der Lupe angewählt werden (Abb. 2).

– Mit einem **Scanner** können bestehende Pläne in eine vom Computer speicherbare Form gebracht werden, um sie zu archivieren, nachzuarbeiten oder als Grundlage neuer Pläne zu verwenden.

– **Joystick** und **Lichtgriffel** als weitere Eingabegeräte werden im CAD-Bereich kaum verwendet.

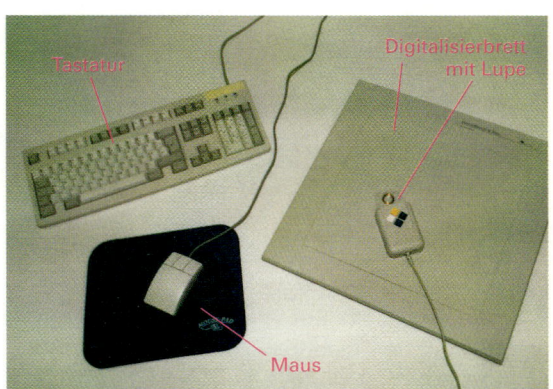

1 **Eingabegeräte**

Verarbeitung

– Die Verarbeitung der Daten übernimmt der **Rechner** mit der **Zentraleinheit**, die aus einem Rechen- und Steuerwerk sowie einem Arbeitsspeicher besteht.

Die Funktionen Rechnen und Steuern werden in einem integrierten Bauteil von einem oder mehreren Mikroprozessoren ausgeführt. Diese Einheit wird auch **CPU** (**C**entral **P**rocessing **U**nit) bezeichnet.

Die Arbeitsgeschwindigkeit des Mikroprozessors sowie die Speicherkapazität des Arbeitsspeichers sind wesentliche Leistungsmerkmale eines Rechners.

Ausgabegeräte

– Das wichtigste Ausgabegerät ist ein einfarbiger oder mehrfarbiger **Bildschirm**. Vielfach verwendet man heute an einem CAD-Arbeitsplatz zwei Bildschirme. Einer dient der Wiedergabe der Zeichnung (Grafikbildschirm), der andere wird als Textbildschirm genutzt.

– Mit einem **Drucker** können die Daten in Textform oder als Grafik auf Papier übertragen werden. Verwendet werden hauptsächlich Nadeldrucker, Tintenstrahldrucker (Abb. 1a, S. 520) und Laserdrucker (Abb. 1b, S. 520).

– **Plotter** sind computergesteuerte Zeichenmaschinen, die den am Bildschirm konstruierten Plan auf Papier übertragen. Man unterscheidet zwischen **Flachbettplottern** (Abb. 1c, S. 520) und **Trommelplottern** (Abb. 1d, S. 520) bis zum Zeichenformat DIN-A0.

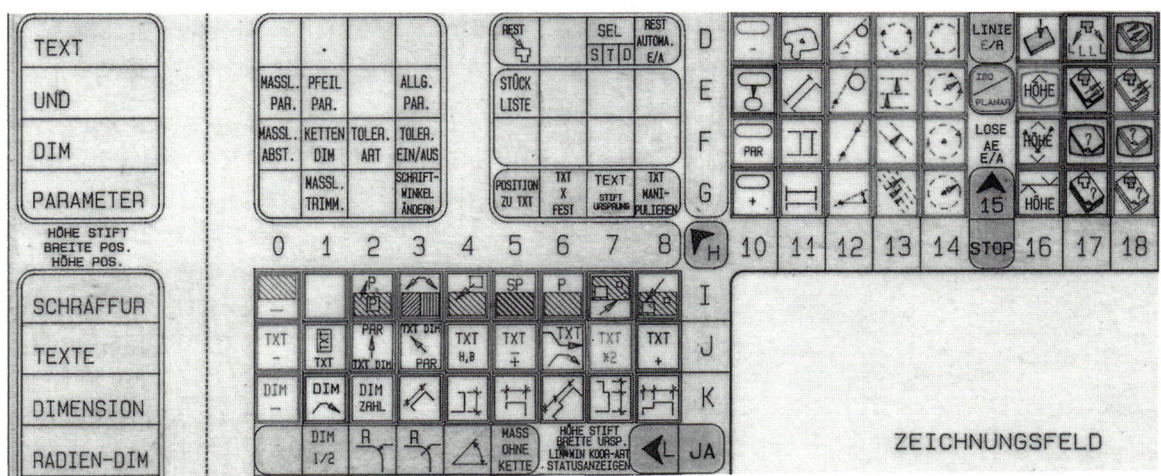

2 **Menü auf Digitalisiertablett** (Ausschnitt)

– **Hardcopy-Geräte** erzeugen Bildschirmkopien und arbeiten meist nach einem fotografischen Prinzip.

Darüber hinaus benötigt jedes Computersystem externe Speichergeräte. **Disketten**, **CD-ROM** (Compact Disc Read Only Memory) und **Festplatten** gehören heute zu den gebräuchlichsten Datenträgern.

Die an einen Rechner angeschlossenen Eingabe-, Ausgabe- und Speichergeräte bezeichnet man auch als Peripherie-Geräte (Abb. 2).

a) **Tintenstrahldrucker (DIN-A4)**

b) **Laserdrucker (DIN-A3)**

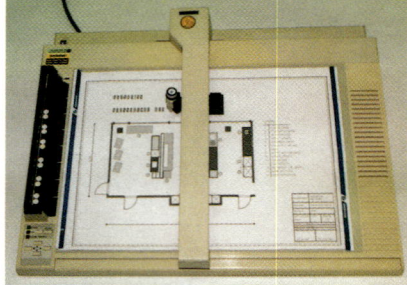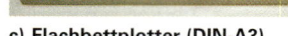

c) **Flachbettplotter (DIN-A3)**

d) **Trommelplotter (DIN-A1)**

1 Ausgabegeräte

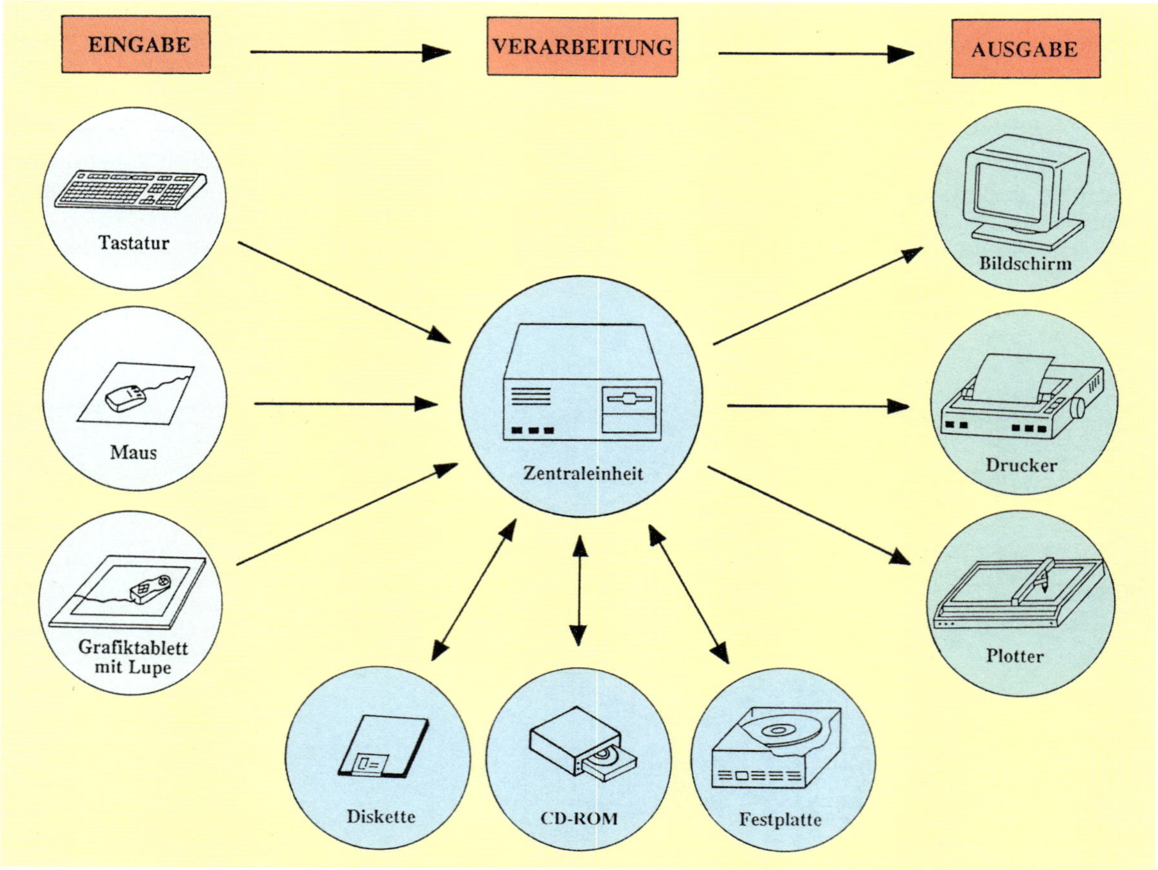

EINGABE → VERARBEITUNG → AUSGABE

Tastatur

Maus

Grafiktablett mit Lupe

Zentraleinheit

Bildschirm

Drucker

Plotter

Diskette

CD-ROM

Festplatte

2 EVA Prinzip einer CAD-Anlage (schematisch)

11.2.2 Software

> Als **Software** bezeichnet man die Gesamtheit aller Programme, die zum Betrieb eines Computersystems erforderlich sind.

Die spezielle CAD-Software besteht aus einer Betriebssoftware zur Steuerung des Rechners und der Peripheriegeräte und einer Anwendersoftware. Diese kann universell für alle Bereiche des Konstruierens und Entwerfens einsetzbar sein oder aber auch produktions- oder branchenbezogen sein.

Für die CAD-Anwendersoftware sind Programmierkenntnisse nicht erforderlich.

11.3 Die CAD-Arbeitstechnik

Das Arbeiten an einem CAD-Zeichenplatz wird im Wesentlichen von der Eingabetechnik des Programms bestimmt.

Der Bildschirm ist – systemabhängig – in verschiedene Bereiche unterteilt (Abb. 1).

– Zeichenfläche (1),
– Befehlsmenü (2),
– Befehlsdialog (3),
– Statuszeile (4).

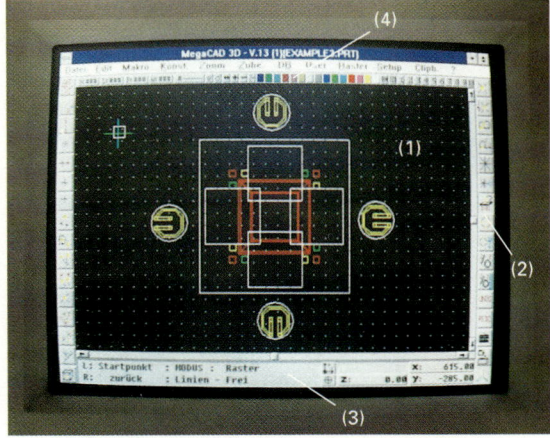

1 Bildschirmaufteilung

Jedes CAD-Programm bietet eine Vielzahl von Befehlen zum Erstellen und Verarbeiten von Zeichnungen.

Systemunabhängig kann man die Befehle und Funktionen in folgende Gruppen unterteilen:

– Standardfunktionen
  – Zeichnen
  – Löschen
  – Ändern
  – Ein-/Ausblenden
  – …

– Manipulationsfunktionen
  – Verschieben
  – Drehen
  – Spiegeln
  – Vervielfältigen
  – …

– Eingabe/Ausgabe/Verwaltungsfunktionen
  – Einlesen
  – Speichern
  – Plotten
  – Datenverwaltung
  – …

– Hilfsfunktionen
  – Zoomen
  – Berechnen
  – Ebenentechnik
  – Makrotechnik
  – …

Das Prinzip des Konstruierens am Bildschirm besteht darin, z.B. eine Werkstückdarstellung aus geometrischen Grundelementen wie Punkten, Geraden, Kreisen und Bögen, Tangenten und Parallelen, Rechtecken und vielen mehr aufzubauen.

Bei komplexen Zeichnungen sind besonders die Manipulationsfunktionen wie z.B. Drehen und Verschieben interessant.

Besonders einfach ist bei CAD das Radieren. Durch das Anwählen des Menüpunktes „Löschen" können Konstruktionselemente beliebig wieder entfernt werden.

Hinzu kommen schließlich noch zeichnungstechnische Operationen wie Schraffieren, Bemaßen und Beschriften (Abb. 2).

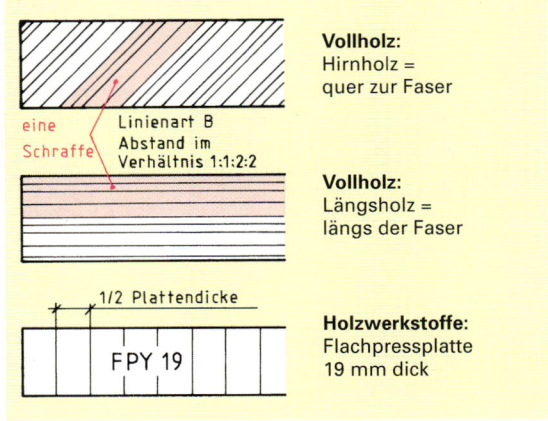

2 Schraffuren nach DIN 201
(beim Zeichnen mit CAD)

Der Benutzer wird bei der Erstellung einer Befehls-
folge vom System geführt, d.h. er wird aufgefor-
dert, aus einem aktuellen Befehlsmenü ein Element
auszuwählen oder eine Dateneingabe zu machen.
Das Befehlsmenü verzweigt dann in weitere Unter-
menüs, in denen der Dialog fortgesetzt wird.

Für die Konstruktion eines Kreises mit Mittelpunkt
und Radiusangabe ist der Ablauf in Abb. 1 dargestellt.

Mit der Verwendung eines Menütabletts kann die
Handhabung noch erleichtert werden (siehe Abb. 2,
Seite 519).

Eine interessante Konstruktionshilfe ist die **Ebenen-**
oder **Overlay**-Technik. Bei diesem Verfahren wird die
Gesamtzeichnung aus Teilzeichnungen auf verschie-
denen Ebenen aufgebaut. So können Körperkanten,
Hilfslinien und Bemaßung, Schraffur, Rahmen und
Schriftfeld auf jeweils einer Ebene konstruiert wer-
den. Vergleichbar mit dem Übereinanderlegen von
Folien am Overheadprojektor kann dann durch das
Überlagern der Ebenen das Gesamtbild, ein einzel-
nes Teilbild oder eine beliebige Kombination von
Teilbildern erzeugt werden (Abb. 2).

Da in technischen Zeichnungen eine Anzahl von
Elementen wie Normteile (Schrauben, Dübel, Beschläge) oder Symbole (Werkstoffe, Oberflächenbeschaffenheit) oder auch komplette Konstruktionselemente (Eckverbindungen) mehrmals vorhanden
sein können, müssen diese nur einmal konstruiert
werden und können dann durch Kopieren, Drehen,
Spiegeln, Verschieben, Vergrößern und Verkleinern
manipuliert werden. Man kann solche Teilkonstruk-
tionen auch als Makros speichern und in späteren
Zeichnungen wieder verwenden.

Wesentliches Merkmal eines leistungsfähigen CAD-
Programms ist die Möglichkeit der zweidimensio-
nalen bzw. dreidimensionalen Darstellung von Ob-
jekten (2D/3D-Technik). Während das 2D-Verfahren
der herkömmlichen Darstellungsart von Zeichnungen z.B. bei Ansichten und Teilschnitten entspricht,
ermöglicht das 3D-Verfahren eine wirklichkeitsnahe
räumliche und perspektivische Darstellung des Ob-
jektes bis hin zur Simulation räumlicher Bewegungsabläufe (Abb. 3).

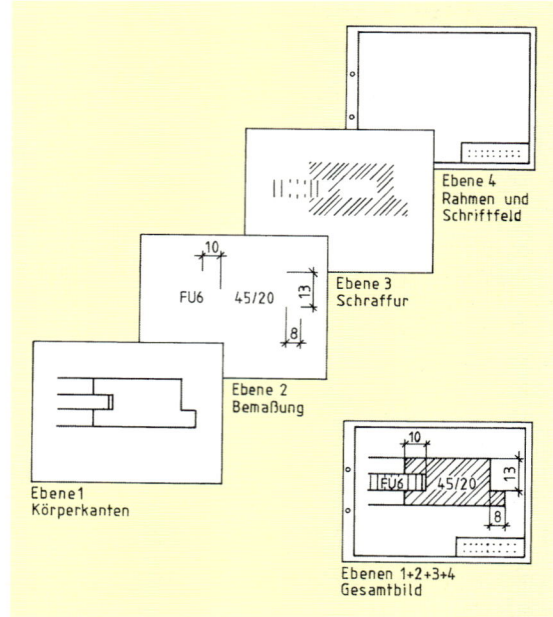

2 Ebenentechnik

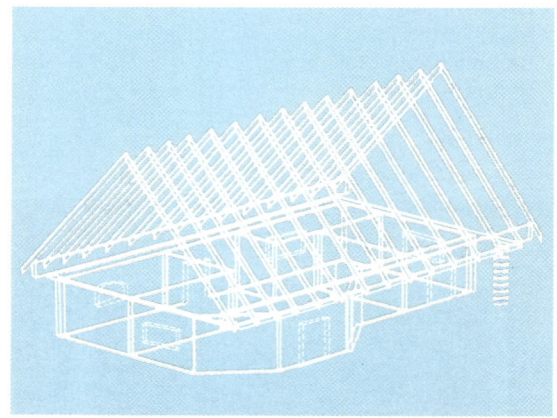

3 Dreidimensionale Darstellung einer Baukonstruktion

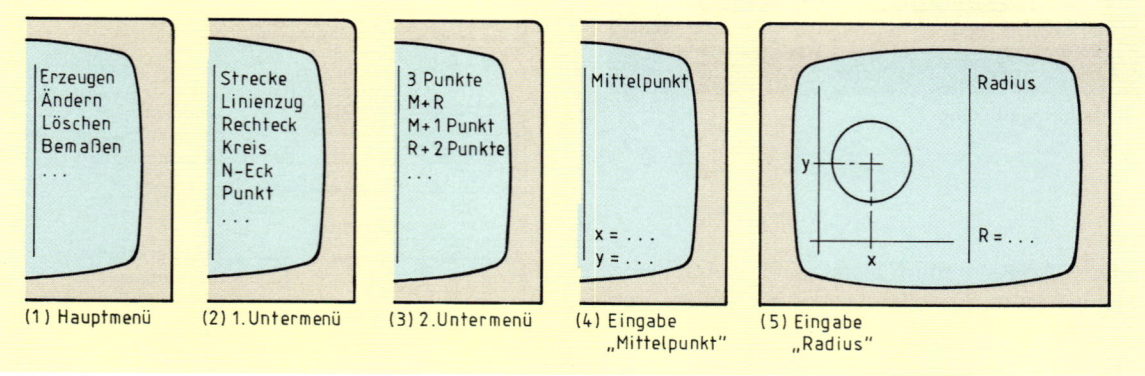

1 Kreiskonstruktion (Beispiel)

11.4 Erweiterte CAD-Anwendung

Die CAD-Technologie kann über die Entwurfs- und Konstruktionsarbeit hinaus in den Arbeitsvorbereitungs- und Fertigungsprozess eines Betriebes integriert werden.

In der Arbeitsvorbereitung übernimmt ein **CAP**-System (**C**omputer-**A**ided **P**lanning – computerunterstützte Planung) die CAD-Daten und führt die Auftragsbearbeitung, Kalkulation, Stücklistenerstellung sowie Material- und Zeitdispositionen aus.

Mit **CAM** (**C**omputer-**A**ided **M**anufacturing – computerunterstützte Fertigung) kann schließlich in speziellen Produktionsbereichen auch die Fertigung automatisiert werden. Dabei werden computergesteuerte Werkzeug- und Montagemaschinen (CNC-Maschinen, z.B. Oberfräsautomat und Plattensäge) eingesetzt (Abb. 1).

Anwendung findet dieses Verfahren bereits beim Treppenbau und in der Serienfertigung der Möbelindustrie.

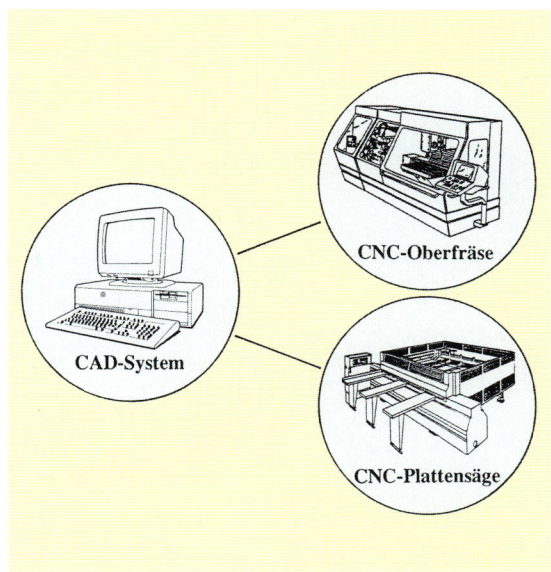

1　CAD/CAM-Automation

11.5 Beispiele der CAD-Technik

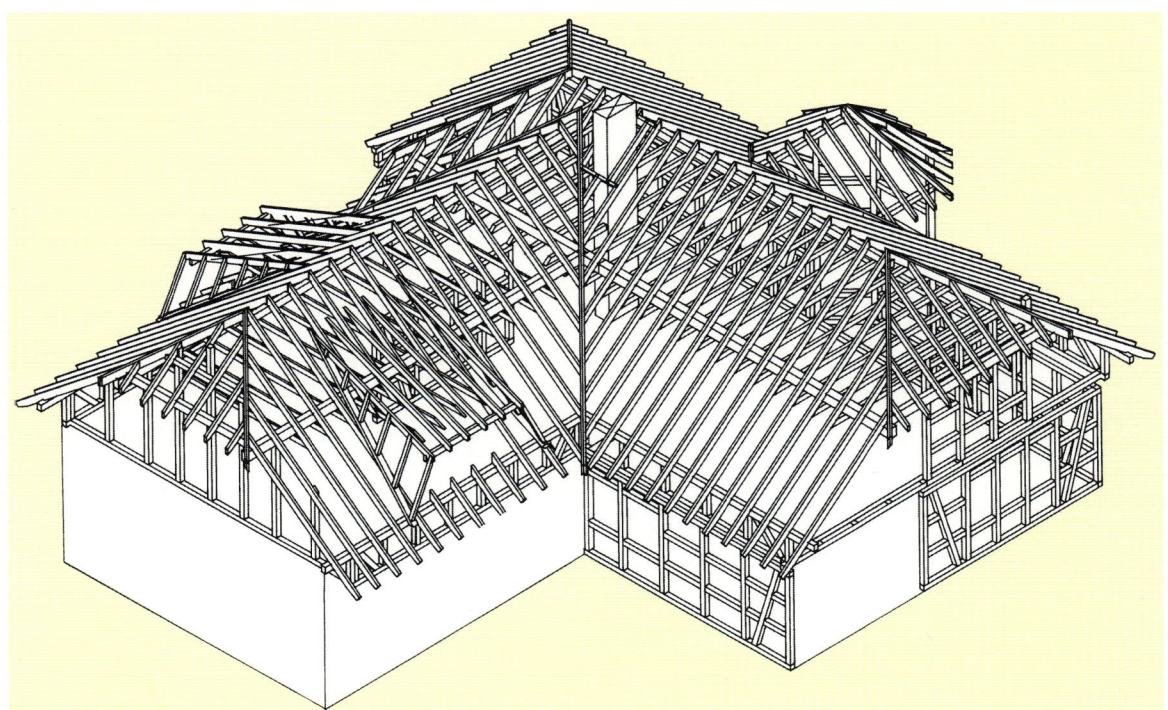

2　Holzbau-Konstruktion

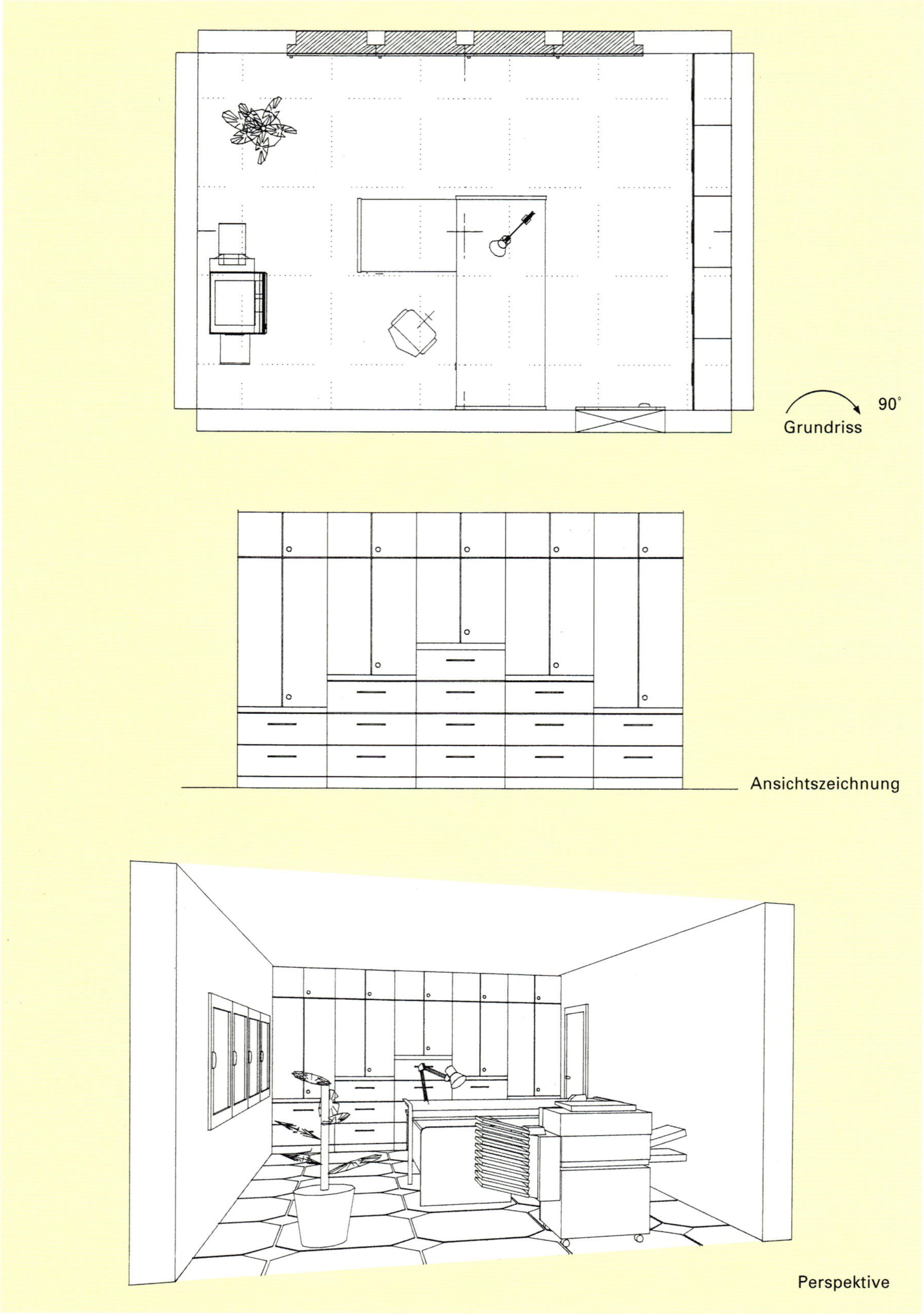

90°

Grundriss

Ansichtszeichnung

Perspektive

2 Büroeinrichtung

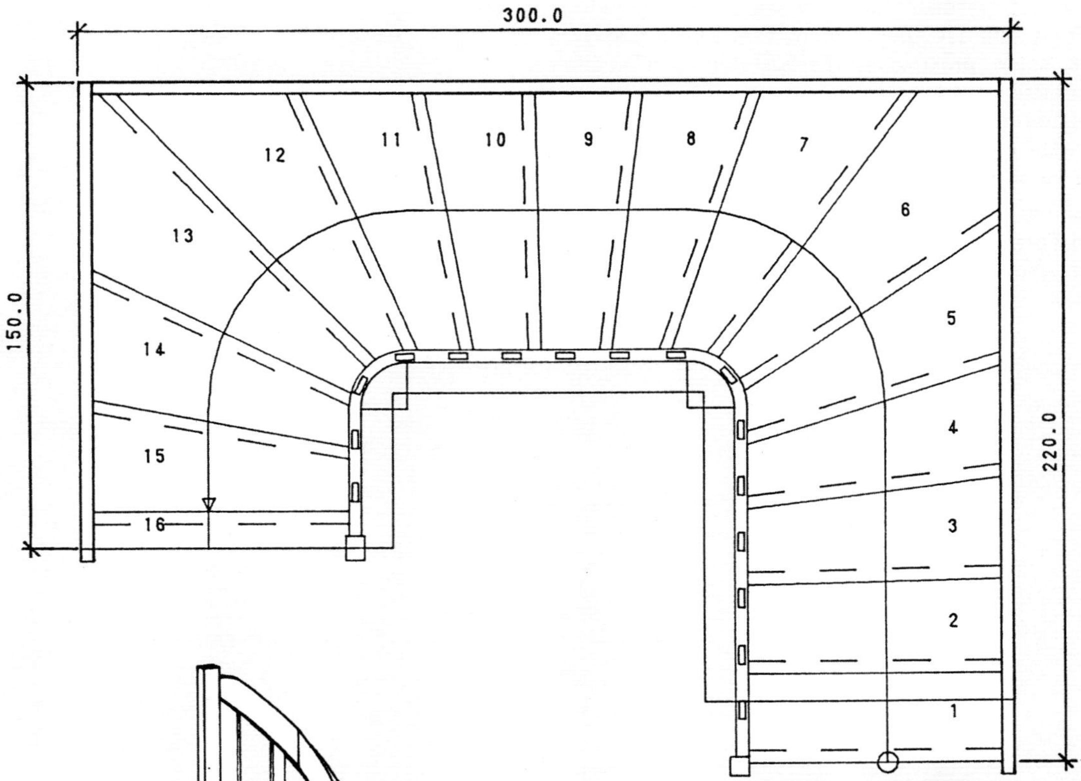

300.0

150.0

220.0

12 11 10 9 8 7

6

13

5

14

4

15

3

16

2

1

Grundriss

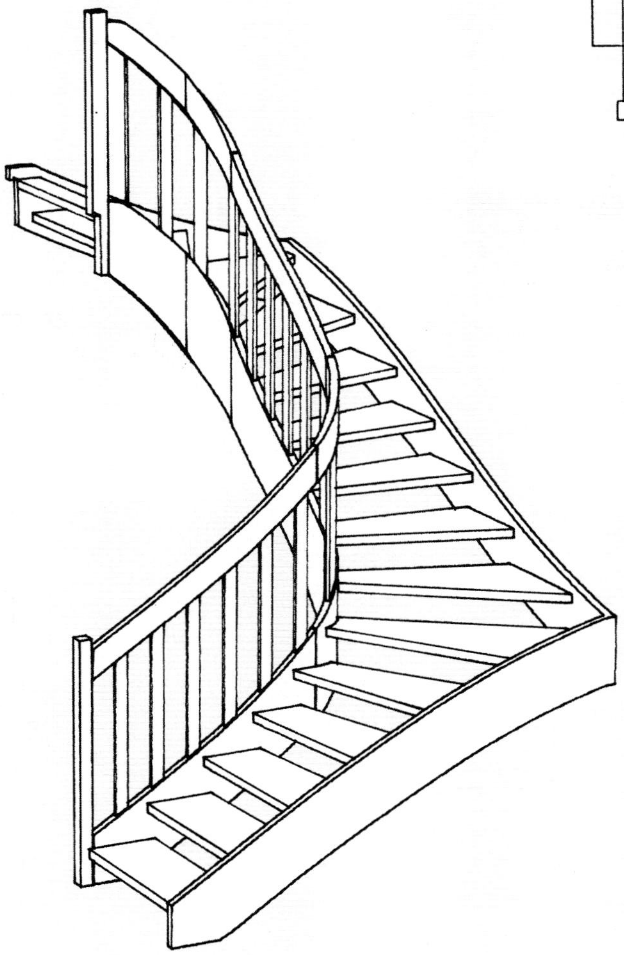

Perspektive

3 Zweimal viertelgewendelte Treppe

Durch das Gesellenstück, ein Teil der Fertigkeitsprüfung, soll der Auszubildende im Tischlerhandwerk seine praktischen Fertigkeiten und auch theoretischen Kenntnisse beweisen. Dabei sind die Bedingungen der Prüfungsausschüsse der jeweiligen Innung in Bezug auf Größe, Arbeitszeit usw. zu berücksichtigen.

Folgende Abbildungen aus dem Wettbewerb „**Die gute Form**" sollen als Anregungen für den Entwurf und die Herstellung des Gesellenstückes dienen.

13 Abschlussprüfung für Holzmechaniker

Holzmechaniker legen ihre Abschlussprüfung vor einem Prüfungsausschuss der Handelskammer bzw. der Industrie- und Handelskammer ab. Sie besteht aus einem theoretischen und einem praktischen Teil.

Die praktische Prüfung gliedert sich in

– ein Prüfungsstück und

– drei Arbeitsproben.

13.1 Das Prüfungsstück

Für das Prüfungsstück (in der Regel ein Kleinmöbel) werden dem Auszubildenden frühzeitig vor dem praktischen Prüfungstermin eine Zeichnung und eine Materialliste zugesandt.

Nach dieser Zeichnung muss der Prüfling in seinem Betrieb alle Einzelteile herstellen. Der Zu-

sammenbau findet dann unter Aufsicht des Prüfungsausschusses statt. Die dafür vorgegebene Zeit hängt von der Größe und Konstruktion des Werkstückes ab.

13.2 Arbeitsproben

Arbeitsproben (s. Abb. 1, 2 und 3 auf Seite 528) werden nach vorgegebenen Zeichnungen und Aufträgen unter Aufsicht der Prüfer hergestellt. Dabei handelt es sich in der Regel um **Maschinenarbeiten**, wobei u.a. die richtigen Werkzeuge auszuwählen und Maschinen einzurichten sind.

Beachten Sie:

> Für die Bewertung der Arbeitsproben ist das Einhalten der Unfallverhütungsvorschriften (UVV) ein wichtiges Merkmal.

Arbeitsprobe 1

Zuschneiden von Einzelteilen,
Langholzflächen maschinengehobelt,
Hirnholzflächen maschinengesägt,
Einzelteilzeichnung verkleinert.

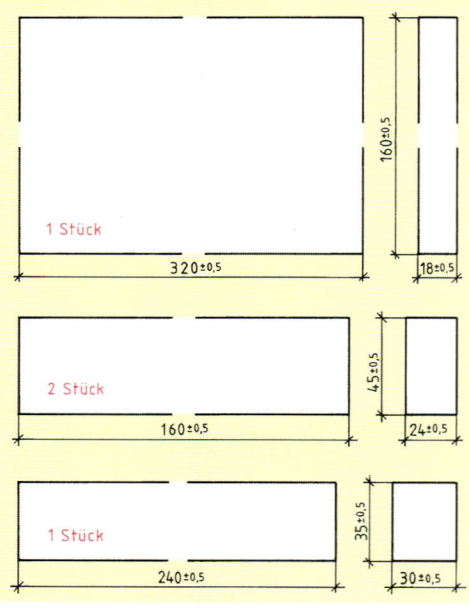

Arbeitsprobe 2

Zusammenfügen von Einzelteilen aus Arbeitsprobe 1 (Reibbrett).
Zeichnung: maßstäblich verkleinert.

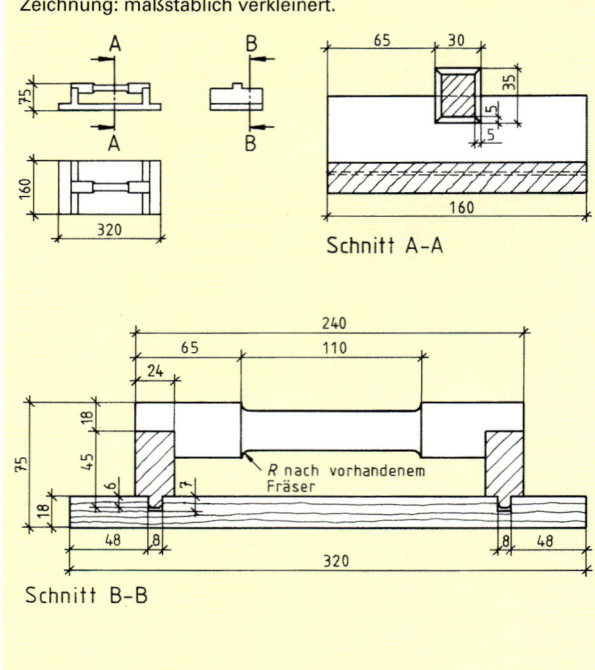

Schnitt A–A

Schnitt B–B

Arbeitsprobe 3

Frässchablone für ein Frühstücksbrettchen

Materialliste (Fertigmaße)

Pos.	Stck.	Bezeichnung
1	1	Grundplatte FU-400/255/20
2	1	Anschlag BU-145/30/25
3	1	Anschlag BU-132/30/25
4	2	Handschutz BU-100/30/20
5	1	Exzenter Hebel FU-120/50/20
6	8	Holzschrauben DIN 97-4 × 40 St
7	1	Flachrundschr. DIN 603 M8 × 50 St
8	2	Sechskantmutter DIN 555 M 8 St
9	1	Unterlegscheibe DIN 125 A8, 4 St

Alle Kanten werden gebrochen.

Zur Herstellung dieser Vorrichtung dürfen
nur folgende Maschinen verwendet werden:

– Bohrmaschine,

– Stichsäge.

Zeichnung: maßstäblich verkleinert.

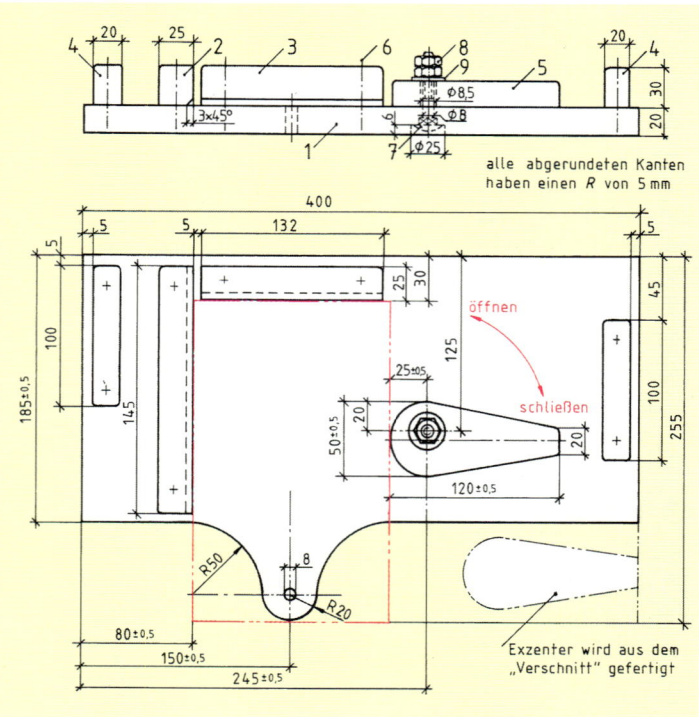

alle abgerundeten Kanten
haben einen R von 5 mm

öffnen

schließen

Exzenter wird aus dem
„Verschnitt" gefertigt

Sachwortverzeichnis

a-Werte für Fenster 181, 256
Abbeizen 310
Abdichten mit Dichtstoffen 294
– mit Dichtungsprofil 296
Abdichtung, Wandanschluss 302
Abfallgesetz 343
Abgabeleistung 369
abgehängte Decke 202
abgestufter Holzschliff 306
Abhängevorrichtung für Decken 202
Ablaufsteuerung 73
Abmessung-Plattenwerkstoffe 96, 99,
  106, 109, 117
Abnahmetisch 38, 41
Abrichthobelmaschine 37
Absauganlage 341, 342
Absaugsystem 341
Abschlussprüfung, Holzmechaniker 527
Absolutbemaßung 85
absolute Luftfeuchte 184
Absperrfurnier 98, 114
Abweiskeil 33
Aceton 308
Achsraster 209, 484
Acrylharz 323
Ader, Einlegen von 126
Adressbuchstabe 393, 394
Airless-Spritzen 332
Akustikdecke 206
Alkohol 308
Alkydharzlack 325
Aluminiumfenster 286
Aluminium-Holzfenster 287
Aluminium-Kunststofffenster 287
Aluminiumprofil, wärmegedämmtes
  286
Ammoniakgas 316
Anbauschrank 212
Angebot 479
Anlaufring 53, 54
Anordnung, Arbeitsplatz 344
Anreißen 280
–, gerade Treppe 226
–, gewendete Treppe 226
Anschlagarten 268
– bei Drehflügeltüren 143
– der Fensterflügel 508
Anschlagen, Drehflügeltür 144
–, Fensterflügel 282
–, Tür 236, 240
Anschlagreiter 26
Anschluss von Deckenverkleidungen 214
– von Wandverkleidungen 198
Anschlussfuge, Beanspruchung 300
Ansichtszeichnung, Fenster 508
Anstrich, deckender 289
Anstrichgruppe, Holzfenster 289
Anstrichschaden 290
Anstrichverträglichkeit, Dichtstoff 295
Antrieb, elektrischer 19
–, formschlüssiger 17
Antriebsmotor 14
Antriebstechnik 72
Antrittstufe 221
Anweisungsliste 78, 80
Anwendungsklasse, Schichtpressstoff-
  platten 108
Arbeit 363
–, elektrische 370
–, mechanische 363
Arbeiten, unfallsicheres 24, 32, 41, 51
Arbeitsablauf 476
Arbeitsbereich, feuergefährlicher 337
Arbeitskosten 371
Arbeitsplanung 471
Arbeitsplatz 339
–, Anordnung 344
Arbeitspreis 371
Arbeitsprobe 527
Arbeitssicherheit 2, 9, 335

Arbeitsstättenrichtlinie 340
Arbeitsteilung 344
Arbeitswelle 18
Arbeitszeitaufstellung 387
Arbeitszeitermittlung 476
Ätznatron 316
Aufbauschrank 213
Aufgabetisch 38, 40
aufgedoppeltes Türblatt 249, 504
aufgesattelte Treppe 223
aufgewendete Arbeit 363
aufgewendete Leistung 364
Auflager für Einlegeböden 141
Auflagerkraft 346
Auflegen des Furniers 123
Aufpressen der Furniere 122
Aufsatzband 237, 251
aufschlagende Drehtür 414
aufschlagende Möbelklappe 425
aufschlagende Tür 143
Aufschraubschloß 151, 152
Aufsichtsdienst, technischer 2
Auftragmenge, Kleber 400
–, Lack 320
–, Oberflächenmittel 404
Auftragverfahren, getrenntes 313
Auftrittbreite 225, 372, 373, 491
Ausgabegerät 519
ausgefüllter Falzraum, Verglasungs-
  system 513
Ausgleichstufe 221
Ausgleichtreppe 219
Aushobeln 280
Außenanschlag, Fenster 512
Außenmaß 277
Außensperrholz 96
Außentür 245
Austrittstufe 221
Auswahl, Entwürfe zur 471
Ausziehtisch 453
Auszug 154
Auszugswalze 42
Automatisierungstechnik 72

Bahnsteuerung 83, 395
Balkendecke 203, 486
Bandage 23
Bandraster 209, 484
Bandsägeblatt 24
–, Pflege 25
Bandsägemaschine 23
Bankraumarbeit 386
Barock 169
Bau-Richtmaß 482
Baufurniersperrholz 97
Bauhaus 175
baulicher Brandschutz 190
baulicher Feuchteschutz 184
baulicher Schallschutz 186
Baumaß 277, 512
bauphysikalische Grundbegriffe 176
Baurichtmaß 277
Bausperrholz 100
Baustelle, Maßnehmen 278
Baustoff, Brennbarkeitsklasse 190
–, Darstellung 482
–, Rohdichte und Wärmeleitfähig-
  keit 403
Bauteil, Darstellung 480
–, einschichtiges 378
–, mehrschichtiges 379
Bauteilverfahren 183, 184
Bauzeichnung 482, 483
Beanspruchungsgruppe bei Fenstern
  256, 257, 319
–, Verglasung 299
Bearbeitungsebene 87
Befehl, geometriebezogener 86, 393
–, programmbezogener 86
–, technologiebezogener 88

Befehlswort 393
Befestigung von Fenstern 301
–, formschlüssige 11
–, kraftschlüssige 11
Beistoß 140, 501
Beizbild, negatives 311, 315
–, positives 311
Beize, Auftragen 318
–, bindemittelhaltige 315
Beizen, chemisches 315
Beizfehler 307
Beiztechnik 314
Bekleidung, Tür 501
Beleuchtung 340
Belüftung 253
Belüftungseinrichtung 305
Bemaßung, Bauzeichnung 483
–, inkrementale 185, 395
beplankte Strangpressplatte 104
Bequemlichkeitsregel 222, 372, 375
Berechnung, elektrotechnische 365
Berufsgenossenschaft 2
Besäumen 32
Besäumkreissägemaschine 27
Besäumschnitt 27
Beschäftigungsbeschränkung 3
beschichteter Plattenwerkstoff 411
Beschlag, Möbel 414
–, Richtpreis 405
–, Tür 236
Beschlagbohrer 59, 60
Beschlagmontage 285
Beschleuniger 328
Besteck, Treppen 224, 492
Betonschalungsplatte 97
Betriebsanlage 338
Betriebstechnik 338
Bewegung, geradlinige 355
–, kreisförmige 355
Bewegungsrichtung, Tür 495
Bezugsebene 281
Bezugspunkt 84
BG-TEST-Prüfzeichen 47
Biedermeier 172, 174
Bildzeichen, Elektro 22
Bildzeichen, Pneumatik 67
bindemittelhaltige Beize 315
Bleichen 312
Bleichtechnik 312
Blendrahmen 231, 258, 501
Blindfurnier 114
Blockrahmen 231, 501
Blockschaltbild 72
Blocktreppe 223
Bogenfräsgerät 53, 54
Bohle, genormtes Dickenmaß 409
Bohren 59
Bohrerarten 59
Bohrfräsen 59
Bohrmaschine 60
–, netzunabhängige 62
Bohrwerkzeug 59
Brandschutz 223, 336
–, baulicher 190
Brandverhalten, Holz 190
Breitbandschleifmaschine 63, 65
Bremse, Elektromotor 20
Bremsmotor 21
Brennbarkeitsklasse, Baustoff 190
Brennen, Oberflächenveredelung 311
Brett, Decke aus 204
–, genormtes Dickenmaß 409
–, Verkleidungsschale 195
Brettauffriss 279, 440
Brettbaumöbel 130, 450
Brettertür 232, 495
Brettschichtholz 248
Brutto-Herstellungspreis 383
Brutto-Stundenlohn 405
Bruttozeitlohn 385

Bundesimmissionsschutzverordnung 343
Buntbartschloss 238
Bürsten 311

CAD, Zeichnen mit 518
CAD-Anwendung, erweiterte 523
CAD-Arbeitsplatz 518
CAD-Arbeitstechnik 521
CAD/CAM-Automation 523
CAD/CAM-System 91, 93
CD-Laufwerk 84
CD-ROM 520
CE-Kennzeichen 3
chemische Oxidation, Bleichen 312
chemische Reduktion, Bleichen 312
chemischer Holzschutz 191, 288
chemisches Beizen 315
CIM-System 91, 93
CNC-Maschine 81, 393
CNC-Oberfräsmaschine 82, 83, 393
CNC-Programm 86
CNC-Programmierung 393
computergestützte Fertigung 1

Dämmstoff, Rohdichte und Wärmeleit-
    fähigkeit 403
Dampfdruckausgleich 297
Dampfsperre 185
Dampfsperre-Furnierplatte 97
DD-Lack, Verarbeitungshinweis 327
DD-Lackfilm, Eigenschaft 328
Decke, abgehängte 202
Deckenanschluss 214
deckender Anstrich 289
Deckenverkleidung 201, 486
Deckfurnier 114
dekorative Hochdruck-Schichtpress-
    stoffplatte 107
Dekorfolie 111
Dekupiersägemaschine 37
Diamantwerkzeug 13
Dichtstoff, Abdichten mit 294
dichtstofffreier Falzraum, Verglasungs-
    system 513
Dichtstoffvorlage 293
Dichtung 261
Dichtungsprofil, Abdichten mit 296
Dicke, Verglasungseinheit 513
Dickenhobelmaschine 42
Dickenmaß, genormtes, Bretter,
    Bohlen 409
Die gute Form 526
Dielen-Holzfußboden 217
Digitalisierlupe 519
Digitalisierstift 519
Digitalisiertablett 519
DIN 1356, Sinnbild, Fenster 508
–, Schraffur 482
DIN 201, Darstellung der Werkstoffe 413
DIN 919, Darstellung der Werkstoffe 410
DIN-Programmierung 91, 92
Directoire 172, 173
Diskette 84, 520
Diskettenlaufwerk 84
Distanzklotz 298
Doppelabkürzkreissägemaschine 35
Doppelbeizen 316
doppelt wirkender Zylinder 68
Doppelverglasung 262
Dornmaß 238, 421
Dornring 50
DP-Werkzeuge 13, 45
Drahtstift, Größe 410
Drehflügelfenster 265, 268
Drehflügeltür 142, 229, 414
Drehfrequenz 356
Drehkipp-Beschlag 271
Drehkippflügelfenster 265, 270
Drehkolbenverdichter 66, 67
Drehmoment 345
Drehmomentschlüssel 39
Drehstangenschloss 151, 152, 417

Drehstrom 369
Drehstrommotor 19, 369
Drehtür, aufschlagende 414
–, einschlagende 419
–, gefälzte 423
Drehzahldiagramm 47
dreidimensionale Darstellung 522
Dreieckschaltung 369
Dreieckszahn 29
Dreiphasenwechselspannung 369
Drosselventil 68, 69
Druck 348
–, hydraulischer 351
–, pneumatischer 352
Druckbalken 35, 43
Druckeinheit 348
Drucker 519
Druckfeder 51
Druckkamm 51
Druckleiste, Messerbefestigung 38
drucklose Trockenverglasung 296
Druckluftaufbereitung 68
Drucklufttrockner 68
Druckmesser 348
Druckverglasung 296
Dübelbohrer 59, 60
Dübelbohrmaschine, Steuerung 75
Durchbiegung bei Zwischenböden 141
durchbrochene Tischlippe 40
Durchgangshöhe 223, 373, 374
Durchgangshöhe 41
Entstauben 307
duroplastische Folie 111

Ebenentechnik 522
Eckanschluss, Wandverkleidung 487
Eckenwinkel 8
Eckperspektive 462
Eckverbindung 281, 286
– im Plattenbau 131
– im Rahmenbau 134, 135
–, lösbare 132
–, Schweißen 284
Eckzarge 232
Eigenschaft, HPL-Platten 108
Ein-Fluchtpunkt-Perspektive, Konstruk-
    tion 459
Einbau, Akustikdecke 206
–, Fenster 300
–, Haustür 252
–, Heizkörperverkleidung 215
–, Schalldämmung in Decken 206
–, Wärmedämmung in Decken 206
Einbaumöbel 484
Einbauschutz, Aluminiumfenster 287
Einbauten, fest stehende 211
Einbohrband 145, 236, 251, 269
Einbohrlehre 145
Einbruchsicherung 305
einfach wirkender Zylinder 68
Einfachauszug 158
Einfachfenster 259
Einfachverglasung, Einfachfenster 261
einflügelige gefälzte Sperrtür, Vorzugs-
    maß 235
Eingabegerät 518
eingeschobene Treppe 224
Einkammersystem 283
Einkomponentenbeize 317
Einkomponenten-DD-Lack 327
Einkomponenten-SH-Lack 326
Einlassschloss 151, 152
Einlegeboden, Auflager für 141
Einlegen von Adern 126
Einleimer 121
Einphasen-Induktionsmotor 20
einschichtige Flachpressplatte 101
einschichtiges Bauteil 378
einseitiger Hebel 345
Einsetzen, Tür 240
Einsetzfräsen 53
Einsetzvorrichtung 53
Einsteckschloss 151, 152
Einstelllehre, Messereinstellung 39
Einstemmband 144, 146, 236

Eintarifzähler 371
einteiliges Fräswerkzeug 45
Einzelfertigung 280
Einzugswalze 42, 43
elektrische Arbeit 370
elektrische Leistung 368
elektrische Steuerung 78
elektrischer Antrieb 19
elektrischer Strom 366
elektrischer Widerstand 366
Elektro-Bildzeichen 22
Elektromotor, Bremse 20
–, Wirkungsgrad 369
elektrostatisches Spritzen 334
elektrotechnische Berechnung 365
Elementwand 208
Emissionklasse 101
empfohlener Wärmeschutz 182
Empire 172, 173
Endlosbandsägeblatt 23
Endlosriemen 15
Energie 363
Energiekosten 370, 371
englischer Zug 154, 437
Entharzen 308
Entlüftung 253
Entlüftungseinrichtung 305
Entstauben 307
Entstauber 341
Entwerfen, von Möbeln 159
Entwurf zur Auswahl, Möbel 471
Entwurfsskizze 164
– zur Konstruktion, Möbel 472
Entwurfsüberlegung 162
Ergonomie 340
erhöhter Wärmeschutz 182
erweiterte CAD-Anwendung 523
Essigsäure 309
Euro-Umrechnung 371, 383
EVA-Prinzip 78, 520
Explosionsschutz 336
Extruderanlage 282
exzentrisches Schälen 115

Falttür 243
Falzbekleidung 230
Falzfräswerkzeug 48
Falzmaß 259
Falzraum 297
Farbstoffbeize 314
Fasenfräswerkzeug 49
Fassadenschrank 168
Fenster 253
–, Bezeichnungen am 258
–, Einbau 300
–, RAL-gütegesichertes 258
–, Schalldämm-Maß 255
–, Schallschutz 189
–, Schallschutzklasse 255
–, Wärmeschutz 181
Fensterarten 261
Fensteraufriss 279
Fensterbau 253
Fensterflügel, Anschlagarten 508
–, Anschlagen 282
Fensterformat, maximales 267
Fensterglas 290
Fensterkonstruktion 259, 508
Fensterladen 303
Fenstermaß 512
Fensteröffnung 482
Fensterprofil, Flügelabmessung 265,
    508
Fensterprüfstand 257
Fenstersprosse 258, 264
Fenstertür 265
–, unteres Querholz 260
Fenstertürprofil 508
Fertigtür 231
Fertigung, computergestützte 1
–, maschinelle 1
–, Sonderkosten 383
Fertigungsablauf 344

Fertigungslohn 385, 387
Fertigungszeichnung 164, 279, 440, 473, 513
Festkörpergehalt 320
Festplatte 520
Feuchteschutz, baulicher 184
Feuchtigkeit, Wirkung von 184
feuergefährlicher Arbeitsbereich 337
feuerhemmende Tür 244
Feuerschutzmittel, Schaum bildendes 191
Feuerschutzsalz 191
Feuerwiderstandsklasse 190, 244
Filter 68
Filtersack 342
Filterschlauch 342
Fitschen 144, 146, 236
Flächenbeschichtung, Folie für 111
Flächenpressung 348
Flachpressplatte 100, 101
Flachriemen 14
Flachzahn 31
Flammpunkt 336
Flanschmotor 14
Fleck, Entfernen 309
Fluchtpunkt-Projektion 458
Flügelabmessung, Fensterprofil 257, 265
Flügelrahmen 258
Flügelriegelschloss 149
Flugkreis 357
Flüssigkeitsdruck 348, 351
Folie für die Flächenbeschichtung 111
Form, Möbel 161, 228
Formaldehydabgabe 101
formaldehydfreie Spanplatte 102
Formatkreissägemaschine 27, 32
Formfeder, Größe 410
formschlüssige Befestigung 11
formschlüssiger Antrieb 17
Formschönheit, Möbel 467
Formsperrholz 97
Formteil aus Spanholz 103
FPO-Platte 101
FPY-Platte 101
Fräsanschlaglineal 51
Fräsdorn 50
Fräsen 44
Fräskette 57
Fräsmaschine 50
– für besondere Zwecke 56
Frässpindel 50
Fräswerkzeug 45
– für besondere Zwecke 48
– für Handvorschub 46
– für mechanischen Vorschub 48
–, Richtwerte 10
Freifläche 5
Freiwange 494
Freiwinkel 6
Frequenz 186
Fügefräswerkzeug 48
Fügekreissägemaschine 36
Fügeleiste 38, 41
Fugendichtheit 256
Fugendichtungsband 301
Fugendichtungsmasse 301
Fugendurchlasskoeffizient 181, 256
Fugenpapier 120
Führungsebene 13
Füllung 134
–, Rahmentür 248
Funktionsplan, FUP 80
Furnier, Auflegen 123
–, Auswahl 118
–, Herstellung und Verwendung 114
–, Trocknen 117
–, Verarbeitung 118
Furnierarten 114
Furnierblatt, Umgang mit 118
Furnierblock 122
Furnieren, gewölbte Fläche 125

Furnierfehler, Vermeidung und Beseitigung 124
Furnierfügemaschine 119
Furnierklebemaschine 120
Furnierkreissägemaschine 36
Furnierlager 339
Furniermesser 119
Furnierpresse 70, 71
Furniersäge 119
Furnierschere 119
Furniersperrholz 95
– für besondere Zwecke 97
furnierte Fläche, Nachbehandeln 123
Furniertechnik 114
–, besondere 125
Furnierträger, Rahmen 122
–, Vorbereiten des 120
Furnierumleimer 121
Fußbodenanschluss 214
Fußgestell 138, 446
Fußleiste 218
Fußmotor 14
Futterrahmen mit Bekleidung 229, 501

Gabelstapler 70
Ganzaluminiumprofil 286
Ganzglastür 235
Gasdruck 348, 352
gedübelte Rahmenecke 234
gedübelte Rahmentür, Vollholz 499
Gefahrensymbol 335
gefälzte Drehtür 423
gefälzte Tür 143, 144
Gegenfurnier 114
Gegenlaufspanen 9
Gegenzugfolie 111
Gehörschutz 340
Gehrungsschnitt 27
Gehsicherheitsregel 372, 375
Geländerlänge 375
Gemeinkosten 383, 386, 478
Gemeinkostenzuschlag 387
Gemeinkostenzuschlagsatz 386
genormtes Dickenmaß 409
geometriebezogener Befehl 86, 393
gerade Treppe 492
–, Anreißen 226, 491
geradlinige Bewegung 355
Gerätenummer, Steuerkette 74
Gerippewand 208
Gesamtwärmedurchlasswiderstand 379
Geschosshöhe 374, 491
Geschosstreppe 219
Geschwindigkeit 355, 364
Gesellenstück 526
Gesetz, Umweltschutz 343
Gestaltung 193, 201, 228, 467
–, Möbel 161
Gestellmöbel 128
gestemmte Rahmenecke 233, 498
gestemmte Treppe 224
Gesundheitsschutz 335
getrenntes Auftragverfahren 313
gewendelte Treppe 226, 493
Gewinn 383, 387
gewölbte Fläche, furnieren 125
Gießen 335
Gipskartonplatte 112
Glanz-Polyester-Lack 329
Glasabdichtung 293
Glasarten 290
Glasauswahl 298
Glasdicke, Diagramm zur Bestimmung 298
Glasfalzabmessung 293, 513
Glasscheibe, Verklotzen 298
Glastürscharnier 148
glatte Tür 250
Gleichlaufspanen 9
Gleichrichter 19
Gleichstromkreis 366
Gleichstrommotor 19
Gleitwalze 44

Gliederschwingschutz 41
Gliederwalze 42
goldener Schnitt 467, 500
Gotik 166
Grafik-Tablett 519
Gratleiste 450
Griffausführung 153
Größendiagramm, Fenster 265
Großserienfertigung 281
Grundbegriff, Treppe 219
–, bauphysikalischer 176
Grundierung 320
Grundlage, CNC-Programmierung 393
–, technologische 5
GSE-Kennzeichen 3
gesetzliche Unfallversicherung 2
günstige Schnittgeschwindigkeit 401
Güte, Holzschnittfläche 359
Güteklasse 96

Hakenriegelschloss 149
Halbfertigwerkstoff 383
halbgewendelte Treppe 227, 493
Halbzeug 94
Hamburger Schapp 170
Handauftrag 318
Handbandschleifmaschine 307
Handbohrmaschine 62
Handelsform, Furniere 117
Handhobelmaschine 44
Handkantenfräsmaschine 57
Handkreissägemaschine 36
Handlauf 219, 225
Handlauflänge 375
Handnutfräsmaschine 57
Handoberfräsmaschine 56
Handschleifmaschine 63, 65
Handvorschub 46
Hänge 145
Hardcopy-Gerät 520
Hardware 518
Harmonikatür 243
Härter 328
Hartmetall 12
Hartschaumplatte aus Polystyrol 111
Harz 321
Hauptprogramm 89, 90
Hauptprogrammlisting 90
Hauptschneide 5
Hauptwerkstoff 383
Hauptzeichnung 440, 473
Haustür 503
–, Einbau 252
–, Gestaltung 246
Haustürbeschlag 251
HBG, Logo 2
–, Prüfzeichen 46
Hebedrehflügeltür 274
Hebedrehkippflügeltür 275
Hebel, einseitiger 345
– zweiseitiger 345
Hebelarm 346
Hebelgesetz 345
Hebeschiebeflügeltür 275
Heißpresse, hydraulische 122
Heizkörperverkleidung 488
–, Einbau 215
Heizwärmebedarf 380
Herstellungskosten 383
Hilfskoordinate 87
Hilfswerkstoff 383
–, Richtpreis 405
Hinterlüftung 194, 380
Hirnleiste 450
Historismus 174
Hobeln 37
hoch legierter Werkzeugstahl 12
Hochbau, Maßordnung 235, 482
–, Wärmeschutz im 176, 378
Hochdruckspritzen 331
Holz, Auswahl 279
–, Brandverhalten 190
Holzarten 409

Holzbearbeitung, maschinelle 355
Holzbearbeitungsmaschine 1, 4, 23
–, Aufbau 14
Holzfaserplatte 105
Holzfenster, Anstrichgruppe 289
–, Fertigung 277
–, Verglasung 297
Holzfensterprofil 508
–, Flügelabmessung 257
Holzfußboden 217
Holzlager 339
Holzmechaniker, Abschlussprüfung 527
Holzoberfläche, Schleifspur 307
Holzpreis 405
Holzqualität 280
Holzschliff, abgestufter 306
Holzschnittfläche, Güte 359
Holzschraube, Größe 410
Holzschutz, chemischer 191, 288
–, konstruktiver 191, 288
Holzseifenlösung 308
Holzspanplatte 100
–, zementgebundene 113
Holzverarbeitung, Umweltschutz 343
Holzwerkstoffpreis 405
horizontale Plattenkreissäge-
    maschine 35
Horizontalmessern 116
HPL-Platte 109
HS-Messer 38
Hubkolbenverdichter 66
Hubschlitten 70
Hubstapler 70
HW-Hartmetall 12, 38, 45
Hydraulik 66, 70
hydraulische Furnierpresse 70
hydraulische Heißpresse 122
hydraulische Presse 77
hydraulische Rahmenpresse 71
hydraulische Steuerung 76
hydraulischer Druck 351
Hydromesserkopf 58

Imprägnierlasur 323
indirekte Kosten 386
Innenanschlag, Fenster 512
Innenausbau 192, 482
Innenschubkasten 437
Innensperrholz 96
Innentür 228, 495
Intarsien 126
Isolierglas 180, 249, 291
Isolierverglasung, Einfachfenster 261

Jahresheizwärmebedarf 183
Jalousie 304
Jalousiefensterladen 303
Joystick 519
Jugendstil 175

Kabinettschrank 169
Käfigläufermotor 19
Kalkulation 383, 478
Kalkulationsaufbau 383
Kalkulationsbogen 388, 478
Kalkulationsschema 383
Kalkweißpaste 312
Kämpfer 258
Kantenbearbeitung 110
Kantenfräsmaschine 57
Kantengetriebe 269
Kantenleimmaschine 57
Kantenpresse 70
Kantenrundung 260
Kantenschleifmaschine 63, 64
Kantenschutz 110, 121
Kappkreissägemaschine 34
Kastenfenster mit Doppelvergla-
    sung 263
Kehlmaschine 58
Keilriemen 14
Keilstufe 221
Keilwinkel 7

Keilzinkenverbindung, Pressdruck 400
Kettenfräsmaschine 57
Kettentrieb 17
Kippflügelfenster 265, 270
Kippleiste 157
Klappe 148
Klappenhalter 149
Klappenschere 149
Klappenschutz 41
Klappflügelfenster 270
klassische Schubkastenführung 434
Klassizismus 172
Klebefläche, Auftragmenge 400
Klebefuge, Pressdruck 400
Kleber, Richtpreis 404
Kleesalz 312
Klemmschuh 32
Klemmwerkzeug, Wirkkraft 401
Klobenband 146
Kombiband 237, 251
Kombinationsbeize 317
Kompression, Grundprinzip 67
Kompressoranlage 331
Kondensator 366
Kondenswasser 185
Konkavzahn 31
Konstruktion, Entwurfsskizze zur 472
–, Möbel 160
Konstruktionsarten im Möbelbau 127
konstruktiver Holzschutz 191, 288
Konturenfräsen 87, 397
Konvektor, Verkleiden 215
Koordinatenangabe 393
Koordinatensystem 85
Kopiervorrichtung 54, 55
Kornträger 63
Körnung 62, 306
Körperschall 187, 188
Körperschutzsinn 336
Korpusmöbel 129
Kosten, indirekte 386
Kostenermittlung 383
Kostenrechnen 383
Kraft 345, 364
Kraftausbreitung 350
kraftschlüssige Befestigung 11
Kraftweg 345
Kraftwirkungslinie 346
kreisförmige Bewegung 355
Kreisgeschwindigkeit 356
Kreissägeblatt 26
Kreissägemaschine 26
–, Sägewerkzeug 29
Kreuzsprosse 136
Krümmling 494
Kunstharz-Pressholz 98
Kunststoff-Holzfenster 285
kunststoffbeschichtete dekorative
    Flachpressplatte 103
Kunststofffeder, Größe 410
Kunststofffenster 282
Kurzzeichen, Werkstoff 409

Lack, säurehärtender 326
Lackauftragtechnik 330
Lackeigenschaft 320
Lackierfehler 330
Lackoberfläche, pigmentierte 325
Lackpumpe 332
Lagenholz 94
Lamellendecke 204
Landesbauordnung 190
Langbandschleifmaschine 63, 64
Länge der Lauflinie 374, 493
Langfurnier 114
–, Nenndicke 117
Langlochbohren 60
Langlochbohrmaschine 61
Längsschnitt 29
Lärm 340
Lastweg 345
Lasur 323
Lasuranstrich 289

Lattentür 232, 495
Laubholz 409
Laufeigenschaften von Schubkä-
    sten 158
Lauflänge, Ermittlung 226
Laufleiste 156, 157
Lauflinie 219, 373
Laugen 311, 316
Lautstärke 186
legierter Werkzeugstahl 11
Legierungsbestandteil 11
leichte Flachpressplatte 102
leichte Trennwand 207
Leim, Richtpreis 404
Leimauftrag 123
Leimen 122
Leimfuge, Pressdruck 400
Leimrückstand 309
Leistung 363, 364
–, elektrische 368
Leistungsfaktor 369
Leistungskosten 371
Leistungslohn 386
Leistungspreis 371
Leistungsschild 22
Leistungszähler 371
Leitungsquerschnitt 368
Licht 340
Lichteinfall 253
Lichtgriffel 519
Lichtschutzmittel 321
Lichtwange 220
Linksband 236
Linkstreppe 221
Linkstür 142, 229
Lochreihenbohrmaschine 61
Lochreihensystem 133
Logo der HBG 2
Lohnart 385
Lohnkosten 383, 385
lösbare Eckverbindung 132
Lösemittel 315, 319, 321, 329
Lösemittelbeize 315
Lösemittellack 321
Louis-seize 172
Luftaustausch 253
Luftfeuchte 184
Luftgrenzschicht 379
Luftschall 187, 206
Luftschicht 380
Lüftungswärmeverlust 178, 179, 181,
    254

Magnetverschluss 153
MAK-Wert 336
Manometer 348
maschinelle Fertigung 1
maschinelle Holzbearbeitung 355
Maschinenarbeit 386
Maschinennullpunkt 84
Maschinentisch 43, 50
Maschinentischverlängerung 32
Maschinenwerkzeug 1, 10
–, Schneidteil 5
Maserfurnier 114
–, Nenndicke 117
Maßanordnung, Hochbau 482
Maßeintragung 410
Massenkraftabscheider 342
Maßnehmen auf der Baustelle 278
Maßordnung im Hochbau 235, 482
Materialfluss 344
Materialliste 279
Mattierungsmittel 321
Maus 518
maximale Luftfeuchte 184
maximales Fensterformat 267
MDF-Holzfaserplatte 106
Mechanik 345
mechanische Schubkastenführung 435
mechanischer Druck 348
mechanischer Vorschub 46, 355
Mehrblattkreissägemaschine 35

mehrflügeliges Fenster 263
Mehrkammersystem 283
mehrschichtige Flachpressplatte 101
mehrschichtiges Bauteil 379
Mehrspindelbetrieb 82
mehrteiliges Einfachfenster 263
Mehrwertsteuer 383, 387, 478
Menüfeld 519
Messerbefestigung durch Druck-
    leisten 38
Messereinstellung mit der Einstell-
    lehre 39
Messerfurnier 115
Messerschlag 8
Messerschritt 359
Messerwellenabdeckung 41
Messtechnik 72
metallbeschichtete Furniersperrholz-
    platte 97
Meterriss 278
Mineral-Kunststoffplatte 113
Mittelanschluss, Möbeltüren 417, 421
Mitteldruckspritzen 333
Möbel 414
–, Definition 127
–, Entwerfen von 159
–, moderne 469
Möbelabmessung 468
Möbelbau 127
–, Entwicklung 165
Möbelbezeichnung 127
Möbelfuß 138
Möbelgriff 153
Möbelklappe 148, 425
Möbelrollladen 431
Möbelschloss 151, 421
Möbeltür, Verschluss für 153
Möbelzeichnung 440
Montagearbeit 387
Motor, polumschaltbarer 20
Motorschutzschalter 21
Motorsteuerung 393
Multiplexplatte 97

Nachbehandeln, furnierte Fläche 123
Nachbeize 316
Nachhalleffekt 188
Nachkalkulation 383, 478
Nachweisverfahren, vereinfachtes 380
Nadelholz 409
Nägel, Größe 410
Nassfilmdicke 320
Nassspritzstand 337
NC-Grundierung 322
NC-Lack, Eigenschaft 322
Nebenschneide 5
Nebenwinkel 6
negativer Spanwinkel 8
negatives Beizbild 311, 315
Neigungswinkel 8
Nenndicke, Langfurnier 117
–, Maserfurnier 117
Nennleistung 369
Nennmaß, Maßordnung 277, 482
Nennstrom 368
Neo-Gotik 174
Neo-Renaissance 174
Neo-Rokoko 174
Netto-Herstellungspreis 383, 387, 478
Netto-Verkaufspreis 387
netzunabhängige Bohrmaschine 62
neue Formelzeichen des Wärme-
    schutzes 379
Neue Sachlichkeit 175
neutraler Spanwinkel 7
Niederdruckspritzen 331
Nitrocelluloselack 321
Nockenverriegelung 273
Normalschrittlänge 491
Normbezeichnung, Fenster 264
Normgröße, Fenster 277
–, Sperrtür 235, 495
Notschalter 27

Nullpunkt 84
Nutenbartschloss 152
Nutfräswerkzeug 49
Nutzarbeit 363
Nutzleistung 364

Oberflächengüte 9
Oberflächenmittel, Auftragmenge 404
–, Richtpreis 404
Oberflächenveredelung 306
Oberfräsmaschine 56
Oberfräswerkzeug 56
Oberlichtfenster 270
ODER-Verknüpfung 80
Öffnungsmaß 277
ohmsches Gesetz 366
ohne Anschlag, Fenster 512
Öler 68
ölhaltige Lasur 323
OSB-Platte 105
Oxalsäure 312

Paneele 198, 486
Paraffinzusatz 328
Parallelanschlag 23, 24, 26, 32
Parallelogrammschiebetisch 27
Parallelschaltung 367
Parkett-Holzfußboden 218
Parkett-Verbundplatte 100
Pendelkreissägemaschine 34
Pendeltür 242
Personal-Computer 78, 518
Pflege, Bandsägeblatt 25
Pfosten 258
pigmentierte Lackoberfläche 325
Planung, Möbelstück 471
–, Treppenbau 491
Planungsvorschriften, Treppen 222
Platte, Decke aus 205
– Verkleidungsschale 198
Plattenbau 131
Plattenbaumöbel 442
Plattenheizkörper, Verkleiden 216
Plattenkreissägemaschine,
    horizontale 35
Plattenlager 339
Plattenstufe 221
Plattentür 497
Plattenvertäfelung 198, 496
Plattenwerkstoff 94, 409
– für Türen 111
– Kennzeichnung 97, 100, 102, 105
– Schnitt 411
– Verbindung von 107
Plotter 519
Pneumatik 66
Pneumatikventil 68
pneumatische Steuerung 72
pneumatischer Druck 352
Podest 491
Podestlänge 223
Podesttiefe 373
polumschaltbarer Motor 20
Polyesterlack 328
Polyurethan-Kleber 285
Polyurethanlack 327
Polyvinylchlorid 282
positiver Spanwinkel 7
positives Beizbild 311
Preis, Holz- und Holzwerkstoff 405
Pressdruck 349
–, Leimfuge 400
Presse, hydraulische 77
Pressen 123
Probebeizen 317
Profil 162
–, Formen 468
–, furnieren 125
–, Lagerung, PVC 284
–, Zuschnitt, PVC 284
Profilsystem 283, 286
Profilwerkzeug 49
Programmanfang 393

Programmarten 89
Programmaufbau 86, 393
Programmbefehl 393
programmbezogener Befehl 86
Programmiersprache 79
Programmiersystem 91
Programmschritt 89
Programmsimulation 92
Projektaufgabe 480, 490, 507, 517
Projekte 471
Projektion, mit einem Fluchtpunkt 458
– mit zwei Fluchtpunkten 462
Prozesssteuerung 78
Prüfschablone der Fräswerkzeuge für
    Handvorschub 46
Prüfzeichen 341
– der HBG 46
Punktsteuerung 83, 394
PUR-Hartschaumfenster 285

Querholz, unten bei Fenstertüren 260
Querleiste 140

Radialschälen 115
Radiator, Verkleiden 216
Rahmen als Furnierträger 122
Rahmen mit Füllung, Decke aus 205
–, Verkleidungsschale 196
Rahmen, Zusammenbau 281
Rahmenbau 134
Rahmenbaumöbel 446
Rahmenecke, Bearbeiten 284
–, gedübelte 234
–, gestemmte 233
Rahmenkonstruktion, Anforderung 293
Rahmentäfelung 196
Rahmentür 233, 247, 498, 499
– mit Füllung 248, 503
Rahmenvertäfelung 486
RAL-gütegesichertes Fenster 258
Rasterdecke 204
Rastermaß 484
Räuchern 316
räumliche Darstellung 458, 463
Raumluftfeuchte 184
Reaktionsharzlack 326
Rechte-Hand-Regel 85, 393
Rechtsband 236
Rechtstreppe 221
Rechtstür 142, 229
Referenzpunkt 84
Regelgetriebe, stufenloses 17
Regelungstechnik 72
Regler 68
Reibungsverlust 349
Reihenschaltung 367
relative Luftfeuchte 184
Renaissance 168
Richtpreis, Beschlag 405
–, Hilfsstoff 405
–, Kleber 404
–, Leim 404
–, Oberflächenmittel 404
–, Verbindungsmittel 405
Richtwertediagramm 361
–, Schneidwerkzeugeinsatz 403
Riegel 258
Riemenform 14
Riemengeschwindigkeit 356
Riemenspannung 16
Riementrieb 14, 356
Rocaille 171
Roentgen, David 173
Rohdichte, Bau- und Dämmstoff 403
Rokoko 171
Rollengleittisch 35
Rollladen 151, 304
Rollladenführung 432
Rollladenstab 432
Romanik 165
Rotationsverdichter 66, 67
Rückschlag 28
Rückschlagsicherung 43

Rückschlagventil 68, 69
Rückwand 140
runde Nägel, Größe 410
Rundriemen 14
Rundschälen 115
Rutscher 65

Sägeblattführung, Bandsägemaschine 24
Sägefurnier 116
Sägen 23
Sägewerkzeug, Kreissägemaschine 29
Salmiakgeist 309, 316
Salzsäure 309
Sandstrahlen 311
Satzaufbau 393
Satznummer 393
säurehärtender Lack 326
Scanner 519
Schälfurnier 115
Schall, Ausbreitung 187
Schalldämm-Maß, Fenster 255
schalldämmende Trennwand 210
schalldämmende Tür 244
schalldämmende Wandverkleidung 200
Schalldämmung 187, 254
– in Decken, Einbau 206
Schallpegel 186
Schallschluckung 187, 188
Schallschutz 254
–, baulicher 186
–, Fenster 189
Schallschutzfenster, Einfachfenster 262
Schallschutzglas 291
Schallschutzgruppe 189
Schallschutzklasse, Fenster 255
Schalteinrichtung 21
Schärfmaschine 25
Scharnier 145, 147
Schaum bildendes Feuerschutzmittel 191
Scheinleistung 369
Schellack 309, 322
schichtbildende Lasur 323
Schichtholz 94
Schichtpressstoffplatte 409
Schiebeflügelfenster 274
Schiebekippflügeltür 276
Schieber 154
Schiebeschlitten 26
Schiebestock 25, 32
Schiebetür 149, 241, 428, 429
Schlagregensicherheit 256
Schleifen 62
Schleifgerät 307
Schleifigel 64
Schleifmaschine für die Holzbearbeitung 63
Schleifpapier 306
Schleifspur, Holzoberfläche 307
Schließbeschlag 151, 159, 417, 421, 423
Schlitzmaschine 58
Schloss 238, 251
Schlosszubehör 239, 252
Schnäpper 153
Schneide 5
Schneidenart 5
Schneidenbreite 8
Schneidenecke 6
Schneidengeometrie 6
Schneidenüberstand 40
Schneidenvorschub 359
Schneidkeil 5
Schneidplatte 31
Schneidstoffe 11
Schneidteil, Maschinenwerkzeug 5
Schneidwerkzeugeinsatz, Richtwertediagramm 403
Schnellarbeitsstahl 12
Schnellbremseinrichtung 27
Schnellladegerät 62
Schnitte an Werkstoffen 409

Schnittgeschwindigkeit 9, 356, 357
–, günstige 401
Schnittgeschwindigkeitsdiagramm 357, 402
Schnittqualität 31
Schraffur nach DIN 1356 482
Schrägbild 458
Schränkung 25
Schrankwand 212
Schraubenverdichter 66, 67
Schrittmaßregel 222, 372, 375
Schubkasten 154, 434
Schubriegel 153
Schubstangenschloss 151, 152
Schutzbrücke 41
Schutzbügel 51
Schutzvorschrift 336
Schweißen, Eckverbindung 284
Schwingflügelfenster 271
Schwingflügellager 272
Schwingschleifer 65
Schwitzwasser 185
Selbstkosten 383
senkrecht laufender Rollladen 431
Serienfertigung 281
Setzholz 258
Setzstufe 223, 372, 491
SH-Lack, Verarbeitungshinweis 327
SH-Lackfilm, Eigenschaft 327
Sicherheitseinrichtung 303
Sicherheitsglas 235
Sicherheitsprüfzeichen 2
Sicherheitsregel 222
Sicherung 21, 368
Signalglied 73
Sinnbild, Fensterflügel 268, 508
Sintern 12
Sockel 137, 446
Sodalösung 308
Software 518, 521
solare Wärmegewinne 182, 183
Sonderkosten der Fertigung 383
Sonderschloss 238
Sonnenschutz 304
Spaltkeil 27, 28
Spanabnahme 40
Spandicke 40
Späneabsaugung 340
Spanfläche 5
Spanhaube 28
Spanholz, Formteil 103
Spanlückenweite 47
Spannschablone 55
Spannung, elektrische 366
Spannwerkzeug, Wirkkraft 401
Spanungsgeometrie 8
Spanungsgröße am Bohrwerkzeug 59
Spanwinkel 7
speicherprogrammierbare Steuerung 78
Sperrholz 94
Sperrholzfüllung 248
Sperrtür 234, 497
–, Normgröße 235
Spezialband 237
Spezialscharnier 145, 148
Spezialtür 243
Spiegelglas 290
Spindelpresse 122
Spiralbohrer 59
Spiralhobelmesserwelle 38
Spitzzahn 29
Spritzauftrag 318
Spritzen 331
–, elektrostatisches 334
Spritzpistole 318, 331, 332, 334
SPS 78
Spule 366
Stäbchensperrholz 98, 99
Stabsperrholz 98, 99
Stahlzarge 232, 501
Stammlack 328
Ständerbohrmaschine 60

Standzeit 31
Stangenscharnier 145
stationäre Oberfräsmaschine 56
Staubabsaugung 340
Staubsauger 341
Steg 128
Steigungshöhe 225, 372, 491
Steigungslinie 491
Steigungsverhältnis 222, 372
Stellglied 73
Stellit 13
Stellsignal 73
Stelltechnik 72
Sternschaltung 369
Steuerkette, Gerätenummer 74
Steuerung 82
–, Dübelbohrmaschine 75
–, elektrische 78
–, hydraulische 76
–, pneumatische 72
–, speicherprogrammierbare 78
–, verbindungsprogrammierbare 78
Steuerungsarten 72, 83
Steuerungsprogramm 393, 395, 396
Steuerungstechnik 72
Stichsägemaschine 36
Stiftschablone 55
Stollen 128, 138, 446
Stollenmöbel 128, 448
Stollentisch 452
Stollenverbindung 452
Stoßbelüftung 253
Strahlenschutztür 244
Strangpressplatte 100, 104
Streckensteuerung 83, 395
Streichen 331
Streichleiste 157
Streifenhobelmesserwelle 38
Streifensperrholz 98
Streuung 63
Strom, elektrischer 366
Stromkosten 370, 371
Stromkreis, Größen und Einheiten 366
Stromstärke 366
Stromverbrauch 371
Strukturieren 310
Strukturierverfahren 311
Stückakkordlohn 386
Stücklohn 386
Stufenarten 221
Stufenausbildung 222
Stufenbohrer 145
Stufenbreite 372
stufenloses Regelgetriebe 17
Stufenrädergetriebe 18
Stufenscheibengetriebe 17
Stufenverziehen 493
Stufenzahl, Ermittlung 225, 491
Stundenlohn 385
Styroporkleber 111
Styroporplatte 111
Symbol, Tür 495
System 32 133, 141
Systemfräswerkzeug 45

Tablettauszug 154, 437
Tastatur 518
Tauchauftrag 318
Taupunkt-Temperatur 185
technischer Aufsichtsdienst 2
technologiebezogener Befehl 88
Teilschnitt 414
Teilschnittzeichnung 440, 473
Temperatur 176
Tetrachlorkohlenstoff 308
thermoplastische Folie 111
thixotroper UP-Lack 329
Tisch 452
Tischeinlage 23
Tischfräsmaschine 50
Tischkreissägemaschine 26
Tischlerplatte 98
Tischlippe 40

Tischler-Spanplatte 104
Tonhöhe 186
Topfscharnier 145, 147
Trägerplatte bei Intarsien 126
Traggestell 138
Tragklotz 298
Transmissionswärmeverlust 178, 179, 181, 254
transparente Lackoberfläche 325
Trapezzahn 31
Traverse 140
Trennschneiden 32
Trennwand, leichte 207
–, schalldämmende 210
Treppe 219, 372
Treppenarten 220
Treppenauge 219
Treppenbau 219, 491
Treppenbauarten 223, 491, 493
Treppenbrüstung 219
Treppengeländer 219, 225
Treppenholm 220
Treppenlauf 219
Treppenlaufbreite 222
Treppenlauflänge 373, 491
Treppenloch 219, 374
Treppenpodest 219
Treppenraum 219
Treppenstufe 220
Treppenwange 220
Trichterverbindung 439
Trittschall 187, 188, 206
TRK-Wert 341
Trockenfilmdicke 320
Trockenspritzstand 337
Trockenverglasung, drucklose 296
Trocknen, Furnier 117
Tür, Anschlagen 236, 240
–, Beschlag 236
–, Bewegungsrichtung 495
–, Einsetzen 240
–, feuerhemmende 244
–, glatte 250
–, Normgröße 495
–, Plattenwerkstoff für 111
–, schalldämmende 244
–, Schließbeschlag 151
–, Symbol 495
Türarten 228
Türblatt 232, 247, 495, 503
– aufgedoppeltes 249, 504
Türdichtung 239
Türeinbausystem 501, 503
Türkonstruktion 495
Türöffnung 482
Türumrahmung 229, 246, 499

U-Wert 180, 181, 254, 291, 404
überschobene Vollholzfüllung 249
Übersetzungsverhältnis 17, 356
Überzugsmittel 319
Umdrehungsfrequenz 356
Umfangsgeschwindigkeit 356
Umleimer 121
Umlenkrolle 23
Umschlingungswinkel 16
Umweltschutz 335, 337
–, Holzverarbeitung 343
unbeschichteter Plattenwerkstoff 411
UND-Glied 73
UND-Verknüpfung 79
Unfallgefahr 2
unfallsicheres Arbeiten 24, 32, 41, 51
Unfallverhütung 3
Unfallverhütungsvorschriften 3
Unfallversicherung 2
Universalfräswerkzeug 49
unlegierter Werkzeugstahl 11
unteres Querholz bei Fenstertüren 260
Unterkonstruktion, Vertäfelungen 192, 194, 202, 486
Untermischverfahren 313
Unternehmergewinn 387

Unterprogramm 89
Unterprogrammlisting 91
Unterschneidung 220, 372, 501
UP-Lack, Verarbeitungshinweis 329

Vakuumsaugnapf 64
Ventilator 342
Verarbeitungshinweis, Lack 324, 325, 327, 329
Verarbeitungsventil 68, 69
Verbände für Unfallschutz 2
Verbindung von Plattenwerkstoffen 107
Verbindungsmittel, Richtpreis 405
verbindungsprogrammierbare Steuerung 78
Verbretterung 195, 486
Verbundfenster 259
–, mehrflügeliges 263
–, mit Doppelverglasung 262
Verbundfräswerkzeug 45
Verbundkreissägeblatt 30
Verbundwerkzeug 10
Verdecktschnitt 28
Verdünnungsmittel 321, 329
Verdunstungsgeschwindigkeit 330
Verfahrachse 85, 87, 393
Verfahrbahn 396
Verglasung 290
–, Holzfenster 297
–, Kenndaten 292
–, Wärmedurchgangskoeffizient 180, 404
Verglasungseinheit, Dicke 513
Verglasungssystem, mit ausgefülltem Falzraum 513
– mit dichtstofffreiem Falzraum 513
Verkaufspreis 383
Verkettungsfaktor 369
Verkleiden, Konvektor 215
–, Plattenheizkörper
–, Radiator 216
Verkleidungsschale 192, 194, 486
–, aus Brettern 195
–, aus Platten 198
–, aus Rahmen mit Füllung 196
–, aus Stäben 196
Verklotzen, Glasscheibe 298
Verknüpfungssteuerung 73
Verordnung, Umweltschutz 343
Verschluss für Möbeltüren 153
Verschnittsatz 400
Verseifen 308
Versicherungsschutz 2
Verstäbung 196, 486
Verstellnuter 34
vertikale Plattenkreissägemaschine 35
Vertikalmessern 116
Vertrieb, Sonderkosten 383
Verziehen, viertelgewendelte Treppe 227, 493
Viskosität 320
Vollauszug 158
Vollholz, gedübelte Rahmentür 234, 499
–, gestemmte Rahmentür 233, 498
–, Schnitt 410
Vollholzfüllung, überschobene 249
Vollstahlsägeblatt 29
Volumen-Druck-Gesetz 67
Vorbeize 316
Vorkalkulation 383
Vorsatzschale 200
Vorschrift, Umweltschutz 343
Vorschub 10
–, mechanischer 46, 355
Vorschubapparat 52
Vorschubgeschwindigkeit 10, 355, 359
Vorspannung 30
Vorsprungmaß 277

Wachsarten 324
Wachskitt 309
Wachslösung 323
Wagnis 383, 387

Walzauftrag 318
Walzen 335
Wandanschluss 205, 214
–, Abdichtung 302
Wandschrank 211
Wandverkleidung 193, 486
–, Anschluss von 198
–, Eckanschluss 487
–, schalldämmende 200
–, wärmedämmende 199
Wandwange 220, 494
Wangenbreite 492
Wangenlänge 375
Wangentisch 453
Wärme, Ausbreitung der 177
Wärmebilanzverfahren 183
wärmedämmende Wandverkleidung 199
Wärmedämmschicht 380
Wärmedämmung 178
–, in Decken, Einbau 206
Wärmedehnung 177
Wärmedurchgang 179
Wärmedurchgangskoeffizient 378, 380
–, Verglasung 180, 404
Wärmedurchgangswiderstand 179
Wärmedurchlasswiderstand 179, 378
wärmegedämmtes Aluminiumprofil 286
Wärmegewinn 182
Wärmekonvektion 378
Wärmeleitfähigkeit 378
–, Bau- und Dämmstoff 403
Wärmeleitung 178, 378
Wärmemenge 177
Wärmemitführung 378
Wärmeschutz 182, 254
–, Fenster 181
–, Hochbau 176, 378
–, wirtschaftlich optimaler 182
Wärmeschutzglas 180, 291
wärmeschutztechnische Grundlage 378
Wärmeschutzverordnung 176, 182, 380
Wärmespeicherung 178
Wärmestrahlung 177, 378
Wärmeströmung 178
Wärmeübergangswiderstand 179, 379
Wärmeverlust 179, 183
Wartungseinheit 67, 68
Wasserabreißnut 260
Wasserbeize 315
Wasserlack 324
Wässern 307
Wasserstoffperoxid 309, 312
wasserverdünnbare Lasur 323
Wechselfalz 272, 273
Wechselspitzzahn 31
Wechselstromkreis 366
Wechselstrommotor 20, 369
Wegebedingung 86, 393
Wegeventil 68, 69, 73
Weichmacher 321
Wellenabdeckung 38
Wendeflügelfenster 272
Wendehobelmesserwelle 38
Werkstoff 11, 245, 282, 286
–, Darstellung nach DIN 201 413
–, Darstellung nach DIN 919 410
Werkstoffkosten 383
Werkstoffkostenermittlung 383
Werkstoffliste 383, 475
Werkstoffschutz 288
Werkstückkoordinate 84
Werkstücknullpunkt 84
Werkstückrückschlag 46
Werkzeug, zusammengesetztes 11
Werkzeugachse 396
Werkzeugbahn-Radiuskorrektur 394, 397
Werkzeugbahnkorrektur 88
Werkzeugbruch 46
Werkzeugmagazin 82
Werkzeugrevolver 82
Werkzeugsatz 11, 45
Werkzeugschleifmaschine 65

Werkzeugspeicher 90
Werkzeugstahl 11
Werkzeugteil 10
Wetterschutzschiene 513
Widerstand, elektrischer 366
Windbelastung 256
Windsperre 260
Winkelfeder, Größen 410
Winkelhilfsanschlag 41
Wirkkraft, Klemm- und
    Spannwerkzeug 401
Wirkleistung 369
Wirkungsgrad 22, 349, 363, 364
–, Elektromotor 369
Wolfszahn 29
WOP-System 91, 92

X-Achse 85

Y-Achse 85

Z-Achse 85
Zahnform, Vollstahlsägeblatt 29
Zahnradgetriebe 17, 18

Zahnvorschub 8, 359
Zapfenband 144, 146
Zapfenschneider 60
Zapfenschneidmaschine 58
Zarge 128
Zargenrahmen 231, 501
Zeichnen mit CAD 518
Zeitlohn 385
zementgebundene Holzspanplatte 113
Zentraleinheit 519
Zentralperspektive 458
Zierbekleidung 230
Zitronensäure 312
Zopfstil 173
Zuführeinrichtung 25
Zuführladen 52
Zug, englischer 154
Zuhaltungsschloss 152
Zündtemperatur 336
Zusammenbau, Rahmen 281
zusammengesetztes Fräswerkzeug 45
zusammengesetztes Werkzeug 11
Zusatzachse 85
Zusatzbefehl 88, 394
Zuschlagkalkulation 383, 388
Zuschneiden 280

Zuschnitt, Alu-Profil 286
–, PVC-Profil 284
Zuwachsbemaßung 395
Zweckmäßigkeit, Möbel 467
Zwei-Fluchtpunkt-Projektion, Konstruktion 462
Zweidruckventil 73
Zweikomponenten-DD-Lack 327
Zweikomponenten-SH-Lack 326
Zweipunkt-Einsetzen 53
zweiseitiger Hebel 345
Zwischenboden 140
–, Durchbiegung bei 141
Zwischenpodest 219
Zwischenverbindung, im Brettbau 130, 131
–, im Plattenbau 132
–, im Rahmenbau 135
Zyanex 312
Zyklon 342
Zyklus 89
Zylinder, doppelt wirkend 68
–, einfach wirkend 68
Zylinderband 144
Zylinderkopfbohrer 59, 60
Zylinderschloss 152